Hydraulics

수리학

한티미디어

▸ **김경호**(e-mail: coastal@chungbuk.ac.kr)

서울대학교 공과대학 토목공학과 졸업(공학사)
서울대학교 대학원 토목공학과 졸업(공학석사)
서울대학교 대학원 토목공학과 졸업(공학박사)
일본 오사카대학 해안공학연구실 객원교수
미국 오레곤 주립대학 교환교수
해양수산부 민자유치사업 평가위원 역임
행정자치부 재해영향평가위원 역임
충청북도 하천관리위원회 위원 역임

現

충북대학교 토목공학과 교수
국토해양부 항만공사 설계자문위원
금강수계 오염총관리 조사연구반 위원
한국 수자원공사 기술자문위원
인천항건설사무소 설계자문위원
충청북도 재해복구사업 사전심의위원회 위원
충청북도 도시계획위원회 위원
충청북도 지방건설기술 심의위원회 위원
충청북도 사전재해영향성검토 위원회 위원
청주시 사전재해영향성검토 위원회 위원

수 리 학

발행일 2010년 02월 25일 초판 1쇄 발행
저 자 김경호
발행인 김준호
발행처 한티미디어
총 괄 오성준
마케팅 박재인 이재명
편 집 김호경 박은주 홍현정
관 리 전보라

등 록 제15-571호
주 소 서울시 마포구 연남동 570-20
전 화 02)332-7993~4
팩 스 02)332-7995
인 쇄 이산문화사
가 격 32,000원
홈페이지 www.hanteemedia.co.kr
이 메 일 hantee@empal.com

ISBN 978-89-6421-019-2 93530

머 | 리 | 말

수리학은 토목공학 역학체계의 일각을 이루는 학과로서, 수공학 전반에 걸쳐 수리적 기초를 제공하는 학문분야이다. 유체역학이 이론적인 측면을 중시한데 비해 수리학은 실용성에 입각한 응용적인 면에 비중을 두고 발전해 왔으므로, 다른 역학과목과는 달리 각종 경험식과 실험식, 다양한 수표나 도표 등 풍부한 데이터를 포함하고 있는 것이 특징이다. 이러한 특징이 오히려 수리학을 처음으로 접하는 사람들에게는 종종 수리학이 복잡하게 느껴질 수도 있지만, 수리학만큼 공학도들에게 흥미를 안겨주는 학문도 없으리라 생각한다. 왜냐하면 수리학에서 주 대상으로 하는 물은 그 거동이 매우 불규칙하고 해석방법 또한 다양하므로, 문제해결과정에서 필수적으로 뒤따르는 집중력, 분석력, 및 판단력 등을 통해서 얻어지는 다양한 경험들은 공학도들에게 충분한 자극으로 작용할 것이기 때문이다.

본서를 집필하면서 다음과 같은 점을 배려하였다. 우선 본문의 이해를 위해서 반드시 필요한 부분을 제외하고는, 실험식이나 경험식, 그리고 각종 도표나 수표의 잡다한 나열은 가능한 한 줄여서 위에서 언급한 그릇된 인식을 불식하려고 노력하였고, 전문대학 또는 4년제 대학의 수리학 교재로 사용할 수 있도록 기초이론의 전개에 충실하였으며 현장기술자의 참고서로도 활용할 수 있도록 응용문제도 함께 다루었다. 내용에 있어서는 가능한 한 독자의 입장에 서서 평이하게 기술하려고 노력하였고, 특히 독학을 통해서 수리학을 공부하려는 사람들을 위해 기본식의 유도과정을 상세히 기술하였으며 예제도 충분히 다루어 본문의 이해를 도왔다. 특히 본서에서는 흐름에 대한 기초부분을 충실히 기술한 점과 흐름해석방법에 대해서 명확히 한 점이 그 특징이다. 기존 수리학서에서는 명확히 정의하지 않고 사용해 온 검사체적방법, 미분적 접근방법 및 차원해석법을 정의하고 그 차별성을 분명히 하도록 노력하였다.

본서는 총 15장으로 구성되어 있으며 크게 두 부분으로 나눌 수 있다. 제1장에서 제8장까지는 기초이론의 내용을 다루었고, 제9장 이후 제15장까지는 응용부분이다.

1장에서는 수리학에 대한 정의 및 수리학의 중요성 그리고 수리학의 발달 과정을 살펴보았고 2장에서는 유체로서의 물의 성질 및 차원과 단위에 대해서 설명하였으며, 3장에서는 정지해 있는 물에 의한 압력, 부체의 안정 문제와 달랑베르의 원리와 함께 상대정지평형의 문제를 다루었다.

4장에서는 각종 흐름을 상세히 분류하고, 흐름해석의 접근방법으로서 오일러 방법과 라그랑지 방법을 설명하였고, 운동학적 측면에서 유체(물)요소의 변형과 흐름해석 방법에 대한 설명을 덧붙였다. 5장에서는 검사체적 해석방법에 대해서 상세히 설명하고, 이것을 질량보존법칙 및 운동량 보존법칙에 적용하는 방법을 상세히 다루었다.

6장과 7장은 미분적 접근방법을 이용으로 기술한 내용으로서, 6장에서는 점성을 고려하지 않은 완전유체로서의 물이 대상이므로 연속방정식, 오일러의 운동방정식 및 에너지손실이 배제된 베르누이 방정식이 취급되고 있고, 7장에서는 그 대상이 점성을 고려한 실제 유체로서의 물이므로 층류와 난류의 정의, Navier-Stokes 방정식의 유도 및 적용, 운동량 및 에너지의 보정등과 함께 난류에 대한 전단응력의 표시방법에 대해서도 기술하였다.

8장에서는 차원해석과 수리학적 상사에 대해서 다루었다. 9장에서는 관수로 흐름의 기초부분으로서 정상흐름을 대상으로 하여 마찰에 의한 에너지 손실 및 부차적 손실, 난류와 층류의 유속분포 등을 다루었고, 10장에서는 단일 관수로의 해석방법, 복합관수로의 해석 나아가서 관망의 해석에 대해서 다루었고 펌프와 터빈을 포함하는 관계통의 동력에 대해서도 다루었다.

11장은 개수로의 기초부분으로서 자유수면을 갖는 개수로 흐름을 대상으로 하여 비에너지와 상류·사류를 정의하고, 등류에 대한 평균유속공식과 등류의 해석방법을 설명하였다. 그리고 12장에서는 점변류를 대상으로 그 해석방법과 수면곡선의 계산방법을 다루었으며, 후반부에 급변류에 대해서도 위어를 중심으로 하여 다루고 있다. 13장에서는 지하수에 대한 기본이론과 함께 투수계수의 산정방법, 1차원 지하수해석 및 우물수리에 대해서 다루었다. 우물수리에 대해서는 정상 우물수리와 비정상 우물수리로 나누고, 충분한 예제를 통해 내용을 이해할 수 있도록 배려하였다.

14장에서는 하천의 유송토사문제를 다루었다. 우선 토사입자의 기하학적 특성과 침강 이론에 대해서 살펴보았고, 소류사량과 부유사량에 대해 기초이론과 함께 그 산정방법에 대해서 설명하였다. 후반부에서는 하상파에 의한 유로 형태에 대해서도 설명하였다.

마지막으로 15장에서는 미소진폭파에 기초한 파의 기본이론을 다루었다. 파의 정의, 기본식 및 경계조건의 정립, 수립자 속도 및 궤적, 파동에너지, 그리고 중복파 및 반사파 등의 개념이 다루어진다.

본서에서는 관수로 및 개수로의 비정상류, 확산문제 및 하구수리등에 대해서는 다루지 못하였다. 이와 같이 좀 더 수준 높은 주제를 다루어나갈 때 본서가 교량적 역할을 하기를 바란다. 충분한 시간을 두고 저술한다고는 했지만, 평이하게 기술하겠다는 취지에 너무 집착한 나머지 중언부언하지는 않았나 염려되고, 또 한편으로는 본 저자의 이해 부족으로 인해 내용면에서 이론적으로 결한 부분이 없지는 않을까 염려된다. 이러한 점들은 독자여러분들의 지적에 의해 끊임없이 보완해 나가려고 생각한다.

끝으로 본서가 출판될 수 있도록 도와주신 한티미디어 김준호 사장님과 관계자 여러분께 감사드리고, 무엇보다도 열심히 읽어 가면서 교정을 보아준 충북대 토목공학과 유체 및 해안공학연구실 여러분들과 책의 전체적인 구성을 도와준 오현식 박사에게도 고마움을 표한다.

2010년 3월

著者 識

차 | 례

제 1 장

서론

1.1 수리학의 정의

수리학이라고 하는 말은 영어 hydraulics의 번역어로서 물의 의미를 나타내는 그리스어 '*hydor*'에 그 어원을 두고 있다. 수리학이란 정지해 있는 물의 특성이나 운동 중에 있는 물의 거동 또는 물이 고체 경계면 및 다른 유체와의 경계면 등에 미치는 효과 등을 다루는 역학의 한 분야이다. 수리학에서 다루는 내용은 물이 정지해 있는가 아니면 운동을 하고 있는가에 따라, 또는 수리현상에서 얻어 내려고 하는 대상에 따라 크게 정수역학(hydrostatics), 물의 운동학(kinematics) 및 동수역학(hydrodynamics)으로 분류할 수 있다. 정수역학(hydrostatics)은 정지해 있거나 운동 중에 있다 하더라도 요소 상호간에 상대운동이 없는 경우에 수중에서의 힘의 평형 관계를 다루는 분야이다. 이 경우에는 물입자간에 상대운동이 존재하지 않으므로 전단응력(접선응력)이 작용하지 않고, 오직 수직응력만이 존재하게 된다. 따라서 정수역학은 주로 수중에서의 정수압 분포라던가, 수중에 잠겨있는 물체의 표면에 작용하는 정수압으로 인한 힘 등을 다룬다. 물의 운동학(kinematics)은 물의 요소에 외력이 작용하여 입자 상호간에 상대 운동을 할 때, 즉 물이 이동(흐름) 할 때의 거동을 다루는 분야이다. 즉 외력을 받았을 때 생기는 유체 요소의 이동(translation), 회전(rotation) 및 변형(deformation) 등 흐름의 기하학적 현상을 다루는 분야로 요약해서 설명할 수 있다. 따라서 물의 운동학은 흐름을 기하학적으로 해석하거나 물 입자의 운동을 기술하는 방법을 설명하는데 매우 유용하게 사용할 수 있다. 동수역학(hydrodynamics)은 물의 운동학에서 다룬 물 입자의 변위와 수립자 상호간에 작용하는 힘과의 관계를 다루는 분야이다. 위에 언급한 바와 같이 수리학에서 다루고 있는 내용은 그 대상이 물일뿐이지 일반 유체역학과 거의 동일하다고 볼 수 있다. 따라서 제반 수리현상을 완전히 이해하기 위해서는 유체역학의 사전 지식이 필수적이라 할 수 있다.

1.2 수리학과 관련된 수공학 분야

수리학은 물을 대상으로 하는 수공학 전반에 걸쳐 이용되는 기초적인 학문으로서, 수공 구조물의 계획, 설계, 및 유지관리에 있어서 중요한 역할을 한다. 수리학과 관련되는 수공학 분야로서는, 수문학(hydrology)의 기초 원리를 응용하고, 수문 기상학, 지하수 개발, 하천 추적 및 도시 수문학을 내용으로 하는 응용 수문학(applied hydrology), 관개수로의 개발과 지표수의 배수로에 관계되는 구조물 및 시설물의 계획, 시공 및 보수 등을 다루는 관개배수공학(irrigation and drainage engineering), 하천의 제어나 개수, 홍수의 완화 내지는 경감 등을 주 대상으로 하는 하천공학(river engineering), 그리고 물의 제어, 자원으로서의 물의 효율적인 이용, 수질오염 및 수질관리, 홍수조절을 위한 댐의 조작기법 등을 다루는 수자원 공학(water resources engineering) 등이 있으며, 이외에도 해안수리학(coastal hydraulics), 항만공학(harbor engineering), 환경위생공학(environmental and sanitary engineering) 및 상수도공학(water supply and wastewater engineering)등 수리학을 기초로 하는 수공학 분야는 상당히 많다. 위에 열거한 여러 분야에 역학적 기초를 제공하기 위해서는 수리학은 다방면의 내용을 포함해야 하며, 그것들을 충분히 이해해 둘 필요가 있다. 사실상 오늘날의 수리학에서는 단순히 물 뿐만 아니라, 필요에 따라서는 물 이외의 유체도 다루어야 할 경우도 있으며 나아가서 기계공학, 화학공학, 기상학 및 지구물리학까지도 다루어야 하는 경우도 생기게 되었다. 위에서는 수리학과 관련된 분야를 학문적인 관점에서 다루고 있는데, 다루는 대상을 관점으로 했을 때의 분야를 도표화한 것이 그림 1.1이다. 그림에서 상부는 크게 분류된 수공학 분야를 나타내고, 그 하부는 필요한 일련의 시설물이나 수리환경 및 처리 관계를 순차적으로 표시 한 것이다.

1.3 수리학의 발달 과정과 역사

인류의 역사는 물과 함께 한 역사라 말할 수 있다. 생존을 위해 지속적인 물의 공급이 필요했고, 또한 집단생활을 시작하면서 물을 실생활에 이용하는 것은 자연스러운 행위였다. 기원전 2500년경 또는 그 이전부터 대규모 댐과 함께 관개, 배수공사, 운하, 수로 및 하수도 등을 건설하여 이용한 기록들이 보인다.

수리학은 물리학의 분야인 유체역학과 그 역사를 같이 한다. 유체를 고체와 구별하는 조건은 그리스의 철학자 헤라클레이토스(B.C 353~475)의 '만물은 흐르며 굴러간다'고 하는 흐름의 개념으로부터 그 기원을 찾을 수

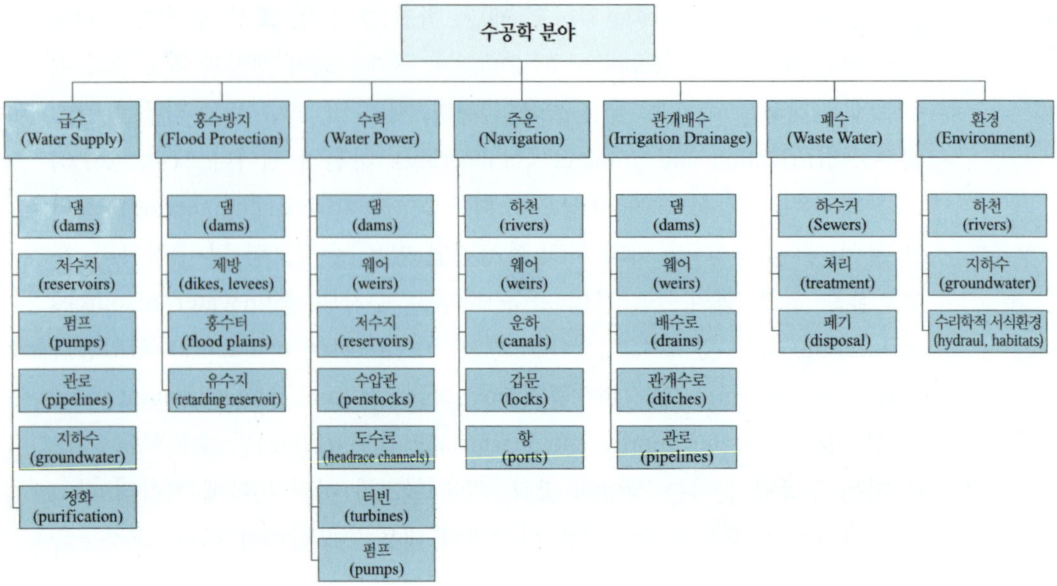

그림 1.1 수리학과 관련된 수공학 분야

있다. 물을 유체역학적 접근에 의해 다룬 과학적 연구는 그리스의 아르키메데스(B.C 287~212)의 부력에 관한 원리의 발견으로부터 시작되었다. 아르키메데스는 이 원리를 적용하여 Syracuse 왕의 왕관에 들어 있는 금의 함량을 측정한 것으로 유명하다. 그리스인들이 관찰행위 없이 연구를 수행한 데 비해 이탈리아의 레오나르드 다빈치(1452~1519)는 자연현상을 연구하는 데 있어서 관찰을 강조하였는데, 그의 수리학적 관찰은 새의 비행에 대한 것은 물론 제트류, 파랑 및 와(eddies)에까지 이른다.

유체역학이 괄목할 만한 발전을 이룬 것은 17세기 이후부터였고, 이것이 근대 유체역학 역사의 시작이었다. 레오나르드 다빈치가 관찰을 강조하였다면 관찰에 실험까지 수행해야 할 것을 강조한 사람은 갈릴레오 갈릴레이(1564~1642)였다. 그 후 그의 제자들인 카스텔리(1577~1644)는 연속원리를 재발견하였고, 토리첼리(1608~1647)는 수은 기둥을 이용한 대기압 측정에 대한 실험을 하였다. 한편 프랑스의 파스칼(1623~1662)은 기압에 관한 문제를 다루었을 뿐만 아니라, 정수역학의 원리를 완성하였다. 그는 폐합용기 내의 압력의 전달현상을 밝혔고, 그 원리를 유압구동장치에 응용하였으며, 또한 압력이 연직방향으로 변화하는 사실을 발견하였다. 1687년 뉴턴(Sir Isaac Newton, 1642~1727)은 '자연철학의 수학적 원리'라는 책에서, 물체의 질량과 가속도 그리고 그것에 작용하는 힘 사이의 관계를 확립하였다. 그러나 뉴턴의 이 개념은 움직이는 유체에 적절하게 적용하기는 어려운 점이 있었다.

그 후 18세기 수학자들은 뉴턴이 닦아 놓은 역학과 미적분학의 기초 위에 많은 연구업적을 선보였다. 질량, 운동량, 그리고 에너지의 보존법칙에 관계되는 유체역학의 기본적인 방정식들이 이 시대에 확립되어 가고 있었다. 스위스의 다니엘 베르누이(1700~1782)는 유체의 운동을 취급하는 과학의 한 분야를 유체역학이라 명명하였다. 베르누이의 업적 중의 하나는 액주계의 이용에 대한 것이었고, 무엇보다도 베르누이 정리로 유명하다. 그리고 동시대에 오일러(1707~1783)는 정상, 비회전 흐름하에서 처음으로 베르누이 방정식을 유도하였고, 이상유체를 대상으로 다수의 연속방정식 및 운동방정식을 유도하는 등 유체역학의 체계를 이룬 사람 중 하나였다. 한편 달랑베르(1717~1783)는 1752년 정상이고 비회전 상태하에서는 유체는 유체에 잠긴 물체에 어떠한 저항도 나타내지 않는다고 하는 소위 달랑베르의 역설(d'Alembert paradox)을 발표하였다. 피토(1695~1771)는 점유속을 측정할 수 있는 측정기구로서 피토관을 발명하였다.

산업혁명이후 과학의 급속한 발전은 그 때까지 다루어 온 이상유체역학의 실용성에 문제를 제기하기 시작하게 되었다. 따라서 실제적 요구에 접근하기 위하여 이론적인 추구보다는 수많은 실험과 실측치에 근거한 실험 및 경험식들이 발표되면서 '수리학'이라고 하는 분야가 정립되기에 이르렀다. 18세기 후반 체지(1718~1798)는 간단한 저항법칙으로부터 하천의 평균유속을 구하는 방법을 제시하였다. 그리고 나비에(1785~1836)는 점성의 영향을 포함시켜 오일러방정식을 확상한 첫 시도자였고, 코시(1789~1857), 포아송(1781~1840)이 그 뒤를 이었으며, 마침내 스토크스(1819~1903)에 이르러 점성유체역학에 대한 기본식인 나비에-스토크스 방정식이 정립되었다.

나비에-스토크스 방정식은 까다로운 비선형 편미분 방정식이며 풀기가 매우 어렵기 때문에 문제를 해결하기 위해서는 실험에 크게 의존하는 경우가 많았다. 1839년 독일의 하겐(1797~1884)은 상세한 관 흐름연구를 통해서 유체 중에 흘려보낸 톱밥이 흐트러지지 않고 직선적으로 흐르는 경우와 불규칙적으로 흐르는 경우, 두 흐름 사이에는 저항법칙이 서로 다르다는 것을 알아내었다. 몇 년 뒤 프랑스인 포아즈(1789~1869)에 의해서도 독립적으로 동일한 실험이 반복 수행되었다. 이 시대의 수리학자로서 대표적인 인물을 든다면 벤츄리(1746~1822)와 바이스바하(1806~1871)를 들 수 있다. 특히 1873년 레이놀즈는 원관 내를 흐르는 물에 착색액을 주입하여 물의 흐름 상태를 가시화하고, 레이놀즈 수를 도입하여 층류와 난류를 분류하였다. 한편 프루드(1810~1879)는 레이놀즈보다 앞서서 중력의 영향하에서 흐름의 상사법칙에 관해 체계를 세웠다.

수리학이 응용학문의 하나로서 자리매김하기 시작할 때는 많은 수학자들이 수리학의 상대학문으로서 동수역학에 대한 연구를 전개하기 시작하였다. 이때의 연구자들을 들어보면 라그랑쥐(1736~1813), 라플라스(1749~1827), 켈빈(1824~1907) 및 레일라이(1842~1919) 등이다.

20세기 들어서면서 독일인 프란틀(1875~1953)은 경계층 개념을 도입하여 유체역학을 전개하였고, 이후 경계층 개념은 수리학뿐만 아니라 항공학, 기체역학 등에서 유용한 개념으로 이용되고 있다. 그의 초기 제자로서 블래시어스(1873~1970)는 매끄러운 관에 대한 저항문제를 다루었고, 그 후 그의 제자 니쿠라제(1894~1979)는 매끄러운 관뿐만 아니라 거친 관에 대해서도 광범위하게 실험을 행하였다.

수리학의 역사를 보면, 뉴턴에서부터 나비에와 스토크스에 이르기까지 수학적 물리학의 선구자들이 유체역학의 수학적 모델을 개발했다. 프란틀과 그 시대 이후의 연구자들은 이 수학적 모델을 적용해 오고 있다. 디지털 컴퓨터의 발달은 이러한 점에서 엄청난 영향을 주고 있다. 전산유체역학(CFD)의 발전으로 복잡한 형상에서의 유동을 해석하는 것도 점차 가능해지고 있다.

1.4 수리학의 중요성

우리들이 일상생활에서 접하는 일들 중에서 물을 트는 일과 전기를 켜는 일은 아침에 일어나서 거의 첫 번째 하는 행위일 뿐만이 아니라, 하루 중 한 번씩은 반드시 하는 일일 것이다. 우선 수도꼭지를 틀어서 물을 이용하는 것부터 생각해 보자. 댐이나 하천에서 물을 취수해서 우리의 가정의 수도꼭지에 이르기까지 일련의 과정은 거의 대부분이 수리학과 관련된다. 취수지에서 정수지까지 보내는 도수관은 오픈된 경우는 개수로에 해당되고, 도관일 경우는 관수로 흐름의 역학이 개입된다. 정수지에서 배수지까지의 배수관 및 배수지에서 급수지까지의 송수관 등에 대해서는 관로 시스템 및 관망 해석이 요구된다. 따라서 이러한 시스템의 설계를 위해서는 수리학의 이해가 필수적이다. 한편 전기를 이용하는 문제도 동일하다. 우선 물의 위치에너지를 확보하기 위해서는 댐의 축조가 필수적이다. 댐의 축조를 위해서는 정수역학적 고찰이 필요하고 에너지손실, 터빈에 의한 전기에너지 발생 등을 다루는 발전 수리학이 필요하다.

최근 기상의 이상 패턴으로 인해 풍수해 피해가 날로 증가하고 있다. 산사태, 하천세굴, 토사이송으로 인한 하상 증가와 그로 인한 농지 및 주택 침수 그리고 하천 제방의 붕괴 등이 대표적인 예라 할 수 있다. 하천세굴 및 토사이송으로 인한 퇴적 현상은 유사의 메커니즘뿐만 아니라 흐름을 정확히 알고 있어야 대처방안을 찾을 수 있고, 제방 붕괴는 물의 침투현상에 대한 이해가 필요할 뿐만 아니라 단면의 규모, 형상의 결정은 물론 기능을 확보하기 위한 수리학적인 측면에서의 검토가 전반적으로 이루어져야 한다.

한편 연안 부근에서의 해안변형 과정에 큰 영향을 미치는 표사 문제도 수리학과 밀접한 관계가 있다. 연안 부근에서의 표사는 해안에 수직방향으로의 표사도 존재하지만, 대부분이 해안과 평행한 방향의 표사, 즉 연안 표사가 대부분이다. 연안표사의 대표적인 외력은 연안류이다. 따라서 연안류라고 하는 해빈류 계통의 흐름의 메커니즘을 파악하지 못하고서는 표사를 제어할 수 없다. 연안 표사를 제어하는 돌제, 이안제들의 설계에 수리학적 검토는 필수적이다. 하구에 항만을 축조할 때 하천의 물길을 잡아주는 도류제도 마찬가지이다.

일반적으로 임해 공업단지에서의 폐수 방류도 수리학적 측면에서 설계되어야 한다. 해변으로부터 멀리 떨어진 곳에 폐수를 방류하면, 이것이 주변수와 충분히 희석되어 무해한 상태가 되어야 하므로 폐수와 주변수가 혼합하는 과정 즉, 난류혼합과정을 충분히 이해하지 못하고서는 폐수처리 시스템의 설계가 어려울 것이다. 따라서 모형실험들을 통해서 시스템의 안정성은 물론 흐름의 메커니즘을 충분히 파악해 둘 필요가 있다.

제 2 장

물의 기본 성질

모든 유체는 물리적 상태를 나타내는 어떤 특성을 갖고 있다. 그러한 특성을 유체의 성질이라 하는데 물 또한 이러한 성질을 갖는다. 물의 물리적 성질은 수리 시스템에 영향을 미치므로 그것에 대한 이해는 매우 중요하다. 물의 특성은 일반적으로 시스템의 총질량과 관련되는 종량적 특성과 존재하는 물의 양과는 독립적으로 나타나는 강도성 특성으로 분류할 수 있다. 종량적 특성을 띠는 것으로는 체적, 에너지, 질량 및 중량 등을 들 수 있으며, 강도성 특성을 띠는 것으로는 밀도, 단위중량, 비중, 표면장력, 탄성 및 압력 등을 들 수 있다.

본장에서는 우선 앞으로 전개되는 정량적인 분석을 위해 차원과 단위를 다룬다. 그리고 위에서 언급한 물의 물리적 성질에 대해 기술한다. 특히 강도성 특성치 중 물의 기본 성질이 되는 밀도, 점성, 표면장력 및 탄성에 대해서 설명한다.

2.1 유체로서의 물

2.1.1 유체의 정의

우선 유체의 정의로부터 설명을 시작한다. 유체(fluid)란 아무리 작은 전단응력(shear stress)이 작용하더라도 저항하지 못하고 연속적으로 변형하는 물질을 가리킨다. 일반적으로 물질은 고체(solid), 액체(liquid) 및 기체(gas) 상태로 분류되며, 대부분의 물질은 이 세 가지 상태 중 어느 한 상태로 존재하게 된다. 통상 표준상태에서 액체와 기체의 상태로 존재하는 물질을 유체라 부르고 있다. 액체는 물질을 구성하고 있는 분자 상호간의 간격이 비교적 촘촘하고, 기체의 경우는 그들의 간격이 넓어서 분자 상호간의 운동범위는 기체의 경우가 더 크다. 따라서 미시적 관점에서 본다면 유체는 분자상호간에 간격이 있기 때문에 엄밀히 말해서 유체는 불연속체라 말할 수 있다. 그러나 실제의 공학적 문제에 있어서는 이러한 미시적인 개념보다는 훨씬 큰 물리적 크기의 유체를 다루기 때문에 유체를 연속체(continuum)로 다룰 수 있다. 여기서 연속체라고 하는 것은 물질을 해석하는 데 있어서 미분학을 그대로 적용할 수 있는 것을 의미한다. 따라서 수리학에서 다루는 물도 유체의 일종이므로 이 연속체의 개념이 그대로 적용된다.

2.1.2 유체의 분류

유체는 물리적 성질이나 외력이 작용하였을 때의 변화 등에 따라 점성유체(viscous fluid) 및 비점성유체(inviscid fluid)로 분류된다. 일정한 압력과 온도 하에서 운동하고 있는 유체에 작용하는 전단응력과 속도경사가 선형 비례하는 경우 이를 뉴턴 유체(Newtonian fluids)라 하고, 잉크나, 콜타르, 우유 등과 전단응력과 속도경사가 선형관계를 이루지 못하는 유체를 비 뉴턴 유체(non Newtonian fluids)라 부른다. 점성유체와 뉴턴 유체에 대해서는 뒷부분에서 자세히 언급한다. 또 유체 중에는 압력을 가하거나 흐름속도가 대단히 큰 경우에는 유체의 체적이 감소하는 경우가 있는데, 이와 같이 체적이 변화하는 유체를 압축성 유체(compressible fluids)라 하고 체적이 변화하지 않는 유체를 비압축성 유체라 한다. 물의 경우는 압축성이 있기는 하나 극히 작아 특별한 경우를 제외하고는 비압축성으로 취급하는 경우가 대부분이다. 유체 및 유체의 거동을 해석하는 경우, 점성이 없고 압축성도 없는 유체를 가정하는 경우 해석이 아주 단순화 될 수 있고, 또한 이때 얻은 결과는 실제 유체에 부합되는 수도 많다. 이와 같이 점성도 없고 압축성도 없는 가상적인 유체를 이상유체(ideal fluids) 또는 완전유체(perfect fluids)라 부른다.

2.1.3 물의 상태변화

앞에서 설명한 유체의 정의에 따라 물이 유체인 것은 분명하다. 물 분자가 갖고 있는 에너지는 온도와 압력에 의해 좌우되며, 물 분자가 갖고 있는 에너지에 따라 고체, 액체 및 기체의 상태 즉 얼음이나 눈과 같은 고체, 표준상태 하에서 흔히 존재하는 액체로서의 물 및 수증기 상태의 기체로 존재한다. 위의 물의 3가지 상태는 상호변화가 가능한데 이때는 반드시 에너지의 유출입이 관계한다. 일반적으로 분자상호간의 거리가 크게 되는 방향으로 변화하는 경우는 에너지가 필요하고, 그 반대의 경우에는 외부로 에너지를 빼앗기게 된다. 예를 들어 얼음 1 g을 녹이는 데 필요한 열량은 79.71 cal이고, 물 1 g을 얼리기 위해서는 같은 양의 열량을 물로부터 빼앗아야 한다. 또 액체 상태의 물 1 g을 수증기 상태로 변화시키기 위해서는 597 cal의 열량이 필요하고, 그 반대의 경우는 동일량의 에너지를 수증기로부터 빼앗아야 한다. 여기서 1 cal는 액체상태의 물 1 g을 1°C 높이는 데 필요한 열량을

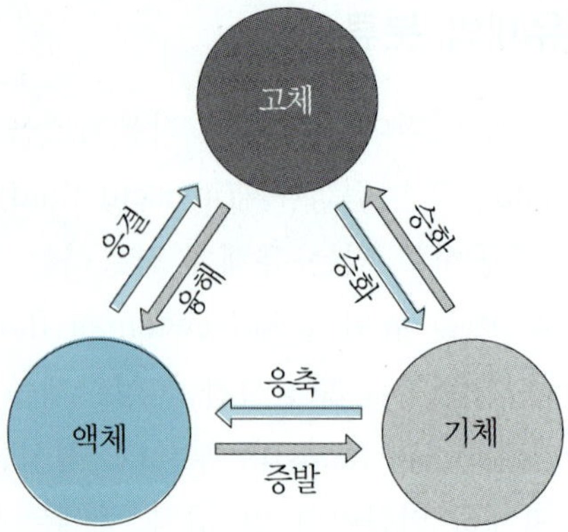

그림 2.1 물의 3가지 상태변화

말한다. 비열(specific heat)은 어떤 물질 1 g을 1°C 높이는 데 필요한 열량을 의미하므로, 물의 비열은 1 cal/g°C인 것을 쉽게 알 수 있다. 참고로 얼음의 비열은 0.456 cal/g°C이다. 이러한 물의 상태변화를 모식적으로 나타낸 것이 그림 2.1이다.

2.2 차원과 단위

2.2.1 차원 dimension

우리가 다루는 물리현상을 표현하기 위해서는 그 현상과 관계하는 힘, 질량, 길이, 시간, 속도, 가속도 등과 같은 여러 가지 물리량의 특징을 규정하는 기본량이 필요하다. 이들 기본량을 차원(次元, dimension)이라 한다. 이때 어느 물리량이 기본량의 어떠한 조합으로 이루어져 있는가를 나타내기 위해서, 기본량의 요소를 한 개의 문자로 나타낸다. 예를 들어 길이, 시간 및 질량이 기본량으로 선택된다면, 이것을 [L], [T] 및 [M]으로 나타내고 각각을 길이, 시간 및 질량의 차원(dimension)이라 부른다. 이와 같이 차원을 이용하여 면적 및 가속도를 나타내면 $[L^2]$ 및 $[LT^{-2}]$이 된다. 기본량으로 선택된 차원을 일반적으로 기본차원이라고 말하고, 그 이외의 양을 유도차원이라 부르고 있다.

일반 역학에서는 길이, 질량 및 시간을 기본차원으로 하는 [MLT]계가 채용되고 있는데, 공학 또는 기술적인 문제에 대해서는 힘, 길이 및 시간을 기본차원으로 하는 [FLT]계가 이용되고 있다. 임의의 유도 차원은 그것에 관계되는 물리방정식으로부터 유도된다. 예를 들어 길이를 s, 시간을 t로 하면, 속도, 가속도 및 힘은 아래와 같이 표현되고, 그 차원은 우측에 나타낸 바와 같이 유도된다.

$$속도(= 길이/시간) : v = \frac{ds}{dt}, \ [v] = [LT^{-1}] \tag{2.1}$$

$$가속도(= 속도변화/시간) : a = \frac{d^2s}{dt^2}, \ [a] = [LT^{-2}] \tag{2.2}$$

$$힘(= 질량 \times 가속도) : F = ma, \ [F] = [MLT^{-2}] \tag{2.3}$$

또 질량에 대한 차원은 식 (2.3)의 관계로부터 다음과 같이 나타낼 수 있다.

$$[M] = [FL^{-1}T^2] \tag{2.4}$$

따라서 식 (2.3)과 (2.4)를 이용하면, [MLT]계에서 [FLT]계로, 또는 [FLT]계에서 [MLT]계로 상호 변환이 가능하다. 표 2.1은 토목공학에서 많이 사용되는 유도 차원을 나타낸 표이다.

표 2.1 주요 유도차원

물리량	기본차원	
	MLT 계	**FLT 계**
면적	L^2	L^2
체적	L^3	L^3
속도	LT^{-1}	LT^{-1}
가속도	LT^{-2}	LT^{-2}
각속도	T^{-1}	T^{-1}
밀도	ML^{-3}	$FL^{-4}T^2$
비중	$M^0L^0T^0$	$M^0L^0T^0$
운동량	MLT^{-1}	FT
힘	MLT^{-2}	F
동력	ML^2L^{-3}	FLT^{-1}
응력	$ML^{-1}T^{-2}$	FL^{-2}
점성계수	$ML^{-1}T^{-1}$	$FL^{-2}T$
동점성계수	L^2T^{-1}	L^2T^{-1}

2.2.2 단위 unit

예를 들어, 어느 물체의 무게가 W라 할 때에는, 그 중량이 'W g중' 또는 'W kg중'이라는 것을 의미한다. 즉 물리량의 크기를 나타내기 위해서는 일정한 기준을 정하여 두고, 그 물리량이 그 기준량의 몇 배에 해당하는가로 그 크기를 나타내게 되는데, 이때 그 기준량이 단위(unit)가 된다. 위에서는 g중 또는 kg중이 중량의 기준량 단위로 쓰이고 있다.

일반적으로 단위제는 한국, 프랑스 등에서 사용해온 미터단위제(metric unit system)와 미국, 영국 등에서 사용하고 있는 영국단위제(British unit system), 그리고 국제 단위제(International unit system)로 대별된다. 미터 단위제와 영국 단위제는 또 [MLT]계를 채용하느냐 아니면 [FLT]계를 채용하느냐에 따라 절대단위계 및 공학단위계로 나눌 수 있다. 이들을 도표로 정리하여 보면 표 2.2와 같다.

표 2.2 단위제

단위제	단위계	기본차원			
		힘(F)	질량(M)	길이(L)	시간(T)
영국 단위제	절대단위계 (MLT)	(poundal)	lb_m	ft	sec
	공학단위계 (FLT)	lb_f(lb중) lb_f(lb중)	(lb_m) slug	ft ft	sec sec
미터 단위제	절대단위계 (MLT, CGS단위계)	(dyne)	g	cm	sec
	공학단위계 (FLT, MKS단위계)	kg중	(kg)	m	sec
국제 단위제	절대단위계 (MLT)	(Newton)	kg	m	sec

(1) 영국단위제

영국단위제에서 절대단위계(MLT계)는 질량, 길이 및 시간의 기본단위로서 각각 lb_m, ft, 및 sec를 사용한다. 이때 힘의 기본단위는 poundal로 표시하는데, 1 poundal은 1 lb_m의 질량을 갖는 물체에 1 ft/sec^{2}의 가속도가 작용하는 힘으로서 다음과 같이 정의된다.

$$1\ \text{poundal} = 1\ \text{lb}_\text{m} \times 1\ \text{ft/sec}^2$$

또 영국단위제의 공학단위계(FLT계)는 lb중, ft 및 sec를 각각 힘, 길이 및 시간의 기본단위로 사용하며, 1 lb중은 1 lbm의 질량을 갖는 물체에 32.17 ft/sec^{2}의 중력가속도가 작용하는 힘으로서 다음과 같이 정의된다.

$$1\ \text{lb}_\text{f}(\text{lb중}) = 1\ \text{lb}_\text{m} \times g(\text{중력가속도}) = 1\ \text{lb}_\text{m} \times 32.17\ \text{ft/sec}^2$$
$$= 1\ \text{slug} \cdot \text{ft/sec}^2$$

상기 식으로부터 질량단위 slug는 다음과 같은 값을 갖는다.

$$1\ \text{slug} = 32.17\ \text{lb}_\text{m}$$

(2) 미터단위제

미터 단위제에서 절대단위계(MLT계)인 CGS단위계는 질량, 길이 및 시간의 기본 단위로서 각각 g, cm 및 sec를 사용한다. 이때의 힘의 기본 단위는 dyne이며 1 dyne은 1 g의 질량에 1 cm/sec^{2}의 가속도가 가해진 힘을 나타낸다. 즉, 다음과 같이 표시된다.

$$1\ \text{dyne} = 1\ \text{g} \cdot \text{cm/sec}^2$$

또 미터단위제의 공학단위계(FLT계)인 MKS단위계는 힘, 길이 및 시간의 기본단위로서 각각 kg중, m 및 sec를 사용하고 힘의 기본단위는 kg중인데, 1 kg중은 1 kg의 질량에 9.8 m/sec^{2}의 가속도가 작용하는 힘을 나타낸다.

$$1\ \text{kg중} = 1\ \text{kg} \times 9.8\ \text{m/sec}^2 = 9.8\ \text{kg} \cdot \text{m/sec}^2$$

(3) 국제단위제

상기 단위제 이외에도 각국에서 고유하게 쓰여 온 단위제도가 있고, 위에 설명한 단위제도에 대해서도 각국마다 사용하는 단위가 다르므로 많은 혼동을 야기하고 국제간 정보, 학술교류에 많은 불편을 초래하였다. 따라서 이러한 불편을 해소하기 위해서 파리에 본부를 둔 국제도량형총회에서 SI 단위제(국제단위제: Système International d'Unitès)를 채택하게 되었다.

SI 단위를 간단히 설명한다면, 절대단위(MLT계)로서 기본 단위인 질량, 길이 및 시간을 각각 kg, m 및 sec를 사용하며, 이때 힘의 기본 단위는 N (Newton)이다. 1 N은 1 kg의 질량에 1 m/sec^{2}의 가속도가 작용하는 힘을 나타낸다.

$$1\ \text{N} = 1\ \text{kg} \cdot \text{m/sec}^2$$

1 kg중의 힘을 N으로 표시하면 다음과 같이 된다.

$$\begin{aligned} 1\ \text{kg중} &= 1\ \text{kg} \times 9.8\ \text{m/sec}^2 \\ &= 9.8\ \text{kg} \cdot \text{m/sec}^2 = 9.8\ \text{N} \end{aligned}$$

따라서 SI 단위는 미터단위제의 공학단위계인 MKS 단위계에서 힘의 기본단위 kg중을 질량의 기본단위 kg으로 치환한 절대단위라고 볼 수 있다. SI 단위계에서는 수치가 너무 크거나 작을 때 붙이는 접두어가 사용되기도 한다. 예를 들면 1 kN은 10^3 N, 1 MW는 10^6 Watt를 의미하고, mm는 10^{-3} m를 뜻한다. 이 외에 N · sec/m^2, N · m 및 kg · m/sec 등과 같이 2개 또는 그 이상의 단위의 곱으로 이루어지는 복합 단위에서는 사이에 점(dot)이 사용된다.

수리학에서 많이 사용되는 물리량을 SI 단위로 나타내면 표 2.3과 같다.

표 2.3 물리량의 SI 단위

물리량(quantity)	SI 단위	비고
길이(length)	m	
질량(mass)	kg	
시간(time)	sec	
평면각(degree)	rad	
체적(volume)	m^3	
각속도(angular velocity)	rad/s	1°(도) = $\frac{\pi}{180}$ rad
힘(force)	N	1 N = 1 kg · m/sec^2
압력(stress)	Pa(N/m^2)	1 Pa = 1 N/m^2
응력(pressure)	Pa(N/m^2)	
일(에너지)	J	1 J = 1 N · m
동력(일률, power)	W	1 W = 1 J/sec
점성계수(viscosity)	N · sec/m^2	
동점성계수(kinematic viscosity)	m^2/sec	

예제 2.1 단위환산

지구의 중력가속도의 크기가 $g = 9.0\ \text{m/sec}^2$인 지점에서 10 kg의 질량을 저울로 달면 몇 kg중이 되는가? 또 N으로 환산하면 얼마인가?

주어진 값: 중력 가속도 $g = 9.0\ \text{m/sec}^2$

질량: $m = 10\ \text{kg}$

찾는 값: 무게 (kg중과 N으로 표시)

참고 사항: $\left\{\begin{matrix} 1\ \text{N} = 1\ \text{kg}\cdot\text{m/sec}^2 \\ 1\ \text{kg중} = 9.8\ \text{N} \end{matrix}\right\}$

풀이

$$
\begin{aligned}
W &= mg \\
&= 10\ \text{kg} \times 9.0\ \text{m/sec}^2 \\
&= 90\ \text{kg}\cdot\text{m/sec}^2 \\
&= 90\ \text{N}(\because 1\ \text{N} = 1\ \text{kg}\cdot\text{m/sec}^2) \\
&= 90 \times \frac{1}{9.8}\text{kg중} = 9.18\ \text{kg중}(1\ \text{N} = \frac{1}{9.8}\ \text{kg중})
\end{aligned}
$$

예제 2.2 단위환산

지구 중력가속도가 $g = 30.0\ \text{ft/sec}^2$인 곳에 4 slug의 질량을 갖는 물체가 받는 무게는 몇 lb_f(lb중)인가? 또 이것을 kg중으로 고치면 얼마인가?

주어진 값: $g = 30.0\ \text{ft/sec}^2$, $m = 4\ \text{slug}$

찾는 값: W (lb_f와 kg중 단위)

참고 사항: 1 lb중 = 1 slug ft/sec^2

$g = 32.17\ \text{ft/sec}^2$

$1\ \text{lb}_m = 0.454\ \text{kg}$

풀이

$$
\begin{aligned}
W &= mg \\
&= 4\ \text{slug} \times 30.0\ \text{ft/sec}^2 \\
&= 120\ \text{slug}\ \ \text{ft/sec}^2 \\
&= 120\ \text{lb}_f(\text{lb중}) \\
&= 120 \times\ 0.454\ \text{kg중} \\
&= 54.48\ \text{kg중}
\end{aligned}
$$

2.3 물의 밀도, 단위중량 및 비중

2.3.1 밀도 density

물체의 밀도는 단위체적당 질량으로 표시하고, 관용적으로 ρ로 표시한다.

$$\rho = \frac{m}{V} \tag{2.5}$$

여기서 V는 물체의 체적이고, m은 물체의 질량을 가리킨다. 일반적으로 액체의 밀도는 온도와 압력에 따라서 변화한다. 물의 밀도는 압력이 증가하면 함께 증가하고, 1 기압 4°C의 온도에서 최대로 되는데 온도와 압력에 의한 물의 밀도변화를 각각 표 2.4 및 표 2.5에 나타낸다.

물의 밀도의 단위를 CGS 단위, MKS 및 SI 단위로 각각 나타내 보자. 밀도를 [MLT]계의 차원으로 표시하면 $[\rho] = [ML^{-3}]$이고, $[M] = [FL^{-1}T^2]$이므로 [FLT]계로 나타내면 $[\rho] = [FL^{-4}T^2]$으로 나타낼 수 있다. 따라서 [MLT]계의 단위로는 g/cm^3, kg/cm^3 및 kg/m^3 등의 단위를 쓸 수 있고, [FLT]계의 단위로는 dyne · sec^2/cm^4, g중 · sec^2/cm^4, kg중 · sec^2/m^4 등의 단위를 쓸 수 있다. 구체적으로 4°C의 물의 밀도를 구해본다.

[MLT] [FLT]

$$= 1\ \text{g/cm}^3 = 1 \cdot \frac{\text{g} \cdot \text{cm/sec}^2}{\text{cm/sec}^2} \cdot \frac{1}{\text{cm}^3} = 1\ \frac{\text{dyne} \cdot \text{sec}^2}{\text{cm}^4} \quad \text{(CGS 단위)}$$

$$= 1000\ \text{kg/m}^3 = 1000\ \text{kg} \cdot \frac{\text{m/sec}^2}{\text{m/sec}^2} \cdot \frac{1}{\text{m}^3} = 1000\ \text{N} \cdot \text{sec}^2/\text{m}^4 \quad \text{(SI 단위)}$$

$$= 1000\ \text{kg/m}^3 = 1000\ \text{kg} \cdot \frac{\text{m/sec}^2}{\text{m/sec}^2} \cdot \frac{1}{\text{m}^3} \quad \text{(MKS 단위)}$$

$$= 1000\ \text{kg} \cdot \frac{9.8\text{m/sec}^2}{9.8\text{m/sec}^2} \cdot \frac{1}{\text{m}^3}$$

$$= \frac{1000}{9.8}\ \text{kg중} \cdot \text{sec}^2/\text{m}^4$$

$$= 102\ \text{kg중} \cdot \text{sec}^2/\text{m}^4$$

이 된다.

표 2.4 온도에 의한 물의 밀도 변화

	온도[°C]	0	4	10	20	30	40	50	60
SI 단위	밀도[kg/m³]	999.9	1000	999.7	998.2	995.7	992.2	988.1	965.3
공학단위	밀도[kg중 · s²/m⁴]	102.0	102.0	101.9	101.8	101.5	101.2	100.8	98.43
	단위중량[kg중/m³]	999.9	1000	999.7	998.2	995.7	992.2	988.1	965.3

표 2.5 압력에 의한 물의 밀도 변화

압력[kg중/cm²]	1	50	100	200	500
밀도[kg/cm³] 0°C	999.9	1002.3	1004.8	1009.6	1023.1
밀도[kg/cm³] 20°C	998.2	1000.5	1002.7	1007.1	1018.8
밀도[kg/cm³] 50°C	988.0	990.2	992.3	996.5	1007.9

2.3.2 단위중량 unit weight or specific weight

어느 물체의 단위 체적당의 중량을 단위중량(unit weight), 또는 비중량(specific weight)이라 하고 γ로 표기한다. W를 물체의 중량, $\forall$를 체적으로 하면

$$\gamma = \frac{W}{\forall} \tag{2.6}$$

로 표시할 수 있다. 식 (2.6)에서 $W = \mathrm{mg}$이므로 단위중량과 밀도와의 관계는 다음 식으로 나타낼 수 있다.

$$\gamma = \frac{mg}{\forall} = \rho g \tag{2.7}$$

식 (2.7)에서 알 수 있는 바와 같이 g(중력가속도)는 일정한 값이므로 밀도가 온도와 압력에 의해서 변화하는 것과 마찬가지로 단위중량도 온도와 압력에 의해 변화한다. 표 2.5에는 온도에 의한 물의 밀도 변화와 단위중량의 변화도 함께 나타나 있다.

2.3.3 비중 specific gravity

물체의 비중은 물체와 동일한 체적을 갖는 물의 무게에 대한 물체의 무게의 비로서 정의하고 s로 표기한다. 고체나 액체의 비중은 일반적으로 4°C의 순

수한 물을 기준으로 한다.

$$s = \frac{\text{물체의 무게}}{\text{동일체적의 물의 무게}} = \frac{W / \forall}{W_w / \forall_w} \tag{2.8}$$

물체의 중량, 밀도 및 단위중량을 각각 W, ρ 및 γ로 나타내고 물에 대해서 W_w, $\forall_w$, ρ_w, γ_w로 나타내면 물체의 체적과 물의 체적이 동일하므로 다음과 같이 나타낼 수도 있다.

$$s = \frac{W / \forall}{W_w / \forall_w} = \frac{mg / \forall}{m_w g / \forall_w} = \frac{\rho}{\rho_w} = \frac{\gamma}{\gamma_w} \tag{2.9}$$

예제 2.3 중량, 밀도 및 비중의 산정

단위중량이 $\gamma = 1025$ kg중/m^{3}인 해수의 체적이 $\forall = 3.4$ m^{3}이었다. 해수의 중량(W), 밀도(ρ) 및 비중(s)을 구하라.

주어진 값: $\gamma = 1{,}025$ kg중/m^3
$\forall = 3.4$ m^3

찾는 값: W(중량), ρ(밀도) 및 s(비중)

참고 사항: $s = \dfrac{\rho}{\rho_w} = \dfrac{\gamma}{\gamma_w}$

풀이

$\gamma = \dfrac{W}{\forall}$ 에서

$$W = \gamma\forall = 1{,}025 \text{ kg중/m}^3 \times 3.4 \text{ m}^3$$
$$= 3{,}485 \text{ kg중} \qquad \text{(MKS 단위)}$$
$$= 3{,}485 \times 9.8 \text{ N}$$
$$= 34.153 \text{ kN} \qquad \text{(SI 단위)}$$

$$\rho = \frac{\gamma}{g} = \frac{1{,}025 \text{ kg중/m}^3}{9.8 \text{ m/sec}^2} = 104.59 \text{ kg} \cdot \text{sec}^2/\text{m}^4 \qquad \text{(MKS 단위)}$$

$$\rho = \frac{m}{\forall} = \frac{3{,}485 \text{ kg}}{3.4 \text{ m}^3} = 1{,}025 \text{ kg/m}^3 \qquad \text{(SI 단위)}$$

$$s = \frac{\gamma}{\gamma_w} = \frac{1{,}025 \text{ kg중/m}^3}{1{,}000 \text{ kg중/m}^3} = 1.025$$

2.4 물의 점성

2.4.1 점성의 정의

유체층과 층 사이에서, 또는 유체가 고체 경계면에 대해서 상대적인 운동을 할 때, 경계면에서는 그 운동에 대한 저항력이 생기게 되는데 이 때의 저항을 마찰저항이라 하고 마찰저항을 일으키는 유체의 성질을 점성(viscosity)이라 한다. 따라서 비점성유체의 운동에서는 마찰력이 발생하지 않으며, 마찰에 의한 에너지손실도 뒤따르지 않는다.

2.4.2 Newton의 점성법칙

점성과 마찰응력과의 관계를 알아보기 위해서 그림 2.2와 같은 상황을 설정한다. 유체요소 ABCD에서 AB면과 CD면에 각각 마찰응력 τ가 작용하는 경우를 생각하면 유체요소는 마찰응력(또는 전단응력)에 의해서 변형을 일으킨다.

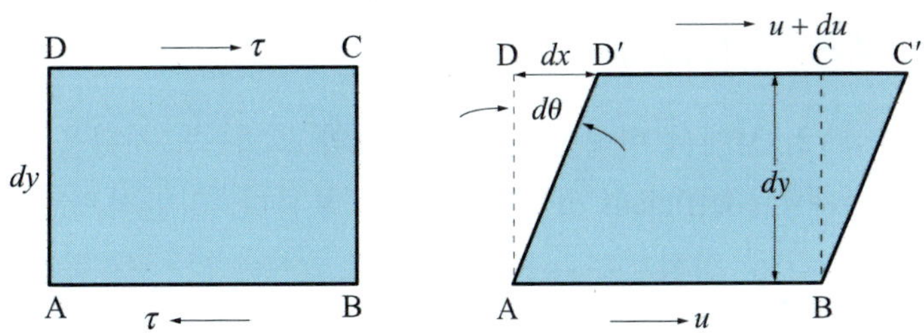

그림 2.2 유체요소의 변형

dt 시간 동안에 ABCD의 유체요소가 마찰응력에 의해서 $d\theta$ 만큼의 각 변형을 일으켜 ABC′D′로 변화했다고 가정하자. 이때 AB면과 DC면의 속도 차를 du라하면 $\overline{CC'}$ 및 $\overline{DD'}$의 거리는 $dx = du\,dt$가 된다. 실험에 의하면 Newton유체에 대해서는 각 변형율, $\dfrac{d\theta}{dt}$는 전단응력(τ)에 비례하는 것으로 밝혀졌다.

$$\tau \propto \frac{d\theta}{dt} \tag{2.10}$$

위에서 $d\theta$는 미소한 양이므로, 다음과 같이 표현할 수 있다.

$$\tan d\theta \simeq d\theta = \frac{dx}{dy} = \frac{du\,dt}{dy} \tag{2.11}$$

식 (2.11)을 식 (2.10)에 대입하면 τ와 속도경사 du/dy는 다음과 같은 관계를 갖는다.

$$\tau \propto \frac{du}{dy} \tag{2.12}$$

식 (2.12)의 관계에서 알 수 있는 바와 같이 전단응력은 속도경사 (du/dy)에 비례하는 것을 알 수 있다. 식 (2.12)를 완전한 식의 형태로 나타내기 위해서 비례상수 μ를 도입한다.

$$\tau = \mu \frac{du}{dy} \tag{2.13}$$

식 (2.13)을 일반적으로 Newton의 점성법칙이라 말하고 층류의 Newton유체에 대해서는 이 식을 적용할 수 있다.

2.4.3 점성계수

식 (2.13)에서 비례상수 μ는 점성의 크기 즉, 저항을 나타내는 지표로서 점성계수(coefficient of viscosity)라 부른다. 일반적으로 공학에서는 식 (2.14)와 같이 점성계수 μ를 밀도 ρ로 나눈 값, 즉 동점성계수(coefficient of kinematic viscosity) ν를 사용하는 경우가 많다.

$$\nu = \frac{\mu}{\rho} \tag{2.14}$$

점성계수 μ 및 동점성계수 ν의 차원은 식 (2.13) 및 (2.14)를 이용하면 쉽게 구할 수 있다. μ의 차원은 MLT계에서는 $[ML^{-1}T^{-1}]$의 차원을 갖고 FLT계에서는 $[FL^{-2}T]$의 차원을 갖는다. 동점성계수 ν의 차원은 $[L^2T^{-1}]$이므로 MLT계나 FLT계에서 차원이 동일하다. μ의 차원을 이용해서 단위를 써보면 절대단위로는 g/cm · sec, FLT계에서는 dyne · sec/cm^2, kg중 · sec/m^2 등을 쓸 수 있고 SI 단위로 나타내면 kg/m · sec 및 N · sec/m^2등으로 나타낼 수 있다. 특히 1 g/cm · sec (또는 1 dyne · sec/cm^2)의 점성의 크기를 1 poise라 부른다. ν의 단위로는 cm^2/sec 및 m^2/sec를 들 수 있고, 이때 1

cm^2/sec 크기의 동점성의 크기를 1 stokes라 부르고 있다. 여러 가지 유체의 점성계수와 동점성계수 값에 대해서 그림 2.3에 도시한다.

일반적으로 유체의 점성은 응집력 및 유체 입자의 운동량 수송(교환)과 관련된다. 따라서 유체의 점성은 온도와 밀접한 관계가 있다. 그러나 온도 변화에 대해 유체의 점성계수의 변화 특성을 일반적으로 말할 수는 없다. 그림 2.3에서 보는 바와 같이 온도가 증가함에 따라 점성이 증가하는 유체가 있는가 하면, 감소하는 유체가 있기 때문이다. 그러나 그림 2.3을 자세히 살펴보면 유체 중 액체는 온도가 증가하면 점성이 감소하고, 기체인 경우는 점성이 증가한다. 액체의 점성은 유체운동시의 운동량 교환보다는 분자의 응집력에 의해서 지배되는 것을 알 수 있다. 즉 온도증가에 의해서 응집력이 와해되어 점성력이 감소되는 것이다. 기체인 경우는 액체와는 반대로

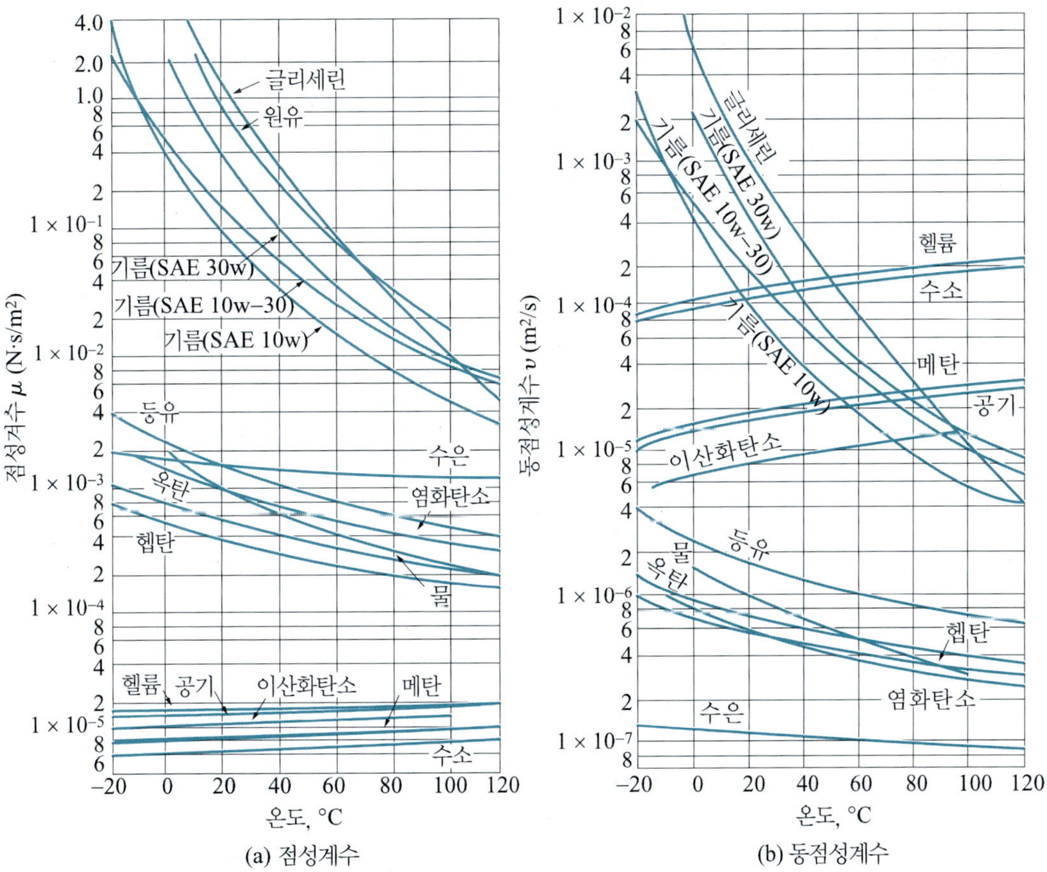

그림 2.3 유체의 점성계수

분자의 응집력보다는 분자의 운동량 교환(수송)이 점성을 지배하므로 온도가 증가하면 기체분자의 운동량 수송이 활발해져서 점성이 증가하게 된다.

예제 2.4 점성의 단위환산

온도 20℃에서의 물의 점성계수는 $\mu = 0.01$ dyne · sec/cm^{2}이다. 이것을 g/cm · sec, kg중 · sec/m^2, N · sec/m^2 단위로 환산하라.

주어진 값: $\mu = 0.01$ poise

찾는 값: g/cm · sec, kg중 · sec/m^2, N · sec/m^2 단위로 환산

풀이

$$\begin{aligned}
\mu &= 0.01 \text{ dyne} \cdot \text{sec/cm}^2 \\
&= 0.01 \times \frac{1}{980} \text{ g중} \cdot \text{sec/cm}^2 \\
&= 1.02 \times 10^{-5} \text{ g중} \cdot \text{sec/cm}^2 \qquad ① \\
&= 1.02 \times 10^{-5} \times 10^{-3} \text{ kg 중} \cdot \text{sec} / \left(\frac{1}{100}\text{m}\right)^2 \\
&= 1.02 \times 10^{-4} \text{ kg중} \cdot \text{sec/m}^2 \\
&= 1.02 \times 10^{-4} \times 9.8 \text{ N} \cdot \text{sec/m}^2 \\
&= 10^{-3} \text{ N} \cdot \text{sec/m}^2
\end{aligned}$$

①로부터

$$\begin{aligned}
\mu &= 1.02 \times 10^{-5} \text{g} \times 980 \text{ cm / sec}^2 \cdot \text{sec / cm}^2 \\
&= 10^{-2} \frac{\text{g} \cdot \text{cm}}{\text{sec}^2} \frac{\text{sec}}{\text{cm}^2} \\
&= 10^{-2} \text{g / cm} \cdot \text{sec}
\end{aligned}$$

예제 2.5 점성에 의한 마찰저항력과 동력산정

지름이 15 cm인 축이 1800 rpm으로 회전하고 있다. 이 축 주위에 지름이 15.05 cm이고 길이가 30 cm인 베어링이 장치되어 있고, 축과 베어링 사이에는 점성계수가 $\mu = 0.018$ kg/m · sec인 기름이 채워져 있다. 이때 베어링에서 발생하는 점성에 의한 마찰저항력과 이 저항력을 이기기 위해 가동해야 할 최소한의 동력을 구하라. 단, 축과 베어링 사이의 유속은 선형분포로 가정한다.

주어진 값: $\mu = 0.018$ kg/m · sec
찾는 값: $F = \tau A$, $P = FV$(속도)

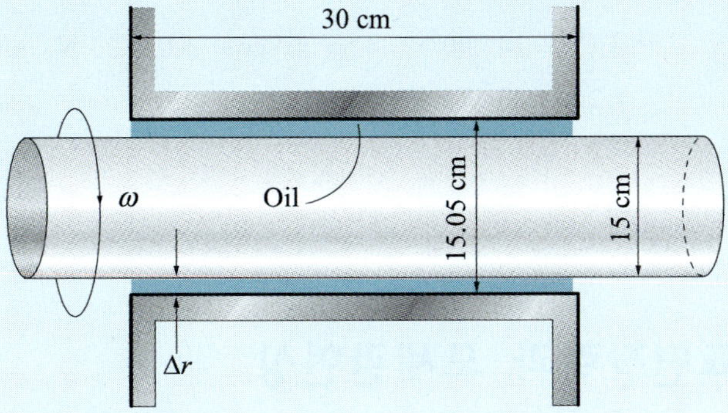

그림 E2.5

풀이

우선 축이 1800 rpm의 회전운동을 하므로 회전각속도 ω는

$$\omega = \frac{1,800 \times 2\pi}{60\ \text{sec}} = 60\pi\ \text{rad/sec}$$

또 축 주위에서의 접선속도 V는

$$V = \omega r = 60\pi \times 0.075$$
$$= 4.5\pi\ \text{m / sec}$$

가 된다. 축 표면에 작용하는 마찰응력 τ는 축과 베이링 사이의 점성흐름이 Newton 법칙에 따르고, 유속이 축면에서 접선속도 V이고 베어링과 접하는 면에서 0인 직선 분포리 가정히면 다음과 같이 표현할 수 있다.

$$\tau = \mu \frac{du}{dy} = \mu \frac{V}{\Delta r}$$
$$= 0.018\ \text{kg/m/s} \cdot \frac{4.5\pi\ \text{m/sec}}{0.00025\ \text{m}} = 1017.88\ \text{kg} \cdot \text{m/sec}^2/\text{m}^2$$
$$= 1017.88\ \text{N/m}^2 = 1017.88\ \text{Pa}$$

마찰저항력 F는

$$F = \tau A = 1017.88\ \text{N/m}^2 \times \pi \times 0.15 \times 0.3$$
$$= 143.90\ \text{N}$$

동력(P)은 마찰저항 × 축의 접선속도(V)이므로

$$P = FV = 143.90\ \text{N} \times 4.5\pi\ \text{m/sec} = 2,034.33\ \text{N} \cdot \text{m/sec}$$
$$= 2,034.33\ \text{J/sec(W)}$$
$$= 2.034\ \text{kW}$$

2.5 표면장력과 모세관현상

2.5.1 표면장력, σ

액체는 액체 분자간의 인력에 의해서 생기는 응집력(cohesion)을 갖고 있다. 액체 내부의 분자는 주위의 분자로부터 인력을 받아서 서로 균형을 이루게 되지만, 액체 표면의 분자는 주위에 있는 기체와 액체 분자의 인력의 불균형이 일어나 액체 내부 쪽으로 장력이 작용하게 된다. 이렇게 서로 혼합될 수 없는 두 유체의 경계면에서 분자 인력의 불균형 때문에 액체 표면을 최소로 수축하고자 하는 힘이 작용하는데, 이를 표면장력(surface tension)이라 한다.

이때 액체의 표면적을 최소로 하는 데 필요한 에너지, 즉 분자간 인력의 불균형을 이기고 유체 분자를 자유 표면까지 가져오는 데 드는 일을 자유표면에너지, E_s (free surface energy, 또는 potential energy)라 한다. 그림 2.4에서와 같이 유체 표면의 축소되기 이전의 면적을 A, 축소 뒤의 면적을 B라 하면, 표면장력은 다음과 같이 정의된다.

$$\sigma = \frac{\text{자유 표면 에너지}\ (E_s)}{\text{감소된 면적}\ (\text{A} - \text{B})} \tag{2.15}$$

식 (2.15)로부터 표면장력, σ의 차원을 구해 보면

$$[\sigma] = \frac{[\text{FL}]}{\text{L}^2} = [\text{FL}^{-1}] \tag{2.16}$$

이 된다. 식 (2.16)으로부터 표면장력은 단위길이당 힘인 것을 알 수 있다.

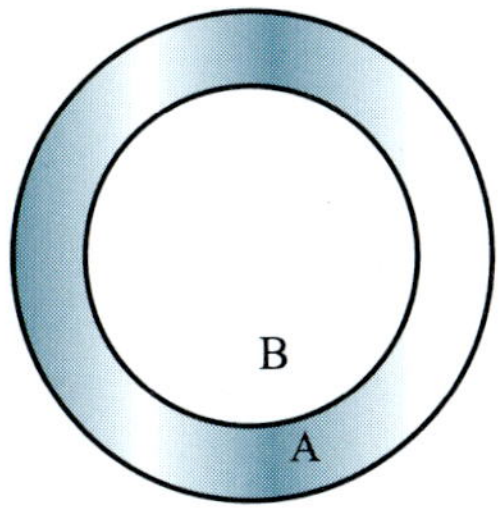

그림 2.4 표면장력에 의한 단면의 수축

표 2.6 표면장력과 온도의 관계

온 도(℃)	0	5	10	15	20	25	30	50	100
표면장력(dyne/cm)	75.04	74.92	74.22	74.39	72.75	71.93	71.18	67.91	59.85

표면장력의 단위로는 통상 dyne/cm를 많이 사용해 왔으며, SI 단위로 표시하면 N/m가 된다. 물의 표면장력은 온도가 증가하면 감소하는데, 표 2.6은 온도와 물의 표면장력의 관계를 개략적으로 정리한 것이다.

2.5.2 표면장력과 곡면 내·외부 압력차의 관계

일반적으로 표면장력을 받아 수표면이 일정한 곡률을 갖는 곡면을 형성하게 되면, 곡면의 내부와 외부는 압력차가 생기게 된다. 이때 표면장력과 압력의 관계식을 구하기 위해 그림 2.5와 같이 곡률반경이 각각 R_1, R_2인 2중 만곡면의 미소면적요소 $dx \times dy$를 생각하자. 해석을 단순화하기 위해서 곡률반경 R_1, R_2가 무한히 크다고 가정하면, 즉 α, β각이 무한히 작은 경우에는 그림 2.5(a)는 그림 2.5(b)와 같이 평면에 투영시킨 면적요소와 같다고 보아도 거의 오차가 없다. 그림 2.5(b)에서 윗부분과 오른쪽 그림은 곡률이 각각 R_1 및 R_2인 곡면의 연직단면을 나타낸 것이다. 곡률이 R_1인 곡면의 방향으로 σdy 크기의 장력이 수평면과 α의 각을 갖고 작용하고 있으며 곡률이 R_2인 곡면의 방향으로는 σdx의 크기의 장력이 수평면과 β의 각을 갖고 작용하고 있다. 곡면 내·외부의 압력차 $p_i - p_0$는 표면장력에 의해서 생긴 것이므로, 결국 압력차에 의한 힘은 표면장력에 의한 힘과 평형을 이루게

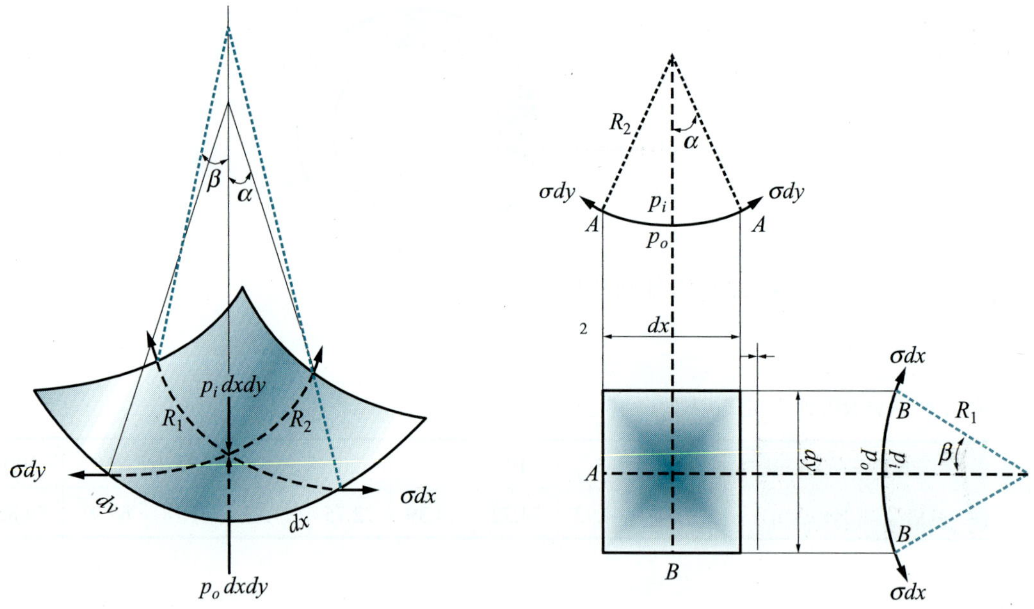

그림 2.5 표면장력과 곡면 내외부의 압력차의 관계

된다. 그러나 압력차 $p_i - p_0$는 면 요소 $dx \times dy$에 수직하게 작용하고 있으므로 표면장력에 의한 힘도 수직성분으로 환산하여야 한다. 즉, 다음 관계가 성립한다.

압력차에 의한 힘 = 표면장력에 의한 힘의 수직성분

위 관계를 수식으로 표현하면

$$(p_i - p_0)\,dxdy = 2\sigma\,dy\sin\alpha + 2\sigma\,dx\sin\beta \tag{2.17}$$

여기서 p_i, p_0는 각각 곡면 내부 및 외부의 압력이다.

위식에서 α, β는 극히 작은 값이므로 $\sin\alpha \cong \dfrac{dx}{2R_1}$, $\sin\beta \cong \dfrac{dy}{2R_2}$로 쓸 수 있으므로 식 (2.17)은 다음 식으로 고쳐 쓸 수 있다.

$$(p_i - p_0)\,dxdy = \sigma dy\frac{dx}{R_1} + \sigma dx\frac{dy}{R_2} \tag{2.18}$$

식 (2.18)의 양변에 공통인 면적요소 $dxdy$로 양변을 나누고 정리하면 다음과 같이 쓸 수 있다.

$$\Delta p = p_i - p_0 = \sigma\left(\frac{1}{R_1} + \frac{1}{R_2}\right) \tag{2.19}$$

위 식은 이중 곡면을 형성하였을 경우, 표면장력에 의하여 생기는 곡면 내외부의 압력차를 나타내는 식이다. 만약 곡률반경이 서로 같을 경우 즉, $R_1 = R_2$로서 곡면이 구형인 경우는 다음과 같이 간단히 쓸 수 있다.

$$\Delta p = \frac{2\sigma}{R} \tag{2.20}$$

곡면이 구형인 경우에 대해서는 지름이 d인 물방울을 생각하면 식 (2.20)과 동일한 식을 얻을 수 있다. 그림 2.6(a)와 같이 직경이 d인 중공의 물방울을 생각하자. 곡면에 작용하는 표면장력에 의해서 물방울 내·외부의 압력차 Δp가 물방울 내부에서 밖을 향하여 곡면에 수직하게 작용한다고 생각하자.

물방울의 자유물체도 그림 2.6(b)를 보면, 압력차에 의한 힘이 표면장력에 의한 힘과 평형을 이루고 있는 것을 알 수 있다. 표면장력은 물방울의 절단된 원주에 단위길이당 수평방향으로 작용하고 있으므로,

$$\text{표면장력에 의한 힘} = \sigma\,\pi d \tag{2.21}$$

그러나 압력은 곡면에 수직한 방향으로 작용하고 있으므로, 압력차에 의한 힘의 수평방향 성분을 구해 주어야 한다. 압력차에 의한 수평방향 성

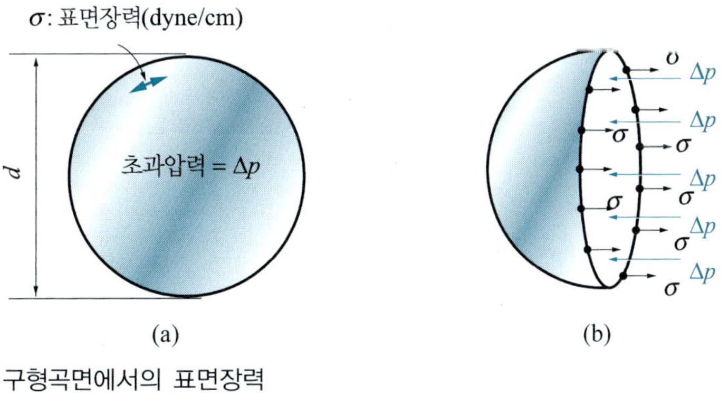

그림 2.6 구형곡면에서의 표면장력

분은 물방울을 수평 방향으로 투영시켰을 때의 면적에 압력을 곱하는 것이므로

$$\begin{aligned}\text{압력차에 의한 힘(수평방향)} &= \text{압력} \times \text{수평방향 투영면적}\\ &= \Delta p \times \frac{\pi d^2}{4}\end{aligned} \tag{2.22}$$

따라서 식 (2.21)과 (2.22)의 우변을 같게 놓으면

$$\sigma \pi d = \Delta p \times \frac{\pi d^2}{4} \tag{2.23}$$

즉, 다음과 같이 식 (2.20)과 동일한 식으로 된다.

$$\Delta p = \frac{4\sigma}{d} = \frac{2\sigma}{R} \tag{2.24}$$

예제 2.6 구형곡면인 경우 표면장력과 압력차의 관계

지름이 1 cm인 비누방울의 내·외부 압력차는 얼마인가? 단, 표면장력은 $\sigma = 71.32$ dyne/cm로 계산하라.

주어진 값: $d = 1$ cm

$\sigma = 71.32$ dyne/cm

구하는 값: $\Delta p = p_i - p_0$

참고 사항: $\Delta p = \dfrac{2\sigma}{R}$

풀이

$$\begin{aligned}\Delta p &= \frac{2 \times 71.32\ \text{dyne/cm}}{0.5\ \text{cm}} = 285.28\ \text{dyne/cm}^2\\ &= 285.28 \times \frac{1}{980}\ \text{g중/cm}^2\\ &= 0.291\ \text{g중/cm}^2\\ &= 2.91 \times 10^{-4}\ \text{kg 중/cm}^2\\ &= 2.91 \times 10^{-4} \times 9.8\ \text{N/}(10^{-2}\ \text{m})^2\\ &= 28.52\ \text{N/m}^2 \qquad \text{(SI 단위)}\end{aligned}$$

2.5.3 모세관 현상

액체는 응집력(cohesion) 외에 다른 물체에 부착하는 성질, 즉 부착력(adhesion)을 갖고 있다. 모세관 현상(capillarity)은 응집력 및 부착력의 작용에 의한 것으로서, 부착력이 응집력보다 크면 물체와 접한 액체표면이 올라가고, 응집력이 부착력보다 큰 경우는 액체표면이 내려간다. 이때 관 내의 액체의 표면을 메니스커스(meniscus)라 부른다. 그림 2.7(a), (b)는 각각 물과 수은에 모세관을 넣은 경우의 모세관 현상을 나타낸 것이다. 물의 경우는 물 분자의 응집력보다 물이 유리에 붙는 부착력이 크므로 수표면이 올라가고, 수은의 경우는 응집력이 부착력보다 크기 때문에 수은표면이 내려가는 것을 잘 보여 주고 있다.

이제 모세관 높이 h를 구하기 위해서 그림 2.7(a)를 예로 들어 설명한다. 그림에서 보는 바와 같이 물의 표면, 즉 메니스커스는 밑으로 오목한 곡면을 형성하게 되고, 수표면과 모세관의 경계(모세관 원주)에는 표면장력 σ가 작용하게 된다. 결국 이 표면장력에 의한 힘이 h 높이의 물기둥을 지탱하는 힘이 된다. 그런데 물기둥의 무게는 연직방향이고 표면장력의 작용방향은 메니스커스와 모세관이 이루는 각, 즉 접촉각 θ의 방향이므로

물기둥의 무게 = 표면장력에 의한 힘의 수직성분

의 관계를 갖는다. 모세관의 직경을 d, 접촉각을 θ, 그리고 물의 단위중량을 γ로 나타내면 위의 관계는 다음 식으로 나타낼 수 있다.

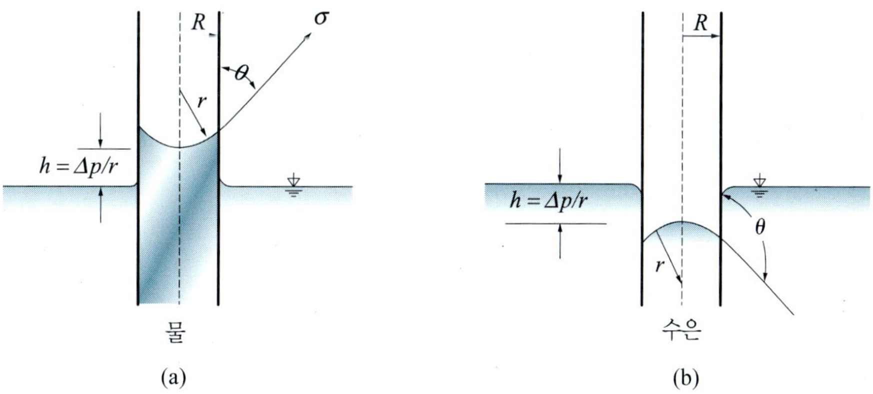

그림 2.7 모세관 현상

$$\gamma \frac{\pi d^2}{4} h = \sigma \cos\theta \pi d$$

이것을 정리하면 모세관 높이 h는 다음과 같이 된다.

$$h = \frac{4\sigma \cos\theta}{\gamma d} \tag{2.25}$$

접촉각 θ는 액체와 부착하는 대상물체의 종류나 액체의 청정의 정도에 따라 다르다. 일반적으로 물과 유리인 경우 접촉각 θ는 $8\sim9^\circ$정도의 값을 갖고, 깨끗한 유리일 경우의 접촉각은 0°이다.

예제 2.7 모세관 높이의 산정

직경이 $d = 1.5$ mm인 모세관을 물속에 넣었을 때의 모세관 높이를 산정하라. 단, 물의 온도는 0°C이고, 모세관은 깨끗한 유리관으로 가정한다.

주어진 값: 모세관 직경, $d = 1.5$ mm
찾는 값: 모세관 높이, h
참고사항: 0°C에서의 물의 표면 장력, $\sigma = 0.073$ N/m
깨끗한 유리에 대한 물의 접촉각, $\theta = 0^\circ$

풀이

모세관 높이 h에 해당하는 수주의 무게와 표면장력에 의한 힘의 수직성분이 서로 평형을 이루고 있으므로

$$\gamma \frac{\pi d^2}{4} h = \sigma \cos\theta \pi d$$

상기 식에 주어진 수치를 대입하면 모세관 높이는 다음과 같이 산정된다.

$$h = \frac{4\sigma \cos\theta}{\gamma d}$$

$$= \frac{4 \times 0.073 \text{ N/m}}{1,000 \text{ kg중/m}^3 \times 0.0015 \text{ m}}$$

$$= \frac{4 \times 0.073 \text{ N/m}}{9,800 \text{ N/m}^3 \times 0.0015 \text{ m}}$$

$$= 0.0199 = 1.99 \text{ cm}$$

2.6 물의 압축성 및 탄성

크기가 작기는 하지만 물도 큰 압력을 받으면 체적이 감소하고, 압력이 제거되면 본래의 체적으로 되돌아간다. 이와 같은 물의 탄성은 고체에 대한 탄성이론을 적용하면 쉽게 다룰 수 있다. 일반적으로 고체에 응력이 작용할 경우, 응력은 변형률에 비례하고 그때의 비례상수를 탄성계수라 한다. 액체(물)의 경우도 외부에서 가한 압력의 증가는 체적의 변형률에 비례한다.

그림 2.8에서 보는 바와 같이 압력이 p에서 $p + dp$로 dp만큼 증가한 경우 체적이 $\forall$에서 $\forall + d\forall$로 되었다면, 압력증가 dp와 체적변형률 $\left(\dfrac{d\forall}{\forall}\right)$의 관계는 다음 식으로 나타낼 수 있다.

$$dp = K\left(-\frac{d\forall}{\forall}\right) \tag{2.26}$$

식 (2.26)에서 K는 물의 체적 탄성계수(bulk modulus of elasticity)를 나타내고, 식에서 (−)부호는 압력의 증가에 대해서 체적이 감소하므로 붙은 것이다. 즉 양(+)의 dp값에 대해 $d\forall/\forall$가 음(−)의 값을 갖기 때문에, 양(+)의 dp값에 대해서 K값을 양(+)의 값으로 나타내기 위해서 (−)부호가 사용되었다.

체적탄성계수 K는 다음과 같이 여러 가지 형태로 표시할 수 있다.

$$K = -\forall\frac{dp}{d\forall} = -\left(\frac{\forall}{m}\right)\frac{dp}{d\left(\dfrac{\forall}{m}\right)} = -\frac{1}{\rho}\frac{dp}{d\left(\dfrac{1}{\rho}\right)} = \rho\frac{dp}{d\rho} = \gamma\frac{dp}{d\gamma} \tag{2.27}$$

(a) 변형전 (b) 변형후

그림 2.8 압력에 의한 체적 변화

또 체적 탄성계수의 역수를 압축률(compressibility)이라 부르고 다음과 같이 표현한다.

$$\beta = \frac{1}{K} \tag{2.28}$$

식 (2.26)로부터 물의 체적 탄성계수 *K*의 차원을 구해보면 다음과 같다.

$$[K] = \frac{[dp]}{\left[-\frac{d\forall}{\forall}\right]} = [FL^{-2}]$$

상기 식으로부터 $d\forall/\forall$가 무차원량이므로 *K*는 *dp*의 차원 즉, 응력의 차원을 갖는 것을 알 수 있다.

일반적으로 물의 체적 탄성계수는 온도에 따라서 약간씩 값을 달리한다. 표 2.7에 1 기압하에서의 물의 체적 탄성계수(*K*)와 압축률(β)을 나타내었다. 표에서 알 수 있는 바와 같이 20°C에서의 물의 체적 탄성계수 $K = 2.17 \times 10^8$ kN/m^{2}이고, 압축률은 0.461×10^{-8} m^2/kN이다. 따라서 특별한 경우를 제외하고는 물은 비압축성이라 간주해도 무방하다.

표 2.7 1 기압하에서의 물의 체적탄성계수(*K*)와 압축률(β)

수온	체적탄성계수 $K \times 10^{-8}$		압축률 β	
(°C)	SI 단위(kPa)	공학단위(kg중/m^2)	SI 단위(m^2/kN)	공학단위(m^2/kg중)
0	1.98	202	0.505×10^{-8}	0.495×10^{-6}
5	2.05	209	0.487×10^{-8}	0.478×10^{-6}
10	2.10	214	0.476×10^{-8}	0.467×10^{-6}
15	2.15	219	0.465×10^{-8}	0.456×10^{-6}
20	2.17	221	0.461×10^{-8}	0.452×10^{-6}
25	2.22	226	0.450×10^{-8}	0.442×10^{-6}
30	2.25	229	0.444×10^{-8}	0.436×10^{-6}
40	2.28	232	0.439×10^{-8}	0.430×10^{-6}
50	2.29	234	0.437×10^{-8}	0.428×10^{-6}
60	2.28	232	0.439×10^{-8}	0.430×10^{-6}
70	2.25	229	0.444×10^{-8}	0.436×10^{-6}
80	2.20	224	0.455×10^{-8}	0.445×10^{-6}
90	2.14	218	0.467×10^{-8}	0.458×10^{-6}
100	2.07	211	0.483×10^{-8}	0.473×10^{-6}

예제 2.8 액체의 탄성계수

어떤 액체가 $V = 0.01\ \mathrm{m}^3$의 체적을 갖는 용기 내에서 $980\ \mathrm{kN/m^2}$의 압력을 받고 있다가 압력이 $1960\ \mathrm{kN/m^2}$으로 증가되었다. 이때 액체의 체적이 $0.0085\ \mathrm{m}^3$이 되었다면 이 액체의 체적탄성계수는 얼마인가?

주어진 값: $\forall = 0.01\ \mathrm{m}^3$

$d\forall = (0.0085 - 0.01)$

$dp = (1960 - 980)\ \mathrm{kN/m^2}$

찾는 값: 체적 탄성계수 K

참고사항: $dp = K\left(-\dfrac{d\forall}{\forall}\right)$

풀이

$$K = -\frac{\forall\, dp}{d\forall}$$

$$= -\frac{0.01\ \mathrm{m}^3 \times (1960 - 980)\ \mathrm{kN/m^2}}{(0.0085 - 0.01)\ \mathrm{m}^3}$$

$$= 6533.3\ \mathrm{kN/m^2}$$

2.7 물의 증기압

물과 대기가 접하는 경계면에서는 표면에서의 압력과 온도에 의해서 항시 물분자의 교환이 이루어진다. 이때 물분자가 대기중으로 튀어나오는 현상을 증발현상(evaporation)이라고 한다. 액체 표면으로부터 이탈한 수증기는 다시 액체 표면에 압력을 가하게 되는데, 이것을 증기압(vapor pressure)이라 하고 이것은 총대기압의 부분압을 이룬다. 액체의 온도가 증가하면 분자에너지가 증가하게 되고, 이때 수표면으로부터 이탈하는 물분자의 수가 증가하므로 증기압도 따라서 증가한다. 이때 어느 한 순간의 증기압이 대상지점의 대기압(국지대기압)과 동일하게 되면 증발현상이 급격히 나타나게 되는데 이것을 우리는 물이 끓는다고 표현한다. 표준대기압하에서 물은 100°C에서 끓게 되는데, 이때의 물의 온도를 끓는점이라고 표현한다. 표 2.8에서 알 수 있는 바와 같이 온도가 감소하면 증기압도 감소한다. 따라서 고지에서는 국지대기압이 감소하고 상대적으로 증기압이 감소하므로, 물은 100°C 보다 낮은 온도에서 끓게 된다.

표 2.8 물의 증기압

온도 °C	증기압 atm	증기압 N/m²	온도 °C	증기압 atm	증기압 N/m²
−5	0.004162	421	55	0.15531	15,745
0	0.006027	611	60	0.19656	19,924
5	0.008600	873	65	0.24679	25,015
10	0.012102	1,266	70	0.30752	31,166
15	0.016804	1,707	75	0.38043	38,563
20	0.023042	2,335	80	0.46740	47,372
25	0.031222	3,169	85	0.57047	57,820
30	0.041831	4,238	90	0.69192	70,132
35	0.055446	5,621	95	0.83421	84,552
40	0.072747	7,377	100	1.00000	101,357
45	0.094526	9,584	105	1.19220	120,839
50	0.121700	12,331	110	1.41390	143,314

연습문제 Exercise

2.1 1 g중의 힘을 dyne, N, kg중, lb중 및 poundal의 단위로 환산하라.

2.2 영미단위제에서 1 slug의 질량이 14.59 kg임을 보여라.

2.3 중력가속도가 $g = 9.6 \text{ m/sec}^2$인 지방에서 어느 물체를 달았더니 0.4 kN의 무게를 나타내었다. 이 물체의 질량을 구하고, 또 중량을 kg중으로 환산하라.

2.4 다음 물리량들을 [ ]속의 단위로 환산하여라.

(a) 200 lb중/ft^2	[Pa, kg중/m^2]
(b) 100 slug/ft^3	[SI 단위, MKS 단위]
(c) 400 poise	[Pa · sec, kg/m · sec]
(d) 50 poundal	[lb중, kg중, N]
(e) 75 kg중 · m/sec	[Watt, lb중 · ft/sec]

2.5 체적 $\forall = 0.16 \text{ m}^3$의 용기에 가득 들어 있는 액체를 용기와 함께 달았더니 무게가 1500 N이었다. 이 액체의 밀도(ρ), 단위중량(γ) 및 비중(S)을 구하라. 단, 용기의 무게는 100 N이다.

2.6 수은의 밀도가 $\rho = 26.3 \text{ slug/ft}^3$일 때 비중을 구하라. 또, 지구와 달에서의 단위중량을 lb중/ft^{3}의 단위로 구하라. 단, 달에서의 중력가속도는 5.47 ft/sec^{2}이다.

2.7 온도 10°C에서의 물의 점성계수 μ와 동점성계수 ν를 SI 단위로 표시하라.

2.8 그림 P2.8과 같은 원형관 내의 층류흐름의 유속분포는 다음 식으로 주어진다.

$$u = K\frac{\Delta p}{\mu}\left(r_0^2 - r^2\right)$$

여기서 μ는 점성계수, Δp는 압력강하량을 나타낸다. K의 차원을 구하라.

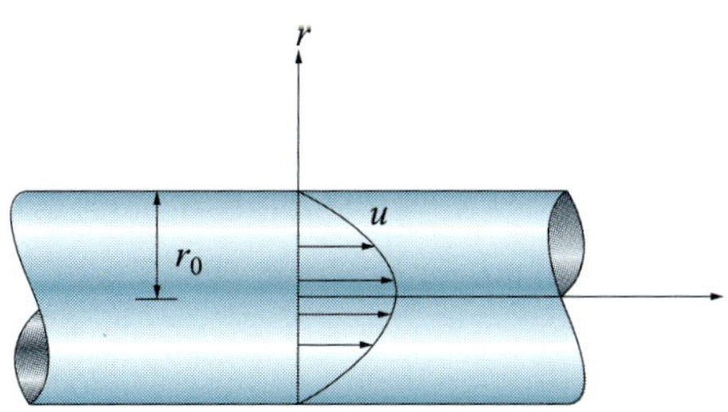

그림 P2.8

2.9 온도가 38°C일 때 등유(석유), SAE 30W 모터 오일 및 물의 동역학적 점성계수와 동점성계수를 구하라.

2.10 온도가 40°C이고 절대압력이 170 kPa인 공기와 물의 동역학적 점성계수 및 동점성계수를 구하라.

2.11 어떤 유체의 동점성계수는 1.7 stokes이고 단위중량은 980 kg중/m^3이다. 이 유체의 점성계수는 몇 poise인가?

2.12 예제 2.5에서 회전수가 $n = 600$ rpm이고 축의 길이가 2 m로 바뀌었을 때 동력손실을 마력(HP)단위로 구하라(단, 유체의 점성계수는 $\mu = 0.005$ N · sec/m^2을 이용한다).

2.13 물이 2 cm 간격의 평행평판 사이를 흐른다. 중심축을 x축으로 취하고 연직축을 y라 할 때 평판 사이에서 물의 속도분포는 $u = 2(1 - 10^4 y^2)$과 같이 주어진다. 여기서 u의 단위는 m/sec이고 물의 점성계수는 $\mu = 10^{-3}$ kg/m · sec이다. 평판의 면적을 10 m^2이라 할 때 상하평판에 작용하는 힘을 각각 구하라.

2.14 내경이 $d_i = 25$ mm, 외경이 $d_o = 26$ mm인 가는 선의 링(ring)을 20°C의 수면에서 들어 올리려면 어느 정도의 힘이 필요한가? 단, 링의 무게는 무시한다.

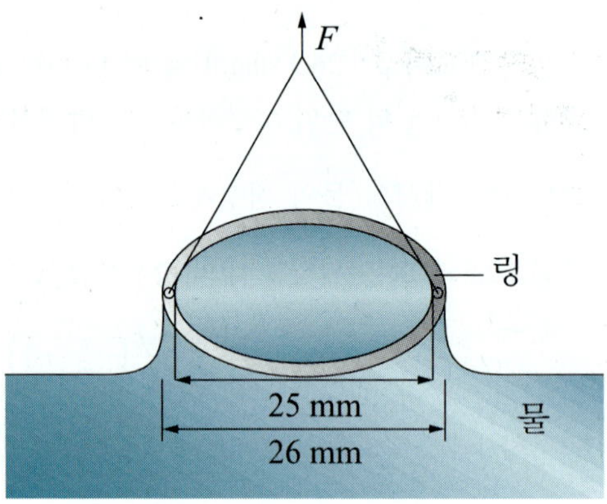

그림 P2.14

2.15 벽면 부근에서 온도 20°C인 물의 유속 분포는 $u = a(y/b)^{1/6}$으로 주어진다. 여기서 $a = 10$ m/sec, $b = 2$ mm 그리고 y는 벽으로부터 떨어진 거리 (mm)이다. $y = 1$ mm인 점에서 물속의 전단응력을 구하라.

2.16 간격이 1 mm인 평행평판 사이에 30°C의 물을 채우고 아래 평판은 정지한 상태에서 상부 평판을 2 m/sec의 속도로 이동시켰다. 상부 평판이 받는 전단응력을 구하라(단, 평판과 물의 접촉면에서 물의 속도는 평판의 속도와 같으며 두 평판 사이의 물의 속도는 직선적으로 변화한다).

2.17 두 개의 평판이 3 cm 간격으로 평행하게 놓여 있다. 평판 사이에 1 N · sec/m^{2}의 점성계수를 갖는 유체가 채워져 있다. 한쪽 평판으로부터 1 cm 떨어진 곳에서 면적 0.4 m^{2}인 얇은 평판을 일정한 속도 0.3 m/sec로 끌어당기는 데 필요한 힘은 얼마인가(단, 평판과 평판 사이의 속도는 직선 분포로 가정한다).

2.18 그림 P2.18의 베어링 안에서 지름이 20 cm인 축이 1 m/sec의 속도로 축 방향으로 운동하고 있다. 베어링과 축 사이에는 $\mu = 0.52$ N · sec/m^{2}인 유체가 있다. 운동에 필요한 힘은 얼마인가?

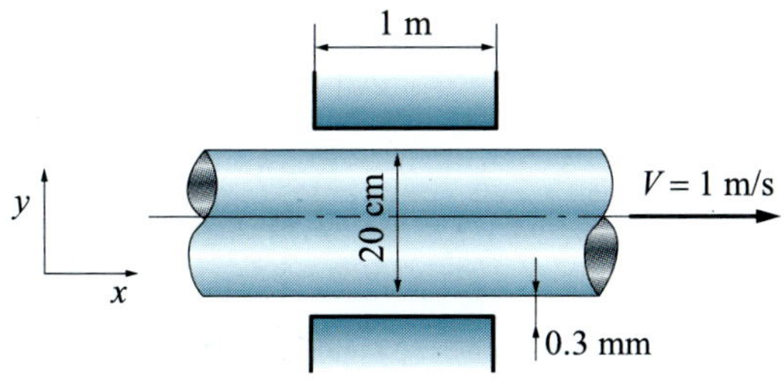

그림 P2.18

2.19 두 개의 수직 평행평판을 그림 P2.19와 같이 물속에 놓았을 때 평판 사이에 생기는 모세관 높이 h에 대한 식을 유도하라. 단, 접촉각은 θ이고 표면장력은 σ로 표시하라.

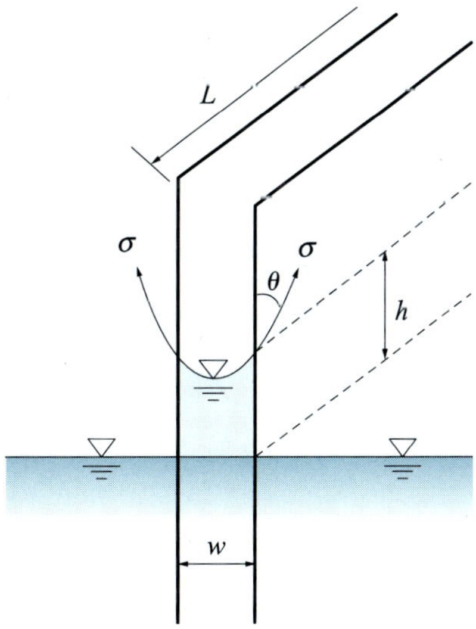

그림 P2.19

2.20 표면장력이 0.07056 N/m인 물방울의 내부 압력이 외부 압력보다 20 N/m^2 크게 되려면 물방울의 지름은 몇 cm여야 하는가?

2.21 그림 P2.21과 같이 얇은 금속판(직경 3 cm, 무게 3000 dyne)이 액체의 표면장력을 측정하는 데 이용된다. 금속판이 액체 표면에서 들어 올려질 때 4500 dyne의 힘이 필요하다면 이 액체의 표면장력은 얼마인가?

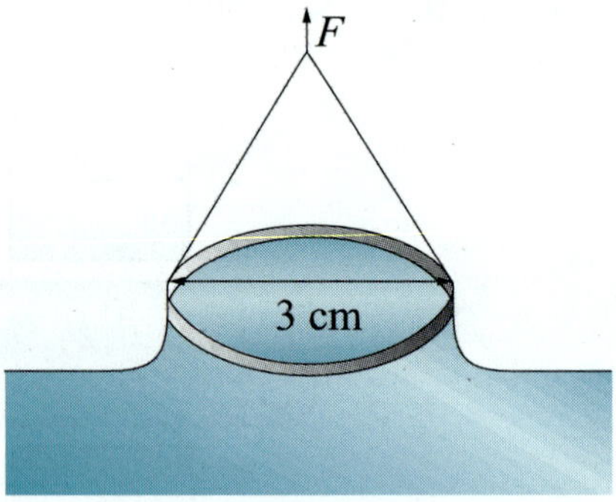

그림 P2.21

2.22 모세관이 그림 P2.22와 같이 수면과 60°의 각도로 20°C의 물에 잠겨있다. 모세관과 h를 계산하라(단, 접촉각 θ는 0이라 가정한다).

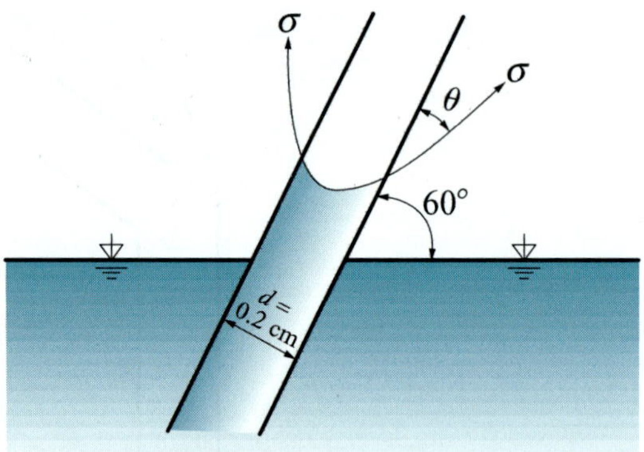

그림 P2.22

2.23 1 mm의 간격을 두고 놓인 두 개의 연직 유리 평판 사이에서 물의 최대 모세관 높이를 산정하라.

2.24 관 내의 모세관 상승 높이를 측정함으로써 표면장력을 계산할 수 있다. 물의 표면장력은 0°C일 때 0.0756 N/m에서 100°C일 때 0.0589 N/m까지 선형적으로 변화한다. 물의 모세관 상승 높이를 이용하여 0 ~ 100°C 범위의 온도를 측정할 수 있는 관의 크기(직경과 길이를 제시)를 구하라.

2.25 그림 P2.25와 같이 간격 t인 두 개의 평판을 액체 속에 넣었다. 이때 액체의 단위중량을 γ, 접촉각을 θ라 할 때 모세관 현상으로 상승한 높이 h는?

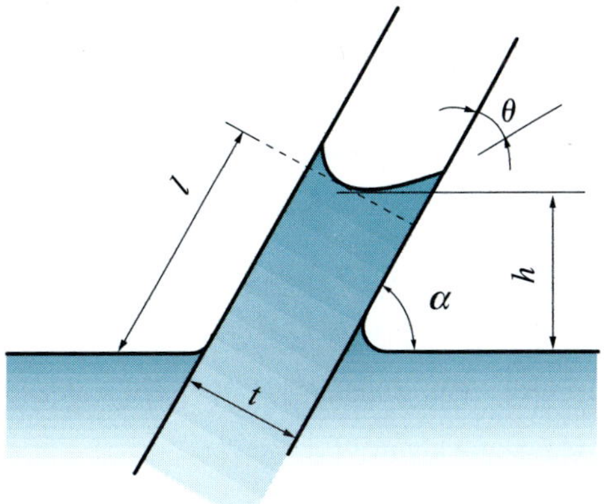

그림 P2.25

2.26 그림 P2.26과 같이 지름이 d인 모세관의 이론적 상승높이 h는 얼마인가?

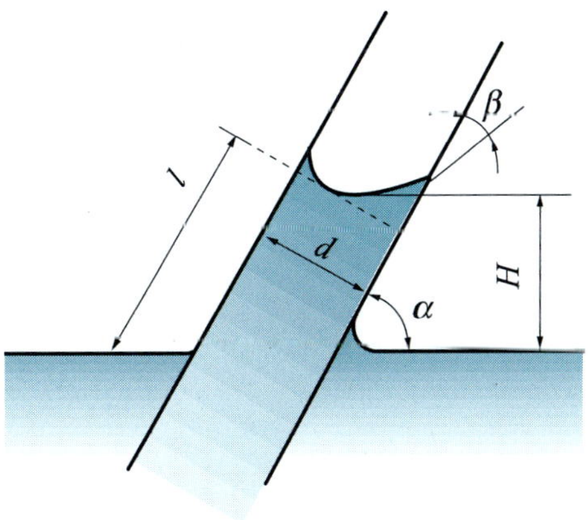

그림 P2.26

2.27 1기압에서 물이 1 m^3을 차지한다면 체적을 1.2%만큼 줄이는 데 필요한 압력을 구하라. 물의 온도는 20°C로 가정한다.

2.28 온도가 20°C일 때 지름이 d = 0.05 mm인 물방울이 외부에서 대기압 p_a = 101.33 kPa을 받고 있다. 내부압력 p_i를 구하라.

2.29 초기 체적이 1000 cm^{3}인 수체에 2 × 10^6 N/m^{2}의 압력이 작용한다. 압력이 작용하고 난 후의 체적을 추정하라.

2.30 물의 체적을 1% 감소시키려면 압력 증가분은 얼마여야 하는가?

2.31 체적탄성계수가 2.1 × 10^4 kg중/cm^{2}인 유체의 체적을 1% 감소시키는 데 필요한 압력은 얼마인가?

2.32 표준상태에서 물을 1% 압축하는 데 필요한 압력을 구하라.

2.33 어떤 액체에 5000 kg중/m^{2}의 압력을 가할 때 밀도가 0.02%증가하였다. 이 액체의 체적탄성계수 K를 구하라.

2.34 물은 100°C에서 끓기 때문에 이 온도에서 물의 증기압은 101 kN/m^{2}이다. 물의 증기압은 온도가 감소함에 따라 3 kN/m^2/°C의 비율로 대략 선형적으로 감소한다. 고도 3000 m에서 물이 끓는 온도를 계산하라. 이때 대기압은 절대압력으로 69 kN/m^{2}이다.

제 3 장

정수역학

정수역학은 정지해 있는 물의 역학관계를 다루는 분야를 말한다. 정수 중의 힘의 변화 또는 압력의 분포를 구명하는 일은 공학도에게 중요한 일이다. 왜냐하면 댐이나 제방 단면에 작용하는 압력의 분포는 설계상 중요 자료가 되기 때문이다.

본장에서는 우선 유체요소에 작용하는 외력과 함께 응력(stress)의 개념을 설명하고, 압력의 개념, 압력 측정의 방법에 대해서 설명한다. 또한 정수역학에 대한 기본식을 유도하고 이것을 기초로 하여 정수 내에 위치하는 물체에 작용하는 전수압을 다룬다. 이 외에도 부체나 물에 잠긴 물체의 안정성에 대해서 다루며, 용기와 함께 등속운동 또는 등속회전하는 물의 상대적 평형 문제도 정수역학으로 해석이 가능한 것을 보인다.

3.1 물의 요소에 작용하는 외력과 응력의 정의

물의 요소에 작용하는 외력은 체력(body force)과 표면력(surface force)으로 나누어 생각할 수 있다. 체력은 물의 요소 내의 물질에 직접 작용하는 힘으로서 중력이나 자기력은 그 대표적인 예일 것이다. 표면력은 외부로부터 물의 요소 표면에 직접 접촉하여 작용하는 힘으로서 압력에 의한 힘이나 마찰력(또는 전단력)을 그 예로서 들 수 있다.

그림 3.1과 같이 물체의 미소면적 ΔA에 표면력 ΔF가 일정한 경사각을 갖고 작용한다고 가정하자. 이때 표면력 ΔF는 면요소 ΔA에 대해서, 접선방향 성분 ΔF_t와 수직성분 ΔF_n으로 분해할 수 있다. 수직응력(normal stress)을 σ, 전단응력(shear stress)을 τ라 나타내면 σ와 τ는 각각 다음과 같이 정의된다.

$$\sigma = \lim_{\Delta A \to 0} \frac{\Delta F_n}{\Delta A} \tag{3.1}$$

$$\tau = \lim_{\Delta A \to 0} \frac{\Delta F_t}{\Delta A} \tag{3.2}$$

상기 식에서 σ와 τ는 둘 다 $[FL^{-2}]$의 차원을 갖는다. 즉 응력(stress)은 단위면적당 작용하는 힘으로 표시된다. 그러나 정지수에서는 전단력 (ΔF_t)이 작

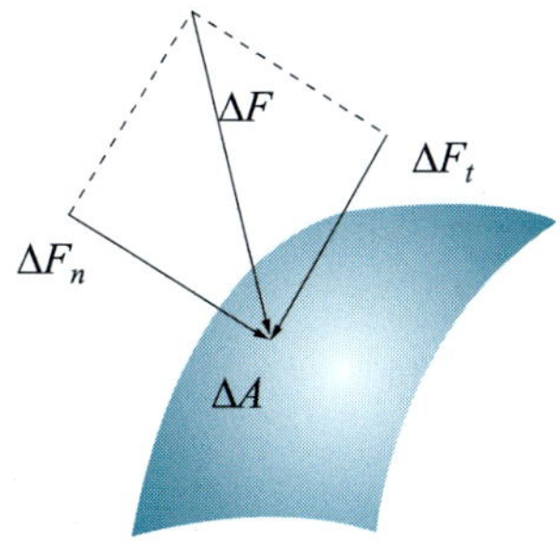

그림 3.1 미소면적 ΔA에 작용하는 표면력

용하지 않으므로 정지수 내의 요소에 작용하는 힘은 수직력 (ΔF_n)만이 존재하고 응력도 수직응력만이 존재하게 되며, 이것이 정수압에 해당한다. 따라서 정수압(hydrostatic pressure)은 유체의 요소 또는 작용하는 물체의 면에 수직으로 작용한다.

예제 3.1 응력의 산정

면적이 $A = 50\ \text{cm}^2$인 수평평판에 수평면에 대해서 30°의 각을 갖고 $F = 10$ kg중의 힘이 작용하고 있다. 이 면에 작용하는 수직응력(normal stress) σ와 전단응력(shear stress) τ를 구하라.

주어진 값: 작용면적 $A = 50\ \text{cm}^2$

외력: 수평면과 30°의 각을 갖는 힘, $F = 10$ kg중

찾는 값: 수직응력(normal stress) σ와 전단응력(shear stress) τ

참고 사항:

$$\sigma = \lim_{\Delta A \to 0} \frac{\Delta F_n}{\Delta A}$$

$$\tau = \lim_{\Delta A \to 0} \frac{\Delta F_t}{\Delta A}$$

풀이

힘의 수직성분(ΔF_n)과 전단성분(ΔF_t)은 각각 다음과 같이 계산된다.

$$\Delta F_n = 10 \sin 30° = 5\ \text{kg중}$$

$$\Delta F_t = 10 \cos 30° = 5\sqrt{3}\ \text{kg중}$$

따라서 σ와 τ는 다음과 같이 산정된다.

$$\sigma = \frac{5\ \text{kg중}}{50\ \text{cm}^2} = 0.1\ \text{kg중/cm}^2$$

$$= 1000\ \text{kg중/m}^2 \qquad \text{(MKS)}$$

$$= 9,800\ \text{N/m}^2 \qquad \text{(SI)}$$

$$\tau = \frac{5\sqrt{3}\ \text{kg중}}{50\ \text{cm}^2} = 0.173\ \text{kg중/cm}^2$$

$$= 1,730\ \text{kg중/m}^2 \qquad \text{(MKS)}$$

$$= 16,954\ \text{N/m}^2 \qquad \text{(SI)}$$

3.2 정수압

3.2.1 정수압의 정의

정수압은 정지수 내에 작용하는 압력(pressure)을 말한다. 따라서 정수압은 앞절에서 설명한 응력의 정의 방법과 동일한 방법으로 정의된다. 정지수 내 미소요소면적 ΔA에 ΔF의 힘이 작용하고 있다면 정수압은 식 (3.1)과 마찬가지로 다음과 같이 정의된다.

$$p = \lim_{\Delta A \to 0} \frac{\Delta F}{\Delta A} \tag{3.3}$$

식 (3.3)에서도 알 수 있는 바와 같이 정수압은 단위면적당 작용하는 힘으로 정의되며 차원은 $[FL^{-2}]$이 된다. 정수압의 단위로서는 g중/cm^2, kg중/cm^2 등으로 표시할 수 있으며 SI단위로는 N/m^2 또는 Pa로 나타낸다.

이제 정지수 내의 한 점에 작용하는 압력의 크기가 모든 방향에서 동일하다는 것을 보이기 위해서, 그림 3.2(a)와 같이 정지수 내에서 삼각 프리즘 모양의 미소유체요소를 생각한다. 이 때 각 방향의 요소의 길이 dx, dy 및 dz는 미소량이고, 이 양들이 0에 가까워질 때 요소는 한 점으로 수렴된다. 그림 3.2(a)에서 p_x, p_z및 p_s는 각각 수평, 연직 및 경사방향으로 작용하

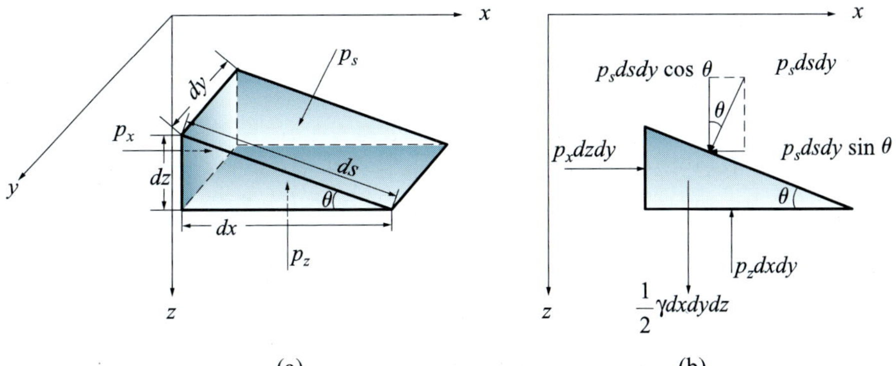

그림 3.2 정지수 내의 삼각 프리즘에 작용하는 수압

는 압력을 대표하고 있으므로 dx, dy, dz가 0에 수렴할 때 $p_x = p_z = p_s$임을 보이면 된다. 지금 정지 유체를 생각하고 있으므로 미소 유체요소에 작용하는 힘은 압력에 의한 힘과 중력뿐이다. 그림 3.2(b)와 같이 연직 단면 자유물체도를 도시하여, 각 면에 작용하는 힘의 평형을 x와 z 방향에 대해서 적용하면 각각 다음 식과 같이 된다.

$$\sum F_x = p_x dzdy - p_s dsdy \sin\theta = 0 \tag{3.4}$$

$$\sum F_z = -p_z dxdy + p_s dsdy \cos\theta + \frac{1}{2}\gamma dxdydz = 0 \tag{3.5}$$

상기 식을 정리하면 다음과 같이 쓸 수 있다.

$$p_x dz - p_s ds \sin\theta = 0 \tag{3.6}$$

$$p_z dx - p_s ds \cos\theta - \frac{1}{2}\gamma dxdz = 0 \tag{3.7}$$

상기 식에서 dx, dz가 미소하므로 $dxdz$를 포함하는 식 (3.7)의 제3항은 무시 가능하고, 또 $dz = ds \sin\theta$ 및 $dx = ds \cos\theta$의 관계를 식 (3.6) 및 식 (3.7)에 대입하면

$$\left.\begin{array}{l} p_x = p_s \\ p_z = p_s \end{array}\right\}$$

가 되고, 이것으로부터

$$p_x = p_z = p_s \tag{3.8}$$

가 된다. 상기 식은 정지수 내 임의의 한 점에 작용하는 정수압의 크기는 모든 방향에서 동일하다는 것을 의미한다.

3.2.2 압력의 전달

밀폐된 용기 내의 한 점에서 발생한 압력 변화는 용기 내 전체를 통해 동일하게 전달된다. 이러한 사실은 프랑스의 과학자 Pascal이 처음으로 언급했기 때문에 이것을 파스칼 정리라 한다. 이러한 압력 전달 현상은 기중기나 유압 프레스와 같은 유압 구동 제어장치의 발전에 크게 기여했다. 이러한 원리를 응용한 것 중의 하나가 수압기이며, 이러한 수압기를 모식적으로 그린 그림이 그림 3.3이다.

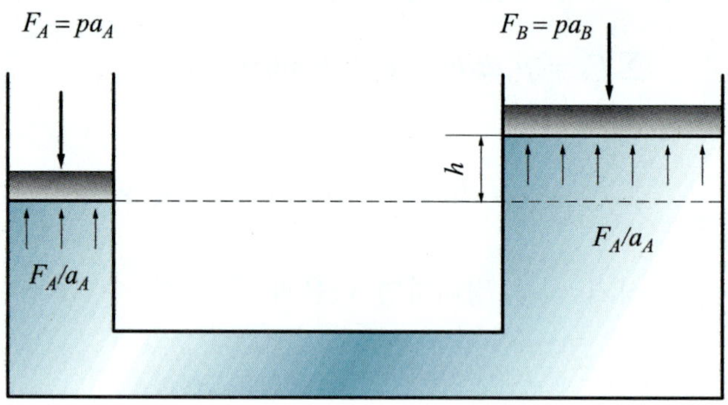

그림 3.3 파스칼의 원리

그림과 같이 마개 A, B에서 외력이 각각 F_A 및 F_B로 작용할 때 평형을 이루었다면, 단면적을 a_A 및 a_B라 할 때 압력에 대한 평형식은 다음과 같이 표현된다.

$$\frac{F_A}{a_A} = \gamma h + \frac{F_B}{a_B} \tag{3.9}$$

그런데 마개 위의 힘이 충분히 크면, F_A/a_A나 F_B/a_B는 γh보다 충분히 크므로 상기 식은 다음과 같이 고쳐 쓸 수 있다.

$$\frac{F_A}{a_A} = \frac{F_B}{a_B} \tag{3.10}$$

$$F_B = \frac{a_B}{a_A} F_A \tag{3.11}$$

예제 3.2 수압기의 원리

그림 E3.2는 수압기 원리를 모식적으로 도시한 것이다. A점으로부터 30cm 떨어진 곳에서 $F = 100$ N의 힘을 가했을 때, 피스톤의 바닥 E에 걸리는 힘 F_E를 구하라.

주어진 값: 그림 E3.2

찾는 값: 피스톤 저부에 걸리는 힘 F_E

참고사항: Pascal의 정리
밀폐된 용기 내의 유체에 전달된 압력은 유체 내부의 모든 방향으로 동일한 크기로 전달된다.

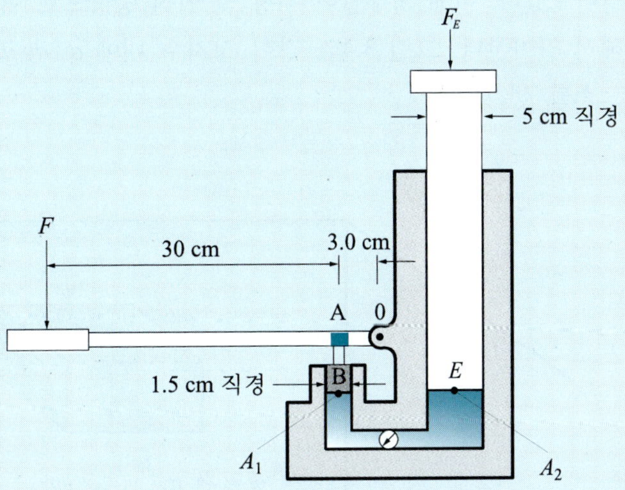

그림 E3.2

풀이

B에서의 단면적을 A_1라 하고, 이 단면에 F_B의 힘이 작용한다고 하면, 증가된 압력, $p = F_B/A_1$는 피스톤의 저부단면 A_2에 그대로 전달된다. 따라서 F_E는 다음과 같이 된다.

$$F_E = pA_2 = \frac{F_B}{A_1} A_2 \quad ①$$

작용점길이 및 힘을 정의하고, 0점에 관한 모멘트를 취하면

$$\sum M_0 = F \times 0.33 - F_B \times 0.03 = 0$$

이 되고, F_B에 대해서 풀면 다음과 같이 계산된다.

$$F_B = \frac{(100N)(33\,\text{cm})}{3.0\,\text{cm}} = 1{,}100N \quad ②$$

따라서 식 ②를 식 ①에 대입하면

$$F_E = F_B \frac{A_2}{A_1} = 1{,}100\,\text{N} \frac{\frac{\pi}{4} \times 0.05^2}{\frac{\pi}{4} \times 0.015^2} = 12.22\,\text{kN}$$

3.3 정수압의 변화

앞의 절에서는 정수압의 정의 및 한 점에 작용하는 정수압의 특성에 대해서 알아보았다. 이제 정수압이 수평 및 연직 방향으로 어떻게 변화하는지에 대해서 알아본다. 그림 3.4와 같이 정지수 내에 $dx\,dy\,dz$의 체적을 갖는 미소요소를 생각한다.

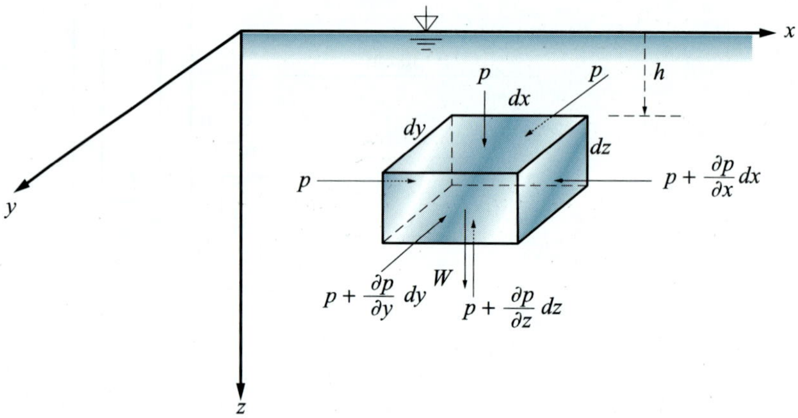

그림 3.4 수평방향 및 연직방향의 압력 변화

그림 3.4에서 xy 평면은 대기압을 받고 있는 자유 표면으로 생각하고, 연직축 z는 중력 방향과 일치시켜 아래방향을 양의 (+) 값으로 취한다. 이

때 압력은 x, y 및 z의 함수로서 $p = p(x, y, z)$이고, $\frac{\partial p}{\partial x}$, $\frac{\partial p}{\partial y}$ 및 $\frac{\partial p}{\partial z}$는 각각 x, y, z 방향의 단위길이당 압력 변화율을 의미한다. 미소 육면체가 정지수 내의 요소이므로 이 요소 내에 작용하는 힘은 압력과 중력뿐이고, 이들 힘은 각 방향으로 힘의 평형을 이루고 있다.

3.3.1 수평방향의 압력변화

먼저 x방향의 힘의 평형을 생각한다. x방향의 왼쪽 면 $dy\,dz$에 작용하는 힘은 $p\,dy\,dz$이고, 오른쪽 면에 작용하는 힘은 $\left(p + \frac{\partial p}{\partial x}dx\right)dy\,dz$이므로

$$\sum F_x = p\,dy\,dz - \left(p + \frac{\partial p}{\partial x}dx\right)dy\,dz = 0 \tag{3.12}$$

이 식을 정리하면 다음 식이 된다.

$$\frac{\partial p}{\partial x} = 0 \tag{3.13}$$

위의 식이 의미하는 것은 x방향으로는 압력이 변화하지 않는다는 것을 의미한다. 즉, x방향으로 p = 일정 임을 나타낸다. y방향으로도 위와 같은 방법을 그대로 적용하면

$$\frac{\partial p}{\partial y} = 0 \tag{3.14}$$

을 얻을 수 있고, 이것은 y방향으로 p = 일정 임을 나타내고 있다.

앞에서 우리는 압력 p가 x, y, z의 함수로서 $p = p(x, y, z)$로 가정하였다. 그러나 식 (3.13) 및 식 (3.14)로부터 알 수 있는 바와 같이 수평방향으로는 위치가 변화해도 압력이 변화하지 않음을 알 수 있다. 따라서 압력은 연직방향 z만의 함수, 즉 $p = p(z)$임을 알 수 있다.

3.3.2 연직방향의 압력변화

이제 z방향의 힘의 평형을 생각해 보자. z방향에서는 x, y방향과는 달리 압력뿐만이 아니고 요소 자체가 중력을 받고 있으므로, 다음과 같이 미소 육

면체의 자중 $\gamma\,dx\,dy\,dz$도 함께 고려해서 힘의 평형을 생각해야 한다.

$$\sum F_z = p\,dx\,dy + \gamma\,dx\,dy\,dz - \left(p + \frac{\partial p}{\partial z}dz\right)dx\,dy = 0 \tag{3.15}$$

식 (3.15)를 정리하면 다음 식을 얻는다.

$$\frac{\partial p}{\partial z} = \gamma \tag{3.16}$$

식 (3.16)으로부터 알 수 있는 바와 같이 연직방향의 압력변화율, 즉 단위길이당 압력의 변화는 물의 단위중량과 동일함을 나타내고 있다. p가 z만의 함수이므로 식 (3.16)은 다음과 같이 나타낼 수 있다.

$$\frac{dp}{dz} = \gamma \quad \text{또는} \quad dp = \gamma dz \tag{3.17}$$

대기압 p_a를 받고 있는 정수면으로부터 수심 h인 곳에서의 압력 p를 구하기 위해서는 식 (3.17)을 다음과 같이 적분하면 된다.

$$\int_{p_a}^{p} dp = \int_0^h \gamma\,dz \tag{3.18}$$

식 (3.18)에서 비압축성 유체를 가정하면, γ는 일정하게 되어 다음과 같이 적분이 된다.

$$p - p_a = \gamma h$$

또는

$$\underset{\text{절대압력}}{\underline{p}} = \underset{\text{대기압}}{\underline{p_a}} + \underset{\text{계기압력}}{\underline{\gamma h}} \tag{3.19}$$

식 (3.19)로부터 알 수 있는 바와 같이, 수면으로부터 수심 h인 곳에서의 압력은 대기압에다 물의 단위중량에 수심을 곱한 압력, 즉 계기압력(gauge pressure)을 더한 것이 된다. 이렇게 산정한 압력을 절대압력(absolute pressure)이라 한다. 그러나 특별한 언급이 없는 일반적인 경우는 다음 식과 같이 대기압을 기준으로 한 계기압력을 산정하면 된다.

$$p = \gamma h \tag{3.20}$$

예제 3.3 계기압력의 산정

정지수의 수면과 수면으로부터 100 m 깊이 떨어진 곳에서의 압력차는 얼마인가?

주어진 값 : $h = 100\ \text{m}$

찾는 값 : 수면과 수심 100 m 사이의 압력 차

참고사항 : $p = p_a + \gamma h$

풀이

수면에서 대기압 p_a를 받고 있으므로 $p - p_a = \gamma h$ 즉 수심 h에서의 계기압력을 구하면 된다.

$$p - p_a = 1000\ \text{kg중/m}^3 \times 100\ \text{m}$$
$$= 10^5\ \text{kg중/m}^2$$
$$= 9.8 \times 10^5\ \text{N/m}^2$$
$$= 980\ \text{kN/m}^2 (= \text{kPa})$$

3.4 절대압력과 계기압력

3.4.1 절대압력과 계기압력의 측정

압력은 측정 기준에 따라 절대압력과 계기압력으로 나누는 것을 앞 절에서도 언급했다. 완전 진공상태, 즉 절대 영압을 기준으로 하여 산정했을 때의 압력을 절대압력이라 하고, 대기압을 기준으로 했을 때의 압력을 계기압력이라 부른다. 따라서

절내압력 = 대기압 + 계기압력

의 관계가 성립된다. 절대압력은 완전진공일 때 0이므로 음(−)의 값을 취하지 않는다. 따라서 대기압은 항상 양(+)의 값이므로 계기압력은 양(+)의 값 또는 음(−)의 값을 취할 수 있으며, 음(−)의 값으로서 최대로 대기압의 크기만큼을 취할 수 있다. 대기압, 계기압력 및 절대압력의 관계를 도시하면 그림 3.5와 같다.

압력을 측정하는 상용(商用)계기로서는 그림 3.6에 나타낸 버어든 압력계(Bourdon pressure gage)와 아네로이드 압력계(Aneroid pressure gage)를 들 수 있다.

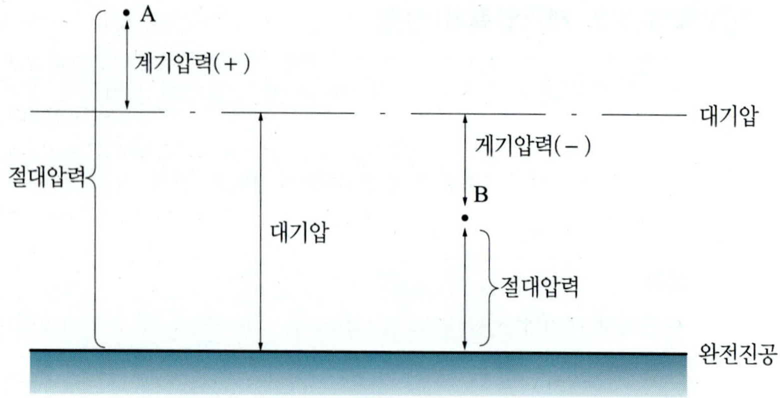

그림 3.5 대기압, 계기압력 및 절대압력의 관계

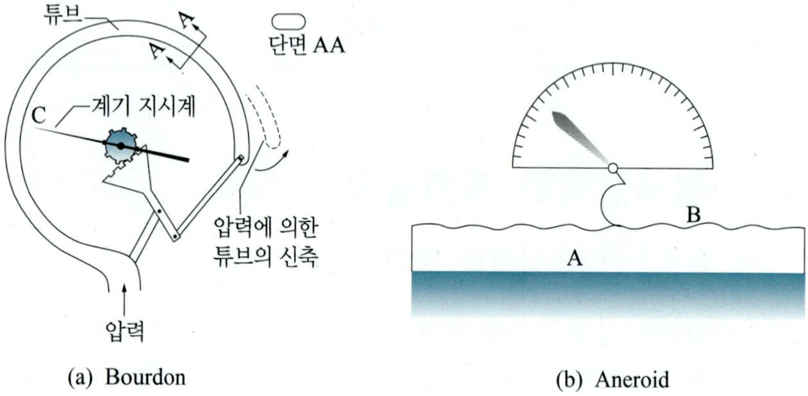

그림 3.6 버어든 압력계와 아네로이드 압력계

버어든 압력계는 계기압력을 측정하는 계기로서, 그림 3.6(a)에 나타낸 바와 같이, 관에 압력이 전달되면 관이 곧게 펴지려고 하는 성질을 이용하여 지침(C)을 움직이도록 고안한 장치이다. 압력이 전달되지 않은 상태에서는 관 내외의 압력은 대기압을 받게 되고, 그때 지침이 0을 가리키게 되어있다. 국소 대기압보다 큰 압력에 대해서는 관은 펴지려는 경향을 띠고 이때의 압력은 양(+)의 값을 취하게 되고, 국소 대기압보다 작은 압력에서는 관은 수축하려고 하고 이때 지침은 음(−)의 값을 취한다. 이와 같이 버어든 압력계는 관 내부와 외부의 압력차에 의해서 작동하도록 되어 있다.

아네로이드 압력계는 절대압력을 측정하는 계기이다. 그림 3.6(b)와 같이 한 면(B)이 압력에 의해 수축과 신장을 할 수 있는 탄성체의 금속상자(A)로 이루어져 있다. 이 원통은 진공으로 되어 있어 그 속의 압력은 절대영압이다. B면에 압력이 걸리면 면(B)이 안쪽으로 휘게 되어, 이 휨 작용에 의해 지침이 움직이도록 고안되어 있다. 따라서 여기서 지시되는 압력은 절대영압이 기준이므로, 대기압까지 포함된 절대압력을 가리키게 된다.

3.4.2 대기압의 측정

대기압을 측정하는 압력계로서는 수은 압력계가 있다. 수은 압력계를 처음 고안한 사람은 이탈리아의 토리첼리(Torricelli)이다. 한 쪽 끝이 개방되어 있는 유리관에 수은을 가득 채우고, 이것을 수은이 들어 있는 용기 내에 개방된 끝단이 밑이 되도록 연직으로 세우면 그림 3.7과 같은 형상이 된다. 즉 B면에서 대기압을 받고 있기 때문에 유리관 내의 수은주에 의한 압력이 대기압과 평형을 이룰 때까지 시험관 내의 수은이 내려가고, 시험관의 A부분은 진공상태가 된다. 식 (3.20)에 의하면 압력은 $p = \gamma h$로 나타낼 수 있으므

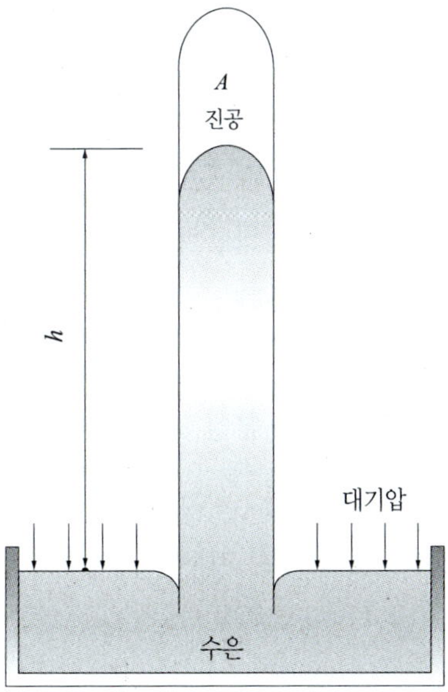

그림 3.7 대기압의 측정

로 국지 대기압은 다음과 같이 나타낼 수 있다.

$$p_a = \gamma_m h \tag{3.21}$$

여기서 γ_m은 수은의 단위중량이고, h는 수은주의 높이를 나타낸다. 일반적으로 표준 대기압은 수은주의 높이 h가 760 mm인 경우에 해당하므로, 그 때의 대기압을 1기압으로 하고 있다. 이것을 물기둥으로 환산하면, 수은의 비중을 S = 13.6으로 했을 때 대기압은 다음과 같이 약 10.33 m의 물기둥에 의한 압력과 같게 된다.

1 기압 = 760 mm 수은주에 해당하는 압력
  = 13.6 × 760 mm = 10.33 m 수주(水柱)에 해당하는 압력

또 $p = \gamma h$에 의해서 산정하면

$$\begin{aligned} 1\text{ 기압} &= 1000\ \text{kg중/m}^3 \times 10.33\ \text{m} \\ &= 10330\ \text{kg중/m}^2 = 1.033\ \text{kg중/cm}^2 \\ &= 10330 \times 9.8\ \text{N/m}^2 \\ &= 1.013 \times 10^5\ \text{N/m}^2 \\ &= 1.013\ \text{bar} = 1013\ \text{mb} \end{aligned}$$

등 다양한 단위로서 나타낼 수 있으며, 최근에는 기상예보 등에서 Pa(= N/m^2)의 단위로서

$$\begin{aligned} 1\text{ 기압} &= 1.013 \times 10^5\ \text{Pa} \\ &= 1013\ \text{Hecto Pa} \end{aligned}$$

와 같이 사용하기도 한다.

예제 3.4 절대압력의 산정

계기압력이 수은주 310 mm에 해당하는 진공(−)압력을 나타낼 때 절대압력을 구하라. 단, 대기압은 p_{atm} = 100 kPa로 가정하라.

주어진 값 : 계기압력 : p_g = 310 mmHg
대기압 : p_{atm} = 100 kPa
찾는 값 : 절대압력, p
참고사항 : 절대압력 = 대기압 + 계기압력

풀이

대기압, 계기압력 및 절대압력의 관계도 그림 3.5에서, 이 경우는 B점의 경우에 해당하므로 절대압력 p는

$$
\begin{aligned}
p &= \text{대기압} + \text{진공압력} \\
&= 100\ \text{kN/m}^2 - 13.6 \times 9{,}800\ \text{N/m}^2 \times 0.31\ \text{m} \\
&= 58.7\ \text{kN/m}^2
\end{aligned}
$$

3.5 액주계 manometer

액주계는 압력과 액주가 정지 평형을 이루는 것을 이용하여, 밀폐된 용기 또는 관 내의 압력차나 두 단면간의 압력차를 측정하는 압력계이다. 액주계는 사용하기 편리하고 장치가 간단하면서도 정확한 압력을 측정할 수 있어 자주 사용된다.

3.5.1 관 내의 압력측정

그림 3.8과 같은 U자형 액주계를 생각한다. 물로 채워진 관속 압력 p_A를 구하기 위한 연직거리 및 단위중량은 주어져 있다. 동일한 유체로 채워진 유리관 속에서 수평면상에 있는 점의 압력은 같으므로 m점과 n점의 압력은 서로 같다.

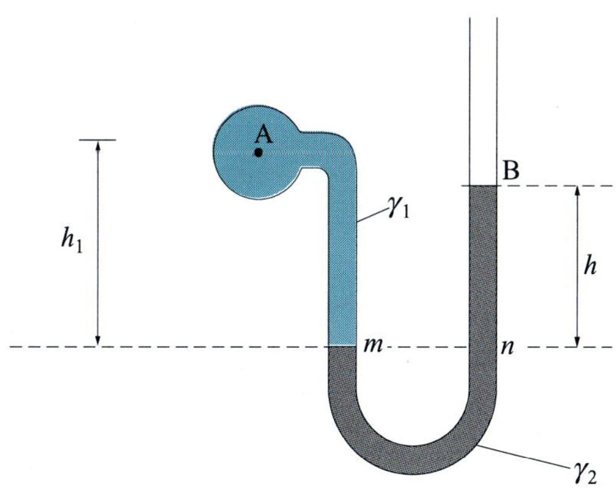

그림 3.8 개구식 액주계(U자형)

$$p_m = p_n \tag{3.22}$$

그런데, p_m은 A점의 압력 p_A에 단위중량 γ_1인 유체의 수두 h_1에 해당하는 압력을 더한 것이고, n점의 압력 p_n은 B점이 대기와 접하고 있으므로 단위중량이 γ_2인 유체의 수두 h에 해당하는 압력과 같다.

$$p_m = p_A + \gamma_1 h_1$$
$$p_n = \gamma_2 h$$

위 식에서 $p_m = p_n$으로 놓으면 A점의 압력은 다음과 같이 산정된다.

$$p_A = \gamma_2 h - \gamma_1 h_1 \tag{3.23}$$

3.5.2 두 단면 간 압력차의 측정

앞에서는 한 단면의 압력을 측정하는 방법에 대해서 알아보았는데 이번에는 그림 3.9에 도시한 바와 같이 두 단면간의 압력차를 측정하는 방법에 대해서 알아본다.

앞에서 언급한 바와 같이 m점과 n점의 압력은 같으므로, p_m을 구하고 p_n을 구해서 같게 놓으면 된다.

$$p_m = p_A + \gamma_1 h_1$$
$$p_n = p_B + \gamma_2 h_2 + \gamma_3 h$$

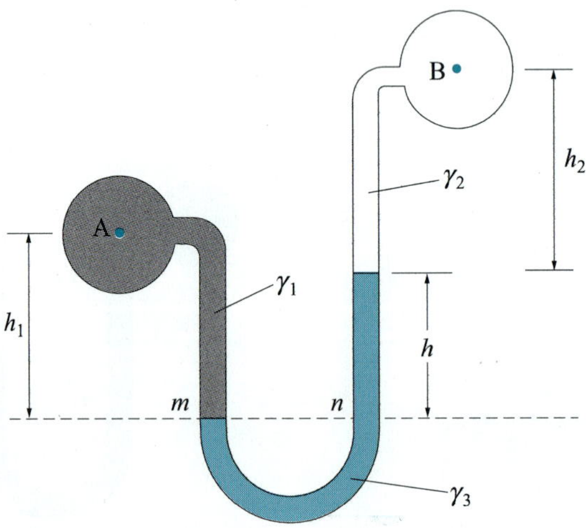

그림 3.9 시차(示差) 액주계

이 식으로부터 두 단면간 압력차 $p_A - p_B$는

$$p_A - p_B = \gamma_2 h_2 + \gamma_3 h - \gamma_1 h_1 \tag{3.24}$$

와 같이 표시된다. 이와 같이 두 단면 간의 압력차를 구하는 액주계를 시차 액주계라 부른다.

예제 3.5 압력의 측정

그림 E3.5와 같이 물로 채워진 관 속 A점의 압력을 측정하기 위해 수은이 들어 있는 액주계를 설치하였다. 액주계의 한 면이 대기와 접해 있다면 A점의 압력 p_A는 얼마인가?

주어진 값: 각 유체의 비중 및 유체간의 연직거리(그림 E3.5)
찾는 값: A점의 압력 p_A
참고사항: $p = \gamma h$

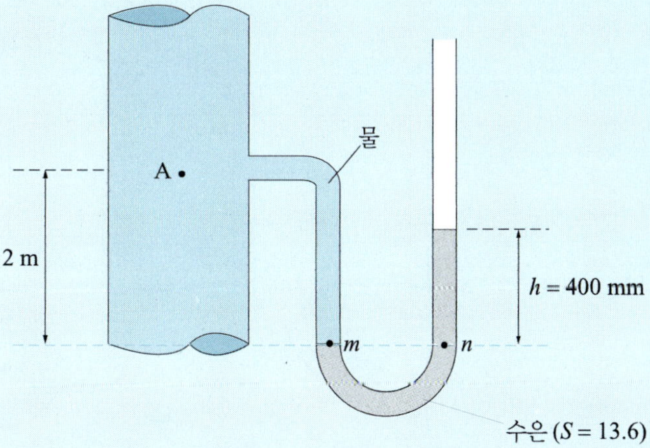

그림 E3.5

풀이

m, n점의 압력은 각각 다음과 같이 된다.

$$p_m = p_A + \gamma_w h_1$$

$$p_n = \gamma_m h$$

m점과 n점의 압력이 같으므로, $p_m = p_n$으로 놓으면 p_A는 다음과 같이 계산된다.

$$p_A = \gamma_m h - \gamma_w h_1$$
$$= 13.6 \times 1000 \text{ kg중/m}^3 \times 0.4 \text{ m} - 1000 \text{ kg중/m}^3 \times 2 \text{ m}$$
$$= 3440 \text{ kg중/m}^2$$
$$= 3440 \times 9.8 \text{ N/m}^2$$
$$= 33.712 \text{ kPa}$$

예제 3.6 압력차의 측정

그림 E3.6과 같이 물이 흐르고 있는 두 관 A, B의 압력차 $p_A - p_B$를 구하라. 단, 액주계 내의 액체는 비중 $S = 0.8$인 기름이다.

주어진 값 : 각 유체의 비중 및 유체간의 연직거리(그림 E3.6)
찾는 값 : 두 관 A, B의 압력 차 $p_A - p_B$
참고사항 : 물의 단위중량, $\gamma_w = 1000$ kg중/m^3, $p = \gamma h$, $\gamma_m = 0.8\gamma_w$

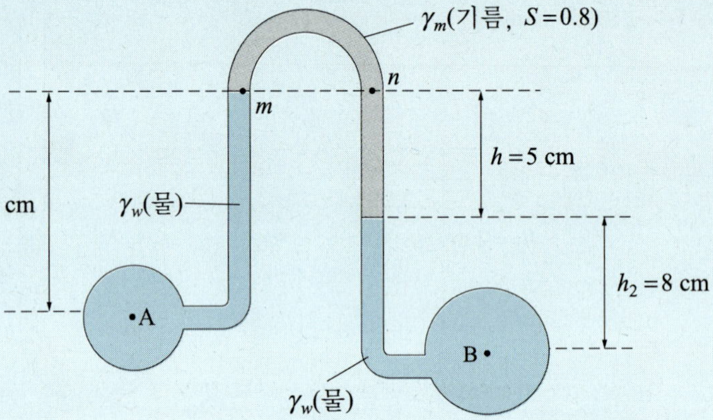

그림 E3.6 시차 액주계

풀이

m점과 n점의 압력은 서로 같으므로 $p_m = p_n$으로 놓으면 된다.

$$p_m = p_A - \gamma_w h_1$$
$$p_n = p_B - \gamma_w h_2 - \gamma_m h$$
$$\therefore\ p_A - p_B = \gamma_w h_1 - \gamma_w h_2 - 0.8\gamma_w h$$

$$= 1000\ \text{kg중/m}^3 \times 0.15\ \text{m} - 1000\ \text{kg중/m}^3 \times 0.08\ \text{m}$$
$$- 0.8 \times 1000\ \text{kg중/m}^3 \times 0.05\ \text{m}$$
$$= 30\ \text{kg중/m}^2$$
$$= 30 \times 9.8\ \text{N/m}^2 = 294\ \text{Pa}$$

예제 3.7 압력차의 산정

그림 E3.7과 같은 액주계에서 A와 B점의 압력차를 구하라. A, B관은 물로 채워져 있다.

주어진 값 : 액체의 비중 및 연직거리(그림 E3.7)
찾는 값 : A, B관의 압력차 $p_A - p_B$
참고사항 : $p = \gamma h$

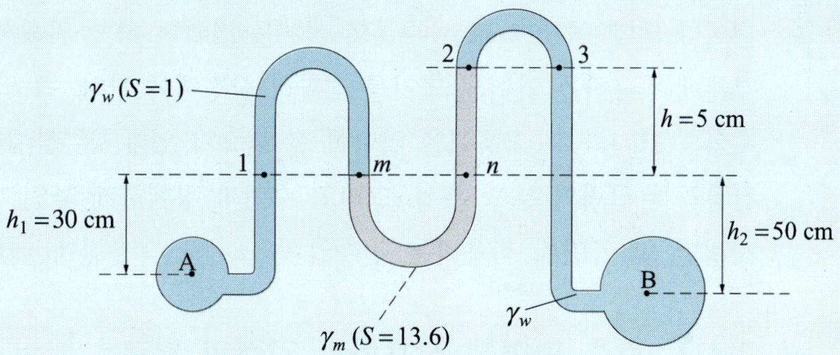

그림 E3.7 시차식 액주계

풀이

동일한 유체로 채워진 유리관 속에서 동일 평면상의 점은 압력이 같으므로 $p_1 = p_m$, $p_2 = p_3$인 것을 고려하고, $p_m = p_n$의 조건을 구한다.

$$p_m = p_1 = p_A - \gamma_w h_1 \quad ①$$

$$p_n = p_2 + \gamma_m h \quad ②$$

또 $p_2 = p_3$이므로

$$p_2 = p_3 = p_B - \gamma_w(h_2 + h)$$

이것을 위 식 ②에 대입하면

$$p_n = p_B - \gamma_w(h_2 + h) + \gamma_m h \quad ③$$

$p_m = p_n$ 이므로, 식 ①과 ③에서

$$p_A - \gamma_w h_1 = p_B - \gamma_w(h_2 + h) + \gamma_m h$$

$$p_A - p_B = \gamma_w h_1 - \gamma_w h_2 + (\gamma_m - \gamma_w)h$$

이 되고, 계산을 수행하면 다음과 같이 된다.

$$\begin{aligned} p_A - p_B &= \gamma_w h_1 - \gamma_w h_2 + (\gamma_m - \gamma_w)h \\ &= \gamma_w(h_1 - h_2) + (\gamma_m - \gamma_w)h \\ &= 430 \text{ kg중/m}^2 \\ &= 430 \times 9.8 \text{ N/m}^2 = 4{,}214 \text{ N/m}^2\text{(Pa)} \end{aligned}$$

3.6 수중 평면에 작용하는 힘

댐이나 제방, 물탱크 또는 수문의 설계를 정확히 하기 위해서는 수중에 잠긴 부분에 작용하는 압력의 크기를 정확히 산정해야 한다. 즉 압력으로 인한 전수압의 크기와 그 작용점을 알아야 할 필요가 있다. 본 절에서는 수중물체에 작용하는 압력의 분포 특성, 그리고 수면과 평행하게 놓인 면, 연직평면, 경사평면 및 곡면에 작용하는 전수압의 크기와 작용점에 대해서 알아본다.

3.6.1 수중 평면에 작용하는 압력의 분포

그림 3.10은 물체가 수중에 고정되어 있을 때 각 면에 작용하는 압력분포를 도시한 것이다.

앞서 배운 바와 같이 압력은 각 면에 수직하게 작용하고 있는 것을 알 수 있다. 설명을 간단히 하기 위해서 AD와 BC는 수면에 평행하고, CD면은 연직평면, AB는 경사평면이라 생각하자. 우선 AD, BC 면은 수면과 평행하므로 각각 γh_1 및 γh_2의 일정한 압력이 전단면에 걸쳐 고르게 작용하여 직사각형의 압력분포를 하고 있다. 또 연직 평면인 CD면에는 D점에서 γh_1이고 C점에서 γh_2의 크기를 가지며, 선분 $\overline{CD}$와 수면이 만난 F점을 기준으로 하여 직선적으로 분포하고 있음을 알 수 있다. 이것은 경사평면 AB에 대해서도 똑같이 적용된다. 즉 E점을 기준으로 하여 A점에서 γh_1, B점에서 γh_2의 크기로 AB면에 수직하게 작용한다.

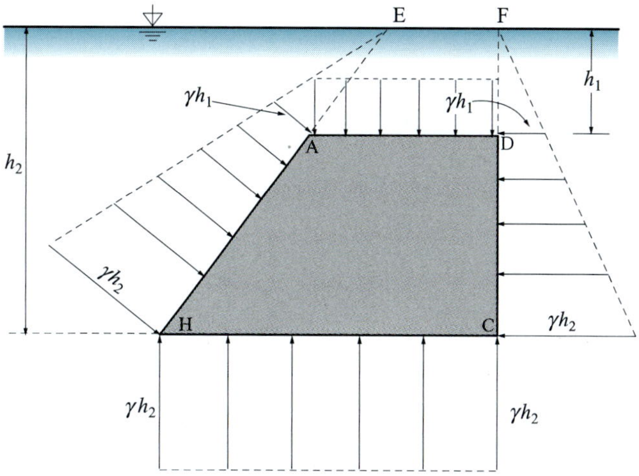

그림 3.10 수중 물체에 작용하는 정수압 분포

3.6.2 면적 모멘트와 도심

수중평면에 작용하는 전수압의 크기와 작용점을 구하기 위해서는 단면 1차 모멘트와 단면 2차 모멘트 및 도심의 개념이 사용된다.

그림 3.11과 같은 좌표축을 설정하고, 면적 A를 가진 임의의 단면에 대한 단면 1차 모멘트 및 단면 2차 모멘트를 구하는 방법에 대해서 설명한다.

(1) 단면 1차 모멘트

먼저 x축에 관한 단면 1차 모멘트는 다음과 같이 정의된다.

$$G_x = \int_A z\,dA \tag{3.25}$$

즉, x축에 관한 단면 1차 모멘트는 x축으로부터의 연직거리(z)에 미소면적 dA를 곱해서 전단면에 걸쳐 적분한 것을 의미한다. 따라서 x축과 평행한 축, 즉 $z = k$인 축에 관한 단면 1차 모멘트는, $z = k$인 축으로부터의 연직거리가 $z - k$이므로, 다음과 같이 표현할 수 있다.

$$G_k = \int_A (z-k)dA = \int_A z\,dA - kA \tag{3.26}$$

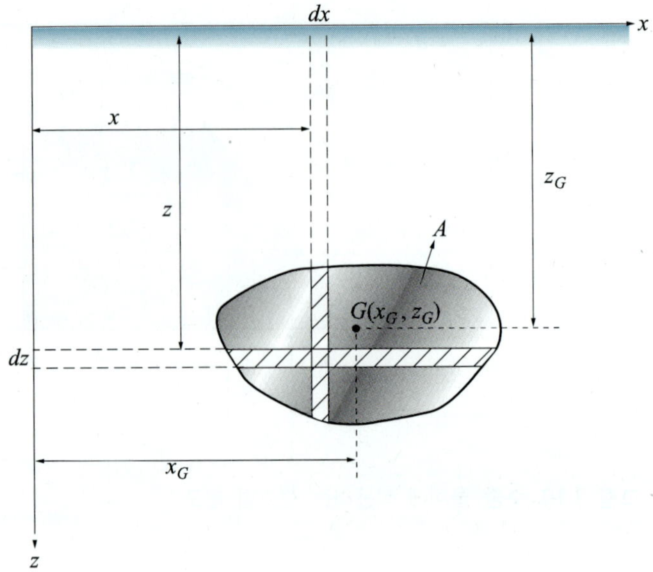

그림 3.11 단면모멘트의 정의도

그런데 도심축(centroidal axis)은 그 축에 관한 단면 1차 모멘트가 0인 경우이므로, $z = k$인 축을 도심축, 즉 $z = k = z_G$로 한다면, 식 (3.26)으로부터

$$G_G = \int_A (z - z_G) dA$$
$$= \int_A z\, dA - z_G A = 0$$

즉,

$$\int_A z\, dA = z_G A = G_x \tag{3.27}$$

와 같은 관계식을 얻는다. 식 (3.27)은 x축에 관한 단면 1차 모멘트는 x축으로부터 도심까지 떨어진 거리에 전 단면적을 곱한 값과 같다는 것을 의미한다.

식 (3.27)로부터 도심의 z좌표 z_G는 다음과 같이 나타낼 수 있다.

$$z_G = \frac{1}{A} \int_A z\, dA = \frac{G_x}{A} \tag{3.28}$$

앞에 언급한 x축에 관한 사항은 z축에 대해서도 그대로 적용되어

$$G_z = \int_A x\,dA = x_G A \tag{3.29}$$

이고, x_G는 다음과 같이 표현된다.

$$x_G = \frac{1}{A}\int_A x\,dA = \frac{G_z}{A} \tag{3.30}$$

$x - z$ 평면에서 (3.28) 및 (3.30)으로 표시되는 점 (x_G, z_G), 즉 도심축이 교차하는 점을 면적의 도심(centroid)이라 한다.

(2) 단면 2차 모멘트

그림 3.11에서 x축에 관한 단면 2차 모멘트는

$$I_x = \int_A z^2 dA \tag{3.31}$$

로 정의된다. 즉 단면 2차 모멘트는 모멘트의 중심축으로부터 떨어진 거리의 제곱(z^2)에 미소면적 dA를 곱해서 전단면적에 걸쳐서 적분한 값이다. dA가 양의 값이므로 단면 2차 모멘트는 항상 양의 값을 취한다. 이제 중심축이 x축에 평행하며 도심을 지나는 축($z = z_G$)에 관한 단면 2차 모멘트를 구해보자.

$$I_G = \int_A (z - z_G)^2 dA = \int_A z^2\,dA - 2z_G \int_A z\,dA + z_G^2 \int_A dA \tag{3.32}$$

그런데 위 식에서 우변의 첫 항은 x축에 관한 단면 2차 모멘트 I_x이고, 제2항에서, $\int_A z\,dA = z_G A$, 또 제3항에서, $\int_A dA = A$ 이므로

$$I_G = I_x - z_G^2 A$$

즉,

$$I_x = I_G + z_G^2 A \tag{3.33}$$

와 같이 임의축에 관한 단면 2차 모멘트와 도심축에 관한 단면 2차 모멘트의 관계식을 구할 수 있다. 식 (3.33)으로부터 임의축(여기서는 x축)에 관한

단면 2차 모멘트는 도심축에 관한 단면 2차 모멘트와 임의축으로부터 도심까지 떨어진 거리의 제곱에 면적을 곱한 값과의 합으로 표시됨을 알 수 있다. 참고로 전수압을 구할 때 많이 사용되는 단면에 대한 도심 및 도심축에 관한 단면 2차 모멘트 값을 표 3.1에 도시한다.

표 3.1 단면 1차 모멘트와 2차 모멘트

도형명	도형	면적	도심위치	I 또는 IG
직사각형	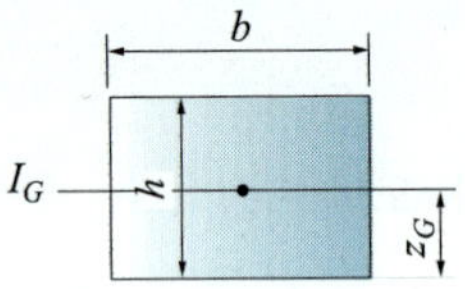	bh	$z_G = \frac{h}{2}$	$I_G = \frac{bh^3}{12}$
삼각형	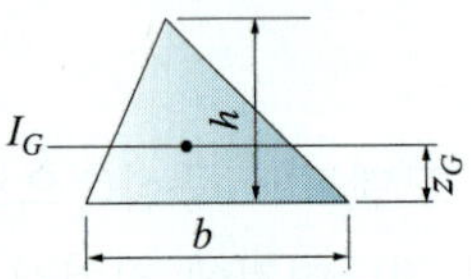	$\frac{bh}{2}$	$z_G = \frac{h}{3}$	$I_G = \frac{bh^3}{36}$
원	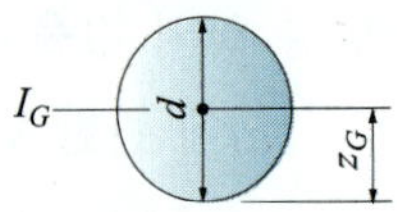	$\frac{\pi d^2}{4}$	$z_G = \frac{d}{2}$	$I_G = \frac{\pi d^4}{64}$
반원	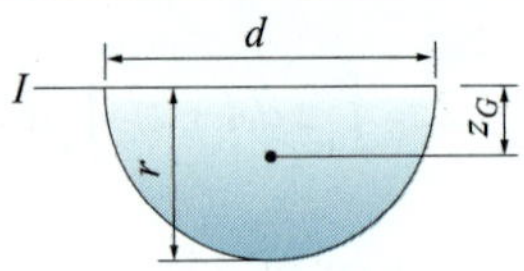	$\frac{\pi d^2}{8}$	$z_G = \frac{4r}{3\pi}$	$I_G = \frac{\pi d^4}{128}$
타원	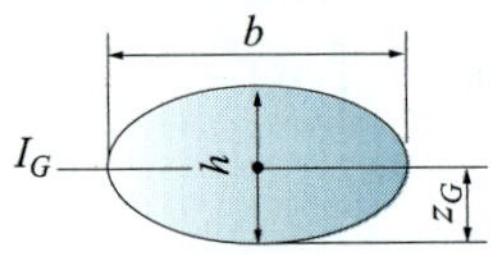	$\frac{\pi bh}{4}$	$z_G = \frac{h}{2}$	$I_G = \frac{\pi bh^3}{64}$
반타원	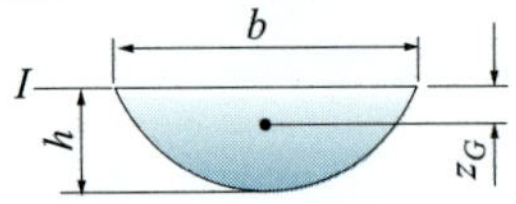	$\frac{\pi bh}{4}$	$z_G = \frac{4h}{3\pi}$	$I_G = \frac{\pi bh^3}{16}$
포물선	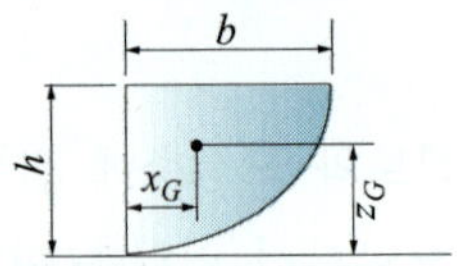	$\frac{2}{3}bh$	$z_G = \frac{3h}{5}$ $x_G = \frac{3b}{8}$	$I_G = \frac{2bh^3}{7}$

3.6.3 수평으로 놓인 평면에 작용하는 힘

정지수 내의 압력은 수평방향으로는 일정하고 연직방향으로만 변화한다는 것을 앞서 배웠다. 그림 3.12와 같이 평면이 수면과 평행하게 놓여있을 경우 압력은 γh의 크기로서 그 면에 따라 일정하게 분포하게 된다.

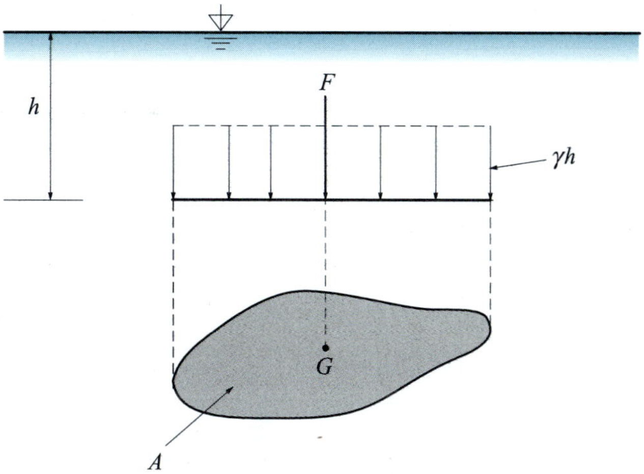

그림 3.12 수평 평판

따라서 수평면 A에 작용하는 힘은 압력 $p = \gamma h$에 면적을 곱한 값과 같다.

$$F = pA = \gamma hA \tag{3.34}$$

이때 전수압 F는 도심 G에 작용한다. 평면이 평행하게 놓여 있으므로, $h = h_G$이고 식 (3.34)는

$$F = \gamma h_G A \tag{3.35}$$

로 표현해도 상관없다.

예제 3.8 수평평판에 작용하는 전수압

그림 E3.8과 같은 수조의 밑면에 0.8 m × 0.8 m인 직사각형 수문이 설치되어 있다. 수문의 한쪽은 힌지로 되어 있고, 힌지로부터 0.65 m인 곳에 스프링으로 지지되어 있다.

수심이 아래 그림과 같은 조건일 때, 수문에 걸리는 힘(F_g), 스프링이 지지하는 힘(F_s) 및 스프링의 수축길이(x)를 구하라. 단 스프링 상수 k = 450 kg중/cm이다.

주어진 값: 수심 h= 1.6
수문의 규모
스프링 상수

찾는 값: 수문과 스프링에 걸리는 힘 F_g 및 F_s 스프링의 수축길이 x

참고사항: $\Sigma M_0 = 0,\ F = \gamma h_G A,\ F = kx$

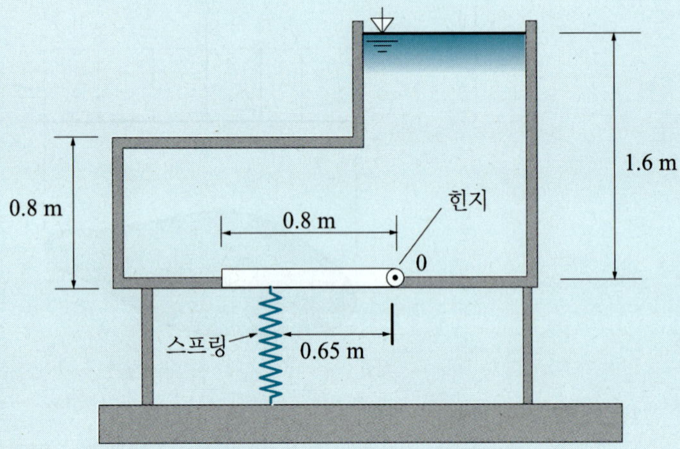

그림 E3.8

풀이

수문에 작용하는 힘 F_g는

$$F_g = \gamma h_G A = \gamma h A = 1000\ \text{kg중/m}^3 \times 1.6\ \text{m} \times (0.8 \times 0.8)\ \text{m}^2$$
$$= 1024\ \text{kg중}$$
$$= 10{,}035.2\ \text{N}$$

F_g의 작용점은 수문의 도심이므로 힌지로부터 0.4 m인 지점이다. 스프링의 반력을 F_s라 하고 힌지점 0에 대한 모멘트를 취하면

$$\Sigma M_0 = 1024 \times 0.4 - 0.65 \times F_s = 0$$
$$F_s = 630.15\ \text{kg중}$$

스프링의 수축길이를 x, 스프링 상수를 k라 하면 Hooke의 법칙($F_s = kx$)에 의해

$$630.15\ \text{kg중} = 450\ \text{kg중/cm} \times x$$
$$\therefore x = 1.4\ \text{cm}$$

3.6.4 수면에 연직으로 놓인 평면에 작용하는 힘

(1) 전수압의 크기

수면에 연직으로 놓인 평면의 경우를 그림 3.13에 도시한다. 정수압은 B점에서 γh_1, D점에서 γh_2의 압력의 크기를 갖고 직선적으로 변하는 사다리꼴의 압력 분포를 갖게 된다.

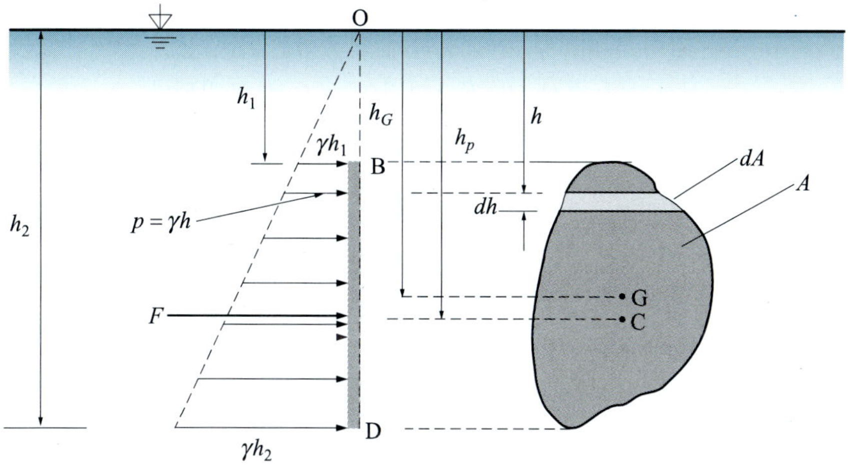

그림 3.13 연직평면

이 경우는 정수압이 수심에 따라 변하기 때문에 수평 평면에 작용하는 전수압을 구하는 방법을 적용할 수 없다. 이제 면적 A를 갖는 임의의 형상의 연직평판에 작용하는 전수압을 구하기 위하여, 수면으로부터 임의의 거리 h를 취하고 미소번위 dh에 의해서 생기는 미소 면적 dA를 생각한다. 미소면적 dA에 작용하는 힘을 dF라 하고, 이 dF를 구해서 전단면에 걸쳐 적분하면 전수압 F가 구해진다. 우선 dF는 미소면적 dA에 압력 $p = \gamma h$가 작용하는 경우이므로, 다음과 같이 나타낼 수 있다.

$$dF = p\,dA = \gamma h\,dA \tag{3.36}$$

전수압 F는 dF를 전단면에 걸쳐서 적분하면 얻을 수 있다.

$$F = \int_A dF = \gamma \int_A h\,dA \tag{3.37}$$

그런데 $\int_A h\,dA$는 앞 절에서 설명한 바와 같이 수면축에 관한 단면 1차 모멘트이므로

$$\int_A h\,dA = h_G A \tag{3.38}$$

이고, 식 (3.38)을 (3.37)에 대입하면

$$F = \gamma h_G A \tag{3.39}$$

와 같이 된다. 즉 연직평면에 작용하는 전수압의 크기는 물의 단위중량과 도심까지의 수심 및 전단면적의 곱으로 표시된다.

(2) 전수압이 작용하는 연직방향 위치

전수압의 크기는 정해졌다. 이 전수압이 어느 위치에 작용하는가, 즉 전수압의 작용점을 알아보기 위해서 전수압 F가 C점에 작용한다고 가정한다. 따라서 전수압 F의 수면축에 관한 모멘트는 $F \cdot h_p$가 되고, 이것은 미소면적 dA에 작용하는 힘 dF의 수면축에 관한 모멘트의 합과 같게 된다. 이때 수면축이라 함은 연직평판을 수면에 투영시켰을 때 나타나는 선, 즉 0점에서 책을 수직으로 뚫고 들어가는 축을 의미한다. 수면축에 관한 모멘트를 취하면

전수압 F의 모멘트 = 미소면적 dA에 작용하는 힘의 모멘트의 합

의 관계식이 성립한다. 미소면적 dA에 작용하는 힘 dF에 의한 모멘트의 합은 $\int_A dF \cdot h$ 이므로, 식 (3.36)을 이용하면, 위의 관계식은 다음과 같이 표현된다.

$$F \cdot h_P = \int_A dF \cdot h = \gamma \int_A h^2 dA = \gamma I_x \tag{3.40}$$

식 (3.40)에서 $I_x = \int_A h^2 dA$는 식 (3.31)로 표현되는 단면 2차 모멘트이다. 여기서는 수면축에 관한 단면 2차 모멘트를 나타낸다. 따라서 작용점 h_p는 $h_P = \dfrac{\gamma I_x}{F}$로 나타낼 수 있고, $F = \gamma h_G A$이므로

$$h_P = \frac{I_x}{h_G A} \tag{3.41}$$

로 유도된다. 식 (3.41)은 물리적으로 의미를 갖고 있다. 즉 전수압의 작용점의 위치는 수면축에 관한 단면 2차 모멘트를 단면 1차 모멘트로 나눈 값과 같다는 것을 의미한다. 식 (3.33)으로부터 알 수 있는 바와 같이 수면에 관한 단면 2차 모멘트 I_x는 도심축에 관한 단면 2차 모멘트 I_G와 $I_x = I_G + h_G^2 A$의 관계를 갖고 있으므로

$$h_P = \frac{I_x}{h_G A} = h_G + \frac{I_G}{h_G A} \tag{3.42}$$

와 같이 된다. 따라서 전수압 F의 작용점은 도심 G보다 $I_G / h_G A$만큼 아래에 위치함을 알 수 있다.

예제 3.9 연직 평판에 작용하는 전수압

그림 E3.9와 같이 수문의 한쪽 끝점 A에서 힌지로 연결되어 있다. 수문 단면이 2 m × 2 m일 때 B점에 걸리는 반력(F_R)을 구하라. 또 A점에서의 수평반력(P)을 구하라.

주어진 값 : 수문단면, 수심(그림 E3.9)

찾는 값 : B점에 걸리는 반력 F_R, A점에서의 수평반력 P

참고사항 : $I_G = \dfrac{ab^3}{12}$, $h_p = h_G + \dfrac{I_G}{h_G A}$, $F = \gamma h_G A$

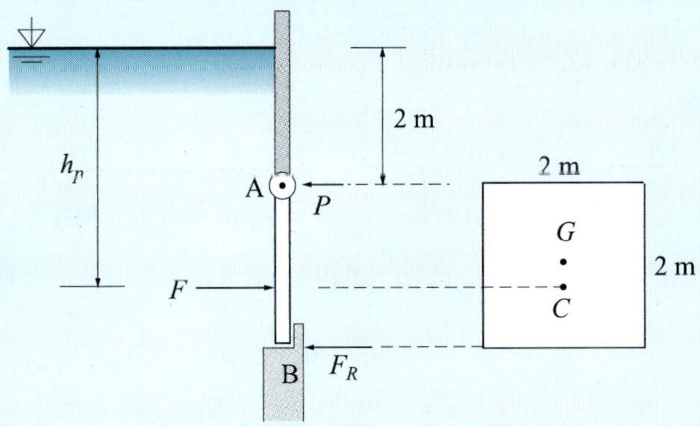

그림 E3.9

풀이

수문에 작용하는 힘 F는

$$F = \gamma h_G A = 1{,}000\ \text{kg중/m}^3 \times 3\ \text{m} \times (2 \times 2)\ \text{m}^2$$
$$= 12{,}000\ \text{kg중}$$

또 이 힘의 작용점 h_p는

$$h_p = h_G + \frac{I_G}{h_G A}$$
$$= 3 + \frac{\frac{2 \times 2^3}{12}}{3 \times 4} = 3.11\,\text{m}$$

따라서 B점에 걸리는 반력을 F_R이라 하고, 점 A에서 모멘트를 취하면

$$\Sigma M_A = F \times (h_p - 2) - F_R \times 2$$
$$= 12{,}000 \times (3.11 - 2) - F_R \times 2 = 0$$
$$\therefore\ F_R = 6{,}660\ \text{kg중}$$

또 A점에서의 수평반력은 $\Sigma F_x = 0$으로부터 구한다.

$$\Sigma F_x = F - F_R - P = 12{,}000\ \text{kg중} - 6{,}660\ \text{kg중} - P = 0$$
$$P = 5{,}340\ \text{kg중}$$

예제 3.10 연직평판에 작용하는 전수압

그림 E3.10과 같이 수중에 잠긴 연직평판의 한쪽 면에 작용하는 정수력의 크기와 압력 중심의 위치를 결정하라.

풀이

평판의 도심은 4 m이므로 전수압의 크기는

$$F = 4\ \text{m} \times 9810\ \text{N/m}^3 \times 1/2 \times 60\ \text{m}^2 = 1.177\ \text{MN}$$

압력 중심의 연직 위치는 식 (3.42)로부터

$$y_p - y_G = \frac{I_G}{y_G A} = \frac{ba^3/36}{y_G \frac{1}{2} bh} = \frac{a^2}{18 y_G} = \frac{36}{72}$$

$$y_p = 4 + \frac{1}{2} = 4.50\ \text{m}$$

수평 위치를 계산하기 위해 미소 면적에 작용하는 힘의 모멘트를 더해서 F로 나누어 준다. 연직 벽에 관해서 모멘트를 취하면

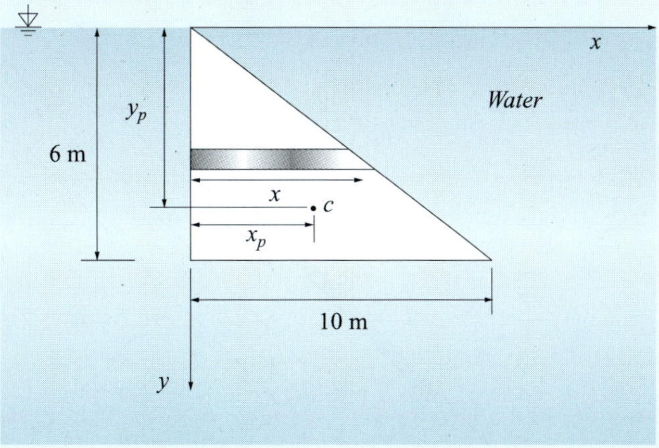

그림 E3.10

$$dM = \frac{1}{2}x\,dF = \frac{1}{2}x\gamma yx\,dy$$

여기서, $x = 10/6y$이므로

$$M = \frac{50}{36}\gamma\int_0^6 y^3 dy = \frac{50}{36}(9810\text{ N/m}^3)\frac{y^4}{4}\Bigg|_0^6 = 4.414\text{ MN}\cdot\text{m}$$

$Fx_p = M$의 관계로부터

$$x_p = \frac{M}{F} = \frac{4.414\text{ N}\cdot\text{m}}{1.177\text{ N}} = 3.57\text{ m}$$

3.6.5 경사평면에 작용하는 힘

(1) 전수압의 크기

경사진 평면의 경우도 수면에 대해서 평면이 θ만큼 기울어졌으므로 기준축과 축으로부터 기준거리가 달라질 뿐, 전수압의 크기와 작용점을 구하는 방법은 동일하다.

그림 3.14와 같이 좌표축을 설정하고, 전수압의 크기 F와 작용점 h_p 또는 z_p를 구해본다. 이 때 모멘트 중심축 Ox는 O을 통과해서 책을 수직으로 뚫고 들어가는 축이 된다. 전수압을 구하기 위해 Ox축으로부터 임의거리 z만큼 떨어진 곳에 미소변위 dz로 이루어지는 미소면적 dA를 생각하면

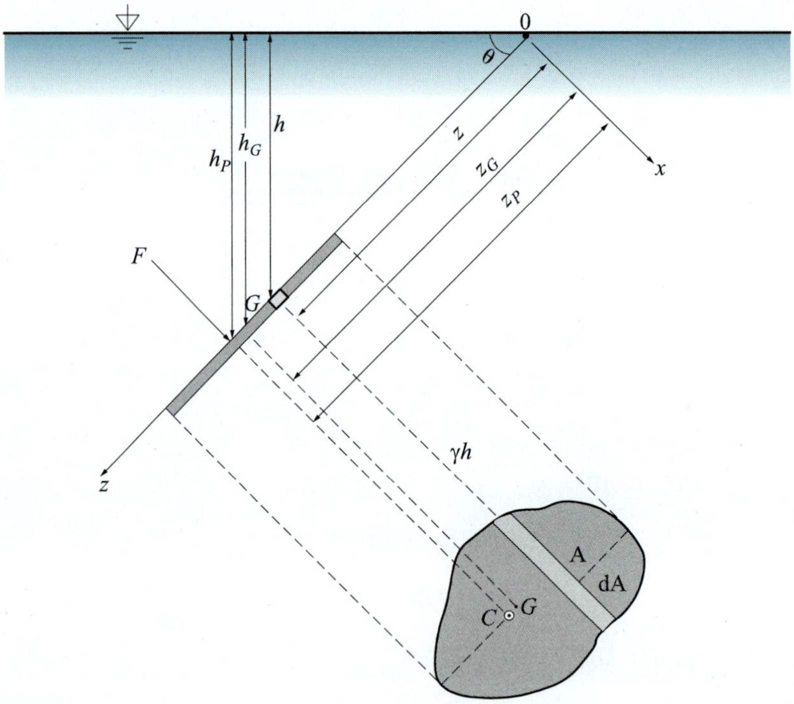

그림 3.14 경사평면

$$dF = p\,dA = \gamma h\,dA$$

그런데 $h = z\sin\theta$이므로

$$dF = \gamma z \sin\theta\,dA$$

따라서 전수압은 미소면적 dA에 작용하는 힘 dF를 전단면적에 걸쳐 적분하면 구할 수 있다.

$$F = \int_A dF = \gamma \sin\theta \int_A z\,dA \tag{3.43}$$

위 식에서 $\int_A z\,dA$는 Ox축에 관한 단면 1차 모멘트이므로, $\int_A z\,dA = z_G A$로 되어 식 (3.43)은 다음과 같이 된다.

$$F = \gamma z_G \sin\theta A = \gamma h_G A \tag{3.44}$$

상기 식에서는 $h_G = z_G \sin\theta$의 관계를 이용하고 있다. 따라서 경사평면의 경우에도 전수압의 표현식 (3.44)는 결국 연직평면에 작용하는 전수압에 관한 식 (3.39)와 동일한 형태로 표시됨을 알 수 있다.

(2) 전수압의 작용점

전수압의 작용점은 Ox축에 관한 전수압 F의 모멘트와 미소면적 dA에 작용하는 힘 dF의 모멘트의 합을 같게 놓으면 구할 수 있다. 즉,

$$F \cdot z_p = \int_A dF \cdot z = \gamma \sin\theta \int_A z^2 dA = \gamma \sin\theta I_{ox} \tag{3.45}$$

여기서 $I_{ox} = \int_A z^2 dA$는 Ox축에 관한 단면 2차 모멘트이다. 따라서 식 (3.44)를 식 (3.45)에 대입하고 z_p에 대해서 정리하면 다음과 같이 된다.

$$z_p = \frac{I_{ox}}{z_G A} \tag{3.46}$$

따라서 Ox축으로부터 전수압의 작용점까지의 거리 z_p는 Ox축에 관한 단면 2차 모멘트를 단면 1차 모멘트로 나눈 값과 같다. Ox축에 평행하고 도심을 지나는 축에 관한 단면 2차 모멘트를 I_{Go}라 하면, 식 (3.33)으로부터 $I_{Ox} = I_{Go} + z_G^2 A$의 관계가 있으므로 식 (3.43)은 다음과 같이 된다.

$$z_p = z_G + \frac{I_{Go}}{z_G A} \tag{3.47}$$

따라서 수면으로부터 전수압의 작용점까지의 연직거리 h_p는

$$h_p = z_p \sin\theta \tag{3.48}$$

의 관계로부터 구할 수 있다. 또 $h_G = z_G \sin\theta$이므로 식 (3.47)은 다음 식으로 나타낼 수도 있다.

$$h_p = h_G + \frac{I_{Go} \sin^2\theta}{h_G A} \tag{3.49}$$

예제 3.11 경사 평면에 작용하는 전수압

그림 E3.11과 같이 A점을 따라 힌지(hinge)로 연결된 경사표면의 폭이 5 m이다. 이 경사평판에 작용하는 (a) 전수압 F와, (b) 작용점 h_p를 구하라.

주어진 값 : A를 따라 힌지로 연결된 폭 5 m의 직사각형 수문

찾는 값 : 수문에 작용하는 전수압 F와 작용점 h_p

참고사항 : $F = \gamma h_G A,\ h_p = h_G + \dfrac{h_G}{h_G A}$

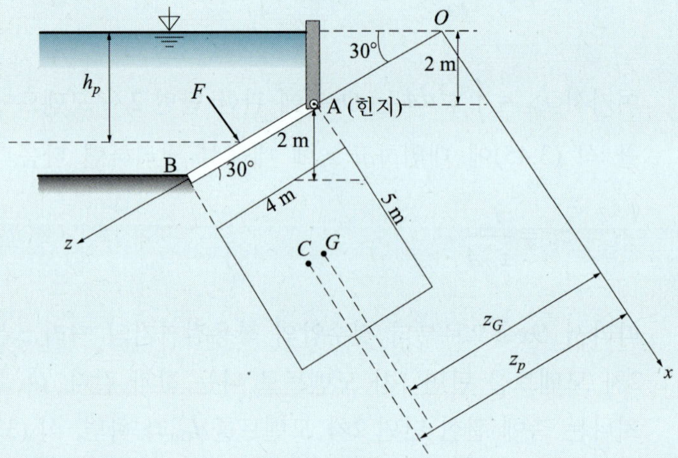

그림 E3.11

풀이

(a) B점으로부터 A점까지의 높이가 2 m이므로, 수문의 도심은 B점으로부터 1 m의 높이에 있다. 따라서 $h_G = 2 + 1 = 3$ m이다. 따라서 수문에 작용하는 전수압 F는

$$F = \gamma h_G A = (1000\ \text{kg중} / \text{m}^3)(3\ \text{m})(20\ \text{m}^2) = 60000\ \text{kg중}$$

(b) 그림에서 $z_G = \dfrac{2}{\sin 30°} + 2 = 6$ m 이므로, 식 (3.47)을 이용하면 z_p는 다음과 같이 계산된다.

$$z_p = z_G + \frac{I_G}{z_G A}$$

$$= 6 + \frac{\frac{5\times 4^3}{12}}{6\times 20} = 6.22\ \text{m}$$

$$h_p = z_p \sin 30° = 6.22\times(0.5) = 3.11\ \text{m}$$

[별해] h_G = 3 m이고, θ = 30°이므로, 위 문제 (b)는 식 (3.49)를 이용해서 직접 h_p를 계산할 수도 있다.

$$h_p = h_G + \frac{I_{Go}\sin^2\theta}{h_G\cdot A}$$

$$= 3 + \frac{\frac{5\times 4^3}{12}\left(\frac{1}{2}\right)^2}{3\times 20} = 3.11\ \text{m}$$

3.7 수중 곡면에 작용하는 힘

평면에 작용하는 정수압이 수심에 선형비례했던 것과는 달리 곡면에 작용하는 정수압 분포는 그림 3.15에 도시한 바와 같이 곡선적인 분포를 한다. 따라서 곡면 AB에 작용하는 전수압 F는 직접 구할 수 없고, x, z방향의 분력 F_x 및 F_z를 구해서 그 합성된 값을 취한다.

수면으로부터 임의의 거리 h 떨어진 곳에 있는 곡면의 미소면적 dA를 생각하면, 작용압력이 $P = \gamma h$이므로, dA에 작용하는 힘 dF는

$$dF - \gamma h\, dA \tag{3.50}$$

이다. 그런데 dF에 대한 수평방향, 연직방향 성분은 각각 다음과 같이 나타낼 수 있다.

$$dF_x = \gamma h\, dA \cos\theta \tag{3.51}$$

$$dF_z = \gamma h\, dA \sin\theta \tag{3.52}$$

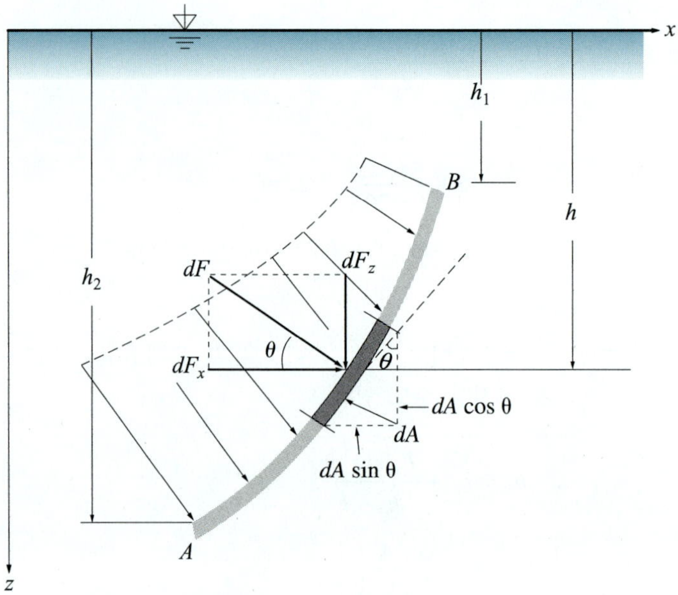

그림 3.15 곡면에 작용하는 정수압

따라서 전수압 F에 대한 x방향 성분은 위 식을 곡면의 전단면에 걸쳐 적분한 값으로 표시된다. 우선 수평방향 성분 F_x는

$$F_x = \int_A \gamma h \, dA \cos\theta = \gamma \int_A h \, dA_x \tag{3.53}$$

그런데 $dA_x = dA \cos\theta$는 미소면적 dA의 x방향으로의 투영 면적과 같고, $\int_A h \, dA_x$는 곡면 A를 x방향으로 투영했을 때 생기는 면적 A_x의 수면축에 관한 단면 1차 모멘트와 같으므로

$$\gamma \int_A h \, dA_x = h_G A_x \tag{3.54}$$

식 (3.54)를 (3.53)에 대입하면 x방향의 전수압은

$$F_x = \gamma h_G A_x \tag{3.55}$$

이 된다. 즉 전수압의 수평방향 성분은 도심에 작용하는 압력에 곡면을 수평방향으로 투영한 면적을 곱한 값과 같다. 수평방향 분력 F_x의 작용점은

투영면적을 연직방향 평면으로 생각하여 식 (3.42)를 그대로 적용하여 구할 수 있다.

연직 방향 성분 F_z는

$$F_z = \int_A \gamma h\, dA \sin\theta = \gamma \int_A h\, dA_z \tag{3.56}$$

위 식에서 $dA_z = dA \sin\theta$는 dA의 z방향의 투영면적이므로 $h\,dA_z$는 밑면이 dA_z이고 높이 h인 수주의 체적 $d\forall$가 된다. 따라서

$$F_z = \gamma \int_A d\forall = \gamma \forall \tag{3.57}$$

여기서 $\forall$는 밑면이 AB인 연직수주의 수면까지의 체적이다. 따라서 연직분력 F_z는 밑면이 AB인 연직수주의 중량에 해당한다. F_z의 작용점은 연직수주의 무게중심이 된다. 따라서 합성력 F는 다음과 같이 된다.

$$F = \sqrt{F_x^2 + F_z^2} \tag{3.58}$$

예제 3.12 곡면에 작용하는 전수압(원형)

그림 E3.12와 같은 원통형 수문에 작용하는 (a) 수평분력과 작용선, (b) 연직분력과 작용선을 계산하여라(단 수문의 폭은 2 m이다).

주어진 값 : 그림 E3.12

찾는 값 : F_H와 F_V 및 그 작용점 h_p와 x_p

참고사항 : $F = \gamma h_G A$, $h_p = h_G + \dfrac{I_G}{h_G A}$

풀이

(a) 곡면의 수평방향 투영면적은 높이 2 m, 폭 2 m인 직사각형이고, 도심까지의 수심은 $h_G = 3 + 1 = 4$ m이다. 따라서 수평력 F_H는 다음과 같다.

$$\begin{aligned} F_H &= \gamma h_G \mathrm{A} \\ &= (9800)(3 + 1)(2 \times 2) = 156800\ \mathrm{N} \end{aligned}$$

수평력 F_H의 작용점 h_p는 식 (3.42)로 구할 수 있다.

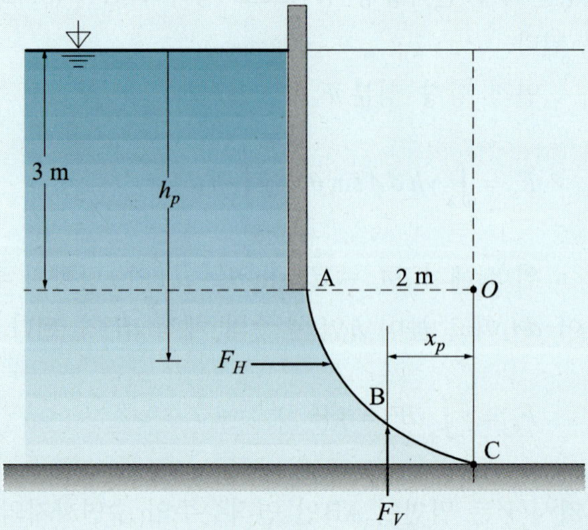

그림 E3.12

$$h_p = h_G + \frac{I_G}{h_G A}$$

$$= 4 + \frac{\frac{2 \times 2^3}{12}}{4 \times (2 \times 2)} = 4.08\,\text{m}$$

(b) 연직방향성분 F_V는 곡면 ABC를 밑면으로 하는 연직수주의 무게와 같으므로, 연직수주의 체적을 $\forall$라 하면 $F_V = \gamma\forall$와 같다.

$$F_V = (\text{곡선 ABC가 떠받치고 있는 가상유체의 무게})$$

$$= (9800\ \text{N/ m}^3)\left[(3 \times 2 \times 2) + \left(\frac{\pi \times 2^2}{4} \times 2\right)\right]\text{m}^3 = 179{,}175\ \text{N}$$

F_V의 작용점은 곡면 ABC가 떠받치고 있는 물의 중심을 통과하고 연직상방을 향한다. O점에서 F_V의 작용점까지의 거리를 x_p라 하면, O점에 관한 모멘트의 합은 $\Sigma M_o = 0$이므로

$$\Sigma M_A = F_H \times (h_P - 3) - F_V \times x_P$$

$$= 156800\ \text{N} \times (4.08 - 3) - 179175\ \text{N} \times x_P = 0$$

$$x = 0.95\ \text{m}$$

예제 3.13 댐에 작용하는 전수압

그림 E3.13a와 같이 $x_0 = 5$ m, $h = 50$ m로서 $z = 14.95\,x^{0.75}$의 포물선 곡면을 갖는 댐이 있다. 댐에 작용하는 (a) 수평력 F_H 및 그 작용점 h_p, 그리고 (b) 연직방향으로 작용하는 힘 F_V 및 작용점 x_p를 구하라(단, 댐의 길이는 $L = 100$ m이다).

주어진 값: 그림 E3.13a

찾는 값: F_H와 F_V 및 그 작용점 h_p 및 x_p

참고사항: $F = \gamma h_G A,\ h_P = h_G + \dfrac{I_G}{h_G A}$

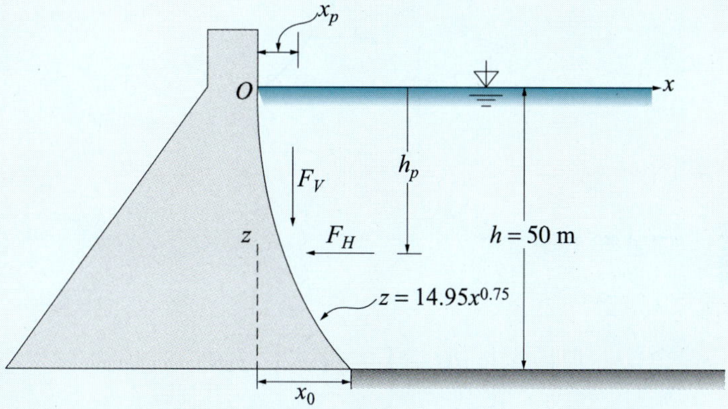

그림 E3.13a

풀이

(a) 곡면의 수평방향으로의 투영면적은 직사각형으로서 높이 50 m, 폭이 100 m이고, 도심은 $h_G = 25$ m이다. 따라서 수평력 F_H는 다음과 같다.

$$F_H = \gamma h_G A = (1000\ \text{kg중/m}^3)(25\ \text{m})(50\ \text{m} \times 100\ \text{m})$$
$$= 1.25 \times 10^8\ \text{kg중}$$

수평력 F_H의 작용점 h_p는 식 (3.42)로 구할 수 있다.

$$h_p = h_G + \frac{I_G}{h_G A}$$
$$= 25 + \frac{\dfrac{100 \times 50^3}{12}}{25 \times (50 \times 100)} = 33.33\,\text{m}$$

(b) 연직방향성분 F_V는 곡면 위 포물선 단면의 물의 무게와 같으므로, 포물선 단면의 체적을 $\forall$라 하면 $F_V = \gamma\forall$와 같다. 포물선 단면의 체적 $\forall$는 그림 E3.13b를 참고하면 다음과 같이 적분된다.

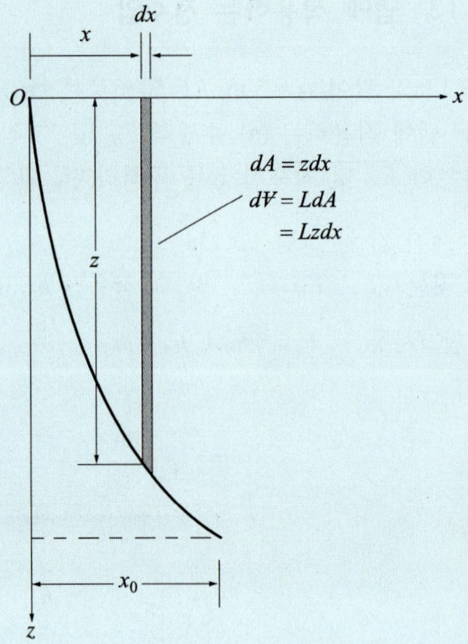

그림 E3.13b

$$\forall = \int_{\forall} d\forall = \int_A L\,dA = \int_0^{x_0} z\,dx$$

그런데 $z = 14.95\,x^{0.75}$이므로

$$F_V = \gamma\forall = \gamma L\int_0^5 14.95x^{0.75}dx$$

$$= 14.95\gamma L\left[\frac{x^{1.75}}{1.75}\right]_0^5$$

$$= 142.82\ \text{m}^2\ \gamma L$$

$$= (142.82\ \text{m}^2)(1000\ \text{kg중/m}^3)\times 100\ \text{m}$$

$$F_V = 1.43\times 10^7\ \text{kg중}$$

연직방향성분 F_V의 작용점 x_p를 구하기 위하여, O점에 관한 F_V의 모멘트 $F_V \cdot x_p$와 미소체적 $d\forall$에 걸리는 모멘트의 합 $\int_{\forall} x\cdot\gamma\, d\forall$를 같게 놓으면

$$F_V \cdot x_P = \int_{\forall} x\gamma\, d\forall = \int_0^5 x\gamma L z\, dx$$

$$\therefore x_P = \frac{\gamma L \int_0^5 xz\, dx}{F_V} = \frac{\gamma L \int_0^5 xz\, dx}{\gamma \forall}$$

$$= \frac{L \int_0^5 xz\, dx}{L \int_0^5 z\, dx}$$

$z = 14.95\, x^{0.75}$를 대입하면, x_p는 다음과 같이 산정된다.

$$x_p = \frac{\int_0^5 14.95 x^{1.75} dx}{\int_0^5 14.95 x^{0.75}\, dx}$$

$$= \frac{1.75}{2.75} \cdot \left[\frac{5^{2.75}}{5^{1.75}} \right] = 3.18\ \text{m}$$

예제 3.14 곡면에 작용하는 전수압

그림 E3.14와 같은 수문은 $w = 5$ m의 일정한 폭을 갖는다. 표면방정식은 $x = y^2/a$이며, 여기서 $a = 4$ m이다. 수문 우측의 수심은 $D = 4$ m이다. 물로 인한 압력의 (a) 수평분력과 작용점, (b) 수직분력과 작용점을 찾아라.

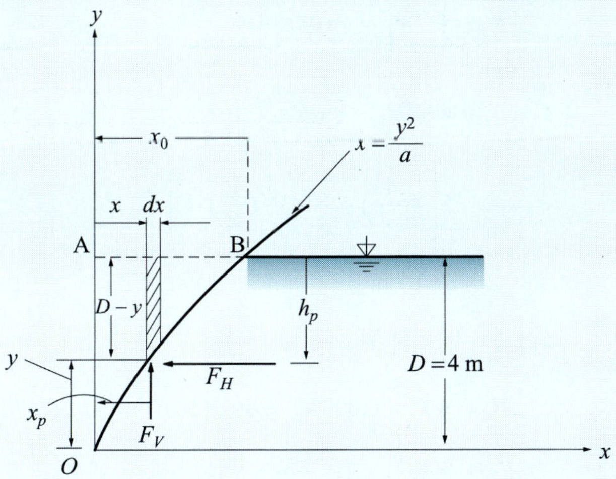

그림 E3.14

주어진 값: $w = 5$ m인 일정폭의 수문
xy 평면 내의 표면식은 $x = y^2/a$이고, 여기서 $a = 4$m이다.
물은 수문 우측에 깊이 $D = 4$ m로 유지한다.
찾는 값: F_H, F_V 및 각 분력의 작용선

풀이

(a) 수평방향 분력 F_H는 곡면을 수평방향으로 투영시켰을 때 생기는 연직평면에 작용하는 힘과 같다. 이때 투영 면적은 폭이 5 m이고 높이가 4 m이므로

$$
\begin{aligned}
F_H &= \gamma h_G A = (1000\ \text{kg중/m}^3)(2\ \text{m})(4\ \text{m} \times 5\ \text{m}) \\
&= 40,000\ \text{kg중}
\end{aligned}
$$

F_H의 작용점 h_p는 식 (3.42)를 이용하면 다음과 같이 계산된다.

$$
h_p = h_G + \frac{I_G}{h_G A} = 2 + \frac{\frac{5 \times 4^3}{12}}{2 \times (4 \times 5)} = 2.67\ \text{m}
$$

(b) 연직방향 분력 F_V는 OB를 밑면으로 하는 연직수주의 무게, 즉 OAB에 해당하는 물의 무게와 같다. OAB의 체적 $\forall$는 다음과 같이 미소 변위 dx로 이루어진 체적 $d\forall$를 적분하면 된다.

$$
\forall = \int_{\forall} d\forall = \int_0^{x_0} w(D - y)dx
$$

그런데, $y = (ax)^{1/2}$이고, $x_0 = D^2/a$이므로, 이것을 상기 식에 대입하면

$$
\begin{aligned}
\forall &= \int_0^{x_0} w\left[D - (ax)^{\frac{1}{2}} \right] dx \\
&= w\left[Dx_0 - \frac{2}{3} a^{1/2} x_0^{3/2} \right] \\
&= 5\left[4\left(\frac{4^2}{4}\right) - \frac{2}{3}(4)^{1/2}\left(\frac{4^2}{4}\right)^{3/2} \right] \\
&= 26.67\ \text{m}^3
\end{aligned}
$$

따라서 연직분력 F_V는

$$
F_V = \gamma \forall = (1000\ \text{kg 중/m}^3)(26.67\ \text{m}^3) = 26670\ \text{kg 중}
$$

F_V의 작용점 x_p를 구하기 위해, y축에 관한 연직분력의 모멘트 $F_V \cdot x_p$와 미소체적 $d\forall$에 작용하는 힘 dF_V의 모멘트의 합, $\int x\, dF_V$ 를 같게 놓는다.

$$F_V \cdot x_P = \int x\, dF_V \qquad ①$$

상기 식 ①에서 dV에 작용하는 연직방향 힘 dF_V는

$$\begin{aligned} dF_V &= \gamma w(D - y)\, dx \\ &= \gamma w\left[D - (ax)^{1/2}\right] dx \end{aligned} \qquad ②$$

식 ①에 ②를 대입하면

$$\begin{aligned} F_V \cdot x_P &= \int_0^{x_0} \gamma w \cdot x\left[D - (ax)^{1/2}\right] dx \\ &= \gamma w \int_0^{x_0}\left[Dx - a^{1/2}x^{3/2}\right] dx \\ &= \gamma w\left[\frac{D}{2}x_0^2 - a^{1/2}\frac{2}{5}x_0^{5/2}\right] \\ &= (1000\ \text{kg중/m}^3)(5\ \text{m})\left[\frac{4}{2}\left(\frac{4^2}{4}\right)^2 - 4^{1/2}\frac{2}{5}\left(\frac{4^2}{4}\right)^{5/2}\right]\text{m}^3 \\ &= 32000\ \text{kg중} \cdot \text{m} \end{aligned}$$

$$\therefore x_p = \frac{32000\ \text{kg중} \cdot \text{m}}{26670\ \text{kg중}} = 1.2\ \text{m}$$

3.8 부력 buoyant force

그림 3.16과 같이 물체가 물속에 잠겨 있는 경우를 생각하자. 이 물체의 각 변에 작용하는 정수압으로 인한 힘은 크게 수평방향의 힘과 연직방향의 힘으로 나누어 생각할 수 있다.

수평방향 힘은 물체를 수평방향으로 투영했을 때 생기는 면에 작용하는 힘이므로, 양측에서 작용하는 힘은 서로 평형을 이루고 있다. 즉 $F_x = F_x'$임을 알 수 있다. 따라서 여기서는 수중물체가 연직방향으로 받는 순수한 힘을 구해본다.

3.7절에서 설명한 바와 같이, 곡면에 작용하는 연직방향의 힘은 그 곡면을 밑면으로 하는 연직 수주의 무게와 같다. 연직방향으로의 곡면을 ACB면과 ADB면으로 나누어 생각하면, ACB면을 밑면으로 하는 연직수주의 무

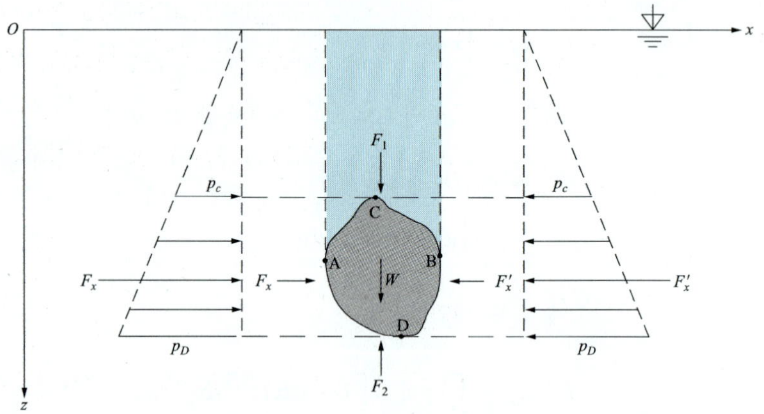

그림 3.16 부체와 부력

게 F_1은 연직하방으로 작용하고 ADB면을 밑면으로 하는 연직수주의 무게 F_2는 연직상방으로 작용한다. 결국 연직방향으로 순수하게 작용하는 힘은 이 두 힘의 차, $F_2 - F_1$의 크기의 힘이 연직상방으로 작용하게 되고 이 힘을 부력(浮力)이라 한다. $F_2 - F_1$은 유체에 잠긴 물체의 체적에 해당하는 물의 무게에 해당하므로 물체의 체적을 $\forall$라 하면 부력 F_B는

$$F_B = F_2 - F_1 = \gamma_w \forall \tag{3.59}$$

로 나타낼 수 있다. 이 때 γ_w는 물의 단위중량이다. 부력의 작용점을 부심이라 하는데 잠긴 체적 부분의 중심이 된다.

그림 3.16과 같이 물체가 수중에 잠겨 정지해 있다면 물체의 무게가 부력과 평형을 이루어

$$F_B = W \tag{3.60}$$

이 되고, 이 물체가 아랫방향으로 이동한다면 물체의 무게는 부력보다 커서, 물체의 무게에서 부력을 뺀 크기만큼의 수중무게 F가

$$F = W - F_B \tag{3.61}$$

의 크기로 존재하기 때문이다.

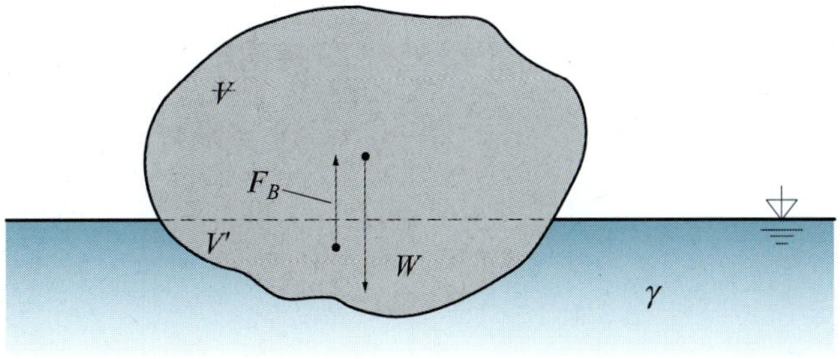

그림 3.17 떠 있는 물체의 경우

그림 3.17과 같이 물체의 일부가 수면에 돌출되어 떠 있는 경우도 부력의 크기와 물체의 무게가 균형을 이루고 있는 것이다. 이때 부력의 크기는 물에 잠긴 부분의 체적 $\mathcal{V}'$에 해당하는 물의 무게에 해당한다. 즉

$$F_B = \gamma_w \mathcal{V}' = W \tag{3.62}$$

로 나타낸다. 따라서 물체의 전체 체적을 $\mathcal{V}$라 하면

$$\gamma_w \mathcal{V}' = \gamma \mathcal{V}$$

또는

$$\frac{\gamma}{\gamma_w} = \frac{\mathcal{V}'}{\mathcal{V}} = \frac{\rho}{\rho_w} \tag{3.63}$$

이 된다. γ/γ_w가 물의 비중에 대한 물체의 비중비에 해당하므로, 식 (3.63)으로부터 물체가 물에 잠긴 부분의 체적의 전체 체적에 대한 비는 물의 비중에 대한 물체의 비중비 또는 물의 밀도에 대한 물체의 밀도비와 같음을 알 수 있다.

예제 3.15 수중물체의 단위중량

콘크리트 블록의 공기 중 무게는 100 kg중이고, 물속에서의 무게가 60 kg중이었다. 이 블록의 단위중량은 얼마인가?

주어진 값: 자유물체도 그림 E3.15

찾는 값: 콘크리트 블록의 단위중량 γ

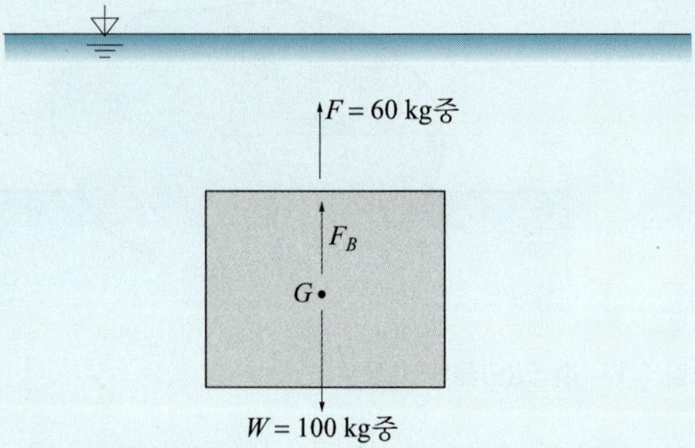

그림 E3.15

풀이

우선 식 (3.61)의 $F = W - F_B$로부터 부력 F_B를 구할 수 있다.

$$F_B = W - F = 100 - 60 = 40\,\text{kg중}$$

블록의 체적을 $\forall$라 하면

$$F_B = \gamma_w \cdot \forall = 1000\,\text{kg중/m}^3 \times \forall$$

$$\forall = 0.04\,\text{m}^3$$

따라서 블록의 단위중량은

$$\gamma = \frac{100\,\text{kg중}}{0.04\,\text{m}^3} = 2500\,\text{kg중/m}^3$$

3.9 부체의 안정

그림 3.18(a)와 같이 무게 W와 부력 F_B의 작용점이 동일 연직선상에 오는 평형상태로부터, 아주 작은 각도 θ만큼 기울어져 수중에 잠긴 부분의 형태가 변하면 그림 3.18(b)와 같이 부심의 위치가 B에서 B'으로 이동한다.

이 경우에도 물체의 중량 W와 부력 F_B의 크기는 동일하지만 작용점이 동일 연직선상에 오지 않으므로 부체에 모멘트가 작용한다. 무게중심 G와 본래의 부심 B를 연결하는 선을 z축으로 할 때, B'을 통과하는 연직선이 z축과 교차하는 점 M을 경심(metacenter)이라 부르고, 무게중심 G와 M사이의 거리를 경심고(height of metacenter)라 부른다.

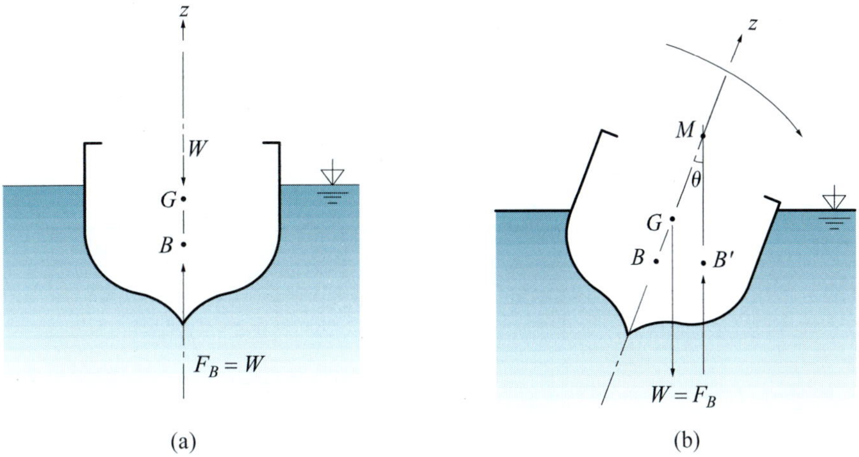

그림 3.18 부력중심과 경심

부체의 안정상태의 판별은 경심 M과 G의 위치 관계로부터 정의할 수 있다. 그림 3.19(a)와 같이 M이 G보다 위에 있으면 G를 기준으로 했을 때 경심고 $\overline{GM}$은 정(+)의 값을 가지며, 부체에는 기울기 이전의 상태로 돌아가려는 모멘트, 즉 복원모멘트(restoring moment)가 작용한다. 이때 부체는 안정(stable)이라 말한다. 그러나 (b)와 같이 M이 G의 밑에 오게 되면, 즉 $\overline{GM}$이 (−)의 값을 갖게 되면, 모멘트가 부체를 점점 더 기울게 하는 방향으로 작용한다. 이 때 부체는 불안정(unstable)이라 한다. 또 (c)와 같이 G와 M이 일치하여 경심고가 0이 되면 경우는 부체가 중립(neutral)의 상태에 있다고 말한다.

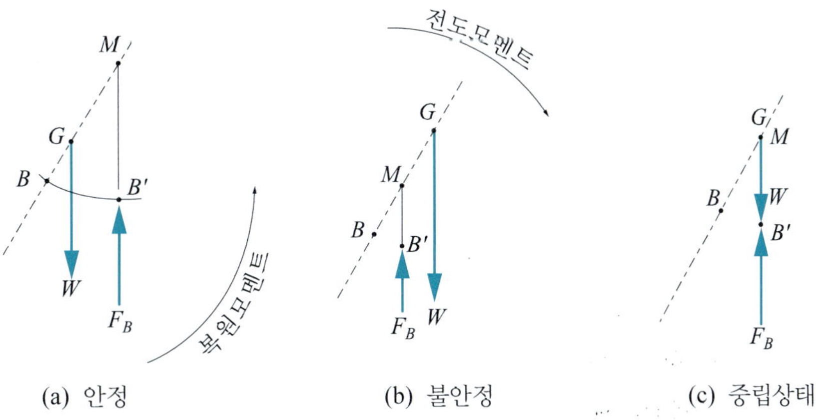

그림 3.19 부체의 상태

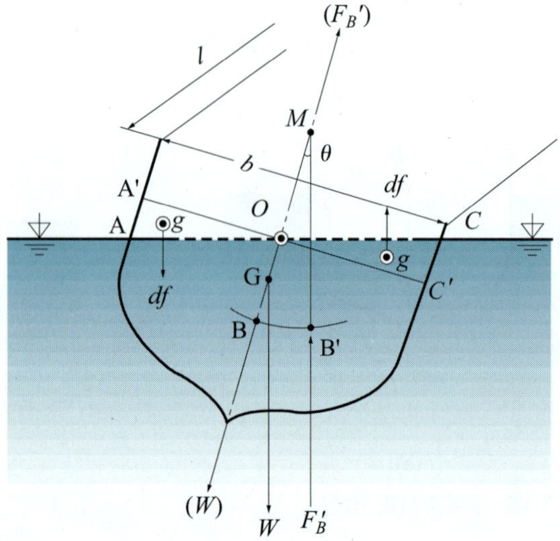

그림 3.20 경심고의 결정

앞서 언급한 부체의 안정 조건을 판정하기 위한 식을 유도하기 위해 그림 3.20과 같이 부체가 작은 각도 θ만큼 기울어진 경우를 생각한다. 여기서 $A'C'$및 AC는 각각 기울기 전후의 수면을 나타낸다. AOA'는 기운 후 수면으로 나온 부분의 체적이고 COC'는 수중에 잠긴 체적으로, 이들은 서로 크기가 같다. 따라서 AOA'에는 df의 무게가 연직하방으로, COC'에는 df의 부력이 연직상방으로 작용하여 이들 df에 의한 우력이 기운 부체를 본래의 상태로 되돌리려는 방향으로 작용한다.

B'점에 작용하는 부력 F_B'의 B점에 관한 모멘트는 위에 언급한 우력의 결과 발생한 것이므로, df에 의한 우력과 B점에 관한 부력 모멘트는 서로 같다.

$$F_B' \times \overline{BB'} = df \times \overline{gg'} \tag{3.64}$$

그런데 B'점에 작용하는 부력 F_B'는

$$F_B' = W + df - df = W = F_B$$

로서 기울기 이전의 부력과 같다. 식 (3.64)를 정리하면

$$\overline{BB'} = df \times \frac{\overline{gg'}}{F'_B} = df \times \frac{\overline{gg'}}{W} \tag{3.65}$$

여기서 $\not{V}$는 부체의 배수 용적을 가리킨다. 또, 부체의 폭과 길이를 각각 b와 l이라 하면 df는 다음과 같이 표시된다.

$$df = \gamma \times \frac{1}{2}\overline{AA'} \times \frac{b}{2} \times l$$

그런데 $\theta \ll 1$에 대해서는 $\overline{AA'}$, $\overline{gg'}$ 및 $\overline{BB'}$은 각각 다음과 같이 표현된다.

$$\overline{AA'} = \frac{1}{2} b\, tan\theta \simeq \frac{1}{2} b\theta$$

$$\overline{gg'} = \frac{2}{3}(\frac{1}{2}b) + \frac{2}{3}(\frac{1}{2}b) = \frac{2}{3}b$$

$$\overline{BB'} = \overline{BM}\sin\theta \simeq \overline{BM}\theta$$

상기 식들을 식 (3.65)에 대입하면 다음 식으로 표현된다.

$$\overline{BM}\theta = \frac{\gamma \times \frac{1}{4} b\theta \times \frac{1}{2} b \times l \times \frac{2}{3} b}{\gamma \not{V}}$$

또는

$$\overline{BM} = \frac{lb^3}{12} \Big/ \not{V} = I_y / \not{V} \tag{3.66}$$

여기서 $I_y = \dfrac{lb^3}{12}$은 O점을 통과하고 부체의 길이와 평행한 축에 관한 단면 $b \times l$의 2차 모멘트이다.

그런데 $\overline{BM} = \overline{GM} + \overline{BG}$ 이므로 경심고 $\overline{GM}$은

$$\overline{GM} = \overline{BM} - \overline{BG} = I_y / \not{V} - \overline{BG} \tag{3.67}$$

로 나타낼 수 있다. 경심고 $\overline{GM}$의 부호에 따른 부체의 안정은 식 (3.67)을 이용하면 다음과 같이 나타낼 수도 있다.

$$\text{안 정}: \overline{GM} > 0, \text{ 즉 } I_y/\forall > \overline{BG}$$
$$\text{불안정}: \overline{GM} < 0, \text{ 즉 } I_y/\forall < \overline{BG}$$
$$\text{중 립}: \overline{GM} = 0, \text{ 즉 } I_y/\forall = \overline{BG}$$

예제 3.16 부체의 안정

내경이 30 cm, 두께가 15 cm, 길이가 90 cm인 속이 빈 원통이 그림 E3.16과 같이 물 위에 연직으로 떠 있다. 부체의 안정여부를 판단하라. 원통의 무게는 64 kg중이다.

주어진 값: 그림 E3.16

찾는 값: 부체의 안정성

참고자료: $\overline{GM} = \dfrac{I_y}{\forall} - \overline{BG}$

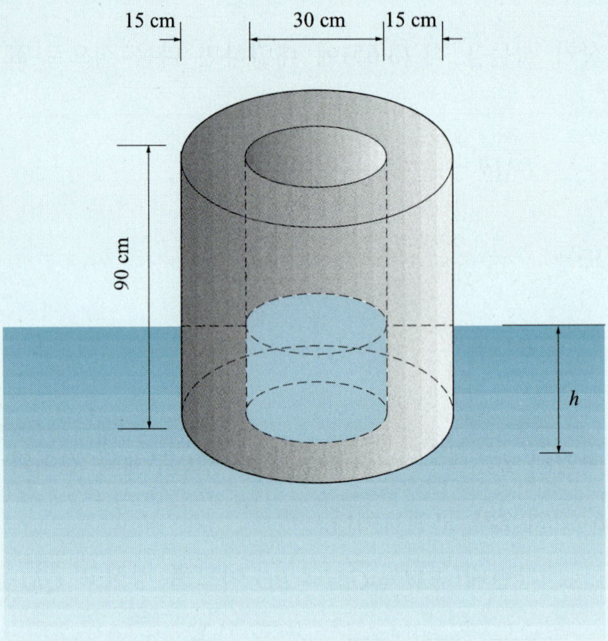

그림 E3.16

풀이

원통의 흘수를 h라 하면 물에 잠긴 부분의 체적은 $\forall = \frac{\pi}{4}(0.6^2 - 0.3^2)h$ 로 표시된다. 따라서 $F_B = \gamma_w \forall = W$ 로부터

$$64 = (1000)\frac{\pi}{4}(0.6^2 - 0.3^2)h$$

따라서 흘수는 다음과 같이 계산된다.

$$\therefore h = 0.302\,\text{m}$$

부심 B는 원통 밑면으로부터 $\frac{0.302}{2} = 0.151\,\text{m}$ 위에 위치하고, 원통의 중심 G는 밑면으로 부터 $\frac{0.9}{2} = 0.45\,\text{m}$ 지점에 위치하므로

$$\overline{BG} = 0.45 - 0.151 = 0.299\ \text{m}$$

또

$$I_y = \frac{\pi}{64} \times 0.6^4 - \frac{\pi}{64} \times 0.3^4 = 0.00596\ \text{m}^4$$

따라서 안정성의 기준식 식 (3.57)로부터

$$\begin{aligned}\overline{GM} &= \frac{I_y}{\forall} - \overline{BG} \\ &= \frac{0.00596}{0.302 \times \frac{\pi}{4} \times (0.6^2 - 0.3^2)} - 0.299 \\ &= -0.206\ \text{m} < 0\end{aligned}$$

$\therefore \overline{GM} < 0$ 이므로 불안정하다.

예제 3.17 부체의 안정

그림 E3.17과 같은 콘크리트 케이슨이 물에 떠 있을 때의 안정을 논하여라. 단, 콘크리트의 비중은 2.5라고 한다.

풀이

콘크리트의 체적을 $\forall_c$, 콘크리트의 단위중량을 γ_c, 그리고 무게를 W라고 하면

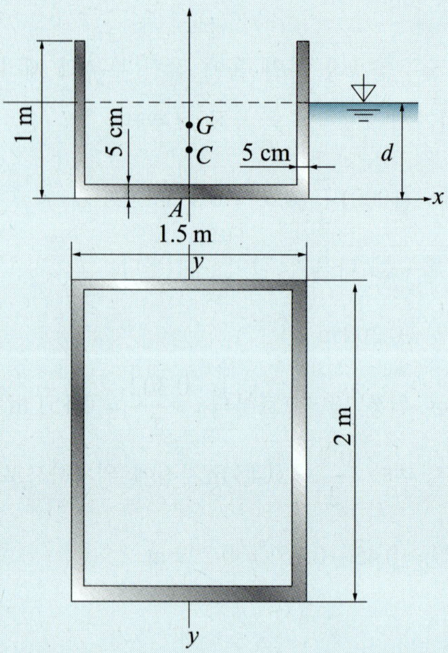

그림 E3.17

$$\not{V}_c = (200\times100\times5)\times2 + (140\times100\times5)\times2 + (190\times140\times5) = 473,000\,\text{cm}^3$$

$$W = \not{V}_c W_c = 473000\times2.5\ \text{g/cm}^3 = 1182500\,\text{g} = 1182.5\,\text{kg}$$

흘수를 d라고 하면

$$d = \frac{1182500}{200\times150\times1} = 39.42\ \text{cm}$$

케이슨의 바닥에서 중심까지의 높이를 AG라고 하고, x축에 대한 케이슨의 체적모멘트를 G_x라고하면

$$\begin{aligned} AG &= G_x/\not{V}_c \\ &= \frac{1}{473000}\{2\times(200\times100\times5\times50) \\ &\quad + 2(140\times100\times5\times50) + (190\times140\times5\times2.5)\} \\ &= 39.65\ \text{cm} \end{aligned}$$

바닥에서 부심까지의 높이는

$$AC = \frac{1}{2}d = \frac{1}{2} \times 39.42 = 19.71 \text{ cm}$$

경심고 MG는 식 (3.67)에서

$$h = \frac{I_y}{V} - a = \frac{I_y}{V} - CG$$

$$= \frac{\frac{200 \times 150^3}{12}}{200 \times 150 \times 39.42} - (39.65 - 19.71)$$

$$= 27.88 \text{ cm} > 0$$

따라서 안정이다.

3.10 상대정지평형

물이 운동을 하는 경우에도, 각 부분에 상대적인 위치 변동이 없는 운동인 경우 움직이고 있는 물에 좌표축을 취하면 정지유체로 간주할 수 있다. 그러나 이 경우에는 좌표축을 절대좌표로부터 상대좌표로 바꾸었기 때문에 관성력이라고 하는 가상의 힘을 생각하지 않으면 안 된다.

Newton의 제2법칙에 의해서

$$F = ma \tag{3.68}$$

가 성립한다. 여기서 m은 물체의 질량, a는 가속도이고 F는 물체에 작용하는 외력이다. 이 식이 운동방정식인데 이것을 변형하여

$$F - ma = 0 \tag{3.69}$$

으로 한다. 이때 $-ma$를 실제로 물체에 작용하는 힘 외에 가상으로 작용하는 힘이라 생각하여 관성력 또는 관성저항이라 부른다. 이렇게 하면 식 (3.68)에서 생각한 운동의 문제, 즉 동적인 현상을 정지 평형의 문제로 귀착시킬 수가 있다. 이것을 d'Alembert의 원리라고 말한다. 식 (3.68)로부터 식 (3.69)로 고쳐 쓰는 것은, 수학적으로는 단지 이항에 불과하다. 그러나 물리적으로는 물체에 작용하는 외력과 관성력이 평형을 이룬다고 생각하여 동적 현상을 정지평형 문제로 다룰 수 있다는 것을 의미한다.

3.10.1 상대정지평형에 대한 기본식

앞서 설명한 관성력의 개념을 도입하여 상대정지평형 문제를 풀기 위한 기본 방정식을 유도하기 위하여 그림 3.21과 같이 각 방향으로 질량력이 작용하는 미소요소를 생각한다.

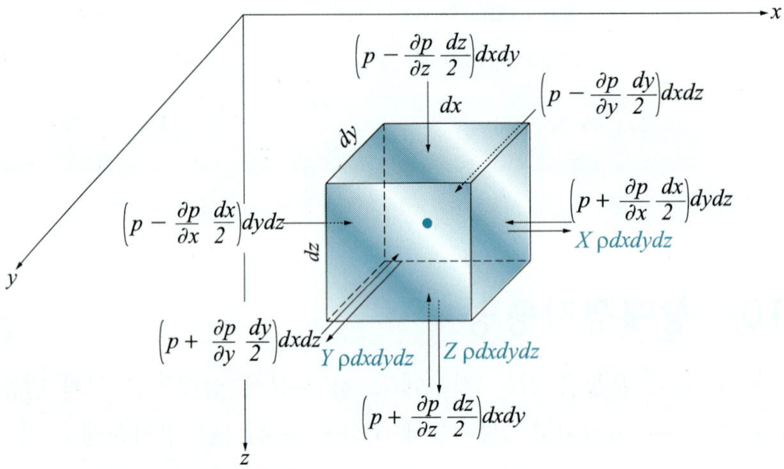

그림 3.21 상대정지평형의 설명

이제 각 방향으로 작용하는 단위 질량당의 힘을 X, Y, Z라 하고 d'Alembert의 원리를 적용하여 이들 질량력의 힘과 압력에 의한 힘이 합쳐져서 정지평형을 이룬다고 생각한다. 즉

$$\Sigma F = \text{압력에 의한 힘} + \text{질량력에 의한 힘} = 0$$

의 관계가 성립된다. 위에서 단위질량당의 힘 X, Y, Z는 힘을 질량으로 나눈 차원이므로 가속도와 같은 차원을 갖는다. 따라서 질량력 X, Y, Z에 의한 힘은 그림 3.21과 같이 X, Y, Z에 미소 요소의 질량 $\rho\,dx\,dy\,dz$를 곱한 값과 같다.

우선 x방향으로의 힘의 평형을 생각하면

$$\Sigma F_x = p\,dy\,dz - (p + \frac{\partial p}{\partial x}dx)\,dy\,dz + X\rho\,dx\,dy\,dz = 0$$

윗식을 정리하면 다음과 같이 된다.

$$\frac{\partial p}{\partial x} = \rho X \tag{3.70}$$

마찬가지로 y, z방향에 대해서도 구하면 각각

$$\frac{\partial p}{\partial y} = \rho Y \tag{3.71}$$

$$\frac{\partial p}{\partial z} = \rho Z \tag{3.72}$$

와 같이 구해진다. 식 (3.70)~(3.72)는 질량력을 받고 있을 때 각각 x, y, z방향으로의 압력 변화율을 나타낸다.

유체가 질량력을 받고 있을 때는 압력의 변화뿐만이 아니라 관성력으로 인해서도 수면이 변화한다. 이제 윗식으로부터 압력 변화 dp 및 수면 방정식을 구하기 위해, 압력 p가 x, y, z의 함수, 즉 $p = p(x, y, z)$라 가정하고 p에 대한 전미분 dp를 생각한다.

$$dp = \frac{\partial p}{\partial x}dx + \frac{\partial p}{\partial y}dy + \frac{\partial p}{\partial z}dz \tag{3.73}$$

식 (3.64)에 $\frac{\partial p}{\partial x}$, $\frac{\partial p}{\partial y}$ 및 $\frac{\partial p}{\partial z}$에 관한 식 (3.70)~(3.72)를 대입하면 압력변화는

$$\begin{aligned} dp &= \rho\,X\,dx + \rho\,Y\,dy + \rho\,Z\,dz \\ &= \rho(X\,dx + Y\,dy + Z\,dz) \end{aligned} \tag{3.74}$$

와 같이 표현된다. 상기 식은 압력변화 식을 나타내고, $dp = 0$으로 놓으면 수면곡선식을 구할 수 있다. 식 (3.74)를 이용하여 연직방향 및 수평방향으로 등가속 운동을 하는 수체(水體)와 등속회전 운동을 하는 수체에 대해서 예를 들어 설명한다.

3.10.2 연직방향으로 등가속도 운동을 하는 수체

그림 3.22와 같이 용기에 물을 담아 z방향으로 a_z의 등가속운동을 하는 수체에 대해서 생각해 보자.

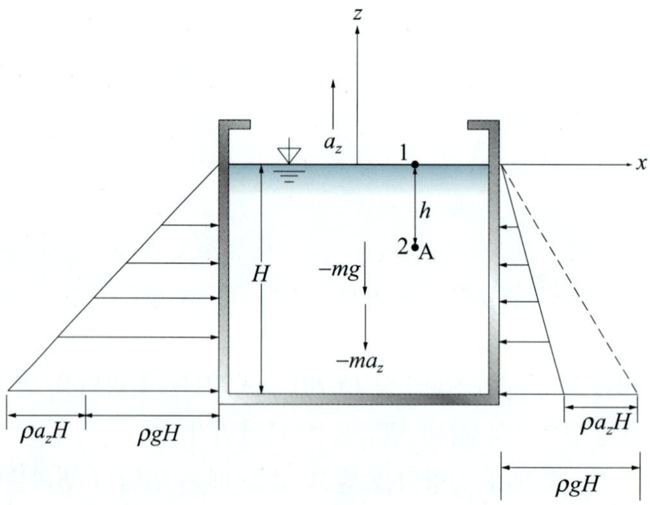

그림 3.22 연직등가속 운동을 하는 수체

우선 수면에서는 일정한 압력을 받기 때문에 압력 변화 $dp = 0$이 되고 식 (3.74)는 다음 식으로 바꾸어 쓸 수 있다.

$$X\,dx + Y\,dy + Z\,dz = 0 \tag{3.75}$$

윗 식은 등압면방정식 또는 수면방정식이라 부른다. a_z의 가속도로 연직상방으로 운동하는 경우를 생각하면 $X = 0$, $Y = 0$이고 연직하방으로 $-ma_z$의 관성력을 받고 있으므로 중력가속도 g와 함께 $Z = -a_z - g$가 된다. 따라서 식 (3.75)로부터 다음과 같이 된다.

$$-\left(a_z + g\right) dz = 0 \tag{3.76}$$

따라서 수면에 관한 식은 식 (3.76)을 적분하면

$$z = C \tag{3.77}$$

로 표시되는데, 여기서 C는 용기가 연직방향으로 이동한 거리에 해당하는 상수이다. 연직하방으로 운동하는 경우도 적분상수 C만 달라질 뿐 수면은 동일한 형태의 식을 취한다. 다음으로 수면으로부터 $-h$만큼 떨어진 곳의 압력을 구하기 위해서 그림에서 1, 2점을 택하고 식 (3.74)를 적분한다.

$$\int_{p_1}^{p_2} dp = \int_0^{-h} \rho Z \, dz \tag{3.78}$$

윗식에 $Z = -(a_z + g)$를 대입하면

$$\begin{aligned} p_2 - p_1 &= \rho(a_z + g)h \\ &= \rho g(1 + \frac{a_z}{g})h \end{aligned}$$

이 되는데, 이때 점 1은 수면이므로 $p_1 = 0$이 되고 첨자를 생략하면

$$p = \gamma(1 + \frac{a_z}{g})h \tag{3.79}$$

이 됨을 알 수 있다. 수체가 연직상방향으로 a_z의 가속도로 운동함으로써 정지수의 경우보다 $\gamma h \frac{a_z}{g}$만큼 더 큰 압력을 받고 있다. 즉, 정수압에 비해서 중력가속도에 대한 연직가속도의 비만큼 압력을 더 받고 있다. 용기가 연직하방으로 운동할 경우에는 식 (3.79)에서 a_z의 부호를 바꾸어 넣으면 되므로 다음과 같이 표현된다.

$$p = \gamma(1 - \frac{a_z}{g})h \tag{3.80}$$

그림 3.22에는 연직상방으로 운동할 때(좌측 그림)와 연직하방으로 운동할 때(우측 그림) 용기의 측면이 받는 압력의 분포도 함께 도시하였다.

3.10.3 수평방향으로 등가속 운동을 하는 수체

수평으로 가속도 a_x를 받아 본래의 수면이 AA'에서 BB'으로 되는 용기 내의 수체를 생각한다.

a_x의 가속도를 받고 있으므로 그림 3.23에 도시한 바와 같이 수체는 운동하는 반대 방향으로 $-ma_x$의 관성력을 받게 된다. 수면은 이 경우도 역

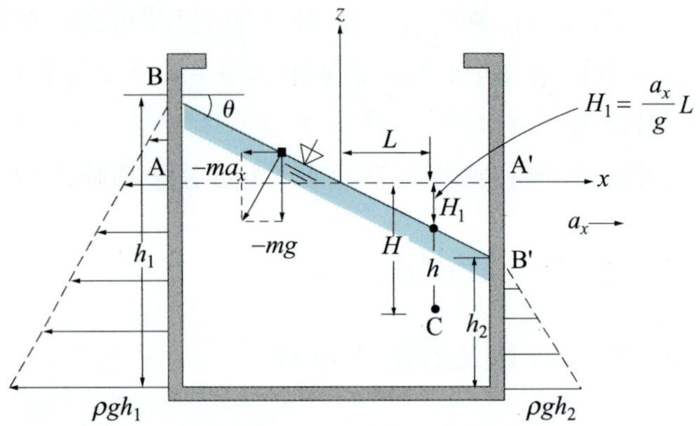

그림 3.23 수평등가속을 받는 수체

시 $dp = 0$이 되므로 식 (3.75)가 그대로 적용된다. $X = -a_x$, $Y = 0$, $Z = -g$ 이므로

$$-a_x\, dx - g\, dz = 0 \tag{3.81}$$

이 되고 이 식을 적분하면 수면식은 다음과 같이 된다.

$$a_x x + gz = C \tag{3.82}$$

그림과 같이 좌표축을 잡으면, $x = 0$에서 $z = 0$이므로 C가 0이 되어

$$z = -\frac{a_x}{g} x \tag{3.83}$$

와 같이 수면 BB'에 관한 식을 얻게 된다.

수면하에서의 압력은 식 (3.74)를 적분하면 구할 수 있다. $X = -a_x$, $Z = -g$의 값을 식 (3.74)에 대입하고 적분하면

$$p = -\rho a_x x - \rho g z + C$$

이 된다. 상기 식에서 $x = 0$, $z = 0$에서 $p = 0$이므로, 적분상수 C는 0이 되어, 수평가속도를 받는 수체괴(水體塊)가 받는 압력은 다음 식으로 표현된다.

$$p = -\rho a_x x - \rho g z \tag{3.84}$$

한 예로 수면에서 연직하방으로 h 거리에 있는 점 C에서의 압력을 구해 본다. C점의 좌표 $x = L$, $z = -H$의 값을 식 (3.84)에 대입하면

$$
\begin{aligned}
p_A &= -\rho(a_x L - gH) \\
&= \rho gH - \rho a_x L \\
&= \gamma(H - \frac{a_x}{g} L)
\end{aligned}
$$

로 된다. 그림 3.23을 참조하면 식 (3.83)으로부터, $-\frac{a_x}{g} L = -H_1$이 되어 상기 식은 다음과 같이 된다.

$$
\begin{aligned}
p_A &= \rho g(H - H_1) \\
&= \gamma h
\end{aligned} \tag{3.85}
$$

식 (3.85)는 결국 운동하지 않는 정지수의 경우와 동일한 결과로 나타난다.

예제 3.18 수평방향으로 등가속을 받는 수체

그림 E3.18과 같이 물을 담은 용기를 수평방향으로 가속도 $a = 4.5\ \text{m/sec}^2$의 가속도로 움직였을 때, 수중압력과 수면 방정식을 구하라.

주어진 값: 그림 E3.18

찾는 값: 수면 방정식 및 압력 방정식

참고사항: $dp = \rho X\, dx + \rho Y\, dy + \rho Z\, dz$: 압력변화식

$X\, dx + Y\, dy + Z\, dz = 0$: 수면식

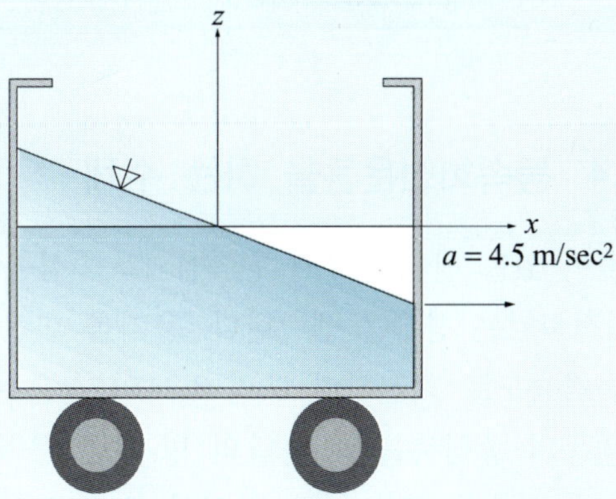

그림 E3.18

풀이

$X=-a$이고 $Z=-g$이므로 식 (3.74)에 대입하면 압력변화식은 다음과 같다.

$$dp = -\rho a\, dx - \rho g\, dz \qquad ①$$

식 ①을 적분하면

$$p = -\rho ax - \rho gz + C$$

로 되는데, 그림 E3.18과 같이 좌표계를 취하면 $C=0$이므로 압력은 다음과 같이 표시된다.

$$p = -\rho ax - \rho gz$$
$$= -\gamma(\frac{a}{g}x + z)$$
$$= -\gamma(\frac{4.5}{9.8}x + z)$$

수면 방정식의 경우는 식 ①에서 $dp=0$이므로 다음 식을 얻는다.

$$-\rho a\, dx - \rho g\, dz = 0$$

윗식을 적분하면

$$ax + gz = C$$

이 되고, 그림 E3.18에 대해서는 $C=0$이므로, 수면식은 다음 식으로 된다.

$$z = -0.46x$$

3.10.4 등속회전운동을 하는 수체

물이 들어 있는 반지름 R인 원통을 그 중심축에 관하여 일정한 각 가속도 ω로 회전시키는 경우를 생각한다. 용기를 회전시키면 용기 속의 물도 같은 크기의 각속도로 회전하여 그림 3.24와 같은 수면을 형성한다.

원통의 중심축을 z, 바닥의 방사방향을 r축으로 취하면, 압력변화식 (3.74) 및 수면에 대한 기본 방정식 (3.75)는 각각

$$dp = \rho Xdr + \rho Zdz \qquad (3.86)$$

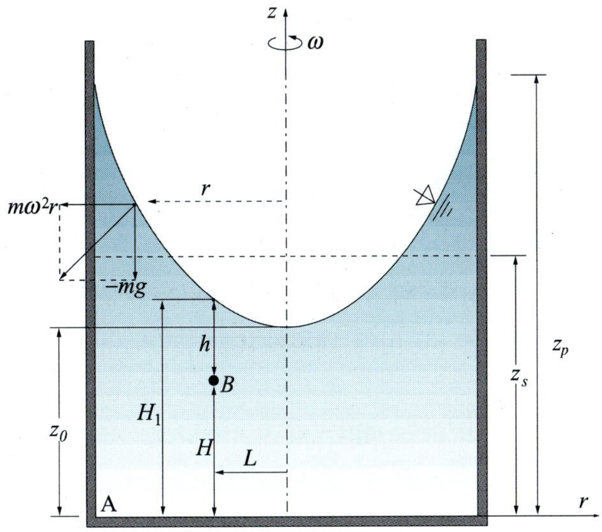

그림 3.24 각속도를 받는 수체

$$Xdr + Zdz = 0 \tag{3.87}$$

으로 변형할 수 있다. 원통 중심에서 임의의 거리 r 떨어진 곳의 수면의 한 점을 생각하면, 물은 r방향으로 원심 가속도 $r\omega^2$을 받아 $mr\omega^2$의 관성력을 받고, 연식하방으로는 $-mg$의 질량력을 받는다. 따라서 $X = r\omega^2$이고 $Z = -g$이므로 이것을 식 (3.87)에 대입하면

$$\omega^2 r\, dr - g\, dz = 0 \tag{3.88}$$

이 된다. 식 (3.88)을 적분하면

$$\frac{\omega^2}{2} r^2 - gz = C \tag{3.89}$$

식 (3.89)에서 C는 적분상수로서 경계조건으로부터 구할 수 있다. 그림 3.24에서 $r = 0$일 때 $z = z_0$를 식 (3.89)에 대입하면 $C = -gz_0$이므로, 윗식에 대입하고 z로 정리하면 다음과 같이 수면식을 얻는다.

$$z = \frac{\omega^2}{2g} r^2 + z_0 \tag{3.90}$$

또 회전시 용기에 접해 있는 수면의 높이 z_p는 $r = R$에서 $z = z_p$를 식 (3.90)에 대입하면

$$z_p = \frac{\omega^2}{2g} R^2 + z_0 \tag{3.91}$$

와 같이 구할 수 있다.

수면하에서의 압력은 식 (3.86)을 적분하면 구할 수 있다. $X = r\omega^2$ 및 $Z = -g$를 식 (3.76)에 대입하고 적분하면 다음과 같이 된다.

$$p = \frac{\rho\omega^2}{2} r^2 - \rho gz + C$$

상기 식에 $r = 0$, $z = z_0$에서 $p = 0$인 조건을 대입하면, 적분상수는 $C = \rho g z_0$로 결정되어 다음과 같이 표현된다.

$$p = \frac{\rho\omega^2}{2} r^2 - \rho gz + \rho g z_0 \tag{3.92}$$

이제 수면에서 연직하방으로 h의 거리에 있는 점 B에서의 압력을 구하기 위해, 점 B의 좌표 $r = L$, $z = H$를 식 (3.92)에 대입하면, p_B는 다음과 같이 표현된다.

$$p_B = \rho g\left(\frac{\omega^2}{2g} L^2 - H + z_0\right) \tag{3.93}$$

그림 3.24를 참조하면, 상기 식에서 H는

$$H = H_1 - h$$

이고, 또 H_1은 식 (3.90)을 이용하여 구하면

$$H_1 = \frac{\omega^2}{2g} L^2 + z_0$$

이 되어, 이 관계를 식 (3.93)에 대입하면 다음과 같이 된다.

$$p_B = \gamma(H_1 - H)$$

상기 식으로부터 점 B의 압력은 다음과 같이 표현된다.

$$p_B = \gamma h \tag{3.94}$$

결국 수평방향 가속도를 받을 때와 마찬가지로, 점 B의 압력은 정지수의 경우의 압력과 동일한 것을 알 수 있다. 즉 일정 각속도로 회전하는 수체의 수면하 임의점에서의 압력은 수면으로부터의 연직거리에만 관계함을 알 수 있다. 참고로 점 A에서의 압력은 다음과 같이 표현된다.

$$p_A = \gamma z_p$$

예제 3.19 등가속으로 회전하는 수체

반경 $R = 1.2$ m 높이 6 m인 원통의 용기에 4.5 m의 깊이(수면 AA′)로 물이 들어 있다. 상부를 밀폐하고, 이 수조를 연직축 중심으로 95 rpm의 일정각속도로 회전시킬 때 그림 E3.19에서 점 D, E의 수압을 구하라.

주어진 값: 그림 E3.19
찾는 값: p_E, p_D

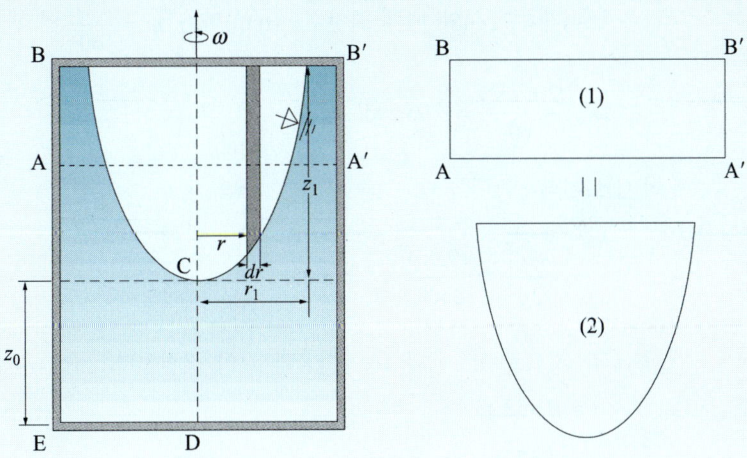

그림 E3.19

풀이

$X = \omega^2 r$, $Z = -g$이므로 식 (3.87)로부터 다음 식을 얻는다.

$$\omega^2 r\,dr - g\,dz = 0$$

그림 E3.19에서 점 C를 원점으로 취해서 상기 식을 적분하면 수면식은 다음과 같이 된다.

$$z = \frac{\omega^2}{2g} r^2 \qquad ①$$

AA'와 BB' 단면 사이의 원통의 체적 (1)은 BB'면과 점 C 사이의 물이 없는 부분의 체적 (2)와 같다. 따라서

$$\pi \times 1.2^2 \times (6-4.5) = \int_0^{r_1} 2\pi r(z_1 - z)\,dr$$

$$= 2\pi \int_0^{r_1} r(z_1 - \frac{\omega^2 r^2}{2g})\,dr$$

$$= \pi r_1^2 (z_1 - \frac{\omega^2 r_1^2}{4g})$$

$$= \frac{1}{2}\pi r_1^2 z_1 \qquad (\because \text{식 ①로부터 } z_1 = \frac{\omega^2 r_1^2}{2g})$$

$$r_1^2 z_1 = 4.32 \qquad ②$$

다음으로 각속도(ω)와 매분 회전수 n(rpm)과는 $\omega = \dfrac{2\pi n}{60}$의 관계가 있으므로

$$\omega = \frac{2\pi \times 95}{60} = 9.95 \text{ rad/ sec}$$

식 ①로부터

$$z_1 = \frac{\omega^2 r_1^2}{2g} = \frac{(9.95)^2}{2 \times 9.8} r_1^2 = 5.05 r_1^2 \qquad ③$$

식 ②와 ③으로부터 r_1과 z_1은 다음과 같이 결정된다.

$$r_1 = 0.962 \text{ m}$$

$$z_1 = 4.67 \text{ m}$$

따라서 점 D에서의 압력 p_D는

$$p_D = \gamma z_0 = \gamma(6 - z_1)$$

$$= 1000 \text{ kg중/m}^3 \times 1.33 \text{ m}$$

$$= 1330 \text{ kg중/m}^2$$

점 E의 압력을 구하기 위해서 압력 변화식 (3.86)에 $X = \omega^2 r$, $Z = -g$를 대입하면

$$dp = \rho\omega^2 r\, dr - \rho g\, dz$$

상기 식을 적분하면 다음 식이 된다.

$$p = \frac{\rho\omega^2 r^2}{2} - \rho gz + C \qquad ④$$

그림 E3.19와 같은 좌표계에서는 $r = 0$, $z = 0$에서 $p = 0$이므로 $C = 0$이 되어 식 ④는 다음과 같이 된다.

$$p = \frac{\rho\omega^2 r^2}{2} - \rho gz = \gamma\left(\frac{\omega^2 r^2}{2g} - z\right) \qquad ⑤$$

따라서 E점의 조건 $r = 1.2$ m, $z = -z_0 = -1.33$ m의 조건을 대입하면 p_E는 다음과 같이 구할 수 있다.

$$P_E = (1000\,\text{kg중/m}^3)\left(\frac{9.95^2 \times 1.2^2}{2 \times 9.8} + 1.33\right)$$

$$= 8603\,\text{kg중/m}^2$$

연습문제 Exercise

3.1 밀폐된 수조에서 10 m 깊이로 물이 차 있었다. 수면에서의 절대압력이 3 kPa일 때, 수조바닥에서의 절대압력을 구하라.

3.2 바다에서 가장 깊은 곳은 태평양의 마리아나 해구로 깊이가 11304 m로 알려져 있다. 해수의 단위중량이 $\gamma = 1025$ kg중/m^3으로 일정하다고 보고 해저의 압력을 구하라.

3.3 그림 P3.3과 같이 밀폐된 용기에 직경이 $d = 2.5$ mm인 관을 세웠다. 수면에서의 압력이 3 kPa이고, $H = 30$ cm라면 물의 상승높이 h는 얼마인가(단, 모세관 현상도 고려하고, 물의 온도는 20°C로 하고, 물과 유리의 접촉각은 0°로 계산한다)?

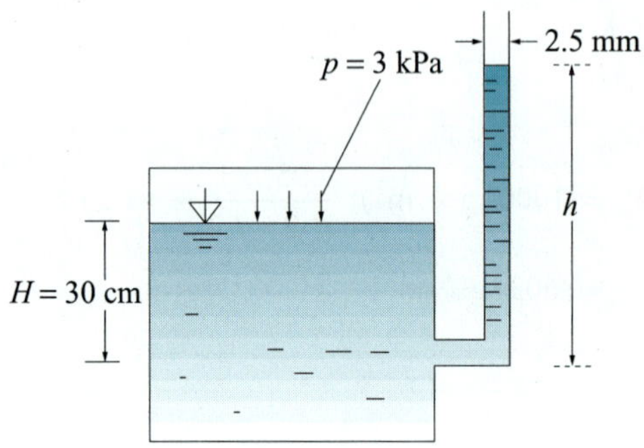

그림 P3.3

3.4 그림 P3.4와 같이 밀폐된 용기에 물과 기름을 넣었다. BC면에서의 공기 압력이 49 kPa의 진공일 때, 용기 밑 FG면에서의 압력을 구하라.

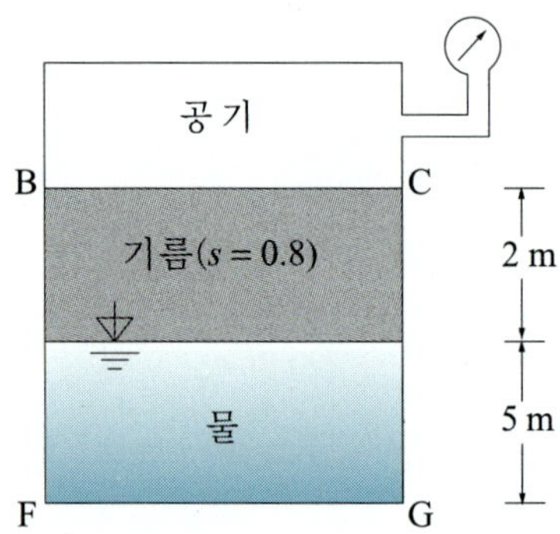

그림 P3.4

3.5 어떤 액체의 표면에서 3 m 깊이의 압력이 140 kPa이었을 때 이 액체의 단위 중량은 얼마인가.

3.6 그림 P3.6에서 공기의 압력 p_A는 얼마인가?

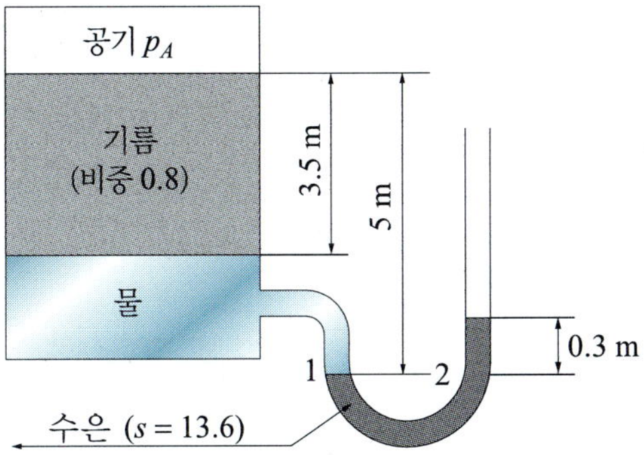

그림 P3.6

3.7 그림 P3.7과 같은 밀폐 탱크에 물을 넣고 수면에서 $H = 2$ m 하방에 압력계를 설치한 결과 계기압력이 0.4 kg중/cm^{2}이었다. 탱크 안의 공기의 절대압력은 얼마인가? 대기압은 1.03 kg중/cm^{2}으로 가정한다.

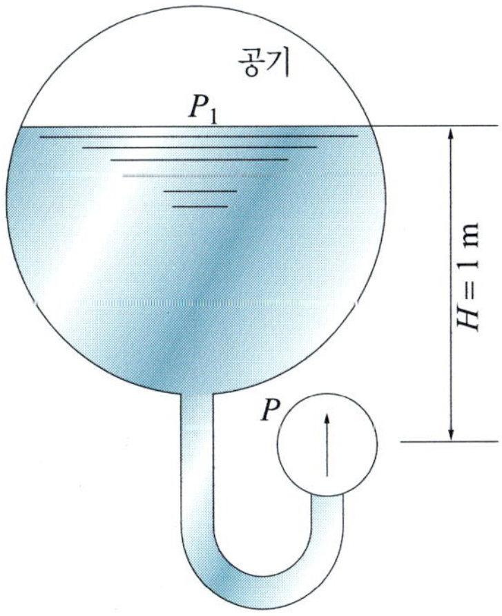

그림 P3.7

3.8 200 kPa의 압력을 수은주와 수주의 높이로 환산하라.

3.9 비중이 $s = 0.75$인 기름 속에서 압력을 측정한 결과 $p = 0.3$ kg중/cm^{2}이었다. 자유표면으로부터의 깊이를 구하라. 또 물의 경우에는 깊이는 얼마에 해당되는가?

3.10 그림 P3.10과 같이 탱크안에 설치한 버어든 압력계 A의 압력은 1 kg중/cm^{2}이었다. 대기압을 760 mmHg의 압력이라고 하면 p_A 및 p_B의 절대압력은 각각 얼마인가(수은의 비중은 $s = 13.6$으로 계산하라).

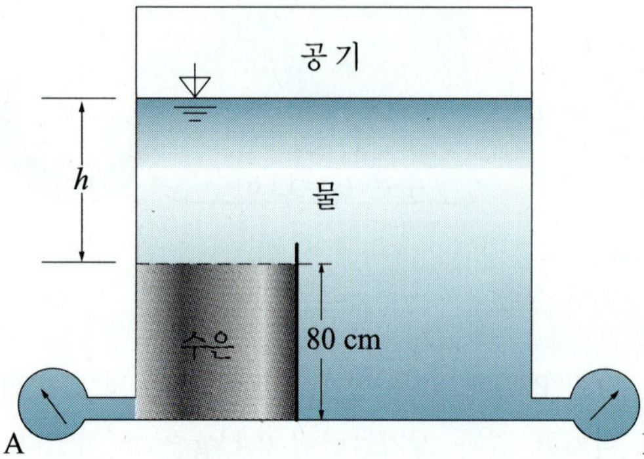

그림 P3.10

3.11 그림 P3.11에서 두 탱크 A와 B의 밑면에서의 압력차를 계산하라.

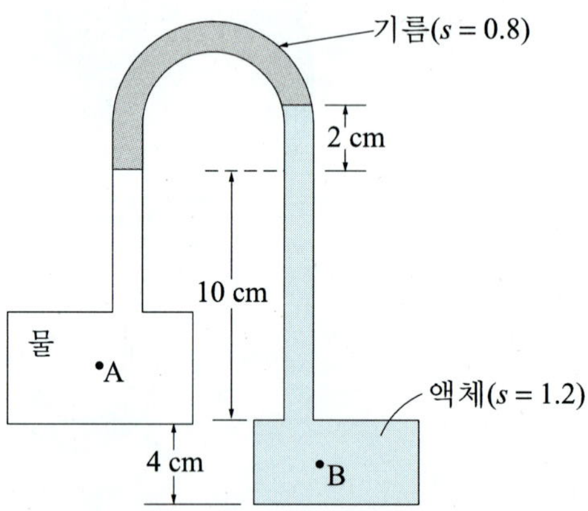

그림 P3.11

3.12 그림 P3.12와 같이 축소부를 갖는 벤츄리미터에 물이 흐르고 있다. A, B점에서의 압력차 $p_A - p_B$를 구하라.

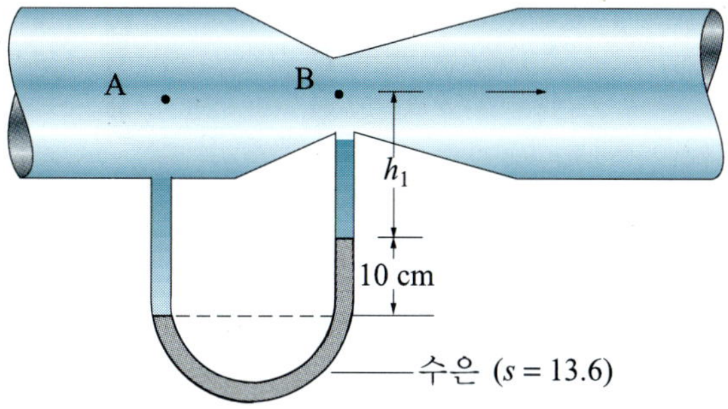

그림 P3.12

3.13 그림 P3.13에서와 같이 직경 8 cm의 피스톤이 직경 7 mm인 액주계 안의 유체를 압축한다. 무게가 W인 추를 피스톤 상부에 놓을 때 액주계 내의 유체가 10 cm 더 상승한다. 추의 무게를 N 단위로 표시하라.

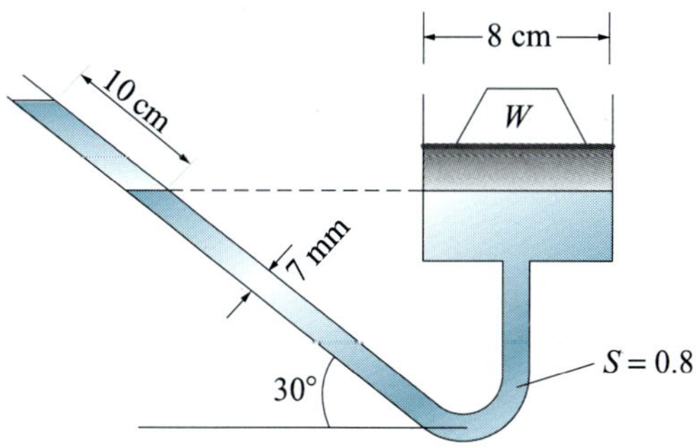

그림 P3.13

3.14 그림 P3.14와 같이 내경이 1 cm인 U자관에 수은을 20 cm의 높이로 채운 다음 왼쪽 유리관을 통하여 25 cm^3의 물을 붓고 나서 평형을 이루었을 때 양쪽 관의 자유수면까지의 높이를 추정하라. 수은의 비중은 s = 13.6이다.

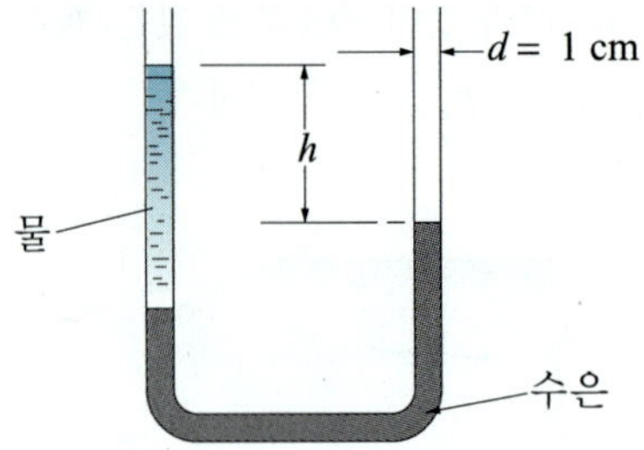

그림 P3.14

3.15 그림 P3.15와 같은 유압잭 내부에 비중이 $s = 0.8$인 기름이 채워져 있다. 양쪽 피스톤의 무게를 무시할 때, 이 장치에서 1000 kg중의 무게를 지탱하기 위해서는 핸들에 어느 정도의 힘(F)을 가해야 하는가?

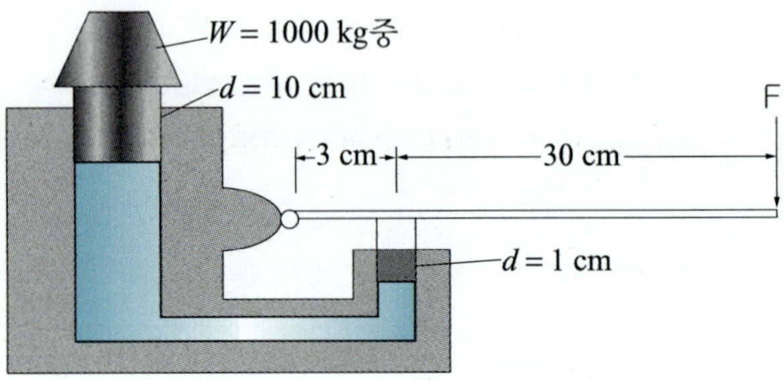

그림 P3.15

3.16 그림 P3.16에서 A점에서의 압력을 구하라.

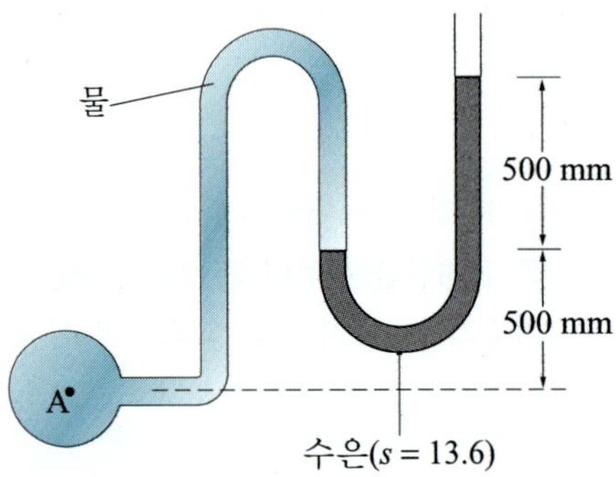

그림 P3.16

3.17 밀폐된 용기 내에 그림 P3.17과 같이 4 m의 깊이로 물이 채워져 있다. 공기로 채워진 부분에 연결된 액주계가 오른쪽 그림과 같았다면 수면에서 3 m 깊이의 A점의 압력은 얼마인가.

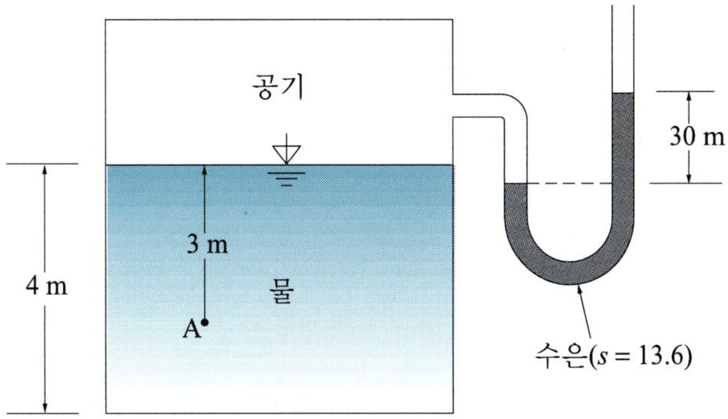

그림 P3.17

3.18 액주계는 두 수조의 수면차를 측정하는 데 사용할 수 있다. 두 수조를 연결하는 액주에 비중이 s = 0.9인 기름을 사용하였을 때 그림 P3.18과 같이 되었다. 두 수주의 수면차를 구하라.

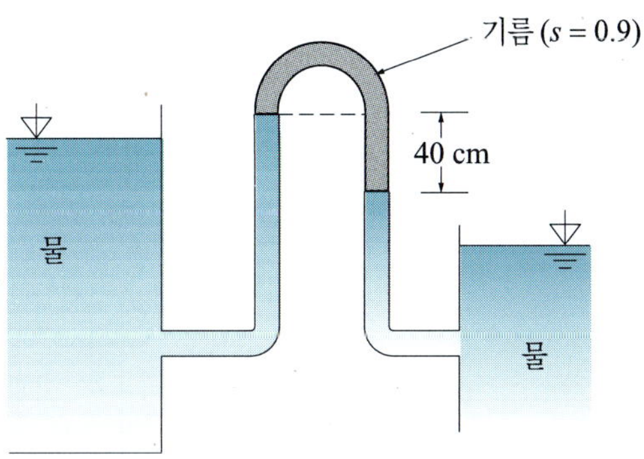

그림 P3.18

3.19 그림 P3.19와 같은 U자관 마노미터에서 $p_A - p_B$는 얼마인가?

3.20 그림 P3.20에서 점 A와 B 사이의 압력차를 구하라.

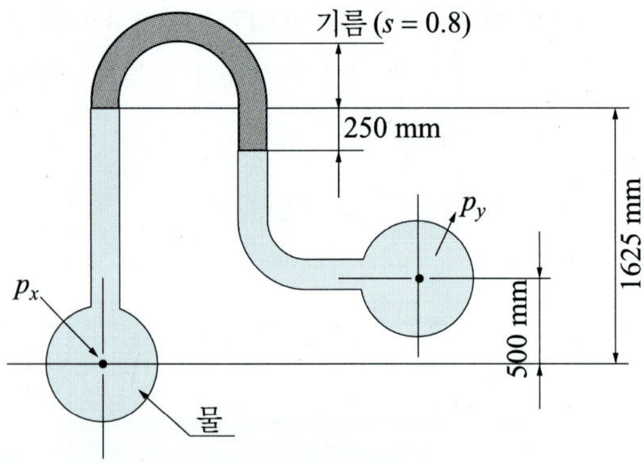

그림 P3.19

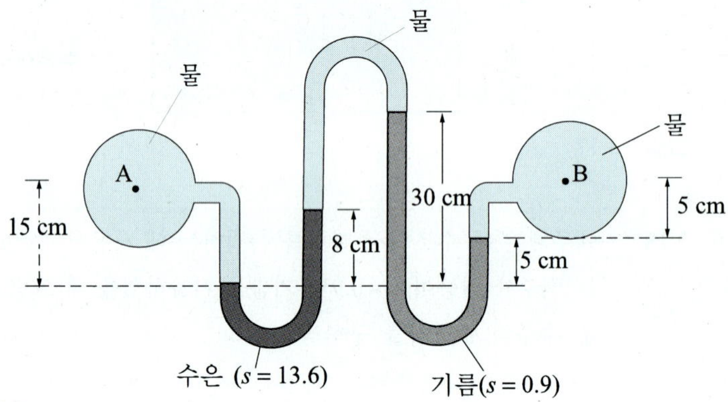

그림 P3.20

3.21 그림 P3.21에서 $p_A = 280\ \text{kPa}$, $p_B = 140\ \text{kPa}$일 때 수은주의 높이 h는 몇 m인가?

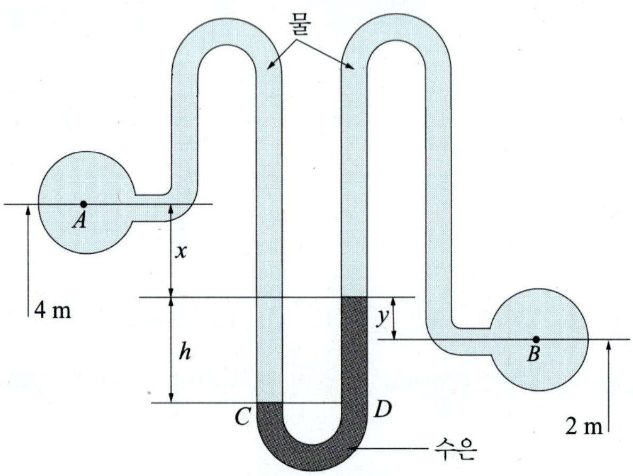

그림 P3.21

3.22 그림 P3.22와 같이 밑면이 60 cm × 60 cm이고 높이가 100 cm인 직육면체 속에 물이 가득 채워져 있다. 한쪽 측면벽이 받는 힘은 몇 N인가?

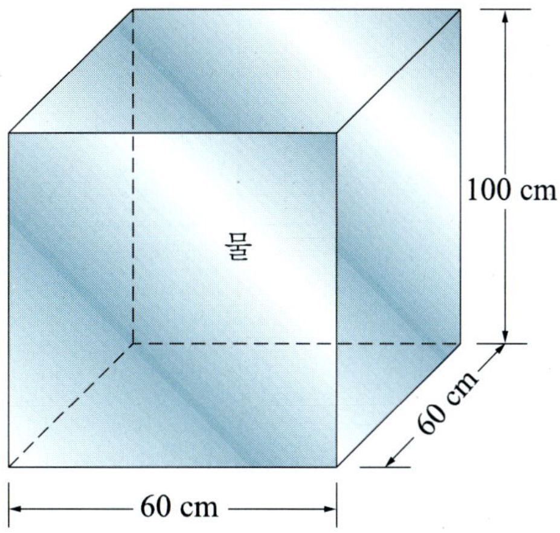

그림 P3.22

3.23 그림 P3.23과 같이 폭이 4 m인 기름 탱크에 물이 들어 있다. AB면이 받는 수평력의 크기는?

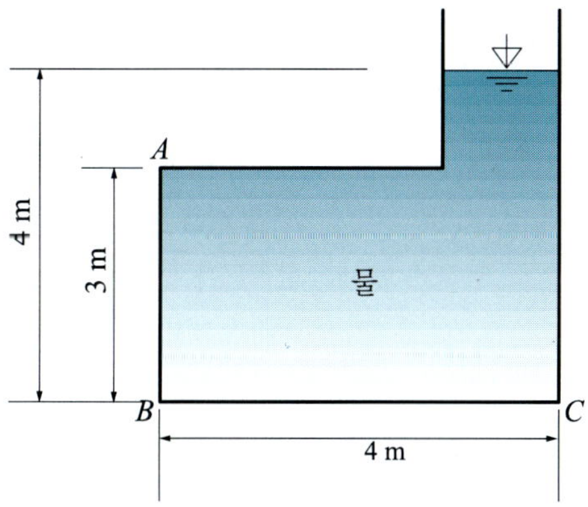

그림 P3.23

3.24 직삼각형 평판이 그림 P3.24와 같이 물속에 수직으로 놓여 있다. 이때 압력중심의 x, y 좌표는?

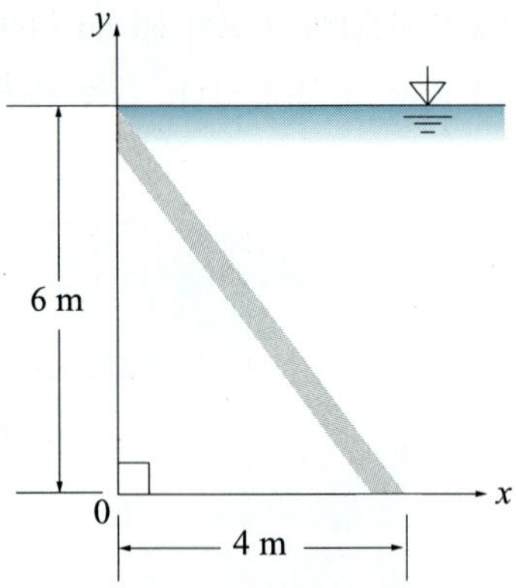

그림 P3.24

3.25 폭이 2 m이고 높이가 3 m인 수직 수문의 윗부분이 힌지로 연결되어 있다. 수문의 윗부분으로부터 2 m 높이의 물에 의해 수문이 닫혀 있을 때 수문을 열기 위해 수문의 밑부분에서 가해야 될 수평힘은 얼마인가(대기압은 무시한다)?

3.26 어떤 액체의 단위중량이 수면에서의 깊이 h에 따라 식 $\gamma = \gamma_0 + Kh$에 의하여 직선적으로 변화한다고 할 때, 그림 P3.26과 같은 폭 1 m인 직사각형 수문에 미치는 전수압과 O점에 관한 전수압의 모멘트에 대한 식을 유도하라(단 γ_0와 K는 상수이다).

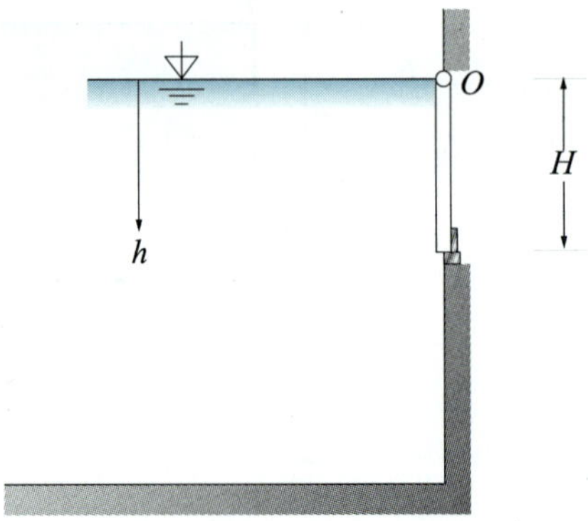

그림 P3.26

3.27 그림 P3.27과 같이 길이 2 m이고 폭이 1 m인 수문이 설치되어 있다. 대기압을 무시할 때 수문에 작용하는 힘 F와 이 힘의 작용점 (h_p)를 구하라.

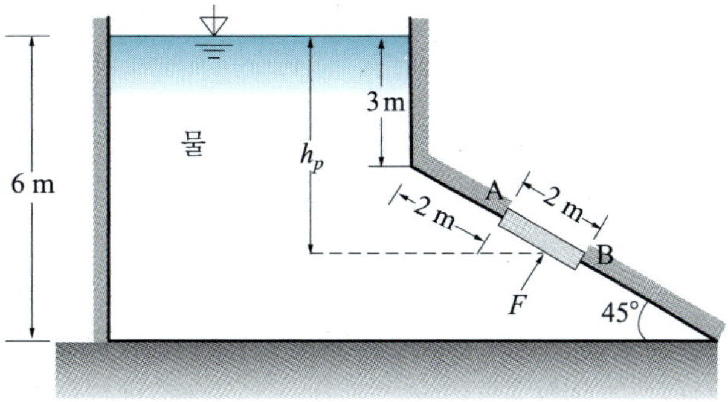

그림 P3:27

3.28 그림 P3.28과 같이 폭이 3 m이고 높이가 2 m인 수문이 A에서 힌지로 연결되어 있고, B에서 구속되어 있다. 수심이 7 m일 때, (a) 수문이 열리지 않도록 B에서 지지하는 힘 및 (b) A에서의 반력을 구하라.

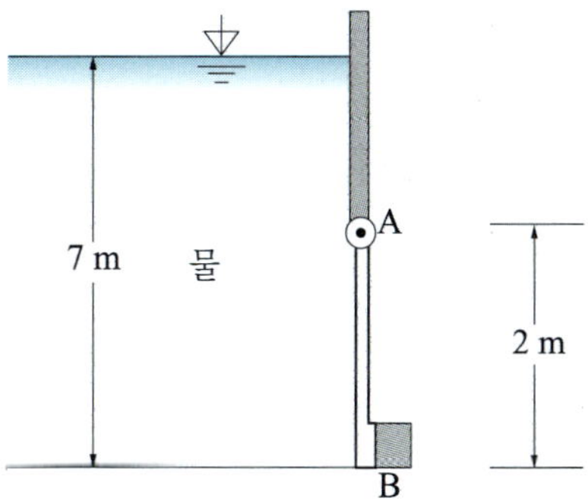

그림 P3.28

3.29 그림 P3.29와 같이 직경이 50 cm인 원형 단면을 중량 150 kg중의 수문으로 닫고 있다. 수문이 열릴 수 있는 물의 높이 h를 구하라.

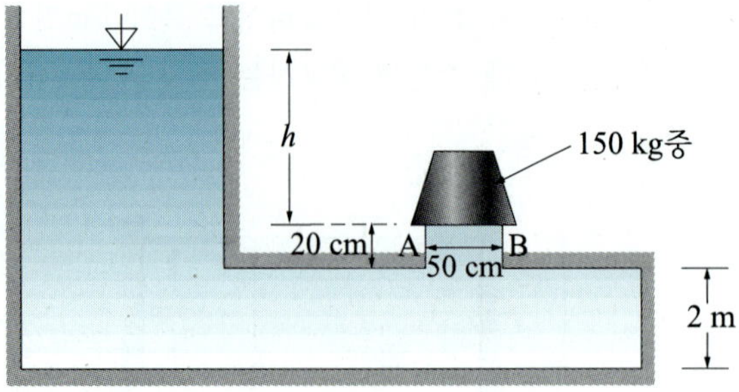

그림 P3.29

3.30 그림 P3.30의 수조의 오른쪽 바닥에 직경 4 cm의 마개가 있다. 마개에 가해지는 힘이 25 N이면 마개는 떨어져 나간다. 이러한 조건에서 왼쪽의 액주계의 높이 h를 구하라.

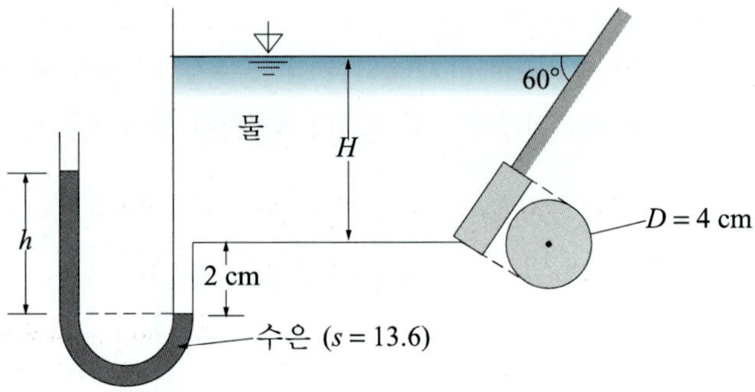

그림 P3.30

3.31 그림 P3.31에서 수문의 길이가 5 m이고 폭이 3 m일 때 수문이 움직이기 시작하는 물의 높이 h를 구하라. 수문은 B점에서 힌지로 연결되어 있고, 도르래에 매단 추의 무게는 5000 kg중이고, 수문의 자중은 100 kg중이다.

3.32 그림 P3.32와 같이 0.4 kg중/cm^{2}의 압력을 나타내는 압축 공기가 수표면을 가압하고 있을 때, 수문을 여는 데 필요한 힘 W를 구하라. 수문 폭은 4 m이고 점 A에서 힌지로 연결되어 있다(수문의 중량은 300 kg중이다).

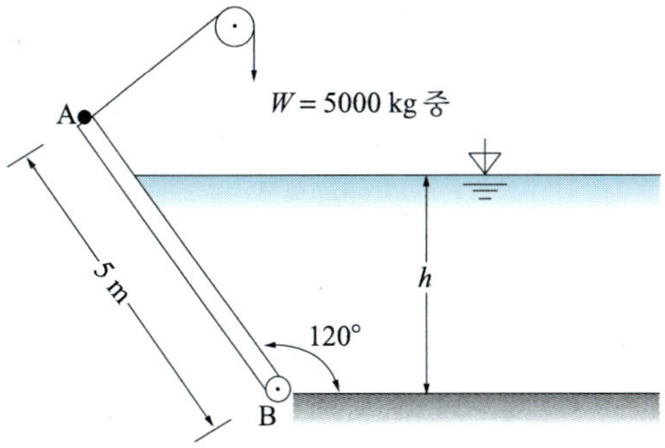

그림 P3.31

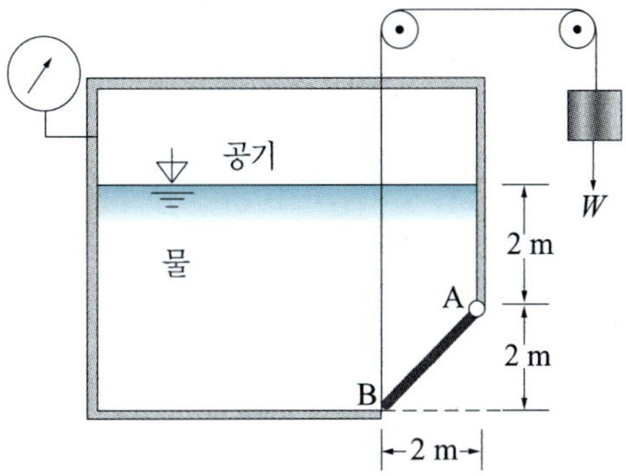

그림 P3.32

3.33 그림 P3.33에서와 같은 반경이 1 m인 원형수문이 O에 힌지로 연결되어 있다. $h = 8$ m일 때 수문이 열리지 않기 위한 힘 F를 계산하라.

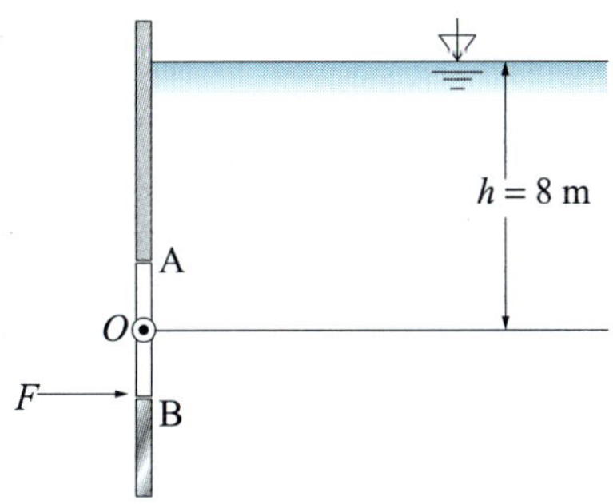

그림 P3.33

3.34 폭이 2 m이고 길이가 5 m인 수문 AB가 그림 P3.34와 같이 B에서 힌지로 연결되어 있고, A에서 매끄러운 벽에 기대어 놓여 있다. 수문이 열리게 하기 위해서는 왼쪽의 수위는 얼마이어야 하나(단, 수문의 물속 무게는 2000 kg중이고 점 B에서의 수평반력은 $R_x = 20000$ kg중으로 가정한다)?

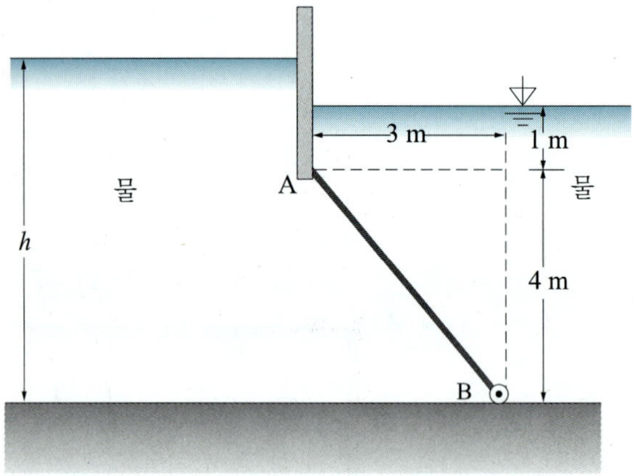

그림 P3.34

3.35 폭이 3 m인 직사각형 수문 AB가 그림 P3.35와 같이 설치되어 있다. 고정장치 A점에서의 반력을 구하라(단, 수문의 중량은 무시한다).

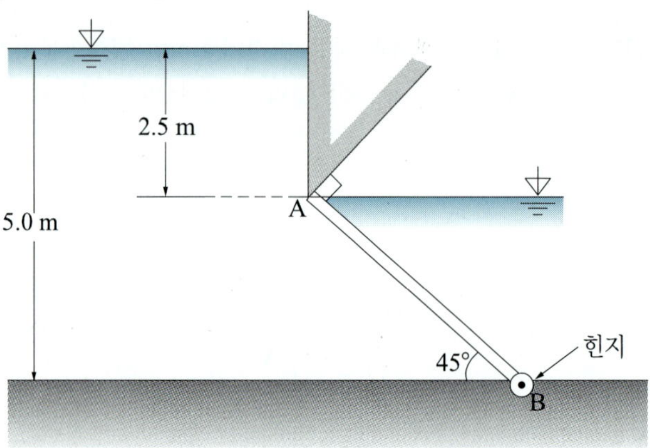

그림 P3.35

3.36 그림 P3.36과 같은 수조에 물을 가득 채웠을 때 4분원 곡면에 작용하는 전수압의 수평성분과 연직성분을 구하라.

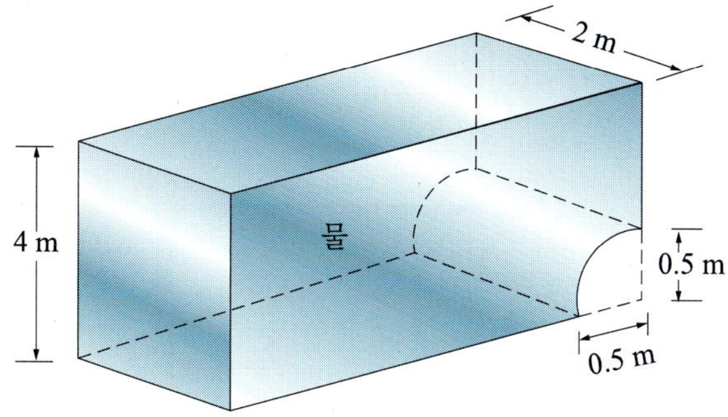

그림 P3.36

3.37 폭이 3 m인 수문이 있다. 그림 P3.37과 같이 수문은 점 B에서 힌지로 연결되었을 때 수문이 열리지 않도록 하기 위해서 가해야 할 힘 F를 구하라(단, 수문의 자중은 1500 kg중이다).

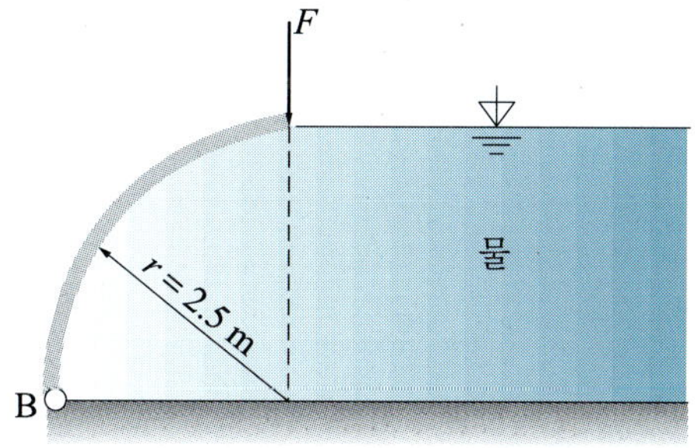

그림 P3.37

3.38 폭이 2 m인 수문이 그림 P3.38과 같이 B에서 힌지되어 있을 때 수문이 회전하지 않도록 하기 위해서 A에서 가해야 할 힘 F를 구하라(단, 수문의 무게는 무시한다).

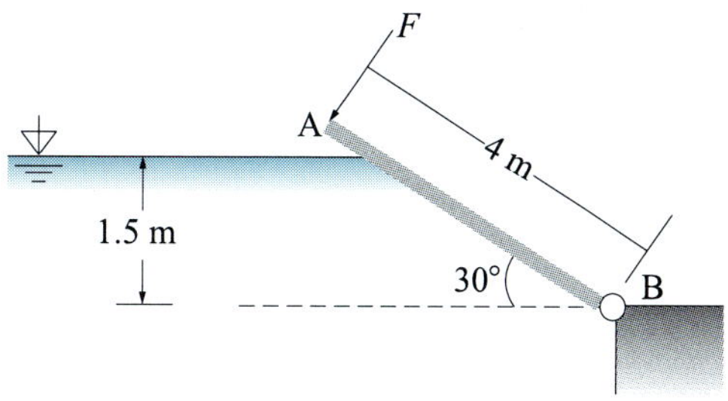

그림 P3.38

3.39 그림 P3.39와 같은 4분원 단면의 수문이 있다. 폭이 5 m일 때, 곡면 AB에 작용하는 전수압의 수평분력과 연직분력 및 각각의 작용점의 위치를 구하라.

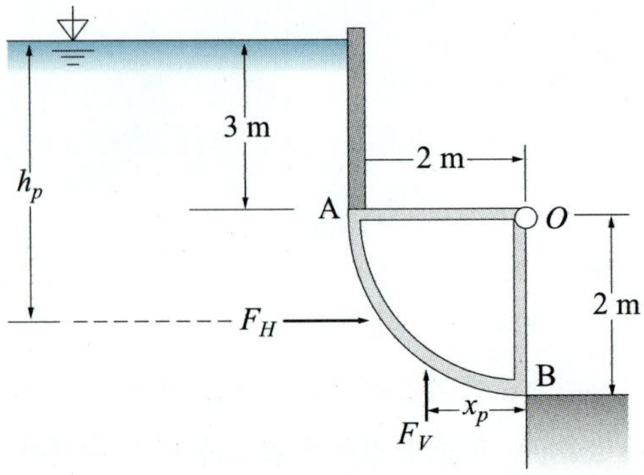

그림 P3.39

3.40 그림 P3.40과 같은 수문의 폭을 5 m로 할 때 수문의 곡면 AB에 작용하는 전수압의 수평분력과 연직분력 및 각각의 작용점을 구하라.

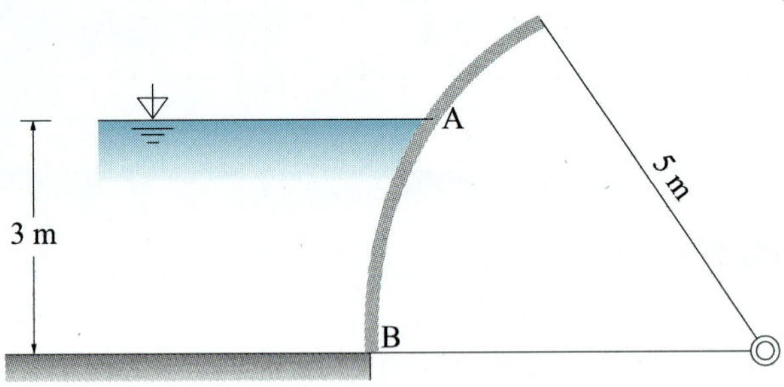

그림 P3.40

3.41 그림 P3.41과 같이 폭 2 m인 4분원통의 수문이 있다. B에 힌지가 있을 때 이 수문이 열리지 않도록 하기 위해서 점 A에서 왼쪽으로 가해주어야 할 수평력은 얼마인가?

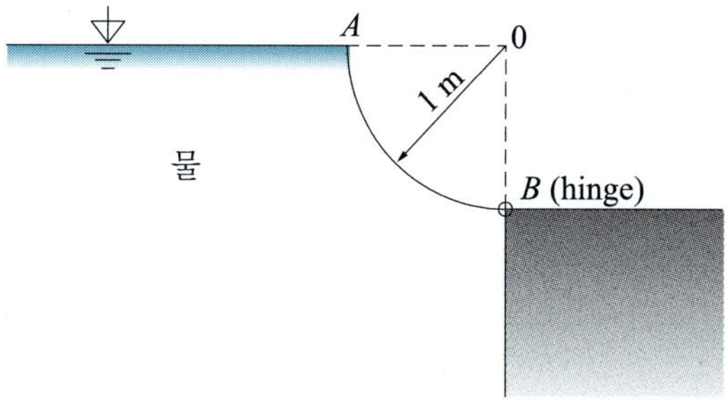

그림 P3.41

3.42 그림 P3.42와 같은 경우 4 m의 통나무가 받는 순수 수평력을 구하라.

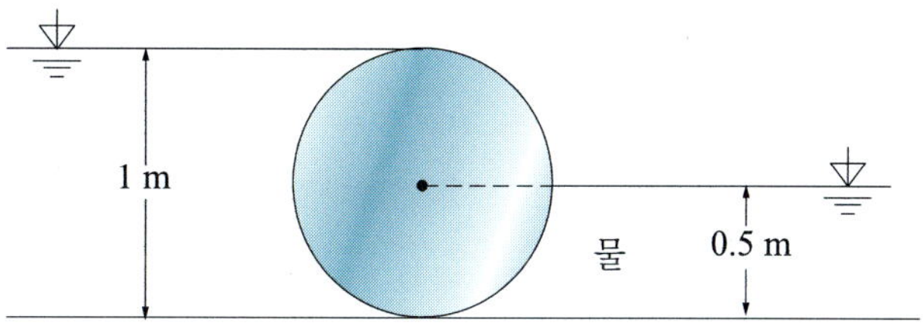

그림 P3.42

3.43 길이 10 m인 통나무가 그림 P3.43과 같이 고정되어 있다. 직경이 $D = 1$ m일 때 이 통나무가 받는 수평분력과 연직분력 및 각각의 작용점을 구하라.

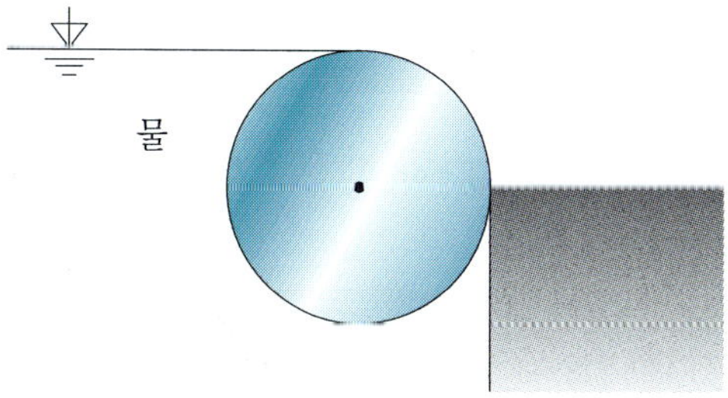

그림 P3.43

3.44 그림 P3.44에서 단위폭을 갖는 곡면 AB에 가해지는 전수압의 수평분력과 연직분력 및 각각의 작용선을 결정하라.

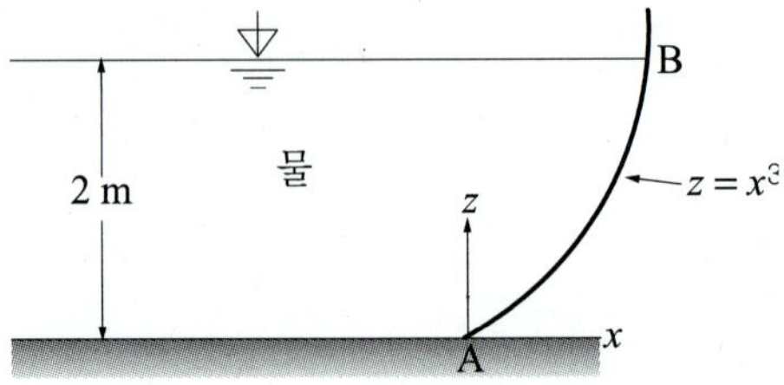

그림 P3.44

3.45 그림 P3.45와 같이 반지름 $R = 0.5$ m인 반구형의 관람창이 설치되어 있다. 관람창에 작용하는 전수압의 연직분력 및 수평분력의 크기를 구하라.

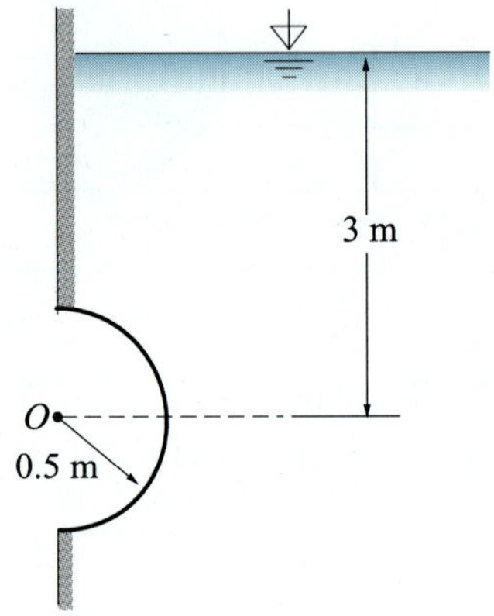

그림 P3.45

3.46 빈 캔이 그림 P3.46과 같이 물 위에 떠 있다. 캔의 무게를 구하라.

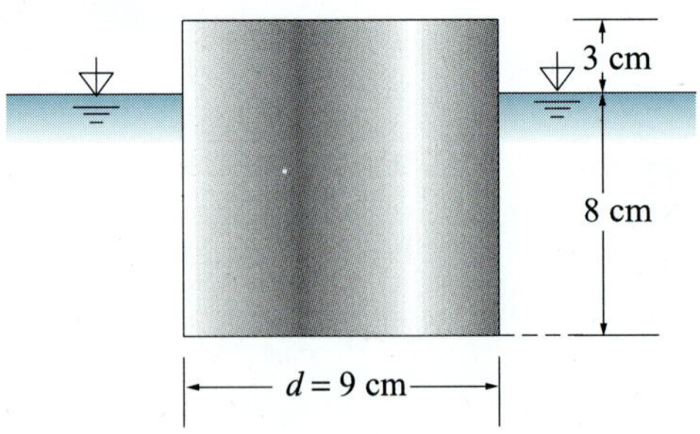

그림 P3.46

3.47 비중 $s = 0.88$인 정육면체의 물체가 그림 P3.47과 같이 물 위에 떠 있다. 이 물체의 길이가 2 m일 때, 안정여부를 판단하라.

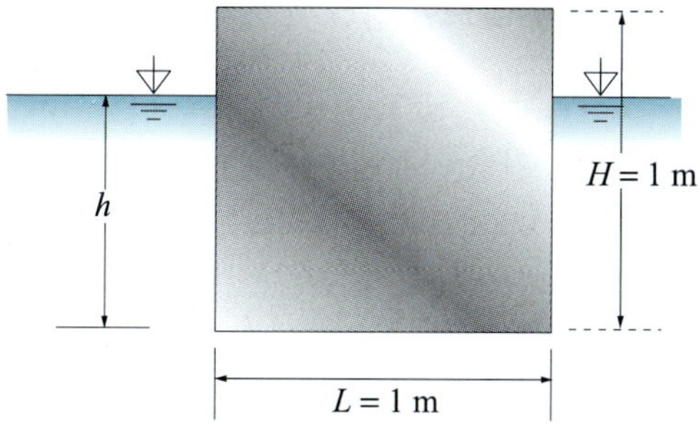

그림 P3.47

3.48 바다위에 비중이 0.9인 얼음이 일부분만 잠겨서 떠 있다. 바닷물에 잠기지 않은 체적이 20 m^3일 때 얼음의 전체중량은 몇 톤인가?

3.49 밑면이 1 m × 1 m이고 높이가 0.5 m인 직육면체인 나무토막 위에 200 kg중의 추를 놓았다. 나무의 비중이 0.6이라 할 때 물속에 잠긴부분의 부피를 구하라.

3.50 물이 가득찬 용기 속에 실에 매단 물체를 넣었을 때 실에 걸리는 힘은 2.1 kg중이었고 넘쳐흐른 물의 체적은 300 cm^3이었다. 이 물체의 비중은?

3.51 그림 P3.51과 같이 수은면에 물체가 떠 있다. 이 물체가 최상단부까지 물을 부었을 때 물체가 수은 속에 잠긴 부피와 물속에 있는 부피의 비를 구하라(단, 물체의 비중은 7.8, 수은의 비중은 13.6이다).

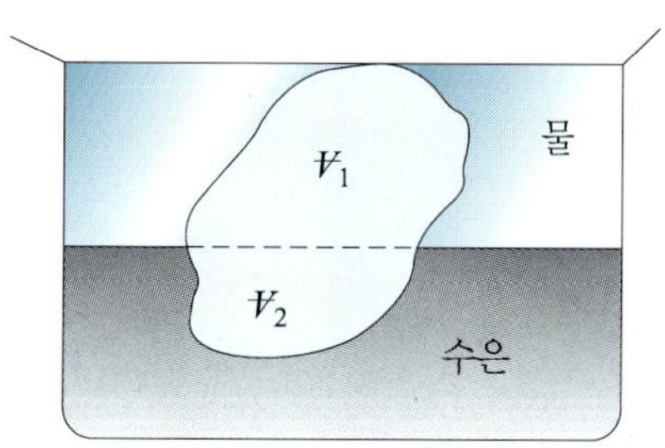

그림 P3.51

3.52 $0.2\ m^3$의 통에 공기를 가득 채워서 바다 밑바닥에 있는 물체를 수면까지 끌어 올리는 데 사용하였다. 이 물체의 수중무게는 160 kg중이고 빈 통의 공기 중 무게가 22 kg중이라면 공기로 채워진 통을 물체에 연결할 때 이 물체를 끌어 올리는 데 필요한 힘을 구하라.

3.53 그림 P3.53과 같은 탱크에 물을 1 m의 깊이로 넣고 수평방향으로 $a_x = 6\ m/sec^2$의 가속도로 운동을 시킨다. A, B 및 C점에서의 압력과 AB면에 작용하는 힘 및 작용점을 구하라.

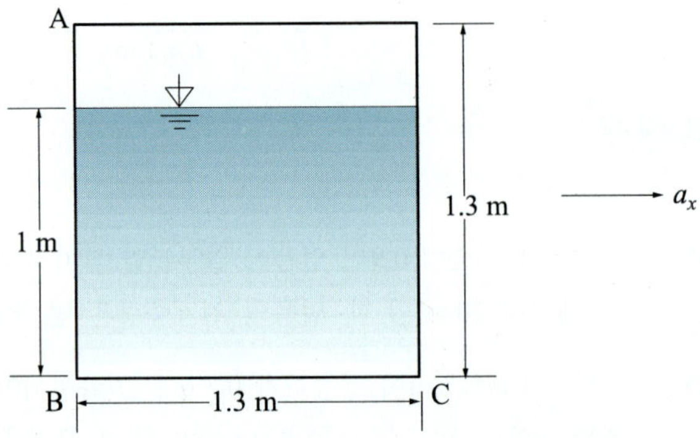

그림 P3.53

3.54 문제 3.53에서 수조의 우측면의 수면이 C점에 오도록 하려면 얼마의 가속도를 주어야 하는가?

3.55 그림 P3.55와 같이 U자관에 물을 넣고, 가속도 $a_x = 6\ m/sec^2$으로 운동시키면 U자관 양쪽에서의 수면차는 얼마인가?

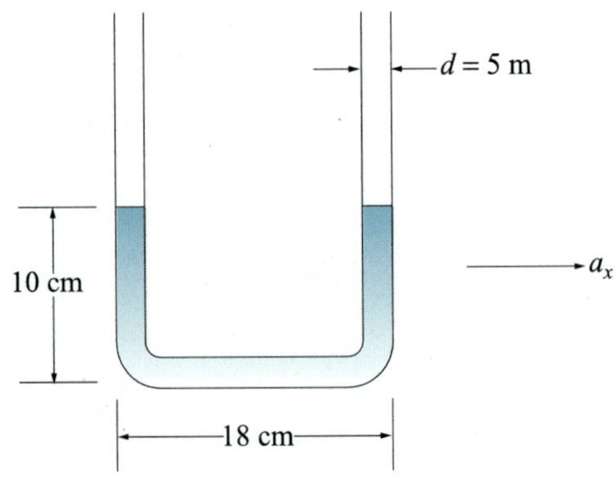

그림 P3.55

3.56 그림 P3.56과 같이 한쪽이 막혀 있는 U자관에 물을 가득 넣고 A로 부터 15 cm 떨어진 z축 주위로 ω의 각속도로 회전시켜서 점 A의 계기압력을 0(zero)로 만들려고 한다. 회전속도 ω와 C점에서의 압력을 구하라.

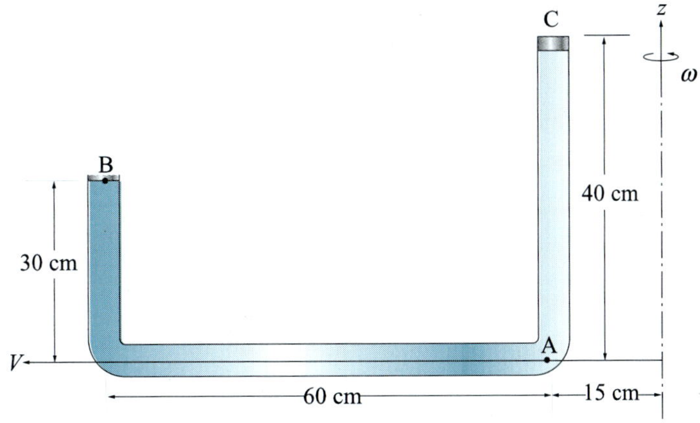

그림 P3.56

3.57 그림 P3.57과 같은 원통형 용기에 물을 넣고 중심축에 대하여 회전시킬 때 (a) 물이 용기 언저리에 올 때의 각속도와 (b) 이 조건에서 A점의 압력을 구하라.

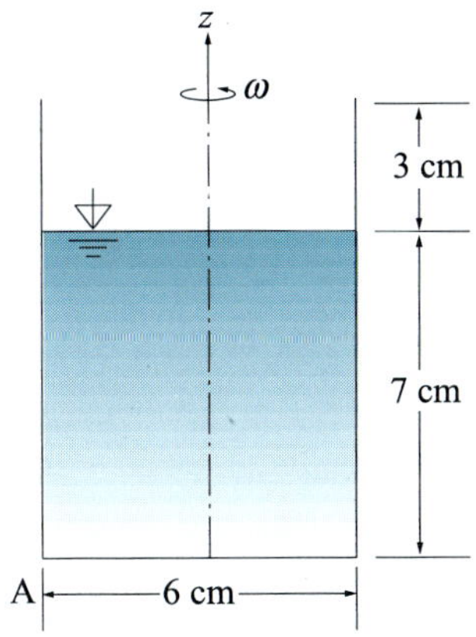

그림 P3.57

3.58 그림 P3.58과 같이 직경 10 cm인 원통형 용기의 축을 연직으로 놓고 물을 넣었다. 이 축을 중심으로 300 rpm의 회전수로 용기를 돌렸을 때 수면의 최고점과 최저점의 높이차를 구하라.

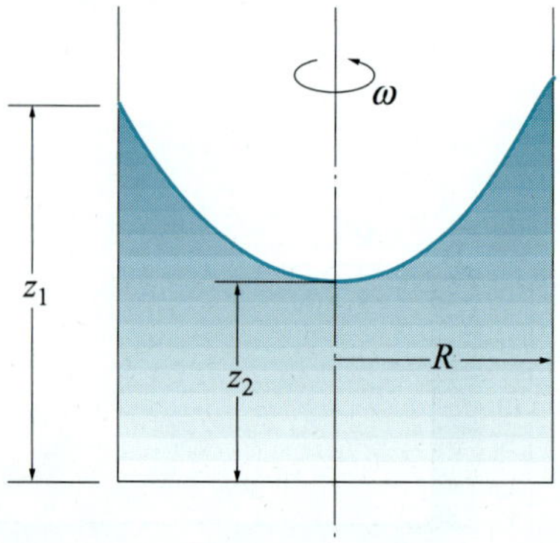

그림 P3.58

3.59 원통형 용기의 축을 연직으로 놓고 이 축 주위로 원통을 회전시키면 수면의 높이차가 생긴다. 1분당 150회전 했을 때 높이차가 20 cm이였다면 원통의 직경은 얼마인가?

제 4 장

물 흐름에 관한 기초이론

이 장에서는 유체의 이동 즉 유체의 흐름에 수반되는 여러 가지 현상에 대해서 다룬다. 이 때 유체입자의 특성이나, 힘이 입자운동에 미치는 영향은 고려하지 않고 다만 유체입자의 운동만을 기하학적으로 고찰한다. 유체역학의 이러한 분야를 유체의 운동학(kinematics of fluids)이라 한다. 유체운동학에서는 유체입자의 변위와 속도 및 가속도를 이용하여 이동(translation), 변형, 및 회전등과 같은 유체운동을 기술한다. 유체가 운동할 때에는 이들 운동형태가 단독으로 일어나던가, 혹은 서로 조합해서 일어난다. 유체운동에 관한 운동학적 연구결과는 유체동역학(hydrodynamics)의 결과를 알아내는 데 기초원리가 되므로 유체운동에 관한 기초 이론을 깊이 이해하는 것은 매우 중요한 일이다.

이 장에서는 우선 수리학에서 접할 수 있는 다양한 흐름을 열거하고, 간략하게 설명하는 것으로부터 시작한다. 유체운동을 기술하는 방법과 유선(streamline), 유적선(pathline), 및 유맥선(streakline) 등과 같은 시간선도 본 장에서 다루어진다. 이 밖에 이동, 변형 및 회전등과 같은 유체요소의 변형에 대해서도 설명한다. 끝으로 흐름장의 기본적인 해석방법으로서 미분적 접근방법과 검사체적 방법에 대해서도 간단히 소개한다.

4.1 흐름의 분류

흐름이라고 하는 것은 특별한 언급이 없는 경우에는 흐름 중에 기포 등을 포함하지 않고 유체가 완전히 포화되어, 연속적으로 운동하고 있는 상태를 말한다. 흐름에 대한 예비지식을 갖는 것은 수리학을 배워나가는 데 커다란 도움이 되리라 생각한다. 아래에 수리학 전반에 걸쳐서 나올 수 있는 흐름의 종류를 요인별, 특성별로 분류한다.

4.1.1 유체 특성에 의한 분류

(1) 이상유체의 흐름 및 압축성 유체의 흐름

이상유체(완전유체)의 흐름이란 점성과 압축성을 완전히 무시한 가상적인 유체의 흐름을 말한다. 그러나 실제유체는 다소간이라도 점성과 압축성을 띠고 있는데, 해석의 편의상 이러한 유체의 성질을 무시한 것이다. 물론 이 경우에는 해석적인 취급은 간단하게 되지만 얻어진 결과가 실제 현상을 정확히 재현하지 못하는 경우가 많다. 따라서 이러한 점을 보완하기 위해서 실제유체에 가깝게 점성을 고려한 흐름을 점성유체의 흐름이라 한다. 아무리 작은 점성을 갖는 유체라도 흐름의 고체 경계면에서의 점성효과는 무시할 수 없기 때문이다. 단 점성을 고려하지 않으면 안 되는 흐름의 범위는 경계면 근방의 얇은 층만에 국한되므로 경계층 밖의 범위에서는 점성을 고려하지 않는 소위 이상유체로서의 취급도 가능하다. 또 압축성을 고려한 흐름을 압축성유체의 흐름이라 하는데, 일반적으로 수리학에서 주대상으로 하고 있는 유체인 물의 경우에는 아주 특별한 경우(수중폭발, 수격작용 등)를 제외하고는 압축성을 고려하지 않아도 큰 문제가 되지는 않는다.

(2) 회전흐름 및 비회전흐름

회전흐름(rotational flow)이란 유체 입자가 한 영역에서 입자의 중심을 지나는 어떤 축 주위를 회전하면서 흐르는 흐름을 말한다. 만일 유체 입자가 한 영역에서 회전없이 유동한다면 그 흐름을 비회전흐름(irrotational flow)이라고 말한다.

(3) 점성유체의 흐름(층류와 난류)

층류와 난류에 대한 정확한 물리적인 의미에 대해서는 뒤에 설명하겠지만, 간단히 설명한다면, 예를 들어 흐름 내에 적당한 트레이서(물의 경우에는 염료)를 연속하여 주입하면 그 염료가 흐름을 타고 흘러가는 모양으로서 설명할 수가 있다. 이때 흐름에 탄 염료가 층상을 이루면서 질서정연하게 흐르는 경우의 흐름을 층류(laminar flow)라 하고, 염료가 주입구에서 나오면서 흐트러지며 확산해 갈 때 이때의 흐름을 난류(turbulent flow)라고 말한다.

4.1.2 자유수면의 존재 유무에 의한 분류

(1) 관수로흐름과 개수로흐름

관수로흐름(pipe flow)이란 관을 꽉 차서 흐르는 흐름으로서, 압력에 의해 유발되는 흐름을 말한다. 그러나 폐단면 내의 흐름이더라도 자유수면이 존재하는 경우, 즉 유체가 대기와 접하는 경계면이 존재하는 경우는 관수로라고 하지 않고 개수로흐름이라 말한다. 결국 유수단면의 형상과는 관계없이 대기와 접하는 수면을 갖는 흐름을 개수로흐름(open channel flow)이라 말한다. 개수로흐름에 있어서 상류, 사류에 대해서 개념적으로 설명하는 것은 어렵지만, 자세한 것은 '제11장 개수로흐름의 기초'에서 다루기로 하고, 여기서는 우리가 잘 알고 있는 음속을 기준으로 재는 비행속도를 기준으로 설명해 본다. 비행속도와 음속의 비를 마하(Mach)라 표시하고 마하가 1보다 큰 속도를 초음속(supersonic), 1보다 작은 경우를 아음속(subsonic)이라 부르고 있다.

마찬가지로 개수로흐름에서도 음속에 대응하는 기준속도를 수면에서 발생하는 일종의 수면파의 전파속도로 대응시킬 수 있다. 즉 개수로흐름의 유속이 그 파의 전파속도 보다 작을 때 상류(subcritical flow)라 하고, 그 역의 경우를 사류(supercritical flow)라 부르고 있다. 개수로의 유속과 파의 전파속도의 비를 Froude 수라고 말하는데, 이것은 전술한 Mach 수에 상당한다.

(2) 분류(Jet)

분류(jet)라고 하는 것은 자유수면이 존재하지 않는 면에서는 관수로흐름과 같지만, 이것은 고체경계면이 전혀 존재하지 않는 점이 특이하다. 분류란 slit 또는 오리피스로부터 정지된 유체 중에 분사되는 흐름을 말하는데, 원자력 발전소의 온배수가 수중에 방출되는 것은 그 한 예가 될 것이다.

4.1.3 시간에 따른 분류

(1) 정상류와 비정상류

정상류(steady flow)란 흐름 중의 임의 한 점에서 속도, 압력, 밀도 및 수심 등과 같은 흐름의 특성 인자들이 시간이 경과해도 변화하지 않는 흐름을 말하고, 반대로 시간적으로 변화하는 흐름을 비정상류(unsteady flow)라 한다. 예를 들어 흐름의 특성 인자를 ϕ라 하면 다음과 같은 표현을 얻을 수 있다.

$$\left.\frac{\partial \phi}{\partial t}\right|_{x_0, y_0, z_0} = 0 \qquad \text{정상류} \tag{4.1}$$

$$\left.\frac{\partial \phi}{\partial t}\right|_{x_0, y_0, z_0} \neq 0 \qquad \text{비정상류} \tag{4.2}$$

여기서 x_0, y_0, z_0는 주어진 한 점의 좌표를 나타낸다. 관수로흐름에서는 U자관 내의 유체의 진동, 개수로흐름에서는 수표면에 나타나는 각종 파동이 비정상류로 분류될 수 있다.

(2) 준정상류

그러나 정상, 비정상이라고는 말하지만 기준이 되는 시간 스케일에 따라서는 분류가 달라질 수도 있다. 예를 들어, 난류와 같은 경우는 일반적으로는 비정상류라 부르지는 않는다. 그러나 난류의 경우도, 10^{-2} sec 정도의 극히 작은 시간 스케일의 관점에서 본다면 당연히 비정상류의 문제가 된다. 토목공학에 있어서 당장 이러한 것이 문제로 되는 것이 홍수(flood) 현상이다.

그림 4.1은 홍수 파형의 관측 기록을 나타낸 것이다. 홍수시 하천의 한 지점에서 시간경과에 따른 수위를 계속 기록하면 그림 4.1(a)와 같은 파형을 얻고, 하천을 따라서 다수의 지점에서의 수위의 동시 관측 기록을 나타낸 것이 그림 4.1(b)이다. 이러한 수위의 시간적 변화는 상당히 완만하기

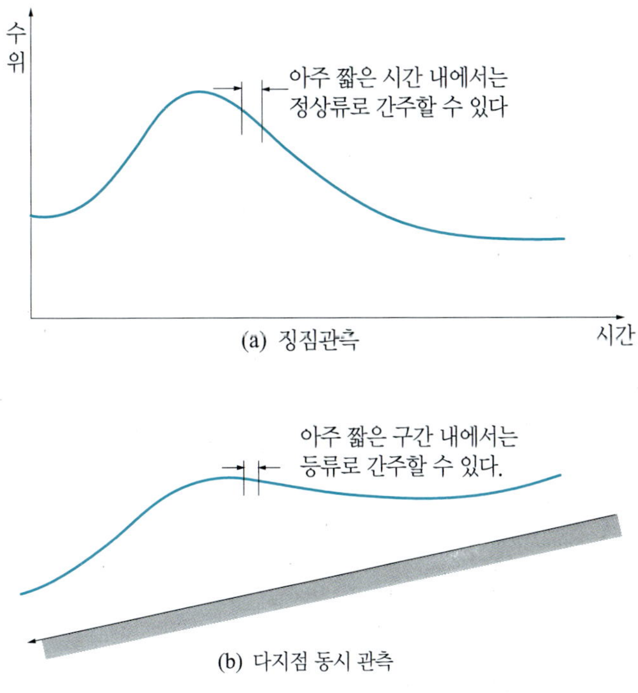

그림 4.1 홍수 파형

때문에 대하천에서는 홍수 이전의 수위로 되돌아가는데 수일까지도 걸리는 경우가 있다.

이렇게 시간적으로 완만히 변동하는 비정상류를 특히 준정상류(quasi-steady flow)라고 부른다. 이러한 경우는 분(minute) 정도의 시간 스케일에서 논의하자면 완전히 정상류로 간주되지만, 일(day)정도의 시간 스케일에서는 명확히 비정상류가 된다.

4.1.4 위치에 따른 분류(등류, 부등류)

등류(uniform flow), 부등류(non-uniform flow)는 앞에서 논한 정상류, 비정상류와는 달리 공간적인 흐름의 문제이다. 즉 임의의 주어진 시간에 공간(또는 장소)이 변화해도 흐름인자들이 변화하지 않는 흐름을 등류, 그 반대의 경우를 부등류라고 부르고 있다. 수학적으로 표시해 보면

$$\left.\frac{\partial \phi}{\partial s}\right|_{t_0} = 0, \qquad \text{등류} \tag{4.3}$$

$$\left.\frac{\partial \phi}{\partial s}\right|_{t_0} \neq 0, \qquad \text{부등류} \tag{4.4}$$

여기서 s는 위치를 나타내고, t_0는 주어진 시각을 나타낸다.

그림 4.2에 도시한 바와 같이, 부등류 중에서 공간적인 변화가 급한 것을 급변류(rapidly varied flow), 변화가 완만한 것을 점변류(gradually varied flow)라 부르고 있다. 급변류와 점변류를 굳이 구별하는 이유는 양자에 있어서 흐름에너지의 손실의 평가가 크게 다르기 때문이다. 일반적으로 점변류에서는 수로길이에 비례하는 마찰손실이 현저하지만, 급변류에서는 마찰손실보다는 와류에 의한 손실이 현저하게 나타난다.

앞에서도 언급했지만 서로 다른 근거에 의해 분류된 흐름은, 전부는 아니지만 서로 다른 흐름간의 조합이 가능하다. 중요한 것 몇 가지만 들어 보면 정상등류(steady uniform flow), 정상부등류(steady nonuniform flow), 비정상등류(unsteady uniform flow), 비정상부등류(unsteady nonuniform flow) 등의 네 가지 흐름의 조합을 가질 수 있다. 상기 흐름 중 비정상등류는 개수로에서는 거의 나타나지 않는 경우이다.

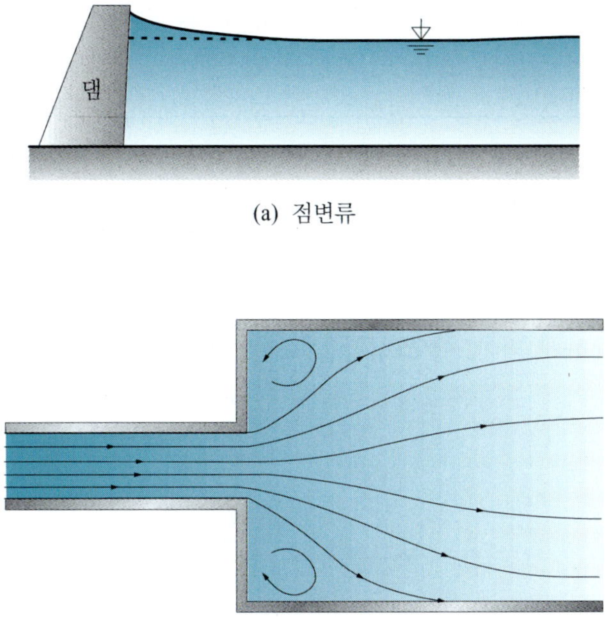

(a) 점변류

(b) 급변류

그림 4.2 부등류의 예

4.1.5 유체의 균질성에 따른 분류(균질유체흐름, 혼상류)

균질유체의 흐름(homogeneous fluid flow)이란 흐름을 형성하는 유체가 한 가지 유체만으로 구성된 경우를 말한다. 혼상류(混相流, multi-phase flow)는 기체, 액체, 고체상의 혼합상태의 흐름을 가리키지만, 때로는 액상과 액상의 혼합인 경우도 있다. 예를 들면 하천 하구부에서 볼 수 있는 담수와 염수의 성층류는 액상과 액상의 혼상류이다. 토목공학 특히 하천공학에서 자주 나타나는 흐름은 액체상과 고체상이 혼합된 혼상류의 일종이라고 볼 수 있다.

4.1.6 차원에 따른 분류

이 밖에 흐름장을 명시하기 위해 필요한 공간좌표의 수에 따라, 흐름을 1차원, 2차원 및 3차원 흐름으로 분류하기도 한다. 대부분의 흐름은 3차원 흐름에 속하지만, 경우에 따라서는 1차원 및 2차원 흐름으로 가정하면 해석이 간단하게 되는 수가 많다. 그림 4.3과 같이 댐 위를 월류하는 흐름을 예로 들어 설명해 보자. 이 흐름은 원칙적으로 3차원흐름이다. 그러나 댐의 길이 방향으로 흐름의 변화가 없다고 가정하면, 이 흐름은 2차원 흐름으로 간주할 수 있게 된다. 이 경우에도 영역 I, 즉 접근 수로에서는 유속은 V(x)로서 거의 일정하고, 유선도 서로 평행한 직선을 이루고 있으므로, 이 흐름장을 나타내기 위해서는 1개의 좌표만 있으면 된다. 따라서 이 흐름은 1차원 흐름이다. 그러나 영역 II에서는 유선이 만곡되어, 2개의 흐름성분 u, v가 존재하게 되어, 이 흐름장을 표현하기 위해서는 2개의 좌표 x, y가 필요하고, 따라서 흐름은 2차원흐름이 된다.

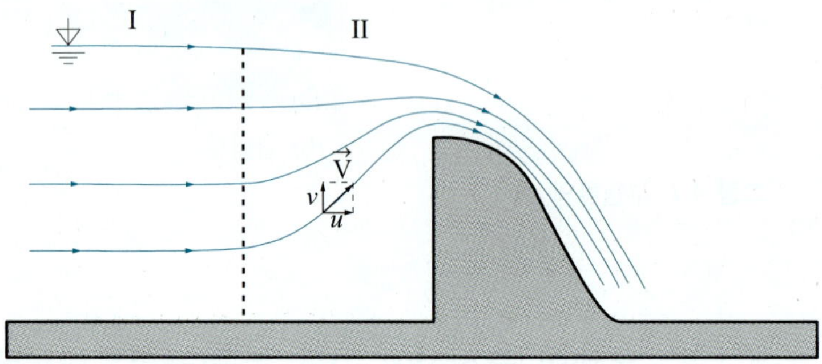

그림 4.3 1차원과 2차원 흐름의 예

4.2 유체흐름의 운동학

유체운동학(kinematics of fluids)은 유체입자의 특성이나 운동을 다루는 데 있어서 힘(force)의 영향은 고려하지 않고, 단지 유체입자의 거동만을 다루는 유체역학의 한 분야이다.

유체의 흐름(운동)을 완전하게 기술하기 위해서는 모든 유체입자에 대해 매순간마다 그 위치를 결정해 주어야만 한다. 그렇게 되면 시간경과에 따른 위치변화로부터 유체입자의 속도와 가속도를 결정할 수 있게 된다. 일반적으로 유체운동은 두 가지 방법으로 기술할 수 있다. 하나는 개개 입자가 시간의 경과에 따라 어떻게 운동하고 있는가를 추적하면서 관찰하는 방법이고, 다른 하나의 방법은 공간의 어느 특정점에 주목하여 그 점을 통과하는 유체입자의 운동을 기술하는 방법이다. 전자를 라그랑지의 방법이라 하고 후자를 오일러 방법이라 한다.

예를 들어 하천에 나뭇잎을 띄워 주어진 시간에 나뭇잎이 이동한 거리로부터 하천의 표면속도를 재었다면 이것은 라그랑지적 방법이고, 하천의 한 지점에서 유속계를 이용하여 시간경과에 따른 유속을 측정하였다면 이것은 오일러적 기술방법이 된다. 그러나 대부분의 공학적 문제에 있어서는 개개 입자의 거동에 대한 정보가 필요한 것이 아니므로 일반적으로 오일러 방법이 자주 사용되고 있다. 따라서 본서에서도 이후에 나타나는 물의 운동에 따른 모든 표현은 오일러 방법에 기초해서 표현하기로 한다.

4.2.1 라그랑지 방법 Lagrange method

라그랑지 방법을 수학적으로 설명하기 위해 3축 직교좌표를 사용한다. 유체의 임의의 한 입자가 주어진 시각 $t=t_0$일 때 점하고 있던 초기위치를 (x_0, y_0, z_0)라 하면, 시각이 $t=t$일 때 동일 입자의 위치, (x, y, z)는 초기위치 (x_0, y_0, z_0)와 시간 t의 함수로 표시할 수 있다.

$$
\begin{aligned}
x &= f_1(x_0, y_0, z_0, t) \\
y &= f_2(x_0, y_0, z_0, t) \\
z &= f_3(x_0, y_0, z_0, t)
\end{aligned}
\tag{4.5}
$$

식 (4.5)에서 알 수 있는 바와 같이 시각 t에서의 위치는 초기위치에 따라서 변화한다. 즉, 시각 t에서의 입자의 위치 x, y, z는 임의로 선택된 독립변수인 초기위치 (x_0, y_0, z_0)에 의해 변화하는 종속변수이다.

따라서 함수형 f_1, f_2, f_3만 알면 유체의 운동, 즉 입자의 임의 시각에서의 위치, 속도 및 가속도를 결정할 수 있다. 초기위치 (x_0, y_0, z_0)를 점유하고 있던 입자의 속도는 다음과 같이 편미분에 의해 표시된다.

$$
\begin{aligned}
u &= \left.\frac{\partial x}{\partial t}\right|_{x_0,\, y_0,\, z_0} \\
v &= \left.\frac{\partial y}{\partial t}\right|_{x_0,\, y_0,\, z_0}
\end{aligned}
\tag{4.6}
$$

$$w = \left.\frac{\partial z}{\partial t}\right|_{x_0,\ y_0,\ z_0}$$

여기서 u, v, w는 각각 x, y 및 z 방향의 속도성분이고, 첨자 x_0, y_0, z_0는 시간에 대해 미분할 때 상수로 취급됨을 의미한다. 마찬가지로 가속도에 대해서도

$$\begin{aligned} a_x &= \left.\frac{\partial^2 x}{\partial t^2}\right|_{x_0,\ y_0,\ z_0} \\ a_y &= \left.\frac{\partial^2 y}{\partial t^2}\right|_{x_0,\ y_0,\ z_0} \\ a_z &= \left.\frac{\partial^2 z}{\partial t^2}\right|_{x_0,\ y_0,\ z_0} \end{aligned} \tag{4.7}$$

이 된다. 여기서 a_x, a_y 및 a_z는 각각 x, y, z 방향의 가속도 성분이다.

라그랑지방법은 모든 입자의 위치나 운동이 알려지므로 임의의 시각에 있어서 개개 유체입자의 궤적을 추적할 수 있다는 이점이 있다. 그러나 라그랑지방법으로 유체의 운동 방정식을 기술할 경우 비선형성을 띠어 풀기가 매우 어려우므로 실제 공학적 문제를 다루는 경우는 극히 한정된 분야밖에 사용되지 않고 있다.

4.2.2 오일러 방법 Eulerian method

오일러방법에서는 개개 입자를 규정하지 않고, 대신에 임의의 공간에서 고정된 한 점이 주어지고, 이 위치에서 시간의 함수로서 입자의 운동을 구하게 된다. 따라서 라그랑지방법에 있어서의 좌표 x, y, z가 종속변수였던 것에 반해 이 경우는 독립변수가 된다. 따라서 시간 미분 $\partial/\partial t$도 오일러방법의 경우와 라그랑지방법의 경우와 서로 의미가 다르다.

유체입자에 관계되는 물리량이 유체의 운동과 함께 시간적으로 어떻게 변화하는가 하는 것은 흐름의 고찰에 있어서 중요하다. 이렇게 흐름에 따른 물리량의 시간적 변화를 나타내는 시간미분을 실질미분(Substantial derivative)라 부르고 d/dt로 나타낸다. 물론 라그랑지 방법에서는 d/dt와 $\partial/\partial t$는 같다.

오일방법에서의 실질미분을 구해 본다. 이제 1개의 물리량 F가 오일러 방법에서 x, y, z의 함수로서 주어졌다고 하자. 시각 t일 때 점 (x, y, z)에 있던 유체입자는 미소시간 Δt 시간 후에는 점 $(x + u\Delta t, y + v\Delta t, z + w\Delta t)$로 이동한다. 여기서 u, v, w는 각각 x, y, z 방향의 유속성분이다. 따라서 Δt 시간 내의 F의 변화를 ΔF라 하면

$$\Delta F = F(x + u\Delta t,\ y + v\Delta t,\ z + w\Delta t,\ t + \Delta t) - F(x, y, z, t)$$

로 표시된다. 상기 식의 우변 제1항을 Taylor 급수전개하여 상기 식을 정리하면 다음식을 얻는다.

$$\Delta F = \frac{\partial F}{\partial x} u\Delta t + \frac{\partial F}{\partial y} v\Delta t + \frac{\partial F}{\partial z} w\Delta t + \frac{\partial F}{\partial t} \Delta t + O((\Delta t)^2)$$

따라서 F의 시간변화율, 즉 실질미분은 정의에 의해서 다음과 같이 표시된다.

$$\frac{dF}{dt} = \lim_{\Delta t \to 0} \frac{\Delta F}{\Delta t} = \frac{\partial F}{\partial t} + u\frac{\partial F}{\partial x} + v\frac{\partial F}{\partial y} + w\frac{\partial F}{\partial z}$$

결국 라그랑지적 미분이 보통의 오일러적 미분으로 표시된 것이다. 물리량 F는 임의의 물리량을 대표하므로, F를 제외하고 미분 연산기호만으로 표시하면 다음과 같이 쓸 수 있다.

$$\frac{d}{dt} = \frac{\partial}{\partial t} + u\frac{\partial}{\partial x} + v\frac{\partial}{\partial y} + w\frac{\partial}{\partial z}$$

이제 F를 유체 입자의 위치 x, y, z로 치환하면

$$\frac{dx}{dt} = \frac{\partial x}{\partial t} + u\frac{\partial x}{\partial x} + v\frac{\partial x}{\partial y} + w\frac{\partial x}{\partial z} = u \qquad (4.8)$$

상기 식에서 오일러 방법에서 x, y, z가 독립 변수이므로 우변 첫 항과 제3항, 4항은 0이 된다. 마찬가지로

$$\frac{dy}{dt} = v, \qquad \frac{dz}{dt} = w$$

를 얻는다. 즉 위치 x, y, z의 실질 미분은, 당연한 일이지만 유체 입자의 각 방향 유속을 나타낸다. 이번에는 F 대신에 유속성분 u, v, w를 각각 대입하면 다음과 같이 각 방향의 가속도가 구해진다.

$$a_x = \frac{du}{dt} = \frac{\partial u}{\partial t} + u\frac{\partial u}{\partial x} + v\frac{\partial u}{\partial y} + w\frac{\partial u}{\partial z}$$

$$a_y = \frac{dv}{dt} = \frac{\partial v}{\partial t} + u\frac{\partial v}{\partial x} + v\frac{\partial v}{\partial y} + w\frac{\partial v}{\partial z} \tag{4.9}$$

$$a_z = \frac{dw}{dt} = \frac{\partial w}{\partial t} + u\frac{\partial w}{\partial x} + v\frac{\partial w}{\partial y} + w\frac{\partial w}{\partial z}$$

상기 식에서 우변의 제1항은 국부가속도(local acceleration)라 하고, 나머지 3개 항을 대류가속도(convective acceleration)라 부른다.

예제 4.1 가속도의 계산

x, y 방향의 속도 u, v가 각각 아래와 같이 표현되는 2차원 흐름장이 있다.

$$u = \frac{x}{1+t}, \quad v = (x - 2y)t$$

여기서 x와 y의 단위는 m이고, t의 단위는 sec이다. 시각이 $t = 0.5$ sec일 때, 좌표점 (2, 3)에서의 x 및 y 방향 각각에 대해서 국부가속도와 대류가속도를 구하라

주어진 값: 2차원 흐름장 ; u, v

찾는 값: x, y 방향의 국부가속도와 대류가속도

풀이

오일러의 전개방법을 이용하여 x, y 방향의 가속도를 전개하면 각각 다음 식과 같이 된다.

$$a_x = \frac{du}{dt} = \frac{\partial u}{\partial t} + u\frac{\partial u}{\partial x} + v\frac{\partial u}{\partial y}$$

$$a_y = \frac{dv}{dt} = \frac{\partial v}{\partial t} + u\frac{\partial v}{\partial x} + v\frac{\partial v}{\partial y}$$

따라서 x, y 방향의 국부 가속도는 각각 다음과 같이 계산된다.

$$x : \frac{\partial u}{\partial t} = \frac{x}{-(1+t)^2} = \frac{2}{-(1+0.5)^2} = -0.89 \text{ m/sec}^2$$

$$y : \frac{\partial u}{\partial t} = x - 2y = 2 - 2 \times 3 = -4 \text{ m/sec}^2$$

그리고 x, y 방향의 대류 가속도는

$$\begin{aligned} x : \quad & u\frac{\partial u}{\partial x} + v\frac{\partial u}{\partial y} \\ & = \left(\frac{x}{1+t}\right) \cdot \frac{1}{1+t} + (x-2y) \cdot t \cdot 0 \\ & = \frac{2}{1+0.5} \cdot \frac{1}{1+0.5} = 0.89 \text{ m/sec}^2 \end{aligned}$$

$$\begin{aligned} y : \quad & u\frac{\partial v}{\partial x} + v\frac{\partial v}{\partial y} \\ & = \left(\frac{x}{1+t}\right) \cdot t + (x-2y) \cdot t \cdot (-2t) \\ & = \frac{2}{1+0.5} \times 0.5 + (2 - 2 \times 3) \cdot (0.5) \cdot (-2 \times 0.5) \\ & = 2.67 \text{ m/sec}^2 \end{aligned}$$

4.3 유선과 유적선

4.3.1 유선 streamline

흐름의 양태를 직관적으로 쉽게 보기 위하여, 유선(streamline)이라고 하는 개념이 이용된다. 어느 시각에 있어서 흐름 중에 1개의 신을 가상하였을 경우, 선 위의 각 점에서 그은 접선이 그 점에 있어서의 유속의 방향과 일치할 때, 그 가상의 선을 유선이라고 한다.

유선에 대한 식을 도출하기 위해 그림 4.4와 같은 유선 상의 선요소를 생각하면 속도 $\vec{V}$ 는 선요소 벡터 $d\vec{r}$ 에 접한다. 즉 $d\vec{r}$ 과 $\vec{V}$ 는 평행하게 된다. 그림에서 선요소벡터 $d\vec{r}$ 과 속도벡터 $\vec{V}$ 는 각각 다음과 같이 표현된다.

$$\begin{aligned} d\vec{r} &= (dx, dy, dz) \\ &= dx\vec{i} + dy\vec{j} + dz\vec{k} \end{aligned} \tag{4.10}$$

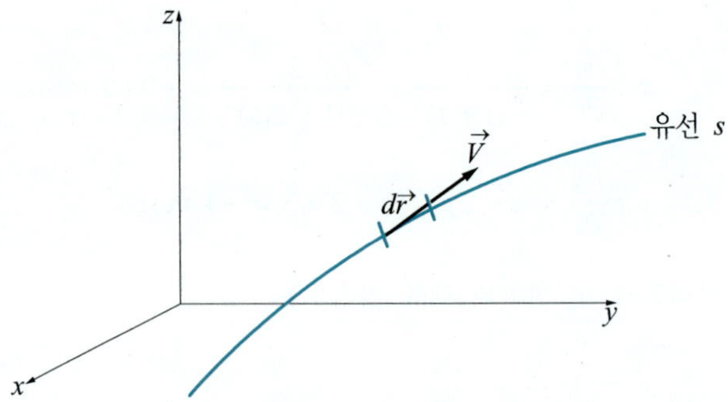

그림 4.4 유선의 정의

$$\begin{aligned}\vec{V} &= (u, v, w)\\ &= u\vec{i} + v\vec{j} + w\vec{k}\end{aligned} \tag{4.11}$$

여기서 dx, dy, dz는 각각 선요소 벡터 $d\vec{r}$의 x, y, z 방향성분이고, u, v, w는 각각 x, y, z 방향의 속도 성분을 나타낸다. 따라서 상기한 유선의 정의에 의하면 $d\vec{r}$과 $\vec{V}$가 평행하므로

$$\vec{V} \times d\vec{r} = 0$$

즉,

$$(vdz - wdy)\vec{i} + (wdx - udz)\vec{j} + (udy - vdx)\vec{k} = 0 \tag{4.12}$$

을 얻는다. 식 (4.12)로부터 다음과 같이 유선에 대한 미분방정식을 얻는다.

$$\frac{dx}{u(x, y, z, t_0)} = \frac{dy}{v(x, y, z, t_0)} = \frac{dz}{w(x, y, z, t_0)} \tag{4.13}$$

4.2.2 유적선 pathline

유적선이란 한 유체입자가 시간 경과에 따라 이동한 경로를 나타낸다. 따라서 상기한 식 (4.13)에서도 알 수 있는 바와 같이 유선은 시간의 경과에 따라 변화하므로, 한 유체입자의 경로를 나타내는 유적선은 유선과 반드시 일치하지는 않는다. 이제 그림 4.5를 이용하여 유선과 유적선의 차이점을 설명한다.

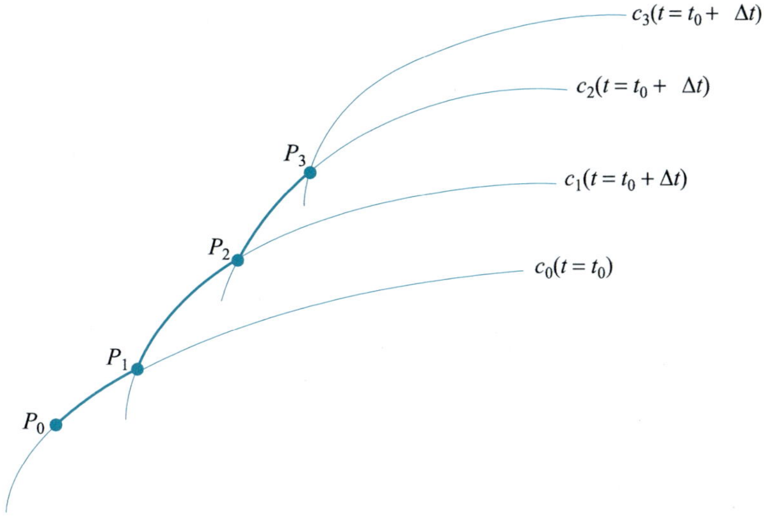

그림 4.5 유선과 유적선(비정상류)

시각 $t = t_0$일 때 유선 c_0 위의 한 점 p_0에 위치한 입자는 유선 c_0를 따라 이동하다가 Δt 시간 후에는 유선 c_1이 c_0와 교차하는 p_1점에 위치하고, 이 입자는 p_1점을 지나는 유선 c_1을 따라 이동하여 다시 Δt 시간 후에는 p_2 점에 이르게 된다. 이렇게 한 입자는 각 순간에 있어서의 유선군의 접선 방향으로 이동하므로, 유적선은 이러한 입자의 이동위치점, 즉 P_0, P_1, P_2, P_3 등을 이은 점으로 나타낼 수 있다.

1개의 유체 입자가 미소시간 dt 사이에 $d\vec{r}$ 만큼 이동하였다고 하면

$$d\vec{r} = \vec{V}dt \tag{4.14}$$

즉,

$$dx\vec{i} + du\vec{j} + dz\vec{k} = udt\vec{i} + vdt\vec{j} + wdt\vec{k}$$

의 관계를 가지므로, 이것을 x, y, z 성분으로 구별하여 표시하면 다음과 같이 유체입자의 이동 경로, 즉 유적선에 관한 방정식을 얻는다.

$$\frac{dx}{u(x, y, z, t)} = \frac{dy}{v(x, y, z, t)} = \frac{dz}{w(x, y, z, t)} = dt \tag{4.15}$$

유선에 관한 방정식 (4.13)과 유적선에 관한 식 (4.15)를 비교해 볼 때, 정상류에서는 유속이 시간 t와 무관하므로 두 식은 완전히 동일한 식이 되는데, 이것은 정상류인 경우 유선과 유적선이 일치함을 의미한다. 결국 정상류에서 유체입자는 유선을 따라 운동한다. 그러나 비정상류에서는 앞서 그림 4.5에서 설명한 바와 같이 유선과 유적선은 일치하지 않는다.

유선이 각 순간에 있어서 흐름의 방향을 나타내는 곡선을 나타내는 데 반해서, 유적선은 유체입자가 시간의 경과에 따라서 그리는 궤도를 나타낸다. 결국 유선은 오일러적인 관점이고, 유적선은 라그랑지적 관점이라고 말할 수 있다. 유선과 유적선을 실험적으로 구하기 위해서는 흐름의 표면에 트레이서를 띄우고 단시간 노출하여 사진 촬영하면 $\vec{V}\Delta t$ 라고 하는 미소 벡터를 얻게 되는데, 이때 유선을 얻게 될 것이고, 유적선은 트레이서를 듬성듬성 띄워서 장시간 노출하여 사진촬영을 하면 얻을 수 있을 것이다.

4.3.3 유맥선 streakline

흐름 중의 한 점을 생각하고, 그 점을 이전에 통과한 모든 유체입자의 현재의 위치를 나타내는 점을 연결하면 1개의 선이 얻어지는데 이 선을 유맥선(streakline)이라 부르고 있다. 예를 들면 흐름 중에 세관으로부터 잉크를 주입했을 때 잉크에 의해서 착색된 선이 유맥선이다. 왜냐하면 잉크에 의하여 착색된 유체입자는 모두 이전에 잉크를 주입한 세관의 입구를 통과한 입자이기 때문이다. 따라서 그림 4.6에서 보는 바와 같이 유맥선은 어느 한 고정점을 통과한 각 유체입자들의 임의시각 t에서의 위치를 연결한 선을 말한다. 정상류에서는 유선, 유적선 및 유맥선은 모두 일치하여 동일한 선이 된다.

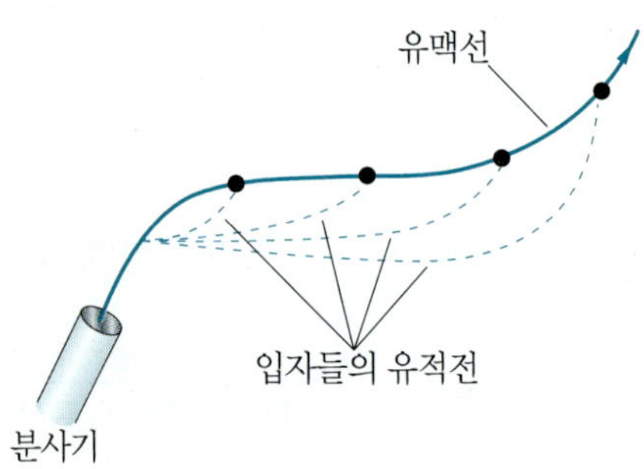

그림 4.6 유맥선

예제 4.2 유선과 유적선의 계산

유속 성분이 다음과 같이 주어지는 2차원 흐름에 있어서 (a) 점 (x_0, y_0)를 통과하는 유선과 (b) $t=0$일 때 점 (x_0, y_0)를 통과하는 유적선을 구하라.

$$u = \frac{x}{1+t},\ v = y$$

주어진 값: 2 차원 흐름장; u, v

찾는 값: 유선과 유적선

풀이

(a) 유선

우선 시각 t에 있어서 유선에 대한 식은 식 (4.13)으로부터 다음과 같이 표시된다.

$$\frac{dx}{x/(1+t)} = \frac{dy}{y}$$

상기 식을 t를 일정으로 놓고 적분하면

$$(1+t)\ln x = \ln y + C \qquad ①$$

을 얻는다. 적분상수 C를 정해 주기 위해 식 ①이, 점 (x_0, y_0)을 통과하므로 다음 식을 얻는다.

$$\frac{y}{y_0} = \left(\frac{x}{x_0}\right)^{1+t} \qquad ②$$

식 ②를 그림 E4.2.1에 도시한다. $t=0$에 있어서의 유선은 그림 E4.2.1(a)와 같이 통과점 (x_0, y_0)의 값에 대응하여 y_0/x_0의 경사를 갖고서 원점을 통과하는 직선군이 되고, 임의의 시각 t에 대해서는 그림 E4.2.1(b)에 도시한 바와 같이 원점을 통과하는 지수 곡선군이 된다.

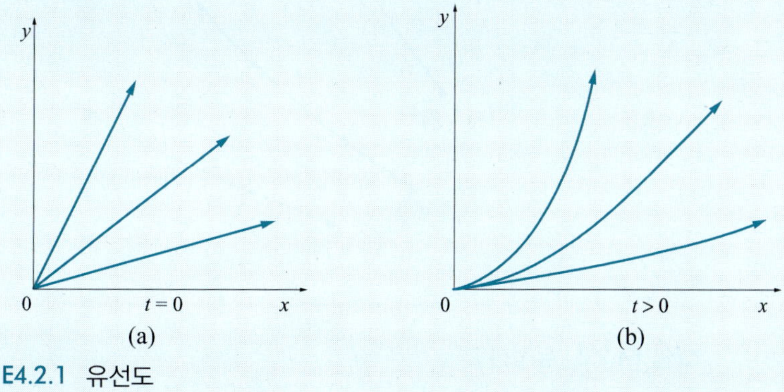

그림 E4.2.1 유선도

(b) 유적선

유적선식은 식 (4.15)로부터

$$\frac{dx}{x/(1+t)} = dt,\ \frac{dy}{y} = dt \qquad ③$$

이다.

상기 식을 적분하면 각각

$$\ln x = \ln(1+t) + C_1 \qquad ④$$

$$\ln y = t + C_2 \qquad ⑤$$

이 된다. $t=0$일 때 위식들이 점 $(x_0,\ y_0)$를 통과하므로

$$x = x_0(1+t) \qquad ⑥$$

$$y = y_0 e^t \qquad ⑦$$

식 ⑥, ⑦에서 t를 소거하면 다음과 같은 x, y 평면 내에서의 곡선을 나타내는 식을 얻는다.

$$y = y_0 e^{(x-x_0)/x_0} \qquad ⑧$$

그림 E4.2.2는 최초의 통과점 $(x_0,\ y_0)$를 다르게 한 경우의 유적선을 도시한 것이다.

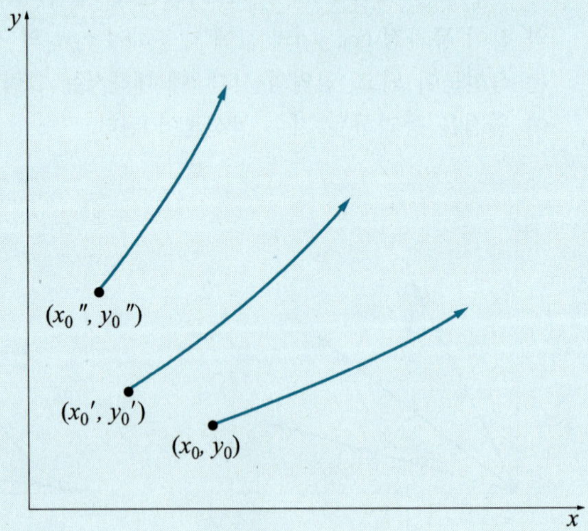

그림 E4.2.2 유적선도

4.4 유체 요소의 변형

유체의 운동을 고찰하기 위해서 그 국소적인 거동, 즉 유체의 각 부분이 실제로 어떠한 운동을 하고 있는가를 생각해 보자. 일반적으로 흐름이 형성되면 반드시 유체요소는 변형을 수반하게 되고, 그 변형은 매우 자유롭게 일어나게 된다. 이들 변형은 다음과 같이 크게 세 가지로 대별할 수 있다.

(1) 이동(translation)
(2) 변형(deformation)
  1. 선형변형(linear deformation or dilatation)
  2. 각변형(angular deformation)
(3) 회전(rotation)

우선 유체 요소의 변형을 쉽게 이해하기 위해 정상 2차원 흐름을 생각한다.

그림 4.7에 도시한 것과 같이 점 B에서의 유체입자의 속도 $u(x_0 + dx, y_0 + dy)$ 및 $v(x_0 + dx, y_0 + dy)$를 점 $A(x_0, y_0)$ 주위에서 테일러급수 전개하면

$$u = u_0 + \left(\frac{\partial u}{\partial x}\right)_0 dx + \left(\frac{\partial u}{\partial y}\right)_0 dy + \cdots\cdots$$
$$v = v_0 + \left(\frac{\partial v}{\partial x}\right)_0 dx + \left(\frac{\partial v}{\partial y}\right)_0 dy + \cdots\cdots \tag{4.16}$$

이 된다. 여기서 첨자 0는 점 A에서의 값을 의미한다. 이 후 각각의 변형들은 식 (4.16) 또는 이 식을 변형한 형태의 식을 이용하여 설명된다.

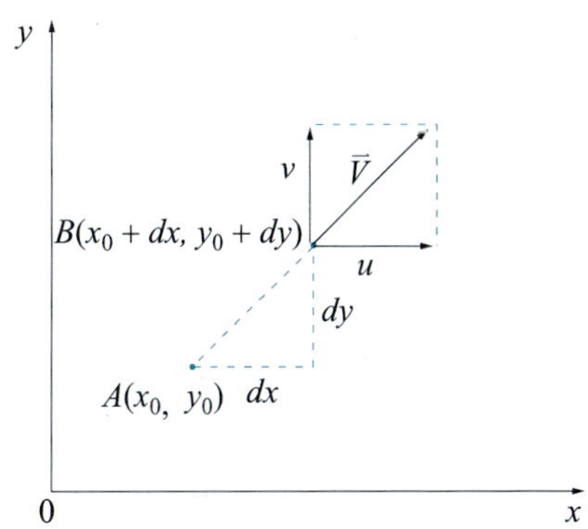

그림 4.7 2차원 흐름

4.4.1 이동 translation

그림 4.8에 도시한 바와 같이 직사각형의 미소 유체요소를 생각한다. 유체요소의 각 변이 각 축에 평행하고, 각 변의 길이가 일정한 상태로 유지되어 이동하는 경우, 이것을 이동(또는 병진 운동)이라 부르고 있다.

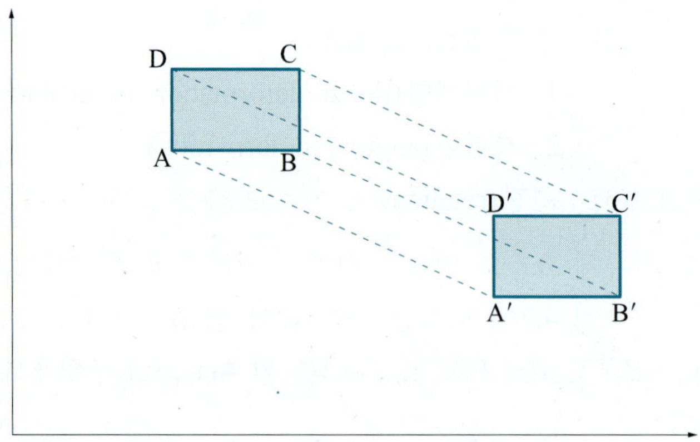

그림 4.8 이동(translation)

만약 시각 t에 있어서 점 A의 좌표가 (x, y)이었다면 시각 $t + dt$일 때는 점 A의 좌표는 $(x + dx, y + dy)$이다. 이때 이동은 다음 식으로 정의된다.

$$\begin{aligned} dx &= udt \\ dy &= vdt \end{aligned} \tag{4.17}$$

이동 현상만이 일어나는 흐름의 예는 등류(uniform flow)를 들 수 있다. 즉 그림 4.9에 도시한 바와 같이 일정한 속도를 가지며 유선이 평행하고 직선인 흐름의 경우에서는 순수하게 이동 운동만을 하게 된다.

유체가 이동운동만을 할 때는 u 및 v가 x, y에 대해서 일정하므로 식 (4.16)에서 $\frac{\partial u}{\partial x}, \frac{\partial u}{\partial y}, \frac{\partial v}{\partial x}, \frac{\partial v}{\partial y}$ 등은 0이 되고, 결국 $u = u_0$, $v = v_0$가 되는데 이것은 유체입자가 운동을 해도 속도가 일정하게 유지되는 것을 의미한다.

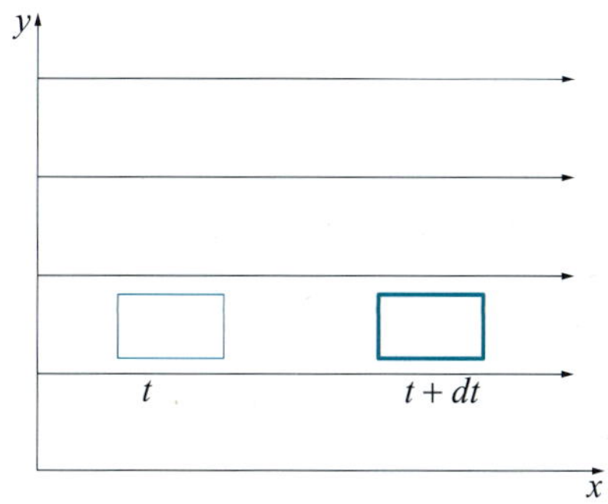

그림 4.9 이동 운동의 예(등류)

4.4.2 변형

(1) 선형변형

그림 4.10과 같이 폭이 완만하게 좁아지는 관속의 흐름을 생각하면 연속 조건으로부터, x 방향 유속 u는 x축 방향으로 증가하게 된다. 즉 $(\partial u/\partial x) > 0$인 상태가 된다. 따라서 변의 길이가 dx, dy인 미소 사변형을 생각하면 식 (4.16)으로부터 단위 시간당 $(\partial u/\partial x)dx$ 만큼씩 길어진다. 즉, $\partial u/\partial x$는 x 방향으로의 신장속도 변화율(선형변형속도) ε_x를 나타낸다.

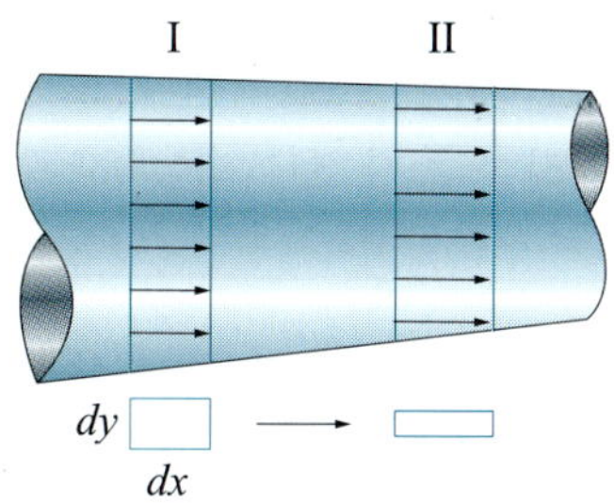

그림 4.10 선형변형

마찬가지로, $\partial v/\partial y$ 및 $\partial w/\partial z$는 각각 y 및 z 방향으로의 신장속도변화율 ε_y, ε_z를 나타내므로, 다음과 같이 쓸 수 있다.

$$\left.\begin{aligned} \varepsilon_x &= \frac{\partial u}{\partial x} \\ \varepsilon_y &= \frac{\partial v}{\partial y} \\ \varepsilon_z &= \frac{\partial w}{\partial z} \end{aligned}\right\} \tag{4.18}$$

식 (4.18)에서 ε_x, ε_y 및 ε_z가 음(−)의 값을 취할 때는 반대로 유체요소가 수축되는 것을 의미한다. 이와 같이 속도변화율 $\frac{\partial u}{\partial x}, \frac{\partial v}{\partial y}$ 및 $\frac{\partial w}{\partial z}$가 0이 아닌 값을 가질 때의 변형을 선형변형이라 한다.

(2) 각변형

각변형을 알아보기 위해 그림 4.11을 고찰한다. 직사각형 ABCD가 속도차에 의한 전단응력을 받으면 평행사변형 $AB'C'D'$과 같이 변형하게 될 것이다. 점 A의 y 방향속도를 v라 하면 점 B의 y 방향속도는 $v + \frac{\partial v}{\partial x}dx$가 된다. 따라서 점 B는 dt 시간에 $(\partial v/\partial x)dxdt$ 만큼 이동하여 B'에 오게 되고, 변 AB는 반시계방향으로 각변형을 일으키게 된다. 마찬가지로 점 A의 x 방향속도를 u로 할 때, 점 D의 x 방향속도가 $u + \frac{\partial u}{\partial y}dy$이므로 dt 시간 후에는 점 D는 $(\partial u/\partial y)dydt$ 만큼 이동하여, 점 D'이 되어 변 AD는 시계방향으로 각 변형을 일으킨다.

반시계 방향을 각의 양(+)의 방향으로 잡을 때, 각 변형은 선요소 dx (변 AB), dy (변 AD)의 각 변위의 차로 정의된다. 각 변위는 위에서 구한 각각의 변위를 수직한 선요소로 나눈 값에 해당하므로, 반시계방향의 각을 양

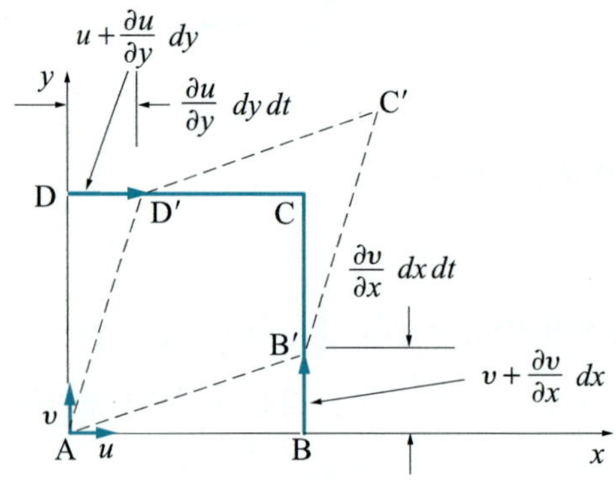

그림 4.11 각변형

(+)의 값으로 취하면, dt 시간 동안 일어난 각변형은 다음과 같이 표현된다.

$$\left(\frac{\frac{\partial v}{\partial x}dx\,dt}{dx}\right)-\left(\frac{-\frac{\partial u}{\partial y}dy\,dt}{dy}\right)=\left(\frac{\partial v}{\partial x}+\frac{\partial u}{\partial y}\right)dt$$

따라서 단위시간당의 각변형, 즉 각변형속도는 다음과 같이 표현된다.

$$\gamma_{xy}=\frac{\partial v}{\partial x}+\frac{\partial u}{\partial y} \tag{4.19a}$$

각변형속도는 각변형률이라고 부르기도 한다. 식 (4.19a)는 xy 평면 내의 각변형속도이다. 이것을 3차원으로 확장시키고 동일한 방법을 이용하면 yz 및 zx 평면에서의 각변형속도를 다음과 같이 구할 수 있다.

$$\left.\begin{aligned}\gamma_{yz}&=\frac{\partial w}{\partial y}+\frac{\partial v}{\partial z}\\ \gamma_{zx}&=\frac{\partial u}{\partial z}+\frac{\partial w}{\partial x}\end{aligned}\right\} \tag{4.19b}$$

4.4.3 회전운동

회전운동을 알아보기 위해 그림 4.12와 같은 유체요소 ABCD를 생각하고, A점에 관한 회전, 즉 A점을 지나며 z축에 평행한 축에 관한 회전을 수학적으로 표시해 보자.

이제 점 A(x, y, z)에 있는 입자의 x, y 방향 성분속도가 각각 u, v라 하면, 점 D에서의 x방향 속도는 $u+\frac{\partial u}{\partial y}dy$로 되어 시계방향으로 회전하려

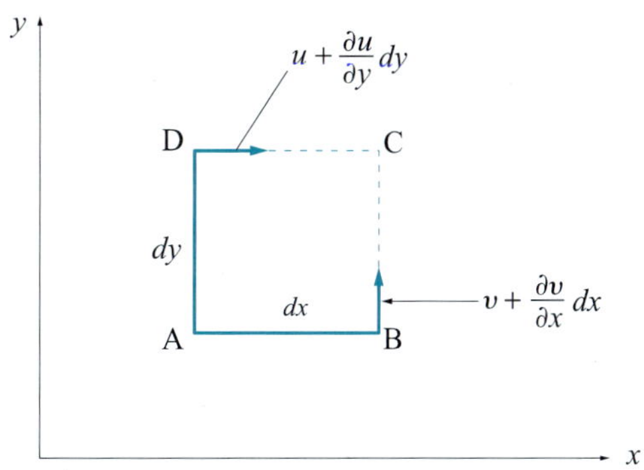

그림 4.12 회전(rotation)

하고, 점 B에서의 y방향 속도는 $v+\frac{\partial v}{\partial x}dx$로 되어 반시계방향으로 회전하려 한다. 따라서 변 AB의 단위 길이당 회전각속도는

$$\frac{\left(v+\frac{\partial v}{\partial x}dx\right)-v}{dx}=\frac{\partial v}{\partial x} \tag{4.20}$$

이고 변 AD의 단위 길이당 회전각속도는

$$-\frac{\left(u+\frac{\partial u}{\partial y}dy\right)-u}{dy}=-\frac{\partial u}{\partial y} \tag{4.21}$$

로 나타낼 수 있다. 식 (4.20), (4.21)에서의 부호는 반시계방향을 양(+), 시계방향을 음(−)의 값으로 취한 것이다. 일반적으로 회전은 이들 두 양, 즉 식 (4.20) 및 (4.21)의 평균치로서 정의된다. 따라서 z축에 관한 회전각속도는 다음과 같이 표시된다.

$$\omega_z=\frac{1}{2}\left(\frac{\partial v}{\partial x}-\frac{\partial u}{\partial y}\right) \tag{4.22}$$

마찬가지 방법으로 x축 및 y축에 대해서도

$$\omega_x=\frac{1}{2}\left(\frac{\partial w}{\partial y}-\frac{\partial v}{\partial z}\right)$$

$$\omega_y=\frac{1}{2}\left(\frac{\partial u}{\partial z}-\frac{\partial w}{\partial x}\right)$$

로 쓸 수 있다.

식 (4.16)을 미소량의 2차 이상의 항을 생략하고 고쳐 쓰면

$$u=u_0+\left(\frac{\partial u}{\partial x}\right)_0dx+\left(\frac{\partial u}{\partial y}\right)_0dy \tag{4.23}$$

$$=u_0+\left(\frac{\partial u}{\partial x}\right)_0dx+\frac{1}{2}\left\{\left(\frac{\partial v}{\partial x}\right)_0+\left(\frac{\partial u}{\partial y}\right)_0\right\}dy-\frac{1}{2}\left\{\left(\frac{\partial v}{\partial x}\right)_0-\left(\frac{\partial u}{\partial y}\right)_0\right\}dy$$

$$= u_0 + \varepsilon_x dx + \frac{1}{2}\gamma_{xy} dy - \omega_z dy$$

$$v = v_0 + \varepsilon_y dy + \frac{1}{2}\gamma_{xy} dx + \omega_z dx \tag{4.24}$$

와 같이 유체요소의 운동을 위에서 언급한 4개의 변형(u_0, v_0 : 이동, ε : 선형 변형, γ : 각변형 및 ω : 회전)으로 나누어 표현할 수가 있다.

4.5 와도

4.5.1 와도 vorticity

벡터 미분 연산자 $\nabla = (\partial/\partial x, \partial/\partial y, \partial/\partial z)$ 와 속도 벡터 $\vec{V} = (u, v, w)$ 의 벡터의 외적을 생각해 본다.

$$\nabla \times \vec{V} = \begin{vmatrix} \vec{i} & \vec{j} & \vec{k} \\ \dfrac{\partial}{\partial x} & \dfrac{\partial}{\partial y} & \dfrac{\partial}{\partial z} \\ u & v & w \end{vmatrix}$$
$$= \left(\frac{\partial w}{\partial y} - \frac{\partial v}{\partial z}\right)\vec{i} + \left(\frac{\partial u}{\partial z} - \frac{\partial w}{\partial x}\right)\vec{j} + \left(\frac{\partial v}{\partial x} - \frac{\partial u}{\partial y}\right)\vec{k} \tag{4.25}$$

위 식의 각 성분은 앞 절에서 유도한 회전각속도의 2배로 되어있는 것을 알 수 있다. 다시 말하면 상기식에서 각 항은 각각 ω_x, ω_y, ω_z의 2배를 나타내고 있다. 이 때 상기 식의 각 항을 각각 x, y및 z축에 관한 와도(渦度, vorticity)라 부르고 다음과 같이 표현한다.

$$\left.\begin{aligned} \xi &= \frac{\partial w}{\partial y} - \frac{\partial v}{\partial z} \\ \eta &= \frac{\partial u}{\partial z} - \frac{\partial w}{\partial x} \\ \zeta &= \frac{\partial v}{\partial x} - \frac{\partial u}{\partial y} \end{aligned}\right\} \tag{4.26}$$

식 (4.25)의 연산은 속도 벡터에 대해서 행해진 것으로서, $\nabla \times \vec{V}$ 를 rot $\vec{V}$ (rotation) 또는 curl $\vec{V}$ 라 부른다.

$$\text{rot}\,\vec{V} = \nabla \times \vec{V} \tag{4.27}$$

또 상기 식 (4.25)에서 각 성분항이 0인 경우 즉 $\nabla \times \vec{V} = 0$ 인 경우를 비회전류(irrotational flow)라 하고 $\nabla \times \vec{V} \neq 0$ 인 흐름을 회전류(rotational flow)라 부른다. 비회전류에 대해서는 회전각속도 ω(또는 와도)가 0인 경우이므로 다음과 같은 조건이 성립한다.

$$\left.\begin{aligned} \frac{\partial w}{\partial y} &= \frac{\partial v}{\partial z} \\ \frac{\partial u}{\partial z} &= \frac{\partial w}{\partial x} \\ \frac{\partial v}{\partial x} &= \frac{\partial u}{\partial y} \end{aligned}\right\} \tag{4.28}$$

4.5.2 속도포텐셜

일반적으로 실제 흐름은 거의 비회전흐름에 가깝기 때문에 비회전흐름의 개념은 수리학에서 매우 중요하다. 비회전흐름의 경우에는 어떤 함수를 임의의 방향에 대한 공간 좌표로 편미분한 값이 그 방향의 속도가 되는 스칼라함수 ϕ가 존재한다. 즉, 이 함수를 이용하면 각 방향의 유속성분은 다음과 같이 표현할 수 있다.

$$\left.\begin{aligned} u &= -\frac{\partial \phi}{\partial x} \\ v &= -\frac{\partial \phi}{\partial y} \\ w &= -\frac{\partial \phi}{\partial z} \end{aligned}\right\} \tag{4.29}$$

여기서 ϕ를 속도포텐셜 함수라 부른다. 식 (4.29)를 식 (4.26) 중 한 식에 대입하면

$$\begin{aligned}\zeta &= \frac{\partial v}{\partial x} - \frac{\partial u}{\partial y} \\ &= \frac{\partial^2 \phi}{\partial x \partial y} - \left(-\frac{\partial^2 \phi}{\partial y \partial x}\right) = 0\end{aligned} \tag{4.30}$$

이 되어 와도가 0, 즉 비회전흐름이 성립함을 보여주고 있다. 따라서 비회전류에서는 속도포텐셜 ϕ가 존재하고, 역으로 속도포텐셜 ϕ가 존재하면 그 흐름은 비회전류라 말할 수 있다.

식 (4.29)에서도 알 수 있는 바와 같이 흐름장에서 ϕ를 알 수 있으면 유속성분을 구할 수 있다. 따라서 흐름장 해석에 있어서 속도포텐셜 ϕ를 도입하면 미지수를 줄일 수 있는 이점이 생긴다. 예를 들어 3차원흐름장에서 미지수 u, v, w는 한 개의 미지수 ϕ로 귀착된다. 이러한 점에서 속도포텐셜 함수는 수리학 문제 해결에 강력한 해석 수단을 제공한다고 볼 수 있다.

예제 4.3 전단응력과 회전 각속도의 계산

그림 E4.3과 같이 두 개의 평판 사이를 흐르고 있는 2차원 흐름이 있다. 이 흐름의 속도분포가 아래 식과 같을 때, 전단응력 τ와 회전 각속도 ω_z를 구하라.

$$u = u_c(1 - y^2/b^2)$$

주어진 값: $u = u_c(1 - y^2/b^2)$

찾는 값 : τ 및 ω_z

참고 사항: $\tau = \mu \dfrac{du}{dy}$

$$\omega_z = \frac{1}{2}\left(\frac{\partial v}{\partial x} - \frac{\partial u}{\partial y}\right)$$

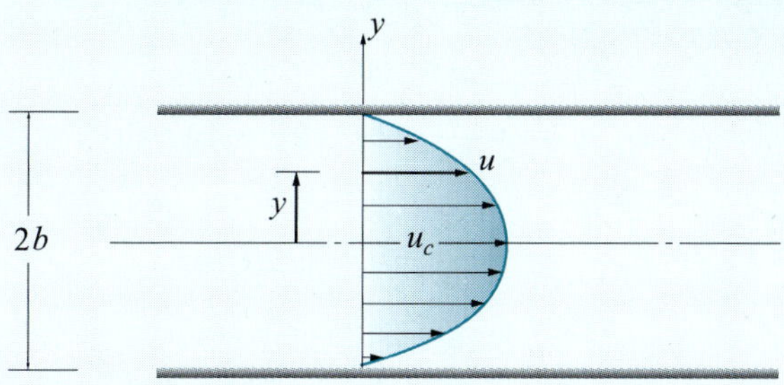

그림 E4.3

풀이

$$\omega_z = \frac{1}{2}\left(\frac{\partial v}{\partial x} - \frac{\partial u}{\partial y}\right) = -\frac{1}{2}\left(-2u_c y / b^2\right) = u_c y / b^2$$

$$\tau = \mu \frac{du}{dy} = -2\mu u_c y / b^2 = -2\mu\omega_z$$

예제 4.4

3차원 흐름장의 x, y 및 z 방향의 유속이 각각 다음과 같이 표현된다.

$$u = x^2 + y^2$$

$$v = 2xy$$

$$w = -4xz$$

이 흐름장의 (a) 선형변형 (ε_x, ε_y, ε_z) (b) 각 변형속도 (γ_{xy}, γ_{yz}, γ_{zx}) 및 (c) 회전 각속도 (ω_x, ω_y, ω_z)를 구하라.

주어진 값: 3차원 흐름장의 속도 성분
찾는 값: 선형변형, 각 변형속도 및 회전 각속도

풀이

(a) 선형변형

$$\varepsilon_x = \frac{\partial u}{\partial x} = 2x$$

$$\varepsilon_y = \frac{\partial v}{\partial y} = 2x$$

$$\varepsilon_z = \frac{\partial w}{\partial z} = -4x$$

(b) 각변형속도

$$\gamma_{xy} = \frac{\partial v}{\partial x} + \frac{\partial u}{\partial y} = 2y + 2y = 4y$$

$$\gamma_{yz} = \frac{\partial w}{\partial y} + \frac{\partial v}{\partial z} = 0 + 0 = 0$$

$$\gamma_{zx} = \frac{\partial u}{\partial z} + \frac{\partial w}{\partial x} = 0 + (-4z) = -4z$$

(c) 회전 각속도

$$\omega_x = \frac{1}{2}\left(\frac{\partial w}{\partial y} - \frac{\partial v}{\partial z}\right) = \frac{1}{2}(0 - 0) = 0$$

$$\omega_y = \frac{1}{2}\left(\frac{\partial u}{\partial z} - \frac{\partial w}{\partial x}\right) = \frac{1}{2}(0 + 4z) = 2z$$

$$\omega_z = \frac{1}{2}\left(\frac{\partial v}{\partial x} - \frac{\partial u}{\partial y}\right) = \frac{1}{2}(2y - 2y) = 0$$

4.6 흐름장의 기본적인 해석방법

이제 흐름해석을 위해서 기본법칙을 적용하는 데 있어서의 기준에 대해서 생각해 본다. 흐름장을 해석하는 데 있어서의 접근방법으로서는 크게 (1) 검사체적 개념을 이용한 해석, (2) 미분적 접근방법 및 (3) 실험 또는 차원 해석 방법 등으로 구분할 수 있다. 따라서 어떠한 방법을 선택할 것인가에 대해서는 흐름장에 대해서 알고 있는 정보의 양이라든가, 알아야 할 대상이 무엇인가에 의해서 결정된다. 즉 해석을 위해서 적용되는 기본법칙들은 흐름장 내의 모든 점과 임의의 유한영역에 대해서도 만족되어야 하므로, 이 법칙들을 개개의 점에 적용하는 형태로, 때로는 유한체적에 적용하는 형태로 표현할 수가 있다. 이때 전자의 방법을 미분적 해석이라 하고, 후자를 검사체적 해석이라 한다.

4.6.1 미분적 접근방법

그림 4.13과 같이 곡관 내에 형성된 정상흐름(steady flow)을 예로 들어 설명하자. 예를 들어, 단면 1과 단면 2 사이의 흐름장 내의 모든 점에서 속도와 압력을 결정해야 할 필요가 있는 경우를 생각하자. 이렇게 상세한 흐름 정보가 요구되는 경우에는, 기본법칙들을 흐름장내의 개개 점에 적용해야 한다. 이때 적용 결과 얻어지는 기본식들은 위치를 독립변수로 하고, 속도와 압력을 종속변수로 하는 미분방정식들이 된다. 이러한 식들을 적절한 경계조건과 함께 풀면, 흐름장내의 모든 점에서의 속도와 압력을 구할 수 있는 해, $v(x, y, z)$와 $p(x, y, z)$를 제공한다.

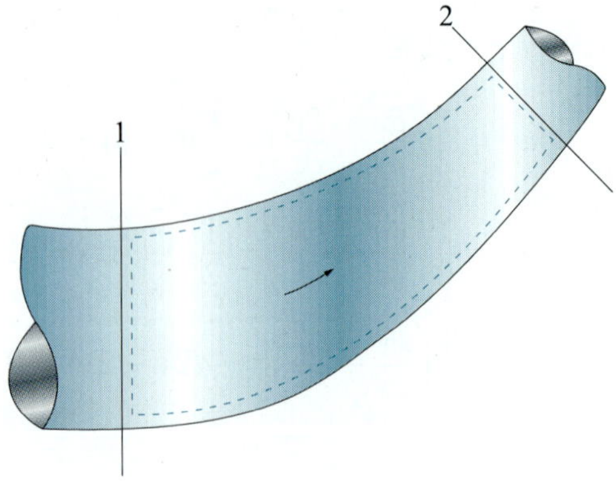

그림 4.13 곡관 내의 정상흐름

위에 언급한 바와 같이 미분적 접근 방법에서는 흐름장의 모든 점에서 기본법칙이 만족하기 때문에 흐름장을 상세하게 기술할 수 있다고 하는 점과 최소한의 정보, 즉 주어진 경계조건만으로 문제의 해를 구할 수 있는 장점을 갖고 있다. 그러나 기본 식으로서 얻어진 미분방정식들은 해를 구하기 어렵거나, 불가능한 경우도 있으며, 또한 컴퓨터의 계산을 요하는 경우가 많아서, 복잡한 흐름의 경우에는 많은 시간과 경비가 소요된다. 그리고 실제로 필요한 정보 이상의 불필요한 정보까지도 주는 경우가 많다.

4.6.2 검사체적 개념을 이용하는 방법

경우에 따라서는 유입부나 출구부에서의 유량이라든가 구조물에 작용하는 힘 등과 같이, 총체적인 정보가 요구되는 경우가 있다. 이러한 경우에는 그림 4.13에서 점선으로 나타낸 유한체적을 고려함으로써 목적을 달성할 수 있다. 이러한 목적으로 선택된 유한 체적을 검사체적(control volume)이라 한다. 한 유한체적을 점유하는 계(system)에 순간적으로 기본법칙들을 적용하면, 검사체적 개념으로 표현된 기본식을 얻을 수 있다. 이러한 기본식들은 체적 내에서의 흐름의 구체적인 상황과는 무관하다. 다만 검사체적의 경계에서의 유속과 유체특성에만 관계된다. 즉 검사체적에 의한 방정식들은 검사체적 내로 유입하는 물질의 양, 유출하는 양, 그리고 검사체적 내에 저장되는 양들 사이에서의 평형을 다루는 것이다.

검사체적에 의한 해석방법은 수학적으로 매우 단순하고, 또한 매우 짧은 시간에 문제를 해결할 수 있다는 데 그 장점이 있다. 그리고 해를 구하기 위해서 이용한 가정과 근사가 해에 미치는 영향이 미분적 접근방법보다 훨씬 작으며, 개략적인 가정에도 불구하고 비교적 유용한 근사해를 얻을 수 있다.

위의 두 가지 해석방법에 대한 개념도를 그림 4.14에 도시한다.

본서에서는 제5장에서 검사체적 해석방법을 다루고, 6장 및 7장에서 미분적 해석방법을, 그리고 8장에서 차원해석을 다룬다.

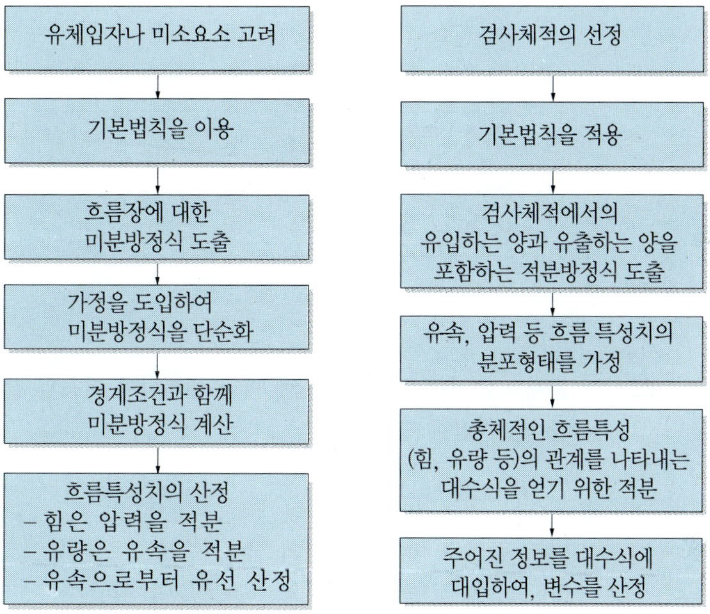

(a) 미분적 접근방법 (b) 검사체적 해석방법

그림 4.14 흐름해석의 개념도

연습문제 Exercise

4.1 그림 P4.1과 같이 길이 $L = 20$ cm의 노즐이 있다. 노즐 입구에서 평균유속이 $V_1 = 1$ m/sec, 출구에서 평균유속이 $V_2 = 12$ m/sec이고, 그 사이에서의 유속은 다음 식으로 표시된다(x는 흐름방향의 거리이다).

$$V = \left(11/L\, x + 1\right), \qquad \text{m/sec}$$

(a) 노즐입구에서의 대류가속도를 구하라.

(b) 노즐출구에서의 대류가속도를 구하라.

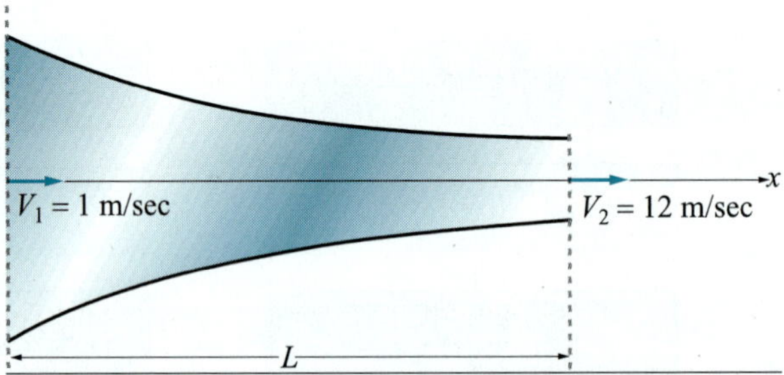

그림 P4.1

4.2 문제 4.1에서, 유속이 시간에 따라 변화하여 다음과 같은 유속분포를 한다고 할 때, 다음에 답하라.

$$V = 2^{t/10}\left(11/L\, x + 1\right), \qquad \text{m/ sec}$$

(a) 노즐입구 및 출구에서의 국부가속도를 구하라.

(b) 노즐입구 및 출구에서의 가속도를 구하라.

4.3 그림에서 수축 노즐 내부의 유속이 입구와 출구사이에서 선형적인 변화를 나타내고 있다. 1차원 흐름으로 가정하고 $D = 40$ cm, $d = 15$ cm, $L = 2$ m, $Q = 0.6\ \text{m}^3$/sec라면 노즐의 $L/2$인 위치에서 대류 가속도와 국부 가속도를 구하라.

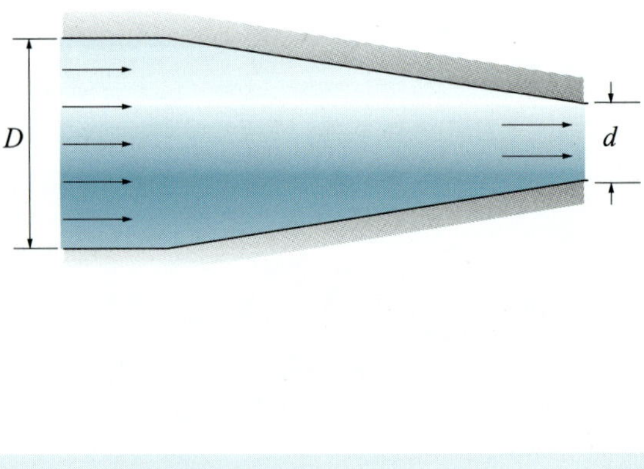

그림 P4.3

4.4 노즐 중심선상의 속도변화는 $V = 2t/(1 - 0.5x/L)$로 변화하고 있다 V는 m/sec, t는 시간(초), x는 노즐 입구로부터의 거리, L은 노즐의 길이로 40 cm이다. $x = 0.5\,L$에서 $t = 3$초일 때 1차원 유동이라 가정하고 국부가속도와 대류가속도를 구하라.

4.5 x, y 방향 속도가 각각 $u = ax$, $v = -ay$로 주어지는 2차원 흐름장에 대해서 다음 사항에 답하라. 속도 단위는 m/sec이고 x, y는 미터(m) 단위로 주어지며, $a = 0.1\ \text{sec}^{-1}$이다.

(a) xy 평면상에서의 유선의 방정식을 구하라.

(b) 점 $(x_0,\ y_0) = (2,\ 8)$을 지나는 유선을 도시하라.

(c) 입자가 $t_0 = 0$일 때 점 (2, 8)를 지난다면 $t = 20$ sec일 때 입자의 위치를 구하라.

(d) $t = 20$ sec일 때의 입자의 속도를 구하라.

(e) 입자의 경로의 방정식(유적선)이 유선과 같음을 보여라.

4.6 $\vec{V} = (Ax + B)i + (-Ay)\vec{j}$ 로 표시되는 2차원흐름에서 $(x,\ y) = (1,\ 2)$점을 지나는 유선을 포함한 몇 개의 유선을 그려라(단, $A = 3$ m/sec이고 $B = 1$ m/sec이다).

4.7 2차원 유동장에서 속도가 다음과 같이 주어졌을 때 점 (2, 1)에서 유선의 기울기를 구하라.

$$\vec{V} = 5y\vec{i} + \vec{j}$$

4.8 x, y 방향의 속도가 각각 $u = x(1 + At)$, $v = y$로 표시되는 흐름장을 생각한다. 여기서 $A = 0.5\ \text{sec}^{-1}$이다. 점(1, 1)에 대하여, $t = 0$일 때 이 점을 통과하는 유선을 구하고 그려라.

4.9 속도벡터가 $\vec{V} = xe^{-t}\vec{i} + y\vec{j},\ t \geq 0$ 으로 주어지는 흐름장이 있다. $t = 0$일 때 $(x_0,\ y_0)$에 점유되었던 유체입자의 유적선을 구하라.

4.10 x, y 및 z 방향의 속도가 각각

$$u = 2x + y$$
$$v = 3x^2 + 2zt$$
$$w = 3z$$

로 주어지는 3차원 흐름장에서 다음을 구하라.

(a) 유체입자의 가속도를 구하라.

(b) 가속도가 0인 점을 구하라.

(c) 점 (0, 1, 0)에서 $t = 1$일 때의 국부가속도와 대류가속도를 구하라.

4.11 속도장이 $\vec{V} = (10t + x)\vec{i} + yz\vec{j} + 5t^2 k$ 로 주어지는 흐름에서 점 (10, 3, 5)가 점유하는 입자의 회전속도를 계산하여라.

4.12 x, y 방향의 유속이 각각

$$u = \frac{-y}{x^2 + y^2}$$

$$v = \frac{x}{x^2 + y^2}$$

로 표시되는 흐름이 회전류인가 비회전류인가를 판별하라.

4.13 속도분포가 다음과 같이 주어지는 흐름은 비압축성 완전유체의 흐름이다. 이 흐름이 비회전 흐름인 것을 밝히고, 속도포텐셜을 구하라.

$$u = x^2 - y^2,\ v = -2xy$$

4.14 x, y 방향의 속도성분이 각각

$$u = -r\omega\cos\theta$$

$$v = r\omega\sin\theta$$

일 때, 이 흐름의 유선 방정식을 구하라. 단, ω는 일정한 각속도이고, $\tan\theta = \dfrac{x}{y}$, $r^2 = x^2 + y^2$ 을 만족한다.

4.15 x, y 및 z 방향의 유속이 각각

$$u = 10t + x$$

$$v = yz$$

$$w = 5t^2$$

일 때, 선형변형속도 및 각변형속도를 구하라.

제 5 장

검사체적을 이용한 흐름장의 해석

검사체적을 이용한 흐름장의 해석방법에 대해서는 4.6절에서 미분적 접근방법과 함께 설명한 바 있다. 흐름장을 해석하는 경우, 계(system)해석 대신 검사체적 해석을 이용하는 대는 다음과 같은 이유가 있다. 유체는 강체와는 달리 고정되고 동일성을 갖는 물질의 질량으로 정의되는 계로서 다루기가 매우 복잡하다. 왜냐하면 유체흐름은 연속적으로 변형하고, 시간이 경과하면 하나의 계는 새로운 위치로 이동하고, 앞의 계가 차지했던 자리에는 다시 새로운 유체가 자리하기 때문이다. 또한 흐름장의 모든 점에서의 상세한 운동을 기술하거나 또는 개개 유체입자의 운동을 추적하기 보다는 우리가 다루려고 하는 구조물이 유체흐름에 의해서 어떠한 영향을 받는가가 주관심사일 경우에는 미분적접근방법이나 흐름입자추적방법보다는 본장에서 설명되는 검사체적방법이 매우 유용하다.

4.6절에서 설명한 바와 같이 유입부나 출구부에서의 유량이나, 구조물에 작용하는 힘, 토크 등과 같이 총체적인 양을 요구하는 경우에는 좌표계에 대해서 고정된 임의 영역을 설정하여 그 주어진 위치만을 통과하는 유체운동을 해석하는 검사체적 해석 방법이 유효하다고 하겠다. 이런 점에서 검사체적 방법은 유체운동 중 주어진 위치에서 시간 경과에 따라 유체운동을 추적하는 오일러의 기술 방법에 따른다고 볼 수 있다.

이 장에서는 우선 계와 검사체적의 개념에 대해서 설명하고, 통상 계 해석에 의한 기본 법칙들을 검사체적에 대한 공식으로 변환하는 식을 유도한다. 이 변환식을 수리학에서 기본이 되는 질량보존법칙, 운동량보존법칙에 대해서 적용하여 기본식들을 유도한다. 물론 열역학 법칙에 의한 에너지 보존법칙에 대해서도 검사체적을 적용할 수 있지만, 여기서는 생략한다. 다만 완전 유체의 가정하에서 미소 검사체적을 이용하여 베르누이 방정식을 유도하는 것으로 이것을 대체한다.

이 장에서는 상기 기본식 중에서 특히 운동량보존법칙으로부터 유도되는 운동량방정식에 비중을 크게 두고, 이것에 대한 적용방법에 대해서도 상세히 다루기로 한다.

5.1 계와 검사체적

유체운동을 해석하는 데 있어서 검사체적(control volume)을 적용하기 위해서는 계(system)와 검사체적에 대한 정의를 명확히 해둘 필요가 있다. 왜냐하면 이들의 관계가 정립되어야만, 계 해석에 의한 식을 검사체적 해석에 의한 식으로 변환이 가능하기 때문이다.

5.1.1 계 system 해석

계(system)란 고정되고 동일성을 갖는 물질의 집합으로 정의되고, 따라서 항상 동일한 양의 질량으로 이루어져 있다. 계의 외부의 모든 부분을 주위(surrounding)라 부르고, 계는 경계(boundary)에 의해 주위와 분리된다. 따라서 역학에 대한 기본 법칙들은 이 계와 주위가 상호 작용할 때 일어나는 변화를 표현한 것이라 말할 수 있다. 계 해석에 의한 역학의 기본법칙에는 질량보존법칙, 뉴턴의 제2법칙, 각운동량 원리 및 열역학 제1・2법칙에 기초한 에너지보존법칙이 있으나 본서에서는 에너지보존법칙은 생략한다. 계에 대한 기본법칙을 간략하게 요약한다.

(1) 질량보존법칙

계는 임의의 고정된 동일 물질의 집합, 즉 질량이므로 계의 질량은 보존되고 변화하지 않는다. 이것을 질량보존법칙이라 하고 이것을 식으로 표시하면 다음과 같이 된다.

$$m_{st} = \text{일정}$$

즉,

$$\left(\frac{dm}{dt}\right)_{st} = 0 \tag{5.1}$$

여기서 m은 질량이고 첨자 st는 편의상 계(system)를 표시하는 부호로 사용한다.

(2) 뉴턴의 제2법칙 또는 선형운동량 보존 법칙

계 주위에서 계에 외력이 작용하면 계의 질량은 Newton의 제2법칙에 의해 가속도 운동을 한다. 식으로 나타내면

$$\Sigma\vec{F} = m\vec{a} = m\left.\frac{d\vec{V}}{dt}\right|_{st} = \left.\frac{d}{dt}(m\vec{V})\right|_{st} \tag{5.2}$$

여기서 $\Sigma\vec{F}$ 는 계에 작용하는 외력의 합이고, $\vec{V}$ 는 속도벡터, $\vec{a}$ 는 가속도벡터이다. 따라서 뉴턴의 제2법칙은 계에 작용하는 외력의 합이 계의 운동량 $(m\vec{V})$ 의 시간 변화율과 동일함을 의미한다.

(3) 각운동량의 원리

계 주위에서 모멘트 $\Sigma\vec{M}$ 이 계의 질량 중심에 대해 작용하는 경우, 각운동량 $\vec{H}$ 를 이용하여 다음과 같이 표현된다.

$$\Sigma\vec{M} = \left.\frac{d\vec{H}}{dt}\right|_{st} \tag{5.3}$$

여기서 미소질량을 dm이라 하면, $\vec{H} = \Sigma(\vec{r} \times \vec{V})dm$ 으로 표시되는 질량중심에 대한 각운동량이다. 식 (5.3)은 계에 작용하는 모멘트의 합$(\Sigma\vec{M})$ 이 각운동량의 시간 변화율과 동일하다는 것을 의미한다. 여기서 모멘트는 표면력(surface)과 체적력(body force)에 의해 생성된다.

5.1.2 검사체적의 개념

앞에서 계의 정의와 계에 대한 기본법칙에 대해서 요약하였다. 이러한 계 해석에 의한 기본식 (5.1) ~ (5.3)은, 물론 유체 및 고체 계(system)의 어느 경우에도 적용은 가능하다. 그러나 고체역학에 있어서 대상으로 하는 물체, 예를 들면 보, 피스톤, 공 등은 동일성을 갖는 물질의 집합으로 볼 수 있으므로 이것들은 그 물체 자체가 계를 의미하므로 이들에 대한 운동의 해석은 계의 해석이 된다. 이러한 점에서 상기 기본식 (5.1) ~ (5.3) 등은 고체역학에 더 적합한 식으로 표현되어 있다.

그러나 유체의 흐름은 연속적으로 변형하여, 시간이 경과하면 하나의 계는 새로운 위치로 이동하고 앞의 계가 차지했던 자리에는 다시 새로운 계가 차지하기 때문에 강체의 경우와는 달리 계해석이 어렵게 된다.

따라서 흐름장에서 한 좌표에 대하여 고정된 임의 공간 영역을 설정하고, 이 임의 영역에 기본법칙들을 적용하면 흐름장 해석이 가능하다. 이때 설정한 임의 공간 영역을 검사체적(control volume)이라 하고 그 기하학적 경계면을 검사표면(control surface)이라 말한다.

그림 5.1에 관수로흐름해석을 위한 검사체적을 도시한다. 이때 검사체적 안에 점유 되는 물은 시간에 따라 변화하나 검사체적의 형태는 변하지 않는다.

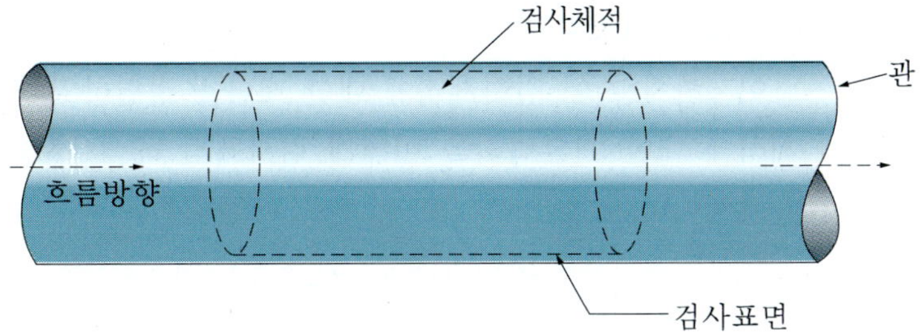

그림 5.1 관수로흐름해석을 위한 검사체적

이 경우 검사표면은 실제의 물리적인 관벽과 임의로 자른 가상적인 연직 단면으로 구성된다. 검사체적은 고정되거나 이동하거나 또는 변형하는 형태를 취할 수 있으나 본서에서는 고정되어 있거나 일정속도로 이동하는 경우만을 다룬다. 그 예를 그림 5.2에 도시해 본다.

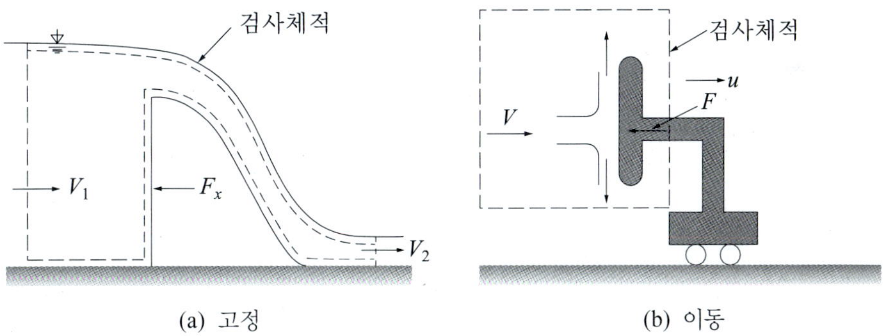

그림 5.2 고정검사체적과 이동하는 검사체적

그림 5.2(a)는 고정되어 있는 댐 위를 월류하는 흐름해석에 대한 검사체적이고, 그림 5.2(b)는 물체에 속도 V의 제트류(분류)가 충돌하여 일정속도 u로 이동하고 있는 경우의 검사체적의 예이다. 검사체적의 위치 선정은

해석결과에 영향을 주므로, 해석하는 문제의 특성에 부합되도록 신중을 기해야 한다. 또 검사체적의 크기는 일반적으로 유한 크기이지만, 때로는 미소체적을 선정하는 경우도 있다.

앞서 설명한 바와 같이 검사체적법은 흐름 내에 유한 영역을 설정하고 유체 출입의 평형을 고려하여 유량, 물체에 작용하는 힘이나 토크 같은 평균적인 양을 결정하는 방법이다.

이제까지 계와 검사체적에 대한 개념을 정립하였다. 앞으로 남은 것은 계 해석에 대한 기본법칙을 어떻게 검사체적 해석에서의 식들로 변환하는가의 문제이다.

5.2 계해석으로부터 검사체적 해석으로의 변환

이제 식 (5.1) ~ (5.3)으로 표시하는 계에 대한 기본 방정식을 검사체적에 대한 기본 방정식으로 변환하는 방법에 대해서 설명해 보자. 우선 계에 대한 기본식을 검사체적에 대한 기본식으로 유도하는 과정을 보다 쉽게 이해할 수 있도록 유량의 표현 방법에 대해서 설명한다.

5.2.1 유량 또는 질량유량의 표현

흐름 내에 설정된 검사표면을 통해서 흐르는 유량 Q와 질량유량 $\dot{m}$을 구해본다. 유량 Q는 단위 시간당의 유체의 체적으로 정의되며, $[L^3T^{-1}]$의 차원을 갖는 양으로서 체적유량이라고도 말하고, 질량유량은 단위 시간당의 질량을 말하는 양으로서 질량플럭스(mass flux)라 부르기도 한다.

(1) 균일한 속도로 검사표면에 수직하게 통과하는 경우

물이 검사표면을 통해서 일정한 속도 V_n으로 수직하게 통과한다고 가정하면 dt시간 동안에 S를 통과 한 물의 수량은 S의 단면적 A를 밑면으로 하고 높이가 $V_n dt$인 연직수주의 체적으로서 다음과 같이 된다.

$$\mathcal{V} = AV_n dt$$

이때의 유량은 이것을 dt로 나눈 값으로 다음과 같다.

$$Q = AV_n$$

여기서 V_n은 단면에 수직한 속도이다.

(2) 속도의 방향이 검사표면에 따라 변화하는 경우

그림 5.3과 같이 속도가 검사표면의 위치에 따라 작용면에 대해서 방향을 달리 할 때는, 즉 면에 일정한 각을 갖고 기울어져 있는 경우에는 위와 같은 방법을 적용할 수가 없다. 이러한 경우에는 S면상에 미소면적 dA를 취하고 이곳을 통과하는 미소유량 dQ를 구한 다음, dQ를 전단면적에 걸쳐 적분해서 구한다. 그림에서 미소면적 dA에 수직하고 외부로 향하는 단위벡터를 $\vec{n}$이라 하고, dA를 통과하는 유속 $\vec{V}$와 $\vec{n}$이 이루는 각을 θ라 하자. 이때 미소면적 dA를 통과하는 수량($d\forall$)은 그림 5.3(b)와 같이 $\vec{n}$과 θ의 각을 갖는 육면체의 수량과 같게 되며, 다음과 같이 표시된다.

$$d\forall = dA\,V\,dt\cos\theta \tag{5.4}$$

여기서 $\vec{V}\cdot\vec{n} = |\vec{V}||\vec{n}|\cos\theta = V\cos\theta$인 것을 고려하면 위식은 다음과 같이 된다.

$$d\forall = (\vec{V}\cdot\vec{n})\,dA\,dt \tag{5.5}$$

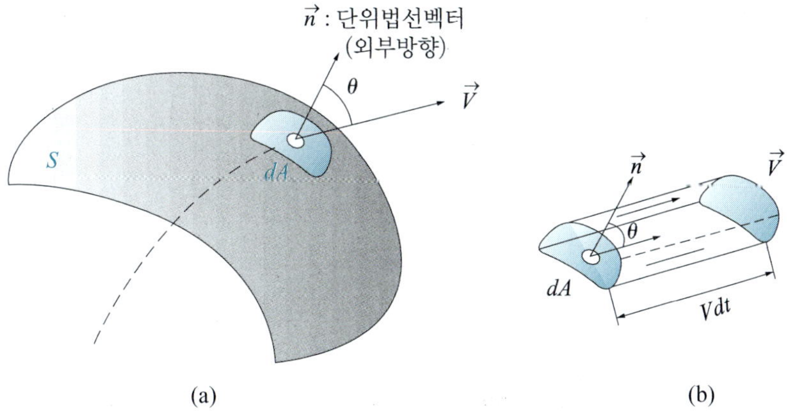

그림 5.3 임의의 표면을 통과하는 유량

따라서 dA를 통과하는 단위시간당의 체적, 즉 미소 유량은 $dQ = d\forall/dt$이므로,

$$dQ = (\vec{V}\cdot\vec{n})\, dA$$

이 된다. 따라서 S면을 통과하는 전체유량(Q)은 S의 전 단면적에 걸쳐 dQ를 적분하면 된다.

$$Q = \int_S dQ = \int_S (\vec{V}\cdot\vec{n})dA \tag{5.6}$$

식 (5.6)에서 $\vec{n}$은 앞에서 설명한 외부를 향하는 법선 방향의 단위 벡터이므로, 유출인 경우에는 $\vec{V}\cdot\vec{n} > 0$이 되고, 유입의 경우에는 $\vec{V}\cdot\vec{n} < 0$이 된다.

또 식 (5.6)에서 $\vec{V}\cdot\vec{n}(= |\vec{V}||\vec{n}|\cos\theta = V_n)$은 dA에 수직한 방향으로의 $\vec{V}$의 성분이므로(그림 5.4)

$$Q = \int_S V_n dA \tag{5.7}$$

로 표시할 수도 있다.

V_n이 면 전체에 걸쳐 일정하다면

$$Q = AV_n \tag{5.8}$$

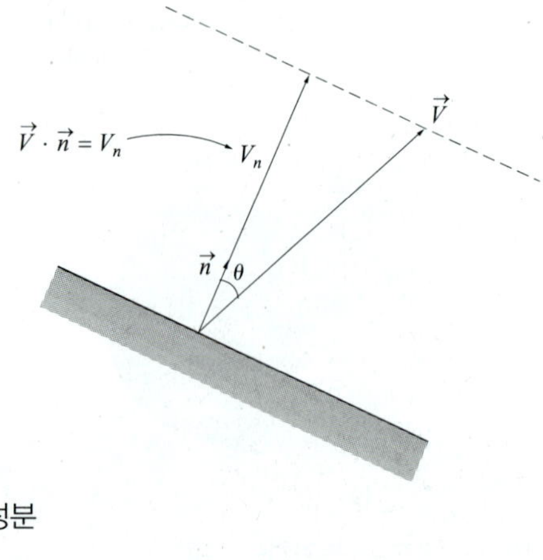

그림 5.4 수직속도 성분

이 되어, 앞에서 다룬 것과 동일하게 된다. 체적 유량에 밀도를 곱하면 질량 유량이 얻어진다.

$$d\dot{m} = \rho dQ = \rho(\vec{V} \cdot \vec{n})\, dA$$

이 식을 적분하면

$$\dot{m} = \int_S \rho(\vec{V} \cdot \vec{n})\, dA = \int_S \rho V_n\, dA \tag{5.9}$$

여기서 $\dot{m}$은 질량 유량으로서 $[MT^{-1}]$의 차원을 갖는 양이다.

밀도가 일정한 경우, 즉 비압축성 유체에 대해서는 식 (5.9)는 다음과 같이 표현된다.

$$\dot{m} = \rho \int_S \vec{V} \cdot \vec{n}\, dA = \rho \int_S V_n dA$$
$$= \rho Q$$

마찬가지로 V_n이 전단면 S에 걸쳐 일정한 경우는

$$\dot{m} = \rho A V_n = \rho Q \tag{5.10}$$

으로 표시된다.

예제 5.1 유량 산정

이상 유체에 대한 유속분포는 다음과 같이 단면에 대해 일정하게 나타난다. 유량을 구하는 식을 구하고, 위의 흐름단면이 반경 $R = 0.2$ m인 원형관이고 속도가 $V = 3$ m/sec일 때의 유량을 구하라.

주어진 값 : 그림 E5.1, 유속분포
찾는 값 : 유량

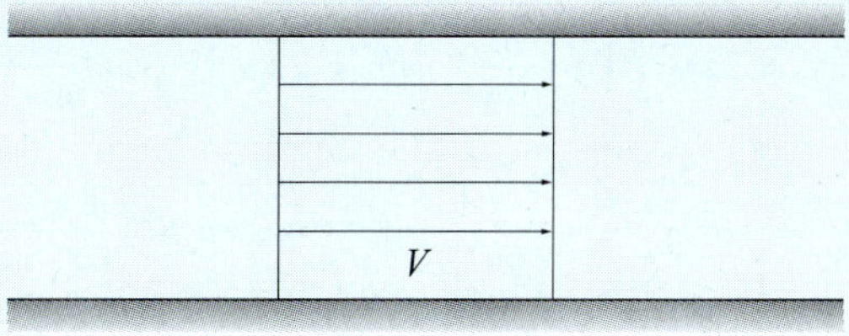

그림 E5.1

풀이

흐름의 전단면을 통해서 $V_n = V$로 일정하므로

$$Q = AV = (\pi \times 0.2^2)m^2 \times 3\ m/\sec = 0.38\ m^3/\sec$$

예제 5.2 유량 산정

원관 내를 흐르는 흐름에 대한 유속분포가 다음 식으로 주어진다.

$$u = u_c\left(1 - \frac{r^m}{R^m}\right)$$

유량을 구하라.

주어진 값: 유속분포
찾는 값: 유량

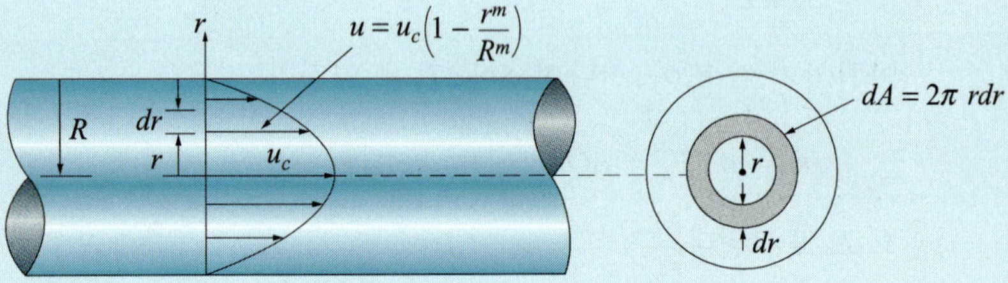

그림 E5.2

풀이

유량에 대한 적분식 (5.6)으로부터

$$Q = \int_s (\vec{V} \cdot \vec{n})\, dA = \int_s V_n\, dA$$

에서 유속분포 u가 단면에 수직한 속도이므로 $V_n = u$이다.

$$Q = \int_A u dA = \int_0^R u \cdot 2\pi r\, dr = \int_0^R u_C\left(1 - \frac{r^m}{R^m}\right) 2\pi r\, dr$$

$$= 2\pi u_c \int_0^R \left(r - \frac{r^{m+1}}{R^m}\right) dr = 2\pi u_c \left(\frac{r^2}{2} - \frac{1}{m+2}\frac{r^{m+2}}{R^m}\right)_0^R$$

$$= 2\pi u_c\left(\frac{R^2}{2} - \frac{1}{m+2}R^2\right) = 2\pi u_c R^2\left(\frac{1}{2} - \frac{1}{m+2}\right)$$

$$= 2\pi u_c R^2 \cdot \frac{m}{2(m+2)} = \pi u_c R^2 \cdot \frac{m}{m+2}$$

5.2.2 임의 형태를 가진 고정 검사체적

(1) 계와 검사체적의 선정

계 해석에 대한 기본식을 검사체적에 대한 기본식으로 변환하는 방법에 대해서 설명한다. 그림 5.5와 같이 x, y, z의 3축 직교좌표계에 대하여 해석에 이용되는 계와 검사체적을 임의로 선정한다.

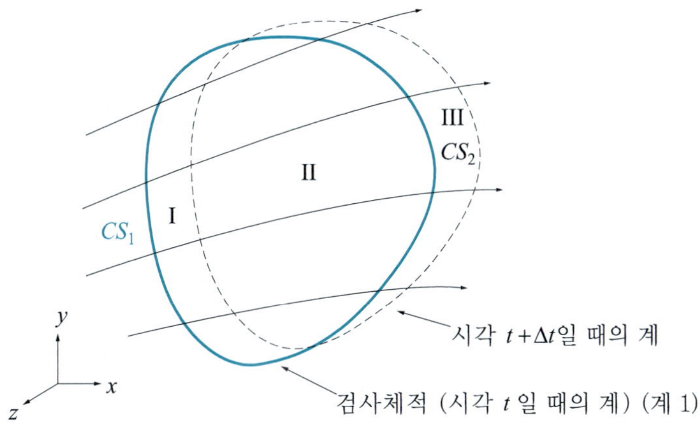

그림 5.5 계와 검사체적

이때 계는 정의에 따라 동일 유체입자로 구성되어 있으므로 흐름장과 함께 이동한다. 예를 들어 시각이 t일 때 실선으로 둘러싸인 영역을 계1로 한다면, Δt시간 후에는 이 계는 이동하여 점선으로 표시된 영역을 점유한다.

그러나 검사체적은 좌표계에 대해서 고정된 임의 영역이다. 이제 시각 t일 때 계 1이 차지하는 영역을 검사체적으로 선정하고, Δt시간 경과 후 검사체적에서의 유체의 유·출입 상태를 생각해 보자. 검사체적의 우측 검사표면(CS_2)으로는 검사체적을 떠나 영역 III으로 물이 유출되고, 좌측 검사표면(CS_1)으로는 검사체적내로 유체가 새로이 유입하여 영역 I 을 점유한다. 따라서 영역 III은 유출체적이고, 영역 I은 유입체적을 나타낸다.

(2) 물리적 특성량과 단위 질량당 특성량

이제 X를 유체의 특성을 대표하는 양(예 : 질량, 운동량, 에너지 등)이라 하고, 질량이 dm인 미소 유체요소가 갖는 특성량을 dX라 하면, 단위 질량 당 특성량의 X의 크기를 나타내는 x는 다음과 같이 표현할 수 있다.

$$x = \frac{dX}{dm} \tag{5.11}$$

예를 들면 검사체적(control volume)내의 특성량은 식 (5.11)을 적분함으로써 다음과 같이 나타낼 수 있다.

$$X_{CV} = \int_{CV} dX = \int_{CV} x\, dm = \int_{CV} x\rho\, d\forall \tag{5.12}$$

여기서 $d\forall$는 미소 유체요소의 체적이고, 편의상 검사체적(control volume)을 CV의 기호로 나타내었다. 이후 계(system)에 대해서는 st로, 검사표면(control surface)에 대해서는 CS로 나타내기로 한다.

식 (5.11)로 나타내는 단위질량당 특성 값 x의 값에 대해 X가 어떤 양을 나타내는지 알아보자. 예를 들어 $x = 1$이면 X는 검사체적내의 총질량을 나타내고, $x = \vec{V}$ 인 경우는 X는 운동량을 의미하고 있다.

(3) 레이놀즈 수송이론

앞의 식 (5.1) ~ (5.3)에서 알 수 있는 바와 같이 계의 기본법칙에 대한 식은 유체 특성량의 시간 변화율 $d(X_{st})/dt$로 표시되어 있다. 이제 X_{st}의 시간 변화율과 X_{CV}의 시간 변화율의 관계를 유도해 보자.

도함수의 정의에 의하여 계 X_{st}의 시간 변화율, 즉 도함수를 표시하면 다음과 같다.

$$\frac{dX_{st}}{dt} = \lim_{\Delta t \to 0} \frac{X_{st}(t + \Delta t) - X_{st}(t)}{\Delta t} \tag{5.13}$$

상기 식에서 시각 $t + \Delta t$일 때, 계 내의 X의 총량 $X_{st}(t + \Delta t)$는 다음과 같이 표시된다.

$$\begin{aligned} X_{st}(t + \Delta t) &= X_{\mathrm{II}}(t + \Delta t) + X_{\mathrm{III}}(t + \Delta t) \\ &\quad X_{CV}(t + \Delta t) - X_{\mathrm{I}}(t + \Delta t) + X_{\mathrm{III}}(t + \Delta t) \end{aligned} \tag{5.14}$$

또 시각 t일 때는 계와 검사체적이 일치하므로

$$X_{st}(t) = X_{CV}(t) \tag{5.15}$$

로 나타낼 수 있다. 식 (5.14)와 (5.15)를 식 (5.13)에 대입하면 다음과 같이 표시된다.

$$\frac{dX_{st}}{dt} = \lim_{\Delta t \to 0} \frac{X_{CV}(t+\Delta t) - X_{I}(t+\Delta t) + X_{III}(t+\Delta t) - X_{CV}(t)}{\Delta t}$$

상기 식은 다음 식과 같이 고쳐 쓸 수 있다.

$$\frac{dX_{st}}{dt} = \underbrace{\lim_{\Delta t \to 0} \frac{X_{CV}(t+\Delta t) - X_{CV}(t)}{\Delta t}}_{①} + \underbrace{\lim_{\Delta t \to 0} \frac{X_{III}(t+\Delta t)}{\Delta t}}_{②} - \underbrace{\lim_{\Delta t \to 0} \frac{X_{I}(t+\Delta t)}{\Delta t}}_{③} \tag{5.16}$$

식 (5.16)에서 우변 제1항은 검사체적의 도함수이므로, 검사체적이 고정영역을 점유하는 것을 고려하면, 식 (5.12)로부터 다음과 같이 표시할 수 있다.

$$①항 = \frac{dX_{CV}}{dt} = \frac{d}{dt}\int_{CV} x\rho d\forall = \frac{\partial}{\partial t}\int_{CV} x\rho d\forall \tag{5.17}$$

이것은 검사체적 내에 포함된 X의 시간 변화율을 의미한다.

②항에서 $X_{III}(t+\Delta t)$는 Δt시간동안 검사표면 를 통해서 검사체적에서 유출되는 X의 양이고, ③항에서 $X_{I}(t+\Delta t)$는 검사표면 CS_1을 통해서 검사체적 내로 유입하는 X의 양이다. 이제 그 양을 구하기 위해 그림 5.6과 같이 검사 표면상의 미소면적 dA를 생각하자. 미소면적 dA를 통과하는 유속 $\vec{V}$가 그림과 같이 면요소 dA의 법선방향과 θ의 경사각을 갖는다면, 수직방향 성분 유속은 V_n이다. 따라서 Δt시간 동안 면적 dA를 가로질러 떠나는 유체의 체적 $d\forall$는

$$dV = dA\, V_n\, \Delta t$$

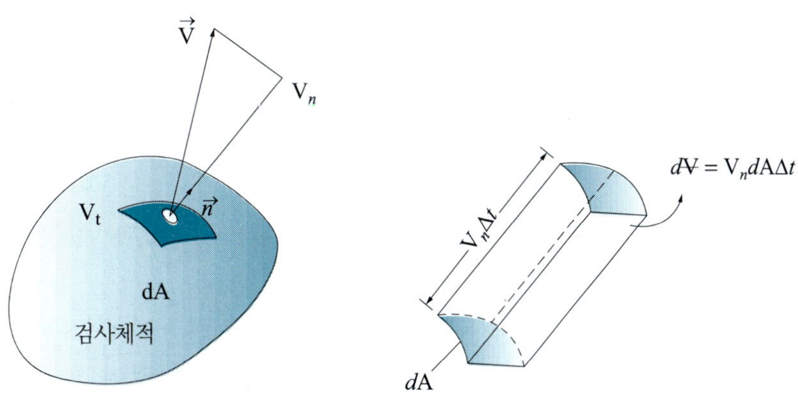

그림 5.6 미소면적을 통과하는 유체의 체적

상기 식으로부터 미소질량 dm은

$$dm = \rho\, d\forall = \rho\, dA\, V_n\, \Delta t$$

로 되어, 미소 면요소 dA를 통과하는 X의 미소량 dX는 식 (5.11)로부터 다음과 같이 표현할 수 있다.

$$dX = xdm = x\,\rho\, dA\, V_n\, \Delta t \tag{5.18}$$

따라서 ②항에서 유출량 $X_{\text{III}}(t+\Delta t)$는, 유출하는 검사표면 CS_2에 대해서 식 (5.18)을 적분하면 구할 수 있다.

$$X_{\text{III}}(t+\Delta t) = \Delta t \int_{CS_2} x\,\rho\, V_n\, dA \tag{5.19}$$

마찬가지 방법으로 ③항에서 유입량 $X_{\text{I}}(t+\Delta t)$는, 유입하는 검사표면 CS_1에 대해서 식 (5.18)을 적분하면 구할 수 있다.

$$X_I(t+\Delta t) = \Delta t \int_{CS_1} x\,\rho\, V_n\, dA \tag{5.20}$$

따라서 식 (5.19)와 (5.20)을 각각 식 (5.16)의 ②항과 ③항에 대입하면 다음과 같이 된다.

$$\text{②항} = \lim_{\Delta t \to 0} \frac{\Delta t \int_{CS_2} x\,\rho\, V_n\, dA}{\Delta t} = \int_{CS_2} x\,\rho\, V_n\, dA \tag{5.21}$$

$$\text{③항} = \lim_{\Delta t \to 0} \frac{\Delta t \int_{CS_1} x\,\rho\, V_n\, dA}{\Delta t} = \int_{CS_1} x\,\rho\, V_n\, dA \tag{5.22}$$

식 (5.17), (5.21) 및 (5.22)를 식 (5.16)에 대입하면 최종적으로 다음과 같은 식을 얻는다.

$$\frac{dX_{st}}{dt} = \frac{\partial}{\partial t}\int_{CV} x\,\rho\, d\forall + \int_{CS_2} x\,\rho\, V_n\, dA - \int_{CS_1} x\,\rho\, V_n\, dA \tag{5.23}$$

식 (5.23)에서 유출의 경우 ($\theta < \pi/2$)는 $V_n = V\cos\theta$이고, 유입의 경우 ($\pi/2 < \theta < \pi$)는 $V_n = -V\cos\theta$($\cos\theta$가 음의 값이므로)인 점을 고려하면 상기 식은 다음과 같이 표시할 수 있다.

$$\begin{aligned}\frac{dX_{st}}{dt} &= \frac{\partial}{\partial t}\int_{CV} x\,\rho\, d\forall + \int_{CS_2} x\,\rho\, V\cos\theta\, dA + \int_{CS_1} x\,\rho\, V\cos\theta\, dA \\ &= \frac{\partial}{\partial t}\int_{CV} x\,\rho\, d\forall + \int_{CS} x\,\rho\, V\cos\theta\, dA\end{aligned} \tag{5.24}$$

여기서 $V = |\vec{V}|$이고, $CS = CS_2 + CS_1$으로서 검사표면 전체를 나타낸다.

또 그림 5.6을 참조하면 $\vec{V} \cdot \vec{n} = |\vec{V}| \cdot |\vec{n}| \cos\theta = V\cos\theta$이므로, 이 관계를 이용하면 식 (5.24)를 다음과 같이 벡터 형태로 나타낼 수 있다.

$$\frac{dX_{st}}{dt} = \frac{\partial}{\partial t}\int_{CV} x\,\rho\, d\forall + \int_{CS} x\,\rho(\vec{V} \cdot \vec{n})\, dA \tag{5.25}$$

식 (5.25)를 유도할 때 극한($\Delta t \to 0$일 때의 극한)을 취한 것은 계와 검사체적이 일치하는 순간에 이 식이 근거가 있는 것을 보이기 위해서이다. 식 (5.23) ~ 식 (5.25)로부터 유체운동의 어떤 특성량 X의 계에 대한 도함수가 검사체적에 관한 식으로 변환될 수 있음을 알 수 있다. 따라서 계의 시간 도함수로 표시되는 기본 법칙에 상기 식 (5.23), (5.24) 또는 식 (5.25)를 적용하면 각 기본법칙에 대한 검사체적식을 구할 수 있다. 상기 식 (5.25)를 레이놀즈의 수송정리(Reynolds' transport theorem)라 부른다.

식 (5.25)를 각 보존법칙에 적용하기 전에 각 항이 의미하는 것에 대해 살펴본다.

$\frac{\partial}{\partial t}\int_{CV} \rho\, x\, d\forall$; 검사체적 내의 X의 시간변화율

$\int_{CS} x\,\rho(\vec{V} \cdot \vec{n})\, dA = \int_{CS_2} \rho\, x\, V_n\, dA - \int_{CS_1} \rho\, x\, V_n\, dA$;
검사 표면에서 유·출입하는 단위시간당 X의 변화

따라서 식 (5.25)는 계와 검사체적이 일치하는 순간에서의 계의 도함수는, 고정된 검사체적에 대한 X의 시간변화율에 검사 표면을 통해 유·출입하는 단위 시간당 X의 차를 더한 것과 같다는 것을 의미한다.

5.3 질량보존법칙

5.2절에서 설명한 바와 같이 식 (5.23) 또는 식 (5.25)는 계의 시간 변화율을 검사체적과 검사표면에 관한 적분식으로 표현한 것이다. 이 식을 질량

보존법칙에 적용하기 위해서 질량보존법칙에 관한 식 (5.1)을 다시 한 번 생각한다.

$$\frac{dm_{st}}{dt} = 0 \tag{5.1}$$

따라서 식 (5.25)의 좌변의 X의 계에 대한 도함수 (dX_{st}/dt)에서 X를 질량 m으로 표시하면, 이 식을 식 (5.1)과 연계시킬 수 있다. 그런데 X와 m의 관계를 나타내는 식 (5.11)로부터

$$X_{st} = \int_{st} x\,dm = \int_{st} x\,\rho\,d\forall$$

가 되고, 또 질량은

$$m_{st} = \int_{st} dm = \int_{st} \rho\,d\forall$$

로 표현되므로 이 두 식으로부터 $x = 1$일 때 $X = m$이 되는 것을 쉽게 알 수 있다. 따라서 식 (5.25)에 $x = 1$을 대입하면 다음과 같이 된다.

$$\frac{dm_{st}}{dt} = \frac{\partial}{\partial t}\int_{CV} \rho\,d\forall + \int_{CV} \rho\vec{V}\cdot\vec{n}\,dA \tag{5.26}$$

식 (5.1)의 좌변에 식 (5.26)을 대입하면 다음과 같이 된다.

$$\frac{\partial}{\partial t}\int_{CV} \rho d\forall + \int_{CS} \rho\vec{V}\cdot\vec{n}dA = 0 \tag{5.27}$$

이것이 검사체적에 대한 적분형 연속방정식이다. 이 식의 첫 항은 검사체적내의 질량의 시간에 따른 변화율을 의미하고, 둘째 항은 검사표면을 통해 단위 시간당 유출되고 유입되는 질량의 차를 나타낸다. 만일 흐름이 정상흐름이라고 가정하면 식 (5.27)의 첫 항은 없어져서 다음과 같이 표시된다.

$$\int_{CS} \rho\vec{V}\cdot\vec{n}\,dA = 0 \tag{5.28}$$

이 식의 좌변은 이미 식 (5.9)로부터 유도해 놓은 바 있다. 이것은 식 (5.23)으로부터 다음과 같이 쓸 수도 있다.

$$\int_{CS_2} \rho V_n\,dA - \int_{CS_1} \rho V_n\,dA = 0$$

또는

$$\int_{CS_1} \rho V_n \, dA = \int_{CS_2} \rho V_n \, dA$$

$\rho V_n \, dA$의 차원은 $[\mathrm{MT}^{-1}]$로서 면요소 dA를 V_n의 속도로 수직하게 통과하는 단위 시간 당의 질량이다. 따라서 상기 식은 단위 시간당 검사표면 CS_2를 통해 유출하는 유체의 질량과, 검사표면 CS_1을 통해 유입하는 질량이 서로 같다고 하는 것을 의미한다.

만일 유・출입구가 다수 존재하고, 개개 유・출입구에서의 속도와 밀도가 각 단면에서 균일하다면 연속방정식은 다음과 같이 표현할 수 있다.

$$\sum^{N} (\rho V_n A)_{in} = \sum^{M} (\rho V_n A)_{out} \tag{5.29a}$$

또는

$$\sum^{N} \dot{m}_{in} = \sum^{M} \dot{m}_{out} \tag{5.29b}$$

여기서 N은 유입구의 수이고 M은 유출구의 수이다. $\dot{m}$은 단위 시간당 질량을 나타낸다. 예를 들어 그림 5.7과 같이 2개의 유입구와 3개의 유출구를 갖는 장치에서 연속방정식은 다음과 같이 쓸 수 있다.

$$\rho_1 V_1 A_1 + \rho_3 V_3 A_3 = \rho_2 V_2 A_2 + \rho_4 V_4 A_4 + \rho_5 V_5 A_5$$

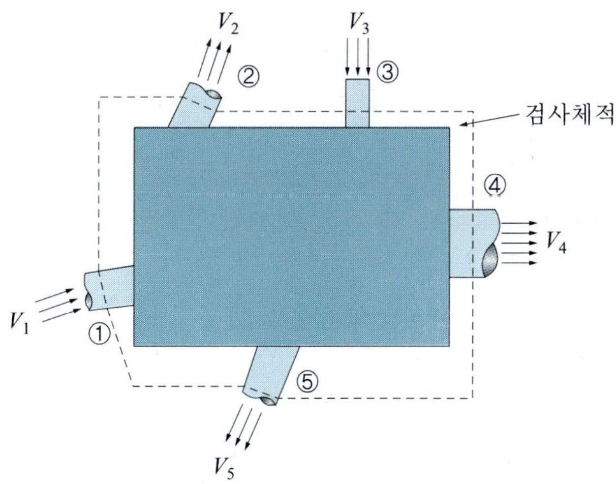

그림 5.7 유출입구가 다수인 경우

이제 흐름이 비압축성인 경우를 생각해 보자. 비압축성 유체에 대해서는 밀도가 모든 점에서 일정하므로 ρ가 소거되어 식 (5.29)는 다음과 같이 표현된다.

$$\sum^{N}(V_n A)_{in} = \sum^{M}(V_n A)_{out} \tag{5.30}$$

상기 식에서 $V_n A$는 $[L^3T^{-1}]$의 차원을 갖는 양으로서 단위 시간당의 체적의 변화로서 체적유량을 나타내는데 통상 유량(flow rate)이라 하고, Q [식 (5.8)]로 표시한다. 따라서 식 (5.30)은 다음과 같이 표현할 수도 있다.

$$\sum^{N}Q_{in} = \sum^{M}Q_{out} \tag{5.31}$$

특히 관수로와 개수로흐름의 경우와 같이 유입구와 유출구가 각각 하나씩만 존재하는 경우는 식 (5.29)는 다음과 같이 간단히 표시된다.

$$\dot{m} = \rho_1 V_1 A_1 = \rho_2 V_2 A_2 \tag{5.32}$$

또 비압축성 유체인 경우는 $\rho = \rho_1 = \rho_2$로서 일정하므로 다음 식이 성립된다.

$$Q = A_1 V_1 = A_2 V_2 \tag{5.33}$$

식 (5.33)이 입구와 출구가 각각 1개씩일 때 1차원 연속방정식을 나타내는 식으로 수리학에서 자주 사용되는 식이다.

예제 5.3 평균유속의 산정

점차적으로 확대되는 관이 있다(그림 E5.3). 직경 $d_1 = 20$ cm인 단면에서 평균유속이 $V_1 = 5$ m/sec일 때, 직경 30 cm인 단면에서의 평균유속 V_2를 구하라.

풀이

정상류이고, 비압축 유체에 대해서는

$$\sum^{N}Q_{in} = \sum^{M}Q_{out}$$

이 성립하는 데 입구와 출구가 각각 하나씩 존재하므로 다음 식이 성립한다.

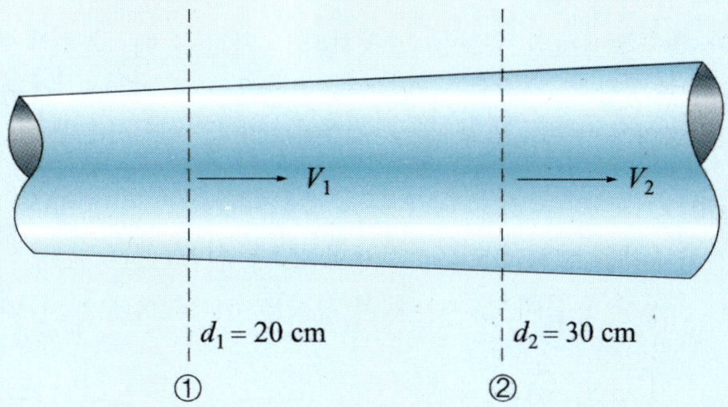

그림 E5.3

$$A_1 V_1 = A_2 V_2$$

$$\therefore V_2 = \frac{A_1}{A_2} \times V_1 = \frac{\frac{\pi}{4} 0.2^2}{\frac{\pi}{4} 0.3^2} \times 5$$

$$= 2.22 \text{ m / sec}$$

예제 5.4 연속방정식의 적용(평균유속의 산정)

그림 E5.4와 같이 물이 관을 통하여 정상적으로 흐른다. 입구부 관의 반경은 R_1이고 r이 관 중심축으로부터의 거리일 때 입구부 유속은 다음과 같이 표시된다.

$$V_1 = 3\left(1 - \frac{r^2}{R_1^2}\right)$$

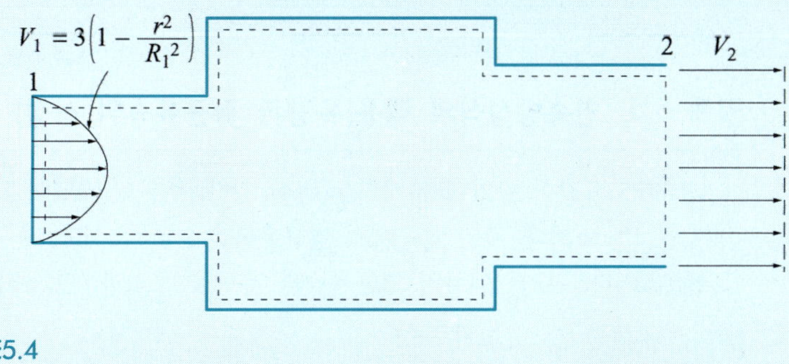

그림 E5.4

관 출구부에서의 속도는 일정하다고 가정할 때, 출구부 속도 V_2를 구하라. 단 물은 비압축성으로 가정하고, 입구부 반경은 $R_1 = 25$ cm, 출구부의 관의 반경은 $R_2 = 30$ cm이다.

풀이

검사체적을 그림 E5.4의 점선과 같이 취한다.

정상 흐름이므로 연속 방정식은 식 (5.28)로부터 다음과 같이 표현된다.

$$\int_{cs} \rho (\vec{V} \cdot \vec{n})\, dA = 0$$

비압축성 유체에 대해서는 ρ가 일정하므로

$$\int_{cs} \vec{V} \cdot \vec{n}\, dA = 0$$

유출과 유입의 부호를 고려해서 고쳐 쓰면

$$\int_{CS_2} V_n\, dA - \int_{CS_1} V_n\, dA = 0$$

V_2는 일정하므로 아래와 같이 계산된다.

$$\int_{A_2} V_2\, dA = \int_{A_1} V_1\, dA = 3\int_{A_1} \left(1 - \frac{r^2}{R_1^2}\right) dA$$

$$V_2 A_2 = 3\int_0^{R_1} \left(1 - \frac{r^2}{R_1^2}\right) 2\pi r\, dr$$

$$= 6\pi \left[\frac{r^2}{2} - \frac{r^4}{4R_1^2}\right]_0^{R_1} = \frac{3\pi R_1^2}{2}$$

$$\therefore V_2 = \frac{\frac{3\pi R_1^2}{2}}{\frac{\pi}{4}(0.3)^2} = 4.167 \text{ m / sec}$$

예제 5.5 연속방정식의 적용(유량과 평균유속의 산정)

그림 E5.5와 같이 중간에 분기되는 관이 있다. 주관의 직경이 15 cm이고 분기관의 직경은 10 cm이다. 주관 입구에서 평균유속은 3 m/sec이고, 출구에서의 평균유속은 2 m/sec이다. 분기관에서의 평균유속과 유량을 구하라. 단, 흐름은 정상류이다.

주어진 값: 그림 E5.5

찾는 값: 분기관에서의 평균 속도와 유량

풀이

검사체적을 그림 E5.5의 점선과 같이 선정하고, 1차원 연속방정식을 적용하면

$$\sum^{N} Q_{in} = \sum^{M} Q_{out}$$

$$V_1A_1 = V_2A_2 + V_3A_3$$

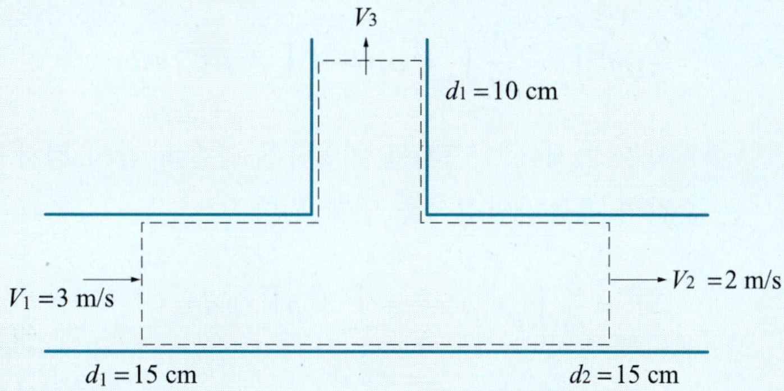

그림 E5.5

이것을 V_3에 대해서 풀면 $A_1 = A_2$이므로

$$\therefore V_3 = \frac{V_1A_1}{A_3} - \frac{V_2A_2}{A_3}$$

$$= \frac{A_1}{A_3}(V_1 - V_3)$$

$$= \frac{0.15^2}{0.10^2}(3-2) = 2.25 \text{ m/sec}$$

따라서 유량 Q_3는 다음과 같이 표현된다.

$$Q_3 = V_3A_3 = 2.25 \text{ m/sec} \times \left(\frac{\pi}{4}(0.10)^2\right)\text{m}^2 = 0.018 \text{ m}^3\text{/sec}$$

5.4 운동량방정식

Newton의 제2법칙에 식 (5.25) 또는 (5.23)을 적용하면 검사체적에 대한 운동량방정식을 구할 수 있다. 계에 대한 Newton의 제2법칙에 관한 식 (5.2)를 다시 한 번 써 보자.

$$\Sigma\vec{F} = \frac{d}{dt}(m\vec{V})_{st} \tag{5.2}$$

이 식은 유체의 특성량이 운동량, 즉 $m\vec{V}$ 이므로, 식 (5.25)에서 $X = m\vec{V}$ 인 경우이다. 따라서 단위 질량당의 특성량을 x로 정의한 것을 상기하면 $x = \vec{V}$ 가 된다. 이것을 식 (5.25)에 대입하면 다음과 같이 표현된다.

$$\frac{d}{d}\left(m\vec{V}\right)_{st} = \frac{\partial}{\partial t}\int_{CV}\vec{V}\,\rho\,d\forall + \int_{CS}\vec{V}\,\rho\vec{V}\cdot\vec{n}\,dA \tag{5.34}$$

식 (5.2)에 식 (5.34)를 대입하면 다음과 같이 검사체적과 계가 일치하는 순간의 운동량방정식을 얻게 된다.

$$\Sigma\vec{F} = \frac{\partial}{\partial t}\int_{CV}\vec{V}\,\rho\,d\forall + \int_{CS}\vec{V}\,\rho\vec{V}\cdot\vec{n}\,dA \tag{5.35}$$

상기 식에서 $\Sigma\vec{F}$ 는 검사체적 내의 물질에 작용하는 모든 힘의 합력이다. 즉 검사체적 내의 질량에 작용하는 체력(body force)과 검사표면에 작용하는 모든 표면력(surface force)을 더한 양이다. 식 (5.23)과 같이 식 (5.35)의 우변 제2항을 고쳐 쓰면 다음과 같이 표현할 수 있다.

$$\Sigma\vec{F} = \frac{\partial}{\partial t}\int_{CV}\vec{V}\,\rho\,d\forall + \int_{CS_2}\vec{V}\rho V_n\,dA - \int_{CS_1}\vec{V}\rho V_n\,dA \tag{5.36}$$

우변 제2항 및 3항의 $\vec{V}\rho V_n\,dA$ 는 $\rho V_n\,dA$ 의 차원이 [MT^{-1}]이라는 것을 생각하면 단위 시간당 운동량을 나타내며 이것을 운동량 플럭스라 부르기도 한다. 식 (5.35)와 (5.36)에서 주의를 요하는 것은 우변 각 항에 속도벡터 $\vec{V}$ 가 포함되어 있기 때문에, 이 식들은 벡터식이라는 점이다. 예를 들어, 이 식을 2차원 문제에 적용할 경우는 2개의 스칼라 양으로 표현하여 사용한다.

$$\begin{aligned}\Sigma F_x &= \frac{\partial}{\partial t}\int_{CV}V_x\,\rho\,dV + \int_{CS_2}V_x\,\rho V_n\,dA - \int_{CS_1}V_x\,\rho V_n\,dA \\ \Sigma F_y &= \frac{\partial}{\partial t}\int_{CV}V_y\,\rho\,dV + \int_{CS_2}V_y\,\rho V_n\,dA - \int_{CS_1}V_y\,\rho V_n\,dA\end{aligned} \tag{5.37}$$

결국 운동량방정식은 각 방향별로 검사체적에 작용하는 외력의 합(체력과 표면력)은 검사체적 내의 운동량의 시간 변화율에 단위 시간 동안에 검사표면을 통해서 유·출입하는 운동량의 차를 더한 것을 의미한다.

상기 식에서 V_x, V_y는 각각 x, y 방향의 속도 성분을 의미한다.

이제 다수의 유출입구가 있고, 유출입구 각 단면에서 속도($\vec{V}$)와 밀도가 균일하다고 가정하면 식 (5.36)은 다음과 같이 쓸 수 있다.

$$\Sigma\vec{F} = \frac{\partial}{\partial t}\int_{CV}\vec{V_x}\,\rho\,d\forall + \sum_{out}(\rho V_n A)\vec{V} - \sum_{in}(\rho V_n A)\vec{V} \tag{5.38}$$

위에서 Σ 기호는 유·출입구 개수만큼 더한 것을 의미한다.

5.5 정상류에 대한 운동량방정식의 적용

문제를 단순화시키기 위해서 정상류 흐름에 대해서 생각한다. 흐름이 정상류인 경우는 식 (5.38)의 우변 제1항이 없어져서 운동량방정식은 다음과 같이 쓸 수 있다.

$$\begin{aligned}\Sigma\vec{F} &= \sum_{out}(\rho V_n A)\vec{V} - \sum_{in}(\rho V_n A)\vec{V}\\ &= \sum_{out}(\rho Q)\vec{V} - \sum_{in}(\rho Q)\vec{V}\end{aligned} \tag{5.39}$$

상기 식은 앞에서도 설명한 바와 같이 속도벡터 $\vec{V}$를 포함한 벡터식이므로 2차원의 경우에는 다음과 같이 2개의 스칼라량으로 표시할 수 있다.

$$\begin{aligned}\Sigma F_x &= \sum_{out}(\rho V_n A)V_x - \sum_{in}(\rho V_n A)V_x\\ &= \sum_{out}(\rho Q)V_x - \sum_{in}(\rho Q)V_x\end{aligned} \tag{5.40a}$$

$$\begin{aligned}\Sigma F_y &= \sum_{out}(\rho V_n A)V_y - \sum_{in}(\rho V_n A)V_y\\ &= \sum_{out}(\rho Q)V_y - \sum_{in}(\rho Q)V_y\end{aligned} \tag{5.40b}$$

입구와 출구가 각각 하나씩 존재하는 경우 상기 식은 각각 다음과 같이 간단히 쓸 수 있다.

$$\begin{aligned}\Sigma F_x &= \rho Q(V_{2x} - V_{1x})\\ \Sigma F_y &= \rho Q(V_{2y} - V_{1y})\end{aligned} \tag{5.41}$$

이제 여러 가지 경우에 대해서 상기 식 (5.40) 및 (5.41)을 적용하는 방법에 대해서 생각해 보자.

5.5.1 운동량방정식을 이용한 베르누이 방정식의 유도

마찰이 없는 정상흐름에 대한 에너지식은 압력, 속도 및 위치와 긴밀한 관계가 있으며 이것을 일반적으로 베르누이 방정식(Bernoulli equation)이라 부르고 있다. 이제 베르누이 방정식을 구하기 위해 그림 5.8과 같이 유선 s의 방향으로 단면적이 dA이고 미소길이 ds를 갖는 미소 유관을 검사체적으로 선정하자. 이때 흐름이 정상류이므로, 속도 V 및 압력 p는 유선 s에 대해서만 변화한다. 또 비압축성 유체로 가정하고 $\rho_1 = \rho_2 = \rho$로 둔다.

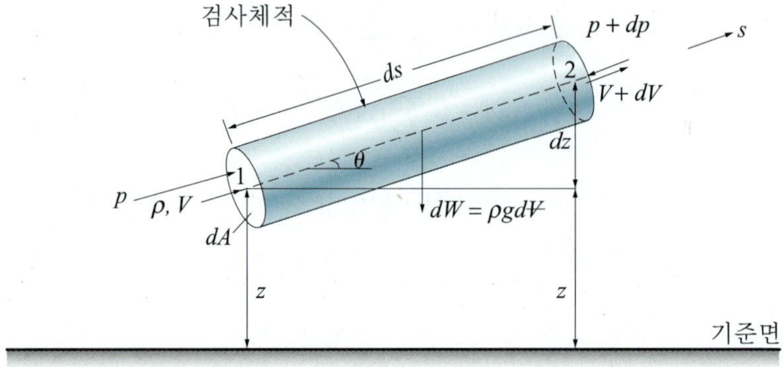

그림 5.8 운동량방정식을 이용한 베르누이 방정식의 유도

이제 유선 s의 방향으로 운동량방정식을 적용해 보자. 이 검사체적은 정상류이고 입구와 출구가 1개씩이므로 식 (5.41)을 이용하면 다음과 같이 쓸 수 있다.

$$\Sigma F_s = \rho Q(V_{2s} - V_{1s}) \tag{5.42}$$

완전유체로 가정하였으므로 유관벽에 작용하는 마찰력이 무시되므로 이 관벽에 s방향으로 작용하는 힘은 압력에 의한 힘과 중력에 의한 힘뿐이다. 우선 압력에 의한 힘의 합 ΣF_{ps}는

$$\Sigma F_{ps} = p\,dA - (p + dp)\,dA = -dp\,dA$$

이고, 중력에 의한 힘의 s방향 성분은 $-W\sin\theta$ 또 $V_{2S} = V + dV$, $V_{1s} = V$이므로 이러한 관계를 식 (5.42)에 대입하면 다음과 같이 된다.

$$-dp\,dA - W\cos\theta = \rho Q\{(V + dV) - V\}$$

그런데 $W = \gamma\,dA\,ds$이고, $Q = V\,dA$, 그림으로부터 $\sin\theta = \dfrac{dz}{ds}$로 쓸 수 있으므로 상기 식은 다음과 같이 쓸 수 있다.

$$-dp\,dA - \gamma\,dA\,ds\frac{dz}{ds} = \rho\,Vd\,VdA$$

이 식의 양변을 ρdA로 나눈 다음, 정리하면 다음과 같이 표현된다.

$$Vd\,V + \frac{dp}{\rho} + g\,dz = 0 \qquad (5.43)$$

식 (5.43)가 정상류이면서 마찰이 없는 경우의 베르누이 방정식의 미분 형태로서 1차원 오일러의 운동방정식이라 부르고 있다. 유선상의 두 점 1과 2 사이에서 적분하면 다음과 같다.

$$\int_1^2 \frac{dp}{\rho} + \frac{1}{2}\left(V_2^2 - V_1^2\right) + g(z_2 - z_1) = \text{일정}$$

상기 식에 비압축성 유체를 가정하면 밀도가 일정하므로 다음 식과 같이 표현된다.

$$\frac{p_1}{\rho} + \frac{1}{2}V_1^2 + gz_1 = \frac{p_2}{\rho} + \frac{1}{2}V_2^2 + gz_2$$

또는

$$\frac{p_1}{\gamma} + \frac{V_1^2}{2g} + z_1 = \frac{p_2}{\gamma} + \frac{V_2^2}{2g} + z_2 \qquad (5.44)$$

이 식이 완전유체에 대한 베르누이 방정식으로서 수리학에서 자주 이용되는 식이다. 베르누이식의 각 항은 [FL]/[F] = [L]의 차원을 갖는 양으로서 단위 중량당 에너지를 의미한다. 베르누이 정리에 대해서는 6장에서 그 적용 예와 함께 구체적으로 설명한다.

예제 5.6 베르누이 방정식의 적용

그림 E5.6과 같이 축소부를 갖는 수평관이 있다. 입구부에서의 단면 평균유속이 $V_1 = 2$ m/s이고, $p_1 = 150$ kPa이다. 축소부에서의 유속(V_2)과 압력(p_2)을 구하라.

주어진 값: $d_1 = 6.0$ cm, $d_2 = 3.0$ cm

$V_1 = 2.0$ m/s, $p_1 = 150$ kPa

찾는 값: p_2

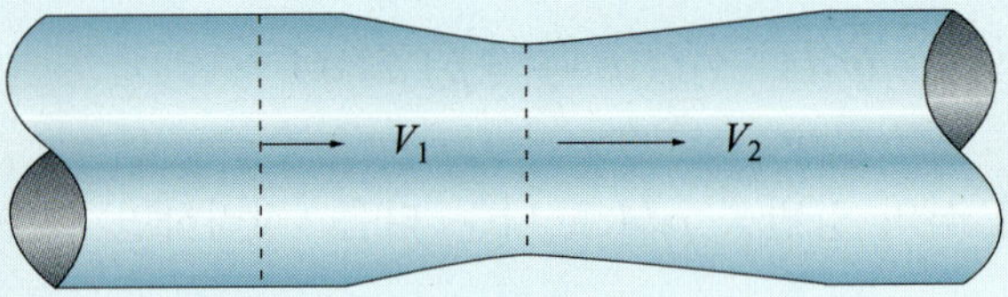

그림 E5.6

풀이

비압축성 유체에 대해서 연속방정식은

$$V_1 A_1 = V_2 A_2,\ V_2 = \left(\frac{d_1}{d_2}\right)^2 \times V_1 \qquad ①$$

$$V_2 = \left(\frac{6.0}{3.0}\right)^2 \times 2 \text{ m/s} = 8 \text{ m/s}$$

단면 1, 2에 대해서 베르누이 방정식을 적용하면

$$\frac{p_1}{\gamma} + \frac{V_1^2}{2g} + z_1 = \frac{p_2}{\gamma} + \frac{V_2^2}{2g} + z_2$$

수평관에서는 $z_1 = z_2$이므로 상기 식은 다음과 같이 고쳐 쓸 수 있다.

$$\frac{p_1}{\gamma} + \frac{V_1^2}{2g} = \frac{p_2}{\gamma} + \frac{V_2^2}{2g}$$

상기 식을 p_2에 대해서 풀면

$$p_2 = p_1 + \frac{\gamma}{2g}\left(V_1^2 - V_2^2\right) \qquad ②$$

식 ①을 ②에 대입하면,

$$p_2 = p_1 + \frac{\gamma}{2g}\left[1-\left(\frac{d_1}{d_2}\right)^4\right]V_1^2$$

$$= 150 \text{ kPa} + \frac{1000 \text{ kg중/m}^3}{2\times 9.8 \text{ m/sec}^2}\left[1-\left(\frac{6.0}{3.0}\right)^4\right](2.0 \text{ m/s})^2$$

$$= 150 \text{ kPa} - 30 \text{ kPa}$$

$$= 120 \text{ kPa}$$

5.5.2 분류가 고정된 수직 평판에 작용하는 경우

그림 5.9와 같이 노즐로부터 연직 평판에 속도 V_0의 물이 충돌하는 경우에 대해서 운동량방정식을 적용해 보자.

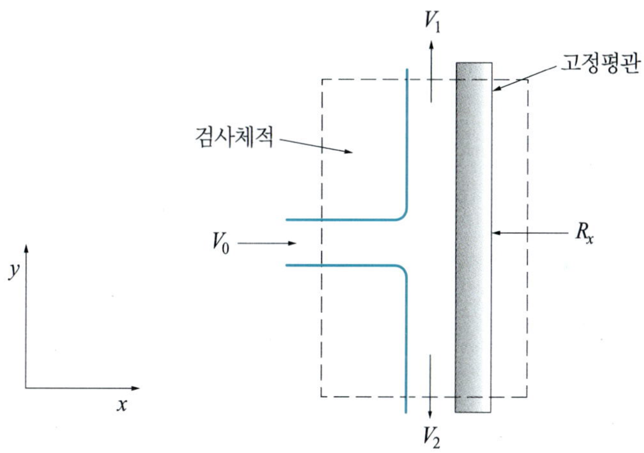

그림 5.9 연직평판

우선 질량보존법칙을 적용해 보자. 이 검사체적에는 2개의 출구와 1개의 입구가 있으므로 식 (5.29)로부터

$$\rho_1 V_1 A_1 + \rho_2 V_2 A_2 = \rho_0 V_0 A_0$$

가 성립하고, 비압축성 유체의 경우에는 $\rho_1 = \rho_2 = \rho$이므로 상기 식은 다음과 같이 연속 정리를 만족한다.

$$Q_0 = Q_1 + Q_2$$

이제 유체가 충돌할 때 평판이 받는 힘 R_x를 구하기 위해 운동량방정식을 적용한다. 이 경우에는 y 방향으로 작용하는 힘 $R_y = 0$이므로 식 (5.40)의 x 방향 성분만을 이용하면 된다.

$$\Sigma F_x = \sum_{out}(\rho V_n A)V_x - \sum_{in}(\rho V_n A)V_x \tag{5.40a}$$

이때 $(V_n)_{in} = V_0$, $A_{\text{in}} = A_0$이고, $(V_n)_{out} = V_0$이므로, 위식의 우변은

$$\sum_{out}(\rho V_n A)V_x - \sum_{in}(\rho V_n A)V_x = 0 - \rho V_0 A_0 V_0$$

이고, 또 x 방향으로의 수평력은 $-R_x$뿐이므로

$$\begin{aligned} -R_x &= -\rho V_0 A_0 V_0 \\ &= -\rho Q V_0 \end{aligned}$$

와 같이 수평력 R_x를 구할 수 있다. R_x는 유체가 충돌할 때의 평판의 반력을 의미한다.

예제 5.7 고정된 수직평판에 작용하는 힘

그림 5.9와 같이 고정된 수직 평판에 직경 3 cm의 분류가 $V = 30$ m/sec의 속도로 충돌하고 있다. 수직평판에 작용하는 힘을 구하라.

주어진 값: 그림 E5.7

찾는 값: 수직평판에 작용하는 힘

풀이

y 방향으로 작용하는 힘은 $F_y = 0$이므로 x 성분만을 이용하면 된다.

$$\Sigma F_x = \sum_{out}(\rho V_n A)V_x - \sum_{in}(\rho V_n A)V_x$$

x 방향으로의 힘은 F_x뿐이고, x 방향으로 방출되는 운동량은 0이므로

$$-R_x = 0 - \rho VAV$$

$$\therefore R_x = \frac{\gamma}{g}V^2A = \frac{1000\ \text{kg중/m}^3}{9.8\ \text{m/sec}^2} \times (30\ \text{m/sec})^2 \times \frac{\pi}{4}(0.03)^2\ \text{m}^2$$

$$= 64.92\ \text{kg중}$$

예제 5.8 수평평판에 작용하는 힘

내부 단면적이 $A = 0.09\ \text{m}^2$이고, 비어 있을 때의 중량이 $W = 2.5$ kg중이며, 높이가 0.6 m인 금속용기가 저울위에 설치되어 있다. 물이 단면 ①을 통하여 $V_1 = 1.5$ m/sec로 유입하여, 측면의 단면 ②, ③을 통해 유출할 때 저울의 눈금을 구하라. (단, 물의 높이는 $h = 0.57$ m이고, 흐름은 정상류로 가정하라. 1, 2, 3점의 단면적은 $0.09\ \text{m}^2$으로 동일하다.

주어진 값: 그림 E 5.8
찾는 값: 저울의 눈금

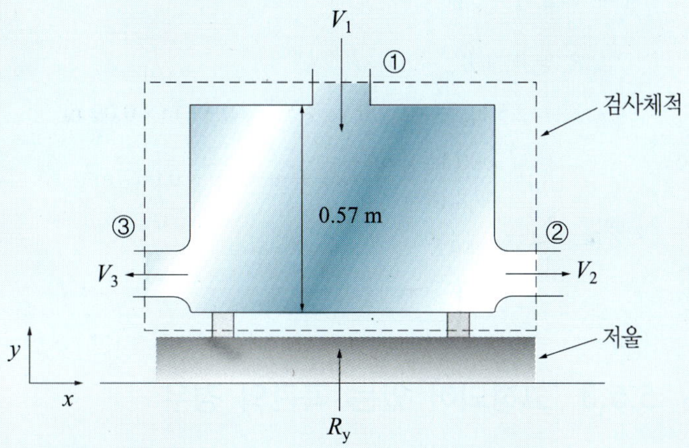

그림 E5.8 수평평판

풀이
그림에서 점선과 같이 검사체적을 선택한다. 정상류이고, 비압축성 유체에 대해서 연속방정식

$$\sum^{N} Q_{in} = \sum^{M} Q_{out}$$

이 성립하는 데 입구가 하나이고 출구가 두 개이므로

$$A_1V_1 = A_2V_2 + A_3V_3$$

$A_1 = A_2 + A_3$ 이므로 유속은 다음 식을 만족한다.

$$V_1 = V_2 + V_3$$

또 단면 ②, ③은 동일 조건으로서 $V_2 = V_3$이므로

$$V_2 = V_3 = 0.75 \text{ m/sec}$$

저울 눈금을 구하기 위해서 y 방향의 운동량방정식을 이용한다.

$$\Sigma F_y = \sum_{out}(\rho V_n A)V_y - \sum_{in}(\rho V_n A)V_y$$

$(V_n)_{in} = V_1$, $(V_y)_{in} = -V_1$, $A_{in} = A_1$, $(V_y)_{out} = 0$ 이고 $\Sigma F_y = R_y - W_t - W_w$ 이므로 상기 식은 다음과 같이 된다.

$$R_y - W_t - W_w = \rho V_1^2 A_1$$

수조의 중량 $W_t = 2.5$ kg과 물의 중량 $W_w = \gamma hA$를 상기 식에 대입하고 R_y에 대해서 풀면

$$\begin{aligned} R_y &= W_t + W_w + \rho V_1^2 A_1 \\ &= 2.5 \text{ kg중} + 1000 \text{ kg중/m}^3 \times 0.57 \text{ m} \times 0.09 \text{ m}^2 \\ &\quad + \frac{1000 \text{ kg중/m}^3}{9.8 \text{ m/sec}^2} \times 1.5^2 \text{m}^2/\text{sec}^2 \times 0.009 \text{ m}^2 \\ &= 55.9 \text{ kg중} \end{aligned}$$

5.5.3 고정되어 있는 곡관의 경우

그림 5.10과 같이 관이 수평 방향에 대해서 일정한 각도 θ로 고정되어 있어, 흐름의 방향이 갑자기 바뀌는 경우에 대해서 적용해 보자.

그림에서와 같이 각 단면에서의 유속, 압력 및 면적에 대해서 첨자 1, 2를 붙이기로 하고, 속도 V_1은 수평방향과 일치한다고 가정한다. 그림 (b)에서 W는 물의 자중이고, F_{p1}, F_{p2}는 각각 단면 1, 2에서의 압력에 의한 힘이다.

이 경우에는 입구와 출구가 각각 한 개씩인 경우로 운동량방정식은 (5.41)로부터 다음과 같이 표현된다.

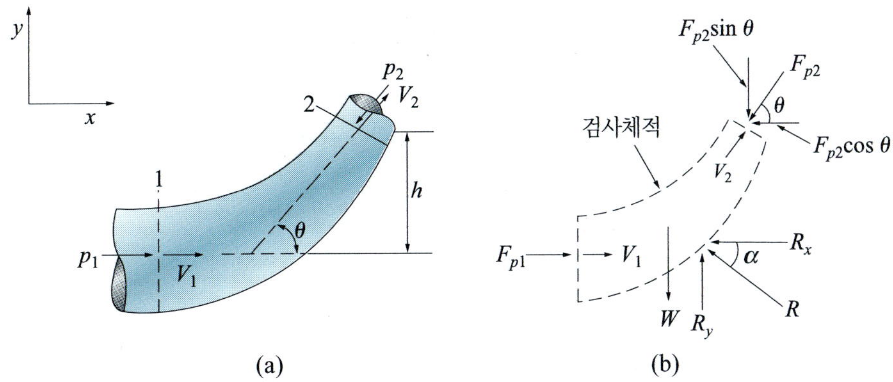

그림 5.10 고정된 곡관

$$\Sigma F_x = (\rho Q)_2 V_{2x} - (\rho Q)_1 V_{1x}$$

$$\Sigma F_y = (\rho Q)_2 V_{2y} - (\rho Q)_1 V_{1y}$$

그리고 질량 보존칙으로부터

$$(\rho V_n A)_2 = (\rho V_n A)_1 = \text{const}$$

또는

$$\dot{m}_2 = \dot{m}_1 = \dot{m} = \rho Q$$

가 되므로 상기 식은 다음과 같이 표현된다.

$$\Sigma F_x = \rho Q(V_{2x} - V_{1x}) \tag{5.45a}$$

$$\Sigma F_y = \rho Q(V_{2y} - V_{1y}) \tag{5.45b}$$

위의 검사체적의 x 방향에 대해서 식 (5.45a)를, y 방향에 대해서 식 (5.45b)를 각각 적용하면 곡관에 작용하는 반력 R_x, R_y를 구할 수 있다.

우선 x 방향에 대해서 생각해 보자. x 방향으로 작용하는 모든 힘의 합 ΣF_x는

$$\Sigma F_x = F_{p1} - F_{p2}\cos\theta - R_x$$

인데 $F_{p1} = p_1A_1$, $F_{p2} = p_2A_2$이고, $V_{2x} = V_2 \cos \theta$, $V_{1x} = V_1$이므로, 이것을 고려하여 위 식을 식 (5.45a)에 대입하면 다음 식을 얻는다.

$$p_1A_1 - p_2A_2 \cos\theta - R_x = \rho Q\left(V_2 \cos\theta - V_1\right) \tag{5.46}$$

위식에서 유량(Q)과 단면 1, 2에서의 압력 p_1, p_2가 주어지면 이 검사체적에 적용하는 수평반력 R_x를 구할 수 있다.

$$R_x = p_1A_1 - p_2A_2 \cos\theta - pQ\left(V_2 \cos\theta - V_1\right) \tag{5.47}$$

y 방향에 대해서도 동일한 방법으로 구할 수 있다. y 방향에 작용하는 모든 힘의 합은

$$\Sigma F_y = -p_2A_2 \sin\theta - W + R_ys$$

이므로 이것을 식 (5.45b)에 대입하면 다음과 같이 표현된다.

$$-p_2A_2 \sin\theta - W + R_y = \rho Q\left(V_2 \sin\theta - 0\right)$$

이것을 정리하면 검사체적에 작용하는 연직반력 R_y에 관한 식을 얻는다.

$$R_y = \rho QV_2 \sin\theta + p_2A_2 \sin\theta + W \tag{5.48}$$

따라서 곡관에 미치는 반력 R은 R_x와 R_y를 합성함으로써 다음과 같이 구할 수 있다.

$$R = \sqrt{R_x^2 + R_y^2} \tag{5.49}$$

또 반력 R이 곡관의 수평축과 이루는 각 α는 그림으로부터

$$a = \tan^{-1}\left(\frac{R_y}{R_x}\right)$$

로 주어지는 것을 알 수 있다.

식 (5.47)과 (5.48)에서 압력 p_1 및 p_2는 베르누이식 (5.44)로부터 구할 수 있다. 그림 5.10에서 단면 1의 중심을 지나는 수평축을 기준으로 하여 Bernoulli 식을 쓰면 다음과 같다.

$$\frac{V_1^2}{2g}+\frac{p_1}{\gamma}=\frac{V_2^2}{2g}+\frac{p_2}{\gamma}+h \tag{5.50}$$

따라서 p_1, p_2 중 하나가 주어지면 나머지 한 곳에서의 압력이 구해진다.

예제 5.9 고정된 곡관의 경우

그림 5.10과 같이 휘어진 관속을 물이 흐르고 있다. 단면 1에서의 압력이 3×10^5 Pa이고 직경이 $d_1=15$ cm이다. 단면 2에서의 직경이 $d_2=10$ cm이고 유속이 10 m/sec일 때 곡관에 작용하는 힘을 구하라. 단, $\theta=45^\circ$이고 $h=50$cm이다.

찾는 값: $F_x, F_y, F=\sqrt{F_x^2+F_y^2}$

풀이

연속방정식으로부터 단면 1에서의 유속 V_1을 구한다.

$$V_1A_1=V_2A_2$$

$$V_1=\frac{A_2}{A_1}V_2=\frac{d_2^2}{d_1^2}V_2=\frac{0.1^2}{0.15^2}\times10\text{ m/sec}=4.44\text{ m/sec}$$

단면 1, 2에 베르누이 방정식을 적용하여 단면 2에서의 압력 p_2를 구한다. 단면 1의 관의 중심을 기준으로 하면 베르누이식은 다음과 같이 표현된다.

$$\frac{p_1}{\gamma}+\frac{V_1}{2g}=\frac{p_2}{\gamma}+\frac{V_2}{2g}+z_2$$

$$\begin{aligned}p_2&=p_1+\frac{\gamma}{2g}(V_1^2-V_2^2)-\gamma z_2\\&=3\times10^5\text{ N/m}^2+\frac{9,800\text{ N/m}^3}{2\times9.8\text{ m/sec}^2}\\&\quad\times(4.44^2-10^2)\text{m}^2/\text{sec}^2-(0.5\text{ m}\times9,800\text{ N/m}^3)\\&=254,956.8\text{ N/m}^2=255\text{ kPa}\end{aligned}$$

검사체적을 다음 그림 E5.9와 같이 선정하고 x, y 방향으로 작용하는 힘의 성분을 표시하면 다음과 같이 된다.

입구와 출구가 각각 하나씩이고, 비압축성유체이므로 x, y 방향의 운동방정식은 다음과 같다.

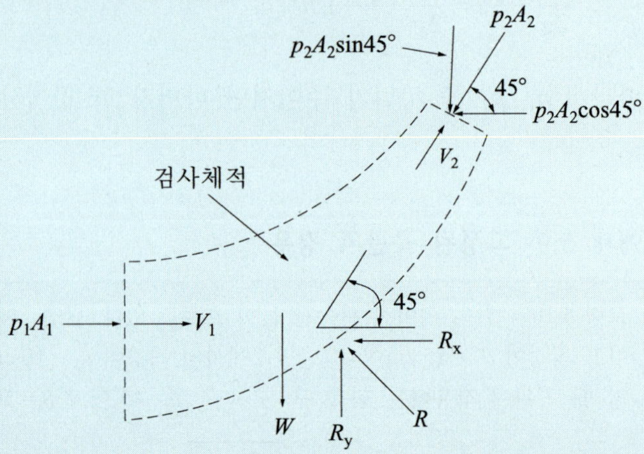

그림 E5.9

$$\Sigma F_x = \rho Q(V_{2x} - V_{1x}) \qquad ①$$

$$\Sigma F_y = \rho Q(V_{2y} - V_{1y}) \qquad ②$$

우선 x 방향의 힘의 합은 $\Sigma F_x = p_1A_1 - p_2A_2\cos45° - R_x a$ 이고, $V_{2x} = V_2\cos45°$, $V_{1x} = V_1$ 이므로, 이것을 식 ①에 대입하면 다음과 같이 된다.

$$p_1A_1 - p_2A_2\cos45° - R_x = \rho Q(V_2\cos45° - V_1)$$

이것을 R_x로 정리하여 계산하면

$$\begin{aligned} R_x &= p_1A_1 - p_2A_2\cos45° - \frac{\gamma}{g}Q(V_2\cos45° - V_1) \\ &= 3\times10^5\ \mathrm{N/m^2}\times\left(\frac{\pi}{4}\times0.15^2\right)\mathrm{m^2} - 254,956.8\ \mathrm{N/m^2}\times\left(\frac{\pi}{4}\times0.1^2\right)\mathrm{m^2}\cos45° \\ &\quad - \frac{9,800\ \mathrm{N/m^3}}{9.8\ \mathrm{m/sec^2}}\times\left(4.44\times\frac{\pi}{4}\times0.15^2\right)\mathrm{m^3}\times(10\cos45° - 4.44)\ \mathrm{m/sec} \\ &= 3,679.07\ \mathrm{N} \end{aligned}$$

y 방향으로의 힘의 합은 $\Sigma F_y = -W + R_y - p_2A_2\sin45°$이고, 물의 중량을 무시하면 $W=0$, $V_{2y} = V_2\sin45°$이므로 이것을 식 ②에 대입하면 다음과 같이 된다.

$$R_y - p_2A_2\sin45° = \rho Q(V_2\sin45° - 0)$$

이것을 R_y로 정리하여 계산하면

$$R_y = \rho Q V_2 \sin 45° + p_2 A_2 \sin 45°$$

$$= \frac{9,800\ \mathrm{N/m^3}}{9.8\ \mathrm{m/sec^2}} \times \left(4.44 \times \frac{\pi}{4} \times 0.15^2\right) \mathrm{m^3} \times 10 \cos 45°\ \mathrm{m/sec}$$

$$+ 254,956.8\ \mathrm{N/m^2} \times \left(\frac{\pi}{4} \times 0.1^2\right) \mathrm{m^2} \times \sin 45°$$

$$= 1,970.7\ \mathrm{N}$$

5.5.4 고정 날개에 작용하는 힘

그림 5.11과 같이 자유수면을 갖는 분류가 충돌하는 경우 고정날개가 받는 힘(반력)을 구해 보자.

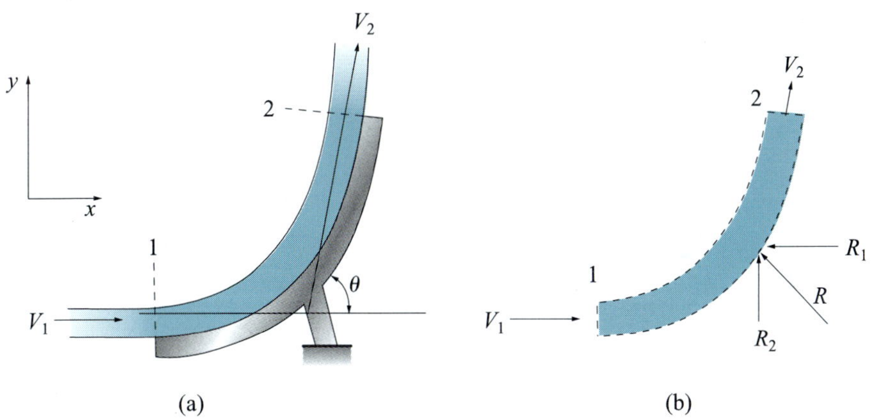

그림 5.11 고정날개

분류의 두께가 얇은 경우는 단면 1, 2에서의 압력에 의한 힘과 검사체적 내의 물의 중량(W)은 무시할 수 있다. 입구와 출구가 각각 1개씩인 경우이므로 운동량방정식은 식 (5.45)를 그대로 사용할 수 있고, $\Sigma F_x = -R_x$, $\Sigma F_y = -R_y$이므로 그림 5.11을 참조하면 다음 식을 얻는다.

$$-R_y = \rho Q \left(V_2 \cos\theta - V_1\right) \tag{5.51}$$

또는

$$R_y = \rho Q\left(V_2 \sin\theta - V_1\right)$$
$$R_y = -\rho Q V_2 \sin\theta \qquad (5.52)$$

합성반력 R은 5.5.3의 경우와 마찬가지로 R_x, R_y를 합성하면 구할 수 있다.

$$R = \sqrt{R_x^2 + R_y^2}$$

예제 5.10 고정날개

자유수면을 갖는 유량, $Q = 0.05\ \text{m}^3/\text{sec}$의 분류가 $V = 45\ \text{m/sec}$의 속도로 그림 5.11과 같이 수평과 $\theta = 45°$를 이루고 있는 고정날개에 충돌할 때 날개가 받는 힘을 구하라.

찾는 값: 고정날개가 받는 힘

풀이

입구와 출구가 각각 하나씩이므로 x, y 방향의 운동량방정식은 다음과 같이 쓸 수 있다.

$$\Sigma F_x = \rho Q\left(V_{2x} - V_{1x}\right)$$
$$\Sigma F_y = \rho Q\left(V_{2y} - V_{1y}\right)$$

우선 x 방향으로 작용하는 힘은 $-R_x$뿐이고, $V_{1x} = V$, $V_{2x} = V\cos 45°$이므로 이것을 상기 식에 대입하면

$$-R_x = pQ\left(V\cos 45° - V\right)$$
$$R_x = \frac{\gamma}{g} Q\left(V\cos 45° - V\right)$$
$$= -\frac{1{,}000\ \text{kg중/m}^3}{9.8\ \text{m/sec}^2} \times 0.05\ \text{m}^3/\text{sec}^2 \times \left(45\cos 45° - 45\right)$$
$$= 67.25\ \text{kg중}$$

y 방향으로 작용하는 힘도 역시 R_y뿐이고, $V_{1y} = 0$, $V_{2y} = V\sin 45°$이므로 R_y는 다음과 같이 얻어진다.

$$
\begin{aligned}
R_x &= pQ\sin 45° \\
&= -\frac{1{,}000\ \text{kg중/m}^3}{9.8\ \text{m/sec}^2} \times 0.05\ \text{m}^3 \times 45\sin 45°\ \text{m/sec}^2 \\
&= 162.35\ \text{kg중}
\end{aligned}
$$

5.5.5 월류수류에 의해 댐이 받는 힘

그림 5.12와 같이 댐 위를 물이 월류할 때 수류에 의해 댐이 받는 저항력을 구하는 문제를 예로 들어보자.

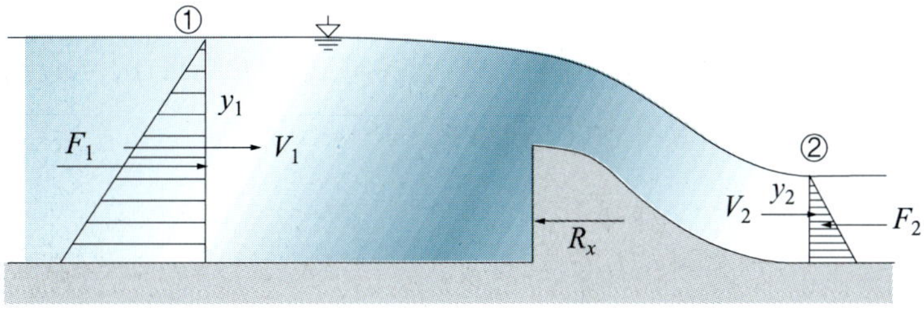

그림 5.12 월류수류에 의해 댐이 받는 힘

이 경우도 입구와 출구가 1개씩뿐이고, 반력이 흐름방향과 평행하므로 x 방향만을 생각하면 되므로 식 (5.45a)를 그대로 적용할 수 있다.

$$\Sigma F_x = \rho Q\left(V_{2x} - V_{1x}\right) \tag{5.45a}$$

이 검사체적에서 x 방향으로 작용하는 힘은 단면 1, 2에 각각 작용하는 압력에 의한 힘 F_{1x} 및 F_{2x}와 반력 R_x뿐이다. 따라서 $\Sigma F_x = F_{1x} - R_x - F_{2x}$이고, $V_{2x} = V_2$, $V_{1x} = V_1$이므로 이것을 위 식에 대입하면 다음 식을 얻는다.

$$F_{1x} - R_x - F_{2x} = \rho Q\left(V_2 - V_1\right) \tag{5.53}$$

그런데 수로폭이 b라고 할 때 단면 1, 2에 작용하는 전압력은 단면적이 각각 by_1, by_2인 연직 평판에 작용하는 정수압과 같으므로

$$F_{1x} = \gamma y_{G1} A_1 = \frac{\gamma b y_1^2}{2},\quad F_{2x} = \gamma y_{G2} A_2 - \frac{\gamma b y_2^2}{2}$$

과 같다. 여기서 y_{G1}, y_{G2}는 각각 단면 1, 2의 수면에서 각 단면 도심까지의 연직 거리이다. 이것을 식 (5.53)에 대입하고 정리하면 다음 식을 얻는다.

$$R_x = \frac{\gamma b y_1^2}{2} - \frac{\gamma b y_2^2}{2} - \rho Q(V_2 - V_1) \tag{5.54}$$

상기 식에서 속도 또는 유량이 주어지지 않은 경우에는 연속방정식과 베르누이식으로부터 구할 수 있다.

단면 1과 2의 수면에 Bernoulli 방정식을 적용하면 다음과 같이 쓸 수 있다.

$$\frac{V_1^2}{2g} + \frac{p_1}{\gamma} + z_1 = \frac{V_2^2}{2g} + \frac{p_2}{\gamma} + z_2$$

수면에서는 대기압이 작용하고 있으므로 $p_1 = p_2 = 0$이고 $z_1 = y_1$, $z_2 = y_2$이므로 상기 식은 다음과 같이 된다.

$$\frac{V_1^2}{2g} + y_1 = \frac{V_2^2}{2g} + y_2 \tag{5.55}$$

또 비압축성인 경우 연립방정식은

$$A_1 V_1 = A_2 V_2 \tag{5.56}$$

이므로 상기 식 (5.55)와 (5.56)으로부터 V_1과 V_2를 구할 수 있다.

예제 5.11 댐 위를 월류하는 흐름

그림 5.12와 같이 댐 여수로 위를 물이 월류하고 있다. 물이 댐에 가하는 수평력 (R_x)을 구하라. 단 여수로의 폭은 10 m이고, $y_1 = 10$ m, $y_2 = 2$ m이다.

찾는 값: 수평력 R_x

풀이

우선 유속을 구하기 위해 단면 1과 2의 수면에 베르누이 식을 적용한다.

$$\frac{V_1^2}{2g} + \frac{p_1}{\gamma} + z_1 = \frac{V_2^2}{2g} + \frac{p_2}{\gamma} + z_2$$

p_1과 p_2는 대기압으로서 0으로 놓으면 다음과 같이 된다.

$$\frac{V_1^2}{2g} + 10 = \frac{V_2^2}{2g} + 2 \quad ①$$

또 연속방정식으로부터

$$Q = A_1 V_1 = A_2 V_2$$

$$V_1 = \frac{2 \times 10}{10 \times 10} V_2 = \frac{1}{5} V_2 \quad ②$$

식 ①, ②를 연립해서 풀면 V_1과 V_2는 각각

$$V_1 = 2.56 \text{ m/sec}, \ V_2 = 12.78 \text{ m/sec}$$

입구와 출구가 하나씩이므로 x 방향의 운동량방정식은 다음과 같이 쓸 수 있다.

$$\Sigma F_x = \rho Q \left(V_{2x} - V_{1x} \right)$$

$\Sigma F_x = F_{1x} - R_x - F_{2x}$이고, $V_{2x} = V_2$, $V_{1x} = V_1$이므로 상기 식을 대입하면 다음 식을 얻는다.

$$F_1 - R_x - F_2 = \rho Q \left(V_2 - V_1 \right) \quad ③$$

F_1과 F_2는 각각 단면 1과 2에서 2 정수압에 의한 힘으로서

$$F_1 = \gamma y_{G1} A_1 = \frac{\gamma \text{b} y_1^2}{2}$$

$$F_2 = \gamma y_{G2} A_2 = \frac{\gamma \text{b} y_2^2}{2}$$

F_1과 F_2를 식 ③에 넣고 대입하여 F_x에 대해서 계산하면 다음 값을 얻는다.

$$\begin{aligned} R_x &= F_1 - \rho Q \left(V_2 - V_1 \right) - F_2 \\ &= \frac{\gamma \text{b} y_1^2}{2} - \frac{\gamma}{g} A_1 V_1 \left(V_2 - V_1 \right) - \frac{\gamma \text{b} y_2^2}{2} \\ &= \frac{1000 \text{ kg중/m}^3 \times 10 \text{ m} \times 10^2 \text{ m}^2}{2} \\ &\quad - \frac{1000 \text{ kg중/m}^3}{9.8 \text{ m/sec}^2} \times \left(10 \times 10 \right) \text{ m}^2 \times 2.56 \text{ m / sec}^2 \times \left(12.78 - 2.56 \right) \text{m/ sec} \\ &\quad - \frac{1000 \text{ kg중/m}^3 \times 10 \text{ m} \times 2^2 \text{ m}^2}{2} \\ &= 223,028.57 \text{ kg중} \end{aligned}$$

예제 5.12 수문 밑을 지나는 흐름

그림 E5.12와 같이 수문 아래로 물이 흐르고 있다. 단면 1과 2에서의 유속이 각각 $V_1 = 0.2$ m/sec 및 $V_2 = 5.33$ m/sec일 때 수문에 작용하는 단위폭 당 힘을 구하라.

주어진 값: 그림 E5.12
찾는 값: 수평력 R_x

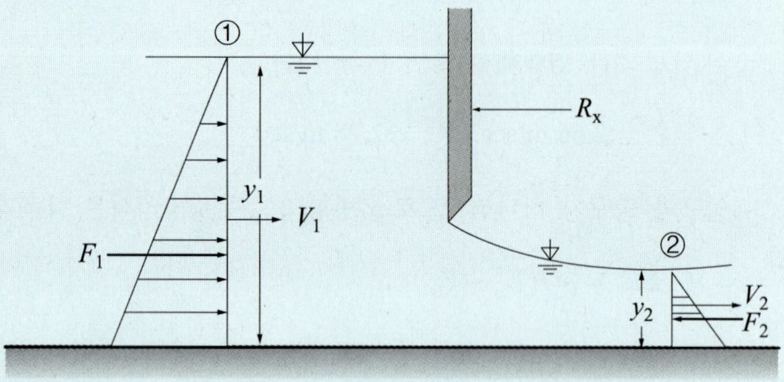

그림 E5.12

풀이
수심을 구하기 위해 단면 ①과 ②에 베르누이 방정식을 적용하면

$$\frac{V_1^2}{2g} + y_1 = \frac{V_2^2}{2g} + y_2$$

$$\frac{0.2^2}{2g} + y_1 = \frac{5.33^2}{2g} + y_2 \qquad ①$$

또 연속방정식으로부터

$$Q = A_1V_1 = A_2V_2$$

따라서 단위폭에 대해서는 다음과 같이 표시된다.

$$y_1V_1 = y_2V_2$$

$$0.2y_1 = 5.33y_2 \qquad ②$$

①, ②로부터

$$y_1 = 1.506\,\text{m}, \quad y_2 = 0.057\,\text{m}$$

입구와 출구가 하나씩뿐이므로 x 방향의 운동량방정식은 다음과 같이 쓸 수 있다.

$$\Sigma F_x = \rho Q\left(V_{2x} - V_{1x}\right)$$

$\Sigma F_x = F_{1x} - R_x - F_{2x}$이고, $V_{2x} = V_2$, $V_{1x} = V_1$이므로 상기 식은 다음과 같이 쓸 수 있다.

$$F_1 - R_x - F_2 = \rho Q\left(V_2 - V_1\right)$$

상기 식을 R_x로 정리해서 계산하면 다음과 같이 된다.

$$\begin{aligned} R_x &= F_1 - \rho Q\left(V_2 - V_1\right) - F_2 \\ &= \frac{\gamma b y_1^2}{2} - \frac{\gamma}{g} A_1 V_1\left(V_2 - V_1\right) - \frac{\gamma b y_2^2}{2} \\ &= \frac{1000\ \text{kg중/m}^3 \times 1\ \text{m} \times 1.506^2\ \text{m}^2}{2} - \frac{1000\ \text{kg중/m}^3}{9.8\ \text{m/sec}^2} \times \left(1.5 \times 1\right)\text{m}^2 \\ &\quad \times 0.2\ \text{m/sec} \times \left(5.33 - 02\right)\text{m/sec} - \frac{1000\ \text{kg중/m}^3 \times 1\ \text{m} \times 0.057^2\ \text{m}^2}{2} \\ &= 975.35\ \text{kg중} \end{aligned}$$

5.5.6 일정속도로 이동하는 검사체적

그림 5.13과 같이 수평에 대해 θ각 구부러진 날개가 노즐의 분사에 의한 물의 충돌로 인해서 수평방향으로 일정속도 U로 마찰 없이 이동한다고 하자.

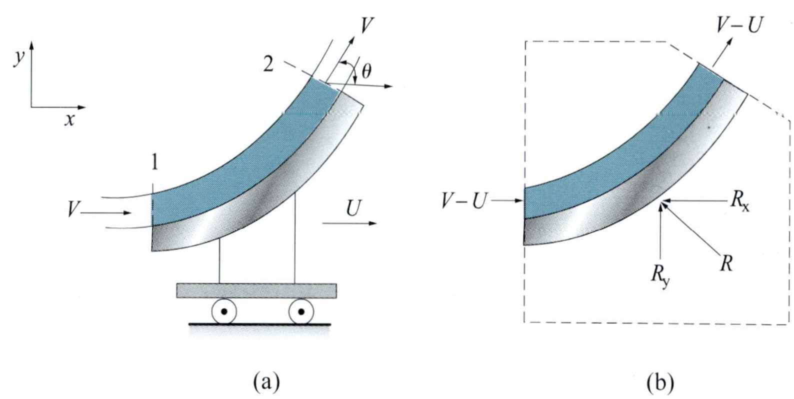

그림 5.13 이동검사 체적

이 경우에는 관찰자가 검사체적에 올라타서 함께 이동한다고 생각하면 쉽게 해결할 수 있다. 관찰자가 검사체적과 동일한 속도로 이동하기 때문에 관찰자에 대해서 검사체적이 고정된 셈이 되므로, 5.5.4절의 경우와 속도의 개념만 다를 뿐 해석 방법은 동일하다. 따라서 식 (5.40)을 적용할 수 있다. 입구와 출구가 각각 1개씩이므로 식 (5.40a, b)는 각각 다음과 같이 쓸 수 있다.

$$\Sigma F_x = \rho Q\left(V_{2x} - V_{1x}\right) \tag{5.45a}$$

$$\Sigma F_y = \rho Q\left(V_{2y} - V_{1y}\right) \tag{5.45b}$$

상기 식들은 관찰자가 U의 속도로 이동하는 경우의 관찰자에 대한 식이므로 유속에 대해서도 관찰자에 대한 표현으로 바꾸어야 한다. 절대속도 V이면 분류가 날개에 유입할 때는 $V - U$의 상대속도로 유입하고, 또 마찰이 없다고 가정하면 날개를 떠나는 속도도 $V - U$이다. 따라서 날개에 유입하는 유량은

$$Q = \left(V - U\right)A$$

이고, 각 속도성분들은

$$V_{1x} = V - U, \quad V_{2x} = \left(V - U\right)\cos\theta$$

$$V_{1y} = 0, \qquad V_{2y} = \left(V - U\right)\sin\theta$$

이 되고, $\Sigma F_x = -R_x$, $\Sigma F_y = +R_y$이므로 이것들을 고려하여 식 (5.45a, b)를 다시 쓰면 각각 다음과 같다.

$$R_x = \rho A\left(V - U\right)^2\left(1 - \cos\theta\right) \tag{5.57}$$

$$R_y = \rho A\left(V - U\right)^2 \sin\theta \tag{5.58}$$

예제 5.13 이동하는 수직평판에 작용하는 힘

그림 E5.13과 같이 우측으로 속도 $u = 15$ m/sec로 움직이는 수직평판에 속도가 $V = 50$ m/sec인 물의 분류가 충돌하고 있다. 이때 평판에 작용하는 수평력을 구하라. 단, 분류의 단면적 $A = 0.0003\ \text{m}^2$이다.

주어진 값 : 그림 E5.13

찾는 값 : 수평력 R_x

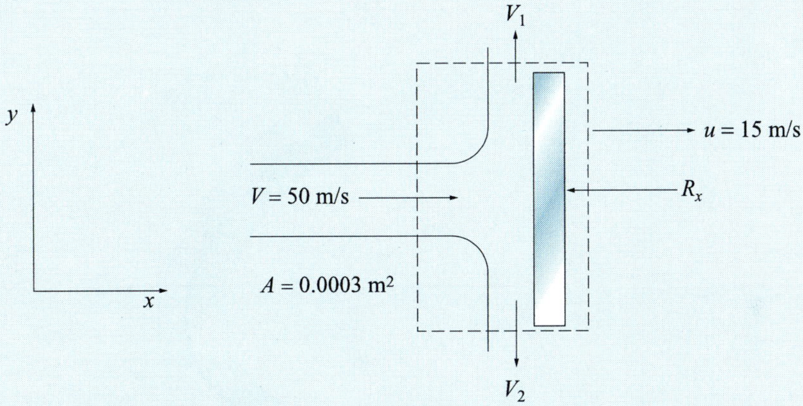

그림 E5.13

풀이

x 방향의 운동량방정식

$$\Sigma F = \sum_{out}(\rho V_n A)V_x - \sum_{in}(\rho V_n A)V_x$$

에서 $(V_x)_{out} = 0$이므로

$$\Sigma F = \sum_{out}(\rho V_n A)V_x = -(\rho Q V_n)_{in}$$

여기서 평판에 충돌하는 유량은 $Q = (V - u)A$이고, $\Sigma F = -R_x$, $(V_x)_{in} = V - u$이므로 R_x는 다음과 같이 계산된다.

$$R_x = \rho A(V - u)^2$$

$$= \frac{1000\ \text{kg중/m}^3}{9.8\ \text{m/sec}^2} \times 0.0003\ \text{m}^2 \times (50 - 15)^2\ \text{m}^2/\text{sec}^2$$

$$= 37.5\ \text{kg중}$$

예제 5.14 이동하는 날개에 작용하는 힘

그림 E5.14와 같이 수평에 대해서 $u = 20$ m/sec로 이동하고 있는 날개에, 단면적이 $A = 0.003$ m^{2}이고, 속도 $V = 50$ m/sec의 물이 분사되고 있다. 날개에 작용하는 힘을 구하라.

주어진 값: 그림 E5.14
찾는 값: 날개에 작용하는 힘

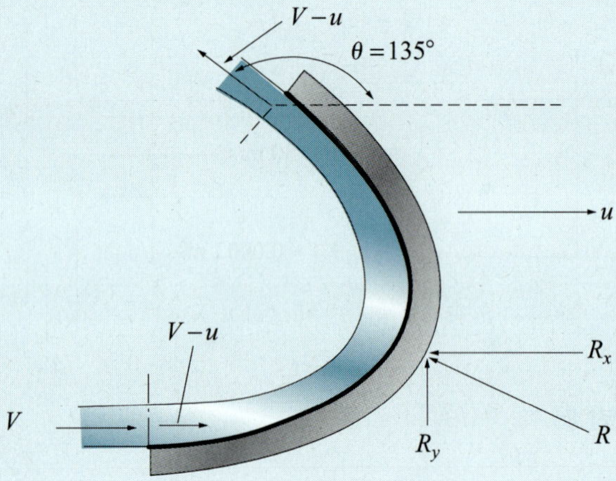

그림 E5.14

풀이

입구와 출구가 각각 하나씩이므로 x, y 방향 운동량방정식은 각각 다음과 같이 쓸 수 있다.

$$\Sigma F_x = \rho Q\left(V_{2x} - V_{1x}\right) \quad ①$$

$$\Sigma F_y = \rho Q\left(V_{2y} - V_{1y}\right) \quad ②$$

날개가 이동하는 속도가 u이므로 분류 날개에 유입하는 상대속도는 $V - u$이고 유량 Q는 다음과 같이 표시된다.

$$Q = (V - u)A$$

우선 x 방향에 대해서는 $\Sigma F_x = -R_x$, $V_{1x} = V - u$이고, $V_{2x} = (V - u)\cos 135°$이므로 식 ①로부터

$$R_x = \rho Q(V-u)^2(1-\cos 135°)$$

$$= \frac{1000\ \text{kg중/m}^3}{9.8\ \text{m/sec}^2} \times 0.003\ \text{m}^3 \times (50-20)^2\ \text{m}^2/\text{sec}^2 \times (1-\cos 135°)$$

$$= 470.3\ \text{kg중}$$

y 방향에 대해서는 $\Sigma F_y = R_y$이고, $V_{1y} = 0$, $V_{2y} = (V-u)\sin 135°$이므로 식 ② 로부터

$$F_y = \rho Q(V-u)^2 \sin 135°$$

$$= \frac{1000\ \text{kg중/m}^3}{9.8\ \text{m/sec}^2} \times 0.003\ \text{m}^3 \times (50-20)^2\ \text{m}^2/\text{sec}^2 \times \sin 135°$$

$$= 194.8\ \text{kg중}$$

5.6 각운동량방정식

각운동량식을 검사체적 해석에 적용하기 위해서는 유체의 물리적 특성량 X를 각운동량 $\overrightarrow{H}$로 치환하면 된다. 계에 대한 각운동량식 (5.3)을 다시 한번 써보자.

$$\Sigma\overrightarrow{M} = \frac{d}{dt}\left(\overrightarrow{H}_{st}\right) \tag{5.3}$$

여기서 $\Sigma\overrightarrow{M}$은 검사체적에 작용하는 각종 모멘트의 합이며, $\overrightarrow{H}$는 검사체적 내의 물체들이 갖는 각운동량을 나타낸다. 식 (5.3)을 검사체적에 적용하기 위해서 계에 대한 식을 검사체적으로 변환하는 식 (5.25)를 상기해 보자.

$$\frac{dX_{st}}{dt} = \frac{\partial}{\partial t}\int_{CV} x\rho\, d\forall + \int_{CS} x\rho(\vec{V}\cdot\vec{n})\, dA \tag{5.25}$$

식 (5.25)에서 X_{st} 대신 $\overrightarrow{H}_{st}$로 치환하면 이것을 식 (5.3)과 연계시킬 수 있다. 그런데 $\overrightarrow{H}_{st}$는

$$\overrightarrow{H}_{st} = \int_{st}\left(\vec{r}\times\vec{V}\right)dm$$

이고, x는 단위 질량당의 각운동량이므로

$$x = \vec{r} \times \vec{V} \tag{5.59}$$

가 되는 것을 알 수 있다. 여기서 $\vec{r}$은 위치벡터로서 계의 질량요소나 체적요소의 위치를 나타낸다. 식 (5.59)로 표시되는 x를 식 (5.25)에 대입하면, $\frac{dX_{st}}{dt} = \frac{dH_{st}}{dt}$의 관계가 있으므로 $\Sigma\overrightarrow{M}$은 다음과 같이 쓸 수 있다.

$$\Sigma\overrightarrow{M} = \frac{\partial}{\partial t}\int_{CV}\left(\vec{r}\times\vec{V}\right)\rho d\forall + \int_{CS}\left(\vec{r}\times\vec{V}\right)\rho\left(\vec{V}\cdot\vec{n}\right)dA \tag{5.60}$$

식 (5.23)을 고려하면 상기 식은 다음과 같이 표현할 수도 있다.

$$\begin{aligned}\Sigma\overrightarrow{M} &= \frac{\partial}{\partial t}\int_{CV}\left(\vec{r}\times\vec{V}\right)\rho\, d\forall \\ &+ \int_{CS_2}\left(\vec{r}\times\vec{V}\right)\rho V_n dA - \int_{CS_1}\left(\vec{r}\times\vec{V}\right)\rho V_n\, dA\end{aligned} \tag{5.61}$$

정상류인 경우는 상기식의 우변 첫 항은 없어지고, 또 입구와 출구의 각 단면에서 유속과 밀도가 균일한 경우에는 식 (5.61)은 다음과 같이 쓸 수 있다.

$$\begin{aligned}\Sigma\overrightarrow{M} &= \sum_{out}(\vec{r}\times\vec{V})\rho V_n A - \sum_{in}(\vec{r}\times\vec{V})\rho V_n A \\ &= \sum_{out}\rho Q(\vec{r}\times\vec{V}) - \sum_{in}\rho Q(\vec{r}\times\vec{V})\end{aligned} \tag{5.62}$$

식 (5.61)을 적용하기 전에 주의할 점을 우선 적어 본다.

1. 상기 식은 벡터식이므로 3개의 스칼라량을 갖게 된다. 예를 들어 xy평면에서는 z축에 관한 모멘트 ΣM_z에 관한 식, yz평면, zx평면에 대해서는 각각 ΣM_x, ΣM_y에 관한 식으로 표현된다.

2. 좌변 모멘트(토크) $\Sigma\overrightarrow{M}$는 검사체적 내의 1점(또는 1축)에 관해서 검사체적에 작용하는 모든 모멘트를 합한 양이다.

이제 식 (5.62)의 이해를 돕기 위해 그림 5.14(a)와 같이 xy평면상에서 한 점 A에 고정되어 있는 곡면관을 생각하고, 각운동량방정식을 이용하여, 고정점 A에 걸리는 모멘트 T_A를 구해 보자.

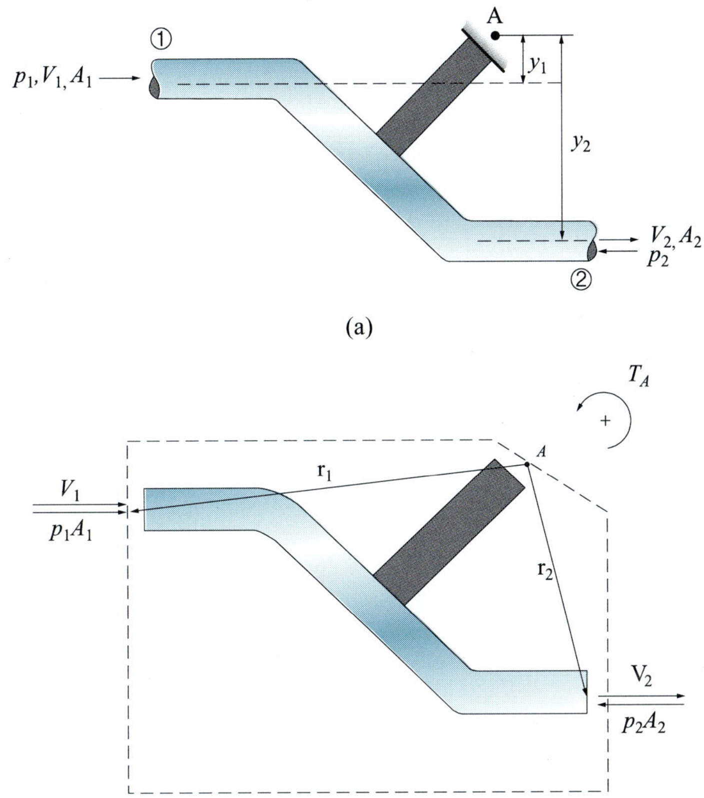

그림 5.14 각운동량 정리의 설명

이 검사체적을 식 (5.62)에 적용하여 보자. 입구와 출구가 1개인 경우이고 xy평면이므로 z축에 관한 힘과 체적요소의 모멘트만을 생각하면 되므로 식 (5.62)는 다음과 같이 표현된다.

$$\Sigma M_A = \rho Q\left(\vec{r_2} \times \vec{V_2}\right)_z - \rho Q\left(\vec{r_1} \times \vec{V_1}\right)_z \tag{5.63}$$

여기서 $(\vec{r_1} \times \vec{V_1})_z$, $(\vec{r_2} \times \vec{V_2})_z$는 각각 단면 1과 2에서의 벡터 $\vec{r} \times \vec{V}$의 z축 방향 회전 성분으로서

$$\begin{aligned}\left(\vec{r} \times \vec{V}\right)_z &= \left|\vec{r} \times \vec{V}\right|_z = \left|\vec{r}\right|\left|\vec{V}\right| \sin\theta \\ &= rV \sin\theta\end{aligned}$$

인 점을 고려하면 식 (5.63)은 다음과 같이 쓸 수 있다.

$$\Sigma M_A = \rho Q\left(r_2 V_2 \sin\theta_2 - r_1 V_1 \sin\theta_1\right) \tag{5.64}$$

이 식에서 θ_1은 V_1과 r_1이 이루는 각이고 θ_2는 V_2와 r_2가 이루는 각으로서 그림 5.15에 도시되어 있다.

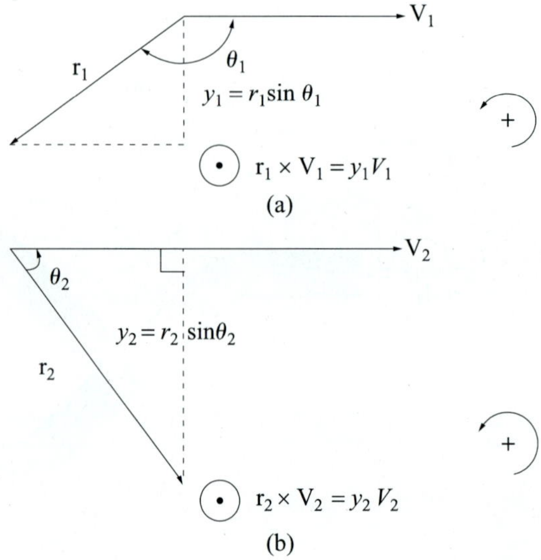

그림 5.15

위 그림으로부터 식 (5.64)는 다음과 같이 표시할 수 있다.

$$\Sigma M_A = \rho Q\left(y_2 V_2 - y_1 V_1\right) \tag{5.65}$$

마지막으로 식 좌변의 모멘트의 합 ΣM_A에 대해서 고찰해 보자. ΣM_A는 xy 평면상에서 A점에 관한 모멘트의 합, 다시 말해서 A점을 지나는 z축 주위의 모멘트를 의미한다. 이 경우 모멘트는 A축에 걸리는 모멘트 T_A, 단면 1에서 p_1A_1에 의해서 걸리는 모멘트 $p_1A_1y_1$ 그리고 p_2A_2에 걸리는 모멘트 $p_2A_2y_2$가 전부이므로

$$\Sigma M_A = T_A + p_1 A_1 y_1 - p_2 A_2 y_2$$

로 표시된다. 이 때 모멘트의 부호는 임의로 잡아도 상관없다. 이 경우는 반시계 방향을 (+)로 취했다. 위의 식을 식 (5.65)에 대입하고 정리하면 A점에 걸리는 모멘트 T_A를 구할 수 있다.

$$\begin{aligned} T_A &= p_2A_2y_2 - p_1A_1y_1 + \rho Q(y_2V_2 - y_1V_1) \\ &= y_2(p_2A_2 + \rho QV_2) - y_1(p_1A_1 + \rho QV_1) \end{aligned} \tag{5.66}$$

예제 5.15 원심펌프에 작용하는 토크(회전모멘트)

그림 E5.15는 원심펌프의 개략도를 나타낸 것이다. 물은 축방향으로 들어와서 각속도 ω로 회전하는 펌프날개를 지나간다. 이때 물의 속도는 V_1에서 V_2로 변하고, 압력은 p_1에서 p_2로 변한다.

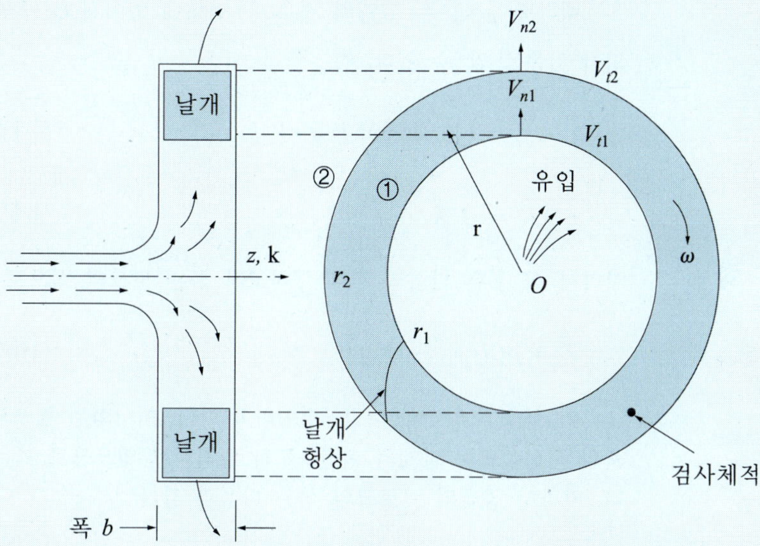

그림 E5.15

(a) 이와 같은 흐름을 유지하기 위해 이들 날개에 작용되어야 하는 토크 T_o의 식을 구하여라.

(b) $r_1 = 0.2$ m, $r_2 = 0.5$ m 및 $b = 0.15$ m이고, 펌프는 600 rpm로 돌고 있다. 밀도가 $\rho = 1{,}000\ \text{kg/m}^3$인 물을 $Q = 2.5\ \text{m}^3/\text{sec}$로 송출할 때, 토크와 공급된 동력을 계산하여라.

주어진 값: 그림 E5.15

찾는 값: 날개에 작용하는 토크 및 펌프에 공급되는 동력, $P = \omega T_o$

풀이

(a) 유체가 펌프날개(그림 E5.15를 참조)를 지나가는 단면 1과 단면 2사이의 환상영역을 검사체적으로 택한다. 그리고 흐름은 정상이고 비압축성이라고 가정한

다. 검사면 1과 2에 작용하는 압력에 의한 힘은 O을 통과하는 반경방향으로 작용하기 때문에 축 O에 관한 모멘트는 0(zero)이다. 따라서 식 (5.62)는 다음과 같이 표시된다.

$$\Sigma \vec{M}_0 = \vec{T}_0 = \left(\vec{r}_2 \times \vec{V}_2\right)\rho V_{n2}A_2 - \left(\vec{r}_1 \times \vec{V}_1\right)\rho V_{n1}A_1 \qquad ①$$

여기서 정상흐름의 연속조건에 의하면 다음과 같다.

$$\rho V_{n1}2\pi r_1 b = \rho V_{n2}2\pi r_2 b = \rho Q$$

벡터적 $\vec{r}\times\vec{V}$ 는 그림의 경우 두 단면에 있어서 O 주위의 시계방향으로 되어 있음을 알 수 있다. 즉,

$$\vec{r}_2 \times \vec{V}_2 = r_2 V_{t2}\sin 90°\ \vec{k} = r_2 V_{t2}\vec{k} \qquad \text{시계방향}$$

$$\vec{r}_1 \times \vec{V}_1 = r_1 V_{t1}\vec{k} \qquad \text{시계방향}$$

따라서 식 ①은 다음과 같이 구하고자 하는 토크의 식으로 된다.

$$\vec{T}_0 = \rho Q(r_2 V_{t2} - r_1 V_{t1})\vec{k} \qquad \text{시계방향}$$

이 식을 오일러의 터빈공식이라고 한다. 이상화된 펌프의 경우 유입과 유출의 접선속도는 날개의 회전속도와 일치하고 있으므로 $V_{t1} = \omega r_1$, $V_{t2} = \omega r_2$이다. 따라서 공급되는 토크의 식은 다음과 같다.

$$T_0 = \rho Q\omega\left(r_2^2 - r_1^2\right) \qquad \text{시계방향} \qquad ②$$

(b) ω를 환산하면 $600(2\pi/60) = 62.8$ rad/s이다. 수직속도는 유량으로부터 다음과 같이 계산될 수 있다.

$$V_{n1} = \frac{Q}{2\pi r_1 b} = \frac{2.5\ \text{m}^3/\text{s}}{2\pi(0.2\ \text{m})(0.15\ \text{m})} = 13.3\ \text{m/s}$$

$$V_{n2} = \frac{Q}{2\pi r_2 b} = \frac{2.5\ \text{m}^3/\text{s}}{2\pi(0.5\ \text{m})(0.15\ \text{m})} = 5.3\ \text{m/s}$$

유입과 유출의 경우 각각의 접선속도는 선단속도와 같으므로 다음과 같다.

$$V_{t1} = \omega r_1 = (62.8\ \text{rad/s})(0.2\ \text{m}) = 12.6\ \text{m/s}$$

$$V_{t2} = \omega r_2 = (62.8\ \text{rad/s})(0.5\ \text{m}) = 31.4\ \text{m/s}$$

식 ②로부터 필요한 토크는 다음과 같다.

$$T_0 = \left(1{,}000 \text{ kg/m}^3\right)\left(2.5 \text{ m}^3\text{/s}\right) \times 62.8 \text{ rad/sec} \times \left(0.5^2 - 0.2^2\right)\text{m}^2$$
$$= 32{,}970\left(\text{kg} \cdot \text{m}^2\right)/\text{s}^2 = 32{,}970 \text{ N} \cdot \text{m}$$

그리고 필요한 동력은 다음과 같다.

$$P = \omega T_0 = (62.8 \text{ rad/s})(32{,}970 \text{ N} \cdot \text{m}) = 2{,}070{,}516(\text{N} \times \text{m})/\text{s}$$
$$= 2.07 \text{ MW}$$

연습문제 Exercise

5.1 긴 관을 흐르는 정상상태의 흐름에서 축방향 속도 분포는 $u = C(R^2 - r^2)$로 주어지며 R은 관의 반경으로서 $r \leq R$의 관계에 있다. $u(r)$을 적분하여 관을 흐르는 총 유량 Q를 구하라.

5.2 그림 P5.2에서처럼 탱크 안에 있는 오리피스를 통하여 중력에 의해 물이 분출될 때, 출구 속도분포에 대한 근사식은 $u = \sqrt{2g(h-z)}$ 이며, h는 제트중심선의 깊이이다. 오리피스 가까이에서 제트는 수평이고 2차원이며 두께는 $2L$이다. 오리피스에서 분출되는 총유량 Q를 일반적인 식으로 표현하여라.

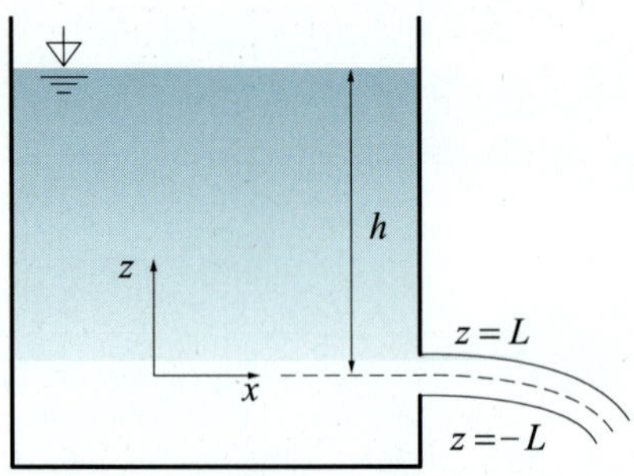

그림 P5.2

5.3 물이 25 cm 직경의 관속을 6500 gal/min로 흐르고 있다. (a) 유량 Q를 m^3/sec 단위로 구하라. (b) 평균속도(m/sec), (c) 질량유량(kg/sec)을 계산하여라.

5.4 그림 P5.4와 같이 탱크를 통해서 물이 정상적으로 흐르고 있다. 단면 1, 2, 3에서의 관의 직경은 각각 $d_1 = 12$ cm, $d_2 = 10$ cm 및 $d_3 = 8$cm이다. 단면 1에서의 유량이 $Q = 0.06\ m^3$/sec이고 단면 2에서의 평균 유속이 $V_2 = 8$ m/sec일 때, 단면 3에서의 유량 Q_3와 평균유속 V_3는 얼마인가?

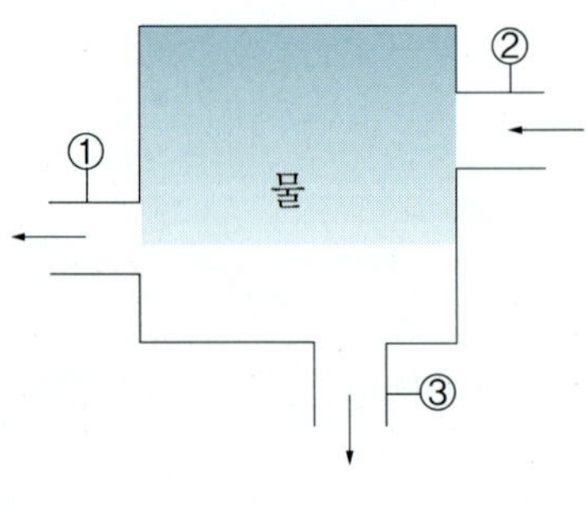

그림 P5.4

5.5 그림 P5.5에서 노즐을 통해 물이 40 kg/sec로 정상적으로 흐른다. $d_1 = 18$ cm이고, $d_2 = 5$ cm이면 (a) 단면 1과 (b) 단면 2에서의 평균속도를 m/sec로 계산하여라.

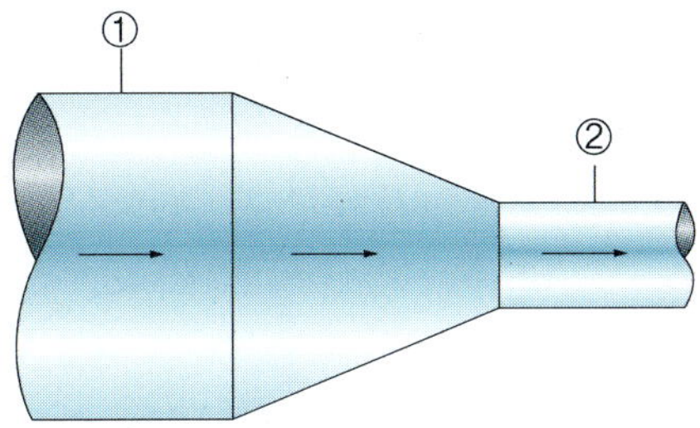

그림 P5.5

5.6 그림 P5.6과 같은 장치를 통하여 비압축성유체가 정상적으로 흐르고 있다. 입구유속은 $V_1 = 0.60$ m/sec로 균일하고, 출구의 속도분포는 $V_2 = ky$인 선형이며, 수로의 폭은 $w = 0.375$ m이다. 정상류인 경우 k를 구하라.

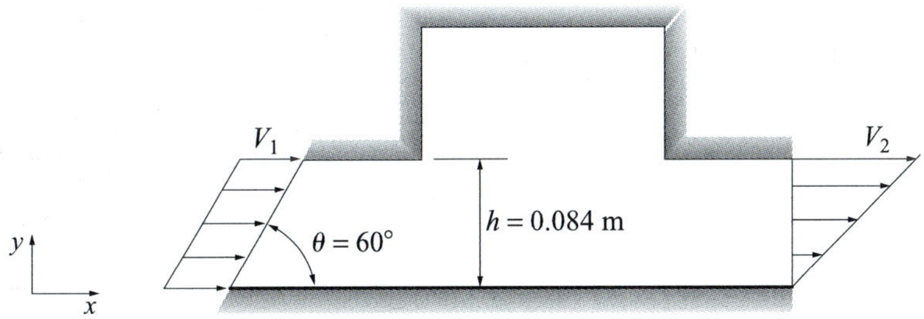

그림 P5.6

5.7 그림 P5.7과 같이 두 평판사이에서 비압축성 정상흐름이 형성되어 있다. 평판 입구에서는 $U_0 = 10$ cm/sec의 균일한 속도, 하류에서는 $u = az(z_0 - z)$의 포물선 유속분포를 한다. $z_0 = 6$ cm일 때, a를 구하라.

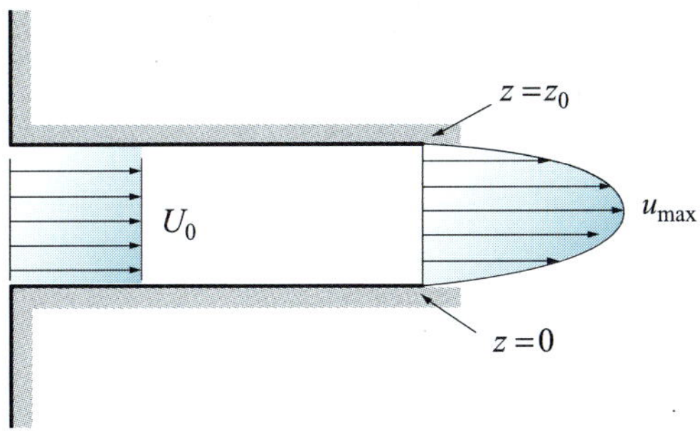

그림 P5.7

5.8 문제 5.7에서 하류의 유속분포가 $u = a(2z/z_0)^{1/7}$일 때, (여기서 $0 < z < z_0/2$), u_{max}를 구하라. 단 흐름의 중심축에 대해서 유속 분포는 대칭이다.

5.9 그림 P5.9와 같이 반경이 $R = 0.5$ m인 원관 내에 물이 흐르고 있다. 속도분포가 그림과 같을 때 유량과 평균유속을 구하라. 단 최대유속은 $V_c = 3$ m/sec로 계산하라.

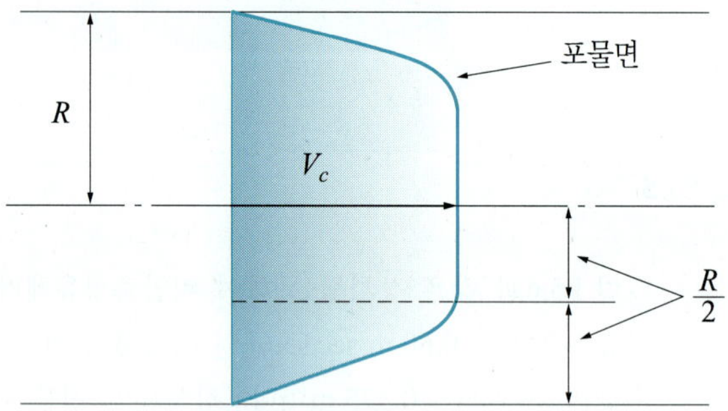

그림 P5.9

5.10 물이 일정한 폭 h의 2차원 수로에 균일속도 U로 유입한다. 그림 P5.10과 같이 수로 출구에서 $v_{max} = 2v_{min}$인 선형속도형상을 얻기 위하여 90°휜 곡관을 통과시켰다. $U = 7.5$ m/s일 때 v_{min}를 계산하라.

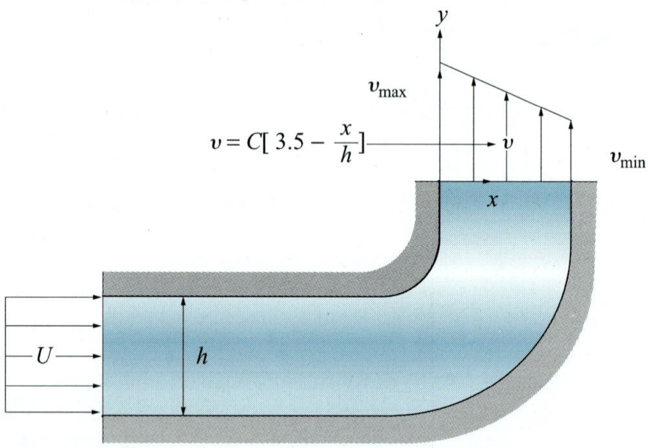

그림 P5.10

5.11 지름 $d = 300$ mm인 원형탱크로부터 점성유체가 반지름 $R = 50$ mm인 긴 원형관을 통하여 유출한다. 유출구에서의 속도분포는 다음과 같다.

$$u = u_{max}\left[1 - \left(\frac{r}{R}\right)^2\right]$$

관에서 유체의 평균속도가 $\vec{V} = \frac{1}{2}u_{max}$ 임을 보여라.

5.12 지름이 0.3 m인 원형탱크의 밑바닥에 있는 원형구멍을 통하여 물이 배출된다. 물의 깊이가 0.6 m인 순간, 탱크로부터 배수되는 질량유량은 4 kg/sec이다. 이 순간에 수위의 변화율을 구하라.

5.13 그림 P5.13과 같은 탱크에서 일정한 수위 h인 상태에서, 단면 1을 통해서는 $V_1 = 3$ m/sec의 속도로, 단면 3을 통해서는 $Q_3 = 0.01$ m^3/sec의 물이 유입된다. 수위 h가 일정하게 유지된다면 출구에서의 속도 V_2는 얼마인가?

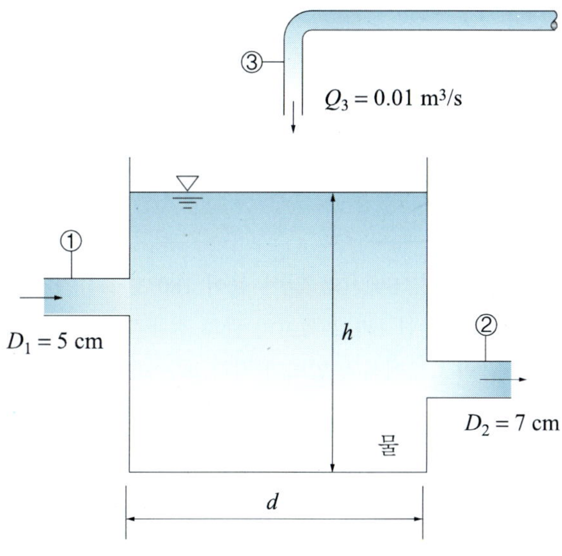

그림 P5.13

5.14 그림 P5.14와 같은 V 형 탱크의 폭은 b이고, 유입관을 통해 유량 Q의 물이 유입 된다. (a) h의 변화율 dh/dt와 (b)표면이 h_1에서 h_2로 상승하는 데 필요한 시간을 유도하여라.

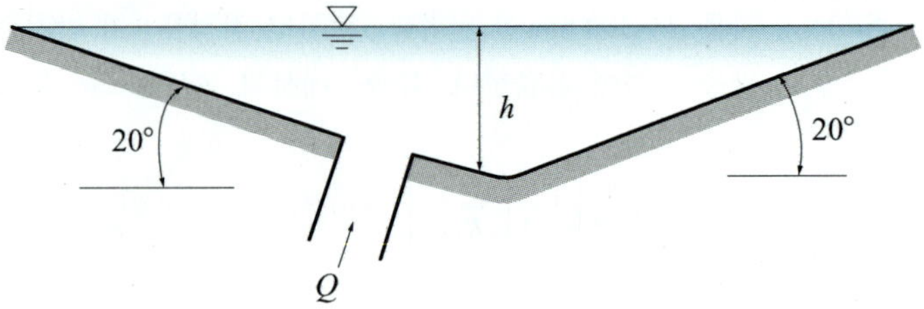

그림 P5.14

5.15 그림 P5.15에 나타난 바와 같이 물제트가 고정된 판에 수직으로 충돌한다. 중력과 마찰을 무시할 때 판을 고정시키기 위한 힘은 몇 N인가?

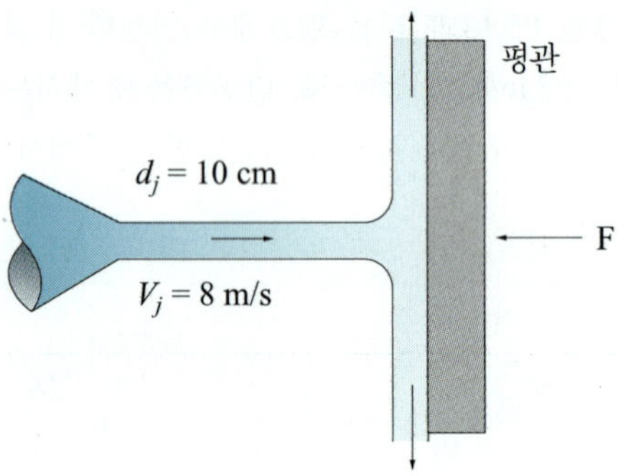

그림 P5.15

5.16 그림 P5.16에서와 같이 물이 180°로 휜 직경 5 cm의 곡관을 통해서 흐르고 있다. 단면 1과 2 사이의 관의 전체길이는 75 cm이다. 질량유량이 0.023 kg/sec, 단면 1, 2에서의 압력이 각각 p_1 = 165kPa, p_2 = 134kPa일 때 관의 무게를 무시하면 흐름에 의해 곡관이 받는 수평력은 얼마인가?

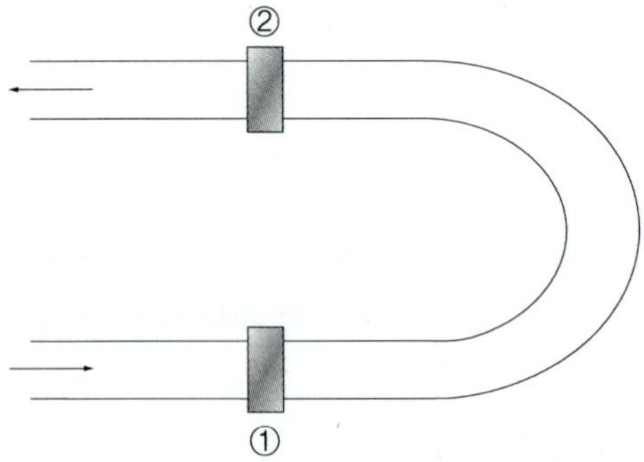

그림 P5.16

5.17 그림 P5.17과 같은 수평관에 유체가 흐르고 있다. 단면 1에서의 압력이 $p_1 =$ 10 kPa, 2에서의 압력이 $p_2 = 7$ kPa일 때 1 과 2사이의 마찰력 F를 구하라(단 관의 단면적은 0.02 m^2이다).

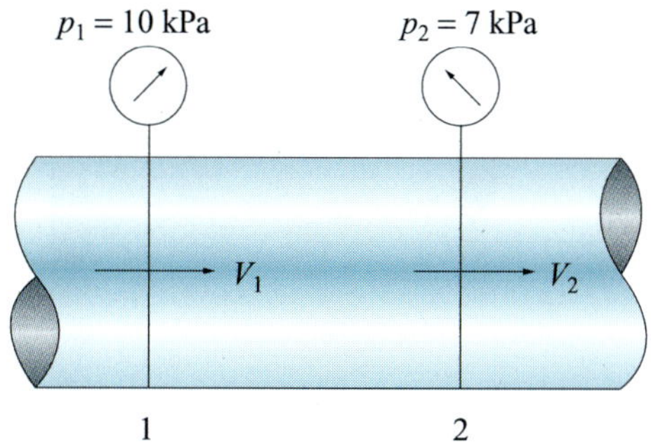

그림 P5.17

5.18 그림 P5.18과 같이 제트가 경사진 고정판에 부딪힐 때 단면 2, 3의 두 제트로 나뉘고 같은 속도 $V = V_{jet}$로 된다. 그러나 유량은 단면 2에서 αQ, 단면 3에서 $(1 - \alpha Q)$가 된다(여기서 α는 0과 1 사이의 값). 그 이유는 마찰이 없는 흐름의 경우 유체는 판에 접선방향의 힘 F_t를 작용시킬 수 없기 때문이다. $F_t = 0$의 조건으로 부터 α를 θ의 함수로 구하여라.

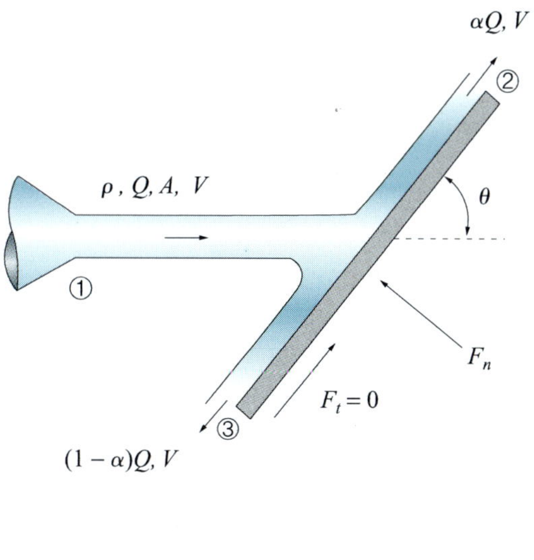

그림 P5.18

5.19 그림 P5.19와 같이 직경 $d_1 = 6$ cm인 분류가 25 m/sec의 속도로 연직 평판에 충돌하고 있다. 이 물의 일부분이 $d_2 = 4$cm의 구멍을 통해 동일한 속도로 분출될 때 평판을 유지하기 위해 필요한 수평력을 구하라.

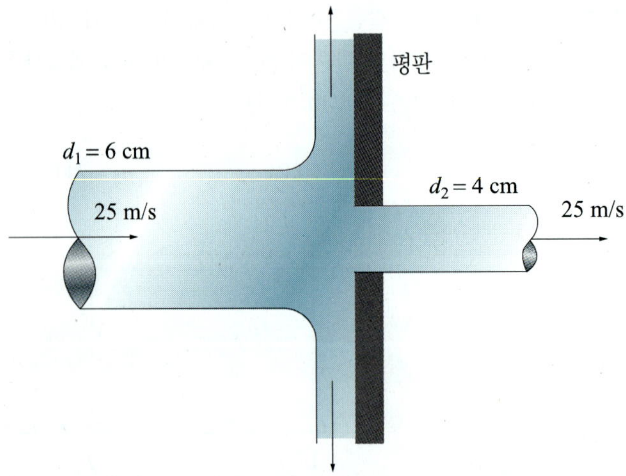

그림 P5.19

5.20 그림 P5.20에 나타난 바와 같이 물이 축소곡관을 통하여 정상적으로 흐르고 있다. 주어진 조건은 $p_1 = 350$ kPa, $d_1 = 25$ cm, $V_1 = 2.2$ m/sec, $p_2 = 120$ kPa, $d_2 = 8$ cm이다. 곡관과 물의 무게를 무시할 때 플랜지 볼트가 지탱하여야 하는 축방향 힘을 계산하여라.

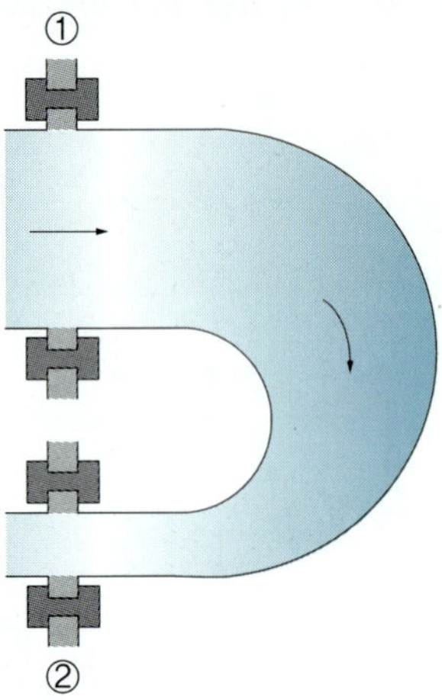

그림 P5.20

5.21 그림 P5.21의 수평노즐의 단면 ①, ②에서의 직경이 $d_1 = 0.3$ cm, $d_2 = 0.15$ cm이다. 입구절대압력은 $p_1 = 2.7$ kg중/cm^{2}이고 $V_2 = 20$ m/sec이다. 물의 경우에 대해서 노즐을 고정해 주기 위해 플랜지 볼트에 필요한 힘을 계산하여라(대기압은 100kPa로 계산한다).

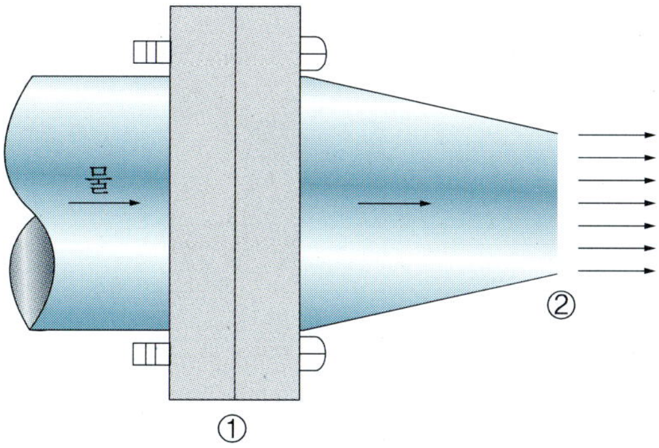

그림 P5.21

5.22 그림 P5.22와 같은 원형관으로 유입되는 비압축성 흐름을 생각해 보자. 유입부에서 흐름은 균일속도 $u_1 = U_0$를 가진다. 단면 2의 유속은 그림과 같이 포물선 분포를 한다. 단면 2의 유속분포가 다음 식으로 표시될 때, (p_1, p_2, ρ, U_0, R)의 함수로 관벽에서의 저항력 F를 구하여라.

(a) 층류 : $u_2 = u_{max}\left(1 - \dfrac{r^2}{R^2}\right)$

(b) 난류 : $u_2 = u_{max}\left(1 - \dfrac{r}{R}\right)^{1/7}$

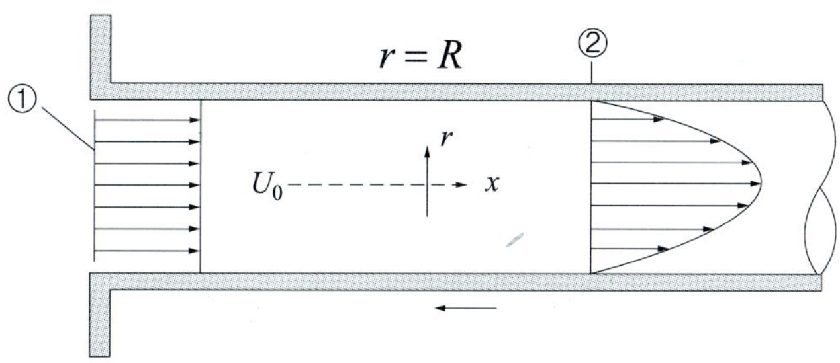

그림 P5.22

5.23 그림 P5.23과 같이 커다란 탱크가 수차에 부착되어 있고, 물이 10 m/sec의 속도로 600 mm^{2}의 노즐을 통하여 탱크로부터 유출한다. 탱크의 수위는 수직관을 통하여 공급되어 항상 일정하게 유지된다. 수차를 정지상태로 유지하고 있는 와이어(wire)에 걸리는 인장력(tension)을 구하라.

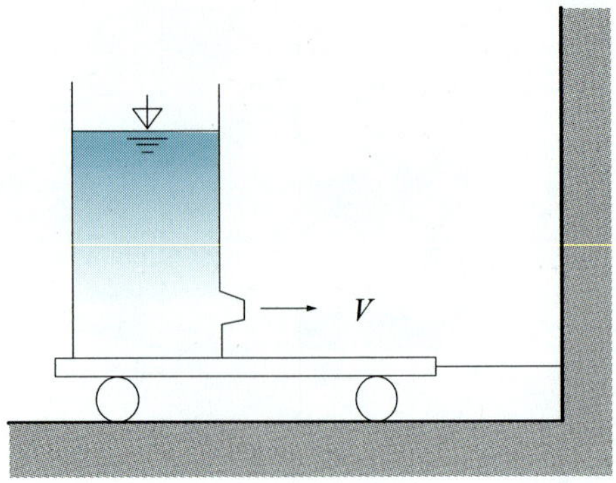

그림 P5.23

5.24 그림 P5.24에서 탱크가 받는 추력은 얼마인가? 노즐의의 단면적은 0.01 m^2이다.

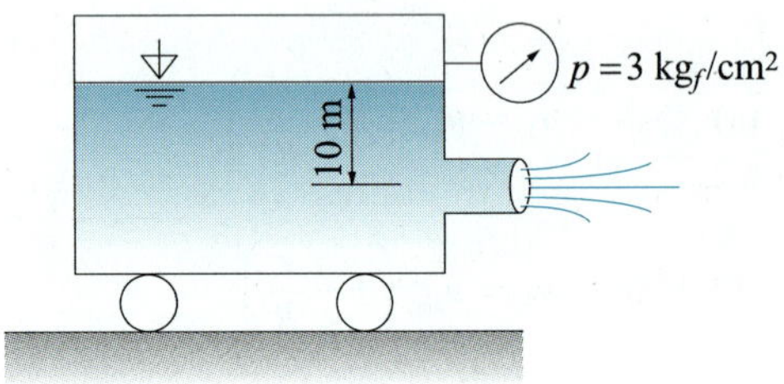

그림 P5.24

5.25 그림 P5.25에서처럼 정지상태의 노즐로부터 나오는 물체가 15 m/sec(A_j = 0.05 m^2)의 속도로 수차에 장치된 만곡깃(turning vane)에 부딪친다. 날개는 $\theta = 50^\circ$ 각도만큼 제트의 방향을 바꾼다. 수차가 정지상태를 유지하는 데 필요한 질량 M을 구하라.

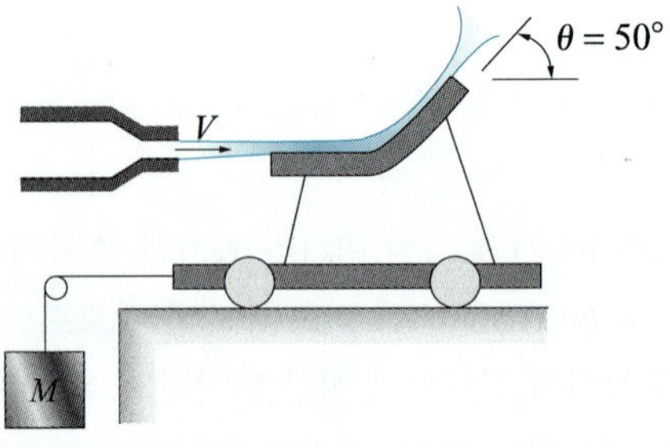

그림 P5.25

5.26 그림 P5.26과 같이 180° 굽은 곡관을 통하여 물이 정상적으로 흐르고 있다. 입구의 계기압력은 96 kPa이고, 물은 대기 중으로 방출된다. 입구 및 출구단면의 흐름속도는 균일하고, $A_1 = 2600\ \text{mm}^2$, $A_2 = 654\ \text{mm}^2$, $V_1 = 3.05\ \text{m/sec}$이다. 이 관을 지지하는 데 필요한 힘을 구하라.

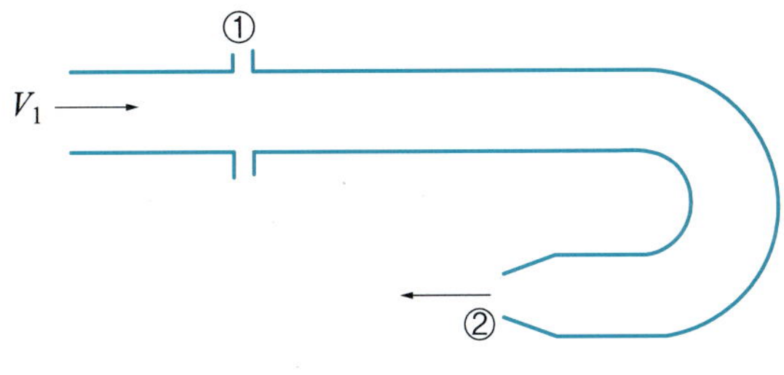

그림 P5.26

5.27 물이 저장 탱크로부터 직경 0.4 m의 관을 통해 $0.58\ \text{m}^3/\text{sec}$로 흐르고 있다. 이때 탱크에 작용하는 반작용력을 구하라. 단, 관은 수평하게 놓여 있다.

5.28 50 mm지름의 평면오리피스가 지름 100 mm인 파이프 끝에 위치하고 있다. 물은 파이프와 오리피스를 통하여 $Q = 0.05\ \text{m}^3/\text{sec}$의 유량으로 흐르고 있다. 오리피스로부터 하류의 물제트 지름은 35 mm이다. 오리피스를 그 장소에 지지하는 데 필요한 외력을 계산하라. 파이프 벽의 마찰은 무시한다.

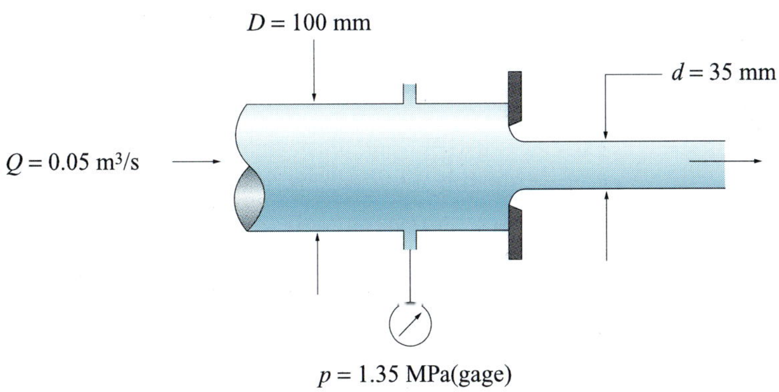

그림 P5.28

5.29 그림 P5.29와 같은 곡면에 물이 충돌하고 있다. 출구의 흐름이 균일할 때, 물이 곡면판에 작용하는 축방향 힘을 구하라.

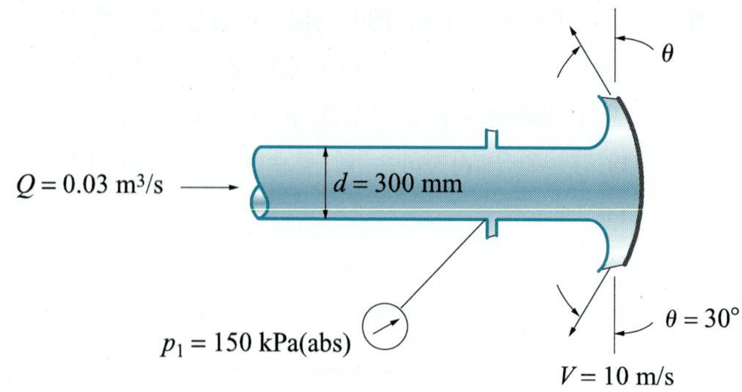

그림 P5.29

5.30 그림 P5.30과 같이 30°의 수축되는 곡관이 있다. 물의 운동으로부터 엘보가 움직이지 않도록 지지하기 위하여 인접한 파이프들이 지탱해야 하는 힘의 수평분력 및 연직분력을 계산하라.

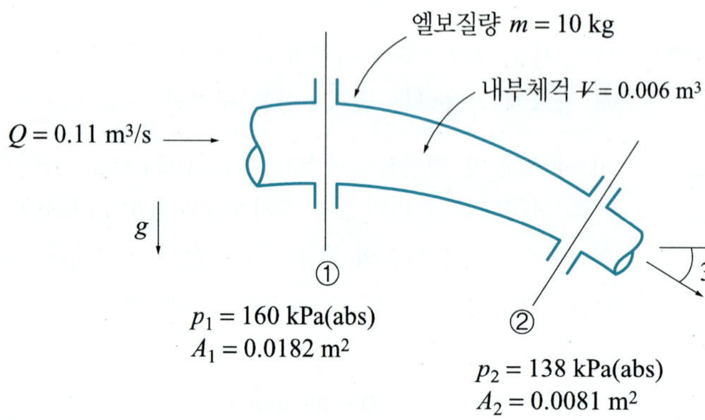

그림 P5.30

5.31 그림 P5.31과 같이 직경 10 cm의 노즐이 4개의 볼트로 직경 30 cm의 수평관에 연결되어 있다. 이 노즐을 통해 대기 중으로 물이 분출될 때, 볼트 한 개당 받는 인장력을 구하라. 단 노즐 입구부의 압력은 6 kg중/cm^{2}이다.

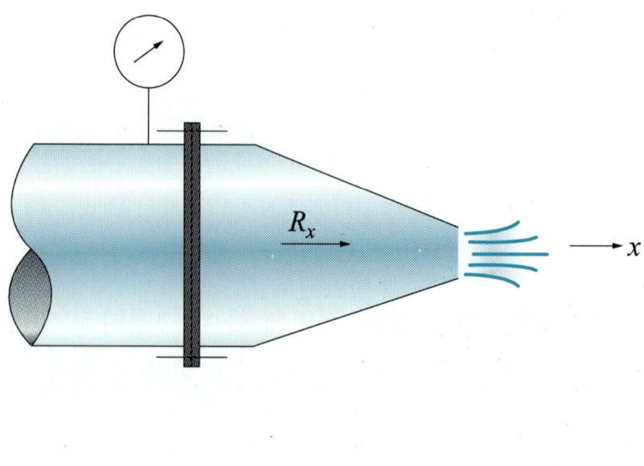

그림 P5.31

5.32 정지노즐로부터 분출하는 물제트는 90°로 굽은 날개를 만나며, 날개는 15 m/sec의 일정속도로 수평방향으로 이동한다. 제트의 단면적은 600 mm^{2}이며, 속도는 30 m/sec이다. 날개에 작용하는 하는 힘을 구하라.

5.33 그림 P5.33과 같이 직경 10 cm의 분류가 45 m/sec의 속도로 날개에 충돌하였을 때, 날개에 작용하는 힘을 구하라. 단 날개는 흐름방향으로 25 m/sec의 속도로 이동하고 있다.

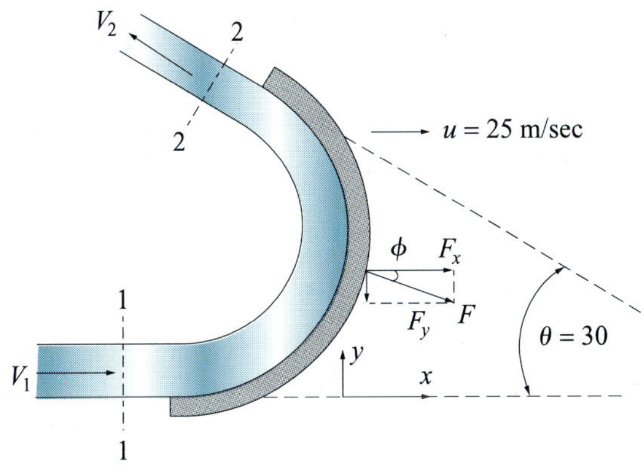

그림 P5.33

5.34 개수로에서 물의 유동은 그림 P5.34와 같은 수문에 의해 조정된다. 수문에서 상류와 하류쪽으로 적절한 거리만큼 떨어진 단면 1과 2에서 흐름은 균일하고 압력은 정수압분포를 한다고 볼 수 있다. 수로의 폭은 지면 안으로 b이다. 바닥의 마찰을 무시할 때 수문을 유지하는 데 필요한 힘 F를 유도하여라. h_2/h_1이 얼마이면 최대힘의 1/2이 되는가?

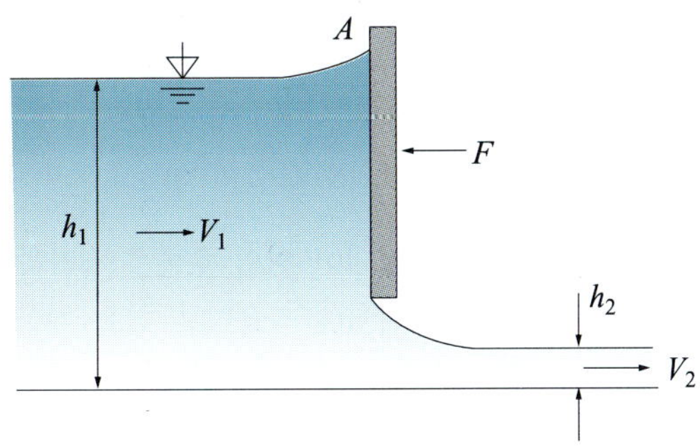

그림 P5.34

5.35 그림 P5.35와 같이 수중에 장애물이 위치해 있다. 1, 2 양쪽에서 물의 압력은 정수압이라 가정한다면, 장애물에 작용하는 힘을 V_1, h_1, b, ρ, g에 대해 나타내라. 단, 하천폭은 b이고, 하천바닥에서의 물의 마찰은 무시하라.

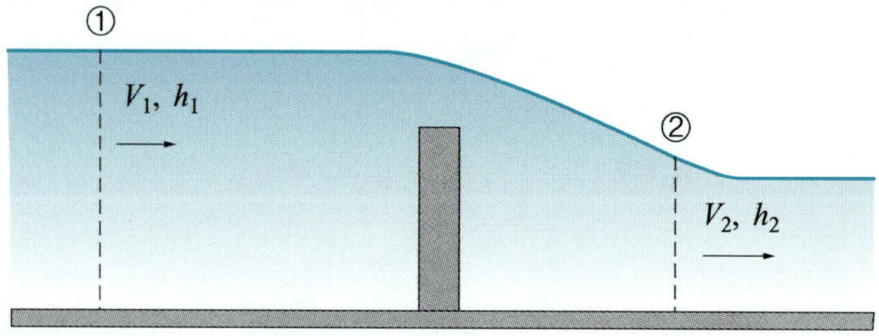

그림 P5.35

5.36 그림 P5.36에 나타난 여수로를 월류하는 흐름에 있어서, 속도는 단면 1, 2에서 균일하며 정수압이다. 손실을 무시했을 때 (a) V_2와, (b) 물이 여수로에 미치는 단위폭당 힘을 계산하여라.

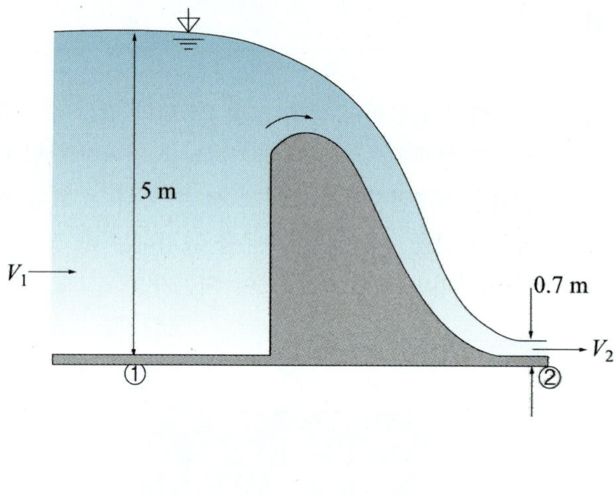

그림 P5.36

5.37 그림 P5.37과 같이 위어 위의 흐름을 생각하자. 단위 폭당 유량이 $q = 0.325$ m^3/sec라 할 때, 위어에 작용하는 힘을 계산하라.

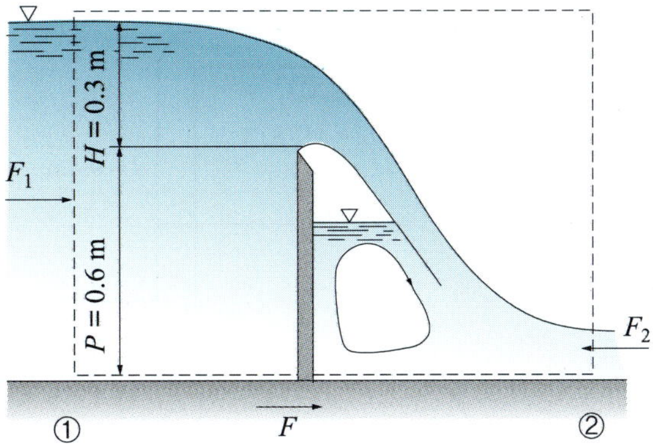

그림 P5.37

5.38 그림 P5.38은 잔디의 스프링쿨러를 도시한 것이다. Q m^3/sec의 물이 흘러 들어가 스프링쿨러의 관에 유입된 후 $Q/2$씩 양분되어 수평면과 α의 각도로 분출한다. 스프링쿨러가 받는 토크를 구하라.

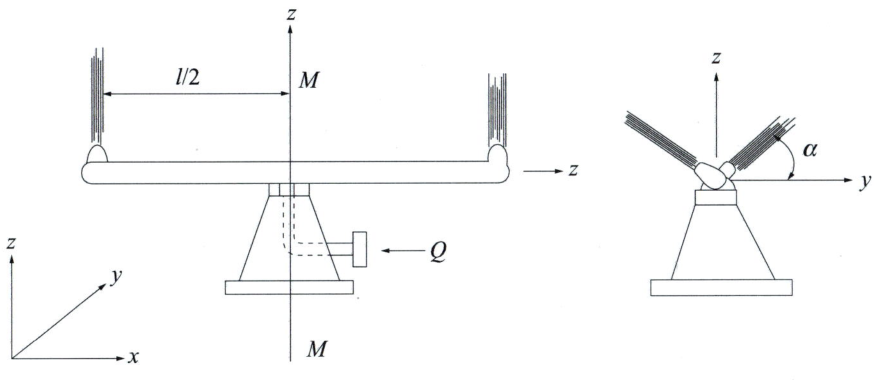

그림 P5.38

5.39 물이 저장 탱크로부터 직경 $d = 0.4$ m의 관을 통해 그림 P5.39와 같이 유량 $Q = 0.58$ m^3/s로 흐르고 있다. 이때 관에 의해 지지대에 작용하는 힘과 토크를 구하라. 단 지지대는 단면 ②에 설치되어 있고, 관은 수평면에 놓여있다.

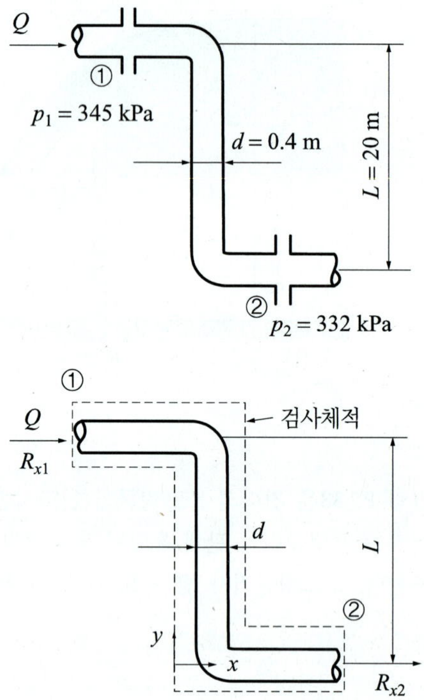

그림 P5.39

제 6 장

비점성, 비압축성 유체의 흐름

실제의 물은 다소나마 점성을 갖고 있으며 압축성이 있기 때문에 밀도도 일정하지 않지만, 해석상의 편의를 위해서 점성과 압축성을 고려하지 않는 가상적인 유체로서 다루는 수가 있다. 이러한 유체를 완전유체 또는 이상유체라 칭하는 것은 1장과 3장에서 언급한 바 있다.

점성과 압축성을 고려한 경우 물의 거동에 대한 이론적인 취급은 일반적으로 상당히 복잡하고 어렵기 때문에, 우선 물의 운동을 완전유체로서 다루고 그 결과를 이용하여 실제유체의 현상을 파악하려고 하는 경우가 수리학에는 흔하다. 이와 같이 물의 기본적인 성질을 이해하기 위해서는 우선 완전유체의 역학적 특성을 이해할 필요가 있다. 그러나 실제의 물을 완전유체로서 취급하는 경우에는 실제상황과 모순되는 경우도 있다. 예를 들면 완전유체에서는, 유속분포에 있어서 불연속을 허용하지만 실제유체에서는 결코 유속이 불연속적으로 변할 수 없다고 하는 점이라든가, 흐름 내의 물체표면상에서 나타나는 박리현상(separation)을 설명할 수 없다는 점 등이 그것인데 이것들은 결국 점성을 무시한 결과에서 온 것이다. 그러나 흐름 내에서 점성이 탁월한 부분은 고정경계에 접하는 극히 얇은 층에 국한되므로, 이 부분을 제외한 주류부분에서는 완전유체로 간주해도 큰 문제는 없을 것이다. 완전유체로서의 물의 운동을 이해하기 위해서는 오일러의 운동방정식 및 연속방정식을 적당한 초기조건 및 경계조건하에서 풀면 된다. 그러나 특수한 경우를 제외하고는 이들을 푸는 것은 매우 복잡하다. 따라서 여러 가지 가정을 도입하여 간략화한 취급이 사용되는 수가 많다.

완전유체가 점성유체(실제유체)와 크게 구별되는 것은 점성 때문이다. 점성이 없는 완전유체의 흐름에서는 입자와 입자사이, 또는 입자와 고체경계면 사이에 마찰력이 존재하지 않으므로, 열손실이 없고, 이에 수반되는 일체의 에너지손실이 존재하지 않는다.

이 장에서는 미분적 접근방법에 근거하여, 완전유체의 기초식으로서 오일러의 연속방정식 및 운동방정식을 유도한다. 또한 운동방정식을 적분하여 베르누이식을 얻고 베르누이방정식의 적용 예에 대해서도 상세히 고찰한다.

6.1 오일러의 연속방정식

연속적인 유체의 운동을 취급하는 경우에, 유체 중에 임의의 폐곡면을 취하면 그 내부의 유체질량의 변화는 폐곡면을 통해서 유입한 질량과 유출한 질량과의 차와 같게 된다(질량보존의 법칙). 이것을 식으로 표현한 것이 연속방정식이다.

6.1.1 1차원 흐름의 연속방정식

그림 6.1과 같이 단면 ①과 ②로 둘러싸인 영역에 대해서 질량보존법칙을 적용해 보자.

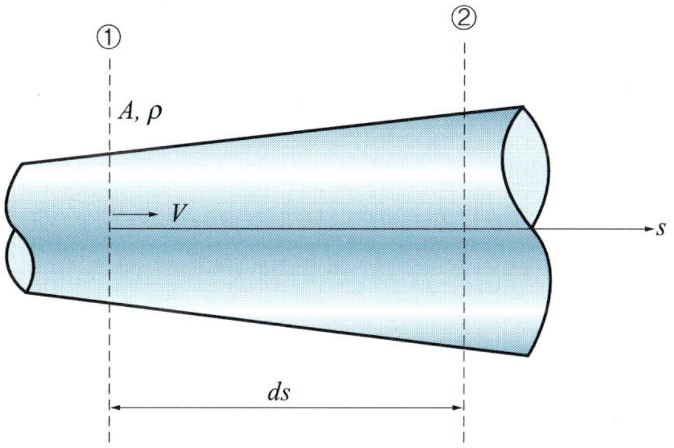

그림 6.1 1차원 연속방정식

단면 ①에 있어서의 유속을 V, 단면적을 A, 밀도를 ρ로 하면, 일반적으로는 V와 ρ는 거리 s 및 시간 t의 함수가 된다. 이제 단면 ①에서 dt시간 동안에 유입하는 질량은 다음과 같이 표현된다.

$$\rho VAdt$$

또 단면 ①에서 ds만큼 떨어진 곳, 즉 단면 ②에서 dt시간 동안 유출하는 질량은 다음과 같이 표현된다.

$$\left[\rho VA + \frac{\partial(\rho VA)}{\partial s}ds\right]dt$$

따라서 ds 영역 내에서 dt 시간 동안의 질량의 변화는 유입질량에서 유출질량을 빼면

$$\rho VAdt - \left[\rho VA + \frac{\partial(\rho VA)}{\partial s} ds \right] dt = -\frac{\partial(\rho VA)}{\partial s} dsdt$$

로 된다. 그런데 dt시간 동안 ds 내에서 질량의 변화는

$$\frac{\partial(\rho Ads)}{\partial t} dt$$

이므로, 단면 ①, ②를 통해 유입한 질량과 유출한 질량 차는 ds영역 내부의 질량의 시간 변화와 같다고 하는 조건 즉 상기 두식을 같게 놓으면 다음과 같이 된다.

$$\frac{\partial(\rho Ads)}{\partial t} dt + \frac{\partial(\rho VA)}{\partial s} dsdt = 0 \tag{6.1}$$

상기 식에서 ds는 시간과 무관하기 때문에 미분연산자 밖으로 나올 수 있으므로, 1차원 흐름의 연속방정식은 다음과 같이 쓸 수 있다.

$$\frac{\partial(\rho A)}{\partial t} + \frac{\partial(\rho VA)}{\partial s} = 0 \tag{6.2}$$

정상류에 대해서는 흐름의 특성인자가 시간에 대해서 변화하지 않으므로

$$\frac{\partial(\rho VA)}{\partial s} = 0$$

즉,

$$\rho VA = \text{일정} \tag{6.3}$$

이 된다. 상기 식에서 ρVA의 차원을 구해보면 $[\mathrm{MT}^{-1}]$이 되어 이것은 단위 시간당의 질량의 변화로서, 식 (5.10)으로 표시되는 질량유량 $\dot{m}$을 나타내고 있는 것을 알 수 있다. 또 비압축성 유체에 대해서는 밀도 ρ가 일정하므로 식 (6.3)은 다음과 같이 된다.

$$AV = Q = \text{일정} \tag{6.4}$$

이때 Q의 차원은 $[L^3T^{-1}]$이 되어 단위시간당 유체의 체적 변화로서 식 (5.8)로 표시되는 유량(流量, discharge or flowrate)이고, 그 단위로는 m^3/sec를 주로 사용한다. 상기 식 (6.4)가 수리학에서 일반적으로 취급하는 정상류이면서 비압축성의 유체인 경우의 일차원 흐름의 연속방정식이다. 이 식이 5.3절에서 검사체적해석 방법으로 유도한 식 (5.33)과 동일하게 됨을 알 수 있다.

예제 6.1 연속방정식

유량 Q m^3/sec의 물을 직경 $d = 50$ cm의 원형 관으로 흘리고 있다. 동일한 유량을 유속을 1/2배로 하여 정사각형 관에 흐르게 하려면 한 변의 길이를 얼마로 하여야 하는가?

주어진 값: 유량 Q m^3/sec, 직경 $d = 50$ cm

찾는 값: 정사각형 한 변의 길이(a)

풀이

원형관 내의 유속을 V_1, 사각형단면의 유속을 V_2라 하면 연속방정식은 다음과 같다.

$$Q = A_1V_1 = A_2V_2$$

여기서 $V_2 = 1/2\ V_1$이므로

$$\frac{\pi}{4}(0.5)^2 V_1 = a^2\left(\frac{1}{2}V_1\right)$$

$$a = 0.63 \text{ m}$$

6.1.2 연속방정식의 일반형

앞에서 다룬 1차원을 확장하여 연속방정식의 일반형을 구해본다. 흐름장에 그림 6.2와 같이 (x, y, z)점을 중심으로 하는 미소직육면체를 생각하고, 이 미소직육면체에 유출입하는 질량에 대해서 고찰한다. 이때 미소직육면체의 중심에서 x, y 및 z 방향으로 단위 면적당의 질량유량을 각각 ρu, ρv 및 ρw로 놓는다.

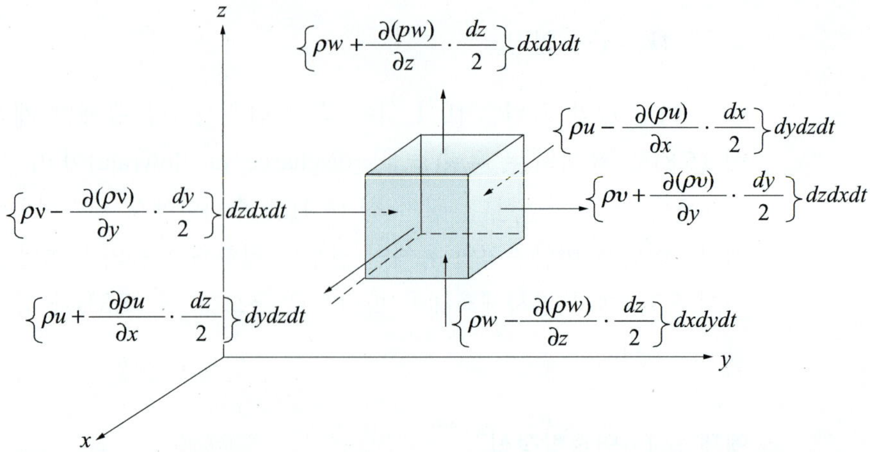

그림 6.2 3차원 연속방정식

따라서 x, y 및 z 축을 통해서 미소시간 dt 시간동안에 미소직육면체로 유입하는 유체의 질량은 단위 면적당 질량유량에 작용하는 면적과 미소시간 dt 를 곱하면, 각각 다음과 같이 표시된다.

$$x \text{ 방향}: \left(\rho u - \frac{\partial(\rho u)}{\partial x}\frac{dx}{2}\right)dy\,dz\,dt$$

$$y \text{ 방향}: \left(\rho v - \frac{\partial(\rho v)}{\partial y}\frac{dy}{2}\right)dz\,dx\,dt$$

$$z \text{ 방향}: \left(\rho w - \frac{\partial(\rho w)}{\partial z}\frac{dz}{2}\right)dx\,dy\,dt$$

유입하는 유체의 총질량은 상기 3방향의 합으로서 다음과 같이 된다.

$$\underbrace{\left(\rho u - \frac{\partial(\rho u)}{\partial x}\frac{dx}{2}\right)dy\,dz\,dt}_{x \text{ 방향}} + \underbrace{\left(\rho v - \frac{\partial(\rho v)}{\partial y}\frac{dy}{2}\right)dz\,dx\,dt}_{y \text{ 방향}} + \underbrace{\left(\rho w - \frac{\partial(\rho w)}{\partial z}\frac{dz}{2}\right)dx\,dy\,dt}_{z \text{ 방향}}$$

또 미소시간 dt 사이에 미소육면체로부터 x, y 및 z 방향으로 유출하는 유체의 질량은 각각 다음과 같이 쓸 수 있다.

$$x\text{ 방향} : \left(\rho u+\frac{\partial(\rho u)}{\partial x}\frac{dx}{2}\right)dy\,dz\,dt$$

$$y\text{ 방향} : \left(\rho v+\frac{\partial(\rho v)}{\partial y}\frac{dy}{2}\right)dz\,dx\,dt$$

$$z\text{ 방향} : \left(\rho w+\frac{\partial(\rho w)}{\partial z}\frac{dz}{2}\right)dx\,dy\,dt$$

결국 유출하는 유체의 총질량은 다음과 같이 된다.

$$\text{유출하는 유체의 총질량} = \left(\rho u+\frac{\partial(\rho u)}{\partial x}\frac{dx}{2}\right)dy\,dz\,dt + \left(\rho v+\frac{\partial(\rho v)}{\partial y}\frac{dy}{2}\right)dz\,dx\,dt + \left(\rho w+\frac{\partial(\rho w)}{\partial z}\frac{dz}{2}\right)dx\,dy\,dt$$

따라서 dt 시간동안에 미소육면체에 유입하는 유체의 총질량에서 유출하는 총질량을 뺀 차는 다음과 같이 표시된다.

$$\text{유출입 질량차} = -\left(\frac{\partial(\rho u)}{\partial x}+\frac{\partial(\rho v)}{\partial y}+\frac{\partial(\rho w)}{\partial z}\right)dx\,dy\,dz\,dt$$

한편 dt 시간에 있어 미소육면체 $dx\,dy\,dz$ 내의 유체질량의 변화는

$$\text{유체의 질량변화} = \frac{\partial(\rho dx\,dy\,dz)}{\partial t}dt$$

로 표시되는데, 이것이 상기 dt 시간동안의 미소육면체의 각 면을 통해 유출입하는 질량의 차와 같으므로 다음 식이 얻어진다.

$$\frac{\partial(\rho\, dx\, dy\, dz)}{\partial t}dt + \left(\frac{\partial(\rho u)}{\partial x} + \frac{\partial(\rho v)}{\partial y} + \frac{\partial(\rho w)}{\partial z}\right)dx\, dy\, dz\, dt = 0 \tag{6.5}$$

식 (6.5)를 정리하면 다음과 같은 식이 된다.

$$\frac{\partial \rho}{\partial t} + \frac{\partial(\rho u)}{\partial x} + \frac{\partial(\rho v)}{\partial y} + \frac{\partial(\rho w)}{\partial z} = 0 \tag{6.6}$$

상기 식이 연속방정식의 일반형이다. 흐름이 정상류이면 시간에 대해서 흐름의 특성인자가 변화하지 않으므로 $\frac{\partial \rho}{\partial t} = 0$이 되므로 상기 식은 다음과 같이 된다.

$$\frac{\partial(\rho u)}{\partial x} + \frac{\partial(\rho v)}{\partial y} + \frac{\partial(\rho w)}{\partial z} = 0 \tag{6.7}$$

식 (6.7)을 풀어쓰면 다음과 같이 된다.

$$u\frac{\partial \rho}{\partial x} + v\frac{\partial \rho}{\partial y} + w\frac{\partial \rho}{\partial z} + \rho\left(\frac{\partial u}{\partial x} + \frac{\partial v}{\partial y} + \frac{\partial w}{\partial z}\right) = 0 \tag{6.8}$$

상기 식에 다시 비압축성 유체를 가정하면, ρ는 일정하므로

$$\frac{\partial u}{\partial x} + \frac{\partial v}{\partial y} + \frac{\partial w}{\partial z} = 0 \tag{6.9}$$

이 되는데, 이것이 정상류이면서 비압축성인 경우의 3차원 연속방정식이다. 식 (6.9)의 각항은 앞의 선형변형에서 배운 x, y, z 방향의 신장속도변화율에 해당하는 것을 알 수 있다. 즉 식 (6.9)는 x, y, z 어느 방향으로도 체적이 압축되거나 팽창되지 않는 경우를 표현하고 있다.

예제 6.2 연속방정식의 일반형

비압축성 유체의 흐름장이 다음과 같이 주어진 경우, 연속방정식을 만족하는지 검토해 보아라. k는 상수이다.

$$u = \frac{k\left(x^2 - y^2\right)}{\left(x^2 + y^2\right)}$$

$$v = \frac{2ky}{\left(x^2 + y^2\right)}$$

$$w = 0$$

풀이

$$\frac{\partial u}{\partial x} = \frac{4kxy^2}{\left(x^2 + y^2\right)^2} \quad ①$$

$$\frac{\partial v}{\partial y} = \frac{2k\left(x^2 - y^2\right)}{\left(x^2 + y^2\right)^2} \quad ②$$

식 ①과 ②를 연속방정식에 적용하면,

$$\frac{\partial u}{\partial x} + \frac{\partial v}{\partial y} \neq 0$$

이므로, 이 흐름장은 연속방정식을 만족하지 않는다.

예제 6.3 비압축성유체의 연속방정식

다음과 같이 주어진 흐름장에서 질량을 보존하면서 비압축성흐름을 나타내는 조건을 제시하여라.

$$\vec{V} = \left(a_1 x + b_1 y + c_1 z\right)\vec{i} + \left(a_2 x + b_2 y + c_2 z\right)\vec{j} + \left(a_3 x + b_3 y + c_3 z\right)\vec{k}$$

단, a_1, b_1,⋯ 등은 상수이다.

풀이

$\vec{V} = u\vec{i} + v\vec{j} + w\vec{k}$ 로부터

$$u = \left(a_1 x + b_1 y + c_1 z\right)$$

$$v = \left(a_2 x + b_2 y + c_2 z\right)$$

$$u = \left(a_3 x + b_3 y + c_3 z\right)$$

등으로 표시됨을 알 수 있다. 비압축성인 경우의 연속식에 대입하면

$$\frac{\partial}{\partial x}\left(a_1x+b_1y+c_1z\right)+\frac{\partial}{\partial y}\left(a_2x+b_2y+c_2z\right)+\frac{\partial}{\partial z}\left(a_3x+b_3y+c_3z\right)=0$$

즉,

$$a_1+b_2+c_3=0$$

6.2 완전유체의 운동방정식

유체의 운동도 입자나 강체의 운동과 마찬가지로 뉴턴의 제2법칙이 기초가 된다.

$$\Sigma\vec{F}=m\vec{a} \tag{6.10}$$

그러나 유체의 경우는 유체가 강체와는 달리 일정한 형태를 갖고 있지 않으므로, 이 법칙을 유체계에 적용하는 경우는 식의 형태를 변형할 필요가 있다.

6.2.1 1차원 흐름의 오일러방정식; 운동방정식

1차원 오일러방정식은 이미 5장에서 검사체적을 이용하여 베르누이방정식을 유도하는 과정에서 다룬 바 있다. 여기서는 뉴턴의 제2법칙을 이용하여, 한 유선을 따라 흐르는 1차원 흐름의 경우에 대해서 오일러방정식을 유도한다. 그림 6.3과 같이 유선이 그 중심을 통과하며, 기준면과 θ의 각을 갖고 길이가 ds인 미소 원통형 유체요소를 생각한다.

오일러방정식은 완전유체를 가정하고 있으므로, 유체요소에 작용하는 힘은 압력에 의한 힘과 유체요소의 중량에 의한 힘뿐이다. 유선방향으로 뉴턴의 제2법칙을 적용하기 위해 유체의 단면적을 A라하고 유선 방향으로 작용하는 외력의 합 ΣF를 구하면

$$\begin{aligned}\Sigma F &= pA-\left(p+dp\right)A-W\sin\theta \\ &= -dpA-\gamma A\,ds\sin\theta\end{aligned} \tag{6.11}$$

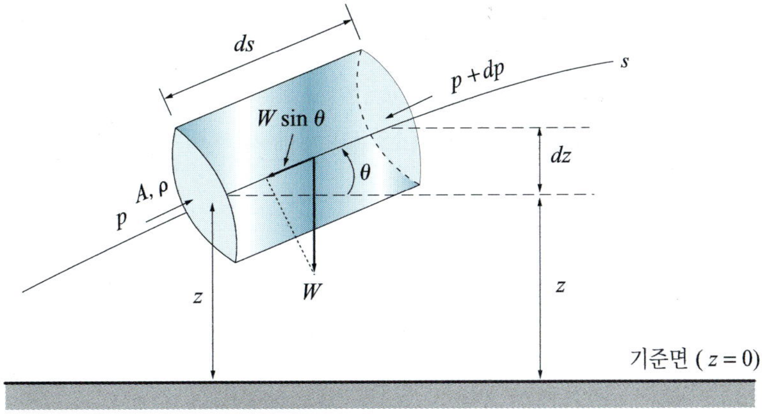

그림 6.3 1차원 오일러의 운동방정식

여기서 $\gamma = \rho g$로서 유체의 단위중량을 나타낸다. 이제 흐름(유선)방향의 속도를 V라 하면, V는 s와 시간 t의 함수로서 $V = V(s, t)$로 표시되므로 미소유체에 작용하는 가속도 a는 다음과 같이 표시된다.

$$a = \frac{dV}{dt} = \frac{\partial V}{\partial t} + V\frac{\partial V}{\partial s} \tag{6.12}$$

또 정상류에 대해서는 식 (6.12)는 다음과 같이 나타낼 수 있다.

$$a = V\frac{\partial V}{\partial s} = V\frac{dV}{ds} \tag{6.13}$$

또 미소유체의 질량은 $m = \rho A ds$이므로, 이것과 식 (6.11), (6.13)을 식 (6.10)에 대입하고 정리하면 다음 식을 얻는다.

$$\rho A ds V\frac{dV}{ds} + dpA + \gamma A ds \sin\theta = 0 \tag{6.14}$$

상기 식 (6.14)의 제3항에서 $\sin\theta = \dfrac{dz}{ds}$을 대입하고, 양변을 $\rho A ds$로 나누면

$$V\frac{dV}{ds} + \frac{1}{\rho}\frac{dp}{ds} + g\frac{dz}{ds} = 0 \tag{6.15}$$

와 같이 1차원 흐름에 대한 오일러의 운동방정식을 얻는다.

6.2.2 오일러 운동방정식의 일반형

유체 중에 그 중심이 (x, y, z)이고 각 변의 길이가 각각 ds, dy, dz인 미소 육면체를 상정하고, 이 미소 육면체에 대해서 식 (6.10)을 적용한다(그림 6.4).

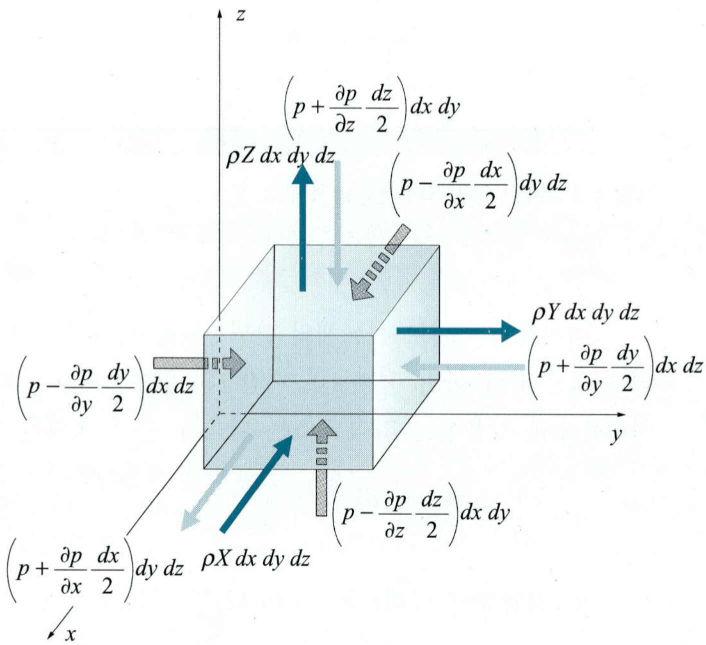

그림 6.4 오일러의 운동방정식

완전유체의 경우에는 미소유체에 작용하는 힘은 체력과 표면력이다. 유체요소의 x, y, z 방향으로 작용하는 단위 질량당의 체력을 각각 X, Y, Z 그리고 유체 요소의 중심에 작용하는 표면력, 즉 단위 면적당의 힘(압력)을 p라고 하고 각 방향으로 뉴턴의 제2법칙(식 6.10)을 적용해 보자.

우선 x방향에 대해서 적용하면 체력 F_{bx}는

$$F_{bx} = \rho X\,dx\,dy\,dz \tag{6.16}$$

이고 압력에 의한 힘 F_{px}는 다음과 같이 된다.

$$F_{px} = \left(p - \frac{\partial p}{\partial x}\frac{dx}{2}\right)dy\,dz - \left(p + \frac{\partial p}{\partial x}\frac{dx}{2}\right)dy\,dz = -\frac{\partial p}{\partial x}dx\,dy\,dz \tag{6.17}$$

그리고 미소 육면체의 질량 m은 다음과 같이 표시된다.

$$m = \rho\, dx\, dy\, dz \tag{6.18}$$

따라서 x방향의 가속도를 a_x라 놓고, 식 (6.16), (6.17)및 (6.18)을 식 (6.10)에 대입하면 다음 식으로 된다.

$$X \rho\, dx\, dy\, dz - \frac{\partial p}{\partial x} dx\, dy\, dz = \rho\, dx\, dy\, dz\, a_x \tag{6.19}$$

위 식을 정리하면 다음과 같이 된다.

$$a_x = X - \frac{1}{\rho}\frac{\partial p}{\partial x} \tag{6.20a}$$

y, z 방향에 대해서도 마찬가지 방법으로 구할 수 있다.

$$a_y = Y - \frac{1}{\rho}\frac{\partial p}{\partial y} \tag{6.20b}$$

$$a_z = Z - \frac{1}{\rho}\frac{\partial p}{\partial z} \tag{6.20c}$$

일반적으로 상기 식 (6.20a), (6.20b), (6.20c)를 오일러의 운동방정식이라 부른다.

상기식 (6.20) a, b, c에서 가속도 a_x, a_y, a_z는 실질 미분에 의해서 식 (4.9)와 같이 표현할 수 있다. 즉,

$$\begin{aligned}
a_x &= \frac{Du}{Dt} = \frac{\partial u}{\partial t} + u\frac{\partial u}{\partial x} + v\frac{\partial u}{\partial y} + w\frac{\partial u}{\partial z} \\
a_y &= \frac{Dv}{Dt} = \frac{\partial v}{\partial t} + u\frac{\partial v}{\partial x} + v\frac{\partial v}{\partial y} + w\frac{\partial v}{\partial z} \\
a_z &= \frac{Dw}{Dt} = \frac{\partial w}{\partial t} + u\frac{\partial w}{\partial x} + v\frac{\partial w}{\partial y} + w\frac{\partial w}{\partial z}
\end{aligned} \tag{6.21}$$

식 (6.21)을 상기 식 (6.20a), (6.20b), (6.20c)에 대입하면 오일러의 운동방정식은 다음과 같은 형태로 쓸 수도 있다.

$$\frac{\partial u}{\partial t}+u\frac{\partial u}{\partial x}+v\frac{\partial u}{\partial y}+w\frac{\partial u}{\partial z}=X-\frac{1}{\rho}\frac{\partial p}{\partial x}$$
$$\frac{\partial v}{\partial t}+u\frac{\partial v}{\partial x}+v\frac{\partial v}{\partial y}+w\frac{\partial v}{\partial z}=Y-\frac{1}{\rho}\frac{\partial p}{\partial y} \tag{6.22}$$
$$\frac{\partial w}{\partial t}+u\frac{\partial w}{\partial x}+v\frac{\partial w}{\partial y}+w\frac{\partial w}{\partial z}=Z-\frac{1}{\rho}\frac{\partial p}{\partial z}$$

6.3 오일러 운동방정식의 적분과 베르누이방정식

6.3.1 1차원 베르누이방정식

1차원 오일러의 운동방정식을 적분함으로써 에너지방정식, 즉 베르누이방정식을 유도하는 방법에 대해서 생각해 보자. 전절에서 유도한 1차원 오일러의 운동방정식 (6.15)의 양변에 ds/g를 곱하면 다음과 같이 변형된다.

$$\frac{VdV}{g}+\frac{dp}{\rho g}+dz=0 \tag{6.23}$$

비압축성 유체를 가정하고 상기 식을 적분하면 다음과 같이 된다.

$$\int\frac{V}{g}dV+\int\frac{dp}{\gamma}+\int dz=H \tag{6.24}$$

여기서 $\gamma=\rho g$이고, H는 적분상수로서 일정한 값이 된다. 상기 식 (6.24)에서 적분을 수행하면 다음과 같은 형태의 1차원 베르누이방정식을 얻는다.

$$\frac{V^2}{2g}+\frac{p}{\gamma}+z=H \tag{6.25}$$

위 식에 있어서 $V^2/2g$은 운동에너지를 나타내는 수두로서 속도수두(velocity head)라 부르고, p/γ는 압력차 p에 의해서 유발되는 수주의 높이로서 압력수두(pressure head)라 부른다. 그리고 z는 기준면에 대한 물의 표고를 나타내는 양으로서 위치수두(elevation head)라 부르고 있다. 또 H는 식 (6.25)에서 알 수 있는 바와 같이 속도수두, 압력수두 및 위치수두의 총화를 나타내는 양으로서 총수두(total head)라 부른다.

상기한 Bernoulli 방정식을 적용하는 경우는 상당한 주의를 요한다. 다시 말하면 상기 식을 유도하는 데 있어서는 다음과 같은 네 가지 가정이 도입되었다. 즉 (1) 정상흐름, (2) 비압축성유체, (3) 비점성 즉, 마찰이 없는 경우, (4) 한 유선을 따른 흐름 등이 그것이다. 따라서 위의 네 가지 제한 조건을 만족하지 않는 경우에는 정확한 해를 기대하기 어렵다.

예제 6.4 노즐흐름에의 적용

물이 수평노즐을 통해 대기 중으로 분출하고 있다. 노즐의 입구면적은 0.1 m^2, 출구면적은 0.04 m^2이다. 노즐 출구에서 10 m/sec의 속도가 되게 하려면 단면 1에서의 압력은 얼마로 하여야 하는가?

주어진 값: 그림 E6.4
찾는 값: 단면 1에서의 압력의 크기(p_1)

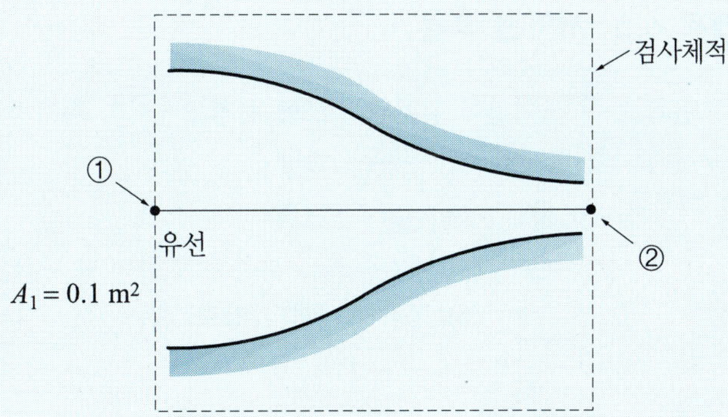

그림 E6.4

풀이
단면 1과 2에 베르누이방정식을 적용하면 다음과 같이 된다.

$$\frac{V_1^2}{2g} + \frac{p_1}{\gamma} + z_1 = \frac{V_2^2}{2g} + \frac{p_2}{\gamma} + z_2$$

수평노즐이므로 $z_1 = z_2$이고, 대기 중으로 분출하므로 $p_2 = 0$이다. 따라서 상기 식은

$$\frac{V_1^2}{2g} + \frac{p_1}{\gamma} = \frac{V_2^2}{2g}$$

상기 식을 p_1에 대해서 정리하면 다음과 같이 된다.

$$p_1 = \frac{\gamma}{2g}\left(V_2^2 - V_1^2\right)$$

이 식을 연속방정식 $A_1 V_1 = A_2 V_2$ 를 이용하여 정리하고 수치를 대입하면 다음과 같이 된다.

$$p_1 = \frac{\gamma}{2g}\left(1 - \frac{A_2^2}{A_1^2}\right)V_2^2$$

$$= \frac{1000 \text{ kg중/m}^3}{2 \times 9.8 \text{ m/sec}^2} \cdot \left(1 - \frac{0.04^2}{0.1^2}\right) \times 10^2 \text{ m}^2/\text{sec}^2$$

$$= 4285.7 \text{ kg중/m}^2$$

예제 6.5 사이펀 흐름

그림과 같이 사이펀이 설치된 수조에서 점 2에서의 속도와 정점에 A에서의 압력을 구하라. 단, 일체의 손실은 무시한다.

주어진 값: 그림 E6.5

찾는 값: (a) 대기중으로 분출하는 물의 속도 V_2

(b) 정점 A에서의 압력

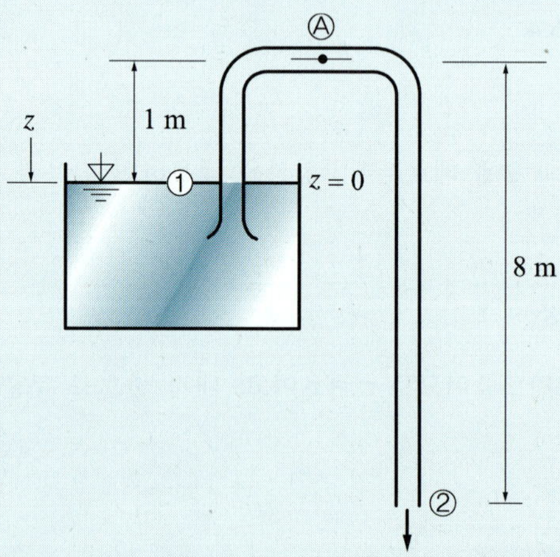

그림 E6.5

풀이

점 ①, ②에 베르누이방정식을 적용한다.

$$\frac{V_1^2}{2g}+\frac{p_1}{\gamma}+z_1=\frac{V_2^2}{2g}+\frac{p_2}{\gamma}+z_2$$

탱크의 수조를 기준으로 하면 $z_1=0$, $z_2=-7$ m이고, 또한 $p_1=p_2=p_{atm}=0$이므로

$$\frac{V_1^2}{2g}=\frac{V_2^2}{2g}-7$$

그런데 관의 단면적에 비해 탱크의 단면적이 매우 크므로 $V_1 \ll V_2$ 이 된다.

$$V_2=\sqrt{2g\times 7}=11.7\ \text{m/sec}$$

정점 A의 압력을 구하기 위해 점 ①과 A사이에 다시 베르누이방정식을 적용한다.

$$\frac{V_1^2}{2g}+\frac{p_1}{\gamma}+z_1=\frac{V_A^2}{2g}+\frac{p_A}{\gamma}+z_A$$

역시 $V_1 \ll V_2$, $z_1=0$, $p_1=0$이고, 연속방정식으로 부터 $V_A=V_2$ 이므로 다음과 같이 계산된다.

$$\frac{p_A}{\gamma}=-\frac{V_2^2}{2g}-z_A$$

$$=7.98\ \text{m}$$

$$p_A=-7.98\gamma$$

$$=-7.98\ \text{m}\times 1000\ \text{kg중/m}^3$$

$$=-7980\ \text{kg중/m}^2$$

$$=-78.2\ \text{kPa}$$

예제 6.6 경사를 갖는 관

기준면에서 2 m 높이에서 관경이 $d_1=40$ cm인 관이 점차 축소되어 6 m의 높이에서 직경이 $d_2=20$ cm가 되는 관속을 $Q=0.3\ \text{m}^3/\text{sec}$의 물이 흐르고 있다. $p_1=200$ kPa일 때, p_2를 구하라. 단, 일체의 손실은 무시한다.

주어진 값: 유량, 단면 1에서의 직경 d_1, p_1, 단면 2에서의 직경 d_2

찾는 값: 단면 2에서의 압력

풀이

단면 1, 2에 베르누이 정리를 적용하기 위하여, 연속방정식을 이용하여 단면 1, 2에서의 유속 V_1, V_2를 구한다.

$$V_1 = \frac{Q}{A_1} = \frac{0.3}{\frac{\pi}{4} \times 0.4^2} = 2.39 \text{ m/sec}$$

$$V_2 = \frac{Q}{A_2} = \frac{0.3}{\frac{\pi}{4} \times 0.2^2} = 9.55 \text{ m/sec}$$

단면 1, 2에 베르누이 정리를 적용하면

$$\frac{V_1^2}{2g} + \frac{p_1}{\gamma} + z_1 = \frac{V_2^2}{2g} + \frac{p_2}{\gamma} + z_2$$

$$p_2 = \gamma\left(\frac{V_1^2 - V_2^2}{2g} + \frac{p_1}{\gamma} + z_1 - z_2\right)$$

$$= 1000 \text{ kg중/m}^3 \left(\frac{(2.39^2 - 9.55^2)\text{m}^2/\text{sec}^2}{2 \times 9.8 \text{ m/sec}^2} + \frac{200 \times 10^3 \text{ N/m}^2}{9800 \text{ N/m}^3} + (2-6)\text{m}\right)$$

$$= 12046.41 \text{ kg중/m}^2$$

$$= 118.05 \text{ kPa}$$

6.3.2 베르누이방정식의 일반형

4.5절에서 이미 , $\omega_x = \omega_y = \omega_z = 0$, 즉

$$\frac{\partial w}{\partial y} - \frac{\partial v}{\partial z} = 0$$

$$\frac{\partial u}{\partial z} - \frac{\partial w}{\partial x} = 0 \tag{6.26}$$

$$\frac{\partial v}{\partial x} - \frac{\partial u}{\partial y} = 0$$

이 되는 비회전흐름을 다룬 바 있다. 4.5절에서 설명한 바와 같이, 비회전흐름의 경우에는 속도성분이 각각

$$u=-\frac{\partial\phi}{\partial x}$$
$$v=-\frac{\partial\phi}{\partial y} \tag{6.27}$$
$$w=-\frac{\partial\phi}{\partial z}$$

과 같이 표현되는 함수 ϕ가 존재하는데, 이 함수를 속도포텐셜 함수라 부른다. 따라서 속도포텐셜 함수가 존재하면, 흐름은 비회전이고, 이 때문에 이러한 흐름을 포텐셜흐름이라 부르고 있다.

그리고 체력 X, Y, Z도 힘의 포텐셜 Ω를 갖는다고 하면 다음 식들을 얻는다.

$$X=-\frac{\partial\Omega}{\partial x}$$
$$Y=-\frac{\partial\Omega}{\partial y} \tag{6.28}$$
$$Z=-\frac{\partial\Omega}{\partial z}$$

상기 식 (6.27)과 (6.28)을 오일러의 운동방정식 (6.22)에 대입하면 다음 식을 얻는다.

$$-\frac{\partial^2\phi}{\partial t\partial x}+\frac{\partial\phi}{\partial x}\frac{\partial^2\phi}{\partial x^2}+\frac{\partial\phi}{\partial y}\frac{\partial^2\phi}{\partial y\partial x}+\frac{\partial\phi}{\partial z}\frac{\partial^2\phi}{\partial z\partial x}=-\frac{\partial\Omega}{\partial x}-\frac{1}{\rho}\frac{\partial p}{\partial x}$$
$$-\frac{\partial^2\phi}{\partial t\partial y}+\frac{\partial\phi}{\partial x}\frac{\partial^2\phi}{\partial x\partial y}+\frac{\partial\phi}{\partial y}\frac{\partial^2\phi}{\partial y^2}+\frac{\partial\phi}{\partial z}\frac{\partial^2\phi}{\partial z\partial y}=-\frac{\partial\Omega}{\partial y}-\frac{1}{\rho}\frac{\partial p}{\partial y} \tag{6.29}$$
$$-\frac{\partial^2\phi}{\partial t\partial z}+\frac{\partial\phi}{\partial x}\frac{\partial^2\phi}{\partial x\partial z}+\frac{\partial\phi}{\partial y}\frac{\partial^2\phi}{\partial y\partial z}+\frac{\partial\phi}{\partial z}\frac{\partial^2\phi}{\partial z^2}=-\frac{\partial\Omega}{\partial z}-\frac{1}{\rho}\frac{\partial p}{\partial z}$$

ϕ가 연속함수라고 가정하고 식 (6.29)를 변형하면 다음 식과 같이 된다.

$$\frac{\partial}{\partial x}\left[-\frac{\partial \phi}{\partial t}+\frac{1}{2}\left(\left(\frac{\partial \phi}{\partial x}\right)^2+\left(\frac{\partial \phi}{\partial y}\right)^2+\left(\frac{\partial \phi}{\partial z}\right)^2\right)+\Omega+\frac{p}{\rho}\right]=0$$

$$\frac{\partial}{\partial y}\left[-\frac{\partial \phi}{\partial t}+\frac{1}{2}\left(\left(\frac{\partial \phi}{\partial x}\right)^2+\left(\frac{\partial \phi}{\partial y}\right)^2+\left(\frac{\partial \phi}{\partial z}\right)^2\right)+\Omega+\frac{p}{\rho}\right]=0 \tag{6.30}$$

$$\frac{\partial}{\partial z}\left[-\frac{\partial \phi}{\partial t}+\frac{1}{2}\left(\left(\frac{\partial \phi}{\partial x}\right)^2+\left(\frac{\partial \phi}{\partial y}\right)^2+\left(\frac{\partial \phi}{\partial z}\right)^2\right)+\Omega+\frac{p}{\rho}\right]=0$$

식 (6.30)에서 [ ]의 양은 x, y, z 각각에 대한 편미분이 0이므로 시간 t만의 함수인 것을 알 수 있다. 따라서 다음 식을 얻는다.

$$-\frac{\partial \phi}{\partial t}+\frac{V^2}{2}+\frac{p}{\rho}+\Omega=F(t) \tag{6.31}$$

여기서

$$V^2=u^2+v^2+w^2=\left(\frac{\partial \phi}{\partial x}\right)^2+\left(\frac{\partial \phi}{\partial y}\right)^2+\left(\frac{\partial \phi}{\partial z}\right)^2$$

이고, 이 때 V는 평균유속을 의미한다. 또 $F(t)$는 위에서 언급한 것처럼 시간 t만의 함수로서 Bernoulli 상수라 부르기도 한다. 식 (6.31)이 오일러의 운동방정식의 일반형을 적분한 형태로서, 비회전흐름에 대한 베르누이방정식의 일반형이다.

특히 정상류이고 비압축성 흐름에 대해서 식 (6.31)은 다음과 같은 형태로 고쳐 쓸 수 있다.

$$\frac{V^2}{2}+\Omega+\frac{p}{\rho}=C \tag{6.32}$$

여기서 C는 적분상수이다. 외력으로 중력만이 작용한다고 가정하면 $Z=-g$ 로 표시되어, 식 (6.28)로부터 힘의 포텐셜 $\Omega=gz$로 놓을 수 있으므로 식 (6.32)는 다음과 된다.

$$\frac{V^2}{2} + gz + \frac{p}{\rho} = C \tag{6.33}$$

식 (6.33)의 양변을 g로 나누면 앞 절에서 구한 1차원 Bernoulli 방정식과 동일한 형태가 되는 것을 알 수 있다.

예제 6.7 에너지 개념을 이용한 Bernoulli 방정식의 유도

에너지 개념을 이용하여 베르누이방정식을 유도하라.

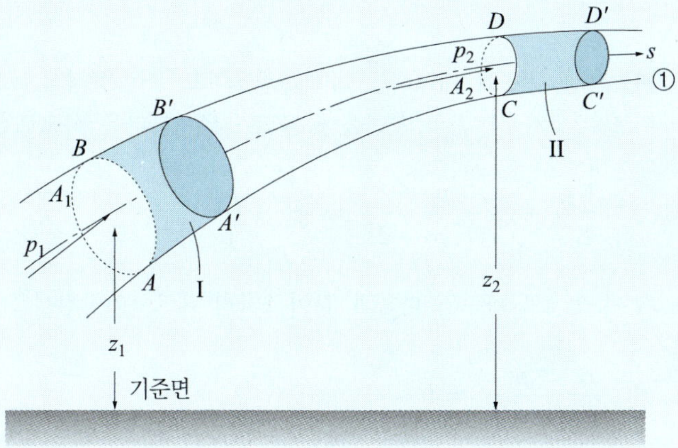

그림 E6.7

풀이

그림 E6.7에 도시한 바와 같이 임의의 관 내를 압력에 의해 유동하는 유체에 대해서 에너지의 총합을 생각해 본다. AB와 CD단면으로 구성되는 검사체적(control volume)을 생각하고, 이 부분이 미소 시간 dt후에 A′B′ 및 C′D′로 이동하였다고 가정하자. 이때 II부분은 I부분의 이동에 의해 형성되었으므로, 유동하는 유체에 에너지 손실이 없다고 가정하면 I, II부분에서의 전에너지는 동일하여야 한다. 즉, 운동에너지 ($1/2\ mV^2$), 위치에너지(mgh)및 압력에 의한 일(pAl)의 합이 동일하여야 한다. I, II 부분의 에너지의 합을 각각 E_1' 및 E_2'로 나타내면 다음과 같이 표현된다.

$$E_1' = \frac{1}{2}m_1V_1^2 + m_1gz_1 + p_1A_1\overline{AA'}$$
$$E_2' = \frac{1}{2}m_2V_2^2 + m_2gz_2 + p_2A_2\overline{CC'} \qquad ①$$

$E'_1 = E'_2$ 이므로

$$\frac{1}{2}\rho_1 A_1 \overline{AA'} V_1^2 + \rho_1 A_1 \overline{AA'} g z_1 + p_1 A_1 \overline{AA'} = \frac{1}{2}\rho_2 A_2 \overline{CC'} V_2^2 + \rho_2 A_2 \overline{CC'} g z_2 + p_2 A_2 \overline{CC'} \quad ②$$

그런데 $\overline{AA'} = V_1 dt$, $\overline{CC'} = V_2 dt$ 이므로 상기 식을 고쳐 쓰면 다음 식과 같이 된다.

$$\frac{1}{2}\rho_1 A_1 V_1 dt V_1^2 + \rho_1 A_1 V_1 dt g z_1 + p_1 A_1 V_1 dt = \frac{1}{2}\rho_2 A_2 V_2 dt V_2^2 + \rho_2 A_2 V_2 dt g z_2 + p_2 A_2 V_2 dt \quad ③$$

비압축성 유체에 대해서는 $\rho_1 = \rho_2 = \rho$ 이고, 연속방정식으로부터 $A_1 V_1 = A_2 V_2 = AV$ 이므로 상기 식 ③의 양변을 ρAV로 나누면 다음 식으로 표현할 수 있다.

$$\frac{1}{2}V_1^2 + g z_1 + \frac{p_1}{\rho} = \frac{1}{2}V_2^2 + g z_2 + \frac{p_2}{\rho} \quad ④$$

식 ④를 g로 나누면 다음과 같이 1차원 베르누이방정식을 얻을 수 있다.

$$\frac{V^2}{2g} + \frac{p}{\gamma} + z = H \quad ⑤$$

6.3.3 동수경사선과 에너지경사선

Hydraulic Grade Lines and Energy Grade Lines

식 (6.25), (6.33) 및 위 예제의 식 ⑤ 등으로 표시되는 베르누이식에서 두 개의 경사선을 생각할 수 있다. 에너지경사선(E.G.L)은 총에너지 수두, H의 높이에 상당한다. 즉,

$$\text{EGL} = \frac{V^2}{2g} + \frac{p}{\gamma} + z = H \tag{6.34}$$

완전유체에서는 마찰에 의한 에너지 손실이 없으므로 H 값은 일정하고 따라서 에너지선은 기준면과 평행하다.

동수경사선(H.G.L)은 위치수두와 압력수두에 합을 연결한 선에 상당한다. 즉,

$$\mathrm{HGL} = \frac{p}{\gamma} + z = \mathrm{EGL} - \frac{V^2}{2g} \tag{6.35}$$

위의 관계를 좀 더 분명히 이해하기 위해 그림 6.5에 에너지경사선과 동수경사선의 관계를 도시한다. 그림에서 알 수 있는 바와 같이, 완전유체의 경우에는 에너지경사선은 기준면과 평행하다. 그러나 실제의 흐름에서는 마찰 및 기타의 에너지 손실로 인해 흐름이 진행됨에 따라 감소하게 된다. 따라서 실제유체를 다루는 경우는 베르누이방정식은 수정이 되어야 한다. 또 동수경사선은 유속이 감소함에 따라 서서히 증가하는 것으로 나타난다.

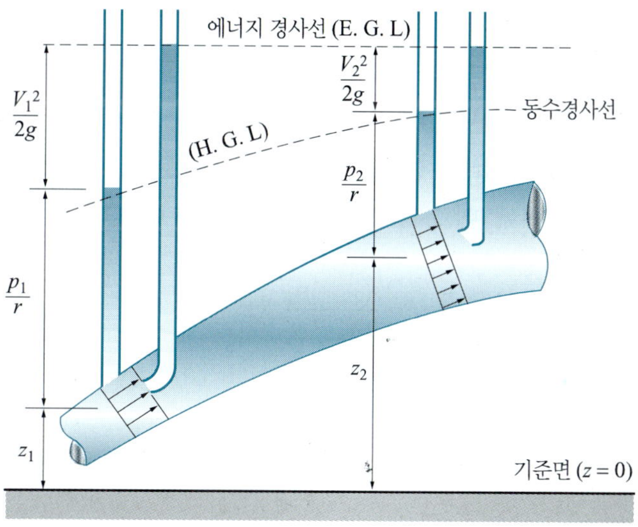

그림 6.5 동수경사선과 에너지경사선

6.4 베르누이방정식의 응용

6.4.1 정상류흐름에의 응용

1차원 베르누이방정식(6.25)의 응용에 대해서 생각해 본다. 앞에서도 언급한 바와 같이 상기 1차원 베르누이방정식은 다음 네 가지 조건에 만족하도

록 유도되었다. 즉 (1) 정상흐름, (2) 비압축성 유체, (3) 마찰이 없는 흐름 그리고 (4) 유선을 따르는 흐름 등의 조건이다. 따라서 베르누이방정식을 적용하는 데는 위의 네 가지 조건에 잘 부합되는지 우선 살펴보아야 한다. 따라서 베르누이방정식은 이러한 제한조건들이 만족된다고 하는 가정하에서 한 유선상의 임의의 두 점간에 적용될 수 있다. 그 결과는 다음과 같은 식이 된다.

$$\frac{p_1}{\gamma}+\frac{V_1^2}{2g}+z_1=\frac{p_2}{\gamma}+\frac{V_2^2}{2g}+z_2 \tag{6.36}$$

여기서 하첨자 1, 2는 한 유선상의 두 점을 나타낸다.

(1) 소오리피스로부터의 유출

그림 6.6과 같이 수조의 밑바닥 또는 측벽에 작은 구멍을 뚫고 물을 방류하는 장치를 오리피스라 한다. 이때 오리피스공의 면적을 A_0라 하고 오리피스공의 중심에서 수면까지의 높이를 h라 할 때, 수두 h에 비해 오리피스구멍이 비교적 작은 경우를 소오리피스라 한다. 수면상의 점 1과 유출구에서의 점 2사이에 베르누이방정식을 적용한다.

$$\frac{V_1^2}{2g}+\frac{p_1}{\gamma}+z_1=\frac{V_2^2}{2g}+\frac{p_2}{\gamma}+z_2 \tag{6.37}$$

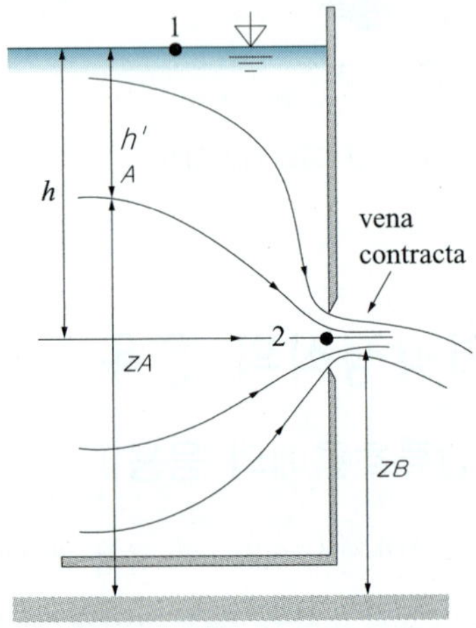

그림 6.6 오리피스에 의한 유출

수조의 단면적이 오리피스의 단면적에 비해서 큰 경우에는 접근 속도수두라고 불리는 $V_1^2/2g$ 은 $V_2^2/2g$ 에 비해서 무시가능하고, 또 p_1과 p_2 모두 대기압과 같으므로 무시가능하다. 따라서 식 (6.37)은 다음과 같이 된다.

$$0+0+z_1=\frac{V_2^2}{2g}+0+z_2 \tag{6.38}$$

상기 식으로부터 오리피스로부터 유출되는 속도는 다음과 같이 나타낼 수 있다.

$$V_2=\sqrt{2g(z_1-z_2)}=\sqrt{2gh} \tag{6.39}$$

결국 상기 식은 오리피스에서의 유출속도는 중력의 작용에 의해서 높이 h에서 자유낙하하는 물체의 속도와 같다고 하는 것을 의미한다. 이것을 Torricelli의 정리라고 한다.

그러나 상기 식은 오리피스의 이론적인 유속을 의미한다. 실제의 분류는 공기의 마찰 및 기타 손실로 인해서 속도가 감소하는 경향을 보이므로 실제유속은 이론유속과 다소간 차이가 난다. 따라서 실제유속은 다음과 같이 이론유속에 보정계수를 곱해서 표시한다.

$$v_{act}=C_v v_{id} \tag{6.40}$$

여기서 v_{id}는 식 (6.39)로 표시되는 이론유속(식 6.39)이고, C_v는 일반적으로 실험에 의해 결정되는 보정계수로서 유속계수(velocity coefficient)라 부르고 있다.

실제의 분류는 그림 6.7에 도시한 바와 같이 분류지름의 몇 배 되는 거리에서 최소단면을 갖게 되는데, 이 최소 수축단면을 축류(縮流, vena contracta)라 부른다. 이 때 최소단면의 단면적을 A_c라 하면, 오리피스 단면적 A_0에 대한 A_c의 비를 다음과 같이 C_c로 정의하고, 이것을 수축계수(contraction coefficient)라 한다.

$$C_c=\frac{A_c}{A_0} \tag{6.41}$$

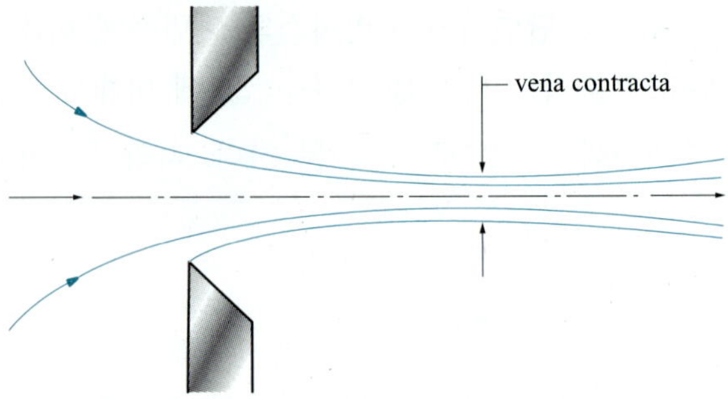

그림 6.7 축류(vena contracta)

소오리피스를 통해 유출되는 유량을 구해본다. 우선 이론적인 유량은 식 (6.39)의 이론적인 유속에 오리피스공의 단면적 A_0를 곱하면 얻어진다.

$$Q_{id} = A_0 v_{id} = A_0\sqrt{2gh} \tag{6.42}$$

실제유량(Q_{act})은 실제유속에 수축단면의 단면적 A_c를 곱해야 하므로, 식 (6.39) ~ 식 (6.42)의 관계를 이용하면 다음과 같이 표현된다.

$$\begin{aligned} Q_{act} &= A_c v_{act} \\ &= C_c \cdot C_v \cdot A_0 \cdot v_{id} \\ &= C_d \cdot Q_{id} \end{aligned} \tag{6.43}$$

여기서 $C_d(= C_c \cdot C_v)$는 유량계수라 부른다.

예제 6.8 소오리피스

그림 E6.8과 같이 수조 상하에 2개의 구멍을 뚫어 물을 분출시킬 때, $h_1y_1 = h_2y_2$가 성립됨을 증명하여라.

주어진 값 : 그림 E6.8

찾는 값 : $h_1y_1 = h_2y_2$

풀이

V_1, V_2를 각각 상하 오리피스에서의 분출속도라 하고 공기저항을 무시하면

$$V_1t_1 = V_2t_2 = x \quad ①$$

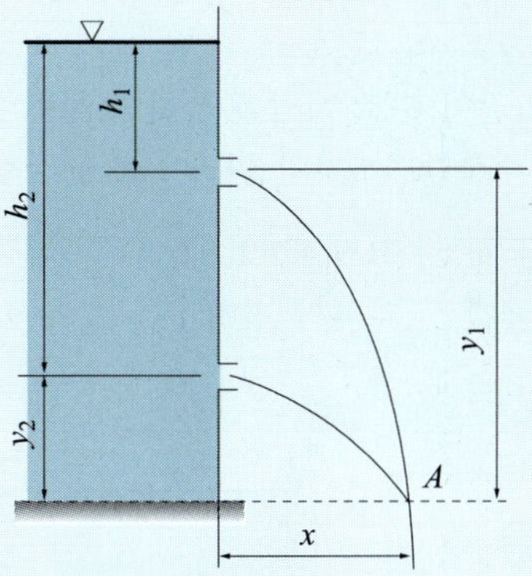

그림 E6.8

여기서 t_1, t_2 는 각각 상하 오리피스에서 물이 거리 x에 도달할 때 까지 소요되는 시간이다. 또 y_1, y_2 는 각각 상하 분류의 자유낙하거리 이므로 다음과 같이 쓸 수 있다.

$$y_1 = \frac{1}{2}gt_1^2,\ y_2 = \frac{1}{2}gt_2^2 \quad ②$$

식 ①, ②에서 t_1과 t_2 를 소거하면 다음과 같이 된다.

$$y_1 = \frac{1}{2}g\left(\frac{x}{V_1}\right)^2,\ y_2 = \frac{1}{2}g\left(\frac{x}{V_2}\right)^2$$

상기 두 식을 다시 x^2으로 정리해서 같게 놓으면 다음 관계식을 얻는다.

$$y_1V_1^2 = y_2V_2^2 \quad ③$$

그런데 베르누이방정식을 적용하면

$$V_1 = \sqrt{2gh_1},\ V_2 = \sqrt{2gh_2}$$

가 되므로 이것을 식 ③에 대입하면 다음 식을 얻는다.

$$h_1y_1 = h_2y_2$$

예제 6.9 소오리피스

그림 E6.9와 같이 수조 바닥을 통하여 물이 유출될 때, 분류의 직경 d를 수두 H와 수조로부터 수축단면까지의 거리 y로 표시하라.

주어진 값: 그림 E6.9
찾는 값: 분류의 직경 d를 H와 y로 표시

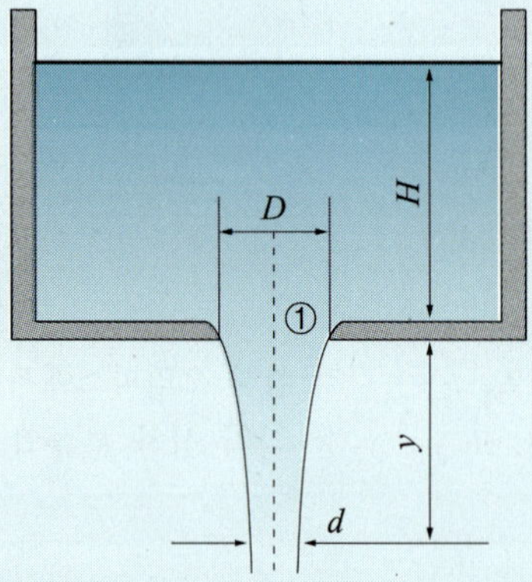

그림 E6.9

풀이

베르누이방정식을 적용하면 오리피스 단면 ①에서의 속도는 다음과 같이 표시된다.

$$V = \sqrt{2gH}$$

따라서 유량은 다음과 같이 표시된다.

$$Q = \frac{\pi}{4}D^2V = \frac{\pi}{4}D^2\sqrt{2gH}$$

또 오리피스로부터 y만큼 떨어진 곳에서의 분류의 속도는 다음과 같다.

$$V_y = \sqrt{2g(H+y)}$$

이 지점에서의 유량은

$$Q_y = \frac{\pi}{4}d^2V_y = \frac{\pi}{4}d^2\sqrt{2g(H+y)}$$

따라서 연속방정식으로부터 $Q = Q_y$이므로

$$\frac{\pi}{4}D^2\sqrt{2gH} = \frac{\pi}{4}d^2\sqrt{2g(H+y)}$$

의 관계가 성립한다. 이것을 d에 대해서 풀면

$$d = \frac{D}{(1+y/H)^{1/4}}$$

예제 6.10 소오리피스

수조의 옆면에 직경 $d = 5$ cm의 구멍이 뚫려 있다. 이 오리피스를 통해 분출되는 실제유속을 측정해 보니 $V_{act} = 10$ m/sec이었다. 이러한 속도를 갖기 위해서는 오리피스 중심으로부터 수면까지의 높이는 몇 m가 되어야 하는가? 단, 속도계수 $C_v = 0.95$로 한다.

주어진 값: 오리피스직경 $d = 5$ cm, 실제유속 $V_{act} = 10$ m/sec, 유속계수 $C_v = 0.95$

찾는 값: 수위 h

풀이

수면과 오리피스 중심 사이에 베르누이방정식을 적용하면 이론유속은 다음과 같이 된다.

$$V_{id} = \sqrt{2gh}$$

그런데 $V_{act} = C_v V_{id}$이므로

$$V_{act} = C_v V_{id}$$

$$10 \text{ m/sec} = 0.95\sqrt{2gh}$$

$$h = 5.65 \text{ m}$$

(2) 피토관(Pitot tube)

식 (6.37)로 표시되는 베르누이방정식은 양변에 물의 단위중량 γ를 곱함으로써 각항을 압력을 나타내는 항으로 표시할 수 있다.

$$\frac{\rho V_1^2}{2} + p_1 + \gamma z_1 = \frac{\rho V_2^2}{2} + p_2 + \gamma z_2$$

또는

$$\frac{\rho V^2}{2} + p + \gamma z = \text{일정} \tag{6.44}$$

상기식에서 $\frac{\rho V^2}{2}$은 유속에 의한 압력으로서 동압력(dynamic pressure), p는 정압력(static pressure)이라 부른다. 또 γz는 물이 기준면으로부터 일정 거리 z에 위치함으로써 생기는 압력으로서, 위치압력이라 부른다. 이제 이러한 압력의 관계들을 알아보기 위해, 그림 6.8과 같이 물체 주위에 마찰이 없는 비압축성 유체가 흐른다고 생각해 본다.

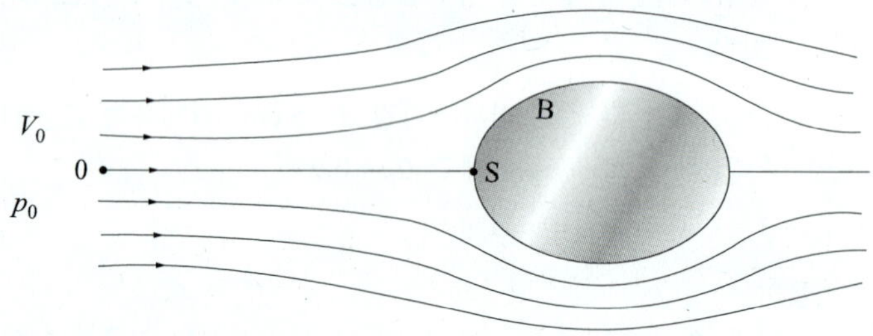

그림 6.8 정체점(stagnation point)

이때 물체의 선단에는 속도가 0이 되는 점 S가 생긴다. 이 점을 정체점(停滯點, stagnation point)이라 한다. 이 점에서의 압력 p_S는 점 O와 S점 사이에 베르누이 정리를 적용함으로써 구할 수 있다.

$$\frac{\rho V_0^2}{2} + p_0 = \frac{\rho V_S^2}{2} + p_S \tag{6.45}$$

식 (6.45)에서 두 점 O와 S가 동일 수평면상에 있으므로 위치압력은 생략되었다. 정체점에서의 속력 $V_s = 0$이므로 정체짐에서의 압력 p_S는 다음과 같이 표현된다.

$$p_S = p_0 + \frac{\rho V_0^2}{2} \tag{6.46}$$

즉, 정체점에서의 압력은 정압력과 동압력의 합으로서 표시되고, 이것을 총압력(total pressure)이라고 부르기도 한다. 이러한 원리를 이용해서 총압력과 정압력을 구하고 이것으로 부터 점유속을 측정하는 장치를 피토관(Pitot tube)이라 한다(그림 6.9).

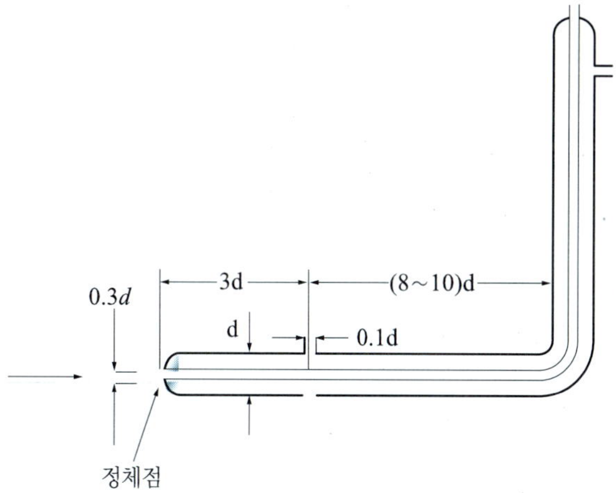

그림 6.9 피토관

총압력을 측정하기 위해서는 정체점에 작은 구멍을 내어 그 점의 압력을 재면 된다. 또 유속이 V_0와 같은 측벽상에 작은 구멍을 내어 정압력을 측정할 수가 있다. 유속을 측정하려는 점 0와 정체점간에 적용한 베르누이식 (6.46)을 유속에 대해서 풀면

$$V_0 = \sqrt{2\frac{(p_s - p_0)}{\rho}} = \sqrt{2g\frac{(p_s - p_0)}{\gamma}} = \sqrt{2gh} \tag{6.47}$$

이 되어 총압력과 정압력의 차 h를 구하면 유속을 구할 수 있다.

예제 6.11 피토관

그림 E6.11과 같이 물이 흐르고 있는 관 중심에 피토관을 설치한 경우 5 cm의 수두차가 발생하였다. 관 중심유속을 구하라.

주어진 값: 그림 E6.11

찾는 값: 관 중심유속

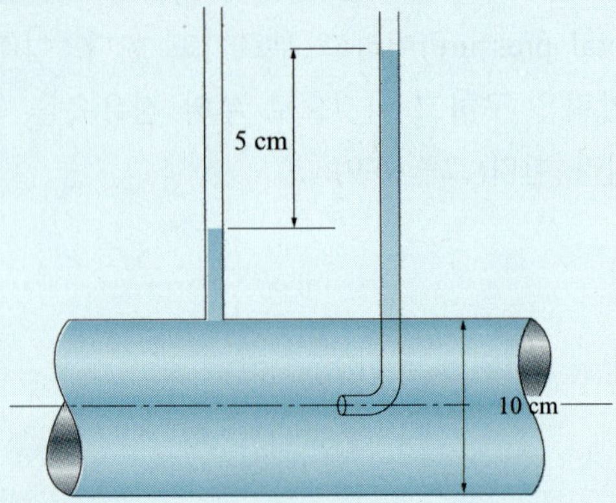

그림 E6.11

풀이
식 (6.47)로부터 $h = 5$ cm이므로

$$V = \sqrt{2gh} = \sqrt{2 \times 9.8 \times 0.05} = 0.99 \text{ m/sec}$$

예제 6.12 피토관

원형관속을 흐르는 물의 유속을 측정하기 위하여 그림 E6.12와 같이 피토관을 수은이 든 U자형 액주계에 연결하였다. 관속의 유속 V를 구하라.

주어진 값: 그림 E6.12
찾는 값: 관속의 유속 V

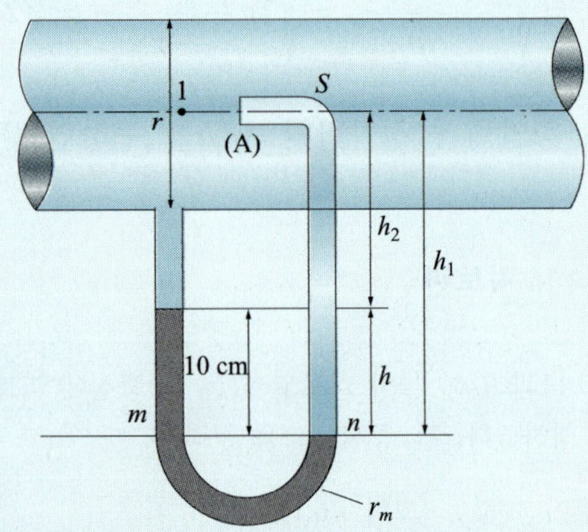

그림 E6.12

풀이

점 1과 정체점 S 사이에 베르누이방정식을 적용하면

$$\frac{V_1^2}{2g}+\frac{p_1}{\gamma}=\frac{V_S^2}{2g}+\frac{p_S}{\gamma}$$

위 식을 V_1에 대해서 정리하면

$$V_1=\sqrt{2g\frac{p_S-p_1}{\gamma}} \quad ①$$

이 경우에는 액주계를 사용하고 있으므로 식 (6.47)을 그대로 사용할 수 없다. 즉 수은에 의한 압력차 h를 물에 대한 수두로 환산해 주어야 한다(예제 6.13 참조).

마노메타의 원리를 이용하면 m점과 n점의 압력은 서로 같으므로 $p_m=p_n$이 된다. 또 p_m과 p_n은 각각 다음과 같이 표시된다.

$$p_m=p_1+\gamma h_2+\gamma_m h$$

$$p_n=p_s+\gamma h_1$$

위 식으로부터

$$\begin{aligned}\frac{p_S-p_1}{\gamma}&=\left(\frac{\gamma_m}{\gamma}-1\right)h\\&=(S-1)h\end{aligned} \quad ②$$

식 ②를 식 ①에 대입하면 V는 다음과 같이 계산된다.

$$\begin{aligned}V&=\sqrt{2g\frac{p_S-p_1}{\gamma}}=\sqrt{2g(S-1)h}\\&=\sqrt{2\times9.8\times(13.6-1)\times0.1}\\&=4.97\ \text{m/sec}\end{aligned}$$

(3) 벤추리미터(Venturi meter)

그림 6.10과 같이 단면 2의 목부분에서는 관이 축소되어 속도는 증가하고 압력이 감소하는 관을 생각한다.

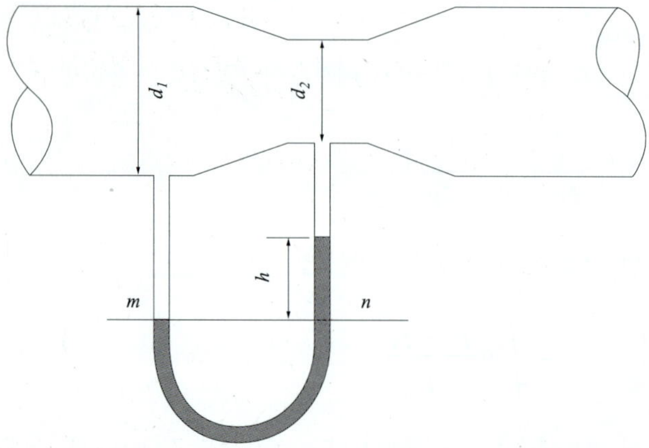

그림 6.10 벤추리미터

이때의 압력강하가 관을 통과하는 유량과 관계가 있는 것을 고려하여, 목부분에서의 압력강하를 측정함으로써 유량을 구하는 장치를 벤추리미터라 한다. 베르누이방정식이 중심유선에 따라 성립한다고 가정하고, 점 1, 2 간에 베르누이 정리를 적용하면 다음 식으로 된다.

$$\frac{V_1^2}{2g}+\frac{p_1}{\gamma}+z_1=\frac{V_2^2}{2g}+\frac{p_2}{\gamma}+z_2$$

관이 수평하게 놓인 경우는 $z_1=z_2$이므로, 상기 식은 다음과 같이 된다.

$$\frac{V_2^2-V_1^2}{2g}=\frac{p_1-p_2}{\gamma} \tag{6.48}$$

식 (6.48)에, 연속식으로부터 $V_1=\frac{A_2}{A_1}V_2$ 및 $\frac{p_1-p_2}{\gamma}=\left(\frac{\gamma_m}{\gamma}-1\right)h$ 의 관계식을 대입하고, V_2에 대해서 풀면 다음 식과 같이 된다.

$$\begin{aligned} V_2 &= \frac{1}{\sqrt{1-A_2^2/A_1^2}}\sqrt{2gh\left(\frac{\gamma_m}{\gamma}-1\right)} \\ &= \frac{A_1}{\sqrt{A_1^2-A_2^2}}\sqrt{2gh(S-1)} \end{aligned} \tag{6.49}$$

여기서 γ_m은 액주계 내의 유체의 단위중량이고, $S = \gamma_m / \gamma$는 비중을 나타낸다. 따라서 유량은 다음 식으로 표현된다.

$$Q = A_2 V_2 = \frac{A_1 A_2}{\sqrt{A_1^2 - A_2^2}} \sqrt{2gh(S-1)} \tag{6.50}$$

일반적으로 A_1 / A_2의 비가 크면 클수록 동일한 유속 V_1에 대해서 압력차 $p_1 - p_2$ 혹은 수두차 h가 크게 생기므로 정도 높은 유량을 측정할 수가 있다. 그러나 실제로는 A_1 / A_2의 값이 크게 되면 관 내의 흐름이 흐트러져 베르누이방정식을 유도할 때 이용된 조건들을 만족하기가 힘들게 되므로 A_1 / A_2를 무작정 크게 할 수는 없다. 따라서 벤추리관의 축소부의 축소각은 20° 내외; 확대각은 5 ~ 7°정도로 하는 것이 바람직하다. 식 (6.50)은 이론유량을 나타내는 것으로서 실제 흐름에 대해서는 점성에 의한 마찰 등으로 유량이 이보다 작다. 따라서 실제유량 Q'는 이론유량에 유량계수 C_d를 곱해서 다음과 같이 나타낸다.

$$Q' = C_d Q$$

예제 6.13 액주계의 압력차 산정

그림 6.10에서 두 단면의 압력차가 $\dfrac{p_1 - p_2}{\gamma} = \left(\dfrac{\gamma_m}{\gamma} - 1\right)h = (S-1)h$ 임을 보여라.

풀이

마노미터의 원리에 의해 m점과 n점의 압력은 서로 같다.

$$p_m = p_n$$

그런데

$$p_m = p_1 + \gamma h_1$$

$$p_n = p_2 + \gamma h_2 + \gamma_m h$$

여기서 γ는 물의 단위중량이고, γ_m은 액주계 유체의 단위중량이다. 위 두 식으로부터 두 단면간의 압력차는 다음과 같이 표시된다.

$$p_1 - p_2 = \gamma_m h - \gamma\left(h_1 - h_2\right)$$
$$= \left(\gamma_m - \gamma\right) h$$

따라서 상기 식의 양변을 γ로 나누면 다음 식을 얻는다.

$$\frac{p_1 - p_2}{\gamma} = \left(\frac{\gamma_m}{\gamma} - 1\right) h = \left(S - 1\right) h$$

예제 6.14 벤추리미터(수평관)

그림 E6.14와 같이 벤추리미터에 물이 유동하고 있다. 입구와 목부분의 압력 차이는 9 cm이다. 유량과 단면 A_1, A_2에서의 유속을 구하라. 단, 유량 계수는 0.65이고, $d_1 = 10$ cm, $d_2 = 4$ cm이다.

주어진 값: 그림 6.14
찾는 값: 유량 Q, V_1, V_2

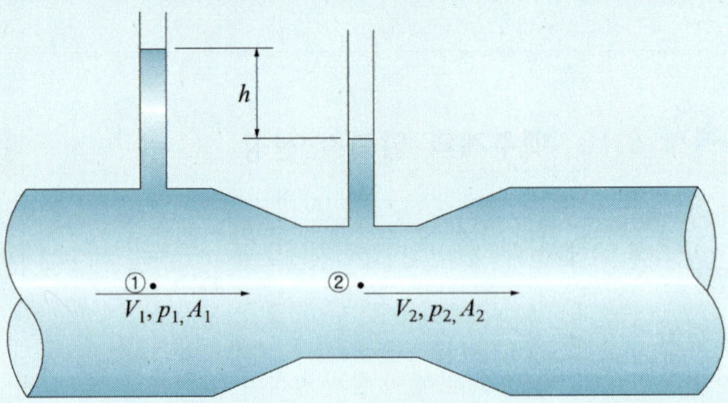

그림 E6.14

풀이

단면 ①, ②에서 베르누이 정리를 적용하면 다음과 같이 된다.

$$\frac{V_1^2}{2g} + \frac{p_1}{\gamma} = \frac{V_2^2}{2g} + \frac{p_2}{\gamma} \qquad ①$$

$$\frac{p_1 - p_2}{\gamma} = \frac{V_2^2 - V_1^2}{2g}$$

두 단면에서의 압력차이 $h = \dfrac{p_1 - p_2}{\gamma}$이고, 연속방정식 $Q = A_1V_1 = A_2V_2$에서 $V_1 = Q/A_1$, $V_2 = Q/A_2$이므로 식 ①을 이용하면 다음과 같이 쓸 수 있다.

$$2gh = V_2^2 - V_1^2 = Q^2\left(\frac{1}{A_2^2} - \frac{1}{A_1^2}\right)$$

$$= Q^2\left(\frac{A_1^2 - A_2^2}{A_1^2A_2^2}\right) \qquad ②$$

또 각 단면의 면적은

$$A_1 = \frac{\pi}{4}d_1^2 = \frac{\pi \times (0.1)^2}{4} = 0.00785\ \text{m}^2$$

$$A_2 = \frac{\pi}{4}d_2^2 = \frac{\pi \times (0.04)^2}{4} = 0.00126\ \text{m}^2$$

이므로, 식 ②를 Q로 정리하여 계산하면 다음과 같다.

$$Q = C_d\sqrt{\frac{2gh(A_1A_2)^2}{A_1^2 - A_2^2}}$$

$$= 0.65\sqrt{\frac{2 \times 9.8 \times 0.09 \times (0.00126)^2 \times (0.00785)^2}{(0.00785)^2 - (0.00126)^2}}$$

$$= 0.0011\ \text{m}^3/\text{sec}$$

단면 A_1, A_2에서의 속도 V_1, V_2는 각각 다음과 같이 계산된다.

$$V_1 = \frac{Q}{A_1} = \frac{0.0011}{0.00785} = 0.14\ \text{m/sec}$$

$$V_2 = \frac{Q}{A_2} = \frac{0.0011}{0.00126} = 0.87\ \text{m/sec}$$

예제 6.15 벤추리미터(수직관)

그림 E6.15와 같은 벤추리관에 물이 흐르고 있다. 관속을 흐르는 유량 Q를 구하라.

주어진 값: 그림 E6.15

찾는 값: 관속의 유량 Q

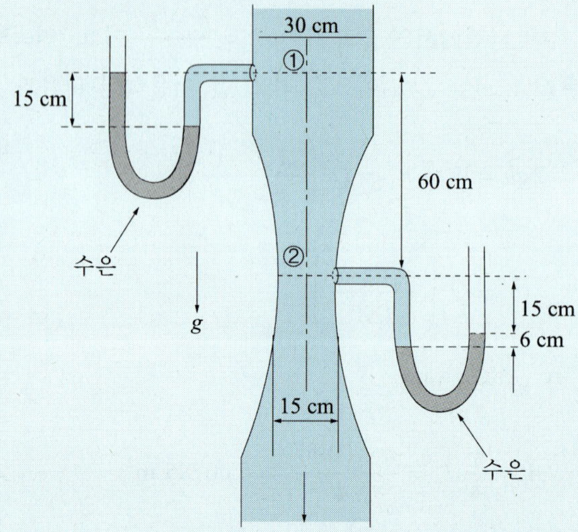

그림 E6.15

풀이

(a) 우선 단면 ①, ②의 압력을 계산하면 다음과 같이 된다.

$$0 + \left(13.6\ \text{t/m}^3\right)\left(0.15\ \text{m}\right) = p_1 + \left(1\ \text{t/m}^3\right)\left(0.15\ \text{m}\right)$$

$$p_1 = 1.89\left(\text{t/m}^2\right)$$

$$0 + \left(13.6\ \text{t/m}^3\right)\left(0.06\ \text{m}\right) = p_1 + \left(1\ \text{t/m}^3\right)\left(0.21\ \text{m}\right)$$

$$p_2 = 0.606\left(\text{t/m}^2\right)$$

(b) 단면 ②를 기준으로 하여, 베르누이방정식을 적용하면 다음 식을 얻는다.

$$\frac{V_1^2}{2g} + \frac{p_1}{\gamma} + z_1 = \frac{V_2^2}{2g} + \frac{p_2}{\gamma} + z_2$$

또 연속방정식으로부터 V_1과 V_2는 다음 관계가 성립한다.

$$Q = A_1V_1 = A_2V_2$$

$$V_2 = \frac{A_1}{A_2}V_1 = \frac{(0.3)^2}{(0.15)^2}V_1 = 4V_1$$

이 관계식을 베르누이식에 대입하면 다음과 같이 된다.

$$\frac{V_1^2}{(2)(9.8\ \text{m/sec}^2)}+\frac{(1.89\ \text{t/m}^2)}{(1\ \text{t/m}^3)}+0.6\ \text{m}$$

$$=\frac{(4V_1)^2}{(2)(9.8\ \text{m/sec}^2)}+\frac{(0.606\ \text{t/m}^2)}{(1\ \text{t/m}^3)}+0$$

$$\therefore\ V_1=1.57\ \text{m/sec}$$

$$\therefore\ Q=A_1V_1=\frac{(\pi)(0.3)^2}{4}(1.57\ \text{m/sec})=0.11\ \text{m}^3/\text{sec}$$

6.4.2 비정상류에의 응용

(1) 관 내의 물의 진동

이제까지 다룬 예들은 그 현상이 시간에 대해서는 변화하지 않는 경우에 적용한 것들이었다. 본 절에서는 유체운동이 시간에 대해서 변화하는 경우에 대해서 간단히 다루어 보기로 한다. 비정상운동의 간단한 예로서 그림 6.11과 같이 관의 내경이 일정한 U자관에서 초기에 우측의 물의 높이를 L로 유지시켰다가 그대로 놓은 경우의 물의 자유진동에 대해서 고찰해 본다.

단, 관 내의 물은 비압축성이고 점성이 없는 유체로 가정하여 에너지 손실은 무시한다. 이러한 비정상운동에 대해서는 비정상항을 무시할 수 없다. 따라서 비정상항까지를 고려한 Bernoulli 식 (6.31)을 사용한다.

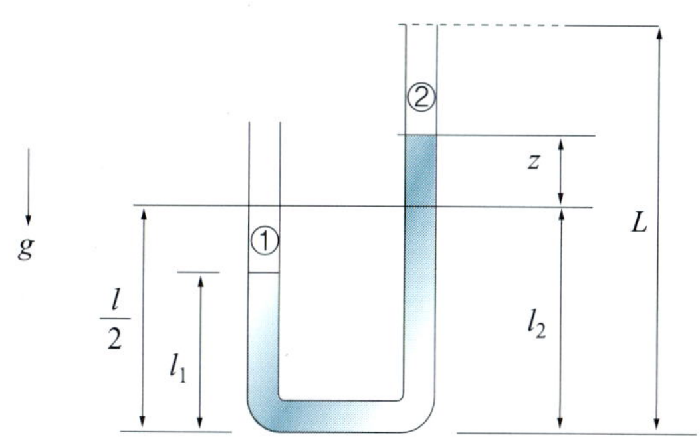

그림 6.11 U자 관 내의 물의 진동

$$-\frac{\partial\phi}{\partial t}+\frac{V^2}{2}+\frac{p}{\rho}+gz=\text{const}$$

여기서 베르누이 상수 $F(t)$는 $\partial\phi/\partial t$ 항에 포함시켰다. 상기 식을 U자관의 중심축 s에 대해서 미분하고, 관 내의 유체의 운동속도가 $V=-(\partial\phi/\partial s)$인 것을 고려하면 다음과 같은 식을 얻는다.

$$\frac{\partial V}{\partial t}+\frac{\partial}{\partial s}\left(\frac{V^2}{2}\right)+\frac{\partial}{\partial s}\left(\frac{p}{\rho}+gz\right)=0$$

위의 베르누이식을 U자관 좌우 자유표면의 점 1에서 2까지 적분하면 다음과 같이 된다.

$$\int_1^2\frac{\partial V}{\partial t}ds+\frac{V_2^2}{2}+gl_2=\frac{V_1^2}{2}+gl_1 \tag{6.51}$$

위에서 p_1, p_2는 자유표면의 압력으로서 둘 다 0이고, $\int_1^2\frac{\partial V}{\partial t}ds$ 는 비정상항을 의미한다. U자관의 단면이 균일하므로, 관 전체에 연하여 $\frac{\partial V}{\partial t}$ 는 시간만의 함수이고, $\frac{dV}{dt}$ 로 쓸 수 있다. 또 마찰을 무시하면 관 속의 물의 속도는 $V_1=V_2=V$가 되어, 식 (6.51)은 다음과 같이 표현된다.

$$\frac{dV}{dt}\int_1^2 ds=g\left(l_1-l_2\right)$$

즉,

$$\left(l_1+l_2\right)\frac{dV}{dt}=g\left(l_1-l_2\right) \tag{6.52}$$

상기 식에서 $l_1+l_2=l$(관의 전체길이)라 놓고, $V=dl_2/dt$ 인 점을 고려하면 다음 식과 같이 된다.

$$\frac{d^2l_2}{dt^2}+\frac{2g}{l}l_2=g \tag{6.53}$$

위 식은 결국 단진자 운동을 표시하는 2계 상미분식을 나타낸다. 식 (6.53)을 풀면 다음과 같은 해를 얻는다.

$$l_2 = C_1 \cos\sqrt{\frac{2g}{l}}t + C_2 \sin\sqrt{\frac{2g}{l}}t + \frac{l}{2} \tag{6.54}$$

이 식에서 C_1, C_2는 적분상수로서 초기조건으로부터 결정된다. $t=0$ 일 때, $l_2 = L$로부터, $C_1 = L - l/2$이 되고, 또 $t=0$ 일 때, $V = dl_2/dt = 0$이므로, $C_2 = 0$이 된다. 따라서 식 (6.54)는 다음과 같이 된다.

$$l_2 = \left(L - \frac{l}{2}\right)\cos\sqrt{\frac{2g}{l}}t + \frac{l}{2} \tag{6.55}$$

상기 식에서 양쪽의 수면이 같은 위치($l_2 = l/2$)로부터 우측 자유표면까지의 높이를 $z = l_2 - l/2$, 초기높이를 $Z = L - l/2$라 놓으면, 상기 식은 다음과 같이 된다.

$$z = Z\cos\sqrt{\frac{2g}{l}}t \tag{6.56}$$

이 운동은 단진동운동(simple harmonic motion)으로서, 이 때 수면의 진동주기 T는 다음과 같이 된다.

$$T = 2\pi\sqrt{\frac{l}{2g}} \tag{6.57}$$

(2) 수조로부터의 비정상 유출

앞에서 다룬 오리피스의 유출은 오리피스의 면적보다 수조의 단면적이 상당히 커서 수조에서의 수면 강하량이 무시할 수 있는 경우, 즉 시간변화에 대해 수두 h의 변화가 없는 경우이었다. 이번에는 그림 6.12와 같이 시간이 변화함에 따라 수두 h가 변화하는 경우, 즉 비정상 운동에 대해서 배출시간을 구하는 문제를 다루어 보자.

수조 수위가 비교적 완만하게 변화한다고 가정하면 베르누이식으로부터 오리피스공에서의 유속은 식 (6.39), 즉 $v = \sqrt{2gh}$ 를 사용할 수 있다.

오리피스 단면적을 a라 하면, 오리피스로부터의 유출량 Q는 다음과 같이 표현된다.

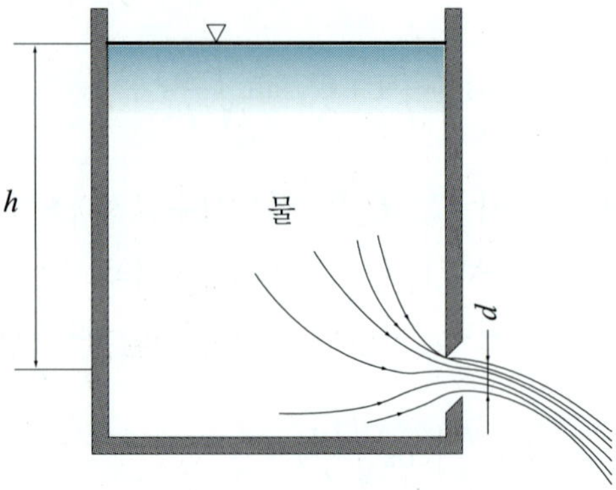

그림 6.12 수조로부터의 비정상 유출

$$Q = av = a\sqrt{2gh} \tag{6.58}$$

또 수조의 단면적을 A_T, 수면의 강하속도를 $V_T = -\dfrac{dh}{dt}$ 라 하고, 연속방정식을 적용하면 $A_T V_T = av$ 이므로 다음 식을 얻는다.

$$-A_T \frac{dh}{dt} = a\sqrt{2gh} \tag{6.59}$$

식 (6.59)를 정리해서 t에 대해 적분하면 다음 식과 같이 된다.

$$t = -\frac{A_T}{a}\frac{2}{\sqrt{2g}}\sqrt{h} + C \tag{6.60}$$

$t = 0$에서의 수두를 H_1이라 하면 $C = \dfrac{A_T}{a}\dfrac{2}{\sqrt{2g}}\sqrt{H_1}$ 이 되어 초기수두 H_1에서 임의수두 h까지 배출되는 데 걸리는 시간 t를 구할 수 있다.

$$t = \frac{A_T}{a}\sqrt{\frac{2}{g}}\left(H_1^{1/2} - h^{1/2}\right) \tag{6.61}$$

6.5 확장형 베르누이방정식

좀 더 일반적인 경우의 베르누이방정식에 대해서 생각해 보자. 즉, 고려하는 두 단면사이에서 유체에 기계적 에너지가 가해지거나, 또는 유체가 어떤 기계작동에 일을 해준 경우에는 앞서 구한 베르누이방정식 (6.25)는 이들 일까지도 포함시켜서 표시하여야 한다. 일반적으로 단면 1, 2 사이에서 유체가 얻는 일은 펌프에 의한 일이 되고, 유체가 해준 일은 터빈에 해준 일이 된다.

따라서 이들 에너지를 베르누이방정식에 포함시키면 다음과 같이 표시된다.

$$\frac{V_1^2}{2g} + \frac{p_1}{\gamma} + z_1 + E_p = \frac{V_2^2}{2g} + \frac{p_2}{\gamma} + z_2 + E_T \tag{6.62}$$

베르누이식의 각 항들이 단위 무게당의 일 또는 단위 무게당의 에너지를 나타내므로, E_p는 유체의 단위무게당에 대해서 펌프가 해준 일이며, E_T는 단위무게의 유체가 터빈에 작용한 일이 된다. E_p, E_T의 차원은 둘 다 [L]이 된다. 식 (6.62)의 각 항들이 단위무게당의 에너지이므로, 이 항들에 γQ를 곱하면 동력과 동일한 단위를 갖게 된다. 예를 들어, 펌프에 의한 동력은

$$P_p = \gamma Q E_p \tag{6.63}$$

로 표시된다. 여기서 Q는 유량으로서 일반적으로 m^3/sec의 단위를 흔히 사용한다. 따라서 γ의 단위를 kg중/m^3의 단위를 이용하면 동력 P_p의 단위는 kg중·m/sec의 동력으로 표시되고, γ의 단위를 N/m^3으로 표시하면, P의 단위는 N·m/sec, 즉 Watt로 표시된다.

그러나 펌프에 대하여 요구되는 실제동력 P_{pact}는 손실로 인해서 식 (6.63)으로 정의되는 이론동력보다 커야하고, 이때 실제 소요동력 P_{pact}에 대한 이론동력 P_p의 비, 즉

$$\eta_p = \frac{P_p}{P_{pact}} \tag{6.64}$$

을 펌프의 효율이라고 한다. 따라서 펌프의 실제 소요동력은 다음과 같이 이론동력을 펌프의 효율로 나누어 산정한다.

$$P_{pact} = \frac{P_p}{\eta_p} \tag{6.65}$$

터빈의 동력도 식 (6.63)과 마찬가지 방법으로 다음과 같이 정의 된다.

$$P_T = \gamma Q E_T \tag{6.66}$$

그러나 터빈은 유체로부터 동력을 얻어내는 경우이므로, 터빈에서 출력되는 동력은 이론동력보다 작을 것임에 틀림없다. 따라서 터빈의 효율은 다음과 같이 된다.

$$\eta_T = \frac{P_{Tact}}{P_T} \tag{6.67}$$

터빈의 경우, 터빈으로부터 출력되는 실제동력은 이론동력에 터빈의 효율을 곱한 값이 된다.

$$P_{Tact} = \eta_T P_T \tag{6.68}$$

예제 6.16 베르누이방정식의 확장

물탱크의 수면(단면 1)보다 6 m 높은 위치에 있는 단면 2의 수조에 0.08 m^3/sec의 물을 송수하고 있는 그림 E6.16에서와 같은 펌프가 있다. 펌프를 구동하는 데 필요한 마력을 계산하여라. 단, 펌프효율은 80%이고 기타 손실은 무시한다.

주어진 값: 그림 E6.16
찾는 값: 펌프의 소요동력

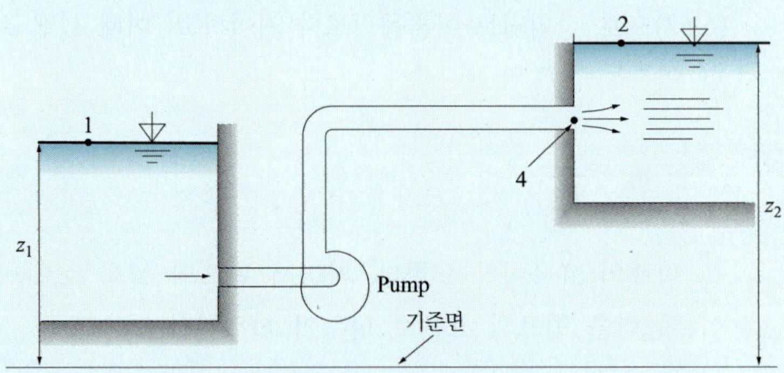

그림 E6.16

풀이

탱크와 수조의 단면이 관의 단면보다 훨씬 크다고 하면 흐름은 정상이고 $V_1 \approx 0$, $V_2 \approx 0$이다. 점 ①, ②에 베르누이방정식을 적용하면 다음과 같이 표시된다.

$$\frac{p_1}{\gamma}+\frac{V_1^2}{2g}+z_1+E_p=\frac{p_2}{\gamma}+\frac{V_2^2}{2g}+z_2$$

대기와 접하고 있으므로 p_1, p_2는 0이므로, 펌프수두는 다음과 같이 계산할 수 있다

$$E_p = z_2 - z_1 = 6 \text{ m}$$

펌프에 공급된 동력은 다음과 같다.

$$\begin{aligned} P_p &= \gamma Q E_p \\ &= 1000 \text{ kg중/m}^3 \times 0.08 \text{ m}^3\text{/sec} \times 6 \text{ m} \\ &= 480 \text{ kg중} \cdot \text{m/sec} \\ &= 4704 \text{ N} \cdot \text{m/sec} \left(\text{Watt}\right) \end{aligned}$$

효율이 80%인 펌프를 구동하는 데 필요한 실제 소요동력은 다음과 같다.

$$\begin{aligned} P_{Pact} &= \frac{P_p}{\eta_p} \\ &= \frac{4704 \text{ N} \cdot \text{m/sec}}{0.8} \\ &= 5880 \text{ N} \cdot \text{m/sec} \end{aligned}$$

연습문제 Exercise

6.1 직경 30 cm의 관이 그림과 같이 20 cm관과 15 cm관으로 Y자형으로 분기되어 물을 대기 중으로 방류하고 있다. 20 cm관의 유량이 135 *l*/sec라 할 때, 각 관의 유량 및 30 cm관의 압력수두를 구하라. 단, 유속비는 $V_B : V_C = 4:5$이다.

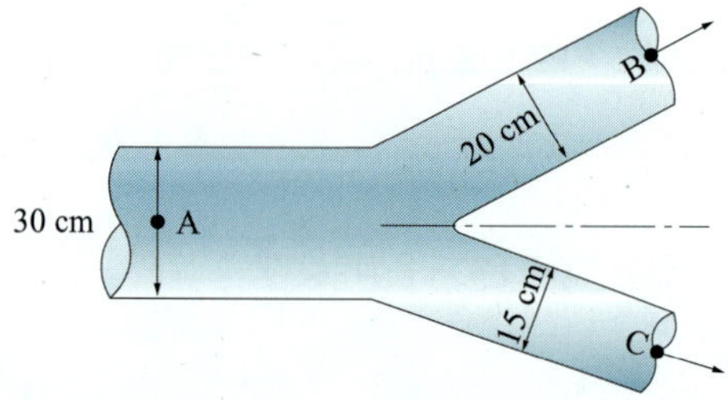

그림 P6.1

6.2 문제 6.1의 그림 P6.1과 같은 관에 대해서 주관의 압력이 204 kg중/m^2 (0.0204 kg중/cm^2)일 때 각분기관의 유량은 얼마인가?

6.3 그림 P6.3에서 물이 0.36 m^3/sec로 흐르고 있다. A에서 압력수두가 6.4 m일 때 B에서 압력수두를 구하고, 동수경사선 H.G.L과 에너지경사선 E.G.L을 그려라. 단, A에서 B까지의 손실은 무시한다.

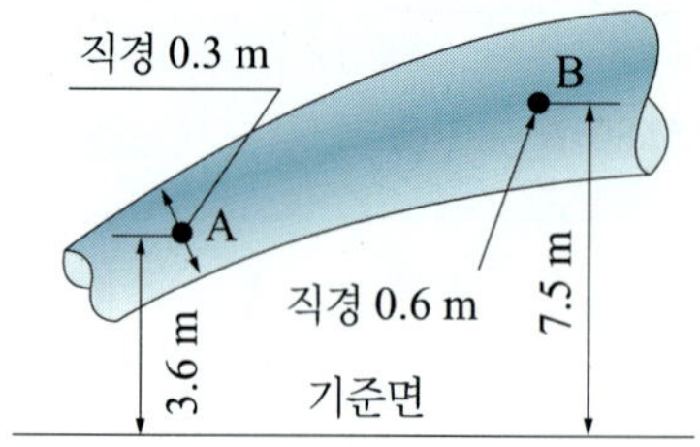

그림 P6.3

6.4 관로에 물이 흐르고 있다. 관로상의 한 점에서의 직경은 18 cm, 유속은 4 m/sec, 압력은 4 kg중/cm^2이며 이 점에서부터 12 m 떨어진 점에서의 직경은 8 cm로 축소되었다. 관로가 수평일 경우와 수직일 경우(물은 수직 하향으로 흐름)에 8 cm 단면에서의 압력을 구하라.

6.5 지름 20 cm, 18 cm, 12 cm의 3개의 관이 연결되어 있다. 20 cm관 속의 평균유속을 1 m/sec라고 하면 다른 관속의 평균유속은 얼마인가? 또, 20 cm 관 속의 압력을 1 kg중/cm^2이라고 하면 다른 관속의 압력은 얼마인가?

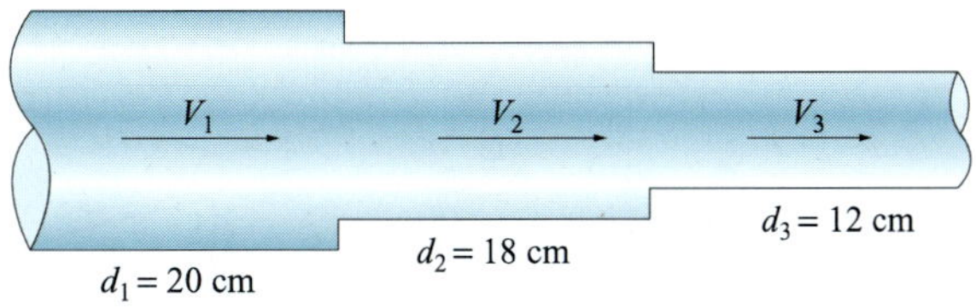

그림 P6.5

6.6 그림 P6.6과 같은 관로를 지나서 흐르는 유량과 A, B, C와 D에서의 압력들을 구하여라.

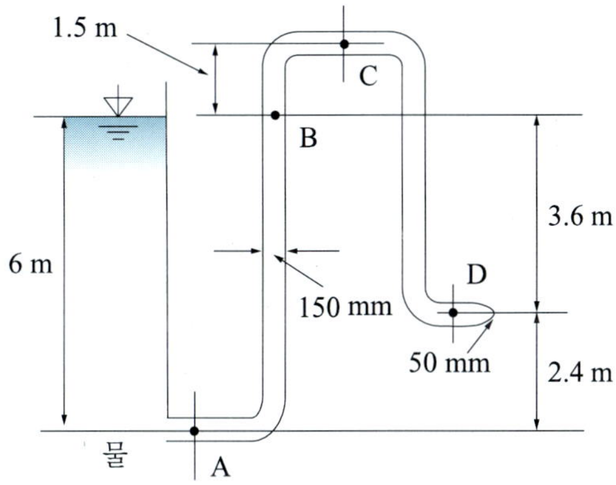

그림 P6.6

6.7 그림 P6.7과 같이 관속에 물이 흐르고 있다. 이 관을 통해 흐르는 유량을 구하여라.

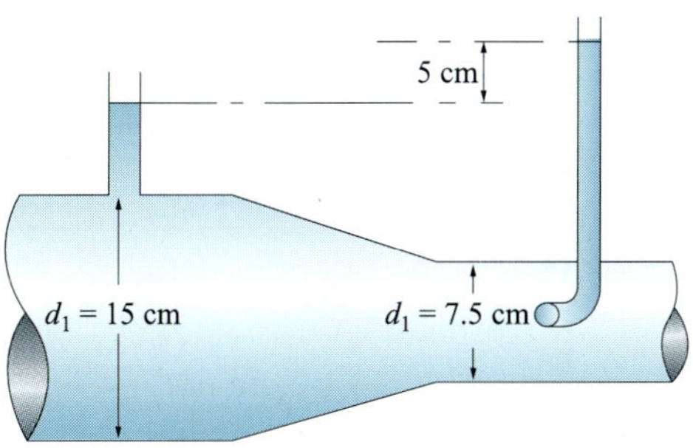

그림 P6.7

6.8 그림 P6.8의 단면 ①과 ②의 압력차를 U자형 액주계로서 측정할 때 수은주의 차가 $h = 10$ cm였다. 평균유속과 유량은 얼마인가?

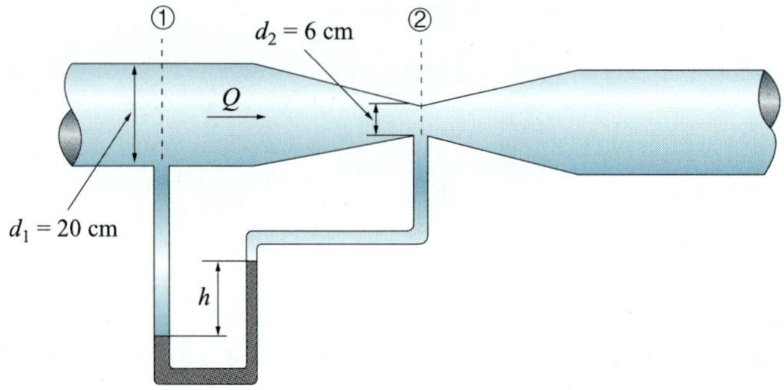

그림 P6.8

6.9 2차원 정상비압축성유체 흐름에서 x 및 y 방향의 속도가 다음과 같이 표시될 때 연속방정식을 만족하는지 조사하라.

$$u = -\frac{x}{x^2 + y^2}, \quad v = -\frac{y}{x^2 + y^2}$$

6.10 비압축성 정상류에서 다음과 같은 흐름이 가능한지를 판별하라.

(1) $u = 4xy + y^2$,$v = 6xy + 3x$

(2) $u = 2x^2 + y^2$,$v = -4xy$

(3) $u = 2x^2 - xy + z^2$, $v = x^2 - 4xy + y^2$, $w = -2xy - yz + y^2$

6.11 그림 P6.11과 같은 지름이 20 cm에서 12 cm로 작아지는 수축관에 물이 흐르는 경우를 생각한다. $Q = 0.04\ \mathrm{m^3/sec}$라고 할 때 A, B, C점에 있어서의 유속을 구하여라.

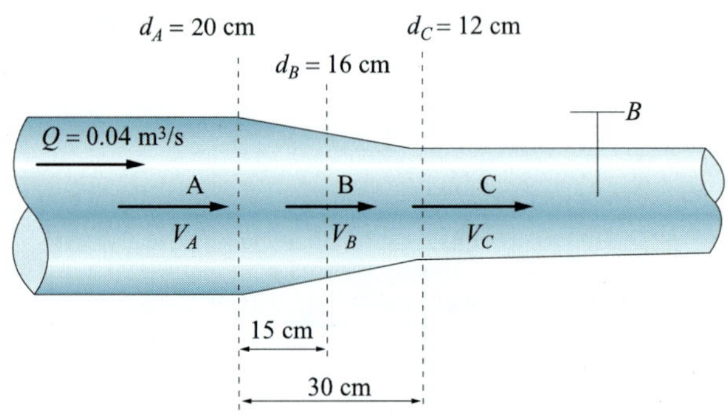

그림 P6.11

6.12 그림 P6.12에서 모든 손실을 무시하면 노즐로부터 분출되는 높이 H는 얼마나 되겠는가?

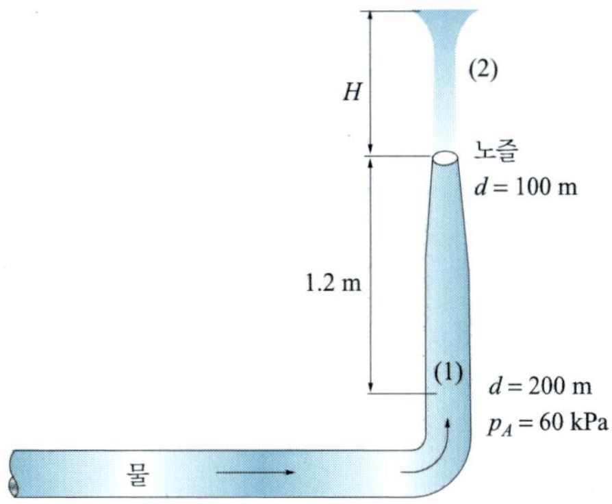

그림 P6.12

6.13 그림 P6.13과 같은 노즐에서의 분출속도와 유량을 구하라.

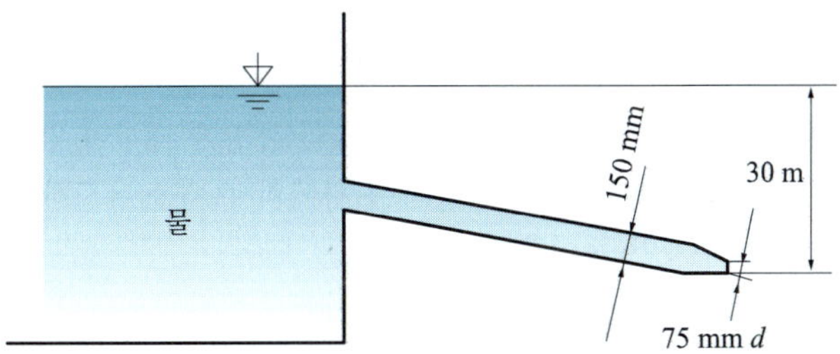

그림 P6.13

6.14 수조에서 직경이 다른 연결관에 의하여 물이 유출할 때 관로 중에서 단면적이 A_1, A_2로 시작되는 점에서의 압력수두를 각각 계산하여라. 단, 수조의 단면적 A_0, 단면 A_1, A_2 및 유출구의 단면적 A는 각각 4 m^2, 0.04 m^2, 0.1 m^2 및 0.03 m^{2}이며, 수면상에서 A_1, A_2, A까지의 수직거리는 $H_1 = 1$ m, $H_2 = 2$ m, $H = 3$ m이다. 또 이 흐름은 정상류이며 기타 모든 손실은 무시한다.

6.15 그림 P6.15와 같이 덕트의 측면에 있는 단면 1 m^{2}의 구멍으로부터 유출한다면 평균유출속도 V는 얼마인가?

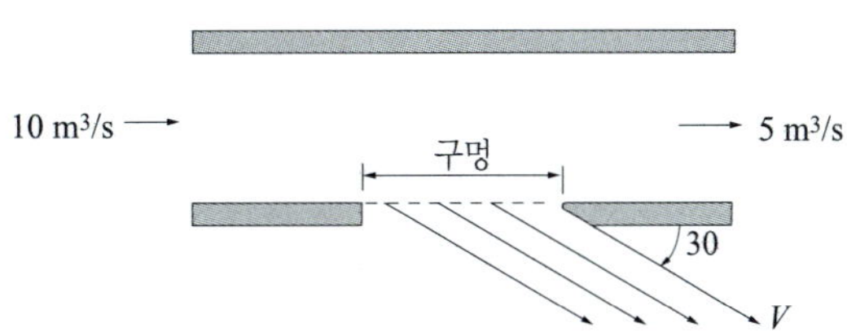

그림 P6.15

6.16 물이 그림 P6.16과 같은 형태의 관을 흐르고 A에서의 물의 속도가 2.4 m/sec 이면, 개관 C에 있어서의 물의 높이는 얼마인가?

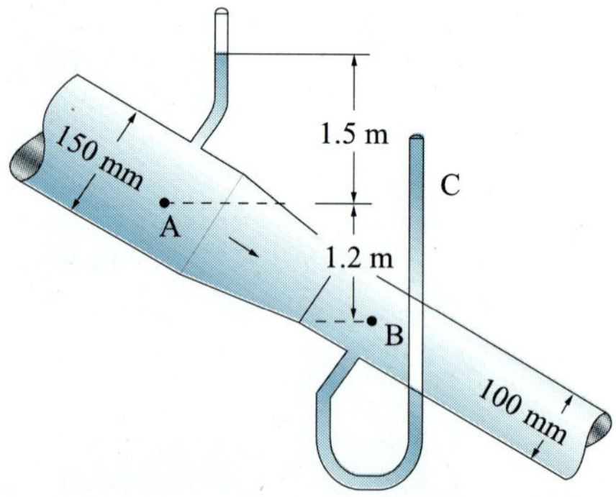

그림 P6.16

6.17 펌프가 저수지로부터 0.3 m 관을 통하여 물을 흡입하고 있다. 0.34 m^3/sec가 양수될 때, 저수지 표면으로부터 2.4 m 위에 있는 한 점에 있어서 관에서의 압력은 몇 Pa인가? 수두로 환산하면 몇 m인가?

6.18 그림 P6.18에서 0.28 m^3/sec의 유량에 대하여 압력이 단면 1과 2에서 같게 되는 경우의 단면적 A_1과 A_2사이의 관계를 유도하여라. 또 이 조건에 대하여 액주계의 높이차를 구하여라.

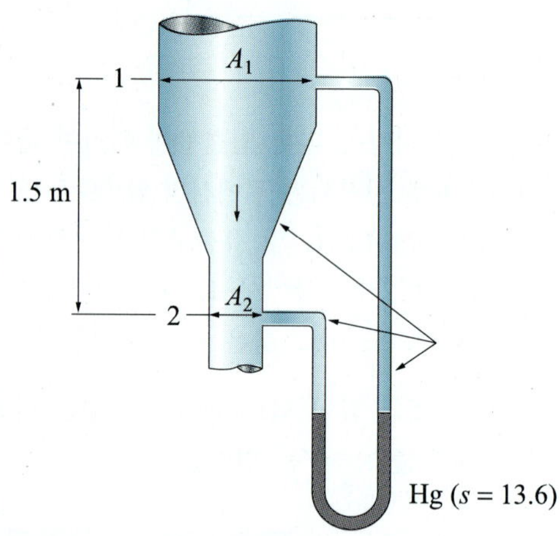

그림 P6.18

6.19 그림 P6.19와 같이 연직관로 내의 유량을 측정하기 위하여 벤추리미터를 설치하였다. 시차액주계의 수은주차가 25.2 cm였다면 관로 내의 유량은 얼마인가?

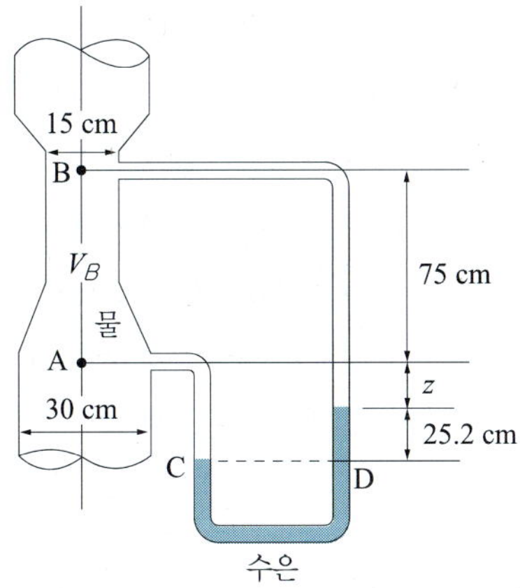

그림 P6.19

6.20 그림 P6.20에서 관 내에 물이 흐를 경우 A, B, C, D, E점에서의 압력수두를 구하라. 단, 관의 내경은 동일하고, 손실은 무시한다.

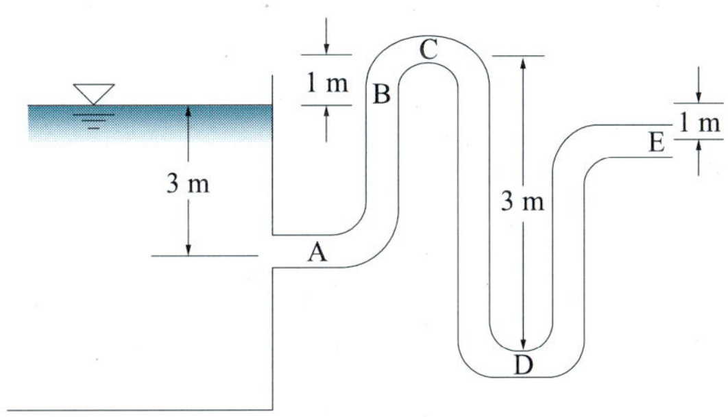

그림 P6.20

6.21 그림 P6.21에서 $h = 0.16$ m일 때 20 mm단면에서의 압력수두를 구하여라.

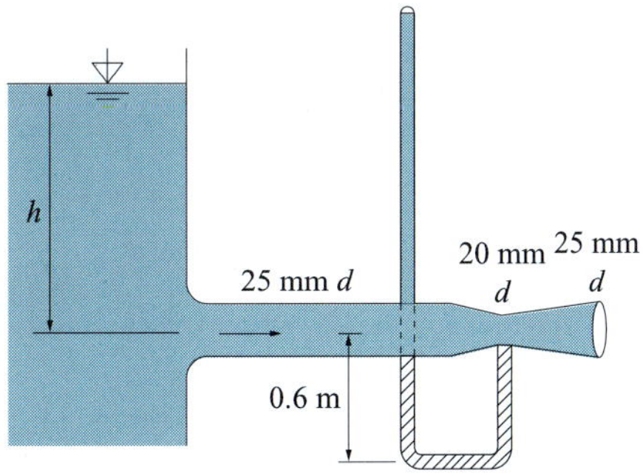

그림 P6.21

6.22 발전소에 있는 수차가 $Q = 3\ m^3/sec$ 의 유량의 물을 표고 100 m의 저수지로부터 받아서 표고 10 m의 하천으로 방류한다. 수차의 효율이 $\eta_T = 0.8$일 때 실제동력을 구하라.

6.23 그림 P6.23에서 수심 h가 1.5 m일 때, 마찰이 없는 수문을 지나는 2차원 유량을 구하여라. 또한 유량이 $3.25\ m^3/sec/m$일 때, 수심 h를 구하여라.

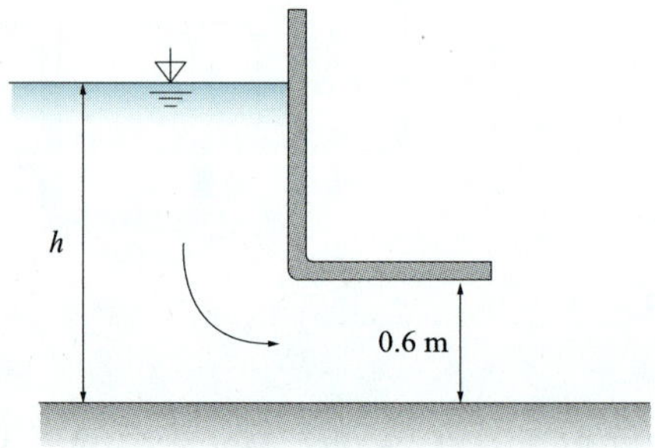

그림 P6.23

6.24 그림 P6.24에서 $0.085\ m^3/sec$의 유량과 15 kw의 터빈출력을 낼 때의 h를 구하여라(단, 터빈의 효율은 $\eta_T = 0.85$이다).

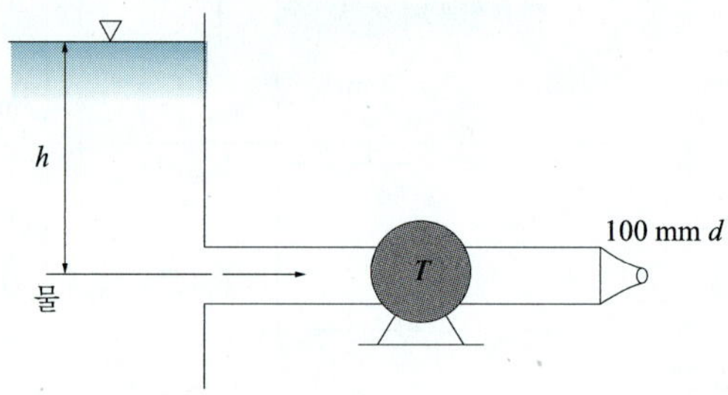

그림 P6.24

6.25 그림 P6.25에서 유량이 $0.6\ m^3/sec$일 때 이 터빈은 75 kW의 동력을 낸다. 터빈이 제거되었을 때 기대되는 유량은 얼마인가?

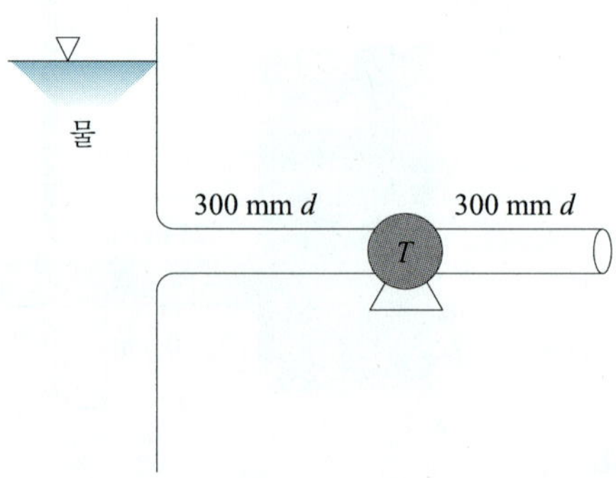

그림 P6.25

6.26 1.2 m의 수두를 갖는 지름 3 cm의 오리피스로부터 물이 분출하여 100초 동안에 0.207 m^3 유출하였다고 한다. 그리고 이때에 분류가 오리피스출구에서 수평으로 1.5 m 나갔을 때 수직으로 0.5 m만큼 강하했다면 수축계수 C_C, 속도계수 C_v는 얼마인가?

6.27 그림 P6.27에 나타낸 것처럼 수조의 측벽에 구멍을 뚫으려한다. 물을 횡방향으로 분출시킬 때, 수조 저면의 높이에 대해서 가장 멀리 떨어지게 하기 위해서는 구멍의 위치를 어느 곳에 하면 좋겠는가?

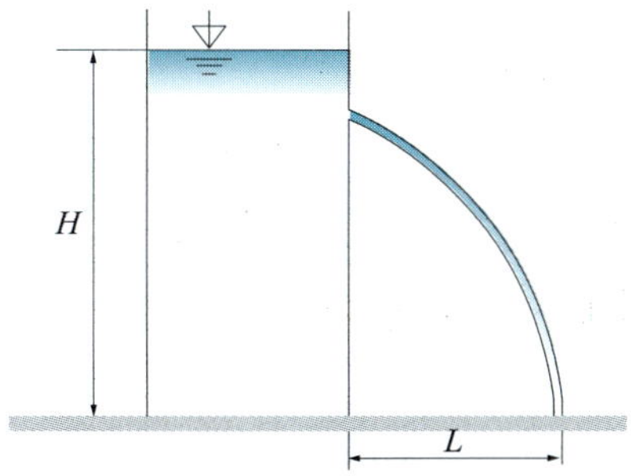

그림 P6.27

6.28 그림 P6.28과 같이 수면에 p인 압력(계기압력)이 작용하고 오리피스의 출구에는 대기압 $p_0 = 0$이 작용하고 있을 때 오리피스로부터 유량 Q를 구하는 식을 유도하라.

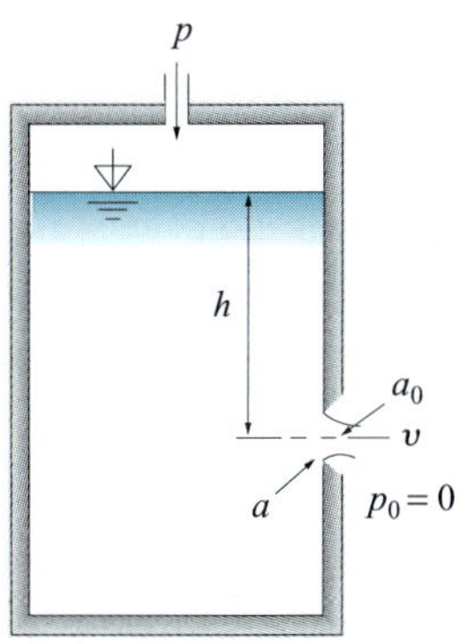

그림 P6.28

6.29 사이펀을 통하여 물이 마찰이 없이 흐른다고 가정하자. 물의 유량은 0.03 m^3/sec이고, 온도는 20°C이며, 관의 지름은 75 mm이다. A점의 압력이 물의 증기압(vapor pressure)보다 높게 유지되도록 하기 위하여 허용할 수 있는 최대 높이 h를 계산하라.

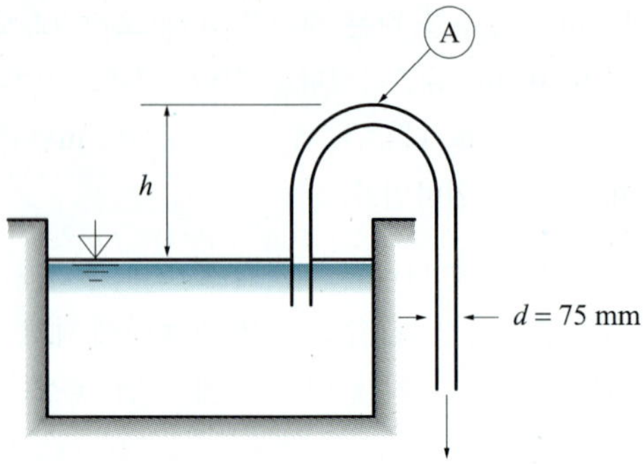

그림 P6.29

6.30 대단히 큰 물탱크로부터 5 cm 지름의 관을 통하여 물이 흐르고 있다. 마노미터 내의 액체는 수은이다. 관 내의 속도와 탱크로부터 배출되는 유량 및 h를 구하라(단, 유출구는 직경 2 cm인 노즐로 되어 있다).

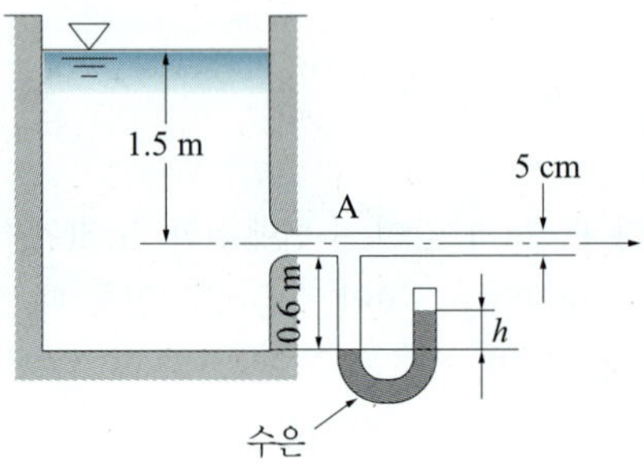

그림 P6.30

6.31 물제트가 수직하방향으로 떨어지고 있다. 표고 15 m인 지점에서 제트의 직경이 5 cm, 유속이 30 m/sec이었다. 표고 8 m인 지점에서 제트의 속도와 직경을 구하라.

6.32 폭 10 cm, 높이 10 cm인 정사각형 구멍을 가진 연직오리피스가 있다. 그 중심까지의 수심이 1.5 m이다. 큰 오리피스일 때와 작은 오리피스일 때 유량을 각각 계산하라. 유량계수는 어느 경우나 0.6으로 하라.

6.33 밑면이 80 cm × 120 cm이고, 높이가 2 m되는 수조의 밑면으로부터 높이 10 cm되는 옆면에 직경 16 mm의 구멍이 뚫렸다. 이 구멍으로부터 물이 2 m/sec의 속도로 분출하고 있다. 이 때 수면의 높이는 밑면으로부터 얼마가 되며, 유량은 얼마인가(단, 유속계수는 0.97, 유량계수는 0.64이다)?

6.34 그림 P6.34와 같이 비중이 0.7인 기름과 물로 채워진 관을 통해 분출되는 유속을 구하라.

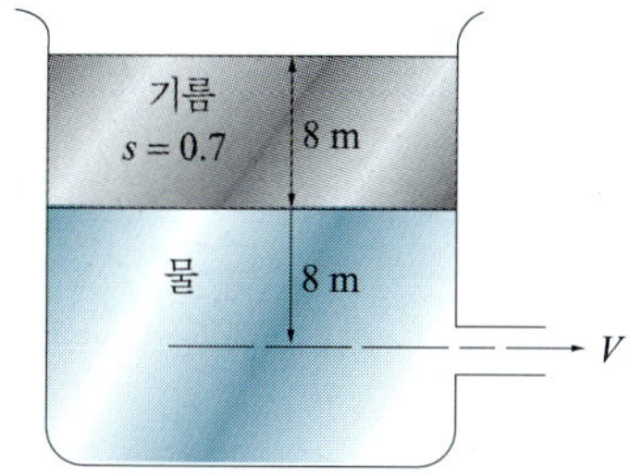

그림 P6.34

6.35 그림 P6.35에서 물 제트가 A점을 통과하고 있다. 이 경우 유량은 얼마인가?

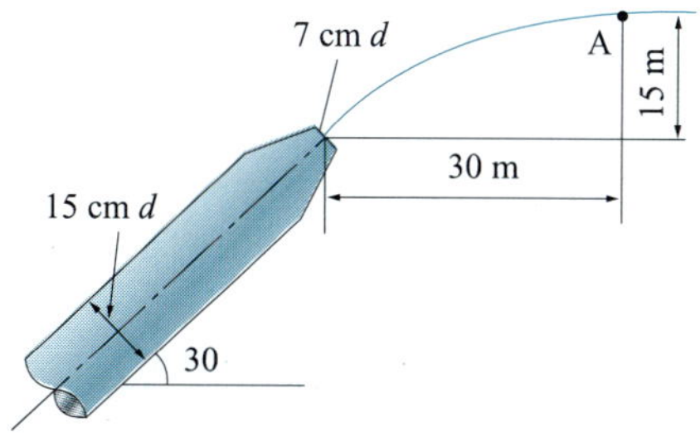

그림 P6.35

6.36 물이 들어 있는 저장탱크 내에 수심 4 m 지점에 지름 10 cm인 노즐을 부착시켰다. 이때 노즐로부터 나오는 물의 유속과 유량을 구하라. 단, 모든 손실은 무시한다.

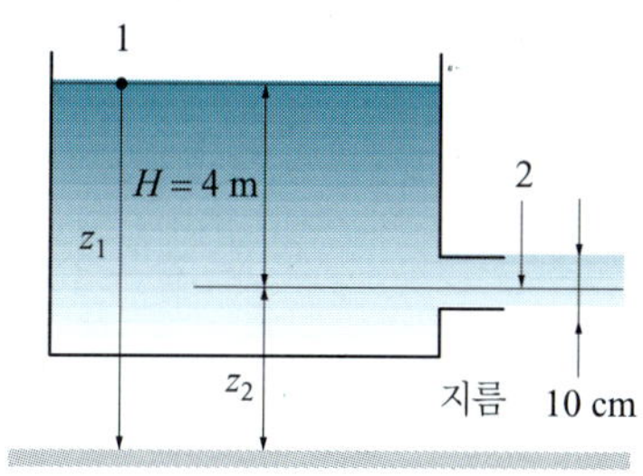

그림 P6.36

6.37 지상으로부터 높이 5 m인 위치에서 노즐을 수평하게 놓고 물을 분출시켰을 때 물이 도달하는 거리를 구하라. 여기서 관의 지름은 5 cm, 노즐의 지름은 2.5 cm, 관 내의 수압은 3 kg중/cm^2, 유속계수는 0.98로하고 공기의 저항은 무시한다.

6.38 피토관을 그림 P6.38과 같이 흐르는 물속에 놓았더니 피토관 속으로 물이 수면에서 8 m 만큼 올라왔다. 물의 속도는 몇 m/sec인가?

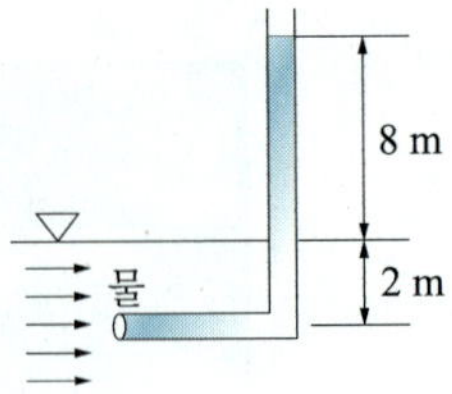

그림 P6.38

6.39 그림 P6.39와 같은 사이폰에 0.05 m^3/sec의 물이 흐르고 있다. ①점과 ③점 사이의 손실수두와 ②점에서의 압력을 구하라. 단, ①점과 ②점까지의 손실은 전체손실의 1/3이다.

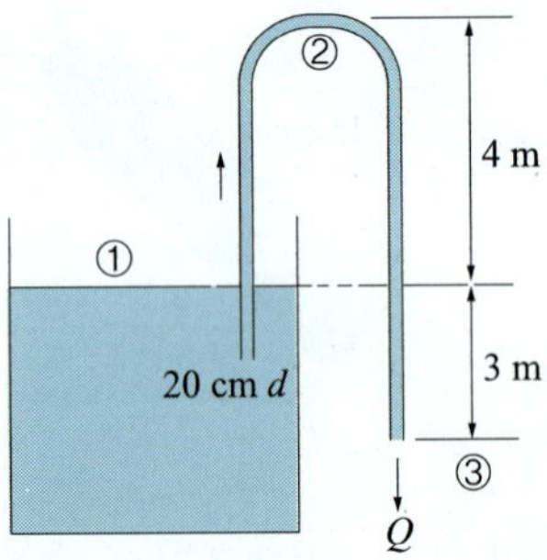

그림 P6.39

6.40 출구가 연직하향으로 향한 원관에서 물이 연직으로 떨어지고 있다. 원관의 내경은 10 cm이고 관의 출구에서 물의 속도는 1.4 m/sec이다. 관 출구로부터 1.5 m아래 지점에서 물의 낙하속도와 직경을 구하라.

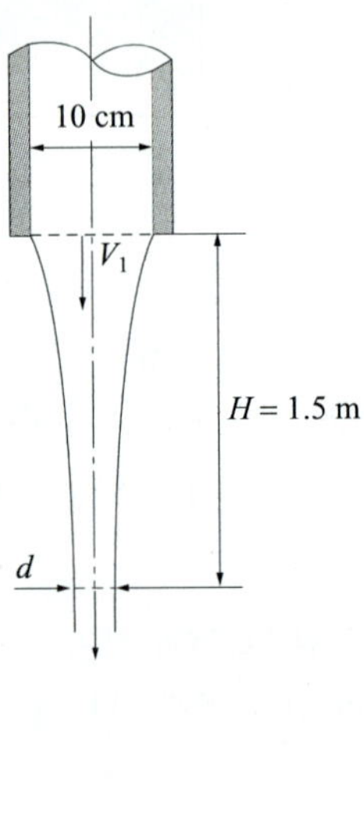

그림 P6.40

6.41 28 l/sec의 유량에 대하여 각각의 압력계의 눈금이 서로 같을 때 수축부의 지름은 얼마인가?

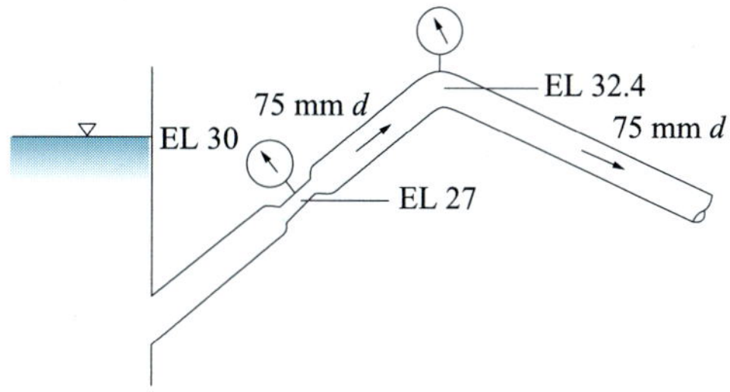

그림 P6.41

6.42 그림 P6.42와 같이 물이 흐르고 있다. 두 압력계의 눈금이 같게 되기 위하여 요구되는 관의 지름 d_2를 구하여라.

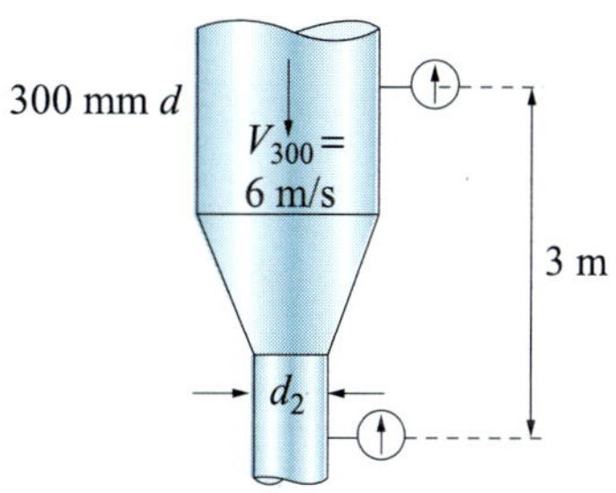

그림 P6.42

6.43 그림 P6.43에서 피토관의 끝이 분류의 정점에 있다. 유량과 각도 θ를 구하라.

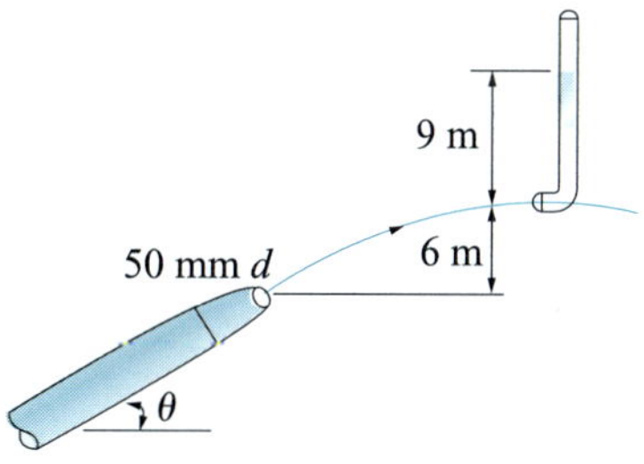

그림 P6.43

6.44 물이 수평인 150 mm 관 내에 있는 75 mm 수축부를 지나서 흐르고 있다. 150 mm 단면에서의 압력이 345 kPa이고 수축부에서의 압력이 270 kPa일 때, 수축부에서의 속도와 유량을 구하여라.

6.45 그림 P6.45에서 $d_1 = 30$ cm, $d_2 = 20$ cm이고 유량 $Q = 0.3\ \text{m}^3/\text{sec}$일 때 액주계 눈금이 수평을 이루고 있다면 단면 ①, ② 중심의 높이차는 얼마인가?

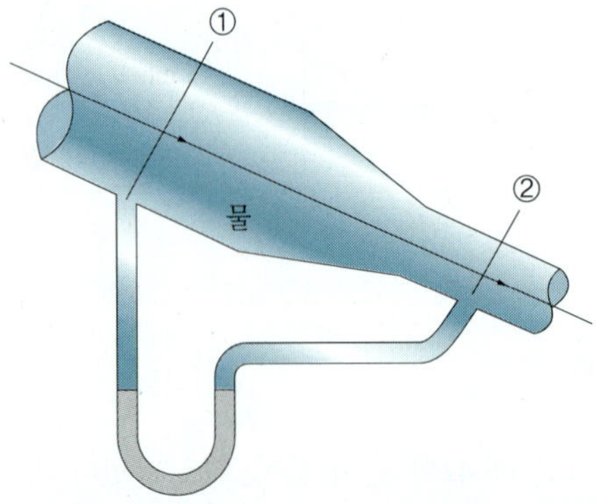

그림 P6.45

6.46 수평면과 60°를 이루는 원관에서 분출되는 물이 상승하다가 중력의 영향을 받아 아래로 떨어질 때 물이 상승하는 최대 높이는 얼마인가(단, 원관의 직경을 10 cm, 관 출구에서의 유속을 7 m/sec로 하라)?

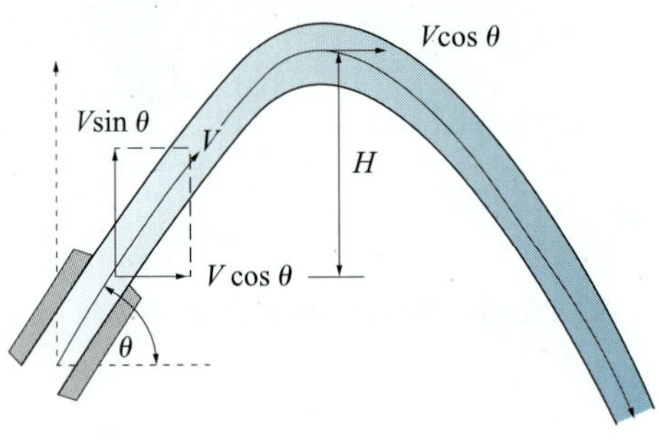

그림 P6.46

6.47 그림 P6.47와 같은 점차 축소관을 통하여 물이 흐르고 있다. 직경 10 cm인 원관에서 속도가 1.4 m/sec, 계기압력이 0이면 직경 5 cm인 원관에서의 압력은 얼마인가? 단, 에너지손실은 없는 것으로 한다.

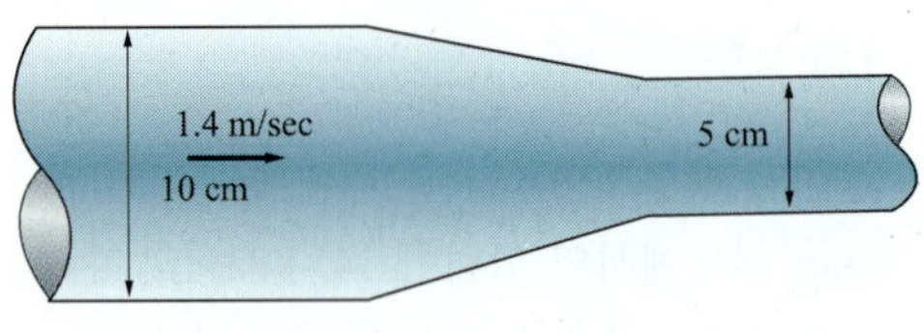

그림 P6.47

6.48 그림 P6.48와 같이 수면의 높이 2.5 m, 직경 4 cm인 원형오리피스에서 유출하는 분류가 있다. 오리피스를 나온 직후의 유속과 직경을 구하라. 이 분류가 2.5 m 낙하한 위치에 대한 속도와 직경을 구하라. 단, 오리피스의 수축계수를 0.62, 속도계수를 0.97로 하라.

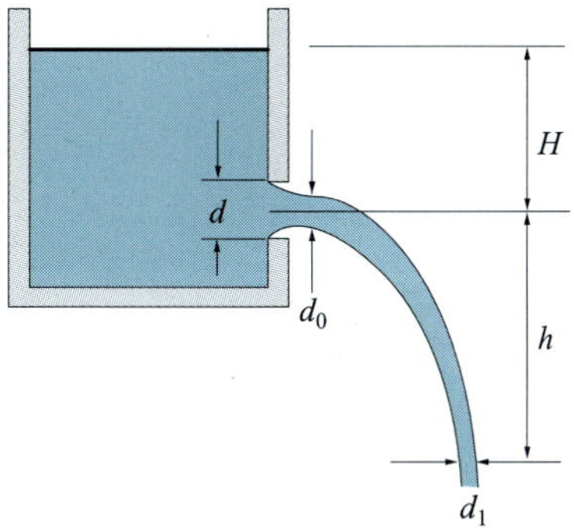

그림 P6.48

6.49 내경이 400 mm인 관로에 내경이 $d_1 = 160$ mm, $d_2 = 200$ mm인 두 분관으로 Y자형으로 연결되어 있다. 본관의 유속이 8 m/sec로 흐를 때 두 관 내의 유속을 구하라(단, 유속비 $v_1 : v_2 = 5:3$이다).

제 7 장

점성유체의 흐름

실제유체는 점성을 갖고 있으므로, 점성을 무시한 완전유체로서의 취급은 종종 모순에 봉착하는 경우가 많다. 점성이 유체운동에 미치는 가장 중요한 효과는 내부마찰(internal friction) 또는 내부전단력(internal shear)의 발생이다. 점성에 의해서 내부마찰이 발생하면 유체가 갖고 있는 에너지가 경계면에서 열에너지로 전환되기 때문에 에너지 손실이 유발 되고, 또한 완전유체에서 균일 유속으로 가정했던 유속분포도 비활조건(no-slip condition)에 의해 고정 경계에서는 속도가 0이 되며, 경계를 벗어나면서 속도가 증가하는 경향을 갖게 되는데 특히 경계면 부근에서 현저한 속도경사를 갖게 된다. 따라서 이러한 유속경사를 균일하게 하여 유속을 평균화하려는 성질 때문에 면에 수직하게 작용하는 압력 외에 면에 연해서 작용하는 전단력도 작용한다. 또한 유속이나 흐름의 규모가 커지면 층류는 난류로 변하여, 난류의 불규칙운동으로 인한 변동유속의 운동량 교환에 기인해서 난류전단응력도 발생한다.

이 장에서는 점성유체 흐름의 다양한 특성에 대해서 다루어 본다. 완전유체의 가정하에서 유도되었던 운동방정식, 베르누이 및 운동량 방정식 등 제반 식들을 점성에 의한 영향을 고려해서 수정하고 층류와 난류의 흐름에 대해서 고찰한다. 그리고 유체경계층과 수중 물체 주위의 운동에 대해서도 다룬다.

7.1 유체요소에 작용하는 힘

유체요소에 작용하는 힘은 체력(body force)과 표면력(surface force)으로 나뉘어 진다는 것은 3장에서 설명한 바 있다. 이제 실제유체 흐름에 대한 기본식을 유도하기 위해서, 그림 7.1과 같이 체적이 $dxdydz$이고 질량이 m인 미소육면체 유체요소를 생각한다.

이제 뉴턴의 제2법칙을 적용하기 위하여, 미소 유체요소에 작용하는 힘들을 생각해본다. 점성유체에서 유체요소에 작용하는 힘은 표면력(surface force)으로서 수직력과 전단력, 그리고 유체요소의 단위질량당 작용하는 체력(body force)이 존재한다. 해석을 단순화하기 위하여 우선 x방향만을 고려해 본다. x방향으로 유체요소의 단위 질량에 작용하는 힘의 성분을 X라 하면 체력 F_{bx}는 단위질량당 힘 X에 질량 $\rho dxdydz$를 곱하여 다음과 같이 표시된다.

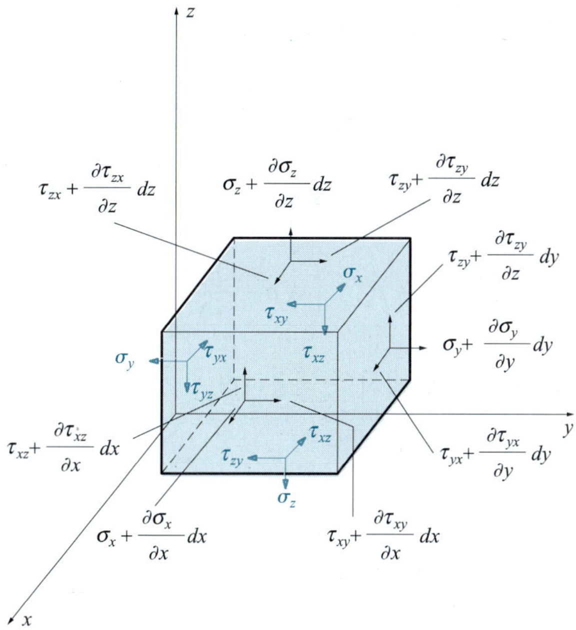

그림 7.1 유체요소에 작용하는 응력

$$F_{bx} = X \rho \, dx \, dy \, dz \tag{7.1}$$

다음으로 표면력에 대해서 생각해 보자. 그림 7.1에서와 같이 x방향으로 작용하는 수직력은 σ_x, 전단응력은 τ_{yx}, τ_{zx}이므로 이들에 작용면적을 곱하면 표면력이 된다. 이때 수직응력의 첨자는 작용방향을 나타내고, 유체요소가 팽창하는 방향으로 작용하였을 때 양의 (+)값을 나타낸다. 또 전단응력에서의 첨자는 앞 첨자는 첨자가 나타내는 축에 수직한 면을 나타내고, 뒷첨자는 작용방향을 나타낸다. 예를 들어 τ_{yx}는 y축에 수직한 면 위에서 x 방향으로 작용하는 전단응력을 의미한다. 순수 표면력 F_{sx}를 구하기 위해 x 방향으로의 표면력을 합하면 다음과 같은 식을 얻는다.

$$\begin{aligned} F_{sx} = & \left(\sigma_x + \frac{\partial \sigma_x}{\partial x} dx \right) dydz - \sigma_x dydz \\ & + \left(\tau_{yx} + \frac{\partial \tau_{yx}}{\partial y} dy \right) dxdz - \tau_{yx} dxdz \\ & + \left(\tau_{zx} + \frac{\partial \tau_{zx}}{\partial z} dz \right) dxdy - \tau_{zx} dxdy \end{aligned} \tag{7.2}$$

간단히 하면 다음 식과 같이 된다.

$$F_{sx} = \left(\frac{\partial \sigma_x}{\partial x} + \frac{\partial \tau_{yx}}{\partial y} + \frac{\partial \tau_{zx}}{\partial z} \right) dxdydz \tag{7.3}$$

따라서 x방향으로 표면력과 체력의 합력인 ΣF_x는 다음과 같이 된다.

$$\Sigma F_x = F_{bx} + F_{sx} = \left(X\rho + \frac{\partial \sigma_x}{\partial x} + \frac{\partial \tau_{yx}}{\partial y} + \frac{\partial \tau_{zx}}{\partial z} \right) dxdydz \tag{7.4}$$

이제 뉴튼의 제2법칙을 적용하면

$$\Sigma F_x = ma_x \tag{7.5}$$

식 (7.4)를 식 (7.5)의 좌변에 대입하여 정리하면, x 방향으로의 운동방정식은 다음과 같이 쓸 수 있다.

$$\rho \frac{du}{dt} = \rho \left(\frac{\partial u}{\partial t} + u\frac{\partial u}{\partial x} + v\frac{\partial u}{\partial y} + w\frac{\partial u}{\partial z} \right) = \rho X + \frac{\partial \sigma_x}{\partial x} + \frac{\partial \tau_{yx}}{\partial y} + \frac{\partial \tau_{zx}}{\partial z} \tag{7.6}$$

y, z에 대해서도 동일한 방법으로 유도하면 각각 다음 식과 같이 표현된다.

$$\rho \frac{dv}{dt} = \rho Y + \frac{\partial \tau_{xy}}{\partial x} + \frac{\partial \sigma_y}{\partial y} + \frac{\partial \tau_{zy}}{\partial z} \tag{7.7}$$

$$\rho \frac{dw}{dt} = \rho Z + \frac{\partial \tau_{xz}}{\partial x} + \frac{\partial \tau_{yz}}{\partial y} + \frac{\partial \sigma_z}{\partial z} \tag{7.8}$$

식 (7.6)~(7.8)이 점성유체에 대한 미분형 운동방정식이다. 문제를 풀기 위해 이 식들을 이용하려면 우선 응력과 변형의 관계가 구해져야 되고, 또한 응력에 대한 표현식들이 속도와 압력으로 표시되어야 한다.

7.2 점성유체 내의 응력과 변형

이웃하는 두 층간에 속도차가 있는 경우는 전단력이 작용하므로 유체요소는 변형하게 된다. 문제를 단순화하기 위해 그림 7.2와 같이 xy면에서 직사각형인 미소 유체 요소를 생각하고, 2차원 유체요소의 변형을 다루어 보자.

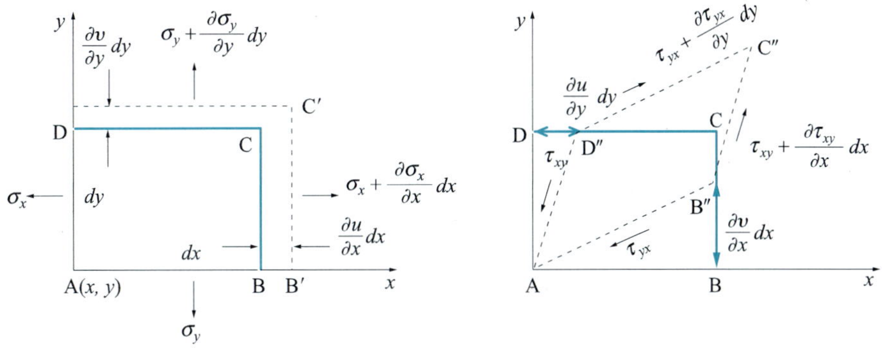

(a) 수직응력　　　　(b) 전단응력

그림 7.2 응력과 변형과의 관계

그림에서 수직응력에 대해서는 그 작용방향을 첨자로 나타내고, 체적을 증가시키는 방향일 때 (+)를 취하기로 한다. 또 전단응력에 대해서는 그 작용면을 제1첨자로, 작용방향을 제2첨자로 표시한다(예를 들면 x축에 직교하는 면에 작용하고 그 방향이 y방향인 경우는 τ_{xy}로 표시한다).

4.4절에서 다룬 유체요소의 변형과 위에서 설명한 응력과의 관계를 알아보자. 우선 수직응력에 대해서는 그림 7.2(a)에서 점 B는 A에 대해서 상대적으로 단위시간당 $(\partial u/\partial x)dx$만큼 신장했으므로, 변형 즉 x방향으로의 신장속도 ε_x는 다음과 같이 표현된다.

$$\varepsilon_x = \frac{\partial u}{\partial x} \tag{7.9}$$

y 및 z방향에 대해서도 동일한 방법으로 구하면 다음과 같이 된다.

$$\varepsilon_y = \frac{\partial v}{\partial y} \tag{7.10}$$

$$\varepsilon_z = \frac{\partial w}{\partial z} \tag{7.11}$$

식 (7.9) ~ 식 (7.11)은 이미 4.4절의 선형변형에서 유도한 바 있다[식 (4.18) 참조].

다음으로 전단응력에 의해 유체요소 ABCD가 평행사변형 AB″C″D″로 변형하는 문제를 살펴본다[그림 7.2(b)]. 이것에 대해서도 4.4절의 각 변형에서 다룬 바 있으므로 자세한 사항은 4.4절을 참고하기 바란다. 점 A의 y방향 속도를 v로 하면, 점 B의 y방향 속도는 $v+(\partial v/\partial x)\,dx$이다. 이 때문에 단위시간 후에 점 B는 B″로 $(\partial v/\partial x)\,dx\,dt$만큼 진행하고, 변 AB는 반시계방향으로 $(\partial v/\partial x)$만큼 회전한다. 마찬가지로 점 A의 x방향의 속도는 u이고 점 D의 x방향 속도는 $u+(\partial u/\partial y)\,dy$이므로 변 AD는 시계방향으로 $(\partial u/\partial y)$만큼 회전한다. 따라서 단위시간 후에, xy평면에서의 각변형속도 γ_{xy}는 다음과 같이 표현된다.

$$\gamma_{xy}=\frac{\partial v}{\partial x}+\frac{\partial u}{\partial y} \tag{7.12}$$

yz평면 및 zx평면에 대해서도 동일한 방법에 의해서 다음 식을 얻는다.

$$\gamma_{yz}=\frac{\partial w}{\partial y}+\frac{\partial v}{\partial z} \tag{7.13}$$

$$\gamma_{zx}=\frac{\partial u}{\partial z}+\frac{\partial w}{\partial x} \tag{7.14}$$

여기서 γ_{xy}, γ_{yz} 및 γ_{zx}를 전단변형속도 또는 각변형속도라 부른다.

식 (7.6) ~ (7.8)로부터 점성유체의 기본식인 Navier-Stokes방정식을 유도하기 위해서는 식 중에 포함되어 있는 수직응력 및 전단응력과, 앞서 유도한 변형속도간의 관계식이 필요하다. 이들 관계식을 얻기 위해서는 (a) 주어진 점의 응력은 변형만의 함수이고, (b)유체도 탄성체와 마찬가지로 응력은 변형에 비례하며, (c) 유체는 등방성으로서 응력과 변형간의 관계는 좌표변환에 대해 불변이라는 등의 가정을 설정해야 한다.

또 비점성유체에서는 전단응력이 0이므로, 다음과 같이 수직응력만이 작용한다.

$$\sigma_x=\sigma_y=\sigma_z=-p \tag{7.15}$$

즉, 압력만이 작용하게 된다. 여기서 (−)부호는 압력이 유체요소의 내부로 작용하기 때문이다.

한편, 그림 7.2(b)에서 전단응력 τ_{xy}와 τ_{yx} 간에는 z축을 중심으로 모멘트의 평형을 이루기 때문에

$$\tau_{xy} dy\, dx = \tau_{yx} dx\, dy$$

즉,

$$\tau_{xy} = \tau_{yx} \tag{7.16}$$

이 성립한다. *yz* 평면 및 *zx* 평면에 대해서도 마찬가지로 다음 관계가 성립한다.

$$\tau_{yz} = \tau_{zy} \tag{7.17}$$

$$\tau_{zx} = \tau_{xz} \tag{7.18}$$

상기의 가정과 식 (7.16) ~ (7.18)을 고려하여 실제유체 흐름에 있어서 수직응력과 선형 변형, 또 전단응력과 전단변형에 대한 관계식을 얻을 수 있다. 물론 이러한 관계식을 유도하는 데 있어서는 매우 복잡하고 어려운 과정이 포함되어 있으나 본서에서는 그 과정을 생략하고 아래에 그 결과식만을 제시한다.

우선 수직응력에 대해서는 다음 식을 얻는다.

$$\begin{aligned}
\sigma_x &= -p + 2\mu \frac{\partial u}{\partial x} + \lambda\left(\frac{\partial u}{\partial x} + \frac{\partial v}{\partial y} + \frac{\partial w}{\partial z}\right) \\
\sigma_y &= -p + 2\mu \frac{\partial v}{\partial y} + \lambda\left(\frac{\partial u}{\partial x} + \frac{\partial v}{\partial y} + \frac{\partial w}{\partial z}\right) \\
\sigma_z &= -p + 2\mu \frac{\partial w}{\partial z} + \lambda\left(\frac{\partial u}{\partial x} + \frac{\partial v}{\partial y} + \frac{\partial w}{\partial z}\right)
\end{aligned} \tag{7.19a}$$

또는

$$\begin{aligned}
\sigma_x &= -p + 2\mu\varepsilon_x + \lambda(\varepsilon_x + \varepsilon_y + \varepsilon_z) \\
\sigma_y &= -p + 2\mu\varepsilon_y + \lambda(\varepsilon_x + \varepsilon_y + \varepsilon_z) \\
\sigma_z &= -p + 2\mu\varepsilon_z + \lambda(\varepsilon_x + \varepsilon_y + \varepsilon_z)
\end{aligned} \tag{7.19b}$$

이고, 전단응력에 대해서는 다음과 같이 표현된다.

$$\tau_{xy} = \tau_{yx} = \mu\left(\frac{\partial v}{\partial x} + \frac{\partial u}{\partial y}\right)$$

$$\tau_{yz} = \tau_{zy} = \mu\left(\frac{\partial w}{\partial y} + \frac{\partial v}{\partial z}\right) \tag{7.20a}$$

$$\tau_{zx} = \tau_{xz} = \mu\left(\frac{\partial u}{\partial z} + \frac{\partial w}{\partial x}\right)$$

또는

$$\tau_{xy} = \tau_{yx} = \mu\gamma_{xy}$$

$$\tau_{yz} = \tau_{zy} = \mu\gamma_{yz} \tag{7.20b}$$

$$\tau_{zx} = \tau_{xz} = \mu\gamma_{zx}$$

위에서 λ와 μ는 우선은 응력과 변형의 관계를 나타내기 위한 비례상수로 보면 된다. 식 (7.19)의 3식을 더하면

$$\sigma_x + \sigma_y + \sigma_z = -3p + (2\mu + 3\lambda)\left(\frac{\partial u}{\partial x} + \frac{\partial v}{\partial y} + \frac{\partial w}{\partial z}\right) \tag{7.21}$$

이 되는데, 일반적으로 물의 경우에는 수직응력의 평균치가 압력이라고 생각할 수 있으므로 다음 식이 성립된다.

$$\frac{\sigma_x + \sigma_y + \sigma_z}{3} = -p \tag{7.22}$$

식 (7.21)과 (7.22)로부터 다음의 관계가 얻어진다.

$$3\lambda + 2\mu = 0 \quad \text{또는} \quad \lambda = -\frac{2}{3}\mu \tag{7.23}$$

여기서 μ는 점성계수(coefficient of viscosity)라 하고, λ는 2차 점성계수라 부른다.

7.3 Navier-Stokes의 운동방정식

완전유체의 운동방정식, 즉 오일러의 운동방정식에서는 표면력으로서 압력 p만을 고려하였다. 그러나 점성유체에서는 식 (7.6)~(7.8)에서 알 수 있는 바와 같이, 수직응력뿐만 아니라 전단응력 τ_{xy}, τ_{yz}, τ_{zx}도 작용하고 있다. 앞 절에서 구한 응력과 변형간의 관계식 (7.19)를 식 (7.6)~(7.8)에 대입하여 식을 정리한다.

우선 물과 같은 비압축성에 대해서는 식 (7.19)는 다음과 같이 간단히 표현할 수가 있다.

$$\begin{aligned}\sigma_x &= -p + 2\mu\frac{\partial u}{\partial x}\\ \sigma_y &= -p + 2\mu\frac{\partial v}{\partial y}\\ \sigma_z &= -p + 2\mu\frac{\partial w}{\partial z}\end{aligned} \tag{7.24}$$

해석을 단순화하기 위해 우선 x방향에 대해서 생각한다. 앞서 7.2절에서 유도한 x방향의 운동방정식

$$\rho\left(\frac{\partial u}{\partial t} + u\frac{\partial u}{\partial x} + v\frac{\partial u}{\partial y} + w\frac{\partial u}{\partial z}\right) = \rho X + \frac{\partial \sigma_x}{\partial x} + \frac{\partial \tau_{yx}}{\partial y} + \frac{\partial \tau_{zx}}{\partial z}$$

의 우변에 식 (7.24)와 (7.20)의 관계식을 대입하면 다음과 같이 된다.

$$\begin{aligned}\rho\frac{du}{dt} &= \rho X + \frac{\partial}{\partial x}\left(-p + 2\mu\frac{\partial u}{\partial x}\right) + \frac{\partial}{\partial y}\left[\mu\left(\frac{\partial v}{\partial x} + \frac{\partial u}{\partial y}\right)\right]\\ &\quad + \frac{\partial}{\partial z}\left[\mu\left(\frac{\partial u}{\partial z} + \frac{\partial w}{\partial x}\right)\right]\end{aligned} \tag{7.25}$$

상기 식 (7.25)를 정리하면

$$\begin{aligned}\frac{du}{dt} &= X - \frac{1}{\rho}\frac{\partial p}{\partial x} + \frac{\mu}{\rho}\left(\frac{\partial^2 u}{\partial x^2} + \frac{\partial^2 u}{\partial y^2} + \frac{\partial^2 u}{\partial z^2}\right)\\ &\quad + \frac{\mu}{\rho}\frac{\partial}{\partial x}\left(\frac{\partial u}{\partial x} + \frac{\partial v}{\partial y} + \frac{\partial w}{\partial z}\right)\end{aligned} \tag{7.26}$$

이 되는데 상기 식의 우변의 마지막 항은 비압축성 유체에 대해서는 0이므로, 식 (7.26)은 다음과 같이 쓸 수 있다.

$$\frac{du}{dt} = X - \frac{1}{\rho}\frac{\partial p}{\partial x} + \nu\left(\frac{\partial^2 u}{\partial x^2} + \frac{\partial^2 u}{\partial y^2} + \frac{\partial^2 u}{\partial z^2}\right) \tag{7.27}$$

여기서 $\nu = \mu/\rho$ 로서 동점성계수이다. y 및 z 방향에 대해서도 동일한 방법을 이용하면 다음과 같이 표현된다.

$$\frac{dv}{dt} = Y - \frac{1}{\rho}\frac{\partial p}{\partial y} + \nu\left(\frac{\partial^2 v}{\partial x^2} + \frac{\partial^2 v}{\partial y^2} + \frac{\partial^2 v}{\partial z^2}\right) \tag{7.28}$$

$$\frac{dw}{dt} = Z - \frac{1}{\rho}\frac{\partial p}{\partial z} + \nu\left(\frac{\partial^2 w}{\partial x^2} + \frac{\partial^2 w}{\partial y^2} + \frac{\partial^2 w}{\partial z^2}\right) \tag{7.29}$$

상기 식 (7.27) ~ (7.29)를 비압축성 유체에 관한 Navier-Stokes방정식이라 부른다. 본서에서는 이하 N-S방정식이라 표현한다.

7.4 층류로부터 난류로의 천이

관내의 흐름에 대해서는 옛날부터 많은 실험적 연구가 행해져 왔다. 1839년, Hagen은 상세한 관 흐름 연구를 통해서 유체 중에 흘려보낸 톱밥이 흐트러지지 않고 직선적으로 흐르는 경우와 불규칙적으로 흐트러져 흐르는 경우, 두 흐름 사이에는 저항법칙이 서로 다르다는 것을 알아내었다.

이러한 두 종류의 흐름을 정량적으로 해석하기 위해 레이놀즈는 1883년 원관 내를 흐르는 물에 착색액을 주입하여 물의 흐름 상태를 가시화하였다. 레이놀즈가 실험에 이용한 장치는 그림 7.3에 도시한 바와 같이 입구의 형상이 나팔모양의 유리관을 넣고 그 입구에는 착색액이 들어 있는 용기로부터 배관된 가는 유리관이 설치되어 있는 수조이다.

이 수조에 물을 가득 채우고 수면의 정온도를 충분히 확보한 뒤, 밸브를 서서히 열어서 수조의 물을 유리관을 통해서 방출시킨다. 이때 수조의 수두는 물을 계속 공급하여 일정한 상태를 유지해야 한다. 유리관을 통해서 유출하는 물의 양이 적은 초기에는 착색액은 그림 7.4(a)와 같이 직선형상

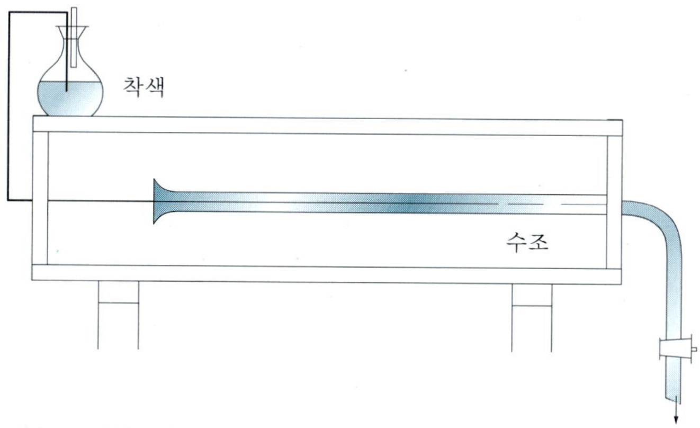

그림 7.3 레이놀즈 실험 장치

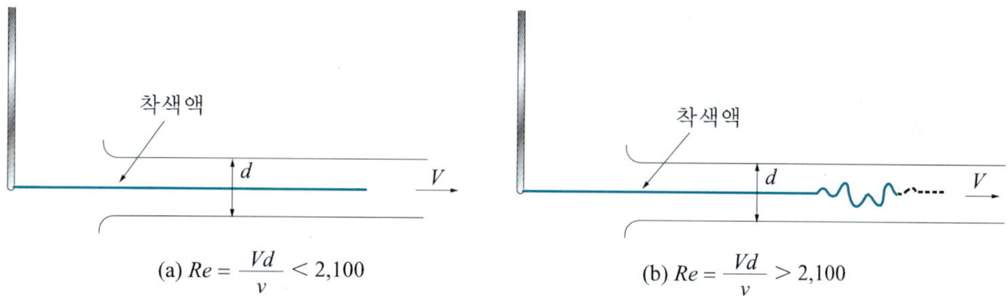

그림 7.4 층류 및 난류의 흐름 상태

의 층상을 이루며, 주위의 물과 혼합되지 않고 또한 관벽에 평행한 흐름의 상태가 된다. 그러나 유리관을 통해서 유출되는 유량이 증가하여 유리관 내의 물의 평균유속이 커져 임의의 값에 도달하면, 착색액의 선은 급격히 흐트러져 그림 7.4(b)와 같이 주위의 물과 혼합되고 층상의 색소가 흐트러지기 시작하여 하류층에서는 전단면에 걸쳐서 색소가 확산된다.

이때 전자의 흐름을 층류(laminar flow)라 하고 후자를 난류(turbalent flow)라 한다. 레이놀즈는 이 2종류의 흐름의 천이, 즉 층류에서 난류로의 천이 또는 난류에서 층류에로의 천이가 레이놀즈 수에 크게 좌우되는 것을 알아내었다. 관의 직경을 d, 평균유속을 V, 또 동점성계수를 ν로 할 때 레이놀즈 수는 다음과 같이 표현된다.

$$Re = \frac{Vd}{\nu} \tag{7.30}$$

이때 층류로부터 난류로 천이할 때의 레이놀즈 수를 한계 레이놀즈 수(critical Reynolds number)라 하고 Re_c로 표시한다. 한계 레이놀즈 수는 관으로 유입하는 물의 흐름 상태에 의해서 변화한다. 따라서 관의 입구부를 나팔모양으로 하거나, 입구부 흐름의 교란을 최대한 작게 함으로써 한계 레이놀즈 수를 크게 할 수가 있다. 흐름 중의 교란을 감소시켜서 0에 가깝게 하면, 한계 레이놀즈 수에 상한이 존재한다. 그것을 상한계 레이놀즈 수(upper critical Reynolds number)라고 말하고, 이 레이놀즈수 이상에서는 흐름은 난류의 상태가 된다. 그러나 실제로는 교란을 0으로 하는 것은 거의 불가능하므로 상한계 레이놀즈 수를 정확히 산정하는 것은 매우 어려운 일이다.

이에 비해 어느 레이놀즈 수 이하에서는 관의 입구부에 아무리 큰 교란이 존재해도 난류로 천이하지 않고, 층류 상태를 유지하는 레이놀즈 수의 범위가 있다. 이와 같이 흐름에 교란을 주어도 층류상태가 유지되는 레이놀즈 수를 하한계 레이놀즈 수(lower critical Reynolds number)라 부른다. 하한계 레이놀즈 수에 대해서는 많은 연구자에 의해 구해졌다. 이들 값은 다소 차이가 있지만 관수로흐름인 경우 대략 $\mathrm{Re}_c = 2100$ 정도로 생각하면 좋을 것이다.

예제 7.1 층류

20°C의 물이 직경 $d = 0.5$ cm의 원관 속을 흐르고 있다. 층류상태로 흐를 수 있는 최대 평균유속과 이때의 유량을 구하라. 단 한계 레이놀즈 수는 $\mathrm{Re}_c = 2100$으로 계산하라.

풀이

한계 레이놀즈 수는 다음과 같다.

$$\mathrm{Re}_c = \frac{Vd}{\nu} = 2100$$

20°C에서 $\nu = 1.0 \times 10^{-6}$ m/sec이므로

$$V_{\max} = \frac{2100 \times \nu}{d}$$

$$= \frac{2100 \times 1.0 \times 10^{-6}}{0.005} = 0.42 \text{ m/sec}$$

$$Q = AV = \frac{\pi}{4} \times 0.005^2 \times 0.42$$
$$= 8.25 \times 10^{-6}\ \text{m}^3/\text{sec}$$
$$= 8.25\ \text{cm}^3/\text{sec}$$

예제 7.2 층류의 판별

직경이 1.5 cm인 원형관에 $Q = 20\ \text{cm}^3/\text{sec}$의 물이 흐르고 있다. 점성계수가 $\nu = 1.0 \times 10^{-6}\ \text{m}^2/\text{sec}$인 경우 이 흐름은 층류인가, 난류인가 판별하라.

풀이

우선 평균 속도는 다음과 같다.

$$V = \frac{Q}{A} = 20 \Big/ \left(\frac{\pi}{4} \times 1.5^2 \right) = 11.32\ \text{cm/sec}$$

따라서 레이놀즈 수는

$$\text{Re} = \frac{Vd}{\nu} = \frac{11.32 \times 1.5}{1.0 \times 10^{-6} \times 10^4} = 1698 < 2100$$

이 되어, 이 흐름은 층류 흐름이다.

7.5 레이놀즈 수의 물리적 의미

레이놀즈 수의 물리적 의미를 이해하는 것은 수리학에 큰 도움이 된다. 이것은 그림 7.5를 참고하면 어느 정도 설명이 가능하다.

그림 7.5(a)와 같이 질량 m을 갖는 유체요소가 속도 V로 벽을 향해 운동한다고 하자. 유체가 거리 Δl 만큼 떨어진 벽에 부딪침으로써 유속이 0으로 감속된다면, 유체는 벽에 힘을 가하게 될 것이고, 벽도 유체에 대해서 그 반대 방향으로 동일한 힘을 가하게 된다. 왜냐하면 유체는 관성을 갖고 있으므로 균일한 운동을 변화시키기 위해서는 힘이 필요하기 때문이다. 그 힘은 운동량의 시간변화율과 같은데, 거리 Δl을 이동하기 위해서 필요한 Δt 시간 동안에 운동량이 mV에서 0로 변화하기 때문에 운동량의 시간변화율은 $mV/\Delta t$ 이다. 이때 Δt는 유체가 벽에 충돌할 때까지 속도 V로 이동한다고

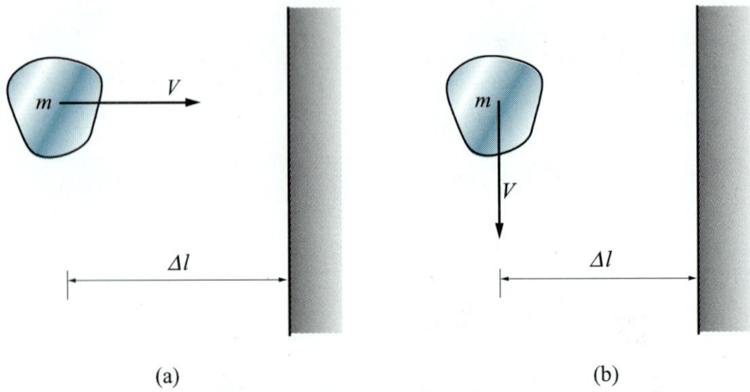

그림 7.5 벽 근방에서의 유체요소의 거동

가정하면 추정할 수 있다. 즉, $\Delta t = \Delta l/V$가 된다. 따라서 유체의 관성력 F_I는 다음과 같이 산정된다.

$$F_I = ma = m\frac{V}{\Delta t} = \frac{mV^2}{\Delta l} \tag{7.31}$$

한편 그림 7.5(b)와 같이 동일 유체 입자가 벽과 평행하게 움직인다고 하면, 이 때는 전단응력 $\mu V/\Delta l$이 작용하게 되고 그 때의 점성에 의한 힘 F_ν는 다음과 같이 된다.

$$F_\nu = \frac{\mu V}{\Delta l}A \tag{7.32}$$

여기서 μ는 유체의 점성계수이고, A는 전단응력이 작용하는 벽의 면적이다. 점성력에 대한 관성력의 비는 다음과 같이 쓸 수 있다.

$$\frac{F_I}{F_\nu} = \frac{mV^2/\Delta l}{\mu VA/\Delta l} = \frac{mV}{\mu A} \tag{7.33}$$

유체요소가 차지하는 길이의 특성차원을 L로 취하면, A는 L^2의 차원을 갖고, 유체요소의 직경의 특성차원을 D라 하면 유체요소의 체적은 근사적으로 AD의 크기를 가지며, $m/A \simeq \rho D$이므로 식 (7.33)은 다음과 같이 된다.

$$\frac{F_I}{F_\nu} = \frac{\rho VD}{\mu} \tag{7.34}$$

식 (7.34)를 자세히 보면 관경 d가 유체요소의 직경의 특성차원 D로 바뀐 것 외에는 우리가 알고 있는 레이놀즈 수의 형태와 동일하다는 것을 알 수 있다. 따라서 레이놀즈 수는 유체의 점성력에 대한 관성력의 비라는 것을 알 수 있다.

7.6 실제유체흐름과 이상(완전)유체흐름의 차이

7.6.1 유속분포

실제유체와 이상유체의 두 흐름간의 유속분포를 그림 7.6(a), (b)에 각각 도시한다.

(a) 이상유체 (b) 실제유체

그림 7.6 이상유체와 실제유체의 속도 분포

그림 (a)의 이상유체흐름에서는 점성이 없기 때문에 유체내부 및 경계면에서의 마찰이 작용하지 않는다. 따라서 경계면에서 유체입자는 유체 내부와 동일한 속도로 이동하여, 연직 단면 전체에 걸쳐 균일한 유속을 유지한다고 생각한다. 이상유체에서의 유속은 결국 단면 평균유속과 동일한 값이 된다. 즉 식 (5.8) 또는 식 (6.4)로부터 이상유체의 유속은 다음과 같이 표현된다.

$$V = \frac{Q}{A} \tag{7.35}$$

그러나 실제유체의 유속분포는 그림 (b)에 도시한 바와 같이 이상유체 흐름의 유속분포와는 판이하게 다른 성격을 띤다. 실제유체에 있어서는 고체경계면에서 점성으로 인한 유체 입자의 비활조건(no-slip condition)에 의해 속도가 0이 되고, 경계로부터 멀어질수록 유속이 증가하여 관중심부에서 최대 유속을 나타낸다. 따라서 실제유체의 흐름인 경우는 유량의 산정도 이상유체인 경우의 유량산정과 달리 해야 한다. 그림 (b)에서 중심축으로 부터 임의거리 r 떨어진 곳에서 미소변위 dr로 이루어지는 면적 dA를 생각하고, 이곳을 통하여 흐르는 유량을 dQ라 하면 연속방정식으로부터 다음식이 성립한다.

$$dQ = vdA \tag{7.36}$$

따라서 관의 전단면을 통해서 흐르는 유량 Q는 식 (7.36)을 전단면적 A에 대해서 적분한 값이 된다.

$$Q = \int_A vdA \tag{7.37}$$

또 실제유체흐름에서의 평균유속은 $V = Q/A$이므로,

$$V = \frac{1}{A}\int_A vdA \tag{7.38}$$

로 표현된다.

예제 7.3 층류의 평균유속 및 유량과 관중심유속과의 관계

아래 그림은 원형관 내의 층류의 유속분포를 도시한 것이다. 관의 직경이 R일 때, 유량(Q)과 평균유속(V)을 관중심 유속 v_c로 나타내어라.

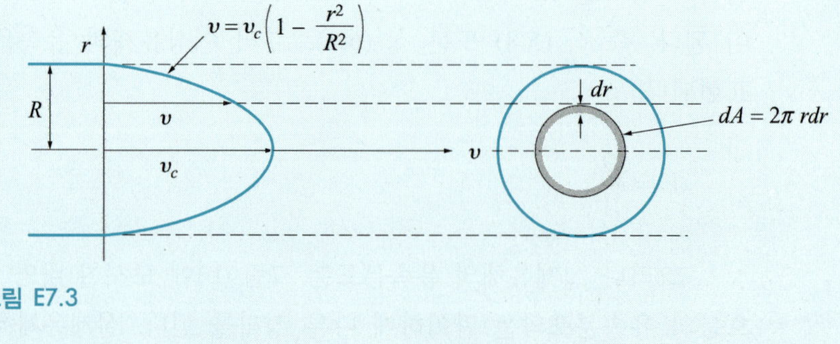

그림 E7.3

풀이

우선 중심축을 원점으로 하여 관의 방사방향으로 r 축을 취하고, 중심축으로부터 임의의 r 떨어진 곳에 미소 변위 dr을 취한다. 이때 미소 변위 dr로 이루어지는 단면적은 dA이므로 이곳을 통하여 흐르는 유량 dQ는 다음 식으로 표시된다.

$$dQ = vdA$$

그런데 전단면을 통해 흐르는 유량 Q는 dQ를 전단면에 걸쳐 적분한 값이므로

$$Q = \int_A dQ = \int vdA$$

그런데 $dA = 2\pi r\,dr$이고, 적분구간이 0에서 R까지 이므로 유량은 다음과 같이 계산된다.

$$Q = \int_0^R v_c\left(1 - \frac{r^2}{R^2}\right)2\pi r dr = 2\pi v_c\left[\frac{r^2}{2} - \frac{1}{4}\frac{r^4}{R^2}\right]_0^R = \frac{1}{2}\pi R^2 v_c$$

또 평균유속은 다음과 같이 산정할 수 있다.

$$V = \frac{Q}{A} = \frac{\frac{1}{2}\pi R^2 v_c}{\pi R^2} = \frac{1}{2}v_c$$

즉, 원형관 내의 층류의 평균유속은 관중심축 유속의 1/2이 된다.

7.6.2 베르누이 방정식의 수정

앞서 제5장과 제6장에서 유도한 베르누이 방정식은 완전유체를 가정하여 유도되었으므로 실제유체에 적용하기 위해서는 몇 가지 보완이 필요하다. 우선 앞에서 설명한 바와 같이 완전유체에서의 유속분포는 평균유속을 가정하고 있으므로 베르누이 방정식에서 유속과 관련한 운동에너지항이 보정되어야 하고 또한 점성, 난류 및 단면형상 등에 의한 에너지손실항이 추가되어야 한다.

(1) 운동에너지 보정계수(Kinetic energy correction factor)

식 (6.25)로 표현되는 베르누이 방정식에서 속도수두항 ($V^2/2g$)은 평균유속으로 표시되어있으므로, 실제유속으로 표현한 ($v^2/2g$)과는 명백히 차이가 난

다. 이것을 보완하기 위하여 속도수두항을 $\alpha(V^2/2g)$으로 표현하고, α를 운동에너지 보정계수라 부르고 있다. 실제 유속에 의한 단위 시간당 운동에너지는

$$\int_A \frac{v^2}{2} \rho\, v\, dA$$

이고, 평균유속에 의한 단위 시간당 운동에너지는

$$\frac{V^2}{2} \rho V A$$

이므로 운동에너지 보정계수는 다음과 같이 정의된다.

$$\int_A \frac{v^2}{2} \rho v\, dA = \alpha \frac{1}{2} \rho V^3 A$$

$$\alpha = \frac{\int_A v^3 dA}{V^3 A} = \frac{1}{A} \int_A \left(\frac{v}{V} \right)^3 dA \tag{7.39}$$

상기 식에서 v는 흐름단면내의 임의의 한 점에서의 실제 유속이고 V는 평균유속을 의미한다. 따라서 에너지 보정계수는 실제유속을 3승해서 전단면에 걸쳐 적분한 값을, 평균유속의 3승 값에 전단면적을 곱한 값으로 나눈 값에 해당한다. 일반적으로 관수로 내의 층류흐름에서는 $\alpha = 2$이고, α의 값은 레이놀즈 수가 클수록 1에 가까운 값을 띠는데 이는 난류일수록 작은 값을 나타내는 것을 의미한다. 난류흐름에서의 α는 1.0 ~ 1.1의 범위를 가지므로 관수로 흐름 해석에서는 통상 $\alpha = 1$로 가정하는 경우가 대부분이다.

(2) 에너지 손실 : 수두손실

실제유체에서는 여러 가지 형태로 에너지손실이 발생한다. 마찰에 의한 손실, 난류에 의한 손실 및 그 밖에 흐름단면의 형상과 관계되는 손실(부차적 손실)이 그것이다. 수두손실의 발생이 어떠한 경우에 나타나는지를 알아보기 위해, 그림 7.7에 도시한 바와 같이 관을 통해 저수지로부터 물을 방출하는 경우를 생각한다.

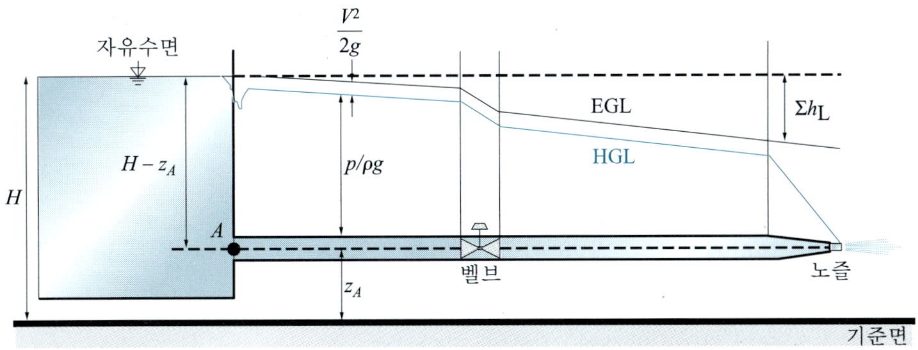

그림 7.7 수두손실의 발생

저수지상에서 자유수면과 일치했던 에너지선은 저수지 입구에서 단면 축소로 인한 에너지 손실과 관을 통해 흐르면서 생기는 마찰손실에 의해서 경사를 갖게 된다. 또한 관 중앙부에 설치된 밸브에 의한 손실과 관 출구부에서 노즐에 의한 에너지손실도 추가되어, 이들 에너지 손실의 합은 그림에 나타낸 바와 같이 Σh_L로 나타난다. 따라서 이 경우 수두손실의 합은 다음과 같이 표시된다.

$$\Sigma h_L = \text{입구손실} + \text{마찰손실} + \text{밸브손실} + \text{노즐에 의한 손실} \tag{7.40}$$

이들 수두손실은 이외에도 여러 가지 다른 요인에 의해서 발생할 수 있다. 이들 수두손실에 대해서는 9장에서 구체적으로 다루기로 한다.

(3) 수정된 베르누이 방정식

이상에서 살펴본 바와 같이 제5장에서 유도한 베르누이방정식은 속도와 관계되는 운동에너지 항을 운동에너지 보정계수 α로 보정하고, 수두손실 Σh_L을 추가해서 표시해야 한다. 그림 7.7에서 자유수면에서의 한 점 ①과 노즐부에서의 점 ②에 베르누이방정식을 적용하면 다음과 같이 표현된다.

$$\alpha_1 \frac{V_1^2}{2g} + \frac{p_1}{\gamma} + z_1 = a_2 \frac{V_2^2}{2g} + \frac{p_2}{\gamma} + z_2 + \Sigma h_L \tag{7.41}$$

그러나 상기 식 (7.41)에서 운동에너지 보정계수 α는 난류의 경우 1에 가깝고, 또한 속도수두항이 다른 항에 비해 기여하는 크기가 작게 나타나므로 생략하고 쓰는 경우가 많다. 특히 관수로의 경우에서는 $\alpha = 1$로 가정하여 다음과 같은 식을 이용하는 경우가 대부분이다.

$$\frac{V_1^2}{2g} + \frac{p_1}{\gamma} + z_1 = \frac{V_2^2}{2g} + \frac{p_2}{\gamma} + z_2 + \Sigma h_L \tag{7.42}$$

본서에서도 특별한 언급이 없는 경우는 운동에너지 보정계수는 생략하는 것으로 한다. 또 펌프와 터빈이 관련되는 시스템에 대해서는 상기 식은 다음과 같이 확장형 표현이 된다.

$$\frac{V_1^2}{2g} + \frac{p_1}{\gamma} + z_1 + E_P = \frac{V_2^2}{2g} + \frac{p_2}{\gamma} + z_2 + E_T + \Sigma h_L \tag{7.43}$$

7.6.3 운동량(플럭스)의 보정

앞서 제5장에서 유도한 운동량방정식 (5.41)에서도 속도에 평균유속을 사용하고 있으므로, 운동량의 보정이 필요하다. 실제유속에 의한 단위시간당 운동량은 $\int_A \rho vv\,dA$ 이고, 평균유속에 의한 단위시간당 운동량은 ρAV^2이므로 이 두 양이 같아지기 위해서는

$$\rho \int_A v^2 dA = \beta \rho A V^2 \tag{7.44}$$

와 같이 운동량 보정계수(momentum correction factor) β로 보정이 이루어져야 한다. 즉, β는 다음과 같이 표현된다.

$$\beta = \frac{\int_A v^2 dA}{AV^2} = \frac{1}{A}\int_A \left(\frac{v}{V}\right)^2 dA \tag{7.45}$$

관수로에 있어서 층류의 유속분포에서, $\beta = 4/3$의 값을 갖고, 난류의 경우에는 $\beta = 1.01 \sim 1.04$의 값으로 층류의 경우보다 작다. 즉, 이들 값이 1에 가까우므로 생략하고 사용하는 경우가 대부분이나, 층류의 경우에는 이것을 생략하는 경우, 결과 값이 크게 차이가 날 수가 있다. 운동량 보정계수를 이용해서 정상류에 대한 운동량방정식을 표현하면 다음과 같다.

$$\Sigma \vec{F} = \rho Q\left(\beta_2 \vec{V}_2 - \beta_1 \vec{V}_1\right) \tag{7.46}$$

앞에서 언급한 바와 같이 대부분의 흐름이 난류이고, 또 난류의 경우에는 β의 값이 1에 가까우므로 특별한 언급이 없는 경우에는 다음과 같이 β를 생략하고 다음 식을 그대로 사용한다.

$$\Sigma \vec{F} = \rho Q\left(\vec{V}_2 - \vec{V}_1\right) \tag{7.47}$$

예제 7.4 에너지 보정계수와 운동량 보정계수의 산정

그림 E7.4는 반경 R인 원형관 내의 층류의 유속분포를 도시한 것이다. 운동에너지 보정계수 α와 운동량 보정계수 β를 구하라.

주어진 값: 그림 E7.4(층류의 유속분포)
찾는 값: α, β

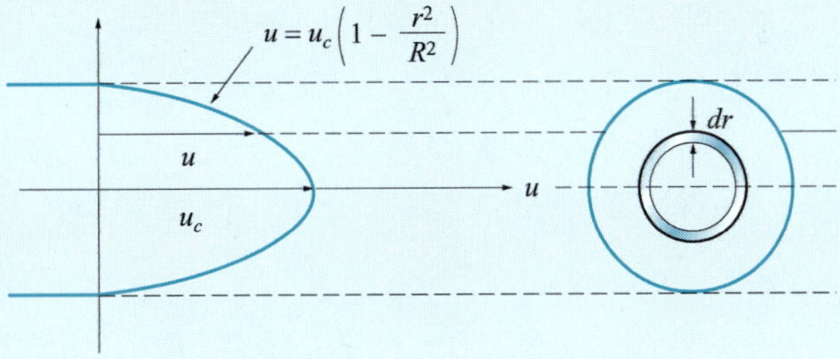

그림 E7.4

풀이

예제 7.3으로부터 평균유속 V와 관 중심유속 u_c는 다음의 관계를 갖는다.

$$V = \frac{1}{2}u_c$$

따라서 α와 β의 정의식에 대입하면 각각 다음과 같이 된다.

$$\begin{aligned}
a &= \frac{1}{A}\int_A \frac{v^3 dA}{V^3} = \int_A \frac{v^3 dA}{V^3 A} \\
&= \int_0^R \left\{u_c\left(1 - \frac{r^2}{R^2}\right)\right\}^3 \cdot 2\pi r dr \bigg/ \left\{\left(\frac{1}{2}u_c\right)^3 \cdot \pi R^2\right\} \\
&= 2\left[\frac{r^2}{2} - \frac{3}{4}\frac{r^4}{R^2} + \frac{3}{6}\frac{r^6}{R^4} - \frac{1}{8}\frac{r^8}{R^6}\right]_0^R \bigg/ \left\{\left(\frac{1}{2}\right)^3 \cdot R^2\right\} \\
&= 2.0
\end{aligned}$$

$$\beta = \frac{1}{A}\int_A \frac{v^2 dA}{V^2} = \int_A \frac{v^2 dA}{V^2 A}$$

$$= \int_0^R \left\{ u_c \left(1 - \frac{r^2}{R^2}\right) \right\}^2 \cdot 2\pi r dr \bigg/ \left\{ \left(\frac{1}{2}u_c\right)^2 \cdot \pi R^2 \right\}$$

$$= 2\left[\frac{r^2}{2} - \frac{2}{4}\frac{r^4}{R^2} + \frac{1}{6}\frac{r^6}{R^4}\right]_0^R \bigg/ \left\{ \left(\frac{1}{2}\right)^3 \cdot R^2 \right\}$$

$$= 1.33$$

예제 7.5 수두손실의 산정

단위 중량 $\gamma = 929$ kg중/m^{3}의 유체가 그림 E7.5와 같은 수조에서 길이 0.3 m이고, 직경 $d = 1.2$ cm인 가는 관을 통해 $Q = 112.5$ cm^3/sec의 유량으로 흐르고 있다. 유체의 점성이 $\nu = 1.18 \times 10^{-4}$ m^2/sec일 때, 단면 ①과 ② 사이에서의 수두손실 Σh_L을 구하라.

주어진 값: 그림 E7.5

찾는 값: 단면 ①, ② 사이의 수두손실 Σh_L

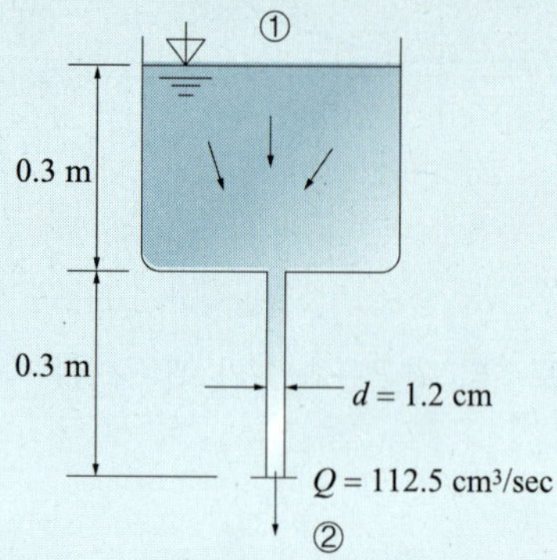

그림 E7.5

풀이

우선 레이놀즈 수를 구해본다.

$$\text{Re} = \frac{Vd}{\nu} = \frac{Q/A \cdot d}{\nu}$$

$$= \frac{112.5 \Big/ \left(\dfrac{\pi}{4} \times 0.12^2\right) \times 1.2}{1.18 \times 10^{-4} \times 10^4}$$

$$= 101.16 < 2100$$

이 흐름은 층류이다.

따라서 보정계수 α를 도입하여 단면 ①, ② 사이에 베르누이 방정식 (7.41)을 적용한다.

$$\alpha_1 \frac{V_1^2}{2g} + \frac{p_1}{\gamma} + z_1 = \alpha_2 \frac{V_2^2}{2g} + \frac{p_2}{\gamma} + z_2 + \Sigma h_L \qquad ①$$

단면 ②에서의 평균유속을 연속방정식으로부터 구한다.

$$V_2 = \frac{Q}{A_2} = \frac{112.5}{\frac{\pi}{4} \times 1.2^2} = 99.5 \text{ cm/sec}$$

또 p_1, p_2는 대기압으로서 0이고 탱크의 단면적이 관의 단면적보다 무한히 크므로 $V_1 \simeq 0$이다. 따라서 식 ①로부터 Σh_L은 다음과 같이 된다.

$$\Sigma h_L \simeq z_1 - z_2 - \alpha_2 \frac{V_2^2}{2g} \qquad ②$$

또한 흐름이 층류이므로 $\alpha_2 = 2.0$이다. 이것을 식 ②에 대입하고 계산하면

$$\Sigma h_L \simeq 60 - 0 - 2 \times \frac{99.5^2}{2 \times 980}$$
$$= 49.9 \text{ cm}$$

7.7 층류 laminar flow

7.7.1 층류의 특성

점성유체의 흐름이 흐름의 상태를 근거로 하여 층류와 난류로 구분되는 것은 앞에서 설명한 바 있다. 층류란 유체층 사이에서 흐트러짐이 없이 가지런히 층상을 이루는 흐름이다. 따라서 층류에서는 인접한 유체층 사이의 거시적인 혼합이 존재하지 않는다. 층류흐름에 염료를 가는 선으로 주사하면 분자운동에 의한 완만한 확산을 제외하고는 흐름장 전체로 염료가 퍼지지 않고 하나의 선으로 나타난다. 1차원 층류의 흐름장에서는 전단응력이 다음과 같이 뉴튼의 점성법칙을 따른다.

$$\tau = \mu \frac{du}{dy} \tag{2.13}$$

이러한 유체의 전단응력은 유체가 임의의 교란을 받았을 때, 그 교란을 제어하는 작용을 하여 흐름을 안정한 상태로 만든다. 이 작용은 흐름이 갖는 관성력과 점성력과의 비에 의해 결정된다. 즉 레이놀즈 수의 크기에 의해서 결정된다. 레이놀즈 수가 크게 되면 흐름은 불안정하게 되고, 교란이 소멸되지 않아, 난류로 된다.

7.7.2 층류의 유속분포

점성유체의 유속분포를 구하기 위해서는 식 (7.27) ~ (7.29)로 표시되는 N-S 방정식을 풀어야 된다. 그러나 N-S방정식을 일반적인 경우에 대해서 푸는 것은 본서의 수준을 넘는 일이므로, 여기서는 해석 해를 쉽게 얻을 수 있는 경우에 대해서 한두 가지 경우만을 다루어 본다. 여기서는 두 평행평판 사이에서의 층류에 대해 N-S방정식의 간단한 적용 예를 설명하기로 하고, 층류의 유속분포에 대한 자세한 사항은 9장 관수로 흐름에서 다루기로 한다. 이제 그림 7.8과 같이 두 평행평판 사이를 흐르는 2차원 층류를 생각한다. 이때 흐름은 정상(steady)이고, 비압축성 유체를 가정한다. x축을 흐름방향으로 취하고 두 평판 간의 간격을 a라 하여, 그림 7.8과 같이 (1) 상부평판이 x방향으로 일정속도 U로 이동하고, 압력경사 dp/dx가 존재하지 않는 경우(그림 7.8a)와, (2) 상하부평판이 고정되고, 압력경사 dp/dx가 존재하는 경우(그림 7.8b)에 대해서 층류의 유속분포를 구해본다.

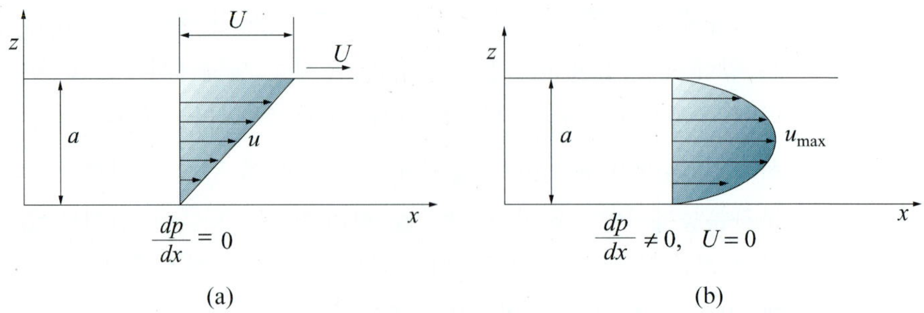

그림 7.8

우선 앞의 두 가지 조건과 관계없이 두 평판 사이의 층류의 유속분포 식을 구하기 위해 N-S방정식을 생각한다. 이 경우에는 xz에 대한 2차원이므로 x 및 z 방향의 N-S방정식은 각각 다음과 같이 된다.

$$\frac{\partial u}{\partial t}+u\frac{\partial u}{\partial x}+w\frac{\partial u}{\partial z}=X-\frac{1}{\rho}\frac{\partial p}{\partial x}+\nu\left(\frac{\partial^2 u}{\partial x^2}+\frac{\partial^2 u}{\partial z^2}\right) \tag{7.48a}$$

$$\frac{\partial w}{\partial t}+u\frac{\partial w}{\partial x}+w\frac{\partial w}{\partial z}=Z-\frac{1}{\rho}\frac{\partial p}{\partial z}+\nu\left(\frac{\partial^2 w}{\partial x^2}+\frac{\partial^2 w}{\partial z^2}\right) \tag{7.48b}$$

상기 식에서

$$X=0,\ \ Z=-g$$

이고, 또 x축 방향으로 유속이 변화하지 않으므로

$$\frac{\partial u}{\partial x}=0,\ \ \frac{\partial^2 u}{\partial x^2}=0$$

즉, x방향유속 u는 z만의 함수로서 $u=u(z)$로 표시할 수 있다. 또 정상흐름의 경우에는 시간 t에 관한 모든 미분은 0이다. 또 한 방향 흐름이므로 $w=0$이다. 따라서 x, z 방향의 운동방정식은 각각 다음과 같다.

$$0=-\frac{1}{\rho}\frac{\partial p}{\partial x}+\frac{\mu}{\rho}\frac{\partial^2 u}{\partial z^2} \tag{7.49}$$

$$0=-g-\frac{1}{\rho}\frac{\partial p}{\partial z} \tag{7.50}$$

먼저 식 (7.50)을 적분하면 압력은 다음과 같이 표시된다.

$$p=-\gamma z+f(x) \tag{7.51}$$

윗식에서 $f(x)$는 적분상수로서 x만의 함수이다. 흐름이 z방향으로는 운동을 하고 있지 않으므로 압력은 정수압분포를 하고 있는 것을 식 (7.51)로부터 알 수 있다. 다시 식 (7.51)을 x에 대해 편미분하여 보자.

$$\frac{\partial p}{\partial x} = \frac{\partial f}{\partial x} \tag{7.52}$$

상기 식에서 f가 x만의 함수이고, $\partial p/\partial x$는 z와 무관한 것을 알 수 있으므로 $\partial p/\partial x$는 dp/dx로 바꿔 쓸 수가 있다. 따라서 식 (7.49)를 정리해서

$$\frac{\partial^2 u}{\partial z^2} = \frac{1}{\mu}\frac{dp}{dx}$$

로 고쳐 쓰고 z에 대해서 적분하면 다음 식이 된다.

$$u = \frac{1}{\mu}\frac{dp}{dx}\frac{z^2}{2} + c_1 z + c_2 \tag{7.53}$$

이 식이 적분상수 c_1, c_2를 포함하는 두 평행평판 사이의 층류흐름에 대한 유속분포식이다.

(1) 상부평판의 속도가 U이고, $dp/dx = 0$인 경우

이 경우에는 식 (7.53)에 $z = 0$에서 $u = 0$이고, $z = a$에서 $u = U$인 경계조건을 이용하면 다음과 같이 유속분포를 결정할 수 있다.

$$u = \frac{Uz}{a} - \frac{az}{2\mu}\frac{dp}{dx}\left(1 - \frac{z}{a}\right) \tag{7.54}$$

상기 식이 dp/dx의 압력경사하에서 상부의 평판을 U로 움직일 때의 두 평행평판 사이의 흐름의 유속을 나타내는 식이다. 여기서 다시 $dp/dx = 0$인 경우, 즉 압력경사가 없는 경우는 아래 식과 같이 직선형의 유속분포를 가지며, 그것은 그림 7.8(a)의 형태와 같다.

$$u = \frac{Uz}{a} \tag{7.55}$$

유속분포가 식 (7.55)로 표시되는 층류를 쿠에트흐름(Couette flow)이라 부른다.

(2) 상하부평판이 고정되고($U = 0$), $dp/dx \neq 0$인 경우

이 경우에는 식 (7.53)에 $z = 0$에서 $u = 0$이고 $z = a$에서 $u = 0$인 조건과, $U = 0$인 조건을 동시에 대입하면 다음 식과 같이 된다.

$$u = -\frac{z}{2\mu}(a-z)\frac{dp}{dx} \tag{7.56}$$

상기 식은 그림 7.8(b)와 같이 포물선 형태를 취하며 이러한 흐름을 포아즈 흐름(Poiseuille flow)이라 부르고 있다. 이때 최대 유속, u_{max}는 $z = a/2$에서 나타나며 그 크기는 다음과 같이 주어진다.

$$u_{max} = -\frac{a^2}{8\mu}\frac{dp}{dx} \tag{7.57}$$

예제 7.6

그림 7.8(b)와 같이 상하부 평판이 고정된 경우, 두 평판 사이의 간격이 $a = 5$ cm일 때, 물이 50 m를 흐르는 동안 압력 강하가 $\Delta p = 0.01$ kg중/cm^{2}이었다면, 중심에서 $z = 2$ cm 떨어진 곳에서의 속도는 얼마인가(단, 물의 동점성계수는 $\nu = 1 \times 10^{-2}$ cm^2/sec이다)?

주어진 값: $a = 5$ cm, $l = 50$ m, $\Delta p = 0.01$ kg중/cm^2

찾는 값: $z = 2$ cm에서의 유속

풀이

그림 7.8(b)의 경우 속도 분포는 식 (7.56)으로부터

$$u = -\frac{z}{2\mu}\left(a-z\right)\frac{dp}{dx} = -\frac{z}{2\rho\nu}\left(a-z\right)\frac{dp}{dx}$$

그런데 $-\dfrac{dp}{dx} = \dfrac{\Delta p}{l}$로 나타낼 수 있으므로

$$-\frac{dp}{dx} = \frac{0.01\ \text{kg중/cm}^2}{50\times10^2\ \text{cm}} = 2\times10^{-6}\ \text{kg중/cm}^3$$
$$= 2\times10^{-3}\ \text{g중/cm}^3$$

따라서 이것을 주어진 값과 함께 대입하면 유속은 다음과 같이 계산된다.

$$u = \frac{2\ \text{cm}}{2\times1\ \text{g/cm}^3\times1\times10^{-2}\ \text{cm}^2/\text{sec}}\times\left(5-2\right)\text{cm}\times2\times10^{-3}\ \text{g중/cm}^3$$
$$= \frac{2\ \text{cm}}{2\times1\ \text{g/cm}^3\times10^{-2}\ \text{cm}^2/\text{sec}}\times3\ \text{cm}\times2\times10^{-3}\ \text{g}\times980\left(\text{cm/sec}^2\right)/\text{cm}^3$$
$$= 588\ \text{cm/sec} = 5.88\ \text{m/sec}$$

7.8 난류

7.8.1 난류의 특성

난류는 시간 평균운동에 불규칙적이고 3차원적인 유체입자의 운동이 부가된 것으로 규정할 수 있다. 이러한 난류의 흐름장에 염료를 가는 선으로 주사하면, 염료는 빠른 시간에 흐름장 전체로 헝클어진 선으로 흩어지게 된다. 난류의 이러한 거동은 속도의 변동성분이 존재하기 때문에 발생하며 인접한 유체층과의 거시적 혼합으로 인하여 급속히 확산된다.

난류상태에서는 그림 7.9에 도시한 바와 같이, 흐름 내 임의 점의 유속은 시간평균을 중심으로 하여 불규칙적으로 변동하고 있다. 이러한 변동성분유속은 정량적으로 정확히 평가하는 것은 매우 곤란하다. 일반적으로 난류상태의 유속을 기술할 때는 시간 평균성분유속과 변동성분유속으로 나누어 기술하는 경우가 많다.

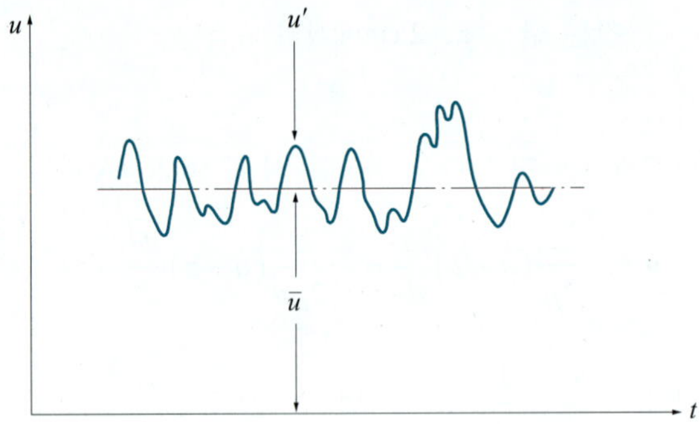

그림 7.9 난류의 변동성분

따라서 x, y 및 z 방향의 유속을 나타내면 각각 다음과 같다.

$$u = \bar{u} + u'$$
$$v = \bar{v} + v' \qquad (7.58)$$
$$w = \bar{w} + w'$$

여기서 $\bar{u}$, $\bar{v}$ 및 $\bar{w}$는 x, y, z 방향의 시간평균유속으로서 각각 다음과 같이 표현된다.

$$
\begin{aligned}
\bar{u} &= \frac{1}{T}\int_0^T u dt \\
\bar{v} &= \frac{1}{T}\int_0^T v dt \\
\bar{w} &= \frac{1}{T}\int_0^T w dt
\end{aligned}
\tag{7.59}
$$

이때 적분 간격 T는 변동성분유속의 시간 스케일보다는 충분히 긴 시간을 취해야 한다.

또 u', v' 및 w'는 각각 x, y, z 방향의 변동속도로서 식 (7.58)에서 알 수 있는 바와 같이 유속과 시간평균유속과의 차를 나타내며 T의 시간 스케일이 충분히 큰 경우에는 이들의 시간 평균치는 다음과 같은 특성은 갖고 있다.

$$
\begin{aligned}
\overline{u'} &= \frac{1}{T}\int_0^T u' dt = 0 \\
\overline{v'} &= \frac{1}{T}\int_0^T v' dt = 0 \\
\overline{w'} &= \frac{1}{T}\int_0^T w' dt = 0
\end{aligned}
\tag{7.60}
$$

그러나 변동성분의 자승의 평균값 $\overline{u'^2}$, $\overline{v'^2}$ 및 $\overline{w'^2}$은 0이 아니고 또한 $\overline{u'v'}$, $\overline{v'w'}$ 등도 0이 아니다. 상기 유속과 마찬가지로 압력 p에 대해서도

$$
p = \bar{p} + p' \tag{7.61}
$$

로 쓸 수 있다. 여기서 $\bar{p}$는 평균압력성분이고, p'는 변동압력성분을 나타내며, 그 밖의 특성은 유속과 동일하다.

7.8.2 난류의 레이놀즈 응력

난류의 전단응력은 층류의 전단응력과 같이 간단하게 규정하기가 어렵다. 이제 난류의 전단응력의 표현방법을 나타내기 위해서 Reynolds의 방법을 소개한다. Reynolds는 비압축성 점성유체 흐름에 대한 N-S방정식으로부터 난류의 전단응력을 나타내는 레이놀즈 응력을 도출하였다. 우선 식 (6.9)로 표시되는 비압축성 유체의 연속방정식

$$\frac{\partial u}{\partial x}+\frac{\partial v}{\partial y}+\frac{\partial w}{\partial z}=0$$

에 난류유속의 정의식 (7.58)을 대입하면 다음 식과 같이 된다.

$$\frac{\partial\left(\bar{u}+u'\right)}{\partial x}+\frac{\partial\left(\bar{v}+v'\right)}{\partial y}+\frac{\partial\left(\bar{w}+w'\right)}{\partial z}=0$$

또는

$$\frac{\partial\bar{u}}{\partial x}+\frac{\partial\bar{v}}{\partial y}+\frac{\partial\bar{w}}{\partial z}+\left(\frac{\partial u'}{\partial x}+\frac{\partial v'}{\partial y}+\frac{\partial w'}{\partial z}\right)=0 \qquad (7.62)$$

상기 식을 시간 평균 취하면 ( )부분은 식 (7.60)에 의해서 0이 된다.

$$\frac{\partial\overline{u'}}{\partial x}+\frac{\partial\overline{v'}}{\partial y}+\frac{\partial\overline{w'}}{\partial z}=0 \qquad (7.63)$$

따라서 시간평균유속 및 변동성분유속에 대한 연속방정식은

$$\frac{\partial\bar{u}}{\partial x}+\frac{\partial\bar{v}}{\partial y}+\frac{\partial\bar{w}}{\partial z}=0,\quad \frac{\partial u'}{\partial x}+\frac{\partial v'}{\partial y}+\frac{\partial w'}{\partial z}=0 \qquad (7.64)$$

이 되고, 이것은 층류의 연속방정식과 동일한 형태가 된다.

다음으로 N-S방정식으로부터 평균류에 대한 운동방정식을 유도해 본다. 우선 x방향의 N-S방정식 (7.27)

$$\frac{\partial u}{\partial t}+u\frac{\partial u}{\partial x}+v\frac{\partial u}{\partial y}+w\frac{\partial u}{\partial z}=X-\frac{1}{\rho}\frac{\partial p}{\partial x}+\nu\left[\frac{\partial^2 u}{\partial x^2}+\frac{\partial^2 u}{\partial y^2}+\frac{\partial^2 u}{\partial z^2}\right]$$

에 난류 유속의 정의식 (7.58)과 압력식 (7.61)을 대입하면 다음과 같이 된다.

$$\left(\frac{\partial\bar{u}}{\partial t}+\bar{u}\frac{\partial\bar{u}}{\partial x}+\bar{v}\frac{\partial\bar{u}}{\partial y}+\bar{w}\frac{\partial\bar{u}}{\partial z}\right)+\left(\frac{\partial u'}{\partial t}+\bar{u}\frac{\partial u'}{\partial x}+\bar{v}\frac{\partial u'}{\partial y}+\bar{w}\frac{\partial u'}{\partial z}\right)$$

$$+\left(u'\frac{\partial\bar{u}}{\partial x}+v'\frac{\partial\bar{u}}{\partial y}+w'\frac{\partial\bar{u}}{\partial z}\right)+\left(u'\frac{\partial u'}{\partial x}+v'\frac{\partial u'}{\partial y}+w'\frac{\partial u'}{\partial z}\right)$$

$$=X-\frac{1}{\rho}\frac{\partial\bar{p}}{\partial x}+\nu\left(\frac{\partial^2\bar{u}}{\partial x^2}+\frac{\partial^2\bar{v}}{\partial y^2}+\frac{\partial^2\bar{w}}{\partial z^2}\right)-\left[\frac{1}{\rho}\frac{\partial p'}{\partial x}-\nu\left(\frac{\partial^2 u'}{\partial x^2}+\frac{\partial^2 v'}{\partial y^2}+\frac{\partial^2 w'}{\partial z^2}\right)\right]$$

(7.65)

식 (7.65)에서 좌변의 4번째 (　　)항을 고쳐쓰면,

$$u'\frac{\partial u'}{\partial x}+v'\frac{\partial u'}{\partial y}+w'\frac{\partial u'}{\partial z}=\frac{\partial u'u'}{\partial x}+\frac{\partial u'v'}{\partial y}+\frac{\partial u'w'}{\partial z} -u'\left(\frac{\partial u'}{\partial x}+\frac{\partial v'}{\partial y}+\frac{\partial w'}{\partial z}\right) \tag{7.66}$$

로 되는데 식 (7.66)의 우변에서,

$$\frac{\partial u'}{\partial x}+\frac{\partial v'}{\partial y}+\frac{\partial w'}{\partial z}=0$$

이므로 식 (7.66)은 다음과 같이 표현된다.

$$u'\frac{\partial u'}{\partial x}+v'\frac{\partial u'}{\partial y}+w'\frac{\partial u'}{\partial z}=\frac{\partial u'u'}{\partial x}+\frac{\partial u'v'}{\partial y}+\frac{\partial u'w'}{\partial z} \tag{7.67}$$

식 (7.67)을 식 (7.65)에 대입하고, 이것을 시간평균을 취하면 식 (7.65)의 좌변의 2번째 및 3번째 (　　)항은 0이 되고, 또 우변의 [　　] 항도 0이 되어 다음 식을 얻는다.

$$\begin{aligned}&\frac{\partial \bar{u}}{\partial t}+\bar{u}\frac{\partial \bar{u}}{\partial x}+\bar{v}\frac{\partial \bar{u}}{\partial y}+\bar{w}\frac{\partial \bar{u}}{\partial z}\\&=X-\frac{1}{\rho}\frac{\partial \bar{p}}{\partial x}+\nu\nabla^2\bar{u}-\left(\frac{\partial \overline{u'u'}}{\partial x}+\frac{\partial \overline{u'v'}}{\partial y}+\frac{\partial \overline{u'w'}}{\partial z}\right)\\&=X-\frac{1}{\rho}\frac{\partial \bar{p}}{\partial x}+\nu\nabla^2\bar{u}-\frac{1}{\rho}\left(\frac{\partial \rho\overline{u'u'}}{\partial x}+\frac{\partial \rho\overline{u'v'}}{\partial y}+\frac{\partial \rho\overline{u'w'}}{\partial z}\right)\end{aligned} \tag{7.68}$$

여기서 ∇^2은 라플라스 연산자로서 다음과 같이 표현된다.

$$\nabla^2=\frac{\partial^2}{\partial x^2}+\frac{\partial^2}{\partial y^2}+\frac{\partial^2}{\partial z^2}$$

앞서와 동일한 방법으로 y 및 z 방향에 대해서도 구할 수 있다.

$$\frac{\partial \bar{v}}{\partial t} + \bar{u}\frac{\partial \bar{v}}{\partial x} + \bar{v}\frac{\partial \bar{v}}{\partial y} + \bar{w}\frac{\partial \bar{v}}{\partial z}$$
$$= Y - \frac{1}{\rho}\frac{\partial \bar{p}}{\partial y} + \nu\nabla^2\bar{v} - \frac{1}{\rho}\left(\frac{\partial \rho\overline{v'u'}}{\partial x} + \frac{\partial \rho\overline{v'v'}}{\partial y} + \frac{\partial \rho\overline{v'w'}}{\partial z}\right) \tag{7.69}$$

$$\frac{\partial \bar{w}}{\partial t} + \bar{u}\frac{\partial \bar{w}}{\partial x} + \bar{v}\frac{\partial \bar{w}}{\partial y} + \bar{w}\frac{\partial w}{\partial z}$$
$$= Z - \frac{1}{\rho}\frac{\partial \bar{p}}{\partial z} + \nu\nabla^2\bar{w} - \frac{1}{\rho}\left(\frac{\partial \rho\overline{w'u'}}{\partial x} + \frac{\partial \rho\overline{w'v'}}{\partial y} + \frac{\partial \rho\overline{w'w'}}{\partial z}\right) \tag{7.70}$$

식 (7.68) ~ (7.70)이 난류의 평균적 운동을 나타내는 방정식이다. 이식을 층류의 운동방정식 (7.17) ~ (7.19)와 비교하여 보면, 난류의 경우에는 $-\rho\overline{u'u'}$, $-\rho\overline{u'v'}$, $-\rho\overline{u'w'}$ 등으로 표현되는 새로운 항이 부가되는 것을 알 수 있다. 이것이 난류에 있어서의 마찰응력의 표현이다. 이와 같은 응력을 레이놀즈 응력(Reynolds stress)이라 부르는데, 이것은 층류의 점성응력 $\mu\left(d\bar{u}/dy\right)$ 등과 같은 위치에 놓이는 양이며 응력과 같은 차원을 갖기 때문에 이렇게 부르고 있다. 일반적으로 관수로흐름이나 경계층흐름 내에서는 경계면에 수직방향과 관련된 $-\rho\overline{u'v'}$ 가 가장 큰 값을 나타낸다.

7.8.3 난류에 있어서 전단응력의 표현

앞에서 설명한 대로 난류의 전단응력은 다음과 같이 레이놀즈 응력으로 표현된다.

$$\tau = -\rho\overline{u'v'} \tag{7.71}$$

난류의 전단응력의 크기를 구하기 위해서는 난류의 변동성분유속 u' 및 v'의 산정이 필요하다. 그러나 u' 및 v'을 이론적으로 구하는 것은 불가능하고 또한 실험적으로 산정하는 것도 상당한 어려움이 있다. 따라서 레이놀즈 응력에 대해서는 여러 가지 가설을 이용함으로써 난류흐름장을 반경험적으로 해결하고 있다. 여기서는 혼합거리를 이용하여 레이놀즈 응력을 평균유속으로 표현하는 Prandtl의 혼합거리 이론에 대해서 설명한다. 난류흐름에 있어서 유체입자가 그 성질을 잃지 않고 이동하는 거리를 혼합거리(mixing length)라 정의되는데, 이것은 분자운동에서의 평균자유행정(mean free path)에 상당한다.

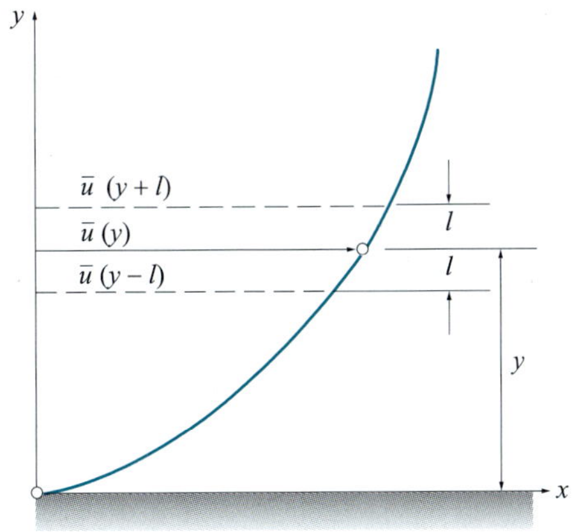

그림 7.10 혼합거리의 개념도

그림 7.10에 도시한 바와 같이 혼합거리를 l이라하면, 임의의 위치 y에서 혼합하는 유체입자는 y 위치로부터 l만큼 상하방향으로 떨어진 위치, 즉 $y \pm l$의 위치로부터 y위치로 이동한다고 생각할 수 있다. 또 유체 입자는 각각 $y \pm l$ 위치에서의 속도를 유지한 채 y의 위치에 도달하게 된다. 따라서 상층($y+l$의 위치)으로부터 이동한 유체 입자는 $\bar{u}+l\dfrac{d\bar{u}}{dy}$, 하층($y-l$의 위치)에서 이동한 유체 입자는 $\bar{u}-l\dfrac{d\bar{u}}{dy}$ 의 속도를 갖고 이동하므로, 변동속도 성분 u'는 y층에서의 속도와 이들 두 층간의 속도차에 의해서 발생한다. 이상의 설명으로부터 알 수 있는 바와 같이 임의점에서 생기는 유속 u의 변동 성분 u'은 다음 식의 관계를 갖는다고 보아도 좋다.

$$|u'| = l\frac{d\bar{u}}{dy} \tag{7.72}$$

일반적인 난류에 있어서는 벽면에 아주 가까운 부분을 제외하면 u'과 v'이 동일한 정도의 크기로서 v'도 u'과 같이 표현할 수 있다.

$$|v'| = l\frac{d\bar{u}}{dy} \tag{7.73}$$

따라서 전단응력 τ는 다음과 같이 표시된다.

$$|\tau| = \left|-\rho\overline{u'v'}\right| = \rho l^2 \left(\frac{d\bar{u}}{dy}\right)^2 \tag{7.74}$$

식 (7.74)에서 부호를 고려하면 다음과 같이 표현된다.

$$\tau = \rho l^2 \left|\frac{d\bar{u}}{dy}\right| \frac{du}{dy} \tag{7.75}$$

Prandtl은 상기 식에서 혼합거리 l은 벽면 부근에서 작은 값을 나타내고, 또 벽면으로부터 떨어진 거리 y에 비례한다고 가정한다.

$$l = \kappa y \tag{7.76}$$

여기서 κ는 비례상수로서 Kármán 상수라 부르고 있다. 식 (7.76)을 (7.75)에 대입하면

$$\tau = \rho\kappa^2 y^2 \left|\frac{d\bar{u}}{dy}\right| \frac{d\bar{u}}{dy} \tag{7.77}$$

로 표시할 수 있다.

식 (7.77)을 이용하면 난류의 유속분포를 구할 수 있는데, 이것에 대한 자세한 사항은 9장 관수로 흐름에서 다루기로 한다.

예제 7.7 레이놀즈 응력 및 혼합거리

정도 높은 유속계를 이용하여 흐름 내의 한 점의 유속을 2초 간격으로 측정하고, 그 유속을 각각 다음 표 E7.7의 둘째와 세째란에 기입하였다. 여기서 u는 흐름방향의 유속이고, v는 흐름에 직각방향의 유속이다. 이 점의 평균류의 속도경사를 $d\bar{u}/dy = 0.26\ \text{sec}^{-1}$이라고 할 때 다음을 구하라.

(a) Reynolds 응력

(b) 혼합거리

풀이

표 E7.7에서와 같이 각 방향의 시간평균유속을 구하면 다음과 같다.

$\bar{u} = 1.787$ m/s

$\bar{v} = 0.016$ m/s

표 E7.7

시각 (sec)	u (m/s)	v (m/s)	u'	v'	$u'^2 \times 10^2$	$v'^2 \times 10^2$	$u'v' \times 10^2$
0	1.92	−0.15	0.133	−0.166	1.7689	2.7556	−2.2078
2	1.92	−0.22	0.133	−0.236	1.7689	5.5696	−3.1388
4	1.74	0.42	−0.047	0.404	0.2209	16.3216	−1.8988
6	1.62	0.18	−0.167	0.164	2.7889	2.6896	−2.7388
8	1.66	−0.07	−0.127	−0.086	1.6129	0.7396	−1.0922
10	1.52	0.02	−0.267	−0.004	7.1289	0.0016	0.1068
12	1.91	0.06	0.123	0.044	1.5129	0.1936	0.5412
14	1.60	−0.11	−0.187	−0.126	3.4969	1.5876	2.3562
16	1.98	−0.04	−0.193	−0.056	3.7249	0.3136	−1.0808
18	2.00	0.07	0.213	0.054	4.5369	0.2916	1.1502
계	17.87	0.16	0	0	28.5610	30.4640	−8.0028
평균	1.787	0.016	0	0	2.8561	3.0464	−0.80028

변동속도를 $u' = u - \bar{u}$와 $v = v - \bar{v}$로부터 구한다.

(a) 식 (7.71)로부터 Reynolds 응력을 구한다.

$$\overline{u'v'} = -0.80028 \times 10^{-2}$$

$$\tau = -\rho\overline{u'v'} = -\frac{\gamma}{g}\overline{u'v'} = \frac{1000}{9.8} \times 0.80028 \times 10^{-2}$$
$$= 0.800 \text{ kg중/m}^2$$

(b) 식 (7.75)로부터 혼합거리 l을 구한다.

$$l = \sqrt{\frac{\tau}{\rho}} \Big/ \frac{d\bar{u}}{dy} = \frac{\sqrt{0.006314}}{0.26} = 0.34 \text{ m}$$

7.9 유체경계층

7.9.1. 경계층

1904년 독일의 항공학자 Prandtl이 제안한 경계층의 개념을 설명하기 위하여 그림 7.11과 같이 얇은 평판 위를 흐르는 유체를 생각하여 보자. 레이놀즈 수가 아주 큰 흐름장에 평판을 놓았을 때 평판의 선단으로부터 경계층이

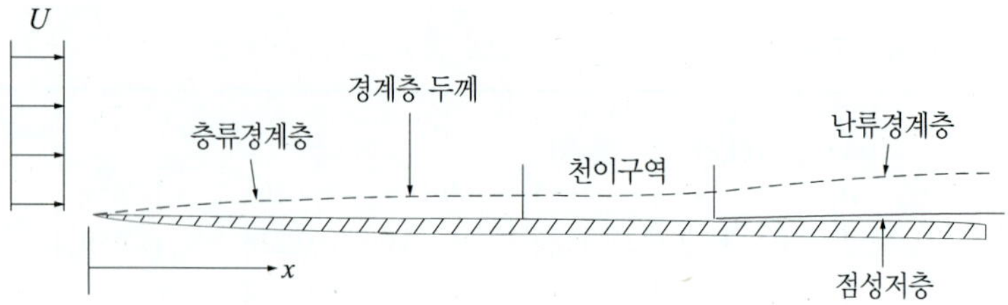

그림 7.11 평판 위에 형성된 경계층: 선단으로부터 층류경계층, 천이경계층 그리고 난류경계층

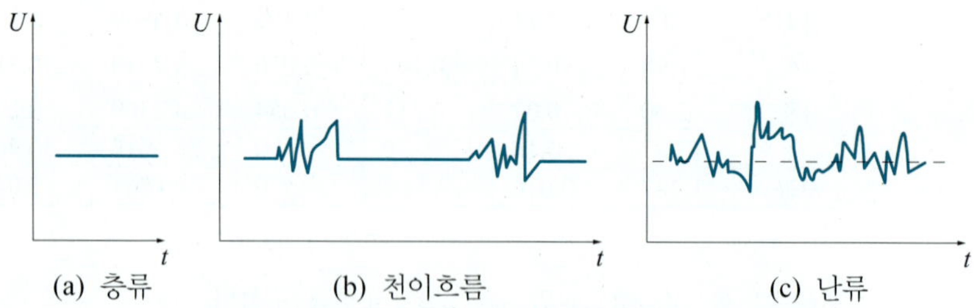

그림 7.12 평판 위에 형성된 경계층 속의 정상 흐름속도 변화

형성되는 것을 보여주고 있다. 경계층은 평판의 선단으로부터 시작되어 평판의 길이가 길어질수록 경계층의 두께 $\delta(x)$가 증가된다.

경계층 내의 속도를 측정해 보면 선단부분에서는 층류인 구역이 존재하고, 길이가 길어지면 일정한 구간을 지나면서 층류는 천이흐름으로 변하고 길이가 더 길어지면 난류로 변한다. 경계층 속의 속도분포가 층류인 층을 층류경계층, 천이흐름인 층을 천이경계층, 난류인 층을 난류경계층이라 부른다. 그림 7.12는 상류의 흐름상태가 정상 흐름일 때 평판 위에 형성된 경계층 속의 속도가 (a) 층류, (b) 천이흐름, (c) 난류인 것을 보여주고 있다.

평판 위에 형성된 경계층의 특성을 관찰할 때는 선단으로부터 측정된 길이(x)를 기준으로 하는 레이놀즈 수를 많이 이용한다. 자유흐름의 속도가 U일 때 평판의 선단으로부터 길이를 x라 하면 이 길이를 이용한 레이놀즈 수는 다음과 같이 정의된다.

$$\mathrm{Re}_x = \frac{\rho U x}{\mu} \tag{7.78}$$

평판 상류의 흐름이 매우 안정되어 있을 때 층류경계층은 평판의 선단으로부터 레이놀즈 수 (Re_x)500000($= 5 \times 10^5$)까지 유지된다. 이 레이놀즈 수를 넘어서면 경계층 속의 흐름은 천이흐름상태로 되며 길이가 더 길어지면 결국 난류경계층으로 변한다.

7.9.2 경계층의 두께

경계층 내의 최대속도 u가 자유흐름속도 U와 같아질 때의 두께를 경계층두께 δ라 한다. 그러나 경계층 내의 속도분포와 자유흐름속도가 경계층 두께 근방에서 점진적으로 접근하므로 명확히 경계층두께를 측정하기는 상당히 어렵다. 그러므로 일반적으로 경계층 내의 속도가 자유흐름속도의 99%, 즉 $u = 0.99U$되는 곳까지의 거리로 정의한다.

평판 위의 흐름에서 경계층두께는 다음과 같다.

$$\text{층류: } \frac{\delta}{x} \approx \frac{5}{\mathrm{Re}_x^{1/2}}$$
$$\text{난류: } \frac{\delta}{x} \approx \frac{0.16}{\mathrm{Re}_x^{1/7}} \tag{7.79}$$

앞에서 언급한 바와 같이 δ를 정확히 결정하는 것은 일반적으로 어려우므로 실험결과의 정리 등을 위해서는 다음과 같은 두 개의 두께가 많이 사용된다.

(1) 배제두께(displacement thickness): δ^*

경계층 속에서 점성력은 흐름속도를 감소시키는 역할을 한다. 따라서 경계층이 형성되면 경계층이 없는 경우에 비하여 동일한 물체 표면영역을 통과할 수 있는 질량유량은 감소한다. 점성력이 없으면 물체 표면 위의 속도는 U이겠지만, 점성력으로 인하여 속도는 감소되고 이로 인하여 질량유량은 $\int_0^\infty \rho(U-u)b\,dy$ 만큼 감소된다. 이 식에서 b는 유동에 수직한 깊이방향의 폭이며 이 질량유량을 질량유량결핍이라 부른다.

배제(排除, displacement)두께 δ^*는 마찰이 없는 흐름이라고 가정할 때, 질량유량결핍과 같은 질량유량을 나타내는 물체 표면으로부터의 거리이다. 배제두께 개념은 균일한 속도장에 물체가 놓여 있을 때 물체로 인하여 유선이 물체 밖으로 배제되는 현상을 정량적으로 나타낼 수 있는 두께이다. 그림 7.13(a)에 나타낸 것과 같이 경계 표면을 위쪽으로 δ^*만큼 배제시키면

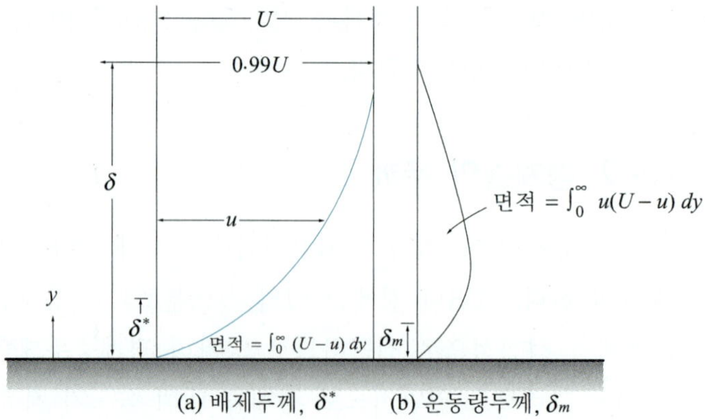

그림 7.13 경계층의 두께의 정의

$\rho U\delta^* b$ 만큼의 질량유량결핍을 초래한다. 따라서 질량유량결핍은,

$$\rho U\delta^* b = \int_0^\infty \rho(U - u)b\,dy$$

비압축성 흐름이면 $\rho =$ 일정이므로, 배제두께는 다음과 같이 표현된다.

$$\delta^* = \int_0^\infty \left(1 - \frac{u}{U}\right)dy \approx \int_0^\delta \left(1 - \frac{u}{U}\right)dy \tag{7.80}$$

(2) 운동량두께(monentum thickness): δ_m

또한 경계층 속에서 유동속도가 감속되면 임의의 단면에서 운동량 플럭스도 감소된다. 경계층 속을 통과하는 실제 질량유량 $\int_0^\infty \rho ub\,dy$ 로 인한 운동량결핍은 $\int_0^\infty \rho u(U - u)b\,dy$ 이다. 운동량(運動量, momentum)두께 δ_m은 속도 U인 운동량 플럭스 결핍과 같은 크기가 되는 유체층의 두께로 정의된다. 운동량두께를 로 δ_m나타내면 ρ가 일정할 때 운동량결핍은 $\rho U^2\delta_m b$ 가 된다. 따라서 ρ가 일정할 때 그림 7.13(b)와 같이 된다. 운동량두께의 개념은 경계층 내에서 마찰로 인하여 손실된 운동량의 크기를 두께로 나타낸 것이다.

$$\rho U^2\delta_m b = \int_0^\infty u\left(U - u\right)b\,dy$$

$$\delta_m = \int_0^\infty \frac{u}{U}\left(1 - \frac{u}{U}\right)dy \approx \int_0^\delta \frac{u}{U}\left(1 - \frac{u}{U}\right)dy \tag{7.81}$$

7.10 물체 주위의 운동

7.10.1 박리와 후류

그림 7.14(a)와 같이 원통 주위에 따라 유체가 흐를 때 베르누이정리에 의하여 압력의 증가(또는 감소)는 유체의 속도의 감소(또는 증가)를 가져온다. 즉, 비점성유체의 경우 면 AB를 따라 흐를 때는 압력이 감소하여 B에서 유속이 최대가 되고, 면 BD를 따라 흐를 때는 압력이 증가하여 D에서 유속이 최소가 된다. 그러나 실제의 점성유체의 경우 역압력경사, 즉 $\frac{dp}{dx} > 0$ 인 영역에서 표면마찰에 의한 저항뿐만 아니라 압력상승 $\left(\frac{dp}{dx} > 0\right)$ 에 의한 저항에 의하여 표면 가까이 있는 유체층의 운동량이 이를 이기지 못하고 유체입자가 원통면으로부터 이탈하게 된다. 이러한 현상을 박리(剝離, seperation)라 하고, 이 점은 그림 7.14(b)에서 보는 바와 같이 $\left.\frac{\partial u}{\partial y}\right|_{y=0} = 0$ 에서 일어난다. 박리점 이후에 소용돌이치는 불규칙한 흐름을 후류(後流, wake)라 한다.

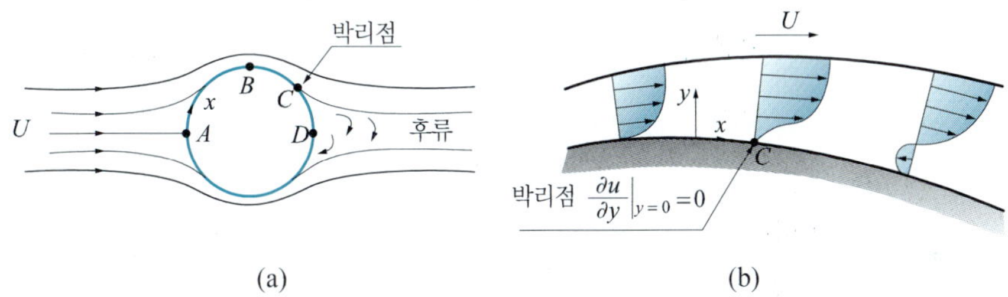

그림 7.14 원통주위의 흐름

7.10.2 항력

그림 7.15와 같이, 흐르는 유체 속에 물체를 놓았을 때 물체는 유체로부터 힘을 받는다. 이 힘 중 흐름속도와 평행방향으로 작용하는 성분의 힘을 항력(抗力, drag)이라 한다.

항력은 마찰항력(friction drag)과 압력항력(pressure drag)으로 되어 있다. 마찰항력은 유체의 점성으로 인하여 물체표면에 작용하는 항력을 말하고, 압력항력은 그림 7.15와 같이 물체의 후방에서 후류가 생겨 후방에서의

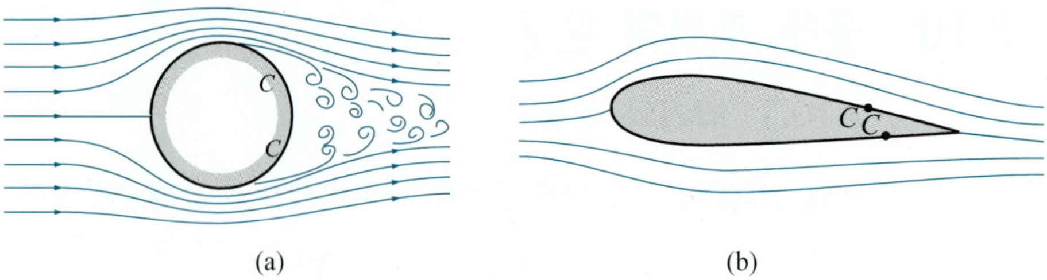

그림 7.15 압력항력과 마찰항력

압력이 감소되어, 물체의 전후방의 압력차로 인해 물체가 흐름방향으로 받는 항력이다. 그림 7.15(a)의 경우에는 후류가 커서 압력차가 크게 나타나고, 그림 7.15(b)와 같이 유선형이 되면 박리점 C가 후방으로 이동하게 되어 압력차는 작아진다. 이처럼 물체의 형상에 기인하는 압력분포로 인해서 발생하는 항력을 압력항력이라 한다.

물체가 받는 항력 F_D는 다음과 같이 표현된다.

$$F_D = C_D A \frac{\rho U^2}{2} \tag{7.82}$$

여기서 C_D는 압력항력과 마찰항력에 관계하는 무차원계수로서 실험적으로 결정되는 항력계수이다. A는 날개나 평판의 경우 현의 길이와 날개의 폭을 곱한 면적이지만, 무딘 물체의 경우 흐름방향에 수직한 면에 투영한 면적이다. U는 유체의 흐름속도이다.

(1) 흐름방향에 평행한 평판 : 마찰항력

평판 위의 흐름에서 표면에 작용하는 마찰력은 무차원수인 표면마찰계수를 이용하여 나타낸다. 표면에 작용하는 전단응력이 τ_w일 때 표면마찰계수는 다음과 같이 정의된다.

$$C_f = \frac{\tau_w}{\frac{1}{2}\rho U^2} \tag{7.83}$$

이렇게 정의된 표면마찰계수는 관수로 흐름에서 정의된 Darcy-Weisbach의 마찰계수와 동일한 개념이면서 $f = 4C_f$인 관계를 나타낸다. 표면마찰계수 C_f를 알면 표면에 작용하는 전단응력은 다음 식을 이용하여 결정할 수 있다.

$$\tau_w = C_f \frac{1}{2}\rho U^2 \tag{7.84}$$

(a) 층류경계층

평판 선단부분에서 경계층이 층류일 때, 실험 및 이론적 해석결과를 이용하면 평판 길이방향의 국부표면마찰계수는 레이놀즈 수의 함수로 나타낼 수 있다.

$$C_f = \frac{0.664}{\sqrt{\mathrm{Re}_x}} \tag{7.85}$$

여기서

$$\mathrm{Re}_x = \frac{\rho U x}{\mu}$$

이다. 레이놀즈 수는 평판 선단부로부터의 거리 x에 따라 변하므로 표면마찰계수 C_f 역시 x의 위치에 따라 다르다. 평판의 길이방향 위치에 따라 C_f가 변하기 때문에 이것을 국소표면마찰계수라고 부른다.

마찰력은 벽면에 작용하는 전단응력을, 해당되는 면적으로 적분하면 구할 수 있다. 마찰력을 F_D라고 할 때

$$F_D = \int_{\text{평판표면}} \tau_w dA \tag{7.86}$$

평판에서 항력계수는 다음과 같이 정의된다.

$$C_D = \frac{F_D}{\frac{1}{2}\rho U^2 A} \tag{7.87}$$

길이가 L인 평판에 층류경계층이 형성되어 있을 때는 식 (7.84)와 (7.85)를 식 (7.86)에 대입하여 F_D를 구한 후 식 (7.87)을 이용하면 항력계수를 결정할 수 있다.

$$C_D = \frac{1}{\frac{1}{2}\rho U^2 A} \int_{\text{평판표면}} C_f \frac{1}{2}\rho U^2 dA$$

$$= \frac{1}{bL}\int_A \frac{0.664}{\sqrt{\mathrm{Re}_x}} b dx = \frac{0.664}{L}\int_0^L \left(\frac{U}{\nu}\right)^{-1/2} x^{-1/2} dx$$

$$C_D = \frac{0.664 \times 2}{L\left(\frac{U}{\nu}\right)^{+1/2}} x^{1/2} \Big]_{x=0}^{x=L} = 1.328\left(\frac{U}{\nu}\right)^{-1/2} (L)^{-1/2} = \frac{1.328}{\sqrt{\frac{UL}{\nu}}}$$

따라서 길이 L인 평판에 형성된 층류경계층의 항력계수는 다음 식과 같이 된다.

$$C_D = \frac{1.328}{\sqrt{\mathrm{Re}_L}} \tag{7.88}$$

여기서 $\mathrm{Re}_L = \rho UL/\mu$이다. Re_L은 평판의 길이를 기준하여 레이놀즈 수를 구한다는 의미이다.

(b) 난류경계층

길이 x를 기준으로 한 레이놀즈 수가 500000이상이 되면 층류경계층은 난류경계층으로 바뀐다. 실험결과에 근거하여, 경계층이 평판의 선단으로부터 난류경계층이라고 가정하면 국소표면마찰계수를 다음 식과 같이 나타낼 수 있다.

$$C_f = \frac{0.0594}{\mathrm{Re}_x^{1/5}} \tag{7.89}$$

여기서 $\mathrm{Re}_x = \rho Ux/\mu$이다. 레이놀즈 수는 x에 따라 변하므로 표면마찰계수 C_f 역시 x의 위치에 따라 다르다. 따라서 C_f는 국부표면마찰계수이다. 층류경계층에서 설명한 내용을 따라 계산하면 난류경계층의 항력계수를 구할 수 있다.

식 (7.89)로 주어진 표면마찰계수를 적용하여 항력계수를 구하면,

$$C_D = \frac{0.0742}{\mathrm{Re}_L^{1/5}} \tag{7.90}$$

레이놀즈 수가 큰 흐름장에 놓여 있는 평판의 선단 부분에는 층류경계층이 형성되고 뒤쪽으로 가면서 난류경계층으로 변한다. 따라서 앞에 소개한 층류관계식, 식 (7.85)와 (7.88)은 Re_x가 500000이하인 선단 부분의 마찰력을 계산할 때 이용할 수 있는 식이다.

(2) 흐름방향에 수직한 평판: 압력항력

그림 7.16과 같이 흐름에 수직하게 놓인 평판에 대해서는 압력과 점성력이 모두 평판에 작용한다. 그러나 점성력은 세로방향으로 작용하므로, 점성력은 항력에 직접적으로 기여하지 않는다. 따라서 평판에 작용하는 항력은 다음과 같이 표현할 수 있다.

$$F_D = \int_A p dA \tag{7.91}$$

여기서 A는 평판의 표면 면적이다.

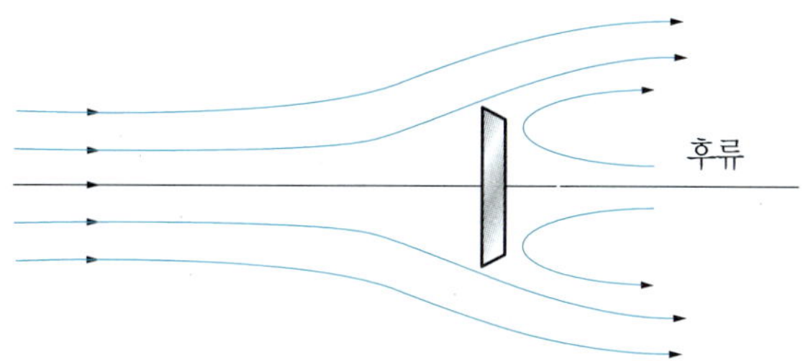

그림 7.16 흐름방향에 수직한 평판

평판의 상류측면과 하류측면에 작용하는 압력은 실험에 의존할 수밖에 없고 이론적 해석에 의한 해석은 불가능하다. 이 경우의 평판의 항력계수는 평판의 폭에 대한 높이비와 레이놀즈 수에 의해 결정된다. 그림 7.17에 평판 높이에 대한 폭의비(b/h)에 따른 C_D의 변화를 도시하고 있다.

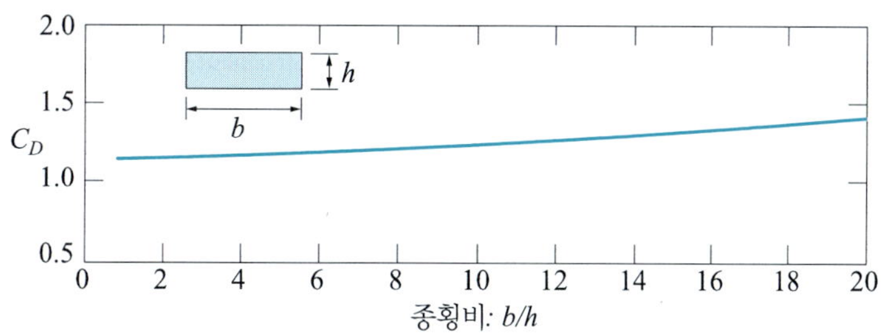

그림 7.17 흐름방향에 수직한 평판의 항력계수

(3) 2차원 물체에 대한 항력계수

물체 주위의 압력 및 전단응력 분포를 알면 C_D가 결정될 수 있음을 보았다. 총항력이(예를 들어, 풍동에서 동력계에 의하여) 측정되는 경우에도 항력계수를 다음 식에 의하여 계산할 수 있다.

$$C_D = \frac{F_D}{A_p \rho U^2/2} \tag{7.92}$$

여기서 U는 자유흐름속도이고, A_p는 물체의 흐름방향으로의 투영 면적이다. 문헌에 수록된 많은 자료들(C_D − Re 관계)이 이런 식으로 얻어진 것이다.

그림 7.18에는 흐름에 수직하게 놓인 평판 및 그 밖의 2차원 물체들에 대한 항력계수가 넓은 범위의 Reynolds 수에 대하여 주어져 있다. 일반적으로 뭉뚝한 물체(blunt body)의 총 항력의 일부는 마찰저항에, 일부는 압력 변화에 기인한다.

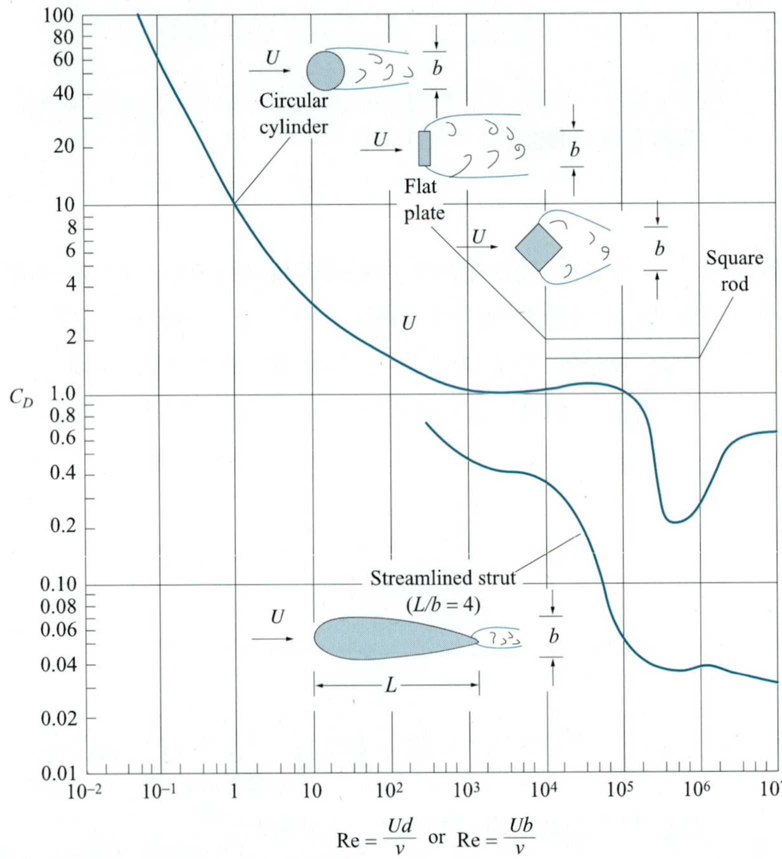

그림 7.18 2차원 물체들에 대한 항력계수

(4) 구 주위의 흐름에서 Stokes의 항력법칙

구에 작용하는 항력은 앞에서 설명한바와 같이 점성으로 인한 마찰항력과 운동하는 물체의 전후면에 작용하는 압력의 차이로 인한 압력항력으로 구분된다. 두 항력의 합을 총항력이라 하고 이 항력은 식 (7.82)를 이용하여 구한다. 그러나 구 주위의 흐름은 점성 비압축성 흐름으로써 $\mathrm{Re} \le 1$ 정도이면 박리가 존재하지 않으므로 항력은 마찰항력이 지배적이다. 이 때 항력은 Stokes 법칙에 따른다.

즉,

$$F_D = 3\pi d \mu U \tag{7.93}$$

여기서 d는 구의 지름, U는 유체에 대한 구의 상대속도이다.

그림 7.19는 구 주위의 흐름에 대해서 레이놀즈 수 Re와 항력계수 C_D의 관계를 도시한 것이다.

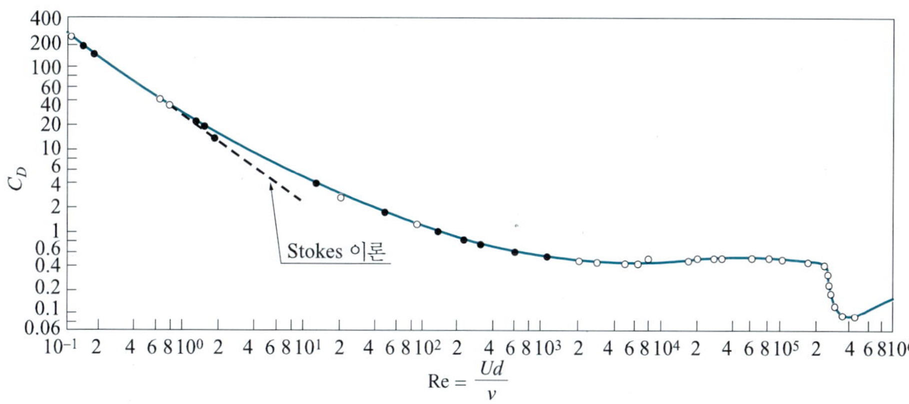

그림 7.19 구에 대한 항력계수

예제 7.8 층류흐름장에서 평판의 항력

길이 $L = 1$ m이고 폭 $b = 3$ m인 앞부분이 날카로운 평판이 흐름장에 흐름방향과 나란하게 놓여 있다. 평판의 양쪽 면에 작용하는 항력을 구하라. 단, 물의 밀도는 $\rho = 1000\ \mathrm{kg/m^3}$, 점성계수는 $\nu = 1.02 \times 10^{-6}\ \mathrm{m^2/sec}$이며 속도는 $U = 0.4$ m/sec이다.

주어진 값: 길이 $L = 1$, 폭 $b = 3$ m인 평판 위의 흐름
물: $\rho = 1000$ kg/m^3, $\nu = 1.02 \times 10^{-6}$ m^2/sec, $U = 0.4$ m/sec
찾는 값: 평판의 양쪽면에 작용하는 항력

풀이

기본방정식: $F_D = C_D \frac{1}{2} \rho U^2 bL$

층류경계층일 때 : $C_D = \dfrac{1.328}{\sqrt{\mathrm{Re}_L}}$

난류경계층일 때 : $C_D = \dfrac{0.0742}{\mathrm{Re}_L^{1/5}}$

물의 흐름에서 길이를 기준으로 하는 레이놀즈 수:

$$\mathrm{Re}_L = \frac{UL}{\nu} = \frac{0.4 \dfrac{\mathrm{m}}{\mathrm{s}} \times 1\ \mathrm{m}}{1.02 \times 10^{-6} \dfrac{\mathrm{m}^2}{\mathrm{s}}} = 3.92 \times 10^5$$

레이놀즈 수가 500,000보다 작으므로 경계층은 층류로 가정할 수 있다. 식 (7.88)을 이용하면 항력계수는,

$$C_D = \frac{1.328}{\sqrt{392,000}} = 0.00212$$

$$F_D = 2C_D \frac{1}{2} \rho U^2 bL$$

$$F_D = 2 \times 0.00212 \times \frac{1}{2} \times 1000 \frac{\mathrm{kg}}{\mathrm{m}^3} \times 0.4^2 \frac{\mathrm{m}^2}{\mathrm{s}^2} \times 3\ \mathrm{m} \times 1\ \mathrm{m} = 1.018\ \mathrm{N}$$

예제 7.9 난류흐름장에서 평판의 항력

길이 $L = 2$ m이고 폭 $b = 3$ m인 평판이 강물 위에 떠 있는 상태로 끌려간다. 평판의 이동속도가 5노트(knot) ($U = 2.57$ m/sec)일 때 평판의 바닥면에 작용하는 항력을 구하라. 물의 밀도와 동점성계수는 각각 $\rho = 1000$ kg/m^3, $\nu = 1.02 \times 10^{-6}$ m^2/sec이다.

주어진 값: 길이 $L = 2$ m, 폭 $b = 3$ m인 평판의 이동속도는 $U = 2.57$ m/sec
찾는 값: 평판의 한 면에 작용하는 항력

풀이

기본방정식 : $C_D = \dfrac{F_D}{\dfrac{1}{2}\rho U^2 A}$

층류경계층일 때 : $C_D = \dfrac{1.328}{\sqrt{\mathrm{Re}_L}}$

난류경계층일 때 : $C_D = \dfrac{0.0742}{\mathrm{Re}_L^{1/5}}$

길이를 기준으로 하는 레이놀즈 수

$$\mathrm{Re}_L = \frac{UL}{\nu} = \frac{2.57\,\dfrac{\mathrm{m}}{\mathrm{s}} \times 2\ \mathrm{m}}{1.02 \times 10^{-6}\,\dfrac{\mathrm{m}}{\mathrm{s}}} = 5.04 \times 10^6$$

레이놀즈 수가 500,000보다 크므로 평판 뒷부분은 난류경계층이다. 경계층이 선단으로부터 난류경계층이라고 가정하여 식 (7.90)을 이용하면 항력계수는,

$$C_D = \frac{0.0742}{\mathrm{Re}_L^{1/5}} = \frac{0.0742}{5{,}040{,}000^{1/5}} = 0.00339$$

$$F_D = C_D \frac{1}{2}\rho U^2 bL$$

$$F_D = 0.0039 \times \frac{1}{2} \times 1{,}000\ \frac{\mathrm{kg}}{\mathrm{m}^3} \times 2.57^2\ \frac{\mathrm{m}^2}{\mathrm{s}^2} \times 3\ \mathrm{m} \times 2\ \mathrm{m} = 67.2\ \mathrm{N}$$

예제 7.10 2차원 물체에 작용하는 항력

TV 안테나가 높은 건물 위에 놓인 높이 30 m, 직경 30 cm인 파이프 위에 설치되어 있다. 1기압 20°C 하에서 35 m/s로 바람이 불고 있다면 파이프가 받는 총 항력과 파이프 하단에서의 휨모멘트는 얼마인가? 단, 공기의 점성은 $\mu = 1.81 \times 10^{-5}$ N·s/m^{2}이고, 밀도는 $\rho = 1.20$ kg/m^{3}이다.

풀이

Reynolds 수를 계산하면,

$$\mathrm{Re} = \frac{V_0 d\rho}{\mu} = \frac{35\ \mathrm{m/s} \times 0.30\ \mathrm{m} \times 1.20\ \mathrm{kg/m^3}}{\left(1.81 \times 10^{-5}\ \mathrm{N \cdot s/m^2}\right)} = 7.0 \times 10^5$$

그림 7.18로부터 $C_D = 0.20$이다. 이제 총 항력을 계산한다.

$$F_D = \frac{C_D A_p \rho V_0^2}{2} = \frac{(0.2)(30\ \text{m})(0.3\ \text{m})(1.20\ \text{kg/m}^3)(35^2\text{m}^2/\text{s}^2)}{2} = 1323\ \text{N}$$

항력이 기둥의 중간 지점에 작용한다고 가정하면 모멘트는 다음과 같다.

$$M = F_D\left(\frac{L}{2}\right) = (1323\ \text{N})\left(\frac{30}{2}\ \text{m}\right) = 19,845\ \text{N}\cdot\text{m}$$

예제 7.11 구 주위에 작용하는 항력

지름 2 mm인 구가 공기($\rho = 0.3716$ kg/m^3, $\nu = 108.2 \times 10^{-6}$ m^2/sec) 속을 2.5 cm/sec로 운동할 때 항력은 몇 *dyne*인가?

풀이

$$\text{Re} = \frac{Vd}{\nu} = \frac{0.025 \times 0.002}{108.2 \times 10^{-6}} = 0.462 < 1$$

Re < 1이므로, 스토크스의 법칙에서

$$F_D = 3\pi\mu dV = 3\pi\left(108.2 \times 10^{-6} \times 0.3716\right) \times 0.002 \times 0.025$$
$$= 1.9 \times 10^{-8}\ \text{N} = 1.9 \times 10^{-3}\ dyne$$

연습문제 Exercise

7.1 유체가 직경이 75 mm 관 속을 흘러서 150 mm 관로로 유출한다. 75 mm 관에서의 Reynolds 수가 20,000일 때, 150 mm 관에서의 Reynolds 수는 얼마인가?

7.2 동점성계수가 $1.0 \times 10^{-6} m^2/sec$인 물이 직경 5cm인 원관 속을 흐르고 있다. 유량이 $0.001\ m^3/sec$일 때 레이놀즈 수는 얼마인가?

7.3 2차원 개수로에서의 속도분포는 그림과 같이 2차식으로 근사시킬 수 있다. 유량과 운동에너지 보정계수(α)와 및 운동량 보정계수(β)를 구하여라.

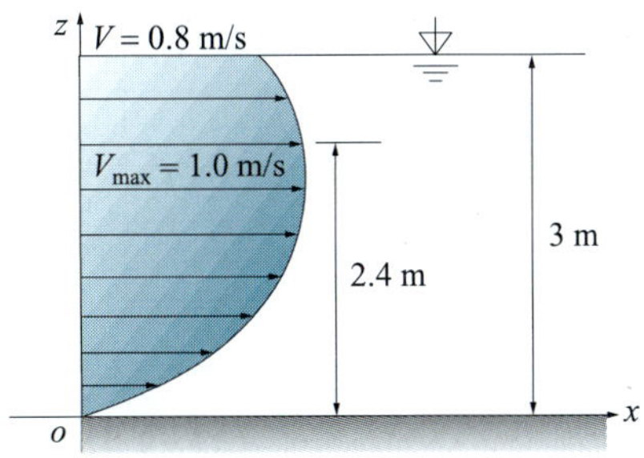

그림 P7.3

7.4 폭이 넓은 직사각형 개수로에서의 속도분포가 그림 P7.4와 같을 때 운동에너지 보정계수 α를 계산하여라.

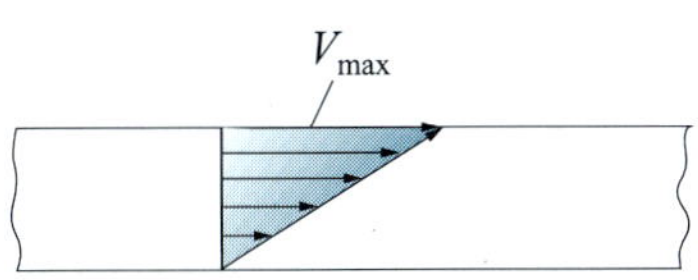

그림 P7.4

7.5 그림 P7.5와 같은 속도분포를 가진 관수로에서 각각의 속도 분포에 대해 운동에너지 보정계수 α가 1보다 작은지, 같은지, 큰지를 비교하여라.

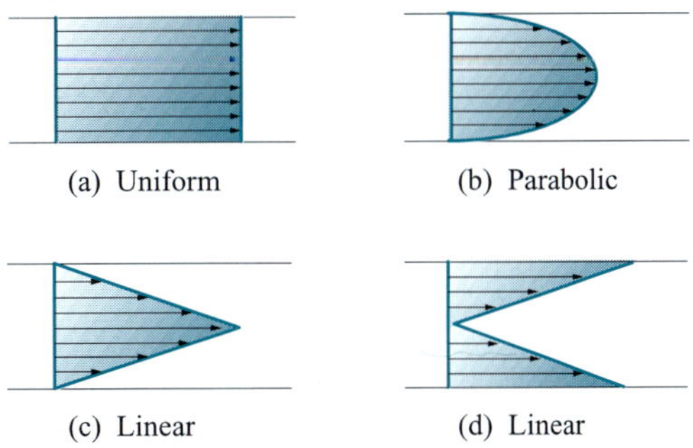

그림 P7.5

7.6 문제 7.5에서 (c)경우의 운동량 보정계수(β)를 구하라.

7.7 문제 7.5에서 (d)경우의 운동량 보정계수(β)를 구하라.

7.8 밀도가 1.3 kg/m^{3}이고 점성계수가 $\mu = 2.0 \times 10^{-5}$ kg/m · sec인 유체가 직경 3 cm인 원관 속을 층류로 흐를 수 있는 최대속도는 몇 m/sec인가?

7.9 그림에서 A까지의 손실이 $\dfrac{4V_1^2}{2g}$이고 노즐에서의 손실이 $\dfrac{0.05V_2^2}{2g}$일 때, 유량과 A점에서의 압력을 구하라. 단, $H = 8$ m이다.

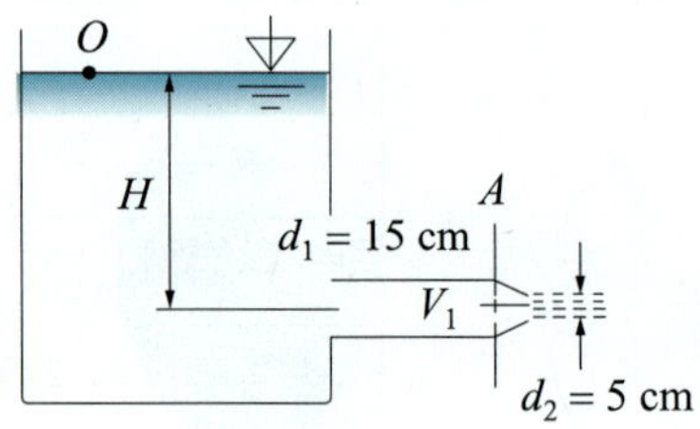

그림 P7.9

7.10 그림과 같은 관시스템에서 $Q = 1.42$ m^3/sec의 물이 흐르고 있다. 펌프에서 공급하는 동력이 $P = 300$ kW라면 단면 1, 2 사이에서 발생하는 손실수두의 크기를 구하라. 단, $A_1 = 0.4$ m^2, $A_2 = 0.2$ m^2, $z_1 = 9$ m, $z_2 = 24$ m, $p_1 = 138$ kPa, $p_2 = 69$ kPa이다.

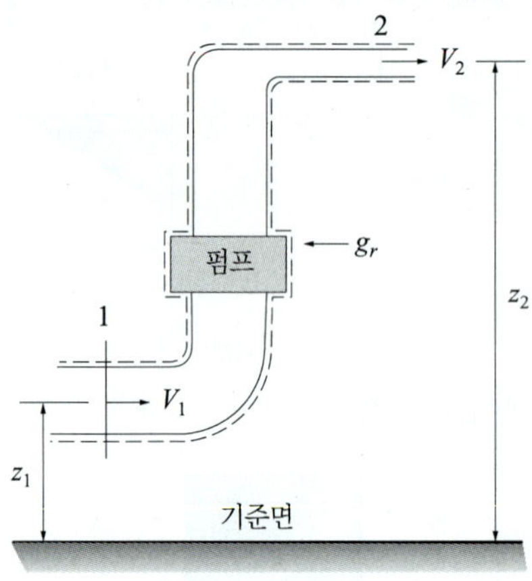

그림 P7.10

7.11 단위중량이 $\gamma = 900$ kg중/m^3, $\nu = 0.0002$ m^2/sec의 기름이 그림 P7.11과 같이 경사진 관을 거슬러 흐르고 있다. 10 m 떨어져 있는 두 점 1, 2 사이의 흐름이 층류인 경우 다음 사항을 답하라.

(a) 흐름이 윗방향으로 향하는 것을 보여라.

(b) 두 점 사이의 손실수두 Σh_L를 구하라.

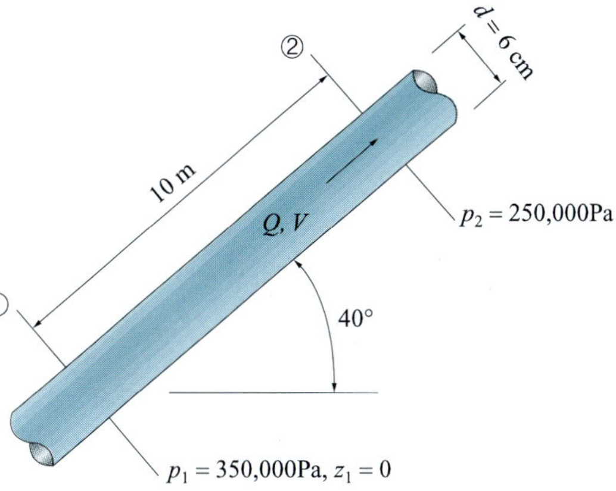

그림 P7.11

7.12 $\nu = 1.0 \times 10^{-6}$ m^2/sec의 물이 두 수조 사이에서 직경 5 cm, 길이 120 m의 관을 통하여 $Q = 0.006$ m^3/sec의 물을 수송하고 있다. 총수두손실이 25 m이었다면 펌프의 소요마력은 얼마인가? 단, 펌프의 효율 $\eta_p = 0.8$이다.

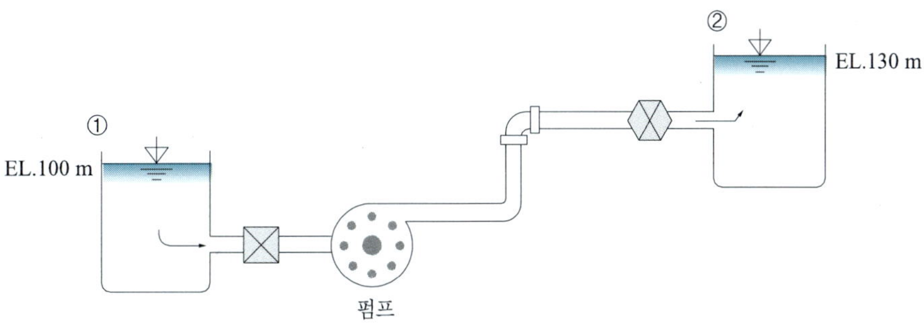

그림 P7.12

7.13 $\mu = 0.29$ kg/m·sec의 기름이 직경 5 cm의 관을 흐르고 있다. 난류가 되기 위해서는 유량이 몇 m^3/sec가 되어야 하는가?

7.14 속도분포가 그림 P7.14와 같을 때, 운동에너지 보정계수 α와 운동량 보정계수 β, 그리고 유량을 구하라. 단, 관의 직경은 $d = 8$ cm로 한다.

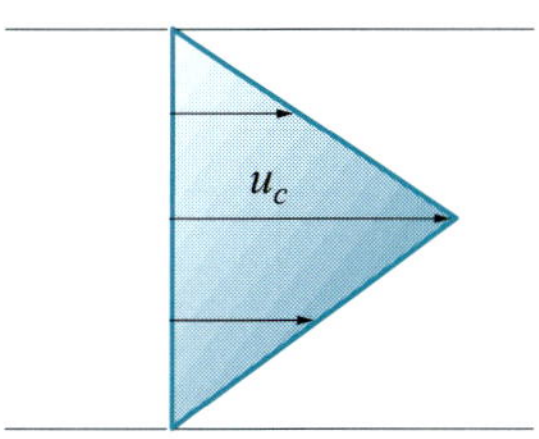

그림 P7.14

7.15 그림 P7.15와 같은 경사상 층류흐름에 대한 연속방정식 및 운동방정식을 세우고 유속분포를 구하라. 또, 최대전단응력이 발생하는 위치와 그 크기를 구하라.

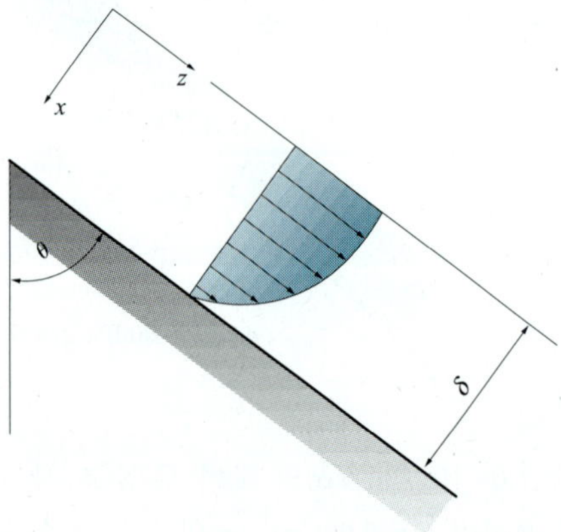

그림 P7.15

7.16 그림에서 $Q = 50\ m^3/sec$의 유량이 터빈에 공급되고 있다. 총수두손실이 10 m였다면 터빈에 의해서 발생되는 총동력을 구하라(단, 터빈의 효율은 $\eta_t = 0.85$이다).

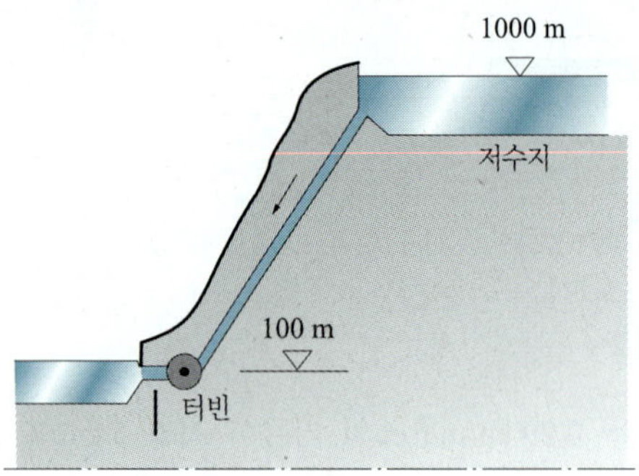

그림 P7.16

7.17 두 개의 평행한 평판 사이에 정상류의 층류흐름이 일어나고 있다. 이때 유속분포, 최대유속, 유량 및 평균유속을 구하라.

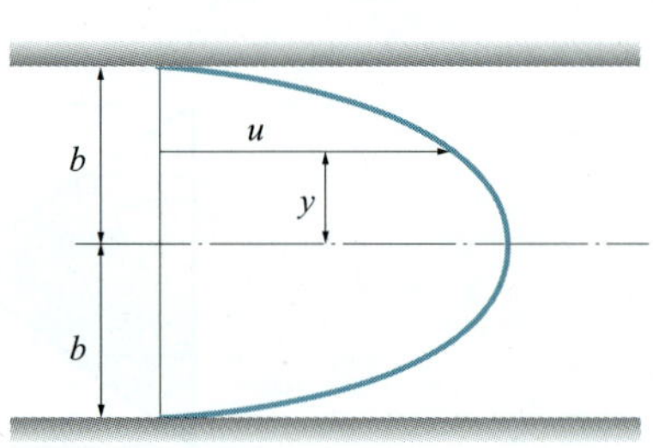

그림 P7.17

7.18 2.0×10^{-6} m^3/sec의 물이 직경 8 cm인 관 속에 흐르고 있다. 물의 온도가 20°C일 때 이 흐름은 층류인가, 난류인가?

7.19 관수로의 운동에너지 보정계수 α의 값이 1.08이라면 이 흐름은 (a) 층류이다, (b)난류이다.

7.20 $\mu = 1.1 \times 10^{-4}$ kg중 · sec/m^2인 물이 직경 1 cm인 수평원관 속을 층류로 흐르고 있다. 이때 1000 m 길이에서 압력강하가 $\Delta p = 0.2$ kg중/cm^2이면 유량은 얼마인가?

7.21 윗판은 속도 V로 움직이고 아랫판은 고정되어 있다. 이 평판 사이에 비압축성 뉴튼 유체가 있을 때 유량 Q 를 구하라. 단, 압력경사는 0이고 두 평판 간의 간격은 $2b$이다.

7.22 안지름 30 cm의 원관속을 20℃의 물이 흐를 때 이 흐름이 층류가 되는 한계유속은 얼마인가?

7.23 그림과 같은 유속분포를 가진 흐름의 에너지 보정계수 및 운동량 보정계수를 구하라. 단, 수심은 1 m이고 폭은 0.5 m라고 가정하고, 최대유속은 수면하 0.25 m인 곳에서 발생하며 그 크기는 $u_{max} = 1.8$ m/sec이다.

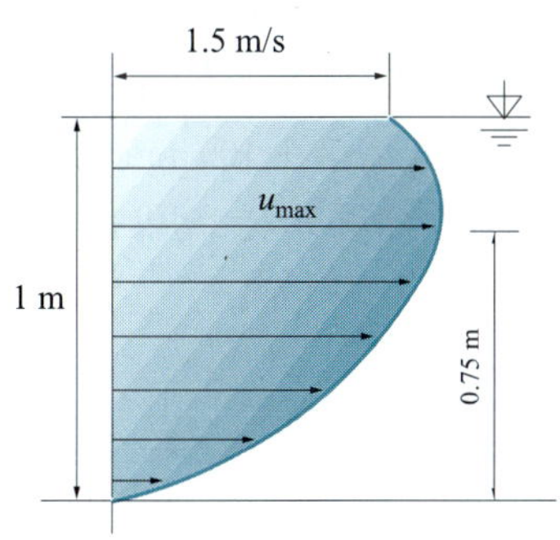

그림 P7.23

7.24 관수로에서의 난류흐름속도분포가 다음 식으로 근사된다.

$$V / V_{max} = (y / r_0)^n$$

여기서, V_{max}는 중심선에서의 속도, y는 관 벽으로부터의 거리, r_0는 관의 반경, n은 Reynolds 수에 종속되는 지수로서 1/6에서 1/8 사이의 값을 갖는다. α를 n의 함수로 나타내라. $n = 1/6$일 때 α는 얼마인가?

7.25 직사각형 개수로에서의 난류 흐름속도분포가 다음 식으로 근사된다.

$$V / V_{max} = (y / r_0)^n$$

여기서, y는 수로 바닥으로부터의 거리, V_{max}는 자유 수면에서의 속도, d는 수심, n은 Reynolds 수에 종속되는 지수로서 1/6에서 1/8 사이의 값을 갖는다. α를 n의 함수로 나타내라. $n = 1/7$일 때 α는 얼마인가?

7.26 물이 직경 2 m인 관속을 난류 상태로 흐르고 있다. 속도분포가 $u = 4y^{1/7}$ m/s이고 벽으로부터 0.5 m인 곳에서 전단응력이 1 Pa일 때 이점에서 혼합거리는 얼마인가?

7.27 폭 2 m, 길이 10 m인 매끈한 평판이 물속을 5 m/sec의 속도로 평행하게 끌려가고 있다. 물의 동점성계수는 1.02×10^{-6} m^2/sec이고 임계 레이놀즈 수는 5×10^5으로 가정한다. 이 때 천이점은 평판 선단에서 몇 m 떨어진 곳인가?

7.28 1.2 m × 1.2 m인 평판이 7 m/sec로 수평면에 수직하게 움직이고 있다. 이 때 저항력은 몇 kg중인가? 단, $C_D = 1.16$, $\gamma = 1$ kg중/m^3.

7.29 폭 5 cm, 길이 10 cm 인 얇은 평판이 유속 3 m/sec로 흐르는 물속에 흐름과 길이 방향으로 평행하게 놓여 있다. 이 평판이 받는 마찰항력은 몇 kg중인가? 단, 물의 동점성계수는 0.015 cm^2/sec이다

7.30 지름 10 mm인 강구가 100 mm/s로 밀도가 $\rho = 1000$ kg/m^{3}인 물에서 운동할 때 구가 받는 항력 F_D 는 얼마인가?

제 8 장

차원해석과 모형의 상사

수리학에서 다루고 있는 물 또는 유체의 실제 흐름장을 해석적 방법이나 또는 이론적 방법으로 엄밀하게 풀 수 있는 경우는 극히 제한되어 있다. 따라서 이러한 경우 실험결과에 의존하는 경우가 많다. 일반적으로 실제 흐름장의 취급은 해석적 방법과 실험 결과와의 조합이라고 볼 수 있다. 즉 어느 문제에 대하여 수치적 방법이나 또는 해석적 방법으로 해를 얻을 수 있도록 수학적 모델로 근사화하고, 실험결과를 통하여 해석적 결과를 검증하는 작업을 거친다.

실험적 방법을 취하는 경우에는 여러 가지 문제점이나 어려움이 뒤따른다. 대부분의 실험의 경우 데이터를 얻기 위해서는 많은 시간과 경비가 뒤따르고, 흐름장의 조건에 따라서는 변수들이 많아서 곤란한 경우도 생긴다. 따라서 이러한 자료들을 집약적이고 경제적인 형태로 표현할 필요성이 제기된다. 즉 최소의 실험으로부터 흐름장에 대한 최대의 정보를 얻을 수 있는 방법을 강구하게 되는데, 이러한 필요성을 충족시키는 것이 차원해석법이라고 볼 수 있다.

차원해석(dimensional analysis)이란 이러한 실험 결과로부터 나온 몇 개의 표나 많은 분량의 데이터를 적절히 무차원화하여, 곡선군 또는 하나의 곡선으로 간략화시키는 방법이라고 할 수 있다. 일반적으로 표나 데이터의 나열보다는 그래프의 형태가 눈에 잘 들어오는 것은 물론이고, 그 영향과 변화율에 대해서도 잘 알 수 있다는 점에서 차원해석이 매우 유용한 방법임을 금방 알 수 있다.

실험 시에 부닥칠 수 있는 또 하나의 문제점으로서는 원형(실물) 크기의 실험이 불가능하거나 막대한 경비가 드는 경우이다. 이러한 경우에는 실험실내에서 모형실험을 행하여야 한다. 이 때 모형실험에서는 반드시 다음과 같은 조건들이 충족되어야 한다. 첫째 모형은 경제성이 있어야 한다. 즉 실험실에서 실험이 가능한 규모이어야 하고 원형에 비해 충분히 값이 싸야 한다. 두 번째는 실용성 및 적용성이 있어야 한다. 모형의 실험 결과를 근거로 하여 원형의 거동을 충분히 예측할 수 있어야 한다는 점이다. 이것은 결국 모형과 원형 사이에는 적절한 상사(similitude) 관계로 연관되어져야 함을 의미한다.

이 장에서는 차원해석에 대한 기본원리, 상사성 및 상사성에 적용되는 무차원수의 물리적 의미를 설명하고, 이를 근거로 모형실험에 대해서도 언급한다.

8.1 차원해석법

차원해석(dimensional Analysis)은 차원의 동차성(dimensional homogeneity) 원리를 이용하여 물리적 현상에 관계하는 제반 물리량으로부터 무차원수를 찾아내고 또 이들 무차원 수 사이의 함수관계를 유도해 내는 절차 또는 기법이다. 이하 차원해석법에 대해서 상세히 설명한다.

8.1.1 차원의 동차성

물리현상을 표현하는 식이 있을 때 차원해석의 대상으로 하기 위해서는 방정식의 각항은 차원적으로 동차이어야 한다. 즉 관계되는 변수들이 정확하고 정당하게 평가되어져서 이루어진 식이라면 방정식의 각 항들은 서로 차원이 같아야 한다는 것이다. 예로서 다음과 같이 표현되는 베르누이 식

$$\frac{V^2}{2g} + \frac{p}{\gamma} + z = H$$

의 각 항은 차원이 모두 [L]로 같게 되는 것을 6장에서 보인 바 있다.

이제 다른 형태로 표시되는 베르누이 식

$$\frac{\rho V^2}{2} + p + \gamma z = \text{const}$$

에 대해서 각항의 차원을 알아보자. 이를 위해 힘, 질량, 길이 및 시간에 대한 기본차원을 각각 [F], [M], [L], [T] 등으로 표시한다. 각 항을 이들 차원을 이용해 표시하면

$$\left[\frac{\rho V^2}{2g}\right] = \left[\mathrm{ML^{-3}L^2T^{-2}L^{-1}T^2}\right] = \left[\mathrm{FL^{-2}}\right]$$

$$[p] = \left[\mathrm{FL^{-2}}\right]$$

$$[\gamma z] = \left[\mathrm{FL^{-3}L}\right] \qquad = \left[\mathrm{FL^{-2}}\right]$$

로 모두 단위 면적당의 힘을 나타내는 차원 $[\mathrm{FL}^{-2}]$로 표현된다.

그러나 수리학에서 사용하고 있는 경험식 중에는 차원적으로 동차가

아닌 경우가 있다. 그 대표적인 예가 우리가 자주 사용하고 있는 Manning의 평균유속 공식

$$V = \frac{1}{n} R_h^{2/3} S^{1/2}$$

이다. 이 식의 우변에 있는 조도계수 n과 에너지 경사 S는 무차원이다. 따라서 차원적으로 동차이기 위해서는 $[\mathrm{V}] = [\mathrm{R_h}^{2/3}]$이 성립하여야 하는데, 동수경사 $\mathrm{R_h}^{2/3}$의 차원이 $[\mathrm{R_h}^{2/3}] = [\mathrm{L}]$이므로 상기 식은 동차가 될 수 없다. 따라서 이러한 경우는 V와 R의 단위가 달라지면 공식의 형태도 달라져야 한다는 것을 의미한다. 이렇게 차원적으로 동차가 아닌 식이 존재하는 것은 상기식이 차원해석의 기법이 나타나기 이전에 만들어진 것이기 때문이다.

한편 차원의 동차성을 이용하면, 어떤 식으로부터 계수의 차원을 알아볼 수 있다.

그 예로 Chezy의 평균유속공식을 들어본다.

$$V = C\sqrt{R_h S}$$

위 식에서 Chezy의 유속계수 C의 차원은

$$[\mathrm{C}] = \frac{[\mathrm{V}]}{[\mathrm{R_h^{1/2} S^{1/2}}]} = \frac{[\mathrm{LT^{-1}}]}{[\mathrm{L^{1/2}}]} = [\mathrm{L^{1/2}T^{-1}}]$$

과 같이 된다.

8.1.2 Rayleigh 방법

차원해석은 물리적 현상을 기술하는 방정식이 동차이어야 한다는 성질에 기본을 둔 것이다. 그 첫 번째 방법으로 Reyleigh 방법을 들 수 있다. 예를 들면 어떤 자연현상에 n개의 변수 A_1, A_2, …… A_n이 관계한다면 이 변수들 간에는 다음과 같은 함수관계가 있다고 가정한다.

$$A_n = f\left(A_1, A_2, \cdots\cdots A_{n-1}\right) \tag{8.1}$$

여기서 f는 임의의 함수이다. 또 상기 식 (8.1)을 변수의 지수승의 곱으로 표시할 수 있다고 가정하면 다음과 같은 식을 얻는다.

$$A_n = k A_2^{a_1}, A_2^{a_2}, \cdots\cdots A_{n-1}^{a_{n-1}} \tag{8.2}$$

위 식에 변수 A_1, A_2, …… A_{n-1}에 해당하는 차원을 대입하고, A_n의 차원과 우변의 차원을 비교함으로써, 변수들 간의 함수관계를 추정한다. 이러한 차원해석법을 Reyleigh 방법이라 한다.

여기서 간단한 예를 하나 들어본다. 터어빈에서 발생하는 동력 P가 터어빈을 통과하는 물의 유량 Q, 물의 단위중량 γ 및 유효낙차 H_e만이 관계가 있다고 가정하면 식 (8.1)로부터 다음과 같은 함수식을 쓸 수 있다.

$$P = f\left(Q, \gamma, H_e\right) \tag{8.3}$$

상기 식을 다시 지수승의 곱으로 표시하면 다음과 같은 형태를 취한다.

$$P = kQ^a \gamma^b H_e^c \tag{8.4}$$

여기서 k는 무차원상수로서, 차원해석 방법으로는 구할 수 없다. 식 (8.4)에 P, Q, γ 및 H_e의 차원을 대입하면

$$\left[\mathrm{ML^2T^{-3}}\right] = \left[\mathrm{L^3T^{-1}}\right]^a \left[\mathrm{ML^{-2}T^{-2}}\right]^b \left[\mathrm{L}\right]^c \tag{8.5}$$

가 되고, 지수법칙을 적용하면

$$[\mathrm{M}][\mathrm{L}]^2[\mathrm{T}]^{-3} = [\mathrm{M}]^b[\mathrm{L}]^{3a-2b+c}[\mathrm{T}]^{-a-2b}$$

와 같이 고쳐 쓸 수 있다. 이 식이 차원적으로 동차이기 위해서는 지수 a, b, c는 다음 연립방정식을 만족하여야 한다.

$$M : b = 1$$

$$L : 3a - 2b + c = 2$$

$$T : -a - 2b = -3$$

상기 식을 a, b, c에 대해서 풀면 $a = 1$, $b = 1$, $c = 1$이 되어 이 값들을 식 (8.4)에 대입하면 다음 식을 얻는다.

$$P = kQ\gamma H_e \tag{8.6}$$

여기서 무차원상수 k는 해석적인 방법 또는 P, Q, γ 및 H_e에 대한 실험 결과로부터 결정한다. 일반적으로 Reyleigh 방법은 변수가 많은 경우에는 해석 절차가 복잡하고, 또 지수의 연립방정식의 개수보다 미지 값인 지수의 개수가 많아져서 함수 형태를 결정하기가 어렵게 된다. 이러한 경우는 다음에 설명하는 Backingham의 π정리를 이용한다.

예제 8.1 Rayleigh 방법에 의한 차원해석

일정한 유속으로 흐르고 있는 유체 내에 잠겨있는 물체의 항력 F_D를 생각한다. 이 때 물체의 항력에 관계되는 물리변수로는 유체의 밀도 ρ, 유속 V, 동점성 계수 ν, 물체의 흐름 방향으로의 투영면적 A를 들 수 있다. 항력 F_D의 함수 관계를 구하라.

풀이

항력 F_D를 각 물리 변수의 지수승의 곱으로 표시하면 다음과 같이 된다.

$$F_D = k\rho^a A^b V^c \nu^d$$

이 식의 양변의 차원이 같아야 하므로(차원의 동차성)

$$\left[\mathrm{MLT^{-2}}\right] = \left[\mathrm{ML^{-3}}\right]^a \left[\mathrm{L^2}\right]^b \left[\mathrm{LT^{-1}}\right]^c \left[\mathrm{L^2T^{-1}}\right]^d$$

$$M : a = 1$$

$$L : -3a + 2b + c + 2d = 1$$

$$T : -c - d = -2$$

여기서 미지수는 4개이고 방정식은 3개이므로 완전히 풀 수 없다. 따라서 a, b, c를 d로 표시하면

$$a = 1$$

$$b = 1 - \frac{d}{2}$$

$$c = 2 - d$$

이것을 위 식에 대입하면

$$F_D = k\rho A^{1-\frac{b}{2}} V^{2-d} \nu^d$$

$$= k\rho A V^2 \left(\frac{\nu}{\sqrt{A}V} \right)^d$$

여기서 $\sqrt{A} = L$(특성거리)로 놓을 수 있으므로 $\frac{\nu}{\sqrt{A}V}$는 레이놀즈 수의 역수가 되어 다음과 같이 쓸 수 있다.

$$F_D = f(\text{Re})\rho A V^2$$

상기 식을 변형하면

$$F_D = f'(\text{Re}) A \frac{\rho V^2}{2}$$

$$= C_D A \frac{\rho V^2}{2}$$

으로 되어, 유체 중에 있는 물체에 작용하는 항력에 관한 식을 얻을 수 있고, 항력계수 C_D는 물체의 형상과 레이놀즈의 함수임을 알 수 있다.

8.1.3 Buckingham의 π 정리

어떤 물리 현상에 관여하는 n개의 물리량(변수) A_1, A_2, ... A_n이 주어지면, 이들 변수들 사이에는 다음과 같은 함수 관계가 존재한다.

$$f(A_1, A_2, \cdots\cdots A_n) = 0 \tag{8.7a}$$

A_1을 종속변수로 하면 상기 식을 다음 식으로 표현할 수도 있다.

$$A_1 = f'(A_2, A_3, \cdots\cdots A_n) \tag{8.7b}$$

π_1, π_2, π_3, $\cdots$, π_{n-m}을 변수 A_1, A_2, $\cdots$, A_n으로부터 얻어지는 독립된 무차원변수군이라 하면 차원변수 A_1, A_2, $\cdots$, A_n에 대한 함수 관계식 (8.7)은 π_1, π_2, π_3,$\cdots$, π_{n-m}을 이용하여 다음과 같이 표시할 수 있다.

$$f_1(\pi_1, \pi_2, \pi_3, \cdots\cdots \pi_{n-m}) = 0 \tag{8.8}$$

혹은

$$\pi_1 = f_2(\pi_2, \pi_3, \cdots\cdots \pi_{n-m}) = 0 \tag{8.9}$$

위에서 m의 크기는 물리변수 A_1, A_2, A_3, $\cdots$, A_n에 포함된 기본차원의 개수와 같다. 일반적으로 수리학에서 다루는 대부분의 문제에서 나타나는 변수들은 MLT 혹은 FLT등 3개의 기본 차원을 가지면 충분히 표현이 가능하므로 $m=3$으로 취하는 것이 일반적이다. 예를 들어 관여하는 변수의 총수가 $n=5$개라 하면 무차원변수 π는 2개가 되는 셈이다.

이 때 무차원변수 π을 결정하기 위해서는 반복변수가 선정되어야 한다. 반복변수는

1. m개의 기본 차원을 포함해야 하고, 그 개수는 m개이어야 한다.
2. 반복 변수들은 서로 차원이 달라야 한다.
3. 종속변수는 반복 변수로 취해서는 안 된다.

는 조건을 만족시켜야 한다. 반복 변수를 선정하는 데 있어서 특별한 법칙이 있는 것은 아니지만, 크기를 대표할 수 있는 대표길이, 운동학적 조건을 나타내는 양, 질량 혹은 힘에 관계되는 양을 택한다. 반복 변수가 결정되면 구하고자 하는 무차원변수 π는 이들 m개의 반복 변수의 지수승에 나머지 변수들을 1개씩 추가한 것의 결합으로 표시된다. 여기서 추가되는 변수의 지수에는 0이 아닌 적절한 값을 줄 수 있다. 이와 같이 하여 구한 π는 각각 독립적인 무차원변수가 된다.

이제 간단한 예로서 5개의 변수가 관여하는 물리현상을 생각한다.

$$f(A_1, A_2, A_3, A_4, A_5) = 0$$

기본 차원을 MLT로 하면 $m=3$이 되고, $n-m=2$가 되어 반복변수는 3개, 무차원변수 π는 π_1, π_2의 2개가 된다. 이제 반복변수를 A_1, A_2, A_3라 하면 2개의 π는 이들 3개 변수의 지수승의 곱에 추가로 곱해져야 한다. 즉 π의 구성은 다음과 같다.

$$\pi_1 = A_1^{a_1} A_2^{b_1} A_3^{c_1} A_4$$

$$\pi_2 = A_1^{a_2} A_2^{b_2} A_3^{c_2} A_5$$

여기서 추가된 변수 A_4, A_5의 지수는 임의로 1을 주었다. 앞서 배운 차원의

동차성을 이용하면 지수 a_i, b_i, $c_i(i=1, 2)$ 등을 결정할 수 있다.

Buckingham의 π 정리를 이용하여 무차변수 π을 결정하는 절차를 단계별로 설명한다. 이해를 돕기 위해서 아래와 같은 실제 문제를 하나 선정한다.

예) 관경 d인 원관에 비압축성 점성 유체가 흐를 때, 점성에 의한 압력강하 (또는 에너지 손실) 문제

1. 물리 현상에 부합되는 n개의 변수를 선정한다. 만일 이 단계에서 중요 변수가 누락되면 차원해석을 완벽하게 이룰 수가 없다.

   물리 변수 : 압력강하 Δp, 밀도 ρ, 점성계수 μ, 속도 V, 관의 길이 l, 관경 d, 관벽의 조도 e

2. 함수 관계식을 세운다.

$$f\left(\Delta p, \rho, \mu, V, l, d, e\right)=0$$

   또는

$$\Delta p = f_1\left(\rho, \mu, V, l, d, e\right)$$

3. 각 변수에 대한 차원 일람표를 MLT 또는 FLT에 따라 작성한다. 아래와 같이 각 차원의 지수로 표시되는 매트릭스 형태로 나타내면 편리하다.

   $n=7$이고 기본차원 MLT를 포함하므로 $m=3$이다.

$$\begin{array}{c} \\ M \\ L \\ T \end{array}\begin{array}{c} \begin{array}{ccccccc} \Delta p & \rho & \mu & V & l & d & e \end{array} \\ \begin{bmatrix} 1 & 1 & 1 & 0 & 1 & 1 & 1 \\ -1 & -3 & -1 & 1 & 0 & 0 & 0 \\ -2 & 0 & -1 & -1 & 0 & 0 & 0 \end{bmatrix} \end{array}$$

4. 상기 변수들로부터 반복변수(repeating parameters)를 선택한다. 반복변수의 개수는 기본 차원 수(m)와 동일하고, 모든 기본 차원을 포함하여야 한다. 종속변수는 반복변수가 될 수 없으며, 반복변수는

서로 독립적이어야 한다. 상기 문제에서 반복변수를 ρ, V, d로 선정한다.

5. 반복변수의 지수승의 곱에 나머지 변수를 1개씩 차례로 결합시켜 n-m의 무차원변수 π_1, π_2, ⋯ π_{n-m}을 구성한다.

$$\pi_1 = \rho^{a_1} V^{b_1} d^{c_1} \Delta p$$

$$\pi_2 = \rho^{a_2} V^{b_2} d^{c_2} \mu$$

$$\pi_3 = \rho^{a_3} V^{b_3} d^{c_3} l$$

$$\pi_4 = \rho^{a_4} V^{b_4} d^{c_4} e$$

6. 위에서 얻은 무차원변수 각각에 대해서 우변 각 변수에 대응하는 차원을 대입하여 차원 방정식을 만든다. 이렇게 형성된 차원 방정식에 차원의 동차성을 적용하여, 지수 방정식을 수립한다. 마지막으로 연립방정식을 풀어 지수를 결정한 다음, 단계 5에 대입하여 π_1, π_2, ⋯ π_{n-m}을 얻는다.

   우선 π_1에 대해서 생각한다.

$$\pi_1 = \left[\mathrm{ML^{-3}}\right]^{a_1} \left[\mathrm{LT^{-1}}\right]^{b_1} [\mathrm{L}]^{c_1} \left[\mathrm{ML^{-1}T^{-2}}\right]^{c} = \left[\mathrm{M^0L^0T^0}\right]$$

지수에 대한 등식을 만들면 다음과 같다.

$$\mathrm{M}: a_1 + 1 = 0$$

$$\mathrm{L}: -3a_1 + b_1 + c_1 - 1 = 0$$

$$\mathrm{T}: -b_1 - 2 = 0$$

상기 식으로부터 지수값이 결정된다.

$$a_1 = -1,\ b_1 = -2,\ c_1 = 0$$

이것을 단계 (5)의 π_1에 대입하면

$$\pi_1 = \rho^{-1} V^{-2} d^{0} \Delta p = \frac{\Delta p}{\rho V^2}$$

π_2에 대해서는

$$\pi_2 = \left[\mathrm{ML^{-3}}\right]^{a_2}\left[\mathrm{LT^{-1}}\right]^{b_2}\left[\mathrm{L}\right]^{c_2}\left[\mathrm{ML^{-1}T^{-1}}\right]$$

이 되고 지수에 대한 등식은

$$M : a_2 + 1 = 0$$
$$L : -3a_2 + 2b_2 + c_2 - 1 = 0$$
$$T : -b_2 - 1 = 0$$

이 되어 a_2, b_2, c_2는 다음과 같이 확정된다.

$$a_2 = -1,\ b_2 = -1,\ c = -1$$

이것을 단계 (5)의 π_2에 대입하면 무차원변수를 구할 수 있다.

$$\pi_2 = \rho^{-1}V^{-1}d^{-1}\mu = \frac{\mu}{\rho V d}$$

마찬가지 방법으로 π_3, π_4도 구하면

$$\pi_3 = \frac{l}{d}$$
$$\pi_4 = \frac{e}{d}$$

와 같이 구해진다.

7. 무차원변수 π_1, π_2, $\cdots$, $\pi_{n\ \ m}$에 대한 함수 관계를 수립한다.

$$F_1(\pi_1, \pi_2, \pi_3, \pi_4) = 0$$

즉,

$$F\left(\frac{\Delta p}{\rho V^2}, \frac{\mu}{\rho V d}, \frac{l}{d}, \frac{e}{d}\right) = 0$$

이것은 다음과 같이 종속변수로서 표시할 수도 있다.

$$\frac{\Delta p}{\rho V^2} = F'\left(\frac{\mu}{\rho V d}, \frac{l}{d}, \frac{e}{d}\right)$$

8. 필요하면 분자 분모를 바꾸거나, 무차원변수를 인수로 분해하여 함수의 형태를 바꿀 수도 있다. 그러나 함수의 무차원변수의 개수는 동일하여야 한다.

   상기 식을 l/d을 인수로 분해하고, $\frac{\mu}{\rho V d}$를 $\frac{\rho V d}{\mu}$로 바꾸어 쓰면

$$\Delta p = F''\left(\frac{\rho V d}{\mu}, \frac{e}{d}\right)\frac{l}{d}\frac{\rho V^2}{2}$$

   상기 식에 $\Delta p = \gamma h_L$의 관계를 이용하면 다음과 같이 쓸 수 있다.

$$h_L = \frac{\Delta p}{\gamma} = F'''\left(\frac{\rho V d}{\mu}, \frac{e}{d}\right)\frac{l}{d}\frac{V^2}{2g}$$

   상기 식이 Darcy-Weisbach의 마찰 손실공식이다. 여기서 h_L은 마찰에 의한 손실수두이고, $F'''\left(\frac{\rho V d}{\mu}, \frac{e}{d}\right)$는 마찰계수에 해당하는데 레이놀즈 수와 상대 조도의 함수인 것을 알 수 있다. F''' 함수 형태는 실험에 의해 결정된다.

예제 8.2 Buckingham의 π정리

그림 E8.2와 같은 삼각웨어(V−notch)로 유량을 측정하려 한다. 유량 Q, 접근수로에서 측정한 수면으로부터 삼각웨어 꼭지점까지의 거리를 H, 접근유속을 V라 할 때, π 정리를 이용하여 유량 Q를 나타내는 식을 유도하여라.

단, 삼각웨어의 각은 ϕ이다.

풀이

(a) 물리 현상에 부합되는 변수의 선정

웨어의 흐름은 자유표면을 갖는 흐름으로서 중력의 영향을 직접 받으므로 다음과 같은 변수를 생각할 수 있다.

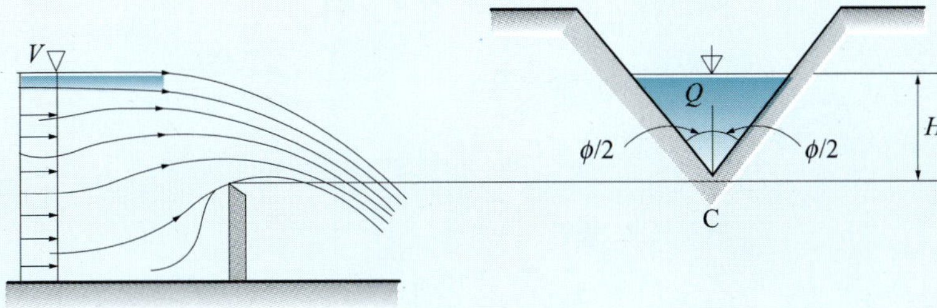

그림 E8.2

$Q,\ H,\ g,\ V,\ \phi$

(b) 함수관계식 수립

$$f(Q,\ H,\ g,\ V,\ \phi)=0$$

또는

$$Q=f'(H,\ g,\ V,\ \phi)$$

(c) 각 변수에 대한 차원 일람표 작성

$$\begin{array}{c} \\ M \\ L \\ T \end{array}\begin{array}{c} \begin{matrix} Q & H & g & V & \phi \end{matrix} \\ \begin{bmatrix} 0 & 0 & 0 & 0 & 0 \\ 3 & 1 & 1 & 1 & 0 \\ -1 & 0 & -2 & -1 & 0 \end{bmatrix} \end{array}$$

(d) 반복변수의 선정
변수의 개수 $n=5$, 변수에 포함되는 기본차원의 수 $m=2(L, T)$이므로, 반복변수는 2개이고, 무차원수의 개수는 $n-m=3$이다. 여기서 반복변수를 H와 g로 택한다.

(e) 무차원변수 π_1, π_2, π_3의 구성
ϕ는 명백히 무차원수이므로

$$\pi_1=\phi$$

$$\pi_2=H^{a_1}g^{b_1}Q$$

$$\pi_3=H^{a_2}g^{b_2}V$$

(f) 차원 방정식을 수립하고, 지수의 연립방정식을 풀어서 무차원수 π_1, π_2, π_3을 결정

$$\pi_2=\left[L^0T^0\right]=\left[L\right]^{a_1}\left[LT^{-2}\right]^{b_1}\left[L^3T^{-1}\right]$$

지수방정식은 다음과 같이 된다.

$$a_1 + b_1 + 3 = 0$$

$$-2b_1 - 1 = 0$$

연립으로 풀면

$$a_1 = -\frac{5}{2}, \quad b_1 = -\frac{1}{2}$$

이것을 단계 (e)의 π_2에 대입하면 다음과 같은 무차원수를 얻는다.

$$\pi_2 = \frac{Q}{\sqrt{g}H^{\frac{5}{2}}}$$

마찬가지 방법으로 π_3를 구하면 다음과 같다.

$$\pi_3 = \frac{V}{\sqrt{gH}}$$

(g) 무차원수 사이의 함수 관계

$$F\left(\frac{Q}{\sqrt{g}H^{\frac{5}{2}}}, \frac{V}{\sqrt{gH}}, \phi\right) = 0$$

종속변수 Q에 관해서 표시하면

$$Q = F'\left(\frac{V}{\sqrt{gH}}, \phi\right)\sqrt{g}H^{\frac{5}{2}}$$

(h) 상기 식에서 함수형 F'은 간단한 이론이나, 실험에 의하여 결정한다. 이론해석에 의하면 삼각웨어에 대한 유량 공식은

$$Q = \frac{8}{15}C\sqrt{2g}\tan\frac{\phi}{2}H^{\frac{5}{2}}$$

이 되는데, 여기서 C는 유량계수로서 Strickland에 의하면 다음과 같은 실험식으로 표현된다.

$$C = 0.565 + \frac{0.0087}{\sqrt{H}}$$

8.2 수리학에서 중요한 무차원수

수리학 및 유체역학에서 나타나는 몇 가지 무차원수에 대하여 알아보자. 이들 무차원수는 이 무차원수를 처음으로 사용한 과학자나 기술자의 이름을 따라 붙이고 있다. 이러한 무차원수의 물리적 의미를 이해하는 것은 모형실험에 의해 자연현상을 재현하는 데 있어서 중요하다. 이들 무차원수는 흐름장을 다룰 때 접하게 되는 여러 가지 힘들 즉, 점성력, 중력, 압력, 표면장력, 압축성 및 탄성력에 의한 힘에 대한 관성력의 비로서 나타낸다.

8.2.1 Reynolds 수

레이놀즈는 관 내 흐름의 연구에서 층류로부터 난류로의 천이 기준을 판단하는 기준으로서 다음과 같이 무차원수를 제시하였다.

$$\mathrm{Re} = \frac{\rho V d}{\mu} = \frac{V d}{\nu} \tag{8.10}$$

레이놀즈 수는 관수로 흐름뿐만 아니라 기타 흐름장에 있어서도 중요 매개 변수인 것이 밝혀져, 관경 d 대신 흐름장의 특성 거리(characteristic length) L을 이용해 다음과 같이 일반형으로 쓰고 있다.

$$\mathrm{Re} = \frac{VL}{\nu} \tag{8.11}$$

레이놀즈 수의 물리적 의미를 알아보기 위해 분자 분모에 적절한 변수를 곱하고 나누어 다음과 같이 표현한다.

$$\mathrm{Re} = \frac{\rho V^2 L^2}{(\mu V/L) L^2} \tag{8.12}$$

상기 식에서

$$\rho V^2 L^2 \propto ma: \quad \text{관성력}$$

$$\mu\left(\frac{V}{L}\right) L^2 \propto \mu \frac{du}{dy} A: \quad \text{점성력}$$

이므로 레이놀즈 수는 점성력에 대한 관성력의 비를 의미하는 것을 알 수 있다. 레이놀즈 수에 대해서는 제7장에 자세히 설명되어 있다.

8.2.2 Froude 수

영국의 Froude는 자유표면(free surface)의 영향을 받는 흐름에 대해서 다음과 같은 변수를 찾아냈다.

$$F_r = \frac{V}{\sqrt{gL}} \tag{8.13}$$

상기 식을 제곱하고 식 (8.12)를 구할 때와 마찬가지 방법으로 변형하면 다음과 같이 변형된다.

$$F_r^2 = \frac{V^2}{gL} = \frac{\rho V^2 L^2}{\rho g L^3}$$

여기서

$\rho V^2 L^2 \propto ma$: 관성력

$\rho g L^3 \propto mg$: 중력

이므로, Froude 수는 중력에 대한 관성력의 비를 의미한다. $F_r > 1$인 경우를 사류(射流, supercritical flow), $F_r < 1$인 경우를 상류(常流, subcritical flow)로 부르는 것은 4장에서 이미 설명한 바 있다.

8.2.3 Weber수

Weber는 표면장력에 대한 관성력의 비를 나타내는 무차원수로서 다음 식을 제시하였다.

$$W_e = \frac{\rho V^2 L}{\sigma} \tag{8.14}$$

여기서 σ는 표면장력을 나타낸다.

그 밖의 무차원수로서는 다음 식과 같은 관성력에 대한 탄성력의 비를

나타내는 Cauchy수가 있다.

$$\left(C = \frac{V^2}{K/\rho} \right)$$

그리고 압력에 관한 자료를 무차원화시킨 다음 식과 같은 Euler수도 있다.

$$\left(E_u = \frac{\Delta p}{\frac{1}{2}\rho V^2} \right)$$

위에서 K는 유체의 탄성계수, Δp는 압력강하량을 나타낸다.

8.3 실험 자료의 상관관계

차원해석은 실험 결과를 효과적으로 처리하고 해석할 수 있게 하며 또한 실험 데이터의 상관관계를 성립하는 데 크게 도움을 준다. 이러한 측면에서 본다면 실험에 크게 의존하는 수리학 분야에서 차원이 중요한 도구가 된다는 것은 말할 여지가 없다. 그러나 차원해석은 다루고 있는 문제 또는 현상에 대한 무차원변수들 간의 함수 관계를 제공할 뿐이지 그들 간의 완전한 관계식을 제공하지는 못한다. 이들 변수간의 관계식을 얻기 위해서는 적절한 실험데이터가 필요하다. 이 절에서는 실험 결과로부터 관계식을 얻는 방법에 대해서 설명한다. 차원해석을 이용하여 시험 데이터의 상관 관계식을 도출하는 방법을 설명하기 위해 그림 8.1과 같은 확대관을 통한 유체의 흐름을 고찰해 보자.

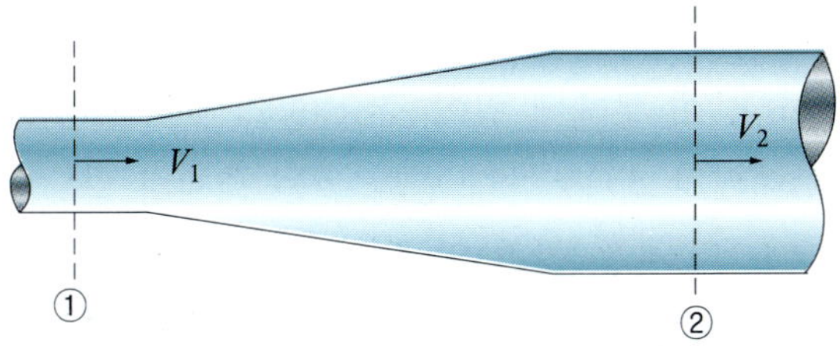

그림 8.1 확대관을 통해 흐르는 유량

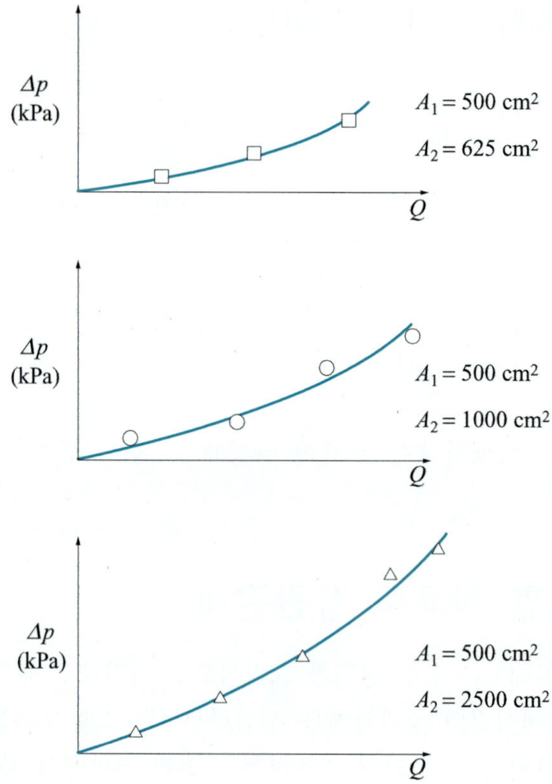

그림 8.2 실험결과

이때 흐름 속도는 감소되고 압력은 증가된다. 이때 입구 면적을 동일하게 하고 출구 면적을 달리하였을 때 유량과 그에 대응하는 압력 변화에 대한 실험을 한다. 그림 8.2는 출구 단면적을 각각 $A_2 = 625\ \text{cm}^2$, $1000\ \text{cm}^2$ 및 $2500\ \text{cm}^2$로 한 경우 실험의 결과를 도시한 것이다.

이제 상기 실험 데이터를 이용하여 다른 입·출구 단면적과 유량에 대응하는 압력 변화에 대한 식을 도출해 보자. 이를 위해 확대관을 통한 흐름에 관계되는 주요 물리 변수를 선정하고 차원해석을 통하여 무차원변수를 결정한다. 이 문제에 있어 주요 물리 변수로서 Δp, ρ, Q, A_1 및 A_2로 가정한다. 여기서 Δp는 압력 변화, ρ는 물체의 밀도, Q는 확대관을 통과한 유량이고, A_1 및 A_2는 각각 입구 및 출구의 단면적이다. 따라서 물리 변수는 다음과 같은 함수 관계를 갖는다.

$$\Delta p = f\left(Q, A_1, A_2, \rho\right)$$

Rayleigh 방법을 이용하여 상기 식을 표현하면 다음과 같이 된다.

$$\Delta p = kQ^a\, A_1^b\, A_2^c \rho^d \tag{8.15}$$

여기서 k는 상수이다. 상기 식의 각 변수에 차원을 대입하면,

$$\left[\mathrm{ML^{-1}T^{2}}\right] = \left[\mathrm{L^3T^{-1}}\right]^a \left[\mathrm{L^2}\right]^b \left[\mathrm{L^2}\right]^c \left[\mathrm{ML^{-3}}\right]^d$$

차원의 동차성을 이용하여 상기 식의 지수를 결정하면 다음과 같이 된다.

$$a = 2,\;\; b = -2 - c,\;\; d = 1$$

따라서 이 값들을 식 (8.15)에 대입하면 다음과 같이 각 물리 변수들간의 함수 관계를 나타내는 식을 얻는다.

$$\Delta p = kQ^2 A_1^{-2-c} A_2^c \rho$$

또는

$$\frac{\Delta p A_1^2}{\rho Q^2} = k\left(\frac{A_2}{A_1}\right)^c = f\left(\frac{A_2}{A_1}\right) \tag{8.16}$$

상기 식 (8.16)은 2개의 무차원변수들, 즉 $\Delta p A_1^2/\rho Q^2$과 A_2/A_1의 함수 관계를 나타내고 있는데, 이 식 만으로는 그 함수의 형태를 알 수 없다. 따라서 이 함수 관계를 정확히 하기 위해서 앞서 얻은 실험 결과를 이용한다. 실험 결과를 상기 언급한 2개의 무차원변수로 정리하여 도시한 것이 그림 8.3이다.

그림 8.3에서 알 수 있는 바와 같이 무차원변수를 사용하면 3개의 실험 결과가 1개의 곡선으로 줄어든다는 것을 알 수 있다. 또한, 이 그림을 사용하면 임의 값에 대한 압력 변화도 예측이 가능한 것을 알 수 있다. 예를 들어, 확대관의 입·출구 단면적이 주어지면 그림으로부터 이 값에 대한 종축 즉, $(\Delta p A_1^2/\rho Q^2)$의 값을 얻을 수 있고, 이로부터 주어진 유량에 대한 Δp값 또는 Δp을 초과하지 않는 한계값 Q도 구할 수 있다. 또한, 최소 자승법 또는 기타 방법을 이용하면 두 무차원변수 간의 관계식도 구할 수 있다.

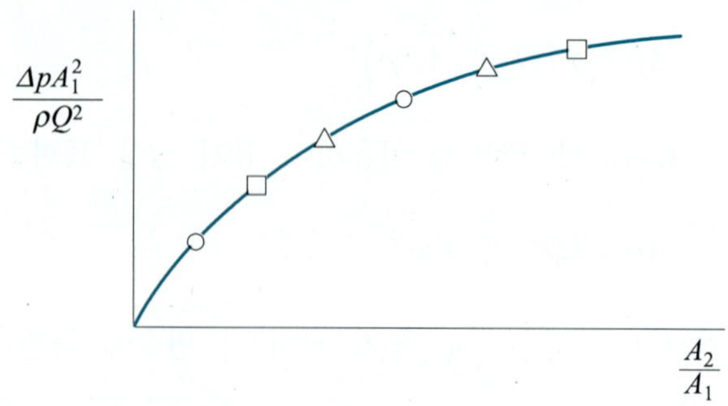

그림 8.3 실험 결과의 무차원 표시

예제 8.3 실험 데이터의 상관관계

매끈한 벽을 가진 수평원관을 따르는 단위길이당의 압력강하와, 압력강하에 영향을 주는 변수들 사이의 관계식을 결정하기 위해서, 직경이 $d = 0.0126$ m이고 길이는 1.0 m인 벽면이 매끈한 관을 이용하여 실험을 하였다. 단 사용한 유체는 15.56°C ($\mu = 1.121 \times 10^{-3}$ N · s/m^2, $\rho = 999.835$ kg/m^3)의 물이다. 속도를 변화시키며 그에 대응하는 압력 강하를 측정한 결과는 표 8.3a와 같다.

상기 결과를 이용하여 단위길이당 압력강하와 다른 변수들 사이의 일반적인 관계식을 구하라.

풀이

차원해석을 수행하기 위해, 본 실험에 앞서 위 문제에 관련되는 주요물리 변수를 선정한다. 주요 물리변수로서 단위길이당 압력강하 Δp, 관의 직경 d, 유체밀도 ρ, 유체점성계수 μ, 그리고 속도 V를 선정한다. 따라서 물리변수는 다음과 같은 함수 관계를 갖는다.

$$\Delta p = f(d, \rho, \mu, V)$$

위 식에 π정리를 적용하면 다음 식을 얻는다.

표 8.3a

속도(m/s)	0.357	0.594	0.887	1.780	3.392	5.157	7.114	8.757
압력강하(N/m^2) 1.524 m에 대하여	30.583	76.214	150.962	517.863	1607.330	3327.026	5862.6	8451.915

$$\frac{\Delta p}{\rho V^2} = f\left(\frac{\rho V d}{\mu}\right)$$

관계식의 형태를 결정하기 위하여, Reynolds 수 $\rho Vd/\mu$의 변화 값에 대응하는 $\Delta p/\rho V^2$의 값을 상기 실험데이타를 이용하여 산정한다. 그 결과를 나타낸 것이 표 E8.3b인데, 여기서 레이놀즈 수 값은 밀도, 점성계수 및 관의 직경은 동일하므로 유속의 변화 값에 대응되는 값들이다.

표 E8.3b

$\Delta p/\rho V^2$	$\rho Vd/\mu$
0.0195	4.01×10^3
0.0175	6.68×10^3
0.0155	9.97×10^3
0.0132	2.00×10^4
0.0113	3.81×10^4
0.0101	5.80×10^4
0.00939	8.00×10^4
0.00893	9.85×10^4

상기 결과로부터 알 수 있는 바와 같이 Reynolds 수가 모두 다 2100보다 크기 때문에 본 실험에서 관 내의 흐름은 난류이다.

그림 E8.3(a)는 이들 두 개의 무차원변수, π항에 대한 함수관계를 도표로 나타낸 것이다. 이 결과는 이들의 상관관계를 아주 잘 보여주고 있다. 만일 그렇지 않으면, 실험의 측정오차가 크거나 중요한 변수를 생략했기 때문이라고 생각할 수 있다. 그림 E8.3a의 곡선은 본 실험의 범위, 즉 Reynolds 수가 4.01×10^3에서 9.85×10^4 사이인 범위 내에서의 압력강하와 다른 변수들 사이의 일반적인 관계식을 나타내고 있다.

그림 E8.3(a)에서는 두 무차원변수가 곡선형(비선형)으로 나타나 있어, 이 관계식을 설명하는 데 필요한 경험식의 형태를 명확히 규정하기가 힘들기 때문에 이것을 대수지에 그린 것이 그림 E8.3(b)이다. 그림으로부터 2개의 무차원변수는 직선형태를 나타내므로 다음과 같이 표현할 수 있다.

$$\frac{\Delta p}{\rho V^2} = C\left(\frac{\rho V d}{\mu}\right)^n$$

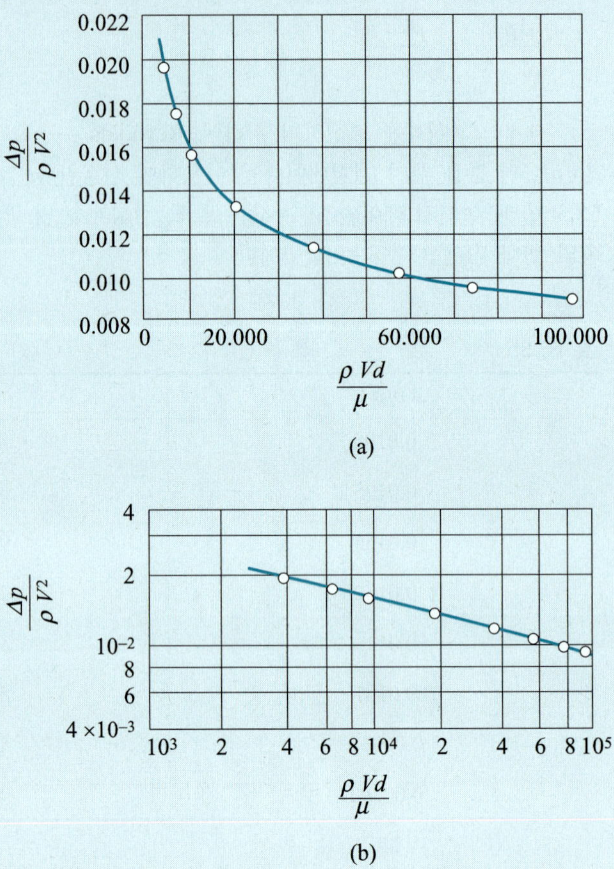

그림 E8.3

여기서 C와 n은 회귀분석(regression analysis)이나 적절한 보간기법을 이용하면 결정할 수 있는 실험 상수이다. 위 표로부터 C와 n을 결정하면 다음 식과 같은 무차원변수 간의 방정식을 얻는다.

$$\frac{\Delta p}{\rho V^2} = 11.96\left(\frac{\rho Vd}{\mu}\right)^{-0.25}$$

8.4 수리학적 상사 법칙

8.4.1 상사조건

주어진 문제를 해결하기 위해서 원형(실물)을 축소한 수리 모형을 이용하여 실험을 행하는 경우, 실험의 결과에 근거하여 원형에 있어서의 값을 예측하기 위해서는 원형과 모형 사이의 관계를 명확히 규정하는 법칙이 필요한데, 이것이 상사 법칙이다. 원형과 모형 간에 상사가 성립되기 위해서는 다음 3가지 상사 즉, 기하학적 상사(Geometric similarity), 운동학적 상사(Kinematic similarity) 및 동역학적 상사(Dynamic similarity)가 이루어져야 한다.

그림 8.4와 같은 댐을 월류하는 흐름에 대한 원형과 모형을 이용해서 이들 상사를 설명한다.

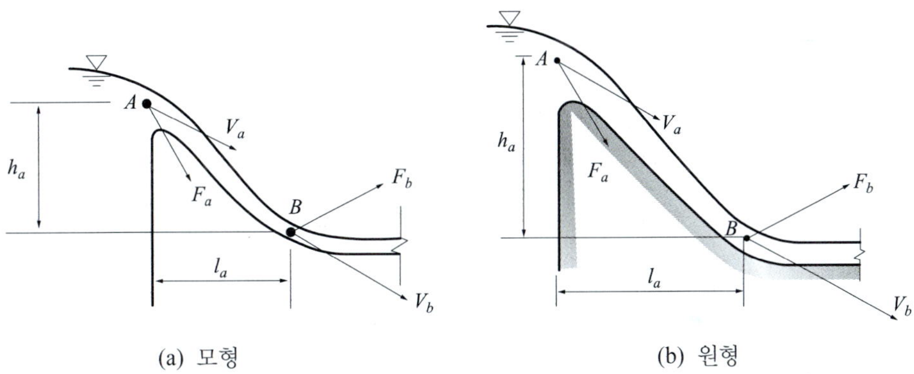

그림 8.4

(1) 기하학적 상사

이것은 형상의 상사를 의미한다. 이것은 모형과 원형사이에서 대응하는 두 점간의 길이 비가, 모든 방향으로 일정해야 하는 것을 의미한다. 예를 들어 그림에서 두 점 A, B 사이의 거리를 첨자를 붙여 모형에서 L_m, 원형에서 L_p라 하면 다음과 같이 표시할 수 있다.

$$\frac{L_m}{L_p} = L_r \tag{8.17}$$

여기서 L_r은 축척이고, r은 원형에 대한 모형의 비를 나타낸다.

면적은 길이의 제곱에 비례하므로, 면적비 A_r은

$$A_r = \frac{A_m}{A_p} = \frac{L_m^2}{L_p^2} = L_r^2 \tag{8.18}$$

로 나타나고, 마찬가지로 체적비도 다음과 같이 표시된다.

$$\frac{(Vol)_m}{(Vol)_p} = L_r^3 \tag{8.19}$$

(2) 운동학적 상사

이것은 운동에 있어서의 상사를 의미한다. 원형과 모형 사이에 대응하는 2점의 속도성분의 비가 동일해야 하고, 속도들이 동일한 방향이어야 한다는 것을 말한다.

$$\frac{(V_a)_m}{(V_a)_p} = \frac{(V_b)_m}{(V_b)_p}$$

따라서 모형과 원형간에 대응하는 두 점에서 속도비 V_r은

$$V_r = \frac{V_m}{V_p} = \frac{L_m/T_m}{L_p/T_p} = \frac{L_r}{T_r}$$

이 되는데, 운동학적 상사에서는 길이뿐만 아니라 시간도 축척을 가지므로 $T_r = T_m/T_p$도 고려해야 한다. 모형과 원형간의 가속도 비는

$$a_r = \frac{a_m}{a_p} = \frac{L_m/T_m^2}{L_p/T_p^2} = \frac{L_r}{T_r^2} \tag{8.20}$$

으로 나타난다.

위에 설명한 기하학적 상사와 다음에 설명하게 될 동역학적 상사가 성립하는 경우는, 경계조건을 상사시키면 내부의 모든 점에서 자동적으로 운동학적 상사는 성립한다. 그 때문에 이 경우에는, 운동학적 상사는 경계에서의 흐름을 상사시키는 것에 대응한다.

(3) 동역학적 상사

물이나 물체에는 여러 가지 힘이 작용하고 있는데, 기하학적 상사와 운동학적 상사가 유지되려면 원형과 모형간에 대응하는 힘의 비가 모든 종류의 힘에 대해서 동일하여야 한다. 이 상사가 동역학적 상사로 알려져 있다. 예를 들어 그림 8.1에서 점 A, B, C …에서 원형과 모형 사이에 작용하는 힘 사이에는 다음과 같은 관계가 만족되어야 한다.

$$\frac{(F_a)_m}{(F_a)_p} = \frac{(F_b)_m}{(F_b)_p} = \frac{(F_c)_m}{(F_c)_p} \cdots$$

따라서 모형과 원형 사이에 대응하는 점 또는 면에 작용하는 힘의 비는 다음과 같이 표시된다.

$$\begin{aligned} \frac{F_m}{F_p} &= \frac{M_m a_m}{M_p a_p} = \frac{\rho_m (Vol)_m a_m}{\rho_p (Vol)_p a_p} \\ &= \frac{\rho_m}{\rho_p} \frac{L_m^3}{L_p^3} \frac{L_m / T_m^2}{L_p / T_p^2} == \rho_r \cdot L_r^4 \cdot T_r^{-2} \end{aligned} \tag{8.21}$$

8.4.2 점성력에 의해 지배받는 흐름-Reynolds 상사법칙

흐름장 전반에 걸쳐 점성력이 중력에 비해서 지배적인 영향을 미치는 경우에 대해서 생각해 본다. 관수로의 흐름이나, 완전히 수중에 잠겨있는 물체 주위에 형성되는 정상류 등은 이러한 예가 될 것이다. 이러한 흐름의 모형실험에서는 모형과 원형이 기하학적으로 상사이고, 다음과 같은 역학적 상사관계를 만족할 때 수리학적으로 상사라고 말한다. 즉,

$$\left(\frac{F_I}{F_f}\right)_m = \left(\frac{F_I}{F_f}\right)_p \tag{8.22}$$

와 같이 모형과 원형간에 점성력에 대한 관성력의 비가 동일해야 하는 것을 의미한다. 여기서 F_I는 관성력, F_f는 점성에 의한 마찰력을 나타낸다. 유체의 밀도를 ρ, 흐름의 특성 길이를 L, 그리고 점성계수를 μ라 하면 $F_f \propto \mu(V/L)L^2 = \mu VL$이 되고, 관성력은 $F_I = ma \propto \rho L^3 V/T = \rho V^2 L^2$으로 표시할

수 있으므로 상기 식으로부터

$$\frac{F_I}{F_f} \propto \frac{\rho V^2 L^2}{\mu LV} = \frac{\rho VL}{\mu} = \frac{VL}{\nu} = \text{Re} \tag{8.23}$$

을 얻는데 이것은 식 (8.11)로 정의되는 레이놀즈 수를 나타내고 있다. 따라서 식 (8.23)로부터 알 수 있는 바와 같이 점성력이 지배하는 흐름에서 수리학적 상사이기 위해서는 원형과 모형간에 무차원수인 레이놀즈 수가 동일해야 하는 것을 의미하는데, 이것을 Reynolds 상사법칙이라 한다. 즉 모형과 원형간의 레이놀즈 수의 비 Re_r

$$\text{Re}_r = \frac{(\text{Re})_m}{(\text{Re})_p} = \frac{(VL/\nu)_m}{(VL/\nu)_p} = 1 \tag{8.24}$$

로 되며, 따라서 레이놀즈 상사법칙에서의 속도비 V_r은 다음과 같이 된다.

$$V_r = \nu_r L_r^{-1} \tag{8.25}$$

또 상기 식을 이용하면 시간 축척에 대한 관계식도 얻을 수 있다.

$$T_r = \frac{L_r}{V_r} = \nu_r^{-1} L_r^2 \tag{8.26}$$

모형과 원형 사이의 유량비에 대해서 생각해 보자.

$$\begin{aligned} Q_r &= \frac{(AV)_m}{(AV)_p} = A_r V_r = L_r^2 \nu_r L^{-1} \\ &= \nu_r L_r \end{aligned} \tag{8.27}$$

상기 식 (8.25)와 (8.26)의 관계를 이용하면 이 외에도 모형과 원형사이의 힘, 압력강도 및 전단력의 비도 구할 수 있다. 상기 식들에서 나타나는 동점성계수비, $\nu_r = \nu_m / \nu_p$는 원형과 동일한 조건의 유체를 사용하였다면 $\nu_r = 1$이 된다.

예제 8.4 레이놀즈 상사

동점성계수가 $\nu_p = 10.5\times10^{-6}$ m^2/sec인 기름이 직경 $d_p = 90$ cm인 관속을 $Q_p = 1.6$ m^3/sec의 유량으로 흐르고 있다. 이것을 직경 $d_m = 5$ cm의 관에 물을 이용하여 모형 실험하고자 할 때 모형에서의 물의 유속은 얼마인가? 물의 동점성계수는 $\nu = 1.01 \times 10^{-6}$ m^2/sec이다.

풀이

유체가 원형관에 흐르는 경우는 점성의 영향이 지배적이므로 모형관과 원형관 사이에 레이놀즈 수가 동일해야 한다.

$$\frac{V_p d_p}{\nu_p} = \frac{V_m d_m}{\nu_m} \quad ①$$

여기서

$$\nu_m = 1.01\times10^{-6}\,\mathrm{m}^2/\mathrm{sec},\ \ d_m = 5\ \mathrm{cm}$$

$$\nu_p = 10.5\times10^{-6}\,\mathrm{m}^2/\mathrm{sec},\ \ d_p = 90\ \mathrm{cm}$$

이고, 원형의 유속은 $V_p = Q_p/A_p$의 관계로부터 다음과 같이 계산된다.

$$V_p = \frac{1.6}{\left(\frac{\pi}{4}\times0.9^2\right)} = 2.52\ \mathrm{m/sec}$$

상기 관계를 식 ①에 대입하면

$$V_m = \frac{d_p}{d_m}\frac{\nu_m}{\nu_p}V_p = \frac{90}{5}\times\frac{1.01\times10^{-6}}{10.5\times10^{-6}}\times2.5$$

$$= 4.33\mathrm{m/sec}$$

예제 8.5 레이놀즈 상사와 오일러 상사를 동시에 고려하는 경우

상기 예제 8.3에서와 동일한 조건에서 모형관에서의 압력차가 10 kPa이었다면, 원형에서는 얼마의 압력차가 발생하는가(단, 모형과 원형간의 밀도비는 $\rho_m/\rho_p = 0.9$)?

풀이

이 경우는 압력에 관계하므로 모형과 원형간의 레이놀즈 수뿐만 아니라 오일러수도 동일해야 한다.

$$\frac{\Delta p_p}{\frac{1}{2}\rho_p V_p^2} = \frac{\Delta p_m}{\frac{1}{2}\rho_m V_m^2}$$

따라서 원형에서의 압력차는

$$\begin{aligned}\Delta p_p &= \frac{\rho_p}{\rho_m}\left(\frac{V_p}{V_m}\right)^2 \times \Delta p_m \\ &= \frac{1}{0.9}\times\left(\frac{2.52}{4.33}\right)^2 \times 10\ \text{kPa} \\ &= 3.76\ \text{kPa}\end{aligned}$$

8.4.3 중력이 지배하는 흐름-Froude 상사법칙

중력의 영향이 탁월한 흐름장인 경우의 예를 생각해 보자. 예를 들면 댐위를 월류하는 흐름의 경우 물의 압축성은 거의 없고, 표면장력 또한 모형이 아주 작지 않는 한 무시할 수 있다. 따라서 이 경우 흐름은 명백히 중력이 지배적이 된다. 파랑이나 조류 등의 파동 현상이나 개수로 흐름 등 자유표면을 갖는 흐름이 대부분 이러한 흐름의 예가 될 것이다. 이 경우도 모형과 원형간에 수리학적으로 상사이기 위해서는 기하학적으로 상사이고, 다음과 같이 역학적 상사관계를 만족해야 한다.

$$\left(\frac{F_I}{F_g}\right)_m = \left(\frac{F_I}{F_g}\right)_p \tag{8.28}$$

여기서 F_g는 중력이다. 즉 중력에 대한 관성력의 비가 동일해야 한다. 이때 $F_I \propto \rho V^2 L^2$이고, $F_g = mg \propto \rho L^3 g$로 표시되므로 다음 식을 얻는다.

$$\frac{F_I}{F_g} = F_r^2 = \frac{V^2}{gL}$$

상기 식의 양변에 제곱근을 취하면

$$F_r = \frac{V}{\sqrt{gL}} \tag{8.29}$$

가 되는데, 이것은 다름 아닌 식 (8.13)으로 표시되는 Froude 수이다. 따라서 중력이 흐름을 지배하는 흐름의 경우에는 원형과 모형간에 Froude 수가 동일해야 수리학적 상사를 이루는 것을 식 (8.29)로 부터 알 수 있다. 이것을 Froude 상사법칙이라 말한다. 위 관계로부터 모형과 원형간의 Froude 수를 같게 놓으면

$$\frac{(F_r)_m}{(F_g)_p} = \frac{\left(V/\sqrt{gL}\right)_m}{\left(V/\sqrt{gL}\right)_p} = 1 \tag{8.30}$$

이 되는데, 중력 g는 모형과 원형간에 서로 동일하므로 윗식을 정리하면 속도비 V_r은 다음과 같이 표시할 수 있다.

$$V_r = \frac{V_m}{V_p} = \sqrt{\frac{L_m}{L_p}} = L_r^{\frac{1}{2}} \tag{8.31}$$

시간 축척에 대해서도

$$T_r = \frac{L_r}{V_r} = L_r^{\frac{1}{2}} \tag{8.32}$$

로 나타낼 수 있다. 또 모형과 원형사이의 유량비 Q_r은

$$Q_r = A_r V_r = L_r^2 L_r^{\frac{1}{2}} = L_r^{\frac{5}{2}} \tag{8.33}$$

로 표시할 수 있다. 이 이외에도 식 (8.31)과 (8.32)를 이용하면 힘, 압력강도 및 전단력의 비도 마찬가지로 구할 수 있다.

예제 8.6 Froude 상사

1 : 20의 축척에 의한 모형실험에서 교각의 전방에 생기는 수위변동을 측정하였다. 모형실험에 이용한 수로의 유속이 $V_m = 0.5$ m/s일 때 수위변동이 2 cm이었다면, 원형에 있어서의 유속과 수위 변동은 각각 얼마인가?

풀이

이러한 경우의 흐름은 중력의 영향이 지배적이기 때문에 모형과 원형간에 Froude 수가 동일해야 한다.

$$\frac{V_p}{\sqrt{g_p L_p}} = \frac{V_m}{\sqrt{g_m L_m}}$$

중력가속도 g는 원형과 모형에서 같으므로 상기 식은 다음과 같이 된다.

$$\frac{V_p}{\sqrt{L_p}} = \frac{V_m}{\sqrt{L_m}}$$

$L_r = L_m / L_p = 1/20$이므로

$$V_p = \frac{V_m \sqrt{L_p}}{\sqrt{L_m}} = 0.5 \times \sqrt{20} = 2.24 \text{ m/sec}$$

또 수위변동은

$$L_p = L_m \times \left(\frac{V_p}{V_m}\right)^2 = 2 \text{ cm} \times \left(\frac{2.24}{0.5}\right)^2 = 40 \text{ cm}$$

예제 8.7 Froude 상사

모형 댐(Dam)의 여수로(spillway) 상의 한 점에서의 속도가 1 m/sec이었다. 축척비가 1 : 5이었다면 상사법칙이 성립하려면 원형의 대응점에서의 속도는 얼마인가?

풀이

자유표면을 갖는 흐름이므로 흐름을 지배하는 인자는 중력이다. 따라서 Froude 상사법칙이 성립되어야 한다.

$$\frac{V_p}{\sqrt{g_p L_p}} = \frac{V_m}{\sqrt{g_m L_m}}$$

모형과 원형에서의 중력가속도는 동일하므로 $g_p = g_m$이다. 따라서,

$$V_p = V_m \sqrt{\frac{L_p}{L_m}} = 1 \text{ m/sec} \times \sqrt{5} = 2.24 \text{ m/sec}$$

8.4.4 표면장력이 흐름을 지배하는 경우-Weber 상사법칙

저수지나 대용량의 수로에서 일어나는 증발산 문제, 진폭이 아주 작은 표면파 등을 다루는 데 있어서는 표면장력이 중요한 영향인자로 작용한다. 표면장력은 일반적으로 표면장력이 작용함으로써 발생하는 면적의 변화값으로서 자유표면 에너지를 나누어 준 값으로 정의된다. 따라서 σ의 차원은 [FL^{-1}]이 된다. 이러한 경우 모형과 원형사이에 수리학적 상사를 이루기 위해서는

$$\left(\frac{F_I}{F_s}\right)_m = \left(\frac{F_I}{F_s}\right)_p \tag{8.34}$$

와 같이 역학적 상사관계, 즉 표면장력에 의한 힘에 대한 관성력의 비가 원형과 모형간에 동일해야 하는 것을 의미한다. 여기서 $F_s = \sigma L$로서 표면장력에 의한 힘을 나타낸다. 물론 이 경우도 모형과 원형이 기하학적으로 상사이어야 한다. $F_I \propto \rho V^2 L^2$, $F_s = \sigma L$이므로

$$\frac{F_I}{F_s} \propto \frac{\rho V^2 L^2}{\sigma L} = \frac{\rho V^2 L}{\sigma} \tag{8.35}$$

을 얻는데, 결국 식 (8.14)로 표시되는 무차원수, 즉 Weber수를 나타낸다. 식 (8.34), (8.35)로부터 표면장력이 지배하는 흐름에서 수리학적 상사이기 위해서는 모형과 원형간에 Weber수가 동일해야 한다는 것을 알 수 있다. 이것을 Weber상사법칙이라 한다.

모형과 원형간에 Weber수를 갖게 놓으면

$$\left(\frac{\rho V^2 L}{\sigma}\right)_m = \left(\frac{\rho V^2 L}{\sigma}\right)_p$$

이 되고 정리하면 속도비 V_r은 다음과 같이 구할 수 있다.

$$V_r = \sigma_r^{1/2} \rho_r^{-1/2} L_r^{-1/2} \tag{8.36}$$

시간 축척 T_r은 $T = L/V$로부터

$$T_r = \frac{L_r}{V_r} = \sigma_r^{-1/2} \rho_r^{1/2} L_r^{3/2} \tag{8.37}$$

로 된다. 또 유량비 Q_r에 대해서도 다음 식을 얻는다.

$$Q_r = A_r V_r = \sigma_r^{1/2} \rho_r^{-1/2} L_r^{3/2} \tag{8.38}$$

상기 식에서 원형과 모형 사이에 σ와 ρ를 동일하다고 가정하면

$$V_r = L_r^{-1/2}$$

$$T_r = L_r^{3/2}$$

등과 같이 표시할 수 있다.

예제 8.8 Froude 상사와 Weber 상사를 동시에 고려하는 경우

중력과 표면장력이 지배하는 흐름을 모형실험하고자 한다. 축적비는 얼마로 하면 좋은가?

풀이

표면장력과 중력이 지배하는 흐름이므로 다음과 같이 Froude 상사와 Weber 상사를 동시에 만족해야 한다.

$$\frac{V_p}{\sqrt{g_p L_p}} = \frac{V_m}{\sqrt{g_m L_m}} \quad ①$$

$$\left(\frac{\rho_p V_p^2 L_p}{\sigma_p}\right) = \left(\frac{\rho_m V_m^2 L_m}{\sigma_m}\right) \quad ②$$

또 식 ①로부터

$$\frac{V_m}{V_p} = \left(\frac{L_m}{L_p}\right)^{1/2} = L_r^{1/2} \quad ③$$

또 식 ②로부터

$$\frac{V_m}{V_p} = \left(\frac{\rho_p}{\rho_m}\right)^{1/2} \left(\frac{L_p}{L_m}\right)^{1/2} \left(\frac{\sigma_m}{\sigma_p}\right)^{1/2} = \rho_r^{-1/2} L_r^{-1/2} \sigma_r^{1/2} \quad ④$$

식 ③과 ④에서 우변을 같게 놓으면 축척비 L_r은 다음과 같이 된다.

$$L_r = \left(\frac{\sigma_r}{\rho_r}\right)^{1/2}$$

8.4.5 중력과 점성력이 동시에 지배하는 흐름

흐름장에 관계하는 힘들 중, 중력, 점성력 또는 표면장력이 개별적으로 현상을 지배하는 경우에는 앞에서 논한 Froude 상사법칙, Reynolds 상사법칙 및 Weber 상사법칙 등을 사용하면 된다. 그러나 실제 흐름의 경우에는 확연하게 구분할 수 없는 경우도 많다. 예를 들어 완만한 경사를 갖는 개수로 흐름에서는 중력이 흐름을 지배하는 것은 물론이지만 동시에 마찰력도 흐름에 큰 영향을 주기 때문이다. 이러한 경우는 다음과 같이 모형과 원형간에 Froude 상사법칙과 Reynolds 상사법칙이 동시에 만족되어야 한다. 따라서 레이놀즈 수의 비와 Froude 수의 비를 같게 놓으면 다음 식과 같이 된다.

$$\frac{V_r L_r}{\nu_r} = \frac{V_r}{g_r^{1/2} L_r^{1/2}} \tag{8.39}$$

여기서 $g_r = 1$이라 놓고 정리하면 다음 식을 얻는다.

$$\nu_r = L_r^{3/2} \tag{8.40}$$

식 (8.40)은 점성비와 축척과의 관계를 나타내는 식이다. 만일 모형에서 원형과 동일한 유체를 사용한다면 $\nu_r = 1$이 되고 따라서 $L_r = 1$이 된다. 이것은 원형과 동일한 크기의 모형을 의미한다. 그러나 원형이 매우 큰 경우는 L_r이 1보다 훨씬 작아야 하므로 상사조건을 만족하기 위해서는 식 (8.40)을 만족하는 유체를 찾아야 한다. 그러나 그러한 유체를 찾는다는 것은 거의 불가능한 일이다. 왜냐하면 일반적으로 $L_r^{3/2} \ll 1$이기 때문에 이를 만족하는 유체의 점성계수는 너무도 작기 때문이다. 예를 들어 $L_r = 1/5$ 정도라 하더라도 $\nu_r = 0.089$가 되어 모형유체의 점성은 원형 유체의 점성의 약 1/11배 정도밖에 되지 않는다.

이러한 문제점은 유체의 점성에 의한 마찰력을 고려하는 경험공식(예를 들어 Manning의 평균유속 공식)에 기초해서 상사법칙을 수립해서 해결해야 한다. 이것은 결국 다음 8.4.6절에서 설명하는 왜곡 모형의 개념과도 부합되므로 상세한 것은 왜곡 축척을 설명하면서 하기로 한다.

예제 8.9 Froude 상사와 레이놀즈 상사를 동시에 고려하는 경우

길이가 100 m인 배가 5 m/sec의 속도로 항해한다. 이 배를 설계하기 위해 1 : 20의 모형배로 실험을 행하고자 한다. 모형배의 속도와 모형 실험에 사용할 유체의 동점성계수를 구하라. 단, 바닷물의 동점성계수는 $9.85 \times 10^{-7} m^2/sec$이다.

풀이

배가 바다에서 항해할 때 작용하는 힘은 점성마찰에 의한 표면저항력과 중력에 의해 발생하는 파고항력이다. 따라서 이 경우에는 모형과 원형간에 레이놀즈 수와 Froude 수가 둘 다 동일해야 한다.

$$\frac{V_p L_p}{\nu_p} = \frac{V_m L_m}{\nu_m} \qquad ①$$

$$\frac{V_p}{\sqrt{g_p L_p}} = \frac{V_m}{\sqrt{g_m L_m}} \qquad ②$$

식 ②로부터

$$V_m = V_p \left(\frac{L_m}{L_p} \right)^{1/2} = 5 \times \left(\frac{1}{20} \right)^{1/2} = 1.12 \text{ m/sec}$$

또 식 ①로부터

$$\nu_m = \nu_p \frac{L_m V_m}{L_p V_p} = \left(9.85 \times 10^{-7} \right) \times \left(\frac{1}{20} \right) \left(\frac{1.12}{5} \right)$$

$$= 1.10 \times 10^{-8} \text{ m}^2/\text{sec}$$

따라서 $\nu = 1.10 \times 10^{-8} m^2/sec$의 유체를 택해서 모형실험을 하면 된다. 물의 점성계수의 일반적인 값이 $1.0 \times 10^{-6} m^2/sec$인 점을 생각하면 실제로 점성이 이렇게 작은 유체를 찾는 것은 어려운 일이므로 다른 방법을 찾아야 한다.

8.4.6 수평 축척과 연직 축척이 다른 왜곡 축척

대형 하천의 모형에 대한 길이 축척을 생각해 보자. 만약 하천의 길이가 1000 km인 경우, 수평 축척을 1:1000으로 가능한 한 작게 축소한 경우라도 모형 길이는 무려 1 km나 되어 모형을 제작하기 위한 장소 확보가 문제가 될 것이다.

이번에는 수직 축척에 대해서 생각해 본다. 원형인 실제 하천의 수심이 20 m라 하고, 수직 축척도 수평 축척과 동일하게 취한다면 모형에서의 수심은 2 cm밖에 되지 않아 어느 모로 보아도 모형의 하천 길이와 수심의 불균형은 합리적이지 못하다. 설사 이러한 모형을 만들 수 있다 하더라도, 수심이 너무 작기 때문에 표면 장력의 효과, 점성의 영향 등으로 인해 실제 흐름을 재현하는 것은 불가능한 일이다. 따라서 이러한 문제를 극복하기 우해서는 수평 축척과 수직 축척을 서로 달리하는 수밖에 없는데, 이러한 축척을 왜곡 축척(distorted scale)이라 말한다. 왜곡 축척의 경우 흐름은 수평면 내에서 이루어져야 한다. 왜냐하면 수로 만곡부 등의 흐름과 같이 2차 흐름이 발생하는 경우는 연직 축척과 수평 축척을 달리했을 때 상사를 기대할 수 없기 때문이다.

이제 왜곡 축척과 결부하여 앞의 8.4.5절에서 다룬 중력과 마찰력이 동시에 흐름을 지배하는 개수로 흐름의 저항 문제를 다루어 보자. 수평 축척을 X_r, 연직 축척을 Y_r로 할 때 Froude 상사로부터 유속비 V_r은

$$V_r = Y_r^{1/2} \tag{8.41}$$

의 관계를 갖는다. 이것은 유속에 미치는 중력의 영향이 수평거리보다는 연직거리에 관계하는 것을 의미한다. 그러나 유속의 방향은 근본적으로 수평방향이므로 시간 축척 T_r은 수평 축척을 유속비로 나눈 값으로 표시된다.

$$T_r = X_r / V_r = X_r / Y_r^{1/2} \tag{8.42}$$

또 유량비는 다음과 같다.

$$Q_r = V_r X_r Y_r = X_r Y_r^{3/2} \tag{8.43}$$

8.4.5절에서 설명한 바와 같이 이제 Manning의 공식을 이용하여 조도비가 어떻게 표시되는가를 보기로 한다. Manning의 평균유속 공식에 각 변

수의 모형과 원형에 대한 비를 대입하면 성립한다.

$$V_r = \frac{1}{n_r} R_r^{2/3} S_r^{1/2} \tag{8.44}$$

여기서 S_r은 에너지 경사비로서 $S_r = Y_r/X_r$을 나타낸다. 이것을 식 (8.41)과 함께 식 (8.44)에 대입하여 정리하면 다음과 같이 조도비에 대한 관계를 얻는다.

$$n_r = \frac{R_r^{2/3}}{X_r^{1/2}} \tag{8.45}$$

만약 광폭 수로인 경우에는 동수반경과 수심이 동일하므로 $R_r = Y_r$이 성립하여 상기 식은

$$n_r = \frac{Y_r^{2/3}}{X_r^{1/2}} \tag{8.46}$$

로 나타낼 수 있다. 광폭 수로가 아닌 경우는 모형과 원형에서 개별적으로 동수반경을 산정해야 된다. 식 (8.46)으로부터 알 수 있는 바와 같이, 일반적으로 $n_r > 1$이다. 왜냐하면 $X_r < Y_r$이고 또한 동수반경 비 R_r은 X_r 보다는 Y_r에 크게 좌우되기 때문이다. 이것은 모델에서의 조도가 원형보다 크다는 것을 의미하므로 모형의 조도를 적절히 조절함으로써 수평 축척과 수직 축척 비를 정할 수 있고, 동시에 중력과 점성에 의한 마찰력을 동시에 고려할 수 있는 효과도 얻을 수 있다. 그러나 모형의 조도가 너무 커도 격렬한 와류에 의해 모형과 원형간의 상사성을 유지하기 어려우므로 적절히 조절하지 않으면 안 된다.

예제 8.10 왜곡축척

폭 $b_p = 200$ m, 수심 $h_p = 4$ m, 조도계수 $n_p = 0.025$의 직사각형 단면수로를

수평축척: $X_r = \dfrac{x_m}{x_p} = \dfrac{1}{100}$

연직축척: $Y_r = \dfrac{y_m}{y_p} = \dfrac{1}{50}$

의 왜곡모형으로 모형실험 할 때 원형과 모형에 있어서 동수반경의 관계를 구하라.

풀이

동수반경은 유수단면적을 윤변으로 나눈 값이므로

$$\frac{R_m}{R_p} = \frac{\dfrac{b_m h_m}{b_m + 2h_m}}{\dfrac{b_p h_p}{b_p + 2h_p}} = \frac{\dfrac{h_m}{1+2(h_m/b_m)}}{\dfrac{h_p}{1+2(h_p/b_p)}} = \frac{h_m}{h_p} \times \frac{1+2(h_p/b_p)}{1+2(h_m/b_m)}$$

$$= Y_r \times \frac{1+2(h_p/b_p)}{1+2\dfrac{h_p/Y_r}{b_p/X_r}} = Y_r \times \frac{1+2(h_p/b_p)}{1+2\dfrac{X_r h_p}{Y_r b_p}}$$

$$= \frac{1}{50} \times \frac{1+2(4/200)}{1+2\dfrac{(1/100)}{(1/50)} \times \dfrac{4}{200}} = \frac{1}{50} \times \frac{1+1/25}{1+1/50}$$

$$= 0.0204$$

연습문제 Exercise

8.1 배가 운항할 때 선수와 선미에서 파가 발생하고, 이것에 의해 저항이 생긴다. 이러한 파에 의해 생기는 저항을 조파저항이라 한다. 조파저항을 F_D라 하고, 이에 관련되는 물리변수를 밀도 ρ, 선체의 배수체적 $\forall$, 속도 V, 중력가속도 g라 할 때, Rayleigh 방법을 이용하여 조파저항식을 유도하라. 단, 배의 길이와 면적의 특성치는 각각 L과 A로 하라.

8.2 수평관을 흐르는 유량 Q에 관계되는 물리량은 단위길이당 압력강하 $\Delta p/l$, 관의 직경 d 및 점성계수 μ이다. 유량 Q와 관련 변수간의 함수관계를 Rayleigh 방법을 이용하여 수립하라.

8.3 터보 기계를 통하여 흐르는 유량 Q는 효율 η, 단위 질량당의 에너지 E, 동력, 회전수 N, 회전차의 직경 d, 토크 T, 推力(추력) F, 유체의 밀도 ρ 점성계수 μ 및 체적 탄성계수 K에 의존한다. π정리를 이용하여 관계되는 무차원변수를 모두 구하라.

8.4 수평원관 속을 층류로 흐르는 유체의 유량 Q 는 단위길이당 압력강화 $\Delta p/l$, 관의 직경 d, 점성계수 μ와 관계가 있다. π정리를 사용하여 유량 Q에 대한 식을 유도하라.

8.5 관 내에서 유체의 모세관 상승높이 h는 모세관의 직경 d, 중력가속도 g, 유체의 밀도 ρ, 표면장력 σ 그리고 접촉각 θ에 따라 변화한다. 차원해석에 의해 관계식을 수립하라.

8.6 심해에서 표면중력파의 속도 V는 파장 L, 수심 h, 밀도 ρ, 중력가속도 g의 함수이다. V와 다른 변수들 간의 함수관계를 구하라.

8.7 직경 d_1인 관이 직경이 d_2로 급격히 축소된다. 이러한 급축소관을 지날 때 압력강하 Δp는 d_1, d_2 축소 이전의 관에서의 속도 V, 유체밀도 ρ 및 점성계수 μ의 함수이다. d_1, V, μ를 반복변수로 택해서 적절한 무차원변수를 결정하라.

8.8 펌프에서의 압력상승 Δp는 다음과 같은 함수관계를 갖는다.

$$\Delta p = f\left(d,\ \rho,\ \omega,\ Q\right)$$

여기서 d는 회전차의 직경이고, ρ는 물의 밀도, ω는 각속도, Q는 유량이다. 적당한 무차원변수를 구하라.

8.9 점성계수 μ, 힘 F, 압력강하 Δp 그리고 시간 t에서 얻을 수 있는 무차원수는?

8.10 물속에 잠긴 물체에 작용하는 부력 F_B는 물의 단위중량 γ와 물체의 체적 $\forall$의 함수이다. 부력이 물의 비중에 직접적으로 비례하는 것을 차원해석에 의해 보여라.

8.11 도수 발생 후의 수심 h_2에 관계하는 변수로는 도수 전의 수심 h_1, 단위폭당 유량 q, 중력가속도 g, 유체의 밀도 ρ 및 점성계수 μ를 들 수 있다. 차원해석을 이용하여 이들 변수들의 함수관계를 구하라.

8.12 1차원 층류 흐름에서 전단응력 τ는 점성계수 μ와 속도경사 du/dy의 함수이다. 차원해석에 의해 Newton의 점성법칙의 식을 유도하라.

8.13 직경이 d인 모세관에서 모세관고 Δh는 표면장력 σ와 단위중량 γ에 좌우된다. Δh에 관한 식을 유도하라.

8.14 모형과 원형 간에 1 : 5의 축적 비율을 갖도록 모형을 제작하였다. 모형에서의 유량이 $Q_m = 0.5\ \text{m}^3/\text{sec}$였다면, 원형에서의 유량은 얼마인가?

8.15 댐 축조 계획을 위해 1 : 10의 축척으로 모형을 제작하였다. 댐 여수로의 계획유량이 $Q_p = 200\ \text{m}^3/\text{sec}$이고 이에 상응하는 모형유량이 $Q_m = 0.1\ \text{m}^3/\text{sec}$일 때, 원형과 모형 간의 시간비를 구하라.

8.16 100마력의 동력이 필요한 물 공급 계획을 위해 1 : 10의 모형을 제작하였다. 모형과 원형간의 속도비가 1 : 2일 때, 모형 펌프를 가동하기 위한 동력의 크기를 결정하라.

8.17 축척이 1 : 100인 모형을 이용하여 하천 흐름을 측정할 때 모형과 원형간의 조도계수비를 구하라. 단, 평균유속 공식은 Manning 공식을 이용하라.

8.18 하천의 유수 단면적이 48 m^2이고 축척비가 $L_r = 1/40$인 경우, 모형 수로의 유수 단면적을 구하고, 원형 수로의 평균유속이 $V_p = 5\ \text{m/sec}$일 때 모형에서의 평균유속과 유량을 구하라.

8.19 상사비가 1 : 80이 되도록 하천의 모형실험을 행하고자 한다. 하천의 표면유속이 20 cm/sec였다. 수리학적 상사가 이루어지려면 모형의 표면유속을 얼마로 하여야 하는가?

8.20 원형의 1/16인 모형배가 물 위를 2 m/sec의 속도로 움직일 때 조파항력이 10 N이었다. 역학적 상사를 만족하려면 원형배의 물 위에서의 속도와 조파항력을 구하라.

8.21 1 : 12의 축척비를 갖는 하천 장애물의 실험을 하고자 한다. 모형에 접근해 오는 물의 속도가 $V_m = 2.5$ m/sec일 때 접근유체의 압력과 모형 표면상의 한 점 사이의 압력과의 차가 588 kPa이었다. 원형에서의 접근 유속과 대응하는 점 사이의 압력차를 구하라.

8.22 1:200의 하천 흐름 모형에서, 원형에서의 1일(日)은 모형에서의 시간으로 환산하면 얼마에 상응하는가?

8.23 축척비가 1:50인 월류댐의 모형이 폭이 2 m의 크기로 제작되었다. 원형댐의 높이는 42 m로 계획되고, 최대 월류수심(저수지 수면으로부터 댐의 월류마루 부분까지의 수심)은 5 m이다.

(a) 모형댐의 높이 및 월류수심을 구하라.

(b) 모형에서의 유량이 $Q_m = 0.126$ m^3/sec일 때 원형의 유량을 구하라.

(c) 모형댐의 정부에서의 저면 압력이 $p_m = 12$ kg중/m^{2}일 때 원형에서의 대응점의 압력은 얼마인가?

8.24 하천의 흐름 내에 직사각형 교각이 놓여져 있다. 교각의 폭은 1.2 m, 길이 3.6 m이고 편균수심은 2.5 m이다. 1/16의 모형을 만들어 유속이 0.8 m/sec인 물속에 넣었을 때 모형은 4 N의 저항력을 받았다.

(a) 원형에 대한 하천의 유속과 저항력을 구하라

(b) 저항계수는 얼마인가?

8.25 길이 150 m의 배를 길이 5 m인 모형으로 실험하고자 한다. 원형의 배가 60 km/hr로 이동한다면 모형은 몇 km/hr로 이동해야 하는가? 또 모형의 항력이 9N이면 원형의 항력은 얼마인가(단, 점성마찰은 무시하고, 사용유체는 물로서 동일하다)?

8.26 하천에서 유량을 측정할 목적으로 위어를 설치하였다. 위어의 유량이 400 m^3/sec인 경우, 1 : 10의 축척 모형에서의 유량은 얼마인가?

8.27 모형의 저장 탱크에서 수문을 열고 배수하는 데 10분이 걸렸다. 모형의 축척이 1/400이라면 원형의 저장탱크를 비우는 데 소요되는 시간을 구하라.

제 9 장

관수로 내 정상류의 기초

관수로흐름은 물이 관 내를 꽉 차서 흐르기 때문에 자유수면이 존재하지 않고 압력차에 의해서 흐른다는 점에서 개수로흐름과 구별된다.

이 장에서는 관수로흐름 중 시간이 경과해도 흐름특성이 변화하지 않는 정상류에 대해서 다룬다. 또한 이때의 물은 비압축성 점성유체로 가정한다. 따라서 관수로흐름은 관벽마찰력이 작용하게 되어 에너지손실이 유발된다. 이러한 흐름의 해석은 물을 한 곳에서 먼 거리로 이동시킬 때 더욱 중요하다. 예를 들어 관 내에서 마찰로 인해 발생하는 압력 강하량의 계산은 물 공급계통의 펌프용량을 결정하는 데 이용되며, 저수지로부터 관이나 관망을 통해 흐르는 유량 산정 시에도 적용된다.

앞에서도 설명한 바와 같이 비압축성 점성유체를 가정하고 있으므로, 관수로의 기본적인 흐름특성은 특별한 경우를 제외하고는 제7장의 실제 유체흐름에서 다룬 내용과 거의 같은 특성을 갖는다. 제7장에서의 설명이 일반적이고 개론적이었다면, 본 장에서는 좀더 구체적이고, 일어나는 여러 가지 현상에 대해서 정량적인 해석이 이루어질 것이다. 에너지손실수두 및 마찰손실계수의 정량적인 크기 결정, 수두손실과 전단응력과의 관계 및 층류와 난류의 유속 분포의 결정 등이 그러한 해석에 속한다.

9.1 관수로 내 흐름의 특성

점성유체의 흐름은 레이놀즈 수(Re)에 의해서 층류와 난류로 구별할 수 있는 것은 제7장에서 설명한 바 있다. 원형관의 경우 Re가 2100 이하에서는 층류의 상태로 흐르고, $\text{Re} = 2900 \sim 4000$ 범위에서 층류와 난류가 공존하는 천이영역이 생기며, 대략 레이놀즈 수가 4000 이상에서 난류가 완전히 발달하는 것으로 보고되고 있다.

층류와 난류 사이의 흐름특성의 차이점을 알아보는 방법 중 또 하나는, 흐름 중에 작은 교란을 부여하여 어떠한 현상이 발생하는가를 관찰하는 것이다. 층류상태인 경우는 이러한 교란은 점성에 의해서 감쇠되나 난류상태에서는 교란이 감쇠되지 않고 계속 증가하여 전 흐름에 영향을 미치게 된다. 이러한 성질을 이용하면 층류와 난류의 구별이 가능하다.

층류와 난류의 유속분포를 그림 9.1에 도시한다. 층류이든 난류이든 벽면에서는 비활조건(no-slip condition)에 의해 속도가 0이 되고 관 중심부

그림 9.1 관수로 내에서의 층류와 난류

를 향해서 증가하고 있는 경향은 같으나, 전체적인 경향은 조금 다르다. 층류상태에서의 전단응력은 유체의 층과 층사이의 미끄럼 현상에 의해 발생하므로 유속분포는 그림 (a)와 같이 포물선형상이다. 반면에 난류상태에서는 불규칙한 입자의 교란이 커서, 유체의 혼합이 일어나므로 이 때 발생하는 난류의 전단응력은 층류의 전단응력에 비해 훨씬 더 크다. 또한 빠르게 이동하는 입자와 느리게 이동하는 입자들 사이에서 일어나는 운동량 교환은 유속분포를 그림 (b)와 같이 평활화시킨다. 그림 9.1(b)에서 보는 바와 같이 난류상태에서도 벽의 근방에서는 고체경계면의 마찰로 인해 층류상태로 존재하는 얇은 막이 존재한다. 그림에서는 δ로 표시되어 있으며 이를 층류저층(laminar sublayer)이라고 부르고 있다. 또 그 외부영역을 난류핵(turbulence core)이라 부른다.

이제 그림 9.2와 같이 큰 수조에서 관에 유입된 물의 흐름이 어떠한 양상으로 발달해 가는지 알아보자. 관 입구부에서 연직단면 내에서 균등유속분포를 하던 흐름은 하류로 이동하면서 점성 때문에 관벽에서 속도는 0이 되고, 이것이 점차 인접층의 유체속도를 감소시킨다. 결국 벽근방에서는 점성의 영향을 받는 층(viscous layer)이 형성되고, 관의 중심부에서는 점성마찰의 영향이 작으므로 흐름은 점차 가속된다. 또 관벽의 영향을 받지 않는 부분을 흐름의 핵(core)이라 부르는데. 입구에서 멀어질수록 핵 부분은 소멸되고 결국 점성층은 만나게 되어 완전히 발달된 흐름(fully developed flow)이 된다. 입구로부터 점성층이 서로 만나는 지점, 즉 흐름이 완전히 발달될 때까지의 거리를 발달거리(entrance length)라 부르고 있다. 발달거리(L) 이후의 하류에서는 유속분포가 일정하고, 벽에서의 전단력도 일정하게 나타나며, 층류이건 난류이건 압력손실이 선형적으로 발생한다(그림 9.3).

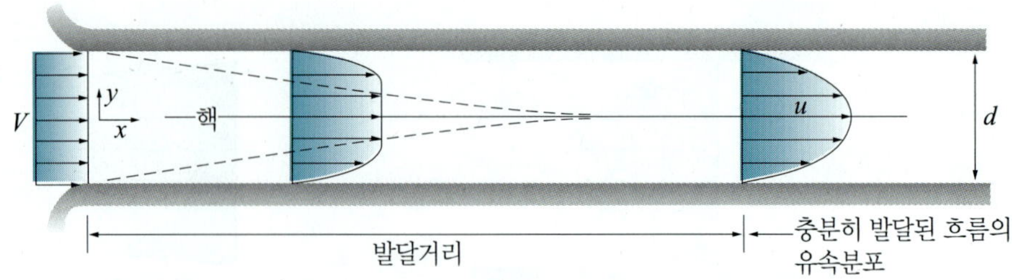

그림 9.2 원관 입구 영역에서의 흐름

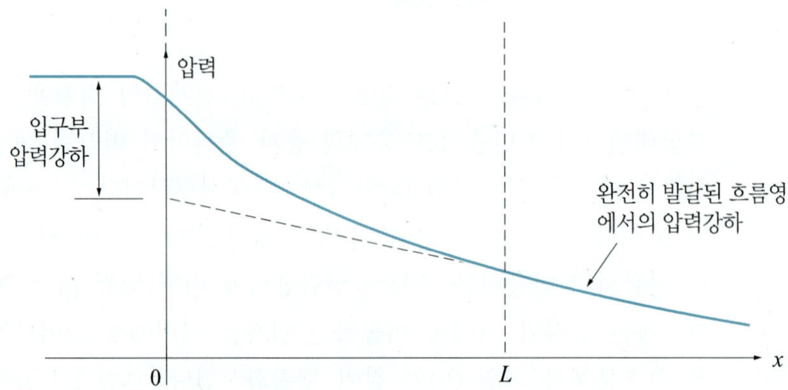

그림 9.3 원관 입구영역에서의 압력손실

흐름의 발달거리 L의 크기는 흐름의 형태에 따라 다르게 나타난다. 층류의 경우는 다음 식이 사용된다.

$$L/d = 0.06\,\mathrm{Re} \tag{9.1}$$

이때 발달거리 L은 한계레이놀즈 수 Re = 2100에서 최대가 되며 $L \cong 126d$, 즉 층류의 발달거리는 직경의 약 126배 정도이다. 난류의 경우는 흐름의 발달이 더욱 빠르게 나타나므로, 상대적으로 발달거리(L)는 짧아진다. 난류인 경우는 대략 다음 식을 사용한다.

$$L\,/\,d = 4.4\,\mathrm{Re}^{1/6} \tag{9.2}$$

일반적으로 난류흐름에서의 L은 대략 관경의 25 ~ 50배의 범위에 존재한다.

예제 9.1 흐름의 발달거리 산정

직경 $d = 2.5$ cm, 길이 $l = 18$ m인 관에 20°C의 물이 $Q = 0.0003\ \text{m}^3/\text{sec}$의 유량으로 흐르고 있다. 발달거리 L을 구하라.

풀이

평균유속은

$$V = \frac{Q}{A} = \frac{0.0003}{\frac{\pi}{4} \times 0.025^2} = 0.611\ \text{m/sec}$$

표 1.6으로부터

$$\nu = 1.01 \times 10^{-6}\ \text{m}^2/\text{s}$$

이므로 레이놀즈 수는 다음과 같이 계산된다.

$$\text{Re} = \frac{Vd}{\nu} = 15{,}124 > 4{,}000 \text{ 난류}$$

흐름이 난류이므로 발달거리는 식 (9.2)로부터 다음과 같이 계산된다.

$$L \cong 4.4d\,\text{Re}^{1/6} = 4.4 \times 0.025 \times 15124^{1/6} = 0.547\ \text{m} = 54.7\ \text{cm}$$

9.2 마찰에 의한 에너지 손실수두

9.2.1 에너지 손실수두와 전단응력과의 관계

관수로흐름 해석의 기본이 되는 에너지 손실수두, 즉 실제 유체흐름에서 점성으로 인한 에너지 손실수두를 구해본다. 해석을 단순화하기 위해서 그림 9.4와 같이 단면적이 A로 일정한 수평관 내의 흐름을 생각한다. 우선 완전유체의 흐름으로 가정하고 단면 ①, ②에 베르누이 정리를 적용하면 베르누이방정식은 5.5절의 식 (5.44)와 같이 된다.

$$\frac{V_1^2}{2g} + \frac{p_1}{\gamma} + z_1 = \frac{V_2^2}{2g} + \frac{p_2}{\gamma} + z_2 \qquad (5.44)$$

수평관인 경우는 $z_1 = z_2$이고 단면적이 같으므로 $V_1 = V_2$가 되어 식 (5.44)로부터 $p_1 = p_2$ 즉, 압력강하량은 $dp = p_1 - p_2 = 0$이 된다. 이러한 결과는 상기 식이 점성이 없는 유체에 대해서 얻어진 식이기 때문이다.

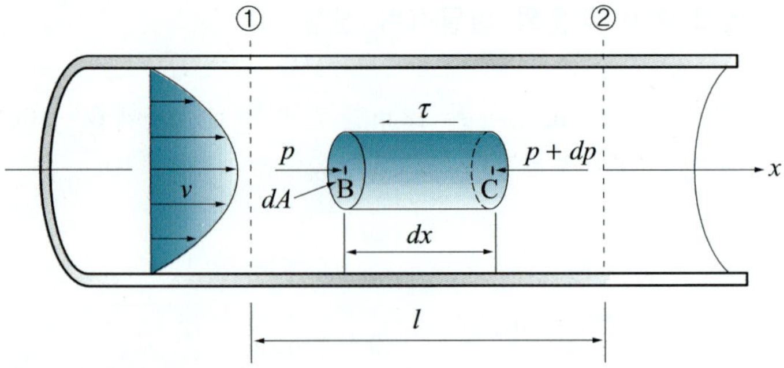

그림 9.4 관로 내의 흐름

실제유체의 경우에는 마찰로 인해 흐름이 진행될수록 압력강하가 발생하므로 $\Delta p \neq 0$이 된다. 이러한 압력강하량을 구하기 위해 관수로 내에 단면적이 dA이고 길이 dx인 미소유체요소로 구성되는 검사체적을 생각하고 (일반적인 단면에도 적용할 수 있도록 유관의 단면은 임의로 한다.), 그 윤변(단면의 주변장)을 dP로 한다. 이 검사체적에 운동량방정식을 적용하면 다음 식이 된다.

$$\Sigma F_x = \rho Q\left(V_C - V_B\right) \tag{9.3}$$

식 (9.3)에서 유체요소의 단면적은 dA로 일정하므로 $V_c - V_b = 0$, 따라서 식 (9.3)으로부터 $\Sigma F_x = 0$, 즉 외력의 합은 0이 된다.

유체요소에 작용하는 외력은 요소단면적에 작용하는 압력에 의한 힘과 요소유관벽면에 작용하는 마찰력이므로

$$pdA - \tau dPdx - \left(p + dp\right)dA = 0 \tag{9.4}$$

여기서 τ는 유관벽에 작용하는 전단응력이고, dP는 유관의 윤변이다. 식 (9.4)를 정리하면

$$dp = -\tau \frac{dP}{dA} dx \tag{9.5}$$

가 된다. 일반적으로 수리학에서 유수단면적(A)을 윤변(P)으로 나눈 값을 동수반경(hydraulic radius), R_h로 정의하고 있다. 따라서 식 (9.5)는 다음과 같이 표현할 수 있다.

$$dp = -\frac{\tau}{R_h}dx \tag{9.6}$$

식 (9.6)을 단면 ①에서 ②까지 적분하면 다음 식을 얻는다.

$$\begin{aligned} p_2 - p_1 &= -\frac{\tau}{R_h}(x_2 - x_1) \\ &= -\frac{\tau l}{R_h} \end{aligned} \tag{9.7}$$

식 (9.7)을 다시 써보면

$$p_1 - p_2 = \frac{\tau l}{R_h} \tag{9.8}$$

이 되고, 수평관의 경우에는 $p_1 - p_2 = \gamma h_L$의 관계를 이용하면 다음 식이 된다.

$$h_L = \frac{\tau l}{\gamma R_h} \tag{9.9}$$

식 (9.9)는 전단력 τ와 마찰손실수두 h_L의 관계를 나타내는 식이다. 마찰손실수두 h_L은 전단응력과 관의 길이에 비례하고, 동수반경에 반비례하는 것을 알 수 있다. 유관의 단면을 임의로 했기 때문에 식 (9.9)는 어느 형태의 단면에도 적용가능하다. 식 (9.9)에 대해 1. 원형 단면인 경우와 2. 직사각형 단면인 경우에 대해서 각각 어떻게 표시되는지를 살펴본다.

1. 유관의 단면이 반경 r인 원형인 경우(그림 9.5)

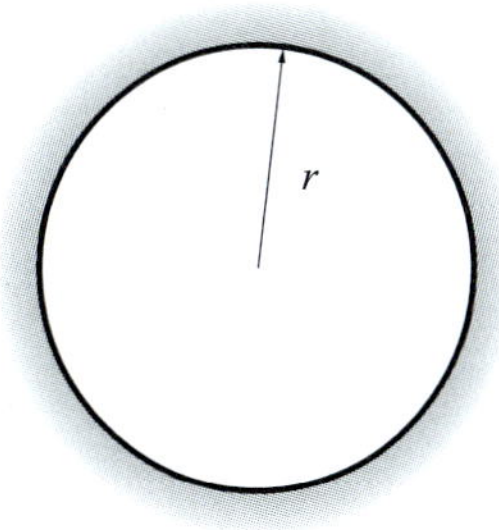

그림 9.5

동수반경이 $R_h = \dfrac{dA}{dP} = \dfrac{\pi r^2}{2\pi r} = \dfrac{r}{2}$ 이므로 식 (9.9)는 다음과 같이 표현된다.

$$h_L = \frac{2\tau l}{\gamma r} \tag{9.10}$$

상기 식을 전단응력 τ로 정리하면 다음 식이 된다.

$$\tau = \frac{\gamma h_L}{2l} r \tag{9.11}$$

상기 식은 관 중심에서 임의의 r 떨어진 곳에서 전단응력이 τ의 값을 갖는 것을 의미한다. 한 단면에서는 $\gamma h_L/2l$이 일정한 값이므로 전단응력은 관 중심에서 0이 되고 관벽을 향하여 선형적으로 증가하며, 관벽에서 최대값을 갖는다. 반경이 R인 원형관인 경우 $r = R$에서 $\tau = \tau_0$이므로 식 (9.10), 식 (9.11)은 각각 다음과 같이 쓸 수 있다.

$$h_L = \frac{2\tau_0 l}{\gamma R} \tag{9.12}$$

$$\tau_0 = \frac{\gamma h_L}{2l} R \tag{9.13}$$

2. 유관의 단면이 $a \times b$인 직사각형 단면(그림 9.6)

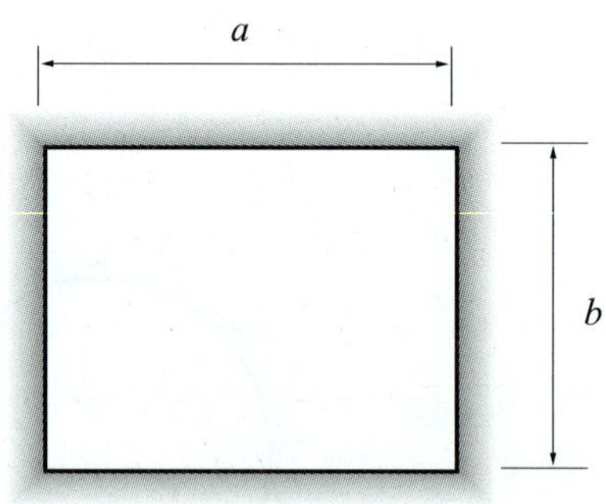

그림 9.6

동수반경이 $R_h = ab/2(a+b)$이므로, 식 (9.9)로부터 다음 식을 얻는다.

$$h_L = \frac{2\tau_0 l(a+b)}{\gamma ab} \tag{9.14}$$

$$\tau_0 = \frac{\gamma h_L ab}{2l(a+b)} \tag{9.15}$$

9.2.2 마찰손실수두 - Darcy-Weisbach 공식

앞서 고찰한 바와 같이 실제 유체흐름에서는 압력강하로 나타나는 마찰손실수두가 존재하므로, Bernoulli 식에 마찰손실수두 h_L이 추가되어야 한다.

$$\frac{V_1^2}{2g} + \frac{p_1}{\gamma} + z_1 = \frac{V_2^2}{2g} + \frac{p_2}{\gamma} + z_2 + h_L \tag{9.16}$$

여기서 h_L은 마찰로 인한 손실수두로서 식 (9.9)에 관벽에서의 조건, 즉 $\tau = \tau_0$를 대입하면 다음 식이 된다.

$$h_L = \frac{\tau_0 l}{\gamma R_h} \tag{9.17}$$

상기 식을 유도하는 데 있어서 우리는 흐름상태에 대해서 어떠한 제한이나 조건을 부여하지 않았다. 따라서 상기 식은 층류이든 난류이든 어느 경우에도 적용이 가능하다. 식 (9.17)은 결국 단면 ①에서 단면 ②까지 관의 길이 l을 흐르는 동안에 생긴 마찰손실수두의 크기를 나타낸다. 한편, Darcy, Weisbach 등은 손실수두 h_L에 대하여 다음과 같은 형태의 방정식을 제안하였다.

$$h_L = f\frac{l}{d}\frac{V^2}{2g} \tag{9.18}$$

상기 식을 흔히 Darcy-Weisbach 공식이라 부르고 있다. 여기서 f는 8.1절에서도 설명한 바와 같이, 레이놀즈 수 및 관의 조도의 함수로서 다음과 같이 표시할 수 있다.

$$f = f\left(\text{Re}, \frac{e}{d}\right) \tag{9.19}$$

비원형 단면의 손실수두에 대해서는 $R_h = d/4$의 관계를 이용하여, 식 (9.18)을 다음과 같이 표현하여 사용한다.

$$h_L = f\frac{l}{4R_h}\frac{V^2}{2g} \tag{9.20}$$

또 식 (9.18)을 (9.17)에 대입하면 관벽의 전단응력 τ_0는 다음과 같이 표시할 수 있다.

$$\tau_0 = \frac{f\rho V^2}{8} \tag{9.21}$$

식 (9.21)에서 마찰계수 f는 무차원 계수이므로 $\sqrt{\tau_0 / \rho}$ 는 속도의 차원을 가져야 하는데, 이것을 마찰속도(u_*)라 부르고 식 (9.21)로부터 다음과 같이 평균유속과 마찰계수로 표시할 수 있다.

$$u_* = \sqrt{\tau_0 / \rho} = V\sqrt{\frac{f}{8}} \tag{9.22}$$

9.2.3 관수로흐름의 마찰손실계수에 대한 실험

이 장 서론에서도 설명한 바와 같이 손실수두의 계산은 관 공급계통에서의 펌프의 용량이나 유량의 산정에 중요하다. 원형관 내의 마찰손실수두는 Darcy-Weisbach 공식 (9.18)을 이용하여 산정한다. 그러나 이 식 중에는 흐름 조건과 깊이 관련되어 있는 마찰계수 f가 포함되어 있어, 마찰손실수두의 정확한 산정을 위해서는 마찰계수 f의 정확한 평가가 전제된다. 마찰계수 f는 식 (9.19)에서도 알 수 있는 바와 같이 흐름의 레이놀즈(Re) 수와 상대조도(e/d)의 함수로 나타난다. 따라서 마찰계수 f를 알기 위해서는 흐름 특성 및 관의 제원이 알려져야만 한다. 일반적으로 f가 어떠한 함수형태로 나타나는가에 대해서는 실험에 의해서 결정된다. 그림 9.7은 Nikuradse 가 인공조도(모래)를 관벽에 피복하여 관마찰 실험한 결과를 정리한 것으로서 레이놀즈 수와 상대조도의 값에 따라 마찰계수가 어떻게 변화하고 있는가를 개략적으로 그린 것이다.

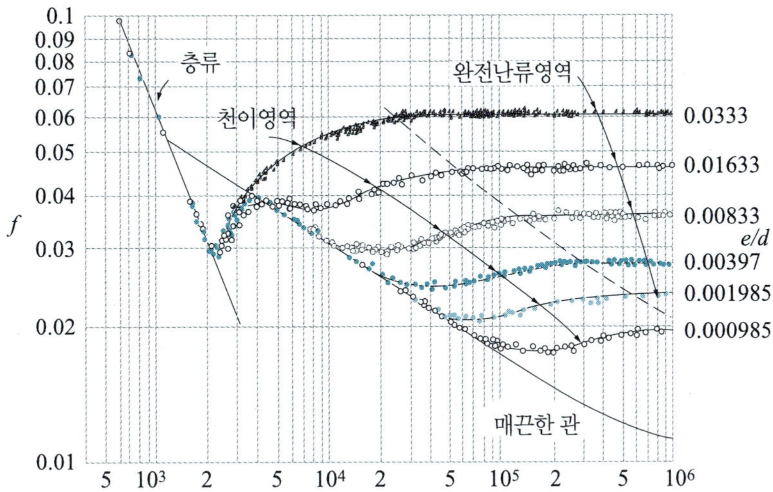

그림 9.7 마찰계수의 실험결과

양대수지를 사용하여 횡축에 레이놀즈 수를 취하고, 좌측의 종축에 마찰계수값을, 우측의 종축에 상대조도를 취하고 있다. 레이놀즈 수가 어느 한계치 약 2×10^3 이하에서는 즉, 층류영역에서는 마찰계수 f는 레이놀즈 수에만 의존해서 변화하고, 이 때 f는 Re에 반비례하고 있다. 즉 층류영역에서는 마찰계수는 관벽의 조도와 무관한 것을 알 수 있다. 레이놀즈 수가 한계치를 초과하면 마찰계수는 레이놀즈 수와 상대조도 양자에 의해 변화하는 천이영역이 존재하는데, 상대조도가 작은 경우에는 큰 레이놀즈 수의 영역까지, 상대조도가 큰 경우에는 작은 레이놀즈 수의 영역에서 천이영역이 나타나는 것을 알 수 있다. 레이놀즈 수가 더욱 커져서 매우 큰 값이 되면 마찰계수는 레이놀즈 수에 관계없이 일정한 값이 되는 영역이 존재한다. 이 때 마찰계수는 상대조도에 의해서만 변화한다. 이 영역을 완전난류 영역이라 부르고 있다. 또 매끄러운 벽면을 가진 관의 마찰손실계수 f는 레이놀즈 수만의 힘수로 나타나 있다.

예제 9.2 에너지 손실수두와 전단응력(원형관)

직경 $d = 30$ cm인 원형관에 물이 100 m를 흐르는 동안 15 m의 수두손실이 발생하였다. 관 중심에서 10 cm 떨어진 곳에서 전단응력(τ)과 관벽에서의 전단응력(τ_0)을 각각 구하라.

풀이

원형관이므로 식 (9.11)을 이용하여 관 중심으로부터 10 cm 떨어진 곳에서의 전단응력을 구하면

$$\tau = \frac{\gamma h_L}{2l} r = \frac{1000 \times 15}{2 \times 100} \times 0.1$$

$$= 7.5 \text{ kg중/m}^2 = 73.5 \text{ N/m}^2$$

관벽에서의 전단응력은

$$\tau_0 = \frac{\gamma h_L}{2l} R = \frac{1000 \times 15}{2 \times 100} \times 0.15$$

$$= 11.25 \text{ kg중/m}^2 = 110.25 \text{ N/m}^2$$

예제 9.3 에너지 손실수두와 전단응력(직사각형 관)

예제 9.2와 조건이 동일하고, 관만 0.3 m × 0.3 m의 관으로 대체한 경우에 관벽에서의 전단응력(τ_0)을 구하라.

풀이

직사각형 단면관이므로 식 (9.15)를 이용한다.

$$\tau_0 = \frac{\gamma h_L ab}{2l(a+b)} = \frac{1000 \times 15 \times 0.3 \times 0.3}{2 \times 100(0.3 + 0.3)}$$

$$= 11.25 \text{ kg중/m}^2 = 110.25 \text{ N/m}^2$$

예제 9.4 손실수두의 계산

그림 E9.4와 같이 직경이 일정한 경사관에 물이 거슬러 흐르고 있다. 10 m 떨어져 있는 두 점 1과 2에서의 압력과 위치는 그림과 같다. 두 지점 사이의 손실수두 h_L을 구하라.

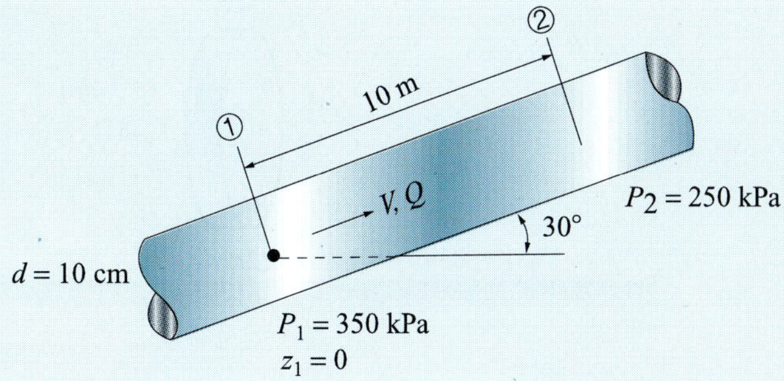

그림 E9.4

풀이
점 1과 2에서의 평균 유속이 같으므로 식 (9.16)으로부터 h_L은 다음과 같이 계산된다.

$$h_L = \left(\frac{P_1}{\gamma} + z_1\right) - \left(\frac{P_2}{\gamma} + z_2\right)$$
$$= \left(\frac{350 \times 10^3 \text{ N/m}^3}{9800 \text{ N/m}^2} + 0\right) - \left(\frac{250 \times 10^3 \text{ N/m}^3}{9800 \text{ N/m}^2} + 5 \text{ m}\right)$$
$$= 5.2 \text{ m}$$

9.3 관수로 내 층류의 유속분포 및 마찰손실계수

9.3.1 유속 분포

완전히 발달된 비압축성 층류흐름에 대한 유속분포를 구하고, 이것을 이용하여 층류의 마찰계수 f를 구해 본다. 그림 9.8(a)와 같이 관수로흐름내에 미소 유체요소를 생각하고, 이 검사체적에 운동량방정식을 적용한다. x축 방향으로 속도변화가 없으므로, 식 (5.41)로부터 $\Sigma F_x = 0$이 된다.

유체요소에 작용하는 힘은 압력과 마찰응력에 의한 힘뿐이므로, 힘의 평형을 생각하면 다음 식을 얻는다.

$$pA - \tau 2\pi r dx - (p + dp)A = 0 \tag{9.23}$$

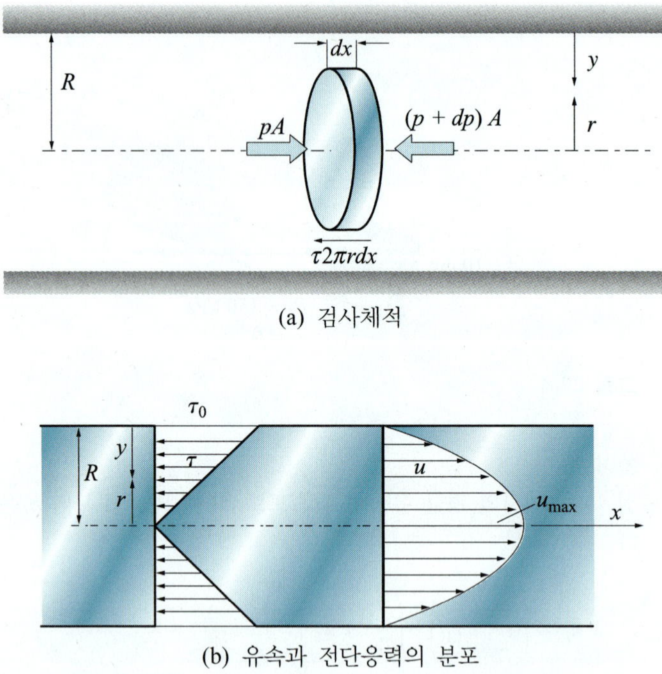

그림 9.8 층류의 유속분포와 전단응력 분포

이 식에 $A = \pi r^2$을 대입하고 식 (9.23)을 정리하면 다음 식이 된다.

$$\tau = -\frac{dp}{dx}\frac{r}{2} \tag{9.24}$$

상기 식은 전단응력을 x방향으로의 압력경사 dp/dx로 나타낸 것으로서, 그 분포형태가 그림 9.8(b)에 도시되어 있다. 이 단계에서 층류의 점성법칙, 즉 $\tau = \mu\left(\frac{du}{dy}\right)$를 도입한다. 이 때 y축은 벽면에서 관의 중심을 향하는 방향이고, r축은 관 중심에서 벽을 향하는 방향이므로 그림 9.8(b)에서 보듯 $y = R - r$이고 $dy = -dr$이 된다. 따라서 Newton의 점성법칙은

$$\tau = -\mu\frac{du}{dr} \tag{9.25}$$

로 표현할 수 있다. 식 (9.24)와 (9.25)로부터 다음 식이 성립한다.

$$\frac{du}{dr} = \frac{1}{2\mu}\frac{dp}{dx}r$$

압력경사 dp/dx는 r과 무관하므로, 상기 식을 적분하면

$$u = \frac{1}{4\mu}\frac{dp}{dx}r^2 + C \tag{9.26}$$

로 되며, 여기서 C는 적분상수이다. 상기 식에 경계조건 $r = R$에서 $u = 0$인 조건을 대입하면 $C = (-1/4\mu)(dp/dx)R^2$이 되고, 이것을 식 (9.26)에 대입하고 정리하면 다음과 같은 포물선 유속분포를 얻는다.

$$u = -\frac{1}{4\mu}\frac{dp}{dx}R^2\left(1 - \frac{r^2}{R^2}\right) \tag{9.27}$$

상기 식은 원형관 내의 층류 흐름에 대한 유속 분포식으로 그림 9.8(b)에 도시되어 있다. 상기 식에서 압력경사 dp/dx에 대해서 고찰해 보자. x축으로 흐름이 진행해 감에 따라 마찰에 의해 압력이 강하하므로 $dp/dx < 0$의 값을 갖는다.

수평관의 경우에는

$$\begin{aligned}\frac{dp}{dx} &= \frac{p_2 - p_1}{l} - \frac{\Delta p}{l} \\ &= -\frac{\gamma h_L}{l}\end{aligned} \tag{9.28}$$

로 표시할 수 있으므로 식 (9.27)은 다음과 같이 나타낼 수도 있다.

$$u = -\frac{\gamma h_L}{4\mu l}R^2\left(1 - \frac{r^2}{R^2}\right) \tag{9.29}$$

식 (9.29)로 표시되는 층류를 Hagen-Poiseuille 흐름이라고 한다. 이제 식 (9.27)로 부터 최대유속 u_{max}를 구해보자. 관 중심에서 유속이 최대이므로 $r = 0$에서 $u = u_{max}$인 조건을 식 (9.27)에 대입하면 최대유속은 다음과 같이 표시된다.

$$u_{max} = -\frac{R^2}{4\mu}\frac{dp}{dx} \tag{9.30}$$

또는

$$u_{\max} = \frac{\gamma h_L}{4\mu l} R^2 \tag{9.31}$$

따라서 식 (9.29)는 최대유속 $u_{\max}$를 이용하여 다음과 같이 표시할 수도 있다.

$$u = u_{\max}\left(1 - \frac{r^2}{R^2}\right) \tag{9.32}$$

이제 층류흐름에서의 유량(Q)을 구해보자. 식 (5.7)을 이용하여 유량은 다음과 같이 산정된다.

$$\begin{aligned} Q &= \int_A u dA = \int_0^R u_{\max}\left(1 - \frac{r^2}{R^2}\right) 2\pi r dr \\ &= \frac{1}{2} u_{\max} \pi R^2 \\ &= \frac{\pi \gamma h_L R^2}{8\mu l} \end{aligned} \tag{9.33}$$

연속방정식을 이용하면 평균유속 V는

$$V = \frac{Q}{A} = \frac{Q}{\pi R^2} = \frac{1}{2} u_{\max} \tag{9.34}$$

로 되어, 원형관 내 층류흐름에서의 평균유속은 최대유속의 1/2이 되는 것을 알 수 있다.

9.3.2 마찰손실계수

식 (9.34)로부터 층류의 마찰계수를 구할 수 있다. 식 (9.31)을 (9.34)에 대입하면

$$V = \frac{\gamma h_L}{8\mu l} R^2 \tag{9.35}$$

이 되는데, $R = d/2$를 식 (9.35)에 대입하고, 손실수두 h_L로 정리하여 Darcy-

Weisbach 식 (9.18)의 형태로 변형하면 다음과 같이 된다.

$$h_L = \frac{64\mu}{\rho V d}\frac{l}{d}\frac{V^2}{2g} \tag{9.36}$$

이 식을 Darcy-Weisbach 식과 비교하면, 마찰손실계수 f는 다음과 같다.

$$f = \frac{64}{\mathrm{Re}} \tag{9.37}$$

여기서 $\mathrm{Re} = \rho Vd/\mu$이다. 상기 식으로부터 층류의 마찰계수는 레이놀즈 수에만 관계되는 것을 알 수 있다. 따라서 식 (9.36)으로부터 층류에 있어서 마찰손실수두 h_L은 평균유속 V에 비례함을 알 수 있다.

예제 9.5 층류의 유속 분포, 전단응력 및 손실수두

직경이 $d = 5$ cm인 수평관에 $Q = 0.8 \times 10^{-4}\,\mathrm{m^3/sec}$의 물이 흐르고 있다. 물의 동점성 계수는 $\nu = 1.0 \times 10^{-6}\,\mathrm{m^2/sec}$일 때 다음 사항에 답하라.

(a) 100 m 떨어진 두 단면간의 손실수두
(b) 관벽에서 2 cm 떨어진 곳에서의 유속과 최대 유속
(c) 관벽에서의 마찰응력

풀이
평균 유속은

$$V = \frac{Q}{A} = \frac{0.8 \times 10^{-4}}{\frac{\pi}{4} \times 0.05^2} = 0.041\ \mathrm{m/sec}$$

이므로 레이놀즈 수는

$$\mathrm{Re} = \frac{Vd}{\nu} = \frac{0.041 \times 0.05}{1.0 \times 10^{-6}} = 2050 < 2100$$

따라서 이 흐름은 층류이다.

(a) 손실수두의 산정
두 단면간의 손실수두는 식 (9.18)로부터 구한다. 우선 층류이므로 손실계수는

$$f = \frac{64}{\text{Re}} = 0.031$$

따라서 두 단면간의 손실수두는 다음과 같이 계산된다.

$$h_L = f\frac{l}{d}\frac{V^2}{2g} = 0.031 \times \frac{100}{0.05} \times \frac{0.041^2}{2 \times 9.8}$$

$$= 0.0053 \text{ m} = 0.53 \text{ cm}$$

(b) 유속과 최대유속

식 (9.29)로부터 관벽에서 2 cm 떨어진 곳에서의 유속을 구하면

$$u = \frac{\gamma h_L}{4\mu l} R^2 \left(1 - \frac{r^2}{R^2}\right)$$

$$= \frac{\gamma h_L}{4\rho\nu l} R^2 \left(1 - \frac{r^2}{R^2}\right)$$

$$= \frac{9.8 \times 0.0053}{4 \times 1.0 \times 10^{-6} \times 100} \times 0.025^2 \left(1 - \frac{0.005^2}{0.025^2}\right)$$

$$= 0.078 \text{ m/sec}$$

또 최대 유속은 관 중심, 즉 $r = 0$에서 발생하므로

$$u = \frac{g h_L}{4\nu l} R^2$$

$$= \frac{9.8 \times 0.0053}{4 \times 1.0 \times 10^{-6} \times 100} \times 0.025^2 == 0.081 \text{ m/sec}$$

(c) 관벽에서의 마찰응력

식 (9.13)으로부터

$$\tau_0 = \frac{\gamma h_L}{2l} R = 0.00066 \text{ kg중/m}^2$$

$$= 0.0065 \text{ N/m}^2$$

예제 9.6 원형관 내 층류흐름

직경이 $d = 5$ cm인 수평관에 비중이 $S = 0.8$이고 점성계수가 $\mu = 0.008$ kg중·sec/m^{2}인 기름이 $Q = 0.002$ m^3/sec의 유량으로 흐르고 있다. 예제 9.5와 동일한 사항들을 구하라.

풀이

평균 유속은

$$V = \frac{Q}{A} = \frac{0.002}{\frac{\pi}{4} \times 0.05^2} = 1.02 \text{ m/sec}$$

이므로, 레이놀즈 수는

$$\text{Re} = \frac{\rho V d}{\mu} = \frac{\frac{\gamma}{g} V d}{\mu}$$

$$= \frac{\frac{0.8 \times 1000}{9.8} \times 1.02 \times 0.05}{0.008} = 520$$

Re = 520 < 2100이므로 이 흐름은 층류이다.

(a) 100 m 떨어진 두 단면간의 손실수두

$$h_L = f \frac{l}{d} \frac{V^2}{2g}$$

$$= \frac{64}{Re} \times \frac{100}{0.05} \times \frac{1.02^2}{2 \times 9.8}$$

$$= 13.07 \text{ m}$$

(b) 유속과 최대유속

i) 관벽으로부터 2 cm 떨어진 곳에서의 유속

$$u = \frac{\gamma h_L}{4 \mu l} R^2 \left(1 - \frac{r^2}{R^2}\right)$$

$$= \frac{0.8 \times 1000 \times 13.07}{4 \times 0.008 \times 100} \times 0.025^2 \left(1 - \frac{0.005^2}{0.025^2}\right)$$

$$= 1.96 \text{ m}$$

ii) 최대 유속

$$u_{\max} = \frac{\gamma h_L}{4\mu l} R^2$$

$$= \frac{0.8 \times 1000 \times 13.07}{4 \times 0.008 \times 100} \times 0.025^2 = 2.042 \text{ m/sec}$$

(c) 관벽에서의 마찰응력

$$\tau_0 = \frac{\gamma h_L}{2l} R = \frac{0.8 \times 1000 \times 13.07}{2 \times 100} \times 0.025$$

$$= 1.307 \text{ kg중/m}^2$$

$$= 12.81 \text{ N/m}^2$$

9.4 난류의 유속분포 및 마찰손실계수

앞서 층류의 유속분포와 마찰손실계수에 대해서 다루었다. 여기서는 레이놀즈 수가 큰, 원형관 내의 난류상태의 흐름을 다룬다. 여기서 취급하는 난류는 흐름이 충분히 발달한 상태의 난류, 즉 유속분포가 균일한 상태의 난류이다. 그림 9.1(b)에서도 보인 바와 같이 난류의 유속분포는 관벽 부근을 제외하고는 거의 균일한 유속분포를 갖는 영역이 존재하며 이 영역을 흐름의 핵(core)이라 부르고 있다. 앞에서도 설명한 바와 같이 난류흐름에서는 관벽의 근방에서도 경계면의 큰 마찰력으로 인해 층류상태로 존재하는 얇은 막이 형성되는데, 이 층을 층류저층(laminar sublayer)이라 부른다. 일반적으로 난류의 유속분포 및 마찰손실계수는 층류저층의 두께(δ)와 관벽의 조도(요철)의 크기(e)와의 관계에 의해서 그 특성이 상이하게 나타난다. 수리학적으로 조도의 높이(e)가 층류저층의 두께(δ)의 약 1/4 이하인 경우 매끈한 관이라 말하고, $e/\delta > 6$인 경우 거친 관이라 표현하고 있다. 그러나 일반적으로 e/δ의 크기는 레이놀즈 수와 마찰손실계수에 의해 결정된다. 관을 매끈한 관과 거친 관으로 분류하여, 난류의 흐름특성과 마찰계수에 대해 고찰한다.

9.4.1 난류의 유속 분포

난류의 전단응력 τ는 레이놀즈 응력으로 표시되며, Prandtl의 혼합거리 이론을 적용하면

$$\tau = \rho\kappa^2 y^2 \left(\frac{du}{dy}\right)^2 \tag{9.38}$$

로 표시되는 것은 이미 제7장에서 설명한 바 있다. 관수로 내 전단응력은 그림 9.8(b)에 도시한 바와 같이 직선분포가 되지만, 혼합거리에 관한 Prandtl의 가정이 적용되는 범위 내 즉, 벽 근방에서의 전단응력은 벽면전단응력과 동일한 값을 갖는다고 가정할 수 있는데 이러한 영역을 일정 전단응력층(constant stress layer)이라 부르고 있다. 따라서 벽면부근에서는 근사적으로

$$\tau = \tau_0 \tag{9.39}$$

로 쓸 수 있다. 여기서 벽면마찰 τ_0와 밀도 ρ를 이용하여 정의한 마찰속도 u_*를 이용한다.

$$u_* = \sqrt{\frac{\tau_0}{\rho}} \tag{9.40}$$

u_*는 속도차원 $[LT^{-1}]$을 갖는 양으로서, 난류에 있어서 속도의 대표 스케일로 볼 수 있다. 식 (9.40)을 고려하여 식 (9.38)을 정리하면 다음 식을 얻는다.

$$\frac{du}{dy} = \frac{u_*}{\kappa}\frac{1}{y} \tag{9.41}$$

식 (9.41)을 적분하면 관수로 내 난류의 유속분포식을 얻을 수 있다.

$$u = \frac{u_*}{\kappa}\ln y + C \tag{9.42}$$

여기서 C는 적분상수이다. 상기 식 (9.42)를 유도하는 과정에서 우리는 관 벽면의 조도상태에 대해서는 어떠한 제한도 두지 않았다. 따라서 이 식은 관벽면의 상태가 어느 경우라도 성립한다. 이후 식 (9.42)를 기초로 하여, 관을 매끈한 관과 거친 관으로 분류하여 고찰해 보기로 한다.

9.4.2 관 중심선 유속과 평균유속과의 관계

매끈한 관과 거친 관에 대해서 설명하기 전에 식 (9.42)를 이용하여 관 중심선유속 u_c와 평균유속 V의 관계가 마찰손실계수 f의 함수로 표시되는 것을 보인다. 우선 (9.42)에서 $y = R$에서 $u = u_c$인 것을 고려하여 적분상수를 구하면

$$C = u_c - \frac{u_*}{\kappa}\ln R$$

이 되므로, 이것을 식 (9.42)에 대입하면 다음과 같이 된다.

$$\frac{u_c - u}{u_*} = \frac{1}{\kappa}\ln\frac{R}{y} \tag{9.43}$$

상기 식의 양변에 $2\pi(R-y)dy$를 곱해서, 관 전체에 대해서 적분하면 좌변은 다음과 같이 된다.

$$\begin{aligned}\frac{2\pi}{u_*}\int_0^R (u_c - u)(R-y)\,dy &= \frac{2\pi}{u_*}\int_0^R (u_c - u)\,r(-dr) \\ &= \frac{\pi R^2 (u_c - V)}{u_*}\end{aligned} \tag{9.44}$$

여기서 V는 단면 평균유속으로서

$$V = \frac{1}{A}\int_A u\,dA = \frac{1}{\pi R^2}\int_0^R u 2\pi r dr$$

의 관계를 사용했다. 또 우변의 적분은 다음과 같이 된다.

$$\begin{aligned}\frac{2\pi}{\kappa}\int_0^R \ln\frac{R}{y}(R-y)\,dy &= \frac{2\pi R^2}{\kappa}\int_0^1 (1-t)\ln\frac{1}{t}\,dt \\ &= \pi R^2 B\end{aligned} \tag{9.45}$$

여기서 t는 무차원 변수로서 $t = y/R$이고, B는

$$B = \frac{2}{\kappa}\int_0^1 (1-t)\ln\frac{1}{t}\,dt = 3.75$$

의 값을 갖는다. 여기서 κ는 Kármán의 범용상수로서 0.4이다. 결국 식

(9.44)와 (9.45)로부터 다음 식을 얻는다.

$$V = u_c - 3.75u_* \tag{9.46}$$

그런데 식 (9.22)로부터 마찰속도 u_*는

$$u_* = \sqrt{\frac{\tau_0}{\rho}} = V\sqrt{\frac{f}{8}} \tag{9.47}$$

의 관계가 있으므로 식 (9.46)은 다음과 같이 고쳐 쓸 수 있다.

$$V = u_c - 3.75V\sqrt{\frac{f}{8}} \tag{9.48}$$

상기 식을 정리하면 다음과 같이 u_c, V 및 f의 관계식을 도출할 수 있다.

$$u_c = V\left(1 + 3.75\sqrt{\frac{f}{8}}\right) \tag{9.49}$$

실험결과에 의하면 상수 3.75는 이 보다 큰 값으로 알려져 있으며, 일반적으로 다음 식을 사용한다.

$$u_c = V\left(1 + 4.07\sqrt{\frac{f}{8}}\right) \tag{9.50}$$

이 식은 매끈한 관이나 거친 관에 관계없이 사용할 수 있으며, 뒤에 마찰계수식을 유도하는 데 빈번히 사용된다.

9.4.3 매끈한 관 내의 난류

(1) 유속분포

식 (9.42)는 그 유도과정에서 볼 때 벽 부근에서만 성립된다고 가정하였지만, 실험결과와의 비교로부터 관 중심까지 적용할 수 있는 것이 알려졌다. 따라서 9.4.2절에서 설명한 바와 같이 관 중심, 즉 $y = R$에서 $u = u_c$가 되도록 적분상수 C를 결정하면, 다음 식 (9.51)로 표현되는 난류의 유속분포식을 얻을 수 있다.

$$\frac{u_c - u}{u_*} = \frac{1}{\kappa}\ln\frac{R}{y} \tag{9.51}$$

여기서 κ는 Kármán 상수로서 0.4를 이용하고, 자연대수를 상용로그로 고치면

$$\begin{aligned}\frac{u_c - u}{u_*} &= 5.75\log_{10}\frac{R}{y} \\ &= -5.75\log_{10}\frac{y}{R}\end{aligned} \tag{9.52}$$

를 얻는다. 여기서 u_c는 관 중심선 유속이다. 식 (9.52)의 관계를 속도결손법칙(velocity defect law)이라 부르고 있다. 매끈한 관에서는 점성의 작용이 탁월하므로, 이제 무차원량 $(u_* y)/\nu$를 이용하여 상기 식을 변형한다.

$$\begin{aligned}\frac{u}{u_*} &= \frac{u_c}{u_*} + 5.75\log_{10}\frac{y}{R} \\ &= \frac{u_c}{u_*} + 5.75\log_{10}\frac{\nu}{u_* R} + 5.75\log_{10}\frac{u_* y}{\nu}\end{aligned} \tag{9.53}$$

식 (9.53)의 두 번째 식에서 우변의 첫 번째 항과 두 번째 항은 상수로서 실험에 의하면 5.5로서 일정한 값을 갖는다. 이것을 대입하면 매끈한 관 내의 난류의 유속분포식은 다음 식과 같이 된다.

$$\frac{u}{u_*} = 5.5 + 5.75\log_{10}\frac{u_* y}{\nu} \tag{9.54}$$

그림 9.9에 매끈한 관 내의 난류의 유속분포를 반대수적(semilogarithmic)으로 도시하였다. 상기 식 (9.54)는 $u_* y/\nu > 30 \sim 70$되는 완전난류영역에서는 실험결과와 잘 일치하고 있지만, $u_* y/\nu$가 작은 영역에서는 실험결과로부터 벗어나고 있는 것을 알 수 있다. 이것은 벽면 근방에서는 점성이 지배적인 작용을 하여 층류상태가 유지되므로 식 (9.42)가 성립하지 않기 때문이다. 이러한 층을 층류저층(laminar sublayer)이라고 하는 것을 앞에서 설명한 바 있다. 따라서 층류저층 내에서는 전단응력 분포를 Newton의 점성법칙, 즉 $\tau = \mu(du/dy)$를 이용하여 다시 수립해야 한다. 즉, 다음과 같은 식이 성립한다고 가정한다.

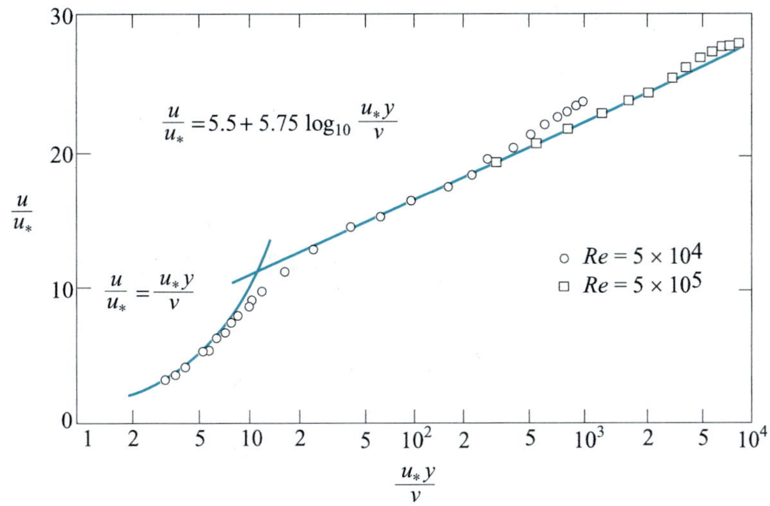

그림 9.9 매끈한 관 내의 난류유속분포

$$\tau = \tau_0 = \mu \frac{du}{dy} \tag{9.55}$$

상기 식을 적분하여 $y = 0$에서 $u = 0$인 경계조건을 대입하면 층류저층의 유속분포는 다음과 같이 직선분포식이 된다(그림 9.9).

$$\frac{u}{u_*} = \frac{u_* y}{\nu} \tag{9.56}$$

상기 식이 적용되는 한계는 대략 $u_* y/\nu < 5$의 범위이다. 일반적으로 층류저층의 두께 δ는 u_*와 δ로 정의되는 레이놀즈 수 Re_*에 의해서 다음과 같이 결정한다.

$$\mathrm{Re}_* = \frac{u_* \delta}{\nu} = 11.6 \tag{9.57}$$

여기서 11.6이라는 수는 층류저층의 안정한계에 대응하는 레이놀즈 수로부터 결정된 것이다. 상기 식에 식 (9.47)을 대입하면

$$\delta = 11.6\nu \big/ V\sqrt{f/8} \tag{9.58}$$

로 쓸 수도 있다. 그림 9.9로부터 알 수 있는 바와 같이 $5 < u_* y/\nu < 30 \sim 70$의 범위에서는 대수분포식 (9.54)에도 또 층류저층의 식 (9.56)에도 잘

일치하지 않는 영역이 존재한다. 이 영역을 조도천이영역이라 부르며, 층류와 난류가 공존하는 영역이라 볼 수 있다.

(2) 마찰손실계수

매끈한 관 내의 난류에 대한 마찰계수를 구해 본다. 매끈한 관 내의 난류의 유속분포식 (9.54)에 $y = d/2$일 때 $u = u_c$가 되는 조건을 대입하면

$$\frac{u_c}{u_*} = 5.5 + 5.75 \log_{10} \frac{u_* d}{2\nu} \tag{9.59}$$

이 되고 여기에 앞서 구한 단면 평균유속과 관 중심선 유속의 관계식 (9.50), 즉 $u_c = V(1 + 4.07\sqrt{f/8})$와 마찰속도와 평균유속과의 관계식 (9.47) $u_* = V\sqrt{f/8}$를 대입해서 정리하면 다음 식을 얻는다.

$$\frac{1}{\sqrt{f}} = 2.035 \log_{10}\left(\mathrm{Re}\sqrt{f}\right) - 0.91 \tag{9.60}$$

여기서 $\mathrm{Re} = Vd/\nu$로서 레이놀즈 수를 나타낸다. 상기 식을 실험결과와 일치하도록 상수계수를 적절히 보정해서 나타낸 식이 다음 식이 된다.

$$\frac{1}{\sqrt{f}} = 2.0 \log_{10}\left(\mathrm{Re}\sqrt{f}\right) - 0.80 \tag{9.61}$$

상기 식으로부터 매끈한 관 내의 난류에서의 마찰계수 f는 Re만의 함수로 나타나는 것을 알 수 있다.

9.4.4 거친 관 내의 난류

(1) 유속분포

관벽이 거친 경우 난류의 유속분포에 대해서도 매끈한 관의 경우와 마찬가지로, 다음과 같이 표시되는 식 (9.52)를 사용한다.

$$\frac{u_c - u}{u_*} = 5.75 \log_{10} \frac{R}{y}$$

그러나 매끈한 관과는 달리 거친 관에서는 점성의 작용이 탁월한 층류

저층이 존재하지 않고, 대신 벽면에 요철(조도의 높이)에 의해 발생되는 와류가 탁월하다. 따라서 거친 관에서는 동점성계수 ν 대신에 조도의 높이 e를 유속의 지배량의 하나로 생각하여 상기 식을 다음과 같이 변형한다.

$$\begin{aligned}\frac{u}{u^*} &= \frac{u_c}{u_*} + 5.75\log_{10}\frac{y}{R}\frac{e}{e} \\ &= \frac{u_c}{u_*} + 5.75\log_{10}\frac{e}{R} + 5.75\log_{10}\frac{y}{e}\end{aligned} \tag{9.62}$$

Nikuradse의 실험에 의하면 식 (9.62)의 우변 첫째 항과 두 번째 항의 합은 8.5로서 일정하게 나타났다. 따라서 식 (9.62)는 다음과 같이 표현된다.

$$\frac{u}{u_*} = 8.5 + 5.75\log_{10}\frac{y}{e} \tag{9.63}$$

이 식은 거친 관 내의 난류의 유속분포를 나타내는 식으로서, 유속이 조도의 함수로서 나타나는 것을 쉽게 알 수 있다. 상기 식에서 상수 8.5의 값의 결정은 Nikuradse의 실험에 의해서 결정되었는데, Nikuradse의 실험에서는 모래를 관벽에 붙여 만든 소위 인공조도를 사용하고 있는데, 실제의 거친 관(상업용관)에서는 조도가 인공조도와는 달리 균일하지가 않다. 따라서 상기 식과 실험결과를 비교하여 그 관의 조도 e를 산정할 수 있는데 이러한 조도를 상당조도(equivalent roughness) 또는 평균조도라 부른다.

(2) 거친 관 내의 난류의 마찰계수

거친 관의 경우에도 매끈한 관에서 구한 방법과 동일한 방법으로 마찰계수를 산정할 수 있다. 식 (9.63)에 $y = d/2$에서 $u = u_c$되는 조건과 식 (9.47)과 (9.50)을 대입해서 정리하고, 실험결과를 이용하여 상수계수를 조정하면 다음 식을 얻는다.

$$\frac{1}{\sqrt{f}} = 2.0\log_{10}\frac{d}{e} + 1.14 \tag{9.64}$$

위 식에 의하면 완전히 거친 관의 마찰계수는 레이놀즈 수와는 무관하고 상대조도 e/d만으로 결정할 수 있다는 것을 알 수 있다.

9.4.5 매끈한 관과 거친 관의 구분

앞에서 취급해 온 매끈한 관과 거친 관의 구분은 간단하지 않다. 관의 겉보기 거칠기 정도로만 구분하기 어렵기 때문이다. 왜냐하면 손으로 만져 볼 때 아무리 매끄럽더라도 현미경으로 본다면 더 이상 매끄럽다고 볼 수 없고, 또 겉보기에 거친 관이라 하더라도 레이놀즈 수가 충분히 작으면 층류저층의 두께가 커져서 실제로 매끄러운 관으로 될 수도 있다. 이것은 식 (9.58)의 양변을 직경 d로 나누고 변형한 식

$$\frac{\delta}{d}=\frac{32.8}{Re\sqrt{f}} \tag{9.65}$$

으로부터도 알 수 있다. 동일한 조건에서 레이놀즈 수가 증가하면 δ가 작아져서 거친 관으로 작용하고, 레이놀즈 수가 감소하면 δ가 증가하여 매끄러운 관으로 작용하게 된다. 벽면 근방에서 점성계수에 관련되는 길이 스케일은 ν/u_*이고, 식 (9.57)로부터 층류저층의 두께 δ는 이것에 비례하는 것을 알 수 있다. 이 길이 스케일 또는 층류저층의 두께 δ는 레이놀즈 수(유속)와 관계되는데, 이것들과 조도 e의 상대적인 크기 u_*e/ν(또는 e/δ)에 의해서 관벽의 실제적 거친 정도가 결정된다고 생각된다.

이러한 사실을 모식적으로 그린 것이 그림 9.10이다. 그림 (a)는 $u_*e/\nu < 5$, 즉, $e/\delta < 1/4$인 영역에서는 점성이 강하고 층류저층의 두께가 매우 커서 조도 e가 저층 내에 충분히 잠기기 때문에 매끈한 관으로 보아도 무방하다. 이러한 상태를 수리학적으로 매끈한 관(hydraulically smooth)이라 말한다. 이 때 마찰계수 f는 Re만의 함수로 표시된다. 이에 비해 그림 (c)와 같이 $u_*e/\nu > 70$, 즉 $e/\delta > 6$인 범위에서는 조도의 크기 e는 층류저층 δ 밖으로 돌출되어 나와 관은 완전히 거친 관의 역할을 하고 f는 e/d만의 함수로 된다. 또 상기 두 영역의 천이영역도 존재하며 이 때는 f는 Re와 상대조도 e/d의 함수이다. 이러한 것들을 정리해 보면 다음과 같다.

$$\text{수리학적으로 매끈한 관};\ u_*e/\nu < 5\ \left(\frac{e}{\delta}<\frac{1}{4}\right),\ \ f=f(\text{Re})$$

$$\text{천이영역};\ 5 < u_*e/\nu < 70\ \left(\frac{1}{4}<\frac{e}{\delta}<6\right),\ \ f=f\left(\text{Re},\frac{e}{d}\right)$$

$$\text{완전히 거친 관};\ u_*e/\nu > 70\ \ (e/\delta > 6),\ \ f=f\left(\frac{e}{d}\right)$$

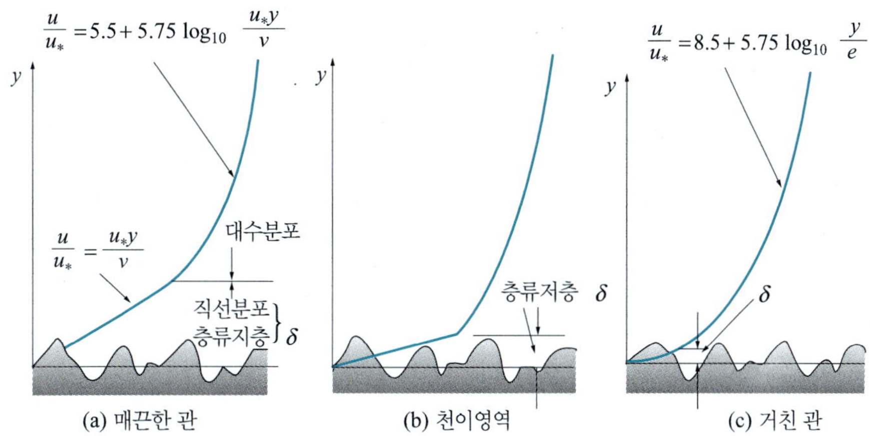

그림 9.10 매끈한 관과 거친 관의 구분

9.4.6 실용적 측면에서 이용되는 마찰계수

원형관의 난류흐름에 대한 마찰계수 f의 산정에 대해서는 오랜 기간 동안에 걸쳐 수많은 연구자들에 의해 실험이 행해졌다. 이러한 실험들은 흐름의 속도 V, 관경 d, 관의 조도 e, 유체의 성질(μ, ρ 등) 등과 같은 변수에 대해 f의 변화를 산정하는 실험들이었다. 그 대표적인 예가 9.2.3절에서 설명한 Nikuradse의 실험이다. 그러나 Nikuradse는 관벽에 모래를 부착시켜서 만든 조도, 소위 인공조도(e)를 이용하여 얻은 실험 결과이므로 실제 상업용 관의 경우와는 차이가 있다.

상업용 관의 마찰계수에 대해 널리 사용되고 있는 식은 Colebrook에 의한 경험식으로서 다음과 같이 표시된다.

$$\frac{1}{\sqrt{f}}=-2.0\log_{10}\left(\frac{e}{3.71d}+\frac{2.52}{Re\sqrt{f}}\right) \tag{9.66}$$

식 (9.66)은 천이영역을 고려하기 위해 매끈한 벽에 관한 마찰계수식 (9.65)와 거친 관에 대한 식 (9.64)를 보강하여 결합한 식이다. 그러나 식 (9.66)은 f의 음함수이기 때문에 f를 구하기 위해서는 반복 계산이 필요하므로 매우 번거롭다. 이러한 점을 극복하고 실용적 측면에서 이용하기 쉽도록 Colebrook 식을 도표화한 것이 그림 9.11에 나타낸 Moody 도표(Moody

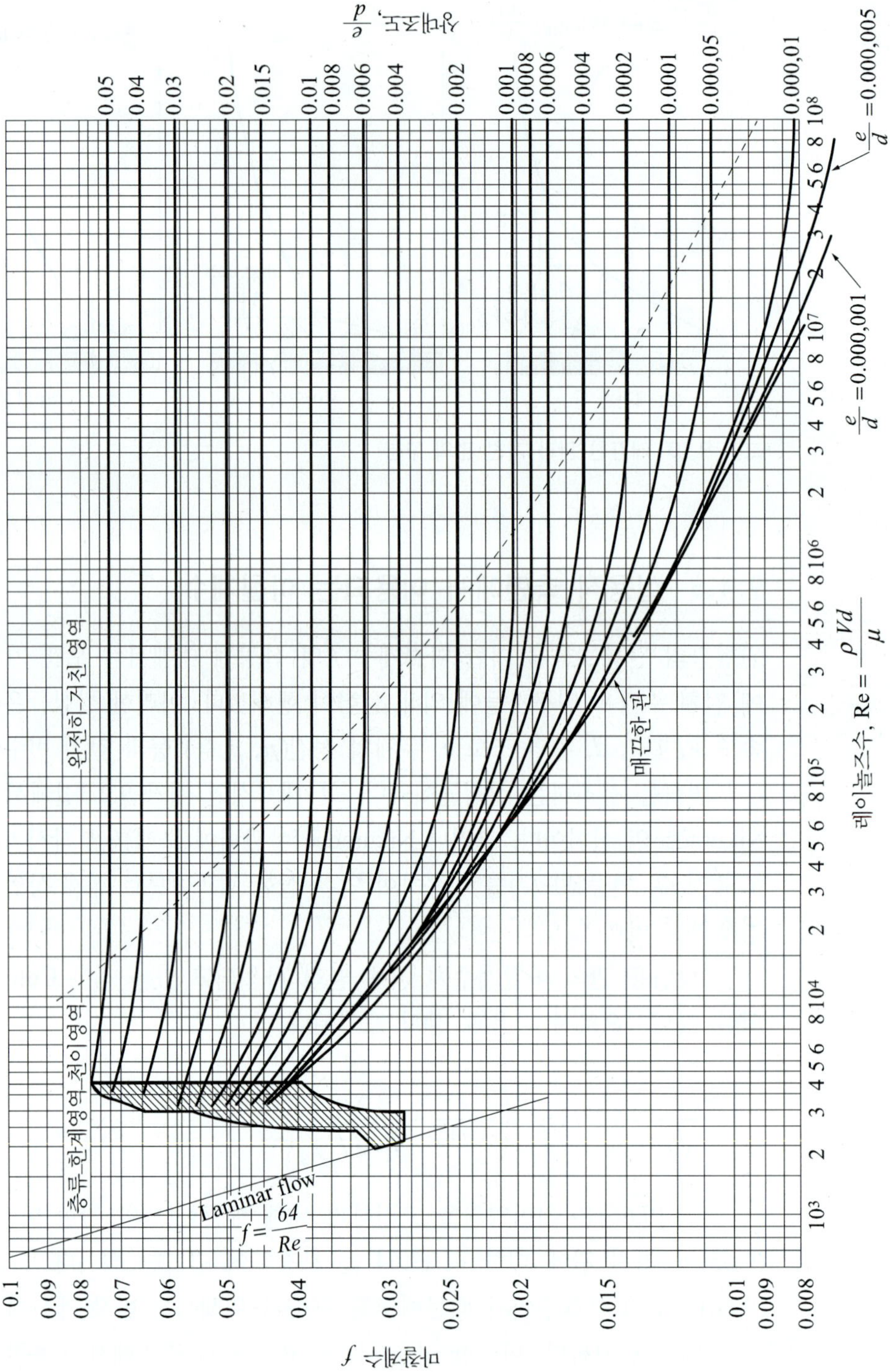

그림 9.11 완전히 발달된 관 흐름에 대한 마찰계수 [Moody 도표]

diagram or Moody chart)이다. 상대조도 e/d와 레이놀즈 수 Re를 알면 Moody 도표로부터 마찰계수 f를 구할 수 있다. 원형이 아닌 관에 대해서는 d 대신 $4R_h$를 이용하여 구한다.

Moody 도표는 어떠한 형태의 흐름에도 적용이 가능하다. 단 도표 사용시 관의 조도의 값을 결정하는 데 어려움이 있는데, 이것은 Colebrook이 상업용관의 실험을 통해서 제시해 놓은 표 9.1의 상당조도(평균조도)를 이용한다.

표 9.1 상업용관의 상당조도 (단위 mm)

관의 종류	상당조도(평균조도)
리베트관	0.9(few) ~ 9.0(many)
콘크리트관	0.3 ~ 3.0
나무관	0.18 ~ 0.9
주철관	0.26
아연관	0.15
상업용 강철관(또는 단철관)	0.046
아스팔트관	0.12
유리관, 청동관	매끈한 관

한편 Haaland는 Moody 도표를 사용하는 대신에 컴퓨터에 적용할 목적으로 다음과 같이 f에 대해 양함수 형태의 대체공식을 제시하였다.

$$\frac{1}{f^{\frac{1}{2}}} = -1.8 \log_{10}\left[\frac{6.9}{\text{Re}} + \frac{(e/d)^{1.11}}{3.7}\right] \tag{9.67}$$

이 식을 이용하여 계산하면 식 (9.66)과 비교하여 2% 이내의 오차범위에 들어오는 것으로 알려졌다. 또 Miller는 식 (9.66)을 계산하는 데 있어서 초기값 f_0를

$$f_0 = 0.25\left[\log_{10}\frac{(e/d)}{3.7} + \frac{5.74}{\text{Re}^{0.9}}\right]^{-2} \tag{9.68}$$

로 계산하면 단 1회의 반복 계산만으로 1% 이내의 오차밖에 없었다고 보고하였다.

예제 9.7 매끈한 관 내의 난류

직경 10 cm인 유리관에 물이 $Q = 0.08\ \text{m}^3/\text{sec}$로 흐르고 있다. 동점성계수 $\nu = 1.01 \times 10^{-6}\ \text{m}^2/\text{sec}$일 때 다음 사항에 답하라.

(a) 관로 100 m 구간에서 생긴 손실수두를 구하라.
(b) 마찰속도를 구하라.
(c) 관 중심선 유속을 구하라.
(d) 관 중심에서 3 cm 떨어진 곳에서의 유속을 구하라.

풀이
평균유속과 레이놀즈 수를 구하면

$$V = \frac{Q}{A} = \frac{0.08}{\frac{\pi}{4} \times 0.1^2} = 10.19\ \text{m/sec}$$

$$\text{Re} = \frac{10.19 \times 0.1}{1.01 \times 10^{-6}} = 1.01 \times 10^6$$

매끈한 관이므로 위에서 계산한 레이놀즈 수를 이용하여 Moody 도표로부터 f를 찾으면 $f = 0.0116$이 된다.

(a) 손실수두

$$h_L = f\frac{l}{d}\frac{V^2}{2g} = 0.0116\frac{100}{0.1} \times \frac{10.19^2}{2 \times 9.8} = 61.45\ \text{m}$$

(b) 마찰속도
식 (9.47)로부터

$$u_* = V\sqrt{\frac{f}{8}} = 10.19 \times \sqrt{\frac{0.0116}{8}} = 0.39\ \text{m/sec}$$

(c) 관 중심선 유속
식 (9.50)으로부터 관 중심선 유속은

$$u_c = V\left(1 + 4.07\sqrt{\frac{f}{8}}\right)$$

$$= 10.19\left(1 + 4.07\sqrt{\frac{0.0116}{8}}\right) = 11.77\ \text{m/sec}$$

(d) 유속 분포

매끈한 관이므로 식 (9.54)를 이용한다.

$$u = u_* \left(5.5 + 5.75 \log_{10} \frac{u_* y}{\nu} \right)$$

$$= 0.39 \left(5.5 + 5.75 \log_{10} \frac{0.39 \times 0.02}{1.0 \times 10^{-6}} \right) = 10.87 \text{ m/sec}$$

여기서 y는 관벽으로부터 떨어진 거리를 의미한다.

예제 9.8 완전난류 (거친 관의 경우)

직경 30 cm의 원형 관에 $Q = 0.8 \text{ m}^3/\text{sec}$의 유량으로 물이 흐르고 있다. 관의 평균조도(상당조도)가 $e = 0.3$ mm일 때 다음 사항을 구하라.

단, 동점성계수는 $\nu = 1.0 \times 10^{-6} \text{m}^2/\text{sec}$이다.

(a) 관로 500 m 연장에 걸친 손실수두를 구하라.
(b) 관벽에서 10 cm 떨어진 곳의 전단응력을 구하라.
(c) 마찰속도와 관의 중심선 유속을 구하라.
(d) 관벽에서 10 cm 떨어진 곳의 유속을 구하라.

풀이

평균 유속과 레이놀즈 수를 구하면

$$V = Q/A = 0.8 \Big/ \left(\frac{\pi}{4} \times 0.3^2 \right) = 11.32 \text{ m/sec}$$

$$\text{Re} = \frac{Vd}{\nu} = \frac{11.32 \times 0.3}{1.0 \times 10^{-6}} = 3.40 \times 10^6$$

또 상대조도는

$$\frac{e}{d} = \frac{0.3}{300} = 0.001$$

상기 레이놀즈 수와 상대조도를 이용하여 Moody 도표로부터 f를 구하면 $f \approx 0.0199$ [참고로 식 (9.67)을 이용하면 $f \simeq 0.0203$으로 계산된다.]

(a) 손실수두

$$h_L = f\frac{l}{d}\frac{V^2}{2g} = 0.0199\times\frac{500}{0.3}\times\frac{11.32^2}{2\times 9.8} = 216.84 \text{ m}$$

(b) 전단응력

식 (9.11)로부터

$$\tau = \frac{\gamma h_L}{2l}r = \frac{1000\times 216.84}{2\times 500}\times 0.05 = 10.84 \text{ kg중/m}^2$$

(c) 마찰속도와 관중심선 유속

$$u_* = V\sqrt{f/8} = 11.32\times\sqrt{\frac{0.0199}{8}} = 0.56 \text{ m/sec}$$

중심선 유속은

$$u_c = V\left(1+4.07\sqrt{f/8}\right) = 13.62 \text{ m/sec}$$

(d) 유속분포

앞에서 구한 레이놀즈 수와 상대조도로부터 이 흐름은 거의 완전 난류에 가깝다(Moody 도표 참조). 따라서 유속분포는 식 (9.63)을 이용한다.

$$u = u_*\left(8.5+5.75\log_{10}\frac{y}{e}\right) = 0.56\left(8.5+5.75\log_{10}\frac{0.1}{0.0003}\right)$$

$$= 12.88 \text{ m/sec}$$

예제 9.9 유량산정 : 시행착오법

직경이 $d = 20$ cm의 관에 물이 흐르고 있다. 관 중심선 유속이 $u_c = 3$ m/sec이고, 관의 평균(상당)조도가 $e = 0.4$ mm일 때 이 관을 통해서 흐르는 유량을 구하라. 단, 동점성계수는 $\nu = 1.01\times 10^{-6} \text{m}^2$/sec이다.

풀이

유량(Q)을 구하기 위해서는 평균유속(V)이 필요하고, 또 평균유속과 관 중심선 유속(u_c)의 관계는 f의 함수이므로 f가 주어져야 한다. 그런데 f를 구하기 위해서는 다시 레이놀즈 수(결국에는 평균유속)을 알아야 하므로 f를 시행착오법을 이용하여 구해야 한다.

상대조도가 $e/d = 0.4/200 = 0.002$이므로 완전난류로 가정하고 Moody 도표를 찾으면 f는 $f \approx 0.0235$이다. 식 (9.50)으로부터 평균유속은

$$V = \frac{u_c}{1 + 4.07\sqrt{f/8}}$$

$$= \frac{3}{1 + 4.07\sqrt{0.0235/8}} = 2.46 \text{ m/sec}$$

따라서 레이놀즈 수는 다음과 같다.

$$Re = \frac{Vd}{\nu} = \frac{2.46 \times 0.2}{1.01 \times 10^{-6}} = 4.87 \times 10^5$$

$e/d = 0.002$와 $\mathrm{Re} = 4.87 \times 10^5$를 이용하여 Moody 도표에서 f를 읽으면 $f \approx 0.024$가 되는데, 이것은 처음 가정치와 다르므로 나중에 얻은 f값을 재가정치로 하여 계산을 반복한다.

$$V = \frac{u_c}{1 + 4.07\sqrt{\frac{0.024}{8}}} = 2.45 \text{ m/sec}$$

$$Re = \frac{Vd}{\nu} = \frac{2.45 \times 0.2}{1.01 \times 10^{-6}} = 4.85 \times 10^5$$

다시 상대조도와 상기 레이놀즈 수를 이용하여 f를 구하면 $f = 0.024$가 되어 바로 전 단계에서 구한 f값과 일치한다. 따라서 이 흐름의 평균유속은 $V = 2.45$ m/sec이므로 유량은 다음과 같이 산정된다.

$$Q = AV = \frac{\pi}{4} d^2 \times V = \frac{\pi}{4} \times 0.2^2 \times 2.45 = 0.077 \text{ m}^3/\text{sec}$$

9.5 관수로흐름 계산을 위한 평균유속 공식

우리는 9.4절에서 이미 다음과 같이 표시되는 Darcy-Weisbach 공식을 제시한 바 있다.

$$h_L = f \frac{l}{4R_h} \frac{V^2}{2g}$$

상기 식으로부터 관의 제원이 주어졌을 경우, 손실수두 h_L 및 f를 알면 평균유속 V를 구할 수 있다. 그러나 f가 주어지지 않은 경우에는 f가 레이놀즈 수와 상대조도의 함수이므로, 시행착오법을 이용하여 f를 구할 수밖에 없다. 따라서 이렇게 번거로운 방법을 피하고, 공학적으로 좀 더 간단하고 실용적으로 사용할 수 있도록 제안한 공식이 평균유속 공식이다. 즉, 평균유속 공식은 레이놀즈 수가 커지면 f가 상대조도만의 함수가 되는 특성을 고려하여, f에 관계되는 계수(조도계수)와 동수반경 및 에너지경사의 지수를 실험적으로 결정하여 구한 경험 공식이다.

9.5.1 Chezy 공식

Chezy 공식은 원래 개수로흐름 계산을 위해 유도되었는데, 그 뒤 관수로의 완전난류 흐름에 적용하게 되었다. 이 식은 Darcy-Weisbach 식을

$$V = \sqrt{\frac{8g}{f}}\sqrt{R_h \frac{h_L}{l}} = C\sqrt{R_h S} \tag{9.69}$$

의 형태로 나타낸 것이다. 여기서 R_h는 동수반경이고, S는 에너지경사를 나타낸다. 또 C는 Chezy의 평균유속계수로서 다음과 같이 표현된다.

$$C = \sqrt{\frac{8g}{f}} \tag{9.70}$$

Chezy 계수 C는 식 (9.69)에서 R_h의 차원이 [L]인 점을 고려하면 $[L^{1/2}T^{-1}]$의 차원을 갖는 계수인 것을 알 수 있다. Bazin은 실험을 통하여 Chezy 계수 C값에 대해 다음과 같은 식을 제안하였다.

$$C = \frac{87\sqrt{R_h}}{K_B + \sqrt{R_h}} \tag{9.71}$$

여기서 K_B는 관벽의 조도를 나타내는 계수로서 역시 $[L^{1/2}]$의 차원을 가지며 각 관에 대한 값은 표 9.2에 나타나 있다.

표 9.2 관의 종류에 따른 K_B

관의 종류	K_B 값($m^{1/2}$)
석면관(신품)	0.06
강관(신품)	0.10
주철관(신품)	0.16
양호한 상태의 콘크리트관	0.18
주철관	0.23
물때가 덮인 주철관	0.36

9.5.2 Hazen-Williams 공식

Hazen-Williams는 실험을 통해서 평균유속 공식으로서 다음 식을 제안하였다.

$$V = 0.84935\, C_{HW} R_h^{0.63} S^{0.54}\,(\text{m/sec}) \tag{9.72}$$

여기서 R_h는 동수반경, S는 에너지경사, 또, C_{HW}는 Hazen-Williams의 유속계수로서, 주철관 및 강관에 대해서는 $C_{HW} = 100$, 원심 콘크리트 관에 대해서는 $C_{HW} = 130$을 채용한다. 이 들의 대표적인 값을 표 9.3에 제시하였다.

표 9.3 Hazen-Williams의 유속계수 C_{HW}

관재료	C_{HW}	관재료	C_{HW}
석면시멘트	140	아연철	120
청동	130 ~ 140	유리	140
벽돌	100	납	130 ~ 140
주철(신품)	130	플라스틱	140 ~ 150
10년	107 ~ 113	강철(신품)	140 ~ 150
20년	89 ~ 100	리벳강철	110
30년	75 ~ 90	주석	130
40년	64 ~ 83	나무관	120
콘크리트, 강철거푸집	140	구리	120
합판거푸집	130	토관	110

Hazen-Williams 공식에서의 마찰계수를 알아보기 위해 이 식을 Darcy-Weisbach 식의 형태로 변형하고 두 식을 비교한다. 식 (9.72)에 $S = h_L/l$, $R_h = d/4$를 대입하고 변형하면 다음 식을 얻는다.

$$h_L = \left[\frac{131}{\nu^{0.15} C_{HW}^{1.85} d^{0.017}} \frac{1}{\left(\frac{Vd}{\nu}\right)^{0.15}} \right] \frac{l}{d} \frac{V^2}{2g} \tag{9.73}$$

위 식에서 ν는 동점성계수로서 $\nu = 1.0 \times 10^{-6} \mathrm{m^2/s}$의 값을 대입하고 Darcy-Weisbach 식과 비교하면, 마찰계수는 다음과 같이 표현된다.

$$f \doteqdot \frac{1060}{C_{HW}^{1.85} \mathrm{Re}^{0.15} d^{0.017}} \tag{9.74}$$

9.5.3 Manning 공식

Manning 공식은 다음과 같이 표현된다.

$$V = \frac{1}{n} R_h^{2/3} S^{1/2} \, (\mathrm{m/sec}) \tag{9.75}$$

이 공식은 레이놀즈 수가 크고 상대조도가 아주 큰 완전난류상태 하의 흐름에 적합하다. 주로 하천이나 수력발전수로 등과 같은 큰 규모의 개수로 흐름에 대해서 개발되었으나, 식이 비교적 단순하고 실험식과 잘 일치하므로 관수로흐름에도 널리 사용된다. 위 식에서 n은 조도계수로서 대표적인 n 값에 대해서는 표 9.4에 제시되어 있다.

Manning 공식의 n값과 Chezy 공식의 C값의 관계를 알아보기 위해, 식 (9.69)와 (9.75)를 비교하면 다음 식을 얻는다.

$$C = \frac{1}{n} R_h^{\frac{1}{6}} \tag{9.76}$$

또 Hazen-Williams 공식의 f를 결정할 때와 동일한 방법을 사용하여 식 (9.75)를 변형하면 다음과 같이 표현된다.

표 9.4 조도계수 n값

관재료	n	관재료	n
유리, 청동, 구리	0.009 - 0.013	시멘트 몰탈면	0.011 - 0.015
매끈한 시멘트면	0.010 - 0.013	타일	0.011 - 0.017
나무	0.010 - 0.013	단철	0.012 - 0.017
매끈한 하수관	0.010 - 0.017	벽돌(몰탈 접착)	0.012 - 0.017
주철	0.011 - 0.015	리벳 강관	0.017 - 0.020
콘크리트	0.011 - 0.015	주름진 금속배수관	0.020 - 0.024

$$h_L = \frac{124.5n^2}{d^{1/3}} \frac{l}{d} \frac{V^2}{2g} \tag{9.77}$$

이 식을 Darcy-Weisbach 식과 비교하면 f는 다음 식이 된다.

$$f = \frac{124.5n^2}{d^{1/3}} \tag{9.78}$$

Manning의 평균유속 공식으로부터 구한 상기 마찰손실계수식은 도표를 사용하거나 복잡한 수식 계산 없이도 f를 쉽게 구할 수 있는 이점 때문에 실제 계산에 많이 이용되고 있다. 그러나 위 식에 포함된 n이 경험적으로 결정된 상수이므로 상기 식으로 계산된 f값은 실제값과 차이가 생길 수 있다는 점에 유의해야 한다. 흐름상태가 난류인 경우에는 오차가 비교적 작게 나타난다.

예제 9.10 관 내의 평균유속과 유량 산출(Hazen-Williams 공식)

다음과 같은 조건을 가진 원형의 리벳 강관을 생각해 보자.

조건 : $l = 100$ m, $d = 20$ cm, $S = 0.0058$ m/m

이 관에서의 평균 유속, 손실수두, 유량을 산출해 내어라.

풀이

표 9.3을 이용하여 리벳 강관의 Hazen-Williams 계수 C_{HW}를 얻을 수 있다.

(a) $S = \dfrac{h_L}{l}$ 에서 손실수두 $h_L = Sl = (0.0058)(100) = 0.58(\text{m})$

(b) 동수반경 $R_h = \dfrac{d}{4} = \dfrac{0.2}{4} = 0.05(\text{m})$

(c) 평균유속 V는 Hazen-Williams 공식을 이용하면

$$\begin{aligned} V &= 0.849 C_{HW} R_h^{0.63} S^{0.54} \text{ m/sec} \\ &= 0.849 \times 110 \times 0.05^{0.63} \times 0.0058^{0.54} \\ &= 0.877 \text{ m/sec} \end{aligned}$$

(d) $Q = AV = \dfrac{\pi 0.2^2}{4} \times 0.877 = 0.028 \text{ m}^2/\text{sec}$

예제 9.11 마찰손실계수와 조도계수의 관계

Manning의 평균유속 공식으로부터 마찰손실계수 f와 조도계수 n과의 관계식 (9.78)을 유도하라.

풀이

Manning의 평균유속 공식을 제곱하면

$$V^2 = \left(\frac{1}{n}\right)^2 \left(R_h^{2/3}\right)^2 S = \frac{1}{n^2} R_h^{4/3} S$$

이 식에 $S = \dfrac{h_L}{l}$ 및 $R_h = \dfrac{d}{4}$의 관계를 대입하면 다음 식과 같이 된다.

$$V^2 = \frac{1}{n^2}\left(\frac{d}{4}\right)^{4/3} \frac{h_L}{l}$$

이것을 Darcy-Weisbach 공식의 형태로 변형한다.

$$\begin{aligned} h_L &= n^2 l \frac{1}{(d/4)^{4/3}} V^2 = n^2 l \frac{V^2}{(d/4) \times (d/4)^{1/3}} \\ &= \frac{n^2 \times 4 \times 4^{1/3}}{d^{1/3}} \times \frac{l}{d} \times \frac{V^2}{2g} \times 2g \\ &= \frac{124.5 n^2}{d^{1/3}} \frac{l}{d} \frac{V^2}{2g} \end{aligned}$$

이 식을 Darcy-Weisbach 공식과 비교하면 f는 다음과 같이 된다.

$$f = \frac{124.5n^2}{d^{1/3}}$$

9.6 관 마찰 이외의 손실

앞에서 우리는 마찰에 의한 에너지손실을 주로 다루었다. 그러나 관수로흐름에서는 이러한 마찰에 의한 손실 이외에도 관 장치의 부속품이나 흐름단면의 갑작스러운 변화에 의해서도 에너지 손실이 발생한다. 이러한 손실을 부차적손실(minor loss), 미소손실 또는 형상손실(form loss)이라 부르고 있다. 부차적 손실은 관의 입구부나 출구부, 단면의 급확대 및 급축소 등 단면의 급변부에서 생기는 유선의 박리현상, 밴드나 엘보 등 곡면관에서 생기는 이차류(secondary flow), 밸브 등 관장치로부터 오는 급격한 와류 등에 의해 발생된다. 이러한 부차적 손실은 관의 길이가 긴 경우에는 무시할 수 있는 경우가 많지만 반드시 작은 것만은 아니다. 예를 들어 부분적으로 열린 밸브에서의 손실은 긴 관의 마찰손실보다 큰 경우가 있다.

부차적 손실에 대한 이해를 돕기 위해 그림 9.12에 도시한 바와 같이 단면 급확대 관과 급축소 관에 대한 흐름을 고찰해 보자. 이러한 경우에는 흐름은 관벽을 따르지 못하고 급변부에서 유선이 박리(剝離, separation)하게 되는데, 이 박리유선과 고정벽면 사이에는 와의 영역이 되어 회전하면서 유하하지 않는다. 이 와영역은 평균적으로는 주류방향으로 이동하지 않으므

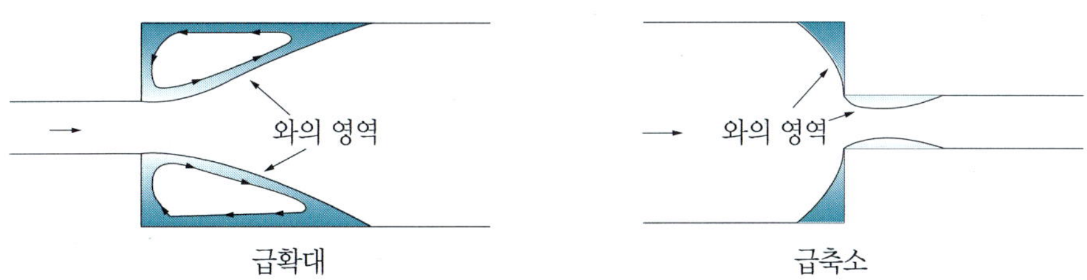

그림 9.12 단면 급확대 및 급축소 관

로 결국 유수단면적이 축소되는 효과를 가져와 에너지손실을 유발하게 된다. 그림에서 알 수 있는 바와 같이 단면 급확대의 경우가 단면축소인 경우보다 와의 영역이 크게 나타나므로, 에너지손실도 크게 나타나는 것은 당연할 것이다. 이러한 와류의 형성은 관의 입구부나 축소부, 또 점차로 확대되거나 축소되는 영역에서도 그 규모의 정도는 차이가 있으나 위에서 설명한 원리와 동일하게 와가 발생한다.

이외에도 밴드나 엘보와 같이 곡면부에서 생기는 이차류(secondary flow)나 관의 이음새, 관의 밸브 등에 의한 급격한 와류도 부차적 손실을 유발시킨다. 일반적으로 부차적 손실은 단면 급확대와 같은 경우를 제외하고는 해석적으로 결정하기가 곤란하므로 실험에 의존한다.

부차적 손실은 일반적으로 속도수두를 이용하여 다음과 같이 표현한다.

$$h_m = K\frac{V^2}{2g} \tag{9.79}$$

여기서 K는 부차손실계수로서 실험에 의해 결정된다. Darcy-Weisbach 식을 만족시키는 등가길이 l_e를 이용하여 부차적 손실을 다음과 같이 표현할 수도 있다.

$$h_m = f\frac{l_e}{d}\frac{V^2}{2g} \tag{9.80}$$

여기서 l_e는 직선관에 상응하는 등가길이(equivalent length), 즉 부차적 손실을 마찰손실로 환산했을 때에 해당하는 관의 길이이다. 식 (9.79)와 (9.80)으로부터 등가길이 l_e는 다음과 같이 표현된다.

$$l_e = \frac{Kd}{f} \tag{9.81}$$

9.6.1 단면적의 급격한 변화에 의한 손실

(1) 단면 급확대 손실

그림 9.13과 같이 단면적이 A_1에서 A_2로 갑자기 확대되는 경우를 생각한다.

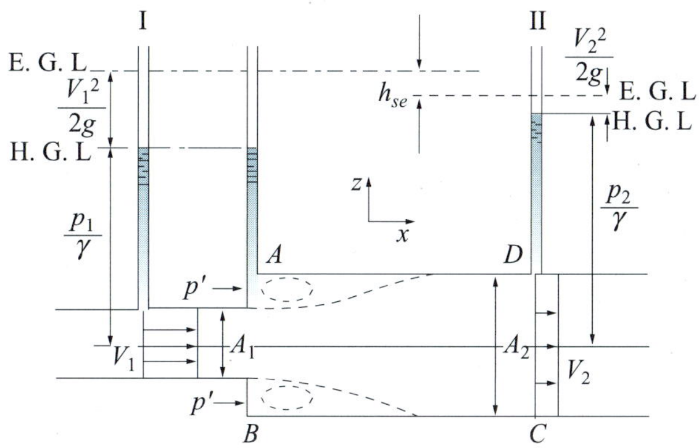

그림 9.13 단면 급확대 관

단면 I, II에 베르누이 방정식을 적용하면, 부차적 손실은 다음과 같이 얻어진다.

$$
\begin{aligned}
h_{se} &= \left(\frac{V_1^2}{2g}+\frac{p_1}{\gamma}\right)-\left(\frac{V_2^2}{2g}+\frac{p_2}{\gamma}\right) \\
&= \frac{V_1^2-V_2^2}{2g}+\frac{p_1-p_1}{\gamma}
\end{aligned}
\tag{9.82}
$$

여기서 관의 길이가 짧으므로 마찰에 의한 손실은 무시하고 있다. 상기 식을 부차적 손실에 관한 식 (9.79)와 같이 표현하기 위해서는 우변의 압력항을 속도항으로 변환해야 한다. 이를 위해 I, II 단면에 대해 운동량방정식을 적용한다.

$$
p_1A_1+p'\left(A_2-A_1\right)-p_2A_2=\frac{\gamma}{g}A_2V_2\left(V_2-V_1\right) \tag{9.83}
$$

그런데 p'는 실세의 유수단면적이 단면 I과 거의 변화가 없는 출구 직후의 압력이므로 근사적으로 $p' \cong p_1$으로 생각할 수 있다. 따라서 이것을 대입하고 정리하면 다음 식과 같이 된다.

$$
\begin{aligned}
\left(p_1-p_2\right)A_2 &= \frac{\gamma}{g}A_2V_2\left(V_2-V_1\right) \\
\frac{p_1-p_2}{\gamma} &= \frac{V_2\left(V_2-V_2\right)}{g}
\end{aligned}
\tag{9.84}
$$

식 (9.84)를 (9.82)에 대입하면 단면 급확대에 의한 손실수두는 다음과 같이 표현된다.

$$h_{se} = \frac{(V_1 - V_2)^2}{2g} \tag{9.85}$$

상기 식에 연속식 $A_1 V_1 = A_2 V_2$를 대입하고 정리하면

$$h_{se} = \left(1 - \frac{A_1}{A_2}\right)^2 \frac{V_1^2}{2g} \tag{9.86}$$

과 같이 식 (9.79)와 같은 형태가 되며 이 때 손실계수는

$$K_{se} = \left(1 - \frac{A_1}{A_2}\right)^2 \tag{9.87}$$

이 되고, K_{se}를 단면 급확대손실계수라 부른다.

(2) 출구손실(exit loss)

출구손실은 단면 급확대의 극단적인 예에 속한다. 예를 들어, 관으로부터 물이 수조나 저수지로 유출되는 경우가 이러한 경우이다. 이러한 경우는 $A_1 \ll A_2$이므로 식 (9.87)로부터 출구손실계수는 근사적으로 다음과 같이 된다.

$$K_0 = 1 \tag{9.88}$$

여기서 K_0는 출구 손실을 나타낸다.

(3) 단면 급축소 손실

관이 급축소되는 경우에도 그림 9.14에서와 같이 급변부에서 유선이 박리되고, 축소 관벽 부근에 와를 형성하였다가 점차적으로 흐름이 회복되어 축소관 전체를 흐르는 흐름이 된다.

이 때 와에 의한 수두손실이 발생한다. 이 경우 에너지손실의 발생 메카니즘은 크게 두 가지로 분류할 수 있다. 우선 직경이 큰 관에서 작은 관으로 축소되는 부분에서 생기는 손실과 축류부(vena conrtacta)에서 하류부로 흐름이 다시 확대될 때 생기는 손실이 그것이다. 전자는 압력수두가 급감되

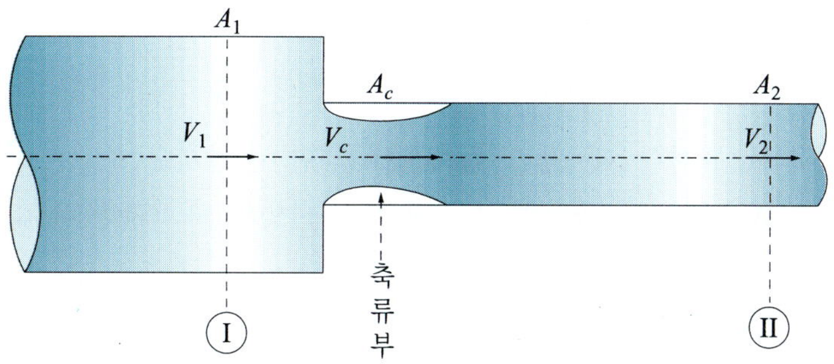

그림 9.14 단면 급축소 관

고, 유속이 급증되는 가속운동으로서 단지 압력수두가 속도수두로 변하는 경우에 발생하는 것으로, 이 경우의 에너지손실은 비교적 작다. 따라서 에너지손실은 후자의 경우 즉, 축류부에서 확대될 때 유체의 감속부에서 생기는 손실이 급축소에 의한 손실의 대부분을 차지한다.

축류부에서 흐름이 A_2 크기의 단면으로 확대되는 경우는 1.항에서 다룬 단면 급확대의 경우와 손실의 발생 메카니즘이 동일하므로, 단면 급축소에 의한 손실은 다음과 같이 쓸 수 있다.

$$h_{se} = \frac{\left(V_c - V_2\right)^2}{2g} \tag{9.89}$$

여기서 h_{sc}는 단면 급축소 손실수두이고, V_c는 축류부에서의 속도이다. 여기에 축류부와 축소관에 대해 연속방정식 $A_c V_c = A_2 V_2$를 대입하고 정리하면

$$h_{se} = \left(\frac{A_1}{A_c} - 1\right)^2 \frac{V_2^2}{2g}$$

으로 되고, 이 식에 $A_c/A_2 = C_c$로 정의되는 단면 수축계수(coefficient of contraction)를 대입하면 다음과 같이 된다.

$$h_{se} = \left(\frac{1}{C_c} - 1\right)^2 \frac{V_2^2}{2g} \tag{9.90}$$

여기서 수축계수는 실험적으로 구해지는 값이다. 식 (9.90)을

$$h_{se} = K_{sc}\frac{V_2^2}{2g} \tag{9.91}$$

로 표시할 때 단면 급축소에 의한 손실계수 K_{sc}는 실험적으로 구해지며, Weisbach에 의하면 축소되기 전 단면과 축소단면 비에 따라 표 9.5와 같이 변화한다.

표 9.5 K_{sc}값

d_2/d_1	0	0.1	0.2	0.3	0.4	0.5	0.6	0.7	0.8	0.9	1.0
K_{sc}	0.50	0.50	0.49	0.49	0.46	0.43	0.38	0.29	0.18	0.07	0.00

(4) 입구손실

출구손실이 단면 급확대손실의 극단적인 예라면 입구손실은 단면 급축소손실의 극단적인 예가 된다. 그림 9.15와 같이 규모가 큰 저수지로부터 물이 관으로 유입되는 경우의 수두손실을 생각해 보자. 이 때 수두손실은

$$h_e = K_e\frac{V^2}{2g} \tag{9.92}$$

으로 표시된다. 여기서 h_e는 입구손실수두이고, K_e는 입구손실계수이다. 이 경우 저수지의 흐름단면적은 관의 단면적에 비해 매우 크므로, 저수지의 흐름단면적(A_1)에 대한 관의 단면적(A_2)의 비, $A_2/A_1 \simeq 0$이 되므로, 표 9.5에서 $K_e = 0.5$가 된다.

일반적으로 입구 손실계수 K_e는 관 입구의 접합상태 및 그 형상에 따라 크게 변화한다. 입구부의 조건에 따른 K_e의 근사값을 그림 9.15에 나타내었다. 특별한 언급이 없는 경우 K_e값은 0.5를 채용한다.

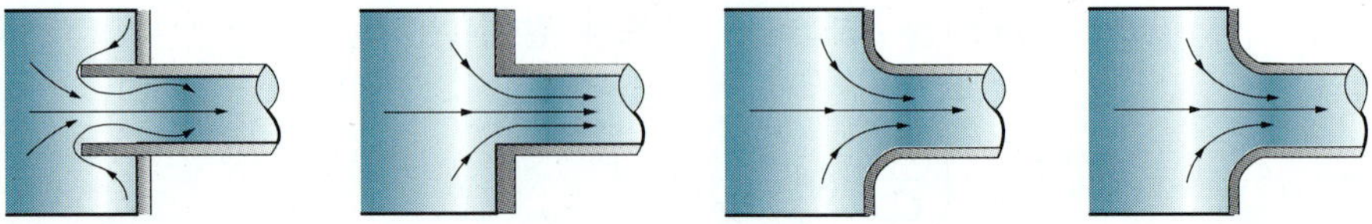

$K_e = 0.78$　　$K_e = 0.4 \sim 0.5$　　$K_e = 0.2 \sim 0.25$　　$K_e = 0.05$

그림 9.15 입구손실

9.6.2 점차적인 단면 변화에 따른 손실

(1) 단면 점확대 손실

관의 단면이 점진적으로 확대되는 경우를 생각하자. 단면 점확대 손실수두는

$$h_{ge} = K_{ge}\frac{(V_1 - V_2)^2}{2g} \tag{9.93}$$

으로 표시되고, 점확대손실계수 K_{ge}는 Gibson의 실험에 의하면 그림 9.16과 같이 점확대 전・후의 관경비 d_2/d_1과 확대각 θ에 따라 변화한다. 그림에서 알 수 있는 바와 같이 θ가 7 ~ 8°부근에서 K_{ge}값이 최소로 되고, 이보다 각이 커지면 유선이 관벽으로부터 박리되어 손실계수가 급격히 증가하였다가, 대략 θ= 60 ~ 70° 부근에서 K_{ge}가 최대로 되는 것을 알 수 있다. 참고로 θ = 180°인 경우에는 출구손실의 경우로서 근사적으로 1에 가까운 값을 취하는데 이것은 출구손실계수와 동일한 값을 갖는다.

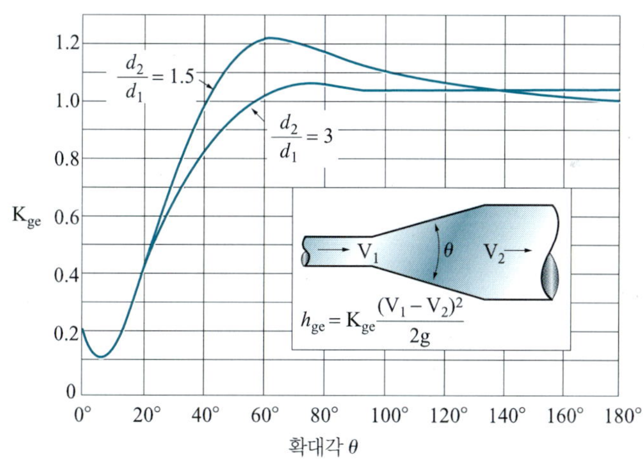

그림 9.16 단면 점확대 손실계수

(2) 단면 점축소 손실

점축소에 의한 손실수두 h_{gc}도 축소각 θ와 축소 전・후의 단면적 비 A_1/A_2에 의해 변하고 다음과 같이 표시된다.

$$h_{gc} = K_{gc} \frac{V_2^2}{2g} \tag{9.94}$$

단면이 점차적으로 축소되는 경우에는 유선의 박리가 거의 일어나지 않으므로 일반적으로 수두손실은 매우 작다. 그림 9.17은 Gardel이 제시한 단면 점축소손실계수 K_{gc}의 변화를 나타낸 그림이다. 그림에서 알 수 있는 바와 같이 θ각이 작은 경우는 K_{gc}의 값은 거의 0에 가까운 것을 알 수 있다.

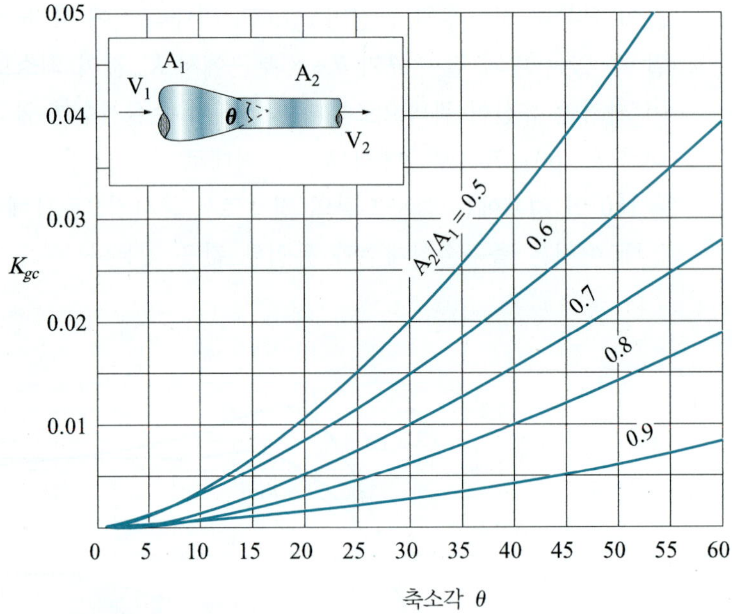

그림 9.17 단면 점축소 손실계수

한편 Weisbach는 실험 결과를 종합하여 단면 점축소에 대한 손실계수에 대해 다음 식을 제안하고 있다.

$$K_{ge} = \frac{0.025}{8\sin\frac{\theta}{2}}\left(1-\left(\frac{A_2}{A_1}\right)^2\right) \tag{9.95}$$

9.6.3 만곡관 또는 굴절 관에 의한 손실

(1) 만곡관에 의한 손실

만곡관의 경우는 만곡부의 내부와 외부의 관벽에서의 압력과 유속의 차에 의해서 생기는 2차 흐름(secondary flow)에 의해서 수두손실이 발생한다. 만곡관에 의한 손실수두 h_b는 Anderson과 Straub에 의하면 2개의 손실계수를 이용해서 다음과 같이 표시된다.

$$h_b = K_{b1}K_{b2}\frac{V^2}{2g} \tag{9.96}$$

여기서 K_{b1}은 만곡관의 중심각이 90°인 경우에 만곡관의 곡률반경 R과 관경 d의 비, 즉 R/d에 의해 결정되는 손실계수로서 그림 9.18(a)에 도시되어 있다. 또 K_{b2}는 만곡관의 중심각이 임의각 θ인 경우의 손실과 중심각이 90°인 경우의 손실의 비로서 결정되는 손실계수로서 그림 9.18(b)에 그 변화가 도시되어 있다.

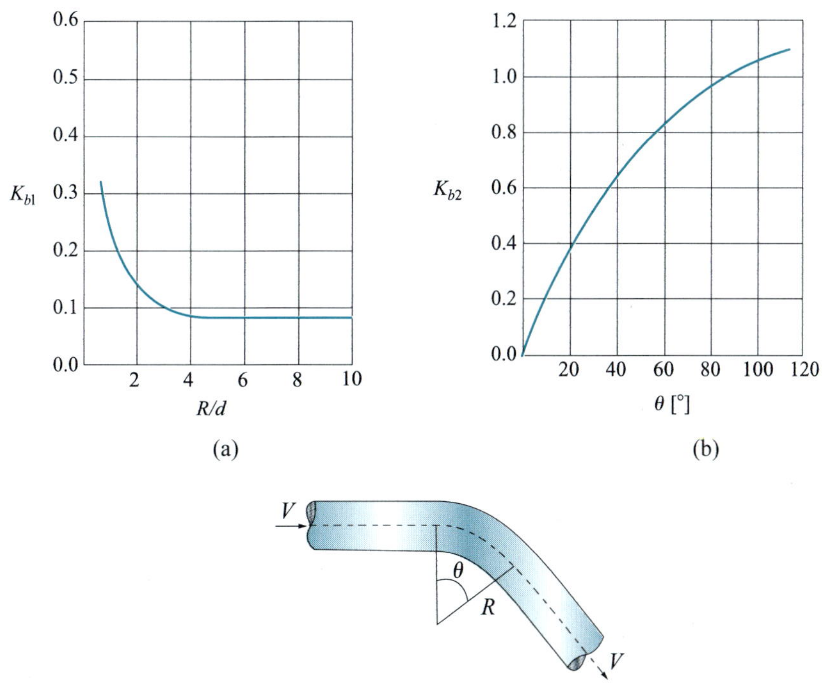

그림 9.18 만곡관에 의한 손실계수

(2) 굴절에 의한 손실

관의 굴절에 의한 손실수두는 다음 식으로 표현된다.

$$h_d = K_d \frac{V^2}{2g}$$

여기서 굴절에 의한 손실계수 K_d는 굴절각 θ에 의해서 변화하며 Weisbach는 실험을 통하여 다음 식을 제안하였다.

$$K_d = 0.946 \sin^2 \frac{\theta}{2} + 2.05 \sin^4 \frac{\theta}{2} \tag{9.97}$$

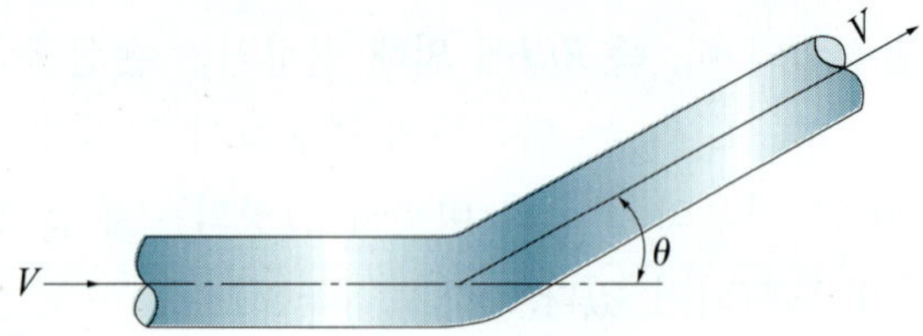

그림 9.19 굴절관

표 9.6 굴절손실계수

$\theta°$	15	30	45	60	90	120
K_d	0.022	0.073	0.183	0.365	0.99	1.86

9.6.4 밸브에 의한 손실

밸브에 의한 수두손실은 밸브의 구조에 따라 그 값의 크기가 다양하다. 밸브에 의한 수두손실 h_v는

$$h_v = K_v \frac{V^2}{2g}$$

으로 나타내며, 여기서 K_v는 밸브에 의한 손실계수이다. Weisbach는 실험에 의해서 K_v 값을 제시하고 있다. 그림 9.20은 (a) 제수밸브, (b) 나비형 밸브, (c) 원형밸브를 도시한 것이고 이들 밸브의 개방 정도에 따른 손실계수의 K_v의 값을 표 9.7에 나타낸다.

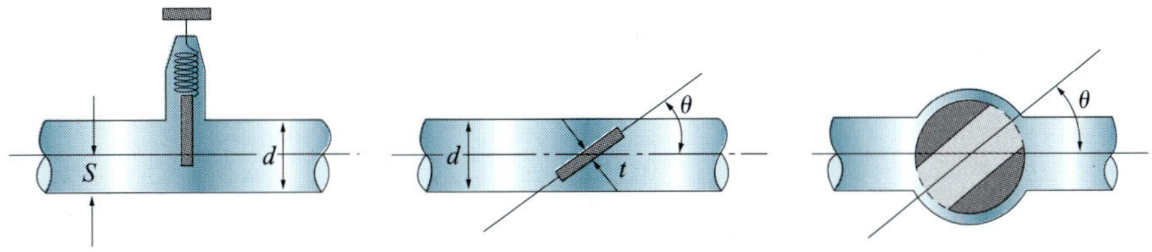

(a) 제수벨브 (b) 나비형벨브 (c) 원형벨브

그림 9.20 밸브의 종류

표 9.7 밸브의 개방정도에 따른 손실계수 K_v 값

제수밸브		나비형 밸브		원형밸브(spherical valve)	
개방정도 (s/d)	K_v	개방정도(θ)	K_v	개방정도(θ)	K_v
0	∞	90	∞	80	∞
1/8	97.8	80	∞	65	486
2/8	17.0	70	750	60	206
3/8	5.52	60	118	50	52.6
4/8	2.06	50	32.6	40	17.3
5/8	0.81	40	10.8	30	5.47
6/8	0.26	30	3.91	20	1.56
7/8	0.01	20	1.54	10	0.20
8/8	0	10	0.52	0	0
		0	t/d		

예제 9.12 단면 급확대로 인한 손실

그림 9.13에서 ①점과 ②점에서의 관경은 각각 10 cm 및 30 cm이며 유량은 0.15 m^3/sec이다. 마찰손실을 무시할 때 단면 급확대로 인한 손실수두를 구하라.

풀이

(a)
$$A_1 = \frac{\pi \times 0.1^2}{4} = 7.85 \times 10^{-3}\ m^2$$

$$A_2 = \frac{\pi \times 0.3^2}{4} = 7.069 \times 10^{-2}\ m^2$$

(b) $$V_1 = \frac{0.15}{A_1} = 19.10 \text{ m/sec}$$

$$V_2 = \frac{0.15}{A_2} = 2.12 \text{ m/sec}$$

(c) 급확대계수

$$K_{se} = \left(1 - \frac{A_1}{A_2}\right)^2 = \left(1 - \frac{d_1^2}{d_2^2}\right)^2 = \left[1 - \left(\frac{0.1}{0.3}\right)^2\right]^2 = 0.79$$

(d) $$h_{se} = \left(1 - \frac{A_1}{A_2}\right)^2 \frac{V_1^2}{2g} = 0.79 \frac{19.10^2}{2 \times 9.8} \cong 14.7 \text{ m}$$

예제 9.13 단면 점확대에 의한 손실

그림 9.16과 같이 직경 30 cm의 수평인 관수로가 20°의 원주확대에 의하여 60 cm의 관로로 확대된다. 이 관로 속을 0.3 m^3/sec가 흐를 때 작은 관 속의 압력이 140 kPa이다. 관마찰을 무시할 때 큰 관 속의 압력은 얼마가 되겠는가?

풀이

(a) $$V_1 = \frac{0.3}{\frac{\pi \times 0.3^2}{4}} = 4.24 \text{ m/sec}$$

$$V_2 = \frac{0.3}{\frac{\pi \times 0.6^2}{4}} = 1.06 \text{ m/sec}$$

그림 9.16에서 단면 1, 2 간에 베르누이정리를 적용하면

(b) $$\frac{p_1}{\gamma} + \frac{V_1^2}{2g} + z_1 = \frac{p_2}{\gamma} + \frac{V_2^2}{2g} + z_2 + h_m$$

여기서 $h_m = K_{ge} \dfrac{(V_1 - V_2)^2}{2g}$ 이므로

$$\frac{140\times10^3}{9.8\times10^3}+\frac{4.24^2}{2\times9.8}=\frac{p_2}{\gamma}+\frac{1.06^2}{2\times9.8}+0.43\frac{(4.24-1.06)^2}{2\times9.8}$$

$$\therefore \frac{p_2}{\gamma}=14.9$$

$$p_2=146\text{ kPa}$$

연습문제 Exercise

9.1 수조로부터 직경 $d = 5$ cm의 관에 $Q = 0.0005$ m^3/sec의 물이 유입되고 있다. 점성계수가 $\nu = 1.0 \times 10^{-6}$ m^2/sec일 때 발달거리 L을 산정하라.

9.2 폭 $a = 0.5$ m, 높이 $b = 0.5$ m인 정사각형 관에 물이 완전히 차서 흐르고 있다. 200 m 간격에서 측정한 손실수두가 $h_L = 20$ m이었다면 관벽에서의 마찰응력(τ_0)은 얼마인가?

9.3 문제 2와 동일한 흐름 조건에서 관경이 $d = 0.5$ m인 관에서 발생하였을 때 관벽에서의 마찰응력(τ_0)을 구하라.

9.4 한 변이 $a = 30$ cm인 정삼각형 관의 관 벽에서의 마찰응력이 $\tau_0 = 110.25$ N/m^{2}이었다. 물이 이 관을 100 m 흐르는 동안 발생하는 손실수두의 크기를 구하라.

9.5 직경이 15 cm에서 점차적으로 확대하여 직경이 20 cm로 되는 관에 물이 흐르고 있다. 직경이 $d_1 = 15$ cm에서 $d_2 = 20$ cm로 변화하면서 위치수두가 12 m 증가하였다. 단면 ①과 단면 ②에서의 압력이 각각 $p_1 = 0.44$ kg중/cm^2, $p_2 = 0.3$ kg중/cm^{2}일 때 아래 사항에 답하라.

(a) $Q = 0.085$ m^3/sec일 때 흐름방향을 구하라.

(b) $Q = 0.113$ m^3/sec일 때 흐름방향을 구하라.

9.6 그림 P9.6과 같이 직경이 $d = 6$ cm로 일정한 경사관에 물이 흐르고 있다. 20 m 떨어져 있는 두 단면 ①과 ②에서의 수두손실과 흐름의 방향을 구하라.

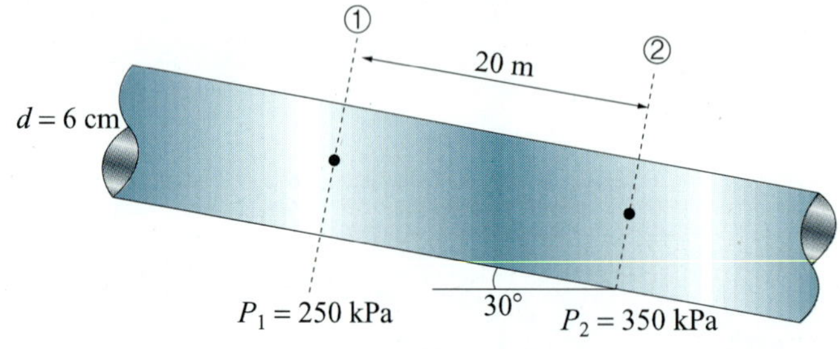

그림 P9.6

9.7 물이 흐르는 직경이 0.6 m인 주철관에서 점 A와 B는 4.8 km 떨어져있다. 점 A는 B보다 9 m 위에 있다. 점 B에서의 압력이 A에서의 압력보다 1.4 kg중/cm^2 더 크다. 흐름방향을 결정하라.

9.8 직경 $d = 7.5$ cm인 원형관에 층류가 발생하였다. 유량이 $Q = 0.007$ m^3/sec이고, 관벽에서의 전단응력이 $\tau_0 = 47.9$ N/m^{2}이었다. 100 m 흐르는 동안 수두손실이 30 m이었다면 이 유체의 점성계수는 얼마인가?

9.9 점성유체가 직경 $d = 0.1$ m의 관 속을 흐른다. 관벽으로부터 1.2 cm 떨어진 곳에서의 유속이 1.3 m/sec로 측정되었다. 흐름이 층류일 때, 중심선 속도와 유량을 구하라.

9.10 $D = 3.0$ m의 간격을 갖는 두 개의 무한히 넓은 평행평판 사이에 층류가 형성되어 유속 분포가

$$u = u_c\left(1 - \frac{y^2}{d^2}\right)$$

로 될 때 다음을 구하라($d = D/2$이고, y는 두 평판의 중심점을 원점으로 하는 연직축이고, $u_c = 2.7$ m/sec이다).

(a) 폭 $b = 0.9$ m의 단면을 지나는 유량

(b) 평판 표면에서의 속도경사

(c) 유체의 점성계수가 $\mu = 1.44$ N · sec/m^{2}일 때 평판 표면에서의 마찰응력

9.11 비중이 $S = 0.8$인 유체가 직경 $d = 0.2$ m의 관에서 흐를 때 레이놀즈 수가 1500이었다. 관벽에서 5 cm 떨어진 곳에서의 유속이 2 m/sec이었다. 이 관을 흐르는 유량(Q)과 관벽에서의 마찰응력을 구하라.

9.12 직경 $d = 30$ cm이고, 상대조도가 $e/d = 0.001$인 원관 내의 난류흐름에서 중심선 속도가 $u_c = 6$ m/sec이다. 물의 온도가 20°C일 때 마찰계수와 유량을 구하라.

9.13 직경 $d = 30$ cm인 원관 내의 흐름에서 평균유속이 $V = 2.5$ m/sec이다. 물의 온도는 20°C이고, 매끈한 관으로 가정할 때 마찰계수와 관의 중심선 유속을 구하라.

9.14 직경 $d = 20$ cm인 관을 통해 $Q = 0.15$ m^3/sec의 물이 흐르고 있다. 관의 길이 300 m에서 마찰로 인한 손실이 50 kW일 때 수두손실(h_L), 마찰계수 및 관벽에서의 전단응력을 구하라.

9.15 물(20°C)이 15 cm 직경의 주철관 내를 0.04 m^3/sec의 유량으로 흐르고 있다. 다음을 산정하라.

(a) 관벽에서의 전단응력 τ_0

(b) 관벽에서 1 cm 떨어진 곳에서의 전단응력

(c) 관벽에서 1 cm 떨어진 곳에서의 유속

9.16 10°C의 물이 직경이 $d = 5$ cm이고, 상당조도가 $e = 0.5$ mm인 거친 관 속을 흐르고 있다. 중심선 속도가 $u_c = 2.7$ m/sec일 때 다음에 답하라.

(a) 유량을 구하라.

(b) 관의 길이 5 m에서의 손실수두를 구하라.

(c) 관벽으로부터 1 cm 떨어진 곳에서의 유속을 구하라.

9.17 어떤 유체($\mu = 10^{-2}$ N · sec/m^2, $\rho = 800$ kg/m^3)가 100 mm 직경의 매끈한 관 내를 평균유속 100 mm/sec로 흐르고 있다. 다음 문제에 답하라.

(a) 관 내의 최대 유속은 얼마인가?

(b) 마찰계수 f의 값은 얼마인가?

(c) 전단속도는 얼마인가?

(d) 관 중앙으로부터 25 mm 떨어진 곳의 전단응력은 얼마인가?

(e) 만약에 유량이 두 배가 되면 관로 단위길이당 손실수두도 두 배가 되는가?

9.18 물(10°C)이 직경 25 cm의 매끈한 관을 0.06 m^3/sec의 유량으로 흐르고 있다. 마찰계수 f는 얼마인가?

9.19 그림 P9.19와 같은 관 내에 물이 흐르고 있다. 액주계의 수두 높이차가 80 cm이고 $V = 3$ m/sec이면 관의 마찰계수 f는 얼마인가?

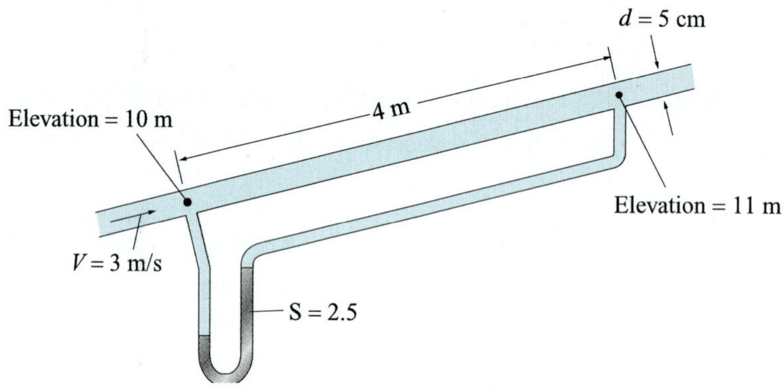

그림 P9.19

9.20 10°C의 물이 평균유속 3 m/sec로 30 cm 직경의 주철관에 흐르고 있다면 f는 얼마인가? 이 흐름에 대해 유속분포를 그려라.

9.21 수위차 $H = 10$ m를 유지하는 두 개의 저수지를 길이 $l = 200$ m, 직경 $d = 0.4$ m인 주철관으로 연결한 경우의 유량을 아래의 평균유속 공식을 이용하여 계산하라.

(a) Manning 공식

(b) Hazen-Williams 공식

9.22 50 m의 거리를 둔 2개의 수조를 주철관으로 연결하여 $Q = 0.06$ m^3/sec의 유량으로 물을 송수하고 싶다. 마찰손실수두가 $h_L = 20$ m 이내가 되도록 하기 위해서 소요되는 관의 직경을 구하라.

9.23 3.2 km 떨어져있고 수면 표고의 차가 6 m인 두 저수지를 연결하는 주철관을 통하여 0.03 m^3/sec로 물이 흐르기 위해서는 관경이 얼마가 되어야 하는가?

9.24 직경 $d = 10$ cm이고 길이 $l = 10$ m인 아연관($n = 0.01$)에 $Q = 0.001$ m^3/sec의 물을 흘릴 때, Manning의 평균 유속공식을 이용하여 마찰손실수두를 구하라.

9.25 직경 20 cm인 아스팔트 주철관 내를 20°C의 물이 0.05 m^3/sec의 유량으로 흐른다. 1 km당 손실수두는 얼마인가? 단 아스팔트 주철관의 상당조도는 0.12 mm이다.

9.26 그림 9.13에서 ①점과 ②점에서의 관경이 각각 10 cm 및 20 cm일 때, 단면 급확대로 인한 손실수두를 계산하니 $h_{se} = 8$ m이었다. 이 관을 통과하는 물의 유량을 구하라.

9.27 직경이 10 cm인 매끈한 관에 10°C의 물이 흐르고 있다. 레이놀즈 수가 Re = 1×10^5일 때 다음에 답하라.

(a) 관로 100 m 간에서의 손실수두를 구하라.

(b) 마찰속도와 관벽에서의 마찰응력을 구하라.

(c) 유량을 구하라.

9.28 직경이 $d = 20$ cm인 주철관에 $Q = 0.1$ m^3/sec의 물이 흐르고 있다. 관의 길이가 1000 m일 때 발생하는 손실수두는 얼마인가?

9.29 유량이 주어진다면 그림 P9.29와 같은 복합관에서 직경 1 m인 관의 단위 길이당 손실수두와 직경 2 m인 관의 손실수두의 비는 얼마인가?

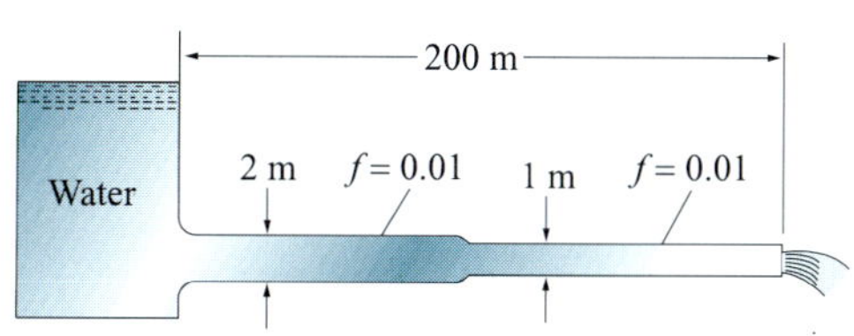

그림 P9.29

9.30 평균유속이 3 m/sec이고 동점성계수가 $10^{-5}\,m^2/sec$일 때 40 cm 직경의 관에 대한 마찰계수가 0.06으로 나타났다. 만약에 유속이 두 배로 되면 손실수두는 몇 배로 되는가?

9.31 직경 $d = 25$ cm이고, 표면의 평균조도가 $e = 0.0004$ m인 관에 물이 흐르고 있다. 관의 길이 500 m에 대해서 손실수두가 20 m이었다. 이 관을 흐르는 유량은 얼마인가?

9.32 직경이 $d = 40$ cm인 수평관에 10°C의 물이 $Q = 0.15\,m^3/sec$로 흐르고 있다. 관 표면의 상당조도가 $e = 0.5$ mm일 때, 관 길이 1000 m에서 발생하는 압력강하량을 구하라.

9.33 직경 d인 원형관과 한 변이 a인 정사각형 단면의 관에 물이 흐르고 있다. 두 관의 길이, 단면적, 마찰손실수두 및 관벽의 조도가 동일하다면 두 관을 통해 흐르는 유량의 비는 얼마인가?

9.34 그림 P9.34와 같이 점차적으로 확대되는 관에 물이 통과할 때, 압력이 그림에 나타난 바와 같다. 단면 확대부에 의한 손실계수와 이관을 통해 흐르는 유량을 구하라. 단, 마찰손실은 제외한다.

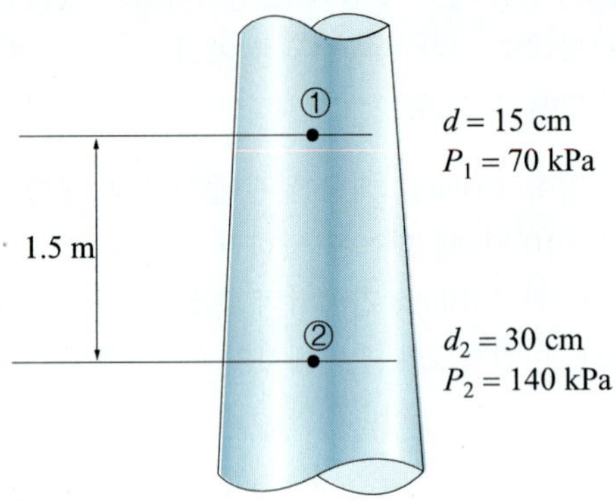

그림 P9.34

9.35 직경 $d_1 = 30$ cm인 수평관이 20°의 각을 갖고 점차적으로 확대되어 직경 $d_2 = 60$ cm인 관이 되었다. 작은 관과 큰 관에서의 압력이 각각 $p_1 = 140$ kPa, $p_2 = 145$ kPa일 때 이 관을 통해 흐르는 유량을 구하라.

제 10 장

관수로 시스템 해석

이 장에서는 앞서 9장에서 다룬 기초이론을 바탕으로 관수로흐름문제의 유형을 분류하고 관수로흐름해석에 대해 설명한다. 앞서 9장에서도 설명한 바와 같이 관수로흐름에서는 마찰력으로 인한 에너지 손실이 유발되고 이는 압력 강하량으로 나타난다. 이러한 압력 강하량은 물 공급계통의 펌프용량을 이용하는 데 이용되며, 관이나 관망을 통해 흐르는 유량을 산정하는 데 적용된다.

우선 단일 관수로를 이용하여 두 개의 수조 또는 저수지를 연결하는 경우를 해석하고, 다음으로 병렬관수로 및 다지 관수로 등과 같은 복합관수로 등에 대해서 살펴본다. 그리고 관망해석에 대해서도 고찰한다. 우리 주변을 둘러보면 관수로흐름을 다양하게 이용하고 있음을 본다. 예를 들어보면 일반 가정의 수도관과 도시정수장에서 수돗물을 각 가정에 보급하는 배관시설 등이다.

일반적으로 관수로시스템은 몇 개의 관로(직경이 다를 수도 있다)와 관이음(fitting), 밸브 및 유체에 에너지를 공급하거나 빼내는 터빈 및 펌프 등으로 구성되어 있다. 그림 10.1과 같이 아주 기본적인 관수로 시스템의 예가 있는가 하면, 경우에 따라서는 이러한 관수로 계통의 복합적인 조합의 구성이 될 수도 있다.

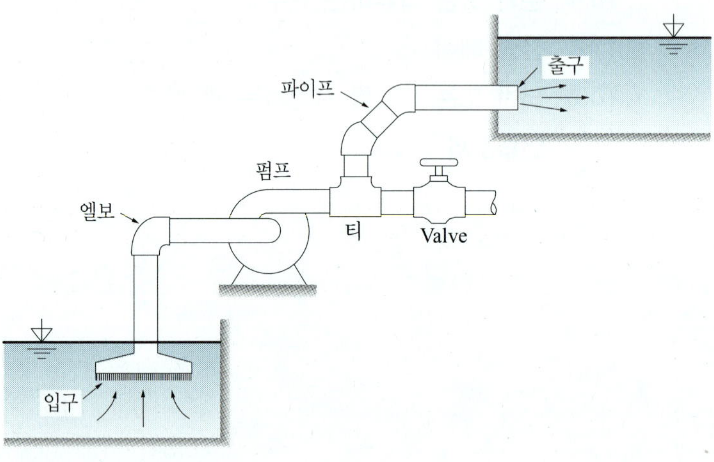

그림 10.1 관수로 시스템의 구성 예

10.1 관수로흐름문제의 유형 및 흐름해석

10.1.1 관수로흐름문제의 유형

이제까지 관수로흐름에서 발생할 수 있는 에너지 손실을 고찰하여 보았다. 긴 관수로에서 점성에 의한 마찰손실(주 손실)과 관 장치내의 관 부속품이나 흐름 단면의 갑작스러운 변화에 의한 손실(부차적 손실)이 그것이다. 따라서 식 (9.16)으로 표시되는 베르누이 방정식에는 부차적 손실(Σh_m)이 부가되어, 다음과 같이 표시되어야 한다.

$$\frac{V_1^2}{2g}+\frac{p_1}{\gamma}+z_1=\frac{V_2^2}{2g}+\frac{p_2}{\gamma}+z_2+h_L+\Sigma h_m \qquad (10.1)$$

여기서 h_L은 마찰에 의한 수두손실이고, Σh_m은 부차적 손실수두의 합을 나타내는 양으로서 이들의 합이 총 수두손실(H_L)이 되는 셈이다. 상기 에너지 식은 관수로흐름에서 발생할 수 있는 모든 손실을 고려하고 있으므로, 어떠한 복잡한 관수로흐름의 해석도 가능하다.

상기 식을 변형하여 다음과 같이 쓸 수 있다.

$$\left(\frac{V_1^2}{2g}+\frac{p_1}{\gamma}+z_1\right)-\left(\frac{V_2^2}{2g}+\frac{p_2}{\gamma}+z_2\right)=H_L \qquad (10.2)$$

여기서 H_L은 마찰수두손실과 부차적 손실을 합한 양으로서 총 수두손실이다. 따라서 흐름의 조건을 이용하면 식 (10.2)로부터 좌변 값을 구할 수 있고, 또 식 (9.20)과 (9.79)의 합으로 표시되는 총 수두손실은

$$\begin{aligned}H_L&=h_L+\Sigma h_m\\&=f\frac{l}{d}\frac{V^2}{2g}+\Sigma K\frac{V^2}{2g}\end{aligned} \qquad (10.3)$$

과 같이 표시되므로, 이 식을 이용하면 관수로흐름 해석을 할 수 있다. 앞 9.5절과 9.6절에서 설명한 바와 같이 총 수두손실은 유량 또는 유속, 관의 특성 제원, 즉 관경, 관의 길이, 관의 조도 및 관 장치의 형상이나 흐름 단면의 변화에 의해 좌우된다. 그러나 이 중에서 관의 조도나 관 장치의 형상, 흐름 단면 변화 등을 규정하기가 어렵기 때문에 이 값들을 주어진 값으로 하면, 총 수두손실(H_L)은 결국 유량(Q), 관의 길이(l) 및 관경(d)의 함수로

표시할 수 있다. 따라서 상기 4개 변수 중 3개가 주어지면 나머지 하나의 변수를 구할 수 있으므로, 관수로 문제의 유형은 다음과 같이 네 가지 경우로 분류할 수 있다.

(1) 유량(Q), 관의 길이(l) 및 관경 (d)이 주어졌을 때 총 수두손실(H_L)을 구하는 문제
(2) 유량(Q), 총 수두손실(H_L) 및 관경(d)이 주어졌을 때 관의 길이(l)를 구하는 문제
(3) 총 수두손실(H_L), 관의 길이(l) 및 관경(d)이 주어졌을 때 유량(Q)을 구하는 문제
(4) 유량(Q), 관의 길이(l) 및 총 수두손실(H_L)이 주어졌을 때 관경(d)을 구하는 문제

(1) Q, l, d가 주어지고 H_L을 구하는 문제

이 경우는 식 (10.3)으로부터 비교적 단순하게 문제를 해결할 수 있다. 유량이 주어졌으므로 계산된 Re와 상대조도 e/d에 부합되는 마찰계수(f)를 Moody 도표로 읽은 다음 이것을 이용하여 식 (9.20)으로부터 마찰손실수두(h_L)를 구한다. 부차적 손실(Σh_m)은 문제에서 주어진 조건에 부합되도록 식 (9.79)을 이용하여 구한 다음 마찰손실수두에 더하면 총 손실수두를 구할 수 있다.

(2) Q, H_L, d가 주어지고 l을 구하는 경우

마찰계수의 산정은 상기(1)의 경우와 마찬가지로, f는 Re와 e/d를 이용하여 Moody 도표로부터 읽을 수 있고, 또 문제의 조건으로부터 부차적 손실을 구할 수 있으므로 이것을 식 (10.3)에 대입하면 흐름 조건에 부합되는 관의 길이를 결정할 수 있다.

(3) H_L, l, d가 주어지고 Q를 구하는 경우

이 경우는 유량(또는 유속)이 주어지지 않았으므로 식 (10.3)으로부터 f와 V가 미지수가 된다. 이 식으로부터 V를 구하기 위해서는 f의 값이 문제가 되나 유량이 미지수이므로 f를 구할 수 없다. 그러나 일반적으로 관수로흐름은 대부분의 경우 난류이므로, 레이놀즈 수가 큰 난류에서는 f가 상대조도만

의 함수로 표시되는 특성을 이용하여 아래와 같이 시행착오법을 이용하여 f를 구한다.

1. 흐름을 완전난류로 가정한다.
2. 주어진 문제로부터 부차적 손실계수 K를 결정해 둔다.
3. 주어진 e/d를 이용하여 Moody 도표로부터 읽은 마찰계수를 가정치 f'로 한다.
4. f'를 총 수두손실 관계식 (10.3)에 대입하여 V를 구하고 이것을 이용하여 구한 Re와 e/d로부터 재차 마찰계수를 구하고 이것을 f''라 한다.
5. 위에서 구한 f'와 f''가 같으면 그때 유량은 단계 ④에서 구한 V를 이용하여 구할 수 있고, $f' \neq f''$인 경우는 단계 ③으로 돌아가서 f''를 가정치로 한 다음 계산을 행한다. 이때의 계산은 전 단계에서 가정한 마찰계수와 그 가정치로부터 얻은 마찰계수가 근사적으로 같을 때까지 반복하나 일반적으로 2회 정도의 시행으로 충분한 경우가 대부분이다.

(4) H_L, l, Q가 주어지고 d를 구하는 문제

관의 소요 직경 d를 구하기 위해서는 f가 필요하다. 따라서 이 경우도 f를 가정하거나 아니면 지름 d를 가정하여 구할 수 있다. d를 이용하여 식 (10.3)을 고쳐 쓰면 다음 식과 같이 된다.

$$H_L = \left(f\frac{l}{d} + K \right) \frac{8Q^2}{g\pi^2 d^4} \tag{10.4}$$

여기서 K는 주어진 값이므로 f를 적당히 가정하면 V를 결정할 수 있고, 이것으로 계산된 Re와 e/d를 이용하면 마찰계수 f를 구할 수 있다. 이때 f를 식 (10.4)에 대입하여 d를 구한 다음 재차 Re를 구해서 Moody 도표로부터 f값을 구한다. 이 경우에도 가정치 f와 이것을 이용하여 구한 f를 비교하여 두 값이 근사적으로 같아질 때까지 시행착오법을 이용한다.

상기 (1), (2), (3) 및 (4)의 모든 경우에 있어서 부차적 손실을 무시할 수 있는 경우는 식 (10.3)에서 $K = 0$으로 놓고 상기 계산과정을 그대로 따르

면 된다. 그리고 문제에서 Manning의 조도계수 n이 주어지면, 앞서 구한 식 (9.78), 즉

$$f = \frac{124.5n^2}{d^{1/3}}$$

를 이용하여 f를 직접 구할 수도 있다.

예제 10.1 문제유형 (1) : 수두 손실의 산정

직경 $d = 20$ cm이고, 수평하게 놓인 주철관에 $Q = 0.2\ m^3/sec$의 물이 흐르고 있다. 500 m 떨어진 두 단면간의 손실수두를 구하라. 단, 동점성계수는 $\nu = 1.01 \times 10^{-6}\ m^2/sec$이다.

풀이

평균유속과 레이놀즈 수를 먼저 구하면

$$V = \frac{Q}{A} = \frac{0.2}{\frac{\pi}{4} \times 0.2^2} = 6.4 \text{ m/sec}$$

$$\text{Re} = \frac{Vd}{\nu} = \frac{6.4 \times 0.2}{1.01 \times 10^{-6}} = 1.3 \times 10^6$$

표 9.1에서 주철관에 대한 평균조도(상당조도)는 $e = 0.26$ mm이므로 상대조도 e/d는 아래와 같다.

$$\frac{e}{d} = \frac{0.26}{200} = 0.0013$$

Moody 도표로부터 $e/d = 0.0013$(곡선에서 내삽법 이용)이고, $\text{Re} = 1.3 \times 10^6$에서 마찰 손실계수 f를 찾으면 $f \approx 0.021$[식 (9.67)을 이용하면 $f \approx 0.021$]이 된다.

따라서 수두손실은

$$h_L = f\frac{l}{d}\frac{V^2}{2g}$$

$$= 0.021 \times \frac{500}{0.2} \times \frac{6.4^2}{2 \times 9.8} = 109.71 \text{ m}$$

예제 10.2 문제유형 (2) : 관의 길이산정

수평 송유관을 통해 $Q = 2.89\ \text{m}^3/\text{sec}$의 원유를 수송한다. 관의 직경이 $d = 1.2$ m이고, 관의 절대조도는 $e = 0.144$ mm이다. 원유 공급 초기의 압력이 $p = 8.3$ MPa일 때, 원유의 압력이 340 kPa로 되는 지점까지의 관의 길이 l을 구하라. 원유의 비중은 $s = 0.93$, 점성계수는 $\mu = 0.017\ \text{N} \cdot \text{sec/m}^2$이고, 부차적 손실은 무시한다.

풀이

우선 평균유속과 레이놀즈 수를 구하면

$$V = Q/A = 2.89\Big/\left(\frac{\pi}{4} \times 1.2^2\right) = 2.56\ \text{m/sec}$$

$$\text{Re} = \frac{Vd}{\nu} = \frac{\rho VD}{\mu} = \frac{\frac{\gamma}{g} \times V \times d}{\mu}$$

$$= \frac{\frac{0.93 \times 9800}{9.8} \times 2.56 \times 1.2}{0.017} = 1.68 \times 10^5$$

식 (10.3)으로부터 부차적 손실을 무시하면 다음 식을 얻는다.

$$h_L = f\frac{l}{d}\frac{V^2}{2g}$$

수평관이므로 압력강하량은 $\Delta p = \gamma h_L$로 표시할 수 있으므로, 이것을 상기 식에 대입하고 l로 정리하면 다음과 같이 된다.

$$l = \frac{2gd\Delta p}{f\gamma V^2}$$

그런데 $e/d = 0.00012$이고, $\text{Re} = 1.68 \times 10^5$이므로 Moody 도표로부터 $f \cong 0.017$의 값을 얻으므로

$$l = \frac{2 \times 9.8 \times 1.2 \times \left(8.3 \times 10^{-6} - 340 \times 10^3\right)}{0.017 \times 0.93 \times 9800 \times 2.56^2}$$

$$= 184379\ \text{m} \cong 184\ \text{km}$$

예제 10.3 문제유형 (3) : 유량산정

직경 $d = 30$ cm, 길이 $l = 100$ m의 관에 물이 흐르고 있다. 수두손실이 $h_L = 8$ m이고, 관의 상대조도가 $e/d = 0.0002$인 경우 이 관을 통해 흐르는 유량을 구하라. 단 물의 점성계수는 $\nu = 1.0 \times 10^{-6}$ m^2/sec로 계산하라. 단, 부차적 손실은 무시하고 $n = 0.01$이다.

풀이

식 (10.3)으로부터 부차적 손실을 무시하면 다음 식을 얻는다.

$$h_L = f \frac{l}{d} \frac{V^2}{2g}$$

상기 식에 주어진 값을 대입하면

$$8 = f \frac{100}{0.3} \frac{V^2}{2 \times 9.8}$$

$$0.47 = fV^2 \qquad ①$$

유량을 구하기 위해서는 상기 식으로부터 V가 산정되어야 하나 미지수가 2개(f, V)이므로 f값을 가정하여 반복계산(시행착오법)하지 않으면 안 된다.

(a) 흐름을 완전난류로 가정하고 e/d 값으로부터 f를 구해서(Moody 도표 이용), $f = 0.0138$을 초기 가정치로 하고, 이 값을 식 ①에 대입하여 평균유속을 구한다.

$$V = 5.84 \text{ m/sec}$$

이것을 이용하여 레이놀즈 수를 구하면

$$\text{Re} = \frac{Vd}{\nu} = \frac{5.84 \times 0.3}{1.0 \times 10^{-6}} = 1.75 \times 10^6$$

(b) 상기 레이놀즈 수 값과 $e/d = 0.0002$ 값을 이용하여 Moody 도표로부터 f 값을 찾으면 $f \simeq 0.0143$이 된다. 이 값이 초기 가정치 $f = 0.0138$과 같지 않으므로, $f = 0.0143$의 값을 재가정치로 하여 식 ①을 반복 계산하여 V를 구한다.

$$V = 5.73 \text{ m/sec}$$

마찬가지로 레이놀즈 수는

$$\text{Re} = \frac{Vd}{\nu} = \frac{5.73 \times 0.3}{1.0 \times 10^{-6}} = 1.72 \times 10^{6}$$

이 된다.

(c) $\text{Re} = 1.72 \times 10^6$ 과 $e/d = 0.0002$를 이용하여 f를 구하면 $f \simeq 0.0143$이 되어 앞에서 계산된 f 값과 같으므로, 평균유속은 $V = 5.73$ m/sec가 되고 유량은 다음과 같이 산정된다.

$$Q = AV = \frac{\pi}{4} \times 0.3^2 \times 5.73$$

$$= 0.41 \text{ m}^3/\text{sec}$$

참고로 상기 식의 조도계수가 $n = 0.01$이라 가정하고 Manning 공식을 이용하면

$$f = \frac{124.5n^2}{d^{1/3}} = \frac{124.5 \times 0.01^2}{0.3^{1/3}} = 0.0186$$

이 되고 평균 유속은 $V = 5.03$ m/sec이며 유량은

$$Q = \frac{\pi}{4} \times 0.3^2 \times 5.03 = 0.36 \text{ m}^3/\text{sec}$$

로 계산된다.

예제 10.4 문제유형 (4) : 관의 직경계산

물이 수평인 아연 철관($e = 0.046$ mm, $n = 0.013$)을 통해 $Q = 0.057 \text{ m}^3/\text{sec}$의 유량으로 흐르고 있다. 관의 길이가 100 m이며 10 m의 수두손실이 일어났다면 관의 지름 d는 얼마인가? 물의 점성계수는 $\nu = 1.0 \times 10^{-6} \text{ m}^2/\text{sec}$이다.

풀이

식 (10.3)으로부터 부차적 손실을 무시하면

$$h_L = f\frac{l}{d}\frac{V^2}{2g} \quad ①$$

이 된다. 이 식에 주어진 값을 대입하면 다음 식이 된다.

$$10 = f\frac{100}{d}\frac{V^2}{2g} \qquad ②$$

그런데 $V^2 = (4Q/\pi d^2)^2$을 상기 식에 대입하고 정리하면 다음과 같이 간단히 된다.

$$d^5 = 0.0027f \qquad ③$$

식 ③에서 알 수 있는 바와 같이 미지수가 2개(d, f)이므로 이 경우도 예제 10.3과 마찬가지로 반복계산법(시행착오법)이 이용된다. 여기서 반복계산을 위해 레이놀즈 수도 d의 함수로 표시해 둔다.

$$\text{Re} = \frac{Vd}{\nu} = \frac{Q\bigg/\left(\dfrac{\pi}{4}\times d^2\right)\times d}{\nu} \qquad ④$$

$$= \frac{0.057\bigg/\left(\dfrac{\pi}{4}\times d^2\right)\times d}{1.0\times 10^{-6}} = \frac{7.26\times 10^4}{d}$$

f를 일반적인 값 $f = 0.02$로 가정하고, 식 ③으로부터 $d = (0.0027\times 0.02)^{1/5} = 0.14$ m를 얻은 후, 식 ④로부터 얻은 $\text{Re} = 7.26\times 10^4\times (1/0.14) = 5.19\times 10^5$과 $e/d = 0.0003$을 이용하여 Moody 도표로부터 $f = 0.0163$을 얻는다. 이 값이 처음 가정치와 일치하지 않으므로, $f = 0.0163$을 식 ③에 대입하여 얻은 $d = 0.134$ m를 이용하여, $\text{Re} = 5.41\times 10^5$ 및 $e/d = 0.00034$를 얻고, Moody 도표로부터 $f = 0.0167$을 얻는다. 이 값은 앞에서 가정한 값과 근사적으로 같으므로 관의 지름은 다음과 같이 계산된다.

$$d = 0.134 \text{ m}$$

Manning 공식을 이용하면 식 ①은

$$h_L = \frac{124.5n^2}{d^{1/3}}\frac{l}{d}\frac{1}{2g}\left(\frac{Q}{\pi d^2/4}\right)^2$$

이 되고 이 식을 d로 정리하면

$$d^{16/3} = \frac{996n^2 lQ^2}{g\pi^2 h_L}$$

이 되는데 주어진 값을 대입하면

$$d = 0.16 \text{ m}$$

10.1.2 관수로의 흐름 해석

관수로흐름에서의 에너지손실은 크게 마찰손실과 흐름 단면의 변화나 관 장치의 부속품 등에 의한 부차적 손실로 구별되는 것은 이미 설명한 바 있다. 이제 관수로흐름의 해석에서 이들이 어떠한 요소로 작용하는 지를 알아보자. 이해를 돕기 위해 그림 10.2와 같이 2개의 수조를 연결하고 있는 관수로흐름에 대해서 고찰해 보자. 관수로 해석의 일반적인 경우를 고려하기 위해 가능한 한 관의 단면이 여러 가지 형태로 변화하는 것으로 설정하였다. 즉 마찰로 인한 손실 외에 단면의 점진적인 확대, 점진적인 축소, 급확대, 급축소 그리고 출구 및 입구 손실 등이 포함되어 있다. 이제 2개 수조의 수면차가 이들과 어떤 관계에 있는지 알아보기 위해 A, B 수조의 수면상의 점을 각각 ①, ②라 하고 점 1, 2에 베르누이방정식을 적용해 본다.

$$\frac{V_1'^2}{2g} + \frac{p_1}{\gamma} + z_1 = \frac{V_2'^2}{2g} + \frac{p_2}{\gamma} + z_2 + \Sigma h_L + \Sigma h_m \tag{10.5}$$

여기서 Σh_L은 ①, ②점 사이에서 발생하는 마찰손실의 합이고, Σh_m은 부차적 손실의 합이다. 따라서 이들 두 양의 합이 총 수두손실 H_L이다.

수조의 수위 변동속도 V_1', V_2'는 근사적으로 각각 $V_1' \simeq 0$, $V_2' \simeq 0$고 수면에서의 압력 p_1, p_2는 대기압으로서 0이므로 식 (10.5)는 다음과 같이 표시된다.

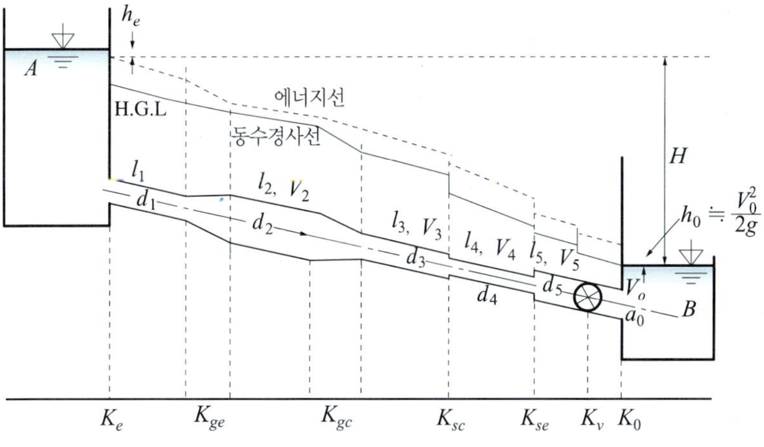

그림 10.2

$$z_1 - z_2 = H = \Sigma h_L + \Sigma h_m \tag{10.6}$$

다시 말해서 2개 수조의 수면차 H는 총 수두손실 H_L과 같게 된다. 위 식은 결국 총 수두손실을 나타내는 식 (10.3)과 동일한 식으로 되어 10.1절에서 설명한 관수로흐름문제의 한 유형에 속하게 된다. 식 (10.6)을 고쳐 써 보면 다음과 같이 된다.

$$\begin{aligned} H &= h_e + h_{L1} + h_{ge} + h_{L2} + h_{gc} + h_{L3} + h_{sc} + h_{L4} + h_{se} + h_{L5} + h_v + h_o \\ &= \left(K_e + f_1 \frac{l_1}{d_1}\right)\frac{V_1^2}{2g} + K_{ge}\frac{\left(V_1 - V_2\right)^2}{2g} + f_2 \frac{l_2}{d_2}\frac{V_2^2}{2g} \\ &\quad + \left(K_{gc} + f_3 \frac{l_3}{d_3}\right)\frac{V_3^2}{2g} + \left(K_{sc} + f_4 \frac{l_4}{d_4}\right)\frac{V_4^2}{2g} + \left(K_{se} + K_v + f_5 \frac{l_5}{d_5} + K_o\right)\frac{V_5^2}{2g} \end{aligned} \tag{10.7}$$

상기 식에 연속 방정식

$$Q = (\pi/4)d_1^2 V_1 = (\pi/4)d_2^2 V_2 = (\pi/4)d_3^2 V_3 = (\pi/4)d_4^2 V_4$$

로부터 V_1, V_2, V_3 및 V_4를 V_5로 표시해서 식 (10.7)에 대입하면 다음과 같이 된다.

$$\begin{aligned} H = &\left[\left(K_e + f_1 \frac{l_1}{d_1}\right)\left(\frac{d_5}{d_1}\right)^4 + K_{ge}\left\{\left(\frac{d_5}{d_1}\right)^2 - \left(\frac{d_5}{d_2}\right)^2\right\}^2\right. \\ &+ f_2 \frac{l_2}{d_2}\left(\frac{d_5}{d_2}\right)^4 + \left(K_{gc} + f_3 \frac{l_3}{d_3}\right)\left(\frac{d_5}{d_3}\right)^4 \\ &\left. + \left(K_{sc} + f_4 \frac{l_4}{d_4}\right)\left(\frac{d_5}{d_4}\right)^4 + \left(K_{se} + K_v + f_5 \frac{l_5}{d_5} + K_o\right)\right]\frac{V_5^2}{2g} \end{aligned} \tag{10.8}$$

상기 식에서 흐름 조건이 결정되면 부차적 손실계수와 Moody 도표로부터 마찰계수 f가 결정된다. 따라서 식 (10.8)로부터 총 손실수두 H_L(또는 수면차 H)을 구하는 경우는 유량 Q(또는 유속 V), 관의 길이 l 및 관경 d의 함수로 되어, 문제유형 (1)의 경우를 푸는 셈이 된다. 식 (10.8)의 구체적인 풀이에 대해서는 뒤에서 좀 더 단순한 문제를 예를 들어 설명하기로 한다.

관수로는 관로의 연결 상태에 따라 여러 가지 명칭으로 분류할 수 있다. 예를 들어 2개의 수조를 분기됨이 없이 단선관으로 연결하였을 경우를 단일 관수로라 한다. 그림 10.2는 그 한 예이다. 그리고 하나의 관수로가 중도에 분기했다가 다시 합쳐지는 경우나, 2개 저수지를 2개의 별도의 관이 연결된 경우를 병렬관수로(parallel pipe line)라 한다. 한편 여러 개의 관이 서로 다른 저수지에 연결되어 있는 경우를 다지관수로(branching pipe line)라 부르고 있다. 이들 각각에 대해서 설명한다.

10.2 단일 관수로

10.2.1 등 단면 관수로

그림 10.3과 같이 1개의 등 단면 관으로, 상하 양 수조의 수면차가 H인 2개의 수조를 연결한 경우를 생각한다.

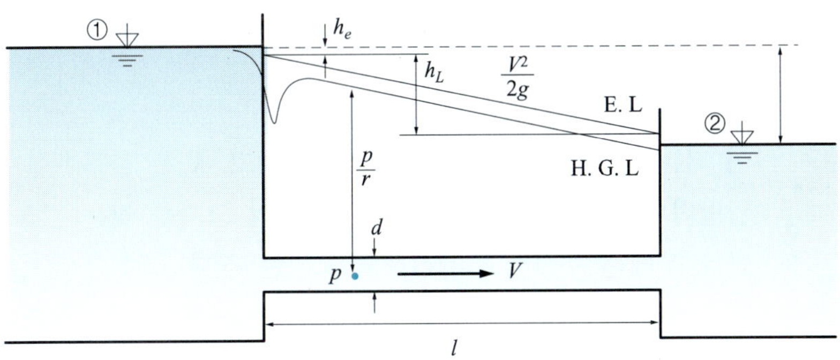

그림 10.3 등 단면 관수로

양 수조 수면상의 1점 1, 2 간에 Bernoulli 방정식을 적용하면 다음과 같이 된다.

$$\frac{V_1^2}{2g} + \frac{p_1}{\gamma} + z_1 = \frac{V_2^2}{2g} + \frac{p_2}{\gamma} + z_2 + h_L + \Sigma h_m \tag{10.9}$$

여기서 h_L은 마찰손실수두이고, Σh_m은 부차적 손실의 합을 나타낸다. V_1 및 V_2는 관 내의 유속 V에 비해서 무시 가능하고, 또한 p_1, p_2는 대기압으로서 0이므로 $z_1 - z_2 = H$인 점을 고려하면 상기 식은 다음과 같이 표시된다.

$$H = h_L + \Sigma h_m \tag{10.10}$$

결국 두 개의 수조의 수면차, H는 총 수두손실 H_L과 같게 되고, 이 식은 식 (10.3)과 동일한 식이 되어 10.1절에서 설명한 흐름 문제의 한 유형에 속한다. 식 (10.10)을 고쳐 쓰면

$$H = h_e + h_L + h_o$$

이 된다. 여기서 h_e는 입구손실수두이고, h_o는 출구손실수두를 의미한다.

관의 제원(d, l, e)과, 양 수조의 수면차 H가 주어지고 관을 통해 흐르는 유량(Q)을 구하는 문제의 경우는 유형 (3)의 문제로 되어, 반복계산법(시행착오법)을 통하여 상기 식으로부터 V를 계산하고 이로부터 유량을 구할 수 있다.

상기 식을 풀어 쓰면

$$H = \left(f\frac{l}{d} + K_e + K_o \right)\frac{V^2}{2g} \tag{10.11}$$

이 되는데, 여기서 K_e는 입구손실계수이고, K_o는 출구손실계수를 의미한다. 일반적으로 K_e와 K_o는 각각 0.5와 1.0의 크기를 갖는 값으로서 l/d의 값이 큰 경우에는 무시하고 계산해도 오차는 작다.

예제 10.5 등 단면 관수로해석

그림 10.3에서 수면차가 $H = 10$ m이고, 직경이 $d = 0.3$ m 관의 길이가 $l = 1$ km인 경우 관을 통해 흐르는 유량을 다음 두 가지 방법에 의하여 구하라. 단, 관의 재료는 주철관으로서 절대조도는 $e = 0.26$ mm이고, 조도계수는 $n = 0.011$이다. 물의 동점성계수 $\nu = 1.0 \times 10^{-6}\ \text{m}^2/\text{sec}$이다.

(a) 시행착오법(반복계산법)

(b) Manning의 손실계수 이용

풀이

(a) 시행착오법

식 (10.11)에 주어진 값을 대입하면

$$10 = \left(f\frac{1000}{0.3} + 0.5 + 1.0 \right)\frac{V^2}{2g} \qquad ①$$

$$196 = \left(1.5 + 3333.3f\right)V^2$$

이 되는데, 여기서 V를 구하기 위해서는 f를 가정하지 않으면 안 된다.

1. 흐름을 완전난류로 가정하고, $e/d = 0.26/300 = 0.00087$을 이용하여 Moody 도표를 찾으면 $f \cong 0.0195$가 된다. 이것을 초기 가정치로 하여 식 ①로부터 V를 구하면

   $V = 1.72$ m/sec

2. 이것을 이용하여 얻은 레이놀즈 수 $\text{Re} = Vd/\nu = 1.72 \times 0.3/1.0 \times 10^{-6} = 516000$과 $e/d = 0.00087$을 이용하여 Moody 도표로부터 $f \cong 0.0198$를 얻는다. 이 값이 초기 가정치와 일치하지 않으므로 $f = 0.0198$를 재가정치로 하여 식 ①로부터 재차 계산하면 $V = 1.70$ m/sec가 되고 $\text{Re} = 1.70 \times 0.3/1.0 \times 10^{-6} = 510000$이 된다.

3. 다시 Re와 e/d값을 이용하여 f를 찾으면 $f \cong 0.0199$가 되어 바로 앞의 가정치 0.0198과 근사하므로 $V = 1.70$ m/sec로 보고 유량을 계산한다.

$$Q = AV = \frac{\pi}{4} \times 0.3^2 \times 1.7 = 0.12 \text{ m}^3/\text{sec}$$

(b) Manning의 마찰계수 이용

Manning의 마찰계수 식을 사용하면 f를 쉽게 구할 수 있다.

$$f = \frac{124.5n^2}{d^{1/3}} = \frac{124.5 \times 0.011^2}{0.3^{1/3}} = 0.023$$

이 값을 식 ①에 대입하면 $V = 1.58$ m/sec가 된다. 유량을 구하면

$$Q = \frac{\pi}{4} \times 0.3^2 \times 1.58$$

$$= 0.11 \text{ m}^3/\text{sec}$$

10.2.2 부등단면 관수로

그림 10.4와 같이 관이 중도에 급 축소되어 2개의 수조 A, B에 연결되어 있는 경우를 생각하자.

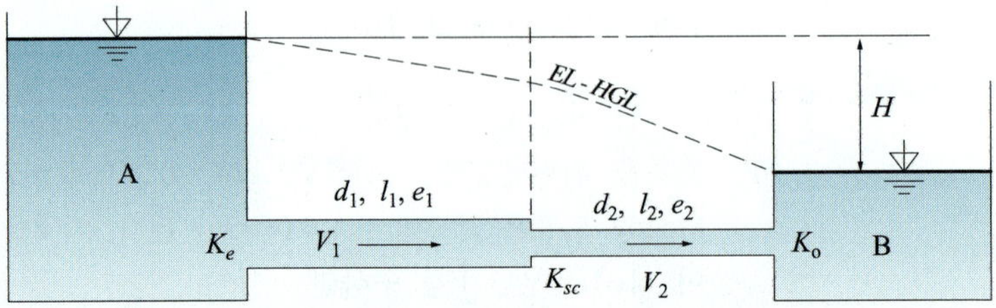

그림 10.4 부등단면 관수로

두 수조의 수면상의 점 1, 2에 베르누이방정식을 적용하면

$$H = K_e \frac{V_1^2}{2g} + f_1 \frac{l_1}{d_1}\frac{V_1^2}{2g} + K_{sc}\frac{V_2^2}{2g} + f_2 \frac{l_2}{d_2}\frac{V_2^2}{2g} + K_o \frac{V_2^2}{2g} \tag{10.12}$$

이 되고, 이 식에 연속방정식 $V_1 = (d_2^2/d_1^2)V_2$를 대입하고 정리하면 다음 식을 얻는다.

$$H = \left[K_e \left(\frac{d_2}{d_1}\right)^4 + f_1 \frac{l_1}{d_1}\left(\frac{d_2}{d_1}\right)^4 + K_{sc} + f_2 \frac{l_2}{d_2} + K_o \right] \frac{V_2^2}{2g} \tag{10.13}$$

식 (10.13)을 이용하여 흐름 문제를 아래 두 가지 경우에 대해서 생각해 본다.

(1) 관의 제원(d, l, e)과 유량 Q가 주어진 경우 H를 구하는 문제
(2) 관의 제원(d, l, e)과 H가 주어지고 Q를 구하는 문제

(1) 관의 제원(d, l, e)과 Q가 주어지고 H를 구하는 문제

이 경우는 10.1절의 유형 (1)에 해당하는 문제로서 쉽게 문제가 해결된다. 관의 제원과 Q(또는 V)가 주어졌으므로 Re과 e/d로부터(Moody 도표 사용) 마찰계수 f가 결정되어 식 (10.13)의 [ ]의 양이 결정되므로 H를 쉽게 구할 수 있다.

(2) 관의 제원(d, l, e)과 H가 주어지고 Q를 구하는 문제

이 경우는 10.1절의 유형 (3)의 경우로서 이 경우에는 복잡한 절차가 뒤따른다. 그 해법으로서는 (a) 시행착오법, (b) 도식해법, (c) 등가길이관을 이용하는 방법 등으로 분류된다.

(a) 시행착오법

이 방법은 10.1절의 유형 (3)에 설명한 방법과 동일하다. 그 절차를 간단히 요약하면

1. 흐름을 완전난류라 가정하고, e_1/d_1, e_2/d_2 값과 Moody 도표로부터 마찰계수 f_1, f_2를 구한다.
2. H가 주어졌으므로, 단계 1.에서 구한 f_1, f_2를 가정치로 하여 식 (10.13)으로부터 V_2을 구하고, $V_1=(A_2/A_1)V_2$으로부터 V_1을 구한다.
3. V_1, V_2로부터 Re_1, Re_2를 구하고 e_1/d_1 및 e_2/d_2를 이용하여 재차 f_1, f_2를 구한다.
4. 이렇게 구한 마찰계수와 단계 1.의 가정치를 비교하여 두 값이 근사적으로 같은가를 본다. 같은 경우에는 계산을 여기서 끝낸다.
5. 서로 같지 않을 경우는 단계 3.에서 구한 마찰계수를 가정치로 하여 마찰계수를 구하고 근사적으로 같아질 때까지 계산을 시행하면 정확한 V를 구할 수 있다.

이 경우에도 Manning의 마찰계수식 $f=(124.5\,n^2)/d^{1/3}$을 사용하면 시행착오 없이 곧 바로 마찰계수를 산정할 수 있으므로 식 (10.13)으로부터 문제를 쉽게 풀 수 있다. 이 경우에는 반드시 Manning의 조도계수 n이 주어져야 한다.

(b) 도식해법

시행착오법에서 마찰계수를 가정한 것과는 달리 도식해법에서는 유량을 가정한다. 유량을 가정하면 결국 관의 제원(d, l, e)과 유량 Q가 주어지고 H를 구하는 문제로서 앞 (1)의 경우로 귀착된다. 그 절차를 간단히 설명하면

1. 작은 유량값으로부터 등간격으로 적당한 개수의 유량 Q_1, Q_2, Q_3, · · ·를 가정한다.
2. 그림 10.5와 같이 가정한 유량 Q_1, Q_2, Q, · · · 와, 그에 대응하는 H_1, H_2, H_3, · · · 의 관계를 그래프로 그린다.

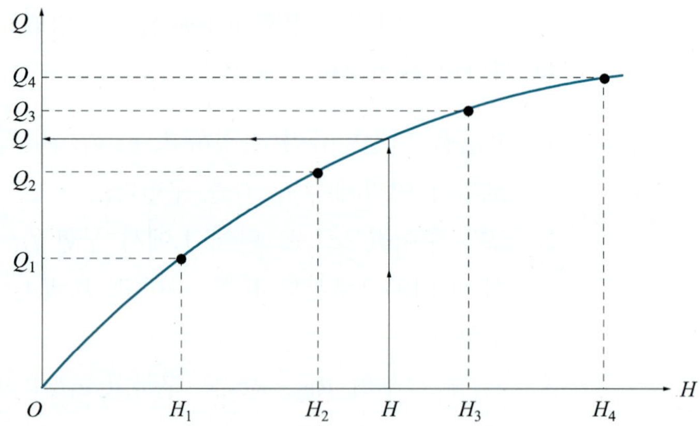

그림 10.5 도식해법

3. 문제에서 주어진 H를 찾고 그 점으로부터 종축에 평행선을 그어 그래프와 교차하는 점에서 수평으로 그어 유량축과 만나는 값이 구하고자 하는 유량(Q)이 된다.

그림 10.2와 같이 단면 변화가 여러 형태로 나타나는 문제의 경우에는 시행착오법으로 문제를 해결하기가 매우 어렵고 번거로우므로 도식해법을 이용하는 것이 바람직하다.

(c) 등가길이관(equivalent length pipe)을 이용하는 방법
직경이 d_1이고 길이 l_1인 관과 직경이 d_2이고 길이 l_2인 두 관을 비교할 때 같은 유량에서 동일한 수두손실을 나타낸다면 두 관은 등치이며 등가길이를 갖게 된다. 따라서 등가길이관이 되기 위해서는 다음 조건을 만족해야 한다.

$$Q_1 = Q_2, \quad h_{L1} = h_{L2} \tag{10.14}$$

등가길이관을 계산하는 경우에 주의할 점은 각 관에 부차적 손실이 포함되어 있을 때는 식 $l_e = Kd/f$ 로 표시되는 등가길이를 미리 계산해서 각 관의 길이에 더해 주어야 한다. 즉,

$$\begin{aligned} l_1' &= l_1 + l_{e1} \\ l_2' &= l_2 + l_{e2} \end{aligned} \tag{10.15}$$

여기서 l_{e1}, l_{e2}는 각각 관경이 d_1인 관과 d_2인 관에 포함되는 부차적 손실에 대한 등가길이이다. 이제 직경이 d_1이고 길이 l_1'인 관을 직경 d_2인 관으로 등가시켰을 때의 등가길이 l_e를 구해보자.

Darcy-Weisbach 식을 적용하면

$$h_{L1} = f_1 \frac{l_1'}{d_1} \frac{Q_1^2}{2g\left(\pi d_1^2/4\right)^2} = f_1 \frac{l_1 + l_{e1}}{d_1^5} \frac{8Q_1^2}{g\pi^2} \tag{10.16}$$

$$h_{L2} = f_2 \frac{l_e}{d_2^5} \frac{8Q_2^2}{g\pi^2} \tag{10.17}$$

상기 두 식에 $h_{L1} = h_{L2}$, $Q_1 = Q_2$의 조건을 대입하고 등가길이 l_e로 정리하면 다음과 같다.

$$l_e = \frac{f_1}{f_2}\left(\frac{d_2}{d_1}\right)^5 \left(l_1 + l_{e1}\right) \tag{10.18}$$

식 (10.18)은 길이 $l_1' = l_1 + l_{e1}$이고 직경 d_1인 관을 직경 d_2인 관으로 등가시켰을 때의 길이를 나타낸다. 식 (10.18)에서도 알 수 있는 바와 같이 $d_2 > d_1$인 경우 $(d_2/d_1)^5$의 값이 크게 되어 계산이 번거로우므로, 일반적으로 직경이 큰 관을 관경이 작은 쪽으로 등가시키는 것이 바람직하다.

식 (10.18)로 표시되는 등가길이 l_e를 직경이 d_2이고 길이 $l_2 + l_{e2}$인 관에 더해 주면 이 문제는 결국 그림 10.6과 같이 직경 d_2이고, 관의 길이가 $l_2 + l_{e2} + l_e$이고 부차적 손실이 없는 관의 문제로 귀결되어 다음식과 같이 된다.

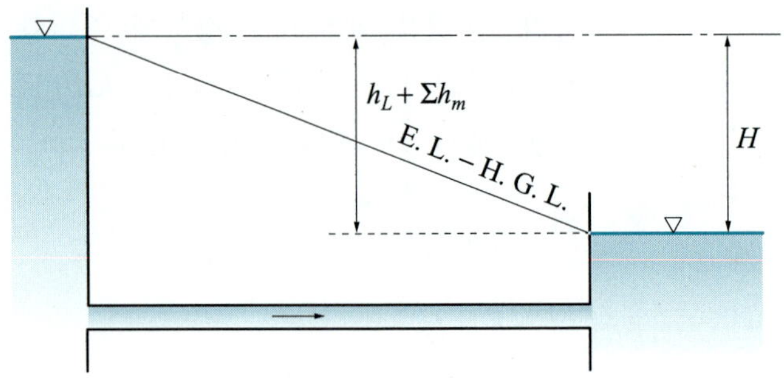

그림 10.6 등가길이관으로 대체된 관수로

$$H = f_2 \frac{l_2 + l_{e2} + l_e}{d_2} \frac{V^2}{2g} \tag{10.19}$$

등가길이관의 개념을 이용하여 그림 10.4와 같은 부등단면관의 문제를 푸는 절차를 간단히 써보면 다음과 같다.

1. 관 1에 포함되는 입구손실에 해당하는 등가길이 l_{e1}과 관 2에 포함되는 급축소손실과 입구손실에 해당하는 등가길이 l_{e2}를 계산해 둔다.
2. 식 (10.15)를 이용하여 부차적 손실을 포함한 관의 길이를 구한다.
3. $d_1 > d_2$이므로 직경 d_1인 관을 직경 d_2로 등가시키고 등가길이 l_e를 산정하고 $l_2 + l_{e2} + l_e$를 구한다.
4. 완전난류로 가정하고 e_2/d_2를 이용하여 마찰계수를 구하고 식 (10.19)에 대입하여 정확한 V를 구한다. 이 때 필요하면 시행착오법[10.1절 문제유형 (3)]을 써야하는 경우도 생긴다.

예제 10.6 부등단면의 해석

그림 10.4와 같이 두 개의 수조를 잇는 부등단면관을 통해서 흐르는 유량을 아래 세 가지 방법에 의해서 구하고 그 결과를 비교하라. 관 1의 제원은 $d_1 = 60$ cm, $l_1 = 300$ m, $e_1 = 0.46$ mm, 관 2의 제원은 $d_2 = 40$ cm, $l_2 = 200$ m, $e_2 = 1.26$ mm이고, 두 수조의 수면차는 $H = 10$ m이다. 단 물의 동점성계수는 $\nu = 1.0 \times 10^{-6}$ m^2/sec이다.

(a) 시행착오법
(b) 도식해법
(c) 등가길이관 개념 이용

풀이

(a) 시행착오법

1. 흐름을 완전난류로 가정하고 $e_1/d_1 = 0.00077$, $e_2/d_2 = 0.003$과 Moody 도표로부터 초기가정치 f_1과 f_2를 구한다.

$$f_1 = 0.018, \quad f_2 = 0.026$$

2. 부차적 손실 계수를 결정해 둔다.

$$K_e = 0.5, \quad K_{sc} = 0.28, \quad K_o = 1.0$$

3. 식 (10.13)에 주어진 값을 대입하면

$$10 = \left[0.5\left(\frac{40}{60}\right)^4 + f_1\frac{300}{0.6}\left(\frac{40}{60}\right)^4 + 0.28 + f_2\frac{200}{0.4} + 1.0\right]\frac{V_2^2}{2g}$$

$$196 = \left(1.38 + 98.77 f_1 + 500 f_2\right)V_2^2 \qquad ①$$

4. 식 ①에 위에서 구한 f_1, f_2를 대입해서 V_1, V_2를 구한다.

$$V_1 = 1.55 \text{ m/sec}, \quad V_2 = 3.48 \text{ m/sec}$$

5. V_1, V_2로부터 구한 $\mathrm{Re}_1 = V_1 d_1/\nu = 9.30 \times 10^5$, $\mathrm{Re}_2 = V_2 d_2/\nu = 1.39 \times 10^6$과 $e_1/d_1 = 0.00077$, $e_2/d_2 = 0.003$을 이용하여 재차 f_1 및 f_2를 구한다.

$$f_1 = 0.019, \quad f_2 = 0.026$$

6. 값이 초기 가정치와 거의 근사하므로 계산을 여기서 끝내도 좋다. 이 예제의 경우는 완전난류의 경우이므로 단 한 번의 가정으로 f_1 및 f_2가 수렴되나, 초기 가정치와 나중 값이 일치하지 않는 경우는 나중 값을 새가정치로 하여 반복 계산한다.

7. 유량 산정

$$Q = \frac{\pi}{4} \times 0.6^2 \times 1.55 = 0.438 \text{ m}^3/\text{sec}$$

(b) 도식해법

가정 유량	유속(m/sec)		레이놀즈 수(×10^6)		마찰계수		$H(m)$	비고
	V_1	V_2	Re_1	Re_2	f_1	f_2		
0.2	0.71	1.59	0.4261	0.636	0.0195	0.0265	1.91	$e_1/d_1 = 0.00077$ $e_2/d_2 = 0.003$
0.4	1.41	3.18	0.846	1.272	0.0192	0.026	7.51	
0.6	2.12	4.77	1.272	1.908	0.0190	0.026	16.89	
0.8	2.83	6.37	1.698	2.548	0.0188	0.026	30.12	
1.0	3.54	7.96	2.124	3.184	0.0188	0.026	47.04	

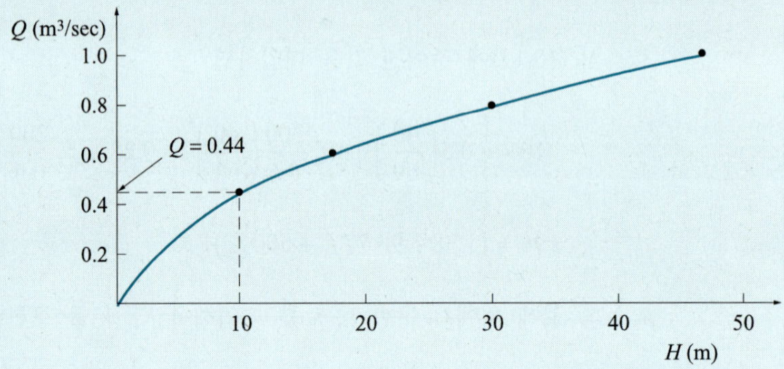

그림 E10.6

1. 작은 유량 값으로부터 등간격으로 적당한 개수의 유량을 가정하여 V_1, V_2, Re_1, Re_2, f_1, f_2를 구해서 식 (10.13)으로부터 그에 대응하는 H를 구한다.
2. 그림 E10.6과 같이 가정 유량 Q_1, Q_2,…에 대응하는 H_1, H_2,…의 그래프를 그린다.
3. 주어진 H를 찾고 그 점으로부터 종축에 평행선을 그어 그래프와 교차하는 점에서 수평으로 그어 유량축과 만나는 값이 구하고자 하는 유량이다 (그림 E10.6 참조).

$$Q \simeq 0.44 \text{ m}^3/\text{sec}$$

(c) 등가길이관 개념

1. 식 (9.81)을 이용하여 관 1에 포함되는 부차 손실의 등기길이 l_{e1}과 관 2에 포함되는 부차손실의 등가길이 l_{e2}를 각각 구한다.

$$l_{e1} = \frac{K_e d_1}{f_1} = 15.79 \text{ m}$$

$$l_{e2} = \frac{\left(K_{sc} + K_o\right) d_2}{f_2} = 19.69 \text{ m}$$

2. 부차적 손실을 마찰손실로 환산한 관의 길이는 각각 다음과 같다.

$$l_1' = 300 + 15.79 = 315.79 \text{ m}$$

$$l_2' = 200 + 19.69 = 219.69 \text{ m}$$

3. 식 (10.18)을 이용하여 직경 d_1의 관을 d_2로 등가시켰을 때의 등가길이 l_e를 구한다.

$$l_e = \frac{f_1}{f_2}\left(\frac{d_2}{d_1}\right)^5 \left(l_1 + l_{e1}\right)$$

$$= \frac{0.019}{0.026}\left(\frac{0.4}{0.6}\right)^5 \times 315.79 = 30.39 \text{ m}$$

결국 이 문제는 직경이 $d_2 = 40$ cm, 총 길이가 $l_2 + l_{e2} + l_e = 219.69 + 30.39 = 250.08$ m이고, 부차적 손실이 없는 등단면 단일관의 문제가 된다.

4. 앞에서 구한 f_2와 앞의 결과를 이용하여 식 (10.19)로부터 V를 구한다.

$$V = 3.47 \text{ m/sec}$$

따라서 유량은

$$Q = \frac{\pi}{4} \times 0.4^2 \times 3.47 = 0.436 \text{ m}^3/\text{sec}$$

10.2.3 사이폰(siphon)

한 저수지에서 먼 거리 떨어진 곳의 저수지로 물을 송수하는 경우에는 지리적 조건에 의해 그림 10.7과 같이 관이 동수경사선(H.G.L)의 위쪽에 놓이는 경우도 종종 있다. 이러한 관수로를 사이폰(siphon)이라 한다. 이 때 동수경

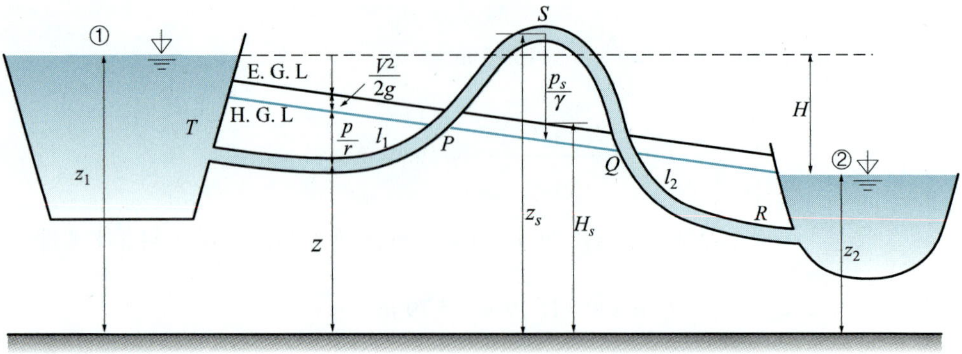

그림 10.7 사이폰의 원리

사선보다 위에 놓인 관로 내의 압력은 (−) 압력이 된다. 앞에서 설명한 바와 같이 관수로 상 임의의 점에서 에너지경사선과 동수경사선 사이의 연직거리는 속도수두 $V^2/2g$이고, 동수경사선과 관 사이의 연직거리는 압력수두 p/γ로 나타낸다. 관의 정점 S에 대해서 생각해 보자. 정점 S에서의 전 수두 H_S(에너지 선까지의 연직거리)는

$$H_S = \frac{V^2}{2g} + \frac{p_S}{\gamma} + z_S$$

로 나타나는데 $V^2/2g$이 (+)값이므로 다음 관계가 성립한다.

$$V^2/2g + z_S > H_S$$

따라서 S 점의 압력수두 p_S/γ는 (−)값을 취한다. 그림에서 P, Q점 사이의 관 내는 (−)압력이 되고, (−)압력은 정점 S에서 최대로 된다. 사이폰의 원리는 압력이 큰 T에서 S로 물이 운반되고 정점 S에서는 높은 위치에서 얻은 위치에너지가 (−)압력을 보상하고 R로 흐르게 된다.

사이폰의 흐름해석은 앞에서 다룬 등단면 관수로흐름해석의 경우와 동일하다. 직경이 d로 일정한 등단면관으로 생각하고, 점 1, 2에 베르누이정리를 적용하면 다음 식을 얻는다.

$$H = \Sigma h_L + \Sigma h_m = \left(K_e + f\frac{l_1 + l_2}{d} + K_b + K_o \right)\frac{V^2}{2g} \tag{10.20}$$

식 (10.20)은 부차적 손실의 개수만 다를 뿐이지 식 (10.11)과 동일한 형태이고, 따라서 그 해법도 동일하다. 식 (10.20)으로부터 H 및 유량 Q를 구할 수 있다.

이제 (−)압력으로 나타내는 정점 S에서의 압력을 구해보자. 점 1과 S점 사이에 베르누이정리를 적용하면

$$z_1 = \frac{V_2}{2g} + \frac{p_S}{\gamma} + z_S + K_e \frac{V^2}{2g} + f\frac{l_1}{d}\frac{V^2}{2g} + K_b \frac{V^2}{2g}$$

이 되고 p_S/γ에 대해서 정리하면 다음 식과 같이 된다.

$$\frac{p_S}{\gamma} = (z_1 - z_S) - \left(1 + K_e + f\frac{l_1}{d} + K_b\right)\frac{V^2}{2g} \tag{10.21}$$

식 (10.20)과 식 (10.21)로부터 $V^2/2g$를 소거하면

$$\frac{p_S}{\gamma} = (z_1 - z_S) - \frac{1 + K_e + f\dfrac{l_1}{d} + K_b}{K_e + f\dfrac{l_1 + l_2}{d} + K_b + K_o} H \tag{10.22}$$

와 같이 된다. 식 (10.22)의 우변에서 $(z_1 - z_S) < 0$인 경우 p_S/γ가 (−) 값인 것은 당연하고, $(z_1 - z_S) > 0$인 경우에는 두 번째 항의 절대치가 $z_1 - z_S$보다 큰 경우 p_S/γ 는 (−)값을 취한다. 앞에서 설명한 대로 S점에서의 압력수두는 정점 S로부터 동수경사선까지의 연직거리로서

$$\frac{p_S}{\gamma} = -H_P \tag{10.23}$$

으로 나타낼 수 있는데, 이 때 H_P의 크기는 이론상으로 대기압과 같은 수두로서 약 10 m가 되나 사이폰 작용이 가능한 실제의 정점의 수두 H_P는 8.0 ~ 8.5 m 정도이고 이 값을 초과하면 사이폰 작동이 제대로 되지 않는다.

그림 10.7에서 알 수 있는 바와 같이, 수면차 H가 커지면 H_P도 함께 증가하므로 결국 H_P가 한계값 H_{PC}에 이르면 H 값은 최대값 $H_{\max}$를 나타내게 되어, 이것이 사이폰이 작동할 수 있는 최대 수면차가 된다. 식 (10.22)에서 $p_S/\gamma = -H_{PC}$를 대입하면 $H_{\max}$는 다음과 같이 구할 수 있다.

$$H_{max} = \left\{H_{PC} + \left(z_1 - z_S\right)\right\} - \frac{K_e + f\dfrac{l_1 + l_2}{d} + K_b + K_o}{1 + K_e + f\dfrac{l_1}{d} + K_b} \tag{10.24}$$

예제 10.7 사이폰

그림 10.7과 같이 사이폰을 통해 I 저수지에서 II 저수지로 물을 송수한다. I 저수지의 수위는 98 m, 정점 S까지의 높이 $z_S = 100$ m, $l_1 = 1000$ m, $l_2 = 2000$ m 관의 직경 $d = 0.6$ m이다. 관의 마찰손실계수 및 부차적 손실계수를 각각 $f = 0.024$, $K_e = 0.5$, $K_b = 0.2$ 및 $K_o = 1.0$일 때 두 수조의 수면차 H의 최대치 및 유량을 구하라.

풀이

식 (10.24)로부터

$$H_{PC} + \left(z_1 - z_S\right) = 8.5 + \left(98 - 100\right) = 6.5$$

$$H_{max} = 6.5 \times \frac{0.5 + 0.024 \times \dfrac{3000}{0.6} + 0.2 + 1.0}{1 + 0.5 + 0.024 \times \dfrac{1000}{0.6} + 0.2} = 18.97 \text{ m}$$

유량을 구하기 위해서 식 (10.21)을 V로 정리하면

$$V = \sqrt{\frac{2g\left[\dfrac{-p_S}{\gamma} + \left(z_1 - z_S\right)\right]}{1 + K_e + f\dfrac{l_1}{d} + K_b}} = \sqrt{\frac{2g\left[H_{PC} + \left(z_1 - z_S\right)\right]}{1 + K_e + f\dfrac{l_1}{d} + K_b}}$$

$$= \sqrt{\frac{2 \times 9.8 \times 6.5}{1 + 0.5 + 0.024 \times \dfrac{1000}{0.6} + 0.2}} = 1.75 \text{ m/sec}$$

$$Q = AV = \frac{\pi}{4} \times 0.6^2 \times 1.75 = 0.49 \text{ m}^3\text{/sec}$$

10.3 병렬관수로 Parallel Pipe line

한 개의 관로가 도중에서 두 개 또는 그 이상으로 분기되어 나란히 흐르다가 하류쪽에서 다시 한 개의 관로로 합류하여 흘러들어가는 경우 이러한 관로를 병렬관수로(parallel pipe line)라 한다.

병렬관수로 해석에서는 관이 충분히 길어 부차적 손실은 무시 가능하다고 보고 마찰손실에 대해서만 고려한다. 또 베르누이방정식에서 속도수두항은 다른 관에 비해 미소하여 무시 가능하므로, 이 경우에는 에너지경사선과 동수경사선은 그림 10.8과 같이 일치한다고 가정한다.

그림 10.8과 같이 관이 중도에서 분기되었다가 하류에서 다시 합류하는 경우 개개관의 유량을 1. 해석적인 방법과 2. 시산법을 이용하여 구해보자.

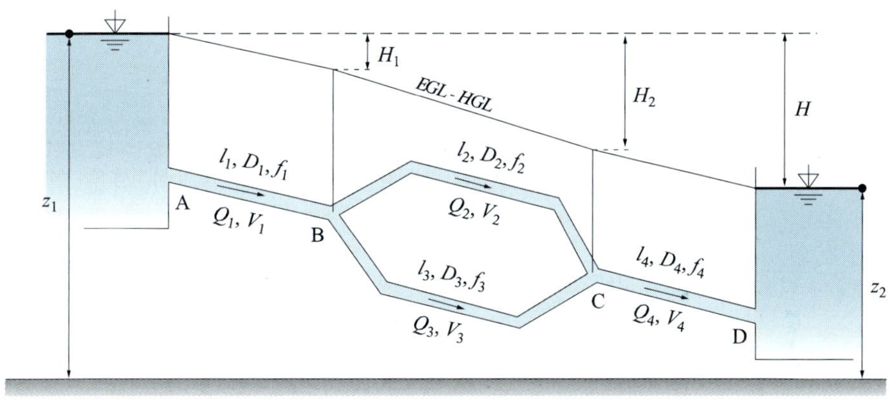

그림 10.8 일부 병렬관수로

10.3.1 해석적인 방법

부차적 손실을 무시하고 AB, BC, CD 사이에 베르누이방정식을 적용한다. 예를 들어 A, B 사이에 베르누이방정식을 적용하면

$$\frac{V_A^2}{2g} + \frac{p_A}{\gamma} + z_A = \frac{V_B^2}{2g} + \frac{p_B}{\gamma} + z_B + \Sigma h_{L_{AB}} + \Sigma h_m$$

앞에서 세운 가정으로부터 속도수두와 부차적 손실을 무시하면 상기 식은 다음과 같이 된다.

$$\left(\frac{p_A}{\gamma}+z_A\right)-\left(\frac{p_B}{\gamma}+z_B\right)=H_1=h_{L_{AB}}$$

즉,

$$H_1=f_1\frac{l_1}{d_1}\frac{V_1^2}{2g} \tag{10.25}$$

BC, CD 사이에서도 마찬가지로

$$H_2-H_1=f_2\frac{l_2}{d_2}\frac{V_2^2}{2g}$$

$$H_2-H_1=f_3\frac{l_3}{d_3}\frac{V_3^2}{2g} \tag{10.26}$$

$$H-H_2=f_4\frac{l_4}{d_4}\frac{V_4^2}{2g}$$

이 되고, 식 (10.25)와 (10.26)으로부터 다음 2개의 식을 얻는다.

$$H=f_1\frac{l_1}{d_1}\frac{V_1^2}{2g}+f_2\frac{l_2}{d_2}\frac{V_2^2}{2g}+f_4\frac{l_4}{d_4}\frac{V_4^2}{2g} \tag{10.27a}$$

$$H=f_1\frac{l_1}{d_1}\frac{V_1^2}{2g}+f_3\frac{l_3}{d_3}\frac{V_3^2}{2g}+f_4\frac{l_4}{d_4}\frac{V_4^2}{2g} \tag{10.27b}$$

또 관로 내 두 점 사이에서의 손실수두는 중간경로와는 관계없이 동일하므로 BC 사이의 2관 3관에서는 $h_{L2}=h_{L3}$이므로

$$f_2\frac{l_2}{d_2}\frac{V_2^2}{2g}=f_3\frac{l_3}{d_3}\frac{V_3^2}{2g} \tag{10.28}$$

이 성립하는데 이것은 식 (10.27)로부터도 알 수 있다.

또 연속방정식으로부터 다음 식이 성립한다.

$$Q_1=Q_2+Q_3=Q_4$$

상기 식을 고쳐 쓰면

$$d_1^2V_1 = d_2^2V_2 + d_3^2V_3 = d_4^2V_4$$

즉

$$d_1^2V_1 = d_2^2V_2 + d_3^2V_3 \tag{10.29a}$$

$$d_4^2V_4 = d_2^2V_2 + d_3^2V_3 \tag{10.29b}$$

만약 수조의 수위 H와 관의 특성제원 d, l 및 f가 주어지면 미지수 V_1, V_2, V_3 및 V_4는 식 (10.27a) 또는 식 (10.27b), 그리고 (10.28) 및 (10.29a, b)의 네 개의 방정식으로부터 구할 수 있다. 우선 식 (10.28)에서 편의를 위해 $\lambda_i^2 = f_i \dfrac{l_i}{d_i}(i = 1, 2, 3, 4)$로 놓고 고쳐 쓰면

$$\lambda_2V_2 = \lambda_3V_3 \tag{10.30}$$

으로 되고 이것을 (10.29a), (10.29b)에 대입하면 V_2, V_3 및 V_4는 다음과 같이 V_1으로 표시할 수 있다.

$$\begin{aligned} V_2 &= \frac{\lambda_3 d_1^2}{\lambda_3 d_2^2 + \lambda_2 d_3^2} V_1 = K_2 V_1 \\ V_3 &= \frac{\lambda_2 d_1^2}{\lambda_3 d_2^2 + \lambda_2 d_3^2} V_1 = K_3 V_1 \\ V_4 &= \left(\frac{d_1}{d_4}\right)^2 V_1 = K_4 V_1 \end{aligned} \tag{10.31}$$

여기서

$$K_2 = \frac{\lambda_3 d_1^2}{\lambda_3 d_2^2 + \lambda_2 d_3^2}$$

$$K_3 = \frac{\lambda_2 d_1^2}{\lambda_3 d_2^2 + \lambda_2 d_3^2}$$

$$K_4 = \left(\frac{d_1}{d_4}\right)^2$$

식 (10.31)을 식 (10.27a)에 대입하면

$$H = \frac{\lambda_1^2}{2g}V_1^2 + \frac{\lambda_2^2}{2g}K_2^2V_1^2 + \frac{\lambda_4^2}{2g}K_4^2V_1^2$$

이 되고, 정리하면 V_1에 대한 식을 얻을 수 있다

$$V_1 = \sqrt{\frac{2gH}{\lambda_1^2 + \lambda_2^2K_2^2 + \lambda_4^2K_4^2}} \tag{10.32}$$

식 (10.32)를 (10.31)에 대입하면 V_2, V_3, V_4도 구할 수 있다.

10.3.2 시산법

병렬관이 2개 이상인 경우에는 식이 매우 복잡하게 되므로 계산이 매우 번거롭게 된다. 이 경우에는 시산법을 이용한다. 앞의 문제를 시산법을 이용하여 푸는 방법에 대해 설명한다. 단, 이 경우에는 유량 Q_1 또는 H_1이 주어져야만 한다. 그 절차는 다음과 같다.

1. H_1이 주어진 경우는 식 (10.25)로부터 유량 Q_1을 결정해 둔다(일반적으로는 Q_1이 주어진다).
2. 지관 2를 통하여 흐르는 유량을 적절히 가정하고, 가정유량을 Q_2'으로 표기하기로 한다.
3. 가정한 유량 Q_2'에 대응하는 수두손실 h'_{L2}을 계산한다.
4. $h'_{L2} = h'_{L3}$인 점을 이용하여 나머지 지관 3에서의 유량 Q_3'를 계산한다.
5. Q_2', Q_3'를 이용하여 총유량 Q_1을 비례배분한다

$$Q_2 = Q_1 \frac{Q_2'}{Q_2' + Q_3'} = Q_1 \frac{Q_2'}{\Sigma Q_i'}$$
$$Q_3 == Q_1 \frac{Q_3'}{\Sigma Q_i'} \tag{10.33}$$

6. 단계 5에서 계산된 Q_2, Q_3 각각에 대한 손실수두 h_{L2} 및 h_{L3}을 계산하여 근사적으로 같은지를 검토한다.

7. 만일 $h_{L2} \fallingdotseq h_{L3}$가 성립되지 않으면 5단계에서 구한 Q_2를 관 2의 재가정치로 하여 단계 2로부터 계산을 되풀이 한다.

상기 계산절차는 지관이 몇 개가 되더라도 그대로 적용할 수 있다.

예제 10.8 병렬관수로

그림 10.8과 같이 병렬관수로에서 $H = 12$ m, $l_1 = 2400$ m, $l_2 = 600$ m, $l_3 = 500$ m, $l_4 = 600$ m, $d_1 = 0.4$ m, $d_2 = 0.3$ m, $d_3 = 0.2$ m, $d_4 = 0.4$ m일 때, 부차적 손실을 무시하고 개개 관에 흐르는 유량을 (a) 해석적인 방법과 (b) 시산법에 의해서 구하라. 단, 관의 상당조도는 $e = 0.30$ mm로 모든 관에서 동일하다.

풀이

완전난류로 가정하면 마찰계수는 상대조도만의 함수로 되고 Moody 도표로부터 찾을 수 있다. $e/d_1 = 0.00075$, $e/d_2 = 0.001$, $e/d_3 = 0.0015$, $e/d_4 = 0.00075$로부터 $f_1 = 0.018$, $f_2 = 0.0198$, $f_3 = 0.0215$, $f_4 = 0.018$이다.

또 $\lambda_i^2 = f_i \dfrac{l_i}{d_i}$ 의 관계식으로부터

$$\lambda_1 = \sqrt{f_1 \frac{l_1}{d_1}} = 10.39, \quad \lambda_2 = \sqrt{f_2 \frac{l_2}{d_2}} = 6.29$$

$$\lambda_3 = \sqrt{f_3 \frac{l_3}{d_3}} = 7.33, \quad \lambda_4 = \sqrt{f_4 \frac{l_4}{d_4}} = 5.20$$

K_2, K_3 및 K_4는

$$K_2 = \frac{\lambda_3 d_1^2}{\lambda_3 d_2^2 + \lambda_2 d_3^2} = 1.29$$

$$K_3 = \frac{\lambda_2 d_1^2}{\lambda_3 d_2^2 + \lambda_2 d_3^2} = 1.10$$

$$K_4 = \left(\frac{d_1}{d_4}\right)^2 = 1.0$$

(a) 해석적인 방법

식 (10.31)과 (10.32)로부터 속도를 구하면

$$V_1 = \sqrt{\frac{2gh}{\lambda_1^2 + \lambda_2^2 K_2^2 + \lambda_4^2 K_4^2}} = \sqrt{\frac{2 \times 9.8 \times 12}{10.39^2 + 6.29^2 + 1.29^2 + 5.20^2}}$$

$$= 1.082 \text{ m/sec}$$

$$V_2 = K_2 V_1 = 1.29 \times 1.082 = 1.396 \text{ m/sec}$$

$$V_3 = K_3 V_1 = 1.10 \times 1.082 = 1.190 \text{ m/sec}$$

$$V_4 = 0.979 \text{ m/sec}$$

유량을 구하면

$$Q_1 = Q_4 = \frac{\pi}{4} \times 0.4^2 \times 1.082 = 0.136 \text{ m}^3/\text{sec}$$

$$Q_2 = \frac{\pi}{4} \times 0.3^2 \times 1.396 = 0.099 \text{ m}^3/\text{sec}$$

$$Q_2 = \frac{\pi}{4} \times 0.2^2 \times 1.190 = 0.037 \text{ m}^3/\text{sec}$$

(b) 시산법(시행착오법)

1. $Q = 0.136 \text{ m}^3/\text{sec}$로 주어진 경우의 문제를 다루어 본다.
2. 관 2로 흐르는 유량을 $Q_2' = 0.060 \text{ m}^3/\text{sec}$로 가정한다.
3. 가정한 유량 Q_2'에 대응하는 손실수두 h_{L2}'를 계산한다.

$$h_{L2}' = f_2 \frac{l_2}{d_2} \frac{V_2^2}{2g} = f_2 \frac{l_2}{d_2} \frac{1}{2g} \left(\frac{4Q}{\pi \times 0.3^2} \right)^2 = 1.456 \text{ m}$$

4. $h_{L3}' = h_{L2}'$인 점을 이용하여 3관에서의 유량 Q_3'를 구한다.

$$h_{L3}' = h_{L2}' = 1.456 = f_3 \frac{l_3}{d_3} \frac{V_3^2}{2g}$$

$$\therefore V_3 = 0.729 \text{ m/sec}$$

$$Q_3' = \frac{\pi}{4} \times 0.2^2 \times 0.729 = 0.023 \text{ m}^3/\text{sec}$$

5. Q_2', Q_3'를 이용하여 총유량 Q_1을 비례배분한다.

$$Q_2 = Q_1 \frac{Q_2'}{Q_2' + Q_3'} = 0.136 \times \frac{0.060}{0.060 + 0.023} = 0.098 \text{ m}^3/\text{sec}$$

$$Q_3 = Q_1 \frac{Q_3'}{Q_2' + Q_3'} = 0.136 \times \frac{0.023}{0.060 + 0.023} = 0.038 \text{ m}^3/\text{sec}$$

6. 전단계에서 계산된 Q_2, Q_3 각각에 대한 손실수두 h_{L2}와 h_{L3}가 근사적으로 같은지 검토

$$V_2 = \frac{Q_2}{\left(\frac{\pi}{4} \times 0.3^2\right)} = 1.386$$

$$V_3 = \frac{Q_3}{\left(\frac{\pi}{4} \times 0.2^2\right)} = 1.210$$

$$h_{L2} = f_2 \frac{l_2}{d_2} \frac{V_2^2}{2g} = 3.88$$

$$h_{L3} = f_3 \frac{l_3}{d_3} \frac{V_3^2}{2g} = 4.02$$

h_{L2}와 h_{L3}는 약 3.5%의 오차범위에 있다.

10.4 분기 또는 합류하는 관수로 Pipe branching

앞의 병렬관수로와 마찬가지로 분기 또는 합류하는 관수로 계산도 매우 복잡하여, 수계산으로는 어려운 경우가 많으므로 컴퓨터를 이용해 해결하는 경우가 많다. 이 경우에도 에너지손실은 마찰손실만을 고려하고, 속도수두항은 매우 작다고 보고 무시하여 동수경사선과 에너지선은 일치한다고 가정한다. 또한 마찰계수 f의 계산도 완전난류 가정에 의해 상대조도 e/d만의 함수로 해서 Moody 도표에서 찾거나, Manning의 마찰계수식을 이용하여 간단히 계산한다.

그림 10.9와 같이 세 개의 수조를 관 1, 2, 3으로 연결하는 경우 각 관에 흐르는 유량을 구하는 문제를 설명한다. 기준면으로부터 각 수조의 수위를 각각 z_1, z_2, z_3라 하고, 세 개 관의 교차점 J에서의 에너지수두를 H_J라

하자, 이러한 경우 흐름의 방향은 H_J의 크기에 의해 결정되는데, 우선 그림 (a)의 경우와 같이 $H_J > z_2$일 때는 1관을 통해서 교차점 J를 향해서 흘러온 물은 교차점 J에서 관 2와 관 3으로 나뉘어져 흐르게 된다. 이러한 경우를 분기관(forking pipeline)이라 한다. 반대로 $H_J < z_2$(그림(b))인 경우는 물이 관 1과 관 2를 통해 교차점 J를 향해 흘러 들어와서 결국은 물이 합쳐져서 관 3으로 흐르게 된다. 이러한 경우를 합류관(merging pipeline)이라 한다.

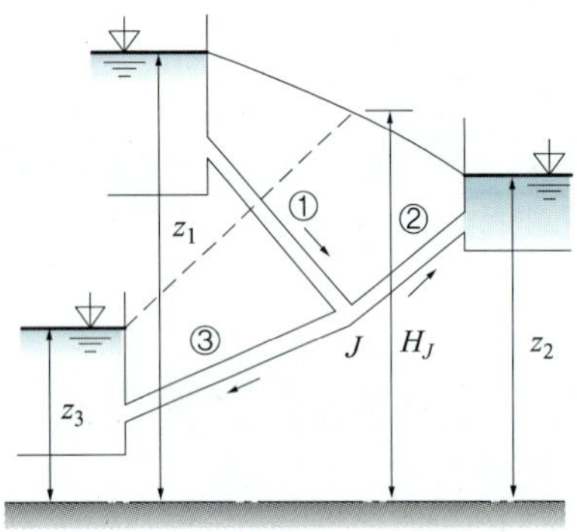

(a) 분기관 $z_1 > H_J > z_2$

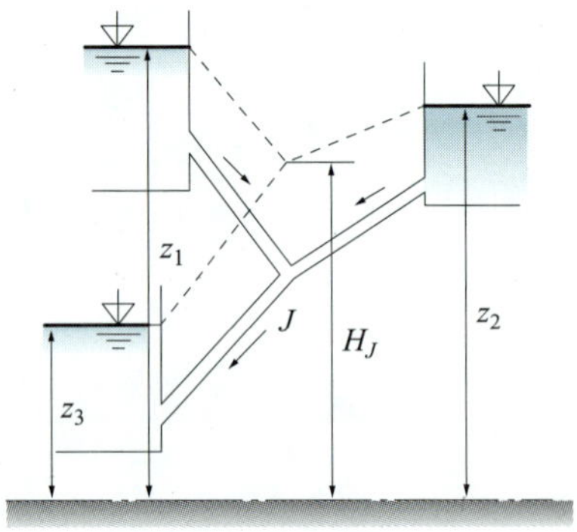

(b) 합류관 $H_J < z_2$

그림 10.9 다지(多枝) 관수로

물론 $H_J = z_2$인 경우도 생각을 할 수 있으나, 이러한 경우는 일시적으로는 생길 수도 있으나 거의 발생하기 어려운 경우이므로 고려할 필요가 없다. 아래의 분기관의 경우와 합류관의 경우로 나누어 베르누이정리를 적용한 에너지식과 연속식을 적어본다.

(1) 분기관의 경우

$$z_1 - H_J = f_1 \frac{l_1}{d_1} \frac{V_1^2}{2g} = k_1 Q_1^2$$

$$H_J - z_2 = f_2 \frac{l_2}{d_2} \frac{V_2^2}{2g} = k_2 Q_2^2 \tag{10.34}$$

$$H_J - z_3 = f_3 \frac{l_3}{d_3} \frac{V_3^2}{2g} = k_3 Q_3^2$$

$$Q_1 = Q_2 + Q_3 \tag{10.35}$$

(2) 합류관의 경우

$$\begin{aligned} z_1 - H_J &= f_1 \frac{l_1}{d_1} \frac{V_1^2}{2g} = k_1 Q_1^2 \\ z_2 - H_J &= f_2 \frac{l_2}{d_2} \frac{V_2^2}{2g} = k_2 Q_2^2 \\ H_J - z_3 &= f_3 \frac{l_3}{d_3} \frac{V_3^2}{2g} = k_3 Q_3^2 \end{aligned} \tag{10.36}$$

$$Q_1 + Q_2 = Q_3 \tag{10.37}$$

위에서 k_i는 다음과 같이 표시되는 값이다.

$$k_i = f_i \frac{l_i}{d_i} \frac{8}{g\pi^2 d_i^4} \quad (i = 1, 2, 3)$$

앞에서 H_J의 크기를 이용하여 분기관과 합류관으로 구분하였는데, 실제로 H_J는 미지값이므로 실제로 문제를 풀 때는 상기 (1), (2) 두 경우 중 어느 하나로 가정하여 푸는 수밖에 없다. 그러나 다행스러운 것은 어느 경우로 가정하여 풀든 해석과정에서 어느 경우에 속하는지를 알 수 있게 되거나, 또는 잘못 가정된 경우에도 시산과정에서 자연스럽게 변경된다.

10.4.1 해석적인 방법

(1)의 경우, 즉 분기관으로 가정하고 식 (10.34)에서 H_J를 소거하면

$$\begin{aligned} z_1 - z_2 &= k_1 Q_1^2 + k_2 Q_2^2 \\ z_2 - z_3 &= k_3 Q_3^2 - k_2 Q_2^2 \end{aligned} \tag{10.38}$$

이 얻어지고 또 연속식은

$$Q_1 = Q_2 + Q_3 \tag{10.39}$$

이므로, 미지수 Q_1, Q_2, Q_3는 상기 3식으로부터 구할 수 있다. 이 때 유량 Q_1, Q_2, Q_3를 구하는 과정에서 양의 실근이 존재하면 가정이 옳고, 양의 실근이 존재하지 않으면 가정이 잘못되었으므로 다른 경우로 재가정하여 풀어야 한다. 합류관의 경우도 위의 방법과 동일하다. 자세한 사항은 예제에서 다룬다.

10.4.2 시산법

앞의 예에서 볼 수 있는 바와 같이 저수지의 개수가 많은 경우는 다수의 연립방정식을 풀어야 하므로 해석적인 방법은 실용적인 방법이라 하기 어렵다. 그러한 경우는 시산법으로 풀면 매우 편리하다. 시산법에서는 처음의 가정이 잘못되었다 하더라도 H_J를 보정하는 과정에서 자연적으로 수정되므로, 처음에 어느 경우로 가정하든 관계가 없다. 해석적인 방법과 마찬가지로 분기관이라 가정하고, 식 (10.34)와 (10.35)를 이용한다.

해석적인 방법에서는 H_J를 소거하였으나, 시산법에서는 H_J를 적당한 값으로 가정하는 것으로부터 계산을 시작한다. 일반적인 시행절차를 간단히 적어본다.

1. 분기관 또는 합류관 중 하나를 가정하여 적절한 (여기서는 분기관으로 가정) H_{J0}를 선정한다.
2. H_{J0}를 이용하여 식 (10.34)로부터 Q_1, Q_2 및 Q_3을 계산한다. 예를 들면 $z_1 - H_{J0} = k_1 Q_1^2$에서 $z_1 - H_{J0}$ 및 k_1이 주어진 값이므로 Q_1이 바로 구해진다.
3. 위에서 구한 Q_1, Q_2, Q_3가 연속식 (10.35)를 만족하는지 알아본다. 즉, $Q_1 = Q_2 + Q_3$가 성립하는지 확인한다.
4. 연속방정식이 성립하지 않으면, 즉 $Q_1 - (Q_2 + Q_3) = \Delta Q$에서 ΔQ가 0이 아니고 어떤 값을 가질 때는 H_{J0}를 재가정한다.
5. H_{J0}를 재가정하는 경우에는 $\Delta Q > 0$인 경우와 $\Delta Q < 0$인 경우에 따라 재가정치를 H_{J0}보다 크게 할 것인가, 작게 할 것인가를 결정한다.
   ① $\Delta Q > 0$인 경우는 $z_1 - H_{J0}$가 실제보다 크므로 재가정치 H_{J0}는 첫 번째 가정치 H_{J0}보다 큰 값으로 적당한 개수의 H_{Ji}(H_{J1}, H_{J2}, H_{J3}, · · ·, $H_{J1} < H_{J2} < H_{J3}$ · · ·)를 선정해 둔다.

② $\Delta Q < 0$인 경우는 첫 번째 가정치 H_{J0}보다 작은 값으로 적당한 개수의 $H_{Ji}(H_{J1} > H_{J2} > H_{J3} \cdots)$를 선정해 둔다.

6. 단계 5에서 선정한 H_{Ji} 값들을 이용해서 Q_i를 계산하고 그에 대응하는 ΔQ_i 값을 구하여 그림 10.10과 같이 ΔQ_i와 H_{Ji}의 관계를 그래프로 그린다.

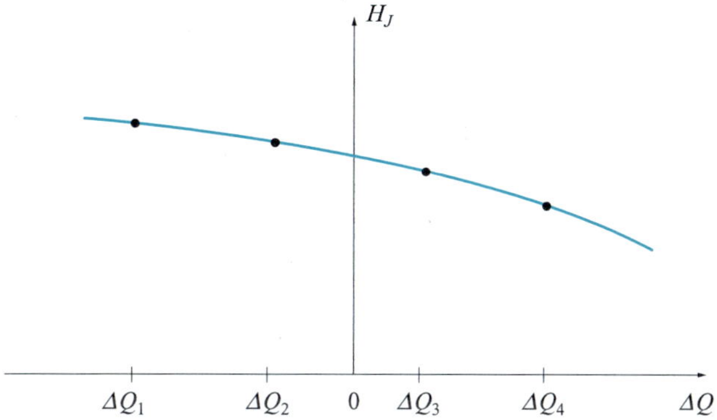

그림 10.10 ΔQ와 H_J의 관계

7. $\Delta Q = 0$에 대응하는 H_J가 구하는 값이다.
8. H_J를 식 (10.34)에 대입하여 정확한 Q_1, Q_2, Q_3를 구한다.

10.4.3 도식해법

관로계가 복잡한 경우에는 다음과 같은 도식해법 또한 유용하다. 이 경우에도 H_J를 가정하는 것은 시산법과 같다. 그러나 이 경우에는 문제 조건에 부합되도록 적정간격으로 H_{Ji}를 충분한 개수를 가정하고, 식 (10.34)로부터 H_J에 대응하는 Q_{1i}, Q_{2i}, 및 Q_{3i}를 계산하고 그림 10.11과 같이 H_J와 Q_1, Q_2 및 Q_3에 대해서 플롯한다. 이 때 $Q_2 + Q_3$ (Q_2와 Q_3의 합성)값도 함께 도시한다(합류관의 경우는 $Q_1 + Q_2$를 도시). 교차점 J에서는 $Q_1 = Q_2 + Q_3$ 의 관계가 성립되므로 그림 10.11에서 Q_1과 $Q_2 + Q_3$의 교점을 구하면, 그에 대응하는 유량이 Q_1이 되고, 또한 H_J도 구할 수 있다. 따라서 교차점에서 횡축과 평행선을 그어 H_J를 찾고 그 때 Q_2, Q_3 곡선에 대응하는 값으로부터 Q_2와 Q_3도 쉽게 구할 수 있다.

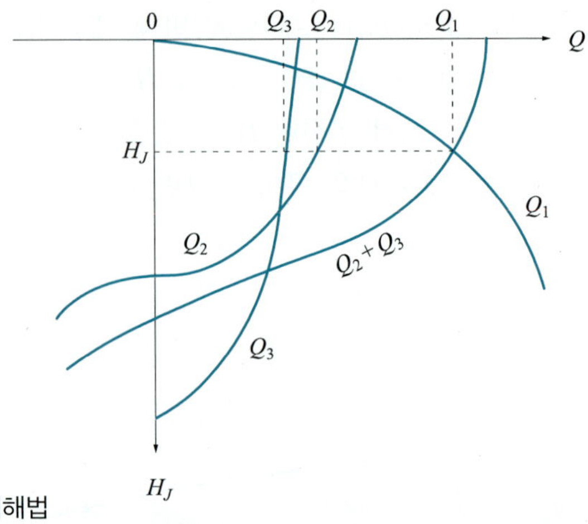

그림 10.11 도식해법

예제 10.9 분기 또는 합류하는 관수로

그림 10.9와 같은 다지관수로에서 각관의 제원이 아래와 같이 주어지고, 저수지 A, B, C의 표고가 각각 $z_A = 50$ m, $z_B = 40$ m, $z_C = 20$ m일 때, 개개 관에 흐르는 유량을 (a) 해석적인 방법, (b) 시산법, (c) 도식적인 방법에 의해서 구하라. 단, 부차적 손실은 무시한다.

$l_1 = 2000$ m $\quad d_1 = 0.6$ m $\quad e_1 = 0.3$ mm

$l_2 = 2500$ m $\quad d_2 = 0.2$ m $\quad e_2 = 0.3$ mm

$l_3 = 5000$ m $\quad d_3 = 0.3$ m $\quad e_3 = 0.3$ mm

풀이

흐름을 완전난류로 가정하면 마찰계수는 상대조도만의 함수로 되고, Moody 도표로부터 찾을 수 있다. $e_1/d_1 = 0.0005,\ e_2/d_2 = 0.0015,\ e_3/d_3 = 0.001$로부터

$$f_1 = 0.0165,\ f_2 = 0.0215,\ \ f_3 = 0.0198,$$

또 $k_i = f_i \dfrac{l_i}{d_i} \dfrac{8}{g\pi^2 d_i^4}$ 의 관계로부터

$$k_1 = 0.0165 \times \frac{2000}{0.6^5} \times \frac{8}{9.8 \times \pi^2} = 35.10$$

$$k_2 = 0.0215 \times \frac{2500}{0.2^5} \times \frac{8}{9.8 \times \pi^2} = 13892.89$$

$$k_3 = 0.0198 \times \frac{5000}{0.3^5} \times \frac{8}{9.8 \times \pi^2} = 3369.71$$

(a) 해석적인 방법

분기관으로 가정하면 식 (10.38)과 (10.39)로부터 다음 식을 얻는다.

$$10 = 35.10Q_1^2 + 13892.89Q_2^2 \quad ①$$

$$20 = 3369.71Q_3^2 - 13892.89Q_2^2 \quad ②$$

$$Q_1 = Q_2 + Q_3 \quad ③$$

식 ①, ②으로부터 상수항을 소거하기 위해, ① × 2 − ②하면

$$70.2Q_1^2 - 3369.71Q_3^2 + 41678.67Q_2^2 = 0 \quad ④$$

식 ④에 $Q_3 = Q_1 - Q_2$를 대입하고, 양변을 Q_2^2으로 나누어 정리하면

$$Q_1^2 - 2.04Q_1Q_2 - 11.61Q_2^2 = 0$$

$$\left(\frac{Q_1}{Q_2}\right)^2 - 2.04\left(\frac{Q_1}{Q_2}\right)^2 - 11.61 = 0$$

상기 식은 Q_1/Q_2의 2차식이므로 근을 구하면

$$\frac{Q_1}{Q_2} = \frac{2.04 \pm \sqrt{50.6}}{2}$$

그런데 $(Q_1/Q_2) > 0$이므로

$$\frac{Q_1}{Q_2} = 4.58 \quad ⑤$$

식 ⑤를 식 ①에 대입해서 풀면

$$Q_1 = 0.11974 \text{ m}^3/\text{sec}$$

$$Q_2 = 0.0261 \text{ m}^3/\text{sec}$$

이고 식 ③으로부터 Q_3가 구해진다.

$$Q_3 = 0.09364 \text{ m}^3/\text{sec}$$

(b) 시산법

1. 앞의 해석적인 방법과 마찬가지로 분기관으로 가정하고 H_J가 A수조와 B수조의 사이에 오도록 H_J를 선정한다. 여기서는 $H_J = 45$ m로 선정한다.

2. $H_J = 45$를 이용하여 식 (10.34)로부터 Q_1, Q_2 및 Q_3를 계산한다.

$$50 - 45 = 35.10\, Q_1^2 \qquad Q_1 = 0.377 \text{ m}^3/\text{sec}$$

$$45 - 40 = 13892.89\, Q_2^2 \qquad Q_2 = 0.019 \text{ m}^3/\text{sec}$$

$$45 - 20 = 3369.71\, Q_3^2 \qquad Q_3 = 0.086 \text{ m}^3/\text{sec}$$

3. 연속방정식 (10.35)의 성립 여부

$$Q_2 + Q_3 = 0.019 + 0.086 = 0.105 < Q_1 = 0.377$$

4. $Q_1 - (Q_2 + Q_3) = 0.272 = \Delta Q > 0$로서 $Z_A - H_J$가 실제보다 큰 것을 의미하므로 H_J보다 큰 값으로 적당한 개수의 H_{Ji}를 선정하고, 이것에 대응되는 Q_i 값을 구한 다음 이에 대응하는 ΔQ_i 값을 구한다.

여기서는 이해를 돕기 위해 계산을 먼저 수행해 보고 ΔQ의 값이 0 주위로 (+), (−)값으로 분포되도록 H_J를 선정하여 대응하는 ΔQ값을 아래 표와 같이 산정하였다.

H_{Ji}	49	49.2	49.4	49.6	49.8
ΔQ	0.051	0.032	0.011	−0.013	−0.045

5. ΔQ_i 와 H_{Ji}의 그래프를 그리고 $\Delta Q = 0$에 대응하는 H_J를 구한다.

그림 E10.9a에서와 같이 $\Delta Q = 0$을 만족하는 H_J는 $H_J = 49.5$ m이다.

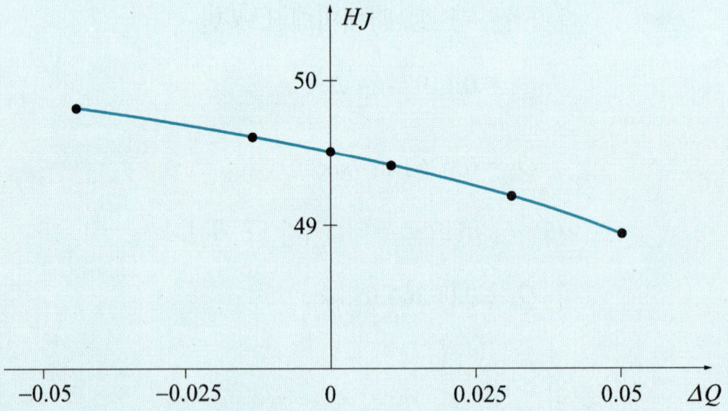

그림 E10.9a

6. $H_J = 49.5$ m를 식 (10.34)에 대입하여 정확한 Q_1, Q_2 및 Q_3를 구한다.

$$50 - 49.5 = 35.10\,Q_1^2 \qquad Q_1 = 0.1194\ \text{m}^3/\text{sec}$$

$$49.5 - 40 = 13892.89\,Q_2^2 \qquad Q_2 = 0.0261\ \text{m}^3/\text{sec}$$

$$49.5 - 20 = 3369.71\,Q_3^2 \qquad Q_3 = 0.0936\ \text{m}^3/\text{sec}$$

이렇게 산정된 유량은 $Q_1 \simeq Q_2 + Q_3$를 만족하고 앞의 결과와도 거의 일치하는 것을 알 수 있다.

(c) 도식해법

1. 분기관으로 가정하여 H_{Ji}를 적정간격으로 충분한 개수만큼 선정하고 H_{Ji}에 대응하는 Q_{1i}, Q_{2i} 및 Q_{3i}를 식 (10.34)로부터 계산한다. 계산결과는 아래 표와 같다.

	45	**46**	**47**	**47.5**	**48**	**48.5**	**49**	**49.2**	**49.4**	**49.5**	**49.6**	**49.8**
Q_1	0.377	0.338	0.292	0.267	0.239	0.207	0.169	0.151	0.131	0.119	0.107	0.075
Q_2	0.019	0.021	0.022	0.023	0.024	0.025	0.026	0.026	0.026	0.026	0.026	0.027
Q_3	0.086	0.088	0.090	0.090	0.091	0.092	0.093	0.093	0.093	0.094	0.094	0.094
Q_2+Q_3	0.105	0.109	0.112	0.113	0.115	0.117	0.118	0.119	0.119	0.120	0.120	0.121

2. H_J 및 Q_1, Q_2, Q_3의 관계를 도시하고 $Q_1 = Q_2 + Q_3$ 되는 교차점에서 수평축에 평행선에 평행선을 그어 정확한 H_J 및 Q_1, Q_2, Q_3를 구한다 (그림 E10.9b).

그림으로부터 $H_J = 49.5$ m, $Q_1 \simeq 0.122\ \text{m}^3/\text{sec}$, $Q_2 \simeq 0.026\ \text{m}^3/\text{sec}$, $Q_3 \simeq 0.092\ \text{m}^3/\text{sec}$를 얻을 수 있다. 상기 계산값이 앞의 (a) 해석적인 방법 및 (b) 시산법의 결과와 거의 일치함을 볼 수 있다. 더 정확한 Q_1, Q_2, Q_3 값을 구하기 위해서는 H_J를 식 (10.43)에 대입하면 된다.

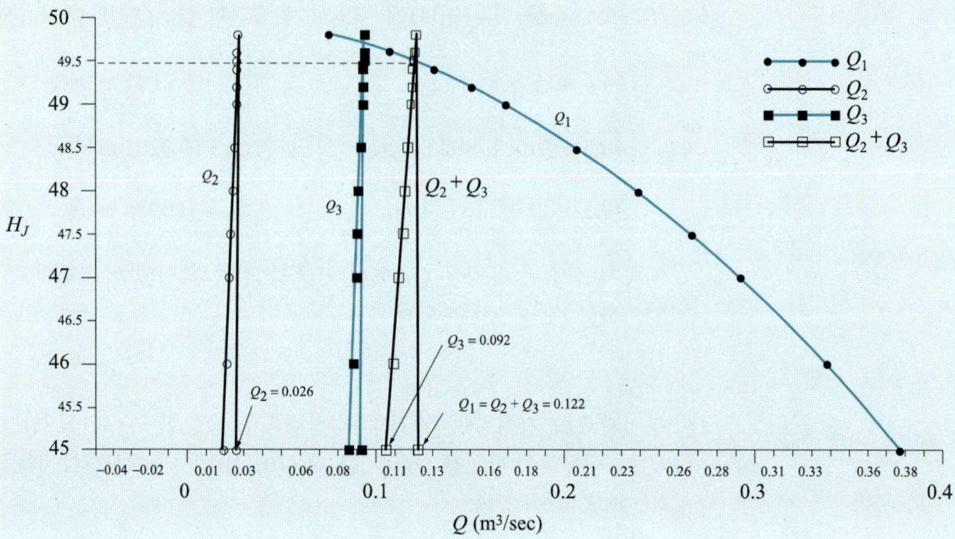

그림 E10.9b

10.5 관망 pipe network 해석

상수도의 물공급계통의 배수관과 같이 망상(網狀)으로 배치된 관계통을 관망이라 한다. 관망은 관로의 절점과 다수의 폐회로로 구성된다. 그림 10.12에 3개의 폐회로(I, II, III)와 8개의 절점을 갖는 단순한 관망을 예로 든다. 관망해석이라 하는 것은 관망내 개개관으로 흐르는 유량을 구하는 것이다. 즉 그림에서 A로 흘러들어오는 유량이 개개관으로 어떻게 배분되는가를 구하는 셈이 된다. 다수의 관으로 구성되어 복잡하기는 하지만 이때의 계산도 역시 앞에서 설명해 온 연속방정식과 베르누이방정식이 기본이 된다. 편의상 폐회로를 흐르는 물의 방향이 시계방향일 때를 (+), 반시계 방향일 때 (−)로 정한다.

일반적으로 관망해석에 있어서는 다음 조건이 만족되어야 한다.

1. 폐회로를 따라 한 방향으로 측정한 손실수두의 합은 0이 되어야 한다. 즉 $\Sigma h_L = 0$이 되어야 한다. 이때 측정방향과 흐름방향과 일치할 때는 h_L의 값은 (+), 반대방향일 때는 (−)로 취한다.
2. 한 절점에서 유입하는 유량과 유출하는 질량은 같아야 한다. 즉 연속방정식 $\Sigma Q = 0$을 만족해야 한다.

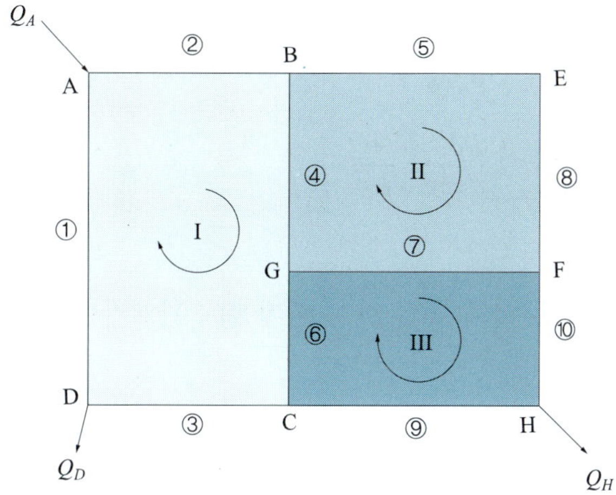

그림 10.12 관망

3. 개개관에 대해서는 수두손실과 유량 사이에는 적당한 함수관계가 유지되어야 한다.

제1조건은 한 회로 내의 두 점 사이의 손실수두는 그 중간 경로에 관계없이 일정함을 의미한다. 예를 들면 회로 I에서 A점과 C점 사이의 손실수두, 즉 ABGC에서 생기는 손실수두나 ADC를 통하여 생기는 손실수두는 서로 같다는 것을 의미한다.

제2조건은 연속방정식 $\Sigma Q = 0$이 되어야 한다는 조건이다. 예를 들면 절점 B에서 $\Sigma Q = Q_{AB} - Q_{BE} - Q_{BG} = 0$을 의미한다.

제3조건은 개개관에 Darcy-Weisbach 공식이나 기타 마찰공식을 그대로 적용할 수 있고, 손실수두와 유량 간에는 적당한 함수관계로 표시될 수 있음을 의미한다.

10.5.1 수두손실과 유량의 관계

제3조건을 만족시키기 위해서 Darcy-Weisbach 공식과 Hazen-Williams의 마찰공식을 이용해서 손실수두 h_L과 유량 Q와의 관계를 세워본다.

우선 Darcy-Weisbach 공식을 변형하면

$$h_L = f\frac{l}{d}\frac{V^2}{2g}$$

$$= f\frac{l}{d}\frac{V^2}{2g}\left(\frac{4Q}{\pi d^2}\right)^2 \qquad (10.40)$$

$$= k_1 Q^2$$

과 같이 손실수두와 Q 사이에 함수관계가 성립한다. 여기서 k_1은 다음과 같다.

$$k_1 = f\frac{l}{d}\frac{8}{g\pi^2 d^4}$$

또 Hazen-Williams공식에 대해서는 h_L은 다음과 같이 표현된다.

$$h_L = \frac{133.7}{C_{HW}^{1.85} d^{0.167} V^{0.15}}\frac{l}{d}\frac{V^2}{2g}$$

$$= \frac{10.66l}{C_{HW}^{1.85} d^{4.867}} Q^{1.85} \qquad (10.41)$$

$$= k_2 Q^{1.85}$$

여기서 k_2는 다음과 같다.

$$k_2 = \frac{10.66l}{C_{HW}^{1.85} d^{4.867}}$$

이 밖에 Manning 공식에 대해서는 다음과 같이 표현된다.

$$h_L = k_3 Q^2$$

$$k_3 = \frac{124.5 \times 8n^2 l}{d^{16/3} g\pi^2} \qquad (10.42)$$

여기서 n은 Manning의 조도계수이다.

위에서 살펴본 바와 같이 수두손실 h_L과 유량 Q 사이에는 일반적으로 다음과 같은 관계식이 성립한다.

$$h_L = kQ^n \qquad (10.43)$$

마찰손실공식을 어느 것을 적용하느냐에 따라 k와 지수 n 값이 정해진다. k는 관의 특성제원에 의해 결정되고, Darcy-Weisbach 공식과 Manning의 마찰공식 적용시에는 $n = 2$, Hazen-Williams 공식 적용식에는 $n = 1.85$이다.

10.5.2 관망의 유량 계산

관망 계산법으로서 실용상 우수한 방법 중 하나가 Hardy-Cross법이다. 이 방법은 관망을 구성하고 있는 개개관의 특성제원이 주어지고, 유입하는 유량 및 유출하는 유량이 주어지는 경우에, 개개관의 배분유량 및 손실수두를 시산법과 축차근사법을 차용하여 계산하는 방법이다. 아래에 Hardy-Cross 방법을 요약하여 설명한다.

실제유량 Q에 대한 가정유량을 Q'이라 하고 그에 대응하는 손실수두 각각를 h_L 및 h_L'로 하자. 이때 ΔQ 및 Δh를 각각 가정유량 Q'와 대응하는 손실수두 h_L'에 대한 보정치로 하면 다음 식이 성립한다.

$$\begin{aligned} Q &= Q' + \Delta Q \\ h_L &= h'_L + \Delta h \end{aligned} \tag{10.44}$$

우선 제3 조건으로부터, 식 (10.44)의 두 식 사이에는 식 (10.43)의 관계가 만족되어야 한다. 식 (10.44)를 식 (10.43)에 대입하고 2항정리에 의해 전개한 다음 ΔQ가 미소한 것으로 가정하여 2차 이상의 미소항을 무시하면 다음과 같은 식을 얻는다.

$$\begin{aligned} h_L &= h_L' + \Delta h = k\left(Q' + \Delta Q\right)^n \\ &= k\left\{Q'^n + nQ'^{n-1}\left(\Delta Q\right) + \frac{1}{2}n\left(n-1\right)Q'^{n-2}\left(\Delta Q\right)^2 + \cdots\cdots\cdots\right\} \\ &\cong kQ'^n + knQ'^{n-1}\cdot\Delta Q \end{aligned} \tag{10.45}$$

다음에 제1조건에 대해서 생각한다. 폐회로에 있어서 임의의 두 점간의 손실수두는 어떤 경로를 취해도 그 크기가 같기 때문에, Q의 부호를 시계방향일 때 양의 값(+), 반시계 방향일 때 음의 값(−)으로 하고 손실수두의 부호도 유량의 부호에 부합되도록 하면, 한 개의 폐회로에 대해서 실제의 유량이 흐르는 경우의 손실수두의 합은 식 (10.45)로부터 다음과 같이 된다.

$$\Sigma h_L = \Sigma h_L{}' + \Sigma \Delta h = \Sigma kQ'^n + \Sigma knQ'^{n-1}\Delta Q = 0$$

상기 식을 ΔQ에 대해서 정리하면

$$\Delta Q = -\frac{\Sigma kQ'^n}{\Sigma knQ'^{n-1}} \tag{10.46}$$

으로 되어 보정유량을 산정할 수가 있다. 참고로 Darcy-Weisbach 공식을 적용할 경우는 $n=2$이므로 상기 식은

$$\Delta Q = -\frac{\Sigma kQ'^2}{2\Sigma kQ'} = -\frac{\Sigma h_L{}'}{2\Sigma kQ'} \tag{10.47}$$

으로 간단히 되고 이 때 k는 다음 식과 같다.

$$k = 0.0827\, f\frac{l}{d^5} \tag{10.48}$$

Manning의 마찰계수 식인 경우에는 식 (10.48)에서 f 대신 $f = 124.5\, n^2/d^{1/3}$을 대입하면 식 (10.47)을 그대로 사용할 수 있다. 또 Hazen-Williams 공식을 적용할 경우에는 $n = 1.85$이므로 식 (10.46)은

$$\Delta Q = -\frac{\Sigma kQ'^{1.85}}{1.85\Sigma kQ'^{0.85}} = -\frac{\Sigma h'_L}{1.85\Sigma kQ'^{0.85}} \tag{10.49}$$

이 되고 이 때 k는 다음과 같이 표시된다.

$$k = 10.67\, lC_{HW}^{-1.85}d^{-4.87} \tag{10.50}$$

이상 설명한 Hardy-Cross법은 식 (10.46)을 기본으로 하여, 가정유량을 축차보정함으로써 근사적으로 실제유량을 구하는 방법이다. 아래에 Hardy-Cross방법의 계산 절차를 설명한다.

1. 절점에서 제2조건, 즉 연속조건이 만족되도록 개개관에 흐르는 유량 Q'을 적절히 가정한다.
2. 적용마찰공식을 결정하여 지수 n과, k 값을 결정한 다음, 식 (10.43)을 이용하여 개개관에 대해서 가정유량 Q'에 대한 손실수두 h'_L 즉,

개개관에 대한 kQ'^n 및 knQ'^{n-1}을 계산한다.

3. 개개 폐회로에 대해서 $\Sigma h'_L(=\Sigma kQ'^n)$을 계산한다.
4. 개개 폐회로에 대해서 $\Sigma knQ'^{n-1}$를 계산한다.
5. 단계 3, 4의 결과를 이용하여 식 (10.46)으로부터 각 폐회로에 대한 ΔQ를 구한다. 이 단계에서 가정유량이 옳으면 ΔQ는 근사적으로 $\Delta Q = 0$이 되나 처음에는 $\Delta Q = 0$이 되지 않는 것이 보통이다.
6. 폐회로를 구성하고 있는 모든 관로의 가정유량 Q'에 보정유량 ΔQ를 더하거나 빼서, 이것을 각 관로의 1차 수정유량으로 한다. 이 때 유량을 보정하는 방법은 가정유량의 방향에 따라 결정되는데, 가정유량의 방향이 시계방향이면 보정유량을 더해 주고, 반시계방향일 때는 보정유량을 빼 준다. 그리고 2개의 회로를 공유하는 관에 대해서는 동일한 방법으로 이중으로 보정해 준다.
7. 보정유량 ΔQ가 $\Delta Q \neq 0$인 경우에는 제 1차 수정유량을 가정유량으로 하여 단계 (2)로 돌아가서 동일한 수순으로 계산하여 ΔQ를 산정한다. 이 때 계산은 ΔQ가 어느 허용한도 내에 들어올 때까지 반복 계산한다.

예제 10.10 관망의 유량 계산

Hardy-Cross법을 이용하여 그림 E10.9에 도시한 관망에서 각 관에 흐르는 유량을 구하라. 단 마찰손실공식은 Manning공식을 이용하고 관의 조도계수는 $n = 0.013$으로 계산한다. 공급유량은 $Q_A = 0.22$ m^3/sec이고, B, C, D, E 및 F에서 각각 $Q_B = 0.06$ m^3/sec, $Q_C = 0.04$ m^3/sec, $Q_D = 0.03$ m^3/sec, $Q_E = 0.05$ m^3/sec 및 $Q_F = 0.04$ m^3/sec를 사용한다. 각 관의 제원은 아래에 제시되어 있다.

표 E10.10 관의 제원

관	AB	BC	CD	DE	EF	AF	BE
길이(m)	600	600	200	600	600	200	200
직경(cm)	25	15	10	15	15	20	10

풀이

(a) 연속조건이 만족하도록 개개 관에 흐르는 유량 Q'를 적절히 가정

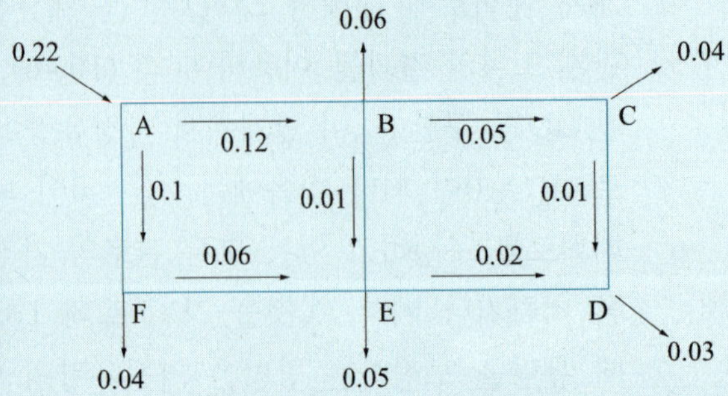

그림 E10.10

(b) 각관의 k 값을 결정

식 (10.42)로부터

$$k = f\frac{l}{d}\frac{1}{2g}\left(\frac{4}{\pi d^2}\right)^2 = 0.0827\frac{124.5n^2}{d^{1/3}} \times \frac{l}{d^5} = 0.00174 \times \frac{l}{d^{16/3}}$$

$$k_{AB} = 0.00174 \times \frac{600}{0.25^{16/3}} = 1697.02$$

$$k_{BC} = 0.00174 \times \frac{600}{0.15^{16/3}} = 25875.01$$

$$k_{CD} = 0.00174 \times \frac{200}{0.1^{16/3}} = 74974.33$$

$$k_{DE} = 0.00174 \times \frac{600}{0.15^{16/3}} = 25875.01$$

$$k_{EF} = 0.00174 \times \frac{600}{0.15^{16/3}} = 25875.01$$

$$k_{AF} = 0.00174 \times \frac{200}{0.2^{16/3}} = 1859.6$$

$$k_{BE} = 0.00174 \times \frac{200}{0.1^{16/3}} = 74974.33$$

(c) 각 폐회로에 대해서 $\Sigma h'_L$와 $\Sigma 2kQ'$를 계산하여 보정유량 ΔQ를 결정한다. 가정유량의 방향이 시계방향이면 보정유량을 더해 주고, 반시계방향일 때는 보정유량을 빼준다. 그리고 2개의 회로를 공유하는 관에 대해서는 동일한 방법으로 이중으로 보정해 준다. 다음에 3차까지 보정한 값을 제시한다.

(i) 1차보정

회로	관로	가정 유량	$h'_L = kQ'^2$	$2kQ'$	ΔQ
I	AB	0.12	$1697.02 \times 0.12^2 = 24.44$	$2 \times 1697.02 \times 0.12 = 407.28$	$-\dfrac{-79.81}{5383.69}$ $= 0.0148$
	BE	0.01	$74.974 \times 0.01^2 = 7.5$	$2 \times 74,974.33 \times 0.01 = 1499.49$	
	EF	−0.06	$-25875.01 \times 0.06^2 = -93.15$	$2 \times 25875.01 \times 0.06 = 3105.0$	
	FA	−0.10	$-1859.6 \times 0.1^2 = -18.6$	$2 \times 1859.6 \times 0.1 = 371.92$	
			$\Sigma h'_L = -79.81$	$\Sigma 2kQ' = 5383.69$	
II	BC	0.05	$25875.01 \times 0.05^2 = 64.69$	$2 \times 25875.01 \times 0.05 = 2587.5$	$-\dfrac{54.34}{6621.48}$ $= -0.0082$
	CD	0.01	$74974.33 \times 0.01^2 = 7.5$	$2 \times 74974.33 \times 0.01 = 1499.49$	
	DE	−0.02	$-25875.01 \times 0.02^2 = -10.35$	$2 \times 25875.01 \times 0.02 = 1035.0$	
	EB	−0.01	$-74974.33 \times 0.01^2 = -7.5$	$2 \times 74974.33 \times 0.01 = 1499.49$	
			$\Sigma h'_L = 54.34$	$\Sigma 2kQ' = 6621.48$	

$$Q_{AB} = 0.12 + 0.0148 = 0.1348$$

$$Q_{BE} = 0.01 + 0.0148 - (-0.0082) = 0.033$$

$$Q_{EF} = 0.06 - 0.0148 = 0.0452$$

$$Q_{FA} = 0.10 - 0.0148 = 0.0852$$

$$Q_{BC} = 0.05 + (-0.0082) = 0.0418$$

$$Q_{CD} = 0.01 + (-0.0082) = 0.0018$$

$$Q_{DE} = 0.02 - (-0.0082) = 0.0282$$

주:

Q_{BE} 관은 I 회로와 II 회로를 공유하는 관으로서, I 회로에서는 가정유량이 시계방향이므로 ΔQ를 더하고, II 회로에서는 반시계방향이므로 ΔQ를 빼주고 있는 것을 알 수 있다.

(ii) 2차보정

회로	관로	가정 유량	$h'_L = kQ'^2$	$2kQ'$	ΔQ
I	AB	0.1348	$1697.02 \times 0.1348^2 = 30.84$	$2 \times 1697.02 \times 0.1348 = 457.52$	$-\dfrac{46.13}{8061.81} = -0.0057$
	BE	0.033	$74974.33 \times 0.033^2 = 81.65$	$2 \times 74974.33 \times 0.033 = 4948.31$	
	EF	−0.0452	$-25875.01 \times 0.0452^2 = -52.86$	$2 \times 25875.01 \times 0.0452 = 2339.10$	
	FA	−0.0852	$-1859.6 \times 0.0852^2 = -13.50$	$2 \times 1859.6 \times 0.0852 = 316.88$	
			$\Sigma h'_L = 46.13$	$\Sigma 2kQ' = 8061.81$	
II	BC	0.0418	$25875.01 \times 0.0418^2 = 45.21$	$2 \times 25875.01 \times 0.0418 = 2163.15$	$-\dfrac{-56.78}{8840.72} = 0.0064$
	CD	0.0018	$74974.33 \times 0.0018^2 = 0.24$	$2 \times 74974.33 \times 0.0018 = 269.91$	
	DE	−0.0282	$-25875.01 \times 0.0282^2 = -20.58$	$2 \times 25875.01 \times 0.0282 = 1459.35$	
	EB	−0.033	$-74974.33 \times 0.033^2 = -81.65$	$2 \times 74974.33 \times 0.033 = 4948.31$	
			$\Sigma h'_L = -56.78$	$\Sigma 2kQ' = 8840.72$	

$$Q_{AB} = 0.1348 + (-0.0057) = 0.1291$$

$$Q_{BE} = 0.033 + (-0.0057) - (0.0064) = 0.0209$$

$$Q_{EF} = 0.0452 - (-0.0057) = 0.0509$$

$$Q_{FA} = 0.0852 - (-0.0057) = 0.0909$$

$$Q_{BC} = 0.0418 + 0.0064 = 0.0482$$

$$Q_{CD} = 0.0018 + 0.0064 = 0.0082$$

$$Q_{DE} = 0.0282 - 0.0064 = 0.0218$$

(iii) 3차보정

회로	관로	가정 유량	$h'_L = kQ'^2$	$2kQ'$	ΔQ
I	AB	0.1291	$1697.02 \times 0.1291^2 = 28.23$	$2 \times 1697.02 \times 0.1291 = 438.17$	$-\dfrac{-21.38}{6544.26}$
	BE	0.0209	$74974.33 \times 0.0209^2 = 32.75$	$2 \times 74974.33 \times 0.0209 = 3133.93$	$= 0.0033$
	EF	−0.0509	$-25875.01 \times 0.0509^2 = -67.04$	$2 \times 25875.01 \times 0.0509 = 2634.08$	
	FA	−0.0909	$-1859.6 \times 0.0909^2 = -15.37$	$2 \times 1859.6 \times 0.0909 = 338.08$	
			$\Sigma h'_L = -21.38$	$\Sigma 2kQ' = 6544.26$	
II	BC	0.0482	$25875.01 \times 0.0482^2 = 60.11$	$2 \times 25875.01 \times 0.0482 = 2494.35$	$-\dfrac{20.10}{7986.01}$
	CD	0.0082	$74974.33 \times 0.0082^2 = 5.04$	$2 \times 74974.33 \times 0.0082 = 1229.58$	$= -0.0025$
	DE	−0.0218	$-25875.01 \times 0.0218^2 = -12.30$	$2 \times 25875.01 \times 0.0218 = 1128.15$	
	EB	−0.0209	$-74974.33 \times 0.0209^2 = -32.75$	$2 \times 74974.33 \times 0.0209 = 3133.93$	
			$\Sigma h'_L = 20.10$	$\Sigma 2kQ' = 7986.01$	

$$Q_{AB} = 0.1291 + 0.0033 = 0.1324$$

$$Q_{BE} = 0.0209 + 0.0033 - (-0.0025) = 0.0267$$

$$Q_{EF} = 0.0509 - 0.0033 = 0.0476$$

$$Q_{FA} = 0.0909 - 0.0033 = 0.0876$$

$$Q_{BC} = 0.0482 + (-0.0025) = 0.0457$$

$$Q_{CD} = 0.0082 + (-0.0025) = 0.0057$$

$$Q_{DE} = 0.0218 - (-0.0025) = 0.0243$$

10.6 터빈 또는 펌프를 포함하는 관 계통

단일 관수로 내의 흐름에서 임의 지점 A, B 사이에 펌프에 의한 기계적 에너지가 물이 갖고 있는 에너지에 더해지거나, 물이 터빈에 기계적인 일을 하고 있는 경우를 생각해 보자. 이때 펌프에 의한 단위 중량당 에너지를 E_P, 터빈에 가해진 단위 중량당 에너지를 E_T, 또 A, B간의 마찰손실을 h_L, 부차적 손실의 합을 Σh_m이라 놓고 A, B간에 Bernoulli 정리를 적용하면

$$\frac{V_A^2}{2g} + \frac{p_A}{\gamma} + z_A + E_p = \frac{V_B^2}{2g} + \frac{p_B}{\gamma} + z_B + E_T + \Sigma h_L + \Sigma h_m$$

로 표현된다.

관수로흐름에 의한 동력은 상기 식으로부터 유효수두 H_e를 구하면 산정할 수 있다. 유량이 Q일 때 이론적인 동력은

$$P = \gamma Q H_e \tag{10.51}$$

으로 표식된다. 동력 P의 차원은 [FLT^{-1}]로서 단위 시간당의 일로서 정의된다. 따라서 펌프와 터빈의 이론동력은 각각 다음과 같이 표현된다.

$$\begin{aligned} P_P &= \gamma Q E_P \\ P_T &= \gamma Q E_T \end{aligned} \tag{10.52}$$

10.6.1 Pump에 의한 동력

그림 10.13과 같이 Pump가 포함되는 경우 ①, ②에 베르누이정리를 적용하면

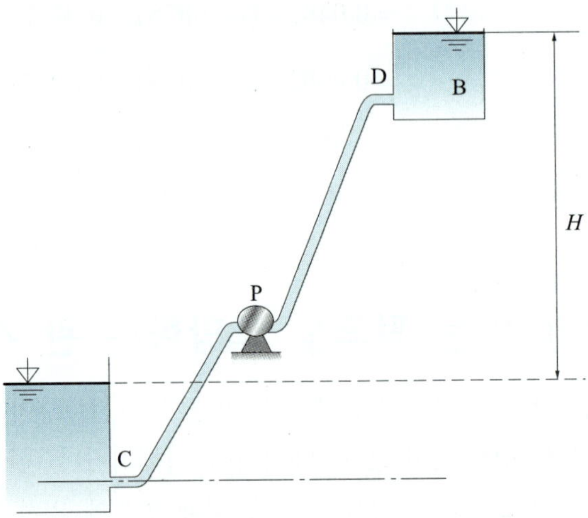

그림 10.13 펌프를 포함하는 관 계통

$$\frac{V_1^2}{2g}+\frac{p_1}{\gamma}+z_1+E_p=\frac{V_2^2}{2g}+\frac{p_2}{\gamma}+z_2+\Sigma h_L+\Sigma h_m \tag{10.53}$$

이 되고, E_P를 얻을 수 있다.

$$\begin{aligned}E_P&=(z_2-z_1)+\Sigma h_L+\Sigma h_m\\&=H+h_L+\Sigma h_m\end{aligned} \tag{10.54}$$

따라서 펌프에 의한 이론동력은 다음과 같이 나타낼 수 있다.

$$P_P=\gamma Q E_P=\gamma Q(H+h_L+\Sigma h_m) \tag{10.55}$$

펌프의 효율 η_P 는 이론동력 P_P와 실제로 펌프에 필요한 동력(P_{Pact})비로서 다음과 같이 정의된다.

$$\eta_P=\frac{P_P}{P_{Pact}} \tag{10.56}$$

따라서 펌프의 실소요 동력은 다음과 같이 표현된다.

$$P_{Pact}=\frac{P_P}{\eta_P}=\frac{\gamma Q(H+h_L+\Sigma h_m)}{\eta_P} \tag{10.57}$$

10.6.2 물이 터빈에 가하는 동력

그림 10.14의 ①, ②에 베르누이정리를 적용하면 E_T는 다음과 같이 표현된다.

$$E_T=H-h_L-\Sigma h_m \tag{10.58}$$

터빈에서 발생하는 이론동력은

$$P_T=\gamma Q E_T=\gamma Q(H-h_L-\Sigma h_m) \tag{10.59}$$

이 되고, 터빈의 효율을 η_t 라 하면 터빈에 의한 출력은

$$P_{Tact}=\eta_t P_T=\eta_t\gamma Q(H-h_L-\Sigma h_m) \tag{10.60}$$

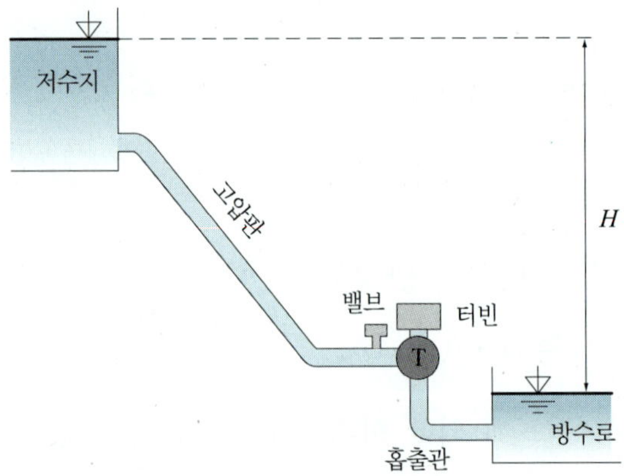

그림 10.14 터빈을 포함하는 관 계통

이 된다. 위에서 동력 P의 차원은

$$[\mathrm{P}] = [\gamma Q H_e] = [\mathrm{FL^{-3}L^3T^{-1}L}]$$
$$= [\mathrm{FLT^{-1}}]$$

이므로 kg중 · m/sec, Watt, HP 등으로 나타나며

$$1\ \mathrm{HP} = 75\ \mathrm{kg중 \cdot m/sec}$$

$$1\ \mathrm{W} = 1\ \mathrm{N \cdot m/sec} = \frac{1}{9.8}\ \mathrm{kg중 \cdot m/sec}$$

의 관계로부터 서로 환산이 가능하다

예제 10.11 펌프를 포함하는 관수로

그림 10.13과 같이 직경 $d_1 = 30$ cm, 길이 $l_1 = 5$ m인 흡입관으로부터, 펌프를 이용하여 I 수조의 물을 수면차 $H = 15$ m인 수조 II로 송수하려 한다. 펌프로부터 II 수조까지는 직경 $d_2 = 20$ cm, 길이 $l_2 = 30$ m의 관으로 연결되어 있다. $Q = 0.2\ \mathrm{m^3/sec}$의 유량으로 물을 양수하기 위해 필요한 동력을 구하라.

단, 관의 절대조도 $e_1 = 0.46$ mm, $e_2 = 0.40$ mm이고, 부차적 손실계수는 $K_e = 0.5$, $K_0 = 1.0$ 펌프의 효율은 $\eta_p = 85\%$이다.

풀이

수조 I, II의 수면상의 한 점 A, B에 대해서 베르누이정리를 적용하고 정리하면 E_P를 구할 수 있다.

$$E_P = (z_2 - z_1) + \Sigma h_L + \Sigma h_m \quad ①$$

$$= H + f_1 \frac{l_1}{d_1}\frac{V_1^2}{2g} + f_2 \frac{l_2}{d_2}\frac{V_2^2}{2g} + K_e \frac{V_1^2}{2g} + K_0 \frac{V_2^2}{2g}$$

흡입관과 양수관에서의 평균유속 V_1, V_2를 구하면

$$V_1 = 0.2 \Big/ \left(\frac{\pi}{4} \times 0.3^2\right) = 2.83 \text{ m/sec}$$

$$V_2 = 0.2 \Big/ \left(\frac{\pi}{4} \times 0.2^2\right) = 6.37 \text{ m/sec}$$

또 상대조도와 레이놀즈 수를 각각 구하면

$$e_1/d_1 = \frac{0.46}{300} = 0.0015$$

$$e_2/d_2 = \frac{0.4}{200} = 0.002$$

$$\text{Re}_1 = \frac{2.83 \times 0.3}{1.0 \times 1.0^{-6}} = 8.49 \times 10^5$$

$$\text{Re}_2 = \frac{6.37 \times 0.2}{1.0 \times 1.0^{-6}} = 1.27 \times 10^6$$

위의 값을 이용하여 Moody도표로부터 f_1, f_2는 다음과 같이 구한다.

$f_1 = 0.0218$, $f_2 = 0.0238$

주어진 값들을 식 ①에 대입하면

$$E_P = 15 + 0.0218\frac{5}{0.3} \times \frac{2.83^2}{2 \times 9.8} + 0.0238\frac{30}{0.2} \times \frac{6.37^2}{2 \times 9.8} + 0.5\frac{2.83^2}{2 \times 9.8} + \frac{6.37^2}{2 \times 9.8}$$

$$= 24.81 \text{ m}$$

펌프에 의한 이론동력은

$$P_P = \gamma Q E_P$$

이므로 펌프의 실소요 동력은 다음과 같이 계산된다.

$$P_{Pact} = \frac{P_P}{\eta_P} = \frac{\gamma Q E_P}{\eta_P}$$

$$= \frac{1000\ \text{kg중/m}^3 \times 0.2\ \text{m}^3/\text{sec} \times 24.81\ \text{m}}{0.85} = 5837.65\ \text{kg중} \cdot \text{m/sec}$$

$$= \frac{5837.65}{75} = 77.84\ \text{HP}$$

$$= 5837.65 \times 9.8\ \text{N} \cdot \text{m/sec} = 57208.97\ \text{W} = 57.208\ \text{kW}$$

예제 10.12 터빈을 포함하는 관수로

그림 E10.12와 같은 발전수로계의 사용수량이 $Q = 10\ \text{m}^3/\text{sec}$이고 터빈의 효율이 $\eta_t = 85\%$일 때 터빈으로부터 얻는 동력을 구하라. 단, 부차적 손실계수는 $K_e = 0.5$, $K_b = 0.2$, $K_o = 1.0$이고, 관의 절대조도 $e = 0.46$ mm이다.

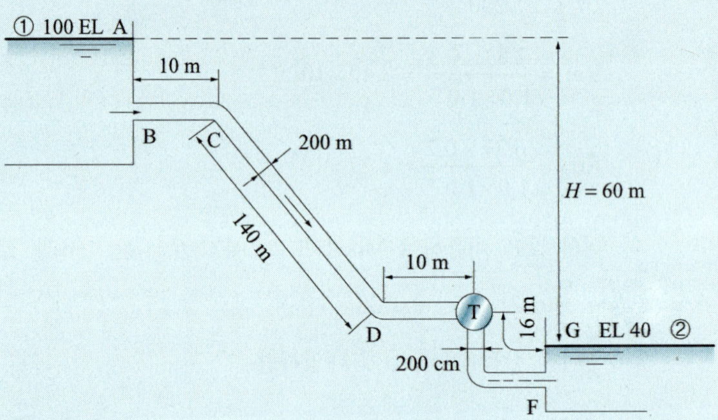

그림 E10.12

풀이

우선 관 내의 평균유속을 구한다.

$$V = Q/A = \frac{10}{\left(\frac{\pi}{4} \times 2^2\right)} = 3.18 \text{ m/sec}$$

또 상대조도와 레이놀즈 수를 구하면,

$$e/d = \frac{0.46}{2000} = 0.00023$$

$$\text{Re} = \frac{3.18 \times 2}{1.0 \times 1.0^{-6}} = 6.36 \times 10^6$$

위의 값을 이용하여 Moody 도표로부터 f를 구하면

$$f = 0.0142$$

두 수조의 수면 ①, ②에 베르누이방정식을 적용하면

$$E_T = H - h_L - \Sigma h_m$$

$$= H - f\frac{l}{d}\frac{V^2}{2g} - K_e\frac{V^2}{2g} - 3K_b\frac{V^2}{2g} - K_o\frac{V^2}{2g}$$

$$= H - \left(f\frac{l}{d} + K_e + 3K_b + K_0\right)\frac{V^2}{2g} \quad ①$$

식 ①에 부차적 손실과 위에서 구한 손실을 대입하면

$$E_T = 58.27 \text{ m}$$

따라서 터빈에 의해서 발생하는 이론동력은

$$P_T = \gamma Q E_P$$

$$= 1000 \text{ kg중/m}^3 \times 10 \text{ m}^3\text{/sec} \times 58.27 \text{ m}$$

$$= 582700 \text{ kg중} \cdot \text{m/sec} = 582700 \times 9.8 \text{ N} \cdot \text{m/sec}$$

$$= 5710.46 \text{ kW}$$

따라서 터빈에 의한 실제동력은

$$P_{Tact} = P_T \times \eta_T$$

$$= 5710.46 \text{ kW} \times 0.85 = 4853.89 \text{ kW}$$

연습문제 Exercise

10.1 예제 10.9를 다른 조건은 동일하고 상당조도 e 대신에 조도계수 n이 주어진 경우에 대해서 풀어라. 단, 모든 관의 조도계수는 $n = 0.013$으로 한다.

10.2 예제 10.9에서 $z_A = 45$ m인 경우에 대해서 문제를 풀어라

10.3 그림 P10.3과 같이 A 수조에서 B 수조로 10°C의 물이 흐르고 있다. 관은 직경이 $d = 1$ m, 길이 $L = 300$ m인 주철관이다.

(a) 유량을 구하라.

(b) 동수경사선과 에너지 경사선을 그려라.

(c) 관 중심에서의 압력을 구하라.

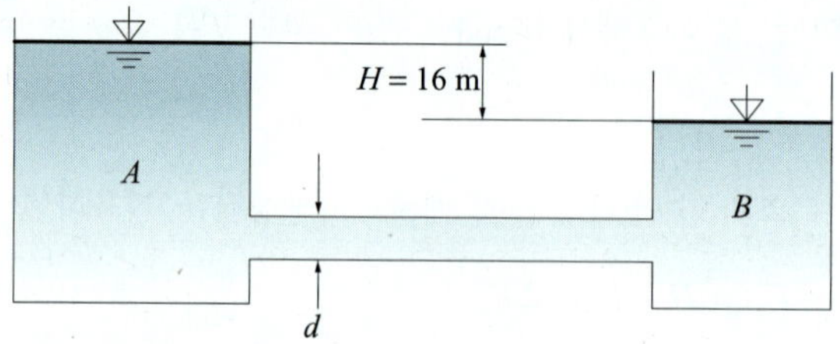

그림 P10.3

10.4 그림 P10.4과 같이 탱크의 압축공기에 의해 10°C의 물이 직경이 $d = 5$ cm로 일정한 관 속을 흐르고 있다. 유량이 $Q = 60\ m^3/h$이라면 탱크 내 압축공기의 압력은 얼마인가? 단, 관은 매끈한 관으로 가정한다.

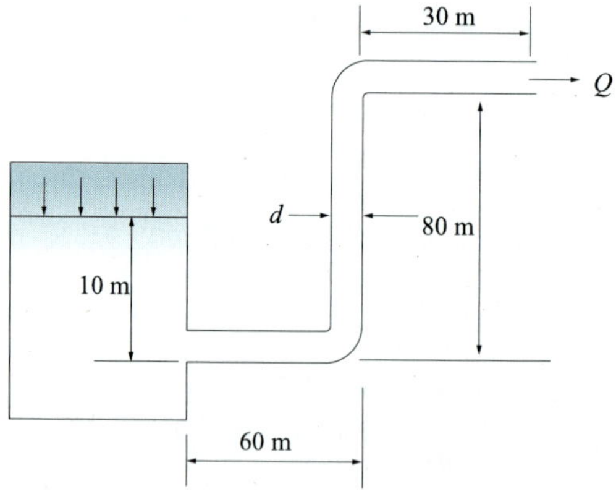

그림 P10.4

10.5 그림 P10.5에서 두 수조를 연결하는 관의 직경은 $d = 6$ cm이다. 이 관을 통해서 흐르는 물의 흐름방향을 구하고 그 때의 유량을 계산하라. 단, 조도계수는 $n = 0.012$로 한다.

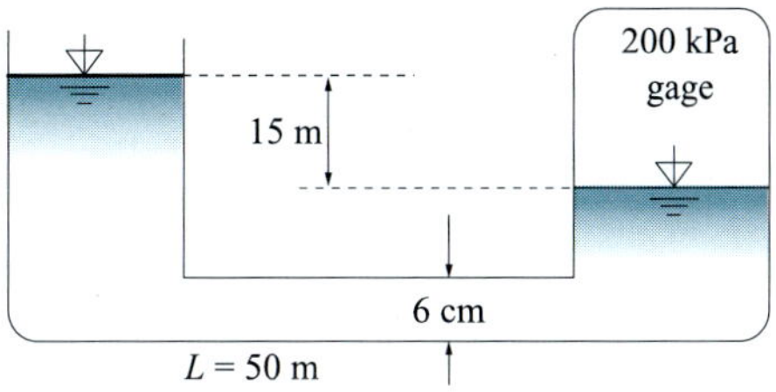

그림 P10.5

10.6 그림 P10.6와 같이 20°C의 물이 수조에 공급되어 항상 30 cm 높이를 유지한다. 수조 바닥에 직경 $d = 4$ cm이고 길이 1 m인 관으로부터 유출되는 유량은 얼마인가? 단, 관은 매끈한 관으로 가정한다.

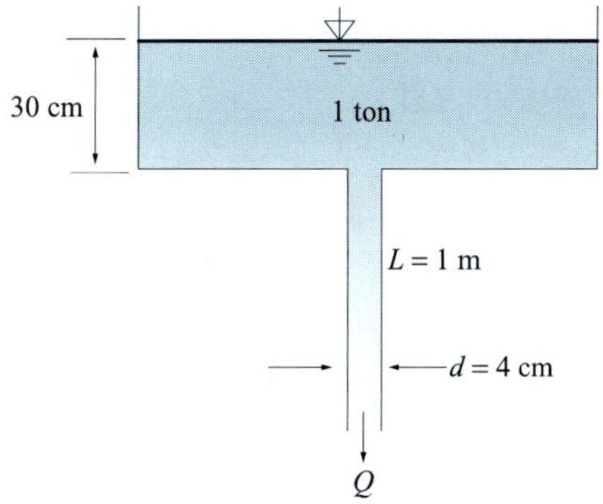

그림 P10.6

10.7 그림 P10.7과 같이 수조에 직경 $d = 2$ cm, 길이 $L = 2.4$ m 되는 주철관이 연결되어 있다. 이 관을 통해 유출되는 유량이 $Q = 0.001\ m^3/sec$가 되게 하려면 H를 얼마로 유지시켜야 하는가?

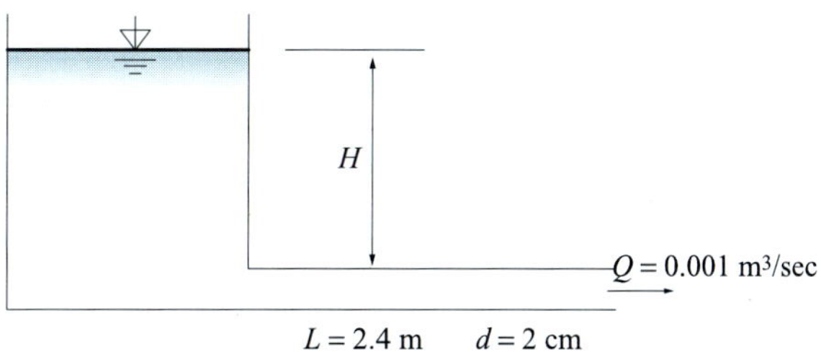

그림 P10.7

10.8 그림 P10.8과 같이 수조에 관이 연결되었을 때 관 속의 유량을 구하라. 단, 만곡 손실계수 및 밸브 손실계수는 각각 $K_b = 0.4$, $K_v = 2.0$으로 하고, 또 조도계수는 $n = 0.013$으로 한다.

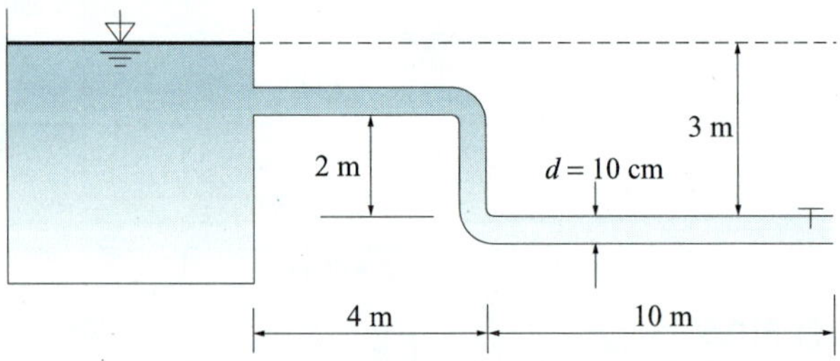

그림 P10.8

10.9 예제 10.6과 조건은 동일하고 연결관만이 작은 관에서 큰 관으로 확대되는 경우에 대해서, 아래 각 방법에 의해서 유량을 구하라. 단, 관 1과 관 2의 제원을 바꾸어 계산하라.

(a) 시행착오법

(b) 도식해법

(c) 등가길이관 개념

10.10 그림 10.7에서 $z_1 = 15$ m, $l_1 = 30$ m, $l_2 = 50$ m, $d = 0.4$ m이고 $H = 6$ m이다. $K_e = 0.5$, $K_b = 0.2$, $K_o = 1.0$이고 조도계수는 $n = 0.012$로 할 때 수면차의 최대치(H_{max})와 유량을 구하라.

10.11 그림 P10.11과 같이 배관된 관 속을 물이 흐르는 경우 이 관을 통해서 흐를 수 있는 최대 유량을 구하라. 단 대기압은 1.03 kg중/cm^{2}로 하고 $f = 0.024$, $K_e = 0.5$, $K_b = 0.2$, $K_o = 1.0$으로 한다($d = 30$ cm).

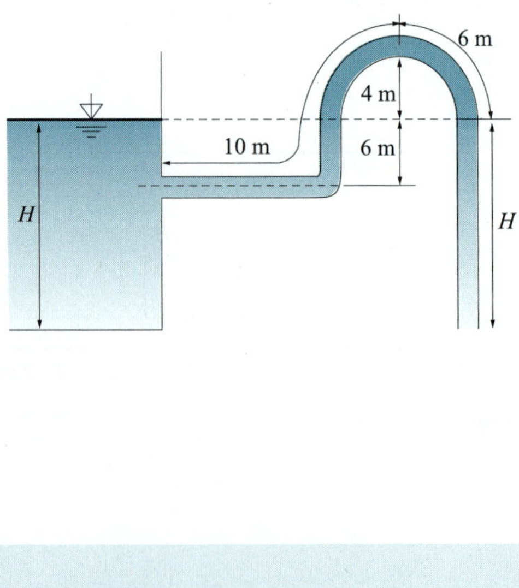

그림 P10.11

10.12 관의 특성 제원은 동일하고 상당조도 e 대신에 조도계수 $n = 0.012$로 주었을 때 예제 10.6을 풀어라.

10.13 그림 P10.13과 같은 병렬관수로가 있다. 모든 관의 직경은 $d = 8$ cm로 동일하고 주철관이다. 이 관에 20°C의 물이 흐를 때 단면 ①과 ② 사이의 압력강하량이 $P_1 - P_2 = 750$ kPa이었다면 각관에 흐르는 유량은 얼마인가? 단, 부차적 손실은 무시한다.

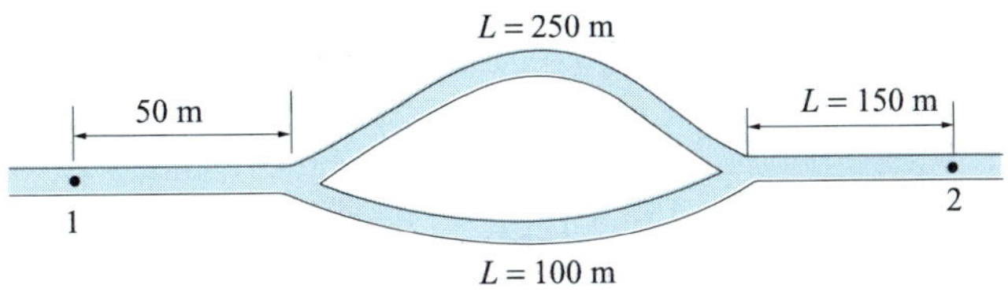

그림 P10.13

10.14 그림 P10.14와 같은 병렬 관수로에서 모든 관의 조도계수가 $n = 0.013$이다. 이 관에 20°C의 물이 $Q = 0.15$ m^3/sec로 흐를 때 점 ①과 ②사이에 압력강하량을 kPa 단위로 표시하라. 단, 부차적 손실은 무시한다.

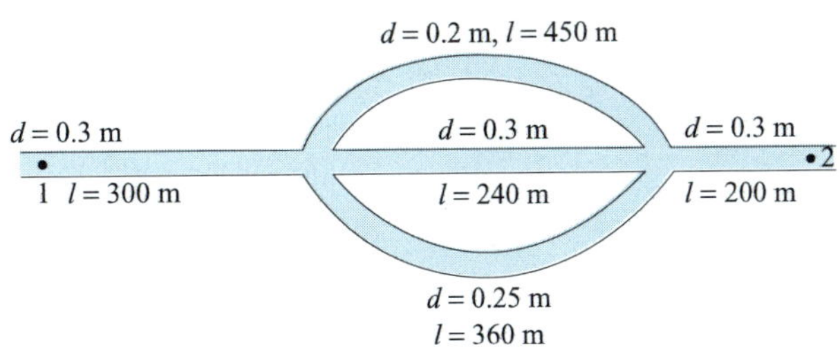

그림 P10.14

10.15 그림 P10.15와 같은 병렬관로 시스템에서 관로 1의 길이는 1000 m이고 직경은 50 cm이다. 관로 2의 길이는 1500 m이고 직경은 40 cm이다. 관은 모두 상용 강관이다. 물(10°C)의 총 유량은 어떻게 분기되는가?

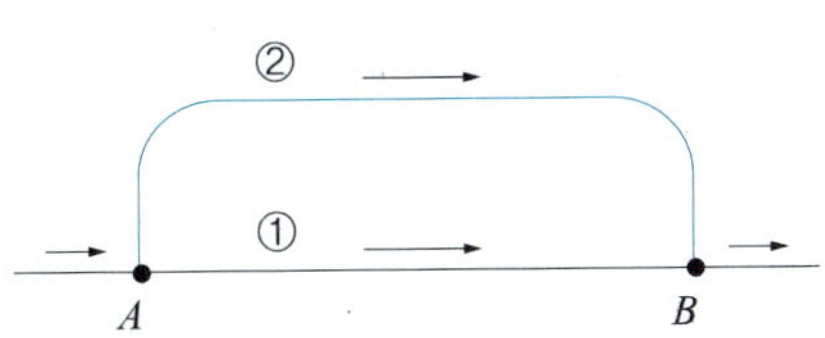

그림 P10.15

10.16 그림 P10.15에서 관로 1과 2는 모두 같은 종류(주철)의 관이다. 그러나 관로 2는 관로 1보다 네 배 더 길다. 직경은 30 cm로 같다. 관로 2에서의 유량이 0.03 m/sec라면 관로 2에서의 유량은 얼마인가? 두 관 모두 같은 f값을 갖는다.

10.17 그림 P10.17과 같은 병렬관로 시스템을 통하여 물이 왼쪽에서 오른쪽으로 흐른다. 유속이 가장 큰 관은 A, B, C 중 어느 것인가?

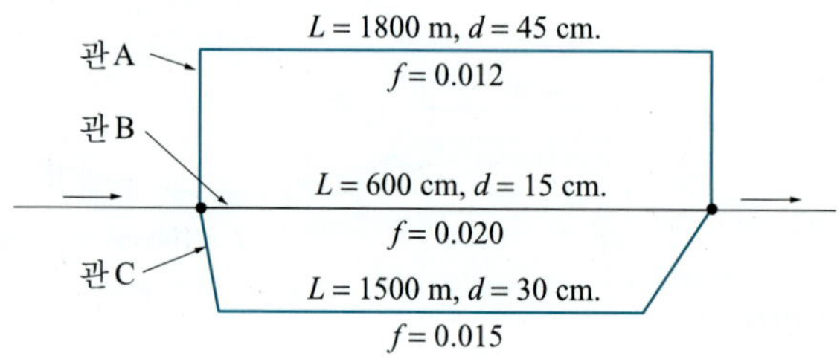

그림 P10.17

10.18 그림 P10.18에 도시한 관망에서 각 관에 흐르는 유량을 구하라. 단, $n = 0.012$로 한다.

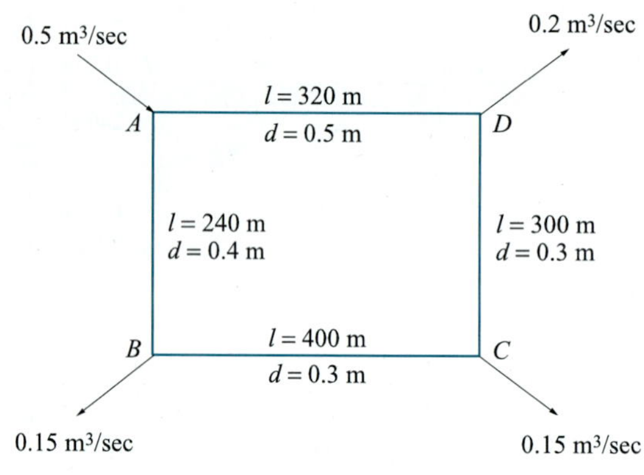

그림 P10.18

10.19 그림 P10.19에서 모든 관의 마찰손실계수는 동일하고 그 값은 $f = 0.024$이다. 각 관의 유량을 구하라.

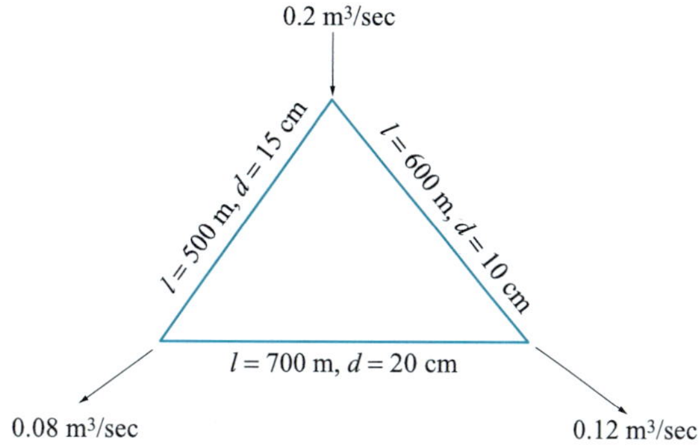

그림 P10.19

10.20 손실수두와 유량의 관계식을 $h_L = KQ^2$으로 나타날 때 그림 P10.20의 각 관에 대한 k 값이 다음과 같이 주어졌다. $k_{AB} = 10$, $k_{AC} = 5$, $k_{BC} = 2$, $k_{BD} = 10$, $k_{CD} = 5$ 첫 번째 가정유량을 각각 $Q_{AB} = 54$ l/sec, $Q_{AC} = 27$ l/sec, $Q_{BC} = 27$ l/sec, $Q_{BD} = 54$ l/sec, $Q_{CD} = 108$ l/sec로 한 경우, 두 번째 시산을 위해 사용될 가정유량들을 구하라.

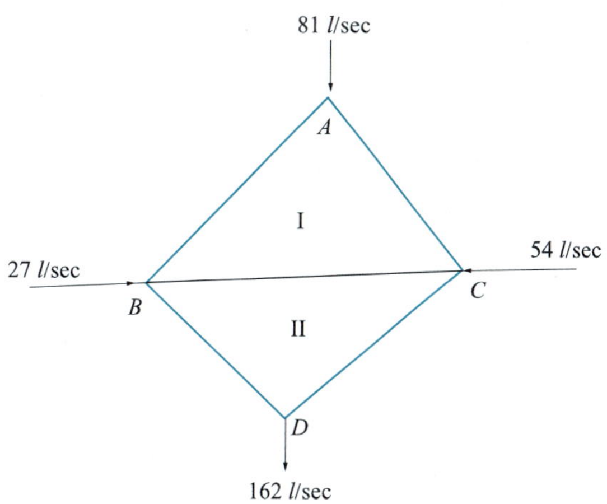

그림 P10.20

10.21 각 관의 길이, 직경 및 마찰손실계수 값이 그림 P10.21과 같이 주어졌을 때, 각 관에 흐르는 유량을 구하라.

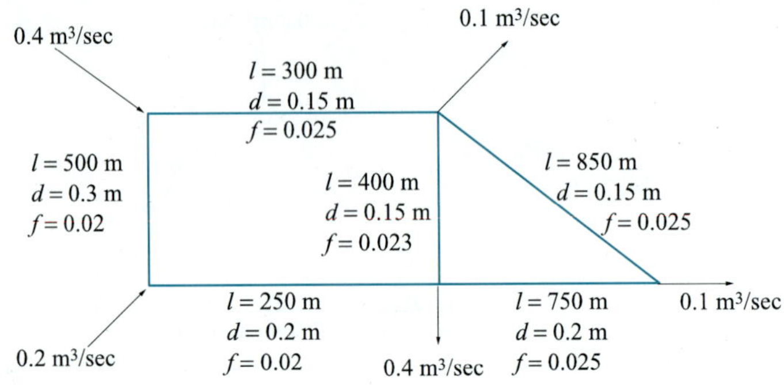

그림 P10.21

10.22 저수지로부터 $d = 0.2$ m, $l = 360$ m의 관로로 $Q = 0.08$ m^3/sec의 물을 수차 발전기에 공급하고 있다. 수차 노즐의 중심부터 저수지 수면까지의 총낙차가 $H = 80$ m일 때 다음 사항을 구하라. 단, 조도계수는 $n = 0.012$로 한다.

(a) 관로에서 발생하는 총 손실수두

(b) 수차에서 이용되는 유효낙차

(c) 발생하는 전력이 44 kW일 때, 발전기의 효율

10.23 그림 P10.23와 같이 수면차가 $H = 15$ m인 두 저수지의 A수조에서 B수조로 $Q = 0.068$ m^3/sec 의 물을 송수하려 한다. 펌프의 효율이 $\eta_p = 0.85$일 때, 필요한 동력을 마력으로 표시하라. 단, 조도계수는 $n = 0.012$로 한다.

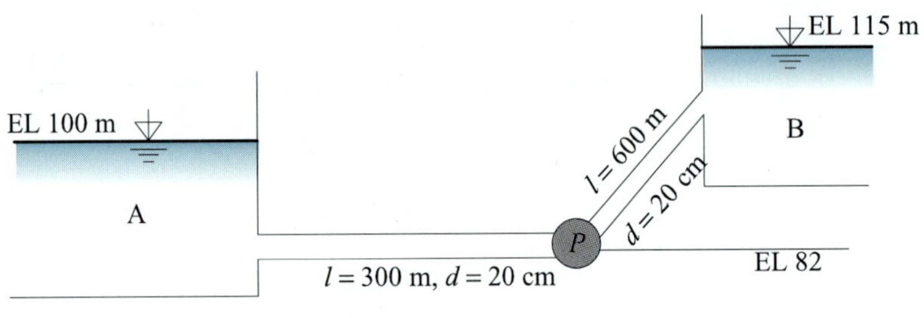

그림 P10.23

10.24 그림 P10.24와 같이 200 mm강관을 통해 0.314 m^3/sec 유량으로 20°C 물을 아래에 있는 탱크로부터 위에 있는 탱크로 흐르게 하기위해 필요한 펌프의 동력은 얼마인가?

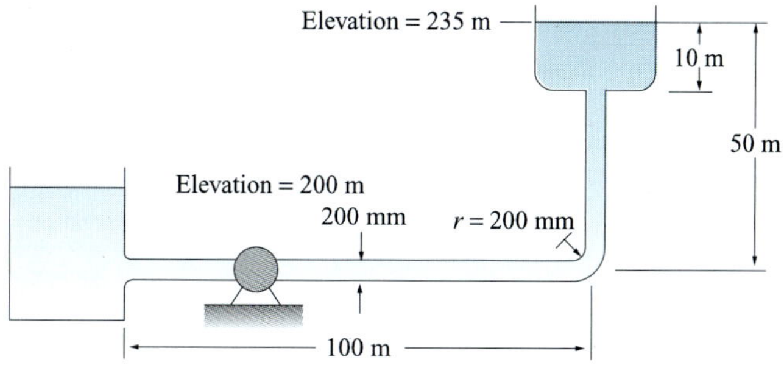

그림 P10.24

10.25 그림 P10.25에서와 같이 15 m^3/sec의 유량으로 저수지로부터 물이 양수되어 1.5 m 직경의 관에 의해 흘러나간다. 물에 공급되어야 하는 동력은 얼마인가?

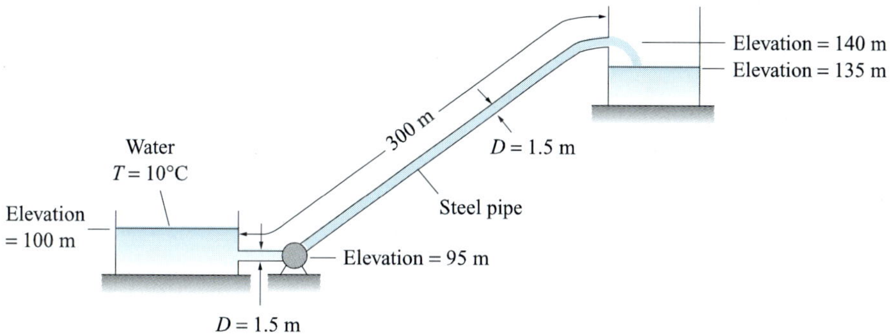

그림 P10.25

10.26 그림 P10.26과 같은 시스템에서의 유량이 0.05 m^3/sec라면 몇 마력이 펌프에서 물로 공급되는가? 긴관의 중앙에서의 물의 압력을 산정하라. 네 개의 곡관은 반경이 30 cm이고 사용된 15 cm직경의 관은 매끈한 관이다.

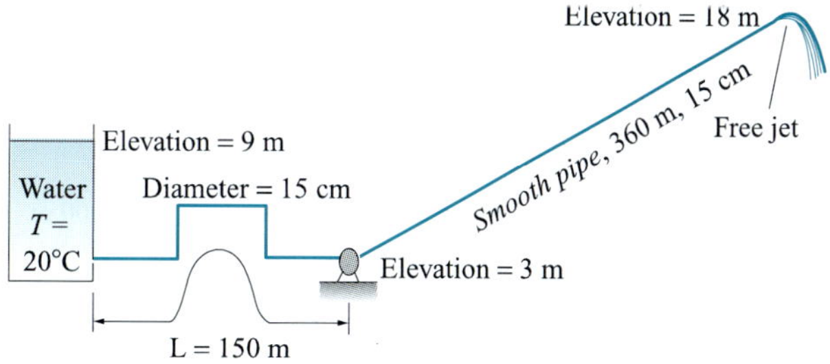

그림 P10.26

10.27 그림 P10.27에서 펌프의 효율이 70%라면 물을 1 m^3/sec의 유량으로 위에 있는 수조로 보내기 위해서 펌프에 공급해야 하는 동력은 얼마인가? 관은 강관이고 $\nu = 5 \times 10^{-5}$ m^2/sec라고 가정하라.

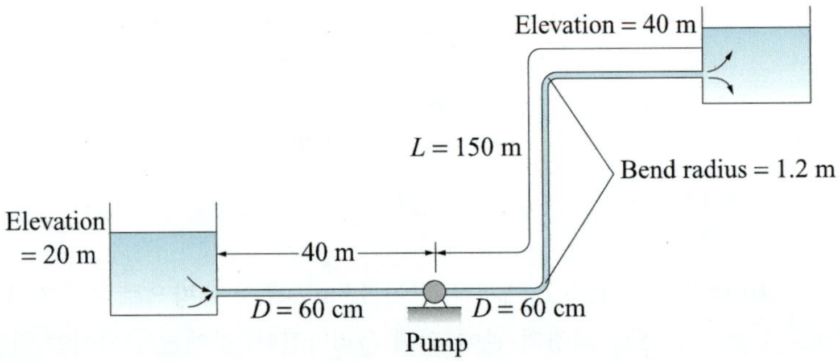

그림 P10.27

10.28 그림 P10.28에서 터빈이 물로부터 받는 동력이 $P = 400$ W이었다면 유량은 얼마인가? 단, $n = 0.012$이다.

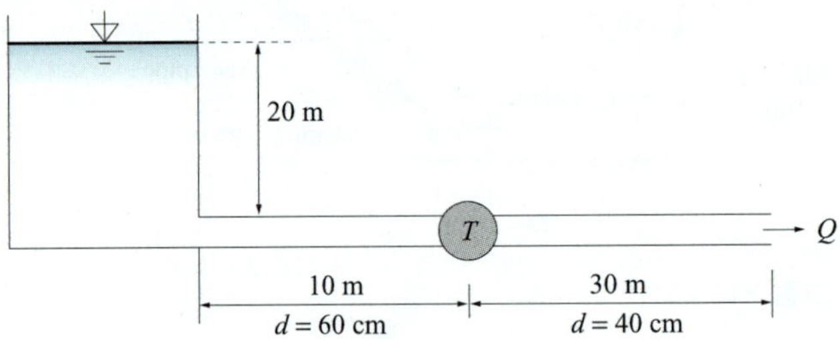

그림 P10.28

10.29 그림 P10.29와 같이 수조에 직경 $d = 6$ cm이고, 길이 $l = 100$ m인 수평관이 연결되어 관 끝에 직경이 2 cm인 노즐을 통해 물이 유출되고 있다. A점에서의 압력이 $P_A = 5$ kg중/cm^2일 때, 노즐로부터 분출되는 유량을 구하라. 단, 노즐에 의한 손실을 무시하고, 관의 조도는 $n = 0.012$로 한다.

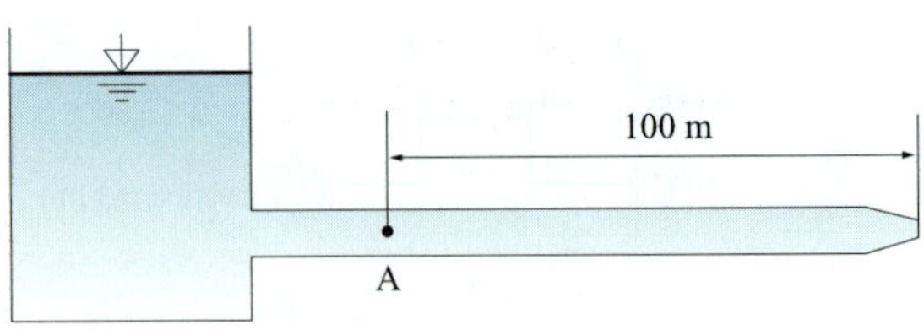

그림 P10.29

10.30 직경 $d = 25$ cm인 관으로 수평거리 $l = 1500$ m 떨어진 지점까지 물을 송수하려 한다. 이 때 유량을 $Q = 0.12$ m^3/sec로 계획한다면 처음에 가해 줄 압력은 최소 얼마이상으로 해야 하는가?

10.31 상당조도가 $e = 0.03$ cm이고, 직경이 $d = 2$ cm, 길이 $l = 30$ m인 호스로 정원에 물을 주고 있다. 수도꼭지에서의 계기압력이 $P = 4.2$ kg중/cm^{2}일 때 유량은 얼마인가?

10.32 예제 10.6에서 상당조도 대신에 조도계수 n이 주어졌다. 관의 조도계수가 $n = 0.011$이고, 유량이 $Q = 0.5$ m^3/sec일 때, 두 저수지의 수면차는 얼마인가?

10.33 그림 P10.33에서 두 개의 관은 모두 상당조도 e가 0.10 mm이고 관로를 흐르는 유량은 0.1 m^3/sec이다. 또한 $d_1 = 15$ cm, $L_1 = 50$ m, $d_2 = 30$ cm, $L_2 = 160$ m이다. 두 저수지간 수면 표고의 차를 구하라.

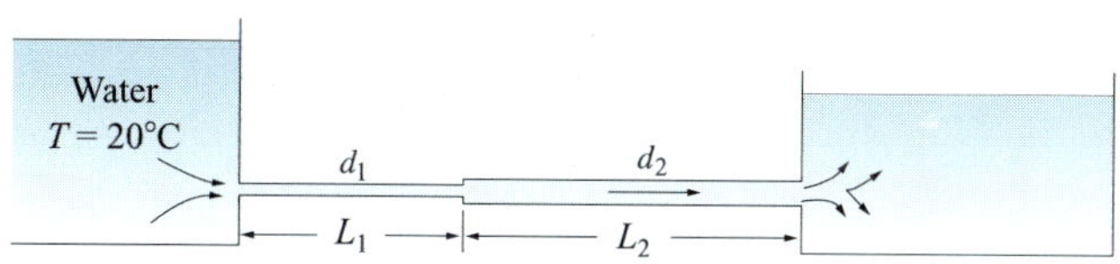

그림 P10.33

10.34 그림 P10.33에서 두 개의 관은 모두 상당조도 e가 0.0012 mm이고 관로를 흐르는 유량은 0.1 m^3/sec이다. 또한 $d_1 = 15$ cm, $L_1 = 45$ m, $d_2 = 30$ cm, $L_2 = 150$ m이다. 두 저수지간 수면 표고의 차를 구하라.

10.35 그림 P10.35에 나타낸 시스템에서 유량이 0.15m^3/sec인 경우, 상류측 저수지의 수면 표고를 구하라. 그리고 단면 A-A에 $V^2/2g$, p/γ 및 z를 표시하라.

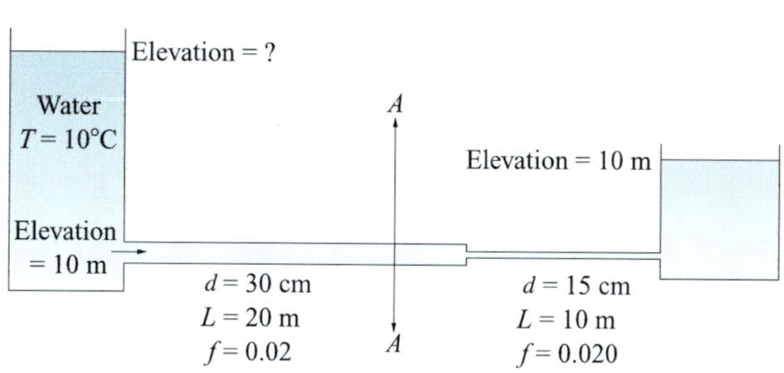

그림 P10.35

10.36 급수 본관에서의 압력이 300 kPa이다. 급수 본관으로부터 140 m 떨어진 공장으로 0.025 m^3/sec의 유량의 물을 수송하기 위해서 필요한 아연도금관의 크기를 구하라. 공장은 급수 본관과 공장으로의 송수관이 연결된 지점보다 10 m 위에 있으며, 공장으로 운송된 물의 압력은 60 kPa이 되어야 한다.

제 11 장

개수로 정상흐름의 기초

개수로흐름(open channel flow)은 대기와 접하는 자유수면(free surface)을 갖는 흐름을 말한다. 앞서 다룬 관수로흐름은 단면마다 압력이 변화하고 그 압력차에 의해서 흐름이 진행되나, 개수로흐름의 경우는 흐름을 일으키는 원동력이 수면경사로서, 흐름이 사류(super critical flow)인 경우를 제외하고는 수면이 저하하는 방향으로 진행해 간다. 즉 수로 중의 물이 중력의 작용으로 높는 곳으로부터 낮은 곳으로 흐르는 흐름을 개수로라고 말한다. 개수로에서 흐름이 발생하면 그것에 수반해서 수로 내의 물의 내부마찰과 경계면과의 마찰에 의한 마찰저항이 나타나고, 이것에 의해 에너지손실이 생긴다.

개수로흐름은 하천이나 운하와 같이 대기에 완전히 노출되어 흐르는 경우도 있고, 배수관이나 하수관처럼 폐합관 내를 흐르는 경우도 있다. 따라서 개수로흐름과 관수로흐름의 구분은 관로의 존재에 따르는 것이 아니고, 자유표면의 존재여부에 따른다고 할 수 있다. 즉 폐합관 내의 흐름이라 하더라도 자유표면이 존재하는 경우에는 개수로흐름으로 분류된다. 그림 11.1에 개수로 단면의 예를 도시한다.

앞서 4장에서도 언급한 바와 같이, 개수로흐름은 시간적으로 변화하지 않는 정상류(steady flow)와 흐름이 시간적으로 변화하는 비정상류(unsteady flow)로 구분되나, 이 장에서는 정상류(steady flow)에 대해서만 다루기로 한다.

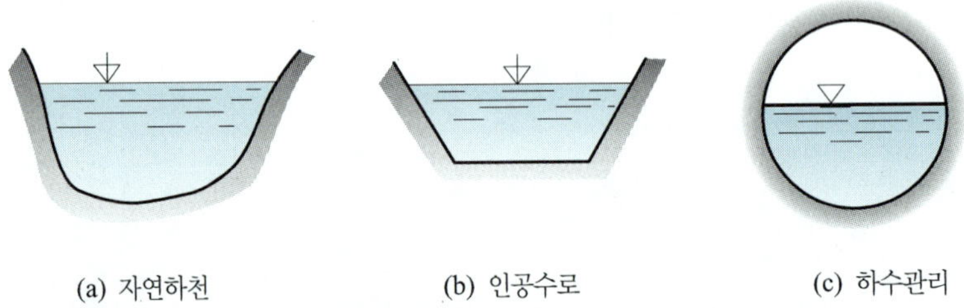

(a) 자연하천 (b) 인공수로 (c) 하수관리

그림 11.1 개수로 단면의 예

11.1 개수로흐름의 분류

개수로흐름 문제에 있어서 주어진 조건하에서 어떠한 현상이 발생할 것인가를 예측하거나, 그리고 문제 해결을 위해서 어떤 방법을 선택할 것인가를 결정하기 위해서는 사전에 흐름을 정확히 분류하고 이해할 필요가 있다. 이 절에서 다루어지는 흐름에 대한 분류나 흐름의 명칭은 개괄적이기는 하지만 이미 4장에서 설명한바 있고, 그 밖에도 부분적으로 다루어 온 것들이다. 개수로흐름은 보는 관점에 따라 여러 가지 범주로 분류될 수 있다.

첫 번째로, 시간을 기준으로 하는 분류방법을 들 수 있다. 즉 시간의 경과에 따른 흐름의 특성인자들의 변화 유무에 의해서 정상류(steady flow)와 비정상류(unsteady flow)로 분류된다. 정상류는 흐름내의 임의의 한 점에서 시간이 경과할 때 속도, 수심 및 압력등과 같은 흐름의 특성인자가 변화하지 않는 흐름을 말하고, 변화하는 흐름을 비정상류(unsteady flow)라고 말한다.

두 번째로 장소 즉 위치에 따른 분류이다. 수로의 모든 단면에서 흐름의 특성인자들이 변화하지 않을 때를 등류(uniform)라 하고, 공간적으로 흐름의 특성인자들이 변화하는 경우를 부등류(nonuniform flow or varied flow)라 부르고 있다. 흐름의 특성을 공간적으로 변화시켜 부등류를 형성하게 만드는 요인으로서는 수로 경사의 변화, 단면의 형상 및 크기의 변화, 흐름의 방향 및 수로 중에 존재하는 각종 장애물 등을 들 수 있다. 부등류의 자유수면 변화의 예측은 개수로흐름 해석에 있어서 중요한 문제 중의 하나이다. 부등류는 또한 점변류(Gradually varied flow : GVF)와 급변류(Rapidly varied flow : RVF)로 세분된다. 그림 11.2에 도시한 바와 같이 점변류는 수

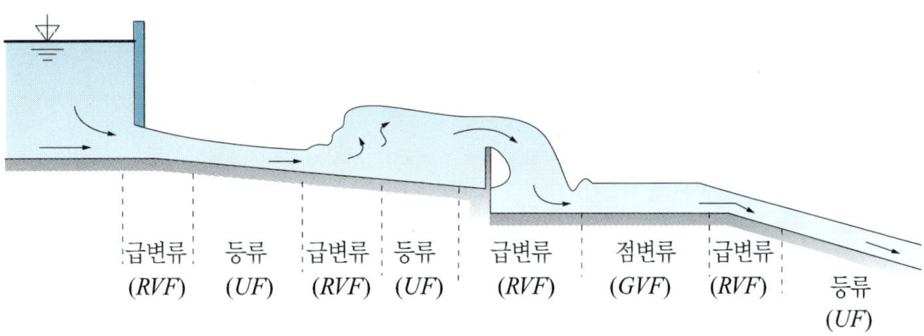

그림 11.2 개수로 등류와 부등류의 예

로 구간에서 수면변화가 급격하게 나타나는 흐름으로서 장애물에 의한 수로를 따라 수면변화가 완만하게 나타나는 흐름이고, 급변류는 비교적 짧은 구간에서 수면변화가 급격하게 나타나는 흐름으로서 장애물에 의한 수면 저하라든가, 뒤에 설명되는 도수(hydraulic jump) 등은 이에 속한다. 그림 11.2에 등류와 부등류에 대한 예를 도시한다.

위 두 가지 관점에서 본 흐름을 조합하면 4가지 경우의 조합으로 생각할 수 있다. 즉

1. 정상등류
2. 정상부등류(점변류, 급변류)
3. 비정상 등류
4. 비정상 부등류(점변류, 급변류)

와 같이 분류할 수 있으나 세 번째 비정상 등류는 존재하는 경우가 거의 없다고 보겠다. 제1항 정상등류에 대해서는 본장에서 주로 다루고, 제2항 정상부등류에 대해서는 12장에서 다룬다.

개수로흐름에 있어서도, 관수로흐름의 경우와 마찬가지로, 점성에 의한 흐름의 상태에 따라 층류(laminar flow)와 난류(turbulent flow)로 구분할 수 있다. 이 경우 레이놀즈 수를 고찰함으로써 층류와 난류로 구분된다. 레이놀즈 수를 정의하는 데 있어서의 특성길이는 관수로에서는 직경 d를 사용하였으나, 개수로의 경우는 특성길이로서 동수반경 R_h을 사용하여 다음과 같이 나타낸다.

$$\mathrm{Re} = \frac{VR_h}{\nu} \tag{11.1}$$

여기서 V는 단면 평균유속이고, R_h는 동수반경으로서 유수단면적(A)을 윤변(P)으로 나눈 값이다. 관수로의 경우 $R_h = d/4$이고 한계 레이놀즈 수가 약 2,100인 것을 감안하면 개수로흐름의 한계 레이놀즈 수는 근사적으로 다음과 같다.

$$\mathrm{Re} = \frac{VR_h}{\nu} = \frac{1}{4}\frac{Vd}{\nu} \cong 500 \tag{11.2}$$

따라서 $\mathrm{Re} < 500$이면 층류상태가 된다. 그러나 물은 점성이 아주 작고, 또 개수로의 경우는 흐름규모가 크기 때문에 레이놀즈 수가 대단히 크게 나타난다. 따라서 개수로흐름은 대부분의 경우가 난류상태의 흐름이라고

보면 좋다. 다만 강우로 인해 노면에 일시적으로 형성되는 얇은 수막과 같은 흐름의 경우는 층류이다. 이 밖에 수로의 특정단면에서의 Froude 수에 의해서 개수로흐름을 분류할 수도 있다. 즉

$F_r < 1$: 상류(subcritical flow or tranquil flow)

$F_r = 1$: 한계류(critical flow)

$F_r > 1$: 사류(supercritical flow or rapid flow)

으로 분류된다. 상류와 사류에 대해서는 11.1.3에서 상세히 설명한다.

11.2 수로단면과 기하학적인자

개수로는 시내나 하천과 같이 유로가 주위여건에 의해 자연적으로 형성된 자연수로(natural channel)와 운하나 관개수로 등과 같이 사용목적에 따라 자연수로를 개조하거나 새로이 축조한 인공수로(artificial channel)가 있다. 일반적으로 인공수로는 사용목적에 따라 흐름을 관리·조절하고, 또 목적에 부합되도록 하기 위해서 단순한 기하형상을 갖는 수로로 설계되는 수가 많다. 인공수로에서 취하는 단면형상으로서는 직사각형 단면(rectangular section), 삼각형 단면(triangular section), 사다리꼴 단면(trapezoidal section), 원형 단면(circular section) 및 포물형 단면(parabolic section)등이 있다. 직사각형 단면수로는 양측에 연직벽을 갖기 때문에 콘크리트, 암석 및 금속과 같이 안정된 재료로 축조되는 것이 일반적이고, 삼각형단면 수로는 규모가 작은 도랑이나 도로 옆 배수거에 사용되는 수가 흔한데 이것은 사다리꼴 단면의 특수한 경우로 볼 수 있다. 또 원형 단면 수로는 관습적으로 하수거나 소형 또는 중형 규모의 암거에 사용되어 왔다.

아래에 수로단면과 수심에 따라 정의되는 단면 형상과 관계되는 기하학적 인자들에 대해 설명한다.

11.2.1 수심(depth), y

수심은 그림 11.3에 도시한 바와 같이 자유표면으로부터 수로바닥까지의 연직거리(y)로 정의된다. 때로는 흐름방향에 수직한 깊이를 유수 단면적의 깊이(depth of flow section), d, 즉 $d = y\cos\theta$를 수심으로 정의하는 경우도

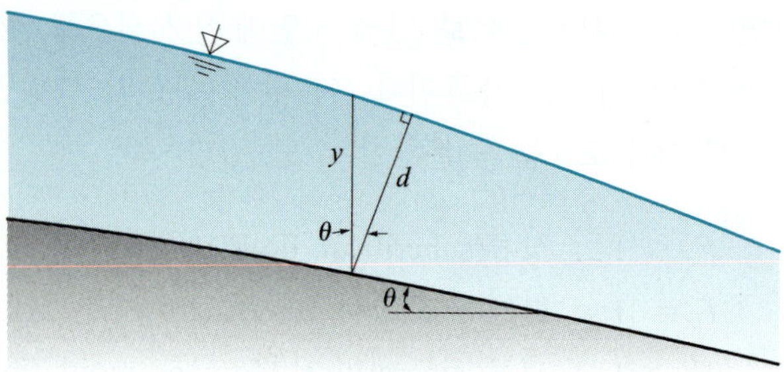

그림 11.3 수심의 정의

있으나, 수로의 경사각이 작은 경우는 근사적으로 $y = d$이다. 특별한 언급이 없는 경우는 y를 수심으로 정의한다.

11.2.2 수위 stage

수위는 임의의 기준면으로부터 자유표면까지의 연직거리로서 정의된다. 따라서 수로 바닥면을 기준면으로 취하면 수위는 수심과 일치하게 된다.

11.2.3 유수 단면적 A와 윤변 P
Pcross sectional area of water A and wetted perimeter P

흐름 방향과 수직한 단면의 단면적을 유수 단면적이라 하고, 이때 단면과 고체 경계면과 접해서 만들어지는 주변 길이를 윤변이라 정의한다.

11.2.4 동수반경 hydraulic radius

동수반경 R_h는 윤변에 대한 유수 단면적의 비로서 정의되며, 다음과 같이 표현된다.

$$R_h = \frac{A}{P} \tag{11.3}$$

예로서 반경 R인 하수관거에 물이 반만 차서 흐르는 경우의 동수반경은 $R_h = d/4$이다.

11.2.5 수리 평균심, D hydraulic mean depth

수리 평균심 D는 그림 11.4에서 b_t로 나타낸 수면폭(top width)에 대한 유수 단면적의 비로서 정의된다.

$$D = \frac{A}{b_t} \tag{11.4}$$

이 표현은 그림 11.4에 나타낸 바와 같이 수면폭이 넓은 자연수로를 직사각형 단면 수로로 환산했을 때의 수심에 해당한다. 실제로 직사각형 단면 수로에서는 수리 평균심 D는 수심 y와 일치하는 것을 쉽게 알 수 있다.

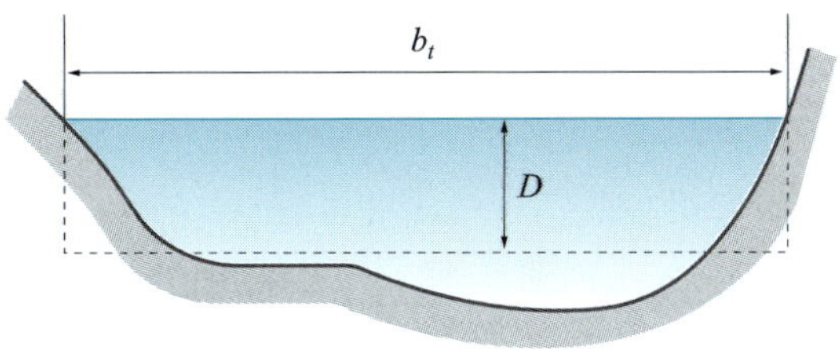

그림 11.4 수리 평균심의 정의

11.2.6 한계류 계산을 위한 단면계수, Z

단면계수(section factor for cirtical flow computation) Z는 유수 단면적 A와 수리 평균심 D의 제곱근과의 곱으로 나타낸다.

$$Z = A\sqrt{D} = A\sqrt{\frac{A}{b_t}} = \sqrt{\frac{A^3}{d_t}} \tag{11.5}$$

위에 설명한 각 인자들을 네 가지 단면을 예로 들어 표 11.1에 정리해 두었다.

표 11.1 수로단면의 기하학적 인자

단면형상	단면적 A	윤변 P	동수반경 R_h	수면폭 b_t	수리평균심 D	단면계수 Z
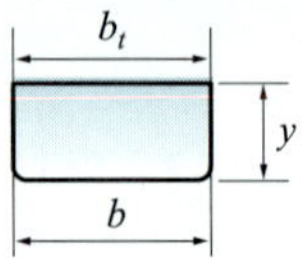	by	$b+2y$	$\frac{by}{b+2y}$	b	y	$by^{1.5}$
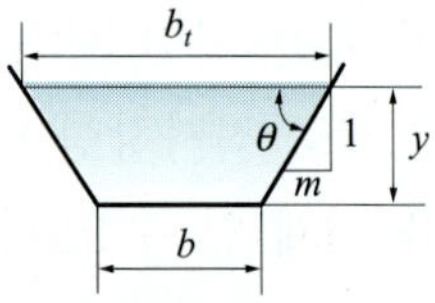	$by+my^2$	$b+2\sqrt{1+m^2}\,y$	$\frac{by+my^2}{b+2\sqrt{1+m^2}\,y}$	$b+2my$	$\frac{by+my^2}{b+2my}$	$\frac{[(b+my)y]^{1.5}}{\sqrt{b+2my}}$
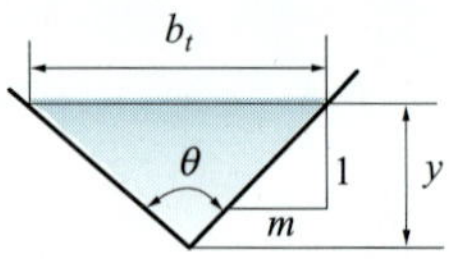	my^2	$2\sqrt{1+m^2}\,y$	$\frac{my}{2\sqrt{1+m^2}}$	$2my$	$\frac{y}{2}$	$\frac{\sqrt{2}}{2}my^{2.5}$
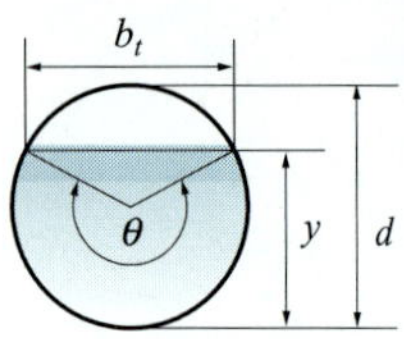	$(\theta-\sin\theta)\frac{d^2}{8}$	$\frac{\theta d}{2}$	$\frac{d}{4}\left(1-\frac{\sin\theta}{\theta}\right)$	$\sin\frac{\theta}{2}d$	$\frac{d}{8}\left(\frac{\theta-\sin\theta}{\sin\frac{\theta}{2}}\right)$	$\frac{\sqrt{2}}{32}\frac{(\alpha-\sin\theta)^{0.5}}{(\sin\frac{1}{2}\theta)^{0.5}}d^{2.5}$

11.3 유속분포 velocity distributions

개수로단면은 두 가지 형태의 경계가 존재한다. 측벽과 수로바닥을 이루는 고체 경계와 대기와 접하는 자유표면 경계가 그것이다. 고체 경계면에서는 물의 입자는 비활조건(no-slip condition)에 의해 속도가 0이고, 자유표면 경계에서는 표면 마찰에 의해 유속이 감소되기는 하지만 임의의 속도를 갖는다. 그림 11.5와 같은 개수로흐름에 있어서 균일단면수로(prismatic channel)를 가정하고, 여러 단면형태에 대하여 유속 분포의 예를 도시하였다. 그림에서 실선은 속도가 동일한 값을 연결한 선으로서 등유속선을 나타내고, 각 단면의 우측에는 연직속도 분포를 함께 도시하였다. 그림으로부터 알 수 있는 바와 같이 최대 유속은 항시 수로 중심부의 수면 근처에서 발생하며, 일반적으로 수면으로부터 전체 수심의 약 20 ~ 30%인 거리에 나타난다. 수심이 얕은 수로일수록 최대유속 발생위치는 수면에 더욱 근접해 간다.

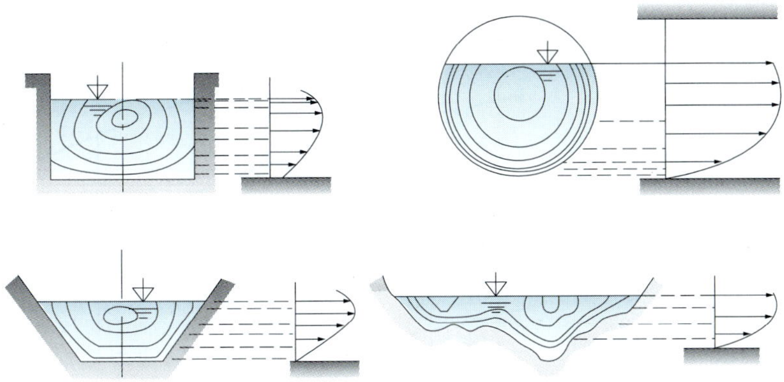

그림 11.5 개수로흐름의 유속 분포

그러나 수로의 단면이나 수로 경사가 변하거나 수로가 굽어 있는 경우는, 흐름은 위의 예의 경우보다 훨씬 복잡하게 나타나며 3차원적 흐름의 형태가 된다. 수로가 굽어 있거나 심한 사행(蛇行) 형태가 되면 원심력으로 인한 2차 흐름(secondary flow)이 크게 나타나서 최대 속도는 수로 중심부가 아닌 외부 만곡면 근처에서 나타난다. 이때 자연수로에서는 바닥의 모래가 침식되거나 퇴적되는 현상이 발생된다.

위에서 설명한 바와 같이 개수로의 실제 흐름은 3차원 흐름이지만, 본 장에서는 공학적 관점에서 흐름을 1차원으로 가정하고 다루기로 한다. 즉 수로는 직선이고, 유수단면적과 수로경사가 일정하여, 수로 단면마다 균일한 흐름이라 가정한다. 수로의 단면 평균 유속은 통상 수면에서 총수심 y의 약 60%의 점을 기준으로 한다. 또한 개수로흐름의 경우 운동 에너지 보정계수는 $\alpha = 1.03 \sim 1.36$의 범위를 가지며, 운동량 보정계수도 β = 1.01~1.12의 범위를 가지나 특별한 언급이 없는 경우에는 $\alpha = \beta = 1$로 가정하여 흐름을 해석하기로 한다.

11.4 개수로흐름의 에너지 개념

11.4.1 비에너지 specific energy

베르누이 정리를 적용하여 흐름의 한 단면의 에너지를 나타내면, 그림 11.6에 도시한 바와 같이 총수두 H는 어느 기준면에 대해서 위치수두(z), 압력

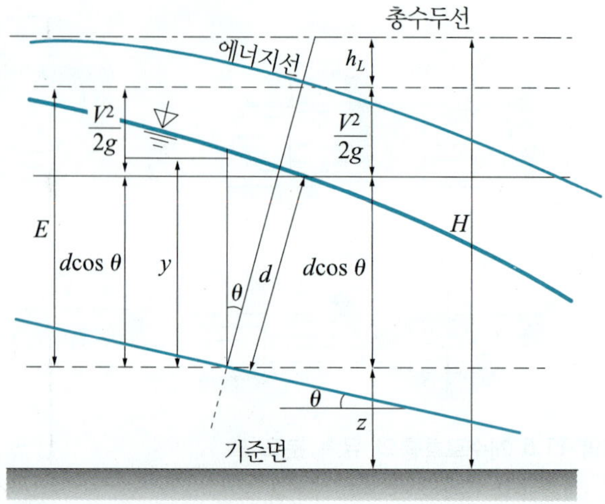

그림 11.6 총 에너지와 비에너지의 개념도

수두(개수로에서는 수심), 속도수두($V^2/2g$) 및 에너지손실수두(h_L)의 합으로 표시된다.

$$H = \frac{V^2}{2g} + d\cos\theta + Z + h_L \tag{11.6}$$

여기서 V는 단면 평균 유속이고, $d\cos\theta$는 흐름 단면에서 수직 단면으로 잰 수심이고, θ는 수로경사각을 나타낸다.

그러나 비교적 짧은 수로구간 내에서 수면이 변화하는 경우를 다룰 때에는 기준면을 수로바닥으로 정하는 것이 문제 해결에 도움을 주는 경우가 많다. Bakhmeteff는 수로 바닥을 기준으로 하고, 수로바닥으로부터 에너지선까지의 수직거리를 비에너지(specific energy) E라 정의하고 다음과 같이 나타내었다.

$$E = d\cos\theta + \frac{V^2}{2g} \tag{11.7}$$

앞의 11.1.2에서 수로단면에 수직한 수심 d는 연직수심 y와 $d = y\cos\theta$의 관계가 있으므로 식 (11.7)은 다음과 같이 고쳐 쓸 수 있다.

$$E = y\cos^2\theta + \frac{V^2}{2g} \tag{11.8}$$

수로의 경사가 아주 작은 경우는 $\cos\theta \cong 1$이므로 식 (11.8)은 다음과 같이 고쳐 쓸 수 있다.

$$E = y + \frac{V^2}{2g}$$

또는

$$E = y + \frac{Q^2}{2gA^2} \tag{11.9}$$

결국 비에너지는 수로 바닥을 기준으로 한 물의 단위 무게가 갖는 에너지로 정의된다.

이제 식 (11.9)에서 Q가 일정하게 주어진 경우를 생각하자. 유수단면적이 수심의 함수이므로 이 경우 비에너지 E는 수심만의 함수이다. 따라서 수심 y의 변화에 따른 비에너지 E의 변화를 알아 볼 수 있다.

식 (11.9)에서 알 수 있는 바와 같이 비에너지는

$$E = y + \frac{Q^2}{2gA^2} = E_1 + E_2$$

으로 분류할 수 있는데, $E_1 = y$로서 수심이 비에너지에 기여하는 양이고, $E_2 = Q^2/2gA^2 = V^2/2g$은 속도수두가 비에너지에 기여하는 양이다. 따라서 가로축을 비에너지 E, 세로축을 수심 좌표로 하여, E_1, E_2를 합성하여 그린 것이 그림 11.7이 된다.

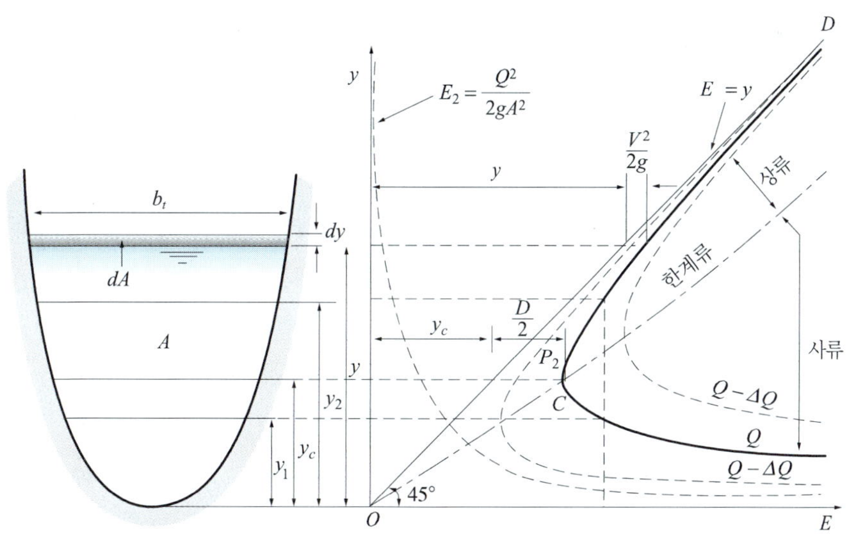

그림 11.7 비에너지 곡선도

$E_1 = y$는 원점에서 45° 기울기를 가진 직선을 나타내고, $E_2 = Q^2/2gA^2$는 Q가 일정하므로 유수단면적 A가 수심 y의 어떠한 형태의 함수로 표시되더라도 그림에서 점선과 같이 반비례 곡선을 갖게 된다. 따라서 E_1과 E_2를 합성하면 그림에서 보는 바와 같이 최소 비에너지 값을 갖는 곡선이 되고, 이 곡선을 비에너지 곡선(specific energy curve)이라 한다. 비에너지 곡선의 점근선을 알아보기 위해서 y가 0에 접근하는 경우와 y가 ∞로 되는 경우를 생각해 보자. 식 (11.9)로부터 $y \to 0$인 경우, 즉 $A \to 0$인 경우는 $E \to \infty$로 되어 비에너지 E는 횡축에 점근하고, $y \to \infty$ 경우에는 $A \to \infty$로 되어 $E \to \infty = y$로 되어 비에너지 E가 $E = y$축에 점근한다. 수심축의 임의의 점에서 가로축과 평행선을 그었을 때 $E = y$축과 만나는 점까지의 거리는 수심을 나타내고, $E = y$축과 비에너지 곡선 사이의 수평거리는 속도수두($V^2/2g = Q^2/2gA^2$)를 나타낸다.

그림에서 알 수 있는 바와 같이 비에너지는 최소값 E_{min}이 존재하고 그때 수심은 하나만이 존재한다. 이 수심을 한계수심(critical depth)이라 하고, 한계수심으로 흐르는 흐름을 한계흐름(critical flow)이라 부른다. 그러나 비에너지가 이 최소 비에너지보다 조금이라도 큰 임의의 비에너지(E')에 대하여는 2개의 수심 y_1, y_2가 존재하게 되는데, 두 수심 중 하나는 항상 y_c보다 큰 수심(y_2), 다른 하나는 y_c보다 작은 수심(y_1)으로 나타난다. 즉, Q가 일정하게 주어진 경우 동일한 비에너지에 대해서 2개의 수심이 존재한다. 이와 같이 동일한 비에너지에서 존재할 수 있는 2개의 수심을 대응수심(alternate depths)이라 한다. $y > y_c$인 경우는 연속 조건에 의해 흐름이 한계류보다 느린 흐름으로서 상류(subcritical flow)라 하고, 반대로, $y < y_c$인 경우는 한계류보다 유속이 큰 상태의 흐름으로서 사류(supercritical flow)라 말한다.

그림 중 일점쇄선은 유량을 Q, Q_1, Q_2, … 등으로 달리한 경우의 비에너지곡선에서 최소 비에너지를 나타내는 점을 연결한 선이다. 이 선보다 윗부분은 상류상태를 나타내고, 아랫부분은 사류상태를 나타내고 있는 것은 위의 설명으로부터 쉽게 이해할 수 있을 것이다.

예제 11.1 비에너지 선도 작성

유량이 $Q = 6.75\ \text{m}^3/\text{sec}$이고 폭이 $b = 3.5\ \text{m}$인 직사각형 단면수로가 있다. 수심 2 m까지 적당한 간격으로 비에너지를 구하고 수심과 비에너지의 관계 곡선을 도시하라.

풀이

식 (11.9)로부터

$$E = y + \frac{Q^2}{2gA^2} = y + \frac{Q^2}{2gb^2y^2}$$

수심 간격을 0.1 m로 하여 비에너지를 구하면 표 E11.1과 같고 이것을 도시하면 그림 E11.1과 같이 된다.

표 E11.1

y(m)	0.1	0.2	0.3	0.4	0.5	0.6	0.7	0.8	0.9	1.0
E(m)	19.08	4.94	2.41	1.59	1.26	1.13	1.09	1.10	1.13	1.19
y(m)	1.1	1.2	1.3	1.4	1.5	1.6	1.7	1.8	1.9	2.0
E(m)	1.26	1.33	1.41	1.50	1.58	1.67	1.77	1.86	1.95	2.05

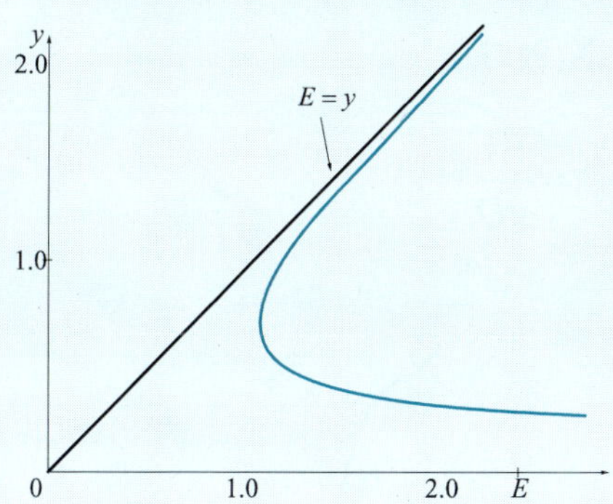

그림 E11.1 비에너지선도

11.4.2 한계흐름의 조건

앞의 설명에서 비에너지가 최소일 때의 수심은 하나가 존재하고 그때의 수심을 한계수심, 그리고 그 흐름을 한계흐름이라 정의하였다. 따라서 한계흐름이 될 조건은 비에너지가 최소가 될 조건과 같다. 즉, 수심 y에 대해서 비에너지가 최소가 될 조건을 찾으면 된다. 결국 $dE/dy = 0$이 한계류가 되는 조건이다. 식 (11.9)로부터

$$\frac{dE}{dy} = \frac{d}{dy}\left(y + \frac{Q^2}{2gA^2}\right) = 1 + \frac{Q^2}{2g}\frac{d}{dy}\left(\frac{1}{A^2}\right)$$

$$= 1 - \frac{Q^2}{gA^3}\frac{dA}{dy} = 0$$

또는

$$\frac{Q^2}{gA^3}\frac{dA}{dy} = 1 \qquad (11.10)$$

이 된다. 그림 11.8에서와 같이 임의의 수심 y에서 미소변위 dy만큼 증가한 경우, 단면적의 변화는 $dA = b_t dy$이므로 식 (11.10)은 다음과 같이 쓸 수 있다.

$$\frac{Q^2 b_t}{gA^3} = 1 \qquad (11.11)$$

상기 식에 수리 평균심의 정의, $D = A/b_t$를 대입하고 정리하면 다음과 같이 쓸 수 있다.

$$\frac{Q^2 b_t}{gA^3} = \frac{V^2}{gD} = 1 \qquad (11.12)$$

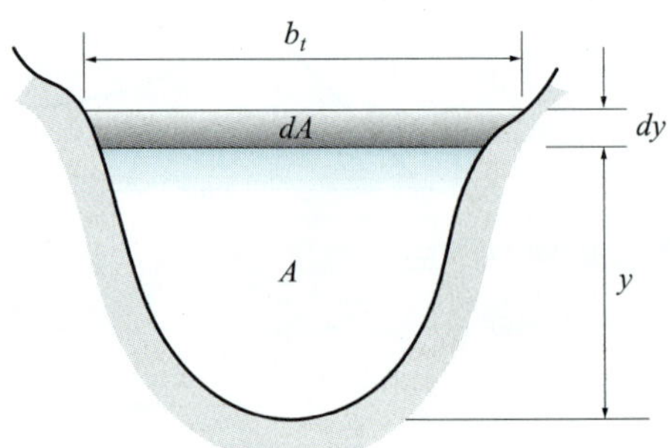

그림 11.8

따라서 한계류가 되기 위해서는 다음 조건을 만족시켜야 한다.

$$\frac{V^2}{gD} = 1$$

또는

$$\frac{V^2}{2g} = \frac{D}{2} \qquad (11.13)$$

이 식은 한계류에서는 속도수두가 수리 평균심 D의 1/2이 되는 것을 의미하고 있다. 중력에 대한 관성력의 비로 정의되는 Froude 수; $F_r = V/\sqrt{gD}$ 를 이용하면 상기 식은 다음과 같이 쓸 수 있다.

$$F_r^2 = \frac{V^2}{gD} = 1$$

즉

$$F_r = \frac{V}{\sqrt{gD}} = 1 \qquad (11.14)$$

여기서 V는 흐름의 속도이고, $\sqrt{gD}$ 는 수로 단면의 변화, 수로 경사의 변화 또는 수로 내 존재하는 단면 변화로 인해 발생하는 표면파의 전파 속도이다. 따라서 한계흐름의 경우에는 $F_r = 1$, 즉 $V = \sqrt{gD_c}$ 가 성립한다. 여기서 D_c는 한계 흐름에서의 수리 평균심이다. 수리 평균심 D가 D_c보다 큰 경우, 즉 상류의 경우는 $\sqrt{gD} > V$로 되어 $F_r < 1$이 되고 사류의 경우($D < D_c$)에는 $\sqrt{gD} < V$로 되어 $F_r > 1$이 된다. 이것을 요약해서 써보면 다음과 같다.

$V = \sqrt{gD_c}$, $F_r = 1$: 한계류(critical flow)

$V < \sqrt{gD}$, $F_r < 1$: 상류(subcritical flow)

$V > \sqrt{gD}$, $F_r > 1$: 사류(supercritical flow)

예제 11.2 상류와 사류의 판별

폭이 $b = 3.6$m인 직사각형 수로에 $Q = 8.5\ m^3/sec$의 유량으로 물이 흐른다. 수심이 $y = 0.76$ m인 경우 이 흐름이 상류인가 사류인가를 판별하라.

풀이

연속방정식으로부터 평균 유속을 구하면

$$V = Q/A = 8.5/(3.6 \times 0.76) = 3.11 \text{ m/sec}$$

Froude 수를 구하면

$$F_r = \frac{V}{\sqrt{gD}} = \frac{3.11}{\sqrt{9.8 \times 0.76}} = 1.14 > 1$$

$F_r > 1$이므로 이 흐름은 사류(supercritical flow)이다.

11.4.3 유량과 수심의 관계

이번에는 비에너지식 (11.9)에서 비에너지 E가 일정한 양으로 주어진 경우 수심(y)과 유량(Q)의 관계를 알아보자.

식 (11.9)를 유량에 대해서 고쳐 쓰면

$$Q = \sqrt{2gA^2(E - y)} \tag{11.15}$$

이제 횡축을 유량(Q)으로 취하고 종축을 수심(y)으로 취하여 식 (11.15)를 그려본다. 상기 식으로부터 $y = 0$일 때와 $y = E$에서 유량이 명백히 0이 된다. 수심이 증가하면 A도 증가하므로 Q도 서서히 증가하여 임의 수심에서 최대로 되지만, 한편 y의 증가에 따라 $(E - y)$ 값이 감소하므로 그 이후에는 유량은 감소하여 0이 된다(그림 11.9). 그림으로부터 다음과 같은 사실을 알 수 있다. 즉 비에너지가 일정하게 주어진 경우, 동일유량에 대해서 2개의 서로 다른 수심(y_1, y_2)을 취하는 흐름이 존재한다. 그리고 수심이 어느 특정수심이 되었을 때 유량이 최대가 된다.

이제 유량이 최대치 Q_{max}가 되었을 때 특정수심이 어떠한 값을 취하는지 알아보자.

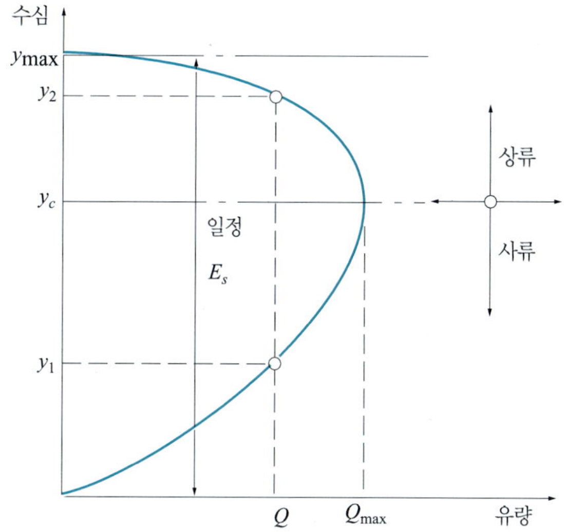

그림 11.9 수심에 따른 유량의 변화

Q_{max}에 대해서는 $dQ/dy = 0$이므로, 식 (11.15)로부터

$$\frac{dQ}{dy} = \sqrt{2g}\,\frac{d}{dy}\left\{A\left(E-y\right)^{1/2}\right\}$$

$$= \sqrt{2g}\left(\frac{dA}{dy}\sqrt{E-y} - \frac{A}{2\sqrt{E-y}}\right)$$

$$= \sqrt{2g}\left(\frac{2\left(E-y\right)\frac{dA}{dy} - A}{2\sqrt{E-y}}\right) = 0$$

이 된다.

그림 11.8로부터 $dA/dy = b_t$이고, 위의 관계가 성립되기 위해서는 분자가 0이어야 하므로, 다음 식을 얻는다.

$$E - y = \frac{A}{2b_t} = \frac{D}{2} \tag{11.16}$$

식 (11.6)에 $E = y + V^2/2g$를 대입하면

$$\frac{V^2}{2g} = \frac{D}{2}$$

또는

$$F_r = 1$$

이 되어 앞서 구한 식 (11.14), 즉 한계류가 되는 조건과 동일하게 되어, 비에너지가 주어진 경우 유량이 최대가 되는 수심은 한계수심(y_c)인 것을 알 수 있다.

구체적으로 수로 폭이 b인 직사각형단면 수로에 대해서 상기 계산을 반복하여 y_c의 크기가 어떻게 표시되는가를 보자. 식 (11.15)를 다시 써보면

$$Q = \sqrt{2gb^2y^2\left(E - y\right)} \tag{11.17}$$

식 (11.17)을 y에 대해서 미분하고 $dQ/dy = 0$으로 놓으면

$$\frac{dQ}{dy} = \sqrt{2g}b\frac{\left(2E - 3y\right)}{2\sqrt{E - y}} = 0$$

이 되고, 분자를 0으로 두면

$$y = \frac{2}{3}E \tag{11.18}$$

가 된다. Q가 최대인 때의 수심이 한계수심(y_c)이 된다고 하는 것은 이미 앞에서 증명이 되었으므로 상기 식에서 $y = y_c$로 놓을 수 있다.

$$y_c = \frac{2}{3}E$$

또는

$$E = \frac{3}{2}y_c \tag{11.19}$$

이 식으로부터 직사각형 수로에 대해서는 한계수심은 비에너지의 2/3배가 된다는 것을 알 수 있다. 상기 식을 식 (11.9)에 대입하면 다음과 같이 y_c의 크기도 구할 수 있다.

$$y_c = \sqrt[3]{\frac{Q^2}{gb^2}} = \sqrt[3]{\frac{q^2}{g}} \tag{11.20}$$

여기서 $q = Q/b$로서 단위폭당 유량을 의미한다.

11.4.4 한계수심의 계산

(1) $A = ay^n$으로 표시되는 단면

한계수심은 단면의 형상에따라 그 크기가 달라진다. 이제 유수 단면적을

$$A = ay^n \tag{11.21}$$

으로 나타낼 수 있는 단면형에 대해서 한계수심을 표현하는 식을 구해보자. 한계수심이 되는 조건은 $dE/dy = 0$이므로, 식 (11.10)과 같은 표현을 얻는다.

$$\frac{Q^2}{gA^3}\frac{dA}{dy} = 1$$

또는

$$\frac{dA}{dy} = \frac{gA^3}{Q^2} \tag{11.22}$$

이제 식 (11.21)을 y에 대해서 미분하면

$$\frac{dA}{dy} = any^{n-1} \tag{11.23}$$

을 얻는다. 식 (11.22)에 (11.3)과 $A = ay^n$을 대입하면

$$any^{n-1} = \frac{gA^3}{Q^2} = \frac{ga^3y^{3n}}{Q^2}$$

이 식을 정리하면 y_c에 대한 일반식을 구할 수 있다.

$$y_c = \left(\frac{nQ^2}{ga^2}\right)^{1/(2n+1)} \tag{11.24}$$

이 식을 (a) 직사각형 단면, (b) 삼각형 단면 수로에 적용하여 각 단면의 한계수심을 구해 보자.

(a) 직사각형 단면: 폭이 b인 직사각형에 대해서는 $a=b$, $n=1$이므로

$$y_c = \left(\frac{Q^2}{gb^2}\right)^{1/3} = \left(\frac{q^2}{g}\right)^{1/3} \tag{11.25}$$

으로 식 (11.20)과 동일하게 된다.

(b) 삼각형 단면: 표 11.1에 도시한 바와 같이 사면 경사가 1 : m인 삼각형 단면의 경우는 $a=m$, $n=2$이므로 y_c는 다음과 같이 표현된다.

$$y_c = \left(\frac{2Q^2}{gm^2}\right)^{1/5} \tag{11.26}$$

예제 11.3 한계수심의 계산 (1)

식 (11.24)를 (a) 포물형 수로단면과 (b) 원형 수로단면에 적용하여 한계수심의 산정식을 구하라.

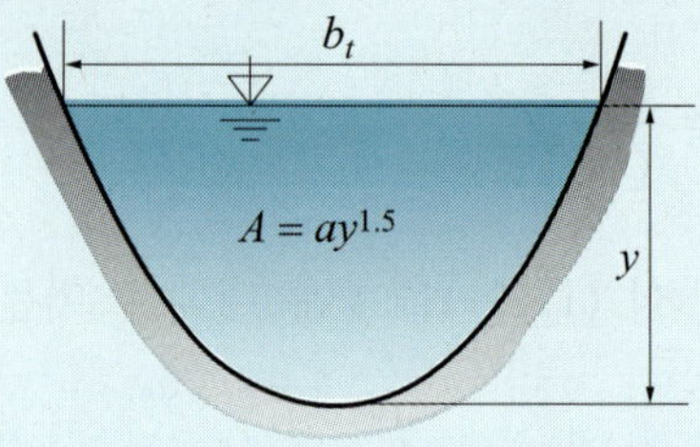

그림 E11.3(a)

풀이

(a) 포물형단면

그림 E11.3(a)와 같이 $A=ay^{1.5}$로 표시되는 포물형 단면에 대해서는 다음 식으로 표시된다.

$$y_c = \left(\frac{1.5Q^2}{ga^2}\right)^{1/4}$$

(b) 원형단면

그림 E11.3(b)와 같이 직경 d인 원형관에 대해서 유수단면적 A를 구해보면

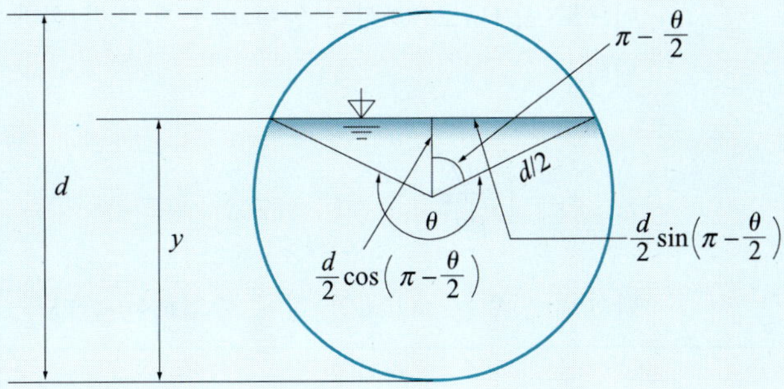

그림 E11.3(b)

$$A = \frac{\pi d^2}{4}\frac{\theta}{2\pi} + \frac{d}{2}\frac{d}{2}\cos\left(\pi - \frac{\theta}{2}\right)\sin\left(\pi - \frac{\theta}{2}\right) \qquad ①$$

$$= \frac{d^2}{8}(\theta - \sin\theta)$$

이 된다. 수심은 다음과 같이 표현된다.

$$y = \frac{d}{2} + \frac{d}{2}\cos\left(\pi - \frac{\theta}{2}\right) = \frac{d}{2} - \frac{d}{2}\cos\frac{\theta}{2}$$

따라서 수심과 직경과의 관계는 다음과 같이 된다.

$$d = \frac{2y}{\left(1 - \cos\frac{\theta}{2}\right)} \qquad ②$$

이 식을 식 ①에 대입하면 유수 단면적 A는 다음과 같이 표현된다.

$$A = \frac{\theta - \sin\theta}{2\left(1 - \cos\frac{\theta}{2}\right)^2} y^2 \qquad ③$$

식 (11.21)과 식 ③을 비교하면

$$a = \frac{\theta - \sin\theta}{2\left(1 - \cos\frac{\theta}{2}\right)^2}$$

$$n = 2$$

이므로 식 (11.24)로부터 원형 단면에 대한 한계수심 y_c는 다음 식과 같이 된다.

$$y_c = \left(\frac{nQ^2}{ga^2} \right)^{1/5}$$

단 θ의 단위는 radian인 점에 주의해야 한다.

예제 11.4 한계수심의 계산 (2)

유량이 $Q = 6.75\text{m}^3/\text{sec}$일 때 (a) 폭이 $b = 3.5\text{m}$인 직사각형 단면과 (b) 삼각형 단면에 대한 한계수심을 구하라. 단, 삼각형 단면의 측면경사는 1 : 2이다

풀이

(a) 직사각형 단면

직사각형 단면에 대해서는 식 (11.25)로부터 간단히 계산된다.

$$y_c = \left(\frac{q^2}{g} \right)^{1/3} = \left(\frac{6.75^2}{9.8 \times 3.5^2} \right)^{1/3}$$

$$= 0.72\,\text{m}$$

(b) 삼각형 단면

식 (11.26)으로부터

$$y_c = \left(\frac{2Q^2}{gm^2} \right)^{1/5} = \left(\frac{2 \times 6.75^2}{9.8 \times 2^2} \right)^{1/5}$$

$$= 1.18\,\text{m}$$

(2) 사다리꼴 단면

사다리꼴 단면의 경우는 앞에서 설명한 방법으로는 쉽게 구할 수가 없다. 왜냐 하면 단면적 A가 식 (11.21)로 표시된 식과는 다른 형태를 갖기 때문이다. 사다리꼴 단면의 한계수심을 구하기 위해서 한계류가 되기 위한 조건식 (11.11)으로부터 시작한다.

$$\frac{Q^2 b_t}{gA^3} = 1$$

위 식을 변형해서

$$\frac{Q^2}{g} = \frac{A^3}{b_t} \tag{11.27}$$

로 표현하면 좌변항은 주어진 값이고, 우변은 수심 y만의 함수로 표시된다. 표 11.1을 참조하면 A와 b_t는 각각 다음과 같이 표현된다.

$$A = by + my^2$$

$$b_t = b + 2my$$

여기서 m은 사면의 기울기를 나타내고, b는 사다리꼴의 저면폭을 나타낸다. 이 식을 (11.27)에 대입하면, 그때의 수심이 y_c이므로

$$\frac{Q^2}{g} = \frac{\left(by_c + my_c^2\right)^3}{\left(b + 2my_c\right)} \tag{11.28}$$

이 된다. 따라서 식 (11.28)을 만족하는 y_c를 구하면 된다.

식 (11.28)은 y_c의 6차 방정식의 형태로서 해석적으로 풀기는 곤란하므로, 시산법을 이용하여 풀어야 한다. y를 적절하게 가정하여 우변 항을 계산하고 이 값이 좌변항의 값과 같아지는 수심을 구하면 한계수심을 얻게 된다. 구체적인 계산 방법은 예제에서 설명한다. 일반 단면에 대해서도 계산 방법은 위에서 설명한 것과 동일하다.

예제 11.5 한계수심의 계산(사다리꼴 단면)

저면 폭이 $b = 8$ m이고 측면 경사가 1 : 2인 사다리꼴 단면 수로에 $Q = 15$ m^3/sec의 물이 흐르고 있다. 아래 방법을 이용하여 한계수심을 구하라.

(a) 시행착오법

(b) 도해법

풀이

(a) 시행착오법

한계수심이 될 조건식 (11.10), $Q^2 b_t / gA^3 = 1$을 변형하면

$$\frac{Q^2}{g} = \frac{A^3}{b_t}$$

이 되는데 여기에 주어진 값을 대입하면 다음과 같이 된다.

$$22.96 = \frac{A^3}{b_t}$$

따라서 수심값을 가정하고 A^3 / b_t를 계산한 값이 22.96과 같으면, 그때 가정한 수심이 한계수심이 된다. 사다리꼴 단면의 수면폭과 단면적이

$$b_t = 8 + 2 \times (2y), \quad A = 8y + 2y^2$$

로 표시되므로, 우선 사다리꼴 단면을 직사각형 단면으로 가정하고 초기 가정치를 대략 $y = 0.7$로 하여 시산한 결과를 표 E11.5(a)에 제시한다.

표 E11.5(a)

$y(m)$	$b_t\,(m)$	A	A^3	A^3/b_t
0.70	10.80	6.580	284.89	26.38
0.65	10.60	6.045	220.90	20.84
0.68	10.72	6.365	257.87	24.06
0.67	10.68	6.258	245.08	22.95

상기 표로부터 한계수심은 $y_c \cong 0.67$ m임을 알 수 있다.

(b) 도해법

도해법은 먼저 적절한 간격으로 수심을 가정하고 A^3/ b_t를 계산한 후, 그 결과를 수심에 대해서 도시한 그래프를 이용하여 한계수심을 구하는 방법이다. 계산결과를 나타낸 것이 표 E11.5(b)이고, y에 대해서 A^3/ b_t값을 도시한 것이 그림 E11.5이다.

A_3/ b_t 축상에서 주어진 값(여기서는 22.96)으로부터 수평선을 그어 그래프와 만나는 점에서 수직축을 그었을 때 y축과 만나는 점, $y = 0.67$m가 한계수심이 된다.

표 E11.5(b)

$y(m)$	$b_t\ (m)$	A	A^3	A^3/b_t
0.0	0.0	0.0	0.0	0.0
0.1	8.4	0.82	0.55	0.07
0.2	8.8	1.68	4.74	0.54
0.3	9.2	2.58	17.17	1.87
0.4	9.6	3.52	43.61	4.54
0.5	10.0	4.50	91.13	9.11
0.6	10.4	5.52	168.20	16.17
0.7	10.8	6.58	284.89	26.38
0.8	11.2	7.68	452.98	40.44
0.9	11.6	8.82	686.13	59.15
1.0	12.0	10.0	1000.00	83.33
1.1	12.4	11.22	1412.17	113.91

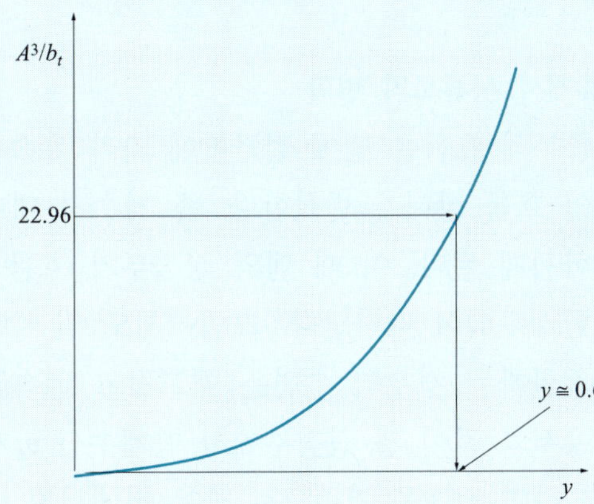

그림 E11.5

11.4.5 흐름상태의 변화

앞에서 설명한 바와 같이 개수로흐름에는 상류, 한계류 및 사류의 흐름상태가 존재한다. 이러한 흐름 상태는 수로경사, 단면형상, 유량이나 수로에 설치된 수리 구조물 등에 의해서 변화한다. 이 중에서도 중요한 것은 흐름이 상류에서 사류로 천이하는 경우와 반대로 사류에서 상류로 천이하는 경우이다.

이제 그림 11.10과 같이 댐 위를 월류하는 흐름을 예로 들어 흐름 상태의 변화에 대해서 설명해 보자.

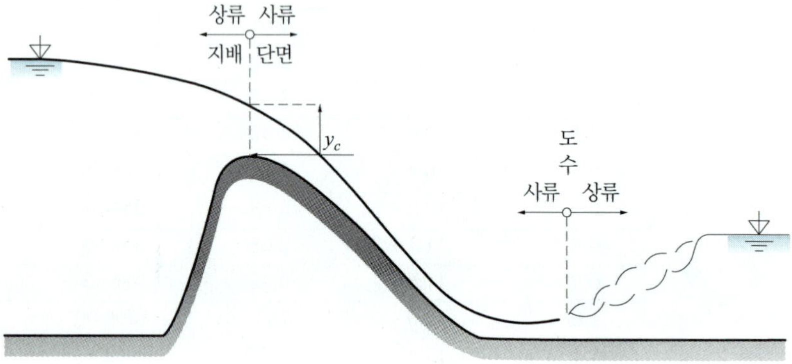

그림 11.10 흐름 상태의 변화

(1) 상류에서 사류로의 변화

댐의 상류부의 흐름은 댐에 접근함에 따라 유속은 가속화되고 수심은 감소하게 되어 흐름 상태가 변화한다. 즉 저수지 내에서 상류 상태이던 흐름은 사류로 바뀌게 된다. 이 때 댐의 정점부가 흐름 상태의 전환점이 되고, 그곳에서 한계수심이 나타난다. 그림에서도 알 수 있는 바와 같이 상류에서 사류로 전환하는 경우의 수면은 매끄럽고 연속적인 수면형이 된다.

위에서와 같이 댐 정점부에서 한계수심 y_c가 될 때, 수로 단면이 직사각형이라 하면 정점을 기준으로 하는 비에너지 E는 다음과 같은 식으로 나타낼 수 있다.

$$E = \frac{3}{2} y_c$$

$$Q = b y_c V_c = b y_c \sqrt{g y_c} = \frac{2}{3} b \sqrt{\frac{2}{3} g} E^{3/2} \qquad (11.29)$$

윗식으로부터 댐 정점부에서는 하류의 조건과 관계없이, 상류측의 비에너지 E 만으로 유량을 결정할 수 있는 것을 알 수 있다. 이와 같은 의미로 상류에서 사류로 이행하는 흐름에 있어서 한계수심이 발생하는 단면을 지배단면(control section)이라 한다. 지배단면은 수면 곡선을 계산할 때, 계산의 출발점이 된다는 점에서 중요한 의미를 갖는다. 일반적으로 흐름이 상류인 경우는 지배단면을 시점으로 해서 상류방향을 향해서 계산을 진행하고, 사류인 경우는 상류에서 하류방향으로 계산을 진행해 나가야 한다. 지배단면에 대해서는 12장 수면곡선의 계산에서 좀 더 구체적으로 설명한다.

(2) 사류에서 상류로 변화

앞에서 설명한 바와 같이 댐 정점부를 통과한 흐름은 사류가 된다. 이 흐름은 급한 수로 경사로 인해 더욱 가속화되어 사류상태를 계속하다가 댐저부에서 수로경사가 갑자기 완만해지므로 흐름상태가 재차 변화한다. 즉 사류상태에서 상류로 변화한다. 이 경우는 상류에서 사류로 천이하는 경우처럼 수면이 매끄럽고 연속적으로 변화하지 못하고, 격렬한 표면 와(surface rolfer)를 수반하면서 불연속적으로 뛰어오르는 형태를 취한다. 이러한 현상을 도수(hydraulic jump)라고 한다. 도수는 강한 난류이기 때문에 사류가 갖는 큰 에너지의 일부가 소실된다. 따라서 도수 후의 비에너지는 도수 전의 비에너지보다 항상 작게 나타난다. 도수의 정량적인 해석은 다음 절에서 자세히 설명한다.

11.5 운동량 이론의 적용

11.5.1 도수 hydraulic jump 의 해석

(1) 비력곡선

사류에서 상류로 흐름상태가 전환하는 경우에는 흐름이 불연속적으로 뛰어오르는 도수(hydraulic jump)현상이 발생한다. 도수현상은 짧은 시간에 짧은 수로 구간 내에서 일어나는 현상이기 때문에 운동량방정식을 적용하면 해석을 할 수가 있다. 이제 도수해석을 위해 그림 11.10에 나타낸 도수 발생의 전후 구간을 검사체적으로 선정하여 그림 11.11에 도시한다.

상기와 같은 1차원 흐름에 대한 운동량방정식은 다음과 같이 표현할 수 있다.

$$\Sigma F = \rho Q\left(V_2 - V_1\right) \tag{11.30}$$

검사체적 내에 작용하는 힘은 단면 1, 2에서 작용하는 정수압에 의한

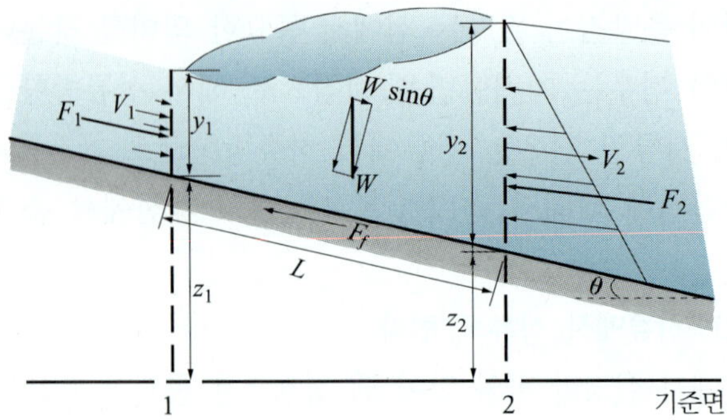

그림 11.11 도수의 발생

힘 F_1, F_2와 중력의 흐름방향성분 $W\sin\theta$ 및 마찰저항력 F_f 이므로 상기 식은 다음과 같이 된다.

$$F_1 - F_f + W\sin\theta - F_2 = \rho Q\left(V_2 - V_1\right) \tag{11.31}$$

수로 경사가 완만하므로 중력의 흐름방향성분은 근사적으 $W\sin\theta \cong 0$이고, 극히 짧은 수로구간이므로 마찰저항력(F_f)은 무시할 수 있으므로 운동량방정식은 다음과 같이 쓸 수 있다.

$$F_1 - F_2 = \rho Q\left(V_2 - V_1\right) \tag{11.32}$$

윗 식에서 F_1과 F_2는 다음과 같이 표현된다.

$$F_1 = \gamma y_{G1} A_1, \quad F_2 = \gamma y_{G2} A_2$$

여기서 y_{G1}과 y_{G2}는 각각 단면 1, 2의 수면에서 도심까지의 거리를 나타낸다. 이것을 식 (11.32)에 대입하고 정리하면 다음과 같이 쓸 수 있다.

$$\frac{\gamma}{g} Q V_1 + \gamma y_{G1} A_1 = \frac{\gamma}{g} Q V_2 + \gamma y_{G2} A_2 \tag{11.33}$$

이 식의 양변을 γ로 나누고, $V_1 = Q/A_1$ 및 $V_2 = Q/A_2$를 대입하면 다음 식을 얻는다.

$$\frac{Q^2}{gA_1} + y_{G1} A_1 = \frac{Q^2}{gA_2} + y_{G2} A_2 \tag{11.34}$$

따라서 임의 단면에 대해서 상기 식은

$$M = \frac{Q^2}{gA} + y_G A = \text{일정} \tag{11.35}$$

와 같이 쓸 수 있다. 상기 식에서 우변 첫 항은 단위시간당 단위중량의 물이 갖는 운동량을 단위중량(γ)으로 나눈 값이고, 두 번째 항은 물이 갖는 정수력을 단위중량(γ)으로 나눈 양으로서 $[F/FL^{-3}]$, 즉 [힘/단위중량]의 차원을 갖는다. 이러한 의미로 식 (11.35)에서 M을 비력(specific force) 또는 충력(衝力)이라고 부른다. 식 (11.34) 또는 식 (11.35)는 도수전후의 두 단면에서의 비력은 항상 일정한 것을 의미한다.

비력을 나타내는 식 (11.35)에서 유량을 일정하게 하면 면적 A와 도심까지의 수심 y_G가 수심의 함수이므로, 비력 M은 수심만의 함수가 된다. 이제 식 (11.35)를

$$\begin{aligned} M &= \frac{Q^2}{gA} + y_G A \\ &= M_m + M_p \end{aligned} \tag{11.36}$$

로 나누어 쓰면 비력은 운동량의 비력에의 기여량 $M_m = Q^2/gA$와 정수력의 기여량 $M_p = y_G A$의 합성으로서 표시된다. 이제 횡축을 비력(M)축으로 취하고, 종축을 수심(y) 축으로 취하여 도시하면 그림 11.12와 같이 비력곡선

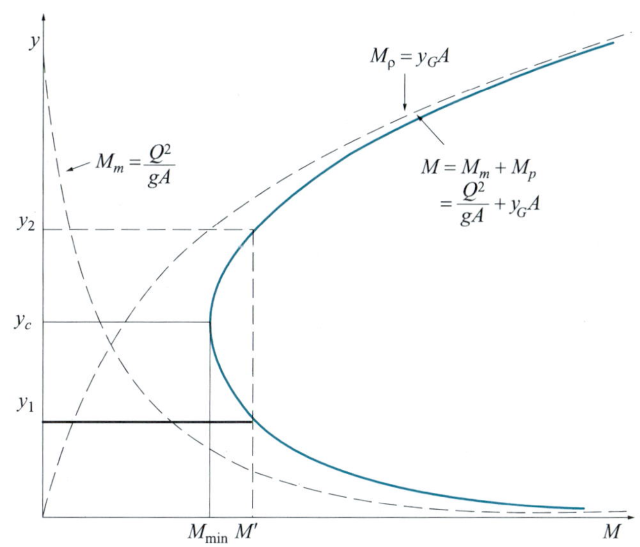

그림 11.12 비력곡선(specific force curve)

(specific force curve)을 얻을 수 있다. 식 (11.36)에서 y가 0에 가까워 질 때, M은 ∞로 되어 횡축 또는 M_m선에 점근하고, y가 ∞에 가까워질 때는 $M \to M_p$ $(\to \infty)$로 M_p축에 점근하게 된다.

(2) 최소비력

비에너지 곡선의 경우와 마찬가지로, 비력의 경우도 최소값 $M_{\min}$이 존재하고, 그때 수심은 하나만이 존재한다. 이제 최소비력에 대응하는 수심이 어떠한 값인지 고찰해 보자. 최소비력에 대해서는 $dM/dy = 0$이므로 식 (11.36)으로부터

$$\begin{aligned} \frac{dM}{dy} &= \frac{d}{dy}\left(\frac{Q^2}{gA} + y_G A\right) \\ &= -\frac{Q^2}{gA^2}\frac{dA}{dy} + \frac{d\left(y_G A\right)}{dy} = 0 \end{aligned} \tag{11.37}$$

을 얻는다. 윗 식에서 면적 모멘트의 변화량 $d(y_G A)$ 값을 구하기 위해 그림 11.8과 같이 수심이 미소변위 dy 만큼 증가한 경우를 생각해 보자. 이때 수면축에 관한 면적 모멘트를 생각하면 $d(y_G A)$는

$$d(y_G A) = \underbrace{\left[(dy + y_G)A + \left(\frac{dy}{2}\right)b_t\, dy\right]}_{\text{수심 변화 후의 면적 모멘트}} - \underbrace{y_G A}_{\text{수심 변화 전의 면적 모멘트}}$$

이다. 윗식에서 2차량은 $(dy)^2 \ll 1$이므로 $d(y_G A) = A dy$로 된다. 또 $dA/dy = b_t$이므로 식 (11.37)로부터 다음 식을 얻는다.

$$-\frac{Q^2 b_t}{gA^2} + A = 0 \tag{11.38}$$

식 (11.38)은 결국

$$\frac{Q^2 b_t}{gA^3} = \frac{V^2}{gD} = 1$$

로 되어 한계류의 조건식 (11.12)와 동일하게 되는 것을 알 수 있다. 이러한 사실로부터 최소 비력에 대한 수심도 역시 한계수심 y_c임을 알 수 있다. 유

량 Q가 일정하게 주어진 경우, 최소비력보다 큰 임의의 비력 $M'(> M_{\min})$에 대해서는 동일 비력에 대해서 두 개의 수심 y_1, y_2가 존재할 수 있는데 두 수심 중 하나는 항상 한계수심보다 작고($y_1 < y_c$), 다른 수심은 한계수심보다 크게 된다 ($y_2 > y_c$). 이 두 개의 수심 y_1, y_2가 결국 도수 전후의 수심을 나타내는데, 이 수심을 공액수심(conjugate depths)이라 한다.

11.5.2 도수 전후의 수심

앞에서 설명한 도수 전후의 수심 y_1, y_2 에 대한 관계 식을 얻기 위해, 비력의 표현식 (11.34)를 다시 사용한다.

$$\frac{Q^2}{gA_1} + y_{G_1} A_1 = \frac{Q^2}{gA_2} + y_{G_2} A_2$$

해석상 편의를 위해서 그림 11.11의 수로를 폭이 b인 직사각형 수로로 생각한다. 이 때 $q = Q/b = Vy$ 및 $y_G = y/2$의 관계를 상기 식에 대입하면 다음 식을 얻는다.

$$\frac{q^2}{gy_1} + \frac{y_1^2}{2} = \frac{q^2}{gy_2} + \frac{y_2^2}{2}$$

이 식을 정리하면

$$y_2^2 - y_1^2 = \frac{2q^2}{g}\left(\frac{1}{y_1} - \frac{1}{y_2}\right) = \frac{2q^2}{g}\frac{y_2 - y_1}{y_1 y_2}$$

이 식의 양변을 $y_2 - y_1$으로 나누면 다음식과 같이 도심 전후의 수심과 단위폭당 유량(q)의 관계식을 얻는다.

$$y_2 + y_1 = \frac{2q^2}{gy_1 y_2} \tag{11.39}$$

식 (11.39)의 양변에 y_2를 곱하면

$$y_2^2 + y_1 y_2 - \frac{2q^2}{gy_1} = 0 \tag{11.40}$$

과 같이 y_2에 대한 2차 방정식으로 표현되고, 이 식으로부터 y_2에 관한 근을 구하면 다음 식으로 된다.

$$y_2 = -\frac{y_1}{2} + \frac{1}{2}\sqrt{y_1^2 + \frac{8q^2}{gy_1}}$$

상기 식에서 두 번째 항이 (−)인 경우는 수심 y_2가 음(−)의 값이 되는 경우이므로 제외되었다. 이 식에 $q = V_1 y_1$을 대입하고 정리하면 다음과 같이 된다.

$$y_2 = -\frac{y_1}{2} + \frac{y_1}{2}\sqrt{1 + \frac{8V_1^2}{gy_1}} \tag{11.41}$$

여기서 Froude 수, $F_r = \frac{V}{\sqrt{gy}}$ 를 이용하면

$$\frac{y_2}{y_1} = \frac{1}{2}\left(-1 + \sqrt{1 + 8F_{r_1}^2}\right) \tag{11.42}$$

와 같이 도수 전의 수심(y_1)에 대한 도수 후의 수심(y_2)의 비를 나타내는 식을 얻을 수 있다. 여기서 F_{r1}은 단면 1에서의 Froude 수로서 $F_{r_1} = \frac{V_1}{\sqrt{gy_1}}$ 이다.

11.5.3 형태에 따른 도수의 분류와 도수 길이

식 (11.42)에서 $F_{r_1} < 1$인 경우는 $y_2 / y_1 < 1$이 되어, 도수 후의 수심이 도수 전의 수심보다 작은 경우로서 이것은 물리적으로 의미가 없는 경우이다. 따라서 $F_{r_1} > 1$인 경우에 한해서 도수가 발생하는 것을 알 수 있다. 이와 같이 도수의 규모와 형태는 F_{r_1}의 값에 따라 달라진다. 실험 결과에 의하면 그림 11.13에 도시한 바와 같이 F_{r_1}에 따라 다음과 같이 분류된다.

1. 파상도수(undular jump) : $F_{r_1} = 1 \sim 1.7$의 범위에서 발생하며 약 5%의 에너지손실을 가져오고 수면은 파상을 이룬다.
2. 약도수(weak jump) : $F_{r_1} = 1.7 \sim 2.5$의 범위에서 발생하며 도수 표면에 작은 규모의 표면와열이 형성된다. 이 때의 에너지소실률은 5 ~ 15% 정도이다.

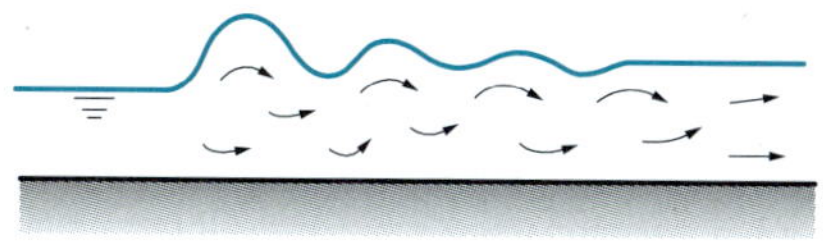

$F_1 = 1 \sim 1.7$ 파상도수 (undular jump)

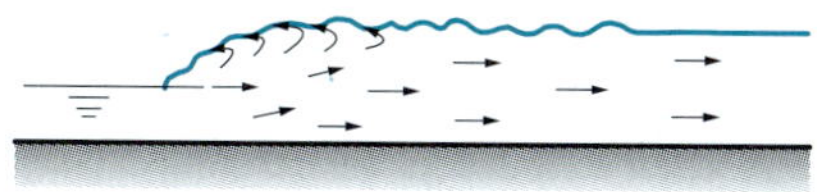

$F_1 = 1.7 \sim 2.5$ 약도수 (weak jump)

$F_1 = 2.5 \sim 4.5$ 진동도수 (oscillating jump)

$F_1 = 4.5 \sim 9.0$ 정상도수 (steady jump)

$F_1 > 9.0$ 강도수 (strong jump)

그림 11.13 도수의 분류

3. 진동도수(oscillating jump) : $F_{r_1} = 2.5 \sim 4.5$의 범위에서 발생하며, 불규칙적으로 동요하여 불안정하다. 에너지 소실률은 15 ~ 45% 정도이다.
4. 정상도수(steady jump) : $F_r = 4.5 \sim 9.0$의 범위에서 생기며 도수는 안정상태이고 하류 수면도 비교적 정온하다. 에너지 소실률은 45 ~70% 정도이다.
5. 강도수(strong jump) : $F_{r1} > 9$의 범위에서는 도수 내부의 격렬한 와의 운동에 의해서 하류측 수면에 현저한 파동이 남는다.

그림 11.11에서 단면 1에서 2까지의 거리로 정의되는 도수길이 L은 이론적으로는 쉽게 결정할 수 없으므로, 도수길이를 구하기 위한 실험이 수

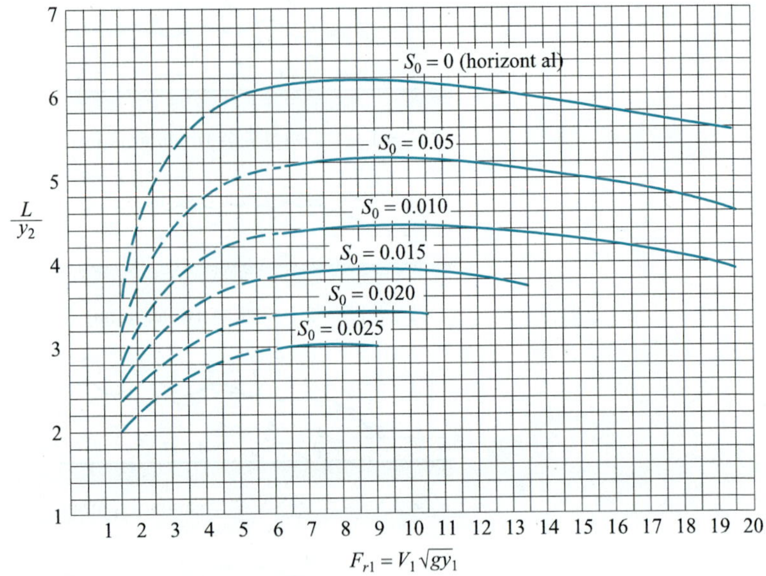

그림 11.14 도수길이

많이 행해져 왔다. 그림 11.14는 미개척국(USBR)의 실험 결과로부터 도수 후의 수심(y_2)에 대한 도수길이(L)의 비, 즉 L/y_2와 F_{r1}의 관계를 도시한 것이다. 일반적으로 도수길이는 수로경사가 증가하면 감소하는 경향을 보이고, 동일 수로경사에 대해서는 F_{r1}의 크기가 증가하면 도수길이가 크게 증가하여 최대로 되었다가 그 이후에는 완만하게 감소하는 것을 알 수 있다.

11.5.4 도수에 의한 에너지 손실 ; ΔE

앞에서 살펴본 바와 같이 도수 현상은 급격한 와의 운동에 의해 도수 전후에 에너지 손실이 뒤따른다. 에너지 손실의 크기 ΔE를 구하기에 앞서 그림 11.15와 같이 도수현상에 대해 비에너지곡선과 비력곡선을 함께 도시하고, 에너지손실에 대해 설명한다. 우선 도수가 발생하기 전의 수심 y_1에 대한 비에너지는 E_1이고, 비에너지 E_1에 대한 y_1의 대응수심은 y_2'이 된다. 따라서 도수 후에도 에너지 손실이 없었다고 하면 단면 2에서의 수심은 y_2'과 같게 될 것이다. 그러나 도수 후의 단면 2에서의 수심은 비력곡선에서와 같이 y_2로 되고 이 y_2에 대응하는 비에너지는 E_2로 되어 도수 전후의 에너지손실은 결국 $\Delta E = E_1 - E_2$가 된다.이와 같이 ΔE는 단면 1과 2에서의 비에너지의 차로 구할 수 있다.

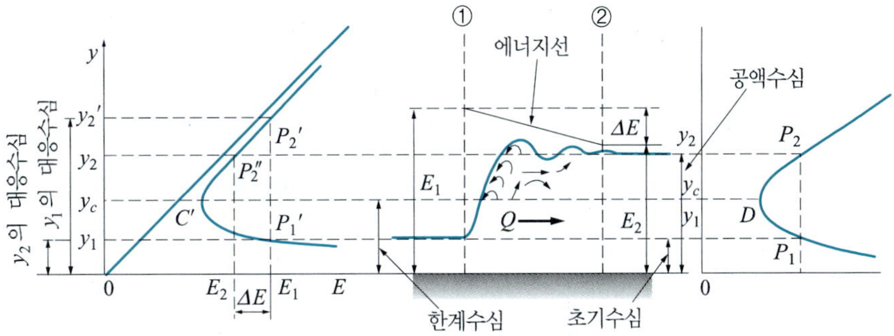

(a) 비에너지 곡선 (b) 도수현상 (c) 비력곡선

그림 11.15

$$\Delta E = \left(y_1 + \frac{V_1^2}{2g}\right) - \left(y_2 + \frac{V_2^2}{2g}\right)$$
$$= (y_1 - y_2) + \frac{V_1^2}{2g}\left(1 - \frac{V_2^2}{V_1^2}\right)$$

이 식에 $q = V_1y_1 = V_2y_2$의 관계를 대입하면 다음과 같이 된다.

$$\Delta E = (y_1 - y_2) + \frac{q^2}{2gy_1^2}\left(1 - \frac{y_1^2}{y_2^2}\right) \tag{11.43}$$

식 (11.40)과 (11.43)에서 q^2을 소거하면 도수로 인한 에너지손실은 도수 전후의 수심만으로 다음과 같이 표시된다.

$$\Delta E = \frac{(y_2 - y_1)^3}{4y_1y_2} \tag{11.44}$$

예제 11.6 도수 및 비력

저면 폭이 $b = 8$ m이고 측면경사가 1 : 2인 사다리꼴 단면수로에 $Q = 15$ m^3/sec의 물이 흐르고 있다. 아래에 답하여라.

(a) 수심 변화에 따른 비력곡선(specific force diagram)을 그리고, 최소 비력에 대한 수심이 도해법 또는 시행착오법으로 구한 한계수심(y_c)과 같게 됨을 보여라.

(b) 비에너지곡선과 비력곡선을 겹쳐서 그리고 최소 비에너지와 최소 비력에 대응되는 수심이 동일함을 보여라.

(c) 상기 문항 (b)에서 초기수심이 $y_1 = 0.5\,y_c$이 되는 수심에 대한 대응수심(alternate depth) 및 공액수심(conjugate depth)을 각각 구하라.

풀이

(a) 최소비력에 대한 수심

수심에 따른 비에너지 및 비력의 값을 구하기 위해 비에너지에 관한 식과 비력에 관한 식을 이용한다.

$$E = y + \frac{V^2}{2g}, \quad \text{또는} \quad E = y + \frac{Q^2}{2gA^2}$$

$$M = h_G A + \frac{Q^2}{gA}$$

위의 두 식으로부터 구한 비력과 비에너지의 값은 표 11.6(a)와 같다. 표로부터 수심(y)에 따른 비력곡선의 관계는 그림 E11.6(a)와 같다.

그림 E11.6(a)에서 알 수 있는 바와 같이 최소비력에 대한 수심은 $y \cong 0.67$ m인데, 이것은 이미 예제 11.5에서 이미 구한 최소 비에너지에 대응하는 수심(한계수심)과 일치하는 것을 알 수 있다. 따라서 최소일 때의 수심은 도해법과 시행착오법으로 구한 한계수심과 동일하고 그 값은 0.67 m이다.

(b) 최소 비에너지와 최소 비력에 대응되는 수심

표 E11.6(a)를 이용하여 비에너지 곡선과 비력곡선을 함께 도시하면 그림 E11.6(b)와 같고, 최소 비에너지(E)는 0.963, 최소비력(M)은 5.765일 때 수심은 0.67 m로 동일함을 알 수 있다.

(c) 대응수심 및 공액수심

그림 E11.6(b)의 그래프에서 $y_1 = \frac{1}{2} y_c \cong 0.34$ 이므로

$$\begin{cases} y_1\text{일 때 } E = 1.658, & \rightarrow \quad \text{대응수심: } 1.64 \\ y_1\text{일 때 } M = 8.284, & \rightarrow \quad \text{공액수심: } 1.15 \end{cases}$$

표 E11.6(a)

수심(y), m	면적(A), m^2	비에너지(E), m	비력(M), m^3
0.200	1.680	4.267	13.832
0.400	3.520	1.326	7.205
0.600	5.520	0.977	5.743
0.800	7.680	0.995	5.891
1.000	10.000	1.115	6.963
1.200	12.480	1.274	8.752
1.400	15.120	1.450	11.188
1.600	17.920	1.636	14.252
1.800	20.880	1.826	17.948
2.000	24.000	2.020	22.290
2.200	27.280	2.215	27.300
2.400	30.720	2.412	33.003
2.600	34.320	2.610	39.426
2.800	38.080	2.808	46.598
3.000	42.000	3.007	54.547
3.200	46.080	3.205	63.304
3.400	50.320	3.405	72.899
3.600	54.720	3.604	83.364
3.800	59.280	3.803	94.729
4.000	64.000	4.003	107.025
4.200	68.880	4.202	120.285
4.400	73.920	4.402	134.540
4.600	79.120	4.602	149.821
4.800	84.480	4.802	166.160
5.000	90.000	5.001	183.588

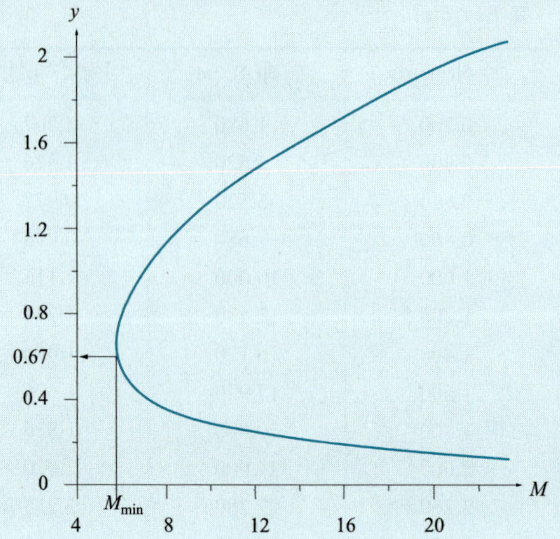

그림 E11.6(a) 비력곡선

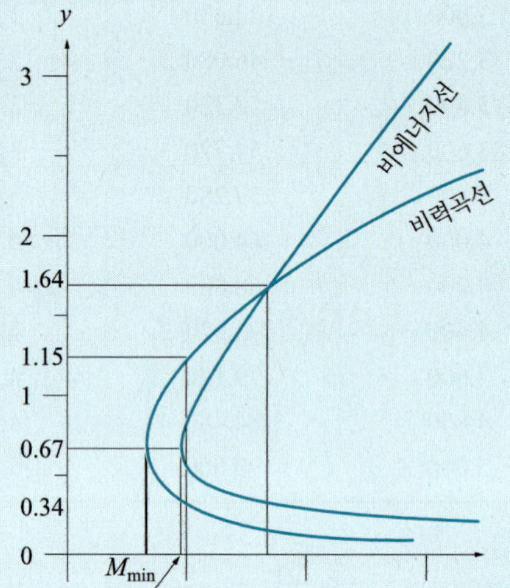

그림 E11.6(b) 비력곡선과 비에너지 선도

예제 11.7 도수로 인한 에너지 손실

그림 E11.7과 같이 수문을 개방한 경우 단위폭당 유량이 $q = 0.5\ \text{m}^2/\text{sec}$이었다. 단면 ①에 대한 공액수심($y_2$)과 도수로 인한 손실($\Delta E$)을 구하라.

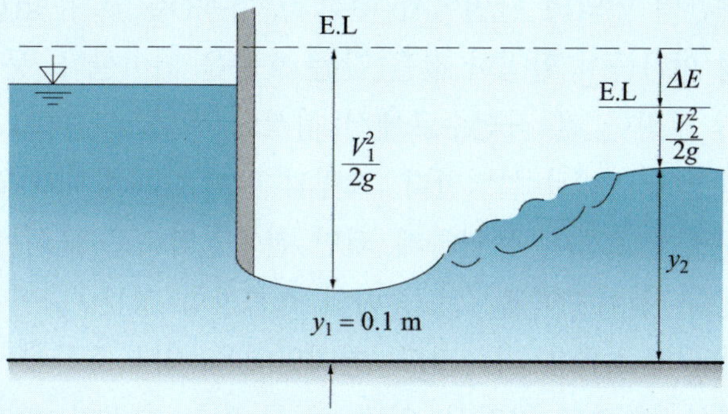

그림 E11.7

풀이

단면 ①에서의 유속은 $V_1 = q/y_1 = 5$ m/sec이다.

(a) 공액수심

식 (11.41)을 직접 이용한다.

$$y_2 = -\frac{y_1}{2} + \frac{y_1}{2}\sqrt{1 + \frac{8V_1^2}{gy_1}}$$

$$= -\frac{0.1}{2} + \frac{0.1}{2}\sqrt{1 + \frac{8 \times 5^2}{9.8 \times 0.1}} = 0.67\ \text{m}$$

(b) 도수로 인한 에너지 손실

식 (11.44)로부터

$$\Delta E = \frac{(y_2 - y_1)^3}{4y_1y_2} = \frac{(0.67 - 0.1)^3}{4 \times 0.1 \times 0.67} = 0.69\ \text{m}$$

단면 ①에서의 비에너지가

$$E = y_1 + \frac{V_1^2}{2g} = 0.1 + \frac{5^2}{2 \times 9.8} = 1.38\ \text{m}$$

이므로 유입되는 비에너지의 약 50%가 도수로 인해 소산된다.

11.6 개수로의 정상등류

11.6.1 등류 uniform flow

등류에 대해서는 11.1절의 흐름의 분류에서 설명한 바 있다. 등류란 흐름 구간의 임의의 단면에서 수심(y), 유속(V) 및 유량(Q) 등과 같은 흐름의 특성 인자들이 일정한 값을 갖는 흐름을 의미한다. 등류는 수로경사와 단면적이 일정한 긴 직선수로에서 형성이 된다. 그림 11.16을 예로 들어 등류의 형성에 대해서 설명한다. 그림과 같이 수로경사가 일정한 구간이 비교적 긴 수로에 흐름이 유입하게 되면 천이영역으로 불리는 점변류의 영역이 나타난다. 천이영역에서는 중력의 흐름방향 성분(F_g)이 마찰저항 (F_f)보다 크기 때문에 흐름은 가속된다. 천이영역을 지나 흐름이 더욱 커지면 상대적으로 마찰저항력도 커져서, 일정경사를 갖는 수로가 충분히 길면 중력의 흐름방향 성분과 마찰저항력(F_f)이 평형을 이루게 된다.

이렇게 두 힘이 평형을 이루게 되면 흐름은 등속 운동을 하여 수로 구간의 각 단면에서 유속이 일정한 등류가 형성된다. 등류에 대해서는 에너지선, 수면 및 수로 바닥면은 서로 평행하다. 따라서 이 선들의 경사가 서로 같다. 즉

$$S_f = S_w = S_0 = \text{일정} \tag{11.45}$$

여기서 S_f는 에너지 선의 경사, S_w는 수면경사이고, S_0는 수로경사를 나타낸다. 등류 상태로 흐를 때의 수심을 등류수심(y_n)이라 부른다. 일반적

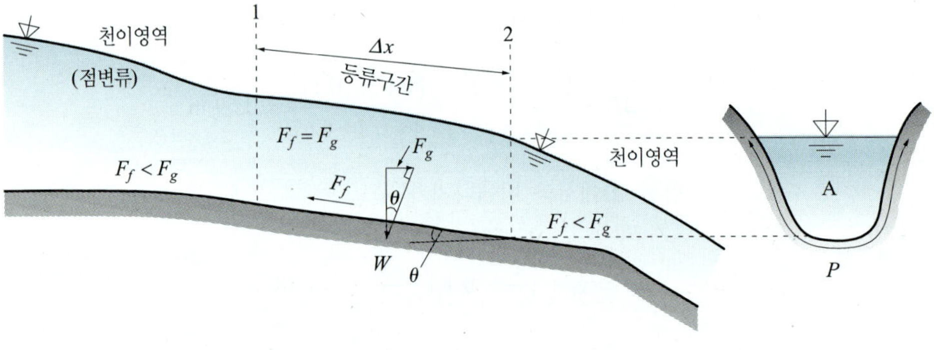

그림 11.16 등류의 형성

으로 개수로흐름은 부등류인 경우가 많지만, 인공수로에 대해서는 등류 조건에 대해 설계되므로 등류수심은 수로 설계를 위한 중요한 매개변수로 사용된다.

11.6.2 등류의 평균유속 공식

개수로흐름에 있어서 실제의 흐름은 레이놀즈 수가 매우 큰 난류 흐름이며, 유속분포도 복잡하다. 따라서 수로의 경사나 수심이 주어졌을 때 유량을 구하는 문제 또는 유량이 주어지고 수심을 구하는 문제 등을 다루는 경우에는, 한 단면을 대표하는 유속을 정해 둘 필요가 있다. 이러한 유속으로 평균유속을 생각할 수 있다. 평균유속은 일반적으로 실제 유속을 전 단면에 걸쳐 적분하여 유량을 구하고 이것을 유수 단면적으로 나누면 구할 수 있다. 그러나 실제 유속을 직접 실측하는 것은 번거로우므로 실측에 의하지 않고도 직접 사용할 수 있는 실용 공식을 생각하게 되었다. 등류의 평균 유속으로는 많은 실험 공식이 제안되어 있는데 일반적으로 다음 식과 같은 형태를 취한다.

$$V = CR_h^x S^y \tag{11.46}$$

여기서 V는 평균유속, R_h는 동수반경, S는 에너지선의 경사이고, x, y는 임의의 지수를 나타낸다. 그리고 C는 흐름의 저항과 관련되는 계수로서 평균유속, 동수반경, 수로의 조도 및 물의 점성 등의 함수로 표시되는 양이다.

(1) Chezy 공식

등류상태하에서는 각 단면에서 흐름 상태가 동일하게 유지된다. 그림 11.16과 같이 단면과 경사가 일정한 수로에 등류가 형성된 경우를 생각하자. 등류하에서는 각 단면에서의 수심과 유속이 일정하므로 자유수면, 수로바닥 및 에너지선은 서로 평행하게 된다. 따라서 자유표면의 경사는 수로바닥의 경사와 같게 된다. 이제 흐름 방향을 x축으로 취하고 Δx 떨어진 단면 1, 2 사이를 검사체적으로 선정하자. 그림에서 τ_0는 수로 경계면에 작용하는 전단응력이고, A는 유수 단면적, 또, P는 윤변(wetted perimeter)이다. 각 단면에서의 유속이 일정하므로 단면 1과 2사이의 검사체적에 대한 운동량 방정식은 $\Sigma F = 0$이 된다. 단면 1과 2에서 압력이 서로 같으므로 검사체적에 작용하는 외력들은 결국 마찰에 의한 저항력, $F_f(-\tau_0 P\Delta x)$과 중력의 흐름방향 성분, $F_g(W\sin\theta)$만이 존재한다. 즉

$$\Sigma F_x = -\tau_0 P\Delta x + W\sin\theta = 0$$

또는

$$\tau_0 P\Delta x = W\sin\theta \tag{11.47}$$

이 식은 흐름에 의한 마찰저항력과 중력의 흐름방향 성분이 평형을 이루고 있는 것을 의미하고, 결국 앞에서 설명한 등류의 형성 조건이 된다.

상기 식에서 $W = \gamma A\Delta x$이고, $\theta \ll 1$의 조건, 즉 θ가 미소한 경우는 $\sin\theta \cong \tan\theta = S_0$가 성립되므로

$$W\sin\theta = \gamma AS_0\Delta x$$

로 쓸 수 있다. 이것을 식 (11.47)에 대입하고 정리하면 다음 식을 얻는다.

$$\tau_0 = \gamma\frac{A}{P}S_0 = \gamma R_h S_0 \tag{11.48}$$

여기서 R_h는 앞에서 정의한 동수반경이고, S_0는 수로경사이다. 이제 평균유속(V)과 벽면 마찰응력(τ_0)을 관련 지우기 위해, 다음과 같은 관수로 흐름에서의 전단응력에 관한 식 (9.21)을 이용하자.

$$\tau_0 = \frac{\rho f V^2}{8}$$

이것을 식 (11.48)에 대입하고, V에 대해서 정리하면 다음 식을 얻는다.

$$V = \sqrt{\frac{8g}{f}}\sqrt{R_h S_0} \tag{11.49}$$

이 식은 다음과 같은 형태로 쓸 수 있다.

$$V = C\sqrt{R_h S_0} \tag{11.50}$$

이 식이 1763년 프랑스의 기술자 Chezy에 의해 처음으로 유도된 식으로서 Chezy 공식으로 불린다. 식 (11.50)에서 C는 $C = \sqrt{8g/f}$ 로 표시되며

Chezy의 평균유속 계수라 한다. Chezy의 C는 차원을 갖는 계수로서 단위계가 틀리면 그 값이 달라진다. Chezy는 처음에 m-sec 단위로 $C \cong 30$을 제시하였으나, C 값이 벽면 상태에 의해서 변화하는 계수인 것이 알려짐에 따라, 벽면 상태와 C와의 관계를 얻기 위해 대규모 실험이 Bazin(1855), Gaunguillet and Kutter(1869) 등에 의해서 수행되었다.

(2) Ganguillet-Kutter 공식

Ganguillet와 Kutter는 Chezy의 C값의 변화를 밝히기 위해서 많은 연구자들의 실험 결과와 실제 하천의 실측 결과에 기초해서 다음과 같은 식을 제안하였다.

$$V = \frac{23 + \frac{1}{n}\frac{0.00155}{S_0}}{1 + \left(23 + \frac{0.00155}{S_0}\right)\frac{n}{\sqrt{R_h}}}\sqrt{R_h S_0} \quad (\text{m-sec 단위}) \tag{11.51}$$

여기서 n은 Kutter의 조도계수(roughness coefficient)라 불리는 것으로서 주로 벽면의 상태에 의해서 결정된다. Kutter의 조도계수 n은 다음에 소개되는 Manning의 조도계수와 거의 동일한 값을 나타내는 것으로 알려져 있고, 표 11.2에 수로의 재료 및 상태에 대해서 정리되어 있다.

특히 $S_0 > 1/1000$의 경우나, 동수반경이 $0.2\text{ m} < R_h < 1\text{ m}$ 이고 $S_0 > 1/3000$ 의 경우, 즉 수로경사 S_0가 극히 작지 않은 경우에는 다음과 같은 간략 공식을 사용할 수 있다.

$$C = \frac{23 + \frac{1}{n}}{1 + 23\left(\frac{n}{\sqrt{R_h}}\right)} \quad (\text{m-sec 단위}) \tag{11.52}$$

(3) Manning 공식

Manning은 1889년 평균유속 공식으로서 다음 식을 제안하였다.

$$V = \frac{1}{n} R_h^{2/3} S_0^{1/2} \quad (\text{m-sec 단위}) \tag{11.53}$$

여기서 n은 Manning의 조도계수라 불리며, 종래 사용되어 왔던 Kutter의 n값과 거의 같은 값을 취하는 것으로 알려졌다(표 11.2). 최근에는, Kutter의 평균유속 공식보다 간편하게 계산할 수 있고, 또 제안된 공식들 중에서 적합도가 좋기 때문에 Manning 공식이 널리 이용되고 있다. 식 (11.53)을 Chezy 공식 (11.50)과 비교해 보면 C와 n은 다음과 같은 관계를 갖는다.

$$C = \frac{1}{n} R_h^{1/6} \tag{11.54}$$

식 (11.53)을 사용해서 유속을 구하는 경우 사용하는 단위는 반드시 m-sec 단위를 사용해야 한다.

표 11.2 Manning의 조도계수

수로구분	표면의 상태	$n(\text{sec/m}^{1/3})$
관로	주철관(cast iron)	0.010~0.014
	리벳트동관(riveted steel)	0.014~0.017
	콘크리트관(concrete)	0.011~0.015
자연하천수로	잡초가 없는 직선형 흙 수로	
	(하상 골재 크기 75 mm 이하)	0.02~0.025
	잡초가 없고 선형이 나쁜 흙 수로	0.03~0.05
	잡초가 우거지고 선형이 나쁜 흙 수로	0.05~0.15
	잡초가 없는 직선형 자갈 수로	
	(하상 골재 크기 75~150 mm)	0.03~0.04
	잡초가 없고 선형이 나쁜 자갈 수로	0.04~0.08
	산간하천수로	
	(하상 골재 크기 150 mm이상)	0.04~0.07
비피복 인공수로	선형이 좋은 흙 수로	0.018~0.025
	하상이 돌로 된 상태가 나쁜 흙 수로	0.025~0.04
	암반 수로	0.025~0.045
피복수로	콘크리트 수로	0.012~0.017
	목재 수로	0.011~0.013
	아스팔트 수로	0.013~0.016
모형수로	시멘트 몰탈 수로	0.011~0.013
	매끈한 목재 수로	0.009~0.011
	유리 수로	0.009~0.010

11.6.3 등류의 유량 계산

등류수심 y_n이 주어지는 경우는 앞에서 설명한 경험공식을 이용하면 평균유속(V)을 구할 수 있으므로 유량(Q)을 쉽게 구할 수 있다. 편의상 Manning 공식 (10.53)을 사용하여 유량을 표현하면 다음과 같다.

$$Q = AV = \frac{1}{n} A R_h^{2/3} S_0^{1/2} \quad (\text{m-sec 단위}) \tag{11.55}$$

간단한 예로서 저면폭이 b이고 측면 경사가 $1:m$, 수로경사가 S_0인 사다리꼴 단면 수로에 등류수심 y_n으로 흐를 때의 유량을 구해보자.

표 11.1로부터 단면적 A와 윤변 P는 각각

$$A = by_n + my_n^2$$

$$P = b + 2y_n\sqrt{m^2+1}$$

이 되므로 동수반경 R_h는 다음과 같이 표현된다.

$$R_h = \frac{A}{P} = \frac{by_n + my_n^2}{b + 2y_n\sqrt{m^2+1}}$$

등류 수심으로 나타낸 A 및 R_h를 식 (11.55)에 대입하면 사다리꼴 단면의 유량은 다음과 같이 수심의 함수로 표시할 수 있다.

$$Q = \frac{1}{n}\left(by + my_n^2\right)\left(\frac{by_n + my_n^2}{b + 2y_n\sqrt{m^2+1}}\right)^{2/3} S_0^{1/2} \tag{11.56}$$

삼각형이나 직사각형 단면수로와 같이 단순 수로 단면에 대해서도 위와 동일한 방법으로 유량을 쉽게 계산할 수 있다. 등류의 흐름 산정에 있어서는 앞에서 설명한 평균유속 공식 중 어느 것을 사용해도 좋으나, 특별한 언급이 없는 한 앞으로는 Manning 공식을 예로 들어 설명하기로 한다.

(1) 원형단면

원형단면의 경우에 대해서 생각해 보자. 관의 직경을 d, 수면이 중심과 이루는 각을 θ라 하고 θ의 단위를 라디안(radian)으로 취하면[표 11.1 및 예제 11.3의 그림 E11.3(b) 참조]

$$
\begin{aligned}
A &= \frac{\pi d^2}{4}\frac{\theta}{2\pi} - \frac{d}{2}\sin\frac{\theta}{2}\frac{d}{2}\cos\frac{\theta}{2} \\
&= \frac{d^2}{8}(\theta - \sin\theta)
\end{aligned} \tag{11.57}
$$

$$
P = \pi d\frac{\theta}{2\pi} = \frac{d\theta}{2} \tag{11.58}
$$

이 된다. 따라서 동수반경 R_h는 다음과 같이 표시된다.

$$
R_h = \frac{A}{P} = \frac{d}{4}\left(1 - \frac{\sin\theta}{\theta}\right) \tag{11.59}
$$

따라서 식 (11.57) 및 (11.59)를 식 (11.55)에 대입하면 유량 Q를 구할 수 있다.

그림 11.17은 원형단면 수로에서 각 수심 y에 대응하는 윤변 P, 단면적 A, 동수반경 R_h, 유속 V 및 유량 Q에 대해서, 滿水인 경우의 값에 대한 비, P/P_0, A/A_0, R_h/R_{h_0}, V/V_0 및 Q/Q_0를 y/d의 함수로서 도시한 것이다. 이러한 곡선을 수리특성 곡선(flow characteristics)이라 하며, 이것을 이용하면 임의의 수심에 대응하는 유속이나 유량 등을 쉽게 구할 수 있어 편리하다. 그림으로부터 알 수 있는 바와 같이 유속이나 유량의 최대치는 만수위에서 나타나지 않고, 그보다 수심이 조금 작을 때 나타나는 것을 알 수 있다.

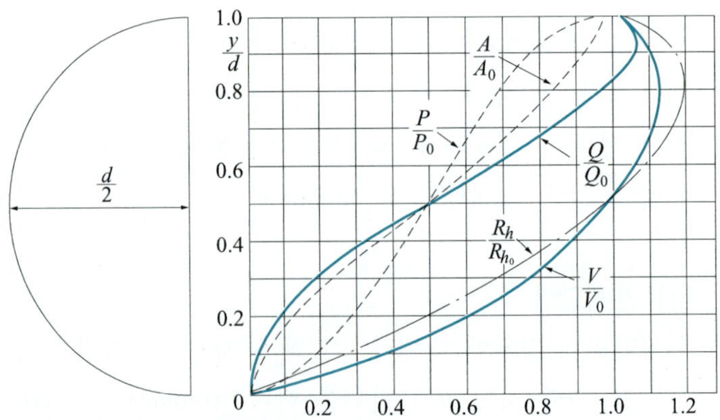

그림 11.17 원형단면의 수리특성 곡선

예제 11.8 유량의 산정(표준형 수로)

다음 각 단면에 흐르는 유량을 구하라(단, $n = 0.016$, $S_0 = 0.0016$).

(a) 폭 $b = 2$ m인 직사각형 단면에 수심 $y = 1.7$ m로 흐르는 경우

(b) 직경 $b = 2$ m인 원형관에 수심이 $y = 1.7$ m로 흐르는 경우

(c) 저면폭이 1 m이고 측면경사가 1 : 1인 사다리꼴 단면 수로에 수심이 $y =$ 1.7 m인 경우

풀이

(a) 직사각형 단면

Manning공식으로부터

$$Q = \frac{1}{n} A R_h^{2/3} S_0^{1/2}$$

$$= \frac{1}{0.016}(2 \times 1.7)\left(\frac{2 \times 1.7}{2 + 2 \times 1.7}\right)^{2/3}(0.0016)^{1/2}$$

$$= 6.24 \text{ m}^3/\text{sec}$$

(b) 원형단면

$$y = \frac{d}{2}\left(1 - \cos\frac{\theta}{2}\right) \text{에서 } \cos\frac{\theta}{2} = -0.7 \text{ 로부터 } \theta = 269°,\ 8' = 4.70 \text{ rad.}$$

또 $\sin\theta = -1.0$

$$A = \frac{d^2}{8}(\theta - \sin\theta) = 2.85$$

$$P = \frac{d\theta}{2} = 4.7$$

$$R_h = \frac{d}{4}\left(1 - \frac{\sin\theta}{\theta}\right) = 0.61$$

이 값들을 Manning 공식에 대입하면

$$Q = \frac{1}{n} A R_h^{2/3} S_0^{1/2}$$

$$= \frac{1}{0.016}\frac{d^2}{8}(\theta - \sin\theta)\left[\frac{d}{4}\left(1 - \frac{\sin\theta}{\theta}\right)\right]^{2/3}(0.0016)^{1/2}$$

$$= \frac{1}{0.016} \times 2.85 \times (0.61)^{\frac{2}{3}} \times (0.0016)^{\frac{1}{2}}$$

$$= 5.12 \text{ m}^3/\text{sec}$$

(c) 사다리꼴 단면

사다리꼴 단면의 유량공식 (11.56)을 이용한다.

$$Q = \frac{1}{n}\left(by + my^2\right)\left(\frac{by + my^2}{b + 2y\sqrt{m^2 + 1}}\right)^{2/3} S_0^{1/2}$$

$$= \frac{1}{0.016} \times \left(1 \times 1.7 + 1 \times 1.7^2\right)\left(\frac{1 \times 1.7 + 1 \times 1.7^2}{1 + 2 \times 1.7\sqrt{1^2 + 1}}\right)^{2/3} \times \left(0.0016\right)^{\frac{1}{2}}$$

$$= 9.81 \text{ m}^3/\text{sec}$$

(2) 복합단면 수로

앞에서 설명한 단순수로 단면의 경우는 윤변 전체에 걸쳐 조도 n이 일정하다고 가정하고 유량을 계산하였다. 그러나 그림 11.18과 같이 윤변의 각 부위의 조도가 다른 경우에는 일반적으로 아래와 같이 두 가지 방법으로 유량을 산정한다.

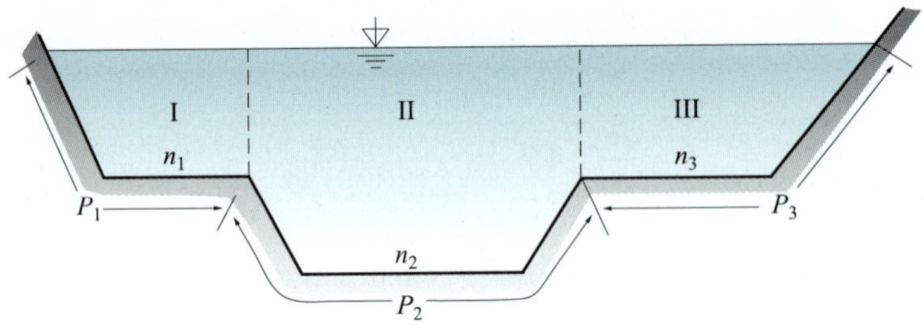

그림 11.18 복합단면 수로

(1) 단면 분할법

단면분할법은 조도가 각기 다른 윤변으로 구성되는 단면을 구분하여 각 단면에 대해서 유량을 구하는 방법이다. 그림에서 이렇게 분할된 영역 I, II, III의 단면적을 각각 A_1, A_2 및 A_3라 하면 그 단면에 해당되는 유량은 식 (11.55)를 이용하면 다음과 같이 표시된다.

$$Q_1 = \frac{1}{n_1} A_1 R_{h_1}^{2/3} S_0^{1/2} = \frac{1}{n} A_1 \left(\frac{A_1}{P_1} \right)^{2/3} S_0^{1/2}$$

$$Q_2 = \frac{1}{n_2} A_2 \left(\frac{A_2}{P_2} \right)^{2/3} S_0^{1/2}$$

$$Q_3 = \frac{1}{n_3} A_3 \left(\frac{A_3}{P_3} \right)^{2/3} S_0^{1/2}$$

따라서 전체 유량 Q는 각 유량을 더해서 다음과 같이 산정할 수 있다.

$$Q = Q_1 + Q_2 + Q_3 \tag{11.60}$$

(2) 등가조도(equivalent roughness) 이용 방법

단면을 분할하지 않고 단면 전체에 걸쳐 Manning 공식을 사용할 경우는 윤변 각 부위마다 다르게 나타나는 조도가 문제이다. 따라서 윤변 전체에 걸쳐서 조도를 동일하게 표시할 수만 있으면 전체 유량을 구할 수 있는데, 이러한 개념의 조도를 등가조도(equi-valent roughness)라 한다. 등가조도를 산정하는 방법으로는 Horton의 방법, Lotter의 방법 및 Pavolovskii의 방법을 소개한다.

Horton은 각 단면에서의 평균유속이 전단면의 평균유속과 같게 되도록 단면을 분할하고 다음과 같이 등가조도 n_e에 관한 식을 유도하였다.

$$n_e = \left(\frac{\sum_{i=1}^{N} n_i^{3/2} P_i}{\sum_{i=1}^{n} P_i} \right)^{2/3} \tag{11.61}$$

여기서 p_i 및 $n_i(i = 1, 2, \cdots N)$는 각각 분할된 단면에서의 윤변 및 조도이고 N은 분할된 단면의 수이다.

Lotter는 전체 유량이 분할된 단면의 개개 유량의 합과 같다는 가정하에 다음과 같은 식을 제안하였다.

$$n_e = \frac{\left(\sum_{i=1}^{N} P_i \times \sum_{i=1}^{N} R_{h_i}^{5/3} \right)}{\sum_{i=1}^{N} \left(\frac{P_i R_{h_i}^{5/3}}{n_i} \right)} \tag{11.62}$$

수로 단면이 비교적 단순한 경우에는 $R_{h1} = R_{h2} = \cdots\ R_{hN}$으로 가정할 수 있으므로 식 (11.62)는 다음과 같이 된다.

$$n_e = \frac{\sum_{i=1}^{N} P_i}{\sum_{i=1}^{N}\left(\frac{P_i}{n_i}\right)} \tag{11.63}$$

한편 Pavlovskii는 분할된 단면에서의 마찰저항력의 합이 흐름 전체단면에 작용하는 마찰 저항력과 동일하다고 하는 가정하에 등가조도를 구하고 있다. 이 경우에는 앞의 두 가지 방법과는 달리 각 단면의 수로 경사는 서로 다르게 가정하고 있다. Pavlovskii는 등가조도 식으로서 다음 식을 제안하고 있다.

$$n_e = \left(\frac{\sum_{n=1}^{N} P_i n_i^2}{\sum P_i}\right)^{1/2} \tag{11.64}$$

식 (11.61) ~ (11.64)로 표현되는 등가조도식을 사용하면 복합 수로단면에 대한 유량은 식 (11.59)로부터 다음과 같이 산정할 수 있다.

$$Q = \frac{1}{n_e} A R_h^{2/3} S_0^{1/2} \tag{11.65}$$

여기서 A, R_h 및 S_0는 각각 복합 단면수로의 전체 면적, 동수반경 및 수로경사이다.

예제 11 9 유량 산정(복합단면)

그림 E11.9와 같은 복합단면 수로에서의 유량을 아래 제시한 방법에 의해서 구하라. 단 하상경사는 $S_0 = 0.00064$이고 각 단면에 있어서의 조도계수는 $n_1 = 0.040$, $n_2 = 0.025$, $n_3 = 0.035$이다.

(a) 영역 분할법
(b) 등가조도법
  (i) Horton식 사용
  (ii) Pavlovskii식 사용

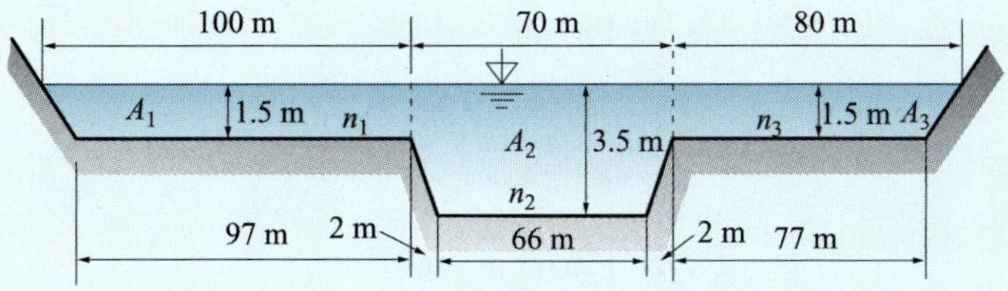

그림 E11.9

풀이

(a) 영역 분할법

유량을 Q_1, Q_2, Q_3로 나누어 계산한다.

단면 I :

$$A_1 = 1.5 \times 97 + \frac{1}{2} \times 3 \times 1.5 = 147.75 \text{ m}^2$$

$$P_1 = 97 + \sqrt{1.5^2 + 3^2} = 100.35 \text{ m}$$

$$R_{h1} = 147.75/100.35 = 1.47 \text{ m}$$

$$Q_1 = \frac{1}{n_1} A_1 R_{h1}^{2/3} S_0^{1/2} = \frac{1}{0.04} \times 147.75 \times 1.47^{2/3} \times 0.00064^{1/2}$$

$$= 120.81 \text{ m}^3/\text{sec}$$

단면 II :

$$A_2 = 1.5 \times 70 + \frac{1}{2}(70 + 66) \times 2 = 241 \text{ m}^2$$

$$P_2 = 66 + 2\sqrt{2^2 + 2^2} = 71.66 \text{ m}$$

$$R_{h2} = 241/71.66 = 3.36 \text{ m}$$

$$Q_2 = \frac{1}{n_2} A_2 R_{h2}^{2/3} S_0^{1/2} = \frac{1}{0.025} \times 241 \times 3.36^{2/3} \times 0.00064^{1/2}$$

$$= 547.09 \text{ m}^3/\text{sec}$$

단면 III :

$$A_3 = 77 \times 1.5 + \frac{1}{2} \times 3 \times 1.5 = 117.75 \text{ m}^2$$

$$P_3 = 77 + \sqrt{3^2 + 1.5^2} = 80.35 \text{ m}$$

$$R_{h3} = 1.47 \text{ m}$$

$$Q_3 = \frac{1}{n_3} A_3 R_3^{2/3} S_0^{1/2} = \frac{1}{0.035} \times 117.75 \times 1.47^{2/3} \times 0.00064^{1/2}$$

$$= 110.03 \text{ m}^3/\text{sec}$$

∴ 따라서 전체 유량은 각 단면의 유량의 합으로 된다.

$$Q = Q_1 + Q_2 + Q_3 = 120.81 + 547.09 + 110.03$$

$$= 777.93 \text{ m}^3/\text{sec}$$

(b) 등가조도법

$$n_1 = 0.04,\ n_2 = 0.025,\ n_3 = 0.035,\ A = 506.5$$

$$P_1 = 100.35,\ P_2 = 71.66,\ P_3 = 80.35,\ P = 252.36$$

$$R = 506.5/252.36 = 2.01$$

(i) Horton 방법
식 (11.61)로부터

$$n_e = \left(\frac{\sum n_i^{3/2} P_i}{\sum_{i=1}^{N} P_i} \right)^{2/3}$$

$$= \left(\frac{0.04^{3/2} \times 100.35 + 0.025^{3/2} \times 71.66 + 0.035^{3/2} \times 80.35}{100.35 + 71.66 + 80.35} \right)^{2/3}$$

$$= 0.0344$$

$$\therefore Q = \frac{1}{n_e} A_2 R_2^{2/3} S_0^{1/2} = \frac{1}{0.0344} \times 506.5 \times 2.01^{2/3} \times 0.00064^{1/2}$$

$$= 593.26 \text{ m}^3/\text{sec}$$

(ii) Pavlovskii 방법
식 (11.64)로부터

$$n_e = \left(\frac{\sum P_i n_i^2}{\sum P_i} \right)^{1/2}$$

$$= \left(\frac{100.35 \times 0.04^2 + 71.66 \times 0.025^2 + 80.35 \times 0.035^2}{252.36} \right)^{1/2}$$

$$= 0.0347$$

$$\therefore Q = \frac{1}{n_e} AR^{2/3} S_0^{1/2}$$

$$= \frac{1}{0.0347} \times 506.5 \times 2.01^{2/3} \times 0.00064^{1/2}$$

$$= 588.13 \text{ m}^3/\text{sec}$$

11.6.4 등류의 수심 계산

유량이 주어지고, 등류수심 y_n을 구하는 문제는 유량을 구하는 경우와는 달리 복잡한 과정을 거쳐야 하는 것이 일반적이다. 등류수심 y_n은

$$Q = \frac{1}{n} AR_h^{\frac{2}{3}} S_0^{\frac{1}{2}} \tag{11.66}$$

을 만족하는 수심이다. 상기 식은 다음과 같이 나타낼 수도 있다.

$$\begin{aligned} Q &= KS_0^{1/2} \\ K &= \frac{1}{n} AR_h^{2/3} \end{aligned} \tag{11.67}$$

여기서 K를 개수로의 통수능(conveyance)이라 부르며, 수로 단면의 통수능력을 나타내는 양이다. 조도 n과 단면형이 주어지면 K는 수심만의 함수이므로 등류수심 y_n을 구할 수 있다. 편의를 위해서 식 (11.66) 또는 (11.67)을 변형하면

$$\frac{Qn}{\sqrt{S_0}} = AR_h^{2/3} \tag{11.68}$$

로 쓸 수 있다. 식 (11.68)에서 좌변은 Q, n 및 S_0가 주어지면, 등류를 유지하기 위한 단 하나의 수심 즉 등류수심 y_n을 구할 수 있다.

이제 직사각형 단면을 예로 들어 등류수심 y_n을 구하는 방법에 대해서 설명하자 폭이 b인 수로에 등류수심 y_n으로 물이 흐르는 경우 식 (11.68)은 다음과 같이 표현된다.

$$\frac{Qn}{\sqrt{S_0}} = \left(by_n\right)\left(\frac{by_n}{b+2y_n}\right)^{2/3} \tag{11.69}$$

이 식에서 주어진 Q, n 및 S_0를 이용하여 좌변을 계산해 두고, 우변의 값이 좌변값과 일치하도록 y_n을 결정하면 된다. 그러나 우변은 y의 복잡한 함수로 표시되어 있기 때문에 특수한 경우를 제외하고는 해석적인 방법으로 쉽게 y_n을 구하기는 어렵다. 실제 문제에 있어서는 시산법이나 도식적 해법을 이용하게 되는데 구체적인 것은 예제를 통하여 설명한다. 수로단면이 삼각형이거나 사다리꼴 단면에 대해서도 위와 동일한 방법으로 y_n을 구할 수 있다.

예제 11.10 등류수심의 계산

저면폭이 $b = 10$ m이고 수로 경사가 $S_0 = 0.0001$인 사다리꼴 단면수로에 $Q = 20$ m^3/sec의 물이 흐르고 있다. 측면경사가 1 : 1일 때 아래 각 방법으로 등류수심을 구하라. 단 조도계수 $n = 0.012$이다.

(a) 해석적 방법
(b) 시산법
(c) 도식적 방법

풀이

등류수심이 y_n일 때

$$A = by_n + my_n^2, \quad P = b + 2\sqrt{1+m^2}\,y_n$$

$$R = A/P = \frac{by_n + my_n^2}{b + 2\sqrt{1+m^2}\,y_n}$$

(a) 해석적 방법

해석적 방법은 Manning 공식에 상기 값들을 대입하고 y_n에 대한 방정식을 세우고 해를 구하는 방법이다. 문제에서 주어진 값을 이용하고 위의 값들 중 Manning 공식에 대입하면

$$20 = \frac{1}{0.012}\left(10y_n + y_n^2\right)\left(\frac{10y_n + y_n^2}{10 + 2\sqrt{2}y_n}\right)^{2/3}(0.0001)^{1/2} \quad ①$$

상기 식을 만족하는 y_n을 구하면

$$y_n \cong 1.69 \text{ m}$$

그러나 식 ①은 y_n의 복잡한 함수 형태이므로 직접 해석해를 구할 수는 없다. 실제의 계산에서는 적절한 y_n을 가정하여 우변을 계산하고, 이것이 좌변값과 근사할 때까지 계산을 반복하여 y_n을 찾게 되므로 결국 아래에 설명하는 시산법과 동일한 방법으로 된다.

(b) 시산법
Manning 공식을 기지값(주어진 값)과 미지값(찾는 값)으로 구분하여 정리하면 다음과 같이 쓸 수 있다.

$$AR^{2/3} = \frac{nQ}{\sqrt{S_0}} = \frac{0.012 \times 20}{\sqrt{0.0001}} = 24 \quad ②$$

결국 적절한 수심 y를 가정하여 $AR^{2/3}$값이 24에 근사한 값이 되는 y를 찾으면 된다. 처음 가정치를 $y=2$로 시작하여 계산과정을 표 E11.10.1에 제시한다.

표 E11.10.1

가정치 y	$A = by + my^2$	$P = b + 2\sqrt{1+m^2}\,y$	$R = A/P$	$R_h^{2/3}$	$AR_h^{2/3}$	비고
2	24	15.66	1.53	1.33	31.92	
1.5	17.25	14.24	1.21	1.14	19.67	
1.7	19.89	14.81	1.34	1.22	24.27	
1.65	19.22	14.67	1.31	1.20	23.06	
1.68	19.62	14.75	1.33	1.21	23.74	
1.69	19.76	14.78	1.34	1.22	24.11	

따라서 $AR_h^{2/3}$의 값이 근사적으로 24가 되는 $y_n = 1.69$가 등류수심이 된다.

(c) 도식적 해법
도식해법은 미리 수심을 적절한 간격으로 가정해 놓은 후 이것을 이용하여 $AR_h^{2/3}$를 계산하고(표 E11.10.2), y와 $AR_h^{2/3}$에 대한 그래프를 그려서 등류수심 y_n을 찾는 방법이다. 좀더 구체적으로 말하면 문제에서 주어진 $AR_h^{2/3}$값(여기서

표 E11.10.2

y	$A = y^2 + 10y$	$P = 2\sqrt{2}y + 10$	$R = A/P$	$R_h^{2/3}$	$AR_h^{2/3}$	비고
0.2	2.04	10.566	0.193	0.334	0.681	
0.4	4.16	11.131	0.374	0.519	2.159	
0.6	6.36	11.697	0.544	0.666	4.236	
0.8	8.64	12.263	0.705	0.792	6.843	
1.0	11	12.828	0.857	0.902	9.922	
1.2	13.44	13.394	1.003	1.002	13.467	
1.4	15.96	13.960	1.143	1.093	17.444	
1.6	18.56	14.525	1.278	1.178	21.864	
1.8	21.24	15.091	1.407	1.256	26.677	

는 24)으로부터 횡축에 평행선을 그어 그래프와 교차점을 찾고 이 점에서 다시 횡축에 수직선을 그어 만난 y값이 등류수심이 된다. 계산 결과와 그래프를 아래에 각각 제시한다.

그래프(그림 E11.10)에서 $AR_h^{2/3} = 24$ 에 해당하는 수심은 $y = 1.69$이므로 이것이 등류수심이 된다.

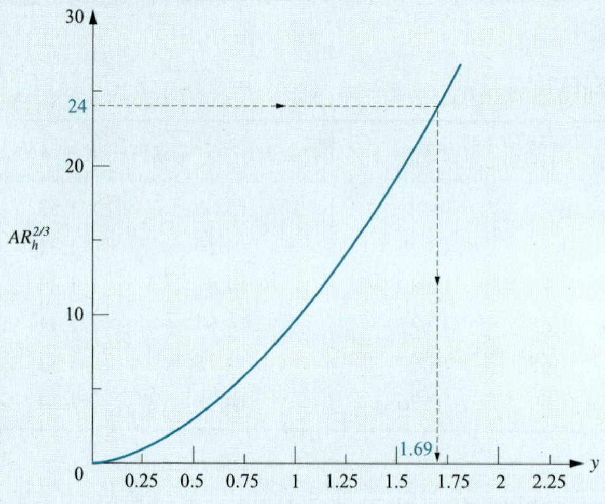

그림 E11.10

11.7 최적수리단면

최적수리단면(hydraulically optinum section or best hydraulic section)이란 주어진 유수단면적에 대해서 식 (11.67)로 표현되는 통수능(conveyance)이 최대이거나, 유량이 최대로 되는 단면을 말한다. Manning공식을 이용하여 유량을 표현하면

$$Q = AV = \frac{1}{n} A R_h^{2/3} S_0^{1/2}$$

또는

$$Q = \frac{1}{n} \frac{A^{5/3}}{P^{2/3}} S_0^{1/2} \tag{11.70}$$

이 된다. 상기 식에서 단면적 A, 조도 n 및 수로경사 S_0가 주어졌을 때, 유량이 최대가 되기 위해서는 동수반경 R_h가 최대가 되거나 또는 윤변(P)이 최소가 되어야 한다는 것을 알 수 있다. 결국 최적수리 단면은 주어진 단면에 대해서 R_h가 최대이거나 P가 최소가 되는 것이다.

11.7.1 직사각형 단면

수로폭이 b인 직사각형 단면에서 수심이 y라면 A 및 P는 다음과 같이 표현된다(표 11.1 참조).

$$A = by$$

$$P = b + 2y$$

상기 식에서 $b = A/y$를 P에 대입하면

$$P = \frac{A}{y} + 2y$$

가 된다. 최대유량이 되기 위해서는 윤변이 최소가 되어야 하므로, $dP/dy = 0$을 만족해야 하므로

$$\frac{dP}{dy} = \frac{d}{dy}\left(\frac{A}{y} + 2y\right) = -\frac{A}{y^2} + 2 = 0$$

이 되고, 다시 $A = by$를 대입하고 정리하면 다음과 같이 된다.

$$y = \frac{b}{2} \tag{11.71}$$

따라서 직사각형 수로단면의 최적수리단면은 수심이 수로폭의 1/2이 되는 경우이다. P가 최소일 때 R_h이 최대이므로 동수반경의 최대치는 다음과 같이 된다.

$$R_{\max} = \frac{A}{P} = \frac{by}{b+2y} = \frac{2y^2}{2y+2y} = \frac{y}{2}$$

11.7.2 사다리꼴 단면

사다리꼴 단면은 개수로에 있어서 흔히 이용되는 단면이다. 사다리꼴 단면에서 단면적과 윤변은 각각 다음과 같이 표시된다(표 11.1 참조).

$$A = by + my^2 \tag{11.72}$$

$$P = b + 2y\sqrt{1+m^2}$$

첫 번째 식에서 $b = A/y - my$를 P에 대입하면

$$P = \frac{A}{y} - my + 2y\sqrt{1+m^2}$$

이 된다. 이 경우는 측면경사 m이 포함되어 있으므로, 직사각형의 경우와는 달리, y뿐만 아니라 측면경사 m도 변수이므로 p가 최소이기 위해서는 $\partial P/\partial y = 0$과 $\partial P/\partial m = 0$의 조건을 동시에 만족해야 한다. 우선 $\partial P/\partial y = 0$의 조건에 대해서

$$\left.\frac{dP}{dy}\right|_{m=const} = \frac{d}{dy}\left(\frac{A}{y} - my + 2y\sqrt{1+m^2}\right)$$

$$= -\frac{A}{y^2} - m + 2\sqrt{1+m^2} = 0$$

상기 식에 $A = by + my^2$을 대입하면 다음과 같이 된다.

$$-\frac{b}{y} - 2m + 2\sqrt{1+m^2} = 0$$

또는

$$b = 2y\left(\sqrt{1+m^2} - m\right) \tag{11.73}$$

상기 식은 측면 경사가 임의의 값으로 고정된 경우의 최적수리단면이기 위한 저면폭 b와 수심 y의 관계를 나타낸다.

수심이 고정되었다고 가정하고, m이 변수인 경우에 대해서는

$$\left.\frac{dP}{dm}\right|_{y=const} = \frac{d}{dm}\left(\frac{A}{y} - my + 2y\sqrt{1+m^2}\right)$$

$$= -y + \frac{2my}{\sqrt{1+m^2}} = 0$$

또는

$$m = \frac{1}{\sqrt{3}} \tag{11.74}$$

이 된다. 따라서 $\tan\theta = 1/\mathrm{m} = \sqrt{3}$ 이므로 $\theta = 60^\circ$이다. 이것은 이 단면이 정육각형의 1/2의 크기를 의미한다.

사다리꼴 단면의 동수반경은 정의로부터

$$R_h = \frac{by + my^2}{b + 2y\sqrt{1+m^2}}$$

이고, 이 식에 식 (11.73)을 대입하면 사다리꼴 최적수리 단면의 동수반경은 다음 식과 같이 된다.

$$R_h = \frac{2y^2\left(\sqrt{1+m^2} - m\right) + my^2}{2y\left(\sqrt{1+m^2} - m\right) + 2y\sqrt{1+m^2}} = \frac{y}{2}$$

11.7.3 삼각형 단면

삼각형 단면에 대해서는(표 11.1 참조)

$$A = my^2$$

$$P = 2y\sqrt{m^2 + 1}$$

로 표현되는데, 제1식에서 $y = \sqrt{A/m}$ 이고 이것을 제2식에 대입하면 윤변은 다음과 같이 된다.

$$P = 2\sqrt{\frac{A}{m}}\sqrt{m^2 + 1} = 2\sqrt{A}\sqrt{m + \frac{1}{m}}$$

측면경사 m에 대해서 최적수리단면이기 위한 조건은 $dP/dm = 0$이므로

$$\frac{dP}{dm} = \frac{d}{dm}\left\{2\sqrt{A}\left(m + 1/m\right)^{1/2}\right\}$$

$$= 2\sqrt{A}\left[\frac{\left(-\frac{1}{m^2} + 1\right)}{2\sqrt{m + \frac{1}{m}}}\right] = 0$$

이 된다. 윗식에서 분자가 0이 되어야 하므로 다음 식이 성립한다.

$$m = 1$$

이것은 $\tan\frac{\theta}{2} = 1/m = 1$ 을 의미하므로, 삼각단면의 중심각 θ가 90°인 것을 의미한다.

예제 11.11

저면폭이 b이고 측면 경사가 1 : 1인 사다리꼴 단면에 $Q = 30\ \mathrm{m^3/sec}$의 유량으로 물이 흐를 때 최적수리단면을 구하라. 단 하상경사는 $S_0 = 0.001$이고, $n = 0.016$이다.

풀이

사다리꼴 단면의 단면적과 윤변은 다음과 같다.

$$A = by + my^2 \quad ①$$

$$P = b + 2y\sqrt{1+m^2} \quad ②$$

측면경사 m이 주어진 경우 최적수리단면은

$$\left.\frac{dP}{dy}\right|_{m=const} = 0$$

의 조건을 만족하므로 이 조건으로부터

$$b = 2y\left(\sqrt{1+m^2} - m\right) = 2y\left(\sqrt{2} - 1\right) \quad ③$$

을 얻는다. 따라서

$$A = 2y^2\left(\sqrt{2}-1\right) + y^2 = \left(2\sqrt{2}-1\right)y^2 = 1.83y^2$$

$$P = 2y\left(\sqrt{2}-1\right) + 2y\sqrt{2} = 2y\left(2\sqrt{2}-1\right) = 3.66y$$

$$R_h = \frac{1.83y^2}{3.66y} = 0.5y$$

또 Manning 공식으로부터

$$Q = \frac{1}{n}AR^{2/3}S_0^{1/2}$$

$$30 = \frac{1}{0.016} \times 1.83y^2 \times (0.5y)^{2/3} \times 0.001^{1/2}$$

$$y^{8/3} = 13.17$$

$$y = 2.63\ \text{m}$$

$$b = 2\left(\sqrt{2}-1\right) \times 2.63 = 2.18\ \text{m}$$

연습문제 Exercise

11.1 유량이 $Q = 5\text{m}^3/\text{sec}$이고 폭이 $b = 4\text{m}$인 직사각형 단면수로에서 수심이 3 m가 될 때까지 적당한 간격으로 비에너지를 구하고 비에너지와 수심의 관계곡선을 도시하라.

11.2 상기 문제 11.1에서 저면폭이 $b = 4$ m이고, 측면경사가 1 : 1인 사다리꼴 단면의 경우에 대해서 풀어라.

11.3 측면경사가 1 : 2인 삼각형수로에서 한계수심을 측정하니 $y_c = 2\text{m}$이었다. 이 수로에 흐르는 유량을 구하라.

11.4 저면폭이 $b = 10$ m이고 측면경사가 1 : 1인 사다리꼴 단면수로에 $Q = 20\ \text{m}^3/\text{sec}$의 물이 흐르고 있다. 아래 방법을 이용하여 한계수심을 구하라.

(a) 시행착오법

(b) 도해법

11.5 문제 11.4와 동일한 조건일 때 아래에 답하라.

(a) 수심에 따른 비력곡선을 그리고 최소비력에 대한 수심이 문제 11.4에서 구한 한계수심과 일치함을 보여라.

(b) 비에너지곡선과 비력곡선을 겹쳐서 그리고 최소비에너지와 최소비력에 대응되는 수심이 동일함을 보여라.

(c) 초기수심이 $y = \dfrac{1}{2}y_c$가 되는 수심에 대한 대응수심(alternate depth)과 공액수심(conjugate depth)을 구하고, 이 때 도수가 발생하는 경우라고 가정하고 도수로 인한 에너지손실(ΔE)을 구하라.

11.6 폭이 6 m이고 유량이 $18\text{m}^3/\text{sec}$인 직사각형 단면 수로가 있다. 이와 같은 조건에서 수심에 대한 비에너지를 도시하라. 비에너지의 범위는 $E_{\min}$으로부터 7 m까지로 한다. 30 cm 수심에 대한 대응 수심과 공액 수심은 얼마인가?

11.7 그림 P11.7과 같은 여수로에 단위폭당 $2\ \text{m}^3/\ \text{sec}$의 유량이 흐른다. 도수 후의 수심 y_2는 얼마인가? 여수로 상에서의 에너지 손실은 무시할 수 있다고 가정하라.

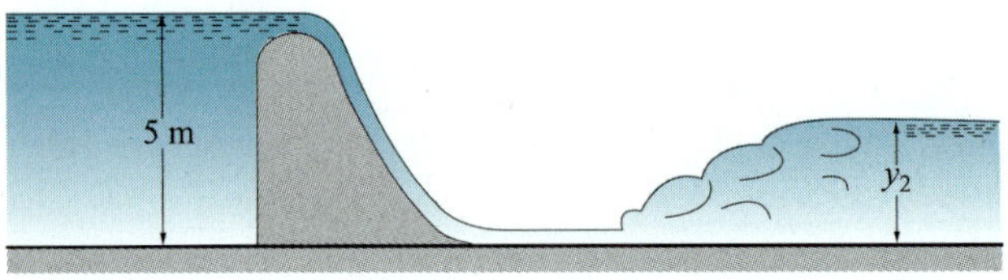

그림 P11.7

11.8 그림 P11.8과 같이 단위폭당 유량이 1.8 m^3/ sec이고 도수의 높이(H)는 4.2 m이다. 수심 y_1은 얼마인가?

그림 P11.8

11.9 수심이 40 cm인 수로에서 물이 5 m/sec로 흐르고 있다. 장애물에 의해서 도수가 발생하였다. 도수 후의 수심은 얼마인가?

11.10 수심이 40 cm인 사다리꼴 단면 수로에서 물이 10 m/sec의 속도로 흐르고 있다. 장애물에 의해서 도수가 발생하였을 때 도수 후의 수심은 얼마인가? 수로의 저면 바닥의 폭은 5 m이고, 측면 경사는 1 : 1이다.

11.11 광폭 직사각형 단면 수로에서 도수가 발생하였다. 상류 수심과 하류 수심이 각각 0.15 m와 3.9 m이다. 수로의 단위폭당 유량은 얼마인가?

11.12 수로폭이 $b = 6.0$ m인 댐여수로(spillway)의 하부에서 도수현상이 일어났다. 도수 전후의 수심이 각각 $y_1 = 0.3$ m, $y_2 = 0.9$ m이었을 때 유량과 도수로 인한 에너지손실을 구하라.

11.13 폭이 $b = 60$ cm인 수로에서 유량이 $Q = 360\ m^3$/ sec이고 수심이 $y_1 = 0.7$ m/sec인 사류를 도수에 의해서 상류로 변화시킬 때 하류측의 수심과 도수로 인해 발생하는 손실동력을 구하라.

11.14 그림 P11.14는 수평경사를 갖는 직사각형 단면수로에서 수문을 열었을 때 도수가 발생하고 있는 형상을 나타내고 있다. y_2 및 y_3를 구하고 도수로 인해 손실되는 에너지는 총에너지의 몇 %에 해당하는가?

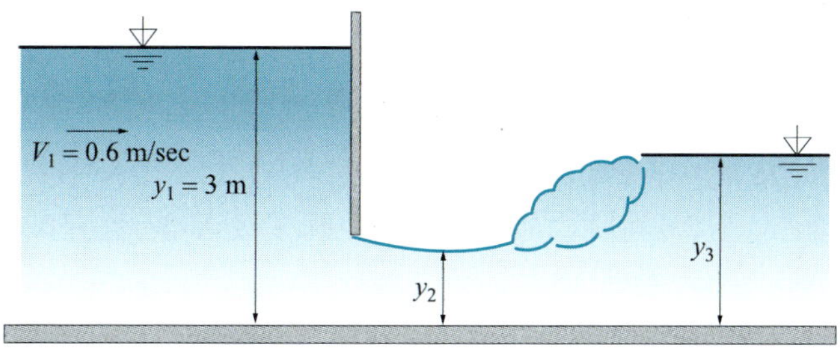

그림 P11.14

11.15 폭이 $b = 5$ m, 하상경사가 $S_0 = 1/400$인 직사각형수로에 $Q = 5$ m^3/sec의 물이 등류상태로 흐르고 있다. 이 흐름이 상류인지 사류인지 판별하라 조도계수는 $n = 0.015$로 한다.

11.16 수로폭이 $b = 5.0$ m인 직사각형 단면수로에 수심이 $h = 0.5$ m이고, 평균유속이 $V = 4.0$ m/sec로 물이 흐르고 있다. 흐름상태를 판별하라.

11.17 수심인 10 cm인 직사각형 단면 수로에서 5.4 m/sec의 속도로 물이 흐르고 있다. 흐름은 상류인가 아니면 사류인가? 대응 수심은 얼마인가?

11.18 폭이 4.8 m인 직사각형 단면 수로에서 유량이 24 m^3/sec이다. 수심이 0.9 m이면 흐름은 상류인가? 아니면 사류인가?

11.19 폭이 4.5 m인 직사각형 단면 수로에서 유량이 9.5 m^3/sec이다. 속도가 0.9 m/sec이면 흐름은 상류인가? 아니면 사류인가?

11.20 폭이 4 m이고 수로 경사가 0.005인 직사각형 단면 수로에서 9 m^3/sec의 유량으로 물이 균등하게 흐르고 있다. $n = 0.014$이면 흐름은 상류인가 아니면 사류인가?

11.21 직사각형 단면수로에 물이 단위폭당 유량이 $q = 1.5$ m^3/sec/m로 흐르고 있다. 수심이 $y = 0.8$ m일 때, 다음에 답하라.

(a) 비에너지를 구하라.

(b) 흐름은 상류인가 사류인가?

(c) 최소비에너지를 구하라.

11.22 폭이 3 m인 직사각형 단면 수로에서 물이 10 m^3/sec의 유량으로 흐르고 있다. 30 cm, 1 m, 2 m 수심에 대해서 각각의 Froude 수와 흐름의 유형(사류, 한계류 또는 상류)을 결정하라. 한계수심은 얼마인가?

11.23 문제 11.22의 수로와 유량에 대해서 30 cm 수심에 대한 대응수심을 구하라. 이 조건에 대한 비에너지를 구하라.

11.24 수로의 저면 폭이 3 m이고 측면 경사가 1 : 1인 사다리꼴 수로의 유량이 12 m^3/sec이다. 수심이 1 m일 때 이 흐름은 사류인가 아니면 상류인가?

11.25 문제 11.24와 같은 조건에서 유량이 20 m^3/sec일 때 한계수심을 구하라.

11.26 저면폭이 $b = 6$ m이고, 측면경사가 1 : 1인 사다리꼴 단면에 $Q = 20$ m^3/sec의 유량이 흐르고 있다. 한계수심 및 한계경사를 구하라. 단, 조도계수 $n = 0.024$로 한다.

11.27 폭이 $b = 4$ m, 하상경사가 $S_0 = 0.001$인 직사각형 수로에 $Q = 12$ m^3/sec의 물을 흘릴 때 수심을 구하라. 단, $n = 0.012$로 한다.

11.28 경사가 0.004이고 폭이 4 m인 직사각형 콘크리트 수로가 물($T = 10^\circ C$)을 25 m^3/sec의 유량으로 흘려 보내고 있다. 이런 조건에서 등류의 깊이를 산정하라. 수로는 직사각형 단면을 가지고 있다.

11.29 저변폭이 1 m이고 측면경사가 1 : 2인 사다리꼴 단면수로에 수심이 $y = 2.0$ m로 물이 흐르고 있다. 유량을 구하라. 하상경사는 $S_0 = 0.0005$이고, $n = 0.03$으로 한다.

11.30 직경이 $d = 60$ cm인 원형단면에 수심이 $y = 20$ cm로 흐르고 있다. 수로경사가 $S_0 = 0.0018$이고, 조도계수가 $n = 0.017$일 때 유량을 구하라.

11.31 그림 P11.31과 같은 목재 플룸(flume)의 경사는 0.0013이다. 수심이 1 m라면 유량은 얼마인가?

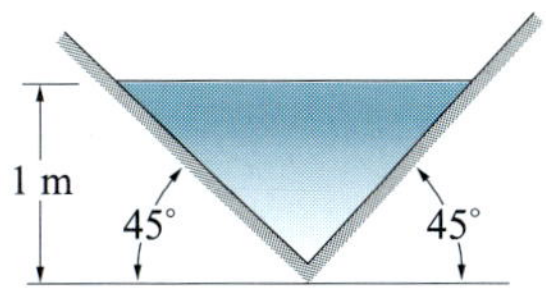

그림 P11.31

11.32 폭이 3 m이고 기울기가 0.001인 직사각형 콘크리트 수로에 수심 1.5 m로 물($T = 10^\circ C$)이 흐르고 있다. 유량은 얼마인가?

11.33 그림에 나타낸 하천의 수로 경사는 0.0015이다. 홍수터는 장대 풀로 덮여 있고, 주 수로는 직선 수로로서 하상은 자갈로 덮여 있다. 수심이 8 m일 때 유량을 산정하라.

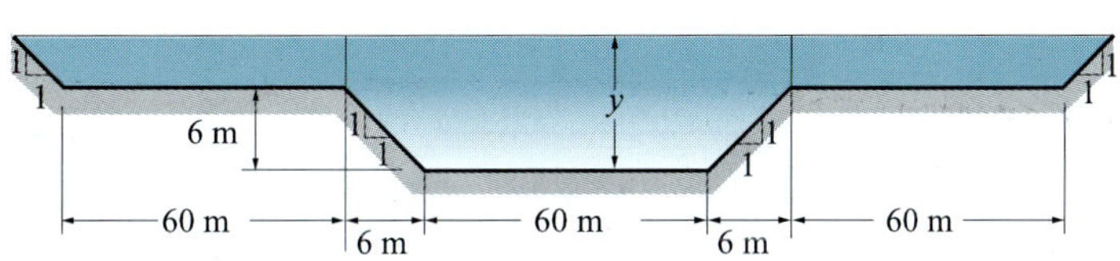

그림 P11.33

11.34 그림과 같은 단면을 갖는 하천에 유량 1370 m^3/s의 홍수가 일어나서 그림과 같은 상태로 되었다. 주 수로와 홍수터에 대한 Manning 계수값이 같다고 가정하고 그 값을 구하라. 하천의 경사는 0.0040으로 균일하다.

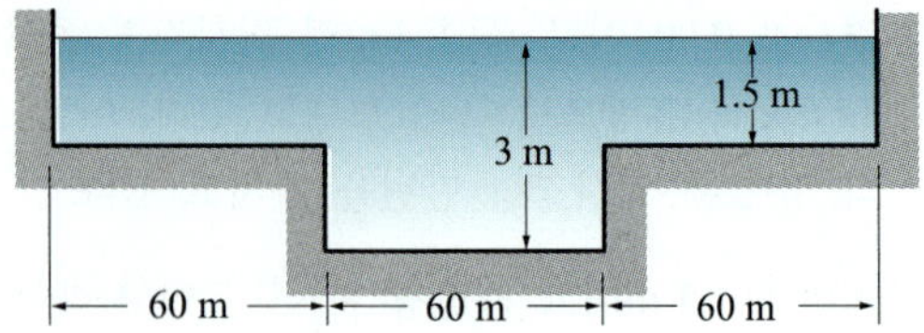

그림 P11.34

11.35 그림 P11.35와 같은 복합 단면에서 주 수로에서는 Manning 계수 n이 0.025이고 홍수터에서는 0.070이다 수로 경사는 0.004로 균일하다. 주 수로 좌측 홍수터 및 우측 홍수터에서는 수심과 유량을 계산하라. 유량은 1225 m^3/s이다.

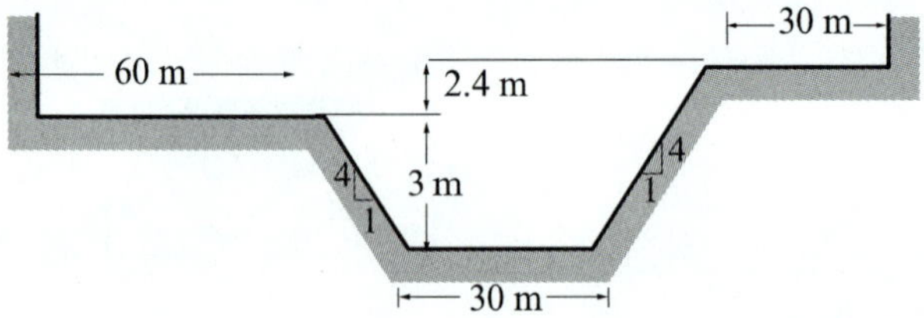

그림 P11.35

11.36 그림 P11.36과 같은 복합단면 하천의 유량을 (a) 단면분할법과 (b) 등가조도법을 이용하여 구하라. 단, $n_2 = 0.030$, $n_1 = n_3 = 0.035$이고, 수로경사는 $S_0 = 0.001$이다.

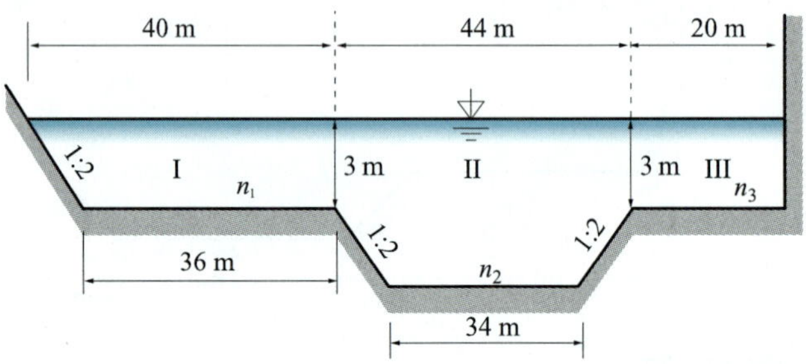

그림 P11.36

11.37 저면폭이 $b = 3$ m, 측면경사가 1 : 1이고 수로경사가 $S_0 = 0.001$인 사다리꼴 단면의 수로가 바닥은 $n = 0.02$인 혼합사로 되어 있고, 측면은 $n = 0.014$인 콘크리트로 되어 있다. 수심이 $y = 2.0$ m일 때 (a) Horton-Einstein (b) Pavlovskii (c) Lotter의 등가조도 개념을 이용하여 유량을 구하라.

11.38 직경 $d = 1.2$ m인 원형 콘크리트관에서 $Q = 1.3$ m^3/sec의 물을 $h = 0.85$ m의 수심으로 흘리기 위해서는 원형관의 경사는 얼마로 해야 좋은가? Manning공식과 Ganguillet-Kutter공식을 이용하여 계산하라. 단, $n = 0.016$으로 한다.

11.39 물($\nu = 10^{-6}$ m^2/sec)이 콘크리트($k_s = 10^{-3}$m) 관을 꽉 차서 흐른다. 관의 단면은 70 cm × 100 cm이다. 유속 10 m/sec이면 저항계수 f는 대략 얼마인가?

11.40 그림 P11.40과 같은 단면의 수로에 $Q = 15$ m^3/sec의 물이 흐르고 있다. 수로경사가 $S_0 = 0.005$일 때 아래 방법에 의해 등류수심을 구하라.

(a) 시산법

(b) 도식적 방법

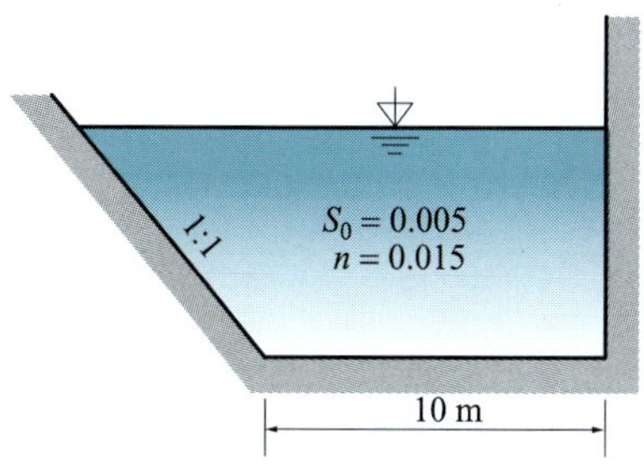

그림 P11.40

11.41 저면폭을 $b = 5$ m로 하고, 측면경사를 1 : 1로 할 때 최적수리단면이기 위한 수심과 유량을 구하라. 수로경사는 $S_0 = 0.0004$이고, 조도계수는 $n = 0.021$이다.

11.42 측면경사가 1 : 2인 삼각형 단면수로에서 $Q = 0.3$ m^3/sec의 물이 흐를 때 한계수심 및 한계경사를 구하라. 단, $n = 0.015$로 한다.

11.43 직사각형 수로에 2.7 m^3/sec의 유량으로 물이 흐르고 있다고 하자. 수로 경사는 0.001이다. 폭이 0.6 m, 1.2 m, 1.8 m, 2.4 m, 3 m, 및 4.5 m일 때 요구되는 흐름 단면을 결정하라. A와 y/b간의 관계를 나타내는 그림을 그려라. 구해진 결과들을 최적수리단면에 대한 결과와 비교하라.

11.44 저면폭이 $b = 5$ m, 측면경사가 1 : 1.5의 사다리꼴 단면에 $Q = 20$ m^3/sec의 유량이 흐를 때 한계유속 및 최소비에너지를 구하라. $n = 0.015$로 한다.

11.45 저면폭이 $b = 4$ m인 사다리꼴 수로단면에 $Q = 40$ m^3/sec의 물이 흐르고 수심이 $y = 3$ m로 흐르고 있다. 측면경사가 1 : 1.5일 때 아래에 답하라.

(a) 동일 비에너지에 대한 대응수심을 구하라.

(b) 한계수심을 구하라.

(c) 한계경사가 $S_0 = 0.0002$이고 $n = 0.020$일때의 등류수심을 구하라.

제 12 장

개수로 점변류와 급변류

11장에서는 개수로 정상류에 대한 기초 이론과 에너지 개념 및 등류에 대해서 고찰하였다. 이 장에서는 개수로의 정상 부등류에 대해서 설명한다. 수로폭, 단면의 형태 및 수로경사가 변화하고, 그 결과로 수심이나 유속분포 및 압력분포 등의 흐름 특성인자가 장소적으로 변화하는 부등류에 대해서는 11.1절에서 이미 설명한 바 있다. 정상 부등류는 점변류(gradually Varied Flow)와 급변류(rapidly Varied Flow)로 구분된다. 이 장의 전반부에서는 점변류에 대해서 설명하고, 급변류에 대해서는 12.7절에서 설명한다.

점변류는 흐름의 특성인자가 수로의 거리에 따라 완만하게 변화하는 흐름을 말한다. 점변류는 흐름 상태가 매우 완만하기 때문에, 흐름 해석을 위해서는 수로 구간이 길기 때문에 마찰저항이 중요하게 작용한다. 따라서 수면 곡선의 표현이나 수면 곡선의 계산은 마찰 손실을 고려한 에너지 방정식이 채택된다.

급변류(rapidly varied flow)는 수심, 유속, 유수단면적, 하상경사 등이 공간적으로 급격히 변화하는 흐름을 말한다. 급격히 변화한다고 하는 의미는 기하학적으로 변화하는 것을 말하기 때문에 보통의 경우는 마찰 손실이 생략되고, 각종의 형상손실(부차적 손실)이 중요한 역할을 한다는 것이 점변류와 근본적인 차이점이 된다. 공간적인 변화 형태로서 연직면내에서의 변화와, 수평면 내에서의 변화 및 그 조합을 생각할 수 있다. 연직면 내에서의 급변류로서는 댐 혹은 위어를 월류하는 흐름, 혹은 하상에 급한 단이 있을 때의 흐름 등을 들 수 있고, 수평면 내의 급변류로서는 수로폭의 갑작스러운 확대 및 축소, 또는 수로의 만곡 및 굴절 등을 들 수 있을 것이다.

12.1 점변류에 대한 기본 방정식

점변류와 같이 흐름의 변화가 완만한 경우에는 근사해석이 가능하며, 이러한 근사해석을 위해서는 아래와 같은 가정이 필요하다.

1. 한 단면에서의 에너지 손실은 일정한 수심과 유속을 갖는 등류와 동일하게 해석한다. 따라서 주어진 수로 단면에서 Manning공식과 같은 평균유속 공식을 사용할 수 있다.
2. 수로 경사가 극히 작기 때문에 수로 바닥에서 수면까지의 연직거리

(y)나 수직거리(d)가 서로 같고, 압력은 정수압(static pressure) 분포를 한다.

3. 수로의 단면은 항상 일정하다. 즉 균일단면(prismatic section)으로 가정한다.
4. 흐름은 1차원 즉 수로에 연한 거리 x만의 함수이고, 유선이 거의 평행한 1방향 흐름으로 가정한다.
5. 전 수로구간에 걸쳐 조도는 수심에는 무관하고, 일정한 값을 갖는다.

그림 12.1과 같이 경사가 완만한 수로에 있어서 수로 구간 길이 dx에 대한 수면의 변화를 생각한다.

수로 경사는 S_0이고, 유속 V와 수심 y가 x에 따라 변화할 때 단면 ①, ②에 대해서 베르누이 정리를 적용하면 다음과 같은 식을 얻는다.

$$\frac{V^2}{2g} + y + z = \frac{V^2}{2g} + d\left(\frac{V^2}{2g}\right) + y + dy + z + dz + dh_L$$

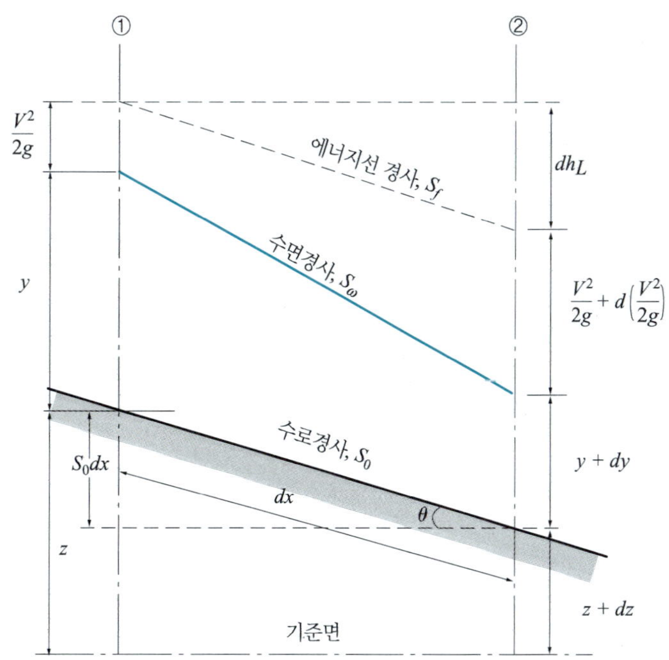

그림 12.1 점변류의 기본식 유도를 위한 정의도

여기서 y는 수면에서 수로 바닥까지의 연직 거리이고, 운동에너지 보정계수는 $\alpha = 1$로 취했다. 상기 식을 dx로 나누고 정리하면 다음과 같이 된다.

$$\frac{d}{dx}\left(\frac{V^2}{2g}\right) + \frac{dy}{dx} = -\frac{dz}{dx} - \frac{dh_L}{dx}$$

수로경사각이 극히 작으므로 $-dz = S_0\, dx$이고 마찰손실수두는 $dh_L = S_f\, dx$이므로 이것을 윗식에 대입하면 다음 식을 얻는다.

$$\frac{d}{dx}\left(\frac{V^2}{2g}\right) + \frac{dy}{dx} = S_0 - S_f$$

여기서 S_f는 에너지선의 경사이다. 상기 식을 미분의 연쇄법칙을 이용하여 변형하면

$$\frac{dy}{dx}\left\{1 + \frac{d}{dy}\left(\frac{V^2}{2g}\right)\right\} = S_0 - S_f$$

가 되고, 거리에 따른 수면의 변화 dy/dx에 대해서 정리하면 다음과 같이 된다.

$$\frac{dy}{dx} = \frac{S_0 - S_f}{1 + \dfrac{d}{dy}\left(\dfrac{V^2}{2g}\right)} \tag{12.1}$$

이제 우변 분모의 미분을 행하기 위해 $Q = AV$의 관계를 대입하면 식 (12.1)은

$$\frac{dy}{dx} = \frac{S_0 - S_f}{1 + \dfrac{Q^2}{2g}\dfrac{d}{dy}\left(\dfrac{1}{A^2}\right)}$$

이 되고 A가 y의 함수이므로 분모의 미분을 행하면 다음 식이 된다.

$$\frac{dy}{dx} = \frac{S_0 - S_f}{1 + \dfrac{Q^2}{2g}\dfrac{d}{dy}\left(\dfrac{1}{A^2}\right)} = \frac{S_0 - S_f}{1 - \dfrac{Q^2}{gA^3}\dfrac{dA}{dx}}$$

그림 11.8로부터 dA/dy가 수면 폭, 즉 $dA/dy = b_t$인 것을 고려하여 상기 식을 고쳐 쓰면 다음과 같이 된다.

$$\frac{dy}{dx} = \frac{S_0 - S_f}{1 - \frac{Q^2 d_t}{gA^3}} = \frac{S_0 - S_f}{1 - \frac{Q^2/A^2}{g\left(A/b_t\right)}} \tag{12.2}$$

식 (12.2)에서 $Q^2/A^2 = V^2$, $A/b_t = D$이므로 고쳐 쓰면 다음과 같이 된다.

$$\frac{dy}{dx} = \frac{S_0 - S_f}{1 - \frac{V^2}{gD}} = \frac{S_0 - S_f}{1 - F_r^2} \tag{12.3}$$

여기서 $F_r = V/\sqrt{gD}$ 로서 Froude 수이다. 식 (12.3)이 점변류에 대한 기본식이다. 수면 곡선은 이 식을 적분하여야만 얻을 수 있으나, 적분하지 않고도 점변류의 수면변화에 대한 개괄적인 설명은 가능하다. 우선 식 (12.3)의 우변의 부호에 따라 수면경사 dy/dx의 부호도 바뀐다. 식 (12.3)의 우변을 S_0로 묶어서 정리하면

$$\frac{dy}{dx} = S_0 \frac{1 - S_f/S_0}{1 - F_r^2} \tag{12.4}$$

가 되는데, 우변의 부호는 S_0, S_f 및 F_r의 값의 크기에 따라 dy/dx의 부호가 결정된다. 그러나 어느 경우도 dy/dx는 $dy/dx > 0$인 경우와 $dy/dx < 0$인 경우, 즉 거리에 따라 수심이 증가하는 배수곡선(backwater curve)과 거리에 따라 수심이 감소하는 저하곡선 (drawdown curve)으로 된다. 이러한 수면곡선의 형태를 좀더 구체적으로 알아보기 위해 일반 수로 단면과 광폭 직사각형 단면으로 나누고 각각에 대해서 식 (12.4)를 변형해 본다.

12.1.1 일반수로 단면

식 (12.2)와 (12.4)를 비교하면 다음 식을 얻을 수 있다.

$$F_r^2 = \frac{Q^2 b_t}{gA^3} \tag{12.5}$$

한계흐름에 대해서는 $F_r = 1$이므로 윗 식은 다음과 같이 된다.

$$F_r^2 = \frac{Q^2 b_t}{g A_c^3} = 1$$

또는

$$\frac{Q^2}{g} = \frac{A_c^3}{b_t} \tag{12.6}$$

10.1.2절에서 정의한 단면계수는 $Z = A\sqrt{D} = \sqrt{A^3 / b_t}$ 이므로 이것을 윗 식에 대입하면 다음과 같이 된다.

$$\frac{Q^2}{g} = Z_c^2 \tag{12.7}$$

여기서 Z_c는 한계흐름에 대한 단면계수이다. 또 식 (12.5)에서 b_t/A^3은 다음과 같이 표현할 수 있다.

$$\frac{b_t}{A^3} = \frac{1}{Z^2} \tag{12.8}$$

위의 두 식을 (12.5)에 대입하여 F_r^2을 표현하고, 식 (12.4)를 고쳐 쓰면 다음 식을 얻는다.

$$\frac{dy}{dx} = S_0 \frac{1 - S_f / S_0}{1 - Z_c^2 / Z^2} \tag{12.9}$$

한편 Manning 공식을 이용하여 수로경사 S_0와 에너지경사 S_f를 표현하면 각각 다음과 같이 된다.

$$S_0 = \left(\frac{nQ}{A_n R_{h_n}^{2/3}} \right)^2 = \left(\frac{Q}{K_n} \right)^2 \tag{12.10}$$

$$S_f = \left(\frac{nQ}{A R_h^{2/3}} \right)^2 = \left(\frac{Q}{K} \right)^2 \tag{12.11}$$

$$K_n = \frac{1}{n} A_n R_{hn}^{2/3}$$

$$K = \frac{1}{n} A R_h^{2/3}$$

여기서 K_n 및 K는 각각 등류 및 부등류에 대한 통수능(conveyance)을 나타낸다. 식 (12.10) 및 (12.11)을 식 (12.9)에 대입하면 다음과 같이 일반 수로단면에서 적용할 수 있는 점변류의 수면 경사에 대한 기본식을 얻는다.

$$\frac{dy}{dx} = S_0 \frac{1 - K_n^2/K^2}{1 - Z_c^2/Z^2} \tag{12.12}$$

12.1.2 광폭 직사각형 단면 수로

그림 11.19와 같이 수심에 비해 폭이 매우 넓은 직사각형 단면 수로의 경우는 근사적으로 $R_h = y = D$이므로 Manning 공식을 이용하면 식 (12.9)에서 수로경사 S_0와 에너지경사 S_f는 각각 다음과 같이 표시된다.

$$S_0 = \left(\frac{nQ}{A_n R_h^{4/3}}\right)^2 = \frac{n^2 Q^2}{b^2 y_n^{10/3}}$$

$$S_f = \left(\frac{nQ}{A R_h^{4/3}}\right)^2 = \frac{n^2 Q^2}{b^2 y^{10/3}}$$

여기서 수로폭 b가 일정하므로 S_f를 S_0로 나누면 다음과 같이 된다.

$$S_f/S_0 = \left(\frac{y_n}{y}\right)^{10/3} \tag{12.13}$$

그리고 한계수심에 대한 단면계수 Z_c와 부등류에 대한 단면계수 Z도 수심 y와 한계수심 y_c로 다음과 같이 표시할 수 있다.

$$Z_c = \sqrt{\frac{A_c^3}{b_t}} = \sqrt{\frac{b^3 y_c^3}{b}} = \sqrt{b^2 y_c^3}$$

$$Z = \sqrt{\frac{A^3}{b_t}} = \sqrt{b^2 y^3}$$

따라서 윗식으로부터 다음 식을 얻는다.

$$\frac{Z_c^2}{Z^2} = \left(\frac{y_c}{y}\right)^3 \tag{12.14}$$

식 (12.13) 및 (12.14)를 식 (12.9)에 대입하면, 광폭 직사각형 단면에 대한 점변류의 기본식을 얻는다.

$$\frac{dy}{dx} = S_0 \frac{1-\left(y_n/y\right)^{10/3}}{1-\left(y_c/y\right)^3} \tag{12.15}$$

Manning 공식 대신에 Chezy의 평균유속 공식을 이용해도 식 (12.15)와 유사한 형태의 식을 얻을 수 있다. Chezy 식 (11.50)을 이용하여 S_0와 S_f를 표현하면 각각 다음과 같이 표현된다.

$$S_0 = \frac{Q^2}{C_n^2 A_n^2 R_{h_n}} = \frac{Q^2}{C_n^2 b^2 y_n^3}$$

$$S_f = \frac{Q^2}{C^2 A^2 R_h} = \frac{Q^2}{C^2 b^2 y^3}$$

여기서 $C_n \cong C$로 가정하고 S_f를 S_0로 나누면 다음 식이 된다.

$$S_f/S_0 = \left(\frac{y_n}{y}\right)^3 \tag{12.16}$$

단면계수에 대해서는 평균유속 공식과는 무관하므로 Z_c^2/Z^2은 식 (12.14)를 그대로 사용할 수 있다. 식 (12.14)와 (12.16)을 식 (12.9)에 대입하고 정리하면 다음 식을 얻는다.

$$\frac{dy}{dx} = S_0 \frac{1-\left(y_n/y\right)^3}{1-\left(y_c/y\right)^3} = S_0 \frac{y^3 - y_n^3}{y^3 - y_c^3} \tag{12.17}$$

12.2 한계경사

개수로에 있어서 흐름이 상류인가 아니면 사류인가에 따라 흐름의 특성은 매우 달라진다. 따라서 개수로 흐름 문제를 다루는 경우 사전에 등류수심(y_n)과 한계수심(y_c)과의 대소 관계를 반드시 검토하여야 한다. 그런데 한계수심 y_c는 수로경사와는 관계없이 유량과 단면 형상만으로 결정되나 등류수심은 유량, 수로경사 및 조도에 의해서 달라지며, 수로 경사가 증가하면 등류수심은 감소한다. 따라서 주어진 유량에 대해서 등류수심 y_n과 한계수심 y_c가 일치하는 경사가 반드시 존재한다. 이러한 경사를 한계경사(critical slope)라고 한다. 한계경사는 한계류가 되기 위한 조건식

$$\frac{Q^2 b_t}{gA^3} = 1$$

과 Manning 공식을 이용한 유량 관계식

$$Q = \frac{1}{n} A R_h^{2/3} S_0^{1/2}$$

에서 Q를 소거하면 다음과 같은 관계를 얻는다.

$$\frac{gA_c^3}{b_t} = \left(\frac{1}{n} A_c R_{h_c}^{2/3} S_c^{1/2} \right)^2$$

상기 식을 정리하면 다음과 같이 한계경사를 구할 수 있다.

$$S_c = \frac{gn^2}{R_{h_c}^{4/3}} \frac{A_c}{b_t} \tag{12.18}$$

여기서 S_c는 한계경사이다. 수리 평균심의 정의식 $D = A/b_t$를 대입하면 S_c는 다음과 같이 된다.

$$S_c = \frac{gn^2 D_c}{R_{h_c}^{4/3}} \tag{12.19}$$

또 한계류 조건의 다른 표현인 식 (11.13), 즉 $V^2/2g = D/2$를 이용하면 S_c는 다음과 같이 표현할 수도 있다.

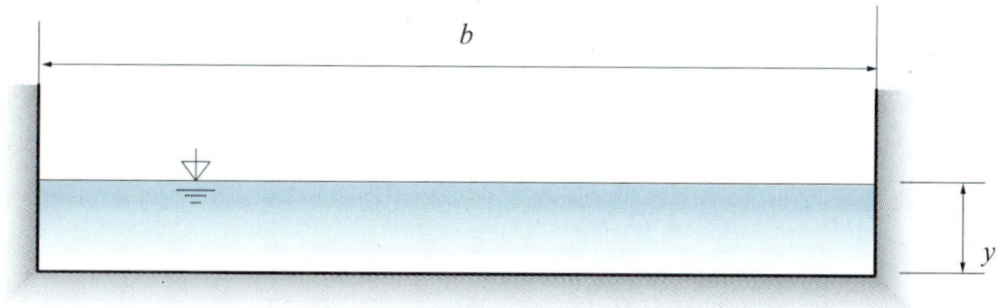

그림 12.2 광폭 직사각형 수로

$$S_c = \frac{n^2 V_c^2}{R_{h_c}^{4/3}} \tag{12.20}$$

또 그림 12.2와 같이 수심에 비해 폭이 상당히 큰 직사각형 수로에 대해서는 동수반경은

$$R = \frac{A}{P} = \frac{by}{b+2y} = \frac{y}{1+2\dfrac{y}{b}}$$

인데 $y \ll b$이므로 근사적으로 $R_h \cong y$이고 또 $D = y$이므로 식 (12.19)로부터 다음 식을 얻는다.

$$S_c = \frac{gn^2}{y_c^{1/3}} \tag{12.21}$$

수로경사 S_0가 $S_0 < S_c$인 경우를 완경사(mild slope)라 하고 이 때 등류수심(y_n)과 한계수심(y_c)과의 대소 관계는 $y_n > y_c$로 된다. 반대로 $S_o > S_c$인 경우를 급경사(steep slope)라 하고, 이 경우에는 $y_n < y_c$로 된다.

예제 12.1 한계경사의 계산

폭 $b = 5$ m인 직사각형 수로에 $Q = 10\ \text{m}^3/\text{sec}$의 물이 흐를 때 한계경사 S_c를 구하라. 단, $n = 0.012$이다.

풀이

등류수심 y_n과 한계수심 y_c가 일치하는 수로경사가 한계경사이므로 Manning 공식은 다음과 같이 쓸 수 있다.

$$Q = \frac{1}{n} A_c R_{h_c}^{2/3} S_0^{1/2}$$

$$= \frac{1}{n}(by_c)\left(\frac{by_c}{b+2y_c}\right)^{2/3} S_c^{1/2}$$

이 식을 S_c에 대해서 정리하면

$$S_c = \frac{Q^2 n^2}{(by)^2 \left(\dfrac{by_c}{b+2y_c}\right)^{4/3}} \qquad ①$$

그런데 직사각형 수로의 한계수심은

$$y = \left(\frac{Q^2}{gb^2}\right)^{1/3} = 0.74 \text{ m}$$

이므로 이것을 식 ①에 대입하면

$$S_c = \frac{10^2 \times 0.012^2}{(5 \times 074)^2 \left(\dfrac{5 \times 0.74}{5 + 2 \times 0.74}\right)^{4/3}} = 0.00222$$

12.3 수면형의 분류

일반 단면수로에 관한 기본식 (12.12)를 이용하면 수면형을 구체적으로 분류하기 어려우므로 식 (12.15) 혹은 식 (12.17)로 표현되는 광폭 직사각형 수로를 이용하여 수면형을 분류하기로 한다. 이 식들로부터 수면경사 dy/dx는 수로경사 S_0, y, y_n 및 y_c만의 함수로 나타나 있는 것을 알 수 있다. 점변류의 수심 y는 임의의 값으로 취하기 때문에, 수면경사 dy/dx와 관계하는 것은 결국 S_0 값의 부호와 y_n과 y_c의 대소관계이다.

우선 수로경사 S_0에 대한 범위를 생각하면 다음과 같이 생각할 수 있다.

$S_0 > 0$: 순경사 수로(sustaining slope)
$S_0 = 0$: 수평상 수로(horizontal bed)
$S_0 < 0$: 역경사 수로(adverse slope)

또 $S_0 > 0$인 경우는 y_n과 y_c의 대소 또는 전 절에서 유도한 한계경사 S_c와 S_0 의 대소관계로부터 다음과 같이 3가지 경우로 분류할 수 있다.

$S_0 < S_c$ 또는 $y_n > y_c$: 완경사 수로(mild slope)
$S_0 > S_c$ 또는 $y_n < y_c$: 급경사 수로(steep slope)
$S_0 = S_c$ 또는 $y_n = y_c$: 한계경사 수로(critical slope)

이것을 정리한 것이 표 12.1이다.

표 12.1 S_0의 크기에 따른 수면형의 분류

경사의 종류	y_n 및 y_c의 관계	수면형의 종류
완경사 : $S_0 < S_c$	$y_n > y_c$	M-곡선
급경사 : $S_0 > S_c$	$y_n < y_c$	S-곡선
한계경사 : $S_0 = S_c$	$y_n = y_c$	C-곡선
수평상 : $S_0 = 0$	$y_n = \infty$	H-곡선
역경사 : $S_0 < 0$	$y_n =$ 허수	A-곡선

그림 12.3과 12.4에 도시한 바와 같이 완경사와 급경사 수로에 있어서는 수로바닥, y_n과 y_c에 의해서 3가지 영역으로 구분되는데, 점변류의 수심이 어느 곳에 존재하느냐에 따라 각각 세 개씩의 수면곡선이 생길 수 있다. 그림에서 각 영역에 1, 2, 3의 번호를 붙여 완경사(M-곡선)인 경우에 M_1, M_2, M_3로 분류하고, 급경사(S-곡선)인 경우에는 S_1, S_2, S_3로 분류할 수 있다.

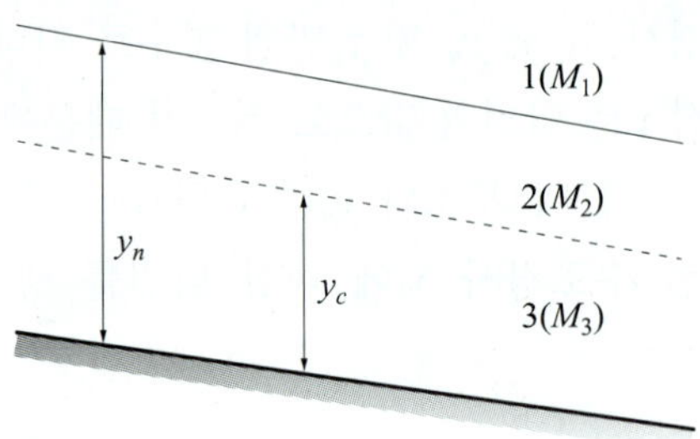

그림 12.3 완경사($S_0 < S_c$)의 경우

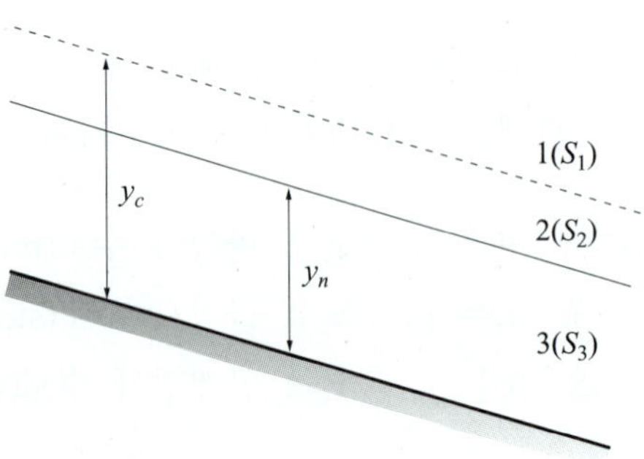

그림 12.4 급경사($S_0 > S_c$)의 경우

또 한계경사(critical slope)의 경우는 $y_n = y_c$이므로 $y > y_n = y_c$ 영역(C_1), $y = y_n = y_c(C_2)$와 $y < y_n = y_c$ 영역(C_3)으로 3개의 수면곡선이 존재한다.

한편 수평상(Horizontal bed)인 경우는 등류수심(y_n)이 무한대이고, 역경사(Adverse slope)인 경우는 y_n이 정의되지 않으므로 그림 12.5와 12.6에 도시한 바와 같이 각각 2개씩의 수면곡선 H_2, H_3 및 A_2, A_3가 존재한다.

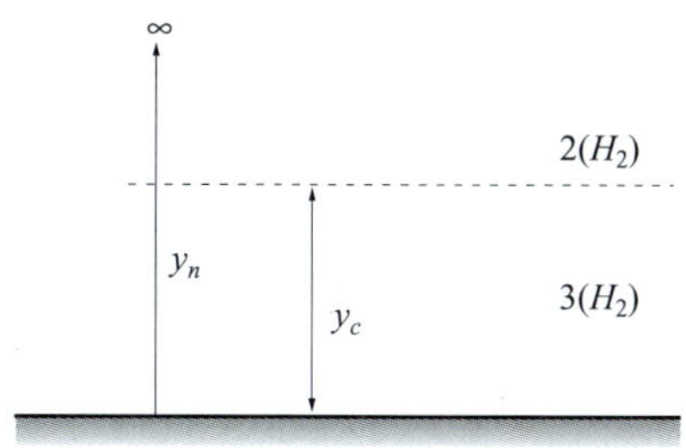

그림 12.5 수평상(S_0 = 0)의 경우

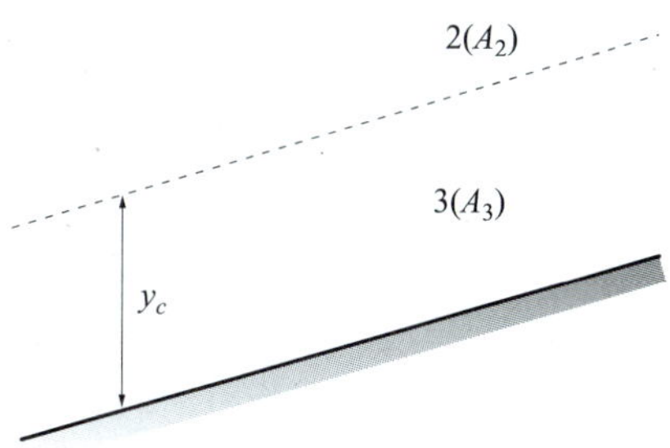

그림 12.6 역경사(S_0 < 0)의 경우

따라서 수면곡선형은 M_1, M_2, M_3, S_1, S_2, S_3, C_1, C_2, C_3, H_2, H_3, A_2, A_3의 총 13 종류로 분류된다. 이제 위에 열거한 13가지 수면곡선의 형태를 알아보기 위하여 식 (12.15)

$$\frac{dy}{dx} = S_0 \frac{1-(y_n/y)^{10/3}}{1-(y_c/y)^3}$$

에서 S_0, y, y_n 및 y_c의 대소관계로부터 dy/dx의 부호 및 dy/dx의 점근선을 구해본다.

12.3.1 완경사(M −곡선); $0 < S_0 < S_c$, $y_n > y_c$

(1) $y > y_n > y_c$인 경우(M_1 곡선)

식 (12.15)의 분자, 분모는 공히 양(+)의 값이 되고 $dy/dx > 0$이 되어 배수곡선(backwater curve), 즉 흐름이 진행할수록 수심이 증가하는 형태의 수면이 된다. 또 $y > y_c$이므로 이 경우의 흐름상태는 상류(subcritical flow)이다. M_1 곡선의 양쪽 경계의 형태를 알아보기 위해 y의 점근상태를 보면, $y \to y_n$일 때 식 (12.15)에서 $dy/dx \to 0$이 되어 수면은 수로 바닥과 평행하고 따라서 등류수심선(y_n 직선)이 점근선이 된다. 또 $y \to \infty$일 때는 $dy/dx \to S_0$이 되는데, 이것은 수심이 충분히 크게 되면 수면이 수평이 되는 것을 의미한다. M_1 곡선은 전형적으로 댐이나 제어 구조물의 상류부에서 나타난다.

(2) $y_n > y > y_c$인 경우 (M_2 곡선)

식 (12.15)의 분자가 음(−)의 값, 분모가 양의(+) 값이 되어 $dy/dx < 0$이 되므로, 흐름이 진행되면서 수심이 감소하는 저하곡선(drawdown curve)이 된다. 또 $y > y_c$이므로 흐름 상태는 상류(subcritical flow)이다. $y \to y_n$일 때는 $dy/dx \to 0$이므로 위에서 설명한 바와 같이 y_n이 점근선이 되고, $y \to y_c$일 때는 $dy/dx \to \infty$이기 때문에 y_c선에 직교한다. M_2에 대한 실제 흐름 예로서는 단면이 급확대되거나 저수지 등으로 유입할 때의 수면이다.

(3) $y_n > y_c > y$인 경우(M_3 곡선)

식 (12.15)의 분자, 분모가 공히 음(−)의 값이 되어 $dy/dx > 0$이므로 배수곡선이 된다. 또 $y_c > y$이므로 흐름상태는 사류(supercritical flow)이다. $y \to y_c$일 때는 $dy/dx \to \infty$이므로 y_c선에 직교하고, $y \to 0$일 때는 식 (12.15)에서 $dy/dx \to \infty/\infty$의 부정형으로 보이지만, L'Hopital의 정리를 이용하면 $dy/dx \to \infty$가 되어 수로 바닥에 직교한다. M_3곡선은 사류의 흐름이 완경사를 만날 때 나타난다. 실제 흐름 예는 수문 밑으로 유출하는 흐름의 수면형이나 수로경사가 완만하게 변한 뒤의 흐름 등이다.

12.3.2 급경사(S-곡선); $0 < S_c < S_0$, $y_n > y_c$

(1) $y > y_c > y_n$인 경우(S_1 곡선)

식 (12.15)에서 분자 분모는 공히 양(+)의 값이 되어 $dy/dx > 0$이므로 배수곡선이 된다. 또 $y > y_c$이므로 흐름상태는 상류(subcritical flow)이다. 점근선에 대해서는 위에서 설명한 바와 같이 $y \to \infty$일 때는 $dy/dx \to S_0$가 되어 수면은 수평선에 점근하고, $y \to y_c$일 때는 $dy/dx \to \infty$가 되어 y_c선에 직교한다. S_1곡선의 흐름은 급경사부에 설치되어 있는 댐의 배후에서 나타난다.

(2) $y_c > y > y_n$인 경우(S_2 곡선)

식 (12.15)의 분자는 양(+)의 값, 분모가 음(−)의 값이 되어 $dy/dx < 0$이므로 수면 곡선은 저하 곡선이 된다. 또 $y_c > y$ 이므로 흐름 상태는 사류(supercritical flow)이다. $y \to y_c$일 때는 $dy/dx \to \infty$이므로 y_c선에 직교하고, $y \to y_n$일 때는 $dy/dx \to 0$이므로 y_n이 점근선이 된다. S_2 곡선의 실제 예로서는 수로 단면의 확대부의 하류측이나 階段上 장애물의 하류측 등에서 나타나는 흐름 등을 들 수 있다.

(3) $y_c > y_n > y$인 경우(S_2 곡선)

식 (12.15)에서 분자, 분모 공히 음(−)의 값이 되어 $dy/dx > 0$이므로 수면곡선은 배수곡선이 된다. $y < y_c$이므로 흐름 상태는 사류(supercritical flow)이다. $y \to y_n$일 때는 $dy/dx \to 0$이므로 y_n이 점근선이 되고, $y \to 0$일 때는 $dy/dx \to \infty$로 되어 수로바닥에 직교한다. S_3곡선은 수문하의 유출수가 등류수심보다 낮은 수심으로 급경사 수로를 흐를 때 수문 하류측에서 나타나는 흐름을 예로 들 수 있다.

12.3.3 한계경사(C-곡선) ; $S = S_c$, $y_n = y_c$

(1) $y > y_c = y_n$인 경우(C_1 곡선)

식 (12.15)의 분자, 분모 공히 양(+)의 값이 되어, $dy/dx > 0$이 되므로 배수곡선이고, $y > y_c$이므로 흐름 상태는 상류(subcritical flow)이다. $y \to \infty$일 때는 $dy/dx \to S_0$로 되어 수면은 수평이 된다.

(2) $y = y_c = y_n$인 경우(C_2 곡선)

C_2 곡선은 한계등류(uniform critical flow)를 나타낸다.

(3) $y_c = y_n > y$ 인 경우(C_3 곡선)

식 (12.15)의 분자, 분모 공히 양(−)의 값이 되어 $dy/dx > 0$이 되므로 수면은 배수곡선이고, $y < y_c$이므로 사류이다. $y \to y_n$ (또는 y_c)일 때는 $dy/dx \to 0$이므로 y_n이 점근선이 되고, $y \to 0$일 때는 $dy/dx \to \infty$로 되어 수로바닥에 직교한다.

12.3.4 수평상(H-곡선) ; $S_0 = 0$, $y_n \to \infty$

식 (12.15)에 $S_0 = 0$을 대입하면 $dy/dx = 0$이 되어버려 해석이 불가능하므로 이 경우는 기본 공식 (12.3)으로 돌아가서

$$\frac{dy}{dx} = \frac{-S_f}{1 - F_r^2} = \frac{-S_f}{1 - \left(y_c/y\right)^3} = \frac{\dfrac{-n^2 Q^2}{b^2 y^{10/3}}}{1 - \left(y_c/y\right)^3} \tag{12.23}$$

을 이용한다. Manning 공식에 $S_0 = 0$을 대입하면, Q가 유한한 값이므로 $y_n \to \infty$이 되어 H_1은 존재하지 않는다. 수평경사하에서는 흐름이 계속될 수 없으므로 H-곡선은 대단히 복잡한 수로의 수평 단면에서만 볼 수 있다.

(1) $y_n > y > y_c$인 경우(H_2 곡선)

식 (12.23)에서 분모가 양(+)의 값이므로 $dy/dx < 0$이 되어 수면은 저하곡선이고, $y > y_c$이므로 흐름상태는 상류이다. $y \to \infty$이면 $dy/dx \to 0$이 되고, $y \to y_c$ 일 때는 $dy/dx \to \infty$로 y_c선에 직교한다. H_2곡선은 $S_0 = 0$일 때 M_2곡선에 해당한다. H_2 곡선은 마루부의 폭이 넓은 광정위어 상의 흐름에서 발견할 수 있다.

(2) $y_n > y_c > y$인 경우(H_3 곡선)

식 (12.18)에서 분모가 음(−)의 값으로 $dy/dx > 0$이 되어 수면은 배수곡선이고, $y_c > y$이므로 흐름상태는 사류이다. $y \to y_c$이면 $dy/dx \to \infty$로 되어 수면은 y_c선에 직교하고, $y \to 0$인 경우는 $dy/dx \to \infty/\infty$로 되나 L'Hopital의

정리를 이용하면 $dy/dx \to \infty$로 되어 수로바닥에 직교한다. H_3곡선은 방수로 또는 수문의 하류부의 평평한 부분에서 볼 수 있다.

12.3.5 역경사(A-곡선) ; $S_0 < 0$, y_n = 허수

이 경우도 식 (12.3)으로부터 시작한다.

$$\frac{dy}{dx} = \frac{S_0 - S_f}{1 - F_r^2} = \frac{S_0 - S_f}{1 - (y_c/y)^3} = \frac{S_0 - \dfrac{n^2 Q^2}{b^2 y^{10/3}}}{1 - (y_c/y)^3} \tag{12.24}$$

Manning 공식에서 $S_0 < 0$이므로 이를 만족하는 y_n은 허수이므로 등류수심은 존재하지 않는다.

(1) $y > y_c$인 경우(A_2 곡선)

식 (12.24)에서 분자는 음(−)의 값, 분모는 양(+)의 값이므로 $dy/dx < 0$이 되어 수면은 저하곡선이고, $y > y_c$이므로 흐름상태는 상류이다. $y \to \infty$이면 $dy/dx \to S_0$가 되고, $y \to y_c$이면 $dy/dx \to \infty$ 이 되어 y_c에 직교한다. A_2곡선은 H_2곡선과 유사하다.

(2) $y_c > y$인 경우(A_3 곡선)

식 (12.24)에서 분자, 분모 공히 음(−)의 값이고 $dy/dx > 0$이 되어 수면은 배수곡선이고, $y_c > y$ 이므로 흐름상태는 사류이다. $y \to y_c$이면 $dy/dx \to \infty$로 되어 수면은 y_c 곡선에 직교하고, $y \to 0$이면 $dy/dx \to \infty$가 되어 수로 바닥에 직교한다. A_3 곡선은 H_3곡선과 유사하다.

이제까지 설명한 수면형에 대한 사항을 전반적으로 정리한 것이 표 12.2이고, 그림 12.7에는 게게 수면형을 영역별로 도시하고 그 우측에는 실제 예를 함께 도시하였다.

표 12.2 수면형의 분류

수로경사	영역 I	영역 II	영역 III	y, y_n, y_c의 관계	수면형의 형식	흐름의 형태
완경사	M_1			$y > y_n > y_c$	배수곡선	상류
$0 < S_0 < S_c$		M_2		$y_n > y > y_c$	저하곡선	상류
			M_3	$y_n > y_c > y$	배수곡선	사류
급경사	S_1			$y > y_c > y_n$	배수곡선	상류
$S_0 > S_c > 0$		S_2		$y_c > y > y_n$	저하곡선	사류
			S_3	$y_c > y_n > y$	배수곡선	사류
한계경사	C_1			$y > y_c = y_n$	배수곡선	상류
$S_0 = S_c > 0$		C_2		$y_c = y_n = y$	등류곡선	한계류
			C_3	$y_c = y_n > y$	배수곡선	사류
수평상				$y > y_n > y_c$	없 음	없음
$S_0 = 0$		H_2		$y_n > y > y_c$	저하곡선	상류
			H_3	$y_n > y_c > y$	배수곡선	사류
역경사				$y > y_c$	없 음	없음
$S_0 < 0$		A_2		$y > y_c$	저하곡선	상류
			A_3	$y_c > y$	배수곡선	사류

12.4 지배단면 Control Section

지배단면(control section)의 의미를 이해하기 위해 상류와 사류에 대해서 다시 한 번 설명한다. 11.6절에서 설명한 바와 같이 상류와 사류는 Froude 수의 대소에 따라 다음과 같이 구분된다.

$$F_r = \frac{V}{\sqrt{gD}} < 1 \qquad \text{상류(subcritical flow)}$$

$$F_r = \frac{V}{\sqrt{gD}} > 1 \qquad \text{사류(supercritical flow)}$$

여기서 V는 개수로 흐름의 유속이고, $\sqrt{gD}$ 는 수로 내의 장애물, 단면 변화, 흐름의 방향 변화 등으로 인해서 수면에 발생하는 장파성 교란의 전파속도로 보면 좋다. 이제 Froude 수를 이용하여 이 둘의 관계를 알아보자.

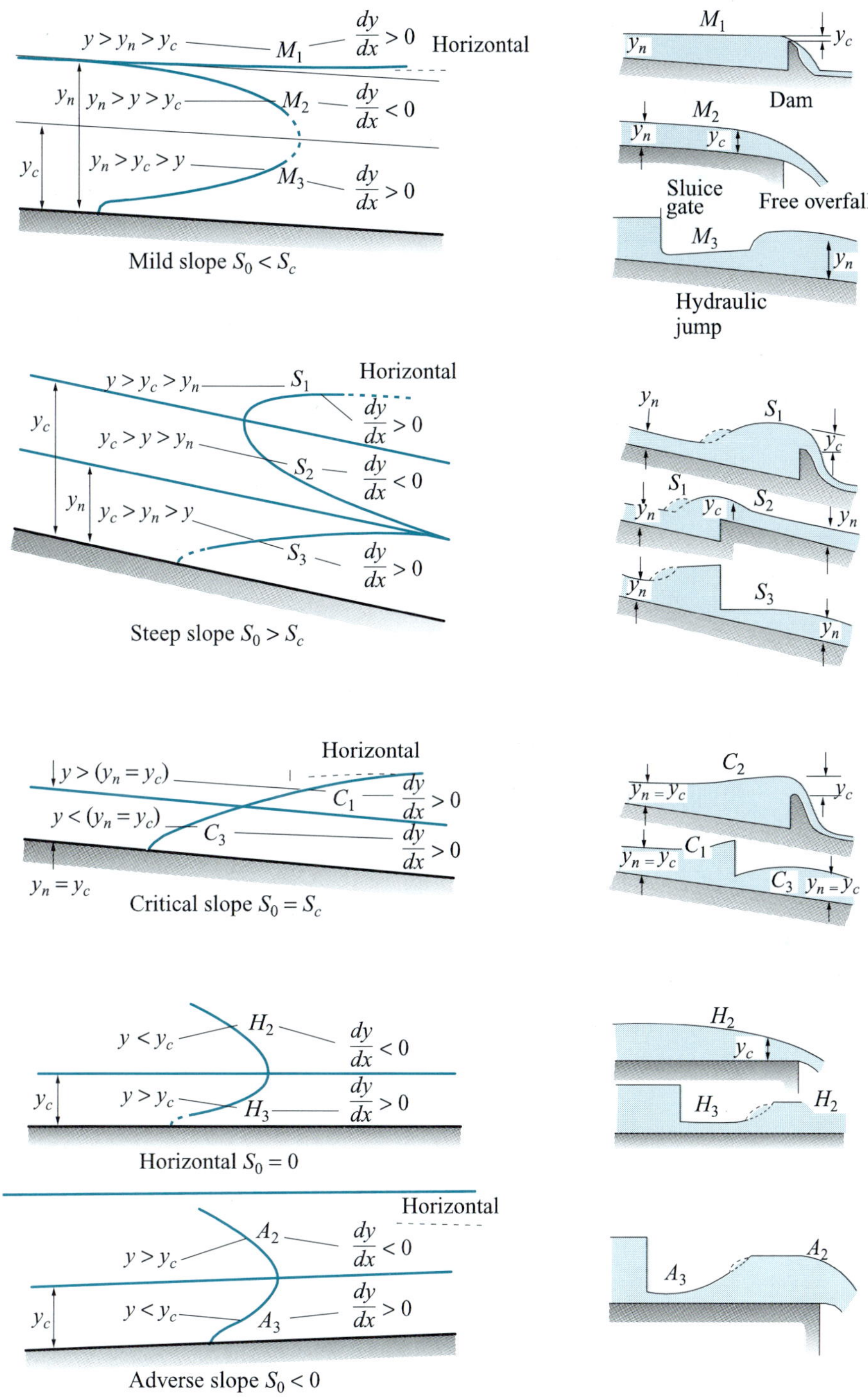

그림 12.7 각 수로 단면에 있어서의 수면형

흐름 상태가 상류일 경우에는 $V < \sqrt{gD}$ 이므로 흐름속도가 교란의 전파속도보다 작으므로 장파성 교란이 상류방향으로 거슬러 올라가서, 하류측의 조건이 무한상류까지 영향을 미친다. 그러나 사류의 경우는 반대로 $V > \sqrt{gD}$ 가 되어 흐름 전역은 상류에서 주어지는 유량만으로 규정되고 하류측 조건에는 관계가 없다. 이러한 의미로 상류를 하류통제(downstream control) 흐름이라고 하고, 사류를 상류통제(upstream control) 흐름이라고 한다. 따라서 수면곡선의 계산도 상류의 경우는 반드시 하류로부터 상류 방향으로, 사류일 경우는 반대로 상류로부터 하류를 향해서 계산을 진행하지 않으면 안 된다. 이러한 수면곡선의 계산을 수행할 때 계산을 수심과 유량을 알고 있는 단면부터 시작하는데 이러한 단면을 통상 지배단면(control section)이라 한다.

이제 그림 12.8과 같이 동일 수로에 상류와 사류가 공존하는 경우의 예를 들어 설명해 보자. 이 경우는 상류측이 상류이므로 하류통제이고, 하류측은 사류이므로 상류통제이며, 그림에서도 볼 수 있는 바와 같이 그 계산의 출발점이 한계수심이 나타나는 위치로서 이 단면이 지배단면이 된다.

한편 댐이나 위어와 같이 그 頂部에 한계수심이 나타나는 구조물을 지배구조물이라고 말하고, 이와 같은 구조물에 의하면 지배단면의 한 점만의 수심을 계측해서 유량을 확정한다. 지배단면이 아니라면 그 단면에서 유속을 측정하지 않으면 유량을 정할 수가 없다. 이것이 위어가 유량 측정에 사용될 수 있는 원리이다.

그림 12.9는 개수로흐름에서 나타나는 지배단면에 대한 실제 흐름 예를 도시한 것이다.

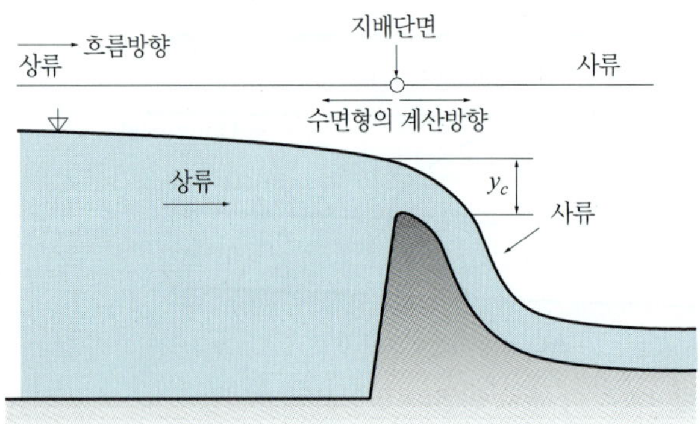

그림 12.8 지배단면과 계산방향

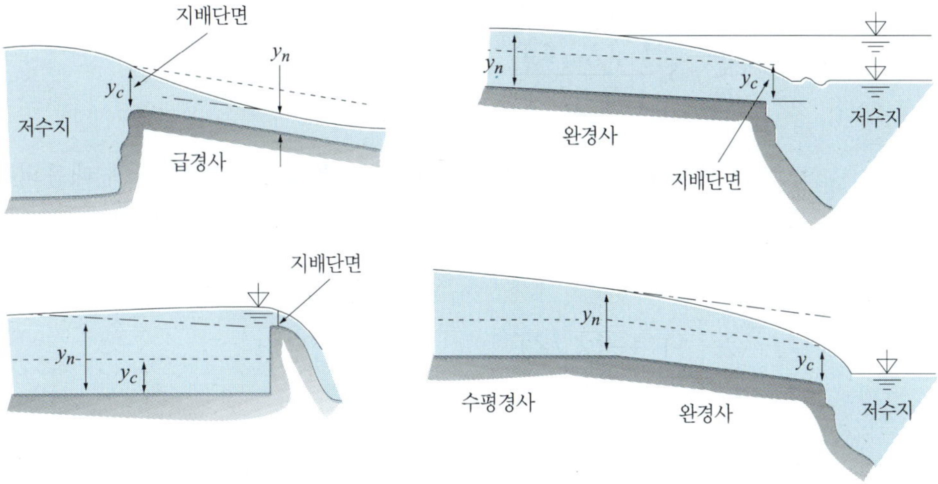

그림 12.9 지배단면의 실제 예

12.5 균일수로 단면의 수면곡선의 계산

앞에서 유도한 점변류의 수면 곡선식 (12.12), (12.15), (12.17)를 이용하면 수면곡선을 계산할 수 있다. 이러한 식들은 수면의 거리 변화에 따른 수심의 변화 dy/dx, 즉 미분방정식의 형태로 되어 있기 때문에 실제 형상을 결정하기 위해서는 이 방정식들을 수치적으로 적분해야 한다. 그러나 실제로 이것을 적분하는 것은 용이하지 않으므로, 많은 사람들이 연구하여 간편한 계산법을 개발해 왔다. 이러한 수면곡선의 계산 방법은 적분을 수행하는 방법에 따라 일반적으로 도식적 해법, 직접적분법 및 축차계산법으로 분류된다.

최근은 전자계산기의 발달에 힘입어 기본방정식을 차분화하고 경계조건을 적절히 적용함으로써 쉽게 계산할 수 있기 때문에 상기 열거한 계산법들은 실제로 사용되는 예는 많지 않다. 그러나 수면곡선의 개략 계산을 할 필요가 있는 경우나, 또한 수면곡선의 계산 원리 등을 이해하기 위해서는 상기한 방법들에 대한 이해가 필요하다고 본다. 여기서는 그 중요한 몇 가지를 선정해서 설명하기로 한다.

12.5.1 도식적 방법 Graphical intergration method

도식적 방법을 설명하기 위해 수면 경사의 기본식 (12.12)

$$\frac{dy}{dx} = S_0 \frac{1-(K_n/K)^2}{1-(Z_c/Z)^2}$$

로부터 시작하자. 이 때 계산은 y값을 가정해 나가면서 그에 대응되는 거리를 구하는 문제이기 때문에 식 (12.12)의 역수를 취하여 다음과 같이 쓰기로 한다.

$$\frac{dx}{dy} = \frac{1}{S_0} \frac{1-(Z_c/Z)^2}{1-(K_n/K)^2} \tag{12.25}$$

수로의 경사, 단면의 형상 및 조도특성이 주어지면, 식 (12.25)의 우변은 수심 y만의 함수로 되어 다음과 같이 함수 $f(y)$를 이용하여 표시할 수 있다.

$$\frac{dx}{dy} = \frac{1}{S_0} \frac{1-(Z_c/Z)^2}{1-(K_n/K)^2} = f(y) \tag{12.26}$$

여기서 함수 $f(y)$는 y값을 변화시켜서 계산할 수 있다. 식 (12.26)으로부터

$$dx = f(y)\,dy$$

이므로, 그림 12.10(a)에 보이는 수로의 두 단면 x_1과 x_2 사이의 거리 $x = x_2 - x_1$은 윗 식을 적분함으로써 구할 수 있다.

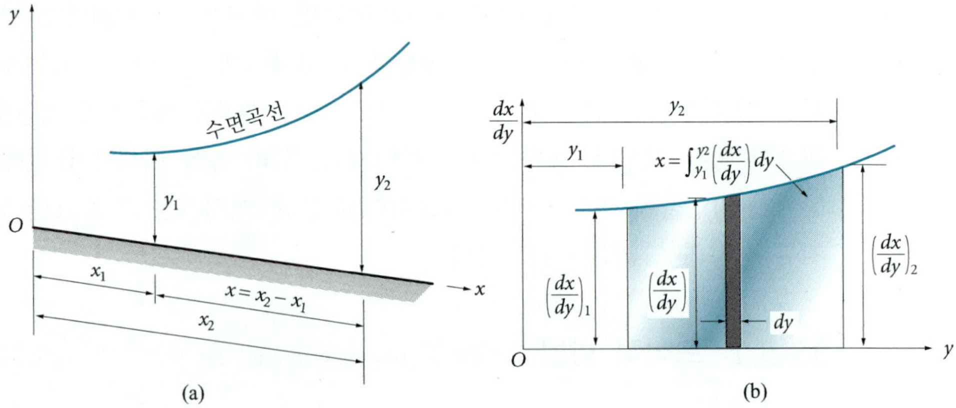

그림 12.10 도식적 해법의 개념도

$$x = x_2 - x_1 = \int_{x_1}^{x_2} dx = \int_{y_1}^{y_2} \frac{dx}{dy} dy = \int_{y_1}^{y_2} f(y) dy \tag{12.27}$$

그림 12.10(b)에 의하면 두 단면간의 거리는 결국 $f(y)$곡선의 y_1과 y_2 구간 사이의 적분 값, 즉 빗금친 부분의 면적으로 나타난다. 실제의 계산에서는 전 구간을 단번에 계산하는 것이 아니고 주어진 수심 y_1과 미소 수심 Δy를 취하여 y_1과 $y_1 + \Delta y$ 구간에 대하여 위의 방법으로 적분치, 즉 미소면적 ΔA를 구하여 이를 합산하는 방법으로 구한다. 이것을 수식으로 나타내면

$$x = \sum_{i=1}^{N} \Delta A_i$$

으로 된다. N은 대상 수로를 등분한 구간 수이다.

예제 12.2 도식해법에 의한 수면곡선 계산(균일 단면)

수로폭이 $b = 6$ m이고 하상경사가 $S_0 = 0.0016$인 직사각형 단면수로에 $Q = 10\text{m}^3/\text{sec}$의 물이 흐를 때 댐에 의해 생기는 배수곡선을 등류수심의 102% 되는 곳까지 계산하라. 단 Manning의 조도계수는 $n = 0.025$이고, 댐 지점의 수심은 $h = 1.5$ m이다.

풀이

(a) 한계수심의 계산

$$y_c = \left(\frac{q^2}{g}\right)^{1/3} = 0.66 \text{ m}$$

(b) 등류수심의 계산

Manning 공식에 수로폭(b)과 등류수심(y_n)을 대입하고 정리하면

$$\frac{Qn}{\sqrt{S_0}} = (by_n)\left(\frac{by_n}{b + 2y_n}\right)^{2/3}$$

주어진 값을 대입하면 다음과 같이 된다.

$$1.04 = y_n\left(\frac{6y_n}{6 + 2y_n}\right)^{2/3}$$

상기 식을 예제 11.10에서 설명한 방법으로 y_n을 구하면

$$y_n = 1.17 \text{ m}$$

(c) 수면곡선의 판별

$$y = 1.5 > y_n > y_c$$

이므로 수면은 M_1 곡선이다.

(d) 수면곡선의 계산

식 (12.26)을 계산하기 위해 Z_c 및 K_n을 구하면

$$Z_c = A_c\sqrt{D_c} = 6 \times 0.66\sqrt{0.66} = 3.22$$

$$K_n = \frac{1}{n}A_n R_{h_n}^{2/3} = \frac{1}{0.025} \times 6 \times 1.17 \times \left(\frac{6 \times 1.17}{6 + 2 \times 1.17}\right)^{2/3}$$

$$= 250.33$$

상기 주어진 값을 이용하여 식 (12.21)를 계산한 결과를 표 E12.2에 제시한다.

표 E12.2

y	A	R	$R_n^{2/3}$	K	Z	dx/dy	ΔA	x
1.50	9.00	1.00	1.00	360.00	11.02	1106.81	—	—
1.47	8.82	0.99	0.99	349.27	10.69	1168.59	34.13	34.13
1.44	8.64	0.97	0.98	338.67	10.37	1244.88	36.20	70.33
1.41	8.46	0.96	0.97	328.25	10.05	1340.41	38.78	109.11
1.38	8.28	0.95	0.97	321.26	9.73	1416.78	41.36	150.47
1.35	8.10	0.93	0.95	307.80	9.41	1629.88	45.70	196.17
1.32	7.92	0.92	0.95	300.96	9.10	1774.25	51.06	247.23
1.29	7.74	0.90	0.93	287.93	8.79	2216.64	59.86	307.09
1.26	7.56	0.89	0.93	281.23	8.49	2576.59	71.90	378.99
1.23	7.38	0.87	0.91	268.63	8.18	4013.14	98.85	477.84
1.20	7.20	0.86	0.90	259.20	7.89	7743.43	176.35	654.19

그림 E12.2(a)는 수심(y)을 횡축으로 하고 dx/dy 값을 종축으로 하여 도시한 것으로 각 구간의 면적(ΔA)의 값도 함께 제시하였다.

그림 E12.2(a)에서 소구간별 면적 ΔA를 합산하면 수면곡선의 거리를 구할 수 있고, 결국 x에 대해 수심 y를 도시하면 그림 E12.2(b)와 같이 수면곡선을 얻을 수 있다.

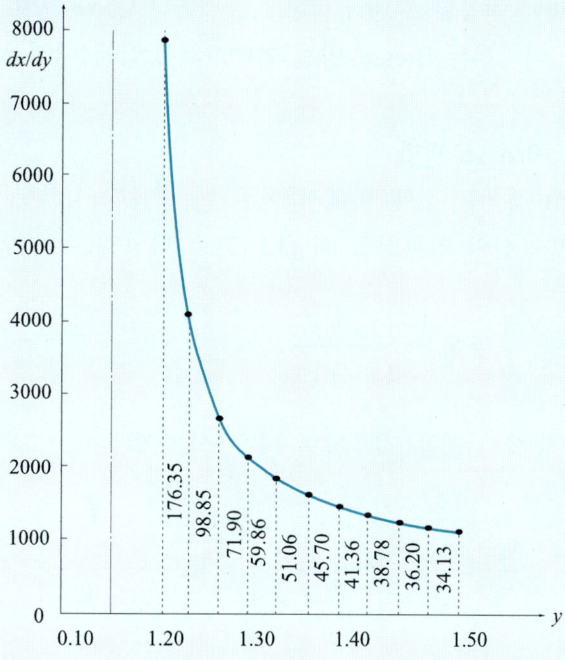

그림 E12.2(a)

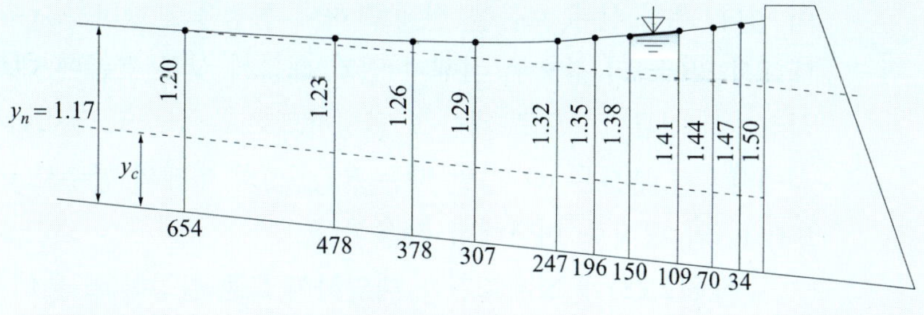

그림 E12.2(b)

12.5.2 직접 적분법

점변류의 수면 곡선식을 직접 적분하는 방법으로서는 광폭 직사각형 단면 수로에 Chezy의 유속공식을 적용하여 구한 기본식 (12.17)을 적분하는 Bresse 방법, 광폭 포물선 단면에 관한 식을 Bresse와 유사한 방법으로 구하는 Tolkmitt 공식, 또 사다리꼴, 원형, 삼각형 및 광폭 직사각형 등의 수로 단면에 적용할 수 있는 物部 방법이나 Chow 방법 등 여러 가지 방법이 있다. 여기서는 Bresse 방법과 Chow 방법에 대해서 소개한다.

(1) Bresse 방법

수로 폭이 수심에 비해서 아주 큰 광폭 직사각형 단면에 대해서는 점변류 수면곡선의 기본식을 식 (12.17)로 나타낼 수가 있다.

$$\frac{dy}{dx}=S_0\frac{1-\left(y_n/y\right)^3}{1-\left(y_c/y\right)^3}$$

상기 식을 적분하면 다음 식을 얻는다.

$$\frac{S_0x}{y_n}=\frac{y}{y_n}-\left\{1-\left(\frac{y_c}{y}\right)^3\right\}\left[\frac{1}{6}\ln\frac{y^2+yy_n+y_n^2}{\left(y-y_n\right)^2}+\frac{1}{\sqrt{3}}\tan^{-1}\frac{2y+y_n}{\sqrt{3}y_n}\right]+C \tag{12.28}$$

여기서 C는 적분 상수로서 경계조건 $x=0$에서 $y=y_b$를 대입하면 결정할 수 있다. 여기서 y_b는 주어진 수심이다.

상기 식을 이용하여 수면곡선을 계산하는 경우에는 몇 가지 주의할 점이 있다. 우선 상류 흐름을 전제로 하여 설명을 진행하자. x축이 흐름방향에 대해서 양(+)의 값으로 취해져 있기 때문에 상류 흐름에 대해서는 계산 시작점에서 상류방향으로 계산을 진행하므로 $x=-L$로 두어야 한다. 또 상기 식에서 [ ] 부분은 $y>y_n$일 때는 $B_1(y_n/y)$의 형태의 함수로 $y<y_n$일 경우는 $B_2(y/y_n)$의 형태로 변형해서 사용한다.

식 (12.28)에 경계조건을 대입하여 C를 결정하고, 위에서 설명한 조건에 대해서 고쳐 쓰면 다음과 같이 된다.

$y > y_n$의 경우 ;

$$\frac{S_0 L}{y_n} = \frac{y_b - y}{y_n} + \left\{1 - \left(\frac{y_c}{y_n}\right)^3\right\}\left[B_1\left(\frac{y_n}{y}\right) - B_1\left(\frac{y_n}{y_b}\right)\right] \tag{12.29}$$

$y < y_n$의 경우;

$$\frac{S_0 L}{y_n} = \frac{y_b - y}{y_n} + \left\{1 - \left(\frac{y_c}{y_n}\right)^3\right\}\left[B_2\left(\frac{y}{y_n}\right) - B_2\left(\frac{y_b}{y_n}\right)\right] \tag{12.30}$$

식 (12.29) 및 (12.30)을 Bresse 공식이라 부른다. 이 식들에서 함수 B_1 및 B_2는 식 (12.28)의 [ ]항에 의해 계산할 수 있으나 매 계산마다 B_1, B_2를 계산하는 것이 번거로우므로 미리 수표 작성을 해 두고 이용한다.

식 (12.29)에서 함수 B_1 값은 표 12.3에 $0 < y_n/y < 1$의 범위에 대해서 수표로 작성되어 있다. 이 경우는 상류에 대해서 임의 장소의 수심이 등류수심보다 크므로 M_1 곡선, 즉 배수곡선의 경우의 수면곡선을 나타낸다. 식 (12.29)는 S_1 및 S_2 곡선의 경우에 대해서도 적용할 수 있는데, 이 경우는 사류이므로 계산 방향이 상류에서 하류 방향이므로 상기식의 L은 다시 $-L$로 치환되어야 한다.

식 (12.30)의 B_2 함수값은 표 12.4에 $0 < y/y_n < 1$의 범위에 대해서 작성되어 있다. 이 경우는 상류에 대해서 $y < y_n$의 경우로 M_2 곡선, 즉 저하곡선의 계산에 이용된다. 이 식을 M_3 및 S_3 곡선의 계산에 이용할 때는 앞에서 설명한 것과 마찬가지로 L 대신에 $-L$을 대입하여 사용한다.

표 12.3 함수 B_1값(M_1, S_1, S_2)

$\frac{y_n}{y}$	$B\left(\frac{y_n}{y}\right)$	$\frac{y_n}{y}$	$B\left(\frac{y_n}{y}\right)$	$\frac{y_n}{y}$	$B\left(\frac{y_n}{y}\right)$	$\frac{y_n}{y}$	$B\left(\frac{y_n}{y}\right)$
1	∞	0.954	0.9073	0.845	0.5037	0.61	0.2058
0.999	2.1834	0.952	0.8931	0.840	0.4932	0.60	0.1980
0.998	1.9523	0.950	0.8795	0.835	0.4831	0.59	0.1905
0.997	1.8172	0.948	0.8665	0.830	0.4733	0.58	0.1832
0.996	1.7213	0.946	0.8539	0.825	0.4637	0.57	0.1761
0.995	1.6469	0.944	0.8418	0.820	0.4544	0.56	0.1692
0.994	1.5861	0.942	0.8301	0.815	0.4454	0.55	0.1625
0.993	1.5348	0.940	0.8088	0.810	0.4367	0.54	0.1560
0.992	1.4092	0.938	0.8079	0.805	0.4281	0.53	0.1497
0.991	1.4510	0.936	0.7973	0.800	0.4198	0.52	0.1435
0.990	1.4159	0.934	0.7871	0.795	0.4117	0.51	0.1376
0.989	1.3841	0.932	0.7772	0.790	0.4039	0.50	0.1318
0.988	1.3551	0.930	0.7675	0.785	0.3962	0.49	0.1262
0.987	1.3284	0.928	0.7581	0.780	0.3886	0.48	0.1207
0.986	1.3037	0.926	0.7490	0.775	0.3813	0.47	0.1154
0.985	1.2807	0.924	0.7401	0.770	0.3741	0.46	0.1102
0.984	1.2592	0.922	0.7315	0.765	0.3671	0.45	0.1052
0.983	1.2390	0.920	0.7231	0.760	0.3603	0.44	0.1003
0.982	1.2199	0.918	0.7149	0.755	0.3536	0.43	0.0955
0.981	1.2019	0.916	0.7069	0.750	0.3470	0.42	0.0909
0.980	1.1848	0.914	0.6990	0.745	0.3406	0.41	0.0865
0.979	1.1686	0.912	0.6914	0.740	0.3343	0.40	0.0821
0.978	1.1531	0.910	0.6839	0.735	0.3282	0.39	0.0779
0.977	1.1383	0.908	0.6766	0.730	0.3221	0.38	0.0738
0.976	1.1241	0.906	0.6695	0.725	0.3162	0.37	0.0699
0.975	1.1105	0.904	0.6625	0.720	0.3104	0.36	0.0660
0.974	1.0974	0.902	0.6556	0.715	0.3047	0.35	0.0623
0.973	1.0848	0.900	0.6489	0.710	0.2991	0.34	0.0587
0.972	1.0727	0.895	0.6327	0.705	0.2937	0.33	0.0553
0.971	1.0610	0.890	0.6173	0.700	0.2883	0.32	0.0519
0.970	1.0497	0.885	0.6025	0.69	0.2778	0.30	0.0455
0.968	1.0282	0.880	0.5884	0.68	0.2677	0.28	0.0395
0.966	1.0080	0.875	0.5749	0.67	0.2580	0.25	0.0314
0.964	0.9890	0.870	0.5619	0.66	0.2486	0.20	0.0201
0.962	0.9709	0.865	0.5494	0.65	0.2395	0.15	0.0113
0.960	0.9539	0.860	0.5374	0.64	0.2306	0.10	0.0050
0.958	0.9376	0.855	0.5258	0.63	0.2221	0.05	0.0015
0.956	0.9221	0.850	0.5146	0.62	0.2138	0.00	0.0000

표 12.4 함수 B_2값(M_2, M_3, S_3)

$\frac{y}{y_n}$	$B\left(\frac{y}{y_n}\right)$	$\frac{y}{y_n}$	$B\left(\frac{y}{y_n}\right)$	$\frac{y}{y_n}$	$B\left(\frac{y}{y_n}\right)$	$\frac{y}{y_n}$	$B\left(\frac{y}{y_n}\right)$
1	∞	0.954	0.8916	0.845	0.4478	0.61	0.0454
0.999	2.1831	0.952	0.8767	0.840	0.4353	0.60	0.0325
0.998	1.9517	0.950	0.8624	0.835	0.4232	0.59	0.0199
0.997	1.8162	0.948	0.8487	0.830	0.4114	0.58	0.0074
0.996	1.7206	0.946	0.8354	0.825	0.3988	0.57	−0.0050
0.995	1.6452	0.944	0.8226	0.820	0.3886	0.56	−0.0172
0.994	1.5841	0.942	0.8102	0.815	0.3776	0.55	−0.0293
0.993	1.5324	0.940	0.7982	0.810	0.3668	0.54	−0.0412
0.992	1.4876	0.938	0.7866	0.805	0.3562	0.53	−0.0530
0.991	1.4486	0.936	0.7753	0.800	0.3459	0.52	−0.0647
0.990	1.4125	0.934	0.7643	0.795	0.3357	0.51	−0.0763
0.989	1.3804	0.932	0.7537	0.790	0.3258	0.50	−0.0878
0.988	1.3511	0.930	0.7433	0.785	0.3160	0.49	−0.0991
0.987	1.3241	0.928	0.7332	0.780	0.3064	0.48	−0.1104
0.986	1.2990	0.926	0.7234	0.775	0.2970	0.47	−0.1216
0.985	1.2757	0.924	0.7138	0.770	0.2877	0.46	−0.1327
0.984	1.2538	0.922	0.7045	0.765	0.2785	0.45	−0.1438
0.983	1.2323	0.920	0.6953	0.760	0.2696	0.44	−0.1547
0.982	1.2139	0.918	0.6864	0.755	0.2607	0.43	−0.1656
0.981	1.1955	0.916	0.6776	0.750	0.2520	0.42	−0.1765
0.980	1.1781	0.914	0.6691	0.745	0.2434	0.41	−0.1872
0.979	1.1615	0.912	0.6607	0.740	0.2350	0.40	−0.1980
0.978	1.1457	0.910	0.6525	0.735	0.2260	0.39	−0.2086
0.977	1.1305	0.908	0.6445	0.730	0.2184	0.38	−0.2192
0.976	1.1160	0.906	0.6366	0.725	0.2102	0.37	−0.2298
0.975	1.1020	0.904	0.6289	0.720	0.2022	0.36	−0.2403
0.974	1.0886	0.902	0.6213	0.715	0.1943	0.35	−0.2508
0.973	1.0757	0.900	0.6138	0.710	0.1864	0.34	−0.2612
0.972	1.0632	0.895	0.5958	0.705	0.1787	0.33	−0.2719
0.971	1.0512	0.890	0.5785	0.700	0.1711	0.32	−0.2819
0.970	1.0396	0.885	0.5619	0.69	0.1560	0.30	−0.3025
0.968	1.0174	0.880	0.5459	0.68	0.1413	0.28	−0.3230
0.966	0.9965	0.875	0.5305	0.67	0.1268	0.25	−0.3536
0.964	0.9767	0.870	0.5156	0.66	0.1127	0.20	−0.4042
0.962	0.9580	0.865	0.5012	0.65	0.0987	0.15	−0.4544
0.960	0.9402	0.860	0.4872	0.64	0.0851	0.10	−0.5046
0.958	0.9233	0.855	0.4737	0.63	0.0716	0.05	−0.5546
0.956	0.9071	0.850	0.4605	0.62	0.0584	0.00	−0.6046

예제 12.3 Bresse 방법에 의한 수면곡선 계산

폭이 $b = 150$ m, 하상경사 $S_0 = 1/3000$인 하천에 $Q = 220$ m^3/sec의 유량이 흐를 때 하구 수심이 $y_b = 2.5$ m일 때와 $y_b = 1.2$ m일 때의 수면곡선을 Bresse의 직접적분법으로 구한다. 단 조도계수는 $n = 0.025$이다.

풀이

(a) 한계수심의 계산

$$y_c = \left(\frac{q^2}{g}\right)^{1/3} = 0.60 \text{ m}$$

(b) 등류수심의 계산

광폭 구형단면에서는 $R_h \simeq y,\ D \simeq y$이므로 식 (10.68)로부터

$$\frac{Q \cdot n}{\sqrt{S_0}} = A_n R_{hn}^{2/3} = by_n \cdot y_n^{2/3} = by_n^{5/3}$$

$$y_n = \left(\frac{n \cdot Q}{b\sqrt{S_0}}\right)^{3/5} = 1.52 \text{ m}$$

(c) 수면곡선의 계산

(i) $y_b = 2.5$m인 경우 $y_b = 2.5 > y_n > y_c$이므로 수면형은 배수곡선인 M_1곡선이다. 식 (12.29)로부터

$$\frac{S_0 x}{y_n} = \frac{y_b - y}{y_n} + \left\{1 - \left(\frac{y_c}{y_n}\right)^3\right\}\left[B_1\left(\frac{y_n}{y}\right) - B_1\left(\frac{y_n}{y_b}\right)\right]$$

$$\frac{y_n}{y_b} = \frac{1.52}{2.5} = 0.608, \quad \frac{y_b}{y_n} = 1.645$$

이므로 표 12.3으로부터

$$B_1\left(\frac{y_n}{y_b}\right) = B_1\left(0.608\right) = 0.2042$$

또

$$\left(y_c/y_n\right)^3 = \left(0.6/1.52\right)^3 = 0.0615$$

이므로 이것을 식 (12.29)에 대입하면

$$0.000219L = 1.645 - \frac{y}{y_n} + 0.9385\left[B_1\left(\frac{y_n}{y}\right) - 0.2042\right]$$

$$0.000219L = 1.4534 - \frac{y}{y_n} + 0.9385 \cdot B_1\left(\frac{y_n}{y}\right) \quad ①$$

표 12.3을 이용하여 식 ①에 y/y_n을 0.608과 1.0 사이에서 적절한 값을 대입하여 수로거리(L)와 수심(y)을 계산한 결과를 표 E12.3(a)에 제시한다.

표 E12.3(a)

y_n/y	y/y_n	$B_1\left(\frac{y_n}{y}\right)$	L	y
0.62	1.613	0.2138	187.45	2.45
0.65	1.538	0.2395	640.05	2.34
0.70	1.429	0.2883	1346.89	2.17
0.75	1.333	0.3406	2009.38	2.03
0.80	1.250	0.4198	2727.77	1.90
0.85	1.176	0.5146	3471.93	1.79
0.90	1.111	0.6489	4344.26	1.69
0.95	1.053	0.8795	5597.32	1.60
0.96	1.042	0.9539	5966.37	1.58
0.97	1.031	1.0497	6427.14	1.57
0.98	1.020	1.1848	7056.33	1.55
0.99	1.010	1.4159	8092.34	1.54

표 E12.3(a)로부터 얻어진 결과를 도시하면 그림 E12.3(a)로 된다. 필요에 따라 y_n/y 값의 간격을 더욱 세밀하게 하면 한층 더 원활한 배수곡선을 얻을 수 있다.

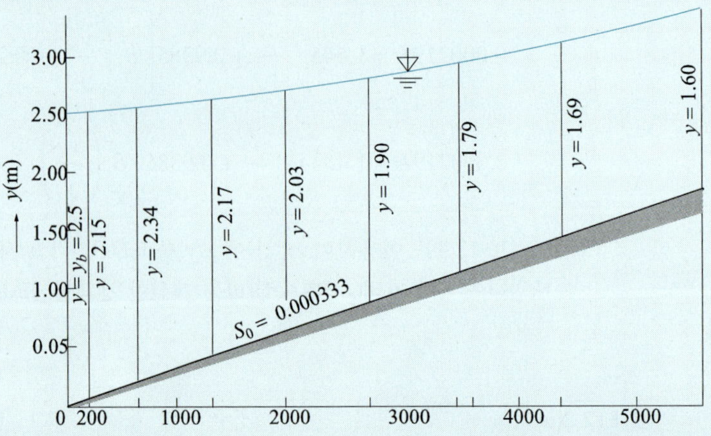

그림 E12.3(a)

(ii) 하구수심이 $y_b = 1.2$ m인 경우 $y_c < y_b = 1.2 < y_n$이므로 수면곡은 저하곡선인 M_2 곡선이 된다. 따라서 식 (12.30)을 이용한다.

$$\frac{S_0 L}{y_n} = \frac{y_b - y}{y_n} + \left\{1 - \left(\frac{y_c}{y_n}\right)^3\right\}\left[B_2\left(\frac{y}{y_n}\right) - B_2\left(\frac{y_b}{y_n}\right)\right]$$

$$y_n = 1.52 \text{ m},\ y_b = 1.2 \text{ m},\ y_c = 0.6 \text{ m}$$

$$\frac{y_b}{y_n} = 0.789,\ B_2\left(\frac{y_b}{y_n}\right) = B_2(0.789) = 0.3238$$

이고

$$\left(\frac{y_c}{y_n}\right)^3 = (0.60/1.52)^2 = 0.0615$$

이므로 이것을 식 (12.30)에 대입하면

$$0.000219L = 0.789 - \frac{y}{y_n} + (1 - 0.0615)\left[B_2\left(\frac{y}{y_n}\right) - 0.3238\right]$$

$$0.000219L = 0.4851 - \frac{y}{y_n} + 0.9385 \cdot B_2\left(\frac{y}{y_n}\right) \qquad ②$$

따라서 y/y_n의 값을 0.789 ($= y_b/y_n$)과 1.0 사이에서 적절한 값을 택하고 표 12.4로부터 $B_2\,(y/y_n)$의 값을 읽어서 식 ②로부터 수로길이 L과 수심 y를 계산한 결과를 표 E12.3(b)에 제시한다.

표 E12.3(b)

y/y_n	$B_2\left(\frac{y_n}{y}\right)$	L	y
0.800	0.3459	40.42	1.216
0.810	0.3668	88.32	1.231
0.820	0.3886	136.08	1.246
0.840	0.4353	249.17	1.277
0.860	0.4872	375.97	1.307
0.880	0.5459	536.20	1.338
0.900	0.6138	735.85	1.368
0.920	0.6953	993.79	1.398
0.940	0.7982	1343.43	1.429
0.960	0.9402	1860.63	1.459
0.980	1.1781	2788.80	1.490
0.990	1.4125	3747.63	1.505
0.995	1.6452	4722.01	1.512
0.998	1.9517	6021.78	1.517

상기 얻어진 결과를 이용하여 수면곡선을 도시하면 그림 E12.3(b)와 같이 저하곡선이 된다.

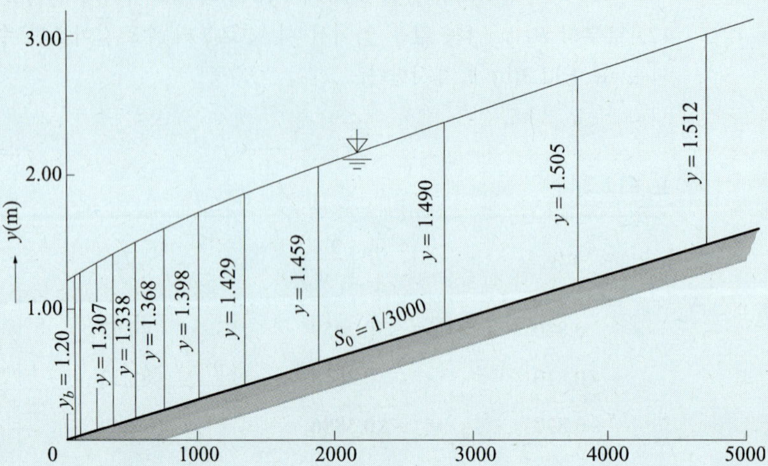

그림 E12.3(b)

(2) Chow의 방법

Chow는 Manning 공식을 이용하여 직사각형, 원형 및 사다리꼴에 대한 수면곡선식을 유도하였다. 앞서 유도한 일반수로 단면에 대한 점변류의 기본식

$$\frac{dy}{dx} = S_0 \frac{1-(K_n/K)^2}{1-(Z_c/Z)^2}$$

에서 통수능 $K=(1/n)\,AR_h^{2/3}$와 단면계수 $Z=A\sqrt{D}$는 둘 다 수심의 함수로서 다음과 같은 형태로 표현할 수 있다고 가정한다.

$$K^2 = C_1 y^N, \quad K_n^2 = C_1 y_n^N$$

$$Z^2 = C_2 y^M, \quad Z_c^2 = C_2 y_c^M$$

여기서 지수 N 및 M은 단면의 형상과 흐름 조건에 의해 결정되는 상수이다. 이것을 식 (12.12)에 대입하면 다음과 같이 된다.

$$\frac{dy}{dx} = S_0 \frac{1-\left(\dfrac{y_n}{y}\right)^N}{1-\left(\dfrac{y_c}{y}\right)^M} \tag{12.31}$$

예를 들어 광폭 직사각형 단면수로에 관한 식 (12.15)와 비교하면 $N = 10/3$, $M = 3$이 된다. 적분을 간단하게 하기 위하여 $y/y_n = u$로 변수 변환하면 $dy = y_n du$가 되고, 이것을 식 (12.31)에 대입하고 dx에 대하여 정리하면 다음 식을 얻는다.

$$dx = \frac{y_n}{S_0}\left[\frac{1-\left(\dfrac{y_c}{y_n}\right)^M u^{-M}}{1-u^{-N}}\right]$$

$$= \frac{y_n}{S_0}\left[\frac{\left\{u^M - \left(\dfrac{y_c}{y_n}\right)^M\right\} u^{N-M}}{u^N - 1}\right] du$$

상기 식을 전개하여 고쳐 쓰면

$$dx = \frac{y_n}{S_0}\left[1 - \frac{1}{1-u^N} + \left(\frac{y_c}{y_n}\right)^M \left(\frac{u^{N-M}}{1-u^N}\right)\right] du$$

가 된다. 상기 식을 적분하면

$$x = \frac{y_n}{S_0}\left[u - \int_0^u \frac{du}{1-u^N} + \left(\frac{y_c}{y_n}\right)^M \int_0^u \frac{u^{N-M}}{1-u^N} du\right] + C \tag{12.32}$$

상기 식에서 우변 [ ] 내의 두 번째 항의 적분은

$$F(u, N) = \int_0^u \frac{du}{1-u^N} \tag{12.33}$$

으로 표시하고 부등류 함수(Varied flow function)로 정의한다. 또 세 번째 항의 적분

$$\int_0^u \frac{u^{N-M}}{1-u^N}\,du$$

를 변형하기 위해서 $v = u^{N/J}$로 변수 변형하면 $du = \dfrac{J}{N}\dfrac{1}{u^{N/J-1}}dv$ 이므로 위의 적분은

$$\begin{aligned}\int_0^u \frac{u^{N-M}}{1-u^N}\,du &= \frac{J}{N}\int_0^v \frac{u^{N-M}}{1-u^N}\frac{1}{u^{N/J-1}}\,dv \\ &= \frac{J}{N}\int_0^v \frac{1}{u^{M-N-1}\left(1-u^N\right)u^{N/J}}\,dv\end{aligned}$$

이 된다. 위 식에 $u^N = v^J$를 대입하고, $J = N/(N - M + 1)$을 대입하면

$$\begin{aligned}\int_0^u \frac{u^{N-M}}{1-u^N}\,du &= \frac{J}{N}\int_0^v \frac{1}{u^{-N/J}\left(1-v^J\right)u^{N/J}}\,dv \\ &= \frac{J}{N}\int_0^v \frac{dv}{1-v^J}\end{aligned} \tag{12.34}$$

로 되어 식 (12.33)으로 정의한 부등류 함수와 동일한 형태가 된다. 식 (12.33)과 (12.34)를 식 (12.32)에 대입하면 다음과 같이 쓸 수 있다.

$$x = \frac{y_n}{S_0}\left[u - F(u, N) + \left(\frac{y_c}{y_n}\right)^M \left(\frac{J}{N}\right) F(v, J)\right] + C$$

따라서 $x = x_1$일 때 $u = u_1,\ v = v_1$ 및 $x = x_2$에서의 $u = u_2$ 및 $v = v_2$의 경계조건을 상기 식에 대입하고, 적분상수 C를 소거하면 두 단면간의 거리 L은 다음과 같이 표시된다.

$$\begin{aligned}L = x_1 - x_2 = \frac{y_n}{S_0}\Big[&(u_1 - u_2) - \{F(u_1, N) - F(u_2, N)\} \\ &+ \left(\frac{y_c}{y_n}\right)^M \frac{J}{N}\{F(v_1, J) - F(v_2, J)\}\Big]\end{aligned} \tag{12.35}$$

상기 식에서 M, N은 각 단면에 대해서 계산하여야 하나, Chow가 제시한 그림 12.11을 이용하면 쉽게 구할 수 있다.

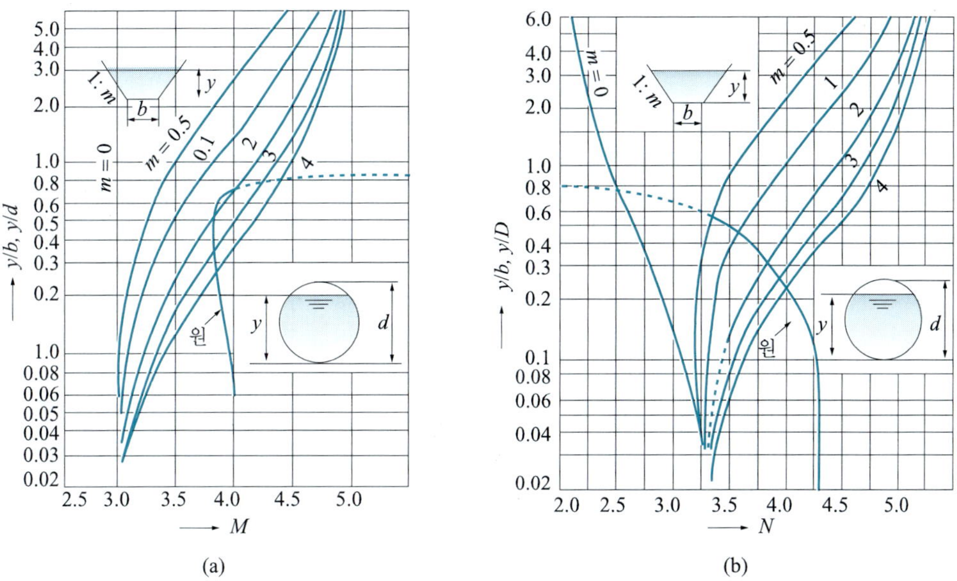

그림 12.11 단면 형태에 따른 *M*, *N* 값

또, 부등류 함수 $F(u, N)$에 대해서도 표 12.5로 제시된 수표를 이용하면 식 (12.35)로부터 가정된 수심에 대해 거리 L을 구할 수 있다.

표 12.5 부등류함수 $F(u, N)$

u \ N	2.2	2.4	2.6	2.8	3.0	3.2	3.4	3.6	3.8	4.0
0.00	0.000	0.000	0.000	0.000	0.000	0.000	0.000	0.000	0.000	0.000
0.02	0.020	0.020	0.020	0.020	0.020	0.020	0.020	0.020	0.020	0.020
0.04	0.040	0.040	0.040	0.040	0.040	0.040	0.040	0.040	0.040	0.040
0.06	0.060	0.060	0.060	0.060	0.060	0.060	0.060	0.060	0.060	0.060
0.08	0.080	0.080	0.080	0.080	0.080	0.080	0.080	0.080	0.080	0.080
0.10	0.100	0.100	0.100	0.100	0.100	0.100	0.100	0.100	0.100	0.100
0.12	0.120	0.120	0.120	0.120	0.120	0.120	0.120	0.120	0.120	0.120
0.14	0.140	0.140	0.140	0.140	0.140	0.140	0.140	0.140	0.140	0.140
0.16	0.161	0.161	0.160	0.160	0.160	0.160	0.160	0.160	0.160	0.160
0.18	0.181	0.181	0.181	0.180	0.180	0.180	0.180	0.180	0.180	0.180
0.20	0.202	0.201	0.201	0.201	0.200	0.200	0.200	0.200	0.200	0.200
0.22	0.223	0.222	0.221	0.221	0.221	0.220	0.220	0.220	0.220	0.220
0.24	0.244	0.243	0.242	0.242	0.241	0.241	0.241	0.240	0.240	0.240
0.26	0.265	0.263	0.262	0.262	0.261	0.261	0.261	0.260	0.260	0.260
0.28	0.286	0.284	0.283	0.282	0.282	0.281	0.281	0.281	0.280	0.280
0.30	0.307	0.305	0.304	0.303	0.302	0.302	0.302	0.301	0.301	0.301
0.32	0.329	0.326	0.325	0.324	0.323	0.323	0.322	0.321	0.321	0.321
0.34	0.351	0.348	0.346	0.344	0.343	0.343	0.342	0.342	0.341	0.341
0.36	0.372	0.369	0.367	0.366	0.364	0.363	0.363	0.362	0.362	0.362
0.38	0.395	0.392	0.389	0.387	0.385	0.384	0.383	0.383	0.382	0.382
0.40	0.418	0.414	0.411	0.408	0.407	0.405	0.404	0.403	0.403	0.402
0.42	0.442	0.437	0.433	0.430	0.428	0.426	0.425	0.424	0.423	0.423
0.44	0.465	0.460	0.456	0.452	0.450	0.448	0.446	0.445	0.444	0.443
0.46	0.489	0.483	0.479	0.475	0.482	0.470	0.468	0.466	0.465	0.464
0.48	0.514	0.507	0.502	0.497	0.497	0.492	0.489	0.488	0.486	0.485
0.50	0.539	0.531	0.525	0.521	0.517	0.514	0.511	0.509	0.508	0.506
0.52	0.565	0.557	0.550	0.566	0.540	0.536	0.534	0.531	0.529	0.528
0.54	0.592	0.582	0.574	0.568	0.563	0.559	0.556	0.554	0.551	0.550
0.56	0.619	0.608	0.599	0.593	0.587	0.583	0.579	0.576	0.574	0.572
0.58	0.648	0.635	0.626	0.618	0.612	0.607	0.603	0.599	0.596	0.594
0.60	0.676	0.663	0.653	0.644	0.637	0.631	0.627	0.623	0.620	0.617
0.61	0.691	0.678	0.667	0.657	0.650	0.644	0.639	0.635	0.631	0.628
0.62	0.706	0.692	0.680	0.671	0.663	0.657	0.651	0.647	0.643	0.640
0.63	0.772	0.707	0.694	0.684	0.676	0.669	0.664	0.659	0.655	0.652
0.64	0.738	0.722	0.709	0.698	0.690	0.683	0.677	0.672	0.667	0.664
0.65	0.754	0.737	0.724	0.712	0.703	0.696	0.689	0.684	0.680	0.676
0.66	0.771	0.753	0.738	0.727	0.717	0.709	0.703	0.697	0.692	0.688
0.67	0.787	0.769	0.754	0.742	0.731	0.723	0.716	0.710	0.705	0.701
0.68	0.804	0.785	0.769	0.757	0.746	0.737	0.729	0.723	0.718	0.713
0.69	0.822	0.804	0.785	0.772	0.761	0.751	0.743	0.737	0.731	0.726
0.70	0.804	0.819	0.802	0.787	0.776	0.766	0.757	0.750	0.744	0.739
0.71	0.858	0.836	0.819	0.804	0.791	0.781	0.772	0.764	0.758	0.752
0.72	0.878	0.855	0.836	0.820	0.807	0.796	0.786	0.779	0.722	0.766
0.73	0.898	0.884	0.854	0.837	0.823	0.811	0.802	0.793	0.786	0.780
0.74	0.918	0.892	0.868	0.854	0.740	0.827	0.817	0.808	0.800	0.794
0.75	0.940	0.913	0.890	0.872	0.857	0.844	0.833	0.823	0.815	0.808
0.76	0.961	0.933	0.909	0.890	0.874	0.861	0.849	0.839	0.830	0.823
0.77	0.985	0.954	0.9300	0.909	0.892	0.878	0.868	0.855	0.846	0.838
0.78	1.007	0.976	.950	0.929	0.911	0.896	0.883	0.872	0.862	0.854
0.79	1.031	0.998	0.971	0.946	0.930	0.914	0.901	0.889	0.879	0.870

표 12.5 부등류함수 $F(u, N)$ (계속)

u \ N	2.2	2.4	2.6	2.8	3.0	3.2	3.4	3.6	3.8	4.0
0.80	1.056	1.022	0.994	0.970	0.950	0.934	0.919	0.907	0.896	0.887
0.81	1.083	1.046	1.017	0.992	0.971	0.954	0.938	0.925	0.714	0.904
0.82	1.110	1.082	1.041	1.015	0.993	0.974	0.958	0.945	0.932	0.922
0.83	1.139	1.099	1.067	1.039	1.016	0.996	0.979	0.965	0.952	0.940
0.84	1.171	1.129	1.094	1.064	1.040	1.019	1.001	0.985	0.972	0.960
0.85	1.201	1.157	1.121	1.091	1.065	1.043	1.024	1.007	0.993	0.9801
0.86	1.238	1.192	1.153	1.119	1.092	1.068	1.048	1.031	1.015	.002
0.87	1.272	1.223	1.182	1.149	1.120	1.095	1.074	1.055	1.039	1.025
0.88	1.314	1.262	1.228	1.181	1.151	1.124	1.101	1.071	1.064	1.049
0.89	1.357	1.302	1.255	1.216	1.183	1.155	1.131	1.110	1.091	1.085
0.90	1.401	1.343	1.294	1.253	1.218	1.189	1.163	1.140	1.120	1.103
0.91	1.452	1.389	1.338	1.294	1.257	1.225	1.197	1.173	1.152	1.133
0.92	1.505	1.438	1.351	1.340	1.300	1.266	1.236	1.210	1.187	1.166
0.93	1.564	1.493	1.435	1.391	1.348	1.311	1.279	1.251	1.226	1.204
0.94	1.645	1.568	1.504	1.449	1.403	1.363	1.328	1.297	1.270	1.246
0.950	1.737	1.652	1.582	1.518	1.467	1.423	1.385	1.352	1.322	1.296
0.960	1.883	1.741	1.665	1.601	1.545	1.497	1.454	1.417	1.385	1.355
0.970	1.969	1.866	1.780	1.707	1.644	1.590	1.543	1.501	1.464	1.431
0.975	2.055	1.945	1.853	1.773	1.707	1.649	1.598	1.554	1.514	1.479
0.980	2.164	2.045	1.946	1.855	1.783	1.720	1.666	1.617	1.575	1.536
0.985	2.294	2.165	2.056	1.959	1.880	1.812	1.752	1.699	1.652	1.610
0.990	2.477	2.333	2.212	2.106	2.078	1.940	1.873	1.814	1.761	1.714
0.995	2.792	2.621	2.478	2.335	2.250	2.159	2.079	2.008	1.945	1.889
0.999	3.523	3.292	3.097	2.931	2.788	2.663	2.554	2.457	2.370	2.293
1.000	∞	∞	∞	∞	∞	∞	∞	∞	∞	∞
1.001	3.317	2.931	2.6402	2.399	2.184	2.008	1.856	1.725	1.6101	1.508
1.005	2.587	2.266	.0221.	1.818	1.649	1.506	1.384	1.279	.188	1.107
1.010	2.273	1.977	7571.6	1.572	1.419	1.291	1.182	1.089	1.007	0.936
1.015	2.090	1.807	021.49	1.428	1.286	1.166	1.065	0.978	0.902	0.836
1.020	1.961	1.711	3	1.327	1.191	1.078	0.982	0.900	0.828	0.766
1.03	1.779	1.531	1.3401	1.186	1.060	0.955	0.866	0.790	0.725	0.668
1.04	1.651	1.4101	.2321.	1.086	0.967	0.868	0.785	0.714	0.653	0.600
1.05	1.552	.334	1501.0	1.010	0.896	0.802	0.723	0.656	0.598	0.548
1.06	1.472	1.250	82	0.948	0.838	0.748	0.672	0.608	0.553	0.506
1.07	1.404	1.195	1.026	0.896	0.790	0.703	0630	0.569	0.516	0.471
1.08	1.346	1.139	0.978	0.851	0.749	0.665	0.595	0.535	0.485	0.441
1.09	1.295	1.089	0.935	0.812	0.713	0.631	0.563	0.506	0.457	0.415
1.10	1.250	1.050	0.897	0.777	0.681	0.601	0.536	0.480	0.433	0.392
1.11	1.209	1.014	0.864	0.746	0.652	0.575	0.511	0.457	0.411	0.372
1.12	1.172	0.981	0.833	0.718	0.626	0.551	0.488	0.436	0.392	0.354
1.13	1.138	0.9500	0.805	0.692	0.602	0.529	0.468	0.417	0.374	0.337
1.14	1.107	.9210.	0.780	0.669	0.581	0.509	0.450	0.400	0.358	0.322
1.15	1.078	892	0.786	0.647	0.5610	0.490	0.432	0.384	0.343	0.308
1.16	1.052	0.870	0.734	0.627	.542	0.473	0.417	0.369	0.329	0.295
1.17	1.027	0.850	0.713	0.608	0.525	0.458	0.402	0.356	0.317	0.283
1.18	1.003	0.825	0.694	0.591	0.509	0.443	0.388	0.343	0.305	0.272
1.19	0.981	0.8100	0.676	0.574	0.494	0.429	0.375	0.331	0.272	0.262
1.20	0.960	.787	0.659	0.559	0.480	0.416	0.363	0.320	0.283	0.252
1.22	0.922	0.7550	0.628	0.531	0454	0.3920	0.341	0.299	0.264	0.235
1.24	0.887	.725	0.600	0.505	0.431	.371	0.322	0.281	0.248	0.219

12.5.3 직접 축차법 direct step method

직접축차계산법은 인접하는 두 단면 ①, ② 사이의 에너지평형으로부터 수면곡선을 직접 구할 수 있는 방법이다. 이때 두 단면 사이의 거리 Δx는 충분히 작다고 생각하고 두 단면에서의 수면은 직선으로 나타낼 수 있는 것으로 가정한다. 그림 12.12와 같이 Δx 떨어진 두 단면 ①, ② 사이에 베르누이 정리를 적용하면 다음과 같이 된다.

$$\frac{V_1^2}{2g} + y_1 + z_1 = \frac{V_2^2}{2g} + y_2 + z_2 + h_L \tag{12.36}$$

여기서 h_L은 에너지 손실수두이다.

단면 1, 2에서의 비에너지를 각각 E_1, E_2라 하면 상기 식은 다음과 같이 고쳐 쓸 수 있다.

$$E_1 + z_1 = E_2 + z_2 + h_L \tag{12.37}$$

여기서 $E_i = \frac{V_i^2}{2g} + y_i \left(i = 1, 2\right)$ 이다. 식 (12.37)에 $z_1 - z_2 = S_0 \Delta x$와 $h_L = S_f \Delta x$를 대입하고 두 단면 사이의 거리 Δx에 대해서 정리하면 다음 식을 얻는다.

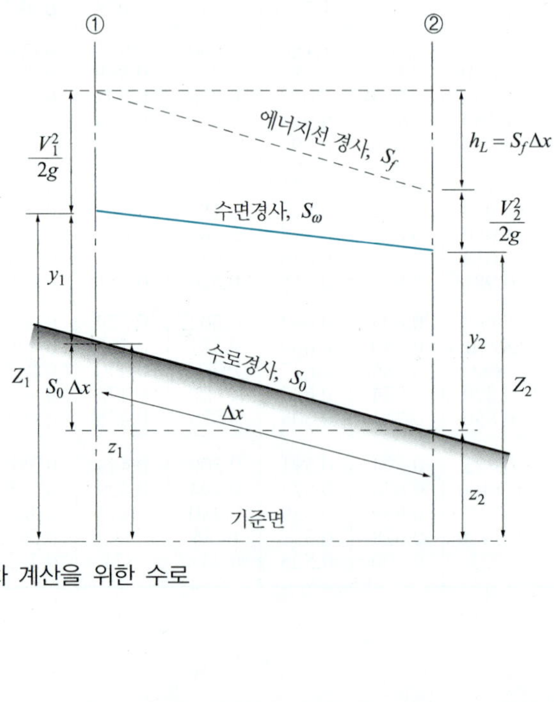

그림 12.12 축차 계산을 위한 수로

$$\Delta x = \frac{E_2 - E_1}{S_0 - S_f} \tag{12.38}$$

여기서 S_f는 에너지선의 경사를 나타내는 것으로서, Manning공식을 이용하면 다음과 같이 표현된다.

$$S_f = \frac{n^2 V^2}{R_h^{4/3}}$$

식 (12.38)을 이용하여 Δx를 구하는 절차를 간단히 요약한다.

(1) 기지의 수심 y_2에서 Δx 떨어진 곳의 수심 y_1을 가정한다.
(2) y_2와 y_1을 이용하여 식 (12.38)로부터 Δx를 구한다.
(3) 다음은 앞 단계에서 가정한 y_1이 기지의 수심이 되고 또 하나의 수심을 가정하여 전 단계와 동일한 방법으로 Δx를 구한다.

이러한 과정을 목적으로 하는 수심까지 축차적으로 계산하여 Δx를 구하고 이것을 합산하면 대상 수로 구간의 거리 L이 된다. 이때 주의할 점은 식 (12.38)에서 S_f의 값은 전 단계와 다음 단계의 값의 평균치를 사용한다.

$$\overline{S}_f = \frac{1}{2}\left(S_{f_1} + S_{f_2}\right)$$

예제 12.4 Chow 방법과 직접 축차계산법

수로폭이 14 m, 수로경사가 $S_0 = 0.001$이고 조도계수 $n = 0.02$인 직사각형 수로에 $Q = 90\ \text{m}^3/\text{sec}$의 물이 흐르고 있다. 이 수로의 하류부의 지배단면의 영향으로 점변류가 형성되어 있는 구간 내의 한 단면에서 측정한 수심은 $y = 1.8$ m였다. 지배단면에서의 수심이 $y = y_c$인 경우, 지배난년으로부터 등류수심의 99%되는 지점까지의 수면곡선을 아래 방법에 의해 계산하라.

(a) 직접적분법(Chow 방법)
(b) 직접축차계산법

풀이

1. 등류수심 결정

$$Q = \frac{1}{n} A R_h^{2/3} S_0^{1/2}$$

$$A R_h^{2/3} = \frac{nQ}{S_0^{1/2}} = \frac{0.02 \times 90}{\sqrt{0.001}} = 56.92$$

이므로, 시행착오법에 의해 y_n을 결정한다.

$\therefore y_n = 2.636$ m

2. 한계수심 결정

$$y_c = \sqrt[3]{\frac{q^2}{g}} = \frac{\sqrt[3]{(90/14)^2}}{9.8} = 1.616 \text{ m}$$

3. 수면곡선의 판별

$$y_n = 2.636 \text{ m}, \qquad y_c = 1.616 \text{ m}$$

$$y_n > y_c, \qquad y_n > y > y_c$$

$\therefore M_2$ 곡선이다.

4. 수면곡선의 계산

(a) 직접적분법

그림 12.11에서 M과 N값을 찾으면 N, M은 근사적으로 $N = 3$, $M = 3$ 이므로

$$J = \frac{N}{N - M + 1} = 3$$

이 된다. 따라서 $v = u^{N/J} = u$가 된다.

결국 식 (12.35)는 다음과 같은 형태가 되고, 이 식을 이용해서 계산한 결과가 표 E12.4(a)이다.

$$L = \frac{y_n}{S_0}\left[(u_2 - u_1) - \left\{1 - \left(\frac{y_c}{y_n}\right)^3\right\}\{F(u_2, 3.0) - F(u_1, 3.0)\}\right]$$

$$\frac{y_n}{S_0} = 2636 \qquad 1 - \left(\frac{y_c}{y_n}\right)^3 = 0.770$$

표 E12.4(a)

y	u	$F(u, 3.0)$	L	ΣL_m
1.616	0.613	0.654	-	0
1.716	0.651	0.705	3.3	3.3
1.816	0.689	0.759	9.4	12.7
1.916	0.727	0.818	19.6	32.3
2.016	0.765	0.883	31.8	64.1
2.116	0.803	0.956	48.0	112.1
2.216	0.841	1.043	76.4	188.5
2.316	0.879	1.148	113.0	301.5
2.416	0.917	1.287	182.0	483.5
2.516	0.954	1.498	330.7	814.2
2.610	0.990	2.017	958.5	1772.7

상기 표를 이용하여 수면곡선을 그리면 그림 E12.4(a)와 같이 된다.

그림 E12.4(a)

(b) 직접축차계산법

표 E12.4(b)는 지배단면(y = 1.616)으로부터 등류수심의 99% 되는 수심(y = 2.610)까지 수로를 10개의 소구간으로 나누어 식 (12.38)을 이용하여 소구간거리 Δx를 축차적으로 계산한 결과이다. 또 그림 E12.4(b)는 계산 결과를 이용하여 수면곡선을 개략적으로 도시한 것이다.

표 E12.4(b)

y	A	R	V	$V^2/2g$	E	ΔE	S_f	$\bar{S}_f$	$S_0 - \bar{S}_f$	ΔX	L
1.616	22.62	1.32	3.98	0.81	2.43	-	0.00442	-	-	-	-
1.716	24.08	1.38	3.75	0.72	2.44	0.01	0.00366	0.00404	−0.00304	−3.3	3.3
1.816	25.42	1.44	3.54	0.64	2.46	0.02	0.00308	0.00337	−0.00237	−8.4	11.7
1.916	26.82	1.50	3.36	0.58	2.50	0.04	0.00263	0.00286	−0.00186	−21.5	33.2
2.016	28.22	1.57	3.19	0.52	2.54	0.04	0.00223	0.00243	−0.00143	−28.0	61.2
2.116	29.62	1.62	3.04	0.47	2.59	0.05	0.00194	0.00209	−0.00109	−45.9	107.1
2.216	31.02	1.68	2.90	0.43	2.65	0.06	0.00168	0.00181	−0.00081	−74.1	181.2
2.316	32.42	1.74	2.78	0.39	2.71	0.06	0.00148	0.00158	−0.00058	−103.4	284.6
2.416	33.82	1.80	2.66	0.36	2.78	0.07	0.00129	0.00139	−0.00039	−179.5	464.1
2.516	35.22	1.85	2.56	0.33	2.85	0.07	0.00115	0.00122	−0.00022	−318.2	782.3
2.610	36.54	1.90	2.46	0.31	2.92	0.07	0.00103	0.00109	−0.00009	−777.8	1560.1

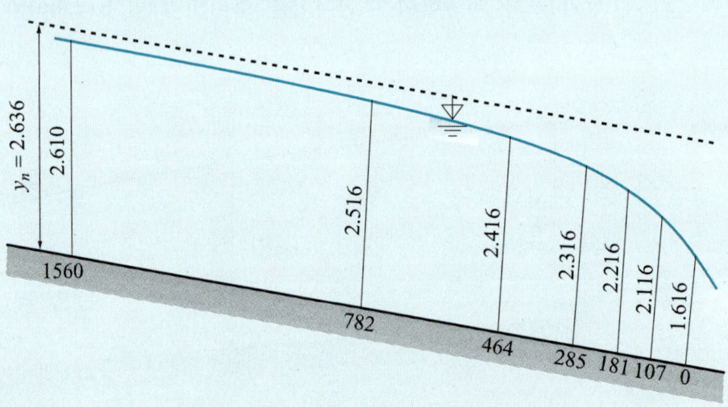

그림 E12.4(b)

12.6 임의 단면수로의 수면곡선의 계산

12.6.1 표준축차계산법 Standard step method

이 방법은 직접축차법과는 달리 임의단면수로에 적용할 수 있으며, 특히 자연수로 단면에 아주 적합한 방법이다. 수로 단면이 임의 형태이기 때문에 수로에 대한 데이터를 얻기 위해 현장 측량도 필요하다.

표준축차법은 그림 12.12에 도시한 바와 같이 기준면으로 수면표고를 이용하여 단면 1과 2에서의 총 에너지를 정의하고 에너지 평형 관계를 이용하여 수면표고를 축차적으로 계산하는 방법이다. 먼저 기지의 수면고 Z_2에서 Δx만큼 떨어진 곳에서의 수면표고 Z_1을 구해 나가는데, 이때 양단면의 에너지가 평형을 이룰 때까지 시행착오법을 이용하여 Z_1을 구한다.

그림 12.12에서 기준면으로부터의 수면표고는 단면 1, 2에서 각각 다음과 같다.

$$Z_1 = y_1 + z_1 = y_1 + S_0 \Delta x + z_2$$

$$Z_2 = y_2 + z_2$$

수면표고 Z_1, Z_2를 이용하여 단면 1, 2에 베르누이 정리를 적용하면 다음과 같이 표현된다.

$$Z_1 + \frac{V_1^2}{2g} = Z_2 + \frac{V_2^2}{2g} + h_L \tag{12.39}$$

각 단면에서의 총 에너지를

$$H_1 = Z_1 + \frac{V_1^2}{2g}$$

$$H_2 = Z_2 + \frac{V_2^2}{2g}$$

으로 정의하여 식 (12.39)에 대입하면 다음 식을 얻는다.

$$H_1 = H_2 + h_L \tag{12.40}$$

여기서 h_L은 에너지손실수두로써 양 단면의 에너지 선의 경사의 평균치($\bar{S}_f$)를 이용하여 다음 식을 사용한다.

$$h_L = \bar{S}_f \Delta x = \frac{1}{2}\left(S_{f_1} + S_{f_2}\right)\Delta x \qquad (12.41)$$

식 (12.41)을 (12.40)에 대입하면

$$H_1 = H_2 + \bar{S}_f \Delta x \qquad (12.42)$$

가 되는데 이 식이 표준축차법의 기본식이다.

표준축차법을 이용하여 수면 곡선식을 계산하는 절차를 요약하면 다음과 같다.

① 기지의 수면표고 Z_2를 이용하여 $H_2 = Z_2 + V_2^2/2g$로부터 H_2를 계산한다.

② 수면표고를 알고 있는 지점으로부터 임의 거리 Δx 만큼 떨어진 단면에서의 수면표고 Z_1을 적절히 가정한다.

③ 앞에서 가정한 Z_1을 $H_1 = Z_1 + V_1^2/2g$에 대입하여 H_1을 계산한다.

④ 마찰 손실수두 $h_L = \bar{S}_f\Delta x$과 단계 ①에서 구한 H_2를 더한 값, 즉 $h_L = \bar{S}_f\Delta x$가 단계 ③의 식 (12.42)를 만족하는지 검토한다. 즉

$$H_1 = H_2 + \bar{S}_f \Delta x$$

가 되는지 검토한다.

⑤ 위 관계가 만족되지 않으면 만족할 때까지 반복 계산한다.

12.6.2 Escoffier 도식법

임의 단면 수로의 수면곡선 계산법 중 하나인 Escoffier 도식법을 소개한다. 그림 12.12의 단면번호 ①, ②를 서로 바꾸고, 여기에 Bernoulli 정리를 적용하면 다음과 같이 된다.

$$\frac{Q^2}{2gA_1^2} + y_1 + z_1 + h_L = \frac{Q^2}{2gA_2^2} + y_2 + z_2 \qquad (12.43)$$

여기서 마찰 손실수두 h_L을 양 단면간의 마찰손실수두의 평균치로 표현할 수 있다고 가정하고 다음과 같이 표현한다.

$$h_L = \int_0^{\Delta x} \frac{n^2 Q^2}{R_h^{4/3} A^2} dx \cong \frac{1}{2}\left(\frac{n_1^2}{R_{h_1}^{4/3} A_1^2} + \frac{n_2^2}{R_h^{4/3} A_2^2} \right) Q^2 \Delta x$$

상기 식에서는 Manning의 평균 유속공식을 채용하고 있으며, 첨자 1, 2는 각 단면에서의 값을 의미한다. 상기 식을 식 (12.43)에 대입하면

$$\frac{Q^2}{2gA_1^2} + \frac{\Delta x}{2} \frac{n_1^2 Q^2}{R_{h_1}^{4/3} A_1^2} + y_1 + z_1 = \frac{Q^2}{2gA_2^2} - \frac{\Delta x}{2} \frac{n_2^2 Q^2}{R_{h_2}^{4/3} A_2^2} + y_2 + z_2$$

이 된다. 상기 식을 고쳐 쓰면 다음과 같이 된다.

$$\begin{aligned} (y_2 + z_2) - (y_1 + z_1) &= \left(\frac{1}{2gA_1^2} + \frac{n_1^2 \Delta x}{2R_{h_1}^{4/3} A_1^2} \right) Q^2 \\ &\quad - \left(\frac{1}{2gA_2^2} - \frac{n_2^2 \Delta x}{2R_{h_2}^{4/3} A_2^2} \right) Q^2 \end{aligned} \tag{12.44}$$

여기서

$$\begin{aligned} F &= \frac{1}{2gA^2} + \frac{n^2 \Delta x}{2R_h^{4/3} A^2} \\ G &= \frac{1}{2gA^2} - \frac{n^2 \Delta x}{2R_h^{4/3} A^2} \end{aligned} \tag{12.45}$$

으로 두면 식 (12.44)는 다음과 같이 간단히 표현할 수 있다.

$$\frac{(y_2 + z_2) - (y_1 + z_1)}{F_1 - G_2} = Q^2 \tag{12.46}$$

상기 식은 유량이 주어진 경우 수위$(y + z)$와 식 (12.45)로 정의되는 F 및 G의 관계를 나타내는 식이다. 식 (12.45)로부터 알 수 있는 바와 같이 F와 G가 수위만의 함수이므로 각 단면에서 F와 G를 구할 수만 있으면 각 단면에서의 수위를 구할 수 있게 된다. 실제의 계산은 각 단면에서 임의로

수위 값을 변화시켜 가면서 그것에 대응하는 F 및 G 값을 도시한 그래프를 이용하여 식 (12.46)을 만족하는 수위를 구한다.

이러한 계산 절차를 구체적으로 나타낸 것이 그림 12.13인데, F와 G의 함수값을 횡축으로, 수위($y+z$)를 종축으로 취하고 있다.

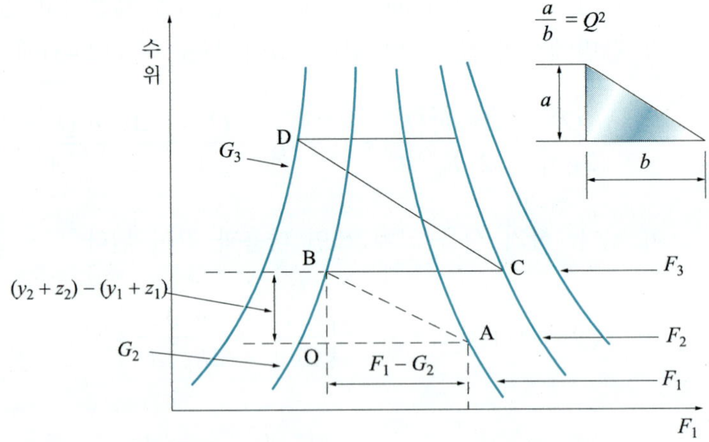

그림 12.13 Escoffier 도식법의 개념도

우선 지배단면 1에 대응하는 F_1곡선상의 주어진 수위점 A를 출발점으로 하여, 인접하는 단면 2의 G_2곡선을 향하여

$$\frac{a}{b}=\frac{(y_2+z_2)-(y_1+z_1)}{F_1-G_2}=Q^2$$

의 경사를 갖는 직선을 긋고 그 교점을 B로 한다. 이 때 B점은 식 (12.46)을 만족하므로 단면 2에서의 수위를 나타내는 점이 된다. 이것은 그림에 도시한 삼각형 OAB가 $b/a=Q^2$를 만족하는 삼각형과 상사인 것으로부터 쉽게 이해할 수 있을 것이다. 다음에는 B점에서 수평선을 그어 단면 2에 대응하는 F_2 곡선과의 교점을 C 라 하고, C로부터 재차 $b/a=Q^2$의 경사를 갖는 직선을 그어서 단면 3의 G_3곡선과의 교점을 D라 하면 이 점에서의 수위가 단면 3에서의 수위를 나타내게 된다. 이하 동일한 절차를 반복하면 각 단면에서의 수위를 구할 수 있다. 위에서 a/b는 F_1-G_2 값에 대해 $(y_2+z_2)-(y_1+z_1)$의 비를 나타내는 적절한 값을 사용한다.

예제 12.5 Escoffier 방법에 의한 수면곡선 계산

그림 E12.5(a)에 도시한 수로에 유량이 $Q = 70\ m^3/sec$일 때 단면 I의 수심이 3 m였다. 각 단면에 있어서 수심에 따른 단면적(A)과 동수반경(R_h)이 표 E12.5(a)와 같은 경우에 수면곡선을 결정하라. 단 조도계수는 $n = 0.035$이다.

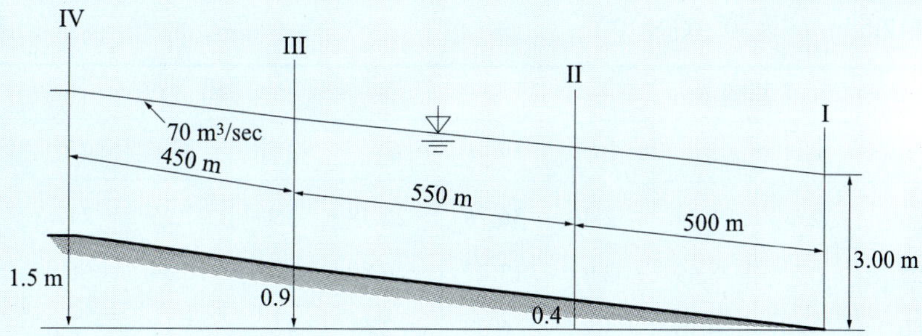

그림 E12.5(a)

표 E12.5(a)

수심 (m)	I 단면		II 단면		III 단면		IV 단면	
	A	R_h	A	R_h	A	R_h	A	R_h
2.0	35.3	1.31	29.7	1.17	30.5	1.26	27.9	1.24
2.5	49.5	1.65	43.0	1.51	43.3	1.59	40.2	1.57
3.0	65.0	1.95	57.7	1.82	57.5	1.89	53.9	1.87
3.5	82.5	2.27	74.0	2.13	73.3	2.17	69.2	2.16
4.0	101.3	2.57	91.7	2.42	90.5	2.46	85.9	2.44

풀이

표 E12.5(a)의 값을 이용하여 식 (12.45)로부터 각 단면에 대해서 F와 G값을 계산한다. 이때 수로길이 Δx는

I ~ II : F_1 및 G_2 계산시 $\Delta x = 500$ m

II ~ III : F_2 및 G_3 계산시 $\Delta x = 550$ m

III ~ IV : F_3 및 G_4 계산시 $\Delta x = 450$ m

을 이용한다. 표 E12.5(b)가 계산 결과를 나타낸 것인데, 표에서 수위는 단면 I에서의 바닥을 0으로 한 경우 측정한 것이다.

표 E12.5(b)의 F와 G값을 수위에 대해서 도시하면 그림 E12.5(b)와 같은 곡선을 얻는다.

표 E12.5(b) ($F \times 10^5$, $G \times 10^5$)

수심	I 단면		II 단면			III 단면			IV 단면	
(m)	수위	F_1	수위	F_2	G_2	수위	F_3	G_3	수위	G_4
2.0	2.0	21.24	2.4	36.76	−22.38	2.9	27.25	−21.13	3.5	−20.03
2.5	2.5	8.49	2.9	13.27	−6.80	3.4	10.64	−6.96	4.0	−6.19
3.0	3.0	4.18	3.4	6.08	−2.61	3.9	5.11	−2.82	4.5	−2.36
3.5	3.5	2.26	3.9	3.18	−1.11	4.4	2.77	−1.28	5.0	−1.00
4.0	4.0	1.34	4.4	1.84	−0.51	4.9	1.64	−0.62	5.5	−0.45

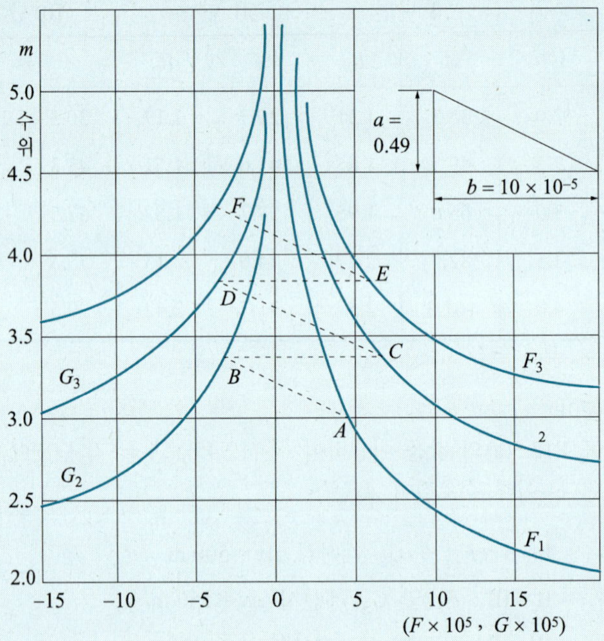

그림 E12.5(b)

수면곡선의 계산

① 우선 그림 E12.5(b)에 도시한 바와 같이 식 (12.46)을 만족하는 삼각형을 그린다. 즉 $a/b = Q^2$을 만족하는 값 a, b를 결정하여 삼각형을 그린다. 예를 들면 b를 $10 \times 10^{-5} = 10^{-4}$로 취하면, $a = 10^{-4} \times Q^2 = 0.49$로 된다.

② 단면 I 의 수위가 F_1 곡선상의 A(3 m)점이 되므로 A로부터 유량 경사선(삼각형의 경사)에 평행하게 그어 G_2곡선과 만난점을 B로 하면 이 점의 수위가 단면 II 에서의 수위가 된다.

③ 다음 단계는 B점에서 F_2곡선에 수평선을 그어 그 교점을 C로 하고, C에서 다시 유량경사선에 평행선을 그어 G_3와 교차한 D점의 수위가 단면 III 의 수위가 된다.

④ 결국 유량 경사선에 평행한 선과, 수평선을 교차해서 작도해 나가면 $A \rightarrow B \rightarrow C \rightarrow D \rightarrow E \rightarrow F$ 점을 얻고, 이 때, A, B, C, D 및 F가 각 단면의 수위가 된다.

⑤ 그림에서 각 단면의 수위를 찾으면

단면 I : 3.00 m (A점 수위)
단면 II : 3.35 m (B점 수위)
단면 III : 3.84 m (D점 수위)
단면 IV : 4.28 m (F점 수위)

12.7 급변류 rapidly varied flow

12.7.1 댐이나 웨어를 월류하는 흐름

이제까지의 흐름의 해석은 모두 유선의 만곡을 생각하지 않은 평행류(parallel flow)의 가징하에서 다루이 왔기 때문에, 유체 내의 압력분포가 정수압 분포이었지만, 곡선류(또는 만곡류, curvilinear flow)에서는 원심력의 작용 때문에 정수압분포의 가정이 더 이상 성립하지 않는 특징이 있다.

우선 자유수면을 갖는 만곡류에 있어서 수심의 정의를 분명히 하기 위해서 급경사 수로의 압력분포부터 고찰해 본다. 그림 12.14와 같은 급경사 수로에 대해 생각한다. 연직방향의 수심을 h_z라 하고, 하상에 직각방향으로 취한 수심을 h_y라 하면 다음 관계를 만족한다.

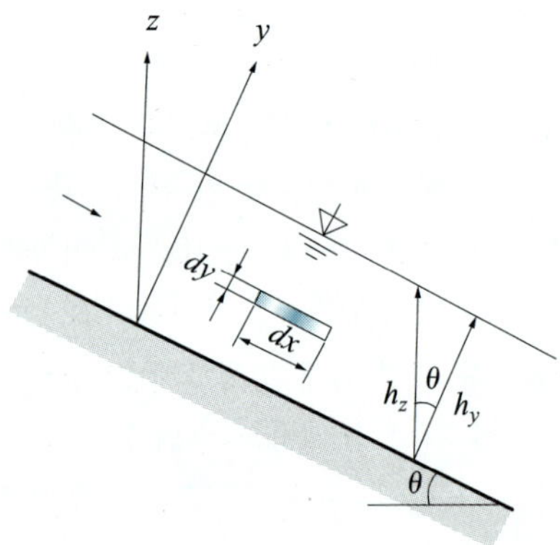

그림 12.14 급경사 수로의 평행류

$$h_z \cos\theta = h_y \tag{12.47}$$

완경사인 경우는 $\cos\theta \simeq 1.0$이므로 $h_z = h_y$가 된다. 그림에서와 같이 평행류의 유선에 沿해서 미소면적 $dxdy$를 생각하면

$$\frac{\partial p}{\partial y} = -\rho g \cos\theta \tag{12.48}$$

가 성립하는데, $y = h_y$에서, $p = p_0$이므로

$$p = p_0 + \rho g\left(h_y - y\right)\cos\theta \tag{12.49}$$

위 식에서 $z\cos\theta = y$이므로 연직방향으로 생각하면 압력은 다음과 같이 표현된다.

$$p = p_0 + \rho g\left(h_z - z\right)\cos^2\theta \tag{12.50}$$

식 (12.50)에 의하면 급경사 수로에서는 압력에 관한 수심이 h_z에서 $h_z\cos^2\theta$로 감소하고 있는 것을 알 수 있다.

그림 12.15와 같이 유선이 만곡된 경우는 법선방향으로 원심력이 작용하는데 y를 유선과 직각방향으로 취하고, R을 수로 저면에서의 곡률반경으로 하면 원심력은 $\rho v^2/(R+y)$가 되므로 식 (12.48)은 다음과 같이 된다.

$$\frac{\partial p}{\partial y} = -\rho g \cos\theta + \frac{\rho v^2}{R+y} \tag{12.51}$$

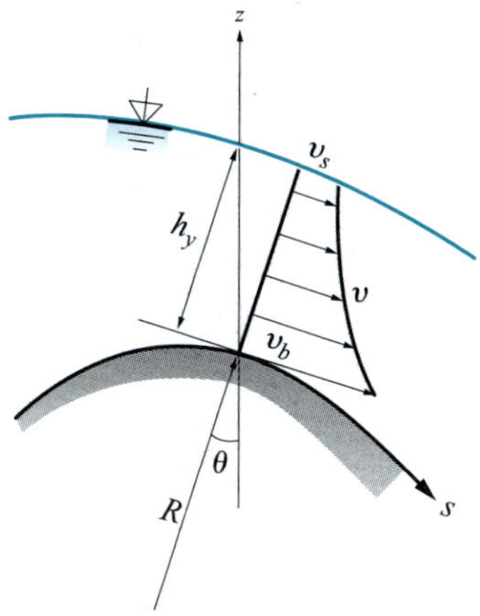

그림 12.15 만곡류의 유속분포

한편 총수두 H는

$$H = \frac{v^2}{2g} + \frac{p}{\gamma} + z$$

이고 $\partial H/\partial y = 0,\ dz/dy = \cos\theta$이므로

$$\frac{\partial H}{\partial y} = \frac{v^2}{(R+y)g} + \frac{\partial}{\partial y}\left(\frac{v^2}{2g}\right) = 0$$

즉,

$$\frac{\partial v}{\partial y} = -\frac{v}{R+y} \tag{12.52}$$

이 식을 적분하며 아래 같이 유속분포식을 구할 수 있다.

$$v \cdot (R+y) = const \tag{12.53}$$

저면 및 자유표면에서의 유속을 각각 v_b, v_s라 하면 다음과 같이 표현할 수 있다.

$$v(R+y) = v_b R = v_s (R + h_y) \tag{12.54}$$

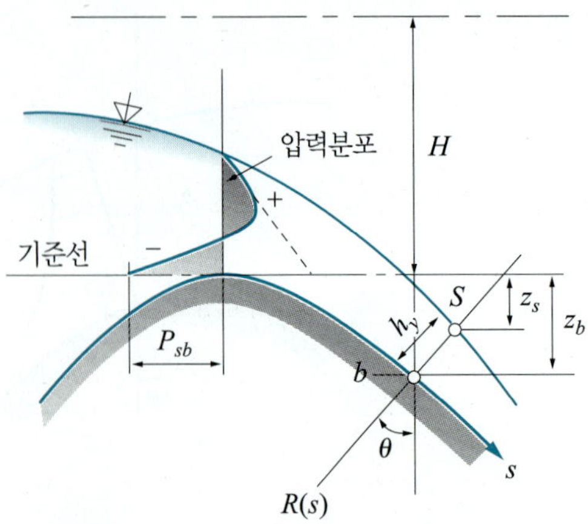

그림 12.16 만곡류의 압력분포

그림 12.15는 댐 위를 월류하는 만곡흐름에서의 유속분포를 도시한다. 그림 12.16에서 이 댐위 정부를 통과하는 수평선을 기준선으로 취하고, 베르누이정리를 적용하면 다음 식을 얻는다.

$$H = \frac{v_s^2}{2g} + (-z_s) = \frac{v_b^2}{2g} + \frac{p_b}{\gamma} + (-z_b)$$
$$= \frac{v^2}{2g} + \frac{p}{\gamma} - \left[z_s + (h_y - y)\cos\theta\right] \tag{12.55}$$

여기서 첨자 s는 수표면, b는 바닥을 나타내고 첨자가 없는 것은 임의 점의 값을 의미한다. 이 식으로부터

$$v_s = \sqrt{2g(H + z_s)} \tag{12.56}$$

이 되고, 식 (12.54)로부터

$$v = \frac{R + h_y}{R + y}\sqrt{2g(H + z_s)} \tag{12.57}$$

이므로, 이것을 식 (12.55)에 대입하면 다음과 같이 압력분포식을 얻는다.

$$\frac{p}{\gamma} = (h_y - y)\cos\theta + (H + z_s)\left[1 - \left(\frac{R + h_y}{R + y}\right)^2\right] \tag{12.58}$$

댐 정부에서의 압력 p_{sb}는 $y=0$, $z_s=-h_y$, $\cos\theta=1.0$에 해당하므로 다음과 같이 표시된다.

$$\frac{p_{sb}}{\gamma}=h_{sb}\left[1-\frac{H-h_{sb}}{R_{sb}}\left(2+\frac{h_{sb}}{R_{sb}}\right)\right] \tag{12.59}$$

식 (12.59)에서 다음과 같은 경우에는 부압(−)이 발생한다.

$$z+\frac{h_{sb}}{R_{sb}}>\frac{R_{sb}}{H-h_{sb}}$$

12.7.2 예봉위어

위어는 위로 물이 흐르도록 수로바닥에 설치하여 유량을 측정하는 데 이용되는 시설물이다. 위어는 단지 월류수심만을 측정하여 유량을 결정할 수 있는 이점을 갖고 있다. 예봉위어(sharp-crested weir)는 그림 12.17에 나타낸 것과 같이, 날카로운 끝면 위로 물이 넘쳐흘러서 위어평판의 하류로 떨어질 수 있도록 수로를 가로질러 설치되는 날카로운 끝을 가진 수직평판이다. 위어평판의 평면 내의 유수단면적의 형상에 따라 위어의 유형을 구분한다. 그림 12.18에 표시한 사각위어 및 삼각위어가 대표적인 위어의 형태에 해당한다.

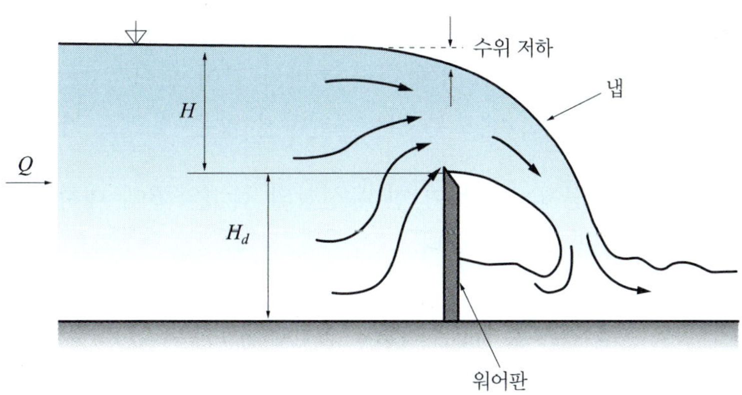

그림 12.17 예봉위어의 기하학적 형태

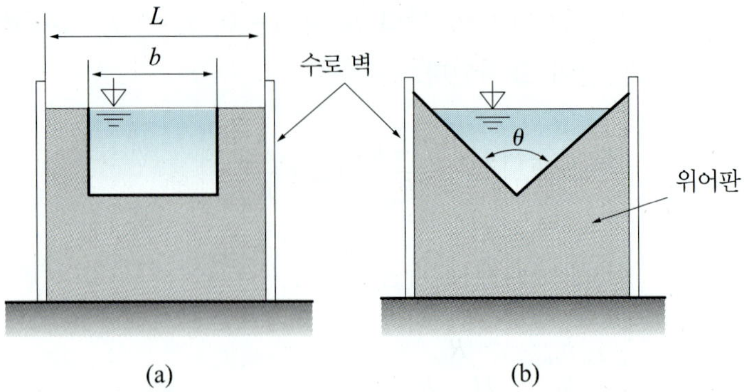

그림 12.18 위어의 단면형태

위어 위의 흐름을 주로 지배하는 것은 중력과 관성력이다. 흐름을 극히 단순화시켜서 보면, 위어 상류의 자유표면으로 형성된 물이 위어의 정점을 지나 냅(nappe)을 형성하면서 하류로 흐를 때 중력에 의해 가속되어 큰 속도가 된다. 비록 점성과 표면장력의 효과는 그 중요성에서 2차적이긴 하지만 전반적으로 그 효과를 무시할 수는 없다. 이러한 효과를 포함시키기 위해서는 일반적으로 적절한 실험에 의해 구해진 보정계수, 즉 유량계수를 사용한다.

위어를 이용하여 유량을 측정하기 위해서는 다음과 같은 가정이 필요하다.

1. 위어의 상류부의 접근수로에서는 속도분포가 균일하고 위어상부를 월류하는 수류부분의 압력은 대기압이다.
2. 그림 12.19에 나타난 바와 같이 위어 위를 월류하는 흐름은 수평이고 속도분포는 균일하지 않은 것으로 가정한다.

위의 가정에 근거하여 한 유선상의 점 A와 B에 대하여 Bernoulli 방정식을 적용하면 다음과 같다.

$$\frac{V_1^2}{2g} + \frac{p_A}{\gamma} + y_A = \left(H + H_d - y\right) + \frac{v^2}{2g} \tag{12.60}$$

여기서 H는 자유표면에서 위어 상부까지의 거리이고, h는 자유표면에서 임의의 점 B점까지의 거리, H_d는 위어의 높이이다. 그런데 A점에서의 총 에너지는

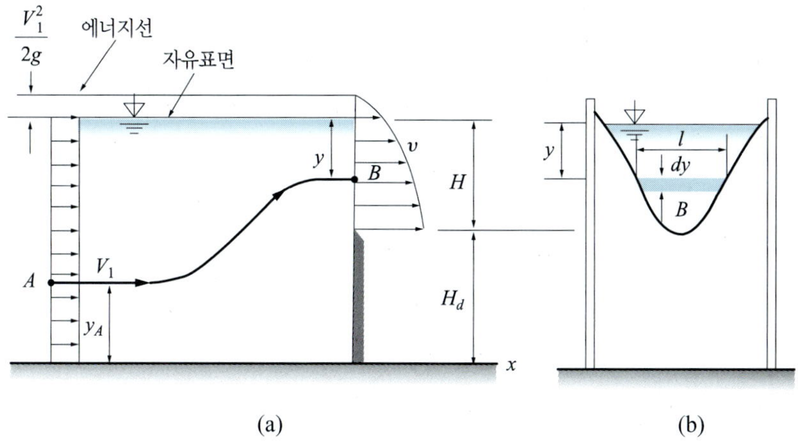

그림 12.19 위어상의 흐름구조

$$E_A = \frac{V_1^2}{2g} + \frac{p_A}{\gamma} + y_A = \frac{V_1^2}{2g} + H + H_d$$

이므로 이것을 식 (12.60)에 대입하여 v에 대해서 정리하면 B점은 유속은 다음과 같이 된다.

$$v = \sqrt{2g\left(y + \frac{V_1^2}{2g}\right)} \tag{12.61}$$

접근수로의 유속 V_1이 무시할 수 있을 정로로 작다고 가정하면 식 (12.61)은 다음과 같이 쓸 수 있다.

$$v = \sqrt{2gy} \tag{12.62}$$

이제 미소단면적 dA에 흐르는 유량을 dQ라 하면 유량은 다음 식으로 표시된다.

$$Q = \int_A dQ = \int_A v dA = \int_0^H \sqrt{2gy}\, l dy \tag{12.62}$$

여기서 $l = l(y)$로서 그림 12.19(b)에 나타낸 바와 같이 미소단면적의 폭으로서 y의 함수이고, 사각위어에서는 l은 일정한 값을 갖는다.

(1) 사각 위어

사각 위어의 폭을 b로 하면 $l = b$이므로 식 (12.63)은 다음과 같이 적분된다.

$$Q = \frac{2}{3}\sqrt{2g}bH^{3/2} \tag{12.64}$$

여기서 H는 월류수심이다. 앞서 설명한 바와 같이 이 식을 얻기 위해서는 많은 가정과 함께 점성, 표면장력의 효과 및 접근유속이 무시되는 등의 근사가 이루어졌다. 따라서 실제유량을 구하기 위해서는 실험적으로 결정된 보정계수, 즉 유량계수를 사용하여 다음과 같이 표현하여야 한다.

$$Q = C_d \frac{2}{3}\sqrt{2g}bH^{3/2} \tag{12.65}$$

상기 식에서 C_d는 유량계수로서 다수의 실험식이 제안되어 있다. 여기서는 그 중 몇 가지만 소개한다. Rehbock는 위어 양측면에 수축이 없는 경우 즉, 전폭위어에 대해서

$$C_d = 0.605 + \left(\frac{0.001}{H} + 0.08\frac{H}{H_d}\right)(1+\varepsilon) \tag{12.66}$$

을 제안 하였다. 여기서 ε은 보정항으로서 $H_d < 1$ m인 경우는 $\varepsilon = 0$, $H_d \geq 1$ m인 경우는 $\varepsilon = 0.85\,(H_d - 1)$의 값을 갖는다. 또 Francis는 전폭위어에 대해서 제1근사식으로서 $C_d = 0.623$을, 제2근사식으로서는

$$C_d = 0.623\left[1 + 0.26\left(\frac{H}{H + H_d}\right)^2\right] \tag{12.67}$$

을 제안하고 있다.

위어 양측면에 수축이 있는 경우에 대해서는 수로폭 L도 함수로 포함시켜 板谷・手島는 다음 식을 제안하고 있다.

$$C_d = 0.605 + \frac{0.001}{H} + 0.08\frac{H}{H_d} - 0.145\left(\frac{(L-W)H}{H_d L}\right)^{1/2} + 0.012\left(\frac{L}{H_d}\right) \tag{12.68}$$

여기서 L은 하천폭, W는 수축을 제외한 폭을 나타낸다.

(2) 삼각 웨어

삼각웨어[그림 12.18(b), 그림 12.19(b) 참조]에서 $l = 2\left(H - h\right)\tan\dfrac{\theta}{2}$로 되어 식 (12.63)은 다음과 같이 적분된다.

$$Q = \frac{8}{15}\tan\frac{\theta}{2}\sqrt{2g}H^{5/2} \tag{12.69}$$

사각위어에서 유량이 $H^{3/2}$에 비례했던 것과는 달리 삼각위어에서는 유량이 $H^{5/2}$에 비례하는 것을 볼 수 있다. Strickland는 실험에 의하여 C_d 값에 대해 다음과 같은 식을 제안하고 있다.

$$C_d = 0.565 + \frac{0.0087}{H^{1/2}} \tag{12.70}$$

12.7.3 광정위어를 월류하는 흐름

(1) 일반 광정위어

수문 등을 설치할 목적으로 위어의 정부에 상당히 긴 수평부를 만드는 수가 있는데 이러한 위어를 광정위어(broad-crested weir)라 한다.

이제 그림 12.20과 같은 광정위어에서 월류유량 Q와 위어 하단부 수심 y'과 비에너지 E의 관계를 구해 본다.

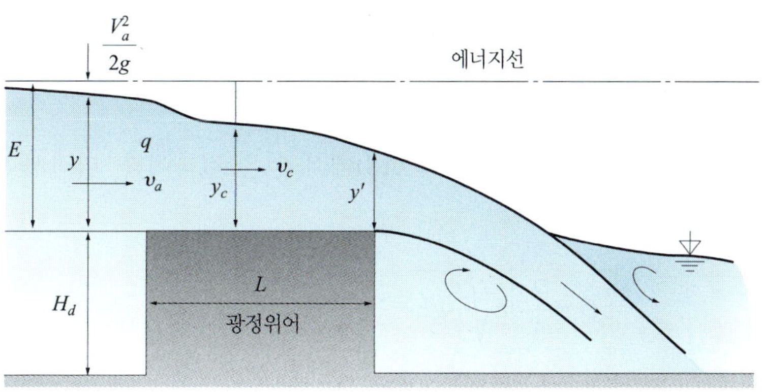

그림 12.20 광정위어

마찰손실을 무시하면 비에너지는 일정하게 유지되고, 또 위어 정부의 수평부에서는 거의 한계 수심 y_c로 유지되므로 다음 식이 성립된다

$$\begin{aligned} E &= y + \frac{v_a^2}{2g} \\ &= y_c + \frac{v_c^2}{2g} \end{aligned} \tag{12.71}$$

하천 폭을 b라 하면 유량은

$$Q = by_c v_c$$

로 되고, 식 (12.71)을 v_c에 대해서 정리하여 이 식에 대입하면 유량은 다음과 같이 표현된다.

$$Q = by_c v_c = by_c \sqrt{2g\left(E - y_c\right)} \tag{12.72}$$

Bélanger의 법칙에 의하면 월류수심(이 경우 y_c)은 월류유량이 최대로 되는 값이므로, $dQ/dy_c = 0$이 되는 경우의 수심이 한계수심의 크기가 된다.

$$\frac{dQ}{dy_c} = b\sqrt{2g}\left(\sqrt{E - y_c} - \frac{y_c}{2\sqrt{E - y_c}}\right) = 0$$

즉, 상기 식을 통분했을 때 분자가 0이어야 하므로

$$2\left(E - y_c\right) - y_c = 0$$

따라서

$$y_c = \frac{2}{3}E \tag{12.73}$$

이것은 이미 식 (11.18)에서 얻은 결과이다. 따라서 이때의 유량은 다음과 같이 된다.

$$\begin{aligned} Q &= \frac{2}{3}bE\sqrt{\frac{2}{3}gE} \\ &= 0.385\sqrt{2g}bE^{3/2} \end{aligned} \tag{12.74}$$

다음으로 웨어의 하단부수심 y'를 구해본다. 이 단면에 있어서의 평균 압력을 0으로 가정하고 이 단면과 지배단면 사이에서 운동량방정식을 세우면 다음 식이 성립된다.

$$\rho \frac{Q^2}{b}\left(\frac{1}{y'} - \frac{1}{y_c}\right) = \frac{\rho g}{2} b y_c^2 \tag{12.75}$$

$\dfrac{Q^2}{gb^2} = \dfrac{q^2}{g} = y_c^3$ 이므로 이것을 상기 식에 대입하여 정리하고 $y_c = \dfrac{2}{3}E$ 의 관계를 고려하면

$$y' = \frac{2}{3} y_c = \frac{4}{9} E \tag{12.76}$$

(2) 수중위어

그림 12.21과 같이 위어 높이가 낮거나 상류수면이 커서 하류측 수면이 위어의 마루높이 보다 높아지는 경우를 생각해 보자.

이러한 경우에도 그림(a)와 같이 하류측의 수면 높이 y_2가 한계수심보다 작은 경우에는, 사류부분이 존재하여 하류측 수위는 상류축의 흐름에 영향을 주지 않으므로 Q와 y_1과의 관계는 일반 위어 공식을 사용해서 구한다.

그러나 그림(b)와 같이 하류측 수심(위어마루부에서 잰 수심) y_2가 어떤 크기를 초과해서 웨어上에 사류부분이 없어지면 유량은 y_1과 y_2에 의해서 결정된다. 이러한 상태로 되었을 때를 수리학적으로 수중위어라고 하고 전자를 완전월류상태라고 말한다.

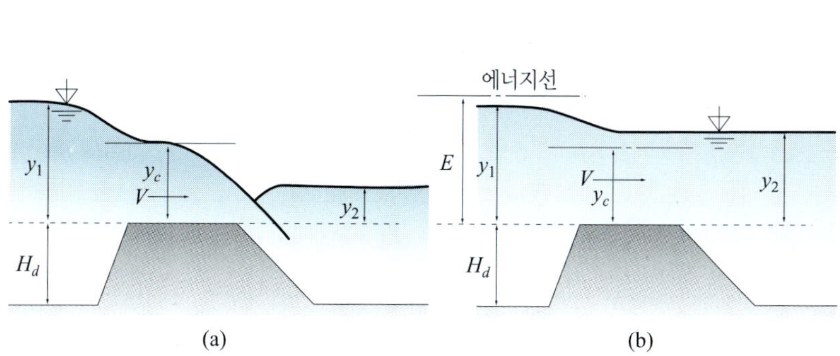

그림 12.21

위어 마루부에서 사류부분이 없어지는 것은 하류수심 y_2가 한계수심 y_c보다 큰 경우이므로 그 한계값을 이론적으로 구해보면

$$y_2 = y_c = \frac{2}{3}E_1 = \frac{2}{3}\left(y_1 + \frac{v_a^2}{2g}\right) \tag{12.77}$$

이 된다. 접근유속 v_a가 아주 작은 경우에는 $y_2 = \frac{2}{3}y_1$이 한계가 된다. 그러나 실제로는 원심력의 작용 때문에 양자의 과도적인 상태가 존재하고, 이것을 불완전 월류상태라고 부른다.

각 상태에 따른 유량공식은 각각 다음과 같이 표시된다.

$$\text{완전월류}: \quad Q = mby_1\sqrt{2gy_1} \tag{12.78}$$

$$\text{불완전월류}: \quad Q = \left(\alpha\frac{y_2}{y_1} + \beta\right)by_1\sqrt{2gy_1} \tag{12.79}$$

$$\text{수중위어}: \quad Q = m'by_2\sqrt{2g(y_1 - y_2)} \tag{12.80}$$

상기 식에서의 계수 m, α, β 및 m'은 위어의 형태, 상하류부의 위어의 경사 등에 의해서 변화하는 값으로서 표 12.6은 本間(1940)가 사다리꼴 단면의 위어 실험으로부터 얻은 결과를 나타낸 것이다.

표 12.6 사다리꼴 위어에 대한 本間公式

하류측 경사	상류측경사	완전월류계수 m	경계의 y_2/y_1	불완전월류		경계의 y_2/y_1	수중웨어 m'/m
				$-\alpha/m$	β/m		
3/5 이하	연직~3/4	$0.31 + 0.23\frac{y_1}{H_d}$	0.60	0.030	1.018	0.7	2.6
1/1 부근	연직~3/2	$0.29 + 0.32\frac{y_1}{H_d}$	0.45	0.200	1.090	0.8	2.6
3/2 부근	연직~1/3	$0.28 + 0.37\frac{y_1}{H_d}$	0.25	0.124	1.032	0.8	2.6

연습문제 Exercise

12.1 수로경사가 $S_0 = 0.001$이고 조도계수 $n = 0.02$인 광폭 직사각형 수로에 $q = 1.8$ m^3/sec/m의 물이 흐르고 있다. 이 수로의 하류부의 지배단면의 영향으로 점변류가 형성되어 있는 구간내의 한 단면에서 측정한 수심은 $y = 0.8$ m이었다. 지배단면에서의 수심이 $y = y_c$인 경우, 지배단면으로부터 등류수심의 99% 되는 지점까지의 수면곡선을 아래 방법에 의해 계산하여라.

(a) 직접적분법

(b) 직접축차계산법

12.2 폭이 $b = 220$ m, 수로경사가 $S_0 = 0.001$인 광폭직사각형 수로에 $Q = 300$ m^3/sec의 유량이 흐르고 있다. 이 수로의 하류 끝에 취수를 위한 위어(weir)를 설치하여 위어가 위치해있는 수심은 $y_1 = 5$ m로 한 경우 생기는 수면형을 Bresse의 방법으로 계산하라. 단, $n = 0.025$로 한다.

12.3 그림과 같이 하천폭(b)이 단면마다 변화하는 직사각형 단면의 하천에서 단면 ①에서의 수심이 $y_1 = 3.25$ m일 경우의 배수곡선을 Escoffier의 도해법을 이용하여 계산하라(단, $Q = 350$ m^3 / sec이고, $n = 0.03$으로 한다).

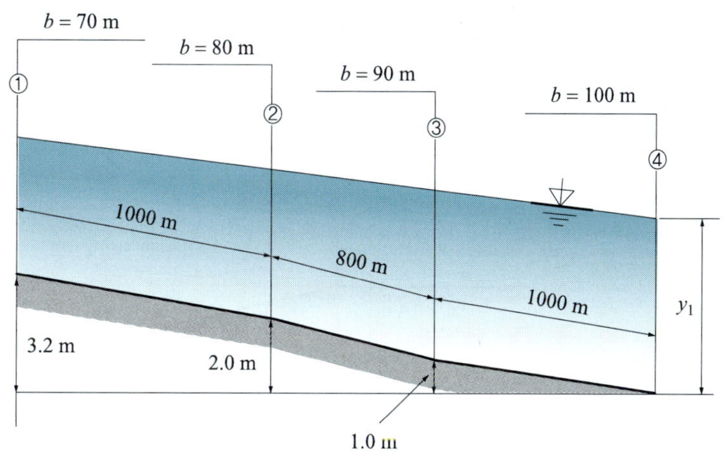

그림 P12.3

12.4 저면폭이 $b = 5$ m, 측면경사가 1 : 1.5이고, 수로경사가 $S_0 = 0.0003$인 사다리꼴 단면 수로가 2개의 저수지를 잇고 있다. 유량이 $Q = 20$ m^3/sec이고, 하류측 끝단의 수심이 $y_1 = 4.5$ m일 때, 5 km 상류측에 있는 입구의 수심을 구하라. 단, 유량이 $Q = 20$ m^3/sec일 때 등류수심을 $y_n = 2$ m로 한다.

12.5 그림과 같이 수로경사가 하류로 향하면서 점차 완만해지고 있다. 등류수심 y_n과 한계수심 y_c가 임의의 유량에 대해서 계산되어 함께 도시되어 있다. 이 때 가능한 수면곡선에 대해서 고찰하고 그려 넣어라.

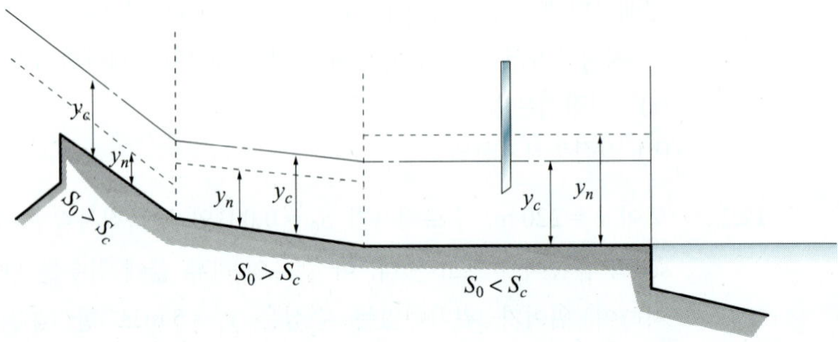

그림 P12.5

12.6 그림과 같이 하상표고가 다른 2개의 수로를 1/50의 경사로 접합하려 한다. 수로폭이 $b = 3$ m이고 $y_1 = 3.6$ m 수심에서 유량이 $Q = 15$ m^3/sec일 때 접합부에서의 수면형을 구하라. 단, 접합부에서의 에너지 손실수두는 $h_L = 0.1$ m로 가정한다.

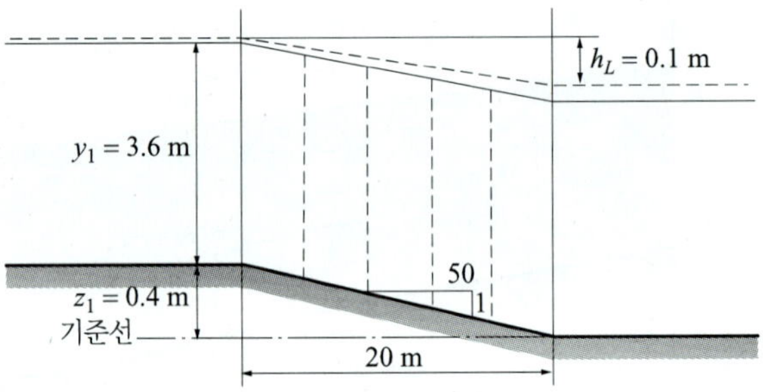

그림 P12.6

12.7 광폭 직사각형 수로에서 단위폭당유량이 $q = 1.5$ m^3/sec/m로 흐르고 있다. 수로경사가 $S_0 = 0.0009$이고 조도계수가 $n = 0.015$일 때 임의의 점에서의 수심이 $y = 0.75$ m이었다면 수심이 $y = 0.73$ m로 되는 점은 이 점으로부터 하류측으로 얼마의 거리에 해당하는가? 직접적분법을 이용하여 계산하라.

12.8 폭이 $b = 3$ m인 직사각형 단면수로에 $Q = 6.3$ m^3/sec의 유량이 흐르고 있다. $n = 0.012$일 때 한계경사 S_c를 구하라.

12.9 측면경사가 1 : 1인 삼각형단면수로에 $Q = 4$ m^3/sec의 물이 흐르고 있다. 조도계수가 $n = 0.011$일 때 한계경사를 구하라.

12.10 하상경사가 $S_0 = 0.0004$인 광폭직사각형 하천에 $Q = 0.3$ m^3/sec/m의 물이 흐르고 있다. 이 하천을 가로 질러 높이가 $H = 1.2$ m의 소형댐을 설치하였다. 댐으로부터 상류지점의 임의의 지점의 수심이 $y_1 = 1.5$ m일 때 수심이 $y_2 = 0.9$ m 되는 지점까지의 거리를 Bresse 방법을 이용하여 계산하라. $n = 0.015$로 한다.

12.11 폭이 $b = 2.4$ m이고 하상경사가 $S_0 = 0.002$인 수로에 $Q = 3$ m^3/sec의 물이 흐르고 있다. 임의의 단면에서의 수심이 $y = 0.75$ m이었다면 이 단면을 포함하는 수로구간에서의 수면곡선은 어떤 형에 속하는가?

12.12 하상경사가 $S_0 = 0.0025$이고, 조도계수가 $n = 0.015$인 광폭직사각형수로에서 단위폭당 유량이 $Q = 0.3$ m^3/sec/m이었다. 임의의 점에서의 유속이 $V = 0.75$ m/sec일 때 이 점에서의 수면형을 결정하라.

12.13 그림과 같이 폭이 6 m인 수로에 $Q = 10$ m^3/sec의 물이 흐르고 있다. 댐을 월류하는 흐름이 한계흐름일 때 댐을 시점으로 하여 등류수심 지점까지의 수면곡선을 그리고 수면곡선형을 분류하라.

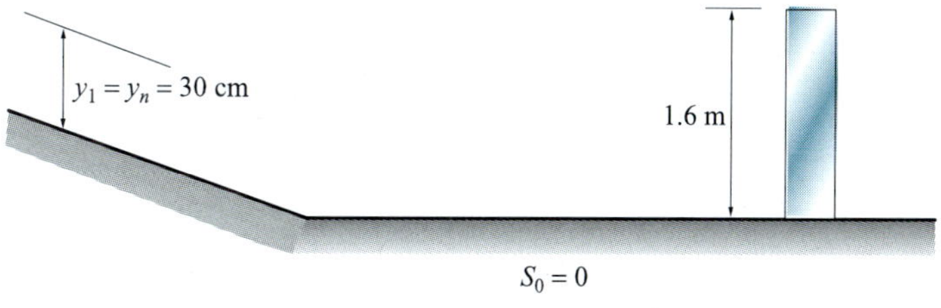

그림 P12.13

12.14 폭이 3 m인 직사각형 수로에 2.7 m^3/s의 물이 흐른다. 이수로의 등류 수심은 0.6 m이고 수로 흐름에서의 실제 수심은 1.2 m이다. 이러한 조건에서 수로의 수면 곡선을 분류하면 어느 유형이 되겠는가?

12.15 그림에서 물음표(?)가 붙은 수면곡선의 유형을 구하라.

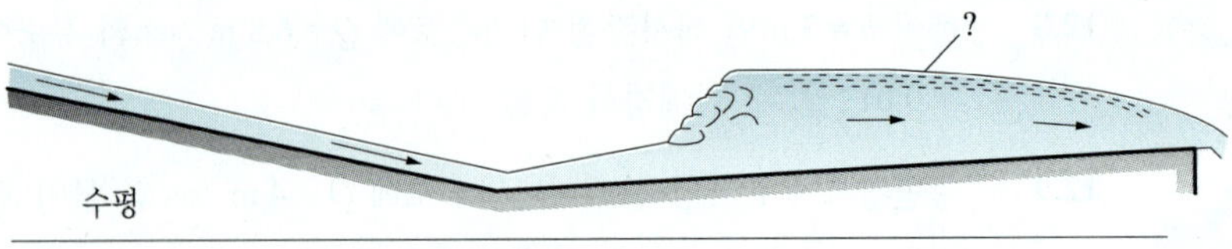

그림 P12.15

12.16 그림에 보인 수면곡선은 폭이 3 m이고 유량이 5 m^3/s 인 직사각형 단면수로에 대한 수면곡선 중 일부를 나타낸 것이다. 수면 곡선의 나머지 부분을 그리고 수면곡선의 유형을 판별하라.

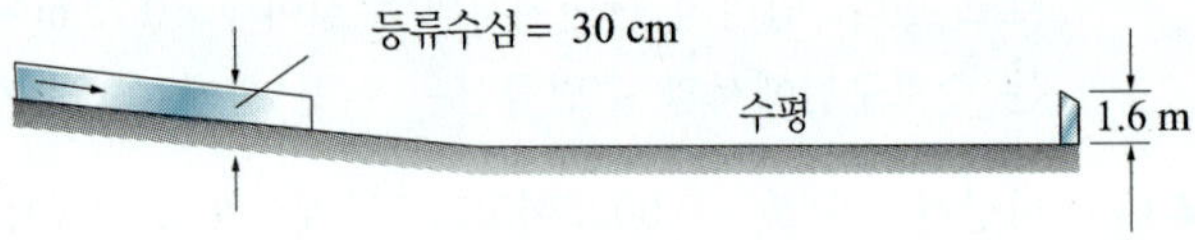

그림 P12.16

12.17 경사가 0.0001이고 폭 3 m인 직사각형 단면 콘크리트 수로의 끝에 자유 월류부가 있다. 수로의 유량은 3.2 m/sec이다. 흐름의 상류 1600 m는 등류이다. 월류부 끝단(brink)의 상류에 어떤 유형의 수면곡선이 발생하겠는가?

12.18 그림과 같은 직사각형 단면 수로의 단위폭당 (1 m) 유량은 1.62 m^3/sec이다. 1구간과 3구간의 등류 수심은 각각 45 cm, 1 m이다. 2구간의 경사는 0.001이다(흐름 방향으로 위쪽으로 경사져 있다). 이 수로흐름에 대하여 가능한 모든 수면곡선을 그리고, 그것들을 분류하여 각 구간에서의 수면곡선의 유형을 명명하라.

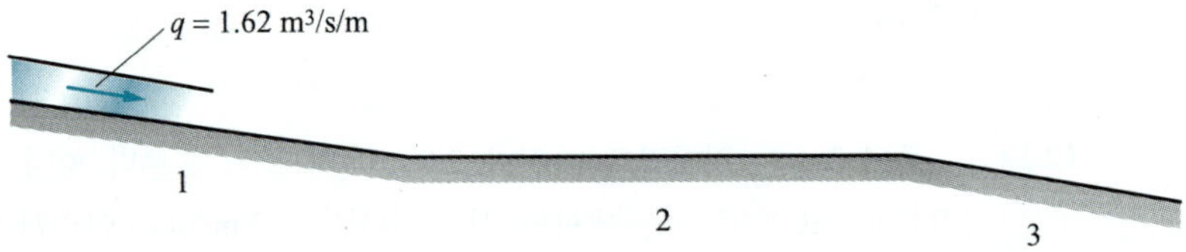

그림 P12.18

12.19 그림과 같은 광폭 직사각형 단면 콘크리트 수로에 물이 단위폭당 1 m^3/sec의 유량으로 정상적으로 흐른다. 구간 1에서 구간 2까지 수면곡선을 결정하라.

그림 P12.19

12.20 그림과 같이 광폭직사각형 수로에서 끝단이 연직벽을 이루는 수로가 있다. 연직벽위의 월류수심은 한계수심의 0.72배이었고, 한계수심은 연직벽으로부터 한계수심의 5배의 위치에서 발생하였다. 연직벽위로의 월류수심이 0.5 m였을 때 다음에 답하라.

(a) 단위폭당 유량을 구하라.

(b) $n = 0.015$일 때 한계경사를 구하라.

(c) 연직벽 지점에서의 Froude 수를 구하라.

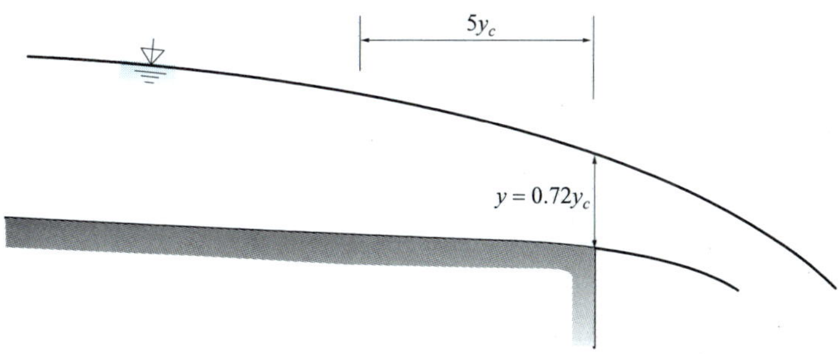

그림 P12.20

12.21 수로폭 3 m, 위어폭 2 m이고 위어(weir)의 높이가 60 cm인 전폭사각위어로 유량을 측정하고자 할 때 월류수심이 20cm였다. 유량을 구하라.

12.22 위어의 폭이 40 cm인 사각위어에서 유량을 측정하니 $Q = 0.035\ m^3/sec$였다. 월류수심 측정에서 2 mm의 오차가 생기면 유량에는 몇 %의 오차가 생길 것인가?

12.23 직각삼각위어에서 월류수심이 0.20 m일 때 유량을 구하라. 단, 수로폭은 0.9 m이고 위어높이는 0.6 m로 한다.

제 13 장

지하수

지하수(Groundwater)는 강우 현상으로부터 비롯되는 수문순환 체계의 일부분으로서, 지층내의 공극, 암반의 틈 사이를 아주 완만한 속도로 이동하는 점에서 지표수와 아주 현저하게 다른 성질을 갖고 있다. 천층의 일부 지하수를 제외하고는 장구한 세월에 걸쳐서 지하에 대규모로 저류되어 있으므로, 먹는 샘물을 포함한 생활용수를 비롯해, 농업용수 및 공업용수 등 각종 용도의 주된 용수 공급원의 역할, 또 한발 및 수질 사고 시 대체수로서의 역할을 하는 비상수원으로서도 매우 귀중한 수자원으로 평가된다.

국민 생활수준의 향상, 산업 구조의 고도화 등으로 인해 국내 물 수요량은 매년 증가 추세에 있어, 만성적인 물 부족 현상을 피하지 못할 시기가 조만간에 도래하리라 생각한다. 이러한 점에서 지하수의 개발 및 이용은 현 시점에서도 많은 관심의 대상이 되고 있고, 앞으로도 그 필요성은 더욱 부각될 것이다. 그러나 문제는 이러한 개발의 필요성이 있는 반면, 또한 지하수의 개발에는 반드시 각종 장애가 뒤따르는 양면성을 갖는데 있다.

우리나라의 지하수 개발은 1970년대부터 본격적으로 추진되어 왔으나, 지하수 개발과 이용에 따른 법적, 제도적 장치가 완비되지 못한 상태에서 무분별하고도, 무계획적으로 이루어져 왔기 때문에 그에 따른 피해 상황은 더욱 심각하다 하겠다. 더욱이 가뭄 대책의 일환으로 행해진 대규모적인 지하수 개발과 생수 시판 허용에 따른 심층 암반 지하수의 개발붐은 이러한 피해를 더욱 가속화시키고 있는 실정이다. 이러한 지하수 장해를 감소시키거나 방지하고, 합리적인 개발을 위해서는 지하수의 생성원리 및 지하수흐름에 대한 이해가 필요하다고 본다.

이 장에서는 지하수의 기본 성질, 분포 특성 및 흐름의 원리가 다루어진다. 지하수의 생성 원리와 함께 지하수 해석을 위한 기본 법칙 및 지하수 흐름의 기본방정식을 유도하고, 이것을 이용하여 피압지하수와 비피압지하수의 흐름에 대해 고찰한다.

13.1 지하수의 생성과 기원

지하수는 수문순환(hydrologic cycle)의 한 과정에서 생성된다. 그림 13.1에서와 같이 강수(precipitation) 현상에 의해서 또는 눈이나 얼음이 녹아 생긴 물은 지표면을 따라서 흐르게 되며, 그 중 일부가 지하로 침투하여 지층 속

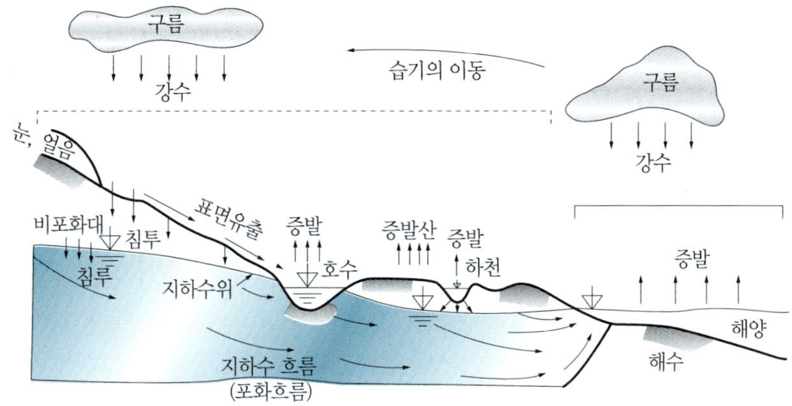

그림 13.1 수문순환 과정

의 공극 속을 채우는 물, 즉 지하수를 형성하게 된다. 지하수는 상기 언급한 바와 같이 수문순환 과정에서 형성된 물이 대부분이긴 하나, 수문 순환 과정에 포함되지 않았던 물들이 존재할 수도 있다. 예를 들면 지층의 생성 과정에서 매몰된 화석의 공극수라든가, 마그마에서 기원된 물, 또는 암석이 변성 작용을 받는 동안 수반된 물 등이 그러한 예가 된다.

13.2 지하수의 존재 형태

지하수의 존재 형태는 지층 공극의 형상, 규모 및 연속성과 그것에 포함되는 수량에 의해 크게 달라진다. 여기서는 층상에 따른 물의 존재 및 분포형태를 알아본다.

13.2.1 흙과 물의 상호작용

토양은 고체, 액체 및 기체의 세 가지 상태를 공유하고 있다. 이 중에서 고체 상태의 토립자는 겹쌓여서 거의 안정된 골격구조를 하고 있으나, 공극 중의 물과 공기의 양이 변화하기 때문에 액체상태와 기체상태의 구성비는 변화한다. 이 들 세 가지 상태의 양적인 관계를 표시하기 위해서 그림 13.2를 이용한다.

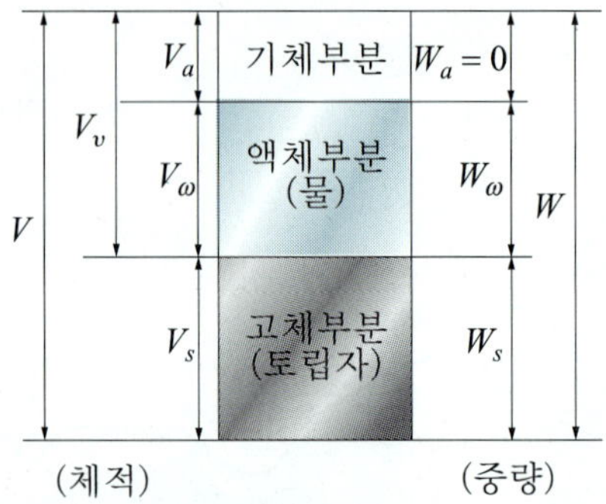

그림 13.2 토양을 이루는 세 가지 상태의 모식도

토양 중에 전체의 공극이 차지하는 비율을 공극률이라 하고 토양 중에 물이 차지하는 비율을 체적 함수율로 부르며 각각 다음 식으로 표시된다.

$$n = \frac{V_v}{V} \times 100(\%) \tag{13.1}$$

$$\theta = \frac{V_w}{V} \times 100(\%) \tag{13.2}$$

여기서 n은 공극률, θ는 체적함수율, V는 토양의 전 체적, V_v는 공극의 체적, V_w는 물의 체적을 나타낸다. 때로는 물과 흙의 중량비로 나타내는 함수비(w)를 사용하는 수도 있다.

$$w = W_w / W_s \times 100(\%)$$

여기서 W_w는 물의 중량이고 W_s는 흙의 중량이다.

또 토양 중의 공극이 수분으로 채워져 있는 비율을 포화도라 부르고, 다음 식으로 나타낸다.

$$S_a = \frac{V_w}{V_v} \times 100(\%) = \frac{\theta}{n} \times 100(\%) \tag{13.3}$$

여기서 S_a는 포화도로서 상기 식으로부터 알 수 있는 바와 같이 체적 함수율을 공극률로 나눈 값이 된다.

13.2.2 지하수의 분포

지표면 하에 존재하는 물을 총칭하여 광의의 지하수라 하는데, 이것은 다시 通氣帶(비포화대, zone of aeration)에 존재하는 물과 포화대(zone of saturation)에 존재하는 물로 분류할 수 있다. 비포화대의 공극은 공기와 물이 동시에 존재하나 포화대 내의 공극은 물에 의해 완전히 포화되어 있으며, 이 두 영역이 경계를 이루는 면을 지하수면(water table or phreatic surface)이라 부르고, 통상 이 지하수면 아래에 완전 포화 상태로 부존되어 있는 물을 가리켜 지하수라 부르고 있다.

(1) 비포화대(통기대)

지표면으로부터 지하수면까지의 공극은 일반적으로 비포화대로 볼 수 있으며, 그림 13.3에 도시한 바와 같이 이 영역은 다시 토양수대(zone of soil water), 중간수대(zone of intermediate water) 및 모관수대(zone of capillary water)로 구분된다.

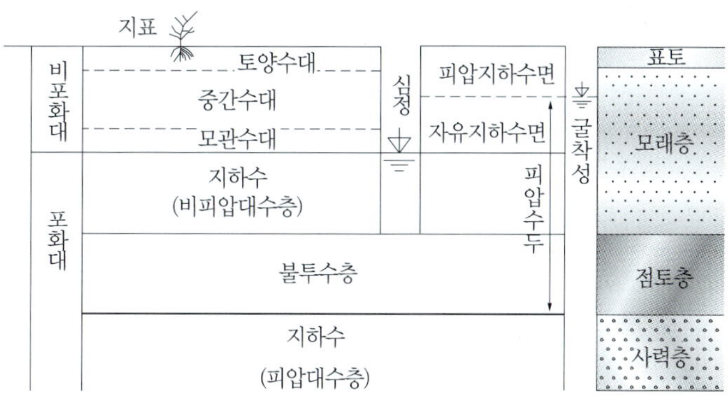

그림 13.3 지하수의 연직 분포

(가) 토양수대

토양수대는 지표면에 접하는 부분이다. 여기서는 강수(降水)나 관개수로 물이 보급되는 한편, 잉여의 수분이 증발산하여 대기 중으로 빼앗기기도 한다. 토양수대는 토양의 종류나 토양수대 내에 서식하는 식물의 종류에 따라 달라진다. 풀이나 곡식이 피복되어 있는 곳의 토양수대는 깊이가 얇지만 임야

지역은 매우 두텁다. 토양수대의 공극은 특별한 경우(관개지역, 폭우 직후)를 제외하고는 항상 비포화상태로 물과 공기가 공존한다.

토양수는 다시 흡착수(hygroscopic water), 모세관수(capillary type water) 및 동수(動水, gravitational water)로 세분할 수 있다. 흡착수는 대기로부터 직접 습기를 흡수하여 토질 입자 표면에 얇은 피막을 이루는 물로서 점착력이 크기 때문에 좀처럼 증발되지 않는 물이다. 모세관수는 모세관 현상에 의해 조금씩 유동하므로 식물에 의해 쉽게 증발되거나 흡수된다. 그러나 이것은 지하수면 바로 위에 형성되는 모관수와는 함수량이 다른 형태의 물이다. 동수는 지표로부터 침투한 물이 모세관수로서 유지되었다가 공급이 계속되면 중력에 의해 토양대를 통해 하방(下方)으로 흘러내리는 잉여의 토양수를 말한다.

(나) 중간수대

중간수대는 토양수대로부터 모관수대로 이동하는 부분에 해당하며, 이 영역에 존재하는 물을 중력수라 한다. 토양수대에 물이 계속 공급되어 표면장력이나 토양 입자사이의 인력이 토양수를 유지하기 어려울 정도가 되면 이 물은 하부로 침투하여 중간수대의 물을 형성한다. 중간수대내의 물은 그 변화정도는 작지만, 토립자가 작은 지층의 하부에 입자가 굵은 지층이 존재하는 경우에는 상부지층 중에 얇은 포화대가 형성되는 수도 있다. 지하수면이 높은 경우에는 중간수대의 존재를 무시할 수 있으나, 지하수면이 낮은 곳에서는 그 두께가 매우 크다.

(다) 모관수대

모관수대는 모세관현상에 의해 지하수면으로부터 물이 상승한 부분으로, 물로 포화되었거나 거의 포화상태에 가까운 상태가 된다. 모관수대의 물은 지하수면에 연속되어 존재하므로, 지하수면의 변화와 함께 모관수대도 변화한다. 모관수대의 두께는 일반적으로 모관수대를 형성하고 있는 토립자의 입경의 크기에 반비례한다. 자연상태에서는 굵은 모래인 경우 2 ~ 5 cm, 가는 모래인 경우 35 ~ 75 cm, 또 점토인 경우는 150 ~ 300 cm 정도로 관찰되고 있다.

(2) 포화대의 지하수

포화대의 지하수는 연속체로서 이동한다. 이러한 지하수의 거동을 알기 위해서는 우선 그것을 지배하는 공극의 특성을 이해하지 않으면 안 된다. 공극률은 암석이나 지층의 종류에 따라 다르며, 또 동일한 지층이라 하더라도 입도조성에 따라서 광범위하게 변화한다.

(가) 유효공극률(effective porosity), n_e

포화대의 공극 속의 물은 배출 또는 양수에 의해 공극으로부터 물을 완전히 배제할 수 있는 것은 아니고, 일부는 흡착수나 모관수의 형태로 대수층 중에 보류된다. 이 때문에 물이 토립자 사이를 유동할 수 있는 공극의 비율은 실제 공극률보다 당연히 작게 된다. 이것을 유효 공극률(n_e)이라 부른다.

(나) 비보유율(比保留率, specific retention), S_r

포화대의 공극에 중력에 대항해서 남아 있는 물을 보유수라 부르고 지층, 암석 등 포화대 전체체적에 대한 보유수의 비를 비보유율(比保留率)이라 부른다. 이 관계를 그림 13.4로 설명하면 비보유율 S_r은 다음과 같이 나타낼 수 있다

$$S_r = \frac{V_r}{V} \times 100(\%) \tag{13.4}$$

여기서 V_r은 보유수가 차지하는 체적이고, V는 포화대의 전체적이다.

(다) 비산출률(比産出率, specific yield), S_y

토양이나 암석이 물로 포화된 후에 중력에 의해서 배수되는 물의 체적의 포화대 전체체적에 대한 비를 비산출률이라 부르고 이것을 S_y라 하면 다음 식으로 표시된다.

$$S_y = \frac{V_y}{V} \times 100(\%) \tag{13.5}$$

여기서 V_y는 침출수(배수되는 물)의 양이다. 결국 비산출률은 유효공극률(n_e)과 같게 된다. 또 그림 13.4로부터 $n = S_r + S_y$의 관계가 성립하는 것을 알 수 있다.

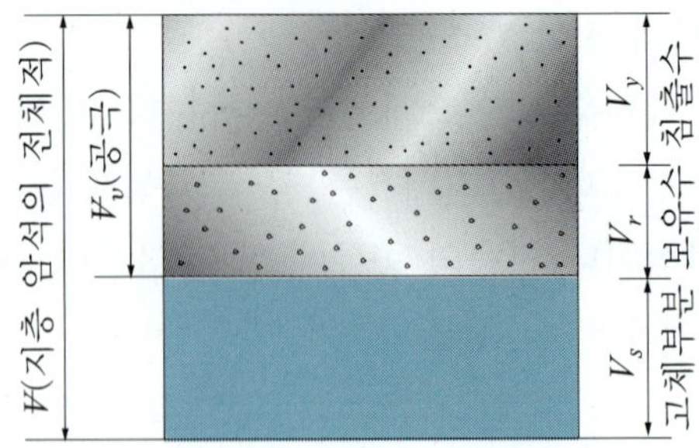

그림 13.4 포화대의 공극을 차지하는 보유수와 침출수

13.3 대수층의 분류

대수층(aquifer)이란 다량의 지하수를 포함하고 있는 암석 및 지층을 일컫는 말로서 함수층(water bearing formation) 혹은 지하수 저수지(groundwater reservoir)라 부르기도 한다. 대수층으로서의 구비조건은 지하수가 보존될 수 있는 공간이나 틈이 양호하게 발달되어 있어야 하고, 또한 용수로서 사용가능한 만큼의 지하수를 채수할 수 있도록 물이 통과할 수 있는 충분한 크기의 공간이나 틈이 발달되어야 한다.

대수층은 지하수면의 존재 여부에 따라 피압대수층(confined aquifer)과 비피압대수층(unconfined or phreatic aquifer)으로 분류된다. 그림 13.5에는 몇 개의 대수층과 관측정을 함께 도시하고 있다. 가장 윗부분에는 1개의 자유수면대수층(A)이 위치하고, 그 밑에 2개의 피압대수층(B, C)이 놓여있다.

그림 13.5에서 알 수 있는 바와 같이 피압대수층은 상하에 불투수층의 경계를 갖는 것으로서 압력대수층이라 부르기도 한다. 이러한 대수층에 우물을 파게 되면 수위는 상부불투수층 위에 오게 되며 때로는 지면 위로까지 분출하는 수도 있다. 이러한 피압대수층은 여러 층이 동시에 존재할 수 있으며(대수층 B, C), 불투수층의 부분적 결함이나 결괴 또는 우물의 존재로 인해 대수층과 대수층 사이의 물이 누출(leakage)되는 수도 있다. 이 때 물의 누출은 압력이 큰 대수층에서 작은 대수층으로 연직방향으로 진행된다. 그러나 이러한 경우를 제외하고는 일반적으로 피압대수층에서의 흐름은 수평방향으로 진행된다. 자분출(自噴出) 대수층(artesian aquifer)은 피압대수층

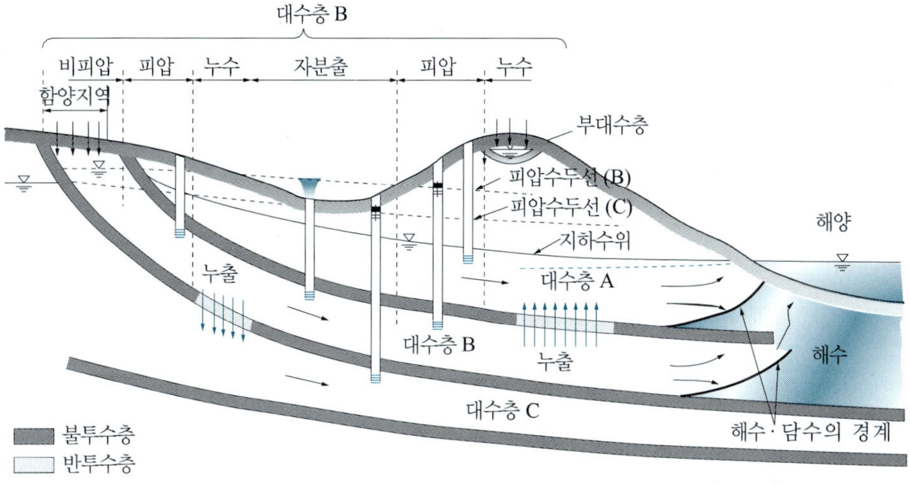

그림 13.5 대수층의 분류

의 한 부분으로서 지하수 수위가 지표면보다 위에 위치하는 대수층인데 이러한 대수층에 우물을 파면 펌프의 도움 없이도 물이 지표면 위로 분출하게 된다. 그림에서 수평방향으로의 점선은 압력을 받고 있는 피압대수층의 지하수 수위를 나타내며, 이것을 피압수두면(piezometric surface)이라 부르고 있다.

비피압대수층(unconfined aquifer) 또는 자유수면대수층(phreatic aquifer)은 상부경계가 자유수면을 이루는 대수층을 말한다(대수층 A). 지표면과 지하수면(water table) 사이에 불투수층이 존재하지 않는 한 이러한 대수층은 지하수가 지표면으로 직접 함양된다. 자유수면 대수층의 특별한 경우로서 부대수층(浮帶水層, perched aquifer)이 있는데, 이것은 지표면과 지하수면 대수층 사이에 불투수층이 렌즈모양으로 존재할 때 그 위에 형성되는 대수층을 말한다. 때때로 이러한 대수층은 지하수면의 변화로 인해 단기간 존재했다가 없어질 수도 있고 반대로 자유수면이 증가하면 다시 대수층으로서의 역할을 하는 수도 있다.

피압대수층이든 비피압대수층이든, 대수층은 그 경계의 상하부를 통해서 물을 잃을 수도 있고 때로는 얻을 수도 있는데, 이러한 대수층을 누수대수층(漏水, leaky aquifer)이라 부른다. 이 때 누수되는 양과 그 방향은 피압수두(piezometric head)의 차에 의해서 결정된다.

13.4 지하수 수리의 기본 방정식

13.4.1 Darcy의 법칙

(1) Darcy의 법칙

Darcy 법칙은 프랑스의 수리학자 Darcy에 의해서 실험적으로 얻어진 법칙으로서, 그림 13.6에 도시한 바와 같이 단면적 A, 길이 Δl의 모래층을 갖는 관에 대하여 동수경사를 $i=\left(-\dfrac{\Delta h}{\Delta l}\right)$로 하면 침투유량 Q는 다음 관계식으로 표시됨을 의미한다.

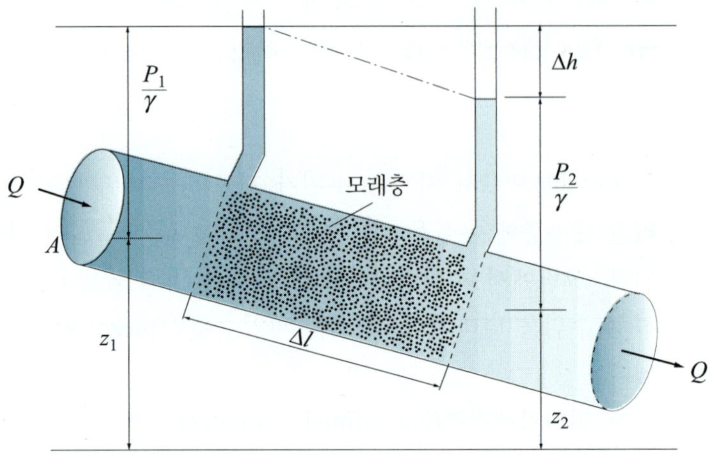

그림 13.6 Darcy 실험의 모식도

$$Q = KAi \tag{13.6}$$

$$i=\frac{1}{\Delta l}\left\{\left(\frac{p_2}{\gamma}+z_2\right)-\left(\frac{p_1}{\gamma}+z_1\right)\right\}=-\frac{\Delta h}{\Delta l}$$

여기서 z 및 p/r는 위치수두 및 압력수두이고 $h=p/r+z$는 피압(被壓)수두(piezometric head)를 나타낸다.

실제로 물은 모래입자로 구성된 복잡한 형상의 공극을 통과하지만, 일반적으로 투수층 내의 평균적인 침투유속을 사용한다. 이 침투류의 평균유속을 V라 하면 Darcy의 법칙은 다음과 같이 표시된다.

$$V = \frac{Q}{A} = Ki = -K\frac{\Delta h}{\Delta l} \tag{13.7}$$

여기서 A가 모래 및 공극을 포함한 전 단면적이므로 V는 투수층 내의 실제유속은 아니고 겉보기 유속에 해당한다. 식 (13.7)에서 알 수 있는 바와 같이 Darcy 법칙은 평균유속이 동수경사에 비례하는 것을 나타내고 있다. 또 K는 투수계수(coefficient of permeability or hydraulic conductivity)라 부르고 있는데, 동수경사 i가 무차원이므로 K는 속도의 차원을 갖는다.

(2) 투수계수

앞서 설명한 투수계수 K는 투수층을 형성하는 입자의 크기뿐만 아니라 유체의 성질과 관련 있는 계수로서 차원해석에 의하면 다음과 같이 쓸 수 있다.

$$K = \frac{Cd^2\rho g}{\mu} \tag{13.8}$$

여기서 C는 비례상수로서 투수층의 공극의 상태를 나타내고, d는 입자의 직경을 나타내며, ρ, μ는 유체의 특성과 관련되는 것으로서 각각 유체의 밀도 및 점성계수이다. 투수층의 구성과 관련되는 값을 $k = Cd^2$으로 놓으면 상기 식은 다음과 같이 된다.

$$K = k\frac{\rho g}{\mu} \tag{13.9}$$

이때 k는 투수층의 매체의 성질에만 관계되는 계수로서 고유 투수계수(intrinsic permeability)라 부르며, $[L^2]$의 차원을 갖고 cm^2의 단위로 자주 사용되고 있다. 식 (13.9)를 이용하여 실제의 투수계수를 결정하는 것은 토층이 매우 복잡하기 때문에 상당히 어렵다. 따라서 실험에 의해서 투수계수를 결정하는 방법이 있다. 실내의 방법으로서는 정수위법(定水位法; 그림 13.7)과 변수위법(變水位法; 그림 13.8)이 있으며, 현장에서 사용되는 방법으로서는 염료, 약품 등에 의한 추적법이나 우물에 의한 양수 시험법 등이 있다.

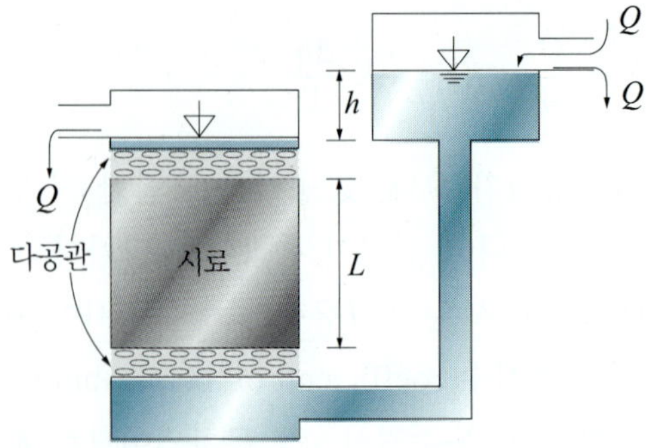

그림 13.7 정수위법

정수위 투수시험은 모래나 암석같은 비점착성 시료에 대하여 사용된다. 그림 13.7에서 알 수 있는 바와 같이 수실에서 물이 공급되어 항상 정수위를 유지하므로 시료를 통과하는 물은 항상 정상상태의 흐름이 된다. 시간 t동안 투수시험기로부터 배수량을 모은다면 전체부피 $\forall$는 시간과 유량의 곱이 된다. 식 (13.6)의 양변에 시간 t를 곱하고 $\Delta l = L$로 치환하고 정리하면

$$Q \cdot t = -\frac{KAt\left(h_A - h_B\right)}{L} \tag{13.10}$$

을 얻는다. $Q \cdot t$를 $\forall$로, $-(h_A - h_B)$를 h로 치환하고, K로 정리하면 다음과 같은 형태로 표현할 수 있다.

$$K = \frac{\forall L}{Ath} \tag{13.11}$$

여기서 $\forall$는 시간 t동안에 유출하는 물의 체적, L은 시료의 길이, A는 시료의 횡단면적, h는 수위, K는 투수계수이다. 일반적으로 수두는 시료길이의 0.5배 이상이 되어서는 안 되나, 때로 상업적인 투수시험기는 시료길이의 10배까지의 수두를 허용하는 경우도 있다. 그러나 이러한 경우에는 레이놀즈 수가 매우 커져서 Darcy 법칙의 유용성이 결여될 수 있다.

투수계수가 작은 점착성 시료에 대해서는 그림 13.8과 같이 변수위 투수시험이 행해진다. 변수위 시험에서는 정수위 시험과는 달리 수위가 변화하므로, 초기수위 h_0를 표시해 놓고, 임의시간(t)후의 수위 h를 측정한다. 변수위 관의 내부지름을 d_t, 시료의 길이를 L, 시료의 직경을 d_c라 할 때 변수위

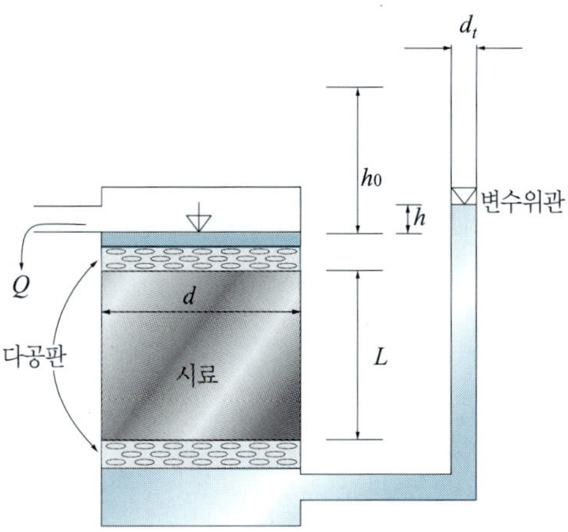

그림 13.8 변수위법

관으로부터 시료수실(chamber) 안으로 유입되는 물의 양 Q_{in}은 시간에 대한 수위의 변화($-dh/dt$)에 변수위 시험관의 횡단면적 A_t를 곱한 값이 된다.

$$Q_{in} = -A_t \frac{dh}{dt} \tag{13.12}$$

A_c가 시료수실의 횡단면적이라면 식 (13.6)으로부터 시료수실로부터 배수되는 유량 Q_{out}은 다음과 같이 표현할 수 있다.

$$Q_{out} = \frac{KA_c h}{L} \tag{13.13}$$

연속법칙에 의해서 시료수실로 유입되는 유량과 배수되는 유량은 서로 같다. 즉 $Q_{in} = Q_{out}$이므로

$$-A_t \frac{dh}{dt} = \frac{KA_c h}{L} \tag{13.14}$$

상기 식을 K에 대해서 정리하면 다음 식을 얻는다.

$$K = -\frac{A_t L}{A_c h} \frac{dh}{dt} \tag{13.15}$$

$t = 0$일 때 $h = h_0$의 초기조건을 이용하여 상기 식을 적분하고 투수계수에 대해서 정리하면 다음 식이 된다.

$$K = \frac{A_t L}{A_c t} \ln \frac{h_0}{h} \tag{13.16}$$

원의 단면적은 직경의 제곱에 비례하기 때문에 변수위 투수시험에 대한 공식은 다음과 같이 표현할 수도 있다.

$$K = \frac{d_t^2 L}{d_c^2 t} \ln \left(\frac{h_0}{h} \right) \tag{13.17}$$

여기서 K는 투수계수, L은 시료의 길이, h_0는 변수위 관의 초기수위, h는 임의시간 t 후의 변수위 관의 수위, t는 수위가 h_0에서 h로 될 때까지 걸리는 시간, d_t는 변수위 관의 내부직경, d_c는 시료수실의 내부직경이다.

표 13.1은 토사의 종류에 따른 투수계수 K의 개략치와 그때 투수계수의 측정법을 나타낸 것이다.

표 13.1 투수계수의 개략치와 결정법

<table>
<tr><th>K(cm/s)</th><th>10^2 1.0</th><th>10^{-2}</th><th>10^{-4} 10^{-6}</th><th>10^{-8}</th></tr>
<tr><td>토사의 종류</td><td>깨끗한 자갈</td><td>깨끗한 모래,
섞인 모래</td><td>가는 모래, 실트,
모래와 실트의 혼합사</td><td>난투수성
토사, 점토</td></tr>
<tr><td>결정법</td><td colspan="2">양수시험법, 정수위법, 실험공식</td><td colspan="2">변수위법</td></tr>
</table>

(3) Darcy 법칙의 적용 범위

Darcy 법칙은 흐름이 층류일 때, 즉 공극 중을 흐르는 유선이 와(渦)를 발생시키지 않고 서로 평행을 유지한 상태일 때 성립한다. 이러한 층류의 상태에서는 유체의 점성력이 관성력보다 훨씬 크지만, 동수경사가 크게 되어 점성력에 비해 무시할 수 없을 정도의 크기의 관성력을 갖는 고속류가 되면, 동수경사와 유속 사이에는 선형관계가 성립하지 않게 되므로 더이상 Darcy 법칙을 적용할 수 없게 된다. 유속이 이렇게 큰 흐름하에서는 유선에 불규칙한 교란이 생기기 때문에 난류상태로 된다.

층류에서 난류로 이행을 나타내는 기준으로서는 레이놀즈 수가 지표가 된다.

$$R_e = \frac{Vd_e}{\nu} \tag{13.18}$$

여기서 V는 공극 내의 평균유속, d_e는 유효공극직경, ν는 동점성계수이다. 종래의 다수의 실험결과에 의하면 Darcy 법칙을 적용할 수 있는 한계 레이놀즈 수는 $R_e = 1 \sim 10$ 정도로 보고되고 있다. Darcy의 법칙이 성립하는 층류의 범위를 Darcy 영역 또는 층류 영역이라 부른다. 층류영역을 초과해서 난류영역에 돌입하면 동수경사와 유속의 선형관계는 더이상 성립하지 않게 되고, 식 (13.7)은 다음과 같이 표현된다.

$$V = K\sqrt{i} \tag{13.19}$$

즉, 난류영역에서는 유속은 동수경사의 제곱근에 비례하게 된다. 층류영역과 난류영역에서 유속과 동수경사간의 관계를 모식적으로 그린 것이 그림 13.9이다.

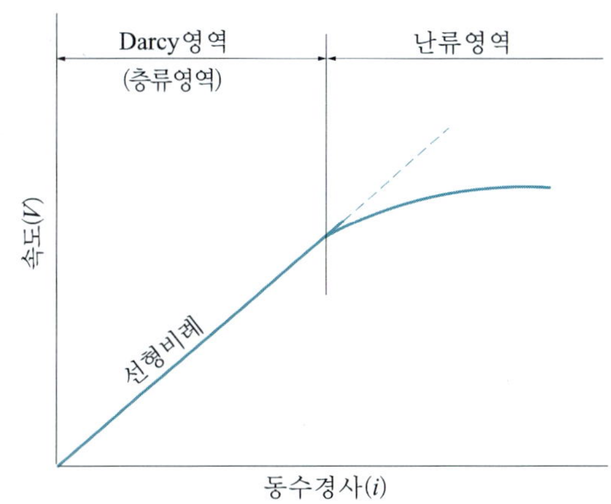

그림 13.9 Darcy 법칙의 적용한계

예제 13.1 고유투수계수와 투수계수

고유투수가 $k = 2.66 \times 10^{-11}\ \text{cm}^2$일 때 투수계수를 구하라. 단, 물의 밀도는 $\rho = 0.99909\ \text{g/cm}^3$이고, 점성계수는 $\mu = 0.0114\ \text{g/cm} \cdot \text{sec}$이다.

풀이

식 (13.9)로부터

$$K = k\frac{\rho g}{\mu}$$

$$= 2.66\times10^{-11}\ \text{cm}^2\times\frac{0.99909\ \text{g/cm}^3\times980\ \text{cm/sec}^2}{0.0114\ \text{g/cm}\cdot\text{sec}}$$

$$= 2.28\times10^{-6}\ \text{cm/sec}$$

$$= 2.28\times10^{-8}\ \text{m/sec}$$

예제 13.2 정수위법에 의한 투수계수의 측정

그림 13.7과 같은 정수위법으로 모래의 투수계수를 측정하려 한다. 모래시료의 직경은 $d = 5.5$ cm이고, 시료의 길이 $L = 15$ cm이다. 수위를 $h = 5.0$ cm로 일정하게 유지하였을 때, 10분 동안 모아진 양의 물은 $\forall = 80\ \text{cm}^3$이었다. 투수계수를 구하라.

풀이

식 (13.11)으로부터

$$K = \frac{\forall L}{Ath}$$

$$= \frac{80\ \text{cm}^3\times15\ \text{cm}}{\frac{\pi}{4}\times5.5^2\ \text{cm}^2\times10\times60\ \text{sec}\times5\ \text{cm}}$$

$$= 1.68\times10^{-2}\ \text{cm/sec}$$

예제 13.3 변수위법에 의한 투수계수의 결정

점착성이 있는 실트질 모래의 투수계수를 측정하려한다(그림 13.8 참조). 투수계 변수위관의 직경은 $d_t = 2$ cm, 시료의 직경은 $d_c = 8$ cm이고, 그 길이는 $L = 15$ cm이다. 초기수두, $h_0 = 8$ cm가 612분 동안에 $h = 0.8$ cm로 되었다면 투수계수는 얼마인가?

풀이

$$K = \frac{d_t^2 L}{d_c^2 t} \ln\left(\frac{h_0}{h}\right)$$
$$= \frac{2.0^2\ \text{cm}^2}{8.0^2\ \text{cm}^2} \times \frac{15\ \text{cm}}{612 \times 60\ \text{sec}} \times \ln\left(\frac{8.0\ \text{cm}}{0.8\ \text{cm}}\right)$$
$$= 5.879 \times 10^{-5}\ \text{cm/sec}$$

예제 13.4 Darcy 법칙의 적용 범위

대수층을 구성하는 모래입자의 중앙 입경이 $d_{50} = 0.05$ cm이다. 물의 밀도가 $\rho = 1000$ kg/m^{3}이고, 점성계수가 $\mu = 1.14 \times 10^{-2}$ g/cm · sec일 때, Darcy 법칙이 적용되기 위한 최대속도를 구하라.

풀이

Darcy 법칙이 적용되기 위해서는 레이놀즈 수가 1을 초과해서는 안 되므로

$$\text{Re} = \frac{\rho V d}{\mu} = 1$$

인 경우의 속도가 최대 속도가 된다.

$$V = \frac{\text{Re}\mu}{\rho d} = \frac{1 \times 1.14 \times 10^{-2} \times 10^{-3}\ \text{kg}/\left(10^{-2}\ \text{m} \cdot \text{sec}\right)}{1000\ \text{kg/m}^3 \times 0.05 \times 10^{-2}\ \text{m}}$$
$$= 0.0023\ \text{m/sec}$$

13.4.2 지하수 흐름의 기본 방정식

지하수 흐름은 Darcy의 법칙, 식 (13.7)에 의해 운동이 지배된다. 이것을 3차원으로 확장하여 x, y, z 방향의 투수계수를 각각 K_x, K_y, K_z로 하면 다음과 같이 표현된다.

$$V_x = -K_x \frac{\partial h}{\partial x},\ V_y = -K_y \frac{\partial h}{\partial y},\ V_z = -K_z \frac{\partial h}{\partial z} \tag{13.20}$$

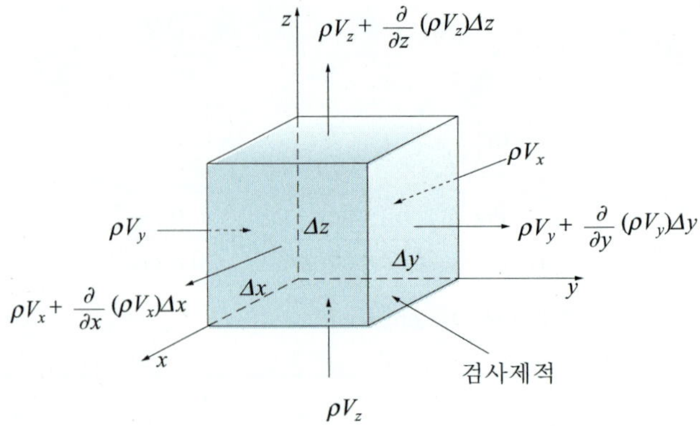

그림 13.10 질량보존법칙

한편 연속방정식은 그림 13.10과 같이 완전히 포화된 다공질 매체의 검사체적으로부터 유도할 수 있다. 지하수흐름에 대한 질량보존법칙은 검사체적내로 유입하는 유체질량플럭스와 유출하는 유체질량 플럭스와의 차(즉, 순수유입 질량플럭스)가 검사체적 내의 저류질량의 시간변화율과 같다는 것을 의미한다.

$$
\begin{aligned}
\text{순수유입질량플럭스} &= \text{총 유입질량플럭스} - \text{총 유출질량플럭스} \\
&= \text{저류질량의 시간 변화율} \qquad (13.21)
\end{aligned}
$$

검사체적 내를 유입하는 단위면적당 질량플럭스를 생각하면 유입질량플럭스는 x, y, z 방향별로 각각 ρV_x, ρV_y, ρV_z로 쓸 수 있고, 그 차원은 $[ML^{-2}T^{-1}]$로 표시된다.

Taylor의 급수전개를 이용하고, 검사체적이 미소하므로 2차 이상의 항을 무시하면 x 방향으로 유출하는 단위면적당 질량플럭스는 다음과 같이 표시된다.

$$\rho V_x + \frac{\partial}{\partial x}(\rho V_x)\Delta x \qquad (13.22)$$

따라서 x 방향으로의 순수유입 질량플럭스는 유체질량이 통과하는 면적을 고려하면 다음과 같이 된다.

$$
\begin{aligned}
x\text{방향 : 순수유입 질량프럭스} &= \text{유입 질량플럭스} - \text{유출 질량플럭스} \\
&= \rho V_x \Delta y \Delta z - \left[\rho V_x + \frac{\partial}{\partial x}(\rho V_x)\Delta x \right] \Delta y \Delta z \\
&= -\frac{\partial}{\partial x}(\rho V_x)\Delta x \Delta y \Delta z
\end{aligned}
\tag{13.23}
$$

마찬가지 방법으로 y 및 z 방향의 순수유입 질량플럭스는 각각 다음과 같이 된다.

$$
\left.
\begin{aligned}
y\text{방향:} \quad & -\frac{\partial}{\partial y}(\rho V_y)\Delta x \Delta y \Delta z \\
z\text{방향:} \quad & -\frac{\partial}{\partial z}(\rho V_z)\Delta x \Delta y \Delta z
\end{aligned}
\right\}
\tag{13.24}
$$

식 (13.21)과 식 (13.23) ~ (13.24)을 이용하면 순수유입 질량플럭스는 다음 식으로 표시할 수 있다.

$$
\text{순수유입 질량플럭스} = -\left[\frac{\partial}{\partial x}(\rho V_x) + \frac{\partial}{\partial y}(\rho V_y) + \frac{\partial}{\partial z}(\rho V_z) \right] \Delta x \Delta y \Delta z
\tag{13.25}
$$

한편 식 (13. 21)의 우변 검사체적 내의 저류질량의 시간변화율은 대수층의 단위체적에서 단위수두강하량당 방출되는 물의 체적으로 정의되는 비저류량(S_s, specific storage)을 생각하면 구할 수 있다. 우선 정의에 의해 비저류량을 표시하면 다음과 같다.

$$
S_s = \frac{\Delta V\!\!\!/}{\Delta h \Delta x \Delta y \Delta z}
\tag{13.26}
$$

여기서 Δh는 수두강하량을 나타내고, $\Delta V\!\!\!/$는 방출되는 물의 체적이다. 따라서 검사체적 내의 저류질량의 시간변화율은 다음과 같이 나타낼 수 있다.

$$
\frac{\rho \Delta V\!\!\!/}{\Delta t} = \rho S_s \frac{\Delta h}{\Delta t} \Delta x \Delta y \Delta z
\tag{13.27}
$$

식 (13.25)와 (13.27)을 식 (13.21)에 대입하여 정리하고, 미분형태로 쓰면 다음 식을 얻는다.

$$-\left[\frac{\partial}{\partial x}(\rho V_x)+\frac{\partial}{\partial y}(\rho V_y)+\frac{\partial}{\partial z}(\rho V_z)\right]=\rho S_s\frac{\partial h}{\partial t} \tag{13.28}$$

비압축성 유체에 대해서는 밀도가 일정하므로 상기 식은 다음과 같이 고쳐 쓸 수 있다.

$$-\rho\left(\frac{\partial V_x}{\partial x}+\frac{\partial V_y}{\partial y}+\frac{\partial V_z}{\partial z}\right)=\rho S_s\frac{\partial h}{\partial t} \tag{13. 29}$$

식 (13.29)의 양변에서 ρ를 소거하고, Darcy의 법칙 식 (13.20)을 적용하면 아래와 같이 지하수흐름에 대한 기본방정식을 얻는다.

$$\frac{\partial}{\partial x}\left(K_x\frac{\partial h}{\partial x}\right)+\frac{\partial}{\partial y}\left(K_y\frac{\partial h}{\partial y}\right)+\frac{\partial}{\partial z}\left(K_z\frac{\partial h}{\partial z}\right)=S_s\frac{\partial h}{\partial t} \tag{13. 30}$$

2차원 지하수문제의 경우에는 연직방향의 흐름을 무시하고 수평방향의 흐름만을 취급하고, 이 때에는 대수층의 두께를 고려할 필요가 있다. 만일 대수층의 두께를 h'으로 하면, 식 (13.30)는 다음과 같이 쓸 수 있다.

$$\frac{\partial}{\partial x}\left(T_x\frac{\partial h}{\partial x}\right)+\frac{\partial}{\partial y}\left(T_y\frac{\partial h}{\partial y}\right)=S\frac{\partial h}{\partial t} \tag{13.31}$$

여기서 T_x와 T_y는 투수계수에 대수층 두께 h'를 곱한 값 $(=\mathrm{K}h')$으로서 각각 x, y 방향의 투수량계수(transmissivity)라 부르고, S는 $S=S_s h'$로 표시되는 저류계수(storage coefficient)로서 단위수두강하에 따라 단위 단면적의 대수층을 통해 유출되는 물의 양을 나타낸다.

만일 대수층 외부에서 강우로부터 침투수가 유입되거나 펌프에 의한 양수 등이 존재하는 경우에는 이 양을 상기 식에 부가시켜 다음과 같이 표현해야 한다.

$$\frac{\partial}{\partial x}\left(T_x\frac{\partial h}{\partial x}\right)+\frac{\partial}{\partial y}\left(T_y\frac{\partial h}{\partial y}\right)+W=S\frac{\partial h}{\partial t} \tag{13.32}$$

여기서 W는 단위 면적당 유량(속도차원)을 나타내는 것으로서, 물이 대수층에 공급되는 경우에는 부호가 양(+)의 값이고, 배출되는 경우에는 음(−)의 값을 갖는다.

지하수흐름에 대한 일반식 (13.30)으로부터 몇 가지 특수한 경우에 대한 기본식을 도출해 보자. 우선 대수층의 투수계수가 각 방향으로의 위치 변화에 관계없이 일정하고(균질성;homogeneous, 즉 $\partial K/\partial x = 0$, $\partial K/\partial y = 0$, $\partial K/\partial z = 0$), 또 각 방향으로의 투수계수가 방향에 관계없이 일정하다면(등방성; isotropic, 즉 $K_x = K_y = K_z = K$), 식 (13.30)은 다음과 같이 쓸 수 있다.

$$K\frac{\partial^2 h}{\partial x^2} + K\frac{\partial^2 h}{\partial y^2} + K\frac{\partial^2 h}{\partial z^2} = S_s\frac{\partial h}{\partial t} \tag{13.33}$$

또한 대수층의 두께 h'이 b로 일정한 경우에는 $T = Kb$이므로 식 (13.33)은 다음과 같이 고쳐 쓸 수 있다.

$$\frac{\partial^2 h}{\partial x^2} + \frac{\partial^2 h}{\partial y^2} + \frac{\partial^2 h}{\partial z^2} = \frac{S}{T}\frac{\partial h}{\partial t} \tag{13.34}$$

상기 식은 대수층이 균질하고 등방성인 경우, 비정상상태의 지하수흐름에 대한 기본식이다. 만일 지하수 흐름의 특성 인자들이 시간에 대해서 변하지 않는 정상상태인 경우는 식 (13.34)의 우변은 0이 되어 다음과 같이 쓸 수 있다.

$$\frac{\partial^2 h}{\partial x^2} + \frac{\partial^2 h}{\partial y^2} + \frac{\partial^2 h}{\partial z^2} = 0$$

또는

$$\nabla^2 h = 0 \tag{13.35}$$

식 (13.35)는 라플라스 방정식으로서 대수층이 균질하고 등방성인 경우, 정상상태의 지하수흐름에 대한 기본 식을 나타낸다.

13.5 정상 1차원 지하수 흐름

여기서는 해석이 비교적 평이한 정상 1차원 지하수흐름에 대해서 다루어 본다. 흐름의 특성인자가 시간에 독립적이고, 유선이 한 방향으로 평행한 1차원흐름에 대해서 피압 대수층(confined aquifer)의 경우와 비피압 대수층(unconfined aquifer)의 경우, 즉 자유수면을 갖는 대수층의 경우로 나누어 설명한다.

13.5.1 피압 대수층

정상 1차원흐름에 대해서는 식 (13.32)는 다음과 같이 표현된다.

$$\frac{d}{dx}\left(T_x \frac{dh}{dx}\right) + W = 0 \tag{13.36}$$

그림 13.11과 같이 대수층 h'이 b로 일정하고, 대수층이 균질하고 등방성이라고 가정하면 투수계수 K도 일정($T_x = Kb =$ 일정)하고, 외부에서 공급되는 지하수도 존재하지 않는다면 $W = 0$이므로 상기 식은 다음과 같이 된다.

$$\frac{d^2h}{dx^2} = 0 \tag{13.37}$$

식 (13.37)을 두 번 적분하면 다음과 같이 된다.

$$h = C_1 x + C_2 \tag{13.38}$$

위에서 h는 임의점에 있어서의 수두를 나타내고, C_1, C_2는 적분상수로서 경계조건으로부터 결정된다. 우선 $x = 0$일 때 $h = h_0$의 조건으로부터 $C_2 = h_0$이고, 또 $x = l$일 때 $h = h_l$의 조건으로부터 $C_1 = (h - h_0)/l$ 이 되어 이것을 식 (13.38)에 대입하면 다음과 같이 1차원 피압지하수의 수두곡선이 결정된다.

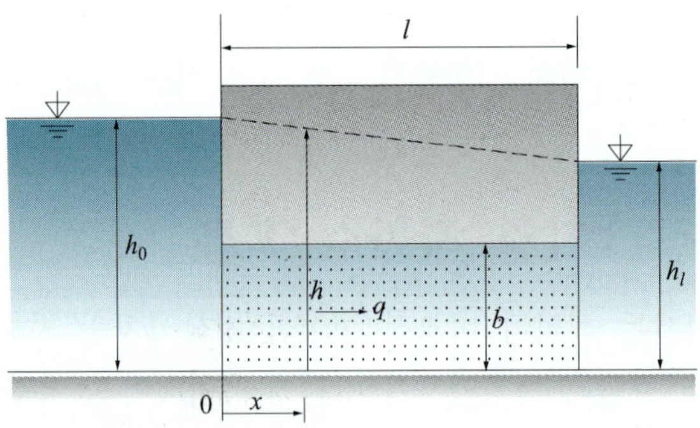

그림 13.11 1차원 피압 대수층

$$h = \frac{h_l - h_0}{l} x + h_0 \tag{13.39}$$

식 (13.39)에서 알 수 있는 바와 같이 피압대수층 내의 정상 1차원흐름에 있어서 수두선은 직선형인 것을 알 수 있다.

대수층을 통해 흐르는 단위폭당 유량은 Darcy 법칙으로부터 구할 수 있다.

$$q = bV_x = -bK\frac{\partial h}{\partial x} = -bK\frac{dh}{dx} \tag{13.40}$$

식 (13.39)으로부터 dh/dx를 구한 뒤 식 (13.40)에 대입하면 단위폭당 유량은 다음과 같이 된다.

$$q = -bK\frac{(h_l - h_0)}{l} \tag{13. 41}$$

예제 13.5 정상 1차원 지하수 흐름(피압대수층)

그림 13.11과 같은 피압대수층에서 대수층의 두께 $b = 33$ m이고, 대수층의 길이는 $l = 1{,}200$ m이다. $x = 0$에서의 수두는 $h_0 = 97.5$ m이고, $x = l$에서의 수두가 $h_l = 89.0$ m이고, 투수계수가 $K = 1.2$ m/day일 때, 수두선과 단위폭당 유량을 구하라.

풀이

상기 문제의 경우, 기본식은

$$\frac{d^2h}{dx^2} = 0$$

이므로, 상기 식을 연속하여 적분하면 다음과 같은 수두곡선식을 얻는다.

$$h = C_1 x + C_2$$

$x = 0$일 때, $h = h_0 = 97.5$ m이므로, $C_2 = 97.5$ m이고, 또 $x = l$일 때, $h = 89.0$ m이므로,

$$C_1 = -0.0071$$

로 결정된다. 따라서 수두선은 다음과 같은 직선식이 된다.

$$h = -0.0071x + 97.5$$

대수층을 통해 흐르는 단위폭당 유량은 식 (13.40)로부터

$$q = -bK\frac{dh}{dx} = -33\text{ m}(1.2\text{ m/day})(-0.0071)$$
$$= 0.281\text{ m}^3\text{/day/m}$$
$$= 3.252\times10^{-6}\text{ m}^3\text{/sec/m}$$

13.5.2 비피압대수층

비피압대수층의 경우, 즉 자유수면을 갖는 대수층의 경우에는 자유수면 자체가 미지량이므로, 앞에서 다룬 피압대수층의 경우와 같이 해석적으로 푸는 것은 어렵다. 왜냐하면 이 경우에는 수면곡선이 더이상 선형이 아니며, 압력분포도 정수압분포를 하지 않기 때문이다. Dupit는 이러한 복잡함을 피하고 해석적으로 다루기 위하여 그림 13.12에 도시한 바와 같이 다음과 같은 가정을 설정하였다.

1. 흐름의 방향이 x축에 평행하고, 임의의 연직면상의 흐름 속도는 일정하다.
2. 지하수 유속은 $V = -K\dfrac{\partial h}{\partial s}$ 대신 $V = -K\dfrac{\partial h}{\partial x}$로 표시할 수 있다.

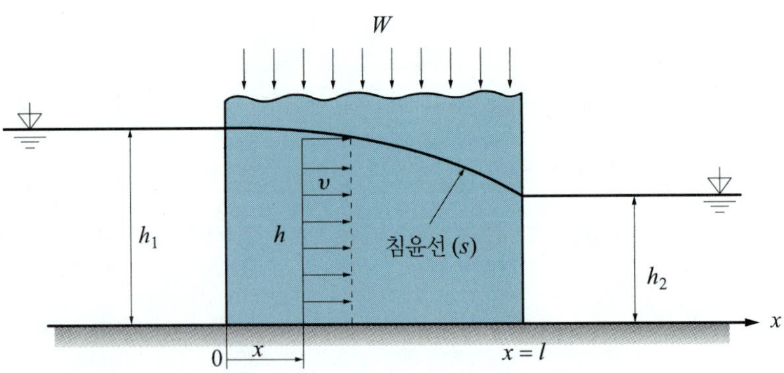

그림 13.12 1차원 비피압대수층

첫 번째 가정은 자유수면의 경사가 작으므로, 유선이 x축과 평형을 이루고, 압력 또한 정수압분포로 근사시킬 수 있다는 것을 의미하고, 두 번째 가정은 흐름의 실제속도는 유선방향의 동수경사 $\left(\frac{\partial h}{\partial s}\right)$에 비례하나 유선이 x축과 평행하다고 하는 가정으로부터 지하수 속도를 $\left(\frac{\partial h}{\partial x}\right)$에 비례한다고 가정한 것이다.

이렇게 가정을 하면 자유수면을 갖는 지하수(비피압지하수)의 정상류에 대한 기본 식은 식 (13.32)로부터 다음과 같이 표현할 수 있다.

$$\frac{d}{dx}\left(T_x \frac{dh}{dx}\right) + W = 0 \tag{13.42}$$

자유수면을 갖는 지하수에 대해서는 대수층(포화층)의 두께가 $h' = h$로서 장소에 따라 변화하므로 상기 식은 다음과 같이 표현된다.

$$\frac{d}{dx}\left(Kh \frac{dh}{dx}\right) + W = 0$$

상기 식에서 K가 일정하므로 고쳐 쓰면 다음과 같이 된다.

$$\frac{d^2h^2}{dx^2} + \frac{2W}{K} = 0 \tag{13.43}$$

이후에 W를 고려하는 경우와 그렇지 않은 경우를 나누어 그림 13.12에 적용해 본다.

(1) 지표면에 침투 유량이 없는 경우

W가 지표면을 통해서 강수나 양수에 의해 유출입되는 단위 면적당 유량이므로, 이러한 양이 없는 경우에는 $W = 0$이 되고, 식 (13.43)은 간단히 다음과 같이 쓸 수 있다.

$$\frac{d^2h^2}{dx^2} = 0 \tag{13.44}$$

상기 식을 적분하면 다음과 같은 식을 얻는다.

$$h^2 = C_1 x + C_2 \tag{13.45}$$

여기서 C_1, C_2는 적분상수이다. 이제 $x = 0$에서 $h = h_1$이고 $x = l$에서 $h = h_2$

인 경계조건을 대입하고 C_1, C_2를 결정하면 자유수면에 대한 식은 다음과 같이 된다.

$$h^2 = h_1^2 - \left(h_1^2 - h_2^2\right)\frac{x}{l} \tag{13.46a}$$

또는

$$h = \sqrt{h_1^2 - \left(h_1^2 - h_2^2\right)\frac{x}{l}} \tag{13.46b}$$

임의 거리 x만큼 떨어진 곳에서의 연직 단면을 통해 흐르는 단위폭당 유량은 Darcy 법칙을 이용하면 다음과 같이 표현된다.

$$q = -Kh\frac{dh}{dx} \tag{13.47}$$

식 (13.46)으로부터 dh/dx를 구해서 식 (13.47)에 대입하면 다음과 같이 표현된다.

$$q = K\frac{\left(h_1^2 - h_2^2\right)}{2l} \tag{13.48}$$

식 (13.48)을 Dupit 공식이라 부른다.

(2) 지표면으로부터 침투유량이 있는 경우

그림 13.12에 도시한 바와 같이 지표를 통하여 W의 지하수가 보충될 때를 생각한다. 앞서 설명한 바와 같이 이러한 경우에는 식 (13.43)이 적용된다.

$$\frac{d^2h^2}{dx^2} + \frac{2W}{K} = 0$$

상기 식을 적분하면

$$h_1^2 + \frac{W}{K}x^2 = C_1x + C_2 \tag{13.49}$$

상기 식에 $x = 0$일 때 $h = h_1$, 또 $x = l$일 때 $h = h_2$인 경계조건을 대입하여 C_1, C_2를 결정하면 자유 수면식은 다음과 같이 표현된다.

$$h^2 = h_1^2 - \left(h_1^2 - h_2^2\right)\frac{x}{l} + \frac{W}{K}\left(l - x\right)x \tag{13.50a}$$

또는

$$h = \sqrt{h_1^2 - \left(h_1^2 - h_2^2\right)\frac{x}{l} + \frac{W}{K}\left(l - x\right)x} \tag{13.50b}$$

임의의 연직 단면을 통해서 흐르는 단위폭당 유량은 앞의 경우와 마찬가지로 다음 식으로부터 구할 수 있다.

$$q = -Kh\frac{dh}{dx}$$

식 (13.50a)로부터 $\frac{dh}{dx}$ 또는 $h\frac{dh}{dx}$를 구해서 상기 식에 대입하면 q는 다음과 같이 된다.

$$q = \frac{K\left(h_1^2 - h_2^2\right)}{2l} - W\left(\frac{l}{2} - x\right) \tag{13. 51}$$

식 (13.50)과 식 (13.51)에서 $W = 0$으로 치환한 경우는 각각 지표면으로부터 침투 유량이 없는 경우에 해당되는 식 (13.46) 및 (13.48)로 되는 것을 알 수 있다.

예제 13.6 정상 1차원 지하수 흐름(비피압대수층)

그림 E13.6과 같이 비피압대수층을 사이로 하여 2개의 도랑을 500 m의 간격을 두고 설치하였다. 투수계수가 $K = 0.4$ m/day이고 $x = 0$에서 수두는 $h_1 = 10$ m이고, $x = 500$ m에서의 수두는 $h_2 = 8.5$ m일 때, 수두곡선식과 $x = 0$ 지점에서의 단위폭당 유량을 다음 두 가지 경우에 대해서 구하라.

(a) 강우가 없는 경우($W = 0$)
(b) 연 강우량이 600 mm/year이고 이 중 200 mm/year는 증발 및 기타 손실량이다.

풀이

(a) $W = 0$인 경우
이 경우에는 식 (13.44)가 기본식이 된다.

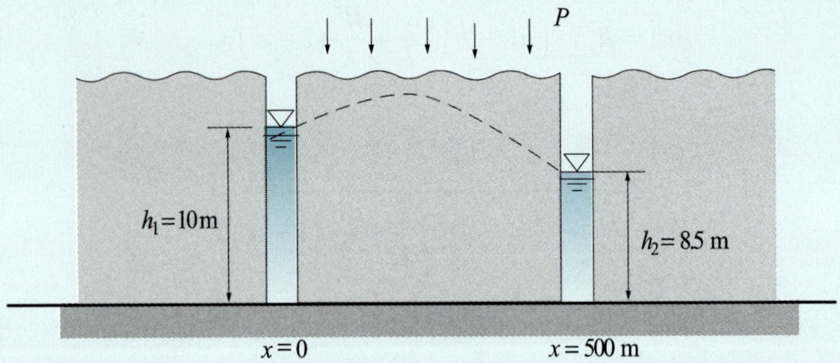

그림 E13.6

$$\frac{d^2h^2}{dx^2} = 0$$

상기 식을 적분하면

$$h^2 = C_1x + C_2$$

이 되고, 경계조건을 이용하여 적분상수를 구하면 수두곡선식은 다음과 같이 된다.

$$h = \sqrt{h_1^2 - \left(h_1^2 - h_2^2\right)\frac{x}{l}}$$

$$= \sqrt{10^2 - \left(10^2 - 8.5^2\right)\frac{x}{500}}$$

$$= \sqrt{100 - 0.0555x}$$

또는,

$$h^2 = 100 - 0.0555x$$

단위폭당 유량은 식 (13.47) 또는 식 (13.48)로부터

$$q = K\frac{h_1^2 - h_2^2}{2l} = 0.4 \text{ m/day}\frac{10^2\text{ m}^2 - 8.5^2\text{ m}^2}{2 \times 500\text{ m}}$$

$$= 0.0111 \text{ m}^3\text{/day/m}$$

(b) $W \neq 0$인 경우

강우가 $P = 600$ mm/year이고 손실량이 200 mm/year이므로

$$W = (600 - 200)\ \text{mm/year}$$
$$= 0.0011\ \text{m/day}$$

식 (13.50)으로부터 수두곡선식은 다음과 같이 계산된다.

$$h^2 = h_1^2 - \left(h_1^2 - h_2^2\right)\frac{x}{l} + \frac{W}{K}\left(l - x\right)x$$
$$= 10^2 - \left(10^2 - 8.5^2\right)\frac{x}{500} + \frac{0.0011}{0.4}\left(500 - x\right)x$$
$$= 100 + 1.32x - 0.0028x^2$$

또는,

$$h = \sqrt{100 + 1.32x - 0.0028x^2}$$

$x = 0$인 곳에서의 단위폭당유량 q는 식 (13.51)로부터

$$q = \frac{K\left(h_1^2 - h_2^2\right)}{2l} - W\left(\frac{l}{2} - x\right)$$
$$= \frac{0.4\ \text{m/day} \times \left(10^2 - 8.5^2\right)\text{m}^2}{2 \times 500\ \text{m}} - 0.0011\ \text{m/day}\left(\frac{500\ \text{m}}{2} - 0\right)$$
$$= -0.264\ \text{m}^3/\text{sec/m}$$

여기서 (−)부호는 x축의 역방향으로 흐르는 것을 의미한다.

예제 13.7 분수계의 산정

예제 13.6(b)의 경우에 수두가 최대가 되는 곳까지의 거리 x_d와 그때의 최대수두 h_{max}를 구하라.

풀이

외부에서의 침투량 W가 있는 경우에는 지하수위는 봉(crest)를 이루고 물의 흐름이 양방향으로 나누어지는 분수계(water divide)가 존재한다. 분수계에서는 $q = 0$이 되고, 이때의 거리를 $x = x_d$라 하면 분수계까지의 거리 x_d는 식 (13.51)로부터 다음과 같이 유도된다.

$$x_d = \frac{l}{2} - \frac{K}{W}\frac{\left(h_1^2 - h_2^2\right)}{2l}$$

예제 13.6(b)의 조건을 대입하면

$$x_d = \frac{500}{2} - \frac{0.4}{0.0011} \cdot \frac{\left(10^2 - 8.5^2\right)}{2 \times 500} = 239.91 \text{ m}$$

또, 최대수두는 식 (13.50)에서 x대신 x_d로 치환하면 구할 수 있으므로 다음과 같이 계산된다.

$$\begin{aligned} h_{\max} &= \sqrt{h_1^2 - \left(h_1^2 - h_2^2\right)\frac{x_d}{l} + \frac{W}{K}\left(l - x_d\right)x_d} \\ &= \sqrt{10^2 - \left(10^2 - 8.5^2\right)\frac{239.91}{500} + \frac{0.0011}{0.4} \times \left(500 - 239.91\right)239.91} \\ &= 16.07 \text{ m} \end{aligned}$$

13.6 우물수리-정상류

우물로부터 물을 양수하거나 우물에 물을 주수(注水)하는 경우 지하수 흐름을 축으로 하는 방사흐름(radial flow)이 된다. 여기서는 시간에 대해서 수면변화가 없는 정상류에 대해서 피압대수층(confined aquifer)과 비피압대수층(unconfined aquifer)의 경우로 나누어 우물로 유입되는 방사류와 수면변화에 대해서 다루어 본다.

13.6.1 피압대수층 confined aquifer

그림 13.13과 같이 불투수층(impermeable layer) 사이에 끼여 있는 피압대수층 내의 우물 수면과 수압차로서 물이 유입하는 형식의 우물을 굴착정(artesian well)이라 한다. 그림과 같이 균질한 대수층이 수평방향으로 일정한 두께를 유지하고 또한 무한히 넓게 분포해 있다고 가정하면 흐름은 우물에 대해서 축대칭이 된다.

이제 일정유량 Q를 연속적으로 양수하여 정상상태에 도달했다고 가정하고, 양수량과 지하수면과의 관계를 구하기 위해 Darcy의 법칙을 이용하여 우물축으로부터 임의의 거리 r에서의 유속을 표현한다.

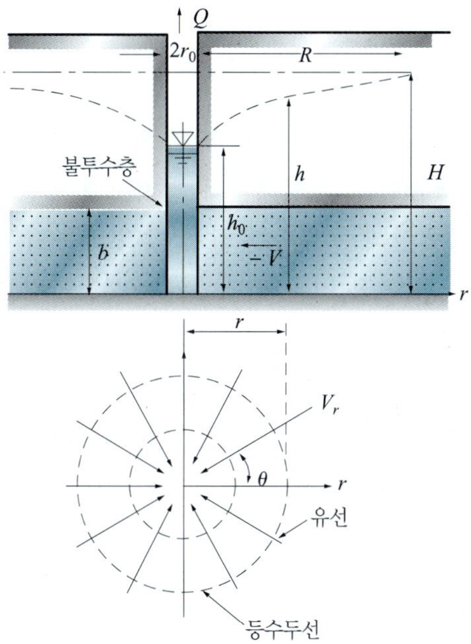

그림 13.13 피압지하수

$$V = K\frac{dh}{dr}$$

상기 식에서 (−)부호가 생략된 것은 r축과 지하수의 흐름 방향이 서로 반대이기 때문이다. 대수층의 두께를 b라 하면 물이 유입되는 투수단면적이 $A = 2\pi rb$이므로 우물로 유입되는 양, 즉 양수량 Q는 다음과 같이 표현된다.

$$Q = AV = 2\pi rbK\frac{dh}{dr} \tag{13.52}$$

싱기 식을 정리해서 적분하면 다음 식을 얻는다.

$$h = \frac{Q}{2\pi bK}\ln r + C \tag{13.53}$$

상기 식에 $r = r_0$에서 $h = h_0$인 경계조건을 대입하면 다음 식과 같이 된다.

$$h - h_0 = \frac{Q}{2\pi bK}\ln\frac{r}{r_0} \tag{13.54}$$

상기 식에서 $r \to \infty$로 되면 압력수두도 $h \to \infty$로 되는데 이것은 그림 13.13에 표시한 수두상태와는 일치하지 않는다. 왜냐하면 무한 원방(遠方)에서의 압력상태는 유한한 값을 갖기 때문이다. 따라서 식 (13.54)는 우물에서 상당히 떨어진 거리에 대해서는 사용하기 어렵다. 무한 원방에서 $h \to H$로 되는 실제의 우물을 근사적으로 표현하기 위해서 $h = H$로 되는 반경 R을 영향권의 반경이라 부르고, 상기 식은 이 범위 내에서만 사용 가능하다고 볼 수 있다. 영향권의 반경 R은 통상 우물반경 r_0의 3,000 ~ 5,000배 또는 500 ~ 1,000 m로 취한다.

예제 13.8 Thiem의 ε법에 의한 투수계수의 측정

피압대수층의 우물로부터 반경 r_1, r_2의 위치에서 수두 h_1, h_2를 측정하고 투수계수 K를 구하는 식을 유도하라. 여기서 $r_2 > r_1$, $h_2 > h_1$이다.

풀이

식 (13.54)에 $r = r_1$일 때 $h = h_1$ 및 $r = r_2$일 때 $h = h_2$의 조건을 각각 대입하면 다음 식을 얻는다.

$$h_1 - h_0 = \frac{Q}{2\pi Kb}\ln\frac{r_1}{r_0} \quad ①$$

$$h_2 - h_0 = \frac{Q}{2\pi Kb}\ln\frac{r_2}{r_0} \quad ②$$

식 ②에서 식 ①을 빼면

$$h_2 - h_1 = \frac{Q}{2\pi Kb}\ln\frac{r_2}{r_1} \quad ③$$

이 식을 K에 관한 식으로 고쳐 쓰면 다음과 같이 표현된다.

$$K = \frac{Q}{2\pi b\left(h_2 - h_1\right)}\ln\frac{r_2}{r_1} \quad ④$$

식 ④는 현장에서 투수계수를 측정하는 경우에 이용되며, 이러한 방법을 Thiem의 ε법이라 부르고 있다.

예제 13.9 피압대수층(정상우물수리)

그림 13.13와 같은 피압대수층의 우물에서 일정유량을 장시간 양수한 결과 우물의 수위가 초기수위보다 3.8 m가 저하되어 투수계수는 일정하게 유지되었다. 우물의 직경이 50 cm, 대수층의 두께가 $b = 20$ m, $K = 0.24$ m/day일 때 양수량을 구하라.

풀이

영향권의 반지름 $r = R$에서 $h = H$인 것을 고려하여 식 (13.54)를 고쳐 쓰면

$$H - h_0 = \frac{Q}{2\pi bK} \ln \frac{R}{r_0}$$

이 식에 $H - h_0 = 3.8$ m, $R/r_0 = 3 \times 10^3$을 대입하여 유량을 계산하면

$$Q = \frac{2\pi bK\left(H - h_0\right)}{\ln R/r_0} = \frac{2\pi \times 20 \times 0.24 \times 3.8}{\ln\left(3000\right)} = 14.3 \text{ m}^3/\text{day}$$

13.6.2 비피압대수층 unconfined aquifer

(1) 지표면으로부터 침투유량이 없는 경우

자유수면을 갖는 대수층에 우물 바닥이 불투수층까지 도달한경우의 우물을 심정(深井, deep well)이라 하고 불투수층까지 도달하지 못한 우물을 천정(shallow well)이라 부른다. 여기서는 그림 13.14와 같이 불투수층 바닥까지 닿은 우물로부터 장시간에 걸쳐 유량 Q를 양수하여 자유수면이 일정한 형태를 유지한 경우의 수면형을 구해 본다. 수면경사가 작고, 흐름의 수직성분을 무시할 수 있다고 가정하면 다음과 같이 Darcy 법칙을 적용할 수 있다.

$$V = K \frac{dh}{dr} \tag{13.55}$$

상기 식에서 (−)부호는 지하수의 흐름방향과 r의 방향이 역방향이므로 생략되었다. 상기의 가정은 결국 Dupit의 가정이다. 이 식에 연속식을 적용하면 다음 식과 같이 된다.

$$Q = 2\pi rhK \frac{dh}{dr} \tag{13.56}$$

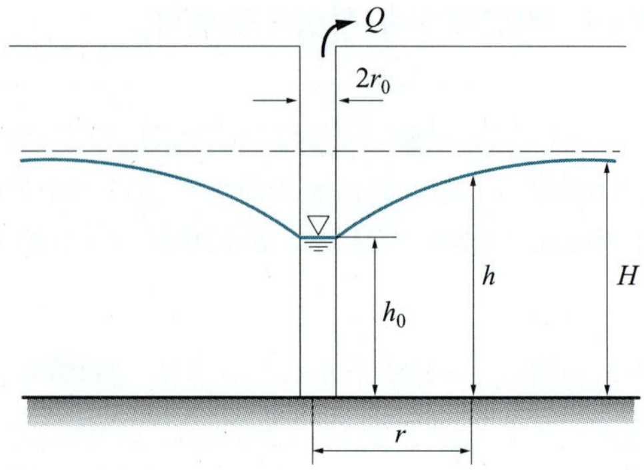

그림 13.14 자유지하수 ($W = 0$)

상기 식 (13.56)을 적분하고, 우물 주변 $r = r_0$에서 $h = h_0$의 경계조건을 대입하면 다음 식을 얻는다.

$$h^2 - h_0^2 = \frac{Q}{\pi K} \ln \frac{r}{r_0} \tag{13. 57}$$

상기 식의 경우도 $r \rightarrow \infty$에서 $h \rightarrow \infty$로 되는 비합리성 때문에 그 적용은 영향반경 R의 내부로 제한된다. 우물로부터 각각 r_1 및 r_2 거리에 있는 임의의 두 점의 수위 h_1과 h_2를 측정하면 앞서 예제 13.8과 같은 방법으로 현장에서 투수계수를 다음과 같이 결정할 수 있다.

$$K = \frac{Q}{\pi \left(h_2^2 - h_1^2\right)} \ln \frac{r_2}{r_1} \tag{13.58}$$

앞에서 설명한 바와 같이 이것도 Thiem의 방법이다.

(2) 지표면으로부터 침투유량이 있는 경우

그림 13.15와 같이 지표로부터 단위면적당 단위시간당 W의 유량이 보급되는 경우의 수면형을 구해 본다. 지표로부터 W의 유량이 침투되고 Q로 양수할 때 정상상태에 있다고 가정하면, 임의 반경 r인 영역내로 침투하는 유량은 $\pi r^2 W$이고 양수량 Q와는 서로 역부호를 가지므로 연속식은 다음과 같이 표현된다.

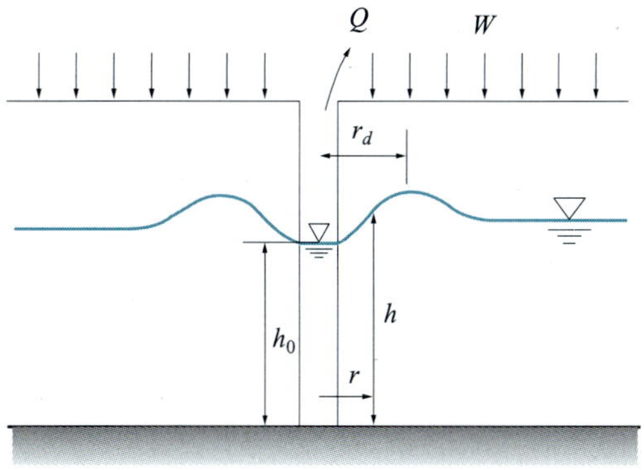

그림 13.15 자유지하수 ($W \neq 0$)

$$Q - \pi r^2 W = 2\pi rhK \frac{dh}{dr} \tag{13.59}$$

상기 식을 적분하고 $r = r_0$일 때 $h = h_0$의 조건을 대입하면 다음 식을 얻는다.

$$h^2 - h_0^2 = \frac{Q}{\pi K} \ln \frac{r_d}{r_0} - \frac{W}{2K}\left(r^2 - r_0^2\right) \tag{13.60}$$

상기 식 (13.60)과 식 (13.57)을 비교해 보면, 지표면으로부터 침투하는 유량이 수면변화에 기여하는 양은 $-\frac{W}{2K}\left(r^2 - r_0^2\right)$ 임을 알 수 있다.

또 그림 13.15에서 우물로 유입되는 물은 반경 r_d인 곳이 경계가 되는 것을 알 수 있다. 이 때 반경 r_d를 지하수의 분수계라 부르고 r_d는 수위의 변화가 없는 곳, 즉 $\frac{dh}{dr} = 0$ 인 조건으로부터 구할 수 있다. 식 (13.59)에 $r = r_d$일 때, $dh/dr = 0$의 조건을 대입하면 다음 식을 얻는다.

$$r_d = \left(\frac{Q}{\pi W}\right)^{1/2} \tag{13.61}$$

따라서 반경 r_d 내부의 물만이 유입하게 되는데, 이 때 r_d를 지하수의 분수계라 부른다.

예제 13.10 비피압대수층(정상우물수리) : 강우가 없는 경우

그림 13.14와 같은 비피압대수층에서 불투수층이 지표하 20 m의 곳에 있고, 양수전의 지하수위는 지표하 4 m의 곳에 있었다. 이 대수층에 직경 2.2 m의 우물을 파고 $Q = 0.025\ \mathrm{m^3/sec}$의 물을 양수할 때 우물 수위는 지표로부터 어느 깊이가 되는지 계산하라. 단, 투수계수는 $K = 0.18$ cm/sec, 영향권의 반지름 $R = 1{,}500$ m로 한다.

풀이

식 (13.57)로부터

$$h^2 - h_0^2 = \frac{Q}{\pi K} \ln \frac{r}{r_0}$$

상기 식에 $r = R = 1500$ m, $h = 20 - 4 = 16$ m 또 $r_0 = 1.1$ m, Q = 0.025 $\mathrm{m^3/sec}$ 및 $K = 0.0018$ m/sec를 대입하면

$$16^2 - h_0^2 = \frac{0.025}{\pi \times 0.0018} \ln \frac{1500}{1.1} = 31.91$$

$$\therefore h_0 = 14.97\ \mathrm{m}$$

따라서 우물수위는 지표하 20 − 14.97 = 5.03 m 깊이에 놓이게 된다.

예제 13.11 비피압대수층(정상우물수리) : 강우가 있는 경우

그림 13.15와 같은 자유 대수층에서 강우가 없고 양수를 하지 않는 경우의 지하수위는 $H = 15$ m였다. 이 대수층에 직경 $d = 1.0$ m의 우물을 파고 $Q = 50\ \mathrm{m^3/hr}$로 양수를 하고자 한다. 양수중에 $P = 5$ mm/day의 강우가 있었고 이 양이 모두 침투하였다고 가정할 때 아래에 답하라. 단, 투수계수는 $K = 20$ m/day, 영향원의 반경은 $R =$ 1,000 m로 한다.

(a) 우물수위를 구하라.
(b) 분수계의 위치 및 분수계 수위를 구하라.

풀이

(a) 우물수위

우물수위를 h_0라 하면 $r = d/2 = r_0$에서 $h = h_0$이므로 식 (13. 60)에 $r = R$에서 $h = H$인 조건을 대입하면 다음과 같이 쓸 수 있다.

$$H^2 - h_0^2 = \frac{Q}{\pi K}\ln\frac{R}{r_0} - \frac{W}{2K}\left(R^2 - r_0^2\right)$$

상기 식에 $H = 15$ m, $Q = 50 \times 24$ m^3/day, $K = 20$ m/day, $R = 1000$ m, $W = P$ 0.005 m/day 및 $r_0 = 0.5$ m를 대입하면

$$\begin{aligned}15^2 - h_0^2 &= \frac{50 \times 24}{\pi \times 20}\ln\frac{1000}{0.5} - \frac{0.005}{2 \times 20}\left(1000^2 - 0.5^2\right)\\ &= 20.17\\ h_0 &= 14.31 \text{ m}\end{aligned}$$

(b) 분수계의 위치

식 (13.51)로부터 r_d를 계산하면

$$h_d = \left(\frac{50 \times 24}{\pi \times 0.005}\right)^{1/2} = 276.40 \text{ m}$$

분수계의 수위, 즉 지하수의 최대수위를 h_d라 하고, 위에서 구한 $r_d =$ 276.40 m를 식 (13.60)에 대입하면 다음과 같이 계산된다.

$$\begin{aligned}h_d^2 - h_0^2 &= \frac{Q}{\pi K}\ln\frac{r_d}{r_0} - \frac{W}{2K}\left(r_d^2 - r_0^2\right)\\ h_d^2 - 14.31^2 &= \frac{50 \times 24}{\pi \times 20}\ln\frac{276.4}{0.5} - \frac{0.005}{2 \times 20}\left(276.4^2 - 0.5^2\right)\\ &= 111.06\\ h_d &= 17.77 \text{ m}\end{aligned}$$

13.7 비정상 우물수리

전 절에서는 양수 후 시간이 충분히 경과해서 시간에 대해서 수위변화가 없는 정상류로 가정한 상태에서 우물수리를 다루었다. 그러나 이렇게 얻어진 수두분포의 해는 앞에서 설명한 바와 같이 무한원방에서 수두가 무한대로 되는 ($r \to \infty$에서 $h \to \infty$) 비합리한 점을 보였다. 이것은 양수를 시작하면 우물수위의 저하와 함께 영향권도 점차로 변화하여, 충분한 시간 후에도 수두변화가 완만해질 뿐이고, 정상상태에 도달하기는 어렵게 되기 때문이라고 생각된다. 따라서 우물의 지하수 문제는 본질적으로는 비정상으로 해석할

필요가 있다. 이제 그림 13.13에 도시한 피압대수층 내의 우물로부터 양수한 경우 시간경과에 따른 수위변화를 조사해 본다. 우물로 흘러들어오는 축대칭 방사류에 대해서는 흔히 원통좌표를 많이 사용한다. 대수층이 균질하고 등방성인 경우의 지하수흐름의 기본식 (13.34)를 원통좌표계로 변환하면 다음과 같이 된다.

$$\frac{\partial^2 h}{\partial r^2} + \frac{1}{r}\frac{\partial h}{\partial r} = \frac{S}{T}\frac{\partial h}{\partial t} \tag{13.62}$$

여기서 h는 수두, r은 우물로부터 방사방향으로 떨어진 거리, 그리고 t는 양수 이후의 경과시간을 의미한다. T와 S는 각각 투수량계수 및 저류계수이다. 양수량 Q를 일정하게 유지한 채 $t=0$의 시각으로부터 양수를 시작하는 경우를 생각하면 초기조건 및 경계조건은 다음과 같이 된다.

$t=0$일 때 $h=H$

$r \to \infty$일 때 $h=H$

$h=r_0 \simeq 0$에서 $t>0$의 경우, $Q=Q$ (13.63)

Theis는 열전달과 지하수흐름과의 상사성으로부터 식 (13.62)에 식 (13.63)으로 표시되는 초기 및 경계조건을 적용하여 다음과 같은 해를 얻었다.

$$s = H - h = \frac{Q}{4\pi T}\int_u^\infty \frac{e^{-u}}{u}\,du \tag{13.64}$$

$$u = \frac{r^2 S}{4Tt} \tag{13.65}$$

여기서 s는 수위강하량 이고, S와 T는 각각 저류계수 및 투수량계수이다. 식 (13.64)를 비평형방정식 또는 Theis 방정식이라 부르고 있다. 식 (13.64)는 우물함수 $W(u)$를 이용하여 다음과 같이 표현하기도 한다.

$$\begin{aligned} s &= \frac{Q}{4\pi T}\int_u^\infty \frac{e^{-u}}{u}\,du \\ &= \left(\frac{Q}{4\pi T}\right) W(u) \end{aligned} \tag{13.66}$$

여기서 $W(u)$는 Wensel의 우물함수라 부르고 다음과 같이 전개된다.

$$W(u) = \int_u^\infty \frac{e^{-u}}{u} du = -0.5772 - \ln u + u - \frac{u^2}{2 \cdot 2!} + \frac{u^3}{3 \cdot 3!} + \frac{u^4}{4 \cdot 4!} + \cdots \quad (13.67)$$

u값에 대한 우물함수 $W(u)$의 값은 표 13.2와 같이 수표화된 값을 이용한다. 양수시험으로부터 T와 S를 구하면, 식 (13.65)로부터 u값을 알 수 있으므로, 식 (13.66)을 이용하면 임의의 시간에 있어서 임의의 점의 수위 강하량 s를 계산할 수 있다.

이제 양수시험으로부터 얻은 수위강하의 측정기록으로부터 저류계수 S와 투수량계수 T를 산정하는 방법에 대해서 설명한다.

표 13.2 Wensel의 우물함수 $W(u)$

u	1.0	2.0	3.0	4.0	5.0	6.0	7.0	8.0	9.0
×1	0.219	0.049	0.013	0.0038	0.0011	0.00036	0.00012	0.000038	0.000012
$\times 10^{-1}$	1.82	1.22	0.91	0.70	0.56	0.45	0.37	0.31	0.26
$\times 10^{-2}$	4.04	3.35	2.96	2.68	2.48	2.30	2.15	2.03	1.92
$\times 10^{-3}$	6.33	5.64	5.23	4.95	4.73	4.54	4.39	4.26	4.14
$\times 10^{-4}$	8.63	7.94	7.53	7.25	7.02	6.84	6.69	6.55	6.44
$\times 10^{-5}$	1.94	10.24	9.84	9.55	9.33	9.14	8.99	8.86	8.74
$\times 10^{-6}$	13.24	12.55	12.14	11.85	11.63	11.45	11.29	11.16	11.04
$\times 10^{-7}$	15.54	14.85	14.44	14.15	13.93	13.75	13.60	13.46	13.34
$\times 10^{-8}$	17.84	17.15	16.74	16.46	16.23	16.05	15.90	15.76	15.65
$\times 10^{-9}$	20.15	19.45	19.05	18.76	18.54	18.35	18.20	18.07	17.95
$\times 10^{-10}$	22.45	21.76	21.35	21.06	20.84	20.66	20.55	20.37	20.25
$\times 10^{-11}$	24.75	24.06	23.65	23.36	23.14	22.96	22.81	22.67	22.55
$\times 10^{-12}$	27.05	26.36	25.96	25.67	25.44	25.26	25.11	24.97	24.86
$\times 10^{-13}$	26.36	28.66	28.26	27.97	27.75	27.56	27.41	27.28	27.16
$\times 10^{-14}$	31.66	30.97	30.56	30.27	30.05	29.87	29.71	29.58	29.46
$\times 10^{-15}$	33.63	33.27	32.86	32.58	32.35	32.17	32.02	31.88	31.76

13.7.1 Theis 방법

식 (13.65)는 다음과 같이 고쳐 쓸 수 있다.

$$\frac{r^2}{t} = \left(\frac{4T}{S}\right)u \tag{13.68}$$

상기 식을 식 (13.66)과 비교하면, 양식에서 (   )의 항이 상수이므로 우물함수 $W(u)$와 u의 관계와 수두강하량 s와 r^2/t의 관계에는 유사성을 찾을 수 있다. 이러한 유사성에 근거하여 Theis는 그래프를 중첩하는 방법으로 S와 T에 대한 근사해를 구하는 방법을 제시하였다. Theis의 방법을 간략히 설명한다.

1. Wensel의 우물함수표를 이용하여 횡축에 u, 종축에 $W(u)$를 취하고, 투명한 양대수 방안지에 표준곡선(type curve)을 긋는다.
2. 표준곡선과 동일한 스케일의 또 다른 양대수 방안지에 횡축에 r^2/t, 종축에 s를 취하여 수위강하의 관측기록을 그린다.
3. 상기 두 개의 그래프의 축들이 상호 평행이 되도록 $W(u) \sim u$ 곡선과 $s \sim r^2/t$의 곡선을 합치시킨다.
4. 합치된 곡선상의 임의의 점을 선택하고 이점에 해당하는 $W(u)$, u, s 및 r^2/t의 값을 구한다.
5. 상기 구한 값들을 식 (13.66)과 식 (13.68)에 대입하여 S와 T를 결정한다.

13.7.2 Jacob 방법

u가 1/100보다 작은 경우에는 우물함수 $W(u)$의 전개식 (13.67)은 제3항 이하를 무시할 수 있으므로 다음과 같이 쓸 수 있다.

$$s = \frac{Q}{4\pi T}\left(-0.5772 - \ln u\right) = \frac{Q}{4\pi T}\left(-0.5772 - \ln\frac{r^2 S}{4Tt}\right) \tag{13.69}$$

상기 식을 상용로그로 고쳐 쓰면 다음과 같이 된다.

$$s = \frac{2.30Q}{4\pi T}\log_{10}\frac{2.25Tt}{r^2 S} \tag{13.70}$$

상기 식으로부터 t의 상용로그값과 수두강하량 s는 선형비례하므로 편대수 방안지의 종축에 s를 취하고, 횡축(대수축)에 t를 취하여 이 두 개 값의 관계를 그리면 직선이 되는 것을 알 수 있다.

이 직선이 횡축과 만나는 점 즉 $t=t_0$에서 $s=0$이므로 이 값을 식 (13.70)에 대입하면 다음과 같이 된다.

$$0 = \frac{2.30Q}{4\pi T} \log \frac{2.25Tt_0}{r^2 S} \tag{13.71}$$

이 식을 정리하면

$$\frac{2.25Tt_0}{r^2 S} = 1 \tag{13.72}$$

이 되고, S는 다음과 같이 표현 된다.

$$S = \frac{2.25Tt_0}{r^2} \tag{13.73}$$

T는 t의 대수 사이클을 고려하면 식 (13.70)으로부터 구할 수 있다. $t=t_1$ 및 $t=t_2$에서의 수두강하량을 각각 s_1, s_2라 하면 식 (13.70)으로부터

$$s_1 = \frac{2.30Q}{4\pi T} \log \frac{2.25Tt_1}{r^2 S} \tag{13.74}$$

$$s_2 = \frac{2.30Q}{4\pi T} \log \frac{2.25Tt_2}{r^2 S} \tag{13.75}$$

식 (13.75)에서 (13.74)를 빼면

$$\Delta s = s_2 - s_1 = \frac{2.30Q}{4\pi T} \log \frac{t_2}{t_1} \tag{13.76}$$

예를 들어 $\log t_2/t_1 = 1$로 취하면 다음과 같이 T에 관한 식을 구할 수 있다.

$$T = \frac{2.30Q}{4\pi \Delta s} \tag{13.77}$$

Jacob방법으로 S와 T를 구하는 절차를 기술한다.

1. 편대수 방안지의 종축(보통눈금)에 s, 횡축(대수눈금)에 t를 취하고 수위강하기록을 그린다.

2. t의 하나의 대수사이클(예를 들면 1분부터 10분)에 대한 s의 차를 Δs로 하고, 직선의 연장이 횡축($s = 0$)과 만나는 점의 t값을 t_0로 한다.
3. 식 (13.77)을 이용하여 먼저 T를 구하고, 이것을 식 (13.73)에 대입하여 S를 구한다.

13.7.3 Chow 방법

앞에서 설명한 Jacob 방법과 동일하게 수위강하기록을 편대수 방안지에 그리고 t에 대한 1대수 사이클의 Δs를 구한다. 다음 식을 이용하여 $F(u)$를 구한다.

$$F(u) = \frac{s}{\Delta s} \tag{13.78}$$

여기서 s는 임의의 시간 t에 있어서의 수위강하량을 나타낸다. Chow는 그림 13.16과 같이 $F(u)$, $W(u)$ 및 u의 관계를 미리 도표화하여 S와 T를 구하는 데 이용하였다.

식 (13.78)을 이용하여 임의 시각 t에 대한 $F(u)$를 구하고 그림 13.16로부터 u 및 $W(u)$를 구한 다음 식 (13.66) 및 (13.65)를 이용하여 T 및 S를 각각 구한다.

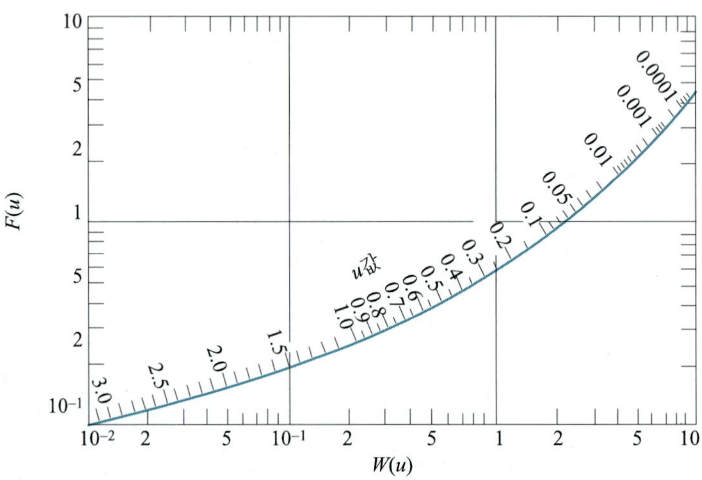

그림 13.16 $F(u)$, $W(u)$ 및 u의 관계

13.7.4 수위회복법

양수를 정지하면 수위는 점차로 상승하는데 이것을 지하수위의 회복이라 말한다. 이 경우는 양수량 Q로서 양수를 계속하다가 양수를 정지한 시각으로부터, 양수량이 $-Q$[Q의 주수(注水)]인 경우를 추가한 것으로 생각하여도 좋다. 따라서 원래의 지하수수위와 회복수위의 차는 다음 식으로 표시할 수 있다.

$$s' = \frac{Q}{4\pi T}\left[W(u) - W'(u')\right] \tag{13.79}$$

여기서

$$u = \frac{S}{4T}\frac{r^2}{t} \qquad u' = \frac{S}{4T}\frac{r^2}{t'} \tag{13.80}$$

상기 식에서 s'은 원래의 지하수 수위와 회복 수위와의 차, t는 양수개시로부터의 시간, t'은 양수정지 후의 시간을 나타낸다. 양수정지 후의 시간이 상당히 경과하여 $u' < 1/100$이 되면, Jacob방법에서 사용한 근사방법을 적용할 수 있으므로 식 (13.79)는 다음 식과 같이 된다.

$$s' = \frac{2.30Q}{4\pi T}\log\frac{t}{t'} \tag{13.81}$$

따라서 $\log t/t'$ 값에 대해 s'을 그리면 직선이 되고, 직선의 경사는 $2.30Q/4\pi T$가 된다.

이 그래프상에서 t/t'의 1주기 대수사이클에 대한 $\Delta s'$를 구하면 투수량계수 T는 다음 식에 의해 결정된다.

$$T = \frac{2.30Q}{4\pi\Delta s'} \tag{13. 82}$$

수위 회복법으로는 저류계수 S는 결정할 수 없다.

예제 13.12 투수량계수(T)와 저류계수(S)의 결정

피압대수층의 굴착정으로부터 일정유량 $Q = 2{,}500\ \mathrm{m^3/day}$로 양수를 하였다. 우물로부터 60 m떨어진 관측정으로부터 측정한 시간별 수두강하량이 표 E13.12와 같을 때 아래 각 방법에 의해 투수량 계수(T)와 저류계수(S)를 구하라.

(a) Theis 방법
(b) Jacob 방법
(c) Chow 방법

풀이

(a) Theis 방법

1. 표 13.2을 이용하여 횡축에 u, 종축에 $W(u)$를 취하고, 투명한 양대수 방안지에 표준곡선을 긋는다[그림 E13.12(a) 하].
2. 표준곡선과 동일한 스케일의 또 다른 양대수 방안지에 r^2/t를 횡축, s를 종축으로 하여 수위강하의 관측기록을 그린다[그림 E13.12(a) 상].
3. 상기 2개의 그래프의 축이 상호 평행이 되도록 유지시키면서 $W(u) \sim u$곡선과 $s - r^2/t$의 곡선을 합치시키다[그림 E13.12(a)].
4. 그림 E13.12(a)에서 합치된 곡선상의 임의의 점을 선택해서 $W(u)$, u s 및 r^2/t 값을 구하면 다음과 같다.

$$u = 1\times10^{-2},\ W(u) = 3.6,\ s = 0.65,$$

$$r^2/t = 150\ \mathrm{m^2/min} = 216{,}000\ \mathrm{m^2/day}$$

5. 위의 값들을 식 (13.66)에 대입하여 T로 정리하면 다음과 같이 계산된다.

$$T = \frac{Q}{4\pi s}W(u) = \frac{2{,}500\times3.6}{4\pi\times0.65} = 1{,}102\ \mathrm{m^2/day}$$

또 식 (13.65)로부터

$$S = \frac{4Tu}{r^2/t} = \frac{4\times1{,}102\times1\times10^{-2}}{216{,}000} = 0.000204$$

표 E13.12 시간별 수두강하량

(r = 60 m)			(r = 60 m)		
t, min	s, m	r^2/t, m^2/min	t, min	s, m	r^2/t, m^2/min
0	0	∞	18	0.67	200
1.0	0.20	3600	24	0.72	150
1.5	0.27	2400	30	0.76	120
2.0	0.30	1800	40	0.81	90
2.5	0.34	1440	50	0.85	72
3.0	0.37	1200	60	0.90	60
4	0.41	900	80	0.93	45
5	0.45	720	100	0.96	36
6	0.48	600	120	1.00	30
8	0.53	450	150	1.04	24
10	0.57	360	180	1.07	20
12	0.60	300	210	1.10	17
14	0.63	257	240	1.12	15

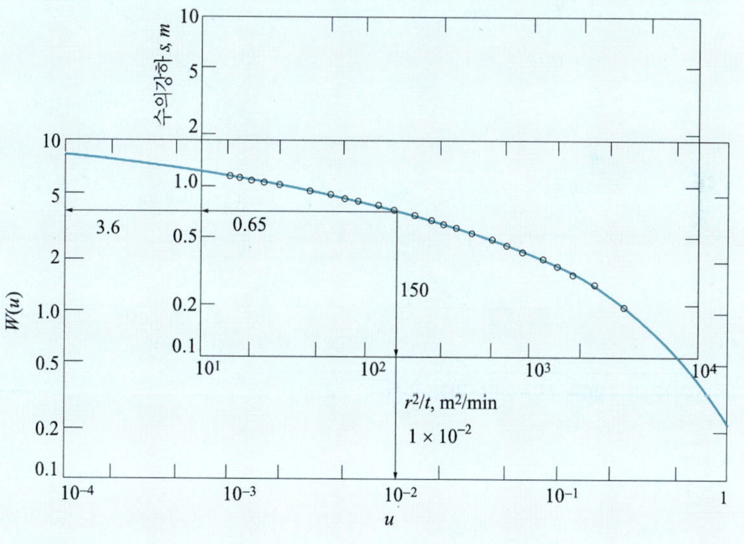

그림 E13.12(a) $W(u) \sim u$ 곡선과 $s \sim r^2/t$ 곡선의 중첩

(b) Jacob 방법

1. 편대수 방안지의 종축(보통눈금)에 s, 횡축(대수눈금)에 t를 취하고 수위강하의 관측기록을 그린다[그림 E13.12(b)].
2. t의 1 대수 사이클(여기서는 1분부터 10분까지)에 대한 s의 차를 Δs로 하고, 직선의 연장이 $s = 0$ 축과 만나는 점의 t값을 t_0로 한다.

$$\Delta s = 0.40 \text{ m}$$

$$t_0 = 0.39 \text{ min} = 2.70 \times 10^{-4} \text{ day}$$

3. 식 (13.77)을 이용하여 T를 구하면

$$T = \frac{2.30 \times 2,500}{4\pi \times 0.4} = 1,144 \text{ m}^2/\text{day}$$

또 식 (13.63)으로부터

$$S = \frac{2.25Tt_0}{r^2} = \frac{2.25 \times (1.144)(2.70 \times 10^{-4})}{60^2} = 0.000193$$

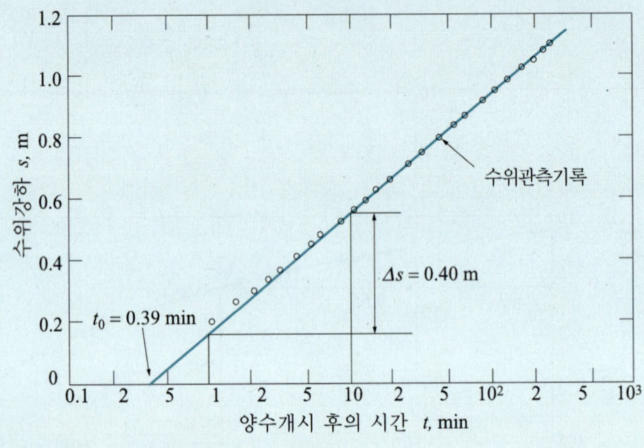

그림 E13.12(b) t와 s의 관계곡선

(c) Chow 방법

Jacob과 동일한 방법으로 수위 강하기록을 편대수 방안지에 그리고 t에 대한 1대수 싸이클(여기서는 1분부터 10분까지)의 Δs와 임의 시각 t에 대응하는 s 값을 구한다[그림 E13.12(c)].

$$\Delta s = 0.4 \text{ m}, \ t = 6 \text{ min} = 4.2 \times 10^{-3} \text{ day}, \ s = 0.47 \text{ m}$$

따라서

$$F(u) = \frac{s}{\Delta s} = 0.47/0.4 = 1.18$$

$F(u)$값을 이용하여 그림 13.16으로부터 $W(u)$와 u값을 찾으면

$$u = 0.04$$

$$W(u) = 2.70$$

식 (13.66)으로부터

$$T = \frac{Q}{4\pi s}W(u) = \frac{2,500}{4\pi} \times 2.70 = 1,143 \text{ m}^2/\text{day}$$

또 식 (13.55)로부터

$$S = \frac{4Ttu}{r^2} = \frac{4 \times 1,143\left(4.2 \times 10^{-3}\right) \times 0.04}{60^2} = 0.000213$$

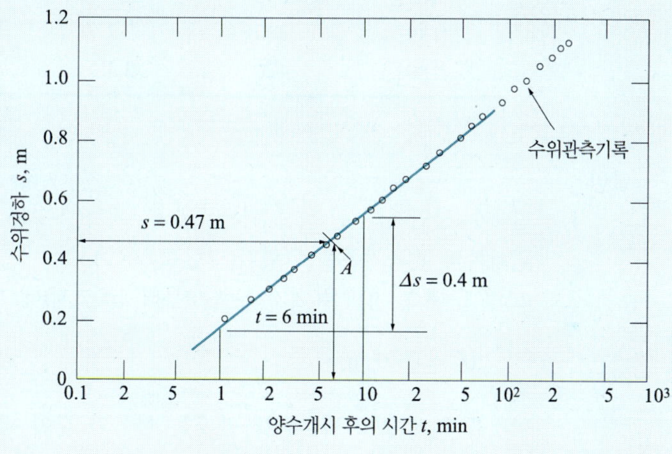

그림 E13.12(c) $s \sim t$ 곡선

예제 13.13 수위회복법

예제 13.12와 같은 조건에서 240분 후에 양수를 중지하고, 양수정으로 부터 60 m 떨어진 관측정을 통해 s'와 t'를 구해보니 표 E13.13과 같았다. 수위회복법을 이용하여 투수량계수 T를 산정하라.

표 E13.13 수위회복 데이터

t', min	t', min	t/t'	s', m
1.0	241	241	0.89
2.0	242	121	0.81
3.0	243	81	0.70
5	245	49	0.68
7	247	35	0.64
10	250	25	0.56
15	255	17	0.49
20	260	13	0.55
30	270	9	0.38
40	280	7	0.34
60	300	5	0.28
80	320	4	0.24
100	340	3.4	0.21
140	380	2.7	0.17
180	420	2.3	0.14

풀이

1. 편대수 방안지의 종축(보통눈금)에 s', 횡축(대수눈금)에 t/t'를 취하고 수위회복의 관측기록을 그린다(그림 E13.13).
2. t/t'의 1 대수 싸이클(여기서는 10부터 10^2까지)에 대한 $\Delta s'$를 구한다.

$$\Delta s' = 0.40 \text{ m}$$

이것을 식 (13.72)에 대입하면 T는 다음과 같이 결정된다.

$$T = \frac{2.30Q}{4\pi s'} = \frac{2.30 \times 2,500}{4\pi \times 0.4} = 1,144 \text{ m}^2/\text{day}$$

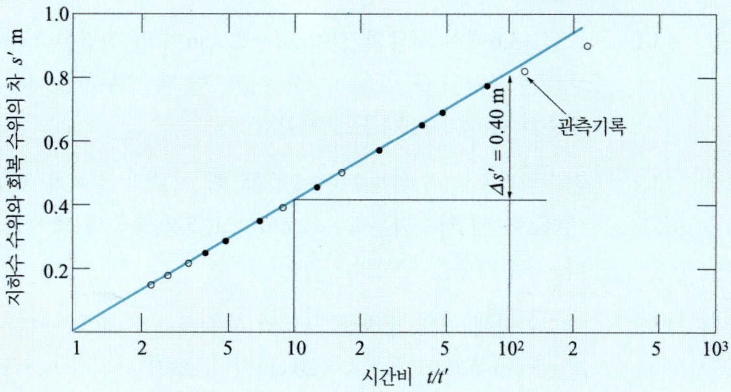

그림 E13.13 $s' \sim t/t'$의 관계

연습문제 Exercise

13.1 그림 13.6에서 시료의 길이 $\Delta l = 22$ cm이고, 직경은 4 cm이다. 모래층을 통해 흐르는 유량이 $Q = 15\ \text{cm}^3/\text{min}$이고, 이 때 수두차는 $\Delta h = 10$ cm이었다. 이 모래층의 투수계수(K)를 구하라.

13.2 정수위법으로 투수계수를 측정할 때 시료의 길이가 30 cm이고 직경이 4 cm이다. 이 때 정수위는 h = 12 cm이고, 5분 동안에 모아진 물은 $\forall = 60\ \text{cm}^3$이었다. 투수계수를 구하라.

13.3 변수위법에 의해 점착성 시료의 투수계수를 측정하고자 한다. 시료의 직경은 $d_c = 8$ cm이고 길이는 $L = 20$ cm이다. 초기 수위가 $h_0 = 10$ cm에서 $h = 1$ cm의 수위로 떨어지는 데 720분이 소요되었다. 투수계수를 산정하라. 단, 수위 측정을 위한 관의 직경은 $d_t = 2.0$ cm이다.

13.4 그림 P13.4와 같이 길이가 $L = 1.0$ m의 모래 필터를 통해 물이 흐를 때 수두가 $h = 0.5$ m로 유지되었다. 모래 필터의 단면적이 $A = 3\ \text{m}^2$일 때, 출구에서 5분 동안에 2.25 m^3의 물이 모아졌다. 모래 필터의 투수계수를 구하라.

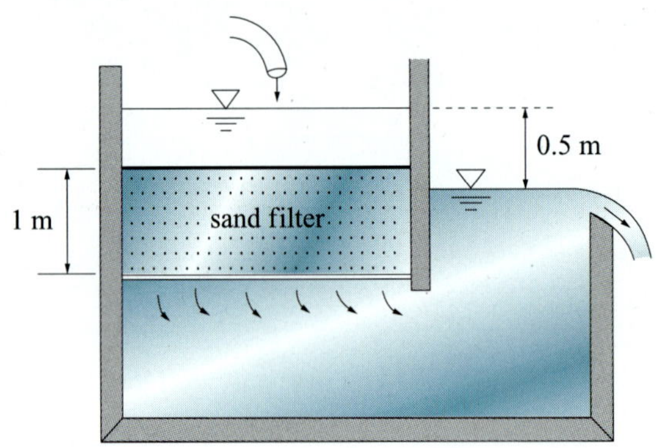

그림 P13.4

13.5 그림 P13.5와 같이 하천으로부터 100 m떨어진 곳에 하천과 평행하게 길이 30 m의 수로를 만들었다. 대수층의 두께가 $b = 6$ m이고, 하천의 수위는 대수층 바닥으로부터 9 m 높이에 있다. 수로 수심이 $h = 1.8$ m로 유지되게 하려면, 수로에서의 양수량은 얼마로 해야 하는가? 투수계수는 $K = 0.45$ m/sec로 한다.

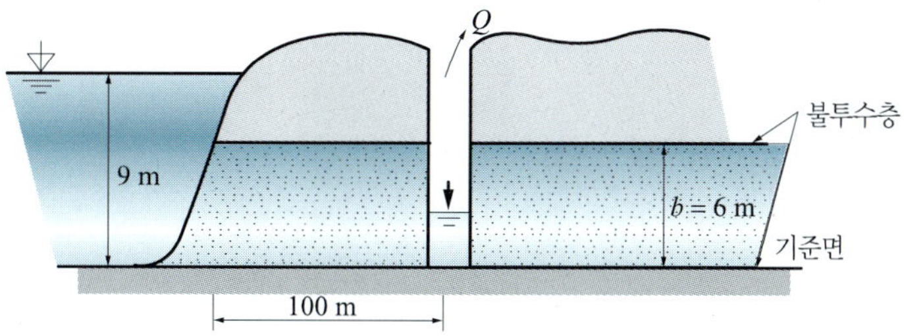

그림 P13.5

13.6 문제 13.5의 그림 P13.5에서 수로의 길이가 200 m이고, 대수층의 두께가 b = 5.5 m이다. 수로가 하천으로부터 L = 120 m 떨어져 있을 때, 수로로부터 일정 유량 Q = 100 l/min을 양수하는 동안 하천과 수로의 수두차가 Δh = 3 m를 유지하였다. 대수층의 투수계수를 산정하라.

13.7 그림 E13.6과 같은 1차원 자유대수층 흐름에서 175 m 간격으로 우물이 설치되어 있다. 두 우물의 수위를 측정하니 각각 10 m 및 7.5 m이었다. 대수층의 투수계수가 K = 0.002 m/sec일 때 아래 사항에 답하라.

(a) 이 대수층을 흐르는 단위폭당 유량을 구하라.

(b) 이 대수층의 유효 공극률이 n_e = 0.27이라면 첫 번째 우물에서의 실제 평균 속도를 구하라.

(c) 두 우물의 중간점에서의 지하 수위를 산정하라.

13.8 앞의 문제 13.7에서 강우, P가 형성된 경우에 분수계를 계산하니까 r_d = 80 m이었다. 강우는 전량이 손실없이 침투한다고 가정하고 다음 사항에 답하라.

(a) 연중 평균 강우량을 구하라.

(b) 최대수위를 구하라.

(c) 두 번째 우물로 유입되는 단위폭당 유량을 구하라.

13.9 하천으로부터 350 m 떨어진 비피압대수층에 하천과 나란하게 운하를 파고 일정유량 Q를 양수하였다. 이 지역에 540 mm/year의 강우가 형성되었고 그 중 60%가 침투하였다고 추정되었다. 하천의 수위는 10 m이고, 운하의 수위가 8 m일 때 다음 사항에 답하라. 투수계수 K = 0.002 m/sec이다.

(a) 분수계를 구하라.

(b) 최대지하 수위를 구하라.

13.10 그림 P13.10과 같이 호수 중앙에 직경 1000 m인 사질토로 구성된 원형섬이 있다고 가정하자. 이 섬의 중앙에 직경 d = 30 cm의 우물을 파고 일정유량 Q = 0.3 m^3/sec로 양수할 때 호수의 수위(h_0)와 우물 수위의 차를 구하라. 단 투수계수는 K = 0.000142 m/sec로 한다.

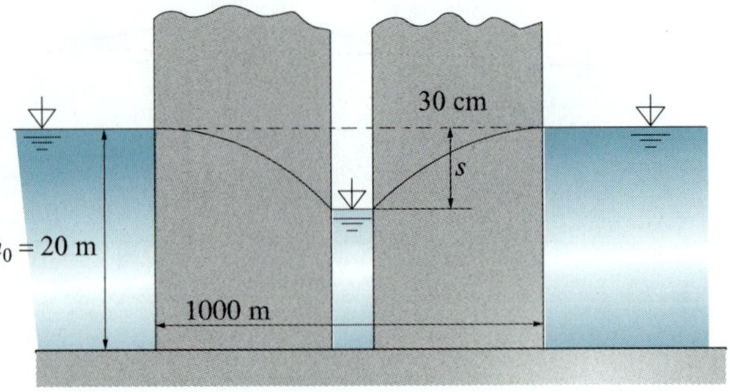

그림 P13.10

13.11 앞의 문제 13.10에서 이 섬에 강우가 1000 mm/year로 내려 전부 침투된다고 가정하고 아래에 답하라.

(a) 우물 수위를 구하라.

(b) 분수계가 형성되는지의 여부를 판정하고, 형성된다면 분수계의 위치 및 분수계 수위를 구하라.

13.12 피압대수층에서 직경 $d = 30$ cm인 우물을 굴착하여 $Q = 5$ l/sec의 물을 연속적으로 양수하였다. 양수정으로부터 10 m 및 15 m 떨어진 두 지점에서의 수위를 측정하고 Thiem의 ε법을 이용하여 투수계수를 구했더니 $K = 0.0322$ cm/sec였다. 대수층의 두께가 4 m일 때 두 관측정 사이의 수위차를 구하라.

13.13 피압대수층의 굴착정에서 $Q = 6.75$ m^3/min의 비율로 양수를할 때 양수정으로부터 20 m와 200 m 떨어진 곳에서의 수위 강하량이 각각 3 m와 0.3 m이었다면 이 대수층의 투수계수는 얼마인가? 단, 대수층의 두께는 30 m이다.

13.14 피압대수층의 우물로부터 $Q = 0.8$ m^3/min 유량으로 양수를 개시하여 약 24시간 경과 후에 지하수위를 측정하였더니 지하수위가 더 이상 변화하지 않았다. 이 상태에서 양수정에서 각각 8 m 및 22 m 떨어진 두 개의 관측정에서 측정한 지하수위가 각각 8.8 m와 9.8 m였다. 투수량 계수(T)를 구하라. 단, 대수층의 두께는 20 m이다.

13.15 피압대수층에 직경 $d = 50$ cm의 굴착정을 파고, $Q = 0.8$ m^3/min의 비율로 양수를 하였다. 본래의 우물수위는 대수층 상부로부터 300 m위에 있었고, 대수층의 두께는 30 m이다. 투수계수가 $K = 0.8$ m/day일 때 우물의 수심을 구하라. 또, 우물로부터 50 m 떨어진 곳에서 수위강하량은 얼마인가? 단, 영향원의 반지름은 $R = 300$ m로 한다.

13.16 비피압 대수층에 직경 $d = 25$ cm의 우물을 파고 $Q = 0.38$ m^3/min의 비율로 양수를 하였다. 양수 전의 본래의 지하수위가 $H = 150$ m이고, 이 대수층의 투수계수가 $K = 0.075$ m/day일 때 정상상태의 우물수위를 구하라. 또, 우물로부터 75 m 떨어진 지점에서의 수위강하량을 구하라. 단, 영향원의 반지름은 $R = 500$ m로 한다.

13.17 그림 13.14와 같은 비피압대수층에 직경 $d = 1.2$ m인 우물을 굴착하였다. 양수하기전의 지하수위가 $H = 90$ m이었고, 우물로부터 $Q = 0.36$ m^3/min의 비율로 양수를 했을 때 우물에서의 수위와 우물로부터 100 m 떨어진 지점에서의 수위강하량을 구하라. 단, 영향원의 반경은 $R = 500$ m로 한다.

13.18 대수층의 굴착정 우물로부터 $Q = 2{,}180$ m^3/day의 비율로 양수를 하고, 200분 후에 양수정으로부터 $r = 3$ m, 12 m, 45 m, 90 m 및 120 m 떨어진 곳에서 수위강하량을 측정하였더니 아래 표와 같았다. T값과 S값을 산정하라.

거리, r(m)	수위 강하량, s(m)
3	4.60
12	2.87
45	1.34
90	0.52
120	0.08

13.19 피압대수층의 굴착정으로부터 일정유량 $Q = 0.83$ m^3/min으로 500분 동안 양수를 하고 양수정으로부터 $r = 250$ m 떨어진 관측정으로부터 시간별 수위강하량을 측정한 결과를 정리한 것이 표 P13.19이다. 단, 대수층의 두께는 $b =$ 15 m이다. 아래 각 방법에 의해 투수량계수(T), 투수계수(K) 및 저류계수(S)를 구하라.

(a) Theis 방법

(b) Jacob 방법

(c) Chow 방법

표 P13.19 시간별 수두 강하량(s)

(r = 250 m)		(r = 250 m)	
t(min)	s(m)	t(min)	s(m)
0	0	70	1.859
3	0.091	80	1.920
5	0.213	90	2.042
8	0.396	100	2.134
12	0.640	130	2.286
20	0.975	160	2.530
24	1.097	200	2.591
30	1.250	260	2.804
38	1.433	320	2.957
47	1.554	380	3.109
50	1.615	500	3.322
60	1.737		

13.20 아래 표는 대수층의 굴착정에서 $Q = 0.57\ \mathrm{m^3/min}$으로 양수하였을 때 양수정으로부터 $r = 21$ m 떨어진 관측정으로부터 얻은 수위 데이터이다. (a) Theis 방법 (b) Jacob 방법 및 (c) Chow 방법에 의해서 투수량(T) 및 저류계수(S)를 구하라.

시간, t(min)	지하수위, h(m)
0	4.72
0.02	4.75
0.03	4.79
0.04	4.82
0.06	4.88
0.11	4.97
0.25	5.12
0.43	5.21
1.00	5.39
3.90	5.64

제 14 장

유사와 하상형태

이 장에서는 흐름이 형성된 경우 그 경계를 구성하는 토사입자의 거동에 대해서 설명한다. 이제까지의 흐름의 문제에서는 고정된 경계내에서의 물의 거동에 대해서만 논해왔지만, 실제의 흐름문제에서 저면 또는 측면을 구성하는 토사의 입자는 흐름에 저항하거나 또는 흐름에 의해서 유송될 수 있다. 때로는 이러한 유송 토사에 의해서 그 경계가 심하게 변동되는 수가 있으며 이로 인해서 흐름 또한 영향을 받게 되기도 한다. 따라서 흐름에 의한 유사 및 경계의 변동 그리고 그것에 수반되는 수리현상의 규명은 상당히 중요한 의미를 갖는다.

토사의 운동은 유체력과 마찰저항력의 상대적인 관계에 의해서 결정된다. 즉, 물이 수로 또는 하천을 흐르면 그 저면에는 전단응력이 작용한다. 따라서 흐름에 의해서 하상 표면의 토사입자는 전단력에 비례하는 유체력이 작용하여 입자가 이동하게 된다. 일반적으로 유체력은 시간적으로 변화하고, 저항력도 입자의 크기, 형상 및 점하고 있는 위치에 따라 변화하므로, 입자의 운동은 본래 확률적이며, 이동과 정지를 반복하는 운동이 된다.

이와 같은 유사현상은 극히 복잡하여, 그 이론적 전개가 충분하지 않고, 또한 실제하천에 있어서도 개개 하천마다 고유한 특성을 갖고 있으므로 표준적으로 적용할 수 있는 이론도 제시하기 힘든 실정이다.

14.1 유송토사의 성질

14.1.1 입도분포

토사의 입도분포는 통상 그림 14.1로 표시되는 입도누적곡선(cumulative curve)으로 표시된다. 편대수지 또는 대수확률지에 그리므로 누적편대수 입경빈도그래프(cumulative semi-logarithmic size-frequency curve) 또는 누적대수확률 입경빈도그래프(cumulative logarithmic probability size frequency curve)라고도 말한다. 이 입도누적곡선으로부터 누가 백분율 p(%)에 대응하는 입경을 d_p로 표시하는데, 이중에서 몇 가지 대응입경 및 통계특성치를 아래에 소개한다.

1. 중앙입경, d_{50}(median diameter)
   누적백분율 p = 50%에 대응하는 d_p를 중앙입경이라고 부른다.
2. 평균입경, d_m(mean diameter)

$$d_m = \sum_{p=0}^{100} d\Delta p / \sum_{p=0}^{100} \Delta p \tag{14.1}$$

   여기서 Δp는 입경 d가 점하는 백분율이다.
3. 유효입경, d_{10}(effective diameter)

   $p = 10\%$에 대응하는 입경이다.
4. 표준편차, σ(standard deviation)

$$\sigma = \sqrt{d_{84}/d_{16}} \tag{14.2}$$

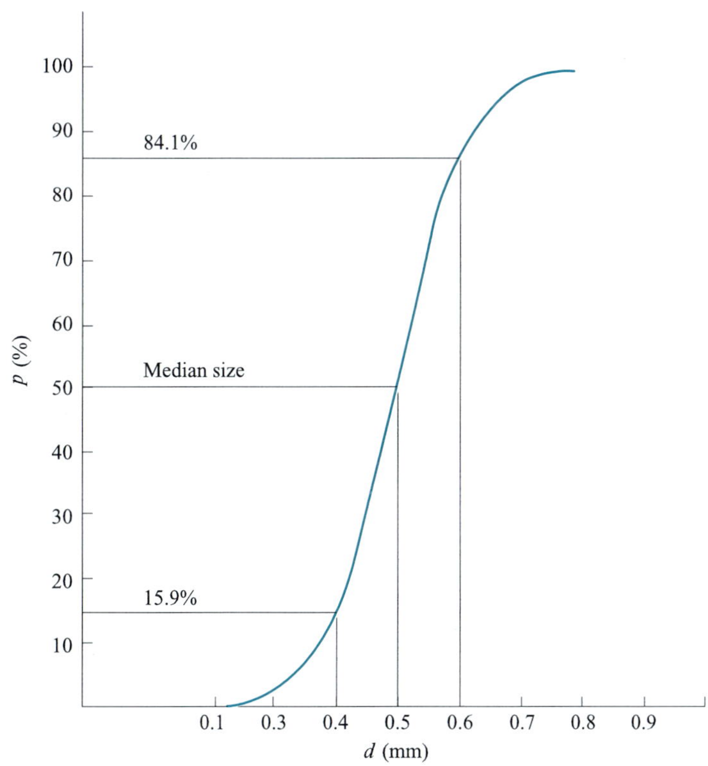

그림 14.1 입도누적곡선

5. 균등계수, C_u(uniformity coefficient)

$$C_u = \frac{d_{60}}{d_{10}}$$

입경을 나타내는 경우에는 일반적으로 mm를 이용하지만, Krumbein이 제안한 ϕ 척도(phi scale)를 이용하는 경우도 있다. 토사입자의 크기를 d(mm)로 할 때 ϕ값은 다음 같이 주어진다.

$$\phi = -\log_2 d \tag{14.3}$$

14.1.2 유송토사의 안식각

안식각(angle of repose)은 일반적으로 토사를 깔대기를 통해서 낙하시켜서 형성되는 원추형상의 경사로서 측정된다. Gibson은 토사입자의 입경 외에 토립자의 형상과 비중의 효과를 고려하여 다음과 같은 식을 제안하였다.

$$\tan\phi = K_1 {d_m}^{0.125} s'^{0.19} {r_1}^{0.25} \tag{14.4}$$

여기서 ϕ는 수중안식각(度), d_m은 평균입경(mm), s'은 모래의 수중비중, r_1은 모래의 최장경과 최단경과의 비이고, K_1은 다음과 같은 값을 갖는 상수이다.

$K_1 = 0.61$ (물을 교란시키지 않은 경우)

$K_1 = 0.47$ (물을 교란시킨 경우)

상기 Gibson의 실험식 (14.4)의 실험범위는 $d_m = 0.13 \sim 0.57$ mm, $s' = 0.09 \sim 2.89$, $r_1 = 1.19 \sim 1.57$이다.

14.1.3 토사의 침강속도

입자의 침강속도(fall velocity, settling velocity)는 부유현상에 직접 관계되는 중요한 물리량이다. 침강속도에 영향을 주는 요소는 입경, 입자의 형상, 비중, 물의 동점성계수, 측벽의 영향, 입자 상호간의 간섭, 물의 교란상태 등을 들 수 있다.

(1) 구형입자의 침강속도

정지수 중을 완전한 구형입자가 낙하하여 일정한 속도로 침강하는 경우를 생각해 본다. 이때 입자의 속도를 최종침강속도(terminal velocity)라 부른다. 입자가 일정한 속도로 침강하는 경우, 입자는 그림 14.2에서와 같이 중력, 부력 및 항력을 받게 된다. 입자가 속도변화 없이 직선운동을 하기 때문에, Newton의 제2법칙을 적용하면 이 힘들의 대수적 합은 0이 된다. 즉, 상기 세 힘은 평형관계를 유지한다.

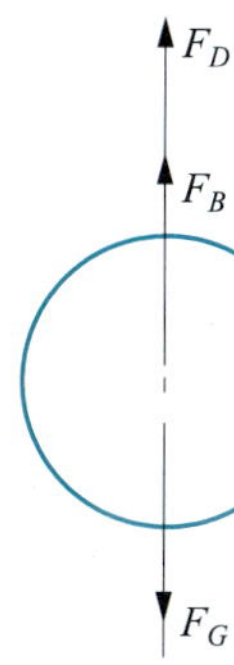

그림 14.2 침강하는 구형입자에 작용하는 힘

$$-F_G + F_B + F_D = 0 \tag{14.5}$$

여기서 F_G는 토자입자의 중력, F_B는 정지수 중에서 토사입자가 받는 부력(buoyant force)이고, F_D는 항력(drag force)를 나타내며, 각각 다음과 같은 값을 갖는다.

$$F_G = \rho_s \frac{\pi d^3}{6} g \tag{14.6}$$

$$F_B = \rho \frac{\pi d^3}{6} g \tag{14.7}$$

$$F_D = \frac{\pi}{8} d^2 \rho w_0^2 C_D \tag{14.8}$$

여기서 ρ_s 및 ρ는 각각 입자와 유체의 밀도이고, d는 구형입자의 직경, g는 중력가속도, w_0는 최종침강속도이고 C_D는 저항계수이다.

식 (14.6)~(14.8)을 식 (14.5)에 대입하여 정리하면 다음 식과 같이 된다.

$$-\frac{\pi d^3}{6}(\rho_s - \rho)g + \frac{1}{8}\pi d^2 \rho C_D w_0^2 = 0 \tag{14.9}$$

상기 식을 최종침강속도 w_0에 대해서 정리하면 다음 식을 얻는다.

$$w_0 = \left[\frac{4}{3}\frac{g}{C_D}\left(\frac{\rho_s}{\rho} - 1\right)d\right]^{1/2} \tag{14.10}$$

이 식은 단일 입자가 정수 중을 침강할 때의 최종침강속도에 대한 일반식인데, 이 식에서 항력계수 C_D는 레이놀즈 수에 따라 다른 값을 취한다.

$Re < 0.1$의 영역(층류영역), 즉 Stokes의 법칙을 따르는 운동에서는 C_D는 다음 식으로 표현된다.

$$C_D = \frac{24}{Re} \tag{14.11}$$

여기서 Re수는 $\frac{w_0 d}{\nu}$이고, 상기 식을 식 (14.10)에 대입하면 다음 식을 얻는다.

$$\begin{aligned} w_0 &= \frac{g}{18}\frac{\rho_s - \rho}{\mu}d^2 \\ &= \frac{g}{18}(s-1)\frac{d^2}{\nu} \end{aligned} \tag{14.12}$$

여기서 s는 입자의 비중을 나타낸다. 이외에 Re의 범위에 따라 다음과 같은 실험식들이 이용되고 있다.

$$C_D = 12.65/Re^{0.5} \qquad 1 < Re < 100 \tag{14.13}$$

$$C_D = 0.4 \qquad 10^3 < Re < 2.5 \times 10^5 \tag{14.14}$$

그림 14.3은 레이놀즈 수에 따른 저항계수 C_D값의 관계를 도시한 것이다.

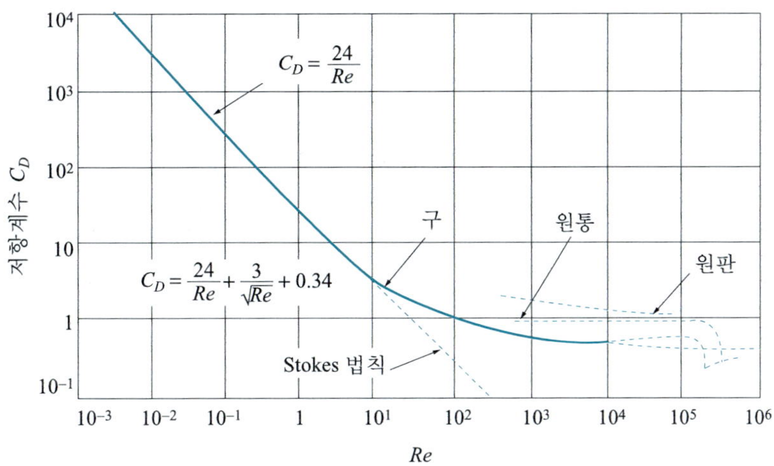

그림14.3 구형입자의 저항계수 C_D와 Re와의 관계

(2) Rubey의 침강속도식

Rubey는 Re < 500의 범위에서 저항계수 C_D에 대해서 다음과 같은 준이론식을 유도하고

$$C_D = \frac{24}{\text{Re}} + 2 \tag{14.15}$$

침강속도의 식을 다음과 같이 제안하고 있다.

$$w_0 = \sqrt{(\rho_s/\rho - 1)gd} \cdot F(d) \tag{14.16}$$

여기서 $F(d)$는 입자의 수중비중을 $s' = \rho_s/\rho - 1$로 하면 다음과 같이 표시되는 식이다.

$$F(d) = \sqrt{\frac{2}{3} + \frac{36\nu^2}{s'gd^3}} - \sqrt{\frac{36\nu^2}{s'gd^3}} \tag{14.17}$$

특히 $d > 0.1$ cm인 경우에는 $F(d) = \sqrt{2/3}$로 된다. 여기서 일반적인 수온 20°C($\nu = 0.01$ cm^2/sec)와 25°C($\nu = 0.009$ cm^2/sec)의 경우를 고려하고, $s' = 1.65$, $g = 980$ cm/sec^{2}을 식 (14.17)에 대입하여 식 (14.16)으로부터 w_0 (cm/sec)와 d(cm)의 관계를 도시하면 그림 14.4와 같이 된다.

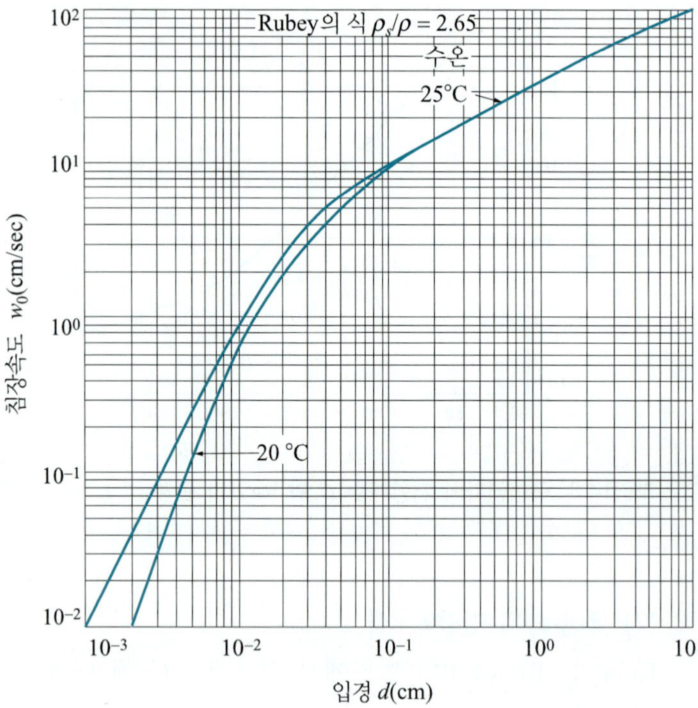

그림 14.4 침강속도와 직경과의 관계

(3) 혼합토사의 침강속도

혼합토사의 평균침강속도는 직경분포의 범위가 넓은 경우에는 중앙입경(d_{50})에 대해서 구한 침강속도의 값에 비해서 아주 크게 된다. 따라서 입경분포를 임의의 입경분포로 분할하여 다음 식으로 계산한다.

$$w_0 = \frac{\Sigma p_i w_{pi}}{\Sigma p_i} \tag{14.18}$$

여기서 p_i는 입경범위 i의 중량, w_i는 입경범위 i의 침강속도이다. 입경범위가 좁고 Stokes법칙이 적용되는 영역 내인 경우에는, 혼합토사의 침강속도는 중앙입경에 대한 침강속도와 근사적으로 같다. 입경별로 유사량을 계산하는 경우에는 입경구분 범위 내의 기하평균입경 혹은 산술평균에 대한 침강속도를 구하여, 그 입경구분 범위 내의 입자의 침강속도로 하고 있다.

예제 14.1 침강속도의 계산

직경이 $d = 0.3$ mm인 토사입자가 있다. 토사의 비중은 $s = 2.65$이고 물의 점성계수는 $\nu = 1.0 \times 10^{-6}$ m^2/sec일 때 (a) 식 (14.10) 및 (b) Rubey식을 이용하여 침강속도를 구하라.

풀이

(a) 식 (14.10)의 이용

우선 Stokes 법칙에 따른다고 가정하면 식 (14.10)은 식 (14.12)로 되고 침강속도는 다음과 같이 계산된다.

$$w_0 = \frac{g}{18}(s-1)\frac{d^2}{\nu} = \frac{9.8}{18} \times (2.65-1) \times \frac{(0.3 \times 10^{-3})^2}{1 \times 10^{-6}}$$

$$= 0.0809 \text{ m/sec}$$

레이놀즈 수를 계산하면,

$$\text{Re} = \frac{w_0 d}{\nu} = \frac{0.0809 \times 0.3 \times 10^{-3}}{1 \times 10^{-6}} = 24.27 > 0.1$$

로서 Stokes법칙을 따르지 않으므로 식 (14.12)를 사용할 수 없다. 그런데 식 (14.10)을 사용하기 위해서는 C_D값이 필요하다. 위에서 얻은 Re값을 근사값으로 하여 식 (14.13)으로부터 C_D값을 산정한다.

$$C_D = 12.65/24.27^{1/2} = 2.57$$

이것을 식 (14.10)에 대입하면,

$$w_0 = \left[\frac{4}{3} \times \frac{9.8}{2.57}(2.65-1) \times 0.3 \times 10^{-3}\right]^{1/2}$$

$$= 0.0502 \text{ m/sec}$$

위에서 얻은 침강속도를 이용하여 레이놀즈 수를 재차 구하면 $\text{Re} = 15$, $C_D = 3.27$이 되고 $w_0 = 0.0445$ m/sec가 된다. 위와 같은 과정을 몇 번 되풀이 하면 침강속도는 $w_0 = 0.0428$ m/sec로 수렴되고, 그 때 $C_D = 3.53$ 정도가 된다.

(b) Rubey식의 이용

$s' = 1.65$이고, $\nu = 1.0 \times 10^{-6}$ m^2/sec이므로 식 (14.17)을 이용하여 $F(d)$를 구하면

$$F(d)=\sqrt{\frac{2}{3}+\frac{36\nu^2}{s'gd^3}}-\sqrt{\frac{36\nu^2}{s'gd^3}}=0.578$$

이것을 식 (14.16)에 대입하면 침강속도를 얻는다.

$$\begin{aligned} w_0 &= \sqrt{(\rho_s/\rho-1)gd}\cdot F(d) \\ &= \sqrt{s'gd}F(d) \\ &= \sqrt{1.65\times 9.8\times 0.3\times 10^{-3}}\times 0.578 \\ &= 0.0403 \text{ m/sesc} \end{aligned}$$

14.2 모래의 운동과 한계소류력

14.2.1 유사의 형식

흐름에 의해서 토사입자가 이동되는 경우의 운동형태는 크게 소류사(bed load), 부유사(suspended load) 및 세류사(wash load)로 구분할 수 있다. 소류사란 흐름에 의한 힘이 토사입자에 직접 작용되어 전동(rolling), 활동(sliding) 또는 도약(saltation)의 형태로 수송되는 유사를 말한다. 전동은 입자가 굴러서 이동하는 것을 말하고, 활동은 입자가 저면바닥을 미끄러지면서 이동하는 것을 말한다. 도약은 일단 저면바닥을 이탈한 토사입자가 수중에서 임의의 거리를 이동하였다가 재차 저면으로 낙하하는 이동형식을 말한다. 하상에 임의의 시간 머물기 전에 짧은 도약을 수회 반복하는 경우도 있지만, 1회의 긴 도약을 취하는 경우도 있다.

부유사는 흐름에 의한 층류 및 난류에 의한 확산현상으로 인해서 입자가 하상으로부터 이탈한 후, 하상과 접촉하지 않은 상태로 수송되는 유사의 형식이다.

세유사란 유역으로부터 이동되어 오는 세립자 성분으로서 하상재료와 교환됨이 없이 부유상태로 유하한다. 일반적인 경우에는 세유사는 존재하지 않으므로 하상변동이나 하상계획의 문제에서는 그렇게 중요하지 않지만, 저

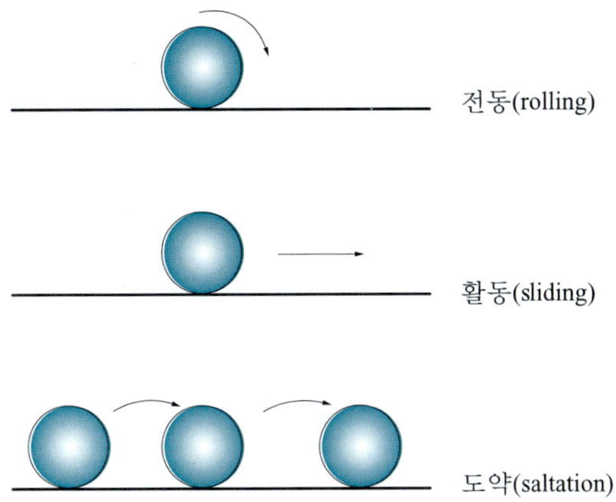

그림 14.5 소류에서의 입자의 이동형태

수지나 하구부근에서의 퇴사 중에는 상당한 양이 존재하므로 이러한 곳에서의 하상변동에서는 중요하다고 볼 수 있다.

본서에서는 소류사와 부유사에 국한해서 설명하기로 한다.

14.2.2 한계소류력

하상경사가 S_0인 하천에 물이 등류상태로 흐를 때 윤변에서 흐름에 저항하는 힘으로서 전단력이 발생하고, 역으로 흐름은 윤변의 토사입자에 대해서 토사입자를 흘러내려 보내려는 힘(전단력의 크기)을 작용시키므로, 윤변에서 작용하는 단위면적당의 전단력 즉, 전단응력 τ_0를 소류력(tractive force)이라 부르고 있다. 이제 τ_0를 구하기 위해 그림 14.6과 같이 하상경사가 S_0이고 유수단면적과 동수반경이 각각 A및 R_h인 하천에 등류가 형성된 경우를 생각한다. 길이 l인 하천 구간을 생각하면 물의 흐름방향으로의 중력 성분과 전단력이 평형을 이루므로 다음 식을 얻는다.

$$\rho g A l S_0 = \tau_0 P l \tag{14.19}$$

여기서 P는 윤변의 길이이다. 정의에 의해 $R_h = A/P$이므로 상기 식을 정리하면 다음과 같이 된다.

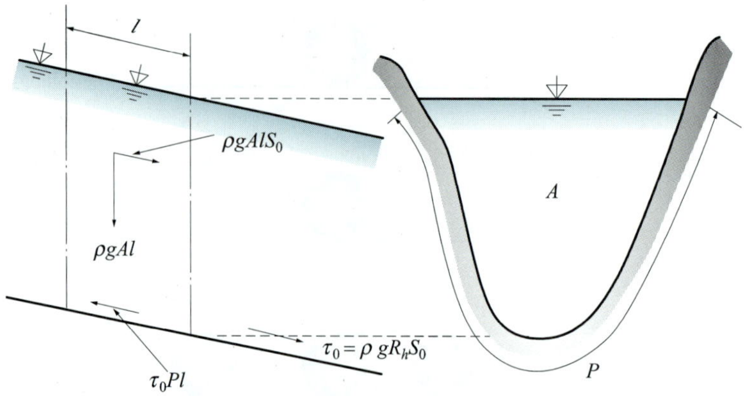

그림 14.6 소류력

$$\begin{aligned}\tau_0 &= \rho g R_h S_0 \\ &= \gamma R_h S_0\end{aligned} \tag{14.20}$$

상기 식에서 τ_0를 소류력이라 부르고 있다. 유사의 문제에서는 소류력 대신에 다음 식으로 정의되는 마찰속도를 이용하여 표현하는 경우도 많다.

$$u_* = \sqrt{\tau_0/\rho} = \sqrt{gR_h S_0} \tag{14.21}$$

이러한 소류력이 저면에 있는 입자를 이동하게 하려고 하는 한편, 저면에 있는 토사는 마찰력에 의해서 흐름에 저항한다. 이 2개의 힘이 평형을 이룬 상태가 입자의 이동한계이고, 소류력이 어느 한계치를 초과하면 입자는 이동을 시작한다. 이 소류력의 한계치를 한계소류력(critical tractive force), τ_c라 부른다. 또 τ_c를 이용한 마찰속도는 $u_{*c} = \sqrt{\tau_c/\rho}$ 로 표현하고, 이것을 한계 마찰속도(critical shear velocity)라 부르고 있다.

(1) 입자의 입경이 균일한 경우의 한계소류력

한계소류력에 관한 연구는 주로 실험적인 연구로 진행되어 오다가, 1936년 Shields가 한계소류력을 입자 레이놀즈 수($u_{*c}\,d/\nu$)의 함수로 무차원화하여 표시한 이래 White, 栗原, 岩垣, Yalin 등에 의해서 이론적으로 다루어져 왔다. 여기서는 Shields, 栗原의 연구를 소개한다.

(가) Shields의 식

Shields는 차원해석법을 이용하여 한계소류력을 구하고 있다. 그림 14.7과 같이 하상 바닥에 놓여 있는 직경 d인 단일 입자에 작용하는 유체력 F는 입자가 받는 유속을 V, 흐름방향으로의 입자의 투영면적을 $\alpha_1 d^2$, 또 저항계수를 C_D로 하면 다음 식으로 표시된다.

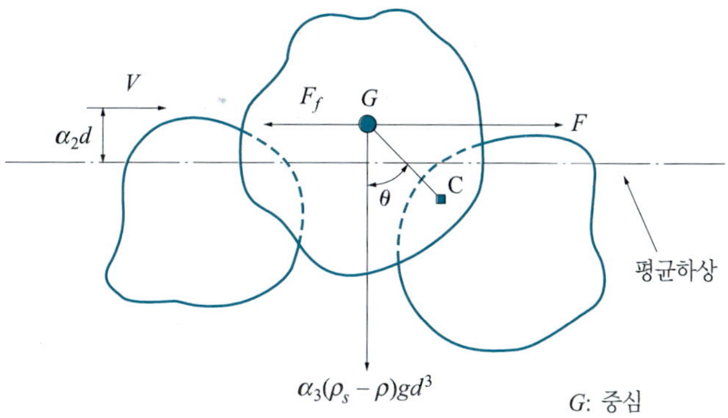

그림 14.7 토사입자에 작용하는 힘

$$F = C_D \alpha_1 d^2 \frac{\rho V^2}{2} = f_1\left(\alpha_1, \frac{Vd}{\nu}\right)\rho V^2 d^2 \tag{14.22}$$

여기서 α_1은 입자의 형상에 의해서 결정되는 계수이고, 저항계수 C_D는 레이놀즈 수 Vd/ν의 함수이다. 또 유속 V는 하상바닥으로부터 입경 d에 비례하는 거리 $y = \alpha_2 d$인 지점에서의 유속이므로, 유속의 대수분포공식(천이영역)을 이용하면 다음과 같이 표현된다.

$$\begin{aligned} V &= u_*\left[A\left(\frac{u_* d}{\nu}\right) + 5.75 \log \frac{\alpha_2 d}{d}\right] \\ &= u_* f_2\left(\alpha_2, \frac{u_* d}{\nu}\right) \end{aligned} \tag{14.23}$$

상기 식을 식 (14.22)에 대입하면 입자에 작용하는 유체력은 다음과 같은 함수형태를 취한다.

$$F = \tau_0 d^2 f_3\left(\alpha_1, \alpha_2, \frac{u_* d}{\nu}\right) \tag{14.24}$$

한편 입자의 저항력 F_f는 입자의 체적을 $\alpha_3 d^3$, 수중에서의 입자의 마찰계수를 f'이라 하면 다음과 같이 표현된다.

$$F_f = f'\alpha_3(\rho_s - \rho)gd^3 = \alpha_4(\rho_s - \rho)gd^3 \tag{14.25}$$

입자의 이동 한계는 유체력 F와 마찰저항력 F_f가 평형을 이루어야 하므로 상기 식 (14.24)에 τ_0 대신 τ_c를, u_* 대신 u_{*c}를 대입하여 식 (14.25)와 같게 놓으면 다음 식을 얻는다.

$$\tau_c d^2 f_3\left(\alpha_1, \alpha_2, \frac{u_{*c} d}{\nu}\right) = \alpha_4(\rho_s - \rho)gd^3 \tag{14.26}$$

상기 식에서 α_1, α_2 및 α_4는 상수계수로 간주되므로, τ_c 및 u_{*c}는 다음과 같이 입자의 레이놀즈 수, $u_{*c}d/\nu$의 함수가 된다.

$$\frac{\tau_c}{(\rho_s - \rho)gd} = \frac{u_{*c}^2}{(\rho_s/\rho - 1)gd} = f(u_{*c}d/\nu) \tag{14.27}$$

Shields는 기존의 많은 실험 데이터를 이용하여 그림 14.8과 같이 $u_{*c}^2/(\rho_s/\rho - 1)gd$ 와 u_{*c}/ν의 관계를 구하였다. 무차원수 $u_{*c}^2/(\rho_s/\rho - 1)gd$를 Shields 수라 부른다. 그림으로부터 Shields 수의 대략적인 평균값은 0.05에 가까운 것을 알 수 있다. 이 값은 한계소류력의 개략치를 구하는 데 편리하다.

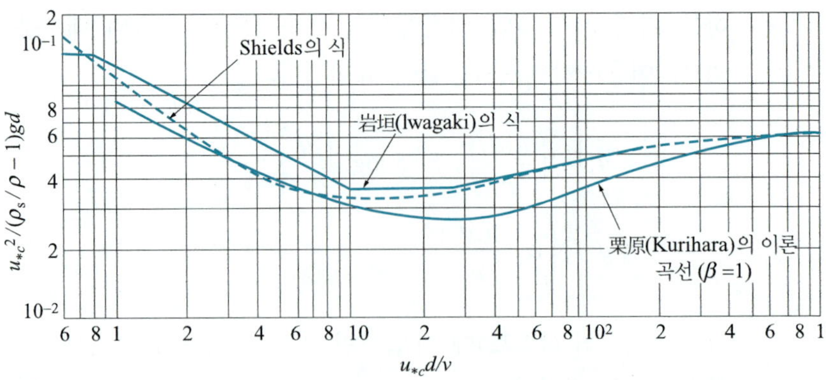

그림 14.8 한계소류력(Shields curve)

(나) 栗原 공식

栗原는 Shields가 제안한 식 (14.27)에서 함수관계를 이론적으로 유도하여 다음 식을 얻었다.

$$
\begin{aligned}
u_{*c}^2/\beta\left(\rho_s/\rho-1\right)gd &= -0.047\log X-0.023, \quad \log X<-1.0\\
&= 0.01\log X+0.034, \quad -1.0<\log X<-0.6\\
&= 0.0517\log X+0.057, \quad -0.6<\log X
\end{aligned}
\tag{14.28}
$$

여기서

$$X=\left\{1.02\times10^{-7}\left(g/\beta\nu^2\right)\left(\rho_s/\rho-1\right)\right\}^{1/3}d\cong\left(\rho_s/\rho-1\right)^{1/3}d \tag{14.29}$$

이고, 이때 d는 평균입경 d_m을 이용한다. 또 β는 입자의 혼합상태를 나타내는 계수로서, Kramer의 균등계수를 다음과 같이 정의할 때

$$M=\sum_{p=0}^{p=50}d\Delta p\Big/\sum_{p=50}^{p=100}d\Delta p$$

β와 M은 다음과 같은 관계를 갖는다.

$$\beta=\left(2+M\right)/\left(1+2M\right)$$

X에 대한 근사식을 이용하는 경우에는 d의 단위로서 cm를 이용한다. 또한 $\rho_s/\rho=2.65$, $\beta=1$ 및 $g=980\ \text{cm/sec}^2$을 이용하면 상기 식 (14.28)은 다음과 같이 간단히 표현된다.

$$
\begin{aligned}
u_{*c}^2 &= \left\{-76.0\log\left(1.18\mathrm{d}\right)-37.2\right\}d, \quad d<0.085\ \text{cm}\\
&= \left\{16.2\log\left(1.18\mathrm{d}\right)+55.0\right\}d, \quad 0.085<d<0.213\ \text{cm}\\
&= \left\{83.7\log\left(1.18\mathrm{d}\right)+92.3\right\}d, \quad d>0.213\ \text{cm}
\end{aligned}
\tag{14.30}
$$

(2) 혼합입경의 한계소류력

실제의 하상을 구성하는 입자는 균일한 것이 아니고, 다양한 입경을 갖는 입자들이 혼합되어 있는 경우가 많다. 이러한 경우에는 소류력이 작은 임의

의 입자에 대해서는 한계소류력을 초과하는 경우에도 큰 입자에 대해서는 한계치 이하일 수도 있다. 따라서 혼합입경의 경우에는 균일입경의 경우보다 소류의 메카니즘이 훨씬 더 복잡해진다.

Egiazaroff는 혼합입경의 입자들로 구성되어 있는 하상의 한계소류력이 입경마다 다른 것에 착안하고, 간단한 고찰로부터 다음 식을 제안하였다.

$$\frac{u_{*c}^2}{(\rho_s/\rho-1)gd_i} = \frac{0.1}{\log(19d_i/d_m)^2} \tag{14.31}$$

여기서 d_i는 임의의 입경, d_m은 혼합입경 입자의 평균입경이고, 혼합입자 전체로서의 한계소류력은 $d_i = d_{50}$을 이용하여 구한다.

예제 14.2 소류력의 산정

하상경사가 $S_0 = 1 \times 10^{-3}$인 하천에 등류가 형성되었다. 수심이 $h = 0.8$ m라면 소류력과 마찰속도는 각각 얼마인가?

풀이

(a) 소류력

식 (14.20)으로부터

$$\tau_0 = \gamma R_h S_0$$

하천 폭이 수심에 비해 아주 넓다고 가정하면 동수반경은 근사적으로 수심과 같으므로 소류력은 다음과 같이 계산된다.

$$\begin{aligned}\tau_0 = \gamma h S_0 &= 1,000 \text{ kg중/m}^3 \times 0.8 \text{ m} \times 1 \times 10^{-3} \\ &= 0.8 \text{ kg중/m}^2 \\ &= 7.84 \text{ N/m}^2\end{aligned}$$

(b) 마찰속도

$$u_* = \sqrt{\tau_0/\rho} = \sqrt{\tau_0/(\gamma/g)} = \sqrt{\frac{9.8 \times 0.8}{1000}}$$

$$= 0.089 \text{ m/sec}$$

예제 14.3 한계소류력의 산정

하상을 구성하는 모래의 조성비가 표 E14.3과 같을 때 栗原공식을 이용하여 한계소류력을 구하라.

표 E14.3

d(mm)	Δp(%)	p
$d > 1.8$	2.4	100
$1.8 > d > 1.2$	17.8	97.6
$1.2 > d > 0.9$	40.2	79.8
$0.9 > d > 0.6$	32.0	39.6
$0.6 > d > 0.45$	5.8	7.6
$0.45 > d$	1.8	1.8

풀이

표 E14.3으로부터 누가백분율 p를 계산하여 p와 d의 관계를 도시하면 그림 E14.3과 같이 된다.

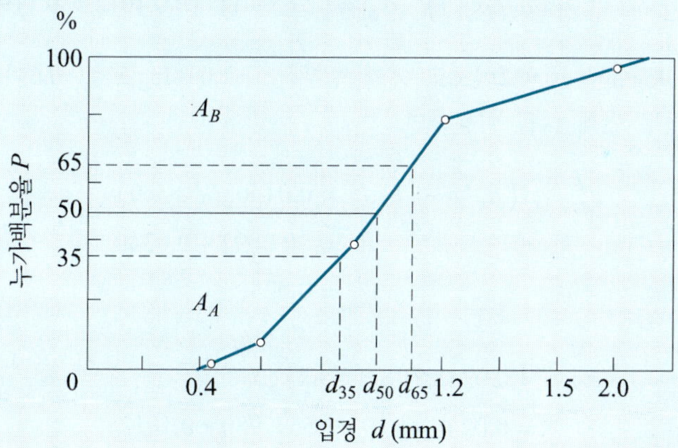

그림 E14.3

그림으로부터 $p = 0$인 경우 $d = 0.38$ mm에 상당하고, $p = 100\%$일 때는 $d = 1.9$ mm에 상당한다. 또 $p = 50\%$에 대응하는 입경(중앙 입경)은 $d_{50} = 0.98$ mm가 된다.

평균 입경 d_m 및 Kramer의 균등계수 M을 구하기 위해 사다리꼴법칙을 이용하여 면적을 계산한다.

$$A_B = \sum_{p=50}^{p=100} d\Delta p = \left(\frac{1.8+1.9}{2}\right)\times 2.4 + \left(\frac{1.8+1.2}{2}\right)\times 17.8$$
$$+\left(\frac{1.2+0.98}{2}\right)\times(50-2.4-17.8) = 63.62$$

$$A_A = \sum_{p=0}^{p=50} d\Delta p = \left(\frac{0.38+0.45}{2}\right)\times 1.8 + \left(\frac{0.45+0.6}{2}\right)\times 5.8$$
$$+\left(\frac{0.6+0.9}{2}\right)\times 32.0 + \left(\frac{0.9+0.98}{2}\right)\times(50-1.8-5.8-32)$$
$$= 37.57$$

따라서 Kramer의 균등계수 M과 평균입경 d_m은 다음 식으로 계산된다.

$$M = \sum_{p=0}^{p=50} d\Delta p \Bigg/ \sum_{p=50}^{p=100} d\Delta p = 37.57/63.62 = 0.590$$

$$d_m = (A_A + A_B)/100 = 1.012\ \text{mm}$$

따라서 β와 X는 다음과 같이 계산된다.

$$\beta = (2+M)/(1+2M) = 1.19$$
$$X \simeq (\rho_s/\rho - 1)^{1/3} d_m = (2.65-1)^{1/3}\times 0.1012 = 0.1196$$

$\log X = -0.922$이므로 X의 범위는 $-1.0 < \log X < -0.6$이므로 栗原공식(14.28)의 두 번째 식을 이용하면

$$u_{*c}^2/\{\beta(\rho_s/\rho-1)gd\} = 0.01\log X + 0.034$$
$$= -0.0092 + 0.0340$$
$$= 0.0248$$

$$\therefore u_{*c}^2 = 0.0248\beta(\rho_s/\rho - 1)gd$$
$$= 0.0248\times 1.19\times 1.65\times 980\times 0.1012$$
$$= 4.83\ \text{cm}^2/\text{sec}^2$$

한계소류력 τ_c는

$$\tau_c = \rho u_{*c}^2 = \frac{\gamma}{g}u_{*c}^2 = \frac{1\ \text{g중/cm}^3}{980\ \text{cm/sec}^2}\times 4.83\ \text{cm}^2/\text{sec}^2$$
$$= 0.00493\ \text{g중/cm}^3$$

14.3 소류사량

소류사에 관한 연구는 Du Boys의 연구를 필두로 하여 다수의 실험적 이론적 연구가 행해져 다양한 공식들이 제안되어 있다. 그러나 흐름에 수반해서 하상형태가 변화하고, 이동상 흐름의 저항도 크게 변동하므로, 이러한 하상형태에 대응한 유사량 공식은 아직은 명확하게 확립되어 있다고 말할 수는 없다. 우선 Einstein의 소류함수이론에 대해서 설명하고, 그 외 몇 개의 유사량 공식을 선정해서 그 기초적인 개념과 결과에 대해서 간단히 기술한다.

14.3.1 Einstein의 소류함수

Einstein은 토사가 평균적으로 일정거리를 이동한 후, 재차 하상으로 낙하하는 형태로 이동한다고 생각하고, 하상토사가 단위시간 내에 이동하는 확률은 토사입자에 작용하는 양력이 수중에서의 입자의 중량을 초과하는 확률로 표시된다고 하는 확률론적 고찰과 기왕의 실험자료에 기초해서 소류량 공식을 제안하고 있다. Einstein의 소류함수 이론을 간략히 설명한다.

단위 폭의 하상면을 단위시간에 소류형식으로 이동하는 유사량(용적)을 q_B, 임의 입경범위의 입경 d_i인 입자가 q_B중에 점하는 비율을 i_B로 하면 $i_B q_B$는 d_i인 입자가 단위시간에 단위 폭을 통과하는 용적을 나타내는 것이 된다. 특정단면에 대해서 q_B를 생각하면, 그 단면을 통과하는 입자에 대해서는 그 단면까지 어느 정도의 거리를 이동해 왔는가를 알 수가 없다. 따라서 도약거리를 L_s라 할 때 그 단면으로부터 하류에 대해서 생각하면, $0 \sim L_s$의 범위에 퇴적하게 되어있다. 평균적인 도약거리를 입경 d_i로 표시하여 $A_L d_i$로 두면, 퇴적하는 면적은 [단위폭 × $A_L d_i$]가 된다. 입자 1개의 체적을 $A_2 d_i^3$으로 표시하면 하상면상의 단위면적 단위시간당 퇴적입자수는 다음과 같다.

$$\frac{i_B q_B}{A_L d_i A_2 d_i^3} = \frac{i_B q_B}{A_2 A_L d_i^4} \tag{14.32}$$

입경 d_i인 입자가 단위시간에 하상으로부터 침식되는 입자수는 하상면의 단위면적 내의 입자수 N_b와 단위시간에 1개의 입자가 운동을 유발하는 확률 p_s에 비례한다. 입경 d_i인 입자가 하상재료 중에 점하는 비율을 i_b라 하면, 단위면적내의 입경 d_i인 입자수는 $i_b/A_1 d_i^2$이고, 단위시간에 단위면적으로부터 침식되는 입자수는 $i_b p_s / A_1 d_i^2$이다. 여기서 $A_1 d_i^2$은 입자 1개가 차지하는 면적이고, A_1은 상수이다.

평형상태에서는 단위면적당 단위시간당의 퇴적입자수와 침식입자수가 같으므로 다음 식이 성립한다.

$$\frac{i_B q_B}{A_2 A_L d_i^4} = \frac{i_b p_s}{A_1 d_i^2} \tag{14.33}$$

여기서 p_s는 $[T^{-1}]$의 차원을 가지므로 1개의 입자가 다른 유사입경의 입자로 치환되는 데 필요한 시간(exchange time)을 t_e로 하여 p_s를 $p_s t_e = p_0$로 되는 절대확률 p_0를 생각한다. Einstein은 t_e를 실험적으로 결정하는 방법이 없는 것으로 보고 t_e가 입경 d_i와 동일한 거리를 침강하는 데 필요한 시간 d_i/w_0에 비례하는 것으로 가정하여 다음과 같이 표현하였다.

$$t_e = A_3 \frac{d_i}{w_0} = A_3 \left\{ \frac{d_i}{(\rho_s/\rho - 1) g} \right\}^{1/2} \tag{14.34}$$

여기서 w_0는 입경 d_i인 입자의 침강속도이고 A_3는 비례상수이다. $p_s = p_0/t_e$이므로 단위면적당 단위시간당 침식입자수는 다음과 같다.

$$\frac{i_b p_s}{A_1 d_i^2} = \frac{i_b p_0}{A_1 A_3 d_i^2} \sqrt{\frac{(\rho_s/\rho - 1) g}{d_i}} \tag{14.35}$$

이 식을 식 (14.33)에 대입하면 다음과 같은 소류사방정식(bed load equation)이 얻어진다.

$$\frac{i_B q_B}{A_2 A_L d_i^4} = \frac{i_b p_0}{A_1 A_3 d_i^2} \sqrt{\frac{(\rho_s/\rho - 1) g}{d_i}} \tag{14.36}$$

이 소류사방정식은 하상평형방정식이라고도 불린다.

Einstein은 침식확률 p_0를 이용하여 입자의 도약거리 $A_L d_i$를 산정하였다. p_0가 작은 경우에는 입자의 도약거리는 $A_L d_i = \lambda d_i$로서 거의 일정하게 되며, 이때 λ는 단일도약거리를 나타내는 상수로서 약 100의 값을 갖는다. 그러나 p_0가 커지면, $(1-p_0)$의 입자는 λd_i만큼 이동한 후에 퇴적하지만, p_0의 입자는 정지하지 않고 이동을 계속한다. 또한 $p_0(1-p_0)$의 입자는 $2\lambda d_i$만큼 이동한 후에 퇴적하지만 p_0^2의 입자는 정지하지 않고 이동을 계속한다.

이와 같이 생각하면 입자의 평균이동거리는 결국 다음과 같이 표현된다.

$$A_L d_i = \sum_{n=0}^{\infty}\left(1-p_0\right)p_0^n\left(1+n\right)\lambda d_i = \frac{\lambda d_i}{\left(1-p_0\right)} \tag{14.37}$$

식 (14.36)에 식 (14.37)을 대입하고 정리하면

$$\frac{p_0}{1-p_0} = \left(\frac{A_1 A_3}{A_2 \lambda}\right)\left(\frac{i_B}{i_b}\right)\frac{q_B}{\sqrt{\left(\rho_s/\rho-1\right)gd_i^3}} \tag{14.38}$$

상기 식에서 $q_B\Big/\sqrt{\left(\rho_s/\rho-1\right)gd_i^3} = \Phi_B$, $A_1A_3/A_2\lambda = A_*$로 두면

$$\frac{p_0}{1-p_0} = A_*\left(\frac{i_B}{l_b}\right)\Phi_B = A_*\Phi_{B*} \tag{14.39}$$

여기서 $\Phi_{B*} = (i_B/i_b)\Phi_B$이고, A_*의 값은 실험결과에 의하면 $A_* = 43.5$의 값을 갖는다. Einstein은 Φ_B를 소류사유송의 강도라 이름 붙였다.

다음으로 토사가 운동을 일으키는 확률 p_0는 입자에 작용하는 양력 L이 입자의 수중 중량 W보다 크게 되는 확률, 즉 $1 > W/L$이 되는 확률을 의미하고 있다. L과 W는 각각 다음과 같이 표현된다.

$$\begin{aligned} L &= C_L \frac{1}{2}\rho u_b^2 A_1 d^2 \\ W &= \left(\rho_s-\rho\right)gA_2 d^3 \end{aligned} \tag{14.40}$$

여기서 C_L은 Einstein에 의하면 $C_L = 0.178$이고, 균일 입경 토사인 경우 u_b는 이론 하상면으로부터 $0.35d$의 높이에서의 유속이다. 혼합입경의 경우에는 u_b는 이론 하상면으로부터 $0.35X$의 높이에서 측정한 유속으로 한다. 이때 X는

$$\begin{aligned} &\frac{d_{65}/x}{\delta} > 1.80\text{의 경우}\quad X = 0.77d_{65}/x \\ &\frac{d_{65}/x}{\delta} < 1.80\text{의 경우}\quad X = 1.39\delta \end{aligned} \tag{14.41}$$

로 주어진다. δ는 층류 저층의 두께($\delta = 11.6\ \nu/u_*$)이고, x는 보정계수로서 그림 14.9와 같이 d_{65}/δ값에 의해서 변화하고 있다.

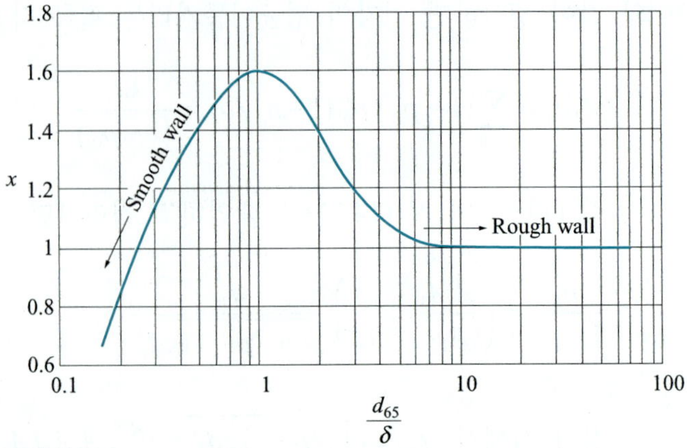

그림 14.9 보정계수 x

$X > d$의 범위를 갖는 미세입자는 굵은 입자에 의해서 차폐되기 때문에 차폐계수 ξ를 이용하여 보정한다. ξ_*는 그림 14.10과 같이 d/X의 함수이다. 또한 혼합입경의 경우의 양력계수의 변화를 보정하기 위해 양력 보정계수 Y를 도입한다. 그림 14.11에 나타낸 바와 같이 Y는 d_{65}/δ의 함수이다. 균일 입경의 경우는 $Y = 1$로 한다.

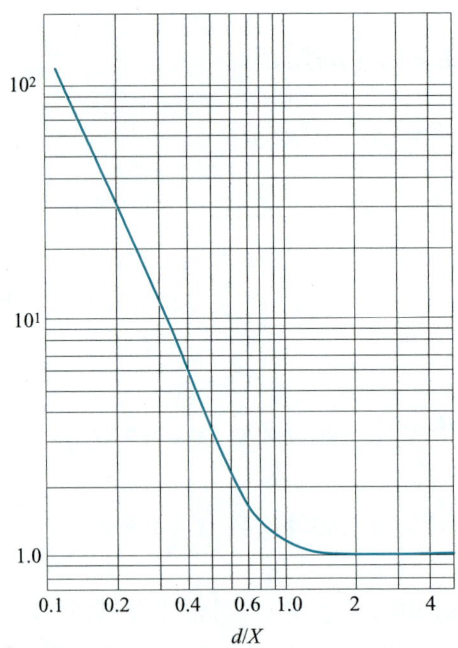

그림 14.10 차폐계수 ξ_*

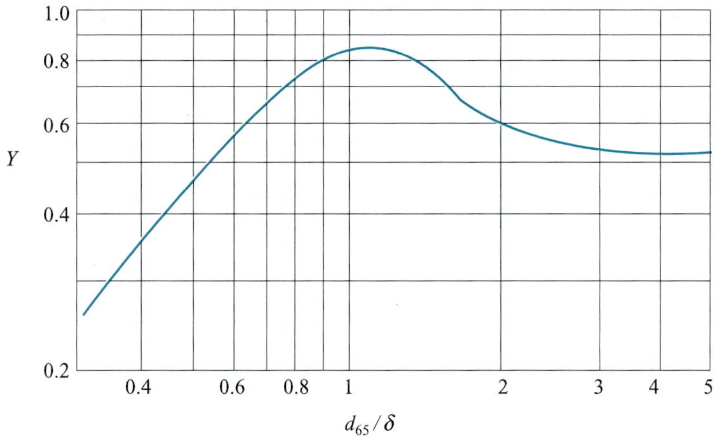

그림 14.11 양력보정계수 Y

$d_{65}/x = \Delta_*$로 놓고 유속의 대수법칙에 의해 u_b를 표시하면 다음과 같이 된다.

$$u_b = u_* 5.75 \log\left(y/y_0\right) = u_* 5.75 \log\left(10.6\, X/\Delta_*\right) \tag{14.42}$$

따라서 식 (14.42)로부터 다음 식을 얻는다.

$$u_b^2 = gR_h' S_0 \left[5.75 \log\left(10.6\, X/\Delta_*\right)\right]^2 \tag{14.43}$$

식 (14.40)에 식 (14.43)을 대입하면 어느 순간에 있어서의 양력 L을 구할 수 있다.

$$L = 0.178 \rho A_1 d^2 \frac{1}{2} gR_h' S_0 \left[5.75 \log\left(\frac{10.6X}{\Delta_*}\right)\right]^2 \left(1+\eta'\right) \tag{14.44}$$

여기서 η'은 시간과 함께 변화하는 계수이고 양(+)의 값 또는 음(−)의 값을 취할 수 있지만, $L > 0$이므로 절대값을 취할 필요가 있다. 식 (14.40)의 W와 식 (14.44)로부터

$$1 > \frac{W}{L} = \left(\frac{1}{1+\eta'}\right)\left(\frac{\left(\rho_s/\rho - 1\right)d}{R_h' S_0}\right)\left(\frac{0.34 A_2}{A_1}\right)\left(\frac{1}{\log\left(10.6\, X/\Delta_*\right)}\right)^2 \tag{14.45}$$

으로 되기 때문에 $\Psi = (\rho_s/\rho - 1)d/R'_h S_0$, $B_1 = 0.34A_2/A_1$, $\beta_X = \log(10.6\, X/\Delta_*)$로 두면

$$|1+\eta'| > B_1 \Psi \beta_X^{-2} \tag{14.46}$$

이 된다. 여기서 Ψ는 흐름 강도(flow intensity)라 불리는 무차원량이다. 보정계수 ξ_* 및 Y를 도입하면

$$|1+\eta'| > \xi_* Y B' \Psi \left(\beta/\beta_X\right)^2 \tag{14.47}$$

여기서 $B' = B_1/\beta^2$, $\beta = \log(10.6)$이고 β/β_X는 다음과 같다.

$$\frac{\beta}{\beta_X} = \frac{\log(10.6)}{\log(10.6\,X/\Delta_*)} \tag{14.48}$$

균일입경에서 $x=1$인 경우는 $(\beta/\beta x)=1$, $Y=1$, $\xi_*=1$로 된다. 식 (14.47)의 양변을 η'의 표준편차 η_0로 나누어 $\eta' = \eta_0\eta_*$를 도입하고 또한 양변을 제곱하여 $B_* = B'/\eta_0$로 두면

$$\left(\frac{1}{\eta_0} + \eta_*\right)^2 > \xi_*^2 Y^2 B_*^2 \Psi^2 \left(\frac{\beta}{\beta_X}\right)^4 = B_*^2 \Psi_*^2 \tag{14.49}$$

여기서 Ψ_*는 다음 식과 같다.

$$\Psi_* = \xi_* Y \left(\beta/\beta_X\right)^2 \Psi \tag{14.50}$$

식 (14.49)에서 토사의 이동한계에서는 $\left[1/\eta_0 + \eta_*\right]^2 = \left[B_*\Psi_*\right]^2$ 이므로

$$\left[\eta_*\right] = \pm B_*\Psi_* - \left(1/\eta_0\right) \tag{14.51}$$

로 표현할 수가 있다. η_*에 대한 확률은 정규확률(오차)법칙에 따라 분포하므로 입자가 운동을 일으킬 확률 p_0는

$$p_0 = 1 - \frac{1}{\sqrt{\pi}} \int_{\eta_{*2}}^{\eta_{*1}} e^{-t^2}\, dt$$

여기서 $\eta_{*1} = B_*\Psi_* - (1/\eta_0)$, $\eta_{*2} = -B_*\Psi_* - (1/\eta_0)$, t는 적분변수이다. 이 식과 식 (14.39)으로부터 다음 식이 얻어진다.

$$p_0 = 1 - \frac{1}{\sqrt{\pi}} \int_{\eta_{*2}}^{\eta_{*1}} e^{-t^2} dt = \frac{A_* \Phi_{B*}}{1 + A_* \Phi_{B*}} \tag{14.52}$$

η_{*1}과 η_{*2} 속의 η_0는 El Samni에 의하면 $(1/\eta_0) = 2.0$이고, A_*와 B_*는 실험으로부터 $A_* = 43.5$, $B_* = 0.143$으로 정해진다. 그림 14.12는 Φ_{B*}와 Ψ_*의 관계를 나타낸 것이므로 일반적으로 Einstein의 소류사함수라 부르고 있다. 그림에 도시된 $\Phi_{B*} \sim \Psi_*$ 곡선은 근사적으로 다음과 같이 나타낼 수 있다.

$$\Phi_{B*} = 9.2\left(\frac{1}{\Psi_*} - 0.03\right)^5 \Psi_*^{3.85} \tag{14.53}$$

Einstein의 소류사함수에 의한 소류사량은 식 (14.39)로부터 다음 식으로 주어진다.

$$i_B q_B = \Phi_{B*} i_b \sqrt{(\rho_s/\rho - 1) g d_i^3} \qquad ; q_B = \Sigma i_B q_B \tag{14.54}$$

Φ_{B*}는 그림 14.12 혹은 식 (14.53)으로부터 구한다. 또한 Einstein은 u_*로서 $u_{*e}^2 = gR_h' S_0$인 유효 마찰속도를 사용할 것을 제안하였다. R_h'은 다음 식으로 주어진다.

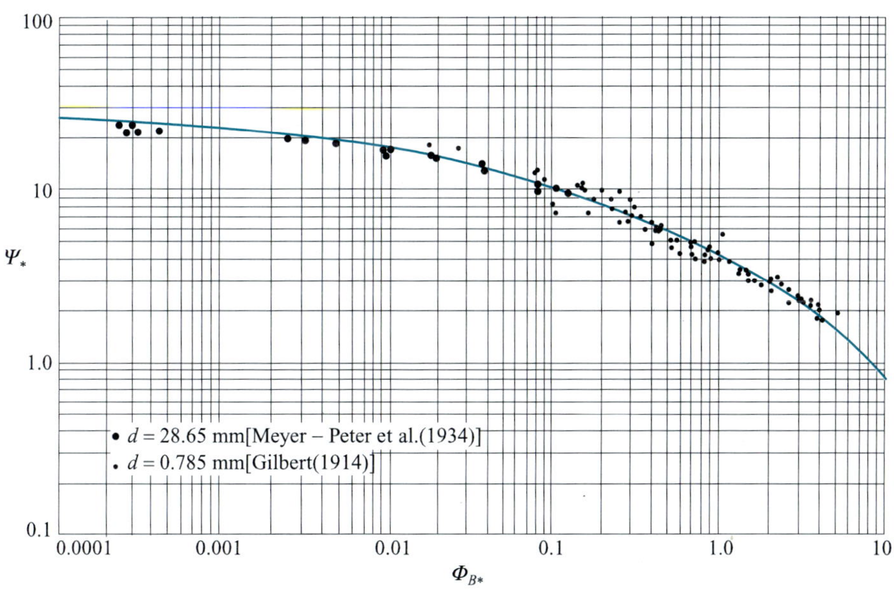

그림 14.12 Einstein의 소류사 함수

$$\frac{V}{\sqrt{gR_h' S_0}} = 5.75 \log\left(\frac{12.27 R_h' x}{d_{65}}\right) \tag{14.55}$$

여기서 V는 단면평균유속이다.

14.3.2 Meyer Peter-Müller 공식

Meyer Peter와 Müller는 광범위한 수리 조건과 저질조건($1 < h < 120$ cm, $0.004 < S_0 < 0.02$, $1.25 < \rho_s/\rho - 1 < 4$, $0.4 < d < 30$ mm)에 대한 실험 데이터에 기초해서 다음 식을 제안하였다.

$$\frac{q_B}{\sqrt{\left(\frac{\rho_s}{\rho} - 1\right) g d^3}} = 8\left(\psi_e - 0.047\right)^{3/2} \tag{14.56}$$

여기서 ψ_e는 다음 식으로 표시된다.

$$\psi_e = \psi\left(n_b / n\right)^{3/2} \tag{14.57}$$

상기 식에서 $\psi = u_*^2 / \left(\rho_s/\rho - 1\right) g d$ 로 표시되는 Shields 수이고, n은 Manning의 조도계수이며 n_b는 입자의 저항을 나타내는 조도계수로서 다음과 같이 표현된다.

$$n_b = 0.0192 d_{90}^{1/6} \tag{14.58}$$

상기 식에서 d_{90}의 단위를 cm로 했을 때 n_b는 $m^{-1/3}$ · sec의 단위를 갖는다. 이 소류사 공식은 유효소류력과 전소류력의 비를 n_b/n의 함수로 표시하고 있는 것이 특징이다.

14.3.3 Kalinske-Brown 공식

Kalinske는 저면 부근에 있어서의 토사의 이동 속도를 간단히 구하여, 다음과 같이 소류사량 공식을 Shields 수의 함수로 표현하였다.

$$q_B / u_* d = f\left(\psi\right) \tag{14.59}$$

여기서 $\psi = u_*^2/(\rho_s/\rho - 1)gd$ 로서 Shields 수이고, Shields 수의 값이 크게 되면($\psi > 0.6$) 다음 식과 같이 된다.

$$q_B/u_*d = 10\psi^2 \tag{14.60}$$

이 식은 일반적으로 Brown 식이라 말하고, 부유사도 함께 포함하고 있다.

14.3.4 佐藤, 吉川, 芦田 공식

일본 토목연구소의 佐藤, 吉川, 芦田는 대규모 실험과 Gilbert의 실험 자료를 이용하여, 양력과 하상토사입자에 미치는 역적은 중력이 소류층 내의 토사입자에 미치는 역적과 같다고 하는 사실에 기초해서 다음과 같은 식을 유도하고 있다.

$$q_B = u_*^3/\left[(\rho_s/\rho - 1)g\right]\cdot\alpha\cdot F(\tau_0/\tau_c) \tag{14.61}$$

한계소류력에 대한 소류력의 비로 표시된 함수 F는 그림 14.13의 형태로 주어진다. 상기 식에서 α는 양력, 소류층 내의 유속 및 마찰속도와 관계되는 양으로서 다음과 같이 표현된다.

$$\alpha = 2.517b\,C_L a^2/2\sqrt{2\pi} \tag{14.62}$$

여기서 C_L은 양력계수, a와 b는 소류층 내의 유속 및 마찰속도와 관계되는 계수이다. α는 실험치와 실제 하천의 관측치를 토대로 하여 Manning 조도계수 n의 범위에 따라 다음과 같이 표시된다.

$$\begin{aligned} &\alpha = 0.623, &&n \ge 0.025 \\ &\alpha = 0.623(40n)^{-3.5}, &&n < 0.025 \end{aligned} \tag{14.63}$$

$n \ge 0.025$인 하천에서 $\tau_0/\tau_c \ge 3$인 경우는 식 (14.61)은 다음 식과 같이 간단히 표현할 수 있다.

$$q_B = 0.623\left[u_*^3/(\rho_s/\rho - 1)g\right] \tag{14.64}$$

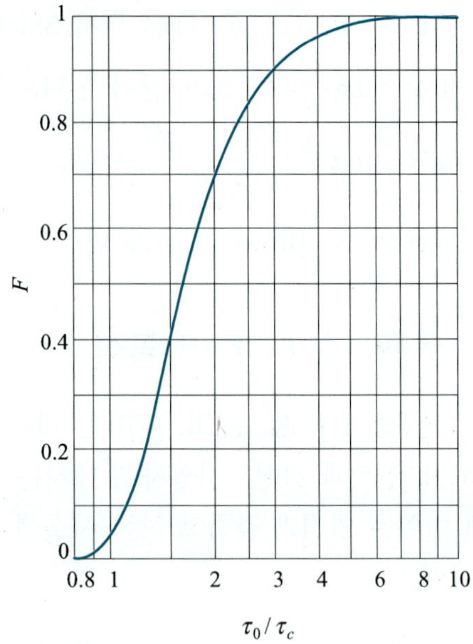

그림 14.13 함수 F와 τ_0/τ_c의 관계

예제 14.4 소유사량의 산정

하상이 표 E14.4.1과 같은 모래로 구성되어 있고, 하폭 $B = 100$ m, 하상경사가 $S_0 = 1 \times 10^{-3}$의 하천에 $Q = 300\ \mathrm{m^3/sec}$의 유량이 흐를 때 아래 각 식을 이용하여 소류사량을 구하시오. 흐름은 등류상태를 가정하고 평균수심은 1.5 m로 한다.

단, 모래의 비중은 $s = 2.65$이고, $\nu = 1.0 \times 10^{-6}\ \mathrm{m^2/sec}$이다.

(a) Einstein의 소류사함수법
(b) Meyer Peter-Müller공식
(c) 佐藤, 吉川, 芦田공식

표 E14.4.1

d(mm)	Δp(%)	p
$d > 0.6$	5	100
$0.6 > d > 0.4$	20	95
$0.4 > d > 0.3$	20	75
$0.3 > d > 0.2$	30	55
$0.2 > d > 0.1$	20	25
$0.1 > d$	5	5

풀이

표 E14.4.1로부터 누가백분률 p를 계산하여 p와 d의 관계를 도시하면 그림 E14.4와 같이 된다. 그림으로부터 $d_{65} = 0.035$ cm이다. 또 평균유속은 다음과 같다.

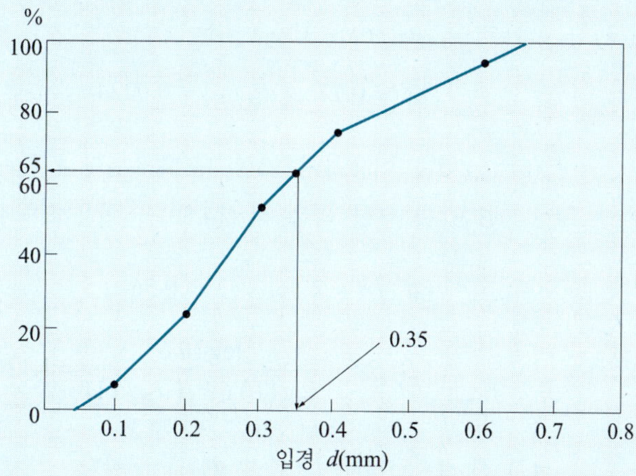

그림 E14.4

$$V = Q/Bh = 300/(100 \times 1.5) = 2.0 \text{ m/sec}$$

(a) Einstein의 소류사함수법

(1) 우선 식 (14.55)에서 x를 적당히 가정하고, 시행착오법에 의해 R'_h을 구한 다음 $u_{*e}^2 = gR'_h S_0$ 에 의해 u_{*e}를 계산하여 $\delta(\delta = 11.6\nu/u_{*e})$를 구한다.

(2) d_{65}/δ의 값을 이용하여 그림 14.9로부터 x를 찾고 이 값이 가정한 x값과 일치 여부를 확인하고, 일치할 때까지 x를 재가정하고 계산을 반복하여 R'_h을 구한다.

(3) 단계 (2)에서 결정한 R'_h을 이용하여 재차 u_{*e}와 δ를 계산하고 d_{65}/δ를 이용하여 그림 14.9로부터 x를 찾고 단계 (2)에서 얻은 x값과 비교 검산하여 R'_h값과 x값을 선정한다. 상기 (1)~(3)단계의 결과

$$R_h' = 63$$

$$u_{*e} = \sqrt{gR'_h S_0} = 7.86 \text{ cm/sec}$$

$$\delta = 11.6\nu/u_{*e} = 0.0148$$

$$x = 1.2$$

(4) $\Psi = \dfrac{(\rho_s/\rho - 1)\,d_i}{R_h{}' S_0}$ 로부터 Ψ를 구한다.

(5) δ값으로 $d_{65}/\delta x$값을 계산하고 식 (14.41)로부터 X값을 구하고, 또 d_i/X값을 이용하여 그림 14.10으로부터 ξ_*값을 구한다.

$$d_{65}/\delta x = 1.97 > 1.8$$

$$X = 0.77 \times (d_{65}/x) = 0.0224$$

(6) d_{65}/δ를 이용하여 그림 14.11로부터 Y를 구하고, 식 (14.48)로부터 β/β_X를 구한 다음 식 (14.50)을 이용하여 Ψ_*를 구한다.

$$d_{65}/\delta = 2.36, \quad Y = 0.56$$

$$\beta/\beta_X = \frac{\log 10.6}{\log\left(10.6X/(d_{65}/x)\right)} = 1.126$$

(7) 식 (14.53)를 이용하여 Φ_{B*}를 구한다.

(8) 최종적으로 식 (14.54)으로부터 소류사량을 구한다.

각 대표 입경별로 상기 계산과정을 적용한 결과는 표 E14.4.2와 같다. 참고로 상기 계산과정 중에는 전체 계산과정에 공통적으로 사용되는 값은 각 과정에 그 값들을 표시해 놓았다[본 계산에서는 입도 분포의 양단(여기서는 각각 5%)을 제외한 부분에 대해서 입경별로 유사량을 구하였다. 대표 입경은 각 계급값의 중앙값으로 하였다].

표 E14.4.2 Einstein의 소류사함수법에 의한 소류사량

d_i(cm) (1)	i_b (2)	Ψ (3)	d_i/X (4)	ξ_* (5)	Ψ_* (6)	Φ_{B*} (7)	$i_B q_B$ (cm^3/sec/cm) (8)	$q_B = \Sigma i_B q_B$ (cm^3/sec/cm) (9)
0.050	0.2	1.310	2.23	1.0	0.930	8.68	0.78	2.66
0.035	0.2	0.917	1.56	1.0	0.651	13.66	0.72	
0.025	0.3	0.655	1.12	1.1	0.512	18.39	0.88	
0.015	0.2	0.393	0.67	1.8	0.502	18.84	0.28	

$$q_B = 2w.66 \text{ cm}^3/\text{sec/cm}$$

소류사량 Q_B는

$$Q_B = Bq_B = 100 \times 10^2 \times 2.66 = 2.66 \times 10^4 \text{ cm}^3/\text{sec}$$

$$=0.0266 \text{ m}^3/\text{sec}$$

(b) Meyer Peter-Müller공식

그림 E14.4를 이용하여 예제 14.3에서 구한 방법에 의해 평균입경을 구하면, $d_m = 0.031$ cm이다. 또 그림으로부터 $d_{90} = 0.05$ cm이다. Manning공식으로부터 조도계수 n을 구하면

$$n = R_h^{2/3} S_0^{1/2} / V = h^{2/3} S_0^{1/2} / V = 0.021 \text{ m}^{-1/3}\text{sec}$$

이고, n_b는 식 (14.58)로부터 구한다.

$$n_b = 0.0192 \left(d_{90} \right)^{1/6} = 0.012 \text{ m}^{-1/3}\text{sec}$$

또 Shields수는 다음과 같이 계산된다.

$$\psi = u_*^2 / \left(\rho_s / \rho - 1 \right) gd = gR_h S_0 / \left(\rho_s / \rho - 1 \right) gd$$

$$= hS_0 / \left(\rho_s / \rho - 1 \right) d = 2.93$$

따라서, 식 (14.57)로부터 ψ_e는 다음과 같이 계산된다.

$$\psi_e = \psi \left(n_b / n \right)^{3/2} = 2.93 \left(0.012 / 0.021 \right)^{3/2}$$

$$= 1.27$$

상기 값들을 이용하여 식 (14.56)을 계산하면

$$q_B / \sqrt{\left(\rho_s / \rho - 1 \right) gd^3} = 8 \left(\psi_e - 0.047 \right)^{3/2} = 10.82$$

$$\therefore q_B = 10.82 \times \sqrt{\left(\rho_s / \rho - 1 \right) gd^3} = 2.37 \text{ cm}^3/\text{sec/cm}$$

따라서 소류사량 Q_B는

$$Q_B = q_B \cdot B = 2.37 \text{ cm}^3/\text{sec/cm} \times 100 \times 10^2 \text{ cm}$$

$$= 2.37 \times 10^4 \text{ cm}^3/\text{sec} = 0.0237 \text{ m}^3/\text{sec}$$

위 계산에서는 광폭하천을 가정하여 동수반경, R_h는 평균수심 h와 같게 놓고 계산하였다.

(c) 佐藤, 吉川, 芦田공식

Manning의 조도계수 $n = 0.021(\mathrm{m}^{-1/3} \cdot \mathrm{sec})$이므로 식 (14.63)으로부터 α는 다음과 같이 계산된다.

$$\alpha = 0.623\left(40n\right)^{-3.5} = 1.15$$

또 마찰속도 u_*는

$$u_* = \sqrt{gR_hS_0} = 12.12\ \mathrm{cm/sec},\ u_*^2 = 147\left(\mathrm{cm/sec}\right)^2$$

또 한계 마찰속도 u_{*c}는 $d_m = 0.031$ cm인 것을 고려하여 식 (14.30)의 첫 번째 식을 이용하면 구할 수 있다.

$$u_{*c}^2 = \left[-76.0\ \log\left(1.18d_m\right) - 37.2\right]d_m$$

$$= 2.23\left(\mathrm{cm/sec}\right)^2$$

따라서 F를 구하기 위한 τ_0/τ_c 값은

$$\tau_0/\tau_c = u_*^2/u_{*c}^2 = 65.92$$

이고, 이 값에 대응하는 F값을 그림 14.13으로부터 구하면 $F = 1.0$이다. 따라서 단위폭당 소류사량 q_B는 식 (14.61)로부터

$$q_B = \left[u_*^3/\left\{\left(\rho_s/\rho - 1\right)g\right\}\right]\cdot\alpha\cdot F\left(\tau_0/\tau_c\right)$$

$$= \left[12.12^3/\left(1.65\times980\right)\right]\times1.15\times10$$

$$= 1.27\ \mathrm{cm^3/sec/cm}$$

따라서

$$Q_B = q_B\cdot B = 1.27\times10^4\ \mathrm{cm^3/sec} = 0.0127\ \mathrm{m^3/sec}$$

14.4 부유사량

소류력이 크게 되면 저면을 구성하는 하상토사입자는 부유형태로 수송되는데, 이는 난류확산에 의한 것으로서 난류에 의한 변동 속도성분의 존재에 기인한다. 전단면에 걸친 부유사량을 산정하기 위해서는 우선 부유사의 농도분포를 알고, 이것에 속도를 곱해서 수심방향으로 적분한다. 하상으로부터 z인 지점에서의 부유사 농도를 C, 그 지점의 속도를 u라 하면, 부유토사의 단위폭당 수송량 q_s는 다음과 같이 표시된다.

$$q_s = \int_0^h Cu\,dz \tag{14.65}$$

여기서 h는 수심이다.

14.4.1 부유사의 농도 분포

(1) 부유사의 농도

흐름의 단위체적 중에 포함되는 토사입자의 수를 농도(concentration)라 부르고 C로 나타내며 일반적으로 체적농도(concentration of volume)와 중량농도(concentration of weight)로 분류된다. 체적농도는 단위폭당 유량 q(m^3/sec/m)에 대한 그 유량에 포함되어 있는 부유사량 q_s(m^3/sec/m)의 비로서 정의된다. 즉 체적농도는 $C = q_s/q$가 되어 농도는 무차원량이 되나 일반적으로는 물 1 m^3 중에 몇 g의 토사가 포함되어 있는가를 나타내는 ppm 단위가 사용되고 있다. 중량농도는 단위폭당 유량의 중량 W에 대한, 그 유량 중에 포함되어 있는 토사의 중량 W_s의 비로 정의된다. 따라서 중량농도는 $C_w = W_s/W$이고, $W = \rho gq$ 및 $W_s = \rho_s gq_s$를 대입하면 중량농도는 다음과 같이 표시된다.

$$C_w = \frac{\rho_s q_s}{\rho q} \times 100$$

상기 식과 같이 중량농도는 백분율로 표시되는 수가 많다.

(2) 부유사 농도분포에 대한 기본식

흐름 중에 $dx\,dy\,dz$로 이루어지는 미소육면체를 생각하고, 이 유체요소에 유출입하는 부유사량에 대한 연속방정식을 적용하면 다음 식과 같이 된다.

$$\frac{\partial C}{\partial t} + \frac{\partial}{\partial x}(Cu) + \frac{\partial}{\partial y}(Cv) + \frac{\partial}{\partial z}(Cw) = 0 \tag{14.66}$$

여기서 x는 흐름방향의 축이고, 흐름에 가로방향으로 y축 연직상방으로 z축을 취하였다. 흐름의 유속 및 농도는 난류로 인해서 시간적으로 변동하기 때문에, 다음과 같이 시간 평균성분과 난류변동성분으로 나누어 표시할 수 있다.

$$u = \overline{u} + u'$$

$$v = \overline{v} + v'$$

$$w = \overline{w} + w'$$

$$C = \overline{C} + C'$$

여기서 "¯"는 시간 평균성분을 의미하고, "′"는 난류 변동성분을 의미한다.

상기 관계를 식 (14.66)에 대입하고 시간 평균하여 정리하면 다음 식이 된다.

$$\frac{\partial \overline{C}}{\partial t} + \overline{u}\frac{\partial \overline{C}}{\partial x} + \overline{v}\frac{\partial \overline{C}}{\partial y} + \overline{w}\frac{\partial \overline{C}}{\partial z} = -\frac{\partial}{\partial x}\left(\overline{u'C'}\right) - \frac{\partial}{\partial y}\left(\overline{v'C'}\right) - \frac{\partial}{\partial z}\left(\overline{w'C'}\right) \tag{14.67}$$

식 (14.67)에서 우변의 각 항을 운동량 수송 이론에서의 난류확산계수(turbulent diffusivity)를 도입하여 다음과 같이 정의한다.

$$-\overline{u'C'} = \varepsilon_{sx}\frac{\partial \overline{C}}{\partial x}, \quad -\overline{v'C'} = \varepsilon_{sy}\frac{\partial \overline{C}}{\partial y}, \quad -\overline{w'C'} = \varepsilon_{sz}\frac{\partial \overline{C}}{\partial z} \tag{14.68}$$

여기서 ε_{sx}, ε_{sy} 및 ε_{sz}는 각 방향의 난류확산계수이고, 이것을 식 (14.67)에 대입하면 다음 식이 된다.

$$\begin{aligned} &\frac{\partial \overline{C}}{\partial t} + \overline{u}\frac{\partial \overline{C}}{\partial x} + \overline{v}\frac{\partial \overline{C}}{\partial y} + \overline{w}\frac{\partial \overline{C}}{\partial z} \\ &= \frac{\partial}{\partial x}\left(\varepsilon_{sx}\frac{\partial \overline{C}}{\partial x}\right) + \frac{\partial}{\partial y}\left(\varepsilon_{sy}\frac{\partial \overline{C}}{\partial y}\right) + \frac{\partial}{\partial z}\left(\varepsilon_{sz}\frac{\partial \overline{C}}{\partial z}\right) \end{aligned} \tag{14.69}$$

이하에서는 편의를 위해 시간평균 성분 $\bar{u}$, $\bar{v}$, $\bar{w}$ 및 $\bar{C}$를 u, v, w 및 C로 표기한다. 상기 식에서 연직방향 속도는 중력에 의한 입자의 침강속도도 함께 고려해야 한다. 따라서 연직방향으로의 순수 속도는 흐름의 연직방향 속도 w에서 입자의 침강속도 w_0를 빼야 하므로 $w - w_0$가 된다. 이것을 식 (14.69)에 대입하여 정리하면 다음 식을 얻는다.

$$\begin{aligned}&\frac{\partial C}{\partial t}+u\frac{\partial C}{\partial x}+v\frac{\partial C}{\partial y}+w\frac{\partial C}{\partial z}\\&=\frac{\partial}{\partial x}\left(\varepsilon_{sx}\frac{\partial C}{\partial x}\right)+\frac{\partial}{\partial y}\left(\varepsilon_{sy}\frac{\partial C}{\partial y}\right)+\frac{\partial}{\partial z}\left(\varepsilon_{sz}\frac{\partial C}{\partial z}\right)+w_0\frac{\partial C}{\partial z_0}\end{aligned} \tag{14.70}$$

상기 식이 부유사의 농도 분포를 규정하는 3차원 확산방정식이다. 이제 해석을 단순화하기 위하여 정상 등류로서 x방향으로만 존재하는 흐름을 생각하면 $v = w = 0$이고 $\dfrac{\partial}{\partial x} = \dfrac{\partial}{\partial y} = 0$ 이므로 식 (14.70)은 다음과 같이 간단히 된다.

$$\frac{d}{dz}\left(\varepsilon_{sz}\frac{\partial C}{\partial z}\right)+w_0\frac{dC}{dz_0}=0 \tag{14.71}$$

상기 식을 1회 적분하면 다음 식이 된다.

$$\varepsilon_{sz}\frac{dC}{dz}+w_0 C=K_1 \tag{14.72}$$

이 식의 제1항은 난류확산에 의해 연직방향으로 수송되는 부유사량이고, 제2항은 침강작용에 의해서 강하하는 양을 나타낸다. 수면을 통해서 일탈하는 부유사량이 없으므로 수면에서 상기 두 양이 평형을 이루는 수면 경계조건을 이용하면 적분상수 $K_1 = 0$이 되므로 상기 식은 다음과 같이 쓸 수 있다.

$$\varepsilon_{sz}\frac{dC}{dz}+w_0 C=0 \tag{14.73}$$

Rouse는 확산계수 ε_{sz}가 와동점성계수와 같다고 가정하여 상기 식으로부터 농도분포식을 유도하였다. 이를 위하여 우선 2차원 수로에서 다음 식으로 주어지는 전단력 분포를 생각한다.

$$\tau = \tau_0 \left(\frac{h-z}{h} \right) \tag{14.74}$$

여기서 h는 수심이다. 난류에 있어서 전단응력은 다음과 같이 표현된다.

$$\tau = \rho\,(\nu + \varepsilon)\frac{du}{dz} \tag{14.75}$$

상기 식에서 $\nu \ll \varepsilon$이고, 와동점성계수 ε을 확산계수 ε_{sz}로 치환할 수 있다고 가정하면 상기 식은 다음과 같이 된다.

$$\tau = \rho\varepsilon_{sz}\frac{du}{dz} \tag{14.76}$$

한편 유속은 대수분포법칙으로부터

$$u / u_* = \frac{1}{\kappa}\ln\left(z/z_0\right)$$

로 표시되므로, 상기 식을 z로 미분한 값 $\frac{du}{dz} = \frac{u_*}{\kappa z}$을 식 (14.74)를 식 (14.76)에 대입하고 ε_{sz}로 정리하면 다음 식을 얻는다.

$$\varepsilon_{sz} = \kappa u_*\left(h-z\right)\frac{z}{h} \tag{14.77}$$

여기서 $\kappa = 0.4$로서 Kármán 상수이다. 식 (14.77)을 식 (14.73)에 대입하고 변수분리를 하면 다음 식과 같이 된다.

$$\frac{dC}{C} = -\frac{w_0}{\kappa u_*}\frac{z}{h}\left(\frac{dz}{h-z}\right) \tag{14.78}$$

상기 식에서 $w_0/\kappa u_* = Z$로 놓고 부유한계의 높이 $z = a$인 점으로부터 z까지 적분을 수행한다.

$$\int_a^z \frac{dC}{C} = \int_a^z \frac{Zh}{z\left(h-z\right)}dz$$

$$= \int_a^z d\left[\ln\left(\frac{h-z}{z}\right)^z\right] = \ln\left(\frac{h-z}{z}\frac{a}{h-a}\right)^Z$$

따라서 농도 분포식은 다음과 같이 된다.

$$\frac{C}{C_a} = \left(\frac{h-z}{z} \frac{a}{h-a} \right)^Z \tag{14.79}$$

여기서 C_a는 기준점 농도이고, 이 식을 Rouse의 부유사 농도분포식이라 말한다.

한편 Lane 및 Kalinske는 ε_{sz}를 수심에 대해서 적분한 평균값 ε_{sm}을 이용하여 농도 분포식을 유도하였다.

$$\varepsilon_{sm} = \frac{\int_0^h \varepsilon_{sz} dz}{h} = \frac{\kappa u_*}{h} \int_0^h z \left(1 - \frac{z}{h} \right) dz = \frac{u_* h}{15} \tag{14.80}$$

상기 식에서 $\kappa = 0.4$를 이용하였다. 이 식을 식 (14.73)에 대입하고 적분하면 다음과 같이 간략화된 식을 얻는다.

$$\frac{C}{C_a} = \exp\left[-15 \left(\frac{z-a}{h} \right) \left(\frac{w_0}{u_*} \right) \right] \tag{14.81}$$

14.4.2 부유사량의 산정공식

앞에서도 언급한 바와 같이 부유사량은 식 (14.65)에 유속분포식과 농도분포식을 대입하고 부유한계점 $z = a$로부터 수면 $z = h$까지 적분하면 구할 수 있다.

$$q_s = \int_a^h u(z) C(z) \, dz \tag{14.82}$$

(1) Einstein 공식

Einstein은 부유사량을 산정하기 위해 농도분포식으로서 Rouse 식 (14.79)를 이용하고, 유속분포로서는 다음과 같은 대수분포식을 이용하였다.

$$u/u_* = 5.75 \log_{10} (30.2 zx / d_{65}) \tag{14.83}$$

이들 식을 식 (14.82)에 대입하면 다음 결과를 얻는다.

$$q_s = \int_0^h C_a \left[\left(\frac{h-z}{z}\right)\left(\frac{a}{h-a}\right)\right]^Z 5.75u_* \log_{10}\left(\frac{30.2xz}{d_{65}}\right)dz$$

$$= 5.75C_a u_* h\left(\frac{A}{1-A}\right)^Z \left\{\log_{10}\frac{30.2hx}{d_{65}}\int_A^1\left[\frac{1-z}{z}\right]^z dz \right. \tag{14.84}$$

$$\left. +0.434\int_A^1\left(\frac{1-z}{z}\right)^Z \ln z\, dz\right\}$$

여기서 A는 부유한계점 a를 수심 h로 나눈 값, 즉 $A = a/h$로서 무차원 계수이다. 식을 간략히 표현하기 위해 식 (14.84)에서 다음과 같은 2개의 양 I_1, I_2를 정의한다.

$$I_1 = 0.216\frac{A^{Z-1}}{(1-A)^Z}\int_A^1\left(\frac{1-z}{z}\right)^Z dz$$
$$I_2 = 0.216\frac{A^{Z-1}}{(1-A)^Z}\int_A^1\left(\frac{1-z}{z}\right)^Z \ln z dz \tag{14.85}$$

식 (14.85)을 이용하여 식 (14.84)를 고쳐 쓰면 단위폭, 단위 시간당의 부유사량은 다음과 같이 표현할 수 있다.

$$q_s = 11.6u_* C_a a\left(P_1 I_1 + I_2\right) \tag{14.86}$$

여기서

$$P_1 = 2.303\log\left[30.2xh/d_{65}\right] \tag{14.87}$$

이고, x는 $u_{*e}d_{65}/\nu$의 함수로서 그림 14.9로부터 구하고, I_1 및 I_2는 Z를 매개변수로 한 $A = a/h$의 함수로서 그림 14.14 및 그림 14.15에 도시하고 있다.

식 (14.86)에서 알 수 있는 바와 같이 기준점 농도 C_a는 소류사와 부유사의 한계를 나타내는 층의 농도로서 이 값에 따라 부유사량의 값이 달라지는 것을 알 수 있다. 따라서 기준점 농도의 선정은 부유사량을 산정할 때 중요한 의미를 갖는다. 농도분포식 (14.79)에 의하면 하상 $z = 0$에서의 부유사 농도는 무한대가 되는데, 이것은 실제 상황과 일치하지 않는다. 따라서 농도분포식은 $z = 0$인 하상에서는 바로 적용할 수 없다. 또한 유체입자에 연

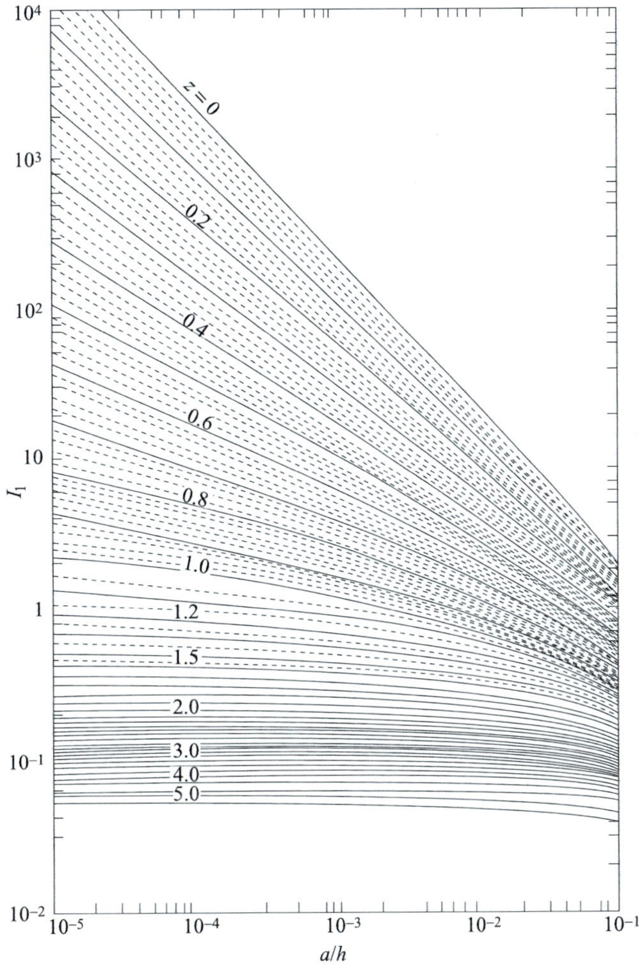

그림 14.14 I_1과 A 및 Z와의 관계

속적으로 둘러싸여 토사입자가 부유할 수 없는 층이 존재하는데 이 층을 소류층(bed layer)이라 부르고 통상 $a = 2d$로 알려져 있다. 결국 이 소류층 내의 구성물질이 부유사의 공급원이 되고 이 층의 하한계농도가 기준점 농도 C_a로 결정된다.

Einstein은 소류사 이론을 적용하고 실험을 통해서 부유사의 기준점 농도를 소류사량으로 표시하였다.

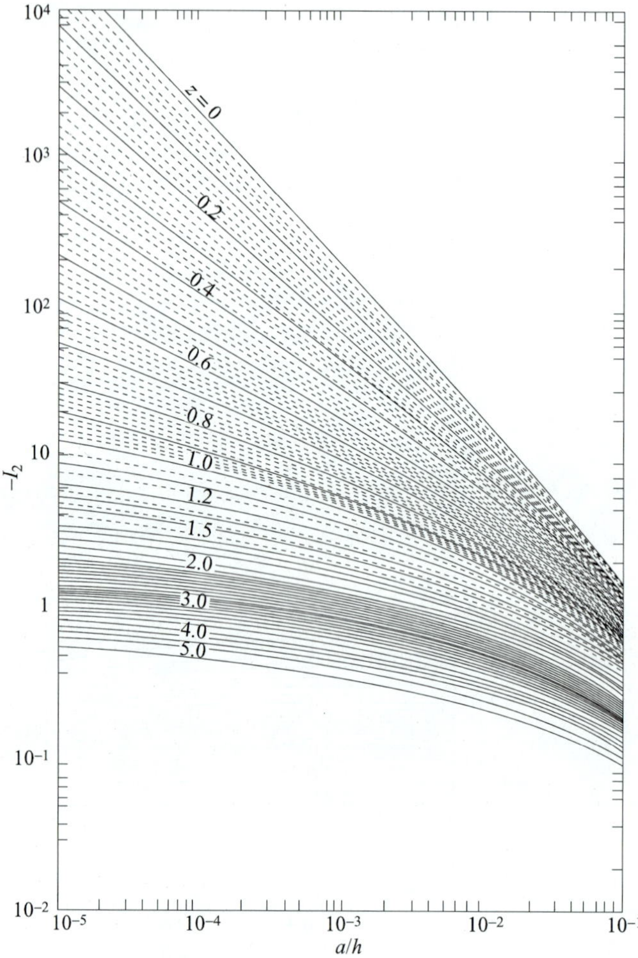

그림 14.15 I_2과 A 및 Z와의 관계

$$C_a = \frac{1}{11.6}\frac{i_B q_B}{u_* a} \tag{14.88}$$

여기서 i_B는 식 (14.32)에서 이미 설명한 바와 같이 입경 d_i인 입자가 소류사량 q_B중에 점하는 비율을 나타낸다. 식 (14.88)을 식 (14.86)에 대입하고 정리하면 부유사량 산정식은 다음과 같이 표현할 수 있다.

$$i_s q_s = i_B q_B \left(P_1 I_1 + I_2\right), \;\; q_s = \Sigma i_s q_s = \Sigma i_B q_B \left(P_1 I_1 + I_2\right) \tag{14.89}$$

여기서 i_s는 입경 d_i인 입자가 부유사량 q_s 중에 점하는 비율을 의미한다.

(2) Lane-Kalinske 공식

Lane과 Kalinske는 농도분포식으로서는 식 (14.81)을, 유속분포로서는

$$\frac{u}{V} = 1 + \frac{1}{\kappa\varphi}\left[1 + \ln\frac{z}{h}\right] \tag{14.90}$$

을 이용하여 단위폭, 단위시간당 부유사량 q_s에 관한 식을 유도하였다. 여기서 $\varphi = V/u_*$이다. $z/h = \eta$로 놓고서 식 (14.90)을 (14.65)에 대입하고 적분을 수행하면 부유사량 산정식은 다음과 같이 된다.

$$q_s = qC_a P \exp\left(\frac{6aw_0}{\kappa h u_*}\right) \tag{14.91}$$

여기서 q_s는 단위폭, 단위 시간당의 부유사량, q는 단위폭당 유량, C_a는 기준점 농도이고, P는

$$P = \int_0^1 \left[1 + \frac{1}{\kappa\varphi}(1 + \ln\eta)\right]\exp\left(-\frac{6aw_0}{\kappa h u_*}\eta\right)d\eta \tag{14.92}$$

로 표시되는 식으로서 그림 14.16에 도시한 바와 같이 w_0/u_*, κ 및 $\varphi = V/u_*$의 함수이다. 따라서 $z = a$에 있어서의 기준점 농도 C_a를 알면 식 (14.91)로부터 부유사량 q_s를 산정할 수 있다.

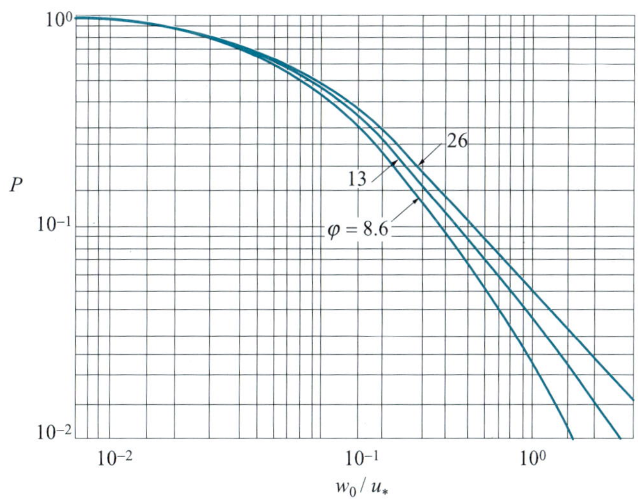

그림 14.16 P와 w_0/u_*의 관계

한편 식 (14.91) 및 (14.92)에서 $a=0$, $\eta=0$으로 놓으면 하상에서의 농도 C_0를 알 수 있고, 이것을 이용하여 부유사량 식을 표현할 수 있다.

$$q_s = qC_0P \tag{14.93}$$

여기서 C_0는 하상에서의 부유사농도로서, Lane은 추정식으로서 다음 식을 유도하고 있다.

$$C_0 = 5.55\Delta F(w_0)\left[\frac{1}{2}\left(\frac{u_*}{w_0}\right)\exp\left\{-\left(\frac{w_0}{u_*}\right)^2\right\}\right]^{1.61} \tag{14.94}$$

여기서 C_0의 사용단위는 ppm이고, $\Delta F(w_0)$는 침강속도가 w_0인 토사입자가 하상을 구성하는 토사 중에 점하는 비율(%)이다.

예제 14.5 부유사량의 산정

예제 11.4와 같은 모래의 구성비로 되어 있는 하천에 있어서의 부유사량을 아래 식을 이용해서 구하라.

(a) Einstein 공식
(b) Lane-Kalinske 공식

풀이

(a) Einstein 공식

예제 14.4의 표 14.4.2에 이어서 계산을 수행하면 표 14.5(a)와 같다. 우선 식 (14.87)로부터

$$P_1 = 2.303\log\{30.2xh/d_{65}\} = 11.96$$

표 E14.5(a)의 각 column의 계산과정을 설명하면

(9) 그림 14.4로부터 d_i에 대응하는 침강속도 w_0의 계산
(10) $Z = w_0/\kappa u_*$의 계산, $\kappa = 0.4$
(11) a/h의 계산, $a = 2d_i$
(12) Z와 a/h를 이용하여 그림 14.14로부터 I_1의 결정
(13) Z와 a/h를 이용하여 그림 14.15로부터 $-I_2$의 결정
(14) $P_1I_1 + I_2$의 결정
(15) 예제 14.4의 i_Bq_B와 식 (14.89)를 이용하여 i_sq_s를 계산

표 E14.5(a) Einstein 공식에 의한 부유사량

d_i(cm) (1)	w_0 (9)	Z (10)	a/h (11)	I_1 (12)	$-I_2$ (13)	$P_1I_1+I_2$ (14)	i_sq_s (cm³/sec/cm) (15)	$q_s=\Sigma i_sq_s$ (cm³/sec/cm)
0.050	6.1	1.94	6.67×10^{-4}	0.23	1.5	4.25	3.32	96.26
0.035	4.7	1.49	4.67×10^{-4}	0.40	2.5	7.28	5.24	
0.025	3.5	1.11	3.33×10^{-4}	10.0	5.2	17.16	15.10	
0.015	1.7	0.54	2.00×10^{-4}	18.0	44	259.28	72.60	

$$q_s = 96.26\ \text{cm}^3/\text{sec/cm}$$

$$Q_s = \Sigma i_s q_s \times B = 96.26\ \text{cm}^3/\text{sec/cm} \times 100 \times 10^2\ \text{cm}$$
$$= 0.963 \times 10^6\ \text{cm}^3/\text{sec}$$
$$= 0.963\ \text{m}^3/\text{sec}$$

(b) Lane-Kalinske 공식

예제 11.4에서 $Q = 300\ \text{m}^3/\text{sec}$, $B = 100$ m, $h = 1.5$ m, $S_0 = 1\times10^{-3}$으로부터

$$u_* = \sqrt{gR_hS_0} = \sqrt{ghS_0} = 12.12\ \text{cm/sec}$$

$$q = Q/B = 3\ \text{m}^3/\text{sec/m},\ V = 200\ \text{cm/sec},\ V/u_* = 16.5\ \text{cm/sec}$$

기준점 농도 C_a가 실측되어 있지 않으므로 식 (14.94)를 이용하여 C_0를 구하고, 식 (14.93)을 이용하여 q_s를 구한다.

계산결과를 나타내면 표 E14.5(b)와 같다. 표의 각 column의 계산과정을 설명하면

(1) 입도구분

(2) w_0/u_*의 계산, $u_* = 12.12$ cm/sec, w_0는 표 E14.5(a)와 같다.

(3) $\varphi = V/u_* = 200/12.12 = 16.50$, w_0/u_* 값을 이용하여 그림 14.16으로부터 P의 결정

(4) $\Delta F(w_0) = i_b \times 100$

(5) 식 (14.94)의 C_0의 산정

(6) 식 (14.94)의 C_0는 $\Delta F(w_0)\,(\%) = 100 i_b$를 포함하고 있으므로 식 (14.93)을 i_sq_s로 간주

(7) $q_s = \Sigma i_s q_s$

$$q_s = \Sigma i_s q_s = 1195.76 \text{ g/sec/m}$$

$$= 1.196 \text{ kg/sec/m}$$

$$Q_s = B \cdot q_s = B \cdot \Sigma i_s q_s = 119.6 \text{ kg/sec}$$

표 E14.5(b) Lane-Kalinske 공식에 의한 부유사량

d_i(cm) (1)	w_0/u_* (2)	P (3)	$\Delta F(w_0)$ (4)	C_0 (ppm) (5)	$i_s q_s = qC_0P$ (g/sec/m) (6)	$q_s = \Sigma i_s q_s$ (g^3/sec/m)
0.050	0.50	0.085	20	74.2	18.91	
0.035	0.39	0.12	20	129.0	46.44	$\Sigma i_s q_s$ = 1195.76 g/sec/m
0.025	0.29	0.17	30	350.0	178.50	
0.015	0.14	0.38	20	835.0	951.90	

14.5 전유사량

전유사량(q_T)은 본래는 어느 단면을 단위시간에 통과하는 유사량의 총량을 의미하나 일반적으로는 wash load를 제외한 소류사량(q_B)과 부유사량(q_S)을 합한 유사량을 말한다. 전유사량의 산정법으로는, 유사량식을 이용하여 소류사량 및 부유사량을 별도로 계산하고 이것을 더하는 간접적인 방법과, 주어진 수리조건과 하상재료의 데이터로부터 직접 전유사량을 산정하는 방법이 있다. 여기서는 간접적인 방법으로서 Einstein 방법, 직접적인 방법으로서 Laursen의 방법을 들어 설명한다.

14.5.1 간접적 방법

이 방법은 소류사량식 및 부유사량식을 이용하여 각각의 유사량을 산정하여 가산하는 방법으로서 소류사량식과 부유사량공식을 다양하게 조합하여 여러 가지 방법이 사용되고 있으나, 이 방법의 기초는 Einstein에 의한 유사량공식이라 할 수 있다.

(1) Einstein 식

앞의 설명에서와 마찬가지로 단위폭 단위시간당의 전유사량식은 소류사량 (q_B)과 부유사량(q_S)을 이용하면 다음과 같이 표현할 수 있다.

$$i_T q_T = i_B q_B + i_s q_s \tag{14.95}$$

여기서 i_T는 전유사량 q_T에 입경 d_i인 입자가 점하는 비율이다.

따라서 부유사량 식 (14.89)를 상기 식에 대입하면 다음 식을 얻을 수 있다.

$$i_T q_T = i_B q_B \left(P_1 I_1 + I_2 + 1 \right) \tag{14.96}$$

따라서 단면 전체 걸친 전유사량 Q_T는 상기 식을 입경별로 더한 값에 수로의 폭을 곱하면 된다.

$$Q_T = B \Sigma i_T q_T \tag{14.97}$$

여기서 B는 수로 폭이고 Q_T는 단위시간당 유사량을 나타낸다.

(2) 수정 Einstein 식

Einstein 식은 하천의 실측치나 실험결과로부터 세사에 대한 차폐계수의 영향이 과대평가되는 것이 지적되고 있다. 이러한 사실로부터 Schroeder와 Hembree는 부유사가 많은 미국 5개 하천에서의 실측결과를 해석하여 실측치와 계산치가 일치하도록 Einstein 법을 다음과 같이 수정하고 이것을 수정 Einstein 법이라 불렀다. 즉 차폐영향을 고려하는 식 (14.50)에서 형식적으로 Ψ_* 대신에 다음 식으로 주어지는 Ψ_m을 사용하고 있다.

$$\begin{aligned} d \geq 2.5 d_{35} &: \Psi_m = \frac{1}{0.4} \left(\frac{1.65 d}{\left(R_h S_0 \right)_m} \right) \\ d < 2.5 d_{35} &: \Psi_m = \frac{1.65 d_{35}}{\left(R_h S_0 \right)_m} \end{aligned} \tag{14.98}$$

또한 실측치와 일치하도록 하기 위하여 식 (14.39)의 Φ_{B*}를 $1/2\,\Phi_{B*}$로하여

$$i_B q_B = i_b \sqrt{\left(\rho_s / \rho - 1 \right) g d_i^3} \left(\frac{\Phi_{B*}}{2} \right) \tag{14.99}$$

로 한다. 한편 식 (14.98)에서 $(R_hS_0)_m$은 다음 식을 이용한다.

$$V\Big/\sqrt{g\left(R_h S_0\right)_m} = 5.75\log\left(12.27\,hx/d_{65}\right) \tag{14.100}$$

전 유사량은 식 (14.96)에 식 (14.99)에서 얻어진 $i_B q_B$를 대입하면 계산할 수 있다. I_1과 I_2를 구할 때 사용되는 Z로는 실측치로부터 결정한 수치를 사용한다.

14.5.2 직접적 방법

Laursen은 난류의 혼합작용을 나타내는 매개변수로서, u_*/w_0를 취하고, 수로 실험데이터를 정리하여 전유사량식으로서 다음 식을 제안하고 있다.

$$\overline{C} = 0.01\left(d/h\right)^{7/6}\left(\frac{\tau_e}{\tau_c}-1\right)f\left(u_*/w_0\right) \tag{14.101}$$

여기서 $\overline{C}$는 중량으로 표시한 평균농도(%)로서, $\overline{C}=265\,q_T/q$이고, τ_e와 τ_c는 가각 다음과 같이 표현되는 식이다.

$$\frac{\tau_e}{\rho} = \frac{V^2}{(7.66)^2}\left(\frac{d}{h}\right)^{1/3}$$
$$\frac{\tau_c}{\rho} = \Psi_c\left(\frac{\rho_s}{\rho}-1\right)gd \tag{14.102}$$

여기서 τ_e는 유효소류력을 나타내고, Ψ_c는 한계소류력의 무차원 값으로서 $\Psi_c = 0.03\sim0.05$의 범위의 값을 취한다. 식 (14.101)에서 $f(u_*/w_0)$는 그림 14.17에 도시되어 있다. 그림에서 점선이 거의 소류사량을 표시하고, 점선과 실선간의 차가 부유사량을 나타내고 있다. 부유사량은 u_*/w_0의 값이 1.0부근에서부터 포함되어 u_*/w_0의 증가와 함께 급증하고 있는 것을 알 수 있다. 식 (14.101)과 (14.102)를 고려하면 $\overline{C}=265\,q_T/q$의 관계로부터 전유사량(q_T : 중량)은 다음과 같이 쓸 수 있다.

$$\frac{q_T}{u_{*e}d} = \frac{7.66}{265\Psi_c}\left\{\frac{\tau_e}{\left(\rho_s/\rho-1\right)gd}-\Psi_c\right\}\cdot f\left(\frac{u_*}{w_0}\right) \tag{14.103}$$

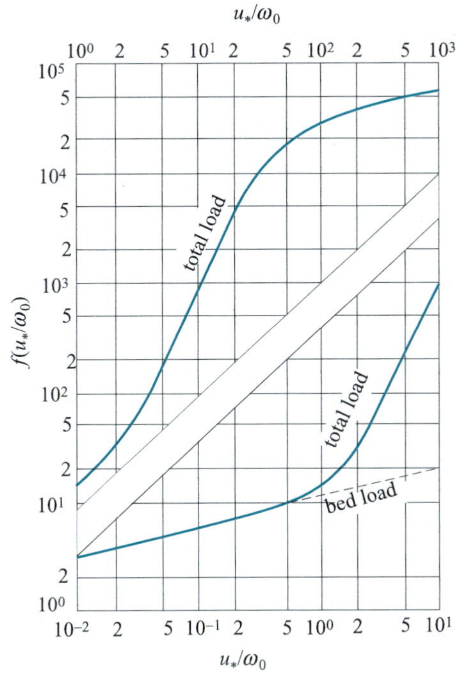

그림 14.17 $f(u_*/w_0)$와 u_*/w_0의 관계

14.6 이동상 흐름의 하상형태

하천은 하천을 유하하는 유수와 그 경계를 이루는 하상과 하안으로 형성되어 있으며, 이들간의 상호작용에 의해 경계가 끊임없이 변화해 간다. 흐름의 소류력이 토사 입자의 한계소류력을 초과하여 토사가 이동을 시작하면, 일반적으로 하상에는 하상파(sand wave)가 발생하고 하천의 양측 경계도 변화를 가져온다. 이러한 변화는 하천의 환경에 따라서 그 변화 특성이 달라져 다양한 종류의 유로형태나 하천의 형태가 생겨나게 된다. 따라서 하천의 수심, 유속, 하폭 및 하상경사 등의 수리조건과 하안 및 하상을 구성하는 토사의 특성이 유로의 형태나 하상 형태를 지배하는 주 인자들이라 볼 수 있다.

이 절에서는 하상형태의 특징 및 하상형태를 구분하는 특성량에 대해서 기술한다.

14.6.1 하상 형태의 분류

하상형태의 발생기구나 발생영역 및 하상형태의 특성을 논하기 위해서 우선 하상형태를 분류한다. 하천에 형성되는 하상형태는 그 공간적 규모(scale)에 따라 다음과 같이 크게 두 가지, 즉 소규모 하상형태와 중규모 하상형태로 대별된다.

소규모 하상형태
- 저수류영역(lower regime) : 사련, 사퇴
- 천이영역(transition) : 천이하상
- 고수류영역(upper regime) : 평탄하상, 반사퇴

중규모 하상형태 : 사주, 교호사주, 복렬사주

이들 하상형태의 형상과 흐름 상황을 도식적으로 그린 것이 그림 14.18이다.

(1) 사련(砂漣, ripples)

하상형태 중 규모가 가장 작은 것으로서, 흐름이 한계소류력을 초과한 직후에 발생한다. $d > 0.6$ mm이고 입자 레이놀즈 수가 $u_* d/\nu > 20$인 수리 조건에서는 일반적으로 발생하지 않는다. 사련의 파봉은 발생 초기에는 흐름에 직교하여 2차원적이지만, 충분히 발달하면 그림 14.19과 같이 초승달 형상의 3차원적인 융기로 되고, 그 파장과 파고는 주로 토사 입경에 관계되며, 하상파는 하류로 전파된다.

(2) 사퇴(砂堆, dune)

사퇴는 사련보다는 약간 큰 규모의 하상파로서 $u_* d/\nu = 8 \sim 20$, $d < 0.6$ mm의 조건에서는 사련과 공존하는 경우도 있다. 사퇴의 파장과 파고는 수심과 매우 밀접한 관계를 갖고 있으며, 하상파형은 수면 파형과 역위상(out of phase)이 된다. 또 사퇴의 평면형상은 사련에 비해 일반적으로 불규칙하며, 그 종단형상은 상류측 사면경사가 완만하고 하류측은 $40^\circ \sim 48^\circ$로서 토사 입자의 수중 안식각과 거의 같은 값을 유지한다. 사퇴도 사련과 마찬가지로 하류방향으로 서서히 전파된다.

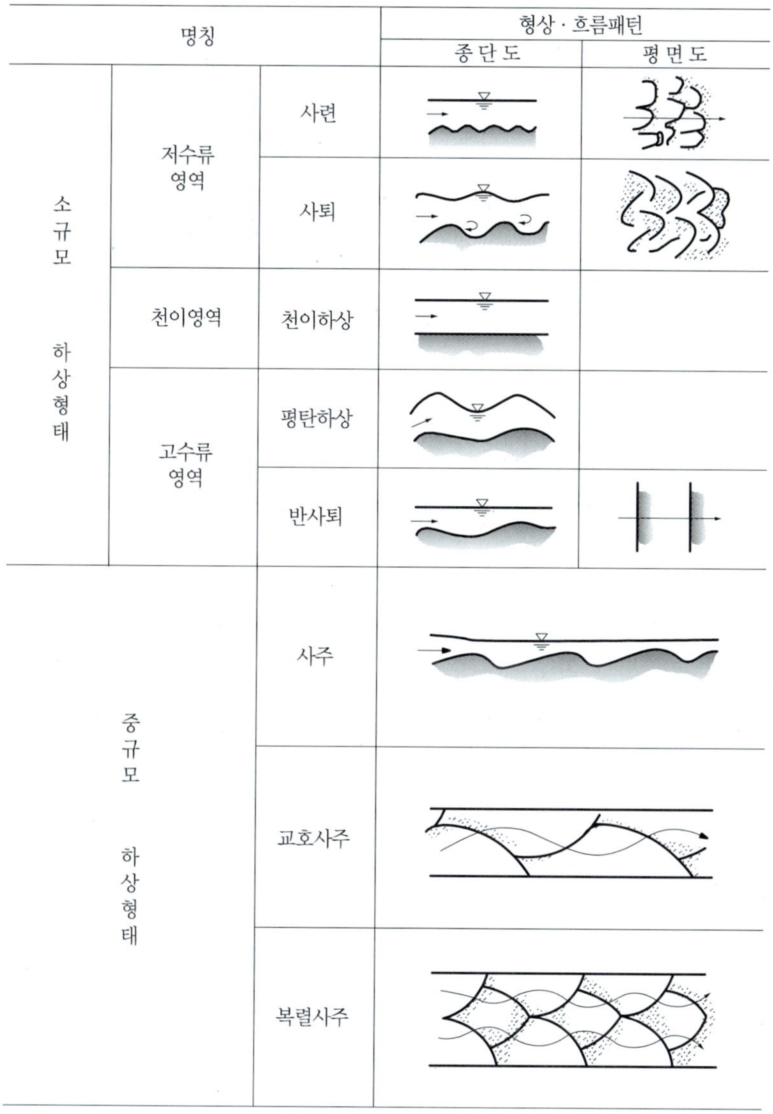

그림 14.18 하상 형태의 분류

(3) 천이하상(遷移河床, transition bedforms)

사련과 사퇴 영역에 대응하는 저수류 영역(lower regime)과 평탄하상 및 반사퇴영역에 대응하는 고수류영역(upper regime)의 천이영역에서의 하상형태로서, 사련, 사퇴 및 평탄하상의 부분이 공간적, 시간적으로 분포하며 불안정하다.

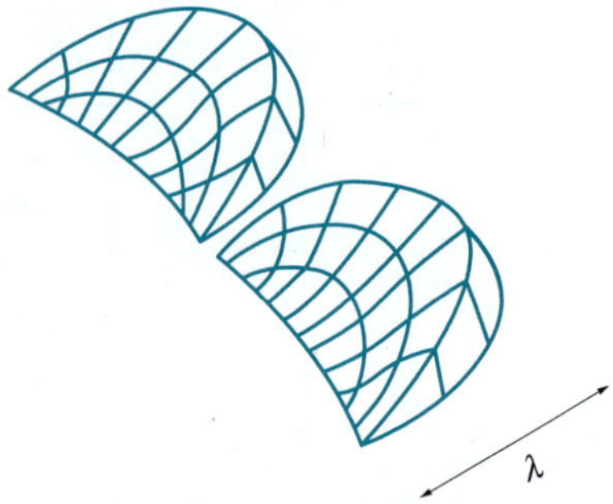

그림 14.19 사련

(4) 평탄하상(平坦河床, flat beds)

사련, 사퇴, 반사퇴 및 사주 등의 하상파가 존재하지 않는 평탄한 상태의 하상을 말한다.

(5) 반사퇴(反砂堆, antidues)

반사퇴는 수면파와의 상호간섭이 매우 강하고 수면파와 하상파의 위상이 사퇴와는 반대로 동위상(in phase)의 관계를 갖고 있으므로 반사퇴(antidudues)라 불린다. 반사퇴는 개수로에서만 존재하는 하상 형태로서, Froude 수가 $F_r > 0.8 \sim 1.0$의 범위에서 발생한다. 반사퇴는 흐름과 토사 특성에 따라서 상류로 이동하는 소상사퇴(遡上砂堆), 하류로 이동하는 유하반사퇴 및 이동하지 않는 형태의 반사퇴(standing wave)로 분류할 수 있는데, 이들 반사퇴의 하상파는 사퇴에 비해서 시간에 따라 변화가 크고, 또한 불안정하다.

(6) 사주(砂州, bars)

하상형태 중 규모가 가장 큰 것으로서 일반적으로 그 파장은 하폭의 규모에 밀접한 관계를 이루고 있으며, 사주의 높이는 평균수심에 가깝다. 사주 중에서 흔히 볼 수 있는 것이 교호사주(alternate bars)이며, 횡단방향으로 몇 개가 존재하는가에 따라 단열사주, 복렬사주로 분류된다.

일반적으로 단열 교호사주는 사행하도를, 복렬사주는 망상하도를 형성한다. 위에서 설명한 사주 및 유로형태를 도식적으로 그린 것이 그림 14.20이다.

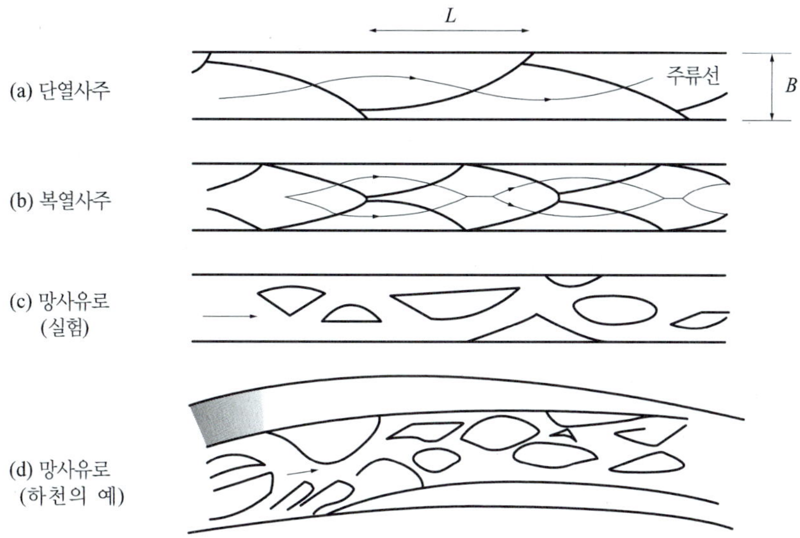

그림 14.20 사주 및 유로 형태

위에서 열거한 하상형태를 총칭해서 하상파(sand waves)라 부르고 있다. 앞서 설명한 이들 하상형태에 대한 기술은 주로 실험 수로에서 얻어진 결과에 기초한 것들이므로 실제 하천의 하상형태에 대한 설명으로는 충분하다고 볼 수 없다. 특히 사련과 사퇴의 구분과 발생 조건은 명확하지 않기 때문에 양자를 같이 취급하는 경우가 많다. 사련, 사퇴, 천이하상, 평탄하상 및 반사퇴는 하상 형태의 변화 규모가 비교적 작으므로 소규모 하상형태(bed forms of small scale)라 부르고, 이것들에 비해 규모가 큰 사주를 중규모 하상형태(bed forms of medium scale)라 부른다. 이하에 상기 2가지의 하상 형태에 대해서 설명한다.

14.6.2 소규모 하상형태

소규모 하상 형태는 유수저항의 측면에서 볼 때, 3개의 흐름영역으로 분류할 수 있다. 사련과 사퇴의 발달과 함께 표면마찰 외에 형상저항이 지배적이 되는 저수류영역(lower regime), 천이영역(transition) 그리고 평탄하상이나 반사퇴의 영역에 대응하는 고수류영역(upper regime)이 그것이다.

저수류영역(lower regime)은 Froude 수가 1보다 작은 경우에 형성되므로 lower regime이라 불리고, 저항계수는 평탄하상에 비해서 불연속적으로 증가하지만 유사량은 적은 특징을 갖고 있다. 고수류영역에서의 저항의 주요 부분을 차지하는 것은 토사입자에 의한 표면저항(입자저항)이므로, 사련이나 사퇴의 경우에 비해 저항 계수가 작으나 유사량은 많다. 고수류영역은 Froude 수가 큰 경우에 형성되므로 upper regime이라 부른다.

(1) 하상파의 평균 형상 특성

소규모 하상 형태 중, 특히 사련 및 사퇴의 형상은 매우 불규칙하고, 다수의 파수 성분으로 구성되어 있기 때문에 통계적 구조에 관한 연구가 진행되어 왔고, 스펙트럼을 고찰함으로써, 고파수영역에서 하상파의 파수 스펙트럼이 파수 k의 -3승에 비례하는 것과 그 파장과 파고의 분포가 Rayleigh 분포 혹은 Γ분포에 상당히 부합된다는 것 등이 잘 알려져 있다.
본서에서는 주로 하상파의 평균적인 특성량에 대해서만 다루기로 한다.

(가) 파장

앞에서 언급한 바와 같이 사련의 파장은 토사의 입경과 밀접한 관계가 있는 것으로 알려져 있다. Yalin은 토사의 중앙 입경 d_{50}을 이용하여 사련의 평균 파장(λ)으로서 다음 관계식을 제안하였다.

$$\lambda = 1000\, d_{50} \tag{14.104}$$

또 田中는 다음 식을 제안하였다.

$$\lambda = 750\, d_{50} \tag{14.105}$$

수심이 h인 사련, 사퇴영역에 있어서의 h/λ 값과 입자 레이놀즈 수 $Re_* = u_* d_{50}/\nu$ 와의 관계를 도시하면 그림 14.21과 같다. 그림에서 알 수 있는 바와 같이 $Re_* < 20$, 즉 사련 영역에서는 h/λ의 변화가 크며, h/λ와 Re_*와의 함수관계를 찾기 힘들다.

사퇴의 파장은 그림 14.21에서 알 수 있는 바와 같이 h/λ의 값이 거의 일정한 값으로 되어

$$\lambda = 5h \tag{14.106}$$

의 관계를 갖는 것을 알 수 있다. Yalin은 사퇴의 파장에 대해서 실험 데이터를 상세히 검토하여 그림 14.22와 같은 결과를 얻었다.

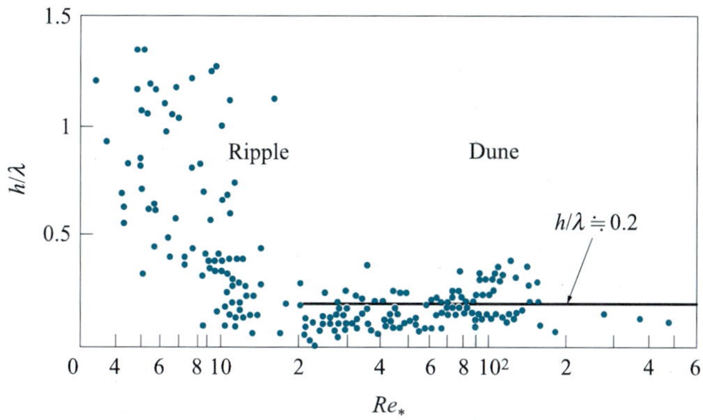

그림 14.21 사련, 사퇴의 h/λ와 Re_*의 관계

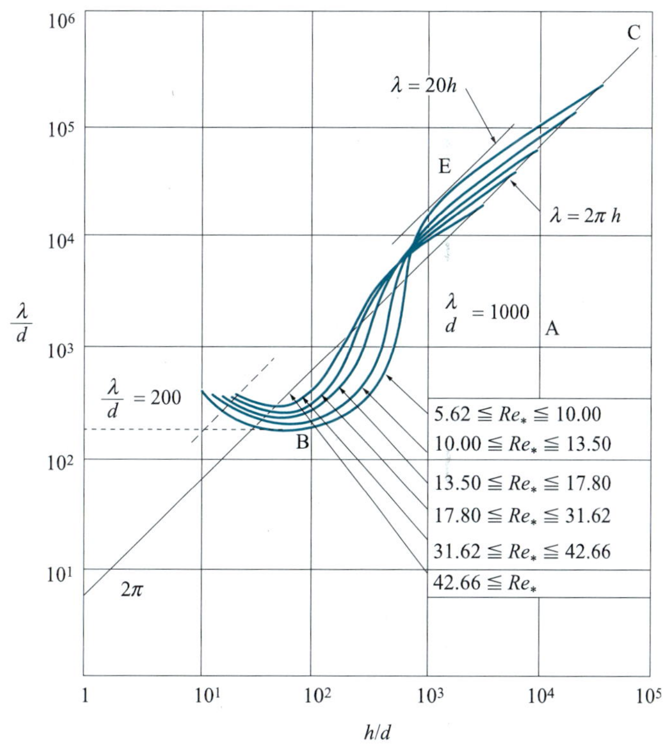

그림 14.22 사퇴의 파장과 수리량의 관계

유하 반사퇴의 경우도 사퇴와 마찬가지로 거의 수심에 의해서 규정되며

$$\lambda = 4h \tag{14.107}$$

의 관계가 성립되는 것이 지적되었으며, 田中는 유하 반사퇴와 소상 반사퇴를 구별하지 않고, 반사퇴가 수면파와 강한 상호 간섭을 갖는데 착안하여, $\lambda/2\pi h$와 F_r의 관계에 대해서 검토하고 다음과 같은 실험식을 얻었다.

$$\lambda = 2.3\pi h F_r^{3/2} \tag{14.108}$$

(나) 파고

사련의 파고에 대해서는 파고를 H로 할 때

$$\frac{H}{\lambda} = 1/20 \sim 1/5 \tag{14.109}$$

의 범위에 분포하고, 그 평균치는 $H/\lambda = 1/10$ 정도라고 하는 것 외에는 아직 수리량과의 관계를 논하는 단계까지는 이르지 못하고 있다.

사퇴의 파고에 대해서는 Yalin은 차원해석에 의해서 소류력과 H/h의 관계로서 다음 식을 제안하였다.

$$H/h = \frac{1}{K_1}\left(1 - \frac{\tau_c}{\tau_0}\right) \tag{14.110}$$

상기 식의 관계는 그림 14.23으로부터 결정한 것인데, 그림에서 알 수 있는 바와 같이 $K_1 = 1.8 \sim 8$의 범위를 갖는 계수인데, Yalin은 $K_1 = 6.0$을 제안하였다.

반사퇴의 파고에 대해서는 충분한 데이터가 얻어져 있지 않은 상태이고 다만

유하 반사퇴에 대해서

$$0.05 < \frac{H}{\lambda} < 0.1 \tag{14.111}$$

소상 반사퇴에 대해서

$$H/\lambda \simeq 0.01 \tag{14.112}$$

의 결과를 얻고 있다.

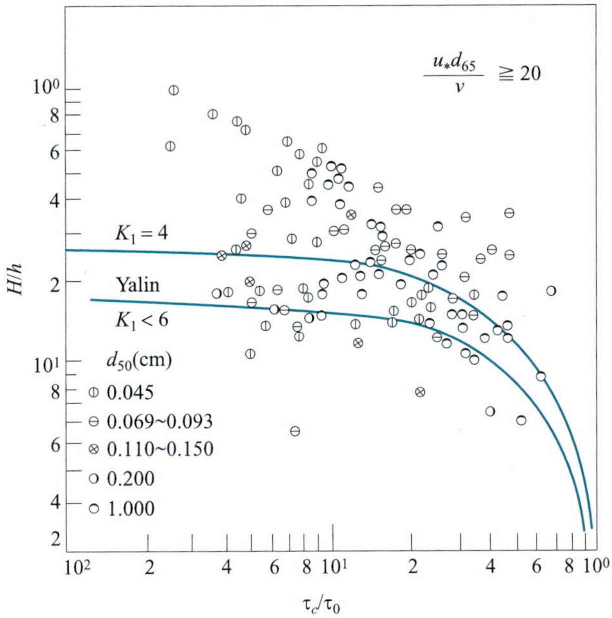

그림 14.23 사퇴의 H/h와 τ_c/τ_0의 관계

(2) 하상파에 의한 저항

하상에 하상파가 존재하는 경우에는 그림 14.24와 같이 하상파 후면에서 유선분리(separation)로 인한 와가 발생하기 때문에 하상전단력은 마찰저항에 의한 응력(τ')과 와로 인한 하상파의 형상저항에 의한 응력(τ'')으로 나누어 취급된다. 따라서 하상파가 존재하는 경우에는 흐름의 저항은 다음과 같이 표시된다.

$$\tau = \tau' + \tau'' = \gamma R_h S \tag{14.113}$$

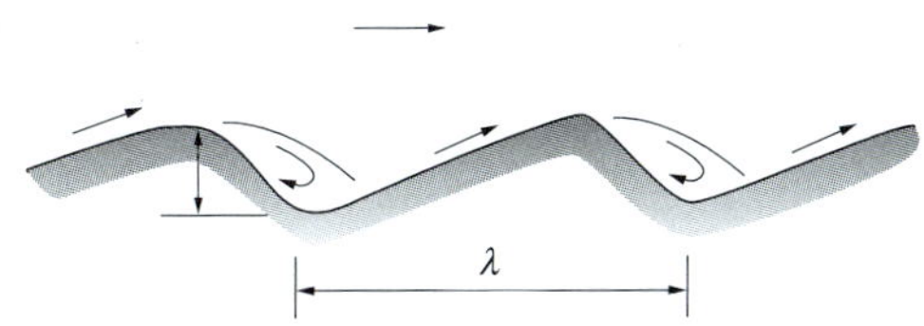

그림 14.24 하상파에 의한 와의 발생

여기서 S는 에너지선의 경사이고, R_h은 동수반경이다. 따라서 하상파가 존재하는 경우의 하상전단력은 그림 14.25와 같이 평탄하상에 있어서의 전단력보다 항상 크게 나타나게 된다.

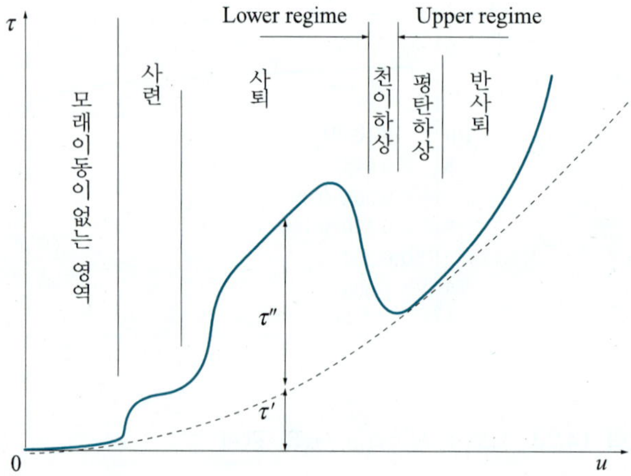

그림 14.25 하상파에 의한 하상 전단력의 증가

토사입자의 마찰저항에 관계하는 동수반경을 R'_h이라 하고, 하상파의 형상저항에 관계하는 동수반경을 R''_h이라 하면, 동수반경에 대해서도 다음과 같이 표현할 수 있다.

$$R_h = R_h' + R_h'' \tag{14.114}$$

$u_*'^2 = gR'_hS$, $u_*''^2 = gR''_hS$ 의 관계로부터 상기 식은 다음과 같이 표현된다.

$$u_*^2 = u_*'^2 + u_*''^2 \tag{14.115}$$

여기서 u_*는 마찰속도, u'_*는 토사입자 저항에 의한 마찰속도, u''_* 는 하상파의 형상저항에 의한 마찰속도이다. 토사입자의 저항에 관해서는 다음과 같은 대수속도분포법칙을 가정한다.

$$\frac{V}{u'_*} = 5.75 \log\left(12.27 \frac{R'_h}{e} x\right) \tag{14.116}$$

여기서 x는 $eu'_*/11.6\nu$의 함수로서 완전히 거친 난류영역으로부터 이탈한 정도를 수정하는 계수이고, 거친 수로의 경우는 $x=1$이다. 여기서 $e=d_{65}$에 상당하고 ν는 물의 동점성계수이다. 상기 식으로부터 토사 입자에 의한 동수반경 R'_h을 구할 수 있으나, 이 때 u'_* 역시 R'_h의 함수이므로 시행착오법을 이용하여 R'_h를 구해야 한다. 또 하상파에 의한 R''_h를 구하기 위해 Einstein은 다음과 같은 함수형을 제안하였다.

$$\frac{V}{u''_*}=f(\Psi_{35}),\ \ \Psi_{35}=1/\tau'_* \tag{14.117}$$

여기서 τ'_*는 무차원 유효소류력(사립자의 저항에 의한)으로서 다음과 같이 표시된다고 가정한 것이다.

$$\tau'_*=\frac{\tau'}{(\rho_s-\rho)gd}=\frac{u'^2_*}{\left(\dfrac{\rho_s}{\rho}-1\right)gd}=\frac{R'_hS_0}{\left(\dfrac{\rho_s}{\rho}-1\right)d_{35}} \tag{14.118}$$

Einstein들은 미국의 여러 하천의 데이터로부터 식 (14.117)의 함수관계를 그림 14.26과 같이 도시하고 실선과 같은 관계를 제안하였다.

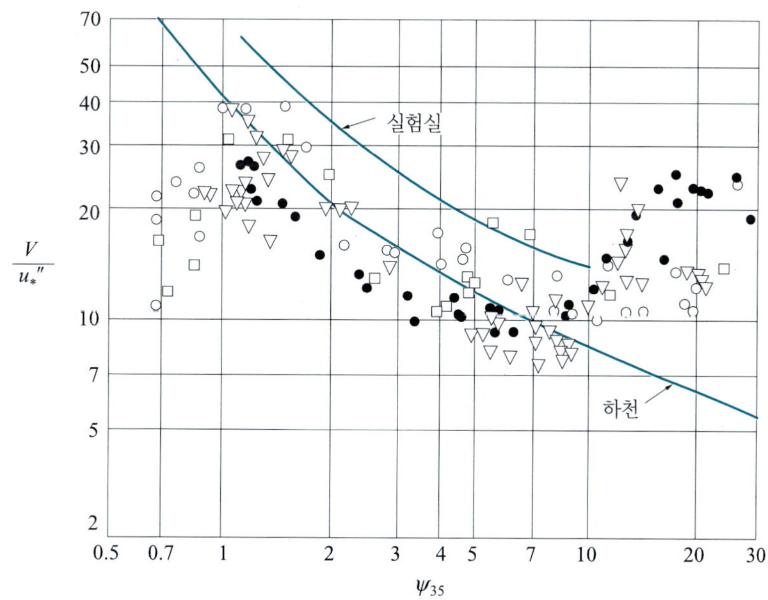

그림 14.26 V/u''_*와 Ψ_{35}의 관계

식 (14.116)로부터 구한 R'_h을 식 (14.118)에 대입하면 τ'_*를 구할 수 있고, 이것을 이용하여 그림으로부터 u''_*의 값을 구하면 τ''_* 값을 얻을 수 있다.

14.6.3 중규모 하상형태(교호사주)

전술한 소규모의 하상형태에서 취급한 사련과 사퇴는 소규모적인 것으로서 국소적인 형상이며, 그 규모는 수심 스케일에 대응하고 있다. 크기가 하천폭의 규모에 달하는 완만한 하상변화가 중규모 하상형태로 분류되며, 소위 사주가 이에 해당한다. 중규모 하상 형태의 전형적인 예는 그림 14.27에 도시한 교호사주이다. 그림에서 보는 바와 같이 하류측에 내어 붙인 형상을 갖는 전연(前緣)이 수로를 횡단하여 발생하며, 이 전연과 측벽과의 교점에서 그 형상이 반전하여 상하류로 퍼져나간다. 그리고 측벽에 연해서 하상고는 평균 하상고 주위에서 주기적으로 변화하고 위상은 좌우안(左右岸)에 연해서 거꾸로 된다. 이러한 교호사주의 사면높이는 수로 방향과 수로와 직각 양방향으로 변화하므로 교호사주는 3차원 곡면 형태이다.

하상에 이러한 사주가 발생하면 직선 수로에서도 주류선은 완만하게 사행한다. 복렬사주는 이러한 교호사주가 횡단 방향으로 2열 생긴 것이다 (그림 14.20).

(1) 교호사주의 파장

교호사주의 파장(λ_B)은 그림 14.27에 도시한 바와 같이 사주의 전연선에 주목하여 흐름의 사행의 반파장을 취한다.

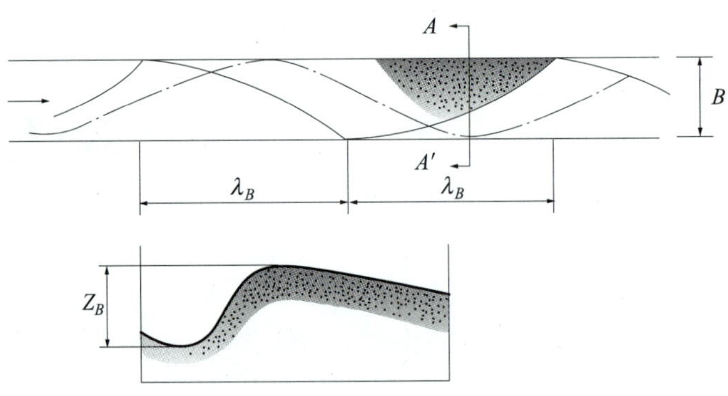

그림 14.27 교호사주의 파장과 파고의 정의

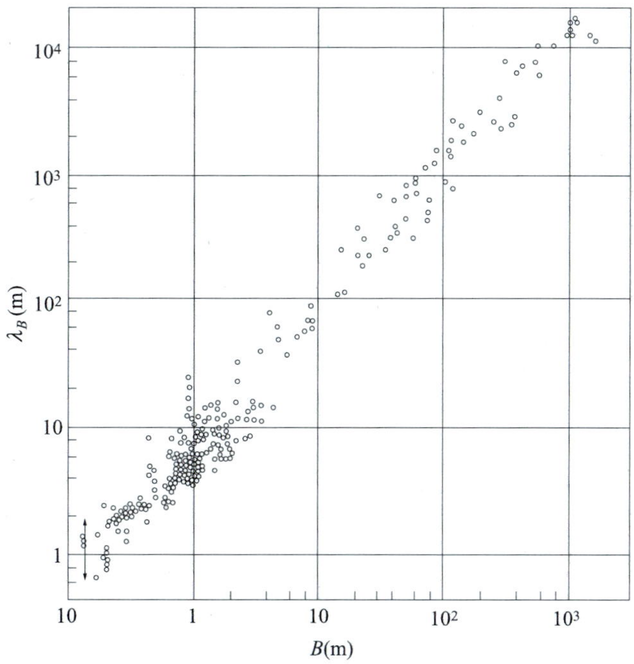

그림 14.28 λ_B와 B의 관계

그림 14.28은 하천폭(B)에 대한 교호사주의 파장(λ_B)의 변화를 실험데이터를 이용하여 도시한 것인데 사주의 파장이 하천폭과 큰 상관성을 나타내고 있다. 일반적으로 사주와 하천폭은 다음과 같은 관계를 갖는 것으로 지적되고 있다.

$$\frac{\lambda_B}{B} = 7 \sim 15 \tag{14.119}$$

차원해석에 의하면 사주를 지배하는 주요한 무차원량은 B/h, h/d 및 τ_*로 나타난다. 그러나 이 중 τ_*는 대부분의 데이터에 대해서 $\tau_{*c} < \tau_* < 0.7$의 범위를 나타내고 있어 τ_*의 영향을 명확히 할 수가 없으므로, 村本, 藤田는 그림 14.29와 같이 B/h와 h/d를 매개변수로 하여 λ_B/B를 도시하였다. 그림으로부터 λ_B/B는 주로 B/h에 따라 변화하는 것을 알 수 있으며 대략 $B/h \doteqdot 40$ 정도에서 λ_B/B의 값이 최대가 되는 것을 알 수 있다.

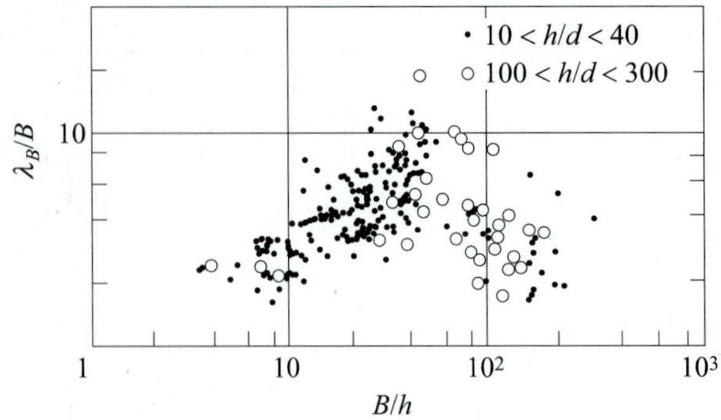

그림 14.29 λ_B/B와 B/h의 관계

한편 池田는 종래 제안되어 있는 여러 식을 비교, 검토한 결과 $F_r > 0.8$에 대해서 다음 식이 적합하다고 보고하고 있다.

$$\lambda_B/B = 181C_f\left(B/h\right)^{0.55} \tag{14.120}$$

여기서 $C_f = \left(u_*/u\right)^2$ 이다.

(2) 교호사주의 파고

교호사주의 파고는 1개의 사주에서 고저차의 최대치를 취하는 경우도 있는데 간편하게 그림 14.27에 나타낸 것과 같이 1단면에서의 고저차의 최대치를 취하는 수가 많다. 사주의 파고에 대해서는 정도 높은 실측치가 많지 않다. 차원해석의 관점에서 파고 하천폭비 z_B/B에 대한 τ_*, h/d, B/h의 영향을 검토해 보면, 파장과 마찬가지로 B/h의 영향이 가장 지배적인 것으로 지적되었다. 그림 14.30은 z_B/B와 B/h의 관계를 도시하고 있는데, 평균적으로

$$z_B/B = \left(B/h\right)^{-1} \tag{14.121}$$

의 관계를 갖고 있다. 즉 z_B는 수심 h에 비례하고 그 관계는 다음과 같은 범위의 값을 갖는다.

$$z_B = \left(0.2 \sim 2\right)h \tag{14.122}$$

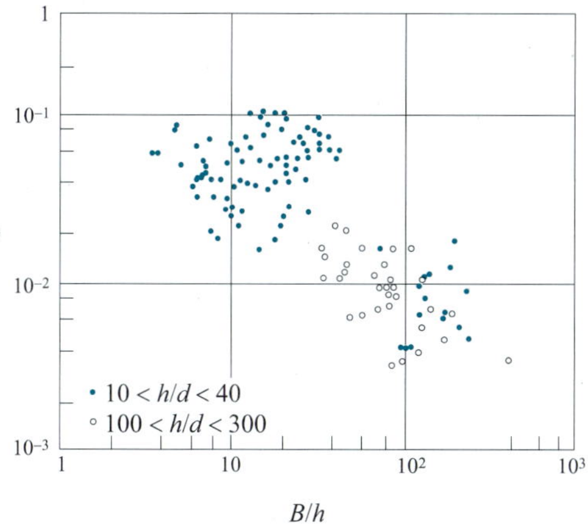

그림 14.30 z_B/B와 B/h의 관계

14.6.4 하상형태의 영역구분

소규모 및 중규모 하상형태는 이동상 흐름에 있어서 유사량이나 흐름의 저항과 밀접한 관계를 갖고 있으므로, 하상토사의 특성이나 주어진 수리조건 하에서 어떠한 하상형태가 형성될 것인가를 예측하는 것은, 유량이나 유사량을 정확히 추산하는 데 매우 중요한 일이다.

흐름 구간이 하상파의 파장에 비해서 충분히 길고, 흐름을 정상 등류로 간주하는 경우에 하상형태의 변동에 영향을 주는 변수는 다음과 같이 10개 정도로 생각할 수 있다.

$$f_1(V,\ h,\ B,\ d,\ \rho_s,\ \rho,\ w_0,\ \nu,\ g,\ S)=0 \tag{14.123}$$

여기서 V : 유속, h : 수심, B : 하천 폭, d : 토사의 평균입경 ρ_s : 토사의 빌노 ρ : 물의 빌노, w_0 : 토사의 침강속도 ν : 물의 동점성계수 g : 중력가속도 S는 에너지선의 경사(또는 하상경사)이다.

식 (14.123)에서 반복 변수를 V, h, ρ로 선정하고, 8장에서 다룬 π정리를 이용하면 다음과 같이 7개의 무차원변수를 얻을 수 있고, 이들이 하상형태를 규정하는 매개변수들이 된다.

$$f_2(B/h,\ h/d,\ u_*/w_0,\ \tau_*,\ Re_*,\ F_r,\ S)=0 \tag{14.124}$$

(1) 소규모 하상 형태의 영역구분

오래 전부터 소규모 하상형태의 영역구분에 관한 연구는 다수 행해져 왔으며 다음과 같은 사실이 밝혀져 있다.

소규모 하상형태 중에서 사련과 사퇴가 형성되는 영역과, 평탄하상 혹은 반사퇴가 형성되는 영역은 주로 Froude 수에 의해서 구분되고, 전자는 저수류영역(lower regime), 후자는 고수류영역(upper regime)이라 불린다. 芦田, 道上는 lower regime과 upper regime을 구분하는 Froude 수로서 0.8을 제안하고 있다. 한편 Yalin은 lower regime 중에서 사련의 발생영역과 사퇴의 발생영역을 입자 레이놀즈 수에 의해서 구분하고, $Re_* < 8$의 영역에서는 사련만이 발생하고, $Re_* > 25$의 영역에서는 사퇴만이 발생하며, 그 중간 영역 $8 < Re_* < 25$에서는 사련과 사퇴가 공존하고 있는 것을 지적하고 있다.

그러나 소류력이나 하상경사 및 Froude 수가 동일한 경우에도 다른 변수들에 의해서 하상형태가 다르게 나타나는 경우가 여러 가지 실험에 의해서 밝혀졌으므로, 이들 실험에 의해서 상기한 식 (14.124)의 무차원 변수들의 특정한 관계, 즉 τ_*와 F_r, τ_*와 S_0, τ_*와 R_h/d, $S_0/(\rho_s/\rho - 1)$과 R_h/d, F_r과 u_*/w_0 등의 관계에 의해서 하상형태의 영역구분을 행하는 방법이 제안되고 있다(여기서 R_h은 동수반경이므로 광폭 하천에서는 수심 h에 상당한다).

芦田, 道上는 그림 14.31과 같이 τ_*와 R_h/d를 이용하여 upper regime과 lower regime을 구분하는 방법을 제안하고 있다.

그림 14.32는 $S_0/(\rho_s/\rho - 1)$와 R_h/d의 관계로서 소규모 하상 형태를 구분한 Garde-Raju의 연구 결과를 도시한 것이다.

(2) 중규모 하상 형태의 영역 구분

중규모 하상형태의 형성 조건에는 하천폭이 중요한 역할을 한다. 따라서 앞서 언급한 소규모 하상형태를 규정하는 매개변수에 하천 폭-수심비 B/h가 더해져서 표현되어야 한다. 실측치에 기초한 종래의 검토 결과에 따르면 이 매개변수들 중 물론 B/h가 가장 지배적인 매개변수이고 h/d가 그 뒤를 잇는다. 村本, 藤田는 h/d와 B/h의 관계에 의해서 중규모 하상형태의 영역을 구분하고 그 결과를 그림 14.33에 도시하고 있다. 그림에서 단대각주(short diagonal bar)는 사주의 파장-수로폭 비가 $\lambda_B/B \leq 3$, 파고-수로폭

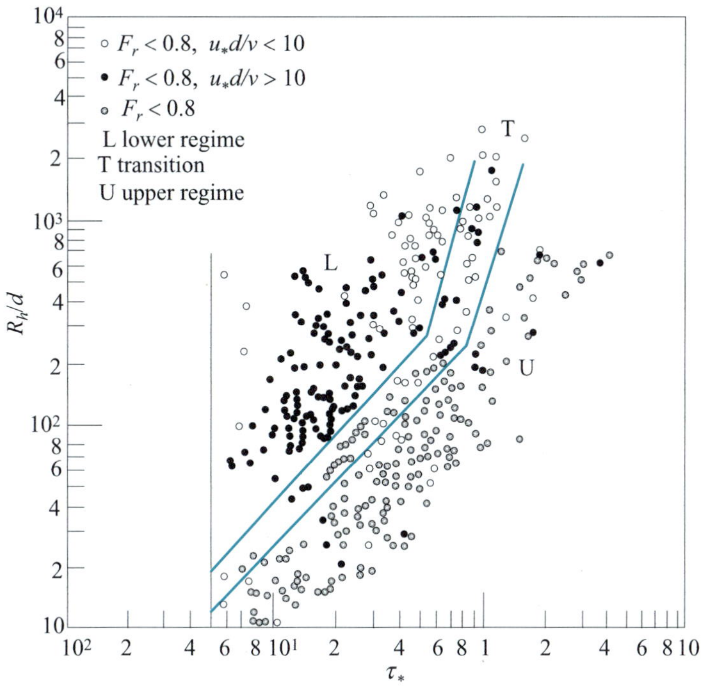

그림 14.31 소규모 하상 형태의 영역구분(τ_*와 R_h/d)

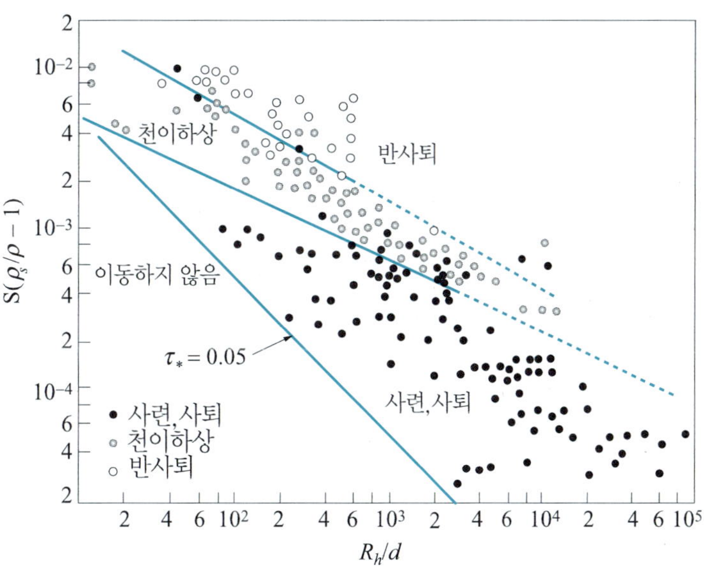

그림 14.32 소규모 하상 형태의 영역구분 $S_0/(\rho_s/\rho - 1)$와 R_h/d의 관계

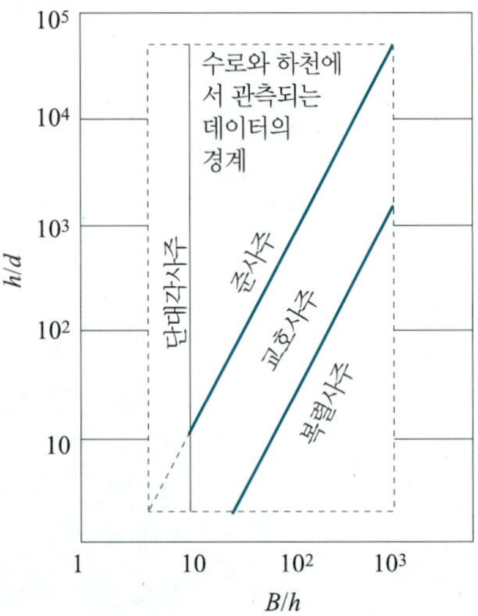

그림 14.33 h/d와 B/h에 의한 중규모 하상형태의 영역구분

비가 $z_B/B \geq 0.04$의 형상을 가지며 소규모 하상 형태의 중간 형태이다. 준사주(semi bar)는 파고-하폭 비가 $z_B/B \leq 0.03$의 값을 가지며 전연이 직선적인 사주 형태에 상당한다. 이러한 차원 해석적 고찰로부터 유도된 영역 구분과는 별도로 이동상 왜곡모형의 상사 개념에 기초한 영역 구분이 鮏川에 의해서 제안되었다. 그는 왜곡모형의 상사개념에 기초해서 하상경사에 무차원량 $\sqrt{gBS_0}/u_{*c}$를 유도하고, 이것과 소류력의 무차원 양 $(u_*/u_{*c})^2$을 이용하여 그림 14.34를 얻었다.

이와 같이 소규모 하상형태와 중규모 하상형태는 그 지배 매개변수가 서로 독립된 것이 아니므로 서로 공존할 수 있다. 또 사주가 형성되면 조도가 변화하므로 중규모 하상 형태의 형성영역이 변화할 수도 있다.

하상에는 주어진 수리조건과 하상재료에 대응하는 하상형태가 형성된다고 생각되지만, 이들 조건에 대응하는 하상형태가 발달할 때까지는 일정한 시간이 필요하다. 이 시간은 사련, 사퇴, 반사퇴의 경우에는 비교적 짧지만, 사주의 경우에는 상당히 긴 시간을 요한다. 하천에서는 유량이 끊임없이 변화하므로 하상형태가 주어진 수리조건에 대응하는 하상형태로 되기 전에 수리조건이 변화하는 경우가 있으므로, 하천의 하상형태, 특히 사주와 수리조건과의 관계를 검토하는 경우에는 그 하상형태가 어떠한 수리조건에 대응하여 형성된 것인가를 검토해 둘 필요가 있다.

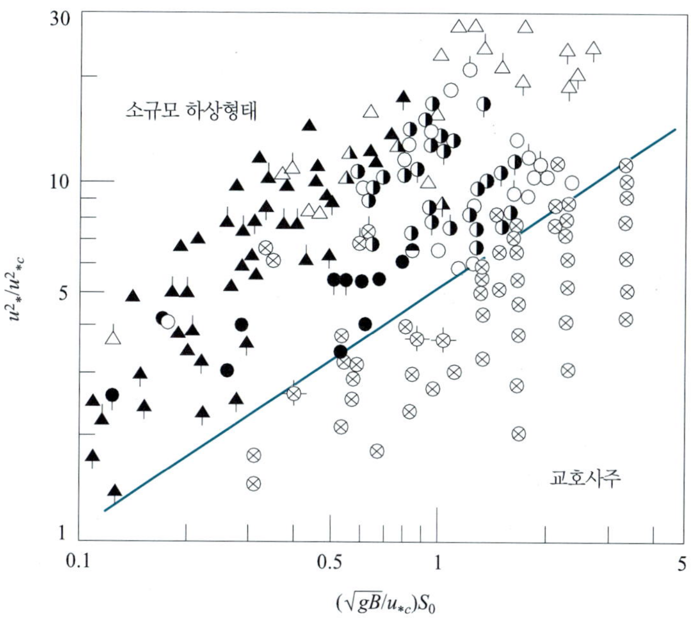

그림 14.34 $(u_*/u_{*c})^2$와 $(\sqrt{gB}/u_{*c})S_0$ 에 의한 중규모 하상형태의 영역구분

예제 14.6 하상형태의 영역구분

등류상태로 흐르고 있는 폭 $B = 20$ m, 하상경사 $S_0 = 0.002$인 직사각형 수로가 있다. 평균유속이 $V = 1.20$ m/sec이고, 하상재료의 비중은 $S = 2.65$, $d_{35} = 1.0$ mm, $d_{50} = 2.0$ mm, $d_{65} = 3.0$ mm였다. 이 흐름조건하에서 어떠한 하상형태로 될 것인가를 추정하라. 수온은 20°C로 한다.

풀이

(a) 동수반경 R_h와 마찰속도 u_*의 계산

동수반경은 아래 식 (14.114)로부터 구한다.

$$R_h = R'_h + R''_h$$

① 거친 수로로 가정하면 $x = 1$이므로 식 (14.116)으로부터 시산법을 이용하여 입자의 마찰저항에 관한 동수반경 R'_h을 구하면

$$R'_h = 0.24 \text{ m}$$

② 입자의 마찰저항에 의한 마찰속도는

$$u'_* = \sqrt{gR'_h S_0} = 0.069 \text{ m/sec}$$

③ 입자의 형상저항에 관한 동수반경 R''_h과 마찰속도 u''_*을 구하기 위해 식 (14.118)과 식 (14.117)을 이용하여 Ψ_{35}를 구하면 $\Psi_{35} = 3.50$이 된다.

④ $\Psi_{35} = 3.50$을 이용하여 그림 14.26으로부터 V/u''_*값을 찾으면 다음과 같다.

$$V/u''_* = 14.0$$

⑤ $u''_h = V/14.0 = 1.2/14.0 = 0.086$

⑥ $R''_h = (u''_*)^2/gS_0 = 0.38$

따라서 동수반경은

$$R_h = R'_h + R''_h = 0.62 \text{ m}$$

이고, 마찰속도는 다음과 같이 계산된다.

$$u_* = \sqrt{gR_h S_0} = 0.11 \text{ m/sec}$$

(b) 수심(h)과 유량(Q)의 계산

폭이 B인 직사각형 수로이므로 동수반경은

$$R_h = \frac{Bh}{(B + 2h)}$$

로 되고 이 식으로부터 수심은

$$h = BR_h/(B - 2R_h) = 20 \times 0.62/(20 - 2 \times 0.62) = 0.66 \text{ m}$$

로 된다. 따라서 유량은 다음과 같이 구할 수 있다.

$$Q = AV = BhV = 20 \times 0.66 \times 1.2 = 15.84 \text{ m}^3/\text{sec}$$

또 단위 폭당유량 q는

$$q = Q/B = 0.792 \text{ m}^3/\text{sec/m}$$

(c) 침강속도 w_0와 한계마찰속도 u_{*c}의 계산

① 그림 14.4로부터 $w_0 = 0.14$ m/sec

② 한계마찰속도

$d_{50} = 0.2$ cm이므로 식 (14.30)으로부터

$$u_{*c}^2 = 14.3 \text{ m}^2/\text{sec}^2$$

$$u_{*c} = 3.78 \text{ m/sec} = 0.0378 \text{ cm/sec}$$

(d) 영역구분에 필요한 무차원량(아래 계산에서 $d = d_{50}$을 이용)

① $\tau_* = u_*^2 / \left[\left(\rho_s / \rho - 1 \right) gd \right] = 0.37$

② $R_h / d = 0.62/0.002 = 3.1 \times 10^2$

③ $S_0 / \left(\rho_s / \rho - 1 \right) = 1.21 \times 10^{-3}$

④ $h/d = 3.3 \times 10^2$

⑤ $B/h = 20/0.66 = 30.3$

⑥ $\left(u_* / u_{*c} \right)^2 = 8.84$

⑦ $\sqrt{gB} \cdot S_0 / u_{*c} = 0.741$

⑧ $F_r = V / \sqrt{gh} = 0.47$

(e) 영역구분

(i) 芦田・道上에 의한 분류

(d)의 무차원량 중 ① $\tau_* = 0.37$과 ② $R_h/d = 3.1 \times 10^2$의 값을 이용하여 그림 14.31로부터 영역을 구분하면, Lower regime(사련, 사퇴) 영역 또는 Lower regime과 천이영역의 경계에 가깝다.

(ii) Garde - Raju에 의한 분류

(d)의 무차원량 중

② $R_h/d = 3.1 \times 10^2$과 ③ $S_0/(\rho_s/\rho - 1) = 1.21 \times 10^{-3}$의 값을 이용하여 그림 14.32로부터 영역을 구분하면 사련, 사퇴의 영역에 속한다.

(iii) 鮏川에 의한 분류

(d)의 ⑥ $\left(u_* / u_{*c} \right)^2 = 8.84$ 와 ⑦ $\sqrt{gB} S_0 / u_{*c} = 0.741$ 의 값을 이용하여 그림 14.34로부터 영역을 구분하면, 소규모 하상형태의 영역에 속한다.

연습문제 Exercise

14.1 직경이 $d = 0.03$ mm인 구형 모래입자가 정수 중에 침강하고 있다. Stokes법칙이 성립한다고 가정하고 침강속도를 구하라. 입자의 비중은 $S = 2.65$이고, 물의 동점성계수는 $\nu = 1.0 \times 10^{-6}$ m^2/sec로 한다.

14.2 문제 14.1에서 입자의 직경이 $d = 3$ mm일 때, Rubey식을 이용하여 침강속도를 구하라.

14.3 하폭이 $b = 120$ m이고, 하상경사가 $S_0 = 1 \times 10^{-3}$인 하천에 $Q = 600$ m^3/sec의 유량이 흐르고 있다. 하상 모래의 평균입경을 $d = 1.8$ cm라고 할 때 하상모래의 이동여부를 판정하라. 단 유속공식으로서는 Manning 공식을 사용하고, 조도계수 $n = 0.021$로 한다.

14.4 예제 14.4와 예제 14.5를 종합하여 Einstein 방법에 의해 전유사량을 구하라.

14.5 하상재료의 구성이 표 P14.5와 같은 하천에 $Q = 500$ m^3/sec의 물이 평균수심 $h = 2.5$ m로 흐르고 있다. 이 하천의 폭은 100 m이고, 하상경사는 $S_0 = 0.0008$ 이다. 모래의 비중은 $S = 2.65$이고, 물의 동점성계수 $\nu = 1.0 \times 10^{-6}$ m^2/sec일 때 아래에 답하라.

(a) 栗原公式을 이용하여 한계소류력 τ_c를 구하라.

(b) Einstein의 소류함수법, Meyer Peter-Müller 공식 및 佐藤, 吉川, 芦田 공식을 이용하여 소류사량을 구하라.

표 P14.5

d(mm)	i_b(%)
$d >$ 100	2
100 $> d >$ 0.6	17
0.6 $> d >$ 0.4	21
0.4 $> d >$ 0.3	30
0.3 $> d >$ 0.2	29
0.10 $> d$	1

14.6 문제 14.5의 표 P14.5와 같은 모래 구성비를 갖는 하천에 있어서의 부유사량을 아래 공식에 의해서 구하라.

(a) Einstein 공식

(b) Lane-Kalinske 공식

14.7 문제 14.5와 문제 14.6을 종합하여 Einstein 방법에 의해 전유사량을 구하라.

14.8 하폭이 아주 넓은 등류상태의 하천이 있다. 수심이 $h = 1.5$ m, 하상경사가 $S_0 = 1/6000$이고, 하상재료는 $d_m = 0.55$ mm, 입자의 비중은 $S = 2.65$일 때, Garde-Raju방법을 이용하여 어떠한 하상파가 생길 것인가를 판단하라. 단, 물의 동점성계수는 $\nu = 0.011$ cm^2/sec로 한다.

14.9 하폭이 $B = 200$ m, 수심 $h = 1.8$ m, 하상경사가 $S_0 = 2.5 \times 10^{-4}$, 유량이 $Q = 280$ m^3/sec의 등류상태의 하천에 있어서 소류사량 Q_B를 아래의 각 방법에 의해서 구하라. 단, 하상 재료의 입경은 거의 일정하여 $d_m = 0.55$ mm이고, 그 비중은 $S = 2.65$로 한다.

(a) Einstein의 소류사함수법

(b) Meyer peter-Müller 공식

(c) 佐藤, 吉川, 芦田공식

14.10 하폭이 $B = 100$ m, 수심 $h = 2.0$ m, 하상경사가 $S_0 = 5.0 \times 10^{-4}$, 유량이 $Q = 450$ m^3/sec인 등류상태의 하천에 있어서 부유사량을 Lane-Kalinske 방법에 의해서 구하라. 단, 하상재료의 입도구성은 표 P14.5와 같고, 모래의 비중은 $S = 2.65$로 한다.

14.11 유량 $Q = 1960$ ft^3/s, 유속 $V = 2.27$ ft/s, 수심 $h = 6.49$ ft, 수로 폭 $W = 133.2$ ft, 하상경사 S = 0.000077, $\nu = 8.9 \times 10^{-6}$ ft^2/s, $S = 2.65$, $T = 20°\text{C} = 68°\text{F}$, $d_{65} = 0.195$ mm $= 6.40 \times$ ft가 주어졌다. 체 분석 결과는 다음과 같다.

Size group (mm)	Geometric mean size(ft)	%	material available
0.062 ~ 0.125	2.9×10^{-4}	40	
0.125 ~ 0.250	5.8×10^{-4}	45	
0.250 ~ 0.500	1.16×10^{-3}	15	

Einstein 방법을 이용하여 소유사량과 부유사량을 구하여 전유사량을 계산하라.

제 15 장

파와 해안수리

파 또는 파동이라고 하는 것은 매질의 진동으로 인한 어느 특정한 형상이 매체 중을 전파하는 현상을 말한다. 따라서 수파(water waves)는 물을 매질로 하여 수면 변동이 전파되는 현상이라 말할 수 있다. 이러한 파동현상은 다양한 형태로 전파되어 해안 환경을 크게 변화시키는 요인으로 작용하는 수가 많다. 따라서 파에 의해서 유발되는 연안역의 제 현상을 이해하고, 해안 구조물을 계획·설계하거나 시공하는 데 있어서 파의 특성 및 역학적인 거동을 파악하는 것은 공학적으로 중요한 의미를 갖는다.

이 장에서는 파의 정의, 종류 및 그 특성에 대해서 기술한다. 뒤에서도 언급되겠지만 파는 주기성을 갖는 규칙파와 주기성이 없는 불규칙파로 분류할 수 있는데, 본 장에서는 그 대상을 주로 규칙파로 제한하고, 규칙파 중에서도 미소진폭파에 대해서만 주로 언급한다. 우선 미소진폭 표면파에 대해서 어떠한 지배 방정식이 이용되며, 이러한 지배 방정식을 어떠한 가정이나 경계조건 하에서 풀게 되는지 설명하고, 이 해(解)를 이용하여 파속 및 파장, 수립자 운동 및 파압을 산정하는 방법에 대해서 설명한다. 이러한 미소진폭파에 대한 이해는 뒤에 언급되는 군파와 에너지 개념, 중복파와 반사 등을 기술하는 데 도움이 된다.

15.1 파의 정의

그림 15.1은 정수면(靜水面, still water level, SWL)을 x축으로 취하고, 연직 상방향을 z축으로 했을 때, 수심이 h로 일정한 수면상을 속도 C로 전파하는 파의 형상을 그린 것이다. 이 때 C를 파의 전파속도 또는 파속(celerity or wave velocity)이라 한다. 파장(wave length)은 한 파봉(wave crest, 수위의 최고점)으로부터 인접하는 파봉까지의 수평거리로서 L로 나타내고, 주기(wave period)는 어떤 한 점을 고정하고 파를 관측하는 경우 한 파봉이 오고 나서 다음 파봉이 올 때까지의 시간 간격을 말하고 T로 표시한다. 따라서 파속(C), 파장(L) 및 주기(T)는 다음과 같은 관계를 갖는다.

$$L = CT \tag{15.1}$$

임의의 위치에서의 수위변동(water surface elevation), η는 x와 t의 함수로서, 정현파(sine wave)를 가정하면 다음과 같이 쓸 수 있다.

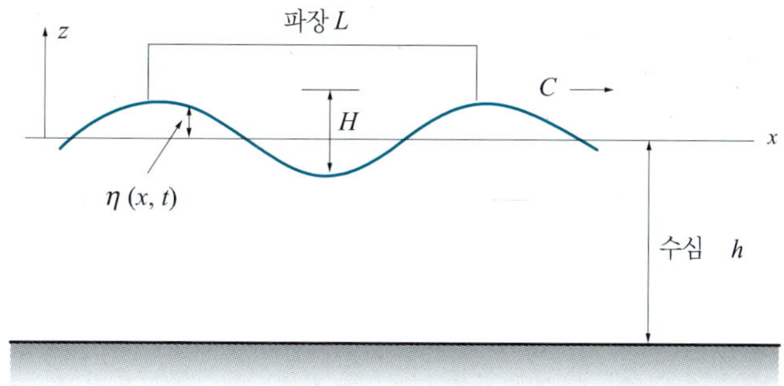

그림 15.1 파의 정의

$$\eta(x,t) = a\sin(kx - \sigma t + \delta) \tag{15.2}$$

여기서 a는 파의 진폭(wave amplitude)으로서, 파봉에서의 수위 변동의 최대값, 즉 최대수위변동값 $\eta_{\max}$이다. 파고(wave height), H는 파봉(wave crest)과 파곡(wave trough, 수위의 최저점)과의 연직거리로서, 그림 15.1에서 알 수 있는 바와 같이 정현파의 경우는 $H = 2a$의 관계인 것을 알 수 있다. 상기 식에서 k 및 σ는 각각 파수(wave number) 및 각주파수(wave angular frequency)로서 $k = 2\pi/L$, $\sigma = 2\pi/T$의 관계를 갖는다. 또, 상기 식에서 δ는 파의 위상각(phase angle)이다. 좌표의 원점을 조정하면 $\delta = 0$이 되게 할 수 있다. 예로서 $t = 0$일 때 η가 파곡에서 파봉을 향해 수면과 교차하는 점(up crossing point)을 $x = 0$로 놓으면 식 (15.2)에서 $\delta = 0$이 된다.

이 밖에 파의 특성을 나타내는 양으로서 파형경사(wave steepness) 및 상대수심(relative depth) 등도 있다. 파형경사는 파장에 대한 파고비, 즉 H/L로서 표시하는데 파형경사가 작은 파는 파면이 아주 원활한 파가 되고, 큰 파는 파봉 끝이 뾰족해져서 쇄파되어 버린다. 상대수심은 파장에 대한 수심비, h/L로 정의 되는데 이것은 파의 운동에 대한 해저의 영향을 나타내는 기준으로서 파를 분류하는 데 큰 역할을 하는 매개변수이다.

예제 15.1 파형의 산정

파고가 $H = 1.6$ m, 주기가 $T = 10$ sec인 정현파가 파속 $C = 4$ m/sec로 진행하고 있다. 파형(η)을 구하라. 위상각은 $\delta = 0$으로 둔다.

풀이

$L = CT$의 관계식으로부터, $L = 40$ m이므로 파수 k 및 각주파수 σ는 각각 다음과 같이 계산된다.

$$k = \frac{2\pi}{L} = \frac{2\pi}{40}\,\mathrm{m}^{-1}$$

$$\sigma = \frac{2\pi}{T} = \frac{2\pi}{10}\,\mathrm{sec}^{-1}$$

또 진폭은 $a = H/2 = 0.8$ m이다. 상기 관계를 식 (15.2)에 대입하면 파형은 다음과 같이 표현된다.

$$\begin{aligned}\eta &= a\sin\left(kx - \sigma t\right)\\ &= 0.8\sin\left(\frac{2\pi}{40}x - \frac{2\pi}{10}t\right)\\ &= 0.8\sin 2\pi\left(\frac{x}{40} - \frac{t}{10}\right)\end{aligned}$$

예제 15.2 진행파의 표시

식 (15.2)로 표시된 정현파가 x의 정방향으로 진행하는 파인 것을 보여라.

풀이

$t = t_0$에서의 파형은

$$\eta = a\sin\left(kx - \sigma t_0 + \delta\right)$$

이고, Δt 시간 경과한 후의 파형은 다음과 같이 된다.

$$\begin{aligned}\eta &= a\sin\left(kx - \sigma\left(t_0 + \Delta t\right) + \delta\right)\\ &= a\sin\left(kx - \sigma t_0 - \sigma\Delta t + \delta\right)\end{aligned}$$

따라서 $t = t_0 + \Delta t$ 시각에서의 파형은 $t = t_0$에서의 파형과 비교할 때 위상이 $-\sigma\Delta t$ 만큼 변화하고 있으므로 x의 정방향으로 평행이동하고 있는 것을 알 수 있고, 이것은 이 파가 x의 정(+)방향으로 진행하고 있는 파를 의미한다.

15.2 파의 분류

파는 분류하는 기준 또는 근거에 따라 여러 가지로 분류된다. 파를 공학적으로 다룰 때, 분류하는 방법에 따라서 그 해석방법이 달라지므로 분류기준 및 근거를 명확히 하는 것은 중요한 일이다.

15.2.1 주기에 따른 분류

그림 15.2는 주기에 따라 파를 분류하여 정리해 놓은 것이다. 그림에서 알 수 있는 바와 같이 바람이 원인이 되어 발생되는 중력파는 다른 주기대의 파에 비해서 파가 갖는 에너지가 크게 나타나고 있다. 바람에 의해서 발생하여 발달하는 파는 풍파(wind waves)와 풍역(風域)을 떠나 진행하는 여파(余波, 나불, swell)로 구분된다. 풍파는 여파에 비해 파고나 주기 등이 불규칙적이고 복잡하나, 여파는 풍파에 비해 파고와 주기가 비교적 일정하다고 볼 수 있다. 중력파는 주기가 1초에서 30초 사이의 파로서 그 원인력(발생력)은 바람에 의한 에너지이며, 이 중에서도 해안공학상 주 대상이 되는 파는 주기가 대략 5초에서 약 15초 사이의 파라고 할 수 있다.

장주기 중력파는 주기가 30초에서 1분 사이의 주기를 갖는 파이고 장주기파는 주기가 5분 이상의 파로서 주 복원력은 Coriolis힘이고, 항만내의 부진동, 정진(seiche), 진파(津波), 조석현상, 고조(기상조), 천문조 등이 이

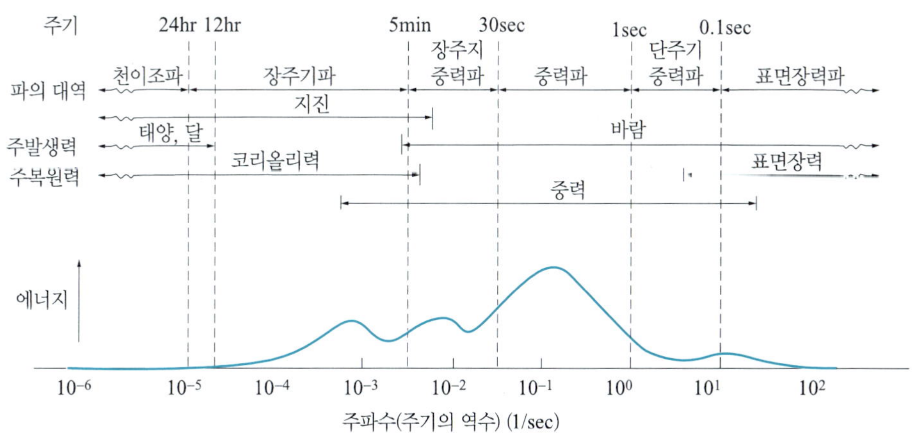

그림 15.2 주기에 따른 해파의 분류 및 에너지 분포

에 속한다. 또 가장 짧은 주기대로서 주기가 0.1초 이하의 파를 표면장력파라 한다.

15.2.2 파의 형상에 의한 분류

실제 해양에서의 파의 상태는 파의 방향이나 크기가 다양한 파가 중첩되고 결합된 상태로서 매우 불규칙한 양상을 띠고 있다. 비록 1방향파라 하더라도 서로 다른 파장을 가진 파들이 중첩되고 재결합하여 끊임없이 그 양상을 바꾸면서 다른 전파속도로서 진행한다. 이러한 불규칙파(irregular wave)에 대해서 이론적으로 단순하게 다루기 위해, 주기와 파고가 일정한 파가 한 방향으로 무한히 계속하여 진행하는 파로 모델화하여 다루는 파를 생각할 수 있는데 이러한 파를 규칙파(regular wave)라 부른다. 전 절에서 다룬 식 (15.2)로 표시되는 정현파는 전형적인 규칙파의 형상이다.

15.2.3 상대 수심에 의한 분류

해파의 분류에서 중요한 것 중의 하나로 수심에 기초한 분류가 있다. 이것은 단지 수심의 절대값으로 분류하는 것이 아니고, 파장에 대한 수심비, 즉 상대수심(h/L)의 값의 범위에 의해 분류하는 방법이다. 수심이 파장의 1/2보다 깊은 영역, 즉 상대수심비가 $h/L > 1/2$인 영역의 표면파를 심해파(deep water waves)라 부르고, 상대수심비가 $1/20 \sim 1/25 < h/L < 1/2$인 영역의 표면파를 중간수심파 또는 천해파, 또 상대수심비가 $h/L < 1/20 \sim 1/25$인 영역의 표면파를 극천해파(極淺海波, very shallow water waves) 또는 장파(長波, long waves)라 부르고 있다. 조석 고조 및 진파 등은 대표적인 장파이다. 심해파는 수심이 크므로 해저의 영향을 거의 받지 않으나, 장파는 수심이 상대적으로 작으므로 수면으로부터 해저까지 거의 균일한 운동을 하게 된다. 이와 같이 상대수심에 의해서 파가 분류되므로 동일한 수심을 진행하는 파라하더라도 그 파장의 크기에 따라 파의 성질을 달리하게 된다.

15.2.4 이론적 취급에 의한 분류

모델화한 규칙파도 해석상의 접근방법에 따라 선형파 또는 미소진폭파(sine파, Airy파)와 비선형파 혹은 유한진폭파로 분류할 수 있다. 미소진폭파

(small amplitude waves)는 이론식을 전개할 때, 수면 변동량 및 수면의 경사가 매우 작아서 입자속도의 제곱항이나 속도와 수면경사의 곱을 나타내는 항을 무시할 수 있다고 가정하여 기초방정식을 선형화함으로써 유도한 파의 이론이다. 그러나 파고가 크고 또한 파장이 짧게 되면, 미소진폭파에서 작다고 무시하였던 수면변동량이나 수면경사 및 속도의 제곱항은 더이상 작은 양이 아니므로, 이러한 양을 무시하지 않고 전개할 필요가 있는데 이러한 파의 이론을 유한진폭파(finite amplitude waves)의 이론이라 한다. 유한진폭파에는 그 해석 방법에 따라서 여러 가지 이론이 존재하는데, 회전운동의 파인 트로코이드파(trochoidal waves), 심해에서의 큰 파형경사를 갖는 파의 해석에 유력한 Stokes파, 상대수심이 거의 1/10 이하의 천해에서 적용할 수 있는 크노이드파(cnoidal waves) 등이 있다.

15.2.5 현상(現象)상의 분류

파동이 일정한 방향으로 진행하는 파를 진행파(progressive waves)라 하고, 이 진행파가 연직 장애물 등에 의해서 반사되어 진행방향이 반대방향으로 되어 진행하는 파를 반사파(reflection waves)라 한다. 식 (15.2)로 표시되는 정현파는 가장 간단한 형태의 진행파이다. 앞서 언급한 반사파가 뒤이어 진행해 온 진행파와 중첩되면 중복파(clapotis)가 형성되는데, 중복파는 이와 같이 동일한 파고와 주기를 갖고서 서로 반대방향으로 진행하는 2개의 파가 중첩된 것으로서, 이 때 파는 수면이 상하로 진동할 뿐 파형은 진행하지 않는다.

주기는 같지만 다른 진폭을 갖고 반대방향으로 진행하는 2개파는 부분중복파(partial clapotis)를 형성한다. 부분중복파는 또한 진행파와 중복파의 중첩으로 생각할 수도 있다. 부분중복파는 부분반사를 일으키는 장애물 전면에서 볼 수 있다. 심해로부터 천해로 진행해 온 파는 수심이 감소함에 따라 파고는 증대하고 파장은 작게 되어 결국 파형경사가 크게 된다. 이 때 파의 봉(crest)은 뾰족하고 파곡은 평탄한 형태로 되면서, 파형경사가 어느 한계치 이상이 되면 공기를 혼입하면서 파가 부서지게 되는데 이러한 파를 쇄파(breaking waves)라 부른다.

15.3 미소진폭 표면파

미소진폭파 이론은 Airy(1845)에 의해 처음 발표되었으므로 Airy파 이론으로 불리기도 하는데, 기본식 및 경계조건을 선형화하여 다룬 파의 이론으로서 수학적으로 가장 단순한 파의 모델이라고 볼 수 있다.

파랑에 관련되는 문제를 다룰 때 미소진폭파가 갖는 공학적인 중요성은 다음과 같이 설명할 수 있다. 우선 미소진폭파는 수면을 전파하는 파동이론의 기본이 되는 이론이므로, 파와 관련되는 제반 문제에 미소진폭파를 적용하면 쉽게 해결되는 수가 많고, 완전한 해답을 얻지 못한다 하더라도 문제해결의 단서를 찾을 수 있다는 점이다. 즉 수학적으로 볼 때 파동이론에 대한 1차 근사식 정도의 위치를 차지하고는 있지만, 공학적인 실용도면에서 상당히 유용한 결과를 준다고 하는 점이 돋보인다. 두 번째로 제반 파랑 현상을 정확히 이해하기 위해서는 파랑이론의 기본이 되는 미소진폭파 이론의 완전한 습득이 필요하다는 점이다. 그러나 위에서 언급한 중요성에도 불구하고, 미소진폭파로 설명되지 못하는 파랑현상이 존재하는 것을 간과해서는 안 된다.

15.3.1 미소진폭파의 가정

미소진폭파 이론은 그림 15.1과 같이 수심이 h로 일정한 해역에 주기가 T이고 파고가 H인 파가 수면을 1방향으로 진행해 가는 연직 2차원 파동의 해를 구하는 파동이론이다. 미소진폭파 이론을 전개해 나가는 데 필요한 가정은 다음 다섯 가지 항목으로 요약할 수 있다.

1. 해수는 균질(homogeneous)이고, 비압축성(incompressible)이며 표면장력은 무시된다. 비압축성 유체의 가정으로부터 연속식은

$$\frac{\partial u}{\partial x}+\frac{\partial w}{\partial z}=0 \tag{15.3}$$

과 같이 된다. 여기서 좌표축은 그림 15.1과 같이 정의되고, u, w는 각각 x, z방향의 수립자 속도이다. 또 표면장력이 무시되므로 주기는 1초 이상이어야 하고 파장은 약 3 cm 이상의 파를 대상으로 한다.

2. 흐름은 비회전류(irrotational flow)로 가정한다. 대상으로 하는 파가 주기 1분 이내의 중력파이므로 해저바닥의 극히 제한된 경계층을 제외하고, 점성효과를 무시할 수 있는 흐름영역에서는 비회전 흐름의 가정이 유효하고, 또한 Euler방정식의 적용이 가능하다. 따라서,

$$u = -\frac{\partial \phi}{\partial x}, \quad w = -\frac{\partial \phi}{\partial z} \tag{15.4}$$

로 정의되는 스칼라 함수인 속도포텐셜 함수 ϕ가 존재한다.

3. 해저바닥은 수평하고 불투수층으로 구성되어 있다. 그림 15.1에서 보는 바와 같이 수심이 일정하므로 해저바닥은 수평하고, 또한 파의 반사가 이루어지지 않는다. 해저바닥이 불투수층이므로 바닥을 통해서 물의 유출입은 없다. 즉, 해저바닥에 수직한 방향으로의 속도성분이 존재하지 않는다.
4. 수표면에서 압력은 대기압으로서 일정하다. 따라서 바람에 의해서 유발되는 풍압이나 수면변동으로 인한 압력차는 무시된다.
5. 파의 진폭은 파장과 수심에 비해서 작다. 이것은 진폭을 a로 할 때

$$a \ll L, \quad a \ll h \tag{15.5}$$

로 표현할 수 있는데 이것은 수립자 속도가 파의 전파속도 C 보다 아주 미소하다는 것을 의미한다. 즉, 다음과 같이 표현할 수 있다.

$$u, w \ll C \tag{15.6}$$

상기 가정 5는 결국 수면 변동량 η가 작아서 근사적으로 $\eta \cong 0$으로 놓을 수 있고 운동이 완만하여 수립자 속도 u, w의 자승항은 무시할 수 있으며, 수면경사 $\partial\eta/\partial x$ 또한 작아서 이것과 속도와의 곱도 무시할 수 있다는 조건을 제시하는 것이다.

15.3.2 기본식과 경계조건

(1) 기본식

해수의 비압축성의 가정으로부터 얻은 오일러의 연속방정식 (15.3)에 비회전류의 가정에서 얻은 속도포텐셜을 대입하면 다음과 같은 기본식을 얻는다.

$$\frac{\partial^2 \phi}{\partial x^2} + \frac{\partial^2 \phi}{\partial z^2} = 0, \quad -h \le z \le \eta \tag{15.7}$$

이 식은 라플라스 방정식(Laplace equation)으로 알려져 있는 식으로서 적절한 경계조건을 부여하면 상기 식을 만족하는 해 ϕ를 구할 수 있다.

(2) 경계조건

그림 15.1과 같은 영역에서 생각할 수 있는 경계조건으로서는 바닥경계조건(bottom boundary condition), 운동학적 경계조건(kinematic boundary condition) 및 동역학적 경계조건(dynamic boundary condition)으로 이루어지는 자유표면 경계조건(free surface boundary condition) 그리고 수평경계조건(lateral boundary condition)이 있다. 이들 경계조건을 다음과 같이 분류해서 생각한다.

(가) 바닥경계조건

바닥경계조건은 해저바닥($z = -h$)의 경계조건으로서 해저바닥이 불투수층이므로 바닥에 수직한 방향으로의 속도 성분이 0이 된다고 하는 운동학적 경계조건이다 즉,

$$w = -\left.\frac{\partial \phi}{\partial z}\right|_{z=-h} = 0 \tag{15.8}$$

(나) 자유표면 경계조건

앞에서 언급한 바와 같이 자유표면 경계조건은 운동학적 경계조건과 동역학적 경계조건이 있다. 운동학적 경계조건은 수면을 구성하고 있는 수립자는 수면에서 일탈하지 않고 수면과 함께 연속성을 유지하는 조건으로서, 수면에서의 연직속도는 수면의 시간변화율과 같다고 하는 것을 의미한다.

$$w = -\left.\frac{\partial \phi}{\partial z}\right|_{z=\eta} = \left.\frac{d\eta}{dt}\right|_{z=\eta} = \left.\frac{\partial \eta}{\partial t} - \frac{\partial \phi}{\partial x}\frac{\partial \eta}{\partial x}\right|_{z=\eta} \tag{15. 9}$$

여기서 $\eta(x, t)$는 수면 변동량으로서 미지량이다.

두 번째로 동역학적 경계조건은 수면에 있어서의 압력의 조건을 부여하기 위한 것으로서, 미소진폭파의 비회전흐름의 가정에 의해 Euler의 운동방정식을 적분하여 얻은 Bernoulli 방정식으로부터 구할 수 있다. 우선 Euler의 운동방정식을 적분하면 다음 식이 얻어진다.

$$-\frac{\partial \phi}{\partial t} + \frac{1}{2}\left(u^2 + w^2\right) + \frac{p}{\rho} + gz = F(t) \tag{15. 10}$$

여기서 g는 중력가속도, p는 압력, $F(t)$는 적분상수이다. 앞의 가정에서 수면 $z = \eta$에서 압력은 대기압으로서 $p = 0$이므로, 이것을 식 (15.10)에 대입하면 다음과 같이 자유표면에서의 동역학적 경계조건을 구할 수 있다.

$$-\left.\frac{\partial \phi}{\partial t}\right|_{z=\eta} + \left.\frac{1}{2}\left(u^2 + w^2\right)\right|_{z=\eta} + g\eta = 0 \tag{15. 11}$$

식 (15.10)으로부터 식 (15.11)을 유도하는 과정에서 적분상수 $F(t)$는 $-\partial\phi/\partial t$에 포함되므로 식 (15.11)에서 나타나 있지 않다.

(다) 수평경계조건

이 조건은 수평방향으로 속도포텐셜 함수 ϕ가 아래 식과 같이 시간과 위치에 대해서 주기적이라고 하는 조건을 나타낸다.

$$\begin{cases} \phi(x,t) = \phi(x+L, t) \\ \phi(x,t) = \phi(x, t+T) \end{cases} \tag{15. 12}$$

15.3.3 기본식 및 경계조건의 선형화

식 (15.7)에 앞에서 언급한 경계조건들이 주어진다 해도 이 방정식계의 해를 구하는 것은 여전히 어렵다. 첫 번째 이유는 자유표면 η 자체가 미지수이고, 두 번째는 자유표면경계조건을 나타내는 식 (15.9) 및 (15.11)에는 속도와 미지변수 η의 곱 $\left(\frac{\partial \phi}{\partial x}\frac{\partial \eta}{\partial x}\right)$ 및 속도의 제곱항 $(u^2 + w^2)$이 포함되어 있으므로 비선형이기 때문이다. 따라서 이러한 식들을 선형화시키지 않고서는 ϕ의 해석해를 구할 수 없다.

이들 식을 선형화하기 위해 앞에서 설정한 다섯 번째 가정을 이용한다. 즉, 수면변동량 η가 매우 작아서 근사적으로 $\eta \doteqdot 0$으로 놓을 수 있고, 운동이 완만하여 속도의 자승항을 무시할 수 있으며, 수면경사 $\partial\eta/\partial x$가 작으므로 속도와 수면경사의 곱도 무시가능하다. 이러한 가정을 기본식 및 경계조건에 대입하면 다음과 같이 선형화된 방정식계가 된다.

(1) 기본식(연속방정식)

$$\frac{\partial^2 \phi}{\partial x^2} + \frac{\partial^2 \phi}{\partial z^2} = 0, \quad -h \le z \le 0 \tag{15.13}$$

(2) 바닥경계조건

$$-\left.\frac{\partial \phi}{\partial z}\right|_{z=-h} = 0 \tag{15.14}$$

(3) 자유표면경계조건

(가) 운동학적 경계조건

$$-\left.\frac{\partial \phi}{\partial z}\right|_{z=0} = \frac{\partial \eta}{\partial t} \tag{15.15}$$

(나) 동역학적 경계조건

$$\eta = \frac{1}{g}\left.\frac{\partial \phi}{\partial t}\right|_{z=0} \tag{15.16}$$

(4) 수평경계조건

$$\begin{aligned} \phi(x,t) &= \phi(x+L,t) \\ \phi(x,t) &= \phi(x,t+T) \end{aligned} \tag{15.17}$$

15.3.4 미소진폭 표면파의 해

(1) 수평경계조건의 적용

라플라스 방정식 (15.13)을 풀기 위해, 수평경계조건으로부터 파의 진행방향축 x와 시간 t에 대해서 속도 포텐셜 ϕ가 주기적이므로 다음과 같은 함수형태를 가정한다.

$$\phi(x,z,t) = Z\cos(kx-\sigma t) \tag{15.18}$$

여기서, Z는 z만의 함수이고, k 및 σ는 각각 파수 및 각주파수이다. 이 식을 식 (15.13)에 대입하면 다음 식을 얻는다.

$$\frac{d^2Z}{dz^2} - k^2 Z = 0 \tag{15.19}$$

상기 식의 일반해는

$$Z = Ae^{kz} + Be^{-kz} \tag{15. 20}$$

이고, 여기서 A, B는 적분상수이다. 식 (15.20)을 식 (15.18)에 대입하면 속도포텐셜은 다음과 같은 식이 된다.

$$\phi = \left(Ae^{kz} + Be^{-kz}\right)\cos(kx-\sigma t) \tag{15. 21}$$

(2) 바닥경계조건의 적용

식 (15.21)에 바닥경계조건, 식 (15.14)를 적용하면 $A = Be^{2kh}$로 되어, 이것을 식 (15.21)에 대입하면 2개의 미지적분상수가 결국 1개로 감소한다.

$$\phi = Be^{kh}\left[e^{k(h+z)} + e^{-k(h+z)}\right]\cos(kx-\sigma t) \tag{15. 22}$$

상기 식에 다음과 같이 표시되는 쌍곡선 함수(hyperbolic function)와 지수함수의 관계식

$$\cosh k(h+z) = \frac{e^{k(h+z)} + e^{-k(h+z)}}{2}$$

를 적용하면 다음과 같이 된다.

$$\phi = 2Be^{kh}\cosh k(h+z)\cos(kx-\sigma t) \tag{15. 23}$$

(3) 동역학적 자유표면 경계조건

이번에는 식 (15.23)에 동역학적 자유표면 경계조건, 식 (15.16)을 적용하면 다음 식을 얻는다.

$$\eta = \frac{1}{g}\frac{\partial\phi}{\partial t}\bigg|_{z=0} = \frac{2B\sigma e^{kh}}{g}\cosh kh\sin(kx-\sigma t) \tag{15. 24}$$

수면파형으로서 식 (15.2)로 표시되는 정현파형

$$\eta = \frac{H}{2}\sin(kx-\sigma t) \tag{15. 25}$$

를 생각하면 식 (15.24)의 미지상수 B를 구할 수 있다.

$$B = \frac{Hg}{4\sigma e^{kh}\cosh kh}$$

이것을 식 (15.24)에 대입하면 완전한 형태의 속도포텐셜 함수 ϕ는 다음과 같이 된다.

$$\phi = \frac{Hg}{2\sigma}\frac{\cosh k(h+z)}{\cosh kh}\cos(kx-\sigma t) \tag{15. 26}$$

(4) 운동학적 자유표면 경계조건의 적용

파수(wave number)와 각주파수(wave angular frequency)의 관계를 부여하는 식을 얻기 위해 마지막으로 남아 있는 운동학적 자유표면경계조건, 식 (15.15)를 적용한다. 식 (15.25)와 (15.26)을 식 (15.15)에 대입하면

$$\frac{\partial\phi}{\partial z}\bigg|_{z=0} + \frac{\partial\eta}{\partial t} = \frac{Hgk}{2\sigma}\frac{\sinh k(h+z)}{\cosh kh}\cos(kx-\sigma t)\bigg|_{z=0}$$
$$-\frac{H\sigma}{2}\cos(kx-\sigma t) = 0$$

이 되고, 이것을 정리하면 다음 식과 같이 된다.

$$\sigma^2 = gk \tanh kh \tag{15.27}$$

이 식은 분산방정식이라 일컬어지며 파수와 각주파수의 관계를 부여하는 식이다. 이 분산관계식을 이용하면 속도포텐셜 ϕ 식 (15.26)은 다음과 같이 표현할 수도 있다.

$$\phi = \frac{H}{2}\frac{\sigma}{k}\frac{\cosh k(h+z)}{\sinh kh}\cos(kx - \sigma t) \tag{15.28}$$

15.3.5 기본해의 적용

앞에서 미소진폭파 이론에 있어서 속도포텐셜 ϕ [식 (15.26) 또는 (15.28)], 파형 η [식 (15.25)] 및 분산방정식 (15.27)을 유도하였다. 이러한 관계식들을 이용하면 파장 및 파속, 수립자 속도 및 가속도, 수립자의 궤적 및 파동에 의한 압력의 분포상태를 알 수 있다.

(1) 파장과 파속

우선 분산방정식 (15.27)로부터 시작한다. 파수 k와 각주파수 σ에 대해서 각각 $k = 2\pi/L$ 및 $\sigma = 2\pi/T$의 관계식을 상기 식에 대입하면 다음과 같이 표현된다.

$$\left(\frac{2\pi}{T}\right)^2 = g\frac{2\pi}{L}\tanh\frac{2\pi h}{L} \tag{15.29}$$

따라서 파장에 관한 식은 상기 식을 L에 대해서 정리하면 다음과 같이 표현된다.

$$L = \frac{gT^2}{2\pi}\tanh\frac{2\pi h}{L} \tag{15.30}$$

상기 식은 파장이 수심의 함수인 것을 나타내고 있으므로, $2\pi h/L$가 아주 큰 경우(深海)와 아주 작은 경우(極淺海)에는 간략히 표현할 수 있다. tanh, sinh는 쌍곡선 함수로써 각각

$$\tanh kh\left(=\tanh\frac{2\pi h}{L}\right)=\frac{e^{kh}-e^{-kh}}{e^{kh}+e^{-kh}},\quad \sinh kh=\frac{e^{kh}-e^{-kh}}{2}$$

로 정의되므로 심해파의 경우에는 $2\pi h/L \gg 1$이 되어 $\tanh(2\pi h/L) \cong 1$이므로, 식 (15.30)은 다음과 같이 간단히 쓸 수 있다.

$$L_0=\frac{gT^2}{2\pi}=1.56T^2 \quad (\text{m-sec 단위}) \tag{15.31}$$

여기서 L_0는 심해파의 파장을 의미하는데, 지형 등의 영향으로 파가 변형하는 경우에도 주기는 일정하므로, L_0는 기준길이로 사용하기에 적합하다. 따라서 심해파의 파장은 주기의 자승에 비례하고, 수심과는 무관한 것을 알 수 있다.

다음으로 극천해파의 경우, 즉 $2\pi h/L \ll 1$의 조건에서는 $\tanh kh \cong \sinh kh \cong kh(=2\pi h/L)$이 된다. 따라서 식 (15.30)은 다음과 같이 된다.

$$L=\sqrt{gh}T \tag{15.32}$$

극천해파의 파장은 주기뿐만 아니라 수심의 함수이기도 하다. $L=CT$의 관계와 비교해 보면 천해파의 파속은

$$C=\sqrt{gh} \tag{15.33}$$

로 표현되는 것을 알 수 있다.

앞에서 언급한 바와 같이 식 (15.31)과 식 (15.32)는 각각 심해파 $\left(\frac{h}{L}>\frac{1}{2}\right)$와 극천해파 $\left(\frac{h}{L}<\frac{1}{20}\sim\frac{1}{25}\right)$의 경우에 대한 파장을 나타내는 식이다. 만약 상대수심이 이들 중간에 오는 경우에는 식 (15.30)으로부터 L을 구해야 하나, 이 식이 L의 음함수이므로 시산법 또는 반복법에 의하여 해를 구할 수밖에 없다. Wiegel은 계산의 번거로움을 피하기 위해 이 식을 미리 계산하고 표 15.1과 같이 정리해 놓았다.

한편 Hunt는 분산방정식으로부터 kh의 해를 다음과 같이 양함수의 형태로 근사식을 제시하였다.

$$kh = \left[y^2 + \frac{y}{1 + \sum_{n=1}^{N} d_n y^n} \right]^{1/2} \tag{15.34}$$

여기서 $y = \sigma^2 h/g = 2\pi h/L_0$이고, 0.1%의 오차의 범위에서 위에서 필요한 값들을 다음과 같이 제시하였다.

$$N = 5,\ d_1 = 0.6522,\ d_2 = 0.4622,\ d_3 = 0,\ d_4 = 0.0864,\ d_5 = 0.0675$$

수심과 주기가 주어지면 상기 식으로부터 파수 k를 구할 수 있고 이것으로부터 파장도 구할 수 있다.

다음으로 파속에 대해서 생각해 보자. 파속은 위에서 구한 L과 $C = L/T$의 관계를 이용하면 쉽게 구할 수 있다. 식 (15.30)의 양변을 T로 나누면 다음과 같이 중간수심파에 대한 파속 C에 관한 식을 얻는다.

$$C = \frac{L}{T} = \frac{gT}{2\pi} \tanh \frac{2\pi h}{L} \tag{15.35}$$

상기 식은 양변에 $C = L/T$를 곱하고 정리하면, 다음과 같이 표현할 수도 있다.

$$C = \sqrt{\frac{gT}{2\pi} \tanh \frac{2\pi h}{L}} \tag{15.36}$$

심해파의 경우에는 식 (15.31)로부터

$$C_0 = \frac{gT}{2\pi} = 1.56T \quad (\text{m-sec 단위})$$

이고, 극천해파의 경우에는 식 (15.32)로부터

$$C = \sqrt{gh} \tag{15.37}$$

로 된다.

표 15.1 수심, 주기, 파장 및 파속의 관계

주기(S) / 수심(m)	3.0		4.0		5.0		6.0	
	파장 (m)	파속 (m/s)	파장 (m)	파속 (m/s)	파장 (m)	파속 (m/s)	파장 (m)	파속 (m/s)
0.5	6.39	2.13	8.67	2.17	10.92	2.18	13.16	2.19
1.0	8.69	2.90	11.99	3.00	15.23	3.05	18.43	3.07
1.5	10.21	3.40	14.37	3.59	18.40	3.68	22.36	3.73
2.0	11.30	3.77	16.22	4.05	20.94	4.19	22.57	4.26
2.5	12.09	4.03	17.71	4.43	23.08	4.62	28.31	4.72
3.0	12.67	4.22	18.95	4.74	24.92	4.98	30.71	5.12
3.5	13.09	4.36	19.98	5.00	26.52	5.30	32.84	5.47
4.0	13.39	4.46	20.85	5.21	27.93	5.59	34.75	5.79
4.5	13.60	4.53	21.57	5.39	29.18	5.84	36.49	6.08
5.0	13.75	4.58	22.18	5.55	30.29	6.06	38.07	6.34
6.0	13.91	4.64	23.11	5.78	32.17	6.43	40.84	6.81
7.0	13.99	4.66	23.75	5.94	33.67	6.73	43.19	7.20
8.0	14.02	4.67	24.19	6.05	34.86	6.97	45.19	7.53
9.0	14.03	4.68	24.47	6.12	35.81	7.16	46.91	7.82
10.0	14.03	4.68	24.65	6.16	36.56	7.31	48.37	8.06
11.0	14.04	4.68	24.77	6.19	37.15	7.43	49.62	8.27
12.0	14.04	4.68	24.84	6.21	37.60	7.52	50.69	8.45
13.0	14.04	4.68	24.89	6.22	37.95	7.59	51.60	8.60
14.0	14.04	4.68	24.91	6.23	38.22	7.64	52.38	8.73
15.0	14.04	4.68	24.93	6.23	38.42	7.68	53.03	8.84
16.0	14.04	4.68	24.94	6.23	38.57	7.71	53.58	8.93
17.0	14.04	4.68	24.95	6.24	38.68	7.74	54.04	9.01
18.0	14.04	4.68	24.95	6.24	38.77	7.75	54.42	9.07
19.0	14.04	4.68	24.95	6.24	38.83	7.77	54.74	9.12
20.0	14.04	4.68	24.95	6.24	38.87	7.77	55.00	9.17
22.0	14.04	4.68	24.95	6.24	38.93	7.79	55.39	9.23
24.0	14.04	4.68	24.96	6.24	38.96	7.79	55.65	9.28
26.0	14.04	4.68	24.96	6.24	38.98	7.80	55.83	9.30
28.0	14.04	4.68	24.96	6.24	38.98	7.80	55.94	9.32
30.0	14.04	4.68	24.96	6.24	38.99	7.80	56.02	9.34
35.0	14.04	4.68	24.96	6.24	38.99	7.80	56.11	9.35
40.0	14.04	4.68	24.96	6.24	38.99	7.80	56.14	9.36
50.0	14.04	4.68	24.96	6.24	38.99	7.80	56.15	9.36
60.0	14.04	4.68	24.96	6.24	38.99	7.80	56.15	9.36
70.0	14.04	4.68	24.96	6.24	38.99	7.80	56.15	9.36
심해파	14.04	4.68	24.96	6.24	38.99	7.80	56.15	9.36

표 15.1 (계속)

7.0		8.0		9.0		10.0	
파장 (m)	파속 (m/s)	파장 (m)	파속 (m/s)	파장 (m)	파속 (m/s)	파장 (m)	파속 (m/s)
15.39	2.20	17.62	2.20	19.84	2.20	22.06	2.21
21.61	3.09	24.78	3.10	27.94	3.10	31.09	3.11
26.29	3.76	30.19	3.77	34.08	3.79	37.95	3.80
30.14	4.31	34.97	4.33	39.18	4.35	43.68	4.37
33.46	4.78	38.56	4.82	43.62	4.85	48.67	4.87
36.39	5.20	42.01	5.25	47.58	5.29	53.13	5.31
39.02	5.57	45.13	5.64	51.18	5.69	57.19	5.72
41.42	5.92	47.98	6.00	54.48	6.05	60.92	6.09
43.61	6.23	50.61	6.33	57.53	6.39	64.40	6.44
45.63	6.52	53.05	6.33	60.38	6.71	67.64	6.76
49.24	7.03	57.47	7.18	65.57	7.29	73.58	7.36
52.39	7.48	61.37	7.67	70.20	7.80	78.92	7.89
55.16	7.88	64.86	8.11	74.38	8.26	83.77	8.38
57.61	8.23	68.01	8.50	78.19	8.69	88.22	8.82
59.78	8.54	70.85	8.86	81.68	9.08	92.32	9.23
61.72	8.82	73.44	9.18	84.89	9.43	96.12	9.61
63.44	9.06	75.80	9.48	87.85	9.76	99.67	9.97
64.98	9.28	77.96	9.74	90.59	10.07	102.98	10.61
66.35	9.48	79.93	9.99	93.14	10.35	106.07	10.61
67.58	9.65	81.73	10.22	95.51	10.61	108.98	10.90
68.66	9.81	83.39	10.42	97.71	10.86	111.71	11.17
69.63	9.95	84.90	10.61	99.77	11.09	114.29	11.43
70.49	10.07	86.29	10.79	101.68	11.30	116.71	11.67
71.25	10.18	87.56	10.95	103.47	11.50	119.00	11.90
71.92	10.27	88.72	11.09	105.14	11.68	121.16	12.12
73.03	10.43	90.76	11.35	108.14	12.02	125.12	12.51
73.89	10.56	92.46	11.56	110.76	12.31	128.66	12.87
74.54	10.65	93.86	11.73	113.04	12.56	131.83	13.18
75.03	10.72	95.02	11.88	115.01	12.78	134.66	13.47
75.40	10.77	95.97	12.00	116.72	12.97	137.19	13.72
75.96	10.85	97.64	12.20	120.03	13.34	142.38	14.24
76.22	10.89	98.61	12.33	122.26	13.58	146.25	14.63
76.39	10.91	99.46	12.43	124.73	13.86	151.16	15.12
76.42	10.92	99.72	12.46	125.71	13.97	153.68	15.37
76.42	10.92	99.79	12.47	126.10	14.01	154.91	15.49
76.43	10.92	99.82	12.48	126.34	14.04	155.97	15.60

표 15.1 (계속)

주기(S) / 수심(m)	11.0		12.0		13.0		14.0	
	파장 (m)	파속 (m/s)	파장 (m)	파속 (m/s)	파장 (m)	파속 (m/s)	파장 (m)	파속 (m/s)
1.0	34.2	3.11	37.4	3.12	40.5	3.12	43.7	3.12
2.0	48.2	4.38	52.6	4.39	57.1	4.39	61.6	4.40
3.0	58.6	5.33	64.2	5.35	69.6	5.36	75.1	5.37
4.0	67.3	6.12	73.7	6.14	80.1	6.16	86.5	6.18
5.0	74.9	6.81	82.0	6.84	89.2	6.86	96.3	6.88
6.0	81.5	7.41	89.4	7.45	97.3	7.48	105.1	7.51
7.0	87.6	7.96	96.1	8.01	104.7	8.05	113.2	8.08
8.0	93.1	8.46	102.3	8.52	114.4	8.57	120.6	8.61
9.0	98.1	8.92	108.0	9.00	117.7	9.05	127.4	9.10
10.0	102.8	9.35	113.2	9.44	123.6	9.50	133.8	9.56
12.0	111.3	10.12	122.8	10.24	134.2	10.33	145.6	10.40
14.0	118.8	10.80	131.3	10.95	143.8	11.06	156.1	11.15
16.0	125.5	11.41	139.0	11.58	152.4	11.72	165.7	11.83
18.0	131.4	11.95	145.9	2.16	160.3	12.33	174.4	12.46
20.0	136.8	12.44	152.3	12.69	167.5	12.88	182.5	13.04
22.0	141.7	12.89	158.1	13.17	174.1	13.39	190.0	13.57
24.0	146.2	13.29	163.4	13.61	180.3	13.87	197.0	14.07
26.0	150.2	13.66	168.3	14.02	186.0	14.31	203.5	14.53
28.0	153.9	13.99	172.8	14.40	191.3	14.72	209.6	14.97
30.0	157.3	14.30	176.9	14.74	196.2	15.10	215.3	15.38
35.0	164.4	14.95	186.0	15.50	207.2	15.94	228.1	16.29
40.0	170.1	15.46	193.5	16.12	216.5	16.65	239.1	17.08
45.0	174.5	15.86	199.6	16.64	224.4	17.26	248.7	17.76
50.0	178.0	16.18	204.7	17.06	231.0	17.77	256.9	18.35
55.0	180.7	16.42	208.8	17.40	236.6	18.20	264.1	18.86
60.0	182.7	16.61	212.1	17.68	241.4	18.57	270.3	19.31
70.0	185.5	16.86	216.9	18.08	248.7	19.13	280.3	20.02
80.0	187.0	17.00	220.0	18.33	253.7	19.52	287.7	20.55
90.0	187.8	17.07	221.9	18.49	257.2	19.78	293.1	20.93
100.0	188.3	17.11	223.0	18.58	259.5	19.96	297.0	21.21
120.0	188.6	17.15	224.1	18.67	261.9	20.15	301.6	21.54
140.0	188.7	17.15	224.4	18.70	262.9	20.23	303.8	21.70
160.0	188.7	17.16	224.5	18.71	263.3	20.26	304.9	21.78
180.0	188.7	17.16	224.6	18.72	263.5	20.27	305.3	21.81
200.0	188.7	17.16	224.6	18.72	263.6	20.27	305.5	21.82
심해파	118.7	17.16	224.6	18.72	263.6	20.28	305.7	21.84

표 15.1 (계속)

15.0		16.0		18.0		20.0	
파장 (m)	파속 (m/s)	파장 (m)	파속 (m/s)	파장 (m)	파속 (m/s)	파장 (m)	파속 (m/s)
46.8	3.12	50.0	3.12	56.2	3.12	62.5	3.13
66.0	4.40	70.5	4.40	79.4	4.41	88.2	4.41
80.6	5.37	86.1	5.38	97.0	5.39	107.9	5.39
92.8	6.19	99.1	6.20	111.8	6.21	124.4	6.22
103.4	6.90	110.5	6.91	124.7	6.93	138.8	6.94
113.0	7.53	120.8	7.55	136.3	7.57	151.8	7.59
121.6	8.11	130.1	8.13	146.9	8.16	163.7	8.19
129.6	8.64	138.7	8.67	156.7	8.71	174.7	8.74
137.1	9.14	164.7	9.17	165.9	9.22	185.0	9.25
144.1	9.60	154.2	9.64	174.5	9.69	194.7	9.73
156.8	10.45	168.0	10.50	190.3	10.57	212.5	10.63
168.3	11.22	180.5	11.28	204.7	11.37	228.7	11.44
178.8	11.92	191.9	11.99	217.9	12.11	243.7	12.18
188.5	12.57	202.4	12.65	230.1	12.78	257.6	12.88
197.4	13.16	212.2	13.26	241.5	13.42	270.6	13.53
205.7	13.72	221.3	13.83	252.2	14.01	282.8	14.14
213.5	14.23	229.9	14.37	262.3	14.57	294.3	14.72
220.8	14.72	237.9	14.87	271.8	15.10	305.3	15.26
227.6	15.17	245.5	15.34	280.8	15.60	315.7	15.78
234.1	15.60	252.7	15.97	289.4	16.08	325.6	16.28
248.7	16.58	267.0	16.81	309.1	17.17	348.6	17.43
261.4	17.43	283.4	17.71	326.7	18.15	363.3	18.46
272.6	18.17	296.2	18.51	342.6	19.03	388.1	19.41
282.5	18.83	307.6	19.23	357.0	19.83	405.4	20.27
291.1	19.41	317.8	19.86	170.1	20.56	421.3	21.06
298.8	19.92	326.9	20.43	382.0	21.22	435.9	21.80
311.6	20.77	342.4	21.40	403.0	22.39	462.1	23.10
321.5	21.43	354.9	22.18	420.5	23.36	484.6	24.23
329.1	21.94	364.9	22.80	435.3	24.19	504.2	25.21
334.9	22.32	372.8	23.30	447.8	24.88	521.2	26.06
342.5	22.83	383.9	23.99	466.9	25.94	548.8	27.44
346.6	23.11	390.6	24.41	480.1	26.67	569.5	28.48
348.7	23.25	394.4	24.65	489.1	27.17	585.0	29.25
349.8	23.32	396.6	24.79	495.0	27.50	596.4	29.82
350.4	23.36	397.8	24.87	498.8	27.71	604.6	30.23
350.9	23.40	399.3	24.96	505.3	28.07	623.9	31.19

예제 15.3 심해파의 파장 및 파속

주기 $T = 10$ sec이고, 파고가 $H = 1.2$ m인 심해파의 파장 및 파속을 구하라.

풀이

심해파의 파장은 식 (15.31)로부터

$$L_0 = 1.56T^2 = 156 \text{ m}$$

이고 또 파속은 다음과 같이 계산된다.

$$C_0 = \frac{L}{T} = 1.56T = 15.6 \text{ m/sec}$$

예제 15.4 중간수심파(천해파)의 파장 및 파속

주기가 $T = 5$ sec인 파가 수심이 $h = 5$ m인 해면상을 진행하고 있다. 이때 파장과 파속을 구하라.

풀이

이 경우에는 식 (15.30)으로부터 파장을 계산한다.

$$L = \frac{gT^2}{2\pi} \tanh \frac{2\pi h}{L}$$

상기 식은 구하려고 하는 L이 양변에 포함된 음함수이므로, L을 구하는 방법에는 여러 가지 방법을 이용할 수 있다. 여기서는 시산법을 이용하여 L을 구한다. 우선 주기가 $T = 5$ sec인 심해파의 파장을 구한다.

$$L_0 = 1.56T^2 = 39 \text{ m}$$

이것을 초기값으로 하여 상기 식의 우변에 대입하면 $L = 26.0$ m가 되고, 이것을 제2근사식으로 하여 계산하면 $L = 32.6$ m가 된다. 이러한 과정을 되풀이해서 구하면

$$L = 30.3 \text{ m}$$

가 되고 이 때의 파속은 $C = 6.06$ m/sec가 된다.

표 15.1에서 찾으면 $L = 30.29$ m이고, $C = 6.06$ m/sec이다.

예제 15.5 중간수심파의 파장

앞의 예제 15.4의 조건에서 Hunt식을 이용하여 파장을 구하라.

풀이

$y=\sigma^2 h/g=2\pi h/L_0=0.806$이므로 이것을 식 (15.34)에 대입하여 계산하면

$$kh=\left[0.806^2+\frac{0.806}{1+0.6522\times0.806+0.4622\times0.806^2+0.0864\times0.806^4+0.0675\times0.806^5}\right]^{1/2}=1.038$$

$$\therefore \frac{2\pi h}{L}=1.038$$

$$\therefore L=\frac{2\pi h}{1.038}=30.27\text{ m}$$

(2) 수립자 운동

(가) 속도장

속도포텐셜, 식 (15.28)과 속도포텐셜의 정의에 의하여 x 및 z 방향의 수립자 속도는 각각 다음과 같이 된다.

$$u=-\frac{\partial\phi}{\partial x}=\frac{H\sigma}{2}\frac{\cosh k(h+z)}{\sinh kh}\sin(kx-\sigma t) \tag{15.38}$$

$$w=-\frac{\partial\phi}{\partial z}=-\frac{H\sigma}{2}\frac{\sinh k(h+z)}{\sinh kh}\cos(kx-\sigma t) \tag{15.39}$$

수평방향 수립자속도 u는 $\sin(kx-\sigma t)$에 비례하므로 파형, 식 (15.25)와 비교해 볼 때 이 둘은 동위상(同位相)이고, 그 값도 동부호(同符號)를 갖는다는 것을 알 수 있다. 따라서 η의 절대값이 최대일 때 u의 절대값도 최대값이 되며, u의 방향은 파봉 하에서 파의 진행방향이 되고, 파곡 하에서 그 역방향이 된다. 또한 영점 교차점(zero crossing), 즉 $\eta=0$인 곳에서는 $u=0$이다.

식 (15.38)에서 알 수 있는 바와 같이 u의 절대치의 크기는 z에 비례하고, $\cosh k(h+z)$가 수면($z=0$)에서 임의의 양의 값을 갖고, 해저 바닥에서 최소값을 취하므로 수심이 깊어질수록 쌍곡선 함수적으로 감소함을 알 수 있다. 위에 언급한 수평방향 수립자 속도의 분포를 모식적으로 그린 것이 그림 15.3(a)이다.

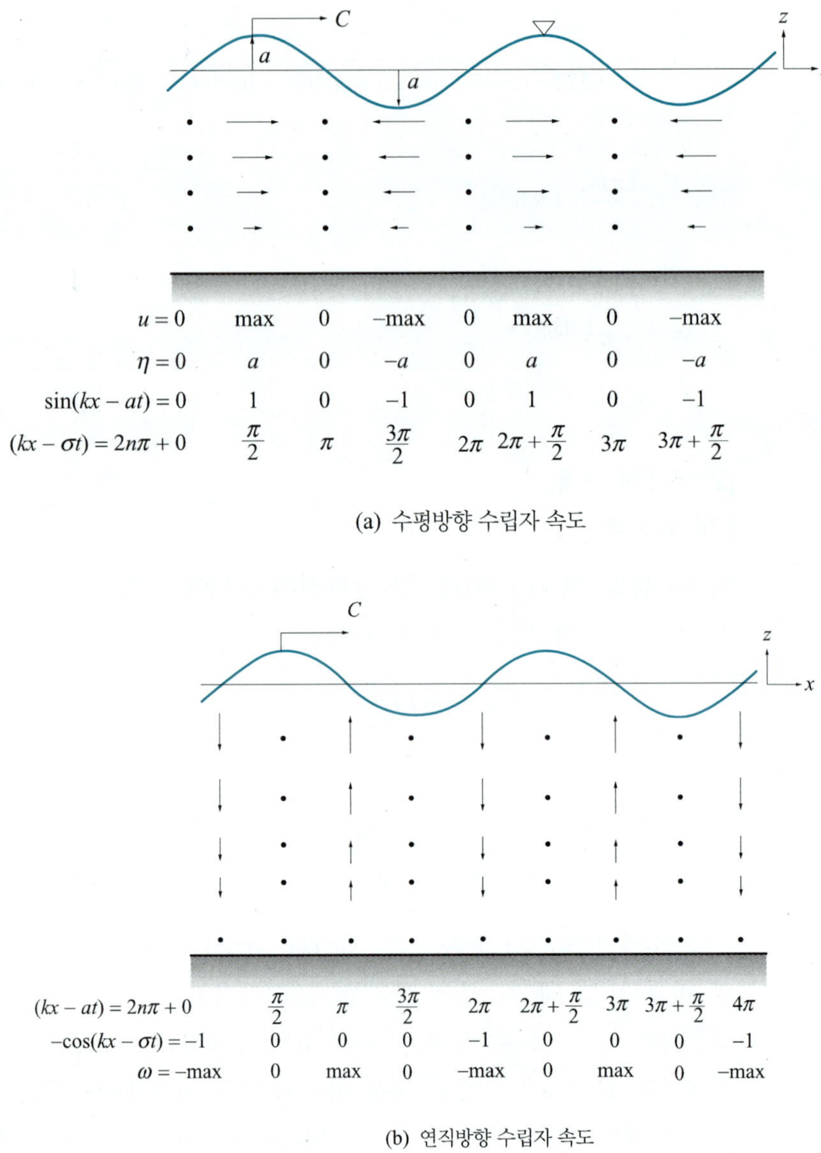

그림 15.3 수평 및 연직방향 수립자 속도

연직방향 수립자속도 w는 $-\cos(kx - \sigma t)$에 비례하므로 파형 η와 $\pi/2$의 위상차를 보인다. 따라서 w는 $kx - \sigma t$의 값이 0, π, 2π, 3π, ⋯ $n\pi$에서 그 값이 최대로 되고, w의 방향은 0, 2π, 4π, ⋯ $2n\pi$에서 아래 방향이고, π, 3π, ⋯, $(2n-1)\pi$에서 윗방향을 향한다.

파형에 대해서 생각하면 영점 교차점에서 연직방향 수립자 속도가 최대로 되고, 정수면 아래에서 파형이 상승하는 영점 교차점(up crossing)에서는 아래 방향이고, 파형이 하향하면서 만드는 영점 교차점(down crossing)에서는 윗방향을 나타낸다. $kx - \sigma t = \pi/2$, $\pi + \pi/2$, $2\pi + \pi/2$, $n\pi + \pi/2(n = 0, 1, 2, \cdots)$인 곳에서는 $w = 0$이다.

w의 절대치의 크기는 $\sinh k(h+z)$에 비례하므로, 수면($z = 0$)에서 가장 크고 수심이 감소하면서 함께 감소하다가 해저 바닥에서는 $w = 0$이 된다. w의 크기 및 방향을 모식적으로 그린 것이 그림 15.3(b)이다.

그림 15.4는 식 (15.38)과 (15.39)를 이용하여, $kx - \sigma t = \pi/4$ 간격으로 계산한 u 및 w의 값을 합성하여 도시한 그림이다. 한 점을 고정하고, 파가 진행하는 경우의 수립자 속도의 진행방향은, 그림에서 번호를 붙인 것처럼 우측에서 좌측으로 이동하면서 표시되는 속도에 대응하는 것이 되고, 이것은 시계방향으로 회전하는 형태를 나타낸다. 그림에서 부여한 각 번호에 해당하는 속도벡터를 모식적으로 나타낸 것이 그림 15.5이고, 이것은 근사적으로 입자의 궤적, 즉 유적선을 보여준다.

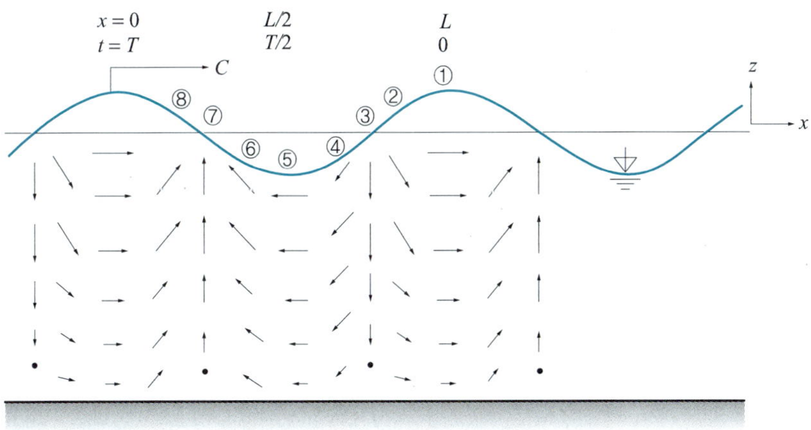

그림 15.4 합성 속도벡터

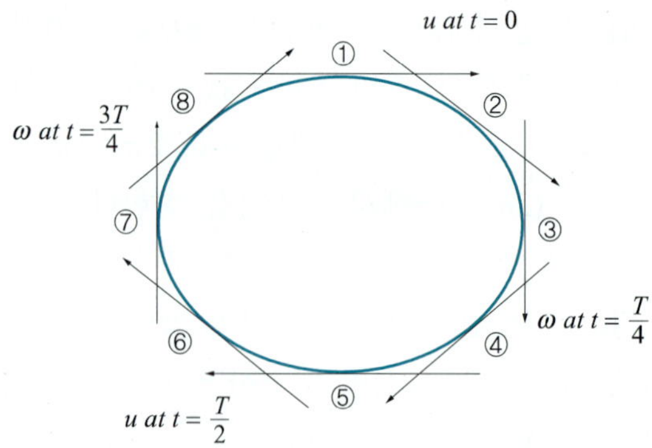

그림 15.5 입자의 궤적

(나) 가속도장

가속도는 식 (15.38) 및 (15.39)로 표현되는 u 및 w를 시간에 대해서 미분하면 구할 수 있다. 그러나 미소진폭파에서는 대류가속도항(convective acceleration terms)을 무시할 수 있기 때문에 가속도는 다음과 같이 국부가속도(local acceleration)만을 구하는 셈이 된다.

$$\dot{u} \cong \frac{\partial u}{\partial t} = -\frac{H\sigma^2}{2}\frac{\cosh k(h+z)}{\sinh kh}\cos(kx-\sigma t) \tag{15.40}$$

$$\dot{w} \cong \frac{\partial w}{\partial t} = -\frac{H\sigma^2}{2}\frac{\sinh k(h+z)}{\sinh kh}\sin(kx-\sigma t) \tag{15.41}$$

가속도의 크기 및 방향에 대해서도, 앞의 속도장에서 설명한 것과 동일한 방법으로 설명이 가능하다. 수평방향 가속도 $\dot{u}$는 $-\cos(kx-\sigma t)$에 비례하므로, 연직방향 속도 w와 동위상이다. 따라서 $kx-\sigma t=0,\ \pi,\ 2\pi,\ \cdots$ $n\pi$에서 $\dot{u}$는 최대값을 갖고 $kx-\sigma t=\pi,\ 3\pi,\ \cdots,\ (2n-1)\pi$에서 파의 진행방향과 같으며, $kx-\sigma t=0,\ 2\pi,\ \cdots,\ 2n\pi$에서 파의 진행방향과 역방향이다.

연직방향 가속도 $\dot{w}$는 $-\sin(kx-\sigma t)$에 비례하므로 u와 η에 대해서 π의 위상차가 있다. 즉, $kx-\sigma t=\pi/2,\ \pi+\pi/2,\ 2\pi+\pi/2,\ \cdots,\ n\pi+\pi/2$에서 최대값을 갖고, $\pi/2,\ 2\pi+\pi/2,\ \cdots,\ 2n\pi+\pi/2$에서는 아랫방향(−), $\pi+\pi/2,\ 3\pi+\pi/2,\ \cdots,\ (2n+1)\pi+\pi/2$에서는 윗방향(+)을 나타낸다. $\dot{u}$와 $\dot{w}$의 절대값은 수심에 따라 감소하며, 각각 u와 w와 동일한 양상으로 변화한다. 그림 15.6은 상기한 가속도장을 모식적으로 나타낸 것이다.

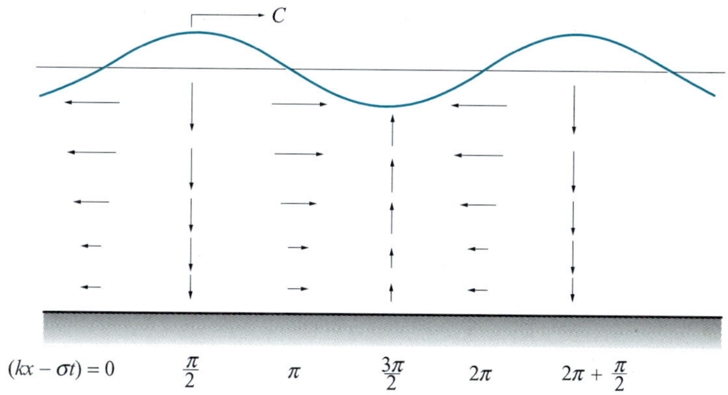

그림 15.6 가속도장

(다) 수립자의 궤적

수립자의 이동변위는 u와 w를 시간에 대하여 적분하여 구할 수 있으나, 입자의 이동과 함께 그 위치좌표 x, z도 함께 변화하므로 그대로 적분하기는 어렵다.

$$\xi = \int u dt = \frac{H}{2}\frac{\cosh k(h+\bar{z})}{\sinh kh}\cos(k\bar{x}-\sigma t)$$
$$\zeta = \int w dt = \frac{H}{2}\frac{\sinh k(h+\bar{z})}{\sinh kh}\sin(k\bar{x}-\sigma t) \qquad (15.42)$$

그러나 지금 대상으로 하고 있는 파가 미소진폭파이므로 u, w를 적분할 때 변화된 좌 x, z 대신 수립자의 평균위치 좌표 $\bar{x}$, $\bar{z}$를 사용해도 큰 오차는 없다고 볼 수 있다. 이제 수평 및 연직 방향 변위성분을 각각 ξ 및 ζ라 하면 식 (15.38) 및 (15.39)로부터 다음과 같이 표현할 수 있다.

식 (15.42)는 평균위치($\bar{x}$, $\bar{z}$)의 주위를 진동하고 있는 것을 나타낸다. 수립자 궤적을 구하기 위해 상기식을

$$\cos(k\bar{x}-\sigma t) = \frac{2\xi}{H}\frac{\sinh kh}{\cosh k(h+\bar{z})} = \frac{\xi}{A}$$

$$\sin(k\bar{x}-\sigma t) = \frac{2\zeta}{H}\frac{\sinh kh}{\sinh k(h+\bar{z})} = \frac{\zeta}{B}$$

로 고쳐쓰고 $\sin^2\theta + \cos^2\theta = 1$의 관계를 이용하여 고쳐 쓰면 다음과 같은 타원 방정식을 얻을 수 있다.

$$\frac{\xi^2}{A^2} + \frac{\zeta^2}{B^2} = 1 \tag{15.43}$$

이것은 수립자가 타원형의 궤도를 따라서 운동하는 것을 의미한다. 여기서 A, B는 각각 x 및 z축의 타원반경으로서

$$A = \frac{H}{2}\frac{\cosh k\left(h+\bar{z}\right)}{\sinh kh}$$
$$B = \frac{H}{2}\frac{\sinh k\left(h+\bar{z}\right)}{\sinh kh} \tag{15.44}$$

으로 표시되는데, $\cosh k(h+\bar{z}) \geq \sinh k(h+\bar{z})$의 관계에 있으므로 $A \geq B$이다. 따라서 A가 장축반경이고, B가 단축반경이 된다.

우선 심해 ($h/L > 1/2$)의 경우에 식 (15.43)으로 표시되는 수립자의 형상에 대해서 고찰한다. 심해에 대해서는

$$\cosh k\left(h+\bar{z}\right) \cong \sinh k\left(h+\bar{z}\right) = \frac{1}{2}e^{k\left(h+\bar{z}\right)}$$

$$\sinh kh \cong \frac{1}{2}e^{kh}$$

이므로, A 및 B의 크기는 다음 식으로 근사된다.

$$A = \frac{H}{2}e^{k\bar{z}}$$
$$B = \frac{H}{2}e^{k\bar{z}} \tag{15.45}$$

결국 $A = B$로 되어, 수립자는 원의 궤적을 그리며, 수심이 증가함에 따라 그 궤적은 지수함수적으로 감소한다. 예로서 수심이 파장의 1/2인 수심, 즉 $z = -L/2$의 수심에서는 A와 B 값은 $\frac{H}{2}e^{-\pi}$로 감소되어 표면값의 4% 정도밖에 되지 않으므로, 그 이하의 수심에서는 수립자 운동이 무시된다. 또, 극천해파$\left(h/L < \frac{1}{20} \sim \frac{1}{25}\right)$에 대해서는 $\cosh k(h+\bar{z}) \cong 1$, $\sinh k(h+\bar{z}) \cong k(h+\bar{z})$, $\sinh kh \cong kh$로 근사되어, A 및 B의 값은 다음과 같이 된다.

$$
\begin{aligned}
A &= \frac{H}{2}\frac{1}{kh} = \frac{HL}{4\pi h} \\
B &= \frac{H}{2}\left(1 + \frac{\bar{z}}{h}\right)
\end{aligned}
\tag{15.46}
$$

즉, 장축의 길이($2A$)는 z에 관계없이 일정한 값을 나타내고, 파장에 비례하여 증가하는 것을 알 수 있다. 단축의 길이($2B$)는 해저($z = -h$)에서 0이 되고 수면으로 향할수록 선형적으로 증가하여 수면에서 최대값이 된다. 그림 15.7은 상대수심을 달리하였을 때 수립자운동의 궤적의 형태를 도시한 것이다.

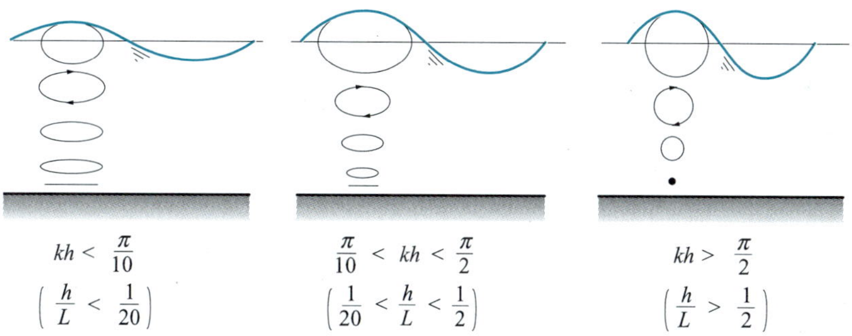

그림 15.7 상대수심에 따른 입자의 궤적

예제 15.6 수립자의 속도 및 가속도

파고가 $H = 5.5$ m이고 주기가 $T = 8$ sec인 파가 수심 $h = 15$ m인 해면상을 진행하고 있다. $kx - \sigma t = \pi/3$일 때 수면($z = 0$)에서 수평방향과 연직방향의 수립자속도성분 u, w 및 가속도성분 $\dot{u}$, $\dot{w}$를 구하라.

풀이

Hunt식 (15.34) 또는 표 15.1을 이용하여 파장을 구하면

$$L = 81.7 \text{ m}$$

상대수심은 $h/L = 15/81.7 = 0.184$이므로, 이 파는 중간수심파(천해파)이다. 따라서, $kh = 2\pi h/L = 1.154$이고 $z = 0$이므로 다음과 같이 계산된다.

$$u = \frac{H\sigma}{2}\frac{\cosh(1.154)}{\sinh(1.154)}\sin\frac{\pi}{3}$$

$$= \frac{\pi H}{T}\frac{\cosh(1.154)}{\sinh(1.154)}\sin\frac{\pi}{3} = 2.28\ \text{m/sec}$$

$$w = \frac{\pi H}{T}\frac{\sinh(1.154)}{\sinh(1.154)}\cos\frac{\pi}{3} = -1.08\ \text{m/sec}$$

$$\dot{u} = -\frac{H\sigma^2}{2}\frac{\cosh(1.154)}{\sinh(1.154)}\cos\frac{\pi}{3}$$

$$= -\frac{2\pi^2 H}{T^2}\frac{\cosh(1.154)}{\sinh(1.154)}\cos\frac{\pi}{3} = -1.04\ \text{m/sec}^2$$

$$\dot{w} = -\frac{2\pi^2 H}{T^2}\frac{\sinh(1.154)}{\sinh(1.154)}\sin\frac{\pi}{3} = -1.47\ \text{m/sec}^2$$

예제 15.7 수립자의 궤적

수심 20 m인 지점을 진행하는 파의 주기가 $T = 8$ sec였다. 이 때 파고가 $H = 2$ m이었다. $\bar{z} = 0$, $\bar{z} = -10$ m 그리고 $\bar{z} = -19$ m인 곳에서 수립자의 궤적을 계산하여 도시하라.

풀이

궤적을 구하는 수립자의 x의 평균위치를 $\bar{x} = 0$으로 하면, 식 (15.42)는 다음과 같이 된다.

$$\xi = \frac{H}{2}\frac{\cosh k(h+\bar{z})}{\sinh kh}\cos(-\sigma t)$$

$$\zeta = \frac{H}{2}\frac{\sinh k(h+\bar{z})}{\sinh kh}\sin(-\sigma t)$$

표 15.1 또는 Hunt식 (15.34)를 이용하여 L을 구하면

$L = 88.7$ m

이므로 다음과 같은 값을 얻는다.

$$k = 2\pi/88.7 = 0.071, \;\; kh = 1.42, \;\; \sigma = \frac{2\pi}{T} = 0.785$$

이것을 상기 식에 대입하여 정리하면 다음 식을 얻는다.

$$\xi = 0.513\cosh\left[0.071\left(20+\bar{z}\right)\right]\cos\sigma t$$

$$\zeta = -0.513\sinh\left[0.071\left(20+\bar{z}\right)\right]\sin\sigma t$$

상기 식에 $\bar{z}=0$, -10 m 및 -19 m를 대입하고 σt를 변화시키면서 계산한 것이 표 E15.7이고, 이것을 도시하면 그림 E15.7과 같다.

표 E15.7

	$\bar{z}=0$		$\bar{z}=-10$		$\bar{z}=-19$	
σt	ξ	ζ	ξ	ζ	ξ	ζ
0	1.123	0	0.648	0	0.514	0
0.2π	0.909	−0.587	0.524	−0.233	0.416	−0.021
0.4π	0.347	−0.950	0.200	−0.376	0.159	−0.035
0.6π	−0.347	−0.950	−0.200	−0.376	−0.159	−0.035
0.8π	−0.909	−0.587	−0.524	−0.233	−0.416	−0.021
π	−1.123	0	−0.648	0	−0.514	0
1.2π	−0.909	0.587	−0.524	0.233	−0.416	0.021
1.4π	−0.347	0.950	−0.200	0.376	−0.159	0.035
1.6π	0.347	0.950	0.200	0.376	0.159	0.035
1.8π	0.909	0.587	0.524	0.233	0.416	0.021

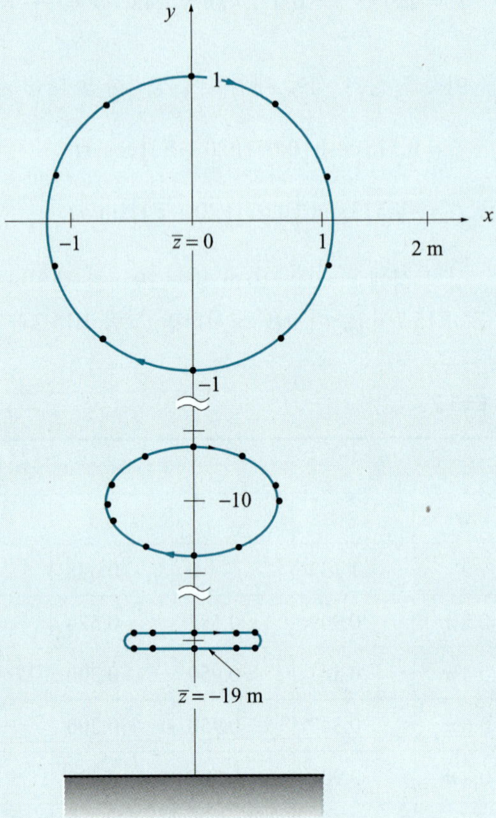

그림 E15.7

(3) 파동장의 압력분포

파동장의 임의의 깊이에서의 압력 p는 식 (15.10)에서 u^2 및 w^2항을 생략하고 상수 $F(t)=0$으로 두면 구할 수 있다.

$$p=\rho\frac{\partial\phi}{\partial t}-\rho gz \tag{15.47}$$

상기 식으로부터 파동하에서의 압력은 2개 부분으로 되어 있다. 두 번째 항이 정수압 분포를 나타내므로 첫항 $\rho\dfrac{\partial\phi}{\partial t}$가 파에 의해서 유발되는 압력을 나타내는 것을 알 수 있는데, 이것을 동압력이라고 부른다. 속도포텐셜 ϕ의 식 (15.26)을 식 (15.47)에 대입하면 다음 식을 얻는다.

$$p = \rho g \frac{H}{2} \frac{\cosh k\left(h+z\right)}{\cosh kh} \sin\left(kx - \sigma t\right) - \rho g z \tag{15.48}$$

상기 식은 다음과 같이 고쳐 쓸 수도 있다.

$$p = \rho g \eta K_p - \rho g z \tag{15.49}$$

여기서 K_p는

$$K_p = \frac{\cosh k\left(h+z\right)}{\cosh kh} \tag{15.50}$$

이고, 압력응답계수(pressure response factor)라 부른다. 그림 15.8은 상대수심(h/L)을 매개 변수로 하여 상기 식 (15.50)으로부터 수심비 $-z/h$에 따른 K_p의 값을 계산하여 도시한 그림이다. 정수면 ($z=0$)에서 K_p값은 0이고 수심이 클수록 또 상대수심(h/L)이 증가할수록 K_p의 값은 감소한다.

동압력은 입자 가속도로 인한 압력으로서 파형 η와 동위상이므로 앞서 설명한 바와 같이 파봉하에서는 하향 가속도를 받기 때문에 총압력은 정수면을 기준으로 한 압력보다 크게 되고, 파곡하에서는 상향가속도를 받기 때문에 총압력은 정수면을 기준으로 한 정수압보다 작게 되며 영점교차점에서는 정수압분포를 한다. 식 (15.48)은 $z=0$에서 적용된 자유표면 경계조건, 식 (15.16) 때문에 정수면 이상에서는 유효하지 않다. 이러한 압력분포를 도시한 것이 그림 15.9이다.

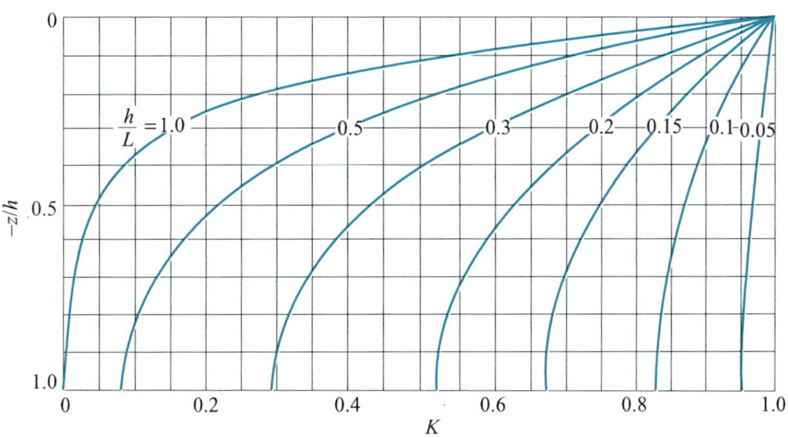

그림 15.8 압력응답계수의 변화

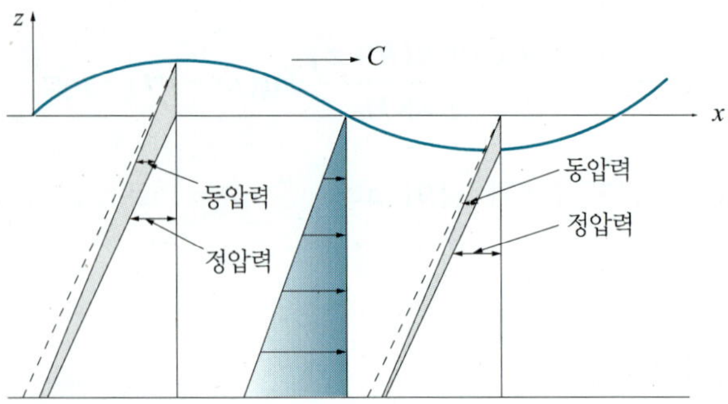

그림 15.9 파동하의 압력 분포

식 (15.49)에서 정압력은 항상 알고 있는 값이므로, 동압력(p_d)만을 분리해서 다음과 같이 고쳐 쓸 수 있다.

$$\eta = \frac{P_d}{\rho g K_p} \tag{15.51}$$

식 (15.51)로부터 알 수 있는 바와 같이 동압력 p_d가 주어지면 파형 η를 구할 수 있고, 이것으로부터 파고의 산정도 가능하다. 이 것이 수압식파고계(水壓式波高計)의 원리이다. 좀더 구체적으로 설명하면 압력변환기를 해저($z = -h$)에 설치한 경우, 식 (15.51)은 다음과 같이 쓸 수 있다.

$$\begin{aligned} \eta &= \frac{P_d}{\rho g K_p(-h)} \\ K_p(-h) &= \frac{1}{\cosh kh} \end{aligned} \tag{15.52}$$

여기서 $K_p(-h)$는 kh의 함수이므로 관측치의 각주파수와 분산방정식 (15.27) 또는 (15.34)를 이용하거나 그림 15.8을 이용하여 구한다. 그림 15.8에서도 알 수 있는 바와 같이 상대수심이 아주 큰 파(단주기파)인 경우, 해저에서는 K_p 값이 아주 작으므로 수압식 파고계로는 파의 기록이 힘들게 될 수도 있다.

예제 15.8 파압에 의한 파고 산정

수심이 $h = 12$ m인 지점의 해저로부터 연직방향으로 0.6 m 떨어진 곳에서 파압계를 이용하여 파압을 측정하였더니 최대파압이 $P_{max} = 124$ kN/m^{2}이 기록되었다. 주기가 $T = 15$ sec이었다면 이때 파의 파고의 크기를 구하라. 단, 해수의 비중은 $S = 1.025$이다

풀이

표 15.1 또는 Hunt식을 이용하여 L을 구하면

$$L = 156.9 \text{ m}$$

따라서 K_P는 다음과 같이 계산된다.

$$K_P = \frac{\cosh\left[2\pi(z+h)/L\right]}{\cosh(2\pi h/L)} = \frac{\cosh\left[2\pi(-11.4+12)/156.9\right]}{\cosh(2\pi \times 12/156.9)}$$
$$= 0.8949$$

그런데 식 (15.49)로부터

$$P = \rho g \eta K_P - \rho g z$$
$$= \rho g(\eta K_P - z)$$

$\eta = \eta_{max} = \dfrac{H}{2}$ 일 때 압력이 최대가 되므로

$$P_{max} = \rho g\left(\frac{H}{2}K_P - z\right)$$

따라서 상기 식을 H에 대해서 정리하면 다음과 같이 계산된다.

$$H = \frac{2\left[P_{max} + \rho g z\right]}{\rho g K_P}$$

$$= \frac{2\left[124 \times 10^3 \text{ N/m}^2 + 1.025 \times 9800 \text{ N/m}^3 \times (-11.4)\text{ m}\right]}{1.025 \times 9800 \text{ N/m}^3 \times 0.8949}$$

$$= 2.11 \text{ m}$$

15.4 미소진폭장파

장파는 수심에 비해서 파장이 극히 길기 때문에($h/L < 1/20 \sim 1/25$), 수립자 운동의 연직성분이 수평성분에 대하여 무시할 수 있는 경우이다. 따라서 수심이 작은 영역에서 파장이 길면 장파이론을 적용할 수 있다. 그림 15.1과 같은 2차원 좌표계를 설정하고, 점성을 무시하면 수립자 운동은 Euler의 운동방정식을 따른다.

$$\frac{\partial u}{\partial t} + u\frac{\partial u}{\partial x} + w\frac{\partial u}{\partial z} = -\frac{1}{\rho}\frac{\partial p}{\partial x} \tag{15.53}$$

$$\frac{\partial w}{\partial t} + u\frac{\partial w}{\partial x} + w\frac{\partial w}{\partial z} = -g - \frac{1}{\rho}\frac{\partial p}{\partial z} \tag{15.54}$$

여기서 g는 중력가속도, ρ는 물의 밀도이다. 앞서 언급한 바와 같이 연직방향 수립자 속도성분 w는 수평방향 성분에 비해 미소하므로($w \ll u$) 무시 가능하다. 따라서 식 (15.54)는 다음과 같이 쓸 수 있다.

$$g + \frac{1}{\rho}\frac{\partial p}{\partial z} = 0$$

수면($z = \eta$)에서의 압력이 대기압으로서 0인 조건을 이용하여 상기 식을 적분하면 다음 식을 얻는다.

$$p = \rho g\left(\eta - z\right) \tag{15.55}$$

이 식은 장파의 내부에 있어서의 압력분포는 정수압분포를 하고 있는 것을 의미한다.

한편 식 (15.53)에서도 z방향의 유속성분이 x방향에 비해서 작고, 식 (15.55)로부터 $\partial p/\partial x = \rho g(\partial \eta/\partial x)$이므로 다음 식과 같이 된다.

$$\frac{\partial u}{\partial t} + u\frac{\partial u}{\partial x} = -g\frac{\partial \eta}{\partial x} \tag{15.56}$$

다음으로 비압축성유체에 대한 연속방정식을 생각한다.

$$\frac{\partial u}{\partial x} + \frac{\partial w}{\partial z} = 0 \tag{15.57}$$

이 식을 $z=-h$로부터 $z=\eta$까지 적분하면 다음 식을 얻는다.

$$\int_{-h}^{\eta}\frac{\partial u}{\partial x}dz + w_{z=\eta} - w_{z=-h} = 0 \tag{15.58}$$

상기 식에서 제2항 및 3항은 운동학적 자유표면 경계조건식 (15.9)와 바닥경계조건 식 (15.8)로부터

$$\begin{aligned} w_{z=\eta} &= \frac{\partial \eta}{\partial t} + u_{z=\eta}\frac{\partial \eta}{\partial x} \\ w_{z=-h} &= 0 \end{aligned} \tag{15.59}$$

의 관계가 있고, 또 식 (15.58)의 제1항은 Leibnitz의 정리를 이용하면 다음과 같이 표현할 수 있다.

$$\int_{-h}^{\eta}\frac{\partial u}{\partial x}dz = \frac{\partial}{\partial x}\int_{-h}^{\eta}u\,dz - u_{z=\eta}\frac{\partial \eta}{\partial x} - u_{z=-h}\frac{\partial h}{\partial x} \tag{15.60}$$

따라서 식 (15.59)와 (15.60)을 식 (15.58)에 대입하고, $\partial h/\partial x = 0$(수심 일정)인 것을 고려하여 정리하면 다음과 같이 된다.

$$\frac{\partial \eta}{\partial t} + \frac{\partial}{\partial x}\int_{-h}^{\eta}u\,dz = 0$$

또한 x방향 유속성분 u는 z방향에 관계없이 일정하다고 가정하면 상기 식은 다음과 같이 된다.

$$\frac{\partial \eta}{\partial t} + \frac{\partial}{\partial x}\left[u\left(\eta + h\right)\right] = 0 \tag{15.61}$$

상기 식 (15.56)과 (15.61)이 장파의 기본식이다.

이제 미소진폭장파의 경우에 대해서 생각해 본다. 미소진폭파의 경우에는 식 (15.56)에서 좌변의 제2항은 미소진폭파의 가정으로부터 무시할 수 있는 양이므로 운동방정식은 다음과 같이 된다.

$$\frac{\partial u}{\partial t} = -g\frac{\partial \eta}{\partial x} \tag{15.62}$$

또 식 (15.61)에서 $|\eta| \ll h$이고, $\partial h/\partial x = 0$이므로 연속식은 다음과 같이 된다.

$$\frac{\partial \eta}{\partial t} + h\frac{\partial u}{\partial x} = 0 \tag{15.63}$$

식 (15.62)와 (15.63)으로부터 u를 소거하면 다음과 같은 파동방정식을 얻는다.

$$\frac{\partial^2 \eta}{\partial t^2} = C^2 \frac{\partial^2 \eta}{\partial x^2}, \quad C = \pm\sqrt{gh} \tag{15.64}$$

상기 식은 파형 η가 일정한 속도 C로서 변형하지 않고 x의 정방향 또는 역방향으로 진행하는 것을 의미하고 있다. 상기 2계 편미분방정식의 일반해는 다음과 같이 된다.

$$\eta = F(x - Ct) + G(x + Ct) \tag{15.65}$$

여기서 F, G는 임의의 함수이고, $C = \pm\sqrt{gh}$로서 전파속도, 우변 제1항은 x방향의 정방향이고, 제2항은 x의 역방향으로 진행하는 파를 의미한다.

15.5 중복파와 반사

15.5.1 완전 중복파

(1) 파형과 속도장

전 절까지는 주로 x방향의 진행파를 다루어 왔는데, 이제 내습파가 연직벽에 부딪쳐서 반사하는 경우를 생각한다. 이 때 입사파(incident wave)의 파형(η_I)과 위상차가 π인 반사파(reflected wave)의 파형(η_R)은 각각

$$\eta_I = \frac{H_I}{2}\sin(kx - \sigma t) \tag{15.66}$$

$$\eta_R = -\frac{H_R}{2}\sin(kx + \sigma t) \tag{15.67}$$

로 표현되는데, 완전반사인 경우에는 입사파고 H_I와 반사파고 H_R이 같게 된다. 따라서 입사파와 반사파를 중첩시키면 다음과 같이 된다.

$$\eta = \eta_I + \eta_R = \left(\frac{H_I}{2} - \frac{H_R}{2}\right)\sin kx \cos \sigma t - \left(\frac{H_I}{2} + \frac{H_R}{2}\right)\cos kx \sin \sigma t$$

여기서 $H_I = H_R = H$로 놓으면 다음과 같이 된다.

$$\eta = -H \cos kx \sin \sigma t \tag{15.68}$$

이 파는 진폭 $H \cos kx$가 거리와 함께 변화하는 정현파로서 $\cos kx = 0$이 되는 지점 즉 $x = L/4,\ 3L/4,\ 5L/4,\ \cdots\ (2n+1)L/4$에서는 시간 t에 관계없이 진폭이 0이 되고, $\cos kx = \pm 1$인 곳, 즉 $x = 0,\ L/2,\ \mathrm{L},\ 3L/2,\ nL/2$에서는 진폭이 H로서 최대이며 진행파의 2배가 된다.

이 때의 파형을 도시한 것이 그림 15.10인데, 진폭이 0인 곳을 진동의 절(節, node)이라 하고, 진폭이 최대로 되는 곳을 진동의 배(antinode)라 부르며, 배와 절은 $L/4$마다 교대로 출현된다. 이렇게 전진하지도 후진하지도 않으며 제자리에서 연직방향으로 상하운동을 하는 파를 중복파(重複波, clapotis) 또는 정상파(定常波, standing wave)라 한다.

완전중복파의 속도장은 입사파와 반사파의 속도포텐셜을 중첩하면, 구할 수 있다.

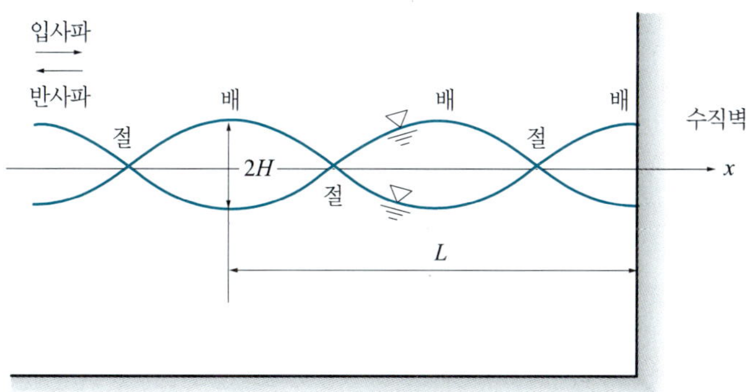

그림 15.10 중복파의 파형

$$\phi = \phi_1 + \phi_R = \frac{H_1\sigma}{2k}\frac{\cosh k(h+z)}{\sinh kh}\cos(kx-\sigma t) + \frac{H_R\sigma}{2k}\frac{\cosh k(h+z)}{\sinh kh}\cos(kx+\sigma t) = \frac{H\sigma}{k}\frac{\cosh k(h+z)}{\sinh kh}\cos kx \cos\sigma t \tag{15.69}$$

이것으로부터 수평 및 연직방향 속도성분을 구하면 다음과 같이 된다.

$$u = H\sigma\frac{\cosh k(h+z)}{\sinh kh}\sin kx\cos\sigma t \tag{15.70}$$

$$w = -H\sigma\frac{\sinh k(h+z)}{\sinh kh}\cosh kx\cos\sigma t \tag{15.71}$$

이것은 진행파의 경우의 수립자 속도식 (15.38)과 (15.39) 각각에 대해서 진행방향만 반대인 경우, 즉 σt 부분의 부호만을 바꾼 식을 중첩해도 동일하게 구할 수 있다.

상기 식으로부터 알 수 있는 바와 같이 $\sin kx = 0$ 즉 $x = 0$, $L/2$, L, $3/2L$, $nL/2$인 곳(배; antinode)에서는 $u = 0$이 되고, w가 최대가 되며, 이 때 w는 수면($z = 0$)에서 최대이며 해저로 향할수록 $\sinh k(h+z)$ 값에 따라 감소한다. 또 $\cos kx = 0$인 곳, 즉 $x = L/4$, $3L/4$, $5L/4$, ⋯ $(2n+1)L/4$인 곳에서 $w = 0$이 되고, 수평속도 u는 최대로 되며 이것도 배에서의 w와 유사하게 해저 바닥을 향해 감소한다. 중복파의 수면변화와 함께 유속장을 도시한 것이 그림 15.11이다.

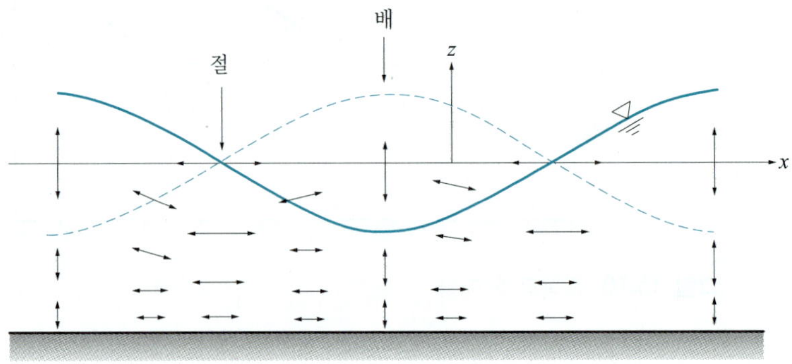

그림 15.11 완전중복파의 속도장

(2) 수립자 궤적

진행파의 수립자의 궤적은 이미 식 (15.42)로 구하였다. 따라서 위상각이 π 만큼 차이가 나는 반사파의 궤적은 다음과 같이 표현된다.

$$\begin{aligned}\xi &= -\frac{H}{2}\frac{\cosh k\left(h+\bar{z}\right)}{\sinh kh}\cos\left(k\bar{x}+\sigma t\right)\\ \zeta &= -\frac{H}{2}\frac{\sinh k\left(h+\bar{z}\right)}{\sinh kh}\sin\left(k\bar{x}+\sigma t\right)\end{aligned} \tag{15.72}$$

따라서 식 (15.42)와 (15.72)를 중첩하면 중복파의 궤적이 된다.

$$\xi = H\frac{\cosh k\left(h+\bar{z}\right)}{\sinh kh}\sin k\bar{x}\sin\sigma t \tag{15.73}$$

$$\zeta = -H\frac{\sinh k\left(h+\bar{z}\right)}{\sinh kh}\cos k\bar{x}\sin\sigma t \tag{15.74}$$

진행파의 궤적을 구할 때와 마찬가지 방법으로 중복파의 유속식 (15.70)과 (15.71)을 각각 적분해도, 위와 동일한 결과를 얻는다.

상기 두 식으로부터 다음과 같이 중복파의 궤적을 나타내는 식을 얻을 수 있다.

$$\frac{\zeta}{\xi} = -\tanh k\left(h+\bar{z}\right)\cot k\bar{x} \tag{15.75}$$

식 (15.75)의 우변은 상수이므로, 진행파의 경우와는 달리 중복파의 궤적은 직선인 것을 알 수 있다. 따라서 수립자는 $(\bar{x}, \bar{z})$를 중심으로 하여 일정경사의 직선상을 움직인다는 것을 알 수 있다. 중복파의 배에서는 수립자는 상하 운동만을 하고, 절에서는 수면은 항상 $\eta = 0$의 위치에 있고, 수립자는 수평방향으로만 운동하게 된다.

4장에서 구한 유선 방정식 (4.13)에 수립자 속도식 (15.70) 및 (15.71)을 대입하고, 근사적으로 $x=\bar{x}$, $z=\bar{z}$로 치환하면 다음과 같이 된다.

$$\frac{w}{u} = \frac{d\bar{z}}{d\bar{x}} = -\tanh k\left(\bar{z}+h\right)\cot k\bar{x} \tag{15.76}$$

상기 식을 적분하면 다음과 같은 중복파의 유선방정식

$$\sinh k\left(\bar{z}+h\right)\sin k\bar{x} = \text{const} \tag{15.77}$$

을 얻는데 이 결과를 도시하면 그림 15.12와 같이 된다.

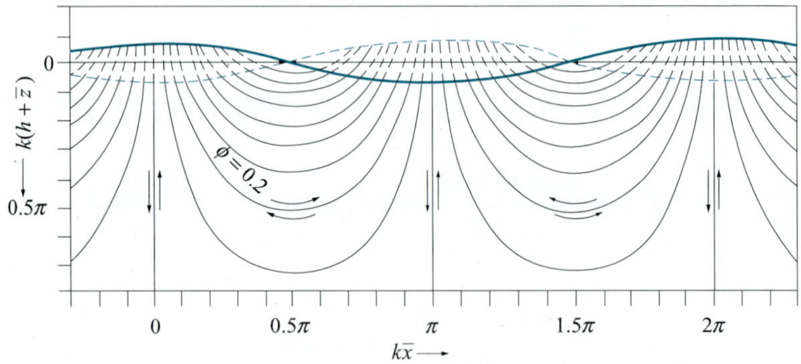

그림 15.12 중복파의 유선

15.5.2 부분 중복파

진행파가 완전히 반사하는 경우에는 전진도 후진도 하지 않는 파, 즉 중복파가 발생하고 이때 파의 진폭은 입사파의 2배로 된다고 하는 것은 앞에서 설명하였다. 그러나 실제의 경우에는 파가 반사할 때 물의 점성이나 기타의 원인에 의해 에너지손실이 유발되기 때문에 반사파의 파고 H_R은 입사파의 파고 H_I 보다 작게 된다. 이러한 경우에는 식 (15.66)과 (15.67)이 중복된 경우로서 파형은 다음과 같이 표현된다.

$$\begin{aligned}\eta &= \frac{H_I}{2}\sin\left(kx-\sigma t\right)-\frac{H_R}{2}\sin\left(kx+\sigma t\right)\\ &=\left(\frac{H_I}{2}-\frac{H_R}{2}\right)\sin\left(kx-\sigma t\right)-H_R\cos kx\sin\sigma t\end{aligned} \tag{15.78}$$

상기 파형은 파고가 $(H_I - H_R)$인 진행파와 파고가 $2H_R$인 중복파가 중첩된 형태인 것을 알 수 있다. 따라서 이러한 파는 진행파와 중복파의 중간적인 성질을 가지므로, 이러한 파를 부분중복파(partial clapotis)라 부르고 있다. 식 (15.78)을 변형하면 η는 다음과 같이 쓸 수 있다.

$$\eta = \left(\frac{H_{\mathrm{I}}}{2} - \frac{H_R}{2}\right)\sin kx \cos \sigma t - \left(\frac{H_{\mathrm{I}}}{2} + \frac{H_R}{2}\right)\cos kx \sin \sigma t \tag{15.79}$$

상기 식에서 $\sin kx = 0$인 곳, 즉 $x = nL/2$ ($n = 0, 1, 2, \cdots$)인 곳에서 배(antinode)가 되고, 파고는 최대치로서 $H_I + H_R$이 된다. 또 $\cos kx = 0$인 곳, 즉 $x = (2n+1)\,L/4$ ($n = 0, 1, 2, \cdots$)인 곳에서 절(node)이 되고 파고는 최소치로서 $H_I - H_R$이 된다. 배와 절의 간격은 $L/4$이고, $L/2$ 간격마다 반복해서 발생한다. 그림 15.13은 위에서부터 차례대로 식 (15.79)의 제1항, 제2항 및 이 두 항의 중첩에 대한 개개파의 파형을 도시한 것이다. 따라서 파형을 측정하면 파고의 최대치와 최소치를 알 수 있고, 이것을 이용하면 반사율($K_R = H_R/H_{\mathrm{I}}$)도 구할 수 있다. 파고의 최대치를 $H_{\max}$, 최소치를 $H_{\min}$이라 하면 $H_{\max} = H_{\mathrm{I}} + H_R$, $H_{\min} = H_{\mathrm{I}} - H_R$의 관계를 얻을 수 있고, 이것으로부터 다음 관계를 얻는다.

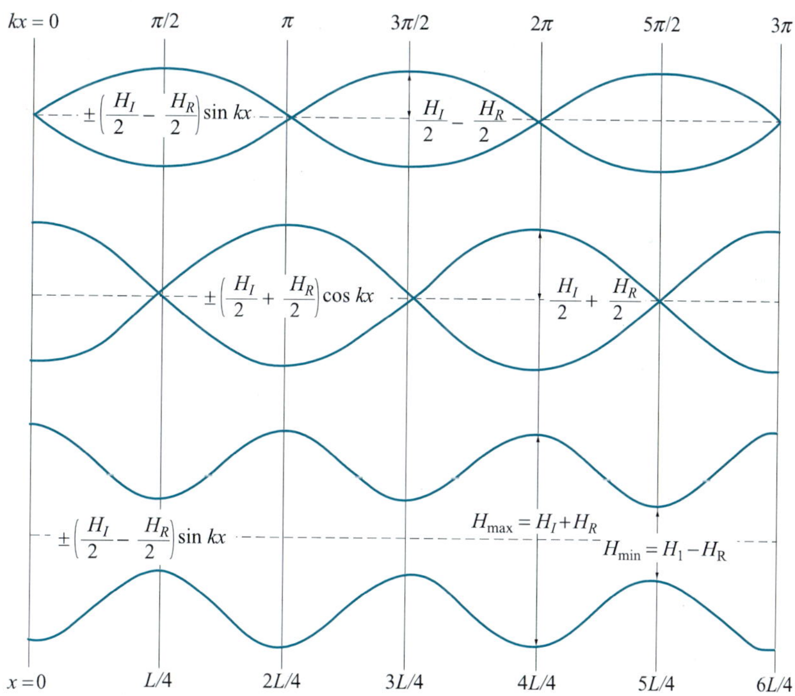

그림 15.13 부분중복파의 파형

$$H_I = \frac{1}{2}(H_{max} + H_{min})$$
$$H_R = \frac{1}{2}(H_{max} - H_{min}) \tag{15.80}$$

이 식을 이용하여 입사파고 H_I와 반사파고 H_R이 결정되면 반사율 (H_R/H_I)을 구할 수 있는데 이러한 방법을 Healy의 방법이라 한다.

해저 경사가 일정한 사면에서의 반사율은 입사파의 파형경사(H/L)와 해저경사에 크게 영향을 받는다. 그림 15.14는 일정경사 해안에 있어서 반사율을 Healy 방법에 의해 구한 결과를 도시한 것이다. 이 그림은 파형경사를 매개변수로 하고, 해저경사(θ)를 달리하였을 때 K_R의 변화를 보이고 있는데, 반사율은 파형경사가 작을수록, 또 해저경사가 클수록 크게 되는 것을 알 수 있다. 해저경사가 작은 경우에 반사율이 급격히 감소하는 것은 완만한 경사에서 파는 쇄파하므로 에너지의 태반을 잃어버리기 때문이다.

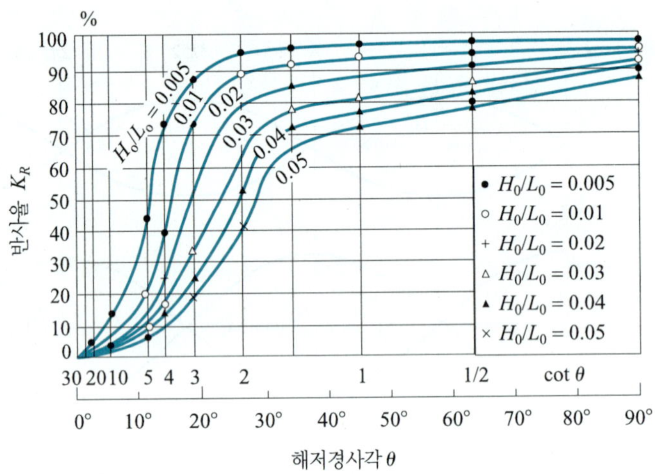

그림 15.14 일정해저경사를 갖는 사면에서의 반사율

15.6 군파와 군속도

진폭은 같고 파랑과 주기가 약간 다른 두 개의 미소진폭파가 동일한 방향으로 진행하는 경우를 생각해 보자. 상기 두 개 파를 합성한 파형은 다음과 같이 된다.

$$\eta = \frac{H}{2}\sin\left(k_1 x - \sigma_1 t\right) + \frac{H}{2}\sin\left(k_2 x - \sigma_2 t\right)$$
$$= H\cos\left[\frac{1}{2}\left(k_1 - k_2\right)x - \frac{1}{2}\left(\sigma_1 - \sigma_2\right)t\right]\cdot\sin\left[\frac{1}{2}\left(k_1 + k_2\right)x - \frac{1}{2}\left(\sigma_1 + \sigma_2\right)t\right] \tag{15.81}$$

여기서

$$\sigma_1 = \sigma_2 + \Delta\sigma \cong \sigma + \Delta\sigma$$
$$k_1 = k_2 + \Delta k \cong k + \Delta k$$

라 놓고, $\Delta\sigma \ll \sigma$, $\Delta k \ll k$ 의 관계를 이용하면 식 (15.81)은 다음과 같이 쓸 수 있다.

$$\underbrace{\underbrace{\eta = H\cos\left(\frac{\Delta k}{2}x - \frac{\Delta\sigma}{2}t\right)}_{\text{①}}\sin\left(kx - \sigma t\right)}_{\text{②}} \tag{15.82}$$

이 파는 $L = 2\pi/k$인 파장과 $T = 2\pi/\sigma$의 주기를 갖고서, 진폭이 $H\cos[(\Delta k/2)x-(\Delta\sigma/2)t]$로 변화하는 파를 나타낸다. 이제

$$\frac{\Delta\sigma}{2} = \frac{2\pi}{T_G},\quad \frac{\Delta k}{2} = \frac{2\pi}{L_G} \tag{15.83}$$

로 놓으면 $\Delta\sigma \ll \sigma$이고, $\Delta k \ll k$인 것을 생각하면 $L_G \gg L$, $T_G \gg T$이므로 식 (15.82)에서 ①로 표시되는 파는 ②로 표시되는 파에 비해 파장(L_G) 및 주기(T_G)가 극히 길고, 그 진폭은 0부터 H까지 아주 완만하게 변화하는 것을 알 수 있고, ①로 표시되는 파는 ②루서 퓨시되는 파속 C(주기 T)이고, 파장 L인 다수 개의 파의 포락선(envelope)을 형성하는 것을 의미한다. 이러한 파를 군파(group waves)라 부르고, 그 진행속도를 군속도(group velocity)라 부른다. 그림 15.15는 식 (15.82)를 도시한 것이다.

군파는 진행파와 유사하게 전파하나, 그 전파속도는 다르다. 그 전파속도, 즉 군속도를 C_g라 하면 식 (15.83)으로부터 다음과 같이 된다.

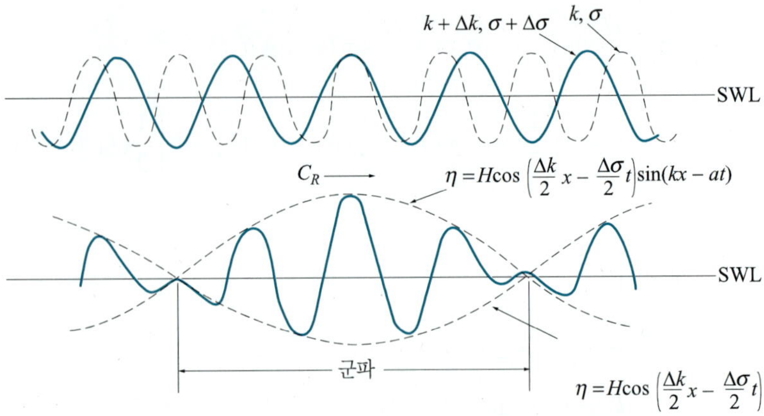

그림 15.15 분리되어 표시된 2개 파열과 중첩시킨 파열

$$C_g = \frac{L_G}{T_G} = \frac{\Delta\sigma/2}{\Delta k/2} = \frac{\Delta\sigma}{\Delta k} \tag{15.84}$$

여기서 L_G와 T_G는 각각 군파의 파장 및 주기이다. 식 (15.84)에 $\Delta k \to 0$인 극한을 취하면

$$C_g = \frac{d\sigma}{dk} \tag{15.85}$$

로 된다. 이제 C_g를 좀더 구체적인 식으로 표현하기 위해 분산방정식을 이용한다.

$$\sigma^2 = gk \tanh kh$$

상기 식의 양변을 파수 k로 미분하고 $d\sigma/dk$에 대해서 정리하면 다음 식을 얻는다.

$$\frac{d\sigma}{dk} = \frac{g}{2\sigma}\left(\tanh kh + kh \operatorname{sech}^2 kh\right)$$

그런데 분산방정식으로부터 $g/\sigma = \sigma/k \tanh kh$이므로 이것을 상기 식에 대입하고, $C = \sigma/k$의 관계를 이용하면

$$
\begin{aligned}
C_g &= \frac{d\sigma}{dk} = \frac{1}{2} \cdot \frac{\sigma}{k} \frac{\left(\tanh kh + kh \operatorname{sech}^2 kh\right)}{\tanh kh} \\
&= \frac{C}{2}\left(1 + \frac{2kh}{\sinh 2kh}\right)
\end{aligned}
\tag{15.86}
$$

이 된다. 위에서는 $\sinh kh \cosh kh = 1/2 \sinh 2kh$와 $c = \sigma/R$의 관계가 이용되고 있다. 군속도와 단일파의 파속비 C_g/C를 n으로 두면

$$
n = \frac{C_g}{C} = \frac{1}{2}\left(1 + \frac{2kh}{\sinh 2kh}\right)
$$

로 되는데, 이것은 상대수심(h/L)만의 함수인 것을 알 수 있다. 특히 심해의 경우, 즉 $kh \gg 1$의 경우에는 $\sinh 2kh \to \infty$이므로

$$
n = \frac{C_g}{C} = \frac{1}{2} \tag{15.87}
$$

로 되는데, 이것은 군속도가 단일파 파속의 1/2인 것을 의미하고 있다. 또, 극천해파 또는 장파의 경우, 즉 $kh \ll 1$인 경우에는 $\sinh 2kh \cong 2kh$이므로

$$
n = \frac{C_g}{C} = 1 \tag{15.88}
$$

로 되는데, 이 경우에는 군속도와 단일파의 파속이 같다는 것을 알 수 있다.

15.7 파의 에너지와 에너지전달

파가 갖는 에너지는 두 가지로 대별된다. 그 하나는 위치에너지(potential energy)로서 자유수면의 변위에 기인하는 에너지이고 또 하나는 수립자 속도에 대응하는 운동에너지(kinetic energy)가 그것이다. 위의 두 개의 에너지를 합한 것이 파가 갖는 총에너지(total energy)가 된다.

15.7.1 위치에너지 potential energy

위치에너지는 중력중심을 한 점에서 다른 한 점으로 이동시키는 데 필요한 일로 정의된다. 파의 존재로 인한 수면변동은 유체의 이동을 가져오고 그것

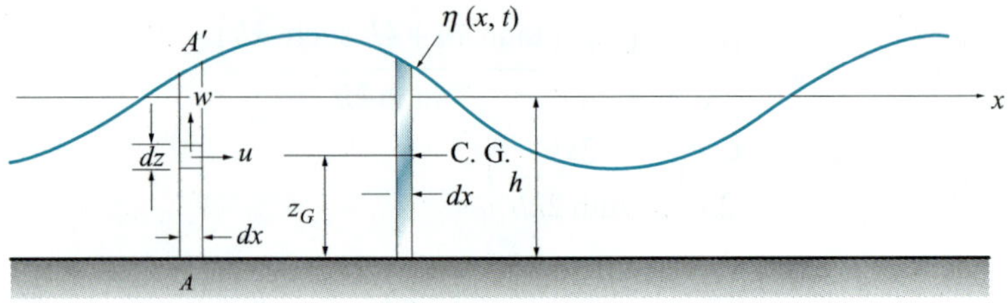

그림 15.16 위치에너지와 운동에너지의 산정도

은 위치에너지의 변화를 초래한다. 이제 단위 면적당의 위치에너지를 구하기 위해 그림 15.16과 같이 x방향으로 dx이고, 단위폭을 갖는 수저($z = -h$)로부터 수면($z = \eta$)까지의 수주(水柱, water column)를 생각하면, 위치에너지는 다음과 같이 표시된다.

$$dE_p = dm \cdot g \cdot z_G \tag{15.89}$$

여기서 dm은 수주의 질량으로서 $dm = \rho(h + \eta)\,dx$이고, z_G는 질량중심까지의 높이로서 $z_G = (h + \eta)/2$이므로 이것을 식 (15.89)에 대입하고, 1 파장에 걸쳐서 평균하면 다음과 같이 된다.

$$\begin{aligned}(E_p)_T &= \frac{1}{L}\int_x^{x+L} dE_p = \frac{1}{L}\int_x^{x+L} \rho g \frac{(h+\eta)^2}{2}dx \\ &= \frac{\rho g}{L}\int_x^{x+L}\left[\frac{1}{2}\left(h^2 + 2\eta h + \eta^2\right)\right]dx\end{aligned} \tag{15.90}$$

미소진폭파의 파형 η, 식 (15.25)를 상기 식에 대입하면

$$\begin{aligned}(E_p)_T &= \frac{\rho g}{2L}\int_x^{x+L}\left[h^2 + hH\sin(kx-\sigma t) + \frac{1}{4}H^2\sin^2(kx-\sigma t)\right]dx \\ &= \frac{\rho g}{2L}\left[h^2 x - \frac{hH}{k}\cos(kx-\sigma t) + \frac{H^2}{8}\left(x - \frac{\sin(kx-\sigma t)\cos(kx-\sigma t)}{k}\right)\right]_x^{x+L}\end{aligned} \tag{15.91}$$

x와 $x+L$인 지점에서 sin과 cos 값이 동일하므로 상기 식은 다음과 같이 간단히 된다.

$$(E_p)_T = \frac{1}{2}\rho g h^2 + \frac{1}{16}\rho g H^2 \tag{15.92}$$

상기 식의 $(E_p)_T$는 수저에서 수면에 걸친 수주의 총위치에너지이므로, 이 식에서 파가 존재하지 않는 경우의 위치에너지 $(E_p)_h$, 즉

$$(E_p)_h = \frac{1}{2}\rho g h^2 \tag{15.93}$$

을 빼면 파가 갖는 위치에너지는 다음과 같이 쓸 수 있다.

$$E_p = (E_p)_T - (E_p)_h = \frac{1}{16}\rho g H^2 \tag{15.94}$$

상기 식의 E_p가 1파장에 걸쳐서 평균한 단위면적당 파가 갖는 위치에너지이다.

15.7.2 운동에너지

운동에너지가 운동하는 수립자속도에 대응하는 에너지라는 것은 이미 설명한 바 있다. 이제 운동에너지를 산정하기 위해서, 그림 15.16(왼쪽 그림)의 연직수주에서 높이 dz로 이루어지는 미소 유체요소를 생각하고 이 요소의 질량을 dm이라 하면, $dm = \rho dx\, dz$이므로 이 유체요소가 갖는 운동에너지는 다음과 같이 된다.

$$\begin{aligned} dE_K &= \frac{1}{2}dm \cdot \frac{u^2 + w^2}{2} \\ &= \frac{1}{2}\rho \frac{u^2 + w^2}{2} dx\, dz \end{aligned} \tag{15.95}$$

한 주기에 걸친 단위면적당 평균운동에너지를 구하기 위해, 수평방향으로는 1파장에 걸쳐서 적분하고, z방향으로는 $z = -h$에서 $z = \eta$까지 적분한다.

$$E_K = \frac{1}{L}\int_x^{x+L}\int_{-h}^{\eta} \rho \frac{u^2 + w^2}{2} dx dz \tag{15.96}$$

식 (15.96)의 z방향의 적분범위를 $[-h, \eta]$를 $[-h, 0]$으로 근사하고, 미

소진폭파의 수립자 속도식 (15.38)을 대입하면 다음과 같이 된다.

$$\begin{aligned} E_K &= \frac{H^2\sigma^2\rho}{8L\sinh^2 \mathrm{kh}} \int_x^{x+L}\int_{-h}^{0}\Big[\cosh^2 k(h+z)\sin^2(kx-\sigma t) \\ &\quad + \sinh^2 k(h+z)\cos^2(kx-\sigma t)\Big]dxdz \\ &= \frac{H^2\sigma^2\rho}{8L\sinh^2 \mathrm{kh}}\Big[\int_{-h}^{0}\cosh^2 k(h+z)\,dz\cdot\int_x^{x+L}\sin^2(kx-\sigma t)\,dx \\ &\quad + \int_{-h}^{0}\sinh^2 k(h+z)\,dz\cdot\int_x^{x+L}\cos^2(kx-\sigma t)dx\Big] \end{aligned} \tag{15.97}$$

이 식에 쌍곡선 함수의 관계식

$$\cosh^2 k(h+z) = \frac{\cosh 2k(h+z)+1}{2}$$

$$\sinh^2 k(h+z) = \frac{\cosh 2k(h+z)-1}{2}$$

을 이용하고, 분산관계식 (15.27)을 이용하면 식 (15.97)은 다음과 같이 간단히 된다.

$$E_K = \frac{1}{16}\rho g H^2 \tag{15.98}$$

여기서 E_K가 1파장에 걸쳐서 평균한 단위면적당 파가 갖는 운동에너지이다. 따라서 수면의 단위면적당 파의 총에너지는 위치에너지와 운동에너지의 합으로서 다음과 같이 표시된다.

$$E = E_p + E_K = \frac{1}{8}\rho g \mathrm{H}^2 \tag{15.99}$$

15.7.3 파의 동력 : 에너지 플럭스

미소진폭파의 경우에는 수립자의 운동궤적이 폐합되므로 질량 수송은 없다. 그러나 파의 전파와 함께 에너지는 수송된다. 동력은 단위시간당 한 일의 양으로 정의되므로. 파의 동력 또는 에너지 플럭스는 단위시간당 전달되는 파의 에너지로 정의할 수 있다.

그림 15.17과 같이 파가 진행하는 방향으로 단위폭을 갖는 연직면을

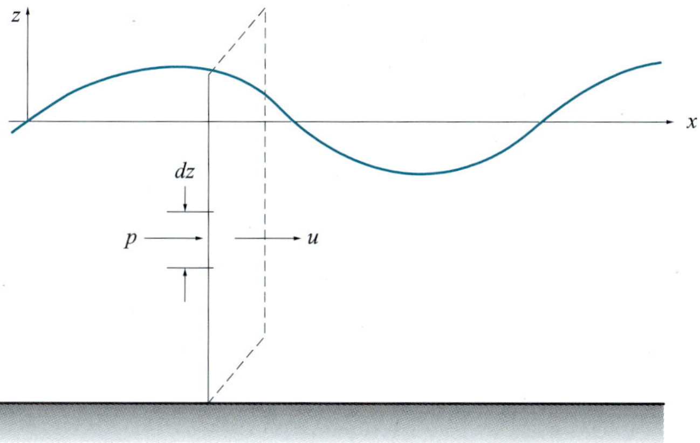

그림 15.17 파의 동력

생각하고, 높이가 dz인 연직단면을 통해서 단위시간에 수송되는 에너지를 구한다. 그림에서 dz로 형성되는 단면이 갖는 단위중량당 에너지는

$$E = \left(u^2 + w^2\right)/2g + p/\rho g + z \tag{15.100}$$

이므로 파의 동력, 즉 단위시간당 수송되는 에너지(에너지 플럭스), dP는 다음과 같이 표현할 수 있다.

$$dP = \rho g\left\{\frac{1}{2g}\left(u^2 + w^2\right) + \frac{p}{\rho g} + z\right\}udz \tag{15.101}$$

그런데 식 (15.100)은 Bernoulli 방정식 (15.10)과 비교하면

$$E = \frac{1}{g}\frac{\partial \phi}{\partial t}$$

로 표시할 수 있으므로, 이것을 식 (15.101)에 대입하고 수저에서 수면까지 적분하면 다음과 같이 된다. 여기서 $F(t)$는 $\partial\phi/\partial t$에 포함시켰다.

$$P = \int_{-h}^{\eta} dP = \int_{-h}^{\eta} \rho \frac{\partial \phi}{\partial t} udz \tag{15.102}$$

상기 식에서 $\rho\dfrac{\partial \phi}{\partial t}$는 앞서 구한 파에 의한 압력, 즉 동압력($p_d$)인 것을 알 수 있다. 평균동력을 산정하기 위하여 식 (15.102)를 1주기에 걸쳐서 평균하면 다음과 같이 된다.

$$\overline{P} = \frac{1}{T}\int_t^{t+T}\int_{-h}^{\eta}\rho\frac{\partial\phi}{\partial t}u\,dz\,dt \tag{15.103}$$

상기 식에서 z방향의 적분범위를 $[-h, \eta]$ 대신 $[-h, 0]$으로 근사시키고, 속도포텐셜 ϕ, 식 (15.26) 및 u, 식 (15.38)을 이용하여 표현하면 다음과 같이 된다.

$$\overline{P} = \frac{1}{T}\int_t^{t+T}\int_{-h}^{0}\left[\rho g\frac{H}{2}\frac{\cosh k(h+z)}{\cosh kh}\sin(kx-\sigma t)\right]\times \left[\frac{Hgk}{2\sigma}\frac{\cosh k(h+z)}{\cosh kh}\sin(kx-\sigma t)\right]dz\,dt \tag{15.104}$$

여기서 u는 적분을 용이하게 하기 위하여 분산방정식을 이용하여 변형한 값을 대입하였다. 상기 식을 변수를 분리하고 적분하면

$$\begin{aligned}\overline{P} &= \frac{1}{T}\frac{\rho gH^2gk}{4\sigma\cosh^2 kh}\int_t^{t+T}\sin^2(kx-\sigma t)\,dt\int_{-h}^{0}\cosh^2 k(h+z)\,dz\\ &= \frac{1}{T}\frac{\rho gH^2gk}{4\sigma\cosh^2 kh}\left[\frac{T}{2}\right]\left[\frac{\sinh 2kh}{4k}+\frac{h}{2}\right]\end{aligned} \tag{15.105}$$

상기 식에 다음과 같은 쌍곡선 함수와 분산방정식

$$\sinh 2kh = 2\sinh kh\cosh kh$$

$$\sigma^2 = gk\tanh kh$$

의 관계를 대입하고 정리하면 다음 식이 된다.

$$\begin{aligned}\overline{P} &= \frac{\rho gH^2}{8}\frac{g}{2\sigma}\frac{\sinh kh}{\cosh kh}\left[1+\frac{2kh}{\sinh 2kh}\right]\\ &= \frac{\rho gH^2}{8}\frac{\sigma}{k}\left[\frac{1}{2}\left(1+\frac{2kh}{\sinh 2kh}\right)\right]\\ &= \frac{\rho gH^2}{8}C\left[\frac{1}{2}\left(1+\frac{2kh}{\sinh 2kh}\right)\right]\\ &= ECN\end{aligned} \tag{15.106}$$

상기 식에서 $C \cdot n = C_g$ 즉 군속도이므로[식 (15. 86) 참조], 파의 에너지는 군속도로 전달된다는 것을 알 수 있다. 따라서 군속도는 '주기나 파장이 약간 다른 2개의 미소진폭파에 의해서 형성되는 군파의 진행속도'라고 하는 정의 외에 미소진폭파의 에너지를 수송하는 속도로 정의할 수도 있다.

예제 15.9 군속도와 파의 동력

주기 $T = 5$ sec이고 $H = 1.2$ m인 심해파에 대해서 군속도 및 파의 동력(P)을 구하라. 단, 해수의 비중은 $S = 1.025$이다.

풀이

심해파의 파장 및 파속은 식 (15.31)로부터

$$L_0 = 1.56T^2 = 39 \text{ m}, \ C_0 = 7.8 \text{ m/sec}$$

그런데 심해에서는 군속도 C_g는 파속의 1/2값이므로

$$C_g = \frac{1}{2}C = 3.9 \text{ m/sec}$$

이고, 파의 동력은 식 (15.106)으로부터 다음과 같이 계산된다.

$$P = EC_g = \frac{1}{8}\rho g H^2 \cdot C_g$$

$$= \frac{1}{8} \times 1.025 \times 1000 \text{ kg중/m}^3 \times 1.2^2 \text{ m}^2 \times 3.9 \text{ m/sec}$$

$$= 719.55 \text{ kg중/sec}$$

$$= 719.55 \text{ kg중} \cdot \text{m/sec/m}$$

$$= 7{,}051.59 \text{ W/m}$$

위에서 계산한 파의 동력은 파봉선의 단위폭당 동력을 의미한다.

연습문제 Exercise

15.1 식 (15.28)로 정의되는 속도포텐셜 함수가 비회전흐름을 만족하는 것을 증명하라.

15.2 본문 중에서 자주 이용되는 세 종류의 쌍곡선함수(sinh x, cosh x, tanh x)의 형태를 도시하라.

15.3 천해파(중간수심파)의 파속은 수심이 감소하면 증가하는가, 감소하는가? 또 주기가 길어지면 어떻게 될 것인가에 대해 고찰하라.

15.4 수심이 30 m인 지점의 해저 바닥으로부터 15 m 떨어진 곳에서 유속계로 측정한 수평방향의 최대수립자 속도가 $u_{max} = 1.8$ m/sec이었다. 이 파의 주기가 $T = 10$ sec라면, 이 때 파고는 얼마인가?

15.5 식 (15.38) 및 (15.39)로 표시되는 수립자속도를 심해파 및 극천해파에 대응하는 식으로 변환하라.

15.6 심해파의 속도포텐셜 함수를 구하라.

15.7 수심 $h = 6.2$ m인 곳의 수면에 부표가 놓여 있다. 주기가 $T = 5$ sec이고 파고가 $H = 1.2$ m인 경우 다음을 구하라.

(a) 부표의 수평방향과 연직방향의 최대진폭을 산정하라.

(b) 이 파의 파장, 파속, 군속도 및 동력을 구하라.

15.8 수심이 10 m인 지점에서 해저로부터 1 m 떨어진 위치에서 설치한 압력계에서 측정한 최대파압이 150 kPa이었다. 주기가 $T = 10$ sec일 때 파장과 파고를 구하라.

15.9 주기가 $T = 10$ sec이고 심해파고가 $H_0 = 1$ m인 파가 해안에 수직하게 밀려오고 있다. 길이가 100 m인 파력발전장치가 수심 $h = 6$ m인 곳에 설치되어 있다. 발전효율이 50%일 때 몇 W의 동력이 생산되는가?

15.10 부분중복파가 형성되어 그 배와 절의 파고를 측정하였더니 각각 2.2 m와 1.2 m이었다. 반사율을 산정하라.

15.11 파의 위치에너지를 표시하는 식 (15.94)와 운동에너지를 나타내는 식 (15.98)의 유도과정을 상세히 기술하라.

참 | 고 | 문 | 헌

도서출판 과학기술 편집부, 지하수개발과 환경대책 총기술 상, 하, 도서출판과학기술, 1995

한국자원 연구소, 지하수보전·환경교육교재, 한국지하수 자원 보전 협의회, 1996

Rouse, H and Ince, *S History of Hydraulics*, Dover, 1963

Hwang, N. H. C., *Fundamentals of Hydraulic Engineering System*, Prentice-Hall, 1981

Featherstone, R. E and Nalluri C., *Civil Engineering Hydraulics*, Granada, 1982

Street, R. L., Waters, G. Z. and Vennard, J. K., *Elementary Fluid Mechanics*, John Wiley and Sons, 1996

King, H. W., Wisler, *C. O. and Woodburn J. G., Hydraulics*, John Wiley and Sons, 1948

Yuan, S. W., *Foundations of Fluid Mechanics*, Prentice-Hall, 1967

Gerhart, P.M., Gross, R. J. and Hochstein, J. I., *Fundamentals of Fluid Mechanics*, Addison Wesley, 1993

Streeter, V. L., *Fluid Dynamics*, McGraw-Hill, 1948

Currie, I. G., *Fundamental Mechanics of Fluids*, McGraw-Hill, 1948

White, F. M., *Fluid Mechanics*, McGraw-Hill, 1993

Fox, R. W. and McDonald, A. T., *Introduction to Fluid Mechanics*, John Wiley and Sons, 1994

Janna, W. S., *Introduction to Fluid Mechanics*, PWS, 1983

John, J. E. A. and Haberman, W. L., *Introduction to Fluid Mechanics*, Prentice-Hall, 1980

Sabersky, R. H., Acosta, A. J., and Hauptamann, E. G., *Fluid Frow: A First Course in Fluid Mechanics*, maxwell Macmillan, 1989

Rouse, H., *Elementary Mechanics of Fluids*, John Wiley and Sons, 1946

Denn, M. M., *Process Fluid Mechanics*, Prentice-Hall, 1980

Bertin, J. S., *Engineering Fluid Mechanics*, Prentice-Hall, 1984

Munson, B. R., Young. D. F., and OKiishi, T. H., *Fundamentals of Fluid Mechanics*, John Wiley and Sons, 1995

Lencastre, A., *Handbook of Hydraulic Engineering*, Ellis Horwood, 1987

Roberson, J. A., Cassidy, J. J., and Chaudhry, M. H., *Hydraulic Engineering*, John Wiley and Sons, 1995

Stveeter, V. L., *Fluid Mechanics*, McGraw-Hill, 1971

Kreider, J. F., *Principles of Fluid Mevhanics*, Allyn and Bacon, 1985

Chow, V. T., *Open-channel Hydraulics*, McGraw-Hill, 1959

Henderson, F. M., *Open Channel Flow*, MacMillan, 1966

Morris, H. M. and Wiggert J. M., *Applied Hydrauics in Engineering*, John Wiley and Sons, 1971

Roberson, J. A. and Crowe, C. T., *Engineering Fluid Mechanics*, John Wiley and Sons, 1997

Gerhartm, P.M., Gross, R. J. and Hochstein, J. I., *Fundamentals of Fluid Mechanics*, Addison Wesley, 1993

Bear, J., *Hydraulics of Groundwater*, McGraw-Hill, 1979

Halek, V. and SVEC, J., *Groundwater Hydraulics*, Elsevier, 1979

Freeze, R. A. and Cherry J. A., *Groundwater*, Prentice-Hall, 1979

Todd, D. K., *Groundwater Hydrology*, John Wiley and Sons, 1980

Fetter, C. W., *Applied Hydrology*, MacMillan, 1993

Anderson, M. P., and Woessner, W. W., *Applied Groundwater Modeling; Simulation of Flow and Advective Transport*, Academic Press, 1992

Harr, M. E., *Groundwater and Seepage*, McGraw-Hill, 1962

Davis. C. V.(Editor-in-Chief), *Handbook of Applied Hydraulics, Vol 2*, McGraw-Hill, 1969

ASCE committee for the Preparation of the Mannual on Sedimentation(Vanoni, V. A., Editor) *Sedimentation Engineering*, ASCE, 1975

Graf, W. H., *Hydraulics of Sediment Transport*, McGraw-Hill, 1971

Le Méhaté, B., *An Introduction to Hydrodynamics and Water Wave*, Springer-Verlag, 1976

Dean, R. G. and Dalrymple R. A., *Water Wave Mechanics for Engineers and Scientisis*, Prentice-Hall, 1984

Sorensen, R. M., *Basic Coastal Engineering*, Wiley, 1978

Wiegel, R. L., *Oceanographical Engineering*, Prentice-Hall, 1964

Lamb, *Hydrodynamics*, Cambredge Univ. Press, 1932

HoriKawa, K.,Coastal Engineering; *An Introduction to Ocean Engineering*, Univ. of Tokyo Press, 1978

Hunt, J. N., "*Direct Solution of Wave Dispersion Equation*" , J. Waterways, Ports, *Coastal Ocean Div*., ASCE Vol.105, No. WW4, pp.457 ~459, 1979

U.S. Army, CERC., *Shore Protection Manual*, vol /, U.S. Goverment Printing office, 1984

Sollitt. C. K., *Lecture Note on Coastal Hydraulics*, Oregen State Univ., 1989

HoriKawa, K.(Editor), *Nearshore Dynamics and Coastal Precesses*, Univ. of Tokyo Press,1988

土木學會, 『SI単位系の導入および表示法』, 土木學會誌, 1980

石原藤次郎, 水工水理學, 丸善, 1972

本間仁,『水理學』, 丸善, 1952
室田 明,『應用流體力學』, 共立出版, 1969
日野幹雄,『流體力學』, 朝倉書店, 1974
富田辛雄,『流體力學序說』, 養賢堂, 1981
今井 功,『流體力學(前編)』, 裳華房, 1973
吉川 秀夫,『水理學』, 技報堂, 1976
岩浪 繁藏, 平山直道,『基礎の力學演習 流體力學』, 實敎出版, 1975
岸力,『水理學 演習(1)·(2)』, 學獻社, 1968
椿東一郎,『수리학Ⅰ·Ⅱ』, 森北出版, 1974
荒木正未, 椿東日郎,『水理學演習 上·下』, 森北出版, 1962
尹龍男,『水理學』, 淸文閣, 1989
水收支研究グル-プ,『地下水資·環境論, -その理論と實踐-』, 共立出版, 1992
地下水問題研究會,『地下水汚染論 -その基礎と應用-』, 共立出版, 1991
玉井信行,『水理學2』, 培風館, 1988
土木學會,『水理學公式集』, 土木學會, 1985
土木學會,『水理公式集例題集』, 土木學會, 1976
河村三郎,『土砂水理學1』, 森北出版, 1982
吉川秀未,『流砂の水理學』, 丸善, 1985
岩崎 敏夫,『應用水理學例題演習』, コロナ社, 1981
岩垣雄一, 椹木亨,『海岸工學』, 共立出版, 1979
合田食實, 佐藤昭二『海岸 .港灣』, 彰國社, 1971
水村和正『海岸海洋工學』公立出版 1992
字野木早苗 齋藤晃, 小萱晋,『海洋技術者のための流れ學』, 東海大學出版社, 1990
首藤伸夫, 新体系土木工學 24,『海の波の水理』, 土木學會, 1979
片宗根 『波動論』, 明知大學敎出版部, 1996

찾 | 아 | 보 | 기

ㅊ

ㅋ

ㅌ